Deepen Your Mind

推薦序一

我與本書作者及其導師姚天順教授和王寶庫教授相識多年，也曾多次就機器翻譯技術的發展問題與東北大學自然語言處理實驗室的研究團隊進行交流。得知朱靖波教授、肖桐教授的書即將出版，非常高興，欣喜之餘，特提筆簡記感想，是為序！

機器翻譯是自然語言處理領域最活躍的、最充滿希望的方向之一。自 20 世紀 50 年代以來，先後走過了基於規則、以統計、以表示學習為基礎等多個重要階段為基礎。發展到今天，深度學習等方法已經在機器翻譯中獲得了廣泛應用，獲得了令人驚歎的成果。特別是 20 世紀末，資料驅動的機器翻譯方法的興起，使統計機器翻譯和神經機器翻譯崛起，新的模型和方法不斷出現。無論是對自然語言處理領域的從業者，還是對剛入門的學生來說，系統性整理近年來機器翻譯發展的技術脈絡，並建立完整的知識系統都是十分必要的，甚至是十分迫切的。由於機器翻譯發展之迅速，同時涵蓋統計機器翻譯和神經機器翻譯的相關書籍及資料並不多。

在此背景下，朱靖波教授和肖桐教授將實驗室在這個方向上 40 餘年的科研成果凝結成本書。早在 2007 年，我就聽朱靖波和肖桐講過有寫本書的想法，並和他們一起討論了已經完成的部分內容（以統計機器翻譯為主）。有些驚訝的是，本書直到 2021 年才出版，且內容較之前大大豐富了，涵蓋了包括神經機器翻譯在內的諸多前端技術。

本書內容從機器翻譯的發展歷程到實例均有包括，非常系統性且通俗地講解了機器翻譯技術，並對機器翻譯的統計建模和深度學習方法進行了較為系統的介紹。全書共 18 章，分為 4 部分。沿著機器翻譯建模這一主線，對機器翻譯中使用的各種模型和方法逐一多作說明。

此外，由於二位作者多年來一直從事機器翻譯的研究工作，親自實現過多個機器翻譯系統，這些經驗使得本書不僅具有理論價值，而且可以作為機器翻譯系統開發的實踐參考。本書既可供電腦相關專業高年級大學生及所究所學生學習之用，也可作為自然語言處理，特別是機器翻譯相關研究人員的參考資料，對機器翻譯領域來說，是一件幸事！

值得一提的是，本書的第 1 個版本選擇以開放原始碼的方式與讀者見面，讓作者獲得了很多回饋和寶貴的意見。確切地說，這種開放監督的方式更接近讀者；這種「開放、合作」的奉獻精神也是人工智慧發展不可或缺的。

希望閱讀本書可以讓讀者有所收穫！

黃昌寧 教授

推薦序二

從 1946 年世界上第一台電子數位電腦誕生之日起，就一直有學者想要用它來實現自然語言的來源語言到目的語言的自動翻譯——機器翻譯。機器翻譯是自然語言處理中最具挑戰的方向之一。很高興看到，機器翻譯在過去的幾十年中獲得了快速的發展。在這個過程中，也出現了大量的模型與方法，但總有個問題貫穿始終：如何用電腦來描述翻譯過程。不論是早期以規則為基礎的機器翻譯方法，還是後來以實例為基礎的機器翻譯方法，或以統計建模為基礎和如今廣泛使用的以多層類神經網路為基礎的深度學習方法，本質上都是在尋找這個問題的答案。

因此，系統性地了解甚至熟知機器翻譯的模型與方法，是從事機器翻譯的科學研究人員需要具備的知識基礎。本書以機器翻譯主流模型為線索，對 20 世紀 90 年代興起的統計建模方法進行了系統性的概述，其中包括了機器翻譯的基礎內容、統計機器翻譯模型，以及神經機器翻譯模型。不同於單純介紹統計機器翻譯或神經機器翻譯的書籍，本書描述了如何透過統計思想進行翻譯建模。同時，探索了統計機器翻譯和神經機器翻譯這兩種經典範式之間的聯繫和結合方式。此外，本書涵蓋了很多值得深入研究的前端技術，如模型結構最佳化、低資源機器翻譯、多模態機器翻譯等內容。書中還提供了大量的插圖和實例，讓讀者可以深入淺出地學習這些技術內容。值得一提的是，作者能夠用簡單、平實的語言將機器翻譯講解得如此細緻、全面，實屬不易。

作為東北大學自然語言處理實驗室創始人姚天順教授的好友，我熟知本書的兩位作者（肖桐教授和朱靖波教授），他們從事機器翻譯相關的研究工作多年，帶領團隊研發的翻譯系統也獲得了廣泛應用。他們在系統研發中累積了幾十年的經驗也極佳地表現在本書的內容中，換句話説，書中的內容能夠幫助讀者實現技術實踐，這是其他書中不多見的。作為朋友、同行，我感到十分欣喜與驕傲！

最後，我衷心地希望，本書可以為機器翻譯領域的相關科學研究人員提供有效的技術幫助，希望透過閱讀本書，讀者能對機器翻譯的未來發展有更深入的思考。

李生 教授

推薦序三

本人從事機器翻譯領域的研究工作多年，十分關注這個領域的動向與發展。得知我與姚天順教授的弟子朱靖波教授和肖桐教授撰寫的本書即將出版問世，分外高興，作為他們的老師，我感到由衷的自豪。通讀全書後我也有所收穫，欣喜之餘，特提筆簡記感想。

從 20 世紀 80 年代起，「機器翻譯」一直是東北大學自然語言處理實驗室研究開發的重要課題之一。從 20 世紀 80 年代初期第一代「漢英機器翻譯系統」的建立，到 20 世紀 80 年代中期參與由日本發起的亞洲五國機器翻譯國際合作專案，再到 20 世紀 90 年代初期，參與由電子工業部與國防科工委支持的專案中主研中文分析器和整合系統的開發等工作，都為實驗室機器翻譯技術的發展奠定了良好的基礎。

20 世紀 90 年代以來，統計機器翻譯的理論研究和應用進入黃金期，東北大學自然語言處理實驗室也發生了翻天覆地的變化。從姚天順到朱靖波，再到肖桐，歷經三代掌門人的更替：從少有問津到學子盈門，一代代不斷地傳承、創新和發展。天道酬勤，厚積薄發，小牛翻譯的崛起，表示東北大學自然語言處理「產學研」進入了更繁榮的新階段。一個科學研究團隊能夠幾十年如一日堅持在一個方向上探索，實在難得。我們已經一步一個腳印地走過了 40 餘年，而且還將繼續走下去！我衷心地讚賞朱靖波、肖桐，以及小牛團隊的頑強奮鬥精神！

隨著機器學習技術的不斷發展，機器翻譯進入了以神經網路建模為基礎的時代。雖然我早已離開科學研究第一線，但讀完本書依舊覺得受益匪淺。本書在內容上深度與廣度兼備，不僅帶領我回顧了統計機器翻譯的經典模型，還增進了我對時下熱門的深度學習方法的了解。最重要的是，書中對機器翻譯相關技術的講解不止步於抽象的理論方法，還提供了實際應用的指導，看到這裡，著實讓我十分興奮。

近年來，機器翻譯受到越來越廣泛的關注，我作為一個從事機器翻譯研究多年的「老兵」，對該領域的研究深度和應用現狀感到欣慰，也希望本書可以給讀者帶來新的感悟和啟發。

王寶庫 教授

前言

☙ 緣起

讓電腦進行自然語言的翻譯是人類長久以來的夢想，也是人工智慧的重要目標之一。自 20 世紀 90 年代起，機器翻譯邁入了以統計建模為基礎的時代，發展到今天，已經大量應用了深度學習等機器學習方法，並獲得了令人矚目的進步。在這個時代背景下，對機器翻譯的模型、方法和實現技術進行深入了解，是自然語言處理領域的研究者和實踐者所渴望的。

與所有從事機器翻譯研究的人一樣，筆者也夢想著有朝一日，機器翻譯能夠完全實現。這個想法可以追溯到 1973 年，姚天順教授和王寶庫教授領銜創立了東北大學自然語言處理實驗室，把機器翻譯作為奮鬥的目標。這一舉動影響了包括筆者在內的許多人。雖然那時的機器翻譯技術並不先進，研究條件也異常艱苦，但是努力實現機器翻譯的夢想從未改變。

步入 21 世紀後，統計學習方法的興起給機器翻譯帶來了全新的想法，也帶來了巨大的技術進步。筆者有幸經歷了那個時代，也加入了機器翻譯研究的浪潮中。筆者從 2007 年開始研發 NiuTrans 開放原始碼系統，在 2012 年對 NiuTrans 機器翻譯系統進行產業化，並創立了小牛翻譯。在此過程中，筆者目睹了機器翻譯的成長，並不斷地被機器翻譯所取得的進步感動。那時，筆者就考慮將機器翻譯的模型和方法進行複習，形成資料供人閱讀。雖然粗略寫過一些文字，但是未成系統，只在教學環節使用，供實驗室的同學在閒暇時參考。

機器翻譯技術發展之快是無法預見的。2016 年之後，隨著深度學習方法在機器翻譯中的進一步應用，機器翻譯迎來了前所未有的機遇。新的技術方法層出不窮，機器翻譯系統也獲得了廣泛應用。這時，筆者心裡又湧現出將機器翻譯的技術內容編撰成書的想法。這種強烈的念頭使筆者完成了本書的第一個版本（共 7 章），並將其開放原始碼，供人廣泛閱讀。承蒙同行厚愛，獲得了很多回饋，包括一些批評和意見。這使筆者可以更全面地梳理寫作想法。

最初，筆者的想法僅是將機器翻譯的技術內容做成資料供人閱讀。但是，朋友和同事們一直鼓勵筆者將其內容正式出版。雖然擔心書的內容不夠精緻，無法給同行作為參考，但最終還是下定決心重構內容。所幸，得到電子工業出版社的支持，出版本書。

寫作中，每當筆者翻閱以前的資料時，都會想起當年的一些故事。與其說這本書是寫給讀者的，不如說是寫給筆者自己及所有同筆者一樣，經歷過或正在經歷機器翻譯蓬勃發展年代的人的。希望本書可以作為一個時代的記錄，但這個時代並未結束，它還將繼續，並更加美好。

☘ 本書特色

本書全面回顧了近 30 年機器翻譯技術的發展歷程，並圍繞機器翻譯的建模和深度學習方法這兩個主題對機器翻譯的技術方法進行了全面介紹。在寫作中，筆者力求用樸實的語言和簡潔的實例來說明機器翻譯的基本模型，同時對相關的前端技術進行討論。其中涉及大量的實踐經驗，包括許多機器翻譯系統開發的細節。從這個角度看，本書不僅是一本理論書，還結合了機器翻譯的應用，給讀者提供了很多機器翻譯技術實踐的想法。

本書可供電腦相關專業高年級大學生及所究所學生學習之用，也可作為自然語言處理領域，特別是機器翻譯方向相關研究人員的參考資料。此外，本書各章主題明確，內容緊湊。因此，讀者可將每章作為某一專題的學習資料。

用最簡單的方式說明機器翻譯的基本思想是筆者期望達到的目標。雖然書中不可避免地使用了一些形式化的定義和演算法的抽象描述，但筆者也盡所能地透過圖例了解釋（本書共 395 張插圖）。本書所包含的內容較為廣泛，難免會有疏漏，望讀者海涵，並指出不當之處。

☘ 本書內容概要

本書分 4 個部分，共 18 章。章節的順序參考了機器翻譯技術發展的時間脈絡，兼顧了機器翻譯知識系統的內在邏輯。本書的主要內容包括：

- 第 1 部分：機器翻譯基礎
  - 第 1 章 機器翻譯簡介
  - 第 2 章 統計語言建模基礎
  - 第 3 章 詞法分析和語法分析基礎
  - 第 4 章 翻譯品質評價

■ 第 2 部分：統計機器翻譯
  - 第 5 章 以詞為基礎的機器翻譯建模
  - 第 6 章 以扭曲度和繁衍率為基礎的模型
  - 第 7 章 以子句為基礎的模型
  - 第 8 章 以句法為基礎的模型

■ 第 3 部分：神經機器翻譯
  - 第 9 章 神經網路和神經語言建模
  - 第 10 章 以循環神經網路為基礎的模型
  - 第 11 章 以卷積神經網路為基礎的模型
  - 第 12 章 以自注意力為基礎的模型

■ 第 4 部分：機器翻譯前端
  - 第 13 章 神經機器翻譯模型訓練
  - 第 14 章 神經機器翻譯模型推斷
  - 第 15 章 神經機器翻譯模型結構最佳化
  - 第 16 章 低資源神經機器翻譯
  - 第 17 章 多模態、多層次機器翻譯
  - 第 18 章 機器翻譯應用技術

第 1 部分是本書的基礎知識部分，包含統計語言建模、詞法分析和語法分析基礎、翻譯品質評價等。在第 1 章對機器翻譯的歷史及現狀介紹之後，第 2 章透過語言建模任務將統計建模的思想說明出來，這部分內容是機器翻譯模型及方法的基礎。第 3 章重點介紹了機器翻譯涉及的詞法分析和語法分析方法，旨在為後續相關概念的使用做鋪陳，並展示了統計建模思想在相關問題上的應用。第 4 章相對獨立，系統地介紹了機器翻譯結果的評價方法。第 1 部分內容是機器翻譯建模及系統設計所需的前置知識。

第 2 部分主要介紹統計機器翻譯的基本模型。第 5 章是整個機器翻譯建模的基礎。第 6 章對扭曲度和繁衍率兩個概念介紹，同時列出相關的翻譯模型，這些模型在後續章節中都有涉及。第 7 章和第 8 章分別介紹了以子句和句法為基礎的模型。它們都是統計機器翻譯的經典模型，其思想也組成了機器翻譯成長過程中最精華的部分。

第 3 部分主要介紹神經機器翻譯模型，該模型是近年機器翻譯的熱點。第 9 章介紹了類神經網路和深度學習的基礎知識，以保證本書知識系統的完備性。同時，介紹了以神經網路為基礎的語言模型，其建模思想在神經機器翻譯中被大量使用。第 10 ～ 12 章分別對 3 種經典的神經機器翻譯模型介紹，以模型提出的時間為序，從最初的以迴圈網路為基礎的模型，到 Transformer 模型均有涉及。其中，也會對編碼器 - 解碼器框架、注意力機制等經典方法和技術介紹。

第 4 部分對機器翻譯的前端技術進行了討論，以神經機器翻譯為主。第 13 ～ 15 章介紹了神經機器翻譯研發的 3 個主要方面，它們也是近年機器翻譯領域討論最多的方向。第 16 ～ 17 章介紹了機器翻譯領域的熱門方向，包括無監督翻譯等主題。同時，對語音、圖型翻譯等多模態方法及篇章級翻譯等方法介紹，它們可以被看作機器翻譯在更多工上的擴充。第 18 章結合筆者在各種機器翻譯比賽和機器翻譯產品研發中的經驗，對機器翻譯的應用技術進行討論。

☘ 致謝

在此，感謝為本書做出貢獻的人：曹潤柘、曾信、孟霞、單韋喬、周濤、周書含、許諾、李北、許晨、林野、李垠橋、王子揚、劉輝、張裕浩、馮凱、羅應峰、魏冰浩、王屹超、李炎洋、胡馳、蕫雨帆、田豐甯、劉繼強、張哲暘、陳賀軒、牛蕊、杜權、張春良、王會珍、張俐、馬安香、胡明涵。

特別感謝為本書提供技術指導的姚天順教授和王寶庫教授。

本書學習路徑

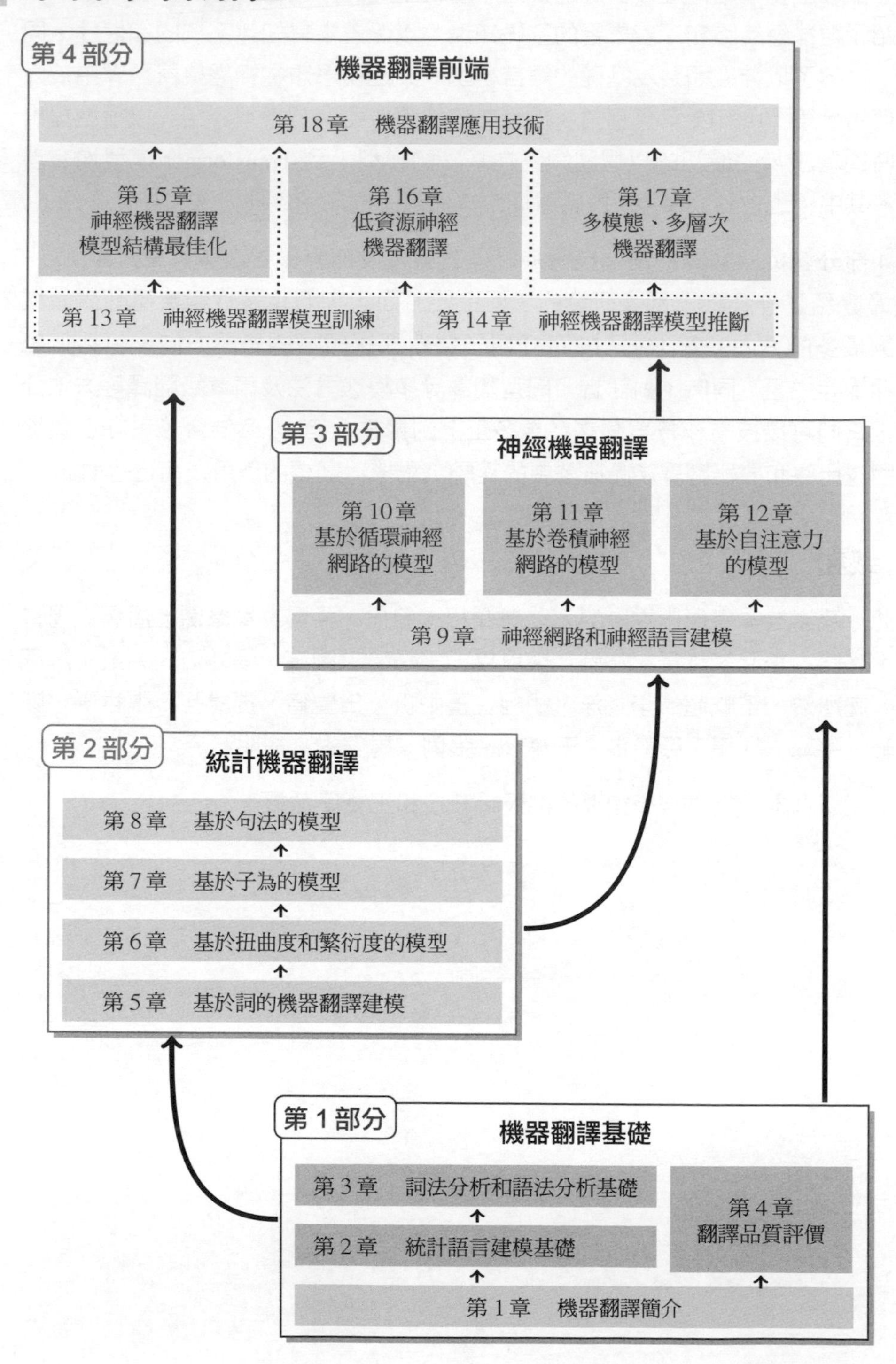

第 4 部分
機器翻譯前端
第 18 章　機器翻譯應用技術
第 15 章
神經機器翻譯
模型結構最佳化
第 16 章
低資源神經
機器翻譯
第 17 章
多模態、多層次
機器翻譯
第 13 章　神經機器翻譯模型訓練
第 14 章　神經機器翻譯模型推斷
第 3 部分
神經機器翻譯
第 10 章
基於循環神經
網路的模型
第 11 章
基於卷積神經
網路的模型
第 12 章
基於自注意力
的模型
第 9 章　神經網路和神經語言建模
第 2 部分
統計機器翻譯
第 8 章　基於句法的模型
第 7 章　基於子為的模型
第 6 章　基於扭曲度和繁衍度的模型
第 5 章　基於詞的機器翻譯建模
第 1 部分
機器翻譯基礎
第 3 章　詞法分析和語法分析基礎
第 2 章　統計語言建模基礎
第 4 章
翻譯品質評價
第 1 章　機器翻譯簡介

目錄

第 1 部分 機器翻譯基礎

01 機器翻譯簡介

02 統計語言建模基礎

03 詞法分析和語法分析基礎

04 翻譯品質評價

第 2 部分　統計機器翻譯

05 基於詞的機器翻譯建模

06 基於扭曲度和繁衍率的模型

07 基於短語的模型

08 基於句法的模型

第 3 部分 神經機器翻譯

09 神經網路和神經語言建模

10 基於循環神經網路的模型

11 基於卷積神經網路的模型

12 基於自注意力的模型

第 4 部分 機器翻譯前端

13 神經機器翻譯模型訓練

14 神經機器翻譯模型推斷

15 神經機器翻譯模型結構最佳化

16 低資源神經機器翻譯

17 多模態、多層次機器翻譯

18 機器翻譯應用技術

A

B

C

D 參考文獻

E 索引

Chapter

01

機器翻譯簡介

1.1 機器翻譯的概念

廣義上講，「翻譯」是指把一個事物轉化為另一個事物的過程。這個概念多使用在對序列的轉化上，如電腦程式的編譯、自然語言文字的翻譯、生物蛋白質的合成等。在程式編譯中，高階語言編寫的程式經過一系列處理後，轉化為可執行的目的程式，這是一種從高級程式語言到低級程式語言的「翻譯」。在人類語言的翻譯中，一種語言文字透過人腦轉化為另一種語言表達，這是一種自然語言的「翻譯」。蛋白質合成的第一步是 RNA 分子序列轉化為特定的氨基酸序列，這是一種生物學遺傳信息的「翻譯」。甚至可以將給上聯對出下聯、給一幅圖片寫出圖片的主題等行為都看作「翻譯」的過程。

本書更關注人類語言之間的翻譯問題，即自然語言的翻譯。如圖 1-1 所示，可以透過電腦將一句中文自動翻譯為英文，中文被稱為來源語言（Source Language），英文被稱為目的語言（Target Language）。

一直以來，文字的翻譯往往是由人完成的。讓電腦像人一樣進行翻譯似乎還是電影中的橋段，因為很難想像，語言的多樣性和複雜性可以用電腦語言進行描述。時至今日，人工智慧技術的發展已經大大超越了人類傳統的認知，用電腦進行自動翻譯不再是夢，它已經深入人們生活的很多方面，並發揮著重要作用。這種由電腦進行自動翻譯的過程也被稱為機器翻譯（Machine Translation）。類似地，自動翻譯、智慧翻譯、多語言自動轉換等概念也是指同樣的事情。對比如今的機器翻譯和人工翻譯，可以發現機器翻譯系統所生成的譯文還不夠完美，甚至有時翻譯品質非常差，但是它的生成速度快且成本低廉，更為重要的是，機器翻譯系統可以從大量資料中不斷學習和進化。

圖 1-1 透過電腦將一句中文自動翻譯為英文

雖然人工翻譯的精度很高，但是費時費力。當需要翻譯大量的文字且精度要求不那麼高時，如巨量資料的瀏覽型任務，機器翻譯的優勢就表現出來了。人工翻譯無法完成的事情，使用機器翻譯可能只需花費幾個小時甚至幾分鐘就能完成。這就類似於拿著鋤頭耕地種莊稼和使用現代化機器作業之間的區別。

實現機器翻譯往往需要多個學科知識的融合，如數學、語言學、電腦科學、心理學等，而最終呈現給使用者的是一套軟體系統——機器翻譯系統。通俗地講，機器翻譯系統就是一個可以在電腦上運行的軟體工具，與人們使用的其他軟體一樣，只不過機器翻譯系統是由「不可見的程式」組成的。雖然這個系統非常複雜，但是呈現出來的形式很簡單——輸入是待翻譯的句子或文字，輸出是譯文句子或文字。

用機器進行翻譯的想法可以追溯到電子電腦產生之前。在機器翻譯的發展過程中，架設機器翻譯系統所使用的技術也經歷了多個範式的更替。現代機器翻譯系統大多是基於資料驅動的方法——從資料中自動學習翻譯知識，並運用這些知識對新的文字進行翻譯。

從機器翻譯系統的組成上看，通常可以將其抽象為兩個部分，如圖 1-2 所示。

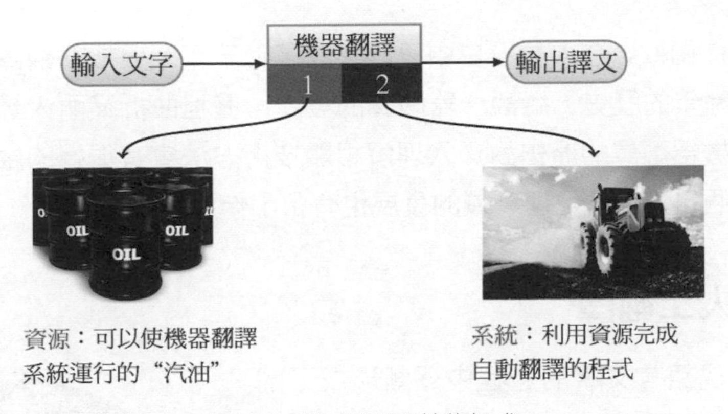

圖 1-2 機器翻譯系統的組成

- **資源：**如果把機器翻譯系統比作一輛汽車，則資源就是可以使汽車運行的「汽油」，它包括翻譯規則、雙（單）語資料、知識庫等翻譯知識，且這些「知識」都是電腦可讀的。值得一提的是，如果沒有翻譯資源的支援，那麼任何機器翻譯系統都無法運行。
- **系統：**機器翻譯演算法的程式實現被稱作系統，也就是機器翻譯研究人員開發的軟體。無論是翻譯規則、翻譯範本還是統計模型中的參數，都需要透過機器翻譯系統進行讀取和使用。

建構一個強大的機器翻譯系統需要「資源」和「系統」兩方面共同作用。在資源方面，隨著語料庫語言學的發展，已經有大量的、高品質的雙語和單語資料（稱為語料）被整理並被數位化儲存，因此具備了研發機器翻譯系統所需的語料基礎。特別是英文、中文等主流語種的語料資源已經非常豐富，這大大加速了相關研究的進展。當然，對於一些缺乏資源語種或特殊領域，語料庫中的語料仍然匱乏，但這些並不影響機器翻譯領域的整體發展速度。因此，在現有語料庫的基礎上，很多研究人員把精力集中在「系統」研發上。

1.2 機器翻譯簡史

雖然翻譯這個概念在人類歷史中已經存在了上千年，但機器翻譯發展至今只有 70 餘年的歷史。縱觀機器翻譯的發展，歷程曲折又耐人尋味，可以說，回顧機器翻譯的歷史對深入理解相關技術方法會有很好的啟發，甚至對瞭解整個自然語言處理領域的發展也有啟示作用。

1.2.1 人工翻譯

在人類形成語言文字的過程中逐漸形成了翻譯的概念。一個標示性的證據是羅塞塔石碑（Rosetta Stone），如圖 1-3 所示。這個石碑製作於西元前 196 年，據說是可供考證的最久遠的記載平行文字的歷史遺跡。石碑由上至下刻有同一段埃及國王詔書的 3 種語言版本，最上面是古埃及象形文，中間是埃及草書，最下面是古希臘文。可以明顯看出，石碑上中下雕刻的文字的紋理是不同的。儘管用不同的語言文字描述同一件事在今天看來很常見，但在生產力低下的兩千年前是很罕見的。很多人認為羅塞塔石碑標誌著翻譯或人工翻譯的開始。目前，羅塞塔石碑保存於大英博物館，並成了該館最具代表性的鎮館之寶之一。

圖 1-3 羅塞塔石碑

在此之後，更多的翻譯工作在文化和知識傳播中開展。其中一個典型代表是宗教文獻的翻譯。宗教是人類意識形態的一個重要載體，為了宣傳教義，人們編寫了大量的宗教文獻。在西方，一項最早被記錄的翻譯活動是將《聖經·舊約》（希伯來文及埃蘭文）翻譯為希臘文版本。迄今為止，人類歷史上翻譯版本最多的書就是《聖經》。在中國唐代，有一位世界性的文化人物——玄奘，他不僅是佛學家、旅行家，還是翻譯家。玄奘西行求法歸來後，把全部的心血和智慧奉獻給了譯經事業，在幫手們的幫助下，共翻譯佛教經論 74 部，1335 卷，每卷萬字左右，合計 1335 萬字，占整個唐代譯經總數的一半以上[1]，樹立了中國古代翻譯思想的光輝典範。

翻譯在人類的歷史長河中造成了重要的作用。一方面，由於語言文字、文化和地理位置的差異性，使得翻譯成了一個重要的需求；另一方面，翻譯也加速了不同文明的融會貫通，促進了世界的發展。如今，翻譯已經成為重要的行業之一，各大專院校也都設立了翻譯及相關專業，相關人才不斷湧現。據《2019 年中國語言服務行業發展報告》[2]統計：全球語言服務產值預計將首次接近 500 億美金；中國涉及語言服務的在營企業有 360,000 餘家，語言服務為主營業務的在營企業近萬家，總產值超過 300 億元，年增長 3%以上；全國開設外語類專業的大專院校多達上千所，其中設立有翻譯碩士（MTI）和翻譯大學（BTI）專業的院校分別有 250 餘所和 280 餘所，其中僅 MTI 的累計招生數就高達 6 萬餘人[3]。當然，面對巨大的需求，如何使用機器輔助翻譯等技術手段提高人工翻譯效率，也是人工翻譯和機器翻譯共同探索的方向。

1.2.2 機器翻譯的萌芽

人工翻譯已經存在了上千年，而機器翻譯起源於何時呢？機器翻譯跌宕起伏的發展史可以分為萌芽期、受挫期、快速成長期和爆發期 4 個階段。

早在 17 世紀，Descartes、Leibniz、Cave Beck、Athanasius Kircher 和 Johann Joachim Becher 等很多學者就提出利用機器詞典（電子詞典）克服

語言障礙的想法[4]，這種想法在當時是很超前的。隨著語言學、電腦科學等學科的發展，在 19 世紀 30 年代，使用計算模型進行自動翻譯的思想開始萌芽。當時，法國科學家 Georges Artsrouni 提出了用機器進行翻譯的想法。由於那時沒有合適的實現手段，這種想法的合理性無法被證實。

隨著第二次世界大戰的爆發， 對文字進行加密和解密成了重要的軍事需求，這也推動了數學和密碼學的發展。在戰爭結束一年後，世界上第一台通用電子數位電腦於 1946 年研製成功。至此，使用機器進行翻譯有了真正實現的可能。

基於戰時密碼學領域與通訊領域的研究，Claude Elwood Shannon 在 1948 年提出使用「雜訊通道」描述語言的傳輸過程，並借用熱力學中的「熵」（Entropy）來刻畫訊息中的資訊量[5]。次年，Shannon 與 Warren Weaver 合著了著名的 *The Mathematical Theory of Communication*[6]，這些工作都為後期的統計機器翻譯奠定了理論基礎。

1949 年，Weaver 撰寫了一篇名為 *TRANSLATION* 的備忘錄[7]。在這個備忘錄中，Weaver 提出用密碼學的方法解決人類語言翻譯任務的想法，如把中文看成英文的一個加密文字，將中文翻譯成英文就類似於解密的過程。在這篇備忘錄中，第一次提出了機器翻譯，正式創造了機器翻譯的概念，這個概念一直沿用至今。雖然在那個年代進行機器翻譯的研究條件並不成熟，包括使用加密解密技術進行自動翻譯的很多嘗試很快也被驗證是不可行的，但是這些早期的探索為後來機器翻譯的發展提供了思想的火種。

1.2.3 機器翻譯的受挫

隨著電子電腦的發展，研究人員開始嘗試使用電腦進行自動翻譯。1954 年，美國喬治城大學在 IBM 公司的支持下，啟動了第一次機器翻譯實驗。翻譯的目標是將幾個簡單的俄語句子翻譯成英文，翻譯系統包含 6 條翻譯規則和 250 個單字。這次翻譯實驗中測試了 50 個化學文字句子，取得了初步成功。在某種意義上，這個實驗顯示了採用基於詞典和翻譯規則的方法可以實現機器翻譯過程。雖然只是取得了初步成功，卻引發了蘇聯、英國和日本研究機構的機器翻譯研究熱，大大推動了早期機器翻譯的研究進展。

1957 年，Noam Chomsky 在 *Syntactic Structures* 中描述了轉換生成語法[8]，並使用數學方法研究自然語言，建立了包括上下文有關語法、上下文無關語法等 4 種類型的語法。這些工作為如今在電腦中廣泛使用的「形式語言」奠定了基礎，這種思想也深深地影響了同時期的語言學和自然語言處理領域的學者。特別是在早期基於規則的機器翻譯中也大量使用了這些思想。

雖然在這段時間，使用機器進行翻譯的議題越加火熱，但是事情並不總是一帆風順，懷疑論者對機器翻譯一直存有質疑，並很容易找出一些機器翻譯無法解決的問題。自然地，人們也期望能夠客觀地評估機器翻譯的可行性。當時，美國基金資助組織委任自動語言處理諮詢會承擔了這項任務。經過近兩年的調查與分析，該委員會於 1966 年 11 月公佈了一個題為 *LANGUAGE AND MACHINES* 的報告（如圖 1-4 所示），即 ALPAC 報告。該報告全面否定了機器翻譯的可行性，為機器翻譯的研究潑了一盆冷水。

隨後，美國政府終止了對機器翻譯研究的支持，這導致整個產業界和學術界都在回避機器翻譯。沒有了政府的支援，企業也無法進行大規模資金投入，機器翻譯的研究就此受挫。

從歷史上看，包括機器翻譯在內，很多人工智慧的細分領域在那個年代並不受「待見」，其主要原因在於當時的技術水平還比較低，而大家又對機器翻譯等技術的期望過高。最後發現，當時的機器翻譯水平無法滿足實際需要，因此轉而排斥它。也正是這一盆冷水，讓研究人員可以更加冷靜地思考機器翻譯的發展方向，為後來的爆發蓄力。

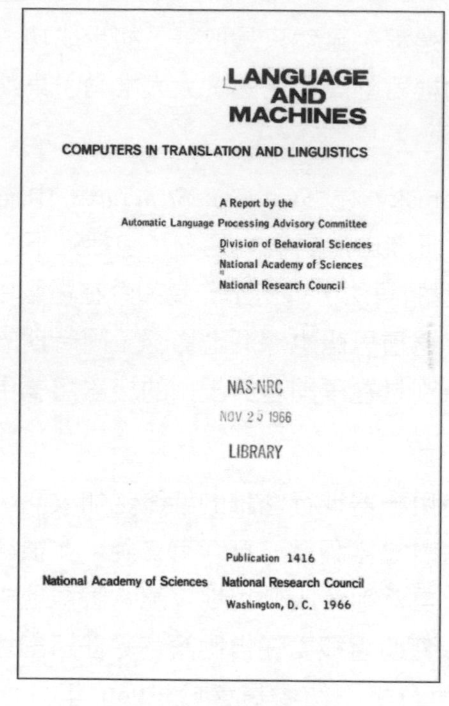
LANGUAGE AND MACHINES

COMPUTERS IN TRANSLATION AND LINGUISTICS

A Report by the
Automatic Language Processing Advisory Committee
Division of Behavioral Sciences
National Academy of Sciences
National Research Council

Publication 1416
National Academy of Sciences National Research Council
Washington, D.C. 1966

圖 1-4 ALPAC 報告

1.2.4 機器翻譯的快速成長

事物的發展都是螺旋式上升的，機器翻譯也一樣。早期，基於規則的機器翻譯方法需要人來書寫規則，雖然對少部分句子具有較高的翻譯精度，但是對翻譯現象的覆蓋度有限，而且對規則或者範本中的雜訊非常敏感，系統健壯性差。

20 世紀 70 年代中後期，特別是 80 年代到 90 年代初，國家之間的往來日益密切，而不同語言之間形成的交流障礙卻愈發嚴重，傳統的人工作業方式遠不能滿足需求。與此同時，語料庫語言學的發展也為機器翻譯提供了新的思路。一方面，隨著傳統紙質文字資料不斷電子化，電腦可讀的語料越來越多，這使得人們可以用電腦對語言規律進行統計分析；另一方面，隨著可用資料越來越多，用數學模型描述這些資料中的規律並進行推理逐漸成為可能。這也衍生出了一類數學建模方法——資料驅動（Data-driven）的方法。同時，這類方法也成了隨後出現的統計機器翻譯的基礎。例如，IBM 的研究人員提出的基於雜訊通道模型的 5 種統計翻譯模型[9,10] 就使用了這類方法。

基於資料驅動的方法不依賴人書寫的規則，機器翻譯的建模、訓練和推斷都可以自動地從資料中學習。這使得整個機器翻譯的範式發生了翻天覆地的變化，例如，日本學者長尾真提出的基於實例的方法[11,12] 和統計機器翻譯[9,10] 就是在此期間興起的。此外，這樣的方法使得機器翻譯系統的開發代價大大降低。

從 20 世紀 90 年代到本世紀初，隨著語料庫的完善與高性能電腦的發展，統計機器翻譯很快成了當時機器翻譯研究與應用的代表性方法。一個標示性的事件是 Google 公司推出了一個線上的免費自動翻譯服務，也就是大家熟知的 Google 翻譯。這使得機器翻譯這種「高大上」的技術快速進入人們的生活，而不再是束之高閣的科學研究想法。隨著機器翻譯不斷走向實用，機器翻譯的應用也越來越多，這反過來促進了機器翻譯的研究處理程序。例如，在 2005—2015 年，統計機器翻譯這個主題幾乎統治了 ACL 等自然語言處理領域的頂級會議，可見其在當時的影響力。

1.2.5 機器翻譯的爆發

進入 21 世紀，統計機器翻譯拉開了黃金發展期的序幕。在這一時期，基於統計機器翻譯的模型層出不窮，經典的基於短語的模型和基於句法的模型也先後被提出。2013 年以後，機器學習的進步帶來了機器翻譯技術的進一步提升。特別是基於神經網路的深度學習方法在機器視覺、語音辨識中被成功應用，帶來性能的飛躍式提升。很快，深度學習方法也被用於機器翻譯。

實際上，對於機器翻譯任務來說，深度學習方法被廣泛使用也是一種必然，原因如下：

（1）點對點學習不依賴於過多的先驗假設。在統計機器翻譯時代，模型設計或多或少會對翻譯的過程進行假設，稱為隱藏結構假設。例如，基於短語的模型假設來源語言和目的語言都會被切分成短語序列，這些短語之間存在某種對齊關係。這種假設既有優點也有缺點：一方面，該假設有助於模型融入人類的先驗知識，例如，統計機器翻譯中一些規則的設計就借鏡了語言學的相關概念；另一方面，假設越多，模型受到的限制也越多。如果假設是正確的，模型就可以極佳地描述問題；如果假設是錯誤的，那麼模型對輸入的處理就可能出現偏差。深度學習不依賴於先驗知識，也不需要手工設計特徵，模型直接從輸入和輸出的映射上學習（點對點學習），這也在一定程度上避免了隱藏結構假設造成的偏差。

（2）神經網路的連續空間模型有更強的表示能力。機器翻譯中的一個基本問題是：如何表示一個句子？統計機器翻譯把句子的生成過程看作短語或者規則的推導，這本質上是一個離散空間上的符號系統。深度學習把傳統的基於離散化的表示變成連續空間的表示。例如，用實數空間的分散式表示代替離散化的詞語表示，而整個句子可以被描述為一個實數向量。這使得翻譯問題可以在連續空間上描述，進而大大緩解了傳統離散空間模型裡維度災難等狀況。更重要的是，連續空間模型可以用梯度下降等方法進行最佳化，具有很好的數學性質並且易於實現。

（3）深度網路學習演算法的發展和圖形處理單元（Graphics Processing Unit，GPU）等平行計算裝置為訓練神經網路提供了可能。早期的基於神經網路的方法一直沒有在機器翻譯甚至自然語言處理領域得到大規模應用，其中一個重要原因是這類方法需要大量的浮點運算，但是以前電腦的運算能力無法達到這個要求。隨著 GPU 等平行計算裝置的進步，訓練大規模神經網路也變為可能。如今，已經可以在幾億、幾十億，甚至上百億句對上訓練機器翻譯系統，系統研發的週期越來越短，進展日新月異。

如今，神經機器翻譯已經成為新的範式，與統計機器翻譯一同推動了機器翻譯技術與應用產品的發展。從世界上著名的機器翻譯比賽 WMT 和

CCMT 中就可以看出這個趨勢。如圖 1-5 所示，圖 1-5(a) 所示為 WMT 19 國際機器翻譯大賽的參賽隊伍，這些參賽隊伍基本上都在使用深度學習完成機器翻譯的建模。而奪得 WMT 19 比賽各項目冠 軍的團隊，多採用神經機器翻譯系統，圖 1-5(b) 所示為 WMT 19 比賽各項目的最高分。

(a) WMT 19 國際機器翻譯大賽的參賽隊伍

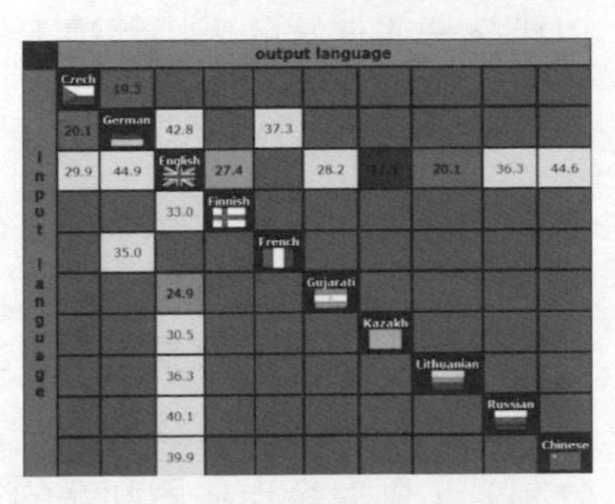

(b) WMT 19 比賽各項目的最高分

圖 1-5 WMT 19 國際機器翻譯大賽

值得一提的是，近年，神經機器翻譯的快速發展也得益於產業界的關注。各大網際網路企業和機器翻譯技術研發機構都對神經機器翻譯的模型和實踐方法給予了很大貢獻。很多企業憑藉自身人才和基礎設施方面的優勢，先後推出了以神經機器翻譯為核心的產品及服務，相關技術方法已經在大規模應用中得到驗證，大大推動了機器翻譯的產業化進程，而且這種趨勢在不斷加強，機器翻譯的前景也更加寬廣。

1.3 機器翻譯現狀及挑戰

機器翻譯技術發展到今天已經過無數次迭代，技術範式也經過若干次更替，機器翻譯的應用也如雨後春筍相繼浮現。如今，機器翻譯的品質究竟如何呢？樂觀地說，在很多特定的條件下，機器翻譯的譯文結果是非常不錯的，甚至接近人工翻譯的結果。然而，在開放式翻譯任務中，機器翻譯的結果並不完美。嚴格地說，機器翻譯的品質遠沒達到人們所期望的程度。「機器翻譯將代替人工翻譯」並不是事實。例如，在高精度同聲傳譯任務中，機器翻譯仍需要打磨；針對小説的翻譯，機器翻譯還無法做到與人工翻譯媲美；甚至有人嘗試用機器翻譯系統翻譯中國古代詩詞，這種做法更多是娛樂。毫無疑問的是，機器翻譯可以幫助人類，甚至有朝一日可以代替一些低端的人工翻譯工作。

圖 1-6 展示了機器翻譯與人工翻譯品質的對比結果。在中文到英文的新聞翻譯任務中，如果對譯文進行人工評價（五分制），那麼機器翻譯的譯文得 3.9 分，人工譯文得 4.7 分（人的翻譯也不是完美的）。可見，雖然在這個任務中機器翻譯表現得不錯，但是與人還有一定差距。如果換一種方式評價，把人的譯文作為參考答案，用機器翻譯的譯文與其進行比對（百分制），則會發現機器翻譯的得分只有 47 分。當然，這個結果並不是説機器翻譯的譯文品質很差，而是表明機器翻譯系統可以生成一些與人工翻譯不同的譯文，機器翻譯也具有一定的創造性。這類似於很多圍棋選手都想向 AlphaGo 學習，因為它能走出人類棋手從未「走過」的妙招。

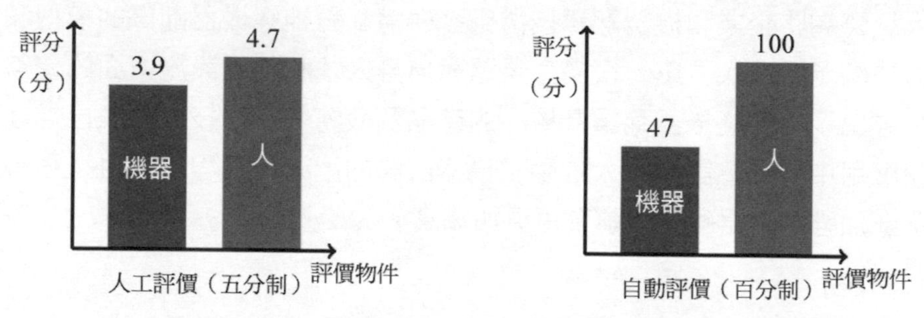

圖 1-6 機器翻譯與人工翻譯品質的對比結果（中英新聞領域翻譯）

圖 1-7 展示了一個中翻英的翻譯實例。對比後可以發現，機器翻譯與人工翻譯還會有差距，特別是在翻譯一些具有感情色彩的詞語時，機器翻譯的譯文缺少一些「味道」。那麼，機器翻譯一點用都沒有嗎？顯然不是。實際上，如果考慮翻譯速度與翻譯代價，則機器翻譯的價值是無可比擬的。還是同一個例子，如果人工翻譯一篇短文需要 30 分鐘甚至更長時間，那麼機器翻譯僅需要兩秒。換種情況思考，如果有 100 萬篇這樣的文件，那

麼其人工翻譯的成本根本無法想像，消耗的時間更是難以計算，而電腦叢集僅僅需要一天就能完成，而且只有電力的消耗。

源 語 言：從前有一個小島，上面住著快樂、悲哀、知識和愛，還有其他各種情感。一天，情感們得知小島快要下沉了。於是，大家都準備船隻，離開小島，只有愛決定留下來，她想堅持到最後一刻。過了幾天，小島真的要下沉了，愛想請人幫忙。

機器翻譯：Once upon a time there was an island on which lived happiness,sorrow,knowledge,love and other emotions. One day, the emotions learned that the island was going to sink.As a result,everyone pre-pared the boat and left the island. Only Love decided to stay.She wanted to stick to it until the last moment. After a few days, the island was really going to sink and love wanted help.

人工翻譯：Once upon a time, there was a small island where lived all kinds of emotions like JOY,SADNESS, KNOWLEDGE, and LOVE.One day, these emotions found that the island was sinking, so one by one they prepared the boat and planned to leave. None but LOVE chose to stay there. She was deter-mined to persist till the last moment.A few days later, almost the whole island sunk into the sea, and LOVE had to seek for help.

圖 1-7 一個中翻英的翻譯實例

雖然機器翻譯有上述優點，但仍然面臨如下挑戰：

- **自然語言翻譯問題的複雜性極高**。自然語言具有高度的綜合性、靈活性和多樣性，這些都很難用幾個簡單的模型和演算法來描述。因此，翻譯問題的數學建模和電腦程式的實現難度很大。雖然近幾年 AlphaGo 等人工智慧系統在圍棋等領域取得了令人矚目的成績，但是相比翻譯來說，圍棋等棋類任務仍然「簡單」。正如不同人對同一句話的理解不盡相同，一個句子往往不存在絕對的標準譯文，其潛在的譯文幾乎是不可窮盡的。人類譯員在翻譯每個句子、每個單字時，都要考慮整個篇章的上下文語境。這些困難都不是傳統棋類任務所具有的。

- **電腦的「理解」與人類的「理解」存在鴻溝**。人類一直希望把自己翻譯時所使用的知識描述出來，並用電腦程式進行實現，如早期基於規則的機器翻譯方法就源自這個思想。但是，經過實踐發現，人和電腦在「理解」自然語言上存在明顯差異。首先，人類的語言能力是經過長時間在多種外部環境因素共同作用形成的，這種能力很難用電腦準確地刻畫。況且，人類的語言知識本身就很難描述，更不用說讓電腦來理解；其次，人和機器翻譯系統理解語言的目的不一樣。人理解並使用語言是為了進行生活和工作，而機器翻譯系統更多是為了對某些數學上定義的目標函數進行最佳化。也就是說，機器翻譯系統關注的是翻譯這個單一目標，並不像人一樣進行複雜的活動。此外，人和電腦的運行方式有著本質區別。人類語言能力的生物學機制與機器翻譯系統所使用的計算模型本質上是不同的，機器翻譯系統使用的是其自身能夠理解的「知識」，如統計學上的詞語表示。這種「知識」並不需要人來理解，從系統開發的角度，電腦也並不需要理解人是如何思考的。

- **單一的方法無法解決多樣的翻譯問題**。首先，語種的多樣性會導致任意兩種語言之間的翻譯實際上都是不同的翻譯任務。例如，世界上存在的語言多達幾千種，如果選擇任意兩種語言進行互譯，就會產生上百萬種翻譯方向。雖然已經有研究人員嘗試用同一個框架甚至同一個翻譯系統進行全語種的翻譯，但是這類系統離真正可用還有很遠的距離。其次，不同的領域、不同的應用場景對翻譯有不同的需求。例如，文學作品的翻譯和新聞的翻譯就有不同，口譯和筆譯也有不同，類似的情況不勝枚舉。以上這些都增加了電腦對翻譯進行建模的難度。再次，對於機器翻譯來說，充足的高品質資料是必要的，但是不同語種、不同領域、不同應用場景所擁有的資料量有明顯差異，很多語種甚至幾乎沒有可用的資料。這時，開發機器翻譯系統的難度可想而知。值得注意的是，現在的機器翻譯還無法像人類一樣在學習少量樣例的情況下舉一反三，因此資料缺乏情況下的機器翻譯也給研究人員帶來了很大的挑戰。

顯然，實現機器翻譯並不簡單，甚至有人把機器翻譯看作實現人工智慧的終極目標。幸運的是，如今的機器翻譯無論是在技術方法上，還是在應用上都有了巨大的飛躍，很多問題在不斷被解決。如果讀者看到過十年前機器翻譯的結果，再對比如今的結果，一定會感歎翻譯品質的今非昔比，很多譯文已經非常準確且流暢。從當今機器翻譯的前端技術看，近 30 年機器翻譯的進步更多是得益於使用基於資料驅動的方法和統計建模方法。特別是近些年深度學習等基於表示學習的點對點方法使得機器翻譯的水平達到了新高度。因此，本書將對基於統計建模和深度學習方法的機器翻譯模型、方法和系統實現進行全面介紹和分析，希望這些論述可以為讀者的學習和科學研究提供參考。

1.4 基於規則的機器翻譯方法

機器翻譯技術大體上可以分為兩種方法，分別為基於規則的機器翻譯方法和資料驅動的機器翻譯方法。資料驅動的機器翻譯方法又可以分為統計機器翻譯方法和神經機器翻譯方法。第一代機器翻譯技術主要使用基於規則的機器翻譯方法，其主要思想是透過形式文法定義的規則引入來源語言和目的語言中的語言學知識。此類方法在機器翻譯技術誕生之初就被關注，特別是在 20 世紀 70 年代，以基於規則的方法為代表的專家系統是人工智慧中最具代表性的研究領域。甚至到了統計機器翻譯時代，很多系統中還大量地使用基於規則的翻譯知識表達形式。

早期，基於規則的機器翻譯大多依賴人工定義及書寫的規則。主要有兩類方法[13-15]：一類是基於轉換規則的機器翻譯方法，簡稱轉換法；另一類是基於中間語言的方法。它們以詞典和人工書寫的規則庫作為翻譯知識，用一系列規則的組合完成翻譯。

1.4.1 規則的定義

規則就像 "If-then" 敘述，如果滿足條件，則執行相應的語義動作。例如，可以用目的語言單字替換待翻譯句子中的某個詞，但這種替換並不是隨意的，而是在語言學知識的指導下進行的。

圖 1-8 展示了一個使用轉換法進行翻譯的實例。本例，利用一個簡單的中翻英規則庫完成對句子「我對你感到滿意」的翻譯。當翻譯「我」時，從規則庫中找到規則 1，該規則表示遇到單字「我」就翻譯為 "I"。類似地，可以從規則庫中找到規則 4，該規則表示翻譯調序，即將單字 "you" 放到 "be satisfied with" 後面。這種透過規則表示單字之間對應關係的方式，也為統計機器翻譯方法的發展提供了思路。例如，在統計機器翻譯中，基於短語的翻譯模型使用短語對對來源語言進行替換，詳細描述可以參考第 7 章。

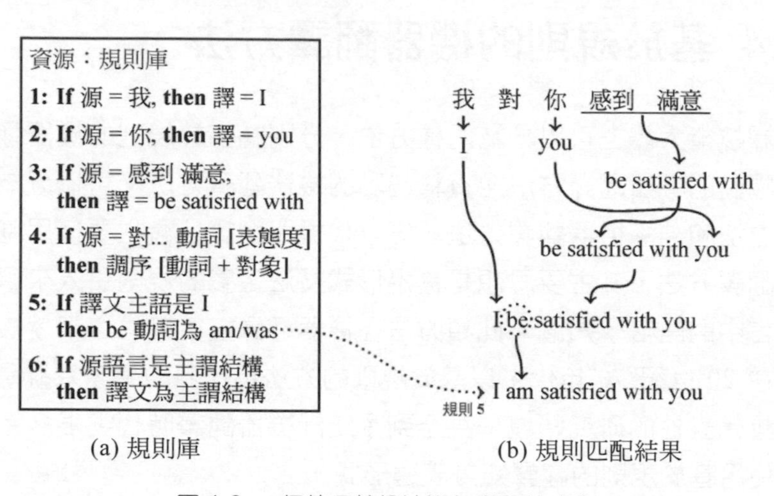

(a) 規則庫　　(b) 規則匹配結果

圖 1-8 一個使用轉換法進行翻譯的實例

在上述例子中可以發現，規則不僅僅可以翻譯句子之間單字的對應，如規則 1，還可以表示句法甚至語法之間的對應，如規則 6。因此，基於規則的機器翻譯方法可以分成 4 個層次，如圖 1-9 所示。圖中不同的層次表示採用不同的知識來書寫規則，進而完成機器翻譯的過程。圖 1-9 包括 4 個層次，分別為詞彙轉換層、句法轉換層、語義轉換層和中間語言層。其中，上層可以繼承下層的翻譯知識，例如，句法轉換層會利用詞彙轉換層的知識。早期，基於規則的機器翻譯方法屬於詞彙轉換層。

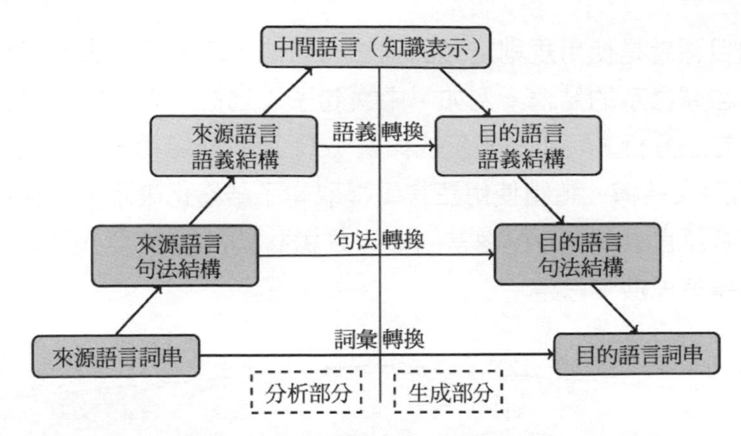

圖 1-9 基於規則的機器翻譯方法的 4 個層次馮志偉[16]

1.4.2 轉換法

通常，一個典型的基於轉換規則的機器翻譯（Transfer-based Translation）的過程可以被視為「獨立分析-相關轉換-獨立生成」的過程[17]。如圖 1-10 所示，這個過程可以分成 6 步，其中每一個步驟都是透過相應的翻譯規則完成的。例如，第 1 個步驟中需要建構來源語言詞法分析規則，第 2 個步驟中需要建構來源語言句法分析規則，第 3 個和第 4 個步驟中需要建構轉換規則，其中包括來源語言-目的語言單字和結構轉換規則等。

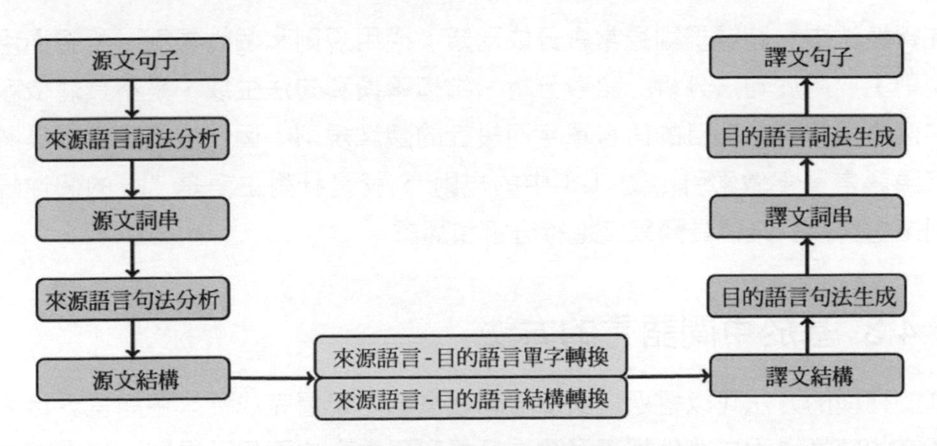

圖 1-10 基於轉換規則的機器翻譯的過程

轉換法的目標就是使用規則定義的詞法和句法，將來源語言句子分解成一個蘊含語言學標示的結構。例如，中文句子「她把一束花放在桌上。」經過詞法和句法分析，可以被表示成如圖 1-11 所示的結構，這個結構就是圖 1-10 中的源文結構。這種使用語言學提取句子結構化表示，並使用某種規則匹配來源語言結構和目的語言結構的方式為第 8 章將要介紹的基於語言學句法的模型提供了思路。

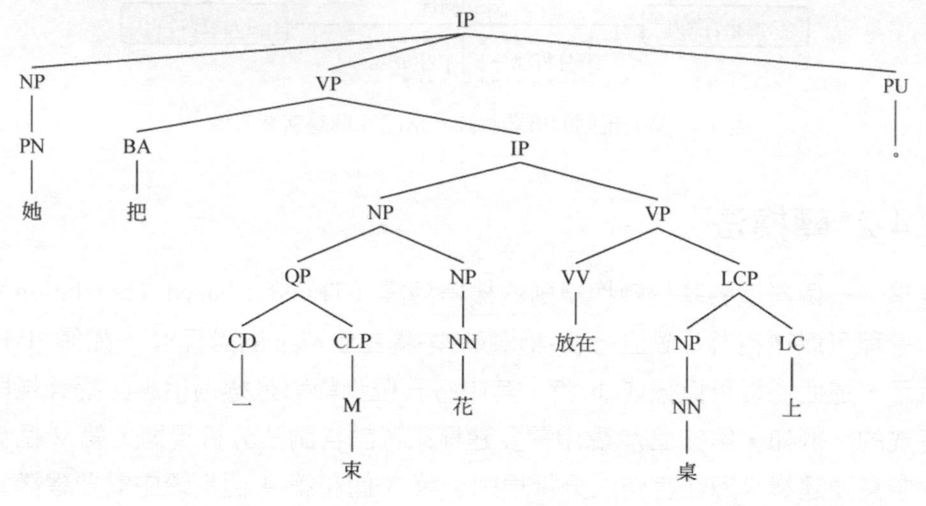

圖 1-11 一個中文句子的結構表示（句法樹）

在轉換法中，翻譯規則通常會分成兩類：通用規則和個性規則。所謂通用規則主要用於句法分析、語義分析、結構轉換和句法生成，是不具體依賴某個來源語言或者目的語言單字而設計的翻譯規則；個性規則通常以具體來源語言單字做索引，圖 1-8 中的規則 5 就是針對主語是 "I" 的個性規則，它直接對某個具體單字進行分析和翻譯。

1.4.3 基於中間語言的方法

基於轉換的方法可以透過詞彙層、句法層和語義層完成從來源語言到目的語言的轉換過程，雖然採用了獨立分析和獨立生成兩個子過程，但中間包含一個從來源語言到目的語言的相關轉換過程。這就導致了一個問題：假設需要實現N個語言之間互譯的機器翻譯系統，採用基於轉換的方法，需要建構$N(N-1)$個不同的機器翻譯系統，這樣建構的代價是非常高的。為了解決這個問題，一種有效的解決方案是使用基於中間語言的機器翻譯（Interlingua-based Translation）方法。

如圖 1-12 所示，基於中間語言的方法的最大特點就是採用了一個稱為「中間語言」的知識表示結構，將「中間語言」作為獨立來源語言分析和獨立目的語言生成的橋樑，真正實現獨立分析和獨立生成的過程。此外，並在基於中間語言的方法中，不涉及「相關轉換」這個過程，這一點與基於轉換的方法有很大區別。

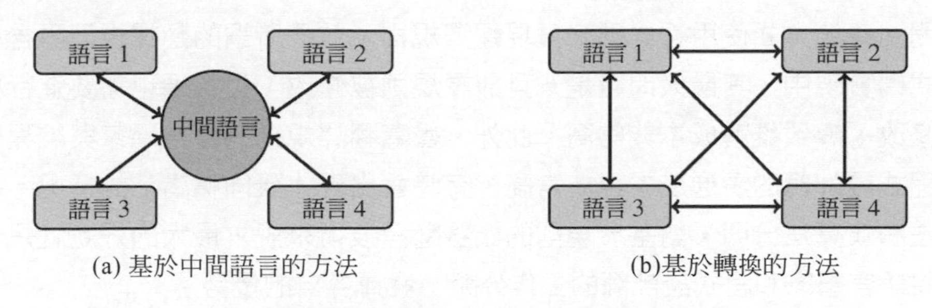

圖 1-12 基於中間語言的方法與基於轉換的方法

從圖 1-9 中可以發現，中間語言（知識表示）處於頂端，本質上是獨立於來源語言和目的語言的，這也是基於中間語言的方法可以將分析過程和生成過程分開的原因。

雖然基於中間語言的方法有上述優點，但如何定義中間語言是一個關鍵問題。嚴格來說，中間語言本身是一種知識表示結構，承載著來源語言句子的分析結果，應該包含和表現盡可能多的來源語言知識。如果中間語言的表示能力不強，就會導致來源語言句子資訊遺失，這自然會影響目的語言生成結果。

在基於規則的機器翻譯方法中，建構中間語言結構的知識表示方式有很多，常見的是語法樹、語義網、邏輯結構表示或者多種結構的融合。不管哪種方法，實際上都無法充分地表達來源語言句子所攜帶的資訊。因此，在早期的基於規則的機器翻譯研究中，基於中間語言的方法明顯弱於基於轉換的機器翻譯方法。近年，隨著神經機器翻譯等方法的興起，使用統一的中間表示來刻畫句子又受到了廣泛關注。但是，神經機器翻譯中的「中間表示」並不是規則系統中的中間語言，二者有著本質區別，這部分內容將在第 10 章介紹。

1.4.4 基於規則的方法的優缺點

在基於規則的機器翻譯時代，機器翻譯技術研究有一個特點——語法（Grammar）和演算法（Algorithm）分開，相當於把語言分析和程式設計分開。傳統方式使用程式碼來實現翻譯規則，並把所謂的翻譯規則隱含在程式碼實現中，其最大問題是一旦翻譯規則被修改，程式碼也需要進行相應修改，導致維護成本非常高。此外，書寫翻譯規則的語言學家與編程式的程式設計師的溝通成本也非常高，有時會出現「雞同鴨講」的情況。將語法和演算法分開，對基於規則的機器翻譯技術來說，最大的好處就是可以將語言學家和程式設計師的工作分開，發揮各自的優勢。

這種語言分析和程式設計分開的實現方式也使得基於人工書寫翻譯規則的機器翻譯方法非常直觀，語言學家可以很容易地將翻譯知識用規則的方法表達出來，且不需要修改系統程式。例如，1991 年，東北大學自然語言處理實驗室的王寶庫教授提出的規則描述語言（CTRDL）[18]，以及 1995 年，東北大學自然語言處理實驗室的姚天順教授提出的詞彙語義驅動演算法唐泓英 1995 基於搭配詞典的詞彙語義驅動演算法[19]，都是在這種思想上對機器翻譯方法的一種改進。此外，使用規則本身就具有一定的優勢：

- 翻譯規則的書寫顆粒度具有很大的可伸縮性。
- 較大顆粒度的翻譯規則具有很強的概括能力，較小顆粒度的翻譯規則具有精細的描述能力。
- 翻譯規則便於處理複雜的句法結構並進行深層次的語義理解，如解決翻譯過程中的長距離依賴問題。

從圖 1-8 中可以看出，規則的使用和人類進行翻譯時所使用的思想非常類似，可以說基於規則的方法實際上在試圖描述人類進行翻譯的思維過程。雖然直接模仿人類的翻譯方式對翻譯問題進行建模是合理的，但這在一定程度上暴露了基於規則的方法的弱點。在基於規則的機器翻譯方法中，人工書寫翻譯規則的主觀因素重，有時與客觀事實有一定差距。另外，人工書寫翻譯規則的難度大，代價非常高，這也成了資料驅動的機器翻譯方法需要改進的方向。

1.5 資料驅動的機器翻譯方法

雖然基於規則的機器翻譯方法有不少優勢，但是該方法的人工代價過高。因此，研究人員開始嘗試更好地利用資料，從資料中學習到某些規律，而非完全依靠人類制定規則。在這樣的思想下，資料驅動的機器翻譯方法誕生了。

1.5.1 基於實例的機器翻譯

在實際使用上，4 節提到的基於規則的方法常被用在受限翻譯場景中，如受限詞彙集的翻譯。針對基於規則的方法存在的問題，基於實例的機器翻譯於 20 世紀 80 年代中期被提出[11]。該方法的基本思想是在雙敘述庫中找到與待翻譯句子相似的實例，之後對實例的譯文進行修改，如對譯文進行替換、增加、刪除等一系列操作，從而得到最終譯文。這個過程可以類比人類學習並運用語言的過程：人會先學習一些翻譯實例或者範本，當遇到新的句子時，會用以前的實例和範本做對比，之後得到新的句子的翻譯結果。這也是一種舉一反三的思想。

圖 1-13 展示了一個基於實例的機器翻譯過程。它利用簡單的翻譯實例庫與翻譯詞典完成對句子「我對你感到滿意」的翻譯。首先，將待翻譯句子的

來源語言端在翻譯實例庫中進行比較，根據相似度大小找到相似的實例「我對他感到失望」。然後，標記實例中不匹配的部分，即「你」和「他」，「滿意」和「失望」。再查詢翻譯詞典得到詞「你」和「滿意」對應的翻譯結果"you"和"satisfied"，用這兩個詞分別替換實例中的"him"和"disappointed"，從而得到最終譯文。

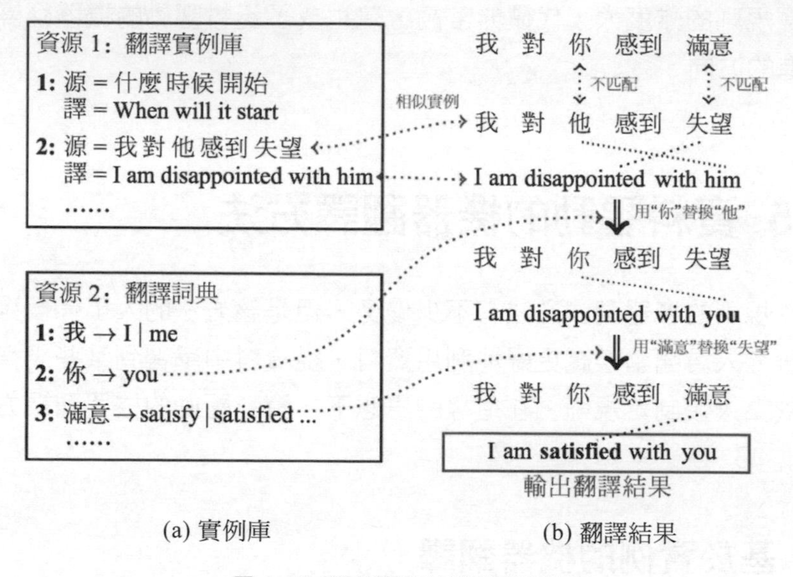

(a) 實例庫　　(b) 翻譯結果

圖 1-13 基於實例的機器翻譯過程

當然，基於實例的機器翻譯並不完美：

- 這種方法對翻譯實例的精確度要求非常高，一個錯誤的實例可能會導致整個句型都無法被正確翻譯。
- 實例維護較為困難，實例庫的建構通常需要單字級對齊的標注，而保證詞對齊的品質是非常困難的工作，這大大增加了實例庫維護的難度。
- 儘管可以透過實例或者範本進行翻譯，但是其覆蓋度仍然有限。在實際應用中，很多句子無法找到可以匹配的實例或者範本。

1.5.2 統計機器翻譯

統計機器翻譯興起於 20 世紀 90 年代[9,20]，它利用統計模型從單/雙語語料中自動學習翻譯知識。具體來說，可以使用單語語料學習語言模型，使用雙語平行語料學習翻譯模型，並使用這些統計模型完成對翻譯過程的建模。整個過程不需要人工編寫規則，也不需要從實例中建構翻譯範本。無論是詞還是短語，甚至是句法結構，統計機器翻譯系統都可以自動學習。人要做的是定義翻譯所需的特徵和基本翻譯單元的形式，而翻譯知識都保存在模型的參數中。

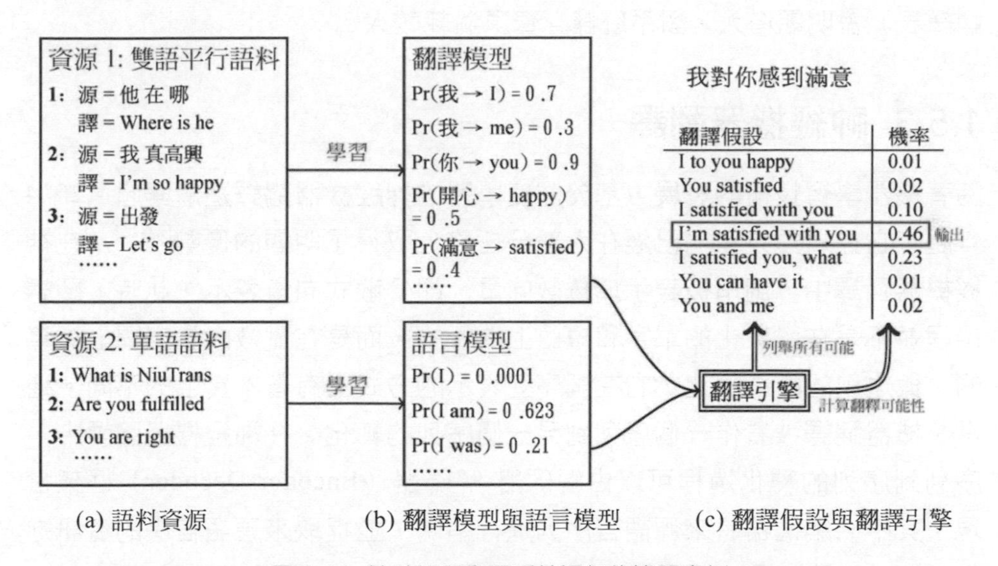

圖 1-14 統計機器翻譯系統運行的簡單實例

圖 1-14 展示了一個統計機器翻譯系統運行的簡單實例。整個系統需要兩個模型：翻譯模型和語言模型。翻譯模型從雙語平行語料中學習翻譯知識，得到短語表，短語表包含了各種單字的翻譯及其機率，這樣可以判斷來源語言和目的語言片段之間互為翻譯的可能性；語言模型從單語語料中學習目的語言的詞序列生成規律，來衡量目的語言譯文的流暢性。最後，將這兩種模型聯合使用，透過翻譯引擎搜索盡可能多的翻譯結果，並計算不同翻譯結果的可能性大小，最後將機率最大的譯文作為最終結果輸出。這個

過程並沒有顯性地使用人工翻譯規則和範本，譯文的生成僅僅依賴翻譯模型和語言模型中的統計參數。

統計機器翻譯沒有對翻譯過程進行過多的限制，有很靈活的譯文生成方式，因此系統可以處理結構更加多樣的句子。這種方法也帶來了一些問題：首先，雖然不需要人工定義翻譯規則或範本，但仍然需要人工定義翻譯特徵。提升翻譯品質往往需要大量的特徵工程，這導致人工特徵設計的好壞會對系統產生決定性影響；其次，統計機器翻譯的模組較多，系統研發比較複雜；再次，隨著訓練資料的增多，統計機器翻譯的模型（如短語翻譯表）會明顯增大，對系統儲存資源消耗較大。

1.5.3 神經機器翻譯

隨著機器學習技術的發展，基於深度學習的神經機器翻譯逐漸興起。2014年起，它在短短幾年內已經在大部分任務上取得了明顯的優勢[21-25]。在神經機器翻譯中，詞串被表示成實數向量，即分散式向量表示。此時，翻譯過程並不是在離散化的單字和短語上進行的，而是在實數向量空間上計算的。與之前的技術相比，它在詞序列表示的方式上有著本質上的不同。通常，機器翻譯被看作一個序列到另一個序列的轉化。在神經機器翻譯中，序列到序列的轉化過程可以由編碼器-解碼器（Encoder-Decoder）框架實現。其中，編碼器將來源語言序列進行編碼，並提取來源語言中的資訊進行分散式表示，再由解碼器將這種資訊轉換為另一種語言的表達。

圖 1-15 展示了一個神經機器翻譯的實例。首先，透過編碼器，來源語言序列「我對你感到滿意」經過多層神經網路編碼生成一個向量表示，即圖中的向量$(0.2, -1,6,5,0.7, -2)$。再將該向量作為輸入送到解碼器中，解碼器把這個向量解碼成目的語言序列。注意，目的語言序列的生成是逐詞進行的（雖然圖中展示的是解碼器一次生成了整個序列，但是在具體實現時是由左至右一個一個單字地生成目的語言譯文），即在生成目標序列中的某個詞時，該詞的生成依賴之前生成的單字。

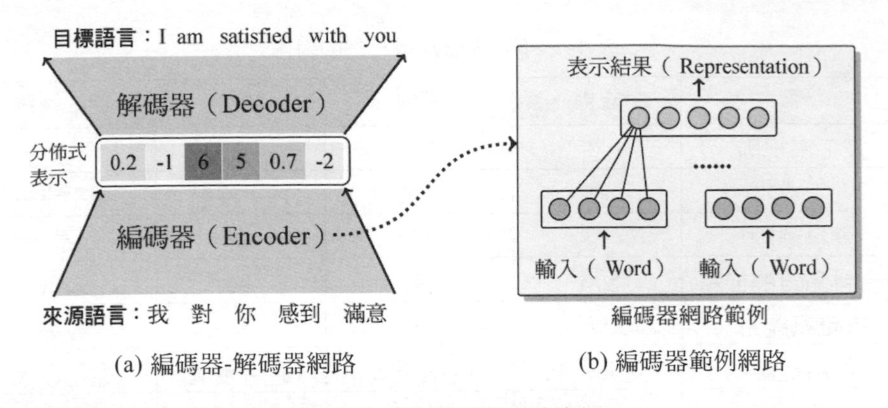

圖 1-15 神經機器翻譯的實例

與統計機器翻譯相比，神經機器翻譯的優勢表現在其不需要特徵工程，所有資訊由神經網路自動從原始輸入中提取。而且，相比於統計機器翻譯所使用的離散化的表示，神經機器翻譯中詞和句子的分散式連續空間表示可以為建模提供更豐富的資訊。同時，可以使用相對成熟的基於梯度的方法最佳化模型。此外，神經網路的儲存需求較小，天然適合小裝置上的應用。當然，神經機器翻譯也存在問題：

- 雖然脫離了特徵工程，但神經網路的結構需要人工設計，即使設計好結構，系統的調優、超參數（Hyperparameter）的設置等仍然依賴大量的實驗。
- 神經機器翻譯缺乏可解釋性，其過程和人的認知差異很大，透過人的先驗知識干預的程度差。
- 神經機器翻譯對資料的依賴很強，資料規模、品質對其性能都有很大影響，特別是在資料缺乏的情況下，充分訓練神經網路很有挑戰性。

1.5.4 對比分析

不同機器翻譯方法有不同的特點。表 1-1 對比了這些方法。

表 1-1 不同機器翻譯方法的對比

特點	規則	實例	統計	神經網路
人工寫規則	是	否	否	否
人工成本	高	一般	幾乎沒有	幾乎沒有
資料驅動	否	是	是	是
對資料品質的依賴	N/A	高	低	較低
抗雜訊能力	低	低	高	較高
使用範圍	受限領域	受限領域	通用領域	通用領域
翻譯精度	高	較高	不確定	不確定

不難看出：

- 基於規則的方法需要人工書寫規則並維護，人工成本較高。統計和神經網路方法僅需要設計特徵或者神經網路結構，對人工的依賴較少（語言相關的）。
- 基於實例、統計和神經網路的方法都需要依賴語料庫（資料），其中基於統計的和基於神經網路的方法具有一定的抗雜訊能力，因此更適合用來架設擁有大規模資料的機器翻譯系統。
- 基於規則和基於實例的方法在受限領域下有較好的精度，但在通用領域的翻譯上，基於統計的和基於神經網路的方法更具優勢。

從機器翻譯的研究和應用現狀來看，基於統計建模的方法（統計機器翻譯和神經機器翻譯）是主流。這主要是由於它們的系統研發週期短，搜集一定量的資料即可實現快速原型。隨著網際網路等資訊的不斷開放，低成本的資料獲取讓神經機器翻譯系統更快得以實現。因此，神經機器翻譯憑藉其高品質的譯文，受到了越來越多研究人員和開發人員的青睞。當然，對不同方法進行融合也是有價值的研究方向，也有很多有趣的探索。例如，無指導機器翻譯中會同時使用統計機器翻譯和神經機器翻譯方法，這也是一種典型的融合多種方法的思路。

1.6 推薦學習資源

1.6.1 經典書籍

Statistical Machine Translation[26]一書的作者是機器翻譯領域著名學者 Philipp Koehn 教授。該書是機器翻譯領域的經典之作，介紹了統計機器翻譯技術的進展。該書從語言學和機率學兩方面介紹了統計機器翻譯的組成要素，然後介紹了統計機器翻譯的主要模型：基於詞、基於短語和基於樹的模型，以及機器翻譯評價、語言建模、判別式訓練等方法。此外，作者在該書的最新版本中增加了神經機器翻譯的章節，方便研究人員更加了解機器翻譯的最新發展趨勢[27]。

Foundations of Statistical Natural Language Processing[28] 中文譯名《統計自然語言處理基礎》，作者是自然語言處理領域的權威 Chris Manning 教授和 Hinrich Schütze 教授。該書對統計自然語言處理方法進行了全面介紹。書中講解了統計自然語言處理所需的語言學和機率論基礎知識，介紹了機器翻譯評價、語言建模、判別式訓練及整合語言學資訊等基礎方法。書中包含了建構自然語言處理工具所需的基本理論和演算法，涵蓋了數學和語言學的基礎內容及相關的統計方法。

《統計自然語言處理》（第 2 版）[29] 由中國科學院自動化所宗成慶教授所著。該書系統介紹了統計自然語言處理的基本概念、理論方法和最新研究進展，既有對基礎知識和理論模型的介紹，也有對相關問題的研究背景、實現方法和技術現狀的詳細闡述，可供從事自然語言處理、機器翻譯等研究的相關人員參考。

由 Ian Goodfellow、Yoshua Bengio、Aaron Courville 三位機器學習領域的學者所著的 *Deep Learning*[30]也是值得一讀的參考書。書中講解了深度學習常用的方法，其中很多方法都會在深度學習模型設計和使用中用到。同時，在該書的應用章節也簡單講解了神經機器翻譯的任務定義和發展過程。

Neural Network Methods for Natural Language Processingg[31]是由 Yoav Goldberg 編寫的面向自然語言處理的深度學習參考書。相比 *Deep Learning*，該書聚焦在介紹自然語言處理中的深度學習方法，內容更易讀，非常適合自然語言處理及深度學習應用的入門者參考。

《機器學習》[32] 南京大學周志華教授所著，作為機器學習領域的入門教材，該書盡可能地涵蓋了機器學習基礎知識的各個方面。

《統計學習方法》（第 2 版）[33] 由李航博士所著，該書對機器學習的有監督和無監督等方法進行了全面而系統的介紹，可以作為梳理機器學習的知識系統、瞭解相關基礎概念的參考讀物。

《神經網路與深度學習》[34] 由復旦大學邱錫鵬教授所著，該書全面介紹了神經網路和深度學習的基本概念、常用技術，同時涉及了許多深度學習的前端方法。該書既適合初學者閱讀，也適合專業人士參考。

1.6.2 相關學術會議

許多自然語言處理的相關學術組織會定期舉辦學術會議，以計算語言學（Computational Linguistics）和自然語言處理（Natural Language Processing）方面的會議為主。與機器翻譯相關的部分會議有：

AACL，全稱為 Conference of the Asia-Pacific Chapter of the Association for Computational Linguistics，為國際權威組織計算語言學會（Association for Computational Linguistics，ACL）的亞太地區分會。2020 年會議首次召開，是亞洲地區自然語言處理領域最具影響力的會議之一。

AAMT，全稱為 Asia-Pacific Association for Machine Translation Annual Conference，為亞洲-太平洋地區機器翻譯協會舉辦的年會，旨在推進亞洲及泛太平洋地區機器翻譯的研究和產業化。特別是對亞洲國家語言的機器翻譯研究有很好的促進作用，因此成為該地區十分受關注的會議之一。

ACL，全稱為 Annual Conference of the Association for Computational Linguistics，是自然語言處理領域最高等級的會議。由計算語言學會組織，每年舉辦一次，主題涵蓋計算語言學的所有方向。

AMTA，全稱為 Biennial Conference of the Association for Machine Translation in the Americas，是美國機器翻譯協會組織的會議，每兩年舉辦一次。AMTA 會議彙聚了學術界、產業界和政府的研究人員、開發人員和使用者，為產業界和學術界提供了交流平臺。

CCL，全稱為 China National Conference on Computational Linguistics，是中國計算語言學大會。中國計算語言學大會創辦於 1991 年，由中國中文資訊學會計算語言學專業委員會組織。經過 20 餘年的發展，中國計算語言學大會已成為中國自然語言處理領域最具權威性、規模和影響最大的學術會議。作為中國中文資訊學會（中國一級學會）的旗艦會議，CCL 聚焦中國各類語言的智慧計算和資訊處理，為研討和傳播計算語言學的最新學術和技術成果提供了最廣泛的高層次交流平臺。

CCMT，全稱為 China Conference on Machine Translation，是中國機器翻譯研討會，由中國中文資訊學會主辦，旨在為國內外機器翻譯界同行提供一個平臺，促進中國機器翻譯事業發展。CCMT 不僅是中國機器翻譯領域最具影響力、最權威的學術和評測會議，而且代表了中文與民族語言翻譯技術的最高水準，對民族語言技術發展起重要推動作用。

COLING，全稱為 International Conference on Computational Linguistics，是自然語言處理領域的老牌頂級會議之一。該會議始於 1965 年，由 ICCL 國際計算語言學委員會主辦。會議簡稱為 COLING，是諧音瑞典著名作家 Albert Engström 小說中的虛構人物 Kolingen。COLING 每兩年舉辦一次。

EACL，全稱為 Conference of the European Chapter of the Association for Computational Linguistics，為 ACL 歐洲分會。雖然在歐洲召開，但會議吸引了全世界大量學者投稿並參會。

EAMT，全稱為 Annual Conference of the European Association for Machine Translation，是歐洲機器翻譯協會的年會。該會議彙聚了歐洲機器翻譯研究、產業化等方面的成果，也吸引了全球的關注。

EMNLP，全稱為 Conference on Empirical Methods in Natural Language Processing，是自然語言處理領域頂級會議之一，由 ACL 中對語言資料和經驗方法有特殊興趣的團體主辦，始於 1996 年。會議注重分享方法和經驗性的結果。

MT Summit，全稱為 Machine Translation Summit，是機器翻譯領域的重要峰會。該會議的特色是與產業結合，在探討機器翻譯技術問題的同時，更多地關注機器翻譯的應用落地工作，因此備受產業界關注。該會議每兩年舉辦一次，通常由歐洲機器翻譯協會（The European Association for Machine Translation）、美國機器翻譯協會（The Association for Machine Translation in the Americas，AMTA）和亞洲-太平洋地區機器翻譯協會（Asia-Pacific Association for Machine Translation，AAMT）舉辦。

NAACL，全稱為 Annual Conference of the North American Chapter of the Association for Computational Linguistics，為 ACL 北美分會，是自然語言處理領域的頂級會議之一，每年會選擇一個北美城市召開會議。

NLPCC，全稱為 CCF International Conference on Natural Language Processing and Chinese Computing。NLPCC 是由中國電腦學會（CCF）主辦的 CCF 中文資訊技術專業委員會年度學術會議，專注於自然語言處理及中文處理領域的研究和應用創新。會議自 2012 年開始舉辦，主要活動有主題演講、論文報告、技術測評等多種形式。

WMT，全稱為 Conference on Machine Translation，前身為 Workshop on Statistical Machine Translation，是機器翻譯領域一年一度的國際會議，其舉辦的機器翻譯評測是國際公認的頂級機器翻譯賽事之一。

除了會議，《中文資訊學報》、Computational Linguistics、Machine Translation、Transactions of the Association for Computational Linguistics、IEEE/ACM Transactions on Audio, Speech, and Language Processing、ACM Transactions on Asian and Low Resource Language Information Processing、Natural Language Engineering 等期刊也發表了許多與機器翻譯相關的重要論文。

Chapter 02

統計語言建模基礎

世間萬物的運行都是不確定的，大到宇宙的運轉，小到分子的運動，都是如此。自然語言也同樣充滿著不確定性和靈活性。建立統計模型正是描述這種不確定性的一種手段，包括機器翻譯在內的對許多自然語言處理問題的求解都很依賴這些統計模型。

本章將對統計建模的基礎數學工具進行介紹，並在此基礎上對語言建模問題展開討論。而統計建模與語言建模任務的結合也產生了自然語言處理的一個重要方向——統計語言建模（Statistical Language Modeling）。它與機器翻譯有很多相似之處，例如，二者都在描述單字串生成的過程，因此在解決問題的思路上是相通的。此外，統計語言模型常被作為機器翻譯系統的元件，對於機器翻譯系統研發有重要意義。本章所討論的內容對本書後續章節有很好的鋪陳作用。本書也會運用統計機器翻譯的方法對自然語言處理問題進行描述。

2.1 機率論基礎

為了便於後續內容的介紹，先對本書中使用的機率和統計學概念進行簡要說明。

2.1.1 隨機變數和機率

在自然界中，很多事件（Event）是否會發生是不確定的。例如，明天會下雨、擲一枚硬幣是正面朝上、扔一個骰子的點數是 1 等。這些事件可能會發生，也可能不會發生。透過大量的重複試驗，發現具有某種規律性的事件，叫作隨機事件。

隨機變數（Random Variable）是對隨機事件發生可能狀態的描述，是隨機事件的數量表徵。設$\Omega = \{\omega\}$為一個隨機試驗的樣本空間，$X = X(\omega)$就是定義在樣本空間Ω上的單值實數函數，即$X = X(\omega)$為隨機變數，記為X。隨機變數是一種能隨機選取數值的變數，常用大寫的英文字母或希臘字母表示，其取值通常用小寫字母表示。例如，用A 表示一個隨機變數，用a表示變數A的一個取值。根據隨機變數可以選取的值的某些性質，將其劃分為離散變數和連續變數。

離散變數是指在其取值區間內可以被一一列舉、總數有限並且可計算的數值變數。例如，用隨機變數X代表某次投骰子出現的點數，點數只可能取 1~6 這 6 個整數，X就是一個離散變數。

連續變數是指在其取值區間內連續取值無法被一一列舉、具有無限個取值的變數。例如，圖書館的開館時間是 8:30—22:00，用X代表某人進入圖書館的時間，時間的取值範圍是[8:30, 22:00]，X就是一個連續變數。

機率（Probability）是衡量隨機事件呈現其每個可能狀態的可能性的數值，本質上它是一個測度函數[35,36]。機率的大小表徵了隨機事件在一次試驗中發生的可能性大小。用$P(\cdot)$表示一個隨機事件的可能性，即事件發生的機率。例如，P(太陽從東方升起)表示「太陽從東方升起」的可能性，同理，$P(A = B)$ 表示的就是 "$A = B$" 這件事的可能性。

在實際問題中，往往需要得到隨機變數的機率值。但是，經常無法準確知道真實的機率值，這就需要對機率進行估計（Estimation），得到的結果是機率的估計值（Estimate）。機率值的估計是機率論和統計學中的經典問題，有很多計算方法。例如，一個簡單的方法是以相對頻次為機率的估計值。如果$\{x_1, x_2, \cdots, x_n\}$是一個試驗的樣本空間，在相同情況下重複試驗$N$次，觀察到樣本$x_i (1 \leq i \leq n)$的次數為$n(x_i)$，那麼$x_i$在這$N$次試驗中的相對頻率是$\frac{n(x_i)}{N}$。$N$越大，相對機率就越接近真實機率$P(x_i)$，即$\lim_{N\to\infty}\frac{n(x_i)}{N} = P(x_i)$。實際上，很多機率模型都等於相對頻次估計。例如，對於一個服從多項式分佈的變數，它的極大似然估計就可以用相對頻次估計實現。

機率函數是用函數形式舉出離散變數每個取值發生的機率，其實就是將變數的機率分佈轉化為數學表達形式。如果把A看作一個離散變數，把a看作變數A的一個取值，那麼$P(A)$被稱作變數A的機率函數，$P(A = a)$被稱作$A = a$的機率值，記為$P(a)$。例如，在相同條件下擲一個骰子 50 次，用A表示投骰子出現的點數這個離散變數，a_i表示點數的取值，P_i表示$A = a_i$的機率值。表 1-1 為離散變數A的機率分佈，並舉出了A的所有取值及機率。

表 2-1　離散變數A的機率分佈

A	$a_1 = 1$	$a_2 = 2$	$a_3 = 3$	$a_4 = 4$	$a_5 = 5$	$a_6 = 6$
P_i	$P_1 = \frac{4}{25}$	$P_2 = \frac{3}{25}$	$P_3 = \frac{4}{25}$	$P_4 = \frac{6}{25}$	$P_5 = \frac{3}{25}$	$P_6 = \frac{5}{25}$

除此之外，機率函數$P(\cdot)$還具有非負性、歸一性等特點。非負性是指所有的機率函數$P(\cdot)$的數值都大於或等於 0，機率函數中不可能出現負數，即$\forall x, P(x) \geq 0$。歸一性，又稱規範性，即所有可能發生的事件的機率總和為 1，即$\sum_x P(x) = 1$。

對於離散變數A，$P(A=a)$是個確定的值，可以表示事件$A=a$的可能性大小；而對於連續變數，求在某個定點處的機率是無意義的，只能求其落在某個取值區間內的機率。因此，用機率分佈函數$F(x)$和機率密度函數$f(x)$來統一描述隨機變數取值的分佈情況（如圖 2-1 所示）。機率分佈函數$F(x)$表示取值小於或等於某個值的機率，是機率的累加（或積分）形式。假設A是一個隨機變數，a是任意實數，將函數$F(a)=P\{A\leq a\}$定義為A的分佈函數。透過分佈函數，可以清晰地表示任意隨機變數的機率分佈情況。

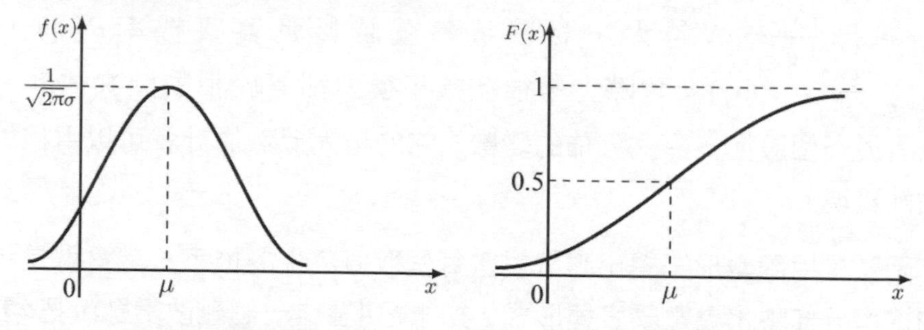

圖 2-1 機率密度函數（左）與其對應的機率分佈函數（右）

機率密度函數反映了變數在某個區間內的機率變化快慢，機率密度函數的值是機率的變化率，該連續變數的機率分佈函數就是對機率密度函數求積分得到的結果。設$f(x)\geq 0$是連續變數X的機率密度函數，X的機率分佈函數就可以用如下公式定義：

$$F(x)=\int_{-\infty}^{x} f(x)\mathrm{d}x \tag{2-1}$$

2.1.2 聯合機率、條件機率和邊緣機率

聯合機率（Joint Probability）是指多個事件共同發生，每個隨機變數滿足各自條件的機率。例如，事件A和事件B的聯合機率可以表示為$P(AB)$或$P(A\cap B)$。條件機率（Conditional Probability）是指A、B為任意的兩個事件，在事件A已出現的前提下，事件B出現的機率，用$P(B|A)$表示。

貝氏法則（見 1.4 節）是計算條件機率時的重要依據，條件機率可以表示為

$$
\begin{aligned}
P(B|A) &= \frac{P(A \cap B)}{P(A)} \\
&= \frac{P(A)P(B|A)}{P(A)} \\
&= \frac{P(B)P(A|B)}{P(A)}
\end{aligned} \tag{2-2}
$$

邊緣機率（Marginal Probability）與聯合機率相對應，它指的是$P(X = a)$或$P(Y = b)$，即僅與單一隨機變數有關的機率。對於離散隨機變數X和Y，如果知道$P(X,Y)$，則邊緣機率$P(X)$可以透過求和的方式得到。對於$\forall x \in X$，有

$$P(X = x) = \sum_y P(X = x, Y = y) \tag{2-3}$$

對於連續變數，邊緣機率$P(X)$需要透過積分得到，即

$$P(X = x) = \int P(x, y)\mathrm{d}y \tag{2-4}$$

為了更好地區分 邊緣機率、聯合機率和 條件機率，這裡用一個圖形面積的計算來舉例說明。如圖 2-2 所示，矩形A代表事件X發生所對應的所有可能狀態，矩形B代表事件Y發生所對應的所有可能狀態，矩形C代表A和B的交集，則：

- 邊緣機率：矩形A或者矩形B的面積。
- 聯合機率：矩形C的面積。
- 條件機率：聯合機率/對應的邊緣機率。例如，$P(A|B)$=矩形C的面積/矩形B的面積。

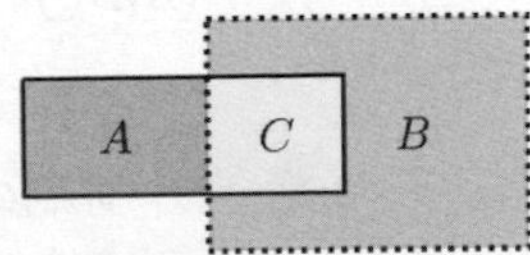

圖 2-2 A、B、C事件所對應機率的圖形化表示

2.1.3 連鎖律

條件機率公式$P(A|B) = P(AB)/P(B)$反映了事件B發生的條件下事件A發生的機率。如果將其推廣到三個事件A、B、C上，為了計算$P(A,B,C)$，可以運用兩次$P(A|B) = P(AB)/P(B)$，計算過程如下：

$$\begin{aligned} P(A,B,C) &= P(A|B,C)P(B,C) \\ &= P(A|B,C)P(B|C)P(C) \end{aligned} \tag{2-5}$$

推廣到n個事件上，可以得到連鎖律（Chain Rule）的公式：

$$P(x_1, x_2, \cdots, x_n) = \prod_{i=1}^{n} P(x_i|x_1, \cdots, x_{i-1}) \tag{2-6}$$

連鎖律經常被用於對事件序列的建模。例如，在事件A與事件C相互獨立時，事件A、B、C的聯合機率可以被表示為

$$\begin{aligned} P(A,B,C) &= P(A)P(B|A)P(C|A,B) \\ &= P(A)P(B|A)P(C|B) \end{aligned} \tag{2-7}$$

2.1.4 貝氏法則

首先介紹全機率公式：全機率公式（Law of Total Probability）是機率論中重要的公式，它可以將一個複雜事件發生的機率分解成不同情況的小事件發生機率的和。這裡先介紹一個概念——劃分。集合Σ的一個劃分事件為$\{B_1, \cdots, B_n\}$，是指它們滿足$\bigcup_{i=1}^{n} B_i = S$且$B_i \cap B_j = \varnothing, i, j = 1, \cdots, n, i \neq j$。此時，事件$A$的全機率公式可以被描述為

$$P(A) = \sum_{k=1}^{n} P(A|B_k)P(B_k) \tag{2-8}$$

舉個例子，從小張家到公司有 3 條路，分別為a、b和c，選擇每條路的機率分別為 0.5、0.3 和 0.2，令

- S_a：小張選擇走a路去上班。
- S_b：小張選擇走b路去上班。
- S_c：小張選擇走c路去上班。
- S：小張去上班。

顯然，S_a、S_b、S_c是S的劃分。如果 3 條路不擁堵的機率分別為$P(S_a{}') = 0.2$、$P(S_b{}') = 0.4$、$P(S_c{}') = 0.7$，那麼事件L——小張上班沒有遇到擁堵的機率就是

$$\begin{aligned} P(L) &= P(L|S_a)P(S_a) + P(L|S_b)P(S_b) + P(L|S_c)P(S_c) \\ &= P(S_a{}')P(S_a) + P(S_b{}')P(S_b) + P(S_c{}')P(S_c) \\ &= 0.36 \end{aligned} \tag{2-9}$$

貝氏法則（Bayes’ Rule）是機率論中的一個經典公式，通常用於已知$P(A|B)$求$P(B|A)$。可以表述為：設$\{B_1, \cdots, B_n\}$是某個集合Σ的一個劃分，A為事件，則對於$i = 1, \cdots, n$，有

$$\begin{aligned} (B_i|A) &= \frac{P(AB_i)}{P(A)} \\ &= \frac{P(A|B_i)P(B_i)}{\sum_{k=1}^{n} P(A|B_k)P(B_k)} \end{aligned} \tag{2-10}$$

其中，等式右端的分母部分使用了全機率公式。進一步，令$\bar{B}$表示事件B不發生的情況，由式(2-10)，可得到貝氏公式的另外一種寫法：

$$\begin{aligned} P(B|A) &= \frac{P(A|B)P(B)}{P(A)} \\ &= \frac{P(A|B)P(B)}{P(A|B)P(B) + P(A|\bar{B})P(\bar{B})} \end{aligned} \tag{2-11}$$

貝氏公式常用於根據已知的結果推斷使之發生的各因素的可能性。

2.1.5 KL 距離和熵

1. 資訊熵

熵是熱力學中的一個概念，也是對系統無序性的一種度量標準。在自然語言處理領域會使用到資訊熵這一概念，如描述文字的資訊量大小。一條資訊的資訊量可以被看作這條資訊的不確定性。如果需要確認一件非常不確定甚至一無所知的事情，則需要理解大量的相關資訊才能進行確認。同樣地，如果對某件事已經非常確定，則不需要太多的資訊就可以把它搞清楚。下面來看兩個例子：

實例 2.1： 確定性事件和不確定性事件

「太陽從東方升起」

「明天天氣多雲」

在這兩句話中，「太陽從東方升起」是一個確定性事件（在地球上），因此這件事的資訊熵相對較低；而「明天天氣多雲」這件事，需要關注天氣預報才能大機率確定，它的不確定性很高，因此它的資訊熵相對較高。因此，資訊熵也是對事件不確定性的度量。進一步，事件X的自資訊（Self-information）的運算式為

$$I(x) = -\log P(x) \tag{2-12}$$

其中，x是X的一個取值，$P(x)$表示x發生的機率。自資訊用來衡量單一事件發生時所包含的資訊量，當底數為 e 時，單位為 nats，其中 1nats 是透過觀察機率為$1/e$的事件而獲得的資訊量；當底數為 2 時，單位為 bits 或 shannons。$I(x)$和$P(x)$的函數關係如圖 2-3 所示。

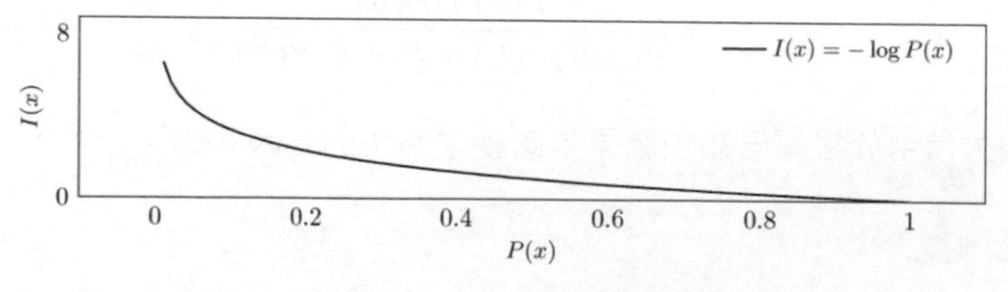

圖 2-3 $I(x)$和$P(x)$的函數關係

自資訊處理的是變數單一取值的問題。若量化整個機率分佈中的不確定性或資訊量，可以用資訊熵，記為$H(x)$。其公式為

$$H(x) = \sum_{x \in X} [P(x)I(x)]$$

$$= -\sum_{x \in X} [P(x)\log(P(x))] \quad (2\text{-}13)$$

一個分佈的資訊熵也就是從該分佈中得到的一個事件的期望資訊量。例如，有a、b、c、d4 支球隊，他們奪冠的機率分別是P_1、P_2、P_3、P_4。如果 4 支隊伍的實力相當，則人們很難對比賽結果做出預測。但如果這 4 支球隊中某支隊伍的實力可以碾壓其他球隊，那麼人們對比賽結果的預測將更具傾向性。因此，對於前面這種情況，預測球隊奪冠的問題的資訊量較高，資訊熵也相對較高；對於後面這種情況，因為結果很容易猜到，資訊量和資訊熵也就相對較低。因此可以得知：分佈越尖銳，熵越低；分佈越均勻，熵越高。

2 KL 距離

如果同一個隨機變數X上有兩個機率分佈$P(x)$和$Q(x)$，那麼可以使用 Kullback-Leibler 距離或 KL 距離（KL Distance）來衡量這兩個分佈的不同（也稱作 KL 散度）。這種度量就是相對熵（Relative Entropy），其公式為

$$D_{\mathrm{KL}}(P \parallel Q) = \sum_{x \in X} [P(x)\log\frac{P(x)}{Q(x)}]$$

$$= \sum_{x \in X} [P(x)(\log P(x) - \log Q(x))] \quad (2\text{-}14)$$

其中，機率分佈$P(x)$對應的是每個事件的可能性。相對熵的意義是：在一個事件空間裡，相比於用機率分佈$P(x)$來編碼$P(x)$，用機率分佈$Q(x)$來編

碼$P(x)$時，資訊量增加的程度。它衡量的是同一個事件空間裡兩個機率分佈的差異。KL 距離有兩條重要的性質：

- 非負性，即$D_{\mathrm{KL}}(P \parallel Q) \geq 0$，等號成立的條件是$P$和$Q$相等。
- 不對稱性，即$D_{\mathrm{KL}}(P \parallel Q) \neq D_{\mathrm{KL}}(Q \parallel P)$，因此 KL 距離並不是常用的歐氏空間中的距離。為了消除這種不確定性，有時也會使用$D_{\mathrm{KL}}(P \parallel Q) + D_{\mathrm{KL}}(Q \parallel P)$作為度量兩個分佈差異性的函數。

3. 交叉熵

交叉熵（Cross-entropy）是一個與 KL 距離密切相關的概念，它的公式為

$$H(P,Q) = -\sum_{x \in X} [P(x)\log Q(x)] \tag{2-15}$$

結合相對熵公式可知，交叉熵是 KL 距離公式中的右半部分。因此，當機率分佈$P(x)$固定時，求關於Q的交叉熵的最小值等價於求 KL 距離的最小值。從實踐的角度看，交叉熵與 KL 距離的目的相同：都是用來描述兩個分佈的差異。交叉熵在計算上更簡便，因此在機器翻譯中被廣泛應用。

2.2 擲骰子遊戲

在闡述統計建模方法前，先看一個有趣的實例（如圖 2-4 所示）。擲骰子，一個生活中比較常見的遊戲，擲一個骰子，玩家猜一個數字，猜中就算贏。按照常識，隨便選哪個數字，獲勝的機率都是一樣的，即所有選擇的獲勝機率都是1/6。因此，這個遊戲玩家很難獲勝，除非運氣很好。假設玩家隨意選了一個數字 1，當投擲 30 次骰子時，發現運氣不錯，命中 7 次，好於預期（$7/30 > 1/6$）。

2 3 1 4 4 1 5 1 4 4

5 6 4 4 3 2 1 4 5 1

4 2 2 3 4 1 5 1 3 4

圖 2-4 骰子結果

此時，玩家的勝利似乎只能來源於運氣。不過，這裡的假設「隨便選一個數字，獲勝的機率是一樣的」本身就是一個機率模型，它對骰子 6 個面的出現做了均勻分佈假設：

$$P(1) = P(2) = \cdots = P(5) = P(6) = 1/6 \tag{2-16}$$

但在這個遊戲中，沒有人規定骰子的 6 個面是均勻的。如果骰子的 6 個面不均勻呢？這裡可以用更「聰明」的方式定義一種新的模型，即定義骰子的每一個面都以一定的機率出現，而非相同的機率。描述如下：

$$\begin{aligned} P(1) &= \theta_1 \\ P(2) &= \theta_2 \\ P(3) &= \theta_3 \\ P(4) &= \theta_4 \\ P(5) &= \theta_5 \\ P(6) &= 1 - \sum_{1 \le i \le 5} \theta_i \quad \triangleleft \text{ 歸一性} \end{aligned} \tag{2-17}$$

$\theta_1 \sim \theta_5$被看作模型的參數，因此這個模型的自由度是 5。對於這樣的模型，參數確定了，模型也就確定了。但是一個新的問題出現了，在定義骰子每個面的機率後，如何求出具體的機率值呢？一種常用的方法是，從大量實例中學習模型參數，這個方法就是常說的參數估計（Parameter Estimation）。可以將這個不均勻的骰子先實驗性地擲很多次，這可以被看作獨立同分佈的若干次採樣。例如，投擲骰子X次，發現 1 出現X_1 次，2 出現X_2 次，依此類推，可以得到各個面出現的次數。假設擲骰子中每個

面出現的機率符合多項式分佈，那麼透過簡單的機率論知識可以知道每個面出現的機率的極大似然估計為

$$P(i) = \frac{X_i}{X} \tag{2-18}$$

當X足夠大時，X_i/X可以無限逼近$P(i)$的真實值，因此可以透過大量的實驗推算出擲骰子各個面的機率的準確估計值。

回歸到原始的問題，如果在正式開始遊戲前，預先擲骰子 30 次，得到如圖 2-5 所示的結果。

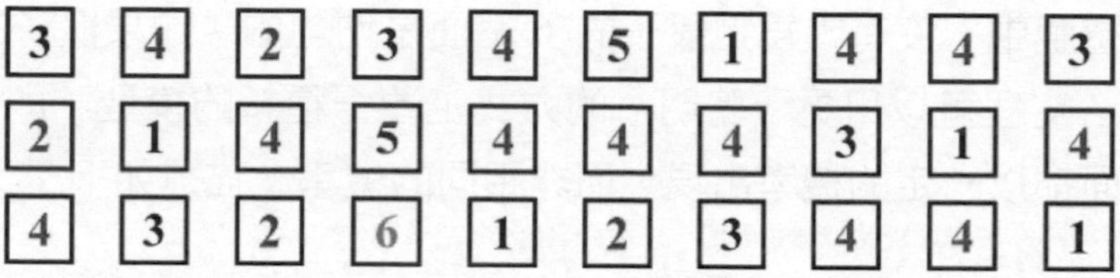

3 4 2 3 4 5 1 4 4 3
2 1 4 5 4 4 4 3 1 4
4 3 2 6 1 2 3 4 4 1

圖 2-5 擲骰子 30 次的結果

可以注意到，這是一個有傾向性的模型（如圖 2-6 所示）：在這樣的預先實驗的基礎上，可以知道這個骰子是不均勻的，如果用這個骰子玩擲骰子遊戲，則選擇數字 4 獲勝的可能性最大。

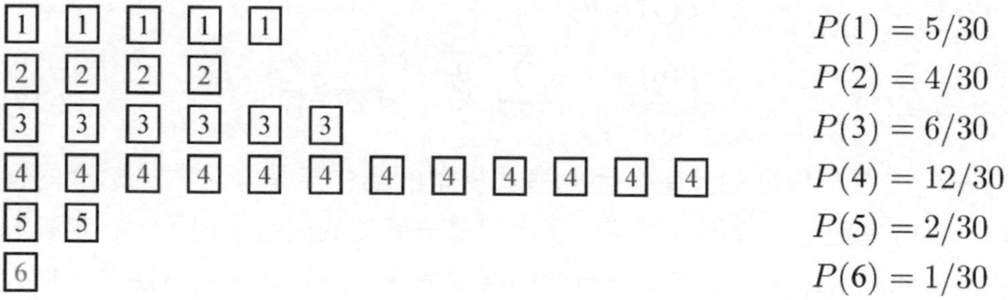

1 1 1 1 1 　 $P(1) = 5/30$
2 2 2 2 　 $P(2) = 4/30$
3 3 3 3 3 3 　 $P(3) = 6/30$
4 4 4 4 4 4 4 4 4 4 4 4 　 $P(4) = 12/30$
5 5 　 $P(5) = 2/30$
6 　 $P(6) = 1/30$

圖 2-6 投骰子模型

與上面這個擲骰子遊戲類似，世界上的事物並不是平等出現的。在「公平」的世界中，沒有任何一個模型可以學到有價值的事情。從機器學習的角度看，所謂的「不公平」實際上是客觀事物中蘊含的一種偏置

（Bias），也就是很多事情天然地對某些情況有傾向。而在影像處理、自然語言處理等問題中，都存在著偏置。例如，當翻譯一個英文單字時，它最可能的翻譯結果往往就是那幾個詞。設計統計模型的目的正是要學習這種偏置，然後利用這種偏置對新的問題做出足夠好的決策。

在處理自然語言問題時，為了評價哪些詞更容易在一個句子中出現，或者哪些句子在某些語境下更合理，常常會使用統計方法對詞或句子出現的可能性建模。與擲骰子遊戲類似，詞出現的機率可以這樣理解：每個單字的出現就好比擲一個巨大的骰子，與前面的例子有所不同的是：

- 骰子有很多個面，每個面代表一個單字。
- 骰子是不均勻的，代表常用單字的那些面的出現次數遠多於罕見單字。

如果投擲這個新的骰子，則可能會得到如圖 2-7 所示的結果。如果把這些數字換成中文中的詞，如：

88 = 這

87 = 是

45 = 一

……

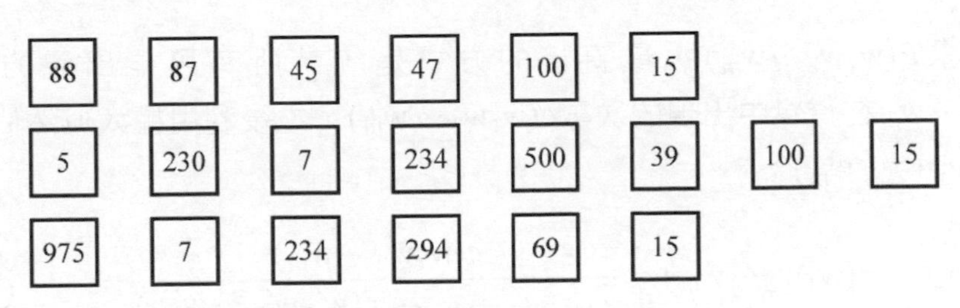

圖 2-7 投擲一個很多面骰子的結果

就可以得到如圖 2-8 所示的結果。於是，可以假設有一個不均勻的多面骰子，每個面都對應一個單字。在獲取一些文字資料後，可以統計每個單字出現的次數，進而利用極大似然估計推算出每個單字在語料庫中出現的機率的估計值。圖 2-9 舉出了一個實例。

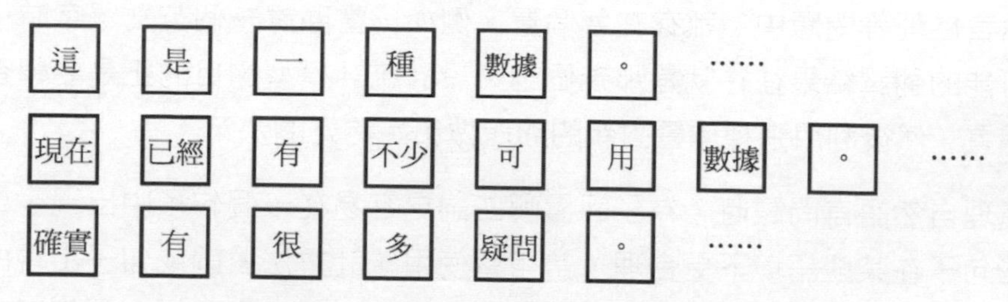
這
是
一
種
數據
。
……
現在
已經
有
不少
可
用
數據
。
……
確實
有
很
多
疑問
。
……

圖 2-8 擲骰子遊戲中把數字換成中文字後的結果

透過這個學習過程，可以得到每個詞出現的機率，成功使用統計方法對「單字的頻率」這個問題進行建模。那麼，該如何計算一個句子的機率呢？在自然語言處理領域，句子可以被看作由單字組成的序列，因而句子的機率可以被建模為若干單字的聯合機率，即$P(w_1 w_2 \cdots w_m)$。其中，w_i表示句子中的一個單字。

總詞數：6+8+5=20	更多資料–總詞數：100萬個詞
P(很)=1/20=0.05	P(很)=0.000010
P(。)=3/20=0.15	P(。)=0.001812
P(確實)=1/20=0.05	P(確實)=0.000001

圖 2-9 單字機率的估計結果

為了求$P(w_1 w_2 \cdots w_m)$，最直接的方式是統計所有可能出現的詞串$w_1 w_2 \cdots w_m$在資料中出現的次數$c(w_1 w_2 \cdots w_m)$，之後利用極大似然估計計算$P(w_1 w_2 \cdots w_m)$：

$$P(w_1 w_2 \cdots w_m) = \frac{c(w_1 w_2 \cdots w_m)}{\sum_{w'_1, w'_2, \cdots, w'_m \in V} c(w'_1 w'_2 \cdots w'_m)} \tag{2-19}$$

其中，V為詞彙表。本質上，這個方法和計算單字出現機率$P(w_i)$的方法是一樣的。但這裡的問題是：當m較大時，詞串$w_1 w_2 \cdots w_m$可能非常低頻，甚至在資料中沒有出現過。這時，由於$c(w_1 w_2 \cdots w_m) \approx 0$，式(2-19) 的結果會不準確，甚至出現 0 機率的情況。這是觀測低頻事件時經常出現的問題。對於這個問題，另一種解決思路是對多個聯合出現的事件進行獨立性假設，這裡可以假設$w_1, w_2, \cdots, w_m$的出現是相互獨立的，於是：

$$P(w_1 w_2 \cdots w_m) = P(w_1)P(w_2) \cdots P(w_m) \tag{2-20}$$

這樣，單字序列的出現機率被轉化為每個單字機率的乘積。單字的機率估計是相對準確的，因此整個序列的機率會比較合理。這種獨立性假設也破壞了句子中單字之間的依賴關係，造成機率估計結果的偏差。如何更合理地計算一個單字序列的機率呢？下面介紹的n-gram 語言建模方法可以極佳地回答這個問題。

2.3 n-gram 語言模型

在骰子遊戲中，可以透過一種統計的方式，估計在文字中詞和句子出現的機率。但在計算句子出現的機率時，往往會因為句子的樣本過少而無法正確估計句子出現的機率。為了解決這個問題，這裡引入了計算整個單字序列機率$P(w_1 w_2 \cdots w_m)$的方法——統計語言模型。下面將重點介紹n-gram 語言模型。它是一種經典的統計語言模型，而且在機器翻譯及其他自然語言處理任務中有非常廣泛的應用。

2.3.1 建模

語言模型（Language Model）的目的是描述文字序列出現的規律，其對問題建模的過程被稱作語言建模（Language Modeling）。如果使用統計建模的方式，語言模型可以被定義為計算$P(w_1\ w_2 \cdots w_m)$的問題，也就是計算整個詞序列$w_1 w_2 \cdots w_m$出現的可能性大小。具體定義如下：

定義 2.1：

詞彙表V上的語言模型是一個函數$P(w_1 w_2 \cdots w_m)$，它表示V^+上的一個機率分佈。其中，對於任何詞串$w_1 w_2 \cdots w_m \in V^+$，有$P(w_1 w_2 \cdots w_m) \geq 0$。而且，對於所有詞串，函數滿足歸一化條件$\sum_{w_1 w_2 \cdots w_m \in V^+} P(w_1 w_2 \cdots w_m) = 1$。

直接求$P(w_1 w_2 \cdots w_m)$並不簡單，因為如果把整個詞串$w_1 w_2 \cdots w_m$作為一個變數，模型的參數量會非常大。$w_1 w_2 \cdots w_m$有$|V|^m$種可能性，這裡$|V|$表示詞彙表大小。顯然，當m 增大時，模型的複雜度會急劇增加，甚至無法進行儲存和計算。既然把$w_1 w_2 \cdots w_m$作為一個變數不好處理，可以考慮對這個序列的生成過程進行分解。使用連鎖律（見 1.3 節），很容易得到

$$P(w_1 w_2 \cdots w_m) = P(w_1)P(w_2|w_1)P(w_3|w_1 w_2) \cdots P(w_m|w_1 w_2 \cdots w_{m-1}) \tag{2-21}$$

這樣，$w_1 w_2 \cdots w_m$的生成可以被看作一個一個生成每個單字的過程，即先生成w_1，然後根據w_1生成w_2，再根據$w_1 w_2$生成w_3，依此類推，直到根據前$m-1$個詞生成序列的最後一個單字w_m。這個模型把聯合機率$P(w_1 w_2 \cdots w_m)$分解為多個條件機率的乘積，雖然對生成序列的過程進行了分解，但是模型的複雜度和以前是一樣的，例如，$P(w_m|w_1 w_2 \cdots w_{m-1})$ 仍然不好計算。

換一個角度看，$P(w_m|w_1 w_2 \cdots w_{m-1})$表現了一種基於「歷史」的單字生成模型，也就是把前面生成的所有單字作為「歷史」，並參考這個「歷史」生成當前單字。這個「歷史」的長度和整個序列的長度是相關的，也是一種長度變化的歷史序列。為了簡化問題，一種簡單的想法是使用定長歷史，例如，每次只考慮前面$n-1$個歷史單字來生成當前單字。這就是n-gram 語言模型，其中n-gram 表示n個連續單字組成的單元，也被稱作n元語法單元。這個模型的數學描述如下：

$$P(w_m|w_1 w_2 \cdots w_{m-1}) = P(w_m|w_{m-n+1} \cdots w_{m-1}) \tag{2-22}$$

如表 2-2 所示，整個序列$w_1 w_2 \cdots w_m$的生成機率可以被重新定義。

表 2-2 基於n-gram 的序列生成機率

連鎖律	1-gram	2-gram	…	n-gram
$P(w_1w_2\cdots w_m)=$	$P(w_1w_2\cdots w_m)=$	$P(w_1w_2\cdots w_m)=$	…	$P(w_1w_2\cdots w_m)=$
$P(w_1)\times$	$P(w_1)\times$	$P(w_1)\times$	…	$P(w_1)\times$
$P(w_2\|w_1)\times$	$P(w_2)\times$	$P(w_2\|w_1)\times$	…	$P(w_2\|w_1)\times$
$P(w_3\|w_1w_2)\times$	$P(w_3)\times$	$P(w_3\|w_2)\times$	…	$P(w_3\|w_1w_2)\times$
$P(w_4\|w_1w_2w_3)\times$	$P(w_4)\times$	$P(w_4\|w_3)\times$	…	$P(w_4\|w_1w_2w_3)\times$
…	…	…	…	…
$P(w_m\|w_1\cdots w_{m-1})$	$P(w_m)$	$P(w_m\|w_{m-1})$	…	$P(w_m\|w_{m-n+1}\cdots w_{m-1})$

可以看到，1-gram 語言模型只是n-gram 語言模型的一種特殊形式。基於獨立性假設，1-gram 假定當前單字出現與否與任何歷史都無關，這種方法大大化簡了求解句子機率的複雜度。例如，式(2-20) 就是一個 1-gram 語言模型。但是，句子中的單字並非完全相互獨立，這種獨立性假設並不能完美地描述客觀世界的問題。如果需要更精確地獲取句子的機率，就需要使用更長的「歷史」資訊，如 2-gram、3-gram、甚至更高階的語言模型。

n-gram 的優點在於，它所使用的歷史資訊是有限的，即$n-1$個單字。這種性質也反映了經典的馬可夫鏈的思想[37,38]，有時也被稱作馬可夫假設或者馬可夫屬性。因此，n-gram 也可以被看作變長序列上的一種馬可夫模型。例如，2-gram 語言模型對應一階馬可夫模型，3-gram 語言模型對應二階馬可夫模型，依此類推。

那麼，如何計算$P(w_m|w_{m-n+1}\cdots w_{m-1})$呢？有很多種選擇，例如：

- 基於頻次的方法。直接利用詞序列在訓練資料中出現的頻次計算 $P(w_m|w_{m-n+1}\cdots w_{m-1})$：

$$P(w_m|w_{m-n+1}\cdots w_{m-1})=\frac{c(w_{m-n+1}\cdots w_m)}{c(w_{m-n+1}\cdots w_{m-1})} \tag{2-23}$$

  其中，$c(\cdot)$是在訓練資料中統計頻次的函數。

- 類神經網路的方法。建構一個類神經網路來估計$P(w_m|w_{m-n+1} \cdots w_{m-1})$的值，例如，可以建構一個前饋神經網路對$n$-gram 進行建模。

極大似然估計方法（基於頻次的方法）和擲骰子遊戲中介紹的統計單字機率的方法是一致的，它的核心思想是使用n-gram 出現的頻次進行參數估計。基於類神經網路的方法在近年非常受關注，它直接利用多層神經網路對問題的輸入$w_{m-n+1} \cdots w_{m-1}$和輸出$P(w_m|w_{m-n+1} \cdots w_{m-1})$進行建模，而模型的參數透過網路中神經元之間連接的權重表現。嚴格來說，基於類神經網路的方法並不算基於n-gram 的方法，或者說，它並沒有顯性記錄n-gram 的生成機率，也不依賴n-gram 的頻次進行參數估計。為了保證內容的連貫性，接下來仍以傳統的n-gram 語言模型為基礎進行討論，基於類神經網路的方法將在第 9 章詳細介紹。

n-gram 語言模型的使用非常簡單。可以直接用它對詞序列出現的機率進行計算。例如，可以使用一個 2-gram 語言模型計算一個句子出現的機率，其中單字之間用反斜線分隔，如下：

$$P_{2-\text{gram}}(\text{確實/現在/數據/很/多})$$
$$= P(\text{確實}) \times P(\text{現在}|\text{確實}) \times P(\text{數據}|\text{現在}) \times P(\text{很}|\text{數據}) \times P(\text{多}|\text{很}) \quad (2\text{-}24)$$

以n-gram 語言模型為代表的統計語言模型的應用非常廣泛。除了第 3 章將介紹的全機率分詞方法，在文字生成、資訊檢索、摘要等自然語言處理任務中，語言模型都佔據舉足輕重的地位。包括近年非常受關注的預訓練模型，本質上也是統計語言模型。這些技術都會在後續章節進行介紹。值得注意的是，統計語言模型為解決自然語言處理問題提供了一個非常好的建模思路，即把整個序列生成的問題轉化為一個一個生成單字的問題。實際上，這種建模方式會被廣泛地用於機器翻譯建模，在統計機器翻譯和神經機器翻譯中都會有具體的表現。

2.3.2 參數估計和平滑演算法

對於n-gram 語言模型，每個$P(w_m|w_{m-n+1} \cdots w_{m-1})$都可以被看作模型的參數（Parameter）。而$n$-gram 語言模型的一個核心任務是估計這些參數的值，即參數估計。通常，參數估計可以透過在資料上的統計得到。一種簡單的方法是：給定一定數量的句子，統計每個n-gram 出現的頻次，並利用式(2-23) 得到每個參數$P(w_m|w_{m-n+1} \cdots w_{m-1})$的值。這個過程也被稱作模型的訓練（Training）。對於自然語言處理任務來說，統計模型的訓練是至關重要的。從本書後面的內容中也會看到，不同的問題可能需要不同的模型或不同的模型訓練方法來解決，並且很多研究工作都集中在最佳化模型訓練的效果上。

回到n-gram 語言模型上。前面所使用的參數估計的方法並不完美，因為它無法極佳地處理低頻或者未見現象。例如，在式(2-24) 所示的例子中，如果語料中從沒有「確實」和「現在」兩個詞連續出現的情況，即$c(\text{確實/現在}) = 0$，那麼使用 2-gram 計算句子「確實/現在/資料/很/多」的機率時，會出現如下情況：

$$\begin{aligned} P(\text{現在}|\text{確實}) &= \frac{c(\text{確實/現在})}{c(\text{確實})} \\ &= \frac{0}{c(\text{確實})} \\ &= 0 \end{aligned} \tag{2-25}$$

顯然，這個結果是不合理的。因為即使語料中沒有「確實」和「現在」兩個詞連續出現，這種搭配也是客觀存在的。這時，簡單地用極大似然估計得到機率 0，導致整個句子出現的機率為 0。 更常見的問題是那些根本沒有出現在詞表中的詞，稱為未登入詞（Out-of-vocabulary Word，OOV Word），如生僻詞，可能在模型訓練階段從未出現過，這時模型仍然會舉出 0 機率。圖 2-10 展示了一個真實語料庫中單字出現頻次的分佈，可以看到，絕大多數單字都是低頻詞。

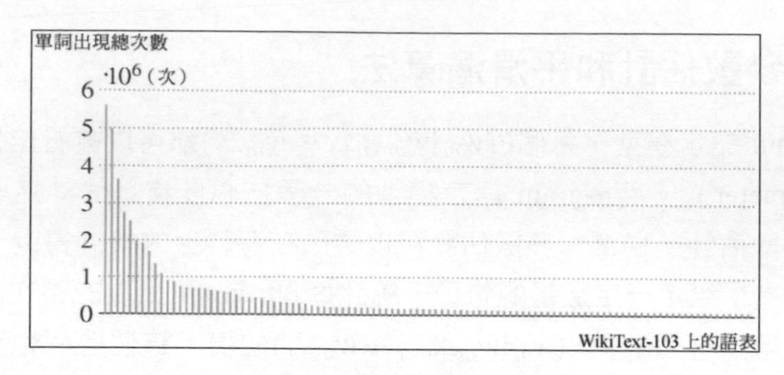

圖 2-10 單字出現頻次的分佈

為了解決未登入詞引起的零機率問題，常用的做法是對模型進行平滑（Smoothing），也就是給可能出現零機率的情況一個非零的機率，使得模型不會對整個序列舉出零機率。平滑可以用「劫富濟貧」這一思想理解，在保證所有情況的機率和為 1 的前提下，使極低機率的部分可以從高機率的部分分配到一部分機率，從而達到平滑的目的。

語言模型使用的平滑演算法有很多。本節主要介紹 3 種平滑方法：加法平滑法、古德-圖靈估計法和 Kneser-Ney 平滑法。這些方法也可以被應用到其他任務的機率平滑操作中。

1. 加法平滑法

加法平滑（Additive Smoothing）法是一種簡單的平滑技術。通常，系統研發人員會利用擷取到的語料庫來模擬真實的全部語料庫。當然，沒有一個語料庫能覆蓋所有的語言現象。假設有一個語料庫C，其中從未出現「確實/現在」這樣的 2-gram，現在要計算一個句子$S =$「確實/現在/物價/很/高」的機率。當計算「確實/現在」的機率時，$P(S) = 0$，導致整個句子的機率為 0。

加法平滑法假設每個n-gram 出現的次數比實際統計次數多θ次，$0 < \theta \leq 1$。這樣，計算機率的時候分子部分不會為 0。重新計算$P(\text{现在}|\text{确实})$，可以得到

$$P(現在|確實) = \frac{\theta + c(確實/現在)}{\sum_{w}^{|V|} (\theta + c(確實/w))}$$

$$= \frac{\theta + c(確實/現在)}{\theta|V| + c(確實)} \tag{2-26}$$

其中，V表示詞表，$|V|$為詞表中單字的個數，w為詞表中的一個詞，c表示統計單字或短語出現的次數。有時，加法平滑法會將θ取 1，這時稱之為加一平滑或拉普拉斯平滑。這種方法比較容易理解，也比較簡單，因此常被用在對系統的快速原型中。

假設從一個英文文件中隨機採樣一些單字（詞表大小$|V| = 20$），各個單字出現的次數為："look" 出現 4 次，"people" 出現 3 次，"am"出現 2 次，"what" 出現 1 次，"want" 出現 1 次，"do" 出現 1 次。圖 2-11 舉出了平滑之前（無平滑）和平滑之後（有平滑）的機率分佈。

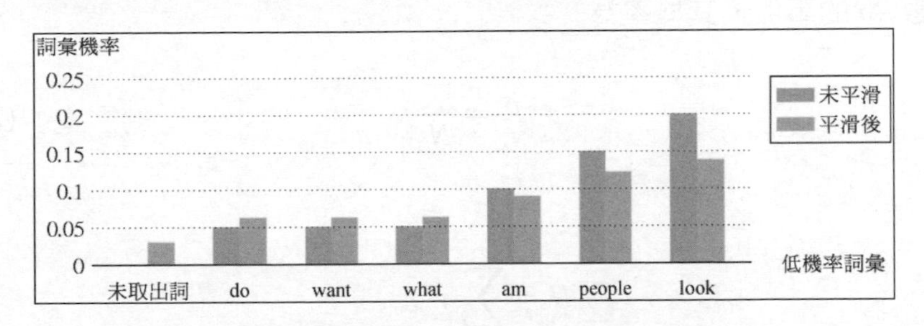

圖 2-11 無平滑和有平滑的機率分佈

2. 古德-圖靈估計法

古德-圖靈估計（Good-Turing Estimate）法由 Alan Turing 和他的幫手 Irving John Good 開發，作為他們在二戰期間破解德國密碼機 Enigma 所使用方法的一部分。1953 年 Irving John Good 將其發表。這一方法也是很多平滑演算法的核心，其基本思路是：把非零的n元語法單元的機率降低，勻給一些低機率n元語法單元，以減小最大似然估計與真實機率之間的偏離[39,40]。

假定在語料庫中出現r次的n-gram 有n_r個，出現 0 次的n-gram（即未登入詞及詞串）有n_0個。語料庫中全部單字的總個數為N，顯然：

$$N = \sum_{r=1}^{\infty} r\, n_r \tag{2-27}$$

這時，出現r次的n-gram 的相對頻率為r/N，也就是不做平滑處理時的機率估計。為了解決零機率問題，對於任意一個出現r次的n-gram，古德-圖靈估計法利用出現$r+1$次的n-gram 統計量重新假設它出現r^*次：

$$r^* = (r+1)\frac{n_{r+1}}{n_r} \tag{2-28}$$

基於這個公式，可以估計所有 0 次n-gram 的頻次$n_0 r^* = (r+1)n_1 = n_1$。要把這個重新估計的統計數轉化為機率，需要進行歸一化處理。對於每個統計數為r的事件，其機率為

$$P_r = \frac{r^*}{N} \tag{2-29}$$

其中

$$\begin{aligned} N &= \sum_{r=0}^{\infty} r^* n_r \\ &= \sum_{r=0}^{\infty} (r+1) n_{r+1} \\ &= \sum_{r=1}^{\infty} r\, n_r \end{aligned} \tag{2-30}$$

也就是說，式(2-30) 中使用的N仍然為整個樣本分佈最初的計數。所有出現事件（即$r > 0$）的機率之和為

$$P(r > 0) = \sum_{r>0} P_r$$
$$= 1 - \frac{n_1}{N}$$
$$< 1 \tag{2-31}$$

其中，n_1/N是分配給所有出現為 0 次事件的機率。古德-圖靈估計法最終透過出現 1 次的n-gram 估計了出現 0 次的事件機率，達到了平滑的效果。

那麼，如何對事件出現的可能性進行平滑呢？仍然以在加法平滑法中統計單字為例，用古德-圖靈估計法對其進行修正，如表 2-3 所示。

表 2-3 單字出現頻次及古德-圖靈估計法的平滑結果

r	n_r	r^*	P_r
0	14	0.21	0.018
1	3	0.67	0.056
2	1	3	0.25
3	1	4	0.333
4	1	–	–

在r很大時，經常會出現$n_{r+1} = 0$的情況。通常，古德-圖靈估計法可能無法極佳地處理這種複雜的情況，不過該方法仍然是其他平滑法的基礎。

3. Kneser-Ney 平滑法

Kneser-Ney 平滑法是由 Reinhard Kneser 和 Hermann Ney 於 1995 年提出的用於計算n元語法機率分佈的方法[41,42]，並被廣泛認為是最有效的平滑方法之一。這種平滑方法改進了 Absolute Discounting[43,44] 中與高階分佈相結合的低階分佈的計算方法，使不同階分佈得到充分的利用。這種演算法綜合利用了其他平滑演算法的思想。

Absolute Discounting 平滑演算法的公式如下：

$$P_{\text{AbsDiscount}}(w_i|w_{i-1}) = \frac{c(w_{i-1}w_i) - d}{c(w_{i-1})} + \lambda(w_{i-1})P(w_i) \tag{2-32}$$

其中，d表示被裁剪的值，λ是一個正則化常數。可以看到，第一項是經過減值調整後的 2-gram 的機率值，第二項則相當於一個帶權重λ的 1-gram 的插值項。這種插值模型極易受原始 1-gram 模型$P(w_i)$的干擾。

假設使用 2-gram 和 1-gram 的插值模型預測下面句子中下畫線處的詞

I cannot see without my reading_____

讀者可能會猜測下畫線處的詞是 "glasses"，但在訓練語料庫中，"Francisco" 出現的頻率非常高。如果在預測時仍然使用標準的 1-gram 模型，那麼系統大機率會選擇 "Francisco" 填入下畫線處，這個結果顯然是不合理的。當使用混合的插值模型時，如果 "reading Francisco" 這種二元語法並沒有出現在語料中，就會導致 1-gram 對結果的影響變大，仍然會做出與標準 1-gram 模型相同的選擇，犯下相同的錯誤。

觀察語料中的 2-gram 後我們發現，"Francisco" 的前一個詞僅可能是 "San"，不會出現 "reading"。這個分析證實了，考慮前一個詞的影響是有幫助的。例如，僅在前一個詞是 "San" 時，才給 "Francisco" 指定較高的機率值。基於這種想法，改進原有的 1-gram 模型，創造一個新的 1-gram 模型$P_{\text{continuation}}$，簡寫為P_{cont}。這個模型可以透過考慮前一個詞的影響，評估當前詞作為第二個詞出現的可能性。

為了評估P_{cont}，統計使用當前詞作為第二個詞出現 2-gram 的種類，2-gram 的種類越多，這個詞作為第二個詞出現的可能性越高：

$$P_{\text{cont}}(w_i) \propto |\{w_{i-1}: c(w_{i-1}w_i) > 0\}| \tag{2-33}$$

其中，式(2-33) 右端表示求出在w_i之前出現過的w_{i-1}的數量。接下來，透過對全部的二元語法單元的種類做歸一化，可得評估公式：

$$P_{\text{cont}}(w_i) = \frac{|\{w_{i-1}: c(w_{i-1}w_i) > 0\}|}{|\{(w_{j-1}, w_j): c(w_{j-1}w_j) > 0\}|} \tag{2-34}$$

分母中對二元語法單元種類的統計還可以寫為另一種形式：

$$P_{\text{cont}}(w_i) = \frac{|\{w_{i-1}: c(w_{i-1}w_i) > 0\}|}{\sum_{w'_i} |\{w'_{i-1}: c(w'_{i-1}w'_i) > 0\}|} \tag{2-35}$$

結合基礎的 Absolute discounting 平滑演算法的計算公式，可得到 Kneser-Ney 平滑法的公式：

$$P_{\text{KN}}(w_i|w_{i-1}) = \frac{\max(c(w_{i-1}w_i) - d, 0)}{c(w_{i-1})} + \lambda(w_{i-1})P_{\text{cont}}(w_i) \tag{2-36}$$

其中

$$\lambda(w_{i-1}) = \frac{d}{c(w_{i-1})}|\{w_i: c(w_{i-1}w_i) > 0\}| \tag{2-37}$$

這裡，max(·)保證了分子部分為不小於 0 的數，原始的 1-gram 更新為P_{cont}機率分佈，λ是正則化項。

為了更具普適性，不侷限於 2-gram 和 1-gram 的插值模型，利用遞迴的方式可以得到更通用的 Kneser-Ney 平滑法的公式：

$$P_{\text{KN}}(w_i|w_{i-n+1}\cdots w_{i-1}) = \frac{\max(c_{\text{KN}}(w_{i-n+1}\cdots w_i) - d, 0)}{c_{\text{KN}}(w_{i-n+1}\cdots w_{i-1})} + \lambda(w_{i-n+1}\cdots w_{i-1})P_{\text{KN}}(w_i|w_{i-n+2}\cdots w_{i-1}) \tag{2-38}$$

$$\lambda(w_{i-n+1}\cdots w_{i-1}) = \frac{d}{c_{\text{KN}}(w_{i-n+1}^{i-1})}|\{w_i: c_{\text{KN}}(w_{i-n+1}\cdots w_{i-1}w_i) > 0\}| \tag{2-39}$$

$$c_{\text{KN}}(\cdot) = \begin{cases} c(\cdot) & \text{當計算最高際模型時} \\ \text{catcount}(\cdot) & \text{當計算最高際模型時} \end{cases} \tag{2-40}$$

其中，catcount(·)表示的是單字w_i作為n-gram 中第n個詞時$w_{i-n+1} \cdots w_i$的種類數目。

Kneser-Ney 平滑是很多語言模型工具的基礎[45,46]。還有很多以此為基礎衍生出來的演算法，感興趣的讀者可以透過參考文獻自行瞭解[17,42,44]。

2.3.3 語言模型的評價

在使用語言模型時，往往需要知道模型的品質。困惑度（Perplexity，PPL）是一種衡量語言模型好壞的指標。對於一個真實的詞序列$w_1 \cdots w_m$，困惑度被定義為

$$\mathrm{PPL} = P(w_1 \cdots w_m)^{-\frac{1}{m}} \tag{2-41}$$

本質上，PPL 反映了語言模型對序列可能性預測能力的一種評估。如果$w_1 \cdots w_m$是真實的自然語言，「完美」的模型會得到$P(w_1 \cdots w_m) = 1$，它對應了最低的困惑度 PPL=1，這說明模型可以完美地對詞序列出現的可能性進行預測。當然，真實的語言模型是無法達到 PPL=1 的，例如，在著名的 Penn Treebank（PTB）資料集上，最好的語言模型的 PPL 值也只能達到 35 左右。可見自然語言處理任務的困難程度。

2.4 預測與搜索

給定模型結構，統計語言模型的使用可以分為兩個階段：

- 訓練階段：從訓練資料上估計出語言模型的參數。
- 預測（Prediction）階段：用訓練好的語言模型對新輸入的句子進行機率評估，或者生成新的句子。

模型訓練的內容已經在前文進行了介紹，這裡重點討論語言模型的預測。實際上，預測是統計自然語言處理中的常用概念。例如，深度學習中的推

斷（Inference）、統計機器翻譯中的解碼（Decoding）本質上都是預測。具體到語言建模的問題上，預測通常對應兩類問題：

1）預測輸入句子的可能性

例如，有如下兩個句子：

The boy caught the cat.

The caught boy the cat.

可以先利用語言模型對其進行評分，即計算句子的生成機率，再將語言模型的得分作為判斷句子合理性的依據。顯然，在這個例子中，第一句的語言模型得分更高，因此句子更合理。

2）預測可能生成的單字或者單字序列

例如，對於例子：

The boy caught ___________

下畫線的部分是缺失的內容，現在要將缺失的部分生成出來。理論上，所有可能的單字串都可以組成缺失部分的內容。這時，可以先使用語言模型得到所有可能詞串組成的句子的機率，再找到機率最高的詞串填入下畫線處。

從詞序列建模的角度看，這兩類預測問題本質上是一樣的，它們都使用了語言模型對詞序列進行機率評估。但從實現情況看，詞序列的生成問題更難，它不僅要對所有可能的詞序列進行評分，同時要「找到」最好的詞序列。由於潛在的詞序列不計其數，這個「找」最優詞序列的過程並不簡單。

實際上，生成最優詞序列的問題也是自然語言處理中的一大類問題——序列生成（Sequence Generation）。機器翻譯就是一個非常典型的序列生成問題：在機器翻譯任務中，需要根據來源語言詞序列生成與之相對應的目的語言詞序列。語言模型本身並不能「製造」單字序列，因此，序列生成問題的本質並非讓語言模型憑空「生成」序列，而是使用語言模型，在所有候選的單字序列中「找出」最佳序列。這個過程對應著經典的搜索問題（Search Problem）。下面將著重介紹序列生成問題背後的建模方法，以及常用的搜索技術。

2.4.1 搜索問題的建模

基於語言模型的序列生成問題可以被定義為：在無數任意排列的單字序列中找到機率最高的序列。單字序列$w = w_1 w_2 \cdots w_m$的語言模型得分$P(w)$度量了這個序列的合理性和流暢性。在序列生成任務中，基於語言模型的搜索問題可以被描述為

$$\hat{w} = \underset{w \in \chi}{\arg\max}\, P(w) \tag{2-42}$$

其中，arg即 argument（參數），$\arg\max_x f(x)$表示返回使$f(x)$達到最大的x。$\arg\max_{w \in \chi} P(w)$表示找到使語言模型得分$P(w)$最高的單字序列$w$。$\chi$是搜索問題的解空間，它是所有可能的單字序列$w$的集合。$\hat{w}$可以被看作該搜索問題中的「最優解」，即機率最大的單字序列。

在序列生成任務中，最簡單的策略就是對詞表中的單字進行任意組合，透過這種枚舉的方式得到全部可能的序列，但通常待生成序列的長度是無法預先知道的。例如，機器翻譯中目的語言序列的長度是任意的。怎樣判斷一個序列何時完成了生成過程呢？借用現代人類書寫中文和英文的過程：句子的生成先從一片空白開始，然後從左到右逐詞生成，除了第一個單字，所有單字的生成都依賴前面已經生成的單字。為了方便電腦實現，通常定義單字序列從一個特殊的符號<sos>後開始生成。同樣地，一個單字序列的結束也用一個特殊的符號<eos>表示。

對於一個序列<sos> I agree <eos>，圖 2-12 展示了語言模型角度下該序列的生成過程。該過程透過在序列的末尾不斷附加詞表中的單字逐漸擴展序列，直到這段序列結束。這種生成單字序列的過程被稱作自左向右生成（Left-to-Right Generation）。注意，這種序列生成策略與n-gram 的思想

天然契合，在n-gram 語言模型中，每個詞的生成機率依賴前面（左側）若干詞，因此n-gram 語言模型也是一種自左向右的計算模型。

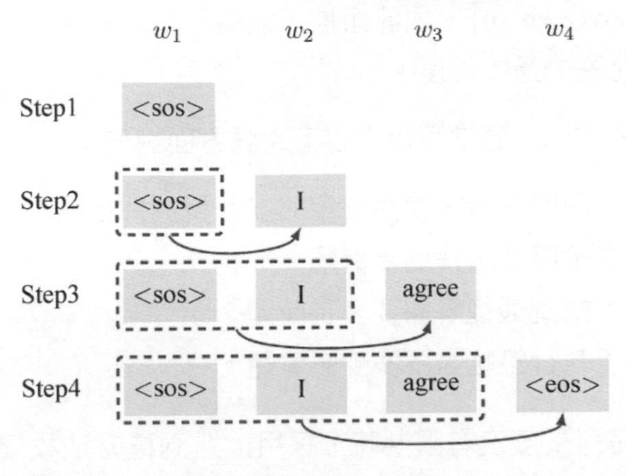

圖 2-12 序列的生成過程

在這種序列生成方式的基礎上，實現搜索通常有兩種方法——深度優先遍歷和寬度優先遍歷[47]。在深度優先遍歷中，每次可從詞表中選擇一個單字（可重複），然後從左至右地生成序列，直到<eos>被選擇，此時一個完整的單字序列被生成。然後從<eos>回退到上一個單字，選擇之前詞表中未被選擇的候選單字代替<eos>，並繼續挑選下一個單字，直到<eos>被選到。如果上一個單字的所有可能都被枚舉過，那麼回退到上上一個單字繼續枚舉，直到回退到<sos>，枚舉結束。在寬度優先遍歷中，每次不只選擇一個單字，而是枚舉所有單字。

假設詞表只含兩個單字$\{a, b\}$，從<sos>開始枚舉所有候選，有三種可能：

{<sos> a,<sos> b,<sos> <eos>}

其中可以將其劃分成長度為 0 的完整單字序列集合{<sos> <eos>}和長度為 1 的未結束單字序列片段集合{<sos> a,<sos> b}，然後對未結束的單字序列枚舉詞表中的所有單字，可以生成：

{<sos> a a,<sos> a b,<sos> a <eos>,<sos> b a,<sos> b b,<sos> b <eos>}

此時，可以劃分出長度為 1 的完整單字序列集合{<sos> a <eos>,<sos> b <sos>}，以及長度為 2 的未結束單字序列片段集合{<sos> a a,<sos> a b,<sos> b a,<sos> b b}。依此類推，繼續生成未結束序列，直到單字序列的長度達到允許的最大長度。

對於這兩種搜索方法，通常可以從以下 4 個方面評價：

- 完備性：當問題有解時，使用該策略能否找到問題的解。
- 最優性：搜索策略能否找到最優解。
- 時間複雜度：找到最優解需要多長時間。
- 空間複雜度：執行策略需要多少記憶體。

當任務對單字序列長度沒有限制時，採用上述兩種方法枚舉出的單字序列也是無窮無盡的。因此，這兩種方法並不具備完備性且會導致枚舉過程無法停止。日常生活中通常不會見到特別長的句子，因此可以透過限制單字序列的最大長度來避免這個問題。一旦單字序列的最大長度被確定，以上兩種方法就可以在一定時間內枚舉出所有可能的單字序列，因而一定可以找到最優的單字序列，即具備最優性。

此時，上述方法雖然可以滿足完備性和最優性，但仍然算不上是優秀的生成策略，因為它們在時間複雜度和空間複雜度上的表現很差，如表 2-4 所示，其中$|V|$為詞表大小，m 為序列長度。值得注意的是，在之前的遍歷過程中，除了在序列開頭一定會挑選<sos>，其他位置每次可挑選的單字並不只有詞表中的單字，還有結束符號<eos>，因此實際上，生成過程中每個位置的單字候選數量為$|V|+1$。

那麼，是否有比枚舉策略更高效的方法呢？答案是肯定的。一種直觀的方法是將搜索的過程表示成樹狀結構，稱為解空間樹。它包含了搜索過程中可生成的全部序列。該樹的根節點恒為<sos>，代表序列均從<sos> 開始。該樹結構中非葉子節點的兄弟節點有$|V|+1$個，由詞表和結束符號<eos>組成。從圖 2-13 中可以看出，對於一個最大長度為 4 的序列的搜索過程，

生成某個單字序列的過程實際上就是存取解空間樹中從根節點<sos> 到葉子節點<eos>的某條路徑，而這條路徑上的節點按順序組成了一段獨特的單字序列。此時，對所有可能的單字序列的枚舉就變成了對解空間樹的遍歷。枚舉的過程與語言模型評分的過程一致，每枚舉一個詞i，就是在圖 2-13 中選擇w_i一列的一個節點，語言模型就可以為當前的樹節點w_i舉出一個分值，即$P(w_i|w_1w_2\cdots w_{i-1})$。對於$n$-gram 語言模型，這個分值可以表示為$P(w_i|w_1w_2\cdots w_{i-1})=P(w_i|w_{i-n+1}\cdots w_{i-1})$。

表 2-4 兩種枚舉方法在時間複雜度和空間複雜度上的表現

遍歷方式	時間複雜度	空間複雜度
深度優先遍歷	$O((\lvert V\rvert+1)^{m-1})$	$O(m)$
寬度優先遍歷	$O((\lvert V\rvert+1)^{m-1})$	$O((\lvert V\rvert+1)^{m})$

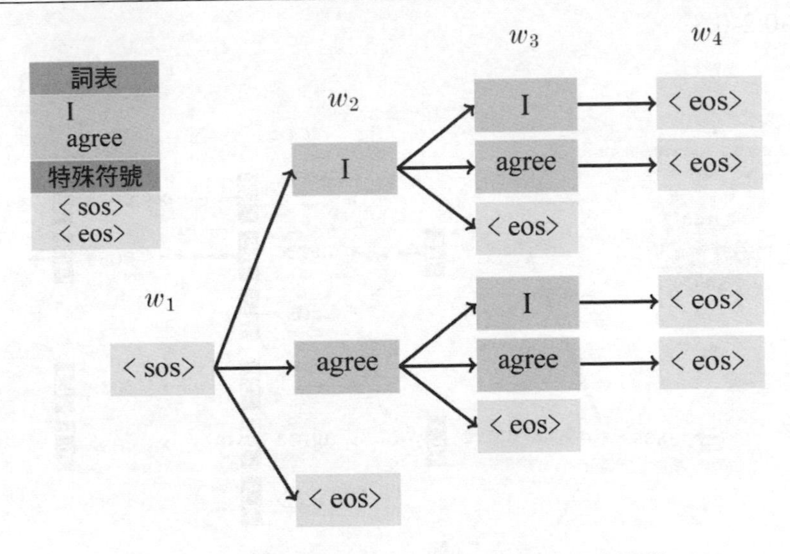

圖 2-13 對有限長序列進行枚舉搜索時的解空間樹

從這個角度看，在樹的遍歷中，可以很自然地引入語言模型評分：在解空間樹中引入節點的權重——將當前節點i的得分重設為語言模型評分$\log P(w_i|w_1w_2\cdots w_{i-1})$，其中$w_1w_2\cdots w_{i-1}$是該節點的全部祖先。與先前不同的是，在使用語言模型評分時，詞的機率通常小於 1，這會導致當句子

很長時機率會非常小，容易造成浮點誤差，因此這裡使用了機率的對數形式$\log P(w_i|w_1w_2\cdots w_{i-1})$代替$P(w_i|w_1w_2\cdots w_{i-1})$。此時，對於圖中一條包含<eos>的完整序列來說，它的最終得分score(·)可以被定義為

$$\begin{aligned}\text{score}(w_1w_2\cdots w_m) &= \log P(w_1w_2\cdots w_m)\\ &= \sum_{i=1}^{m}\log P(w_i|w_1w_2\cdots w_{i-1})\end{aligned} \tag{2-43}$$

通常，score(·)也被稱作模型得分（Model Score）。如圖 2-14 所示，可知紅線所示單字序列 "<sos> I agree <eos>" 的模型得分為

score(<sos> I agree <eos>)

= logP(<sos>)+logP(I|<sos>)+logP(agree|<sos>I)+logP(<sos>|<sos>I agree)

= 0-0.5-0.2-0.8

= -1.5

(2-44)

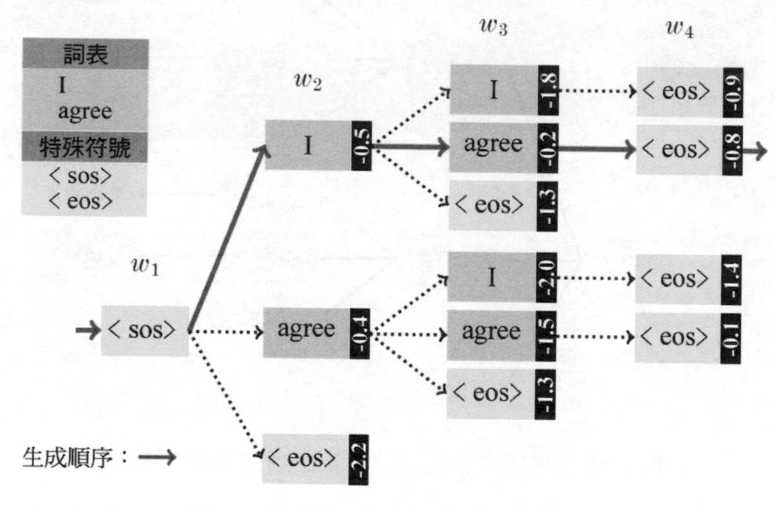

圖 2-14 透過語言模型對解空間樹評分

這樣，語言模型的評分與解空間樹的遍歷就融合在一起了。於是，序列生成的問題可以被重新描述為：尋找所有單字序列組成的解空間樹中權重總和最大的一條路徑。在這個定義下，前面提到的兩種枚舉詞序列的方法就

是經典的深度優先搜索（Depth-first Search）和寬度優先搜索（Breadth-first Search）的雛形[48,49]。在後面的內容中，從遍歷解空間樹的角度出發，可以對這些原始的搜索策略的效率進行最佳化。

2.4.2 經典搜索

人工智慧領域有很多經典的搜索策略，本節將對無資訊搜索和啟發式搜索進行簡介。

1. 無資訊搜索

在解空間樹中，在每次對一個節點進行擴展的時候，可以借助語言模型計算當前節點的權重。因此一個很自然的想法是：使用權重資訊幫助系統更快地找到合適的解。

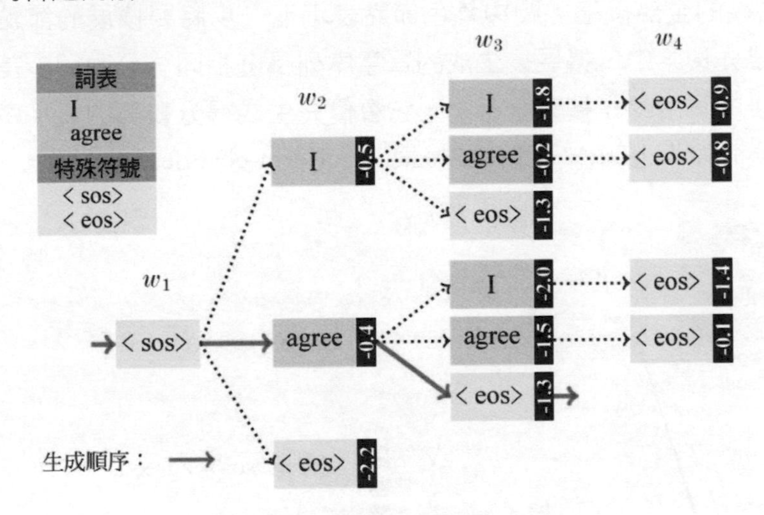

圖 2-15 深度優先搜索擴展方法實例

在深度優先搜索中，每次總是先挑選一個單字，等枚舉完當前單字的全部子節點組成的序列後，才選擇下一個兄弟節點繼續搜索。但是，在挑選過程中先枚舉詞表中的哪個詞是未定義的，也就是先選擇哪個兄弟節點進行搜索是隨機的。既然最終目標是尋找權重之和最大的路徑，那麼可以優先挑選分數較高的單字進行枚舉。如圖 2-15 所示，紅色線表示第一次搜索的路徑。在路徑長度有限的情況下，權重和最大的路徑上每個節點的權重也會比較大，先嘗試分數較大的單字可以讓系統更快地找到最優解，這是對深度優先搜索的一個自然的擴展。

類似的思想也可以應用於寬度優先搜索。寬度優先搜索每次都選擇所有的單字，因此使用節點的權重來選擇單字是不可行的。重新回顧寬度優先搜索的過程：它維護了一個未結束單字序列的集合，每次擴展單字序列後，根據長度往集合裡加入單字序列。搜索問題關心的是單字序列的得分而非其長度，因此可以在搜索過程中維護未結束的單字序列集合裡每個單字序列的得分，然後優先擴展該集合中得分最高的單字序列，使得擴展過程中未結束的單字序列集合包含的單字序列分數逐漸變高。如圖 2-16 所示，"<sos> I" 在圖右側的 5 條路徑中分數最高，因此下一步將要擴展w_2一列 "I" 節點後的全部後繼。圖中綠色節點表示下一步將要擴展的節點。在普通寬度優先搜索中，擴展後生成的單字序列長度相同，分數卻參差不齊。而改造後的寬度優先搜索則不同，它會優先生成得分較高的單字序列，這種寬度優先搜索也叫作一致代價搜索（Uniform-cost Search）[50]。

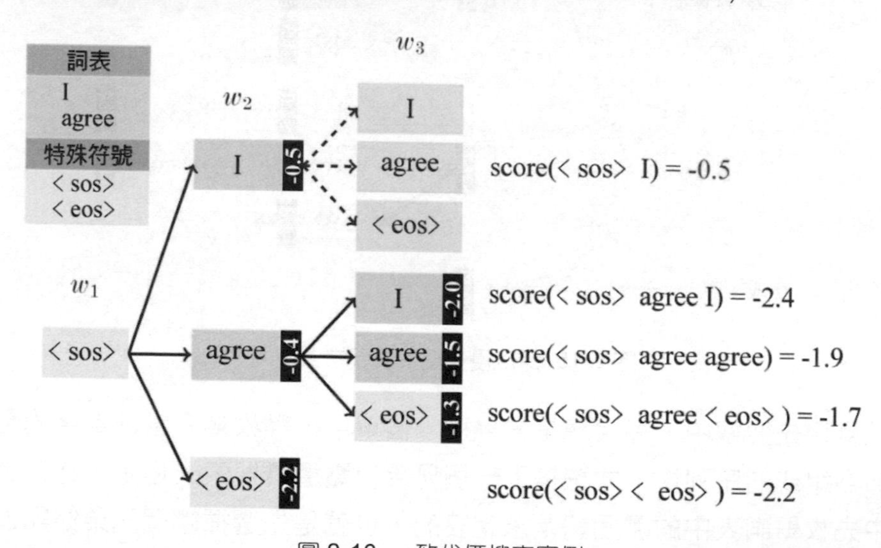

圖 2-16 一致代價搜索實例

上面描述的兩個改進後的搜索方法屬於無資訊搜索（Uninformed Search）[51]，因為它們依賴的資訊仍然來自問題本身，而非問題以外。雖然改進後的方法有機會更早地找到分數最高的單字序列（也就是最優解），但是沒有一個通用的辦法來判斷當前找到的解是否為最優解，這種策略不會在找到最優解後自動停止，因此最終仍然需要枚舉所有可能的單字序列，尋找最優解需要的時間複雜度沒有發生任何改變。儘管如此，如果只是需要一個相對好的解而非最優解，則改進後的搜索策略仍然是比原始的枚舉策略更優秀的策略。

此外，由於搜索過程中將語言模型的評分作為搜尋樹的節點權重，另一種改進思路是：能否借助語言模型的特殊性質對搜尋樹進行剪枝（Pruning），從而避免在搜索空間中存取一些不可能產生比當前解更好的結果的區域，提高搜索策略在實際運用中的效率。簡單來說，剪枝是一種可以縮小搜索空間的手段。例如，在搜索的過程中，動態地「丟棄」一些搜索路徑，從而減少搜索的總代價。剪枝的程度在一定範圍內影響了搜索系統的效率，剪枝越多，搜索效率越高，找到最優解的可能性越低；反之，搜索效率越低，找到最優解的可能性越大。2.4.3 節將介紹的貪婪搜索和束搜索都可以看作剪枝方法的一種特例。

2. 啟發式搜索

在搜索問題中，一個單字序列的生成可以分為兩部分：已生成部分和未生成部分。既然最終目標是使一個完整的單字序列得分最高，那麼關注未生成部分的得分也許能為搜索策略的改進提供思路。

未生成部分來自搜尋樹中未被搜索過的區域，因此無法直接計算其得分。既然僅依賴問題本身的資訊無法得到未生成部分的得分，那麼是否可以透過一些外部資訊來估計未生成部分的得分呢？在前面提到的剪枝技術中，借助語言模型的特性可以使搜索變得高效。與其類似，利用語言模型的其他特性也可以實現對未生成部分得分的估計。對未生成部分得分的估計通常被稱為啟發式函數（Heuristic Function）。在擴展假設過程中，可以優先挑選當前得分$\log P(w_1 w_2 \cdots w_m)$和啟發式函數值$h(w_1 w_2 \cdots w_m)$最大的候選進行擴展，從而大大提高搜索的效率。這時，模型得分可以被定義為

$$\text{score}(w_1 w_2 \cdots w_m) = \log P(w_1 w_2 \cdots w_m) + h(w_1 w_2 \cdots w_m) \tag{2-45}$$

這種基於啟發式函數的一致代價搜索被稱為A*搜索或啟發式搜索（Heuristic Search）[52]。通常，可以把啟發式函數看成計算當前狀態跟最優解的距離的一種方法，並把關於最優解的一些性質的猜測放到啟發式函數裡。例如，在序列生成中，一般認為最優序列應該在某個特定的長度附近，因此把啟發式函式定義為該長度與當前單字序列長度的差值。這樣，在搜索過程中，啟發式函數會引導搜索優先生成當前得分高且序列長度接近預設長度的單字序列。

2.4.3 局部搜索

由於全域搜索策略要遍歷整個解空間，所以它的時間複雜度和空間複雜度一般都比較高。在對完備性與最優性要求不那麼嚴格的搜索問題上，可以使用非經典搜索策略。非經典搜索涵蓋的內容非常廣泛，其中包括局部搜索[53]、連續空間搜索[54]、信念狀態搜索[55]和即時搜索[56]等。局部搜索是非經典搜索裡的一個重要方面，局部搜索策略不必遍歷完整的解空間，因此降低了時間複雜度和空間複雜度，但也導致可能遺失最優解甚至找不到解，所以局部搜索都是不完備的而且非最優的。自然語言處理中的很多問題由於搜索空間過大，無法使用全域搜索，因此使用局部搜索是非常普遍的。

1. 貪婪搜索

貪婪搜索（Greedy Search）基於一種思想：當一個問題可以拆分為多個子問題時，如果一直選擇子問題的最優解就能得到原問題的最優解，就可以不遍歷原始的解空間，而是使用這種「貪婪」的策略進行搜索。基於這種

思想，它每次都優先挑選得分最高的詞進行擴展，這一點與改進過的深度優先搜索類似。它們的區別在於，貪婪搜索搜索到一個完整的序列，也就是搜索到<eos>即停止，而改進的深度優先搜索會遍歷整個解空間。因此，貪婪搜索非常高效，其時間和空間複雜度僅為$O(m)$，這裡m為單字序列的長度。

由於貪婪搜索並沒有遍歷整個解空間，該方法不保證一定能找到最優解。以圖 2-17 所示的搜索結構為例，貪婪搜索將選擇紅線所示的序列，該序列的最終得分是−1.7。但是，對比圖 2-15 可以發現，在另一條路徑上有得分更高的序列 "<sos> I agree <eos>"，它的得分為−1.5。此時，貪婪搜索並沒有找到最優解。貪婪搜索選擇的單字是當前步驟得分最高的，但是最後生成的單字序列的得分取決於它未生成部分的得分。因此，當得分最高的單字的子樹中未生成部分的得分遠小於其他子樹時，貪婪搜索提供的解的品質會非常差。同樣的問題可以出現在使用貪婪搜索的任意時刻。即使是這樣，憑藉其簡單的思想及在真實問題上的效果，貪婪搜索在很多場景中仍然獲得了廣泛應用。

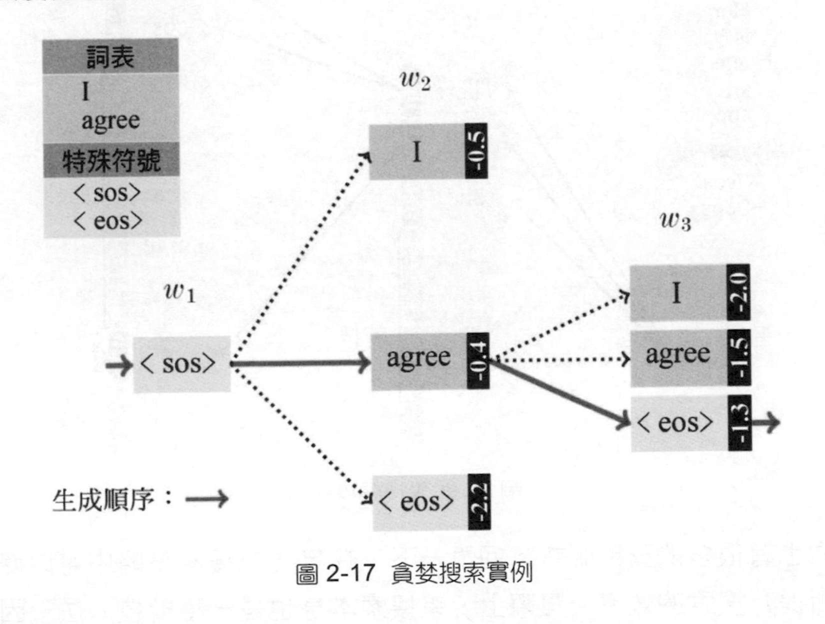

圖 2-17 貪婪搜索實例

2. 束搜索

貪婪搜索會產生品質比較差的解是由於錯誤地選擇了當前單字。既然每次只挑選一個單字可能會出錯，那麼可以透過同時考慮多個候選單字來緩解這個問題，也就是對於一個位置，可以同時將其擴展到若干個節點。這樣就擴大了搜索的範圍，增大了優質解被找到的機率。

常見的做法是生成新單字時都挑選得分最高的前B個單字，然後擴展這B個單字的T個孩子節點，得到BT條新路徑，最後保留其中得分最高的B條路徑。從另一個角度理解，相當於束搜索比貪婪搜索「看」到了更多的路徑，更有可能找到好的解。這個方法通常被稱為束搜索（Beam Search）。圖 2-18 展示了一個束大小為 3 的例子，其中束大小代表每次選擇單字時保留的詞數。比起貪婪搜索，束搜索在實踐中表現得非常優秀，它的時間複雜度和空間複雜度僅為貪婪搜索的常數倍，也就是$O(Bm)$。

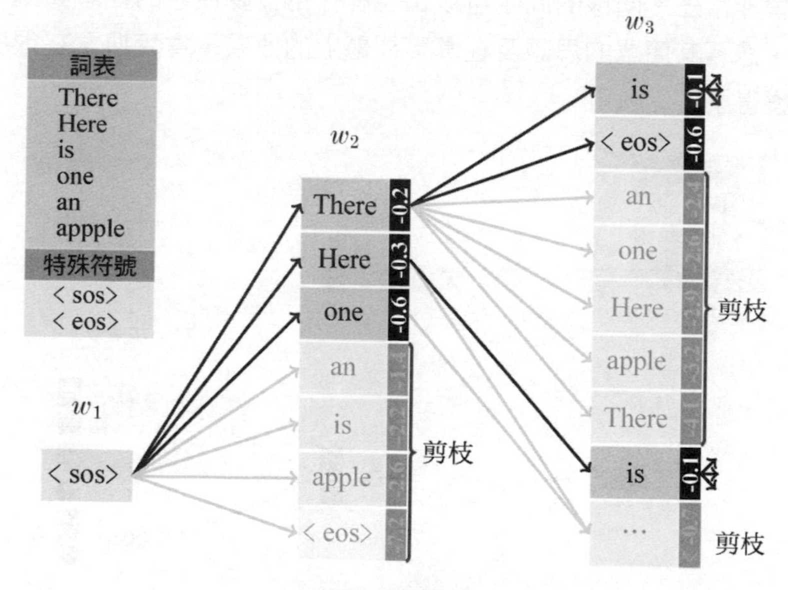

圖 2-18 束搜索實例

束搜索也有很多的改進版本。回憶一下，在無資訊搜索策略中可以使用剪枝技術提升搜索的效率。實際上，束搜索本身也是一種剪枝方法。因此，有時也把束搜索稱作束剪枝（Beam Pruning）。在這裡有很多其他的剪枝策略可供選擇，例如，可以只保留與當前最佳路徑得分相差在θ之內的路徑，也就是進行搜索時只保留得分差距在一定範圍內的路徑，這種方法也被稱作長條圖剪枝（Histogram Pruning）。

對語言模型來說，當多個路徑中最高得分比當前搜索到的最好的解的得分低時，可以立刻停止搜索。此時序列越長，語言模型得分$\log P(w_1 w_2 \cdots w_m)$越低，繼續擴展這些路徑不會產生更好的結果。這個技術通常被稱為最佳停止條件（Optimal Stopping Criteria）。類似的思想也被用於機器翻譯等任務[57,58]。

總的來說，雖然局部搜索沒有遍歷完整的解空間，使得這類方法無法保證找到最優解，但它大大降低了搜索過程的時間複雜度和空間複雜度。因此，在語言模型生成和機器翻譯的解碼過程中，常常使用局部搜索演算法。第 7 章和第 10 章還將介紹這些演算法的具體應用。

2.5 小結及拓展閱讀

本章重點介紹了如何對自然語言處理問題進行統計建模，並從資料中自動學習統計模型的參數，最終用學習到的模型對新的問題進行處理。之後，將這種思想應用到語言建模任務中，該任務與機器翻譯有著緊密的聯繫。透過系統化的建模可以發現：經過適當的假設和化簡，統計模型可以極佳地描述複雜的自然語言處理問題。本章對面向語言模型預測的搜索方法進行了介紹，相關概念和方法也將在後續章節廣泛使用。

此外，讀者可以深入瞭解以下幾方面內容：

- 在n-gram 語言模型中，由於語料中往往存在大量的低頻詞及未登入詞，模型會產生不合理的機率預測結果。本章介紹了 3 種平滑方法，以解決上述問題。實際上，平滑方法是語言建模中的重要研究方向。

除了本章介紹的 3 種平滑方法，還有如 Jelinek–Mercer 平滑[59]、Katz 平滑[60]及 Witten–Bell 平滑等[61,62] 平滑方法。相關研究工作對這些平滑方法進行了詳細對比[42,63]。

- 除了平滑方法，也有很多工作對n-gram 語言模型進行改進。例如，對於形態學豐富的語言，可以考慮對單字的形態變化進行建模。這類語言模型在一些機器翻譯系統中表現出了很好的潛力[64-66]。此外，如何使用超大規模資料進行語言模型訓練也是備受關注的研究方向。例如，有研究人員探索了對超大語言模型進行壓縮和儲存的方法[45,67,68]。另一個有趣的方向是利用隨機儲存演算法對大規模語言模型進行有效儲存[69,70]。例如，在語言模型中使用 Bloom Filter 等隨機儲存的資料結構。
- 本章更多地關注了語言模型的基本問題和求解思路，而基於n-gram 的方法並不是語言建模的唯一方法。從自然語言處理的前端趨勢看，點對點的深度學習方法在很多工中取得了領先的性能。語言模型同樣可以使用這些方法，而且在近些年取得了巨大成功。例如，最早提出的前饋神經語言模型[72] 和後來的基於循環單元的語言模型[73]、基於長短期記憶單元的語言模型[74] 及目前非常流行的 Transformer[23]。關於神經語言模型的內容，會在第 9 章進一步介紹。
- 本章結合語言模型的序列生成任務對搜索技術進行了介紹。類似地，機器翻譯任務也需要從大量的翻譯候選中快速尋找最優譯文。因此，在機器翻譯任務中也使用了搜索方法，這個過程通常被稱作解碼。例如，有研究人員嘗試在基於詞的翻譯模型中使用啟發式搜索[75-77] 及貪婪搜索方法[78] [79]，也有研究人員在探索基於短語的堆疊解碼方法[80,81]。此外，解碼方法還包括有限狀態機解碼[82] [83]及基於語言學約束的解碼[84-88]。相關內容將在第 8 章和第 14 章介紹。

Chapter

03

詞法分析和語法分析基礎

機器翻譯並非是一個孤立的系統，它依賴於很多模組，並且需要多個學科知識的融合。其中就會用自然語言處理工具對不同語言的文字進行分析。因此，在正式介紹機器翻譯的內容之前，本章會對相關的詞法分析和語法分析知識進行概述，包括分詞、命名實體辨識、短語結構句法分析。它們都是自然語言處理中的經典問題，而且在機器翻譯中被廣泛使用。本章會重點介紹這些任務的定義和求解問題的思路，其中會使用到統計建模方法，因此本章也被看作第 2 章內容的延伸。

3.1 問題概述

很多時候，機器翻譯系統被看作孤立的「黑盒」（如圖 3-1(a) 所示）。它將一段文字作為輸入送入機器翻譯系統之後，系統輸出翻譯好的譯文。真實的機器翻譯系統非常複雜，因為系統看到的輸入和輸出實際上只是一些符號串，這些符號並沒有任何意義，因此需要對這些符號串做進一步處理才能更好地使用它們。例如，需要定義翻譯中最基本的單元是什麼。符號串是否具有結構資訊？如何用數學工具刻畫這些基本單元和結構？

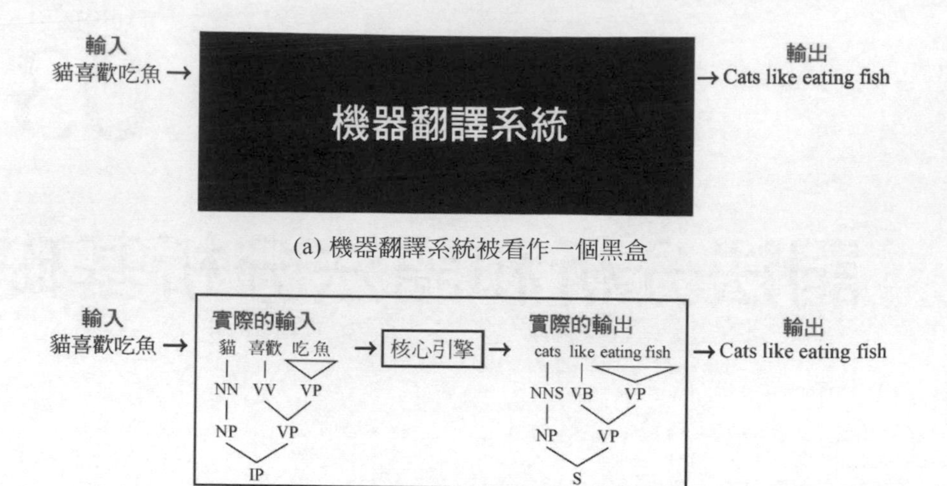

(a) 機器翻譯系統被看作一個黑盒

(b) [機器翻譯系統 = 前/後處理 + 核心引擎

圖 3-1 機器翻譯系統的結構

圖 3-1(b)展示了一個機器翻譯系統的輸入和輸出形式。可以看出，輸入的中文詞串「貓喜歡吃魚」被加工成一個新的結構（如圖 3-2 所示）。直覺上，這個結構有些奇怪，因為上面多了很多新的符號，而且還用一些線將不同符號連接起來。實際上，這就是一種常見的句法表示——短語結構樹。生成這樣的結構會涉及兩方面問題：

- 分詞（Word Segmentation）：這個過程會對詞串進行切分，將其切割成最小的、具有完整功能的單元——單字（Word）。因為只有知道了什麼是單字，機器翻譯系統才能完成對句子的表示、分析和生成。
- 句法分析（Parsing）：這個過程會對分詞的結果進行進一步分析。例如，可以對句子進行淺層分析，得到句子中實體的資訊（如人名、地名等），也可以對句子進行更深層次的分析，得到完整的句法結構，類似於圖 3-2 中的結果。這種結構可以被看作對句子的進一步抽象，被稱為短語結構樹。例如，NP+VP 可以表示由名詞短語（Noun Phrase，NP）和動詞短語（Verb Phrase，VP）組成的主謂結構。利用這些資訊，機器翻譯可以更準確地對句子的結構進行分析，有助於提高翻譯的準確性。

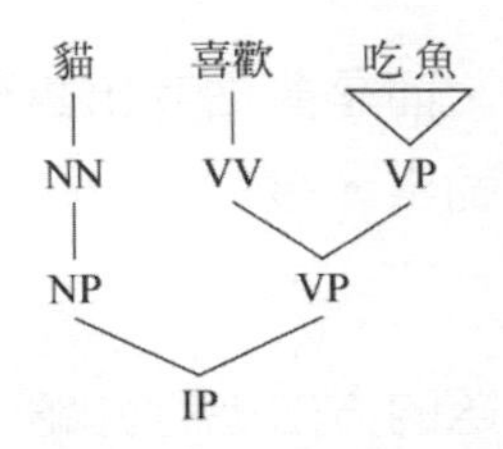

圖 3-2 「貓喜歡吃魚」的分析結果（分詞和句法分析）

類似地，機器翻譯輸出的結果也可以包含同樣的資訊，甚至在系統輸出英文譯文之後，還有一個額外的步驟將部分英文單字的大小寫恢復，如句首單字的首字母要大寫。

通常，在送入機器翻譯系統前，需要對文字序列進行處理和加工，這個過程被稱為前置處理（Pre-processing）。類似地，在機器翻譯模型輸出譯文後進行的處理被稱作後處理（Post-processing）。這兩個過程對機器翻譯性能的影響很大，例如，對於神經機器翻譯系統來說，不同的分詞策略會造成翻譯性能的天差地別。

值得注意的是，有些觀點認為，對於機器翻譯來說，不論是分詞還是句法分析，並不要求符合人的認知和語言學約束。換句話説，機器翻譯所使用的「單字」和「結構」本身並不是為了符合人類的解釋，它們更直接的目的是進行翻譯。從系統開發的角度，有時即使使用一些與人類的語言習慣有差別的處理，仍然會帶來性能的提升，如在神經機器翻譯中，在傳統分詞的基礎上使用雙位元組編碼（Byte Pair Encoding，BPE）子詞切分[89]，會使機器翻譯的性能大幅提高。當然，自然語言處理中語言學資訊的使用一直是學界關注的焦點，甚至關於語言學結構對機器翻譯是否有作用這個問題也有一些不同的觀點。不能否認的是，無論是語言學的知識，還是電腦自己學習到的知識，對機器翻譯都是有價值的。後續章節會看到，這兩種類型的知識對機器翻譯幫助很大。

剩下的問題是如何進行句子的切分和結構的分析。一種常用的方法是對問題進行機率化，用統計模型描述問題並求解之。例如，一個句子切分的好壞，並不是非零即一的判斷，而是要估計出這種切分的可能性大小，最終選擇可能性最大的結果進行輸出。這也是一種典型的用統計建模的方式描述自然語言處理問題的方法。

本章將對上述問題及求解問題的方法進行介紹，並將統計建模應用到中文分詞、命名實體辨識和短語結構句法分析等任務中。

3.2 中文分詞

對機器翻譯系統而言，輸入的是已經切分好的單字序列，而非原始的字串（如圖 3-3 所示）。例如，對於一個中文句子，單字之間是沒有間隔的，因此需要對單字進行切分，使機器翻譯系統可以區分不同的翻譯單元。甚至，可以對語言學上的單字進行進一步切分，得到詞片段序列（如中國人→中國/人）。廣義上，可以把上述過程看作一種分詞過程，即將一個輸入的自然語言字串切割成單元序列，每個單元（Token） 都對應可以處理的最小單位。

貓喜歡吃魚 → 分詞系統 → 貓/喜歡/吃/魚 → 機器翻譯系統 → …

圖 3-3 一個簡單的前置處理流程

分詞得到的單元序列既可以是語言學上的詞序列，也可以是根據其他方式定義的基本處理單元。在本章中，把分詞得到的一個個單元稱為單字或詞，儘管這些單元可能不是語言學上的完整單字。這個過程也被稱作詞法分析（Lexical Analysis）。除了中文，詞法分析在單字之間無明確分割符的語言中（如日語、泰語等）有著廣泛的應用，芬蘭語、維吾爾語等形態十分豐富的語言也需要使用詞法分析來解決複雜的詞尾、詞綴變化等形態變化。

在機器翻譯中，分詞系統的好壞往往決定了譯文的品質。分詞的目的是定義系統處理的基本單元，那麼什麼叫作「詞」 呢？關於詞的定義有很多，例如：

定義 3.1： 詞

語言裡最小的可以獨立運用的單位。

——《新華字典》新華字典[90]

敘述中具有完整概念，能獨立自由運用的基本單位。

——《國語辭典》國語辭典[91]

從語言學的角度看，人們普遍認為詞是可以單獨運用的、包含意義的基本單位。這樣可以使用有限的片語合出無限的句子，這也表現出自然語言的奇妙。不過，機器翻譯不侷限於語言學定義的單字。例如，神經機器翻譯中廣泛使用的 BPE 子詞切分方法，可以被理解為將詞的一部分切分出來，將得到的詞片段送給機器翻譯系統使用。以如下英文字串為例，可以得到切分結果：

Interesting → Interest/ing　selection → se/lect/ion　procession → pro/cess/ion
Interested → Interest/ed　selecting → se/lect/ing　processing → pro/cess/ing
Interests → Interest/s　selected → se/lect/ed　processed → pro/cess/ed

詞法分析的重要性在自然語言處理領域已有共識。如果切分的顆粒度很大，則獲得單字的歧義通常比較小，如將「中華人民共和國」作為一個詞不存在歧義。如果是單獨的一個詞「國」，可能會代表「中國」、「美國」等不同的國家，則存在歧義。隨著切分顆粒度的增大，特定單字出現的頻次也隨之降低，低頻詞容易和雜訊混淆，系統很難對其進行學習。因此，處理這些問題並開發適合翻譯任務的分詞系統是機器翻譯的第一步。

3.2.1 基於詞典的分詞方法

電腦並不能像人類一樣在概念上理解「詞」，因此需要使用其他方式讓電腦「學會」如何分詞。一個最簡單的方法就是給定一個詞典，在這個詞典中出現的中文字組合就是所定義的「詞」。也就是説，可以透過一個詞典定義一個標準，符合這個標準定義的字串都是合法的「詞」。

在使用基於詞典的分詞方法時，只需預先載入詞典到電腦中，掃描輸入句子，查詢其中的每個詞串是否出現在詞典中。如圖 3-4 所示，有一個包含 6 個詞的詞典，給定輸入句子「確實現在物價很高」後，分詞系統自左至右遍歷輸入句子的每個字，發現詞串「確實」在詞典中出現，説明「確實」是一個「詞」。之後，重複這個過程。

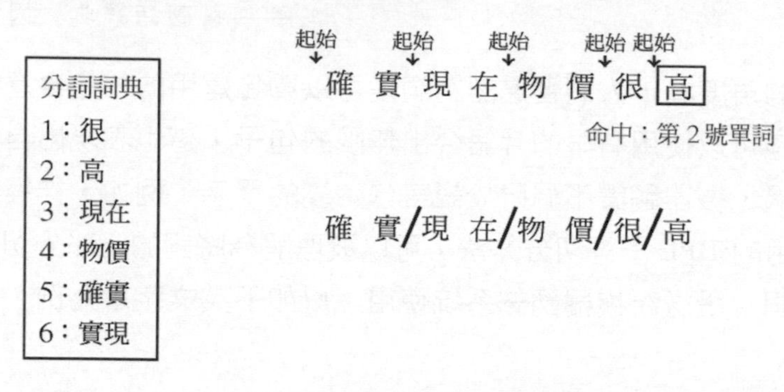

圖 3-4 基於詞典進行分詞的實例

基於詞典的分詞方法很「硬」。這是因為自然語言非常靈活，容易出現歧義。圖 3-5 就舉出了圖 3-4 所示的例子中的交叉型分詞歧義，從詞典中查看，「實現」和「現在」都是合法的單字，但在句子中二者有重疊，因此詞典無法告訴系統哪個結果是正確的。

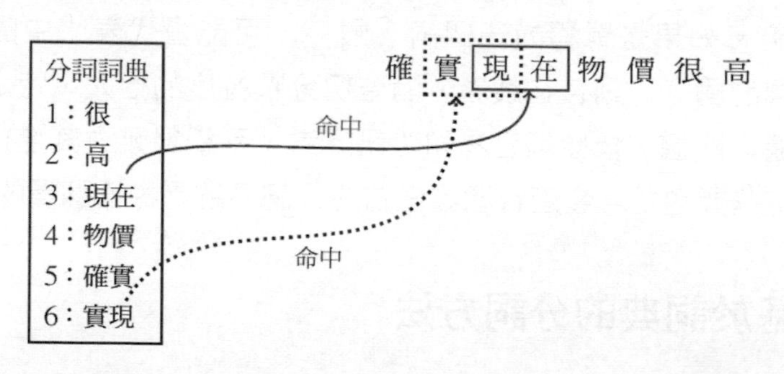

圖 3-5 交叉型分詞歧義

類似的例子在生活中也很常見，如句子「答辯結束的和尚未答辯的同學都請留在教室」，正常的分詞結果是「答辯/結束/的/和/尚未/答辯/的/同學/都/請/留在/教室」，由於「尚未」、「和尚」都是常見詞，使用基於詞典的分詞方法在這時很容易出現切分錯誤。

基於詞典的分詞方法是典型的基於規則的方法，完全依賴人工給定的詞典。在遇到歧義時，需要人工定義消除歧義的規則，例如，可以自左向右掃描每次匹配最長的單字，這是一種簡單的啟發式消歧策略。圖 3-4 中的例子實際上就是使用這種策略得到的分詞結果。啟發式的消歧方法仍然需要人工設計啟發式規則，而且啟發式規則也不能處理所有的情況，因此簡單的基於詞典的分詞方法還不能極佳地解決分詞問題。

3.2.2 基於統計的分詞方法

既然基於詞典的分詞方法有很多問題，那就需要一種更有效的方法。上文提到，想要架設一個分詞系統，就需要讓電腦知道什麼是「詞」，那麼可不可以舉出已經切分好的分詞數據，讓電腦在這些資料中學習規律呢？答案是肯定的。利用「資料」讓電腦明白「詞」的定義，讓電腦直接在資料中學到知識，這就是一個典型的基於統計建模的學習過程。

1. 統計模型的學習與推斷

統計分詞也是一種典型的資料驅動方法。這種方法將已經過分詞的資料「喂」給系統，這個資料也被稱作標注資料（Annotated Data）。在獲得標注資料後，系統自動學習一個統計模型來描述分詞的過程，而這個模型會把分詞的「知識」作為參數保存在模型中。當送入一個新的需要分詞的句子時，可以利用學習到的模型對可能的分詞結果進行機率化的描述，最終選擇機率最大的結果作為輸出。這個方法就是基於統計的分詞方法，其與第 2 章介紹的統計語言建模方法本質上是一樣的。具體來說，可以分為兩個步驟：

- 訓練。利用標注資料，對統計模型的參數進行學習。
- 預測。利用學習到的模型和參數，對新的句子進行切分。這個過程也被看作利用學習到的模型在新的資料上進行推斷。

圖 3-6 舉出了一個基於統計建模的中文自動分詞流程實例。左側是標注資料，其中每個句子是已經過人工標注的分詞結果（單字用反斜線分開）。之後，建立一個統計模型，記為$P(\cdot)$。模型透過在標注資料上的學習對問題進行描述，即學習$P(\cdot)$。最後，對於新的未分詞的句子，使用模型$P(\cdot)$對每個可能的切分方式進行機率估計，選擇機率最大的切分結果輸出。

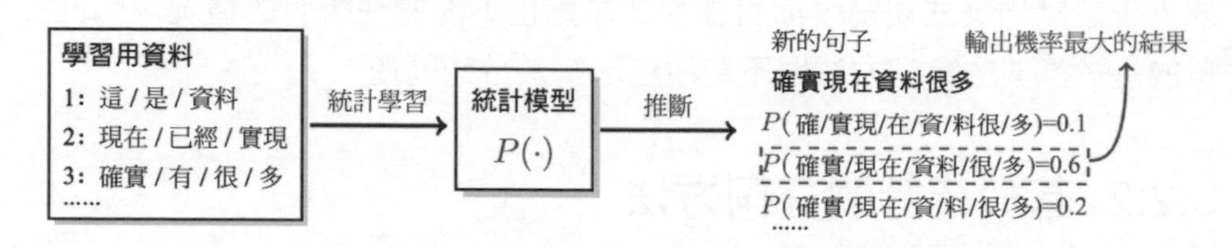

圖 3-6 基於統計建模的中文自動分詞流程實例

2. 全機率分詞方法

上述過程的核心在於從標注資料中學習一種對分詞現象的統計描述，即句子的分詞結果機率$P(\cdot)$。如何讓電腦利用分好詞的資料學習到分詞知識呢？第 2 章介紹過如何對單字機率進行統計建模，而對分詞現象的統計描述就是在單字機率的基礎上，基於獨立性假設獲取的[1]。雖然獨立性假設並不能完美地描述分詞過程中單字之間的關係，但是它大大化簡了分詞問題的複雜度。

如圖 3-7 所示，可以利用大量人工標注好的分詞數據，透過統計學習的方法獲得一個統計模型$P(\cdot)$，給定任意分詞結果$W = w_1 w_2 \cdots w_m$，都能透過$P(W) = P(w_1) \cdot P(w_2) \cdot \cdots \cdot P(w_m)$計算這種切分的機率值。

---

[1] 即假定所有詞的出現都是相互獨立的。

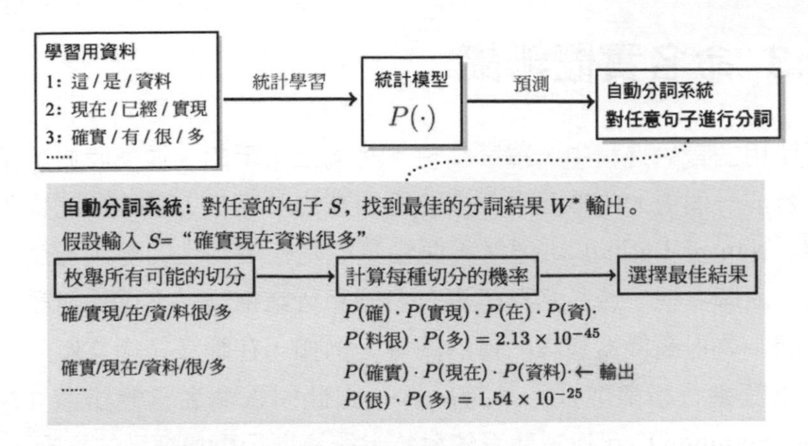

圖 3-7 基於 1-gram 語言模型的中文分詞實例

以「確實現在資料很多」為例，如果把這句話按照「確實/現在/資料/很/多」的方式進行切分，則句子切分的機率P(確實/現在/資料/很/多) 可以透過每個詞出現機率相乘的方式進行計算。

$$P(\text{確實/現在/資料/很/多}) = P(\text{確實}) \cdot P(\text{現在}) \cdot P(\text{資料}) \cdot P(\text{很}) \cdot P(\text{多}) \tag{3-1}$$

經過充分訓練的統計模型$P(\cdot)$就是本章介紹的分詞模型。對於輸入的新句子S，透過這個模型找到最佳的分詞結果輸出。假設輸入句子S是「確實現在資料很多」，可以透過列舉獲得不同切分方式的機率，其中機率最大的切分方式就是系統的目標輸出。

這種分詞方法也被稱作基於 1-gram 語言模型的分詞[92,93]。全機率分詞最大的優點在於方法簡單、效率高，因此被廣泛應用在工業界。它本質上就是一個 1-gram 語言模型，因此可以直接重複使用n-gram 語言模型的訓練方法和未登入詞處理方法。與傳統的n-gram 語言模型稍有不同的是，分詞的預測過程需要找到一個在給定字串所有可能切分中 1-gram 語言模型得分最高的切分。因此，可以使用第 2 章描述的搜索演算法實現這個預測過程，也可以使用動態規劃方法[94]快速找到最優切分結果。本節的重點是介紹中文分詞的基礎方法和統計建模思想，因此不對相關搜索演算法做進一步介紹，感興趣的讀者可以參考第 2 章和 5 節的相關文獻做深入研究。

3.3 命名實體辨識

在人類使用語言的過程中，單字往往不是獨立出現的。很多時候，多個單字會組合成一個更大的單元來表達特定的意思。其中，最典型的代表是命名實體（Named Entity）。通常，命名實體是指名詞性的專用短語，如公司名稱、品牌名稱、產品名稱等專有名詞和行業術語。準確地辨識出這些命名實體，是提高機器翻譯品質的關鍵。例如，在翻譯技術文獻時，往往需要對術語進行辨識並進行準確翻譯，因此引入命名實體辨識（Named Entity Recognition）可以幫助系統對特定術語進行更加細緻的處理。

從句法分析的角度看，命名實體辨識是一種淺層句法分析任務。它在分詞的基礎上，進一步對句子的淺層結構進行辨識，包括詞性標注、組塊辨識在內的很多工都可以被看作淺層句法分析的內容。本節將以命名實體辨識為例，對基於序列標注的淺層句法分析方法進行介紹。

3.3.1 序列標注任務

命名實體辨識是一種典型的序列標注（Sequence Labeling）任務，對於一個輸入序列，它會生成一個相同長度的輸出序列。輸入序列的每一個位置，都有一個與之對應的輸出，輸出的內容是這個位置所對應的標籤（或者類別）。例如，對於命名實體辨識，每個位置的標籤可以被看作一種命名實體「開始」和「結束」的標示，而命名實體辨識的目標就是得到這種「開始」和「結束」標注的序列。不僅如此，分詞、詞性標注、組塊辨識等都可以被看作序列標注任務。

通常，在序列標注任務中，需要先定義標注策略，即使用什麼樣的格式對序列進行標注。為了便於描述，這裡假設輸入序列為一個個單字[2]。常用的

2 廣義上，序列標注任務並不限制輸入序列的形式，如字元、單字、多個單字組成的片語都可以作為序列標注的輸入單元。

標注格式有：

- BIO 格式（Beginning-inside-outside）。以命名實體辨識為例，B 表示一個命名實體的開始，I 表示一個命名實體的其他部分，O 表示一個非命名實體單元。
- BIOES 格式。與 BIO 格式相比，BIOES 格式多了標籤 E（End）和 S（Single）。仍然以命名實體辨識為例，E 和 S 分別用於標注一個命名實體的結束位置和僅含一個單字的命名實體。

圖 3-8 舉出了兩種標注格式對應的標注結果。可以看出，文字序列中的非命名實體直接被標注為"O"，而命名實體的標注則被分為兩部分：位置和命名實體類別，圖中的"B"、"I"、"E"等標注出了位置資訊，而"CIT"和"CNT" 則標注出了命名實體類別（"CIT" 表示城市，"CNT" 表示國家）。可以看出，命名實體的辨識結果可以透過 BIO 和 BIOES 這類序列標注結果歸納。例如，在 BIOES 格式中，標籤 "B-CNT" 後面的標籤只會是"I-CNT" 或 "E-CNT"，而不會是其他的標籤。同時，在命名實體辨識任務中涉及實體邊界的確定，而"BIO" 或 "BIOES" 的標注格式本身就暗含著邊界問題：在 "BIO" 格式下，實體左邊界只能在 "B" 的左側，右邊界只能在 "B" 或 "I" 的右側；在 "BIOES" 格式下，實體左邊界只能在"B" 或 "S" 的左側，右邊界只能在 "E" 或 "S" 的右側。

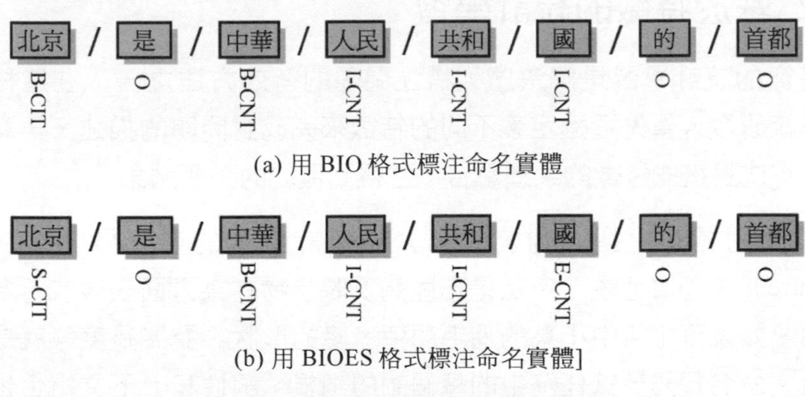

圖 3-8 兩種標注格式對應的標注結果

需要注意的是，雖然圖 3-8 中的命名實體辨識以單字為基本單位進行標注，但在真實系統中，也可以在字序列上進行命名實體辨識，其方法與基於詞序列的命名實體辨識是一樣的。因此，這裡仍然以基於詞序列的方法為例進行介紹。

對於像命名實體辨識這樣的任務，早期的方法主要是基於詞典和規則的方法。這些方法依賴人工構造的辨識規則，透過字串匹配的方式辨識出文字中的命名實體[95-97]。嚴格意義上講，那時，命名實體辨識並沒被看作一種序列標注問題。

序列標注這個概念更常出現在基於統計建模的方法中。許多統計機器學習方法都被成功應用於命名實體辨識任務中，如隱馬可夫模型（Hidden Markov Model，HMM）[98]、條件隨機場（Conditional Random Fields，CRF）[99]、最大熵（Maximum Entropy，ME）模型[100]和支援向量機（Support Vector Machine，SVM）[101]等。此外，近些年，深度學習的興起也給命名實體辨識帶來了新的思路[102]。命名實體辨識也成了驗證機器學習方法有效性的重要任務之一。本節將對序列標注中幾類基礎的方法進行介紹，會涉及機率圖模型、統計分類模型等方法。特別是統計分類的概念，在後續章節中也會被用到。

3.3.2 基於特徵的統計學習

基於特徵的統計學習是解決序列標注問題的有效方法之一。在這種方法中，系統研發人員先透過定義不同的特徵來完成對問題的描述，再利用統計模型完成對這些特徵的某種融合，並得到最終的預測結果。

在介紹序列標注模型之前，先來介紹統計學習的重要概念——特徵（Feature）。簡單地說，特徵是指能夠反映事物在某方面表現或行為的一種屬性，如現實生活中小鳥的羽毛顏色、喙的形狀、翼展長度等就是小鳥的特徵。命名實體辨識任務中的每個詞的詞根、詞性和上下文組合也被看作辨識出命名實體可以採用的特徵。

從統計建模的角度看，特徵的形式可以非常靈活。例如，可以分為連續型特徵和離散型特徵，前者通常用於表示取值蘊含數值大小關係的資訊，如人的身高和體重；後者通常用於表示取值不蘊含數值大小關係的資訊，如人的性別。正是由於這種靈活性，系統研發人員可以透過定義多樣的特徵，從不同的角度對目標問題進行建模。這種設計特徵的過程也被稱作特徵工程（Feature Engineering）。

設計更好的特徵也成了很多機器學習方法的關鍵。設計特徵時通常有兩個因素需要考慮：

- 樣本在這些特徵上的差異度，即特徵對樣本的區分能力。例如，可以考慮優先選擇樣本特徵值方差較大，即區分能力強的特徵[3]。
- 特徵與任務目標的相關性。優先選擇相關性高的特徵。

回到命名實體辨識任務上來。對於輸入的每個單字，可以將其表示為一個單字和對應的詞特徵（Word Feature）的組合，記作$< w, f >$。透過這樣的表示，就可以將原始的單字序列轉換為詞特徵序列。命名實體辨識中的特徵可以分為兩大類，一類是單字對應各個標籤的特徵，另一類是標籤之間組合的特徵。常用的特徵包括詞根、詞綴、詞性或者標籤的固定搭配等。表 3-1 展示了命名實體辨識任務中的典型特徵。

表 3- 1: 命名實體辨識任務中的典型特徵

特徵名	範例文字	釋義
LocSuffix	瀋陽市	地名尾碼
FourDigitYear	2020	四位數年份
OtherDigit	202020	其他數字
NamePrefix	張三	姓名首碼
ShortName	東大成立 120 周年	縮略詞

[3] 如果方差很小，意味著樣本在這個特徵上基本沒有差異，則這個特徵對區分樣本沒有作用。

在相當長的一段時期內，基於特徵工程的方法都是自然語言處理領域的主流範式。雖然深度學習技術的進步使系統研發人員逐步擺脫了繁重的特徵設計工作，但是很多傳統的模型和方法仍然被廣泛使用。例如，在當今最先進的序列標注模型中[103]，條件隨機場模型仍然是一個主要部件，本節將對其進行介紹。

3.3.3 基於機率圖模型的方法

機率圖模型（Probabilistic Graphical Model）是使用圖表示變數及變數間機率依賴關係的方法。在機率圖模型中，可以根據可觀測變數推測出未知變數的條件機率分佈等資訊。如果把序列標注任務中的輸入序列看作觀測變數，把輸出序列看作需要預測的未知變數，就可以把機率圖模型應用於命名實體辨識等序列標注任務中。

1. 隱馬可夫模型

隱馬可夫模型是一種經典的序列模型[98,104,105]。它在語音辨識、自然語言處理等很多領域獲得了廣泛應用。隱馬可夫模型的本質是機率化的馬可夫過程，這個過程隱含著狀態間轉移和可見狀態生成的機率。

這裡用一個簡單的「拋硬幣」遊戲對這些概念進行說明：假設有 3 枚質地不同的硬幣A、B、C，已知這 3 枚硬幣拋出正面的機率分別為 0.3、0.5 和 0.7，在遊戲中，遊戲發起者在上述 3 枚硬幣中選擇一枚上拋，每枚硬幣被挑選到的機率可能會受上次被挑選的硬幣的影響，且每枚硬幣正面向上的機率各不相同。重複挑選硬幣、上拋硬幣的過程，會得到一串硬幣的正反序列，如拋硬幣 6 次，得到：正正反反正反。遊戲挑戰者根據硬幣的正反序列，猜測每次選擇的究竟是哪一枚硬幣。

在上面的例子中，每次挑選並上拋硬幣後得到的「正面」或「反面」為「可見狀態」，再次挑選並上拋硬幣會獲得新的「可見狀態」，這個過程為「狀態的轉移」，經過 6 次反覆挑選上拋，得到的硬幣正反序列叫作可見狀態序列，由每個回合的可見狀態組成。此外，在這個遊戲中還暗含著一個會對最終「可見狀態序列」產生影響的「隱含狀態序列」——每次挑選的硬幣形成的序列，如$CBABCA$。

實際上，隱馬可夫模型在處理序列問題時的關鍵依據是兩個至關重要的機率關係，並且這兩個機率關係始終貫穿「拋硬幣」的遊戲中。一方面，隱馬可夫模型用發射機率（Emission Probability）描述隱含狀態和可見狀態之間存在的輸出機率（即A、B、C拋出正面的輸出機率為 0.3、0.5 和 0.7）；另一方面，隱馬可夫模型會描述系統隱含狀態的轉移機率（Transition Probability），在本例中，A的下一個狀態是A、B、C的轉移機率都是 1/3，B、C的下一個狀態是A、B、C的轉移機率同樣是 1/3。圖 3-9 展示了在「拋硬幣」遊戲中的轉移機率和發射機率，它們都可以被看作條件機率矩陣。

轉移機率 P(第 $i+1$ 次 | 第 i 次)

第 i 次 \ 第 $i+1$ 次	硬幣 A	硬幣 B	硬幣 C
硬幣 A	$\frac{1}{3}$	$\frac{1}{3}$	$\frac{1}{3}$
硬幣 B	$\frac{1}{3}$	$\frac{1}{3}$	$\frac{1}{3}$
硬幣 C	$\frac{1}{3}$	$\frac{1}{3}$	$\frac{1}{3}$

發射機率 P(可見狀態 | 隱含狀態)

隱含 \ 可見	正面	反面
硬幣 A	0.3	0.7
硬幣 B	0.5	0.5
硬幣 C	0.7	0.3

圖 3-9 「拋硬幣」遊戲中的轉移機率和發射機率

由於隱含狀態序列之間存在轉移機率，且隱馬可夫模型中隱含狀態和可見狀態之間存在著發射機率，根據可見狀態的轉移猜測隱含狀態序列並非無跡可循。圖 3-10 描述了如何使用隱馬可夫模型，根據「拋硬幣」的結果推測挑選的硬幣序列。可見，透過隱含狀態之間的聯繫（綠色方框及它們之間的連線）可以對有序的狀態進行描述，進而得到隱含狀態序列所對應的可見狀態序列（紅色圓圈）。

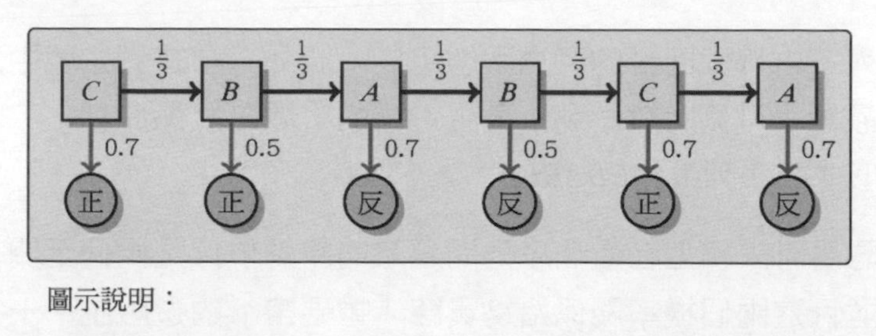

圖示說明：

一個隱含狀態　→ 從一個隱含狀態到下一個隱含狀態的轉換，該過程隱含著轉移機率

一個可見狀態　↓ 從一個隱含狀態到可見狀態的輸出，該過程隱含著發射機率

圖 3-10 拋硬幣的隱馬可夫模型實例

從統計建模的角度看，上述過程本質上是在描述隱含狀態和可見狀態出現的聯合機率。用$x = (x_1, \cdots, x_m)$表示可見狀態序列，用$y = (y_1, \cdots, y_m)$表示隱含狀態序列。（一階）隱馬可夫模型假設：

- 當前位置的隱含狀態僅與前一個位置的隱含狀態相關，即y_i僅與y_{i-1}相關。
- 當前位置的可見狀態僅與當前位置的隱含狀態相關，即x_i僅與y_i相關。

於是，聯合機率$P(x, y)$可以被定義為

$$
\begin{aligned}
P(x, y) &= P(x|y)P(y) \\
&= P(x_1, \cdots, x_m | y_1, \cdots, y_m) P(y_1, \cdots, y_m) \\
&= \prod_{i=1}^{m} P(x_i | x_1, \cdots, x_{i-1}, y_1, \cdots, y_m) \prod_{i=1}^{m} P(y_i | y_{i-1}) \\
&= \prod_{i=1}^{m} P(x_i | y_i) \prod_{i=1}^{m} P(y_i | y_{i-1}) \\
&= \prod_{i=1}^{m} P(x_i | y_i) P(y_i | y_{i-1}) \qquad (3\text{-}2)
\end{aligned}
$$

其中，y_0表示一個虛擬的隱含狀態。這樣，可以定義$P(y_1|y_0) \equiv P(y_1)$[4]，它表示起始隱含狀態出現的機率。隱馬可夫模型的假設大大化簡了問題，因此可以透過式(3-2) 計算隱含狀態序列和可見狀態序列出現的機率。值得注意的是，發射機率和轉移機率都可以被看作描述序列生成過程的「特徵」。但是，這些「特徵」並不是隨便定義的，而是符合問題的機率解釋。這種基於事件發生的邏輯定義的機率生成模型，通常被看作一種生成模型（Generative Model）。

一般來説，隱馬可夫模型中包含下面 3 個問題：

- 隱含狀態序列的機率計算，給定模型（轉移機率和發射機率），根據可見狀態序列（拋硬幣的結果）計算在該模型下得到這個結果的機率，這個問題的求解需要用到前向-後向演算法（Forward-Backward Algorithm）[105]。
- 參數學習，給定硬幣種類（隱含狀態數量），根據多個可見狀態序列（拋硬幣的結果）估計模型的參數（轉移機率），這個問題的求解需要用到 EM 演算法[106]。
- 解碼，給定模型（轉移機率和發射機率）和可見狀態序列（拋硬幣的結果），根據可見狀態序列，計算最可能出現的隱含狀態序列，這個問題的求解需要用到基於動態規劃（Dynamic Programming）的方法，常被稱作維特比演算法（Viterbi Algorithm）[107]。

隱馬可夫模型處理序列標注問題的基本思路是：

（1）根據可見狀態序列（輸入序列）和其對應的隱含狀態序列（標記序列）樣本，估算模型的轉移機率和發射機率。

（2）對於給定的可見狀態序列，預測機率最大的隱含狀態序列。例如，根據輸入的詞序列預測最有可能的命名實體標記序列。

---

[4] 數學符號≡的含義為等價於。

一種簡單的辦法是使用相對頻次估計得到轉移機率和發射機率估計值。令x_i表示第i個位置的可見狀態，y_i表示第i個位置的隱含狀態，$P(y_i|y_{i-1})$表示第$i-1$個位置到第i個位置的狀態轉移機率，$P(x_i|y_i)$表示第i個位置的發射機率，於是有

$$P(y_i|y_{i-1}) = \frac{c(y_{i-1}, y_i)}{c(y_{i-1})} \tag{3-3}$$

$$P(x_i|y_i) = \frac{c(x_i, y_i)}{c(y_i)} \tag{3-4}$$

其中，$c(\cdot)$為統計訓練集中某種現象出現的次數。

在獲得轉移機率和發射機率的基礎上，對一個句子進行命名實體辨識可以被描述為：在觀測序列x（可見狀態，即輸入的詞序列）的條件下，最大化標籤序列y（隱含狀態，即標記序列）的機率，即

$$\hat{y} = \arg\max_y P(y|x) \tag{3-5}$$

根據貝氏定理，該機率被分解為$P(y|x) = \frac{P(x,y)}{P(x)}$，其中$P(x)$是固定機率，因為$x$在這個過程中是確定的不變數。因此，只需考慮如何求解分子，即將求條件機率$P(y|x)$的問題轉化為求聯合機率$P(y,x)$的問題：

$$\hat{y} = \arg\max_y P(x, y) \tag{3-6}$$

將式(3-2) 帶入式(3-6) 可以得到最終的計算公式：

$$\hat{y} = \arg\max_y \prod_{i=1}^{m} P(x_i|y_i)P(y_i|y_{i-1}) \tag{3-7}$$

圖 3-11 展示了基於隱馬可夫模型的命名實體辨識模型。實際上，這種描述序列生成的過程也可以被應用於機器翻譯，第 5 章將介紹隱馬可夫模型在翻譯建模中的應用。

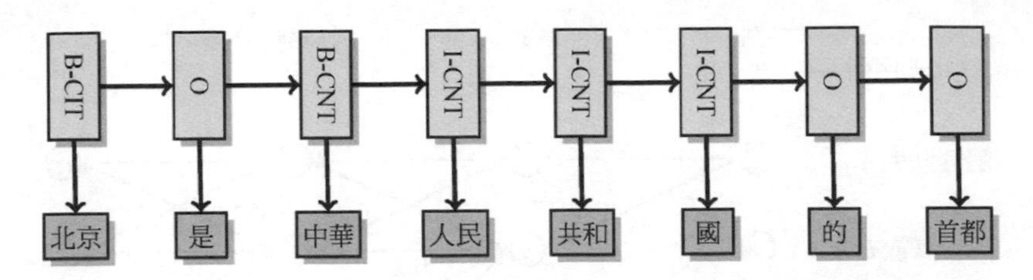

圖 3-11 基於隱馬可夫模型的命名實體辨識模型

2. 條件隨機場

隱馬可夫模型有一個很強的假設：一個隱含狀態出現的機率僅由上一個隱含狀態決定。這個假設也會帶來一些問題，例如，在某個隱馬可夫模型中，隱含狀態集合為$\{A,B,C,D\}$，可見狀態集合為$\{T,F\}$，其中隱含狀態A可能的後繼隱含狀態集合為$\{A,B\}$，隱含狀態B可能的後繼隱含狀態集合為$\{A,B,C,D\}$，於是有

$$P(A|A)+P(A|B)=1 \tag{3-8}$$

$$P(A|B)+P(B|B)+P(C|B)+P(D|B)=1 \tag{3-9}$$

其中，$P(b|a)$表示由狀態a轉移到狀態b的機率，由於式(3-8) 中的分式數量少於式(3-9)，導致在統計中獲得的$P(A|A)$、$P(A|B)$的值很可能比$P(A|B)$、$P(B|B)$、$P(C|B)$、$P(D|B)$的大。

以圖 3-12 展示的實例為例，有一個可見狀態序列$TFFT$，假設初始隱含狀態是A，圖中線上的機率值是對應的轉移機率與發射機率的乘積。例如，時刻 1 從圖中的隱含狀態A開始，下一個隱含狀態是A且可見狀態是F的機率是 0.65，下一個隱含狀態是B且可見狀態是F的機率是 0.35。可以看出，由於有較大的值，當可見狀態序列為$TFFT$時，隱馬可夫計算出的最有可能的隱含狀態序列為$AAAA$。對訓練集進行統計會發現，當可見序列為$TFFT$時，對應的隱含狀態是$AAAA$的機率可能是比較大的，也可能是比較小的。本例中出現預測偏差的主要原因是：由於比其他狀態轉移機率大得多，隱含狀態的預測一直停留在狀態A。

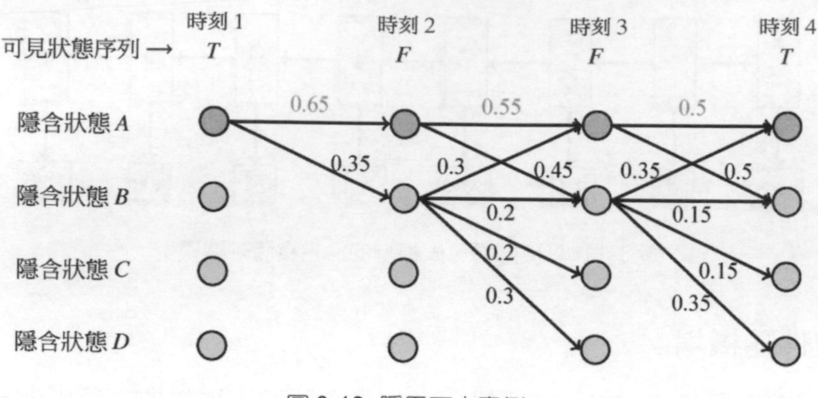

圖 3-12 隱馬可夫實例

上述現象也被稱作標注偏置（Label Bias）。條件隨機場模型在隱馬可夫模型的基礎上，解決了這個問題[99]。在條件隨機場模型中，以全域範圍的統計歸一化代替了隱馬可夫模型中的局部歸一化。除此之外，條件隨機場模型不使用機率計算，而是使用特徵函數的方式對可見狀態序列x對應的隱含狀態序列y的機率進行計算。

條件隨機場中一般有若干個特徵函數，都是經過設計的、能夠反映序列規律的二元函數[5]，並且每個特徵函數都有其對應的權重λ。特徵函數一般由兩部分組成：能夠反映隱含狀態序列之間轉移規則的轉移特徵$t(y_{i-1}, y_i, x, i)$和狀態特徵$s(y_i, x, i)$。其中，y_i和y_{i-1}分別是位置i和它前一個位置的隱含狀態，x則是可見狀態序列。轉移特徵$t(y_{i-1}, y_i, x, i)$反映了兩個相鄰的隱含狀態之間的轉換關係，而狀態特徵$s(y_i, x, i)$則反映了第i個可見狀態應該對應什麼樣的隱含狀態，這兩部分共同組成了一個特徵函數$F(y_{i-1}, y_i, x, i)$，即

$$F(y_{i-1}, y_i, x, i) = t(y_{i-1}, y_i, x, i) + s(y_i, x, i) \tag{3-10}$$

[5] 二元函數的函數值一般非 1 即 0。

實際上，基於特徵函數的方法更像是對隱含狀態序列的一種評分：根據人為設計的範本（特徵函數），測試隱含狀態之間的轉換及隱含狀態與可見狀態之間的對應關係是否符合這種範本。在處理序列問題時，假設可見狀態序列x的長度和待預測隱含狀態序列y的長度均為m，且共設計了k個特徵函數，則有

$$P(y|x) = \frac{1}{Z(x)} \exp(\sum_{i=1}^{m} \sum_{j=1}^{k} \lambda_j F_j(y_{i-1}, y_i, x, i)) \tag{3-11}$$

式(3-11) 中的$Z(x)$即為上面提到的實現全域統計歸一化的歸一化因數，其計算方式為

$$Z(x) = \sum_y \exp(\sum_{i=1}^{m} \sum_{j=1}^{k} \lambda_j F_j(y_{i-1}, y_i, x, i)) \tag{3-12}$$

由式(3-12) 可以看出，歸一化因數的求解依賴於整個可見狀態序列和每個位置的隱含狀態，因此條件隨機場模型中的歸一化是一種全域範圍的歸一化方式。圖 3-13 為條件隨機場模型處理序列問題的示意圖。

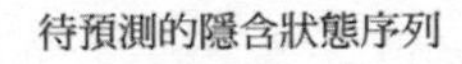

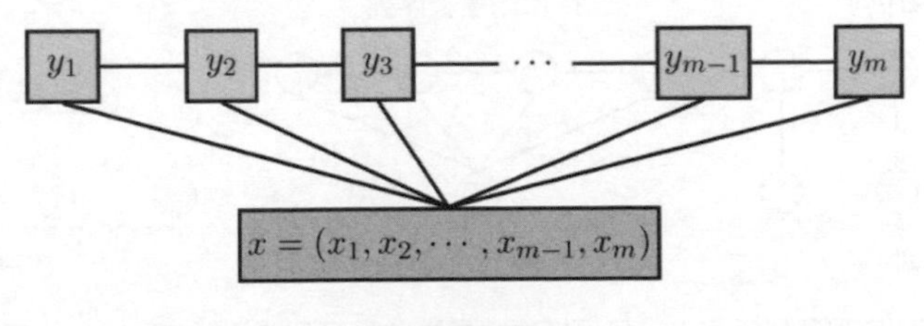

圖 3-13 條件隨機場模型處理序列問題的示意圖

雖然式(3-11) 和式(3-12) 的表述相較於隱馬可夫模型更加複雜，但其實現有非常高效的方式。例如，可以使用動態規劃的方法完成整個條件隨機場模型的計算[99]。

當條件隨機場模型處理命名實體辨識任務時，可見狀態序列對應著文字內容，隱含狀態序列對應著待預測的標籤。對於命名實體辨識任務，需要單獨設計若干適合命名實體辨識任務的特徵函數。例如，在使用 BIOES 標準

標注命名實體辨識任務時，標籤 "B-ORG"[6] 後面的標籤只能是"I-ORG" 或 "E-ORG"，不可能是"O"，針對此規則可以設計相應的特徵函數。

3.3.4 基於分類器的方法

基於機率圖的模型將序列表示為有方向圖或無向圖，如圖 3-14(a)和圖 3-14(b)所示。這種方法增加了建模的複雜度。既然要得到每個位置的類別輸出，更直接的方法是使用分類器對每個位置進行獨立預測。分類器是機器學習中廣泛使用的方法，它可以根據輸入自動地對類別進行預測。如圖 3-14(c)所示，對於序列標注任務，分類器把每一個位置對應的所有特徵看作輸入，把這個位置對應的標籤看作輸出。從這個角度看，隱馬可夫模型等方法實際上也是在進行一種「分類」操作，只不過這些方法考慮了不同位置的輸出（或隱含狀態）之間的依賴。

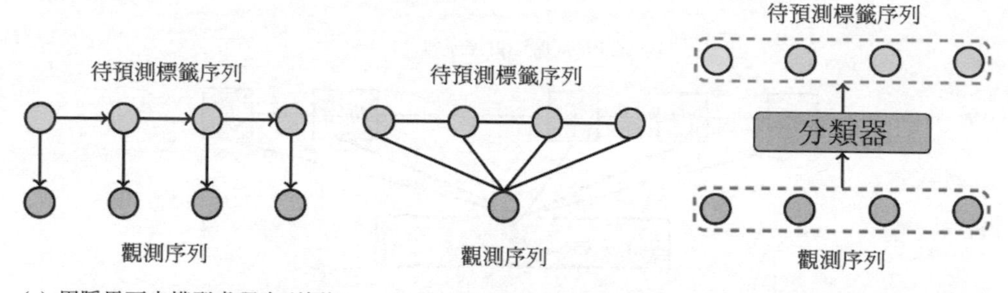

圖 3-14 隱馬可夫模型、條件隨機場和分類模型的方法對比

值得注意的是，分類模型可以被應用於序列標注之外的很多工中，在後面的章節中會介紹，機器翻譯中的很多模組也借鏡了統計分類的思想。其中使用到的基礎數學模型和特徵定義形式，與這裡提到的分類器本質上是一樣的。

---

[6] ORG 表示機構實體。

1. 分類任務與分類器

無論在日常生活中還是在研究工作中，都會遇到各種各樣的分類問題，如挑選西瓜時需要區分「好瓜」和「壞瓜」、編輯看到一篇新聞稿時要對稿件分門別類。事實上，在機器學習中，對「分類任務」的定義會更寬泛且不拘泥於「類別」的概念，在對樣本進行預測時，只要預測標籤集合是有限的且預測標籤是離散的，就可認定其為分類任務。

具體來說，分類任務的目標是訓練一個可以根據輸入資料預測離散標籤的分類器（Classifier），也可稱為分類模型。在有監督的分類任務中[7]，訓練資料集通常由形似$(x^{[i]}, y^{[i]})$的帶標注資料組成，$x^{[i]} = (x_1^{[i]}, \cdots, x_k^{[i]})$作為分類器的輸入資料（通常被稱作一個訓練樣本），其中$x_j^{[i]}$表示樣本$x^{[i]}$的第j個特徵；$y^{[i]}$作為輸入資料對應的標籤（Label），反映了輸入資料對應的「類別」。若標籤集合大小為n，則分類任務的本質是透過對訓練資料集的學習，建立一個從k 維樣本空間到n維標籤空間的映射關係。更確切地說，分類任務的最終目標是學習一個條件機率分佈$P(y|x)$，這樣對於輸入x，可以找到機率最大的y作為分類結果輸出。

與機率圖模型一樣，分類模型也依賴特徵定義。其定義形式與 3.2 節的描述一致，這裡不再贅述。分類任務一般根據類別數量分為二分類任務和多分類任務，二分類任務是最經典的分類任務，只需要對輸出進行非零即一的預測。多分類任務則可以有多種處理手段，如可以將其「拆解」為多個二分類任務求解，或者直接讓模型輸出多個類別中的一個。在命名實體辨識中，往往會使用多類別分類模型。例如，在 BIO 標注下，有 3 個類別（B、I 和 O）。一般來說，類別數量越大，分類的難度越大。例如，BIOES 標注包含 5 個類別，因此使用同樣的分類器，它要比 BIO 標注下的

---

[7] 與之相對應的，還有無監督、半監督分類任務。這些內容不是本書討論的重點，讀者可以參考文獻[32, 33]瞭解相關概念。

分類問題難度大。此外，更多的類別有助於準確地刻畫目標問題。因此，實踐時需要平衡類別數量和分類難度。

在機器翻譯和語言建模中也會遇到類似的問題，例如，生成單字的過程可以看作一個分類問題，類別數量就是詞表的大小。顯然，詞表越大，可以覆蓋的單字越多，且有更多種類的單字形態變化。過大的詞表會包含很多低頻詞，其計算複雜度會顯著增加；過小的詞表又無法包含足夠多的單字。因此，在設計這類系統時，對詞表大小的選擇（類別數量的選擇）十分重要，往往要透過大量的實驗得到最優的設置。

2. 經典的分類模型

經過多年的發展，研究人員提出了很多分類模型。由於篇幅所限，本書無法一一列舉這些模型，僅列出部分經典的模型。關於分類模型，更全面的介紹可以參考文獻[33,108]。

- K-近鄰分類演算法。K-近鄰分類演算法透過計算不同特徵值之間的距離進行分類，這種方法適用於可以提取到數值型特徵[8]的分類問題。該方法的基本思想為：將提取到的特徵分別作為坐標軸，建立一個k維坐標系（對應特徵數量為k的情況）。此時，每個樣本都將成為該k維空間的一個點，將未知樣本與已知類別樣本的空間距離作為分類依據進行分類。例如，考慮與輸入樣本最近的K個樣本的類別進行分類。
- 支持向量機。支援向量機是一種二分類模型，其思想是透過線性超平面將不同輸入劃分為正例和負例，並使線性超平面與不同輸入的距離都達到最大。與K-近鄰分類演算法類似，支援向量機也適用於可以提取到數值型特徵的分類問題。
- 最大熵模型。最大熵模型是根據最大熵原理提出的一種分類模型，其基本思想是：將在訓練資料集中學習到的經驗知識作為一種「約束」，並

[8] 即可以用數值大小對某方面特徵進行衡量。

在符合約束的前提下，在若干合理的條件機率分佈中選擇「使條件熵最大」的模型。

- 決策樹分類演算法。決策樹分類演算法是一種基於實例的歸納學習方法：將樣本中某些決定性特徵作為決策樹的節點，根據特徵表現對樣本進行劃分，最終根節點到每個葉子節點均形成一條分類的路徑規則。這種分類方法適用於可以提取到離散型特徵[9]的分類問題。
- 單純貝氏分類演算法。單純貝氏分類演算法是以貝氏定理為基礎並假設特徵之間相互獨立的方法，以特徵之間相互獨立作為前提假設，學習從輸入到輸出的聯合機率分佈，並以後驗機率最大的輸出作為最終類別。

3.4 句法分析

前面已經介紹了什麼是「詞」及如何對分詞問題進行統計建模。同時，介紹了如何對多個單字組成的命名實體進行辨識。無論是分詞還是命名實體辨識都是句子淺層資訊的一種表示。對於一個自然語言句子來說，其更深層次的結構資訊可以透過更完整的句法結構來描述，而句法資訊也是機器翻譯和自然語言處理其他任務時常用的知識之一。

3.4.1 句法樹

句法（Syntax）研究的是句子的每個組成部分和它們之間的組合方式。一般來說，句法和語言是相關的。例如，英文是主謂賓結構，而日語是主賓謂結構，因此不同的語言也會有不同的句法描述方式。自然語言處理領域最常用的兩種句法分析形式是短語結構句法分析（Phrase Structure Parsing）和依存句法分析（Dependency Parsing）。圖 3-15 展示了這兩種

[9] 即特徵值是離散的。

句法表示形式的實例。圖 3-15(a)所示為短語結構樹，它描述的是短語的結構功能，如「吃」是動詞（記為 VV），「魚」是名詞（記為 NN），「吃/魚」組成動詞短語，這個短語再與動詞「喜歡」組成新的動詞短語。短語結構樹的每個子樹都是一個句法功能單元，例如，子樹 VP(VV(吃) NN(魚))就表示了「吃/魚」這個動詞短語的結構，其中子樹根節點 VP 是句法功能標記。短語結構樹利用嵌套的方式描述了語言學的功能。在短語結構樹中，每個詞都有詞性（或詞類），不同的詞或者短語可以組成名動結構、動賓結構等語言學短語結構。短語結構句法分析也被稱為成分句法分析（Constituency Parsing）或完全句法分析（Full Parsing）。

圖 3-15(b)展示的是依存句法樹。依存句法樹表示了句子中單字和單字之間的依存關係。例如，「貓」依賴「喜歡」，「吃」依賴「喜歡」，「魚」依賴「吃」。

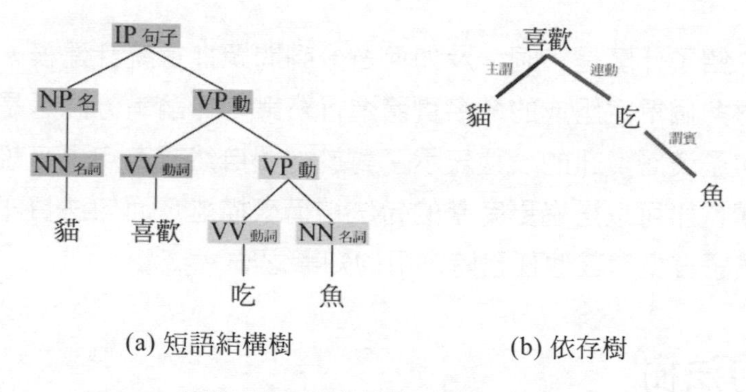

圖 3-15 兩種句法表示形式的實例

短語結構樹和依存句法樹的結構和功能均有很大不同。短語結構樹的葉子節點是單字，中間節點是詞性或短語句法標記。在短語結構句法分析中，通常把單字稱作終結符（Terminal），把詞性稱為預終結符（Pre-terminal），把其他句法標記稱為非終結符（Non-terminal）。依存句法樹沒有預終結符和非終結符，所有的節點都是句子裡的單字，透過不同節點間的連線表示句子中各個單字之間的依存關係。每個依存關係實際上都是有方向的，頭和尾分別指向「接受」和「發出」依存關係的詞。依存關係也可以進行分類，例如，圖 3-15 中對每個依存關係的類型都有一個標記，這也被稱作有標記的依存句法分析。如果不生成這些標記，則這樣的句法分析將被稱作無標記的依存句法分析。

雖然短語結構樹和依存樹的句法表現形式有很大不同，但是它們在某些條件下能相互轉化。例如，可以使用啟發式規則將短語結構樹自動轉化為依存樹。從應用的角度看，依存句法分析的形式更簡單，而且直接建模詞語之間的依賴，在自然語言處理領域中受到很多關注。在機器翻譯中，無論是哪種句法樹結構，都已經被證明會對機器翻譯系統產生幫助。特別是短語結構樹，在機器翻譯中的應用歷史更長，研究更為深入，因此本節將以短語結構句法分析為例，介紹句法分析的相關概念。

句法分析到底是什麼？簡單地說，句法分析就是小學語文課程中句子成分的分析，以及對句子中各個成分內部、外部關係的判斷。更規範一些的定義，可以參照百度百科和維基百科中關於句法分析的解釋。

定義 3.2： 句法分析

句法分析就是指對句子中詞語的語法功能進行分析。

——百度百科

在自然語言或者電腦語言中，句法分析是利用形式化的文法規則對一個符號串進行分析的過程。

——維基百科（譯文）

在上面的定義中，句法分析包含 3 個重要的概念。

- 形式化的文法：描述語言結構的定義，由文法規則組成。
- 符號串：在本節中，符號串就是指詞串，由前面提到的分詞系統生成。
- 分析：使用形式文法對符號串進行分析的具體方法，在這裡指實現分析的電腦演算法。

以上 3 點是實現一個句法分析器的要素，本節的後半部分會對相關的概念和技術方法進行介紹。

3.4.2 上下文無關文法

句法樹是對句子的一種抽象，這種樹形結構是對句子結構的歸納。例如，從樹的葉子開始，把每一個樹節點看作一次抽象，最終形成一個根節點。如何用電腦來實現這個過程呢？這就需要用到形式文法。

形式文法是分析自然語言的一種重要工具。根據喬姆斯基的定義[8]，形式文法分為 4 種類型：無限制文法（0 型文法）、上下文有關文法（1 型文法）、上下文無關文法（2 型文法）和正規文法（3 型文法）。不同類型的文法有不同的應用，例如，正規文法可以用來描述有限狀態自動機，因此也會被使用在語言模型等系統中。對於短語結構句法分析問題，常用的是上下文無關文法[10]（Context-free Grammar）。上下文無關文法的具體形式如下：

定義 3.3： 上下文無關文法

一個上下文無關文法可以被視為一個系統$G = < N, \Sigma, R, S >$，其中

- N為一個非終結符集合。
- Σ 為一個終結符集合。
- R為一個規則（產生式）集合，每條規則 $r \in R$的形式為$X \to Y_1 Y_2 \cdots Y_n$，其中$X \in N, Y_i \in N \cup \Sigma$。
- S為一個起始符號集合且$S \subseteq N$。

舉例說明，假設有上下文無關文法$G = < N, \Sigma, R, S >$，可以用它描述一個簡單的中文句法結構，其中非終結符集合為不同的中文句法標記：

$$N = \{\mathrm{NN}, \mathrm{VV}, \mathrm{NP}, \mathrm{VP}, \mathrm{IP}\}$$

其中，NN 代表名詞，VV 代表動詞，NP 代表名詞短語，VP 代表動詞短語，IP 代表單句。把終結符集合定義為

---

[10] 在上下文無關文法中，非終結符可以根據規則被終結符自由替換，無須考慮非終結符所處的上下文，因此這種文法被命名為「上下文無關文法」。

$$\Sigma = \{猫, 喜歡, 吃, 魚\}$$

再定義起始符集合為

$$S = \{\text{IP}\}$$

最後，文法的規則集定義如圖 3-16 所示（其中r_i為規則的編號）。這個文法蘊含了不同「層次」的句法資訊。例如，規則r_1、r_2、r_3和r_4表達了詞性對單字的抽象；規則r_6、r_7和r_8表達了短語結構的抽象，其中，規則r_8描述了中文中名詞短語（主語）+動詞短語（謂語）的結構。在實際應用中，像r_8這樣的規則可以覆蓋很大的片段（試想，一個包含 50 個詞的主謂結構的句子，可以使用r_8進行描述）。

r_1：NN → 貓　　r_2：VV → 喜歡

r_3：VV → 吃　　r_4：NN → 魚

r_5：NP → NN　　r_6：VP → VV NN

r_7：VP → VV VP　　r_8：IP → NP VP

r_1, r_2, r_3, r_4 為生成單字詞性的規則

r_5 為單變數規則，它將詞性 NN 進一步抽象為名詞子句 NP

r_6, r_7, r_8 為句法結構規則，例如 r_8 表示主 (NP) + 謂 (VP) 結構

圖 3-16　文法的規則集定義

上下文無關文法的規則是一種產生式規則（Production Rule），形如$\alpha \rightarrow \beta$，它表示把規則左端的非終結符α替換為規則右端的符號序列β。通常，α被稱為規則的左部（Left-hand Side），β被稱為規則的右部（Right-hand Side）。使用右部β 替換左部α 的過程被稱為規則的使用，而這個過程的逆過程被稱為規約。上下文無關文法規則的使用可以定義為：

定義 3.5： 上下文無關文法規則的使用

一個符號序列u可以透過使用規則r替換其中的某個非終結符，並得到符號序列v，於是v是在u上使用r的結果，記為$u \overset{r}{\Rightarrow} v$：

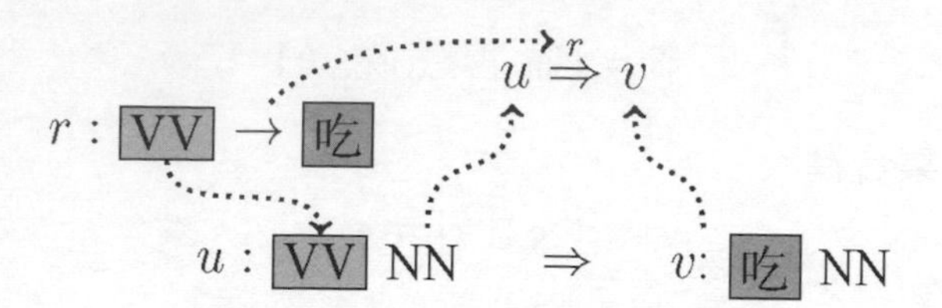

給定起始非終結符，可以不斷地使用規則，最終生成一個終結符串，這個過程被稱為推導（Derivation）。形式化的定義為：

定義 3.5： 推導

給定一個文法$G =< N, \Sigma, R, S >$，對於一個字串序列$s_0, s_1, \cdots, s_n$和規則序列$r_1, r_2, \cdots, r_n$，滿足

$$s_0 \overset{r_1}{\Rightarrow} s_1 \overset{r_2}{\Rightarrow} s_2 \overset{r_3}{\Rightarrow} \cdots \overset{r_n}{\Rightarrow} s_n$$

且

- $\forall i \in [0, n], s_i \in (N \cup \Sigma)^*$ ◁ s_i為合法的字串
- $\forall j \in [1, n], r_j \in R$ ◁ r_j為G的規則
- $s_0 \in S$ ◁ s_0為起始非終結符
- $s_n \in \Sigma^*$ ◁ s_n為終結符序列

則$s_0 \overset{r_1}{\Rightarrow} s_1 \overset{r_2}{\Rightarrow} s_2 \overset{r_3}{\Rightarrow} \cdots \overset{r_n}{\Rightarrow} s_n$為一個推導

例如，使用前面的範例文法，可以對「貓/喜歡/吃/魚」進行分析，並形成句法分析樹（如圖 3-17 所示）。從起始非終結符 IP 開始，使用唯一擁有 IP 作為左部的規則r_8推導出 NP 和 VP，之後依次使用規則r_5、r_1、r_7、r_2、r_6、r_3、r_4，得到完整的句法樹。

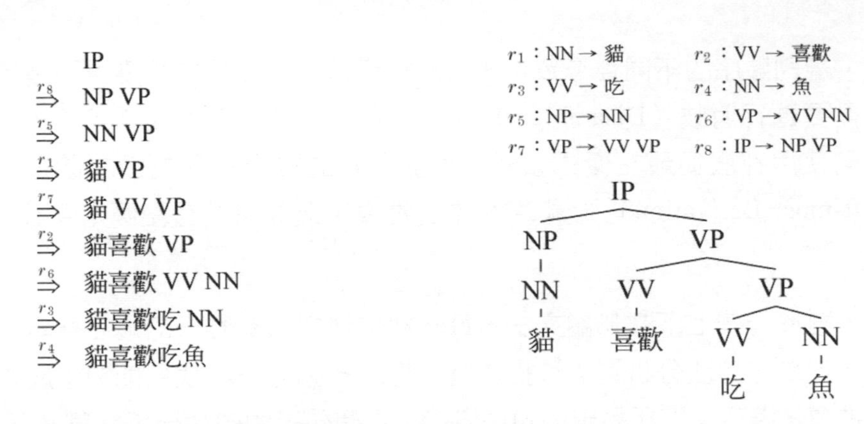

圖 3-17 上下文無關文法推導實例

通常，可以把推導簡記為$d = r_1 \circ r_2 \circ \cdots \circ r_n$，其中∘表示規則的組合。顯然，$d$也對應了樹形結構，也就是句法分析結果。從這個角度看，推導就是描述句法分析樹的一種方式。此外，規則的推導也把規則的使用過程與生成的字串對應起來。一個推導所生成的字串，也被稱作文法所產生的一個句子（Sentence）。而一個文法所能生成的所有句子的集合是這個文法所對應的語言（Language）。

但是，句子和規則的推導並不是一一對應的。同一個句子，往往有很多推導的方式，這種現象被稱為歧義（Ambiguity）。甚至同一棵句法樹，也可以對應不同的推導，圖 3-18 舉出了同一棵句法樹所對應的兩種不同的規則推導。

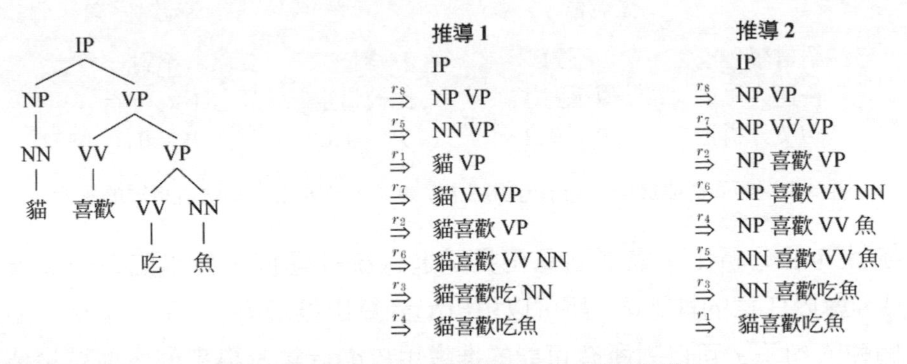

圖 3-18 同一棵句法樹對應的不同規則推導

顯然，規則順序的不同會導致句法樹的推導這一確定的過程變得不確定，因此需要進行消歧（Disambiguation）。這裡，可以使用啟發式方法：要求規則使用都服從最左優先原則，這樣得到的推導被稱為最左優先推導（Left-most Derivation）。圖 3-18 中的推導 1 就是符合最左優先原則的推導。

這樣，對於一個上下文無關文法，每一棵句法樹都有唯一的最左推導與之對應。於是，句法分析可以被描述為：對於一個句子，找到能夠生成它的最佳推導，這個推導所對應的句法樹就是這個句子的句法分析結果。

問題又回來了，怎樣才能知道什麼樣的推導或句法樹是「最佳」的呢？如圖 3-19 所示，語言學專家可以輕鬆地分辨出哪些句法樹是正確的，哪些句法樹是錯誤的，甚至普通人也可以透過從課本中學到的知識產生一些模糊的判斷。而電腦如何進行判別呢？沿著前面介紹的統計建模的思想，電腦可以得出不同句法樹出現的機率，進而選擇機率最高的句法樹作為輸出，而這正是統計句法分析所做的事情。

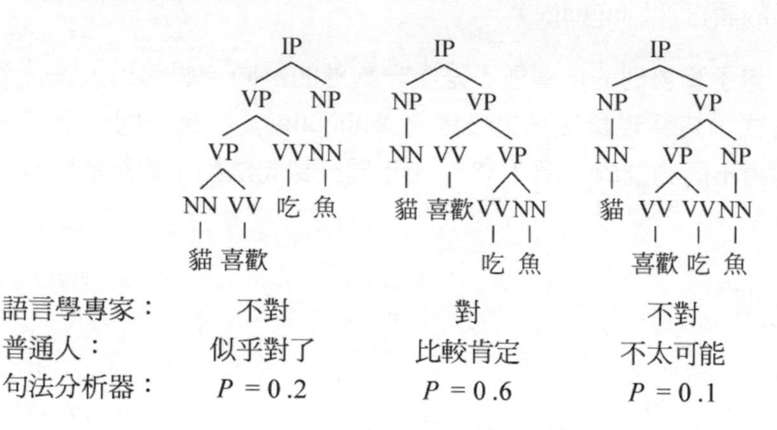

圖 3-19 如何選擇最佳的句法分析結果：專家、普通人和句法分析器的角度

在統計句法分析中，需要對每個推導進行統計建模，於是定義一個模型$P(\cdot)$，對於任意的推導d，都可以用$P(d)$計算出推導d的機率。這樣，給定一個輸入句子，可以對所有可能的推導用$P(d)$計算其機率值，並選擇機率最大的結果作為句法分析的結果輸出（如圖 3-20 所示）。

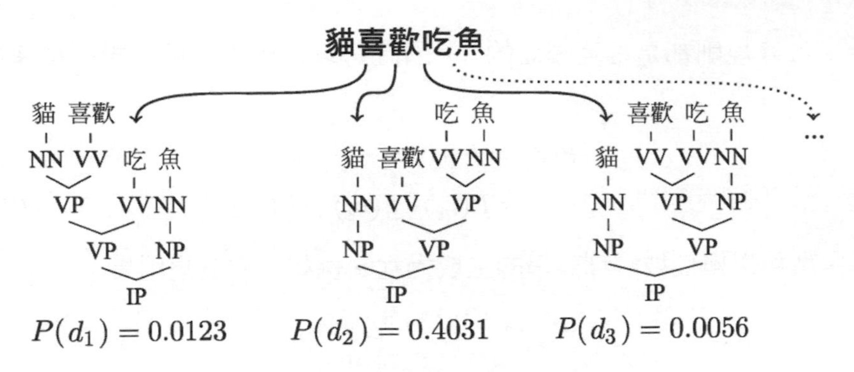

圖 3-20 不同推導（句法樹）對應的機率值

3.4.3 規則和推導的機率

對句法樹進行機率化，首先要對使用的規則進行機率化。為了達到這個目的，可以使用機率上下文無關文法（Probabilistic Context-free Grammar），它是上下文無關文法的一種擴展。

定義 3.6： 機率上下文無關文法

一個機率上下文無關文法可以被視為一個系統$G =< N, \Sigma, R, S >$，其中

- N為一個非終結符集合。
- Σ為一個終結符集合。
- R為一個規則（產生式）集合，每條規則 $r \in R$的形式為$p: X \to Y_1 Y_2 \cdots Y_n$，其中$X \in N, Y_i \in N \cup \Sigma$，每個$r$都對應一個機率$p$，表示其生成的可能性。
- S為一個起始符號集合且$S \subseteq N$。

機率上下文無關文法與傳統上下文無關文法的區別在於，每條規則都會有一個機率，描述規則生成的可能性。具體來說，規則$P(\alpha \to \beta)$的機率可以被定義為

$$P(\alpha \to \beta) = P(\beta|\alpha) \tag{3-13}$$

即，在給定規則左部的情況下，生成規則右部的可能性。在上下文無關文

法中，每條規則都是相互獨立的[11]，因此可以把$P(d)$分解為規則機率的乘積：

$$P(d) = P(r_1 \cdot r_2 \cdot \cdots \cdot r_n) \\ = P(r_1) \cdot P(r_2) \cdots P(r_n) \quad (3\text{-}14)$$

這個模型可以極佳地解釋詞串的生成過程。例如，對於規則集：

$$r_3：\text{VV} \rightarrow \text{吃}$$

$$r_4：\text{NN} \rightarrow \text{魚}$$

$$r_6：\text{VP} \rightarrow \text{VV NN}$$

可以得到 $d_1 = r_3 \cdot r_4 \cdot r_6$的機率為

$$P(d_1) = P(r_3) \cdot P(r_4) \cdot P(r_6) \\ = P(\text{VV} \rightarrow \text{吃}) \cdot P(\text{NN} \rightarrow \text{魚}) \cdot P(\text{VP} \rightarrow \text{VVNN}) \quad (3\text{-}15)$$

這也對應了詞串「吃/魚」的生成過程。首先，從起始非終結符 VP 開始，使用規則r_6生成兩個非終結符 VV 和 NN；然後分別使用規則r_3和r_4對 "VV" 和 "NN" 進行進一步推導，生成單字「吃」和「魚」。整個過程的機率等於 3 條規則機率的乘積。

新的問題又來了，如何得到規則的機率呢？這裡仍然可以從資料中學習文法規則的機率。假設有人工標注的資料，它包含很多人工標注句法樹的句法，稱之為樹庫（Treebank）。對於規則$r: \alpha \rightarrow \beta$，可以使用基於頻次的方法：

$$P(r) = \frac{\text{規則 r 在樹庫中出現的次數}}{\alpha \text{ 在樹庫中出現的次數}} \quad (3\text{-}16)$$

[11] 如果是上下文有關文法，規則會形如 $a\alpha b \rightarrow a\beta b$，這時$\alpha \rightarrow \beta$的過程會依賴上下文$a$和$b$。

圖 3-21 展示了透過這種方法計算規則機率的過程。與詞法分析類似，可以統計樹庫中規則左部和右部同時出現的次數，除以規則左部出現的全部次數，所得的結果就是所求規則的機率。這種方法也是典型的相對頻次估計。如果規則左部和右部同時出現的次數為 0，那麼是否代表這個規則的機率是 0 呢？遇到這種情況，可以使用平滑法對機率進行平滑處理，具體思路可參考第 2 章的相關內容。

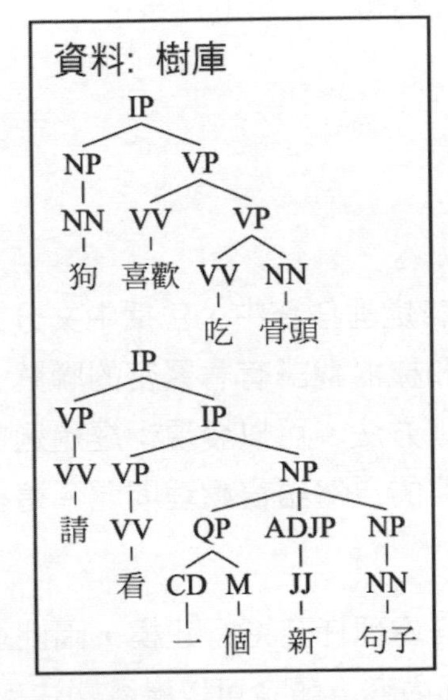

$$P(\mathrm{VP} \rightarrow \mathrm{VV\ NN}) = \frac{\text{VP 和 VV、NN 同時出現的次數}=1}{\text{VP 出現的次數}=4} = \frac{1}{4}$$

$$P(\mathrm{NP} \rightarrow \mathrm{NN}) = \frac{\text{NP 和 NN 同時出現的次數}=2}{\text{NP 出現的次數}=3} = \frac{2}{3}$$

$$P(\mathrm{IP} \rightarrow \mathrm{NP\ NP}) = \frac{\text{IP 和 NP、NP 同時出現的次數}=0}{\text{IP 出現的次數}=3} = \frac{0}{3}$$

圖 3-21 上下文無關文法規則機率估計

圖 3-22 展示了基於統計的句法分析的流程。先透過樹庫上的統計獲得各個規則的機率，這樣就獲得了一個上下文無關句法分析模型$P(\cdot)$。對於任意句法分析結果$d = r_1 \circ r_2 \circ \cdots \circ r_n$，都能透過如下公式計算其機率值：

$$P(d) = \prod_{i=1}^{n} P(r_i) \tag{3-17}$$

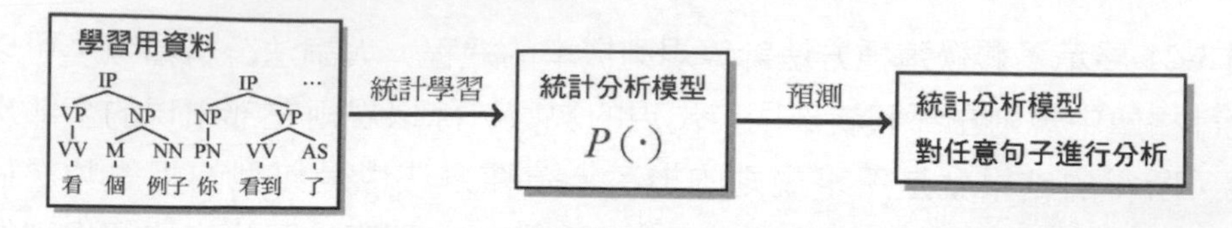

圖 3-22 基於統計的句法分析的流程

在獲取統計分析模型後，就可以使用模型對任意句子進行分析，計算每個句法分析樹的機率，並輸出機率最高的樹作為句法分析的結果。

3.5 小結及拓展閱讀

本章將統計建模的思想應用到 3 個自然語言處理任務中，包括中文分詞、命名實體辨識、短語結構句法分析。它們和機器翻譯有著緊密的聯繫，往往作為機器翻譯系統輸入和輸出的資料加工方法。可以發現：經過適當的假設和化簡，統計模型可以極佳地描述複雜的自然語言處理問題。這種建模手段也會在後續章節中被廣泛使用。

本章重點介紹了如何用統計方法對自然語言處理任務進行建模，因此並沒有對具體的問題展開深入討論。以下幾方面內容，讀者可以繼續關注：

- 在建模方面，本章描述了基於 1-gram 語言模型的分詞、基於上下文無關文法的句法分析等，它們的思路都是基於人工先驗知識進行模型設計。這是一種典型的生成式建模思想，它把要解決的問題看作一些觀測結果的隱含變數（例如，句子是觀測結果，分詞結果是隱含在其背後的變數），透過對隱含變數生成觀測結果的過程進行建模，達到對問題進行數學描述的目的。這類模型一般需要依賴一些獨立性假設，假設的合理性對最終的性能有較大影響。相對於生成模型，另一類方法是判別模型（Discriminative Model）。本章曾提到的一些模型就是判別模型，如條件隨機場[99]。它直接描述了從隱含變數生成觀測結果的過程，這樣對問題的建模更加直接。同時，這類模型可以更靈活地引入不同的特徵。判別模型在自然語言處理中也有廣泛應用[109-113]。第 7 章會使用到判別模型。

- 事實上，本章並沒有對分詞、句法分析中的預測問題進行深入介紹。例如，如何找到機率最大的分詞結果？可以借鏡第 2 章介紹的搜索方法來解決這個問題：對於基於n-gram 語言模型的分詞方法，可以使用動態規劃方法[114]進行搜索；在不滿足動態規劃的使用條件時，可以考慮使用更複雜的搜索策略，並配合一定的剪枝方法找到最終的分詞結果。實際上，無論是基於n-gram 語言模型的分詞，還是簡單的上下文無關文法，都有高效的推斷方法。例如，n-gram 語言模型可以被視為機率有限狀態自動機，因此可以直接使用成熟的自動機工具[115]。對於更複雜的句法分析問題，可以考慮使用移進-規約演算法（Shift-Reduce Algorithms）來解決預測問題[116]。

- 從自然語言處理的角度看，詞法分析和句法分析中的很多問題都是序列標注問題，如本章介紹的分詞和命名實體辨識。此外，序列標注還可以被擴展到詞性標注[117]、組塊辨識[118]、關鍵字取出[119]、詞義角色標注[120]等任務中，本章著重介紹了傳統的方法，前端方法大多與深度學習相結合，感興趣的讀者可以自行瞭解，其中比較有代表性的是使用雙向長短時記憶網路對序列進行建模，然後與不同模型進行融合，得到最終的結果。例如，與條件隨機場相結合的模型（BiLSTM-CRF）[121]、與卷積神經網路相結合的模型（BiLSTM-CNNs）[122]、與簡單的 Softmax 結構相結合的模型等[123]。此外，對於序列標注任務，模型性能在很大程度上依賴對輸入序列的表示能力，因此基於預訓練語言模型的方法也非常流行[124]，如 BERT[125]、GPT[126]、XLM[127]等。

Chapter

04

翻譯品質評價

使用機器翻譯系統時，需要評估系統輸出結果的品質。這個過程也被稱作機器翻譯譯文品質評價，簡稱為譯文品質評價（Quality Evaluation of Translation）。在機器翻譯的發展進程中，譯文品質評價有著非常重要的作用。無論是在系統研發的反覆迭代中，還是在諸多的機器翻譯應用場景中，都存在大量的譯文品質評價環節。從某種意義上說，沒有譯文品質評價，機器翻譯就不會發展成今天的樣子。例如，21 世紀初，研究人員提出了譯文品質自動評價方法 **BLEU**（Bilingual Evaluation Understudy）[128]。該方法使得機器翻譯系統的評價變得自動、快速、便捷，而且評價過程可以重複。正是由於 BLEU 等自動評價方法的提出，機器翻譯研究人員可以在更短的時間內得到譯文品質的評價結果，加速系統研發的處理程序。

時至今日，譯文品質評價方法已經非常豐富，針對不同的使用場景，研究人員陸續提出了不同的方法。本章將對其中的典型方法進行介紹，包括人工評價、有參考答案的自動評價、無參考答案的自動評價等。相關方法及概念也會在本章的後續章節中被廣泛使用。

4.1 譯文品質評價面臨的挑戰

一般來說，譯文品質評價可以被看作一個對譯文進行評分或者排序的過程，評分或者排序的結果代表翻譯品質。例如，表 4-1 展示了一個中翻英的譯文品質評價結果。這裡採用 5 分制評分，1 代表最低分，5 代表最高分。可以看出，流暢的高品質譯文得分較高，相反，存在問題的低品質譯文得分較低。

表 4- 1: 中翻英的譯文品質評價結果

源文	那/只/敏捷/的/棕色/狐狸/跳過/了/那/只/懶惰/的/狗/。	評價得分
機器譯文 1	The quick brown fox jumped over the lazy dog.	5
機器譯文 2	The fast brown fox jumped over a sleepy dog.	4
機器譯文 3	The fast brown fox jumps over the dog.	3
機器譯文 4	The quick brown fox jumps over dog.	2
機器譯文 5	A fast fox jump dog.	1

這裡的一個核心問題是：從哪個角度對譯文品質進行評價？常用的標準有：流暢度（Fluency）和忠誠度（Fidelity）[129]。流暢度是指譯文在目的語言中的流暢程度，越通順的譯文流暢度越高；忠誠度是指譯文表達源文意思的程度，如果譯文能夠全面、準確地表達源文的意思，那麼它就具有較高的翻譯忠誠度。在一些極端情況下，譯文可以非常流暢，但是與源文完全不對應。或者，譯文可以非常好地對應源文，但是讀起來非常不連貫。這些譯文都不是好譯文。

傳統觀點把翻譯分為「信」、「達」、「雅」三個層次，忠誠度表現的是「信」的思想，流暢度表現的是「達」的思想。不過，「雅」在機器翻譯品質評價中還不是一個常用的標準。機器翻譯還沒有達到「雅」的水平，這是未來追求的目標。

給定評價標準，譯文品質評價有很多實現方式。例如，可以使用人工評價的方式讓評委對每個譯文進行評分（見 2 節），也可以用自動評價的方式讓電腦比對譯文和參考答案之間的匹配程度（見 3 節）。但是，自然語言的翻譯是最複雜的人工智慧問題之一。這不僅表現在相關問題的建模和系統實現的複雜性上，譯文品質評價也同樣面臨如下挑戰：

- 譯文不唯一。自然語言表達的豐富性決定了同一個意思往往有很多種表達方式。同一句話，由不同譯者翻譯，譯文品質往往也存在差異。譯者的背景、翻譯水平、譯文所處的語境，甚至譯者的情緒都會對譯文產生影響。如何在評價過程中盡可能地考慮多樣的譯文，是譯文品質評價中最具挑戰的問題之一。
- 評價標準不唯一。雖然流暢度和忠誠度給譯文品質評價提供了很好的參考依據，但在實踐中往往有更多樣的需求。例如，在專利翻譯中，術語翻譯的準確性就是必須要考慮的因素，翻譯錯一個術語會導致整個譯文不可用。此外，術語翻譯的一致性也非常重要，即使同一個術語有多種正確的譯文，在同一個專利文件中，術語翻譯也需要保持一致。不同的需求使得人們很難用統一的標準對譯文品質進行評價。在實踐中，往往需要針對不同的應用場景設計不同的評價標準。
- 自動評價與人工評價存在偏差。使用人工的方式固然可以準確地評估譯文品質，但是這種方式費時、費力。而且，由於人工評價的主觀性，其結果不易重現，也就是不同人的評價結果會有差異。這些因素也造成了人工評價不能被過於頻繁的使用。翻譯品質的自動評價可以充分利用電腦的運算能力，對譯文與參考答案進行比對，具有速度快、結果可重現的優點，但是其精度不如人工評價。使用何種評價方法也是實踐中需要考慮的重要問題之一。
- 參考答案不容易獲得。在很多情況下，譯文的正確答案並不容易獲取。甚至對於某些低資源語種，相關的語言學家都很缺乏。這時，很難進行基於標準答案的評價。在沒有參考答案的情況下對譯文品質進行估計是極具應用前景且頗具挑戰的方向。

針對以上問題，研究人員設計出了多種不同的譯文品質評價方法。根據人工參與方式的不同，可以分為人工評價、有參考答案的自動評價、無參考答案的自動評價。這些方法也對應了不同的使用場景。

- 人工評價。當需要對系統進行準確的評估時，往往採用人工評價的方法。例如，對於機器翻譯的一些網際網路應用，在系統上線前都會採用人工評價的方法對機器翻譯系統的性能進行測試。當然，這種方法的時間和人力成本是最高的。
- 有參考答案的自動評價。由於機器翻譯系統在研發過程中需要頻繁地對系統性能進行評價，這時可以讓人標注一些正確的譯文，將其作為參考答案與機器翻譯系統輸出的結果進行比對。這種自動評價的結果獲取成本低，可以多次重複，而且可以用於對系統結果的快速回饋，指導系統最佳化的方向。
- 無參考答案的自動評價。在很多應用場景中，在系統輸出譯文時，系統使用者希望提前知道譯文的品質，即使這時並沒有可比對的參考答案。這樣，系統使用者可以根據對品質的「估計」結果有選擇地使用機器翻譯譯文。嚴格意義上說，這並不是一個傳統的譯文品質評價方法，而是一種對譯文置信度和可能性的估計。

圖 4-1 舉出了機器翻譯譯文品質評價方法的邏輯關係圖。需要注意的是，很多時候，譯文品質評價結果是用於機器翻譯系統最佳化的。在隨後的章節中也會提到，譯文品質評價的結果會被用於不同的機器翻譯模型最佳化中，甚至很多統計指標（如極大似然估計）也可以被看作一種對譯文的「評價」，這樣就可以把機器翻譯的建模和譯文評價聯繫在一起。本章的後半部分將重點介紹傳統的譯文品質評價方法。與譯文品質評價相關的模型最佳化方法將會在後續章節詳細論述。

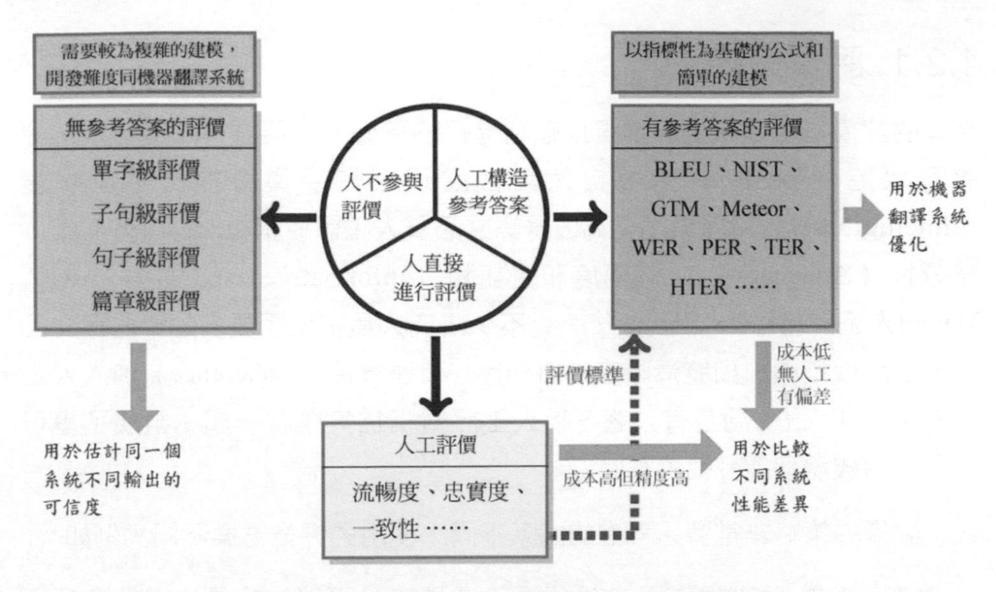

圖 4-1　機器翻譯譯文品質評價方法的邏輯關係圖

4.2 人工評價

顧名思義，人工評價是指評價者根據翻譯結果好壞對譯文進行評價。例如，可以根據句子的忠誠度和流暢度對其進行評分，這樣能夠準確評定譯文是否準確翻譯出源文的意思及譯文是否通順。在人工評價時，一般由多個評價者匿名對譯文進行評分，之後綜合所有評價者的評價結果舉出最終得分。人工評價可以準確反映句子的翻譯品質，是最權威、可信度最高的評價方法，但是其缺點也十分明顯：耗費人力、物力，而且評價的週期長，不能及時得到有效的回饋。因此在實際系統開發中，純人工評價不會被過於頻繁地使用，它往往和自動評價配合使用，幫助系統研發人員準確地瞭解當前系統的狀態。

4.2.1 評價策略

合理的評價指標是人工評價得以順利進行的基礎。機器譯文品質的人工評價可以追溯到 1966 年，自然語言處理諮詢委員會提出可理解度（Intelligibility）和忠誠度作為機器譯文品質人工評價指標[130]。1994 年，充分性（Adequacy）、流暢度和資訊量（Informativeness）成為 ARPA MT[1]的人工評價標準[131]。此後，有不少研究人員提出了更多的機器譯文品質人工評價指標，如將清晰度（Clarity）和連貫性（Coherence）加入人工評價指標中[132]。甚至有人將各種人工評價指標集中在一起，組成了盡可能全面的機器翻譯評估框架[133]。

人工評價的策略非常多。考慮的因素不同，使用的評價方案不同，例如：

- 是否呈現來源語言文字。在進行人工評價時，可以向評價者提供來源語言文字或參考答案，也可以同時提供來源語言文字和參考答案。從評價的角度，參考答案已經能夠幫助評價者進行正確評價，但是來源語言文字可以提供更多資訊，幫助評估譯文的準確性。
- 評價者選擇。在理想情況下，評價者應同時具有來源語言和目的語言的語言能力。但是，很多時候具備雙語能力的評價者很難招募，因此會考慮使用目的語言為母語的評價者。配合參考答案，單語評價者也可以準確地評價譯文品質。
- 多個系統同時評價。如果有多個不同系統的譯文需要評價，可以直接使用每個系統單獨評分的方法。如果僅僅是想瞭解不同譯文之間的相對好壞，則可以採用競評的方式：對每個待翻譯的來源語言句子，根據各個機器翻譯系統輸出的譯文品質對所有待評價的機器翻譯系統進行排序，這樣做的效率會高於直接評分，而且評價準確性也能得到保證。

---

[1] ARPA MT 計畫是美國高級研究計畫局軟體和智慧系統技術處人類語言技術計畫的一部分。

- 資料選擇。評價資料一般需要根據目標任務進行擷取，為了避免與系統訓練資料重複，往往會搜集最新的資料。而且，評價資料的規模越大，評價結果越科學。常用的做法是搜集一定量的評價資料，從中採樣出所需的資料。由於不同的採樣會得到不同的評價集合，這樣的方法可以重複使用多次，得到不同的測試集。

- 面向應用的評價。除了人工直接評分，一種更有效的方法是把機器翻譯的譯文嵌入下游應用，透過機器翻譯對下游應用的改善效果評估機器翻譯的譯文品質。例如，可以把機器翻譯放入譯後編輯流程，透過對比譯員翻譯效率的提升來評價譯文品質。還可以將機器翻譯放入線上應用，透過點擊率或者使用者回饋評價機器翻譯的品質。

4.2.2 評分標準

如何對譯文進行評分是機器翻譯評價的核心問題。在人工評價方法中，一種被廣泛使用的方法是直接評估（Direct Assessment，DA）[131]，這種評價方法需要評價者舉出對機器譯文的絕對評分：在給定一個機器譯文和一個參考答案的情況下，評價者直接舉出 1~100 的分數用來表徵機器譯文的品質。與其類似的策略是對機器翻譯品質進行等級評定[134]，常見的是在 5 級或 7 級標準中指定單一等級用以反映機器翻譯的品質。也有研究人員提出，利用語言測試技術對機器翻譯品質進行評價[135]，其中涉及多等級內容的評價：第 1 等級測試簡單的短語、成語、詞彙等；第 2 等級利用簡單的句子測試機器翻譯在簡單文字上的表現；第 3 等級利用稍複雜的句子測試機器翻譯在複雜語法結構上的表現；第 4 等級測試引入更複雜的補語結構和附加語，等等。

除了對譯文進行簡單的評分，一種經典的人工評價方法是相對排序（Relative Ranking，RR）[136]。這種方法透過對不同機器翻譯的譯文品質進行相對排序，得到最終的評價結果。接下來，透過以下實例介紹相對排序的 3 個步驟：

（1）在每次評價過程中，若干個等待評價的機器翻譯系統被分為 5 個一組，評價者被提供 3 個連續的源文片段和 1 組機器翻譯系統的相應譯文。

（2）評價者需要根據本組機器譯文的品質對其進行排序，不過評價者並不需要一次性將 5 個譯文排序，而是將其兩兩進行比較，判出勝負或是平局。在評價過程中，由於排序是兩兩一組進行的，為了評價的公平性，將採用排列組合的方式進行分組和比較，若共有n個機器翻譯系統，則會被分為 C_n^5組，組內每個系統都將與其他 4 個系統進行比較，由於需要針對 3 個連續的源文片段進行評價對比，意味著每個系統都需要被比較$\mathrm{C}_n^5 \times 4 \times 3$次。

（3）根據多次比較的結果，對所有參與評價的系統進行整體排名。對於如何獲取合理的整體排序，有 3 種常見的策略：

- 根據系統勝出的次數進行排序[137]。以系統S_j和系統S_k為例，兩個系統都被比較了$\mathrm{C}_n^5 \times 4 \times 3$ 次，其中系統S_j獲勝 20 次，系統S_k獲勝 30 次，在整體排名中系統S_k優於系統S_j。
- 根據衝突次數進行排序[138]。第一種排序策略中存在衝突現象：在兩兩比較時，系統S_j勝過系統S_k 的次數比系統S_j不敵系統S_k的次數多，若待評價系統僅有系統S_j和S_k，則顯然系統S_j的排名高於系統S_k。當待評價系統很多時，可能系統S_j在所有比較中獲勝的次數少於系統S_k，此時就出現了整體排序與局部排序不一致的衝突。因此，有研究人員提出，與局部排序衝突最少的整體排序才是最合理的。令O表示一個對若干個系統的排序，該排序所對應的衝突定義為

$$\mathrm{conflict}(O) = \sum_{S_j,S_k \in O, j \neq k} \max(0, \mathrm{count}_{\mathrm{win}}(S_j,S_k) - \mathrm{count}_{\mathrm{loss}}(S_j,S_k)) \tag{4-1}$$

其中，S_j和S_k是成對比較的兩個系統，$\mathrm{count}_{\mathrm{win}}(S_j,S_k)$和$\mathrm{count}_{\mathrm{loss}}(S_j,S_k)$分別是$S_j$和$S_k$進行成對比較時系統$S_j$ 勝利和失敗的次數，而使得$\mathrm{conflict}(O)$最低的O就是最終的系統排序結果。

- 根據某系統最終獲勝的期望進行排序[139]。以系統S_j為例，若共有n個待評價的系統，則進行整體排序時系統 S_j 的得分為其最終獲勝的期望，即

$$\text{score}(S_j) = \frac{1}{n}\sum_{k,k\neq j}\frac{\text{count}_{\text{win}}(S_j,S_k)}{\text{count}_{\text{win}}(S_j,S_k)+\text{count}_{\text{loss}}(S_j,S_k)} \tag{4-2}$$

根據式(4-2) 可以看出，該策略消除了平局的影響。

與相對排序相比，直接評估方法雖然更直觀，但過度依賴評價者的主觀性，因此，直接評估適用於直觀反映某機器翻譯系統的性能，而不適合用來比較機器翻譯系統之間的性能差距。在需要對大量系統進行快速人工評價時，找出不同譯文品質之間的相關關係要比直接準確評估譯文品質簡單得多，基於排序的評價方法可以大大降低評價者的工作量，因此經常被系統研發人員使用。

在實際應用中，研究人員可以根據實際情況選擇不同的人工評價方案，人工評價也沒有統一的標準。WMT[140] 和 CCMT[141] 機器翻譯評測都有配套的人工評價方案，可以作為業界的參考標準。

4.3 有參考答案的自動評價

人工評價費時費力，同時具有一定的主觀性，甚至不同人在不同時刻面對同一篇文章的理解都會不同。為了克服這些問題，一種思路是將人類專家翻譯的結果看作參考答案，將譯文與答案的近似程度作為評價結果，即譯文與答案越接近，評價結果越好；反之，評價結果較差。這種評價方式叫作自動評價（Automatic Evaluation）。自動評價具有速度快、成本低、一致性高的優點，也是受機器翻譯系統研發人員青睞的方法。

隨著評價技術的不斷發展，自動評價結果已經具有了比較好的指導性，可以幫助使用者快速瞭解當前譯文的品質。在機器翻譯領域，自動評價已經成了一個重要的研究分支。至今，已經有數十種自動評價方法被提出。為

了便於讀者理解後續章節中涉及的自動評價方法，本節僅對有代表性的方法進行簡介。

4.3.1 基於詞串比對的評價方法

這種方法比較關注譯文單字及n-gram 的翻譯準確性，其思想是將譯文看成符號序列，透過計算參考答案與機器譯文的序列相似性來評價機器翻譯的品質。

1. 基於距離的方法

基於距離的自動評價方法的基本思想是：將機器譯文轉化為參考答案所需的最小編輯步驟數，作為譯文品質的度量，基於此類思想的自動評價方法主要有單字錯誤率（Word Error Rate，WER）[142]、與位置無關的單字錯誤率（Position-independent word Error Rate，PER）[143]和翻譯錯誤率（Translation Error Rate，TER）[144]等。下面介紹其中比較有代表性的方法——TER。

TER 是一種典型的基於距離的評價方法，透過評定機器譯文的譯後編輯工作量來衡量機器譯文的品質。在這裡，「距離」被定義為將一個序列轉換成另一個序列所需要的最少編輯操作次數，操作次數越多，距離越大，序列之間的相似性越低；相反，距離越小，表示一個句子越容易改寫成另一個句子，序列之間的相似性越高。TER 使用的編輯操作包括增加、刪除、替換和移位。透過增加、刪除、替換操作計算得到的距離被稱為編輯距離。TER 根據錯誤率的形式舉出評分：

$$\text{score} = \frac{\text{edit}(o,g)}{l} \tag{4-3}$$

其中，$\text{edit}(o,g)$表示系統生成的譯文o和參考答案g之間的距離，l是歸一化因數，通常為參考答案的長度。在距離計算中，所有操作的代價都為1。在計算距離時，優先考慮移位操作，再計算編輯距離（即增加、刪除和替換操作的次數）。直到增加、移位操作無法減少編輯距離時，才將編輯距離和移位操作的次數累加，得到 TER 計算的距離。

實例 4.1： 機器譯文：A cat is standing in the ground.
參考答案：The cat is standing on the ground.

在實例 4.1 中，將機器譯文序列轉換為參考答案序列，需要進行兩次替換操作，將 "A" 替換為 "The"，將 "in" 替換為 "on"，因此$\mathrm{edit}(o, g) = 2$，歸一化因數l為參考答案的長度 8（包括標點符號），該機器譯文的 TER 結果為 2/8。

WER 和 PER 的基本思想與 TER 相同。這 3 種方法的主要區別在於對「錯誤」 的定義和考慮的操作類型略有不同。WER 使用的編輯操作包括增加、刪除和替換，由於沒有移位操作，當機器譯文出現詞序問題時，會發生多次替代，因而一般會低估譯文品質；而 PER 只考慮增加和刪除兩個操作，計算兩個句子中出現相同單字的次數，根據機器譯文與參考答案的長度差距，其餘操作無非是插入詞或刪除詞，忽略了詞序的錯誤，這樣往往會高估譯文品質。

2. 基於n-gram 的方法

BLEU 是目前使用最廣泛的自動評價指標。BLEU 是 Bilingual Evaluation Understudy 的縮寫，由 IBM 的研究人員在 2002 年提出[128]，透過n-gram 匹配的方式評定機器翻譯結果和參考答案之間的相似度。機器譯文越接近參考答案，品質越高。n-gram 是指n個連續單字組成的單元，稱為n元語法單元（見第 3 章）。n越大，表示評價時考慮的匹配片段越大。

在 BLEU 的計算過程中，先計算待評價機器譯文中n-gram 在參考答案中的匹配率，稱為**n-gram 準確率**（n-gram Precision），其計算方法如下：

$$P_n = \frac{\mathrm{count_{hit}}}{\mathrm{count_{output}}} \tag{4-4}$$

其中，$\mathrm{count_{hit}}$表示機器譯文中n-gram 在參考答案中命中的次數，$\mathrm{count_{output}}$表示機器譯文中總共有多少n-gram。為了避免同一個詞被重複計算，BLEU 的定義中使用截斷的方式定義$\text{count}_{\text{hit}}$和$\text{count}_{\text{output}}$。

實例 4.2： 機器譯文：the the the the

參考答案：The cat is standing on the ground.

在實例 4.2 中，在引入截斷方式之前，該機器譯文的 1-gram 準確率為 4/4 = 1，這顯然是不合理的。在引入截斷方式之後，"the"在譯文中出現 4 次，在參考答案中出現 2 次，截斷操作取二者的最小值，即$\text{count}_{\text{hit}} = 2$, $\text{count}_{\text{output}} = 4$，該譯文的 1-gram 準確率為 2/4。

令N表示最大n-gram 的大小，則譯文整體的準確率等於各n-gram 的加權平均：

$$P_{\text{avg}} = \exp(\sum_{n=1}^{N} w_n \cdot \log Pn) \tag{4-5}$$

但是，該方法傾向於對短句打出更高的分數。一個極端的例子是譯文只有很少的幾個詞，但是都命中答案，準確率很高，可顯然不是好的譯文。因此，BLEU 引入短句懲罰因數（Brevity Penalty，BP）的概念，對短句進行懲罰：

$$\text{BP} = \begin{cases} 1 & c > r \\ \exp(1 - \frac{r}{c}) & c \leq r \end{cases} \tag{4-6}$$

其中，c表示機器譯文的句子長度，r表示參考答案的句子長度。最終，BLEU 的計算公式為

$$\text{BLEU} = \text{BP} \cdot \exp(\sum_{n=1}^{N} w_n \cdot \log P_n) \tag{4-7}$$

實際上，BLEU 的計算也是一種綜合考慮準確率（Precision）和召回率（Recall）的方法。式(4-7) 中，$\exp(\sum_{n=1}^{N} w_n \cdot \log P_n)$是準確率的表示；BP 是召回率的度量，它會懲罰過短的結果。這種設計與分類系統中的評價指標 F1 值有相通之處[145]。

從機器翻譯的發展來看，BLEU 的意義在於為系統研發人員提供了一種簡單、高效、可重複的自動評價手段，在研發機器翻譯系統時可以不依賴人工評價。同時，BLEU 也有很多創新之處，包括引入n-gram 的匹配、截斷計數和短句懲罰等。NIST 等很多評價指標都受到 BLEU 的啟發。此外，BLEU 本身也有很多不同的實現方式，包括 IBM-BLEU[18]、NIST-BLEU[2]、BLEU-SBP[146]、ScareBLEU[147]等，使用不同的實現方式得到的評價結果會有差異。因此，在使用 BLEU 進行評價時，需要確認其實現細節，以保證結果與相關工作評價要求相符。

還需要注意的是，BLEU 的評價結果與所使用的參考答案數量有很大相關性。如果參考答案數量多，則n-gram 匹配的機率變大，BLEU 的結果也會偏高。同一個系統，在不同數量的參考答案下進行 BLEU 評價，結果相差 10 個點都十分正常。此外，考慮測試的同源性等因素，相似系統在不同測試條件下的 BLEU 結果的差異可能會更大，這時可以採用人工評價的方式得到更準確的評價結果。

雖然 BLEU 被廣泛使用，但其並不完美，甚至經常被人詬病。例如，它需要依賴參考答案，而且評價結果有時與人工評價不一致。另外，BLEU 評價只是單純地從詞串匹配的角度思考翻譯品質的好壞，並沒有真正考慮句子的語義是否翻譯正確。但毫無疑問，BLEU 仍然是機器翻譯中最常用的評價方法。在沒有找到更好的替代方案之前，BLEU 仍是機器翻譯研究中最重要的評價指標之一。

4.3.2 基於詞對齊的評價方法

基於詞對齊的方法，顧名思義，就是根據參考答案中的單字與譯文中的單字之間的對齊關係對機器翻譯譯文進行評價。詞對齊的概念也被用於統計

---

[2] NIST-BLEU 是指美國國家標準與技術研究院（NIST）開發的機器翻譯評價工具 mteval 中實現的一種 BLEU 計算的方法。

機器翻譯的建模（見第 5 章），這裡借用了相同的思想來度量機器譯文與參考答案之間的匹配程度。在基於n-gram 匹配的評價方法中（如 BLEU），BP 可以造成度量召回率的作用，但是這類方法並沒有對召回率進行準確的定義。與其不同的是，基於詞對齊的方法在機器譯文的單字和參考答案的單字之間建立了一對一的對應關係，這種評價方法在引入準確率的同時，還能顯性地引入召回率作為評價所考慮的因素。

在基於詞對齊的自動評價方法中，一種典型的方法是 Meteor。該方法透過計算精確的單字到單字（Word-to-Word）的匹配來度量一個譯文的品質[148]，並且在精確匹配之外，引入了「波特詞幹」匹配和「同義詞」匹配。在下面的內容中，將利用實例對 Meteor 方法進行介紹。

實例 4.3： 機器譯文：Can I have it like he?

參考答案：Can I eat this can like him?

在 Meteor 方法中，先在機器譯文的單字與參考答案的單字之間建立對應關係，再根據其對應關係計算準確率和召回率。

（1）在機器譯文與參考答案之間建立單字的對應關係。在建立單字之間的對應關係的過程中，主要涉及 3 個模型，在對齊過程中依次使用這 3 個模型進行匹配：

- 精確模型（Exact Model）。精確模型在建立單字對應關係時，要求機器譯文端的單字與參考答案端的單字完全一致，並且在參考答案端至多有 1 個單字與機器譯文端的單字對應，否則會將其視為多種對應情況。對於實例 4.3，使用精確模型，共有兩種匹配結果，如圖 4-2 所示。

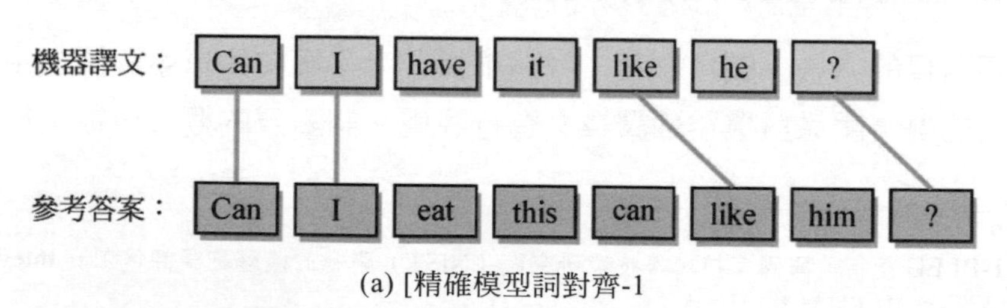

(a) [精確模型詞對齊-1

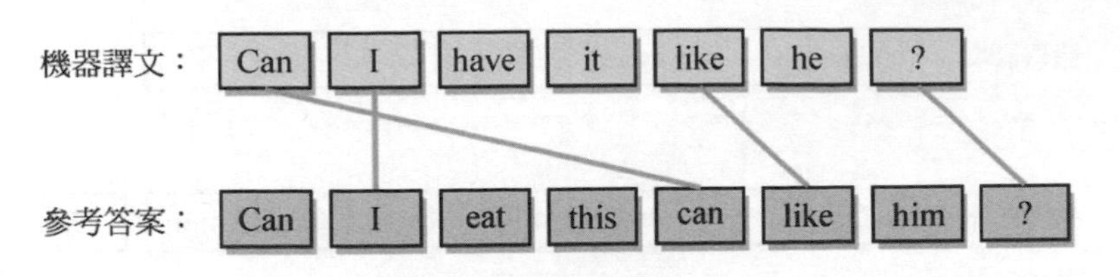

(b) 精確模型詞對齊-2

圖 4-2 精確模型詞對齊

- 「波特詞幹」模型（Porter Stem Model）。該模型在精確匹配結果的基礎上，對尚未對齊的單字進行基於詞幹的匹配，只需機器譯文端單字與參考答案端單字的詞幹相同，如實例 4.3 中的"he"和"him"。對圖 4-2 所示的詞對齊結果使用「波特詞幹」模型，得到如圖 4-3 所示的結果。

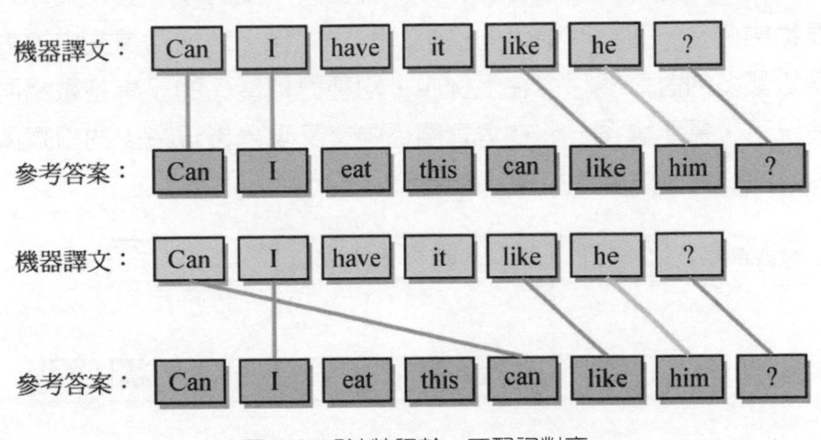

圖 4-3 「波特詞幹」匹配詞對齊

- 「同義詞」模型（WN Synonymy Model）。如圖 4-4 所示，該模型在前兩個模型匹配結果的基礎上，對尚未對齊的單字進行同義詞匹配，即基於 WordNet 詞典匹配機器譯文與參考答案中的同義詞。如實例 4.3 中的"eat"和"have"。

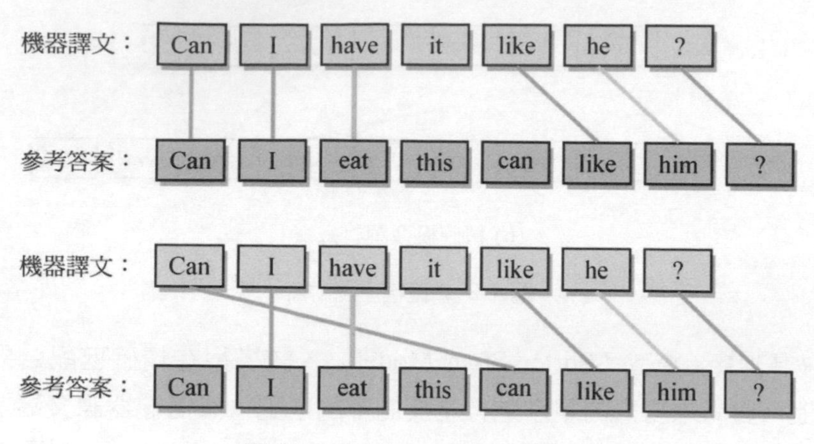

圖 4-4 「同義詞」匹配詞對齊

經過以上處理，可以得到機器譯文與參考答案之間的單字對齊關係。下一步需要從中確定一個擁有最大的子集的對齊關係，即機器譯文中被對齊的單字個數最多的對齊關係。在上例中，兩種對齊關係的子集基數相同，在這種情況下，需要選擇一個在對齊關係中交叉現象出現最少的對齊關係。於是，最終的詞對齊關係如圖 4-5 所示。

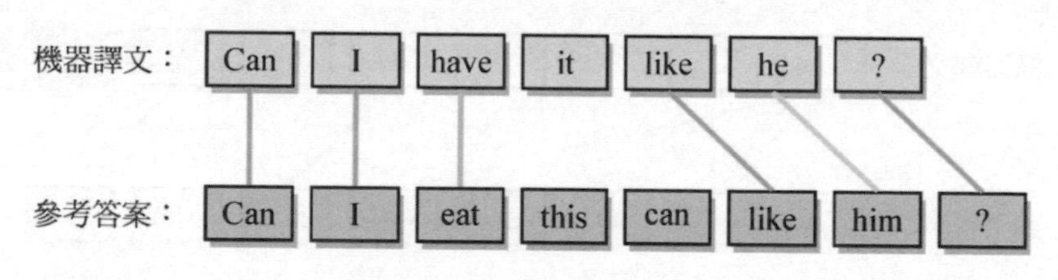

圖 4-5 最終的詞對齊關係

（2）在得到機器譯文與參考答案的對齊關係後，需要基於對齊關係計算準確率和召回率。

準確率：機器譯文中命中單字數與機器譯文單字總數的比值。即

$$P = \frac{\text{count}_{\text{hit}}}{\text{count}_{\text{candidate}}} \tag{4-8}$$

召回率：機器譯文中命中單字數與參考答案單字總數的比值。即

$$R = \frac{\text{count}_{\text{hit}}}{\text{count}_{\text{reference}}} \tag{4-9}$$

（3） 電腦器譯文的得分。利用調和均值（Harmonic-mean）將準確率和召回率結合起來，並加大召回率的重要性，將其權重調大，如將召回率的權重設為 9：

$$F_{\text{mean}} = \frac{10PR}{R+9P} \tag{4-10}$$

在上文提到的評價指標中，無論是準確率、召回率還是F_{mean}，都是基於單一詞資訊衡量譯文品質的，忽略了語序問題。為了將語序問題考慮進來，Meteor 會考慮更長的匹配：將機器譯文按照最長匹配長度分塊。「塊數」較多的機器譯文與參考答案的對齊更加散亂，這意味著其語序問題更多，因此 Meteor 會對這樣的譯文給予懲罰。例如，在圖 4-5 顯示的最終詞對齊結果中，機器譯文被分為 3 個「塊」——"Can I have it"、"like he"、"?"。在這種情況下，雖然得到的準確率、召回率都不錯，但最終會受到很嚴重的懲罰。這種罰分機制能夠辨識出機器譯文中的詞序問題，因為當待測譯文詞序與參考答案相差較大時，機器譯文將被分割得比較零散，這種懲罰機制的計算公式如式(4-11)，其中$\text{count}_{\text{chunks}}$表示匹配的塊數。

$$\text{Penalty} = 0.5 \cdot \left(\frac{\text{count}_{\text{chunks}}}{\text{count}_{\text{hit}}}\right)^3 \tag{4-11}$$

Meteor 評價方法的最終評分為

$$\text{score} = F_{\text{mean}} \cdot (1 - \text{Penalty}) \tag{4-12}$$

Meteor 是經典的自動評價方法之一。它的創新點在於引入了詞幹匹配和同義詞匹配，擴大了詞彙匹配的範圍。Meteor 評價方法被提出後，很多人嘗試對其進行改進，使其評價結果與人工評價結果更相近。例如，Meteor-next 在 Meteor 的基礎上增加釋義匹配器（Paraphrase Matcher），利用該匹配器能夠捕捉機器譯文中與參考答案意思相近的短語，從而在短語層面進行匹配。此外，這種方法還引入了可調權值向量（Tunable Weight Vector），用於調節每個匹配類型的相應貢獻[149]。Meteor 1.3 在 Meteor 的基礎上增加了改進的文字規範器（Text Normalizer），同時引入了更高精度的釋義匹配及用來區分內容詞和功能詞的指標，其中文字規範器能夠根據一些規範化規則，將機器譯文中意義等價的標點減少到通用的形式；區分內容詞和功能詞能夠得到更為準確的詞彙對應關係[150]。Meteor Universial 則透過機器學習的方法學習不同語言的可調權值，在對低資來源語言進行評價時可對其進行重複使用，從而實現對低資來源語言的譯文更準確的評價[151]。

由於召回率反映參考答案在何種程度上覆蓋目標譯文的全部內容，而 Meteor 在評價過程中顯式引入召回率，所以 Meteor 的評價與人工評價更為接近。但 Meteor 評價方法需要借助同義詞表、功能詞表等外部資料，當外部資料中的目標詞對應不正確或缺失相應的目標詞時，評價水準就會降低。特別是，針對中文等與英文差異較大的語言，使用 Meteor 評價方法也會面臨很多挑戰。不僅如此，超參數的設置和使用，對於評分也有較大影響。

4.3.3 基於檢測點的評價方法

基於詞串比對和基於詞對齊的自動評價方法中提出的 BLEU、TER 等評價指標可以對譯文的整體品質進行評估，但是缺乏對具體問題的細緻評價。在很多情況下，研究人員需要知道系統是否能夠處理特定類型的翻譯問題，而非得到一個籠統的評價結果。基於檢測點的方法正是基於此想法。[152] 這種評價方法的優點在於，在對機器翻譯系統舉出一個整體評價的同時，針對系統在具體問題上的翻譯能力進行評估，方便比較不同翻譯模型的性能。這種方法也被多次用於機器翻譯比賽的譯文品質評估。

基於檢測點的評價方法根據事先定義好的語言學檢測點對譯文的相應部分進行評分。如下是幾個英中翻譯中的檢測點實例：

實例 4.4： They got up at six this morning .
他們/今天/早晨/六點鐘/起床/。
檢測點：時間詞的順序

實例 4.5： There are nine cows on the farm .

農場/裡/有/九/頭/牛/。

檢測點：量詞「頭」

實例 4.6： His house is on the south bank of the river .

他/的/房子/在/河/的/南岸/。

We keep our money in a bank .

我們/在/一家/銀行/存錢/。

檢測點：bank 的多義翻譯

該方法的關鍵在於檢測點的獲取。有工作曾提出一種從平行雙敘述子中自動提取檢查點的方法[153]，借助大量的雙語詞對齊平行語料，利用自然語言處理工具對其進行詞性標注、句法分析等處理，利用預先建構的詞典和人工定義的規則，辨識語料中不同類別的檢查點，從而建構檢查點資料庫。將檢查點分別設計為單字級（如介詞、歧義詞等）、短語級（如固定搭配）、句子級（特殊句型、複合句型等），在對機器翻譯系統進行評價時，在檢查點資料庫中分別選取不同類別的檢查點對應的測試資料進行測試，從而瞭解機器翻譯系統在各種重要語言現象中的翻譯能力。除此之外，這種方法也能用於比較機器翻譯系統的性能，透過為各個檢查點分配合理的權重，用翻譯系統在各個檢查點得分的加權平均作為系統得分，從而對機器翻譯系統的整體水平做出評價。

基於檢測點的評價方法的意義在於，它並不是簡單舉出一個分數，反而更像是一種診斷型評估方法，能夠幫助系統研發人員定位系統問題。因此，這類方法常被用在對機器翻譯系統的翻譯能力進行分析上，是對 BLEU 等整體評價指標的一種有益補充。

4.3.4 多策略融合的評價方法

前面介紹的幾種自動評價方法大多是從某個單一的角度比對機器譯文與參考答案之間的相似度，如 BLEU 更關注n-gram 是否命中，Meteor 更關注機器譯文與參考答案之間的詞對齊資訊，WER、PER 與 TER 等方法只關注機器譯文與參考譯文之間的編輯距離。此外，還有一些方法比較關注機器譯文和參考譯文在語法、句法方面的相似度。無一例外的是，每種自動評價的關注點都是單一的，無法對譯文品質進行全面、綜合的評價。為了克服這種限制，研究人員提出了一些基於多策略融合的譯文品質評估方法，以期提高自動評價與人工評價結果的一致性。

基於策略融合的自動評價方法往往會將多個基於詞彙、句法和語義的自動評價方法融合在內，其中比較核心的問題是如何將多個評價方法合理地組合。目前提出的方法中頗具代表性的是使用參數化方法和非參數化方法對多種自動評價方法進行篩選和組合。

參數化組合方法的實現主要有兩種方式：一種方式是廣泛使用不同的譯文品質評價作為特徵，借助回歸演算法實現多種評價策略的融合[154, 155]；另一種方式是對各種譯文品質評價方法的結果進行加權求和，並借助機器學習演算法更新內部的權重參數，從而實現多種評價策略的融合[156]。

非參數化組合方法的思想與貪心演算法異曲同工：以與人工評價的相關度為標準，將多個自動評價方法降冪排列，依次嘗試將其加入最優策略集合中，如果能提高最優策略集合的「性能」，則將該自動評價方法加入最優策略集合中，否則不加入。其中，最優策略集合的「性能」用 QUEEN 定義[157]。該方法是首次嘗試使用非參數的組合方式，將多種自動評價方法進行融合，不可避免地存在一些瑕疵。一方面，在評價最優策略集合性能時，一個源文至少需要 3 個參考答案；另一方面，這種「貪心」的組合策略很有可能得到局部最優的組合。

與單一的自動方法相比，多策略融合的自動評價方法能夠從多角度對機器譯文進行綜合評價，這顯然是一個模擬人工評價的過程，因而多策略融合的自動評價結果也與人工評價結果更接近。對於不同的語言，多策略融合的評價方法需要不斷調整最優策略集合或調整組合方法內部的參數，才能達到最佳的評價效果，這個過程勢必比單一的自動評價方法更煩瑣。

4.3.5 譯文多樣性

在自然語言中，由於句子的靈活排序和大量同義詞的存在，導致同一個來源語言句子可能對應幾百，甚至更多個合理的目的語言譯文。然而，上文提到的幾種人工評價僅僅比較機器譯文與有限數量的參考答案之間的差距，得出的評價結果往往低估了機器譯文的品質。為了改變這種窘況，一個很自然的想法是增大參考答案集或是直接比較機器譯文與參考答案在詞法、句法和語義等方面的差距。

1. 增大參考答案集

BLEU、Meteor、TER 等自動評價方法的結果往往與人工評價結果存在差距。這些自動評價方法直接比對機器譯文與有限數量的參考答案之間的「外在差異」，由於參考答案集可覆蓋的人類譯文數量過少，當機器譯文十分合理卻未被包含在參考答案集中時，其品質會被過分低估。

HyTER 自動評價方法致力於得到所有可能譯文的緊湊編碼，從而實現在自動評價過程中存取所有合理的譯文[158]的目的。這種評價方法的原理非常簡單：

- 透過註釋工具標記一個短語的所有備選含義（同義詞）並將其儲存在一起，作為一個同義單元。可以認為每個同義單元表達了一個語義概念。在生成參考答案時，可以用同義單元對某參考答案中的短語進行替換，生成一個新的參考答案。例如，將中文句子「對提案的支持率接近 0」翻譯為英文，同義單元有以下幾種：

```
[THE-SUPPORT-RATE]：
    <the level of approval; the approval level; the approval rate ;
the support rate>
[CLOSE-TO]：
    <close to; about equal to; practically>
```

- 透過已有同義單元和附加單字的組合覆蓋更大的語言片段。在生成參考答案時，採用這種方式不斷覆蓋更大的語言片段，直到將所有可能的參考答案都覆蓋。例如，可以將短語[THE-SUPPORT-RATE]與"the proposal" 組合為 "[THE-SUPPORT-RATE] for the proposal"。

- 利用同義單元的組合將所有合理的人類譯文都編碼出來。將中文句子「對提案的支持率接近 0」翻譯為英文，圖 4-6 展示了其參考答案集的表示方式。

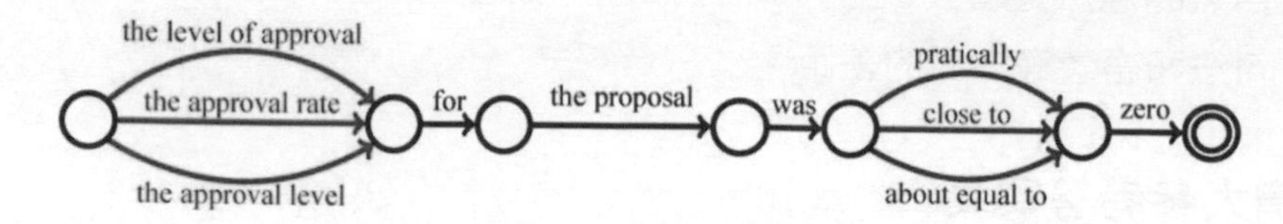

圖 4-6 HyTER 中參考答案集的表示方式

HyTER 方法透過構造同義單元的方式，列舉了譯文中每個片段的所有可能的表示方式，從而增多參考答案的數量，圖 4-6 中的每一條路徑都代表一個參考答案。這種對參考答案集進行編碼的方式存在的問題是：同義單元之間的組合往往存在一定的限制關係[159]，使用 HyTER 方法會導致參考答案集中包含錯誤的參考答案。

實例 4.7： 將中文「市政府批准了一項新規定」分別翻譯為英文和捷克語，使用 HyTER 構造的參考答案集分別如圖 4-7(a)和圖 4-7(b)所示[159]。

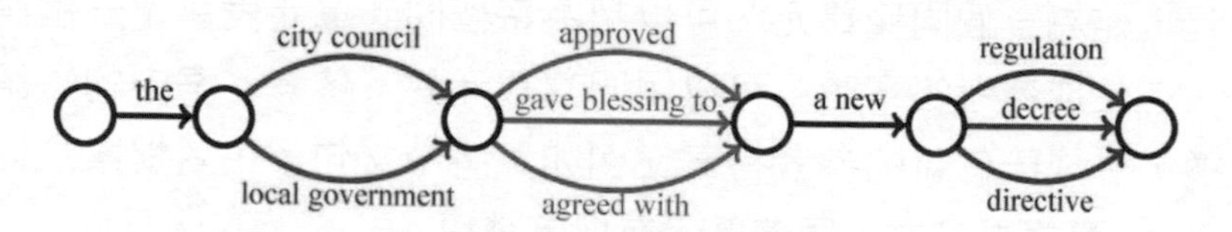

(a) 英文參考答案集表示

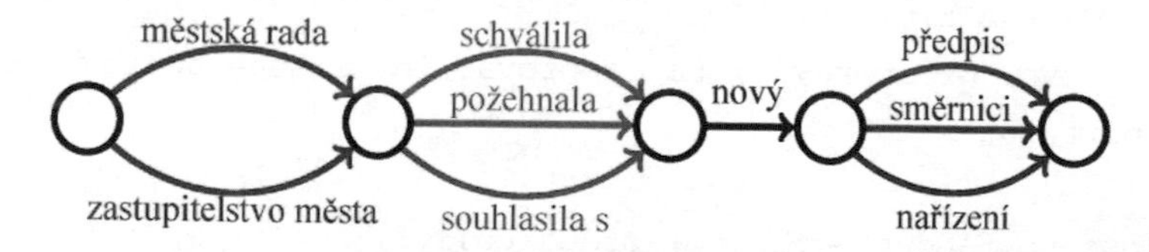

(b) 捷克語參考答案集表示

圖 4-7 使用 HyTER 構造的參考答案集

在捷克語中，主語 "městská rada" 或 "zastupitelstvo města" 的性別必須由動詞反映，因此上述捷克語的參考答案集中存在語法錯誤。為了避免此類現象發生，研究人員在同義單元中加入了將同義單元組合在一起必須滿足的限制條件[159]，從而在增大參考答案集的同時確保了每個參考答案的準確性。

將參考答案集擴大後，可以沿用 BLEU、NIST 等基於n元語法的方法進行自動評價，但傳統方法往往會忽略多重參考答案中的重複資訊，於是對每個n元語法進行加權的自動評價方法被提出[160]。該方法根據每個n元語法單元的長度、在參考答案集中出現的次數、被虛詞（如"the"、"by"、"a"等）分開後的分散度，確定其在計算最終分數時所占的權重。以 BLEU 為例（見 4.3.1 節），可以將式(4-7) 改寫為

$$\mathrm{BLEU} = \mathrm{BP} \cdot \exp\left(\sum_{n=1}^{N} w_n \cdot \log(I_n \cdot P_n)\right) \tag{4-13}$$

$$I_n = n - \mathrm{gram_{diver}} \cdot \log\left(n + \frac{M}{\mathrm{count_{ref}}}\right) \tag{4-14}$$

其中，I_n為某個n元語法單元分配的權重，M為參考答案集中出現該n-gram 中的參考答案的數量，$\mathrm{count_{ref}}$ 為參考答案集大小。$n - \mathrm{gram_{diver}}$為該$n$-gram 的分散度，用$n$-gram 種類的數量與語法單元總數的比值計算。

需要注意的是，HyTER 方法對參考譯文的標注有特殊要求，因此需要單獨培訓譯員並開發相應的標注系統。這在一定程度上增加了該方法被使用的難度。

2. 利用分散式表示進行品質評價

詞嵌入（Word Embedding）技術是近些年自然語言處理領域的重要成果，其思想是把每個單字映射為多維實數空間中的一個點（具體表現為一個實數向量），這種技術也被稱作單字的分散式表示（Distributed

Representation）。在這項技術中，單字之間的關係可以透過空間的幾何性質來刻畫，意義相近的單字之間的歐氏距離也十分相近（單字分散式表示的具體內容將在第 9 章詳細介紹，在此不再贅述）。

受詞嵌入技術的啟發，研究人員嘗試借助參考答案和機器譯文的分散式表示進行譯文品質評價，為譯文品質評價提供了新思路。在自然語言的上下文中，表示是與每個單字、句子或文件相連結的數學物件。這個物件通常是一個向量，其中每個元素的值在某種程度上描述了相關單字、句子或文件的語義或句法屬性。基於這個想法，研究人員提出了分散式表示評價度量（Distributed Representations Evaluation Metrics，DREEM）[161]。這種方法將單字或句子的分散式表示映射到連續的低維空間，發現在該空間中，具有相似句法和語義屬性的單字彼此接近，類似的結論也出現在相關工作中，可參考文獻[72, 162, 163]。這個特點可以被應用到譯文品質評估中。

在 DREEM 中，分散式表示的選取十分關鍵，在理想情況下，分散式表示應該涵蓋句子在詞彙、句法、語法、語義、依存關係等各個方面的資訊。目前，常見的分散式表示方式如表 4-2 所示。除此之外，還可以透過詞袋模型、循環神經網路等將詞向量表示轉換為句子向量表示。

表 4-2 常見的分散式表示方式

單字分佈表示	句子分佈表示[162]
One-hot 詞向量	RAE 編碼[162]
Word2Vec 詞向量[164]	Doc2Vec 向量[165]
Prob-fasttext 詞向量[166]	ELMO 預訓練句子表示[167]
GloVe 詞向量[168]	GPT 句子表示[126]
ELMO 預訓練詞向量[167]	BERT 預訓練句子表示[125]
BERT 預訓練詞向量[125]	Skip-thought 向量[169]

DREEM 方法中選取了能夠反映句子中使用的特定詞彙的 One-hot 向量、能夠反映詞彙資訊的詞嵌入向量[72]、能夠反映句子的合成語義資訊的遞迴

自動編碼（Recursive Auto-encoder Embedding，RAE），將這 3 種表示串聯在一起，最終形成句子的向量表示。得到機器譯文和參考答案的上述分散式表示後，利用餘弦相似度和長度懲罰對機器譯文品質進行評價。機器譯文o和參考答案g之間的相似度如式(4-15) 所示，其中$v_i(o)$和$v_i(g)$分別是機器譯文和參考答案的向量表示中的第i 個元素，N是向量表示的維度大小。

$$\cos(t,r) = \frac{\sum_{i=1}^{N} v_i(o)\cdot v_i(g)}{\sqrt{\sum_{i=1}^{N} v_i^2(o)}\sqrt{\sum_{i=1}^{N} v_i^2(g)}} \tag{4-15}$$

在此基礎上，DREEM 方法還引入了長度懲罰項，對與參考答案長度相差太多的機器譯文進行懲罰，長度懲罰項如式(4-16) 所示，其中l_o和l_g分別為機器譯文和參考答案的長度：

$$\text{BP} = \begin{cases} \exp(1 - l_g/l_o) & l_o < l_g \\ \exp(1 - l_o/l_g) & l_o \geq l_g \end{cases} \tag{4-16}$$

機器譯文的最終得分如下，其中α是一個需要手動設置的參數：

$$\text{score}(o,g) = \cos^{\alpha}(o,g) \times \text{BP} \tag{4-17}$$

本質上，分散式表示是一種對句子語義的統計表示。因此，它可以幫助評價系統捕捉一些在簡單的詞或句子片段中不易發現的現象，進而進行更深層的句子匹配。

在 DREEM 方法取得成功後，基於詞嵌入的詞對齊自動評價方法被提出[170]，該方法先得到機器譯文與參考答案的詞對齊關係，透過對齊關係中兩者的詞嵌入相似度電腦器譯文與參考答案的相似度，公式如式(4-18)。其中，o是機器譯文，g是參考答案，m表示譯文o的長度，l表示參考答案g的長度，函數$\varphi(o,g,i,j)$用來計算o中第i個詞和g中第j個詞之間對齊關係的相似度：

$$\text{ASS}(o,g) = \frac{1}{m\cdot l}\sum_{i=1}^{m}\sum_{j=1}^{l}\varphi(o,g,i,j) \tag{4-18}$$

此外，將分散式表示與相對排序融合也是一個很有趣的想法[171]，在這個嘗試中，研究人員利用分散式表示提取參考答案和多個機器譯文中的句法資訊與語義資訊，利用神經網路模型對多個機器譯文進行排序。

在基於分散式表示的這類譯文品質評價方法中，譯文和參考答案的所有詞彙資訊、句法資訊、語義資訊都包含在句子的分散式表示中，雖然克服了單一參考答案的限制，但帶來了新的問題：一方面，將句子轉化成分散式表示，使評價過程變得不那麼具有可解釋性；另一方面，分散式表示的品質會對評價結果有較大的影響。

4.3.6 相關性與顯著性

近年來，隨著多種有參考答案的自動評價方法的提出，譯文品質評價已經漸漸從大量的人力工作中解脫，轉而依賴自動評價技術。然而，一些自動評價結果的可靠性、置信性及參考價值仍有待商榷。自動評價結果與人工評價結果的相關性及其自身的統計顯著性，都是衡量其可靠性、置信性及參考價值的重要標準。

1. 自動評價與人工評價的相關性

相關性（Correlation）是統計學中的概念，當兩個變數之間存在密切的依賴或限制關係，卻無法確切地表示時，可以認為兩個變數之間存在「相關關係」，常用「相關性」作為衡量關係密切程度的標準[172]。對於相關關係，雖然無法求解兩個變數之間確定的函數關係，但透過大量的觀測資料，能夠發現變數之間存在的統計規律性，而「相關性」也同樣可以利用統計手段獲取。

在機器譯文品質評價工作中，相比人工評價，有參考答案的自動評價具有效率高、成本低的優點，因而廣受機器翻譯系統研發人員青睞。在這種情況下，自動評價結果的可信度一般取決於它們與可靠的人工評價之間的相關性。隨著越來越多有參考答案的自動評價方法的提出，「與可靠的人工評價之間的相關性」也被視為衡量一種新的自動評價方法是否可靠的標準。

很多工作都曾對 BLEU、NIST 等有參考答案的自動評價與人工評價的相關性進行研究和討論，其中也有很多工作對「相關性」的統計過程做過比較詳細的闡述。在「相關性」的統計過程中，一般會分別利用人工評價方法和某種有參考答案的自動評價方法對若干個機器翻譯系統的輸出進行等級評價[173]或相對排序[174]，對比兩種評價方法的評價結果是否一致。該過程中的幾個關鍵問題可能會對最終結果產生影響：

- 來源語言句子的選擇。機器翻譯系統一般以單句作為翻譯單元，因而評價過程中涉及的來源語言句子是脫離上下文語境的單句[173]。
- 人工評估結果的產生。人工評價過程採用只提供標準高品質參考答案的單語評價方法，由多位評委對譯文品質做出評價後對結果進行平均，作為最終的人工評價結果[173]。
- 自動評價中參考答案的數量。在有參考答案的自動評價過程中，為了使評價結果更準確，一般會設置多個參考答案。參考答案數量的設置會對自動評價與人工評價的相關性產生影響，也有很多工作對此進行了研究。例如，人們發現有參考答案的自動評價方法在區分人類翻譯和機器翻譯時，設置 4 個參考答案的區分效果遠優於設置 2 個參考答案[175]的；也有人曾專注於研究怎樣設置參考答案數量才能產生最高的相關性[176]。
- 自動評價中參考答案的品質。直覺上，自動評價中參考答案的品質會影響最終的評價結果，從而對相關性的計算產生影響。然而，有相關實驗表明，只要參考答案的品質不過分低劣，在很多情況下，自動評價都能得到相同的評價結果[177]。

目前，在機器譯文品質評價領域，有很多研究工作嘗試比較各種有參考答案的自動評價方法（主要以 BLEU、NIST 等基於n-gram 的方法為主）與人工評價方法的相關性。整體來看，這些方法與人工評價方法具有一定的相關性，自動評價結果能較好地反映譯文品質[173,178]。

也有相關研究指出，不應該對有參考答案的自動評價方法過於樂觀，而應該持謹慎態度，因為目前的自動評價方法對於流利度的評價並不可靠，同時，參考答案的體裁和風格會對自動評價結果產生很大影響[175]。另外，有研究人員提出，在機器翻譯研究過程中，在忽略實際範例翻譯的前提下，BLEU 分數的提高並不意味著翻譯品質的真正提高，而在一些情況下，為了實現翻譯品質的顯著提高，並不需要提高 BLEU 分數[179]。

2. 自動評價方法的統計顯著性

使用自動評價方法的目的是比較不同系統之間性能的差別。例如，對某個機器翻譯系統進行改進後，它的 BLEU 值從 40.0%提升到 40.5%，能說改進後的系統真的比改進前的系統的翻譯品質更好嗎？實際上，這也是統計學中經典的統計假設檢驗（Statistical Hypothesis Testing）問題[180]。統計假設檢驗的基本原理是：如果對樣本整體的某種假設是真的，那麼不支持該假設的小機率事件幾乎是不可能發生的；一旦這種小機率事件在某次試驗中發生了，就有理由拒絕原始的假設。例如，對於上面提到的例子，可以假設：

- 原始假設：改進後的翻譯品質比改進前更好。
- 小機率事件（備擇假設）：改進後和改進前比，翻譯品質相同甚至更差。

統計假設檢驗的流程如圖 4-8 所示。其中的一個關鍵步驟是檢驗一個樣本集合中是否發生了小機率事件。怎樣才算是小機率事件呢？例如，可以定義機率不超過 0.1 的事件就是小機率事件，甚至可以定義這個機率為 0.05、0.01。通常，這個機率被記為α，也就是常說的顯著性水平（Significance Level），而顯著性水平更準確的定義是「去真錯誤」的機率，即原假設為真但是拒絕了它的機率。

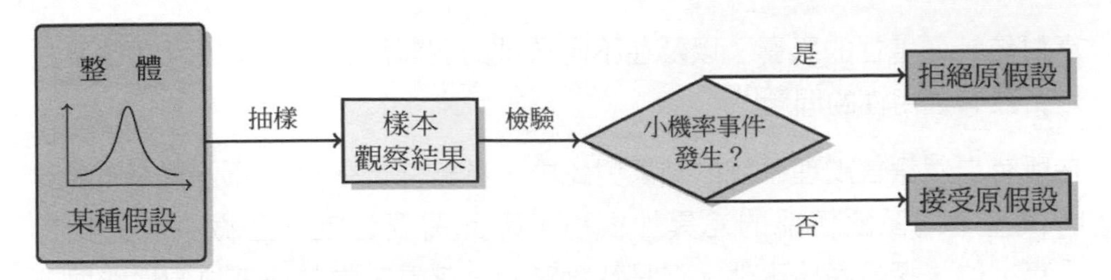

圖 4-8 統計假設檢驗的流程

回到機器翻譯評價的問題中來。一個更基礎的問題是：一個系統評價結果的變化在多大範圍內是不顯著的。利用假設檢驗的原理，這個問題可以被描述為：評價結果落在$[x-d,x+d]$區間的置信度是$1-\alpha$。換句話說，當系統性能落在$[x-d,x+d]$外時，就可以說這個結果與原始的結果有顯著性差異。這裡，x通常是系統譯文的 BLEU 計算結果，$[x-d,x+d]$是其對應的置信區間。d和α有很多計算方法，例如，如果假設評價結果服從正態分佈，則d為

$$d=t\frac{s}{\sqrt{n}} \tag{4-19}$$

其中，s是標準差，n是樣本數。t是一個統計量，它與假設檢驗的方式、顯著性水平、樣本數量有關。

在機器翻譯評價中，使用假設檢驗的另一個關鍵是如何進行抽樣。需要注意的是，這裡的樣本是指一個機器翻譯的測試集，因為 BLEU 等指標都是在整個測試集上計算的，而非簡單地透過句子級評價結果進行累加。為了保證假設檢驗的充分性，需要建構多個測試集，以模擬從所有潛在的測試集空間中採樣的行為。

最常用的方法是使用 Bootstrap 重採樣技術[181]從一個固定測試集中採樣不同的句子組成不同的測試集，之後在這些測試集上進行假設檢驗[182]。此後，有工作指出，Bootstrap 重採樣方法存在隱含假設的不合理之處，並提出了使用近似隨機化[183]方法計算自動評價方法的統計顯著性[184]。另有研究工作著眼於研究自動評價結果差距大小、測試集規模、系統相似性等因

素對統計顯著性的影響，以及在不同領域的測試語料中計算的統計顯著性是否具有通用性的問題[185]。

在所有自然語言處理系統的結果對比中，顯著性檢驗是十分必要的。很多時候，不同系統性能的差異性很小，因此需要確定一些微小的進步是「真」的，還是隨機事件。但是從實踐的角度看，當某個系統的性能提升到一個絕對值時，這種提升效果往往是顯著的。例如，在機器翻譯中，BLEU 提升 0.5%一般都是比較明顯的進步。也有研究對這種觀點進行了論證，也發現其中具有一定的科學性[185]。因此，在機器翻譯系統研發中，類似的方式也是可以採用的。

4.4 無參考答案的自動評價

無參考答案自動評價在機器翻譯領域又被稱作品質評估（Quality Estimation，QE）。與傳統的譯文品質評價方法不同，品質評估旨在不參照標準譯文的情況下，對機器翻譯系統的輸出（在單字、短語、句子、文件等層次上）進行評價。

人們對於無參考答案自動評價的需求大多來源於機器翻譯的實際應用。例如，在機器翻譯的譯後編輯過程中，譯員不僅希望瞭解機器翻譯系統的整體翻譯品質，還需要瞭解該系統在某個句子上的表現：該機器譯文的品質是否很差？需要修改的內容有多少？是否值得進行後編輯？這時，譯員更加關注系統在單一資料點上（如一段話）的可信度，而非系統在測試資料集上的平均品質。然而，過多的人工介入無法保證使用機器翻譯所帶來的高效性，因此在機器翻譯輸出譯文的同時，需要品質評估系統舉出對譯文品質的預估結果。這些需求也促使研究人員在品質評估問題上投入更多的研究力量。WMT、CCMT 等知名機器翻譯評測中都設置了相關任務，使其受到了業界的關注。

4.4.1 品質評估任務

品質評估任務本質上是透過預測一個能夠反映評價單元的品質標籤，在各個層次上對譯文進行品質評價。上文提到，品質評估任務通常被劃分為單字級、短語級、句子級和文件級，接下來將對各個等級的任務進行更加詳細的介紹。

1. 單字級品質評估

機器翻譯系統在翻譯某個句子時，會出現各種類型的錯誤，這些錯誤大多是單字翻譯問題，如單字出現歧義、單字漏譯、單字錯譯、詞形轉化錯誤等。單字級品質評估以單字為評估單元，目的是確定譯文句子中每個單字的所在位置是否存在翻譯錯誤和單字漏譯現象。

單字級品質評估任務可以被定義為：參照來源語言句子，以單字為評價單位，自動標記機器譯文中的錯誤。其中的「錯誤」包括單字錯譯、單字詞形錯誤、單字漏譯等。在單字級品質評估任務中，輸入是機器譯文和來源語言句子，輸出是一系列標籤序列，即圖 4-9 中的 Source tags、MT tags 和 Gap tags，標籤序列中的每個標籤對應翻譯中的每個單字（或其間隙），並表明該位置是否出現錯誤。

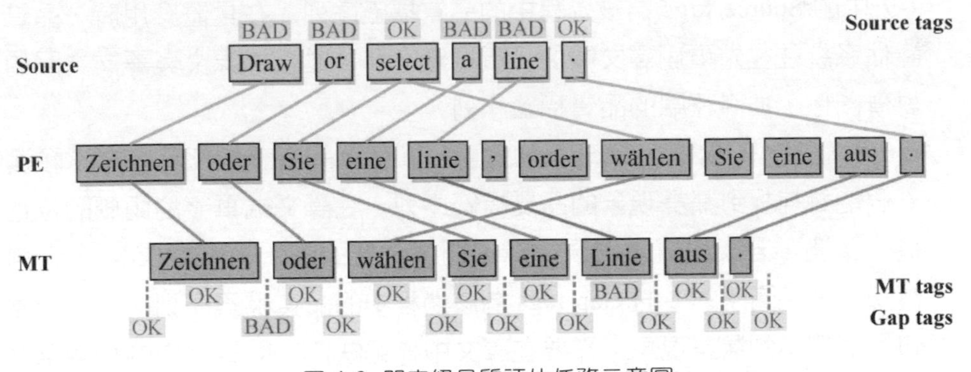

圖 4-9 單字級品質評估任務示意圖

下面以實例 4.8 為例介紹該任務的具體內容。在實例 4.8 中加入後編輯結果方便讀者理解任務內容，實際上，品質評估任務在預測品質標籤時並不依賴後編輯結果：

實例 4.8： 單字級品質評估任務

源句（Source）：Draw or select a line.（英文）

機器譯文（MT）：Zeichnen oder wählen Sie eine Linie aus.（德語）

後編輯結果（PE）：Zeichnen oder Sie eine Linie, oder wählen Sie eine aus.（德語）

單字級品質評估主要透過以下 3 類錯誤評價譯文好壞：

- 找出譯文中翻譯錯誤的單字。單字級品質評估任務要求預測一個與譯文等長的品質標籤序列，該標籤序列反映譯文端的每個單字是否能夠準確表達出其對應的源端單字的含義，若可以，則標籤為"OK"，反之則為"BAD"。圖 4-9 中的連線表示單字之間的對齊關係，MT tags 為該過程中需要預測的品質標籤序列。
- 找出源文中導致翻譯錯誤的單字。單字級品質評估任務還要求預測一個與源文等長的品質標籤序列，該標籤序列反映源文端的每個單字是否會導致本次翻譯出現錯誤，若不會，則標籤為"OK"，反之則為"BAD"。圖 4-9 中的 Source tags 為該過程中的品質標籤序列。在具體應用時，品質評估系統往往先預測譯文端的品質標籤序列，並根據源文與譯文之間的對齊關係，推測源端的品質標籤序列。
- 找出在翻譯句子時出現漏譯現象的位置。單字級品質評估任務也要求預測一個能夠捕捉到漏譯現象的品質標籤序列，在譯文端單字的兩側的位置進行預測，若某位置未出現漏譯，則該位置的品質標籤為"OK"，否則為"BAD"。圖 4-9 中的 Gap tags 為該過程中的品質標籤序列。為了檢測句子翻譯中的漏譯現象，需要在譯文中標記缺口，即譯文中的每個單字兩邊各有一個 "GAP" 標記，如圖 4-9 所示。

2. 短語級品質評估

短語級品質評估可以看作單字級品質評估任務的擴展：機器翻譯系統引發的錯誤往往是相互連結的，在解碼過程中，某個單字出錯會導致更多的錯誤，特別是在其局部上下文中。以單字的「局部上下文」為基本單元進行品質評估即為短語級品質評估。

短語級品質評估與單字級品質評估類似，其目標是找出短語中的翻譯錯誤、短語內部語序問題及漏譯問題。短語級品質評估任務可以被定義為：以若干個連續單字組成的短語為基本評估單位，參照來源語言句子，自動標記短語內部的短語錯誤及短語之間是否存在漏譯。短語錯誤包括短語內部單字的錯譯和漏譯、短語內部單字的語序錯誤；而漏譯則特指短語之間的漏譯錯誤。在短語級品質評估任務中，輸入是機器譯文和來源語言句子，輸出是一系列標籤序列，即圖 4-10 中的 Phrase-target tags、Gap tags，標籤序列中的每個標籤對應翻譯中的每個單字，並表明該位置是否出現錯誤。

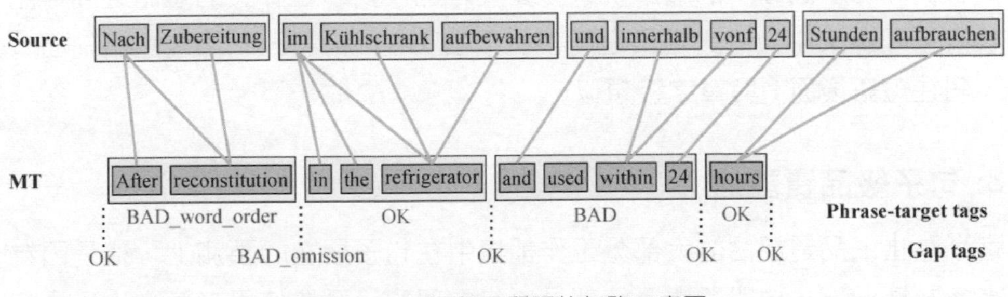

圖 4-10 短語級品質評估任務示意圖

下面以實例 4.9 為例介紹該任務的具體內容：

實例 4.9：短語級品質評估任務（短語間用 || 分隔）

源句（Source）：Nach Zubereitung || im Kühlschrank aufbewahren || und innerhalb von 24 || Stunden aufbrauchen.（德語）

機器譯文（MT）：After reconstitution || in the refrigerator || and used within 24 || hours.（英文）

短語級品質評估任務主要透過以下兩類錯誤評價譯文好壞：

- 找出譯文中翻譯錯誤的短語。要求預測出一個能夠捕捉短語內部單字翻譯錯誤、單字漏譯及單字順序錯誤的標籤序列。該序列中的每個標籤都對應著一個短語，若短語不存在任何錯誤，則標籤為"OK"；若短語內部存在單字翻譯錯誤和單字漏譯，則標籤為"BAD"；若短語內部的單字循序串列在問題，則標籤為"BAD_word_order"。圖 4-10 中的連線表示單字之間的對齊關係，每個短語由一個及以上單字組成，Phrase-target tags 為該過程中需要預測的品質標籤序列。
- 找出譯文中短語之間的漏譯錯誤。短語級品質評估任務也要求預測一個能夠捕捉到短語間的漏譯現象的品質標籤序列，在譯文端短語的兩側的位置進行預測，若某位置未出現漏譯，則該位置的品質標籤為"OK"，否則為"BAD_omission"。圖 4-10 中的 Gap tags 為該過程中的品質標籤序列。

為了檢測句子翻譯中的漏譯現象，參與者也被要求在譯文的短語之間標記缺口，即譯文中的每對短語之間都有兩個"GAP"標記，一個在短語前面，一個在短語後面，與單字級類似。

3. 句子級品質評估

迄今為止，品質評估的大部分工作都集中在句子層次的預測上，這是因為在多數情況下，機器翻譯系統都是逐句處理的，系統使用者每次也只是翻譯一個句子或以句子為單位組成的文字區塊（段落、文件等），因此以句子作為品質評估的基本單元是很自然的。

句子級品質評估的目標是生成能夠反映譯文句子整體品質的標籤——可以是離散型的表示某種品質等級的標籤，也可以是連續型的基於評分的標籤。雖然以不同的標準進行評估，同一個譯文句子的品質標籤可能有所不同，但可以肯定的是，句子的最終品質絕不是句子中單字品質的簡單累加。因為與單字級品質評估相比，句子級品質評估也會關注是否保留源句的語義、譯文的語義是否連貫、譯文中的單字順序是否合理等因素。

句子級品質評估系統需要根據某種評價標準，透過建立預測模型生成一個反映句子品質的標籤。人們可以從句子翻譯的目的、後編輯的工作難度、是否達到發表要求或能否讓非母語者讀懂等角度，用不同標準設定句子級品質評估標準。句子級品質評估任務有多種形式：

- 區分「人工翻譯」和「機器翻譯」。在早期的工作中，研究人員試圖訓練一個能夠區分人工翻譯和機器翻譯的二分類器來完成句子級的品質評估[186]，將被分類器判斷為「人工翻譯」的機器譯文視為優秀的譯文，將被分類器判斷為「機器翻譯」的機器譯文視為較差的譯文。一方面，這種評估方式不夠直觀；另一方面，這種評估方式並不十分準確，因為透過人工比對發現，很多被判定為「機器翻譯」的譯文具有與人們期望的人類翻譯相同的品質。

- 預測反映譯文句子品質的「品質標籤」。在同一時期，研究人員也嘗試使用人工為機器譯文分配能夠反映譯文品質的標籤[187]，例如，「不可接受」、「一定程度上可接受」、「可接受」、「理想」等類型的品質標籤。同時，將獲取機器譯文的品質標籤作為句子級品質評估的任務目標。

- 預測譯文句子的相對排名。相對排序（見 4.2.2 節）的譯文評價方法被引入後，舉出機器譯文的相對排名成為句子級品質評估的任務目標。

- 預測譯文句子的後編輯工作量。在最近的研究中，句子級的品質評估一直在嘗試使用各種類型的離散或連續的後編輯標籤。例如，透過測量以秒為單位的後編輯時間對譯文句子進行評分；透過測量預測後編輯過程所需的擊鍵數對譯文句子進行評分；透過計算人工譯後錯誤率（Human Translation Error Rate，HTER），即在後編輯過程中編輯（插入/刪除/替換）數量與參考翻譯長度的占比率對譯文句子進行評分。HTER 的計算公式為

$$\mathrm{HTER} = \frac{\text{編輯操作數目}}{\text{翻譯後編輯結果長度}} \tag{4-20}$$

這種品質評估方式往往以單字級品質評估為基礎，在此基礎上進行計算。以實例 4.8 中詞級品質評估結果為例，與編輯後結果相比，機器翻譯譯文中有 4 處漏譯（"Mit"、"können"、"Sie"、"einzelne"）、3 處誤譯（"dem"、"Scharfzeichner"、"scharfzeichnen" 分別被誤譯為 "Der"、"Schärfen-Werkezug"、"Schärfer"）、1 處多譯（"erscheint"），因而需要進行 4 次插入操作、3 次替換操作和 1 次刪除操作，而最終譯文長度為 12，則有$\mathrm{HTER} = (4 + 3 + 1)/12 = 0.667$。需要注意的是，即使以單字級品質評估為基礎，也不意味著句子級品質評估只是在單字級品質評估的結果上透過簡單的計算獲得其得分，在實際研究中，常將其視為一個回歸問題，利用大量資料學習其評分規則。

4. 文件級品質評估

文件級品質評估的主要目的是對機器翻譯得到的整個譯文文件進行評分。在文件級品質評估中，「文件」不是指一整篇文件，而是指包含多個句子的文字，如包含 3～5 個句子的段落或是像新聞一樣的長文字。

在傳統的機器翻譯任務中，往往以一個句子作為輸入和翻譯的單元，而忽略了文件中句子之間的聯繫，這可能會使文件的論述要素受到影響，最終導致整個文件的語義不連貫。如實例 4.10 所示，在機器譯文中，"he"原應指代上文資訊中的"housewife"，這裡出現了錯誤，但這種錯誤在句子級的品質評估中並不會被發現。

實例 4.10：文件級品質評估任務

上文資訊：A housewife won the first prize in the supermarket's anniversary celebration.

機器譯文：A few days ago, he contacted the News Channel and said that the supermarket owner refused to give him the prize.

在文件級品質評估中，有兩種衡量文件譯文品質的方式：

- 閱讀理解測試得分情況。以往，衡量文件譯文品質的主要方法是採用理解測試[188]，即利用提前設計好的與文件相關的閱讀理解題目（包括多項選擇題和問答題）對母語為目的語言的多個測試者進行測試，將測試者在給定文件上的問卷中的所有問題所得到的分數作為品質標籤。
- 後編輯工作量。在最近的研究工作中，多採用對文件譯文進行後編輯工作量來評估文件譯文的品質的方法。為了準確獲取文件後編輯工作量，兩階段後編輯方法被提出[189]，即第一階段對文件中的句子單獨在無語境情況下進行後編輯，第二階段將所有句子重新合併成文件後再進行後編輯。兩階段中，後編輯工作量的總和越多，意味著文件譯文品質越差。

在文件級品質評估任務中，需要對譯文文件做一些更細粒度的註釋，註釋內容包括錯誤位置、錯誤類型和錯誤的嚴重程度，最終在註釋的基礎上對譯文文件品質進行評估。

與更細粒度的單字級和句子級的品質評價相比，文件級品質評估更複雜。其困難之一在於：在文件級的品質評估過程中，需要根據一些主觀的品質標準對文件進行評分，例如在註釋的過程中，對於錯誤的嚴重程度並沒有嚴格的界限和規定，只能靠評測人員主觀判斷，這就意味著隨著出現主觀偏差的註釋的增多，文件級品質評估的參考價值會大打折扣。另外，根據所有註釋（錯誤位置、錯誤類型及其嚴重程度）對整個文件進行評分本身就具有不合理性，因為譯文中有一些在拋開上下文語境時可以被判定為「翻譯得不錯」的單字和句子，一旦被放在上下文語境中就可能變得不合理，而某些在無語境條件下看起來「翻譯得糟糕透了」的單字和句子，一旦被放在文件中的語境中可能會變得恰到好處。此外，建構一個品質評測模型勢必需要大量的標注資料，而文件級品質評測所需要的帶有註釋的資料的獲取代價相當高。

實際上，文件級品質評估與其他文件級自然語言處理任務面臨的問題是一樣的。由於資料缺乏，無論是系統研發，還是結果評價，都面臨很大挑戰。這些問題會在第 16 章和第 17 章討論。

4.4.2 建構品質評估模型

不同於有參考答案的自動評價，品質評估方法的實現較為複雜。品質評估可以被看作一個統計推斷問題，即如何根據以往得到的經驗對從未見過的機器譯文的品質做預測。從這個角度看，品質評估和機器翻譯問題一樣，都需要設計模型進行求解，而無法像 BLEU 計算一樣，直接使用指標性的公式得到結果。

實際上，品質評估的靈感最初來自語音辨識中的置信度評價，所以最初研究人員也嘗試透過翻譯模型中的後驗機率直接評價翻譯品質[190]，然而僅以機率值作為評價標準顯然是不夠的，其效果也讓人大失所望。之後，品質評估被定義為一個有監督的機器學習問題。這也形成了品質評估的新範式：使用機器學習演算法，利用句子的某種表示對譯文品質進行評價。

研究人員將品質評估模型的基本框架設計為兩部分：

- 表示/特徵學習模組：用於在資料中提取能夠反映翻譯結果品質的「特徵」。
- 品質評估模組：基於句子的表示結果，利用機器學習演算法預測翻譯結果的品質。

傳統機器學習的觀點是，句子都是由某些特徵表示的。因此，需要人工設計能夠對譯文品質評估有指導作用的特徵[191-195]。常用的特徵有：

- 複雜度特徵：反映了翻譯源文的難易程度，翻譯難度越大，譯文品質低的可能性就越大。
- 流暢度特徵：反映了譯文的自然度、流暢度、語法合理程度。
- 置信度特徵：反映了機器翻譯系統對輸出的譯文的置信程度。

- 充分度特徵：反映了源文和機器譯文在不同語言層次上的密切程度或連結程度。

隨著深度學習技術的發展，另一種思路是使用表示學習技術生成句子的分散式表示，並在此基礎上，利用神經網路自動提取高度抽象的句子特徵[196-198]，這樣就避免了人工設計特徵所帶來的時間及人工代價。同時，表示學習所得到的分散式表示可以涵蓋更多人工設計難以捕捉的特徵，更全面地反映句子的特點，因此在品質評估任務上取得了很好的效果[199-203]。例如，最近的一些工作中大量使用神經機器翻譯模型獲得雙敘述子的表示結果，並用於品質評估[204-207]。這樣做的好處在於，品質評估可以直接重複使用機器翻譯的模型，從某種意義上降低了品質評估系統開發的代價。此外，隨著近幾年各種預訓練模型的出現，使用預訓練模型獲取用於品質評估的句子表示也成為一大趨勢，這種方法大大減少了品質評估模型自身的訓練時間，在品質評估領域的表現也十分亮眼[208-210]。表示學習、神經機器翻譯、預訓練模型的內容將在第 9 章和第 10 章介紹。

在得到句子表示之後，可以使用品質評估模組對譯文品質進行預測。品質評估模型通常由回歸演算法或分類演算法實現：

- 句子級和文件級品質評估目前大多透過回歸演算法實現。在句子級和文件級的品質評估任務中，標籤是使用連續數位（得分情況）表示的，因此回歸演算法是最合適的選擇。在最初的工作中，研究人員多採用傳統的機器學習回歸演算法[191,194,211]，而近年來，研究人員更青睞使用神經網路方法進行句子級和文件級品質評估。

- 單字級和短語級品質評估多由分類演算法實現。在單字級品質評估任務中，需要對每個位置的單字標記 "OK" 或 "BAD"，這對應了經典的二分類問題，因此可以使用分類演算法對其進行預測。自動分類演算法在第 3 章已經涉及，品質評估中直接使用成熟的分類器即可。此外，使用神經網路方法進行分類也是不錯的選擇[197,206-208,212]。

值得一提的是，在近年來的研究工作中，模型整合已經成了提高品質評估模型性能的重要手段之一，該方法能夠有效減緩使用單一模型時可能存在的性能不穩定，提升譯文品質評估模型在不同測試集中的堅固性，最終獲得更高的預測準確度。

4.4.3 品質評估的應用場景

在很多情況下，參考答案是很難獲取的。例如，在很多人工翻譯生產環節中，譯員的任務就是「創造」翻譯。如果已經有了答案，譯員根本不需要工作，也談不上應用機器翻譯技術了。這時，希望透過品質評估，幫助譯員有效地選擇機器翻譯結果。品質評估的應用場景還有很多，例如：

- 判斷人工後編輯工作量。人工後編輯工作中有兩個不可避免的問題：一是待編輯的機器譯文是否值得改；二是待編輯的機器譯文需要修改哪裡。對於一些品質較差的機器譯文來說，人工重譯遠遠比修改譯文的效率高，後編輯人員可以借助品質評估系統提供的指標，篩選出值得進行後編輯的機器譯文。另外，品質評估模型可以為每條機器譯文提供錯誤內容、錯誤類型、錯誤嚴重程度的註釋，這些內容將幫助後編輯人員準確定位到需要修改的位置，同時在一定程度上提示後編輯人員採取何種修改策略，能大大減少後編輯的工作內容。
- 自動辨識並更正翻譯錯誤。品質評估和自動後編輯（Automatic Post-editing，APE）也是很有潛力的應用方向。因為品質評估可以預測出錯的位置，進而使用自動方法修正這些錯誤。在這種應用模式中，品質評估的精度是非常關鍵的，如果預測錯誤可能會產生錯誤的修改，甚至帶來整體譯文品質的下降。
- 輔助外語交流和學習。例如，在很多社交網站上，使用者會用外語交流。品質評估模型可以提示該使用者輸入的內容中存在的用詞、語法等問題，使使用者可以對內容進行修改。品質評估甚至可以幫助外語學習者發現外語使用中的問題。對一個英文初學者來説，如果能提示他/她句子中的明顯錯誤，對他/她的外語學習是非常有幫助的。

需要注意的是，品質評估的應用模式還沒有完全得到驗證。這一方面是由於品質評估的應用依賴與人的互動過程。然而，改變人的工作習慣是很困難的，因此品質評估系統在實際場景中的應用往往需要很長時間，或者説，人也要適應品質評估系統的行為。另一方面，品質評估的很多應用場景還沒有完全被發掘，需要更長的時間進行探索。

4.5 小結及拓展閱讀

譯文的品質評價是機器翻譯研究中不可或缺的環節。與其他任務不同，由於自然語言高度的歧義性和表達方式的多樣性，機器翻譯的參考答案本身就不唯一。此外，對譯文準確、全面的評價準則很難制定，導致譯文品質的自動評價變得異常艱難，因此這也成了廣受關注的研究課題。本章系統闡述了譯文品質評估的研究現狀和主要挑戰。從人類參與程度和標注類型兩個角度對譯文品質評價中的經典方法進行了介紹，力求讓讀者對領域內的經典及熱點內容有更全面的瞭解。由於篇幅限制，筆者無法對譯文評價的相關工作進行面面俱到的描述，還有很多研究方向值得關注：

- 基於句法和語義的機器譯文品質自動評價方法。本章內容中介紹的自動評價多是基於表面字串形式判定機器翻譯結果和參考譯文之間的相似度的，而忽略了更抽象的語言層次的資訊。基於句法和語義的機器譯文品質自動評價方法在評價度量標準中加入了能反映句法資訊[213]和語義資訊[214]的相關內容，透過比較機器譯文與參考答案之間的句法相似度和語義等價性[215]，能夠大大提高自動評價與人工評價之間的相關性。其中，句法資訊往往能夠對機器譯文流利度方面的評價造成促進作用[213]，常見的句法資訊包括語法成分[213]、依存關係[216-218]等。語義資訊則對機器翻譯的充分性評價更有幫助[219,220]。近年來，也有很多用於機器譯文品質評估的語義框架被提出，如 AM-FM[219]、XMEANT[221]等。

- 對機器譯文中的錯誤進行分析和分類。無論是人工評價還是自動評價，其評價結果只能反映機器翻譯系統的性能，無法確切表明機器翻譯系統的優點和缺點、系統最常犯什麼類型的錯誤、一個特定的修改是否改善了系統的某一方面、排名較好的系統是否在所有方面都優於排名較差的系統等。對機器譯文進行錯誤分析和錯誤分類，有助於找出機器翻譯系統中存在的主要問題，以便集中精力進行研究改進[222]。在相關的研究工作中，一些致力於錯誤分類方法的設計，如手動的機器譯文錯誤分類框架[222]、自動的機器譯文錯誤分類框架[223]、基於語言學的錯誤分類方法[224]及目前被用作篇章級品質評估註釋標準的 MQM 錯誤分類框架[225]；其他研究工作則致力於對機器譯文進行錯誤分析，如引入形態句法資訊的自動錯誤分析框架[226]、引入詞錯誤率和位置無關詞錯誤率的錯誤分析框架[227]、基於檢索的錯誤分析工具 tSEARCH[228]等。

- 譯文品質的多角度評價。本章主要介紹的幾種經典方法（如 BLEU、TER、METEOR 等），大多是從某個單一的角度電腦器譯文和參考答案的相似性，如何從多個角度對譯文進行綜合評價是需要進一步思考的問題，4.3.4 節介紹的多策略融合評價方法就可以看作一種多角度評價方法，其思想是將各種評價方法的譯文得分透過某種方式組合，從而實現對譯文的綜合評價。譯文品質多角度評價的另一種思路是直接將 BLEU、TER、Meteor 等多種指標看作某種特徵，使用分類[229,230]、回歸[231]、排序[232]等機器學習手段形成一種綜合度量。此外，也有相關工作專注於多等級的譯文品質評價，使用聚類演算法將大致譯文按其品質分為不同等級，並對不同品質等級的譯文按照不同權重組合成幾種不同的評價方法[233]。

- 不同評價方法的應用場景有明顯不同。人工評價主要用於需要對機器翻譯系統進行準確評估的場合。例如，在系統對比中，利用人工評價方法對不同系統進行人工評價，舉出最終排名；在上線機器翻譯服務時，對翻譯品質進行詳細的測試；有參考答案的自動評價則可以為機器翻譯系統提供快速、相對可靠的評價。在機器翻譯系統的快速研發過程中，一般都使用有參考答案的自動評價方法對最終模型的性能進行評估。有相關研究工作專注於在機器翻譯模型的訓練過程中利用評價資訊（如 BLEU 分數）進行參數調優，其中比較有代表性的工作包括最小錯誤率訓練[234]、最小風險訓練[235,236]等。這部分內容可以參考第 7 章和第 13 章。無參考答案的品質評估主要用來對譯文品質做出預測，經常被應用在一些無法提供參考譯文的即時翻譯場景中，如人機互動過程、自動除錯、後編輯等[237]。

- 使模型更加堅固。通常，一個品質評估模型會受語種、評價策略等問題的約束，設計一個能應用於任何語種，同時從單字、短語、句子等各個等級出發，對譯文品質進行評估的模型是很有難度的。Biçici 等人最先關注品質評估的堅固性問題，並設計開發了一種與語言無關的機器翻譯性能預測器[238]。此後，在該工作的基礎上研究如何利用外在的、與語言無關的特徵對譯文進行句子等級的品質評估[193]。該項研究的最終成果是一個與語言無關，可以從各個等級對譯文品質進行評估的模型——RTMs（Referential Translation Machines）[239]。

Chapter

05

基於詞的機器翻譯建模

使用統計方法對翻譯問題進行建模是機器翻譯發展中的重要里程碑。這種思想也影響了當今的統計機器翻譯和神經機器翻譯範式。雖然技術不斷發展，傳統的統計模型已經不再「新鮮」，但它對如今的機器翻譯研究仍然有著重要的啟示作用。在瞭解前端、展望未來的同時，更要冷靜地思考前人給我們帶來了什麼。基於此，本章將介紹統計機器翻譯的開山之作——IBM 模型，它提出了使用統計模型進行翻譯的思想，並在建模中引入了單字對齊這一重要概念。

IBM 模型由 Peter F. Brown 等人於 20 世紀 90 年代初提出[10]。客觀地說，這項工作的視野和對問題的理解，已經超過當時很多人所能看到的東西，其衍生出來的一系列方法和新的問題還被後人花費將近 10 年的時間進行研究與討論。時至今日，IBM 模型中的一些思想仍然影響著很多研究工作。本章將重點介紹一種簡單的基於單字的統計翻譯模型（IBM 模型 1），以及在這種建模方式下的模型訓練方法。這些內容可以作為後續章節中統計機器翻譯和神經機器翻譯建模方法的基礎。

5.1 詞在翻譯中的作用

在翻譯任務中，我們希望得到來源語言到目的語言的翻譯。對於人類來說，這個問題很簡單，但是讓電腦做這樣的工作卻很困難。這裡面臨的第一個問題是：如何對翻譯進行建模？從電腦的角度看，這就需要把自然語言的翻譯問題轉換為電腦可計算的問題。

那麼，基於單字的統計機器翻譯模型又是如何描述翻譯問題的呢？Peter F. Brown 等人提出了一個觀點[10]：在翻譯一個句子時，可以把其中的每個單字翻譯成對應的目的語言單字，然後調整這些目的語言單字的順序，最後得到整個句子的翻譯結果，而這個過程可以用統計模型來描述。儘管在人看來，用兩種語言之間對應的單字進行翻譯是很自然的事，但對電腦來說可是向前邁出了一大步。

圖 5-1 展示了一個中文翻譯到英文的例子。首先，可以把來源語言句子中的單字「我」、「對」、「你」、「感到」、「滿意」分別翻譯為"I"、"with"、"you"、"am"、"satisfied"， 然後調整單字的順序，如"am"放在譯文的第 2 個位置，"you"放在最後，最後得到譯文"I am satisfied with you"。

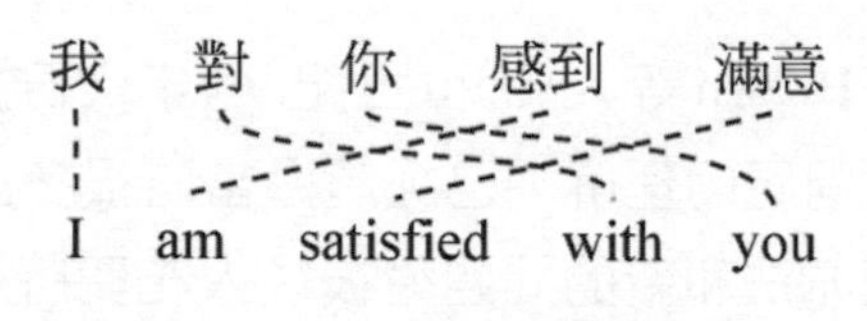

圖 5-1　中文到英文的翻譯實例

上面的例子反映了人在做翻譯時所使用的一些知識：首先，兩種語言單字的順序可能不一致，而且譯文需要符合目的語言的習慣，這也就是常說的翻譯的流暢度；其次，來源語言單字需要被準確地翻譯出來，也就是常說的翻譯的準確性和充分性問題。為了達到以上目的，傳統觀點認為，翻譯過程包含 3 步[17]：

- 分析：將來源語言句子表示為適合機器翻譯的結構。在基於詞的翻譯模型中，處理單元是單字，因此也可以簡單地將分析理解為分詞[1]。
- 轉換：把來源語言句子中的每個單字翻譯成目的語言單字。
- 生成：基於轉換的結果，將目的語言譯文變為通順且合乎語法的句子。

圖 5-2 舉出了上述過程的一個範例。對於如今的自然語言處理研究來説，「分析、轉換和生成」依然是一個非常深刻的觀點，包括機器翻譯在內的很多自然語言處理問題都可以用這個過程來解釋。例如，對於現在比較前端的神經機器翻譯方法，從大的框架來説，依然在做分析（編碼器）、轉換（編碼-解碼注意力）和生成（解碼器），只不過這些過程隱含在神經網路的設計中。當然，本章並不會對「分析、轉換和生成」的架構展開過多的討論，隨著後面技術內容討論的深入，這個觀念會進一步表現。

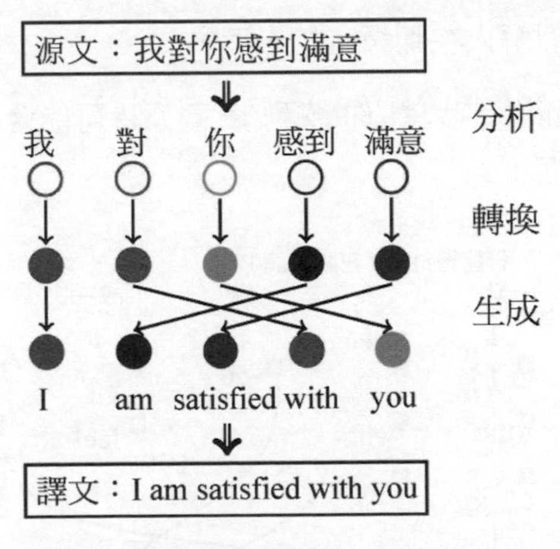

圖 5-2 翻譯過程中的分析、轉換和生成

[1] 在後續章節中，分析也包括對句子深層次結構的生成，但這裡為了突出基於單字的概念，把問題簡化為最簡單的情況。

5.2 一個簡單實例

本節先對比人工翻譯和機器翻譯流程的異同點，從中歸納出實現機器翻譯過程的兩個主要步驟：訓練和解碼。之後，會從學習翻譯知識和運用翻譯知識兩個方面描述如何建構一個簡單的機器翻譯系統。

5.2.1 翻譯的流程

1. 人工翻譯的流程

當人翻譯一個句子時，會先快速地分析出句子的（單字）組成，然後根據以往的知識，得到每個詞可能的翻譯，最後利用對目的語言的理解拼出一個譯文。儘管這個過程並不是嚴格來自心理學或者腦科學的相關結論，但至少可以幫助我們理解人在翻譯時的思考方式。

圖 5-3 展示了人在翻譯「我/對/你/感到/滿意」時可能會思考的內容[2]。具體來說，有如下兩方面：

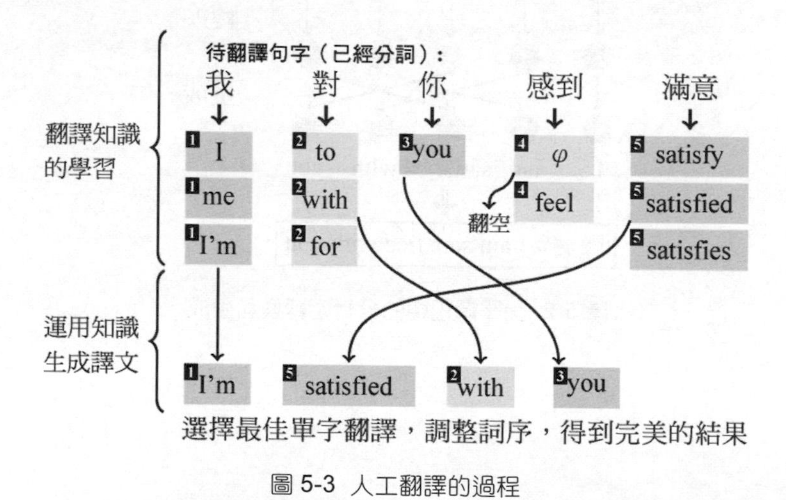

圖 5-3 人工翻譯的過程

[2] 這裡用反斜線表示單字之間的分隔。

- 翻譯知識的學習：對於輸入的來源語言句子，需要先知道每個單字可能的翻譯有什麼，這些翻譯被稱為翻譯候選（Translation Candidate）。例如，中文單字「對」可能的譯文有"to"、"with"、"for"等。對人來説，可以透過閱讀、背誦、做題或者老師教等途徑獲得翻譯知識，這些知識就包含了來源語言與目的語言單字之間的對應關係。通常，也把這個過程稱為學習過程。
- 運用知識生成譯文：當翻譯一個從未見過的句子時，可以運用學習到的翻譯知識，得到新的句子中每個單字的譯文，並處理常見的單字搭配、主謂一致等問題，例如，英文中"satisfied"後面常常使用介詞"with"組成搭配。基於這些知識可以快速生成譯文。

當然，每個人進行翻譯時所使用的方法和技巧都不相同，所謂人工翻譯也沒有固定的流程，但可以確定的是，人在進行翻譯時也需要「學習」和「運用」翻譯知識。對翻譯知識「學習」和「運用」的好與壞，直接決定了人工翻譯結果的品質。

2. 機器翻譯的過程

人進行翻譯的過程比較容易理解，那電腦是如何完成翻譯的呢？雖然人工智慧這個概念顯得很神奇，但是電腦遠沒有人那麼智慧，有時甚至還很「笨」。一方面，它沒有能力像人一樣，在教室裡和老師一起學習語言知識；另一方面，即使能列舉出每個單字的候選譯文，也還是不知道這些譯文是怎麼拼裝成句的，甚至不知道哪些譯文是對的。為了更直觀地理解機器在翻譯時要解決的挑戰，可以將問題歸納如下：

- 第一個問題：如何讓電腦獲得每個單字的譯文，然後將這些單字的譯文拼裝成句？
- 第二個問題：如果可以形成整句的譯文，如何讓電腦知道不同譯文的好壞？

對於第一個問題，可以給電腦一個翻譯詞典，使其發揮計算方面的優勢，盡可能多地把翻譯結果拼裝出來。例如，可以把每個翻譯結果看作對單字翻譯的拼裝，這可以被形象地比作貫穿多個單字的一條路徑，電腦所做的就是盡可能多地生成這樣的路徑。圖 5-4 中藍色和紅色的折線分別表示兩條不同的譯文選擇路徑，區別在於「滿意」和「對」的翻譯候選是不一樣的，藍色折線選擇的是"satisfy"和"to"，而紅色折線是"satisfied"和"with"。換句話說，不同的譯文對應不同的路徑（即使詞序不同，也會對應不同的路徑）。

對於第二個問題，儘管機器能夠找到很多譯文選擇路徑，但它並不知道哪些路徑是好的。說得再直白一些，簡單地枚舉路徑實際上就是一個體力活，沒有太多的智慧。因此，電腦還需要再聰明一些，運用它能夠「掌握」的知識判斷翻譯結果的好與壞。這一步是最具挑戰的，當然，解決這個問題的思路也很多。在統計機器翻譯中，這個問題被定義為：設計一種統計模型，它可以給每個譯文一個可能性，而這個可能性越高，表明譯文越接近人工翻譯。

如圖 5-4 所示，每個單字翻譯候選的下方黑色框裡的數字就是單字的翻譯機率，使用這些單字的翻譯機率，可以得到整句譯文的機率（用符號P表示）。這樣，就用機率化的模型描述了每個翻譯候選的可能性。基於這些翻譯候選的可能性，機器翻譯系統可以對所有的翻譯路徑進行評分。例如，圖 5-4 中第一條路徑的分數為 0.042，第二條路徑的分數為 0.006，依此類推。最後，系統可以選擇分數最高的路徑作為來源語言句子的最終譯文。

3. 人工翻譯 vs 機器翻譯

人在翻譯時的決策是非常確定並且快速的，但電腦處理這個問題時卻充滿了機率化的思想。當然，人與電腦也有類似的地方。首先，電腦使用統計模型的目的是把翻譯知識變得可計算，並把這些「知識」儲存在模型參數中，這個模型和人類大腦的作用是類似的[3]；其次，電腦對統計模型進行訓練，相當於人類對知識的學習，二者都可以被看作理解、加工知識的過程；再有，電腦使用學習到的模型對新句子進行翻譯的過程相當於人運用知識的過程。在統計機器翻譯中，模型學習的過程被稱為訓練，目的是從雙語平行資料中自動學習翻譯「知識」；而使用模型處理新句子的過程是一個典型的預測過程，也被稱為解碼或推斷。圖 5-4 的右側標注了在翻譯過程中訓練和解碼的作用。最終，統計機器翻譯的核心由 3 部分組成——建模、訓練和解碼。本章後續內容會圍繞這 3 個問題展開討論。

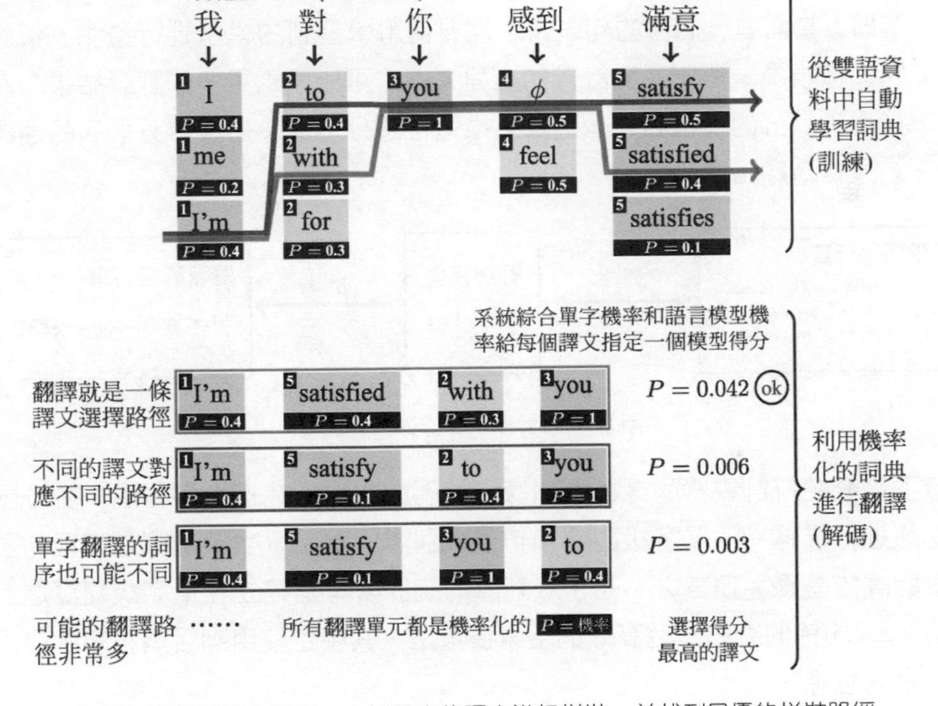

圖 5-4 機器翻譯的過程——把單字的譯文進行拼裝，並找到最優的拼裝路徑

---

3 這裡並非將統計模型等於生物學或認知科學上的人腦，這裡是指它們處理翻譯問題時發揮的作用類似。

5.2.2 統計機器翻譯的基本框架

為了對統計機器翻譯有一個直觀的認識，下面將介紹如何建構一個非常簡單的統計機器翻譯系統，其中涉及的很多思想來自 IBM 模型。這裡，仍然使用資料驅動的統計建模方法。圖 5-5 展示了統計機器翻譯的主要流程，包括兩個步驟：

- 訓練：從雙語平行資料中學習翻譯模型，記為$P(t|s)$，其中s表示來源語言句子，t表示目的語言句子。$P(t|s)$表示把s翻譯為t的機率。簡言之，這一步需要從大量的雙語平行資料中學習到$P(t|s)$的準確表達。
- 解碼：當面對一個新的句子時，需要使用學習到的模型進行預測。預測可以被視為一個搜索和計算的過程，即盡可能搜索更多的翻譯結果，然後用訓練好的模型對每個翻譯結果進行評分，最後選擇得分最高的翻譯結果作為輸出。

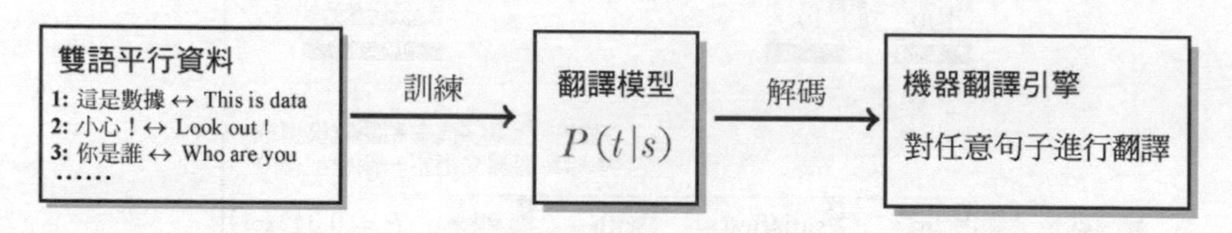

圖 5-5 統計機器翻譯的主要流程

接下來介紹統計機器翻譯模型訓練和解碼的方法。在模型學習中，會分兩小節進行描述——單字級翻譯和句子級翻譯。實現單字級翻譯是實現句子級翻譯的基礎。換言之，句子級翻譯的統計模型是建立在單字級翻譯之上的。5.2.5 節將介紹一個高效的搜索演算法，其中也使用到了剪枝和啟發式搜索的思想。

5.2.3 單字級翻譯模型

1. 什麼是單字翻譯機率

單字翻譯機率描述的是一個來源語言單字與目的語言譯文組成正確翻譯的可能性，這個機率越高，表明單字翻譯越可靠。使用單字翻譯機率，可以幫助機器翻譯系統解決翻譯時的「擇詞」問題，即選擇什麼樣的目的語言譯文是合適的。當人翻譯某個單字時，可以利用累積的知識，快速得到它的高品質候選譯文。

以中翻英為例，當翻譯「我」這個單字時，可能會想到用"I"、"me"、"I’m" 作為它的譯文，而幾乎不會選擇"you"、"satisfied"等含義相差太遠的譯文。這是為什麼呢？從統計學的角度看，無論是何種語料，包括教材、新聞、小說等，在絕大多數情況下，「我」都翻譯成了"I"、"me"等，幾乎不會看到我被翻譯成"you"或"satisfied"。可以說，「我」翻譯成"I"、"me"等屬於高頻事件，而翻譯成 "you"、"satisfied" 等屬於低頻或小機率事件。因此，人在翻譯時也是選擇在統計意義上機率更大的譯文，這也間接反映出統計模型可以在一定程度上描述人的翻譯習慣和模式。

表 5-1 為一個中翻英的單字翻譯機率實例。可以看到，「我」翻譯成 "I" 的機率最高，為 0.50。這符合人類對翻譯的認知。此外，這種機率化的模型避免了非 0 即 1 的判斷，所有的譯文都是可能的，只是機率不同。這也使得統計模型可以覆蓋更多的翻譯現象，甚至捕捉到一些人所忽略的情況。

表 5-1 中翻英的單字翻譯機率實例

來源語言	目的語言	翻譯機率
我	I	0.50
	me	0.20
	I’m	0.10
	we	0.05
	am	0.10
……	……	……

2. 如何從雙語平行資料中學習

假設有一定數量的雙語對照的平行資料，是否可以從中自動獲得兩種語言單字之間的翻譯機率呢？回憶第 2 章介紹的擲骰子遊戲，其中使用了相對頻次估計方法來自動獲得骰子不同面出現機率的估計值。其中，重複投擲骰子很多次，然後統計 "1" 到 "6" 各面出現的次數，再除以投擲的總次數，最後得到它們出現的機率的極大似然估計。這裡，可以使用類似的方式計算單字翻譯機率。但是，現在有的是句子一級對齊的資料，並不知道兩種語言之間單字的對應關係。也就是說，要從句子級對齊的平行資料中學習單字之間對齊的機率。這裡，需要使用稍微「複雜」一些的模型來描述這個問題。

令X和Y分別表示來源語言和目的語言的詞彙表。對於任意來源語言單字$x \in X$，所有的目的語言單字$y \in Y$都可能是它的譯文。給定一個互譯的句對(s,t)，可以把$P(x \leftrightarrow y; s,t)$定義為：在觀測到$(s,t)$的前提下，$x$和$y$互譯的機率。其中$x$是屬於句子$s$中的詞，而$y$是屬於句子$t$ 中的詞。$P(x \leftrightarrow y; s,t)$的計算公式描述如下：

$$P(x \leftrightarrow y; s,t) \equiv P(x,y;s,t)$$

$$= \frac{c(x,y;s,t)}{\sum_{x',y'} c(x',y';s,t)} \tag{5-1}$$

其中，≡表示定義式。分子$c(x,y;s,t)$表示x和y在句對(s,t)中共現的總次數，分母 $\sum_{x',y'} c(x',y';s,t)$表示任意的來源語言單字$x'$和任意的目的語言單字$y'$在$(s,t)$共同出現的總次數。

如實例 5.1 所示，有一個中英互譯的句對(s,t)。

實例 5.1： 一個中英互譯的句對

s = 機器 翻譯 就 是 用 電腦 來 生成 翻譯 的 過程

t = machine translation is a process of generating a translation by computer

假設x = "翻譯"，y = "translation"，現在要計算x和y共現的總次數。「翻譯」和"translation"分別在s和t中出現了 2 次，因此 c("翻譯", "translation"; s,t) 等於 4。而對於$\sum_{x',y'} c(x',y';s,t)$，因為$x'$和$y'$分別表示的是$s$和$t$中的任意詞，所以$\sum_{x',y'} c(x',y';s,t)$表示所有單字對的數量——即$s$的詞數乘以$t$的詞數。最後，「翻譯」和"translation" 的單字翻譯機率為

$$P(\text{翻譯}, \text{translation}; s,t) = \frac{c(\text{翻譯}, \text{translation}; s,t)}{\sum_{x',y'} c(x',y';s,t)}$$

$$= \frac{4}{|s| \times |t|}$$

$$= \frac{4}{121} \tag{5-2}$$

這裡，運算|·|表示句子長度。類似地，可以得到「機器」和"translation"、「機器」和 "look" 的單字翻譯機率：

$$P(\text{機器}, \text{translation}; s,t) = \frac{2}{121} \tag{5-3}$$

$$P(\text{機器}, \text{look}; s,t) = \frac{0}{121} \tag{5-4}$$

注意，"look" 沒有出現在資料中，因此$P(\text{机器}, \text{look}; s,t) = 0$。這時，可以使用第 2 章介紹的加法平滑演算法指定它一個非零的值，以保證在後續的步驟中整個翻譯模型不會出現零機率的情況。

3. 如何從大量的雙語平行資料中學習

如果有更多的句子，上面的方法同樣適用。假設有K個互譯句對$\{(s^{[1]},t^{[1]}),\cdots,(s^{[K]},t^{[K]})\}$，仍然可以使用基於相對頻次的方法估計翻譯機率$P(x,y)$，具體方法如下：

$$P(x,y) = \frac{\sum_{k=1}^{K} c(x,y;s^{[k]},t^{[k]})}{\sum_{k=1}^{K} \sum_{x\prime,y\prime} c(x\prime,y\prime;s^{[k]},t^{[k]})} \tag{5-5}$$

與式(5-1) 相比，式(5-5) 的分子、分母都多了一項累加符號$\sum_{k=1}^{K}\cdot$，它表示遍歷語料庫中所有的句對。換句話說，當計算詞的共現次數時，需要對每

個句對上的計數結果進行累加。從統計學習的角度看，使用更大規模的資料進行參數估計，可以提高結果的可靠性。計算單字的翻譯機率也是一樣的，從小規模的資料上看，很多翻譯現象的特徵並不突出，但是當使用的資料量增加到一定程度時，翻譯的規律會很明顯地表現出來。

實例 5.2 展示了一個由兩個句對組成的平行語料庫。

實例 5.1：兩個中英互譯的句對

$s^{[1]}$ = 機器 <u>翻譯</u> 就 是 用 電腦 來 生成 <u>翻譯</u> 的 過程

$t^{[1]}$ = machine <u>translation</u> is a process of generating a <u>translation</u> by computer

$s^{[2]}$ = 那 人工 <u>翻譯</u> 呢？

$t^{[2]}$ = So, what is human <u>translation</u> ？

其中，$s^{[1]}$和$s^{[2]}$分別表示第一個句對和第二個句對的來源語言句子，$t^{[1]}$和$t^{[2]}$表示對應的目的語言句子。於是，「翻譯」和 "translation" 的翻譯機率為

$$
\begin{aligned}
P(\text{翻譯}, \text{translation}) &= \frac{c(\text{翻譯}, \text{translation}; s^{[1]}, t^{[1]}) + c(\text{翻譯}, \text{translation}; s^{[2]}, t^{[2]})}{\sum_{x',y'} c(x', y'; s^{[1]}, t^{[1]}) + \sum_{x',y'} c(x', y'; s^{[2]}, t^{[2]})} \\
&= \frac{4+1}{|s^{[1]}| \times |t^{[1]}| + |s^{[2]}| \times |t^{[2]}|} \\
&= \frac{4+1}{11 \times 11 + 5 \times 7} = \frac{5}{156}
\end{aligned}
\tag{5-6}
$$

式(5-6)所展示的計算過程很簡單，分子是兩個句對中「翻譯」和 "translation" 共現次數的累計，分母是兩個句對的來源語言單字和目的語言單字的組合數的累加。顯然，這個方法也很容易用在處理更多句子時。

5.2.4 句子級翻譯模型

下面繼續回答如何獲取句子級翻譯機率的問題，即對於來源語言句子s和目的語言句子t，計算$P(t|s)$。這也是整個句子級翻譯模型的核心。一方

面，需要從資料中學習這個模型的參數；另一方面，對於新輸入的句子，需要使用這個模型得到最佳的譯文。下面介紹句子級翻譯的建模方法。

1. 基礎模型

計算句子級翻譯機率並不簡單。自然語言非常靈活，任何資料無法覆蓋足夠多的句子，因此，無法像式(5-5) 那樣直接用簡單計數的方式對句子的翻譯機率進行估計。這裡，採用一個退而求其次的方法：找到一個函數 $g(s,t) \geq 0$來模擬翻譯機率，用這個函數對譯文出現的可能性進行估計。可以定義一個新的函數$g(s,t)$，令其滿足：給定s，翻譯結果t出現的可能性越大，$g(s,t)$的值越大；t出現的可能性越小，$g(s,t)$的值越小。換句話說，$g(s,t)$和翻譯機率$P(t|s)$呈正相關。如果存在這樣的函數$g(s,t)$，則可以利用$g(s,t)$近似表示$P(t|s)$，如下：

$$P(t|s) \equiv \frac{g(s,t)}{\sum_{t'} g(s,t')} \tag{5-7}$$

式(5-7) 相當於在函數$g(\cdot)$上做了歸一化，這樣等式右端的結果就具有了一些機率的屬性，如$0 \leq \frac{g(s,t)}{\sum_{t'} g(s,t')} \leq 1$。具體來說，對於來源語言句子$s$，枚舉其所有的翻譯結果，並把所對應的函數$g(\cdot)$相加作為分母，而分子是某個翻譯結果$t$所對應的$g(\cdot)$的值。

上述過程初步建立了句子級翻譯模型，並沒有直接求$P(t|s)$，而是把問題轉化為對$g(\cdot)$的設計和計算。但是上述過程面臨著兩個新的問題：

- 如何定義函數$g(s,t)$？即在知道單字翻譯機率的前提下，如何計算$g(s,t)$。
- 式(5-7) 中的分母$\sum_{t'} g(s,t')$需要累加所有翻譯結果的$g(s,t')$，但枚舉所有t'是不現實的。

當然，這裡最核心的問題還是函數$g(s,t)$的定義。而第二個問題其實不需要解決，因為機器翻譯只關注可能性最大的翻譯結果，即$g(s,t)$的計算結果最大時對應的譯文。這個問題會在後面討論。

回到設計$g(s,t)$的問題上。這裡採用「大題小作」的方法，第 2 章已經對其進行了充分的介紹。具體來說，直接對句子之間的對應關係進行建模比較困難，但可以利用單字之間的對應關係來描述句子之間的對應關係。這就用到了 5.2.3 節介紹的單字翻譯機率。

先引入一個非常重要的概念——詞對齊（Word Alignment），它是統計機器翻譯中最核心的概念之一。詞對齊描述了平行句對中單字之間的對應關係，它表現了一種觀點：本質上，句子之間的對應是由單字之間的對應表示的。當然，這個觀點在神經機器翻譯或者其他模型中可能會有不同的理解，但是翻譯句子的過程中考慮詞級的對應關係是符合人類對語言的認知的。

圖 5-6 展示了中英互譯句對s和t及其詞對齊連接，單字的右下標數字表示了該詞在句中的位置，而虛線表示的是句子s和t中的詞對齊關係。例如，「滿意」的右下標數字 5 表示其在句子s中處於第 5 個位置，"satisfied"的右下標數字 3 表示其在句子t中處於第 3 個位置，「滿意」和 "satisfied" 之間的虛線表示兩個單字之間是對齊的。為方便描述，用二元組(j,i) 來描述詞對齊，它表示來源語言句子的第j個單字對應目的語言句子的第i個單字，即單字s_j和t_i對應。通常，會把(j,i)稱作一條詞對齊連接（Word Alignment Link）。圖 5-6 中共有 5 條虛線，表示有 5 組單字之間的詞對齊連接。可以把這些詞對齊連接組成的集合作為詞對齊的一種表示，記為A，即$A=\{(1,1),(2,4),(3,5),(4,2),(5,3)\}$。

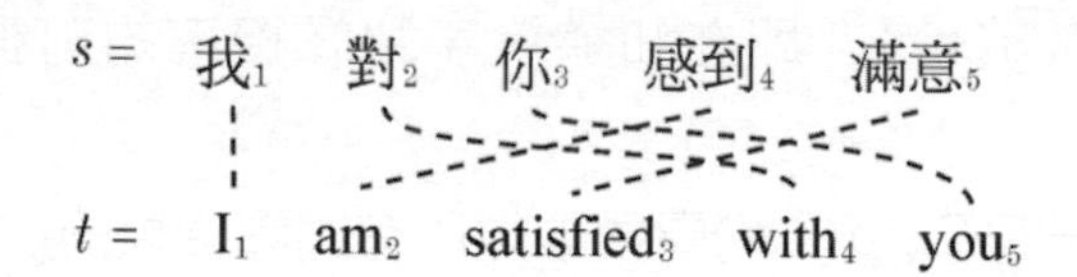

圖 5-6 中英互譯句對s和t及其詞對齊連接（藍色虛線）

對於句對(s,t)，假設可以得到最優詞對齊$\hat{A}$，於是可以使用單字翻譯機率計算$g(s,t)$，如下：

$$g(s,t)=\prod_{(j,i)\in\hat{A}} P(s_j,t_i) \tag{5-8}$$

其中，$g(s,t)$被定義為句子s中的單字和句子t中的單字的翻譯機率的乘積，並且這兩個單字之間必須有詞對齊連接。$P(s_j,t_i)$表示具有詞對齊連接的來源語言單字s_j和目的語言單字t_i的單字翻譯機率。以圖 5-6 中的句對為例，其中「我」與"I"、「對」與"with"、「你」與"you"等相互對應，可以把它們的翻譯機率相乘，得到$g(s,t)$的計算結果，如下：

$$\begin{aligned} g(s,t)=&P(\text{我，I})\times P(\text{对，with})\times P(\text{你，you})\times \\ &P(\text{感到，am})\times P(\text{滿意，satisfied}) \end{aligned} \tag{5-9}$$

顯然，如果每個詞對齊連接所對應的翻譯機率變大，那麼整個句子翻譯的得分也會提高。也就是說，詞對齊越準確，翻譯模型的評分越高，s和t之間存在翻譯關係的可能性越大。

2. 生成流暢的譯文

式(5-8) 定義的$g(s,t)$存在的問題是沒有考慮詞序資訊。這裡用一個簡單的例子說明這個問題。如圖 5-7 所示，來源語言句子「我 對 你 感到 滿意」有兩個翻譯結果，第一個翻譯結果是"I am satisfied with you"，第二個翻譯結果是"I with you am satisfied"。雖然這兩個譯文包含的目的語言單字是一樣的，但詞序存在很大差異。例如，它們都選擇"satisfied"作為來源語言單字「滿意」的譯文，但是在第一個翻譯結果中"satisfied"處於第 3 個位置，而在第二個翻譯結果中它處於最後的位置。顯然，第一個翻譯結果更符合英文的表達習慣，翻譯的品質更高。遺憾的是，對於有明顯差異的兩個譯文，式(5-8) 計算得到的函數$g(\cdot)$的得分是一樣的。

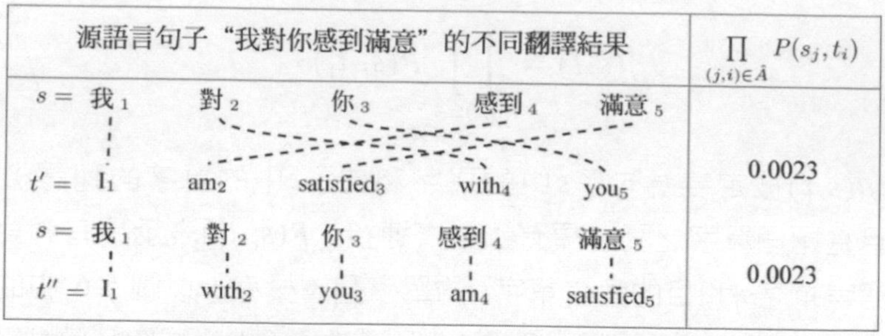

源語言句子"我對你感到滿意"的不同翻譯結果	$\prod_{(j,i)\in\hat{A}} P(s_j,t_i)$
$s=$ 我$_1$ 對$_2$ 你$_3$ 感到$_4$ 滿意$_5$ $t'=$ I$_1$ am$_2$ satisfied$_3$ with$_4$ you$_5$	0.0023
$s=$ 我$_1$ 對$_2$ 你$_3$ 感到$_4$ 滿意$_5$ $t''=$ I$_1$ with$_2$ you$_3$ am$_4$ satisfied$_5$	0.0023

圖 5-7 同一個來源語言句子的不同譯文對應的$g(\cdot)$得分

如何在$g(s,t)$中引入詞序資訊呢？在理想情況下，函數$g(s,t)$對符合自然語言表達習慣的翻譯結果舉出更高的分數，對不符合的或不通順的句子舉出更低的分數。這裡我們很自然地想到使用語言模型，因為語言模型可以度量一個句子出現的可能性。越流暢的句子，其語言模型得分越高，反之越低。

這裡使用第 2 章介紹的n-gram 語言模型，它也是統計機器翻譯中確保流暢翻譯結果的重要手段之一。n-gram 語言模型用機率化方法描述了句子的生成過程。以 2-gram 語言模型為例，可以使用如下公式計算一個詞串的機率：

$$\begin{aligned} P_{\mathrm{lm}}(t) &= P_{\mathrm{lm}}(t_1 \cdots t_l) \\ &= P(t_1) \times P(t_2|t_1) \times P(t_3|t_2) \times \cdots \times P(t_l|t_{l-1}) \end{aligned} \tag{5-10}$$

其中，$t=\{t_1 \cdots t_l\}$表示由l個單字組成的句子，$P_{\mathrm{lm}}(t)$表示語言模型給句子t的評分。具體而言，$P_{\mathrm{lm}}(t)$被定義為$P(t_i|t_{i-1})(i=1,2,\cdots,l)$的連乘[4]，其中$P(t_i|t_{i-1})(i=1,2,\cdots,l)$表示前面一個單字為$t_{i-1}$時，當前單字為$t_i$的機率。語言模型的訓練方法可以參見第 2 章。

回到建模問題上來。既然語言模型可以幫助系統度量每個譯文的流暢度，那麼可以使用它對翻譯進行評分。一種簡單的方法是將語言模型$P_{\mathrm{lm}}(t)$ 和

[4] 為了確保數學表達的準確性，本書中定義$P(t_1|t_0) \equiv P(t_1)$

式(5-8) 中的$g(s,t)$相乘，這樣就獲得了一個新的$g(s,t)$，它同時考慮了翻譯準確性（$\prod_{j,i\in\hat{A}} P(s_j,t_i)$）和流暢度（$P_{\text{lm}}(t)$）：

$$g(s,t) \equiv \prod_{j,i\in\hat{A}} P(s_j,t_i) \times P_{\text{lm}}(t) \tag{5-11}$$

如圖 5-8 所示，語言模型$P_{\text{lm}}(t)$分別給t'和t''指定 0.0107 和 0.0009 的機率，這表明句子t'更符合英文的表達，這與期望吻合。它們再分別乘以$\prod_{j,i\in\hat{A}} P(s_j,t_i)$的值，就得到式(5-11) 定義的函數$g(\cdot)$的得分。顯然，句子$t'$的分數更高。至此，完成了對函數$g(s,t)$的一個簡單定義，把它帶入式(5-7) 就獲得了同時考慮準確性和流暢性的句子級統計翻譯模型。

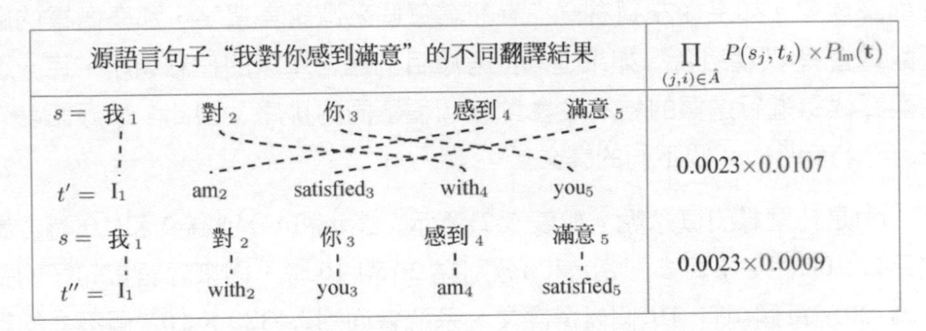

圖 5-8 同一個來源語言句子的不同譯文所對應的語言模型得分和翻譯模型得分

5.2.5 解碼

解碼是指在得到翻譯模型後，對新輸入的句子生成最佳譯文的過程。具體來說，當給定任意的來源語言句子s，解碼系統要找到翻譯機率最大的目的語言譯文t。這個過程可以被形式化地描述為

$$\hat{t} = \arg\max_{t} P(t|s) \tag{5-12}$$

其中，arg max max$_t$ $P(t|s)$表示找到使$P(t|s)$達到最大時的譯文t。結合 5.2.4 節中關於$P(t|s)$的定義，把式(5-7) 帶入式(5-12)，得到

$$\hat{t} = \arg\max_{t} \frac{g(s,t)}{\sum_{t'} g(s,t')} \tag{5-13}$$

在式(5-13) 中，可以發現$\sum_{t'} g(s,t')$是一個關於s的函數，當給定來源語言句s時，它是一個常數，而且$g(\cdot) \geq 0$，因此$\sum_{t'} g(s,t')$不影響對$\hat{t}$的求解，也不需要計算。基於此，式(5-13) 可以被化簡為

$$\hat{t} = \arg\max_{t} g(s,t) \tag{5-14}$$

式(5-14) 定義了解碼的目標，剩下的問題是實現 arg max，以快速準確地找到最佳譯文$\hat{t}$。但是，簡單遍歷所有可能的譯文並計算$g(s,t)$ 的值是不可行的，因為所有潛在譯文組成的搜索空間是巨大的。為了便於讀者理解機器翻譯的搜索空間的規模，假設來源語言句子s有m個詞，每個詞有n個可能的翻譯候選。如果從左到右一步步翻譯每個來源語言單字，那麼簡單的順序翻譯會有n^m種組合。如果進一步考慮目的語言單字的任意調序，每一種對翻譯候選進行選擇的結果又會對應$m!$種不同的排序。因此，來源語言句子s至少有$n^m \cdot m!$ 個不同的譯文。

$n^m \cdot m!$是什麼樣的概念呢？如表 5-2 所示，當m和n分別為 2 和 10 時，譯文只有 200 個，不算多。當m和n分別為 20 和 10 時，即來源語言句子的長度為 20，每個詞有 10 個候選譯文，系統會面對2.4329×10^{38}個不同的譯文，這幾乎是不可計算的。

表 5-2　機器翻譯搜索空間大小的範例

句子長度$\boldsymbol{m}$	單字翻譯候選數量$\boldsymbol{n}$	譯文數量$\boldsymbol{n^m \cdot m!}$
1	1	1
1	10	10
2	10	200
10	10	36288000000000000
20	10	$2.43290200817664 \times 10^{38}$
20	30	$8.48300477127188 \times 10^{47}$

已經有工作證明機器翻譯問題是 NP 難的[240]。對於如此巨大的搜索空間，需要一種十分高效的搜索演算法才能實現機器翻譯的解碼。第 2 章已經介紹了一些常用的搜索方法。這裡使用一種貪婪的搜索方法實現機器翻譯的

解碼。它把解碼分成若干步驟，每步只翻譯一個單字，並保留當前「最好」的結果，直至所有來源語言單字都被翻譯完畢。

圖 5-9 舉出了貪婪解碼演算法的虛擬程式碼。其中，π保存所有來源語言單字的候選譯文，$\pi[\mathrm{j}]$表示第j個來源語言單字的翻譯候選的集合，best 保存當前最好的翻譯結果，h 保存當前步生成的所有譯文候選。演算法的主體有兩層循環，在內層循環中，如果第j個來源語言單字沒有被翻譯過，則用 best 和它的候選譯文$\pi[\mathrm{j}]$生成新的翻譯，再存於 h 中，即操作$\mathrm{h} = \mathrm{h} \cup \mathrm{Join}(\mathrm{best}, \pi[\mathrm{j}])$。外層循環從 h 中選擇得分最高的結果存於 best 中，即操作$\mathrm{best} = \mathrm{PruneForTop1}(\mathrm{h})$。同時，標記相應的來源語言單字狀態為已翻譯，即$\mathrm{used}[\mathrm{best.j}] = \mathrm{true}$。

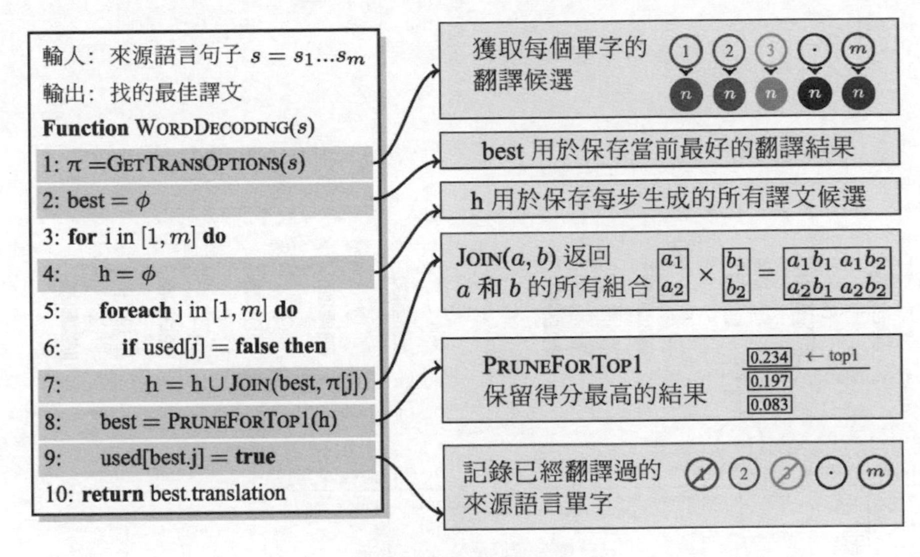

圖 5-9 貪婪解碼演算法的虛擬程式碼

該演算法的核心是，系統一直維護一個當前最好的結果，每一輪擴展這個結果的所有可能，並計算模型得分，再保留擴展後的最好結果。注意，在每一輪中，只有排名第一的結果才會被保留，其他結果都會被丟棄。這也表現了貪婪的思想。顯然，這個方法不能保證搜索到全域最優的結果，但由於每次擴展只考慮一個最好的結果，該方法速度很快。圖 5-11 舉出了貪婪的機器翻譯解碼過程實例。當然，機器翻譯的解碼方法有很多，這裡僅使用簡單的貪婪搜索方法來解決機器翻譯的解碼問題，後續章節會對更優秀的解碼方法進行介紹。

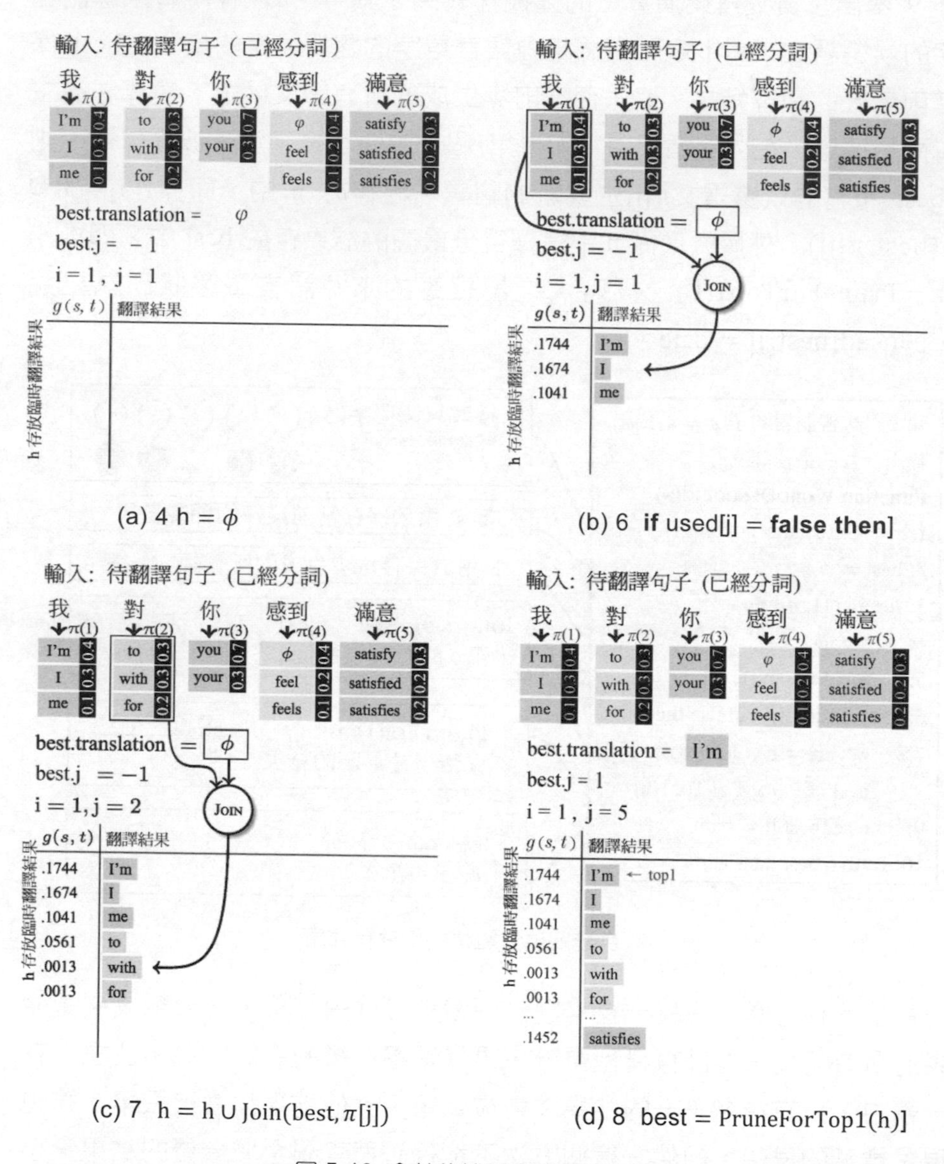

圖 5-10 貪婪的機器翻譯解碼過程實例

5.3 雜訊通道模型

在 5.2 節中，我們實現了一個簡單的基於詞的統計機器翻譯模型，內容涉及建模、訓練和解碼。但是，還有很多問題沒有進行深入討論，例如，如何處理空翻譯？如何交換序問題進行建模？如何用更嚴密的數學模型描述翻譯過程？如何對更複雜的統計模型進行訓練？等等。針對以上問題，本節將系統地介紹 IBM 統計機器翻譯模型。IBM 模型作為經典的機器翻譯模型，有助於讀者對自然語言處理問題建立系統化建模思想。同時，IBM 模型對問題的數學描述方法將成為理解本書後續內容的基礎工具。

首先，重新思考人類進行翻譯的過程。對於給定的來源語言句子s，人不會像電腦一樣嘗試很多的可能，而是快速準確地翻譯出一個或者少數幾個正確的譯文。在人看來，除了正確的譯文，其他的翻譯都是不正確的，或者說，除了少數的譯文，人甚至都不會考慮太多其他的可能性。但是，在統計機器翻譯的世界裡，沒有譯文是不可能的。換句話說，對於來源語言句子s，所有目的語言詞串t都是可能的譯文，只是可能性大小不同。這個思想可以透過統計模型實現：每對(s,t)都有一個機率值$P(t|s)$來描述s翻譯為t 的好與壞（如圖 5-11 所示）。

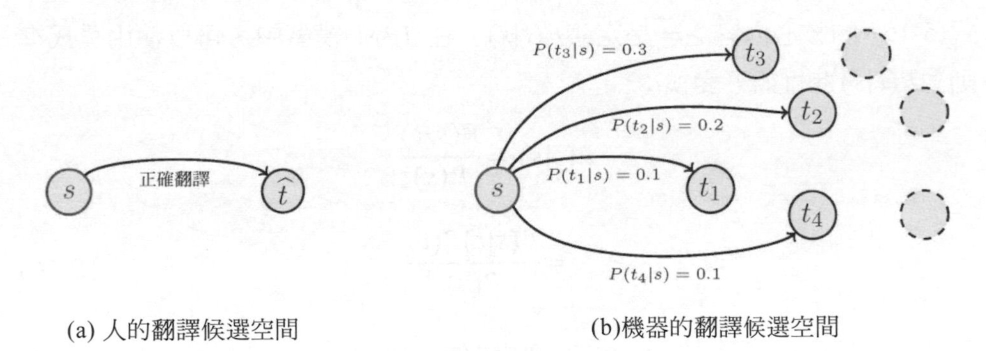

圖 5-11 不同翻譯候選空間的對比

IBM 模型也是建立在如上的統計模型之上的。具體來說，IBM 模型的基礎是雜訊通道模型（Noise Channel Model），它是由 Shannon 在 20 世紀 40

年代末提出的[241]，並於 20 世紀 80 年代應用在語言辨識領域，後來又被 Brown 等人用於統計機器翻譯中[9,10]。

在雜訊通道模型中，來源語言句子s（信宿）是由目的語言句子t（信源）經過一個雜訊通道得到的。如果知道了s和通道的性質，則可以透過$P(t|s)$得到信源的資訊，這個過程如圖 5-12 所示。

信宿 s → 噪聲通道 → t 信源

圖 5-12 雜訊通道模型

舉個例子，對於中翻英的翻譯任務，英文句子t可以被看作中文句子s透過雜訊通道後得到的結果。換句話說，中文句子經過雜訊-通道傳輸時發生了變化，在通道的輸出端呈現為英文句子。於是，需要根據觀察到的中文特徵，透過機率$P(t|s)$猜測最為可能的英文句子。這個找到最可能的目標敘述（信源）的過程也被稱為解碼。如今，解碼這個概念被廣泛地使用在機器翻譯及相關任務中。這個過程也可以表述為：給定輸入s，找到最可能的輸出t，使得$P(t|s)$達到最大：

$$\hat{t} = arg\max_{t} P(t|x) \tag{5-15}$$

式(5-15) 的核心內容之一是定義$P(t|s)$。在 IBM 模型中，可以使用貝氏準則對$P(t|s)$進行如下變換：

$$\begin{aligned} P(t|s) &= \frac{P(s,t)}{P(s)} \\ &= \frac{P(s|t)P(t)}{P(s)} \end{aligned} \tag{5-16}$$

式(5-16) 把s到t的翻譯機率轉化為$\frac{P(s|t)P(t)}{P(s)}$，它包括 3 個部分：

第一部分是由譯文t到來源語言句子s的翻譯機率$P(s|t)$，也被稱為翻譯模型。它表示給定目的語言句子t生成來源語言句子s的機率。需要注意是，

翻譯的方向已經從$P(t|s)$轉向了$P(s|t)$，但無須刻意地區分，可以簡單地理解為翻譯模型描述了s和t的翻譯對應程度。

第二部分是$P(t)$，也被稱為語言模型。它表示的是目的語言句子t出現的可能性。

第三部分是$P(s)$，表示來源語言句子s出現的可能性。因為s是輸入的不變數，而且$P(s) > 0$，所以省略分母部分$P(s)$ 不會影響$\frac{P(s|t)P(t)}{P(s)}$的最大值的求解。

於是，機器翻譯的目標可以被重新定義為：給定來源語言句子s，尋找這樣的目的語言譯文t，它使得翻譯模型$P(s|t)$和語言模型$P(t)$的乘積最大：

$$\begin{aligned}\hat{t} &= \arg\max_{t} P(t|x) \\ &= \arg\max_{t} \frac{P(s|t)P(t)}{P(s)} \\ &= \arg\max_{t} P(s|t)P(t)\end{aligned} \tag{5-17}$$

式(5-17) 展示了 IBM 模型最基礎的建模方式，它把模型分解為兩項：（反向）翻譯模型$P(s|t)$和語言模型$P(t)$。仔細觀察式(5-17) 的推導過程，我們很容易發現一個問題：直接用$P(t|s)$定義翻譯問題不就可以了嗎，為什麼要用$P(s|t)$和$P(t)$的聯合模型？理論上，正向翻譯模型$P(t|s)$和反向翻譯模型$P(s|t)$的數學建模可以是一樣的，因為我們只需要在建模的過程中調換兩個語言即可。使用$P(s|t)$和$P(t)$的聯合模型的意義在於引入語言模型，它可以極佳地對譯文的流暢度進行評價，確保結果是通順的目的語言句子。

回憶 5.2.4 節討論的問題，如果只使用翻譯模型可能會造成一個局面：譯文的單字都和來源語言單字對應得很好，但是由於語序的問題，讀起來卻不像人說的話。從這個角度看，引入語言模型是十分必要的。這個問題在 Brown 等人的論文中也有討論[10]，他們提到單純使用$P(s|t)$會把機率分配給一些翻譯對應得比較好，但是不通順，甚至不合邏輯的目的語言句子，

而分配給這類目的語言句子的機率很大，影響模型的決策。這也正表現了 IBM 模型的創新之處——作者用數學技巧引入$P(t)$，保證了系統的輸出是通順的譯文。語言模型也被廣泛使用在語音辨識等領域，以保證結果的流暢性，其應用歷史甚至比機器翻譯的長得多。

實際上，在機器翻譯中引入語言模型這個概念十分重要。在 IBM 模型提出之後相當長的時間裡，語言模型一直是機器翻譯各個部件中最重要的部分。對譯文連貫性的建模也是所有系統中需要包含的內容（即使隱形表現）。

5.4 統計機器翻譯的 3 個基本問題

式(5-17) 舉出了統計機器翻譯的數學描述。為了實現這個過程，面臨如下 3 個基本問題：

- 建模（Modeling）：如何建立$P(s|t)$和$P(t)$的數學模型。換句話說，需要用可計算的方式對翻譯問題和語言建模問題進行描述，這也是最核心的問題。
- 訓練：如何獲得$P(s|t)$和$P(t)$所需的參數，即從資料中得到模型的最優參數。
- 解碼：如何完成搜索最優解的過程，即完成 arg max。

為了理解以上問題，可以先回憶 5.2.4 節中的式(5-11)，即$g(s,t)$函數的定義，它用於評估一個譯文的好與壞。如圖 5-13 所示，$g(s,t)$函數與式(5-17) 的建模方式非常一致，即$g(s,t)$函數中紅色部分描述譯文t的可能性大小，對應翻譯模型$P(s|t)$；藍色部分描述譯文的平滑或流暢程度，對應語言模型$P(t)$。儘管這種對應並不十分嚴格，但可以看出在處理機器翻譯問題上，很多想法的本質是一樣的。

$$g(s,t) \;=\; \underbrace{\prod_{(j,i)\in\hat{A}} P(s_j,t_i)}_{P(s|t)} \times \underbrace{P_{\text{lm}}(t)}_{P(t)}$$

翻譯模型　　語言模型

圖 5-13 IBM 模型與式(5-11) 的對應關係

$g(s,t)$函數的建模很粗糙，而下面將介紹的 IBM 模型對問題有更嚴謹的定義與建模。對於語言模型$P(t)$和解碼過程，在前面的內容中都有介紹，所以本章的後半部分會重點介紹如何定義翻譯模型$P(s|t)$及如何訓練模型參數。

5.4.1 詞對齊

IBM 模型的一個基本假設是詞對齊假設。詞對齊描述了來源語言句子和目的語言句子之間單字等級的對應。具體來說，給定來源語言句子$s = \{s_1 \cdots s_m\}$和目的語言譯文$t = \{t_1 \cdots t_l\}$，IBM 模型假設詞對齊具有如下兩個性質。

（1）一個來源語言單字只能對應一個目的語言單字。如圖 5-14 所示，圖 5-14(a)和圖 5-14(c)都滿足該條件，儘管圖 5-14(c)中的「謝謝」和「你」都對應 "thanks"，但並不違背這個約束條件。圖 5-14(b)不滿足約束條件，因為「謝謝」同時對應了兩個目的語言單字。這個約束條件也導致這裡的詞對齊變成了一種非對稱的詞對齊（Asymmetric Word Alignment），因為它只對來源語言做了約束，沒有約束目的語言。使用這樣的約束的目的是減少建模的複雜度。在 IBM 模型之後的方法中也提出了雙向詞對齊，用於建模一個來源語言單字對應到多個目的語言單字的情況[242]。

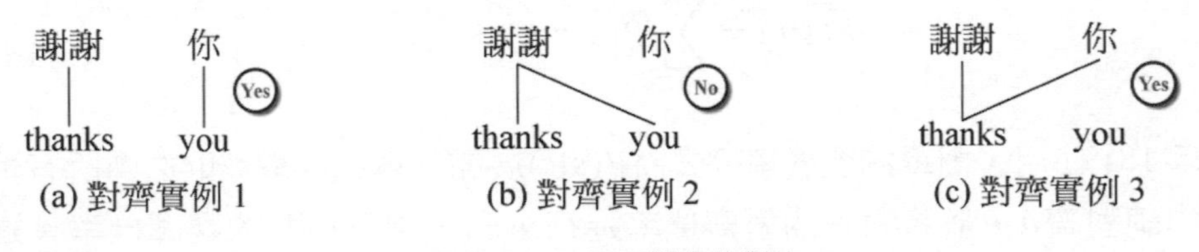

圖 5-14 不同詞對齊的對比

（2）來源語言單字可以翻譯為空，這時它對應到了一個虛擬或偽造的目的語言單字t_0。在如圖 5-15 所示的例子中，「在」沒有對應到 "on the 表" 中的任意一個詞，而是把它對應到t_0上。這樣，所有的來源語言單字都能找到一個目的語言單字對應。這種設計極佳地引入了空對齊（Empty Alignment）的思想，即來源語言單字不對應任何真實存在的單字的情況。這種空對齊的情況在翻譯中頻繁出現，如虛詞的翻譯。

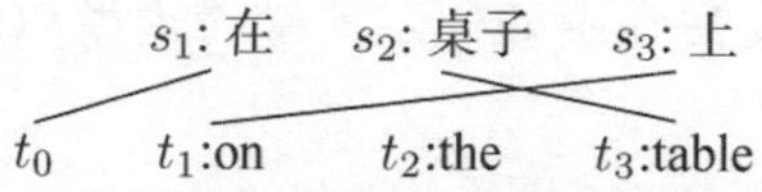

s_1: 在　s_2: 桌子　s_3: 上

t_0　t_1:on　t_2:the　t_3:table

圖 5-15 詞對齊實例（「在」對應到t_0）

通常，把詞對齊記為a，它由a_1到a_m共m個詞對齊連接組成，即$a = \{a_1 \cdots a_m\}$。a_j表示第j個來源語言單字s_j對應的目的語言單字的位置。在圖 5-16 所示的例子中，詞對齊關係可以記為$a_1 = 0, a_2 = 3, a_3 = 1$，即第 1 個來源語言單字「在」對應到目的語言譯文的第 0 個位置，第 2 個來源語言單字「桌子」對應到目的語言譯文的第 3 個位置，第 3 個來源語言單字「上」對應到目的語言譯文的第 1 個位置。

5.4.2 基於詞對齊的翻譯模型

直接準確估計$P(s|t)$很難，訓練資料只能覆蓋整個樣本空間非常小的一部分，絕大多數句子在訓練資料中一次也沒出現過。為了解決這個問題，IBM 模型假設：句子之間的對應可以由單字之間的對應表示。於是，翻譯句子的機率可以被轉化為詞對齊生成的機率：

$$P(s|t) = \sum_a P(s,a|t) \tag{5-18}$$

式(5-18) 使用了簡單的全機率公式將$P(s|t)$展開。透過存取s和t之間所有可能的詞對齊a，並將對應的對齊機率進行求和，得到t到s的翻譯機率。這裡，可以把詞對齊看作翻譯的隱含變數，這樣從t到s的生成就變為從t同時

生成s和隱含變數a的問題。引入隱含變數是生成模型常用的手段，透過使用隱含變數，可以把較為困難的點對點學習問題轉化為分步學習問題。

舉個例子說明式(5-18) 的實際意義。如圖 5-16 所示，可以把從「謝謝你」到 "thank you" 的翻譯分解為 9 種可能的詞對齊。來源語言句子s有 2 個詞，目的語言句子t加上空標記t_0共 3 個詞，因此每個來源語言單字有 3 個可能對齊的位置，整個句子共有$3 \times 3 = 9$種可能的詞對齊。

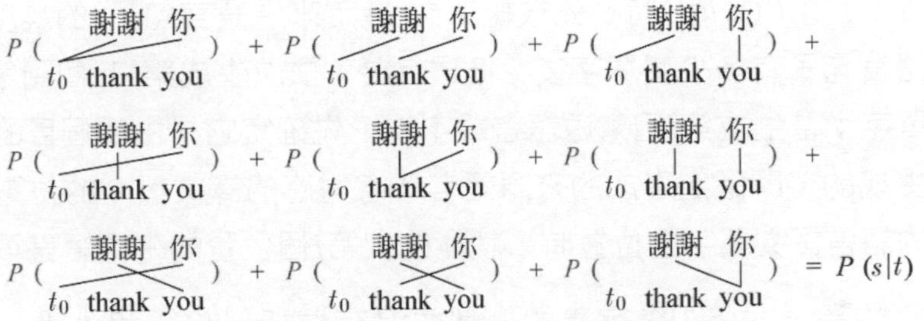

P(謝謝 你 / t_0 thank you) + P(謝謝 你 / t_0 thank you) + P(謝謝 你 / t_0 thank you) +
P(謝謝 你 / t_0 thank you) + P(謝謝 你 / t_0 thank you) + P(謝謝 你 / t_0 thank you) +
P(謝謝 你 / t_0 thank you) + P(謝謝 你 / t_0 thank you) + P(謝謝 你 / t_0 thank you) = $P(s|t)$

圖 5-16 一個中翻英句對的所有詞對齊可能

接下來的問題是如何定義$P(s,a|t)$——即定義詞對齊的生成機率。隱含變數a仍然很複雜，因此直接定義$P(s,a|t)$很困難。在 IBM 模型中，為了化簡問題，$P(s,a|t)$被進一步分解。使用連鎖律，可以得到

$$P(s,a|t) = P(m|t)\prod_{j=1}^{m} P(a_j|a_1^{j-1}, s_1^{j-1}, m, t)P(s_j|a_1^{j}, s_1^{j-1}, m, t) \tag{5-19}$$

其中，s_j和a_j分別表示第j個來源語言單字及第j個來源語言單字對齊到的目標位置，s_1^{j-1}表示前$j-1$個來源語言單字（即$s_1^{j-1} = \{s_1 \cdots s_{j-1}\}$），$a_1^{j-1}$表示前$j-1$個來源語言的詞對齊（即$a_1^{j-1} = \{a_1 \cdots a_{j-1}\}$），$m$表示來源語言句子的長度。式(5-19) 將$P(s,a|t)$分解為 4 個部分，具體含義如下：

- 根據譯文t選擇源文s的長度m，用$P(m|t)$表示。
- 當確定來源語言句子的長度m後，循環每個位置j，逐次生成每個來源語言單字s_j，也就是$\prod_{j=1}^{m}$ ·計算的內容。

- 對於每個位置j，根據譯文t、源文長度m、已經生成的來源語言單字s_1^{j-1}和對齊a_1^{j-1}，生成第j個位置的對齊結果a_j，用$P(a_j|a_1^{j-1},s_1^{j-1},m,t)$表示。
- 對於每個位置j，根據譯文t、源文長度m、已經生成的來源語言單字s_1^{j-1}和對齊a_1^j，生成第j個位置的來源語言單字s_j，用$P(s_j|a_1^j,s_1^{j-1},m,t)$表示。

換句話說，當求$P(s,a|t)$時，先根據譯文t確定來源語言句子s的長度m；知道來源語言句子有多少個單字後，循環m次，依次生成第 1 個到第m個來源語言單字；當生成第j個來源語言單字時，先確定它是由哪個目的語言譯文單字生成的，即確定生成的來源語言單字對應的譯文單字的位置；當知道了目的語言譯文單字的位置時，就能確定第j個位置的來源語言單字。

需要注意的是，式(5-19) 定義的模型並沒有做任何化簡和假設，也就是說，式(5-19) 的左右兩端是嚴格相等的。在後面的內容中會看到，這種將一個整體進行拆分的方法有助於分步驟化簡並處理問題。

5.4.3 基於詞對齊的翻譯實例

用圖 5-16 中的例子對式(5-19) 進行說明。例子中，來源語言句子「在 桌子 上」和目的語言譯文「on the 表」之間的詞對齊為$a=\{1-0,2-3,3-1\}$。式(5-19) 的計算過程如下：

（1）根據譯文確定源文s的單字數量（$m=3$），即 $P(m=3|\text{"}t_0 \text{ on the table"})$。

（2）確定來源語言單字s_1是由誰生成的且生成的是什麼。可以看到s_1由第 0 個目的語言單字生成，也就是t_0，表示為 $P(a_1=0|\phi,\phi,3,\text{"}t_0 \text{ on the table"})$，其中$\phi$表示空。當知道了$s_1$是由$t_0$生成的，就可以透過$t_0$生成來源語言第 1 個單字「在」，即 $P(s_1=\text{"在"}|\{1-0\},\phi,3,\text{"}t_0 \text{ on the table"})$。

（3）類似於生成s_1，依次確定來源語言單字s_2和s_3由誰生成且生成的是什麼。

（4）得到基於詞對齊a的翻譯機率為

$$
\begin{aligned}
P(s,a|t) &= P(m|t)\prod_{j=1}^{m} P(a_j|a_1^{j-1},s_1^{j-1},m,t)P(s_j|a_1^{j},s_1^{j-1},m,t) \\
&= P(m=3|\mathrm{t_0 on the table})\times \\
&P(a_1=0|\phi,\phi,3,\mathrm{t_0 on the table})\times \\
&P(s_1=\text{在}|\{1-0\},\phi,3,\mathrm{t_0 on the table})\times \\
&P(a_2=3|\{1-0\},\text{在},3,\mathrm{t_0 on the table})\times \\
&P(s_2=\text{桌子}|\{1-0,2-3\},\text{在},3,\mathrm{t_0 on the table})\times \\
&P(a_3=1|\{1-0,2-3\},\text{在 桌子},3,\mathrm{t_0 on the table})\times \\
&P(s_3=\text{上}|\{1-0,2-3,3-1\},\text{在 桌子},3,\mathrm{t_0 on the table})
\end{aligned}
\quad (5\text{-}20)
$$

5.5 IBM 模型 1

式(5-18) 和式(5-19) 把翻譯問題定義為對譯文和詞對齊同時進行生成的問題。這其中有兩個問題：

（1）雖然式(5-18) 的右端（$\sum_a P(s,a|t)$）要求對所有的詞對齊機率進行求和，但是詞對齊的數量隨句子長度呈指數增長，如何遍歷所有的對齊a呢？

（2）雖然式(5-19) 對詞對齊的問題進行了描述，但是模型中的很多參數仍然很複雜，如何計算$P(m|t)$、$P(a_j|a_1^{j-1},s_1^{j-1},m,t)$ 和$P(s_j|a_1^{j},s_1^{j-1},m,t)$呢？

針對這兩個問題，Brown 等人提出了 5 種解決方案，這就是被後人熟知的 5 個 IBM 翻譯模型。第一個問題可以透過一定的數學或者工程技巧求解；第二個問題可以透過一些假設進行化簡，依據化簡的層次和複雜度，可以分為 IBM 模型 1、IBM 模型 2、IBM 模型 3、IBM 模型 4 及 IBM 模型 5。本節先介紹較為簡單的 IBM 模型 1。

5.5.1 IBM 模型 1 的建模

IBM 模型 1 對式(5-19) 中的 3 項進行了簡化。具體方法如下：

- 假設$P(m|t)$為常數ε，即來源語言句子長度的生成機率服從均勻分佈，如下：

$$P(m|t) \equiv \varepsilon \tag{5-21}$$

- 假設對齊機率$P(a_j|a_1^{j-1}, s_1^{j-1}, m, t)$僅依賴譯文長度$l$，即每個詞對齊連接的生成機率也服從均勻分佈。換句話説，對於任意來源語言位置j，對齊到目的語言任意位置都是等機率的。例如，譯文為"on the table"，再加上t_0共 4 個位置，相應地，任意來源語言單字對齊到這 4 個位置的機率是一樣的。具體描述如下：

$$P(a_j|a_1^{j-1}, s_1^{j-1}, m, t) \equiv \frac{1}{l+1} \tag{5-22}$$

- 假設來源語言單字s_j的生成機率$P(s_j|a_1^j, s_1^{j-1}, m, t)$僅依賴與其對齊的譯文單字$t_{a_j}$，即單字翻譯機率$f(s_j|t_{a_j})$。此時，單字翻譯機率滿足$\sum_{s_j} f(s_j|t_{a_j}) = 1$。例如，在圖 5-18 所示的例子中，來源語言單字「上」出現的機率只和與它對齊的單字"on"有關係，與其他單字沒有關係。

$$P(s_j|a_1^j, s_1^{j-1}, m, t) \equiv f(s_j|t_{a_j}) \tag{5-23}$$

用一個簡單的例子對式(5-23) 進行説明。在圖 5-17 中，「桌子」對齊到"table"，可被描述為$f(s_2|t_{a_2}) = f(\text{"桌子"}|\text{"table"})$，表示給定"table"翻譯為「桌子」的機率。通常，$f(s_2|t_{a_2})$被認為是一種機率詞典，它反映了兩種

語言單字一級的對應關係。

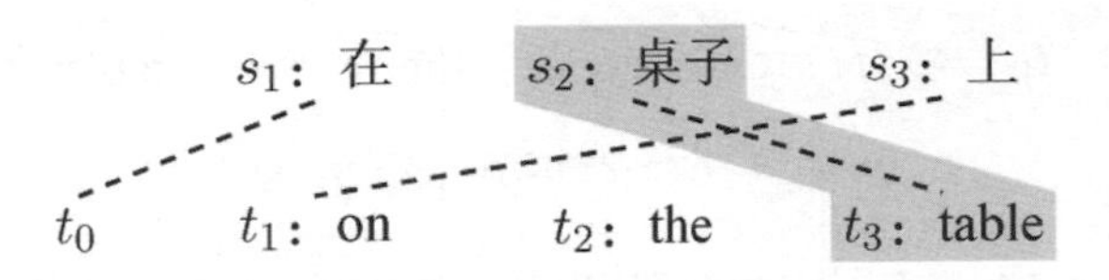

圖 5-17 中翻英雙敘述對及詞對齊

將上述 3 個假設和式(5-19) 代入式(5-18) 中，得到$P(s|t)$的運算式：

$$
\begin{aligned}
P(s|t) &= \sum_a P(s,a|t) \\
&= \sum_a P(m|t) \prod_{j=1}^{m} P(a_j|a_1^{j-1}, s_1^{j-1}, m, t) P(s_j|a_1^{j}, s_1^{j-1}, m, t) \\
&= \sum_a \varepsilon \prod_{j=1}^{m} \frac{1}{l+1} f(s_j|t_{a_j}) \\
&= \sum_a \frac{\varepsilon}{(l+1)^m} \prod_{j=1}^{m} f(s_j|t_{a_j})
\end{aligned} \tag{5-24}
$$

在式(5-24) 中，需要遍歷所有的詞對齊，即$\sum_a \cdot$。這種表示不夠直觀，因此可以把這個過程重新表示為如下形式：

$$
P(s|t) = \sum_{a_1=0}^{l} \cdots \sum_{a_m=0}^{l} \frac{\varepsilon}{(l+1)^m} \prod_{j=1}^{m} f(s_j|t_{a_j}) \tag{5-25}
$$

式(5-25) 分為兩個主要部分。第一部分：遍歷所有的對齊a，其中a由$\{a_1, \cdots, a_m\}$組成，每個$a_j \in \{a_1, \cdots, a_m\}$從譯文的開始位置(0)循環到截止位置($l$)。圖 5-18 所示為來源語言單字$s_3$從譯文的開始$t_0$遍歷到結尾$t_3$，即$a_3$的取值範圍。第二部分：對於每個$a$累加對齊機率$P(s,a|t) = \frac{\varepsilon}{(l+1)^m} \prod_{j=1}^{m} f(s_j|t_{a_j})$。

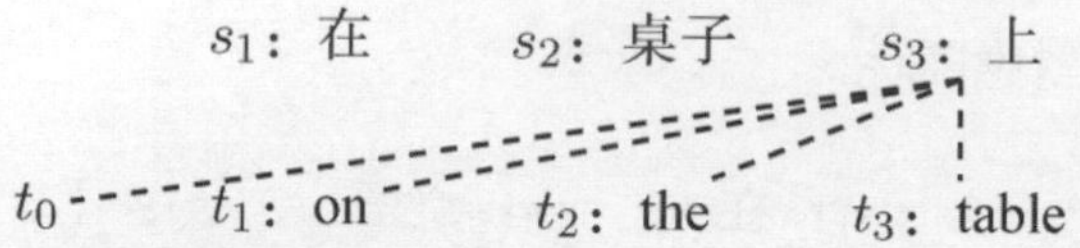

s_1：在　s_2：桌子　s_3：上

t_0　t_1：on　t_2：the　t_3：table

圖 5-18 式(5-25) 第一部分的實例

這樣就獲得了 IBM 模型 1 中句子翻譯機率的計算式。可以看出，IBM 模型 1 的假設把翻譯模型化簡成了非常簡單的形式。對於給定的s, a和t，只要知道ε和$f(s_j|t_{a_j})$ 就可以計算出$P(s|t)$。

5.5.2 解碼及計算最佳化

如果模型參數給定，則可以使用 IBM 模型 1 對新的句子進行翻譯。例如，可以使用 5.2.5 節描述的解碼方法搜索最優譯文。在搜索過程中，只需要透過式(5-25) 計算每個譯文候選的 IBM 模型翻譯機率。但是，式(5-25) 的高計算複雜度導致這些模型很難直接使用。以 IBM 模型 1 為例，這裡把式(5-25) 重寫為

$$P(s|t) = \frac{\varepsilon}{(l+1)^m} \underbrace{\sum_{a_1=0}^{l} \cdots \sum_{a_m=0}^{l}}_{(l+1)^m\text{次循環}} \underbrace{\prod_{j=1}^{m} f(s_j|t_{a_j})}_{m\text{次循環}} \tag{5-26}$$

可以看到，遍歷所有的詞對齊需要$(l+1)^m$次循環，遍歷所有來源語言位置累計$f(s_j|t_{a_j})$需要m次循環，因此這個模型的計算複雜度為$O((l+1)^m m)$。當m較大時，計算這樣的模型幾乎是不可能的。不過，經過仔細觀察，可以發現式(5-26) 右端的部分有另外一種計算方法，如下：

$$\sum_{a_1=0}^{l} \cdots \sum_{a_m=0}^{l} \prod_{j=1}^{m} f(s_j|t_{a_j}) = \prod_{j=1}^{m} \sum_{i=0}^{l} f(s_j|t_i) \tag{5-27}$$

式(5-27) 的特點在於把若干個乘積的加法（等式左手端）轉化為若干加法結果的乘積（等式右手端），這樣省去了多次循環，把$O((l+1)^m m)$的計

算複雜度降為$O((l+1)m)$。此外，式(5-27) 相比式(5-26) 的一個優點在於，式(5-27) 中乘法的數量更少，現代電腦中乘法運算的代價要高於加法，因此式(5-27) 的電腦實現效率更高。圖 5-20 對這個過程進行了進一步解釋。

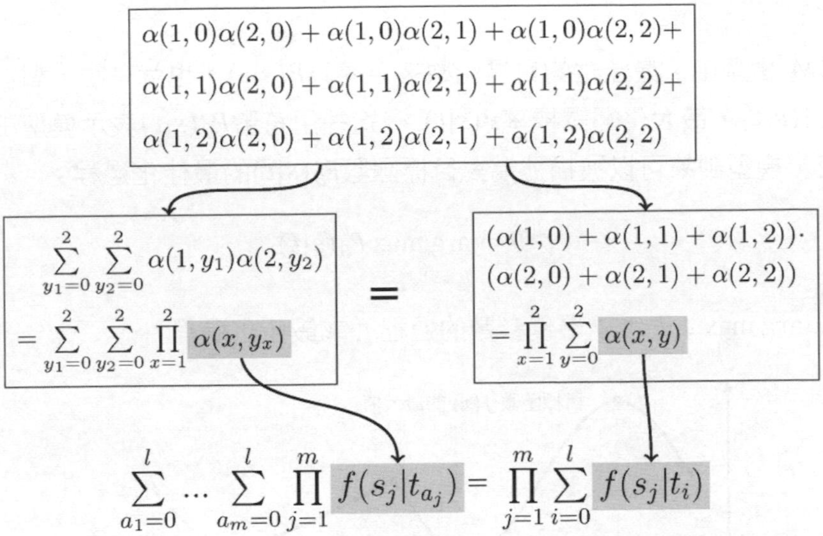

$$\alpha(1,0)\alpha(2,0)+\alpha(1,0)\alpha(2,1)+\alpha(1,0)\alpha(2,2)+$$
$$\alpha(1,1)\alpha(2,0)+\alpha(1,1)\alpha(2,1)+\alpha(1,1)\alpha(2,2)+$$
$$\alpha(1,2)\alpha(2,0)+\alpha(1,2)\alpha(2,1)+\alpha(1,2)\alpha(2,2)$$

$$\sum_{y_1=0}^{2}\sum_{y_2=0}^{2}\alpha(1,y_1)\alpha(2,y_2) = \sum_{y_1=0}^{2}\sum_{y_2=0}^{2}\prod_{x=1}^{2}\alpha(x,y_x)$$

$$=$$

$$(\alpha(1,0)+\alpha(1,1)+\alpha(1,2))\cdot(\alpha(2,0)+\alpha(2,1)+\alpha(2,2)) = \prod_{x=1}^{2}\sum_{y=0}^{2}\alpha(x,y)$$

$$\sum_{a_1=0}^{l}\cdots\sum_{a_m=0}^{l}\prod_{j=1}^{m}f(s_j|t_{a_j}) = \prod_{j=1}^{m}\sum_{i=0}^{l}f(s_j|t_i)$$

圖 5-20 $\sum_{a_1=0}^{l}\cdots\sum_{a_m=0}^{l}\prod_{j=1}^{m}f(s_j|t_{a_j}) = \prod_{j=1}^{m}\sum_{i=0}^{l}f(s_j|t_i)$的實例

接著，利用式(5-27) 的方式，把式(5-25) 重寫為

IBM 模型 1：
$$P(s|t)=\frac{\varepsilon}{(l+1)^m}\prod_{j=1}^{m}\sum_{i=0}^{l}f(s_j|t_i) \tag{5-28}$$

式(5-28) 是 IBM 模型 1 的最終運算式，在解碼和訓練中可以直接使用。

5.5.3 訓練

在完成建模和解碼的基礎上，剩下的問題是如何得到模型的參數。這也是整個統計機器翻譯裡最重要的內容。下面將對 IBM 模型 1 的參數估計方法進行介紹。

1. 目標函數

統計機器翻譯模型的訓練是一個典型的最佳化問題。簡單來說，訓練是指在給定資料集（訓練集）上調整參數，使得目標函數的值達到最大（或最小），此時得到的參數被稱為該模型在該目標函數下的最優解（如圖 5-20 所示）。

在 IBM 模型中，最佳化的目標函數被定義為$P(s|t)$。也就是說，對於給定的句對(s,t)，最大化翻譯機率$P(s|t)$。 這裡用符號$P_\theta(s|t)$表示模型由參數θ決定，模型訓練可以被描述為對目標函數$P_\theta(s|t)$的最佳化過程：

$$\hat{\theta} = \arg\max_{\theta} P_\theta(s|t) \tag{5-29}$$

其中，$\arg\max_{\theta}$ 表示求最優參數的過程（或最佳化過程）。

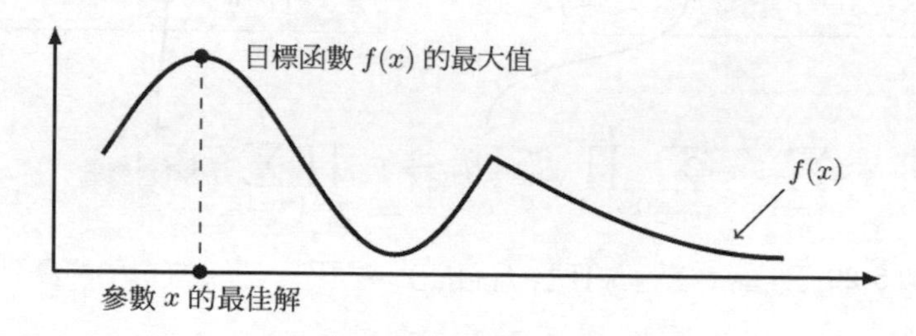

圖 5-20 一個目標函數的最優解

實際上，式(5-29) 也是一種基於極大似然的模型訓練方法。這裡，可以把$P_\theta(s|t)$看作模型對資料描述的一個似然函數，記作$L(s,t;\theta)$。也就是說，最佳化目標是對似然函數的最佳化：$\{\hat{\theta}\} = \{\arg\max_{\theta\in\Theta} L(s,t;\theta)\}$，其中$\{\hat{\theta}\}$表示可能有多個結果，$\Theta$表示參數空間。

回到 IBM 模型的最佳化問題上。以 IBM 模型 1 為例，最佳化的目標是最大化翻譯機率$P(s|t)$。使用式(5-28) ，可以把這個目標表述為

$$\max\left(\frac{\varepsilon}{(l+1)^m}\prod_{j=1}^{m}\sum_{i=0}^{l} f(s_j|t_i)\right)$$

$$\text{s.t.} \quad \text{任意單詞}\mathrm{t_y}\text{：} \sum_{s_x} f(s_x|t_y) = 1$$

其中，max(·)表示最大化，$\frac{\varepsilon}{(l+1)^m}\prod_{j=1}^{m}\sum_{i=0}^{l} f(s_j|t_i)$是目標函數，$f(s_j|t_i)$是模型的參數，$\sum_{s_x} f(s_x|t_y) = 1$是最佳化的約束條件，以保證翻譯機率滿足歸一化的要求。需要注意的是，$\{f(s_x|t_y)\}$對應了很多參數，每個來源語言單字和每個目的語言單字的組合都對應一個參數$f(s_x|t_y)$。

2. 最佳化

可以看到，IBM 模型的參數訓練問題本質上是帶約束的目標函數最佳化問題。由於目標函數是可微分函數，解決這類問題的一種常用方法是把帶約束的最佳化問題轉化為不帶約束的最佳化問題。這裡用到了拉格朗日乘數法（Lagrange Multiplier Method），它的基本思想是把含有n個變數和m個約束條件的最佳化問題轉化為含有$n+m$個變數的無約束最佳化問題。

這裡的目標是$\max(P_\theta(s|t))$，約束條件是對於任意的目的語言單字t_y有$\sum_{s_x} P(s_x|t_y) = 1$。根據拉格朗日乘數法，可以將上述最佳化問題重新定義為最大化如下拉格朗日函數的問題：

$$L(f,\lambda) = \frac{\varepsilon}{(l+1)^m}\prod_{j=1}^{m}\sum_{i=0}^{l} f(s_j|t_i) - \sum_{t_y} \lambda_{t_y}(\sum_{s_x} f(s_x|t_y) - 1) \tag{5-30}$$

$L(f,\lambda)$包含兩部分，$\frac{\varepsilon}{(l+1)^m}\prod_{j=1}^{m}\sum_{i=0}^{l} f(s_j|t_i)$是原始的目標函數，$\sum_{t_y} \lambda_{t_y}(\sum_{s_x} f(s_x|t_y) - 1)$是原始的約束條件乘以拉格朗日乘數$\lambda_{t_y}$，拉格朗日乘數的數量和約束條件的數量相同。圖 5-21 透過圖例說明了$L(f,\lambda)$函數各部分的意義。

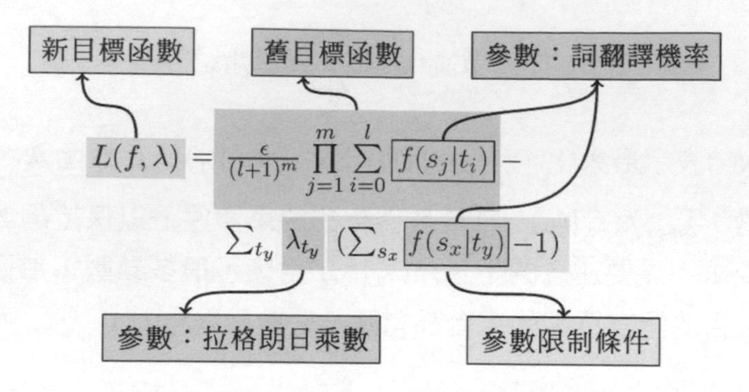

圖 5-21 $L(f,\lambda)$函數的解釋（IBM 模型 1）

$L(f,\lambda)$是可微分函數，因此可以透過計算$L(f,\lambda)$導數為零的點得到極值點。這個模型裡僅有$f(s_x|t_y)$一種類型的參數，因此只需要對如下導數進行計算。

$$\frac{\partial L(f,\lambda)}{\partial f(s_u|t_v)}=\frac{\partial[\frac{\varepsilon}{(l+1)^m}\prod_{j=1}^{m}\sum_{i=0}^{l}f(s_j|t_i)]}{\partial f(s_u|t_v)}-\frac{\partial[\sum_{t_y}\lambda_{t_y}(\sum_{s_x}f(s_x|t_y)-1)]}{\partial f(s_u|t_v)}$$

$$=\frac{\varepsilon}{(l+1)^m}\cdot\frac{\partial[\prod_{j=1}^{m}\sum_{i=0}^{l}f(s_j|t_i)]}{\partial f(s_u|t_v)}-\lambda_{t_v} \tag{5-31}$$

s_u和t_v分別表示來源語言和目的語言詞表中的某一個單字。為了求$\frac{\partial[\prod_{j=1}^{m}\sum_{i=0}^{l}f(s_j|t_i)]}{\partial f(s_u|t_v)}$，這裡引入一個輔助函數。令$g(z)=\alpha z^{\beta}$ 為變數z 的函數，顯然，$\frac{\partial g(z)}{\partial z}=\alpha\beta z^{\beta-1}=\frac{\beta}{z}\alpha z^{\beta}=\frac{\beta}{z}g(z)$。可以把$\prod_{j=1}^{m}\sum_{i=0}^{l}f(s_j|t_i)$看作$g(z)=\alpha z^{\beta}$的實例。首先，令$z=\sum_{i=0}^{l}f(s_u|t_i)$。注意，$s_u$為給定的來源語言單字。然後，把$\beta$定義為$\sum_{i=0}^{l}f(s_u|t_i)$在$\prod_{j=1}^{m}\sum_{i=0}^{l}f(s_j|t_i)$ 中出現的次數，即來源語言句子中與s_u相同的單字的個數。

$$\beta=\sum_{j=1}^{m}\delta(s_j,s_u) \tag{5-32}$$

其中，當$x=y$時，$\delta(x,y)=1$，否則為 0。

根據$\frac{\partial g(z)}{\partial z}=\frac{\beta}{z}g(z)$，可以得到

$$\frac{\partial g(z)}{\partial z}=\frac{\partial[\prod_{j=1}^{m}\sum_{i=0}^{l}f(s_j|t_i)]}{\partial[\sum_{i=0}^{l}f(s_u|t_i)]}$$

$$=\frac{\sum_{j=1}^{m}\delta(s_j,s_u)}{\sum_{i=0}^{l}f(s_u|t_i)}\prod_{j=1}^{m}\sum_{i=0}^{l}f(s_j|t_i) \quad (5\text{-}33)$$

根據$\frac{\partial g(z)}{\partial z}$和$\frac{\partial z}{\partial f}$計算的結果，可以得到

$$\frac{\partial[\prod_{j=1}^{m}\sum_{i=0}^{l}f(s_j|t_i)]}{\partial f(s_u|t_v)}=\frac{\partial[\prod_{j=1}^{m}\sum_{i=0}^{l}f(s_j|t_i)]}{\partial[\sum_{i=0}^{l}f(s_u|t_i)]}\cdot\frac{\partial[\sum_{i=0}^{l}f(s_u|t_i)]}{\partial f(s_u|t_v)}$$

$$=\frac{\sum_{j=1}^{m}\delta(s_j,s_u)}{\sum_{i=0}^{l}f(s_u|t_i)}\prod_{j=1}^{m}\sum_{i=0}^{l}f(s_j|t_i)\cdot\sum_{i=0}^{l}\delta(t_i,t_v) \quad (5\text{-}34)$$

將$\frac{\partial[\prod_{j=1}^{m}\sum_{i=0}^{l}f(s_j|t_i)]}{\partial f(s_u|t_v)}$代入$\frac{\partial L(f,\lambda)}{\partial f(s_u|t_v)}$，得到$L(f,\lambda)$的導數

$$\frac{\partial L(f,\lambda)}{\partial f(s_u|t_v)}=\frac{\varepsilon}{(l+1)^m}\cdot\frac{\partial[\prod_{j=1}^{m}\sum_{i=0}^{l}f(s_j|t_{a_j})]}{\partial f(s_u|t_v)}-\lambda_{t_v}$$

$$=\frac{\varepsilon}{(l+1)^m}\frac{\sum_{j=1}^{m}\delta(s_j,s_u)\cdot\sum_{i=0}^{l}\delta(t_i,t_v)}{\sum_{i=0}^{l}f(s_u|t_i)}\prod_{j=1}^{m}\sum_{i=0}^{l}f(s_j|t_i)-\lambda_{t_v} \quad (5\text{-}35)$$

令$\frac{\partial L(f,\lambda)}{\partial f(s_u|t_v)}=0$，有

$$f(s_u|t_v)=\frac{\lambda_{t_v}^{-1}\varepsilon}{(l+1)^m}\cdot\frac{\sum_{j=1}^{m}\delta(s_j,s_u)\cdot\sum_{i=0}^{l}\delta(t_i,t_v)}{\sum_{i=0}^{l}f(s_u|t_i)}\prod_{j=1}^{m}\sum_{i=0}^{l}f(s_j|t_i)\cdot f(s_u|t_v) \quad (5\text{-}36)$$

將式(5-36) 稍作調整，得到

$$f(s_u|t_v)=\lambda_{t_v}^{-1}\frac{\varepsilon}{(l+1)^m}\prod_{j=1}^{m}\sum_{i=0}^{l}f(s_j|t_i)\sum_{j=1}^{m}\delta(s_j,s_u)\sum_{i=0}^{l}\delta(t_i,t_v)\frac{f(s_u|t_v)}{\sum_{i=0}^{l}f(s_u|t_i)} \quad (5\text{-}37)$$

可以看出，這不是一個計算$f(s_u|t_v)$的解析式，因為等式右端仍含有$f(s_u|t_v)$。不過，它蘊含著一種非常經典的方法 期望最大化（Expectation Maximization），簡稱 EM 方法（或演算法）。使用 EM 方法，可以利用

式(5-37) 迭代地計算$f(s_u|t_v)$，使其最終收斂到最優值。EM 方法的思想是：用當前的參數求似然函數的期望，之後最大化這個期望，同時得到一組新的參數值。對 IBM 模型來說，其迭代過程就是反覆使用式(5-37)，具體如圖 5-22 所示。

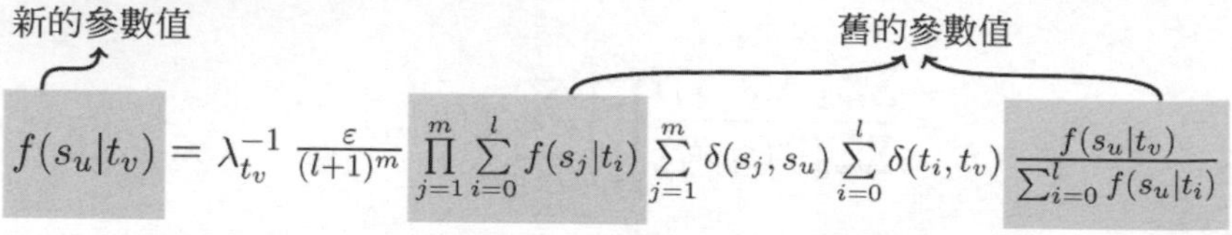

新的參數值　　舊的參數值

$$f(s_u|t_v) = \lambda_{t_v}^{-1} \frac{\varepsilon}{(l+1)^m} \prod_{j=1}^{m} \sum_{i=0}^{l} f(s_j|t_i) \sum_{j=1}^{m} \delta(s_j, s_u) \sum_{i=0}^{l} \delta(t_i, t_v) \frac{f(s_u|t_v)}{\sum_{i=0}^{l} f(s_u|t_i)}$$

圖 5-22 IBM 模型迭代過程示意圖

為了化簡$f(s_u|t_v)$的計算，在此對式(5-37) 進行了重新組織，如圖 5-23 所示。其中，紅色部分表示翻譯機率$P(s|t)$；藍色部分表示(s_u, t_v) 在句對(s, t)中配對的總次數，即 "t_v翻譯為s_u" 在所有對齊中出現的次數；綠色部分表示$f(s_u|t_v)$對於所有的t_i的相對值，即 "t_v翻譯為s_u"在所有對齊中出現的相對機率；藍色與綠色部分相乘表示 "t_v翻譯為s_u" 這個事件出現次數的期望的估計，稱為期望頻次（Expected Count）。

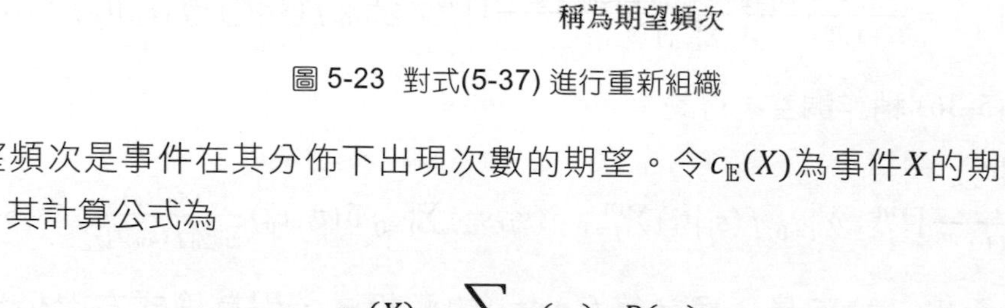

翻譯機率 $P(s|t)$　(s_u, t_v) 在句對 (s, t) 中配對的總次數　$f(s_u|t_v)$ 對於所有的 t_i 相對值

$$f(s_u|t_v) = \lambda_{t_v}^{-1} \frac{\epsilon}{(l+1)^m} \prod_{j=1}^{m} \sum_{i=0}^{l} f(s_j|t_i) \sum_{j=1}^{m} \delta(s_j, s_u) \sum_{i=0}^{l} \delta(t_i, t_v) \frac{f(s_u|t_v)}{\sum_{i=0}^{l} f(s_u|t_i)}$$

$$\| \quad P(s|t)$$

"t_v 翻譯為 s_u" 這個事件出現次數的期望的估計稱為期望頻次

圖 5-23 對式(5-37) 進行重新組織

期望頻次是事件在其分佈下出現次數的期望。令$c_{\mathbb{E}}(X)$為事件X的期望頻次，其計算公式為

$$c_{\mathbb{E}}(X) = \sum_i c(x_i) \cdot P(x_i) \tag{5-38}$$

其中，$c(x_i)$表示X取x_i時出現的次數，$P(x_i)$表示$X = x_i$出現的機率。圖 5-24 展示了事件X的期望頻次的詳細計算過程。其中，x_1、x_2和x_3分別表示事件X出現 2 次、1 次和 5 次的情況。

x_i	$c(x_i)$
x_1	2
x_2	1
x_3	5
總頻次 $= 8$	

x_i	$c(x_i)$	$P(x_i)$	$c(x_i) \cdot P(x_i)$
x_1	2	0.1	0.2
x_2	1	0.3	0.3
x_3	5	0.2	1.0
$c_{\mathbb{E}}(X) = 0.2 + 0.3 + 1.0 = 1.5$			

圖 5-24 總頻次（左）和期望頻次（右）的實例

因為在$P(s|t)$中，t_v翻譯（連接）到s_u的期望頻次為

$$c_{\mathbb{E}}(s_u|t_v; s, t) \equiv \sum_{j=1}^{m} \delta(s_j, s_u) \cdot \sum_{i=0}^{l} \delta(t_i, t_v) \cdot \frac{f(s_u|t_v)}{\sum_{i=0}^{l} f(s_u|t_i)} \tag{5-39}$$

所以式(5-37) 可重寫為

$$f(s_u|t_v) = \lambda_{t_v}^{-1} \cdot P(s|t) \cdot c_{\mathbb{E}}(s_u|t_v; s, t) \tag{5-40}$$

在此，如果令$\lambda_{t_v}{}' = \frac{\lambda_{t_v}}{P(s|t)}$，則可得

$$\begin{aligned} f(s_u|t_v) &= \lambda_{t_v}^{-1} \cdot P(s|t) \cdot c_{\mathbb{E}}(s_u|t_v; s, t) \\ &= (\lambda_{t_v}{}')^{-1} \cdot c_{\mathbb{E}}(s_u|t_v; s, t) \end{aligned} \tag{5-41}$$

又因為 IBM 模型對$f(\cdot\,|\,\cdot)$的約束如下：

$$\forall t_y: \sum_{s_x} f(s_x|t_y) = 1 \tag{5-42}$$

為了滿足$f(\cdot\,|\,\cdot)$的機率歸一化約束，易得

$$\lambda_{t_v}{}' = \sum_{s'_u} c_{\mathbb{E}}(s'_u|t_v; s, t) \tag{5-43}$$

因此，$f(s_u|t_v)$的計算式可進一步變換成

$$f(s_u|t_v) = \frac{c_{\mathbb{E}}(s_u|t_v; s, t)}{\sum_{s'_u} c_{\mathbb{E}}(s'_u|t_v; s, t)} \tag{5-44}$$

假設有K個互譯的句對（稱作平行語料）：

$\{(s^{[1]},t^{[1]}),\cdots,(s^{[K]},t^{[K]})\}$，$f(s_u|t_v)$的期望頻次為

$$c_{\mathbb{E}}(s_u|t_v)=\sum_{k=1}^{K}c_{\mathbb{E}}(s_u|t_v;s^{[k]},t^{[k]}) \tag{5-45}$$

於是有$f(s_u|t_v)$的計算公式和迭代過程如圖 5-25 所示。完整的 EM 演算法如程式 5.1 所示。其中，E-Step 對應第 4～5 行，目的是計算$c_{\mathbb{E}}(\cdot)$；M-Step 對應第 6～9 行，目的是計算$f(\cdot\,|\,\cdot)$。

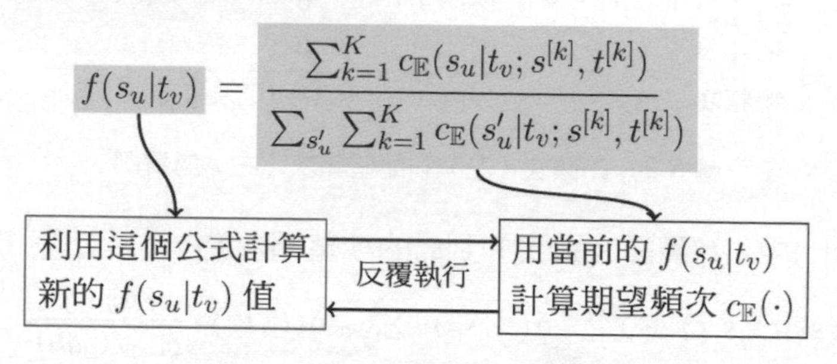

圖 5-25 $f(s_u|t_v)$的計算公式和迭代過程

至此，本章完成了對 IBM 模型 1 訓練方法的介紹，可以透過圖 5-25 所示的演算法實現。演算法最終的形式並不複雜，只需要遍歷每個句對，之後計算$f(\cdot\,|\,\cdot)$的期望頻次，最後估計新的$f(\cdot\,|\,\cdot)$，迭代這個過程直至$f(\cdot\,|\,\cdot)$收斂至穩定狀態。

程式 5.1：IBM 模型 1 的訓練（EM 演算法）

Input: 平行語料$(s^{[1]},t^{[1]}),\cdots,(s^{[K]},t^{[K]})$;

Output: 參數$f(\cdot\,|\,\cdot)$的最優值;

Function EM($\{(s^{[1]},t^{[1]}),\cdots,(s^{[K]},t^{[K]})\}$) ;

Initialize $f(\cdot\,|\,\cdot)$ ⊳ 例如，給$f(\cdot\,|\,\cdot)$一個均勻分佈;

Loop until $f(\cdot\,|\,\cdot)$ converges;

foreach $k=1$ to K **do**

$c_{\mathbb{E}}(s_u|t_v;s^{[k]},t^{[k]})=\sum_{j=1}^{|s^{[k]}|}\delta(s_j,s_u)\sum_{i=0}^{|t^{[k]}|}\delta(t_i,t_v)\cdot\frac{f(s_u|t_v)}{\sum_{i=0}^{l}f(s_u|t_i)}$;

end

foreach t_v appears at least one of $\{t^{[1]},\cdots,t^{[K]}\}$ **do**

$\lambda_{t_v}{}' = \sum_{s'_u} \sum_{k=1}^{K} c_{\mathbb{E}}(s'_u|t_v; s^{[k]}, t^{[k]})$;

end

foreach s_u appears at least one of $\{s^{[1]},\cdots,s^{[K]}\}$ **do**

$f(s_u|t_v) = \sum_{k=1}^{K} c_{\mathbb{E}}(s_u|t_v; s^{[k]}, t^{[k]}) \cdot (\lambda_{t_v}{}')^{-1}$;

end

foreach $f(\cdot\,|\,\cdot)$;

5.6 小結及拓展閱讀

本章對 IBM 系列模型中的 IBM 模型 1 進行了詳細的介紹和討論，從一個簡單的基於單字的翻譯模型開始，本章從建模、解碼、訓練多個維度對統計機器翻譯進行了描述，期間涉及了詞對齊、最佳化等多個重要概念。IBM 模型共分為 5 個模型，對翻譯問題的建模依次由淺入深，模型複雜度也依次增加，我們將在第 6 章對另外 4 個 IBM 模型進行詳細的介紹和討論。IBM 模型作為入門統計機器翻譯的「必經之路」，其思想對如今的機器翻譯仍然產生著影響。雖然單獨使用 IBM 模型進行機器翻譯已經不多見，甚至很多從事神經機器翻譯等前端研究的人已經將 IBM 模型淡忘，但不能否認，IBM 模型標誌著一個時代的開始。從某種意義上講，當使用公式$\hat{t} = \arg\max_t P(t|s)$描述機器翻譯問題時，或多或少都在使用與 IBM 模型相似的思想。

當然，本書無法涵蓋 IBM 模型的所有內涵，很多內容需要讀者繼續研究和挖掘。其中最值得關注的是統計詞對齊問題。詞對齊是 IBM 模型訓練的間接產物，因此 IBM 模型成了自動詞對齊的重要方法。例如，IBM 模型訓練裝置 GIZA++常用於自動詞對齊任務，而非簡單的訓練 IBM 模型參數[242]。

- 在 IBM 基礎模型之上，有很多改進的工作。例如，對空對齊、低頻詞進行額外處理[243]；考慮來源語言-目的語言和目的語言-來源語言雙向詞對齊進行更好的詞對齊對稱化[244]；使用詞典、命名實體等多種資訊對模型進行改進[245]；透過引入短語增強 IBM 基礎模型[246]；引入相鄰單字對齊之間的依賴關係，增加模型健壯性[247]等；也可以對 IBM 模型的正向和反向結果進行對稱化處理，以得到更準確的詞對齊結果[242]。

- 隨著詞對齊概念的不斷深入，也有很多詞對齊方面的工作並不依賴 IBM 模型。例如，可以直接使用判別模型，利用分類器解決詞對齊問題[248]；使用帶參數控制的動態規劃方法提高詞對齊的準確率[249]；甚至可以把對齊的思想用於短語和句法結構的雙語對應[250]；無監督的對稱詞對齊方法，透過正向模型和反向模型聯合訓練，利用資料的相似性[251]；除了 GIZA++，研究人員還開發了很多優秀的自動對齊工具，如 FastAlign[252]、Berkeley Word Aligner[253]等，這些工具都被廣泛應用。
- 一種較為通用的詞對齊評價標準是對齊錯誤率（Alignment Error Rate，AER）[254]。在此基礎上，也可以對詞對齊評價方法進行改進，以提高對齊品質與機器翻譯評價得分 BLEU 的相關性[255-257]。也有工作透過統計機器翻譯系統性能的提升來評價對齊品質[254]。不過，在相當長的時間內，詞對齊品質對機器翻譯系統的影響究竟如何並沒有統一的結論。有時，雖然詞對齊的錯誤率下降了，但是機器翻譯系統的譯文品質並沒有提升。這個問題比較複雜，需要進一步論證。可以肯定的是，詞對齊可以幫助人們分析機器翻譯的行為，甚至在最新的神經機器翻譯中，在神經網路模型中尋求兩種語言單字之間的對應關係也是對模型進行解釋的有效手段之一[258]。
- 基於單字的翻譯模型的解碼問題也是早期研究人員所關注的。比較經典的方法是貪婪方法[79]。也有研究人員對不同的解碼方法進行了對比[78]，並舉出了一些加速解碼的思路。隨後，有工作進一步對這些方法進行了改進[259,260]。實際上，基於單字的模型的解碼是一個 NP 完全問題[240]，這也是為什麼機器翻譯的解碼十分困難的原因。關於翻譯模型解碼演算法的時間複雜度也有很多討論[261-263]。

Chapter
06

基於扭曲度和繁衍率的模型

第 5 章展示了一種基於單字的翻譯模型。這種模型的形式非常簡單，而且其隱含的詞對齊資訊具有較好的可解釋性。不過，語言翻譯的複雜性遠遠超出人們的想像。語言翻譯主要有兩個問題——如何對「調序」問題進行建模，以及如何對「一對多翻譯」問題進行建模。一方面，調序是翻譯問題特有的現象，例如，將中文翻譯為日語需要對述詞進行調序。另一方面，一個單字在另一種語言中可能會被翻譯為多個連續的詞，例如，中文「聯合國」翻譯為英文會對應 3 個單字"The United Nations"。這種現象也被稱作一對多翻譯，它與句子長度預測有密切的聯繫。

無論是調序還是一對多翻譯，簡單的翻譯模型（如 IBM 模型 1）都無法對其進行很好的處理。因此，需要考慮對這兩個問題單獨建模。本章將對機器翻譯中兩個常用的概念進行介紹——扭曲度和繁衍率。它們被看作交換序和一對多翻譯現象的一種統計描述。基於此，本章將進一步介紹基於扭曲度和繁衍率的翻譯模型，建立相對完整的基於單字的統計建模系統。相關的概念和技術會在後續章節應用。

6.1 基於扭曲度的模型

本節介紹扭曲度在機器翻譯中的定義及使用方法。這也帶來了兩個新的翻譯模型——IBM 模型 2 和隱馬可夫模型[264]。

6.1.1 什麼是扭曲度

調序（Reordering）是自然語言翻譯中特有的語言現象。造成這個現象的主要原因在於不同語言之間語序的差異，如中文是「主謂賓」結構，而日語是「主賓謂」結構。即使在句子整體結構相似的語言上進行翻譯，調序也是頻繁出現的現象。如圖 6-1 所示，當一個主動語態的中文句子被翻譯為一個被動語態的英文句子時，如果直接順序翻譯，那麼翻譯結果"I with you am satisfied" 很明顯不符合英文語法。這時，就需要採取一些方法和手段在翻譯過程中對詞或短語進行調序，從而得到正確的翻譯結果。

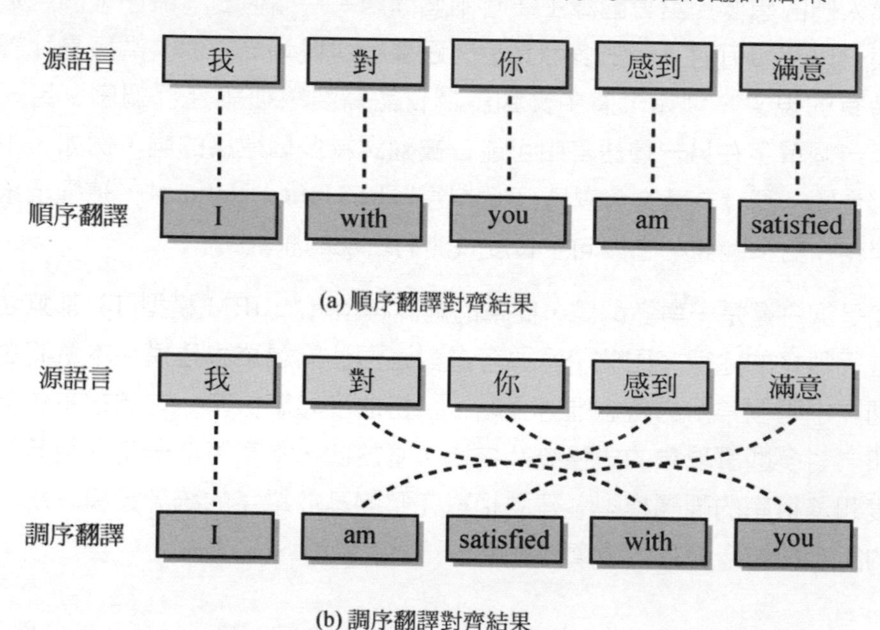

圖 6-1 順序翻譯和調序翻譯的實例對比

在交換序問題進行建模的方法中，最基本的方法是調序距離法。這裡，可以假設完全進行順序翻譯時，調序的「代價」是最低的。當調序出現時，可以用調序相對於順序翻譯產生的位置偏移來度量調序的程度，也被稱為調序距離。圖 6-2 展示了翻譯時兩種語言中詞的對齊矩陣。在圖 6-2(a) 中，系統需要跳過「對」和「你」翻譯「感到」和「滿意」，再回過頭翻譯「對」和「你」，這就完成了對單字的調序。這時，可以簡單地把需要跳過的單字數看作一種距離。

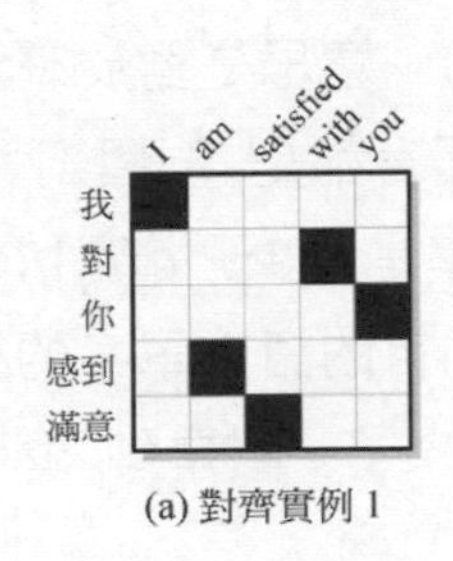

(a) 對齊實例 1

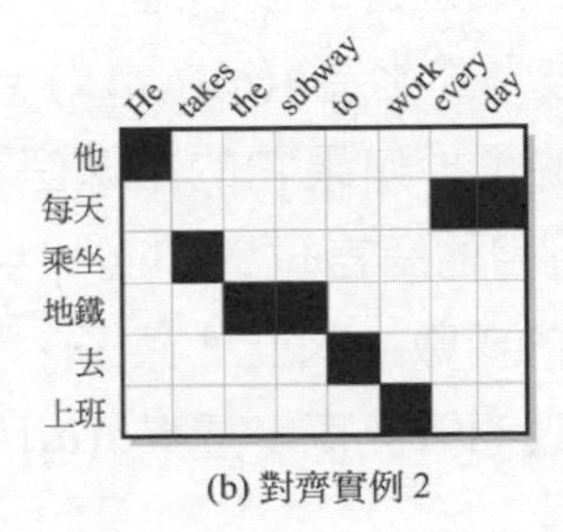

(b) 對齊實例 2

圖 6-2 中文到英文翻譯的對齊矩陣

可以看到，調序距離實際上是在度量目的語言詞序相對於來源語言詞序的一種扭曲程度。因此，常把這種調序距離稱作扭曲度（Distortion）。調序距離越大，對應的扭曲度也越大。例如，可以明顯看出圖 6-2(b)中調序的扭曲度比圖 6-2(a)中調序的扭曲度大，因此圖 6-2(b)所示實例的調序代價更大。

在機器翻譯中，使用扭曲度進行翻譯建模是一種十分自然的想法。接下來，介紹兩個基於扭曲度的翻譯模型，分別是 IBM 模型 2 和隱馬可夫模型。不同於 IBM 模型 1，它們利用了單字的位置資訊定義扭曲度，並將扭曲度融入翻譯模型中，使得對翻譯問題的建模更加合理。

6.1.2 IBM 模型 2

IBM 模型 1 極佳地化簡了翻譯問題，但由於使用了很強的假設，導致模型和實際情況有較大差異，其中一個比較嚴重的問題是假設詞對齊的生成機率服從均勻分佈。IBM 模型 2 拋棄了這個假設[10]。它認為詞對齊是有傾向性的，它與來源語言單字的位置和目的語言單字的位置有關。具體來說，對齊位置a_j的生成機率與位置j、來源語言句子長度m和目的語言句子長度l有關，形式化表述為

$$P(a_j|a_1^{j-1},s_1^{j-1},m,t) \equiv a(a_j|j,m,l) \tag{6-1}$$

還用第 5 章中的例子（圖 6-3）來説明。在 IBM 模型 1 中，「桌子」對齊到目的語言 4 個位置的機率是一樣的。但在 IBM 模型 2 中，「桌子」對齊到 "table" 被形式化為$a(a_j|j,m,l) = a(3|2,3,3)$，意思是對於來源語言位置 2（$j = 2$）的詞，如果它的來源語言和目的語言都是 3 個詞（$l = 3, m = 3$），對齊到目的語言位置 3（$a_j = 3$）的機率是多少？$a(a_j|j,m,l)$也是模型需要學習的參數，因此「桌子」對齊到不同目的語言單字的機率也是不一樣的。在理想情況下，透過$a(a_j|j,m,l)$，「桌子」對齊到 "table" 應該得到更高的機率。

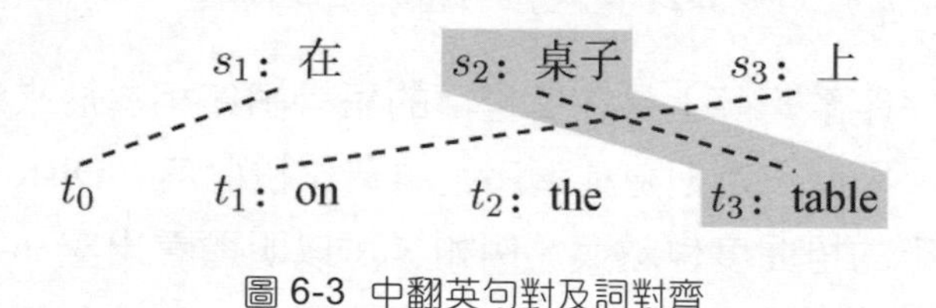

圖 6-3 中翻英句對及詞對齊

IBM 模型 2 的其他假設均與模型 1 相同，即來源語言長度預測機率和來源語言單字生成機率被定義為

$$P(m|t) \equiv \varepsilon \tag{6-2}$$

$$P(s_j|a_1^j,s_1^{j-1},m,t) \equiv f(s_j|t_{a_j}) \tag{6-3}$$

把式(6-1)～式(6-3)重新帶入式$P(s,a|t) = P(m|t)\prod_{j=1}^{m} P(a_j|a_1^{j-1}, s_1^{j-1},m,t)\, P(s_j|a_1^j, s_1^{j-1}, m,t)$和$P(s|t) = \sum_a P(s,a|t)$，可以得到 IBM 模型 2 的數學描述：

$$P(s|t) = \sum_a P(s,a|t)$$

$$= \sum_{a_1=0}^{l} \cdots \sum_{a_m=0}^{l} \varepsilon \prod_{j=1}^{m} a(a_j|j,m,l) f(s_j|t_{a_j}) \tag{6-4}$$

類似於 IBM 模型 1，IBM 模型 2 的運算式(6-4) 也能被拆分為兩部分進行理解。第一部分：遍歷所有的a；第二部分：對於每個a累加對齊機率$P(s,a|t)$，即計算對齊機率$a(a_j|j,m,l)$和單字翻譯機率$f(s_j|t_{a_j})$對所有來源語言位置的乘積。

同樣地，IBM 模型 2 的解碼及訓練最佳化和 IBM 模型 1 的十分相似，在此不再贅述，詳細的推導過程見 5.5 節。這裡直接舉出 IBM 模型 2 的最終運算式：

$$P(s|t) = \varepsilon \prod_{j=1}^{m} \sum_{i=0}^{l} a(i|j,m,l) f(s_j|t_i) \tag{6-5}$$

6.1.3 隱馬可夫模型

IBM 模型把翻譯問題定義為生成詞對齊的問題，模型翻譯品質的好壞與詞對齊有非常緊密的聯繫。IBM 模型 1 假設對齊機率僅依賴目的語言句子長度，即對齊機率服從均勻分佈；IBM 模型 2 假設對齊機率與來源語言、目的語言的句子長度，以及來源語言位置和目的語言位置相關。雖然 IBM 模型 2 已經覆蓋了一部分詞對齊問題，但該模型只考慮了單字的絕對位置，並未考慮相鄰單字間的關係。圖 6-4 展示了一個簡單中翻英句對及對齊的實例，可以看出，中文的每個單字都被分配給了英文句子中的一個單字，但是單字並不是任意分佈在各個位置上的，而是傾向於生成簇。也就是說，來源語言的兩個單字位置越近，它們的譯文在目的語言句子中的位置也越近。

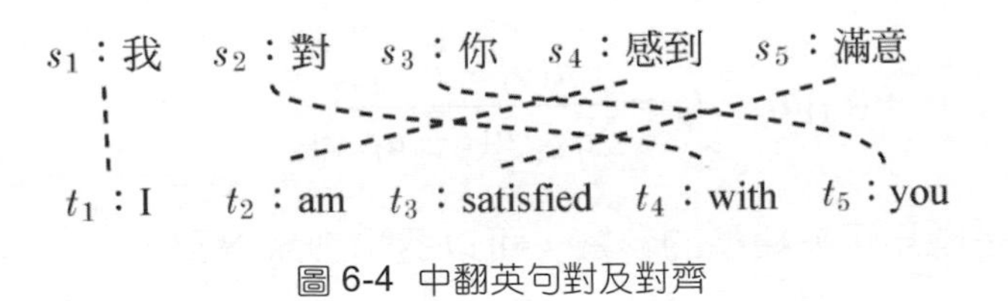

圖 6-4 中翻英句對及對齊

針對此問題，基於隱馬可夫模型的詞對齊模型拋棄了 IBM 模型 1 和 IBM 模型 2 的絕對位置假設，將一階隱馬可夫模型用於詞對齊問題[264]。基於隱馬可夫模型的詞對齊模型認為，單字與單字之間並不是毫無聯繫的，對齊機率應該取決於對齊位置的差異而非單字所在的位置。具體來説，位置j的對齊機率a_j與前一個位置$j-1$的對齊位置a_{j-1}和譯文長度l有關，形式化的表述為

$$P(a_j|a_1^{j-1},s_1^{j-1},m,t) \equiv P(a_j|a_{j-1},l) \tag{6-6}$$

用圖 6-4 所示的例子對式(6-6) 進行説明。在 IBM 模型 1 和 IBM 模型 2 中，單字的對齊都是與單字所在的絕對位置有關的。但在基於隱馬可夫模型的詞對齊模型中，「你」對齊到 "you" 被形式化為$P(a_j|a_{j-1},l)=P(5|4,5)$，意思是對於來源語言位置3($j=3$)上的單字，如果它的譯文是第 5 個目的語言單字，上一個對齊位置是4($a_2=4$)，對齊到目的語言位置5($a_j=5$)的機率是多少？在理想情況下，透過$P(a_j|a_{j-1},l)$，「你」對齊到 "you" 應該得到更高的機率，並且來源語言單字「對」和「你」距離很近，因此其對應的對齊位置 "with" 和 "you" 的距離也應該很近。

把公式$P(s_j|a_1^j,s_1^{j-1},m,t) \equiv f(s_j|t_{a_j})$和式(6-6) 重新帶入公式$P(s,a|t)=P(m|t)\prod_{j=1}^{m} P(a_j|a_1^{j-1},s_1^{j-1},m,t)P(s_j|a_1^j,s_1^{j-1},m,t)$ 和 $P(s|t)=\sum_a P(s,a|t)$，可得基於隱馬可夫模型的詞對齊模型的數學描述：

$$P(s|t)=\sum_a P(m|t)\prod_{j=1}^{m} P(a_j|a_{j-1},l)f(s_j|t_{a_j}) \tag{6-7}$$

此外，為了使得馬可夫模型的對齊機率$P(a_j|a_{j-1},l)$滿足歸一化的條件，這裡還假設其對齊機率只取決於a_j-a_{j-1}，即

$$P(a_j|a_{j-1},l)=\frac{\mu(a_j-a_{j-1})}{\sum_{i=1}^{l}\mu(i-a_{j-1})} \tag{6-8}$$

其中，$\mu(\cdot)$是隱馬可夫模型的參數，可以透過訓練得到。

需要注意的是，式(6-7) 之所以被看作一種隱馬可夫模型，是由於其形式與標準的一階隱馬可夫模型無異。$P(a_j|a_{j-1},l)$可以被看作一種狀態轉移機率，$f(s_j|t_{a_j})$可以被看作一種發射機率。關於隱馬可夫模型具體的數學描述也可參考第 3 章中的相關內容。

6.2 基於繁衍率的模型

下面介紹翻譯中的一對多問題，以及這個問題所帶來的句子長度預測問題。

6.2.1 什麼是繁衍率

從前面的介紹可知，IBM 模型 1 和 IBM 模型 2 把不同的來源語言單字看作相互獨立的單元進行詞對齊和翻譯。換句話說，即使某個來源語言短語中的兩個單字都對齊到同一個目的語言單字，它們之間也是相互獨立的。這樣，IBM 模型 1 和 IBM 模型 2 並不能極佳地描述多個來源語言單字對齊到同一個目的語言單字的情況。

這裡將會舉出另一個翻譯模型，能在一定程度上解決上面提到的問題[10,242]。該模型把目的語言生成來源語言的過程分解為幾個步驟：首先，確定每個目的語言單字生成來源語言單字的個數，這裡把它稱為繁衍率或產出率（Fertility）；其次，決定目的語言句子中每個單字生成的來源語言單字都是什麼，即決定生成的第一個來源語言單字是什麼，生成的第二個來源語言單字是什麼，依此類推。這樣，每個目的語言單字就對應了一個來源語言單字清單；最後，把各組來源語言單字清單中的每個單字都放置到合適的位置上，完成目的語言譯文到來源語言句子的生成。

對於句對(s,t)，令φ表示產出率，同時令τ表示每個目的語言單字對應的來源語言單字清單。圖 6-5 描述了基於產出率的翻譯模型的執行過程。

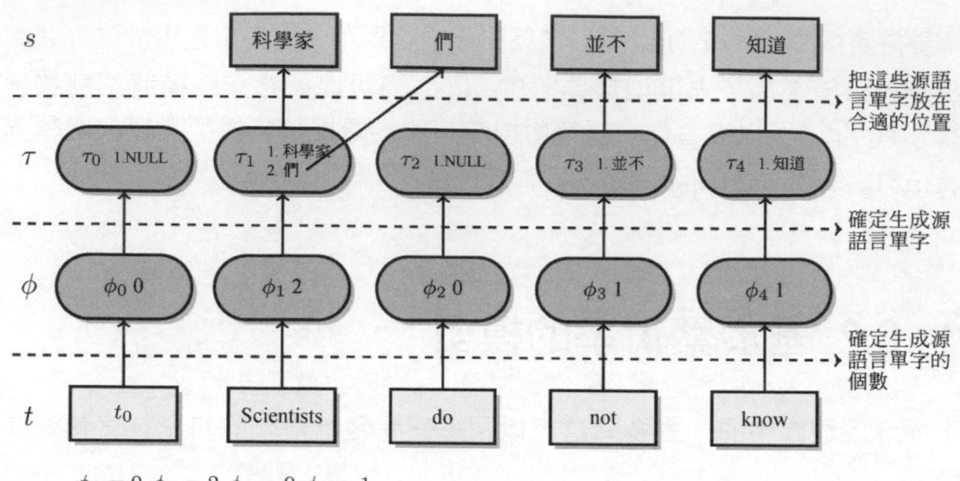

$\phi_0 = 0, \phi_1 = 2, \phi_3 = 0, \phi_4 = 1$

$\tau_0 = \{\}, \tau_1 = \{\tau_{11} ='\text{科學家}', \tau_{12} ='\text{們}'\}, \phi_3 = \{\tau_{31} ='\text{並不}'\}, \phi_4 = \{\tau_{41} ='\text{知道}'\}$

$\pi_0 = \{\}, \pi_1 = \{\pi_{11} = 1, \pi_{12} = 2\}, \pi_2 = \{\}, \pi_3 = \{\pi_{31} = 3\}, \pi_4 = \{\pi_{41} = 4\}$

圖 6-5 基於產出率的翻譯模型的執行過程

（1）對於每個英文單字t_i確定它的產出率φ_i。例如，"Scientists"的產出率是 2，可表示為$\varphi_1 = 2$。這表明它會生成 2 個中文單字。

（2）確定英文句子中每個單字生成的中文單字清單。例如，"Scientists"生成「科學家」和「們」兩個中文單字，可表示為 T τ_1={τ_{11}="科學家", τ_{12}="們"}。這裡用特殊的空白標記 NULL 表示翻譯對空的情況。

（3）把生成的所有中文單字放在合適的位置。例如，將「科學家」和「們」分別放在s的位置 1 和位置 2。可以用符號π記錄生成的單字在來源語言句子s中的位置。例如，"Scientists" 生成的中文單字在s 中的位置表示為$\pi_1 = \{\pi_{11} = 1, \pi_{12} = 2\}$。

為了表述清晰，這裡重新說明每個符號的含義。s、t、m和l分別表示來源語言句子、目的語言譯文、來源語言單字數量及譯文單字數量。$\boldsymbol{\varphi}$、$\boldsymbol{\tau}$ 和$\boldsymbol{\pi}$分別表示產出率、生成的來源語言單字及它們在來源語言句子中的位置。φ_i表示第i個目的語言單字t_i的產出率。τ_i和π_i 分別表示t_i生成的來源語言單字清單及其在來源語言句子s中的位置列表。

可以看出，一組τ和π（記為$<\tau,\pi>$）可以決定一個對齊a和一個來源語言句子s。相反，一個對齊a和一個來源語言句子s可以對應多組$<\tau,\pi>$。如圖 6-6 所示，不同的$<\tau,\pi>$對應同一個來源語言句子和詞對齊。它們的區別在於目的語言單字 "Scientists" 生成的來源語言單字「科學家」和「們」的順序不同。這裡把不同的$<\tau,\pi>$對應到的相同的來源語言句子s和對齊a記為$<s,a>$。因此，計算$P(s,a|t)$時需要把每個可能的結果的機率相加，如下：

$$P(s,a|t) = \sum_{<\tau,\pi>\in<s,a>} P(\tau,\pi|t) \tag{6-9}$$

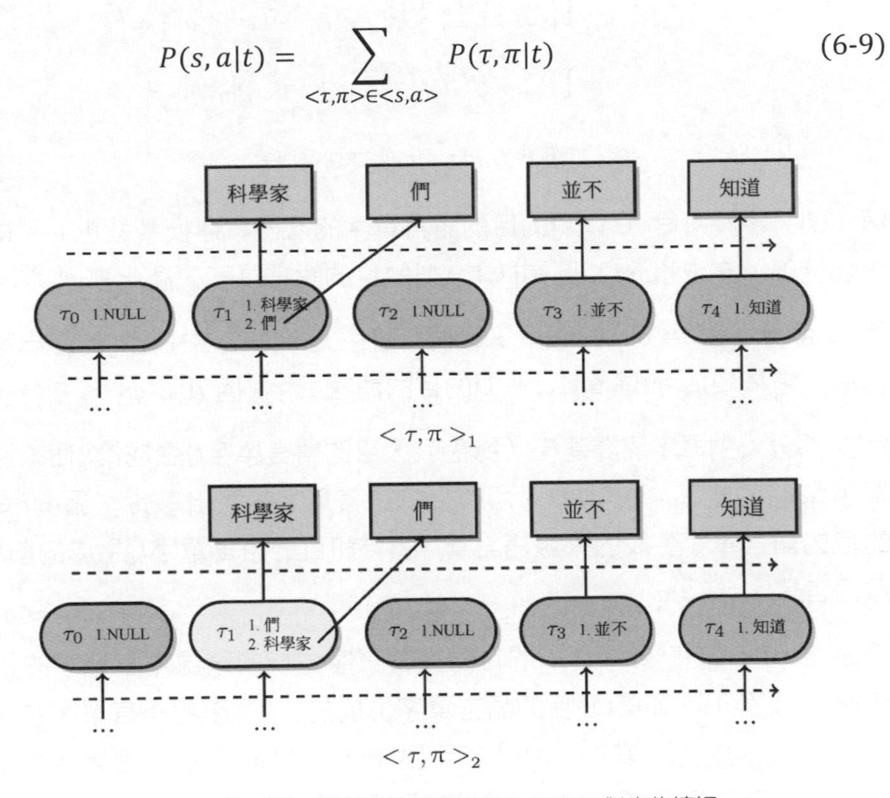

圖 6-6 不同τ和π對應相同的來源語言句子和詞對齊的情況

$<s,a>$中有多少組$<\tau,\pi>$呢？透過圖 6-5 中的例子，可以推出$<s,a>$應該包含$\prod_{i=0}^{l}\varphi_i!$個不同的二元組$<\tau,\pi>$。 這是因為在給定來源語言句子和詞對齊時，對於每一個τ_i都有$\varphi_i!$種排列。

進一步，$P(\tau,\pi|t)$可以被表示為如圖 6-7 所示的形式。其中，τ_{i1}^{k-1}表示$\tau_{i1}\cdots\tau_{i(k-1)}$，$\pi_{i1}^{k-1}$表示$\pi_{i1}\cdots\pi_{i(k-1)}$。可以把圖 6-7 中的公式分為 5 個部分，並用不同的序號和顏色進行標注。每部分的具體含義如下。

$$
\begin{aligned}
P(\tau,\pi|t) = & \prod_{i=1}^{l} P(\varphi_i|\varphi_1^{i-1},t) \times P(\varphi_0|\varphi_1^{l},t) \times \\
& \prod_{i=0}^{l}\prod_{k=1}^{\varphi_i} P(\tau_{ik}|\tau_{i1}^{k-1},\tau_1^{i-1},\varphi_0^{l},t) \times \\
& \prod_{i=1}^{l}\prod_{k=1}^{\varphi_i} P(\pi_{ik}|\pi_{i1}^{k-1},\pi_1^{i-1},\tau_0^{l},\varphi_0^{l},t) \times \\
& \prod_{k=1}^{\varphi_0} P(\pi_{0k}|\pi_{01}^{k-1},\pi_1^{l},\tau_0^{l},\varphi_0^{l},t)
\end{aligned}
$$

圖 6-7 $P(\tau,\pi|t)$的詳細運算式

第 1 部分：為每個$i \in [1,l]$的目的語言單字的產出率建模（紅色），即φ_i的生成機率。它依賴於t和區間$[1,i-1]$的目的語言單字的產出率φ_1^{i-1}[1]。

第 2 部分：對$i=0$時的產出率建模（藍色），即空白標記t_0的產出率生成機率。它依賴於t和區間$[1,i-1]$的目的語言單字的產出率φ_1^{l}。

第 3 部分：對單字翻譯建模（綠色），目的語言單字t_i生成第k個來源語言單字τ_{ik}時的機率，依賴於t、所有目的語言單字的產出率φ_0^{l}、區間$i \in [1,l]$的目的語言單字生成的來源語言單字τ_1^{i-1}和目的語言單字t_i生成的前k個來源語言單字τ_{i1}^{k-1}。

第 4 部分：對每個$i \in [1,l]$的目的語言單字生成的來源語言單字的扭曲度建模（ 黃色），即第i個目的語言單字生成的第k個來源語言單字在源文中的位置π_{ik} 的機率。其中，π_1^{i-1} 表示區間$[1,i-1]$的目的語言單字生成的來源語言單字的扭曲度，π_{i1}^{k-1}表示第i個目的語言單字生成的前$k-1$個來源語言單字的扭曲度。

[1] 這裡約定，當$i=1$時，φ_1^{0} 表示空。

第 5 部分：對$i = 0$時的扭曲度建模（ 灰色），即空白標記t_0生成來源語言位置的機率。

6.2.2 IBM 模型 3

IBM 模型 3 透過一些假設對圖 6-7 所示的基本模型進行了化簡。具體來說，對於每個 $i \in [1,l]$，假設 $P(\varphi_i|\varphi_1^{i-1},t)$ 僅依賴於 φ_i 和 t_i，$P(\pi_{ik}|\pi_{i1}^{k-1},\pi_1^{i-1},\tau_0^l,\varphi_0^l,t)$僅依賴於$\pi_{ik}$、$i$、$m$和$l$。而對於所有的$i \in [0,l]$，假設$P(\tau_{ik}|\tau_{i1}^{k-1},\tau_1^{i-1},\varphi_0^l,t)$僅依賴於$\tau_{ik}$和$t_i$，則這些假設的形式化描述為

$$P(\varphi_i|\varphi_1^{i-1},t) = P(\varphi_i|t_i) \tag{6-10}$$

$$P(\tau_{ik} = s_j|\tau_{i1}^{k-1},\tau_1^{i-1},\varphi_0^t,t) = t(s_j|t_i) \tag{6-11}$$

$$P(\pi_{ik} = j|\pi_{i1}^{k-1},\pi_1^{i-1},\tau_0^l,\varphi_0^l,t) = d(j|i,m,l) \tag{6-12}$$

通常，把$d(j|i,m,l)$稱為扭曲度函數。這裡$P(\varphi_i|\varphi_1^{i-1},t) = P(\varphi_i|t_i)$和$P(\pi_{ik} = j|\pi_{i1}^{k-1},\pi_1^{i-1},\tau_0^l,\varphi_0^l,t) = d(j|i,m,l)$僅對$1 \le i \le l$成立。這樣就完成了圖 6-7 中第 1、3 和 4 部分的建模。

需要單獨考慮$i = 0$的情況。實際上，t_0只是一個虛擬的單字。它要對應s中原本為空對齊的單字。這裡假設：要等其他非空對齊單字都被生成（放置）後，才考慮這些空對齊單字的生成（放置），即非空對齊單字都被生成後，在那些還有空的位置上放置這些空對齊的來源語言單字。此外，在任何空位置上放置空對齊的來源語言單字都是等機率的，即放置空對齊來源語言單字服從均勻分佈。這樣在已經放置了k個空對齊來源語言單字時，應該還有$\varphi_0 - k$個空位置。如果第j個來源語言位置為空，那麼

$$P(\pi_{0k} = j|\pi_{01}^{k-1},\pi_1^l,\tau_0^l,\varphi_0^l,t) = \frac{1}{\varphi_0-k} \tag{6-13}$$

否則

$$P(\pi_{0k} = j|\pi_{01}^{k-1},\pi_1^l,\tau_0^l,\varphi_0^l,t) = 0 \tag{6-14}$$

這樣，對於t_0所對應的τ_0，就有

$$\prod_{k=1}^{\varphi_0} P(\pi_{0k}|\pi_{01}^{k-1},\pi_1^l,\tau_0^l,\varphi_0^l,t)=\frac{1}{\varphi_0!} \tag{6-15}$$

而上面提到的t_0所對應的這些空位置是如何生成的呢？即如何確定哪些位置是要放置空對齊的來源語言單字。在 IBM 模型 3 中，假設在所有的非空對齊來源語言單字都被生成後（共$\varphi_1+\cdots+\varphi_l$個非空對來源語言單字），這些單字後面都以$p_1$機率隨機產生一個「槽」，用來放置空對齊單字。這樣，φ_0就服從了一個二項分佈。於是得到

$$P(\varphi_0|t)=\binom{\varphi_1+\cdots+\varphi_l}{\varphi_0}p_0^{\varphi_1+\cdots+\varphi_l-\varphi_0}p_1^{\varphi_0} \tag{6-16}$$

其中，$p_0+p_1=1$。至此，已經完成了圖 6-7 中第 2 部分和第 5 部分的建模。最終，根據這些假設可以得到$P(s|t)$的形式為

$$P(s|t)=\sum_{a_1=0}^{l}\cdots\sum_{a_m=0}^{l}[\binom{m-\varphi_0}{\varphi_0}p_0^{m-2\varphi_0}p_1^{\varphi_0}\prod_{i=1}^{l}\varphi_i!\,n(\varphi_i|t_i)$$

$$\times\prod_{j=1}^{m}t(s_j|t_{a_j})\times\prod_{j=1,a_j\neq 0}^{m}d(j|a_j,m,l)] \tag{6-17}$$

其中，$n(\varphi_i|t_i)=P(\varphi_i|t_i)$表示產出率的分佈。這裡的約束條件為

$$\sum_{s_x}t(s_x|t_y)=1 \tag{6-18}$$

$$\sum_{j}d(j|i,m,l)=1 \tag{6-19}$$

$$\sum_{\varphi}n(\varphi|t_y)=1 \tag{6-20}$$

$$p_0+p_1=1 \tag{6-21}$$

6.2.3 IBM 模型 4

IBM 模型 3 仍然存在問題，例如，它不能極佳地處理一個目的語言單字生成多個來源語言單字的情況。這個問題在 IBM 模型 1 和 IBM 模型 2 中也存在。如果一個目的語言單字對應多個來源語言單字，則這些來源語言單字往往會組成短語。IBM 模型 1～3 把這些來源語言單字看成獨立的單元，而實際上它們是一個整體。這就造成了在 IBM 模型 1～3 中這些來源語言單字可能會「分散」開。為了解決這個問題，IBM 模型 4 對 IBM 模型 3 進行了進一步修正。

為了闡述得更清楚，這裡引入新的術語——概念單元或概念（Concept）。詞對齊可以被看作概念之間的對應。這裡的概念是指具有獨立語法或語義功能的一組單字。依照 Brown 等人的表示方法[10]，可以把概念記為 cept.。每個句子都可以被表示成一系列的 cept.。要注意的是，來源語言句子中的 cept.數量不一定等於目標句子中的 cept.數量。有些 cept. 可以為空，因此可以把那些空對的單字看作空 cept.。例如，在圖 6-8 所示的實例中，「了」就對應一個空 cept.。

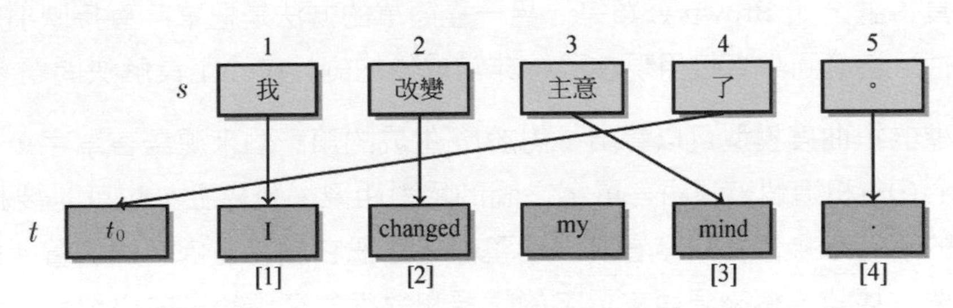

圖 6-8 詞對齊的中翻英句對及獨立單字 cept.的位置（記為[i]）

在 IBM 模型的詞對齊框架下，目的語言的 cept.只能是那些非空對齊的目的語言單字，而且每個 cept.只能由一個目的語言單字組成（通常，把這類由一個單字組成的 cept.稱為獨立單字 cept.）。這裡用[i]表示第i 個獨立單字 cept.在目的語言句子中的位置。換句話說，[i]表示第i個非空對的目的語言單字的位置。在本例中，"mind" 在t中的位置表示為[3]。

另外，可以用$\odot_i$表示位置為$[i]$的目的語言單字對應的來源語言單字位置的平均值，如果這個平均值不是整數，則對它向上取整。在本例中，目的語言句子中第 4 個 cept.（"."）對應來源語言句子中的第 5 個單字。可表示為$\odot_4 = 5$。

利用這些新引進的概念，IBM 模型 4 對 IBM 模型 3 的扭曲度進行了修改，主要是把扭曲度分解為兩類參數。對於$[i]$對應的來源語言單字清單($\tau_{[i]}$)中的第一個單字($\tau_{[i]1}$)，且$[i] > 0$，它的扭曲度用如下公式計算：

$$P(\pi_{[i]1} = j|\pi_1^{[i]-1}, \tau_0^l, \varphi_0^l, t) = d_1(j - \odot_{i-1} |A(t_{[i-1]}), B(s_j)) \tag{6-22}$$

其中，第i個目的語言單字生成的第k個來源語言單字的位置用變數π_{ik}表示。而對於列表($\tau_{[i]}$)中的其他單字($\tau_{[i]k}, 1 < k \leq \varphi_{[i]}$)的扭曲度，且$[i] > 0$，用如下公式計算：

$$P(\pi_{[i]k} = j|\pi_{[i]1}^{k-1}, \pi_1^{[i]-1}, \tau_0^l, \varphi_0^l, t) = d_{>1}(j - \pi_{[i]k-1}|B(s_j)) \tag{6-23}$$

這裡的函數$A(\cdot)$和函數$B(\cdot)$分別把目的語言和來源語言的單字映射到單字的詞類。這麼做的目的是減小參數空間的大小。詞類資訊通常可以透過外部工具得到，如 Brown 聚類等。另一種簡單的方法是把單字直接映射為它的詞性。這樣可以直接用現在已經非常成熟的詞性標注工具解決問題。

從改進的扭曲度模型可以看出，對於$t_{[i]}$生成的第一個來源語言單字，要考慮中心$\odot_{[i]}$和這個來源語言單字之間的絕對距離。實際上，也就是要把$t_{[i]}$生成的所有來源語言單字看成一個整體，並把它放置在合適的位置。這個過程要依據第一個來源語言單字的詞類和對應的來源語言中心位置，以及前一個非空的目的語言單字$t_{[i-1]}$的詞類。而對於$t_{[i]}$生成的其他來源語言單字，只需要考慮它與前一個剛放置完的來源語言單字的相對位置和這個來源語言單字的詞類。

實際上，上述過程要先用$t_{[i]}$生成的第一個來源語言單字代表整個$t_{[i]}$生成的單字清單，並把第一個來源語言單字放置在合適的位置。然後，相對於前一個剛生成的來源語言單字，把列表中的其他單字放置在合適的地方。這樣就可以在一定程度上保證由同一個目的語言單字生成的來源語言單字之間可以相互影響，達到改進的目的。

6.2.4 IBM 模型 5

IBM 模型 3 和 IBM 模型 4 並不是「準確」的模型。這兩個模型會把一部分機率分配給根本就不存在的句子。這個問題被稱作 IBM 模型 3 和 IBM 模型 4 的缺陷（Deficiency）。說得具體一些，IBM 模型 3 和 IBM 模型 4 中並沒有這樣的約束：已經放置了某個來源語言單字的位置不能再放置其他單字，也就是說，句子的任何位置只能放置一個詞，不能多也不能少。由於缺乏這個約束，IBM 模型 3 和 IBM 模型 4 在所有合法的詞對齊上的機率和不等於 1。 這部分缺失的機率被分配到其他不合法的詞對齊上。舉例來說，如圖 6-9 所示，「吃/早飯」和 "have breakfast" 之間的合法詞對齊用直線表示 。但是在 IBM 模型 3 和 IBM 模型 4 中， 它們的機率和為$0.9 < 1$。 損失的機率被分配到像a_5和a_6這樣的對齊上（紅色）。雖然 IBM 模型並不支援一對多的對齊，但是 IBM 模型 3 和 IBM 模型 4 把機率分配給這些「不合法」的詞對齊，也就產生了所謂的缺陷。

為了解決這個問題，IBM 模型 5 在模型中增加了額外的約束。基本想法是，在放置一個來源語言單字時檢查這個位置是否已經放置了單字。如果沒有放置單字，則對這個放置過程指定一定的機率，否則把它作為不可能事件。基於這個想法，就需要在一個一個放置來源語言單字時判斷來源語言句子的哪些位置為空。這裡引入一個變數$v(j, {\tau_1}^{[i]-1}, \tau_{[i]1}^{k-1})$，它表示在放置$\tau_{[i]k}$之前（$\tau_1^{[i]-1}$ 和$\tau_{[i]1}^{k-1}$已經被放置了），從來源語言句子的第一個位置到位置j（包含j）為止，還有多少個空位置。這裡，把這個變數簡寫為v_j。於是，對於$[i]$所對應的來源語言單字清單（$\tau_{[i]}$）中的第一個單字（$\tau_{[i]1}$），有

$$P(\pi_{[i]1} = j|\pi_1^{[i]-1}, \tau_0^l, \varphi_0^l, t) = d_1(v_j|B(s_j), v_{\odot_{i-1}}, v_m - (\varphi_{[i]} - 1)) \cdot (1 - \delta(v_j, v_{j-1})) \tag{6-24}$$

對於其他單字（$\tau_{[i]k}, 1 < k \leq \varphi_{[i]}$），有

$$P(\pi_{[i]k} = j|\pi_{[i]1}^{k-1}, \pi_1^{[i]-1}, \tau_0^l, \varphi_0^l, t)$$
$$= d_{>1}(v_j - v_{\pi_{[i]k-1}}|B(s_j), v_m - v_{\pi_{[i]k-1}} - \varphi_{[i]} + k) \cdot (1 - \delta(v_j, v_{j-1})) \quad (6\text{-}25)$$

這裡，因數$1 - \delta(v_j, v_{j-1})$是用來判斷第j個位置是否為空的。如果第j個位置為空，則$v_j = v_{j-1}$，這樣$P(\pi_{[i]1} = j|\pi_1^{[i]-1}, \tau_0^l, \varphi_0^l, t) = 0$。這就從模型上避免了 IBM 模型 3 和 IBM 模型 4 中生成不存在的字串的問題。還要注意的是，對於放置第一個單字的情況，影響放置的因素有v_j、$B(s_i)$和v_{j-1}。此外，還要考慮位置j放置了第一個來源語言單字以後它的右邊是不是還有足夠的位置留給剩下的$k - 1$個來源語言單字。參數$v_m - (\varphi_{[i]} - 1)$可以解決這個問題，這裡$v_m$表示整個來源語言句子中還有多少空位置，$\varphi_{[i]} - 1$表示來源語言位置$j$右邊至少還要留出的空格數。對於放置非第一個單字的情況，主要考慮它和前一個放置位置的相對位置。這主要表現在參數$v_j - v_{\varphi_{[i]}k-1}$上。式(6-25) 的其他部分都可以用上面的理論解釋，這裡不再贅述。

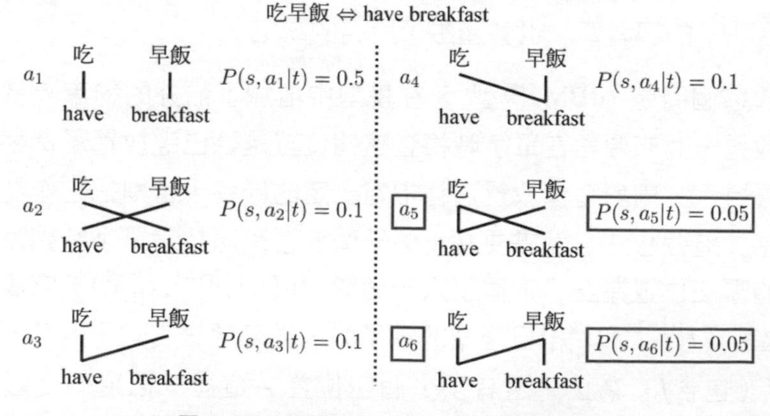

圖 6-9 IBM 模型 3 的詞對齊及機率分配

實際上，IBM 模型 5 和 IBM 模型 4 的思想基本一致，即先確定$\tau_{[i]1}$的絕對位置，再確定$\tau_{[i]}$中剩餘單字的相對位置。IBM 模型 5 消除了產生不存在的句子的可能性，不過 IBM 模型 5 的複雜性也大大增加了。

6.3 解碼和訓練

與 IBM 模型 1 一樣，IBM 模型 2～5 和隱馬可夫模型的解碼可以直接使用第 5 章描述的方法。基本思路與第 2 章描述的自左向右搜索方法一致，即對譯文自左向右生成，每次擴展一個來源語言單字的翻譯，即把來源語言單字的譯文放到已經生成的譯文的右側。每次擴展可以選擇不同的來源語言單字或者同一個來源語言單字的不同翻譯候選，這樣就可以得到多個不同的擴展譯文。在這個過程中，同時計算翻譯模型和語言模型的得分，對每個得到的譯文候選評分。最終，保留一個或者多個譯文。重複執行這個過程，直至所有來源語言單字被翻譯完。

類似地，IBM 模型 2～5 和隱馬可夫模型也都可以使用 EM 的方法進行模型訓練。相關數學推導可參考附錄 B。通常，可以使用這些模型獲得雙敘述子間的詞對齊結果，如使用 GIZA++工具。這時，往往會使用多個模型，把簡單的模型訓練後的參數作為初始值傳給後面更加複雜的模型。例如，先用 IBM 模型 1 訓練，把參數傳給 IBM 模型 2，再訓練，把參數傳給隱馬可夫模型等。值得注意的是，並不是所有的模型使用 EM 演算法都能找到全域最優解。特別是在 IBM 模型 3～5 的訓練中，使用一些剪枝和近似的方法，最佳化的真實目標函數會更加複雜。IBM 模型 1 是一個凸函數（Convex Function），因此理論上使用 EM 方法能夠找到全域最優解。更實際的好處是，IBM 模型 1 訓練的最終結果與參數的初始化過程無關。這就是為什麼在使用 IBM 系列模型時，往往會使用 IBM 模型 1 作為起始模型的原因。

6.4 問題分析

雖然 IBM 模型是一個時代的經典模型，但也留下了一些值得思考的問題。IBM 模型既表現了科學技術發展需要一步步前行，而非簡單的一蹴而就，也表現了機器翻譯問題的困難程度。下面對 IBM 存在的問題進行分析，同時舉出一些解決問題的思路，幫助讀者對機器翻譯問題有更深層次的理解。

6.4.1 詞對齊及對稱化

5 個 IBM 模型都是基於一個詞對齊的假設——一個來源語言單字最多只能對齊到一個目的語言單字。這個約束大大降低了建模的難度。在法英翻譯中，一對多的對齊情況並不多見，這個假設帶來的問題也不是那麼嚴重。但是，在像中英翻譯這樣的任務中，一個中文單字對應多個英文單字的翻譯很常見。這時，IBM 模型的詞對齊假設就出現了明顯的問題。例如，在翻譯「我/會/試一試/。」→ "I will have a try." 時，IBM 模型根本不能把單字「試一試」對齊到三個單字 "have a try"，因而可能無法得到正確的翻譯結果。

本質上，IBM 模型詞對齊的「不完整」問題是 IBM 模型本身的缺陷。解決這個問題有很多思路。一種思路是，反向訓練後，合併來源語言單字，再正向訓練。這裡以中英翻譯為例來解釋這個方法。首先反向訓練，就是把英文當作待翻譯語言，把中文當作目的語言進行訓練（參數估計）。這樣可以得到一個詞對齊結果（參數估計的中間結果）。在這個詞對齊結果裡，一個中文單字可對應多個英文單字。之後，掃描每個英文句子，如果有多個英文單字對應同一個中文單字，就把這些英文單字合併成一個英文單字。處理完之後，再把中文當作來源語言，把英文當作目的語言進行訓練。這樣就可以把一個中文單字對應到合併的英文單字上。雖然從模型上看，還是一個中文單字對應一個英文「單字」，但實際上，已經把這個中文單字對應到了多個英文單字上。訓練完之後，再利用這些參數進行翻譯（解碼），就能把一個中文單字翻譯成多個英文單字了。但是，反向訓練後再訓練也存在一些問題。首先，合併英文單字會使資料變得更稀疏，訓練不充分。其次，由於 IBM 模型的詞對齊結果並不是高精度的，利用它的詞對齊結果合併一些英文單字可能會造成嚴重的錯誤，例如，把本來很獨立的幾個單字合在了一起。因此，還要考慮實際需要和問題的嚴重程度來決定是否使用該方法。

另一種思路是在雙向對齊之後進行詞對齊對稱化（Symmetrization）。這個方法可以在 IBM 詞對齊的基礎上獲得對稱的詞對齊結果。思路很簡單，用正向（中文為來源語言，英文為目的語言）和反向（中文為目的語言，英文為來源語言）同時訓練。這樣可以得到兩個詞對齊結果。然後利用一些啟發性方法用這兩個詞對齊生成對稱的結果（如取「並集」、「交集」等），這樣就可以得到包含一對多和多對多的詞對齊結果[242]。例如，在基於短語的統計機器翻譯中，已經很成功地使用了這種詞對齊資訊進行短語的獲取。如今，對稱化仍然是很多自然語言處理系統的一個關鍵步驟。

6.4.2 「缺陷」問題

IBM 模型的缺陷是指翻譯模型會把一部分機率分配給一些根本不存在的來源語言字串。如果用$P(\text{well}|t)$表示$P(s|t)$在所有的正確的（可以視為語法上正確的）s上的和，即

$$P(\text{well}|t) = \sum_{s \text{ is well formed}} P(s|t) \tag{6-26}$$

類似地，用$P(\text{ill}|t)$表示$P(s|t)$在所有的錯誤的（可以視為語法上錯誤的）s上的和。如果$P(\text{well}|t) + P(\text{ill}|t) < 1$，就把剩餘的部分定義為$P(\text{failure}|t)$。它的形式化定義為

$$P(\text{failure}|t) = 1 - P(\text{well}|t) - P(\text{ill}|t) \tag{6-27}$$

本質上，IBM 模型 3 和 IBM 模型 4 就是對應$P(\text{failure}|t) > 0$的情況。這部分機率是模型損失的。有時，也把這類缺陷稱為物理缺陷（Physical Deficiency）或技術缺陷（Technical Deficiency）。還有一種缺陷被稱作精神缺陷（Spiritual Deficiency）或邏輯缺陷（Logical Deficiency），它是指

$P(\text{well}|t) + P(\text{ill}|t) = 1$ 且$P(\text{ill}|t) > 0$的情況。IBM 模型 1 和 IBM 模型 2 就有邏輯缺陷。可以注意到，技術缺陷只存在於 IBM 模型 3 和 IBM 模型 4 中，IBM 模型 1 和 IBM 模型 2 並沒有技術缺陷問題。根本原因在於 IBM 模型 1 和 IBM 模型 2 的詞對齊是從來源語言出發對應到目的語言的，t到s的翻譯過程實際上是從單字s_1開始到單字s_m 結束，依次把每個來源語言單字s_j對應到唯一一個目的語言位置。顯然，這個過程能夠保證每個來源語言單字僅對應一個目的語言單字。但是，IBM 模型 3 和 IBM 模型 4 中的對齊是從目的語言出發對應到來源語言，t到s的翻譯過程是從t_1開始到t_l結束，依次把目的語言單字t_i生成的單字對應到某個來源語言位置上。這個過程不能保證t_i中生成的單字所對應的位置沒有被其他單字佔用，因此也就產生了缺陷。

還要強調的是，技術缺陷是 IBM 模型 3 和 IBM 模型 4 本身的缺陷造成的，如果有一個「更好」的模型，就可以完全避免這個問題。而邏輯缺陷幾乎是不能從模型上根本解決的，因為對於任意一種語言，都不能枚舉所有的句子（$P(\text{ill}|t)$實際上是得不到的）。

IBM 模型 5 已經解決了技術缺陷的問題，但邏輯缺陷很難解決，因為即使對人來說，也很難判斷一個句子是「良好」的句子。當然，可以考慮用語言模型來緩解這個問題，由於在翻譯時來源語言句子都是定義「良好」的句子，$P(\text{ill}|t)$對$P(s|t)$的影響並不大。輸入的來源語言句子s的「良好性」並不能解決技術缺陷，因為技術缺陷是模型的問題或者模型參數估計方法的問題。無論輸入什麼樣的s，IBM 模型 3 和 IBM 模型 4 的技術缺陷問題都存在。

6.4.3 句子長度

在 IBM 模型中，$P(t)P(s|t)$會隨目的語言句子長度的增加而減少，因為這種模型由多個機率化的因素組成，乘積項越多，結果的值越小。也就是

說，IBM 模型更傾向於選擇長度短一些的目的語言句子。顯然，這種對短句子的偏向性並不是機器翻譯所期望的。

這個問題在很多機器翻譯系統中都存在。它實際上也是一種系統偏置（System Bias）的表現。為了消除這種偏置，可以透過在模型中增加一個短句子懲罰因數來抵消模型對短句子的傾向性。例如，可以定義一個懲罰因數，它的值隨長度的減小而增加。不過，簡單引入這樣的懲罰因數會導致模型並不符合一個嚴格的雜訊通道模型。它對應一個基於判別式框架的翻譯模型，這部分內容將在第 7 章介紹。

6.4.4 其他問題

IBM 模型 5 的意義是什麼？IBM 模型 5 的提出是為了消除 IBM 模型 3 和 IBM 模型 4 的缺陷。缺陷的本質是：$P(s,a|t)$在所有合理的對齊上機率和不為 1。在這裡，我們更關心哪個對齊a使$P(s,a|t)$達到最大，即使$P(s,a|t)$不符合機率分佈的定義，也並不影響我們尋找理想的對齊a。從工程的角度看，$P(s,a|t)$不歸一並不是一個十分嚴重的問題。到目前為止，有太多對 IBM 模型 3 和 IBM 模型 4 中的缺陷進行系統性的實驗和分析，但對於這個問題到底有多嚴重並沒有定論。當然，用 IBM 模型 5 是可以解決這個問題的。但如果用一個非常複雜的模型去解決一個並不產生嚴重後果的問題，那這個模型也就沒有太大意義了（從實踐的角度看）。

cept.的意義是什麼？經過前面的分析可知，IBM 模型的詞對齊模型使用了 cept.這個概念。在 IBM 模型中使用的 cept.最多只能對應一個目的語言單字（模型並沒有用到來源語言 cept. 的概念），因此可以直接用單字代替 cept.。這樣，即使不引入 cept.的概念，也並不影響 IBM 模型的建模。實際上，cept.的引入確實可以幫助我們從語法和語義的角度解釋詞對齊過程。不過，這個方法在 IBM 模型中的效果究竟如何還沒有定論。

6.5 小結及拓展閱讀

本章在 IBM 模型 1 的基礎上進一步介紹了 IBM 模型 2～5 及隱馬可夫模型。同時，引入了兩個新的概念——扭曲度和繁衍率。它們都是機器翻譯中的經典概念，也經常出現在機器翻譯的建模中。另外，透過對上述模型的分析，本章進一步探討了建模中的若干基礎問題，例如，如何把翻譯問題分解為若干步驟，並建立合理的模型解釋這些步驟；如何對複雜問題進行化簡，以得到可以計算的模型，等等。這些思想也在很多自然語言處理問題中被使用。此外，關於扭曲度和繁衍率還有一些問題值得關注：

- 扭曲度是機器翻譯中的一個經典概念。廣義上講，事物位置的變換都可以用扭曲度進行描述，例如，在物理成像系統中，扭曲度模型可以幫助我們進行鏡頭校正[265,266]。在機器翻譯中，扭曲度本質上在描述來源語言和目的語言單字順序的偏差。這種偏差可以用於交換序的建模。因此，扭曲度的使用也被看作一種交換序問題的描述，這也是機器翻譯區別於語音辨識等任務的主要因素之一。在早期的統計機器翻譯系統中，如 Pharaoh[81]，大量使用了扭曲度這個概念。雖然，隨著機器翻譯的發展，更複雜的調序模型被提出[23,267-271]，但扭曲度所引發的交換序問題的思考是非常深刻的，這也是 IBM 模型最大的貢獻之一。

- IBM 模型的另一個貢獻是在機器翻譯中引入了繁衍率的概念。本質上，繁衍率是一種對翻譯長度的建模。在 IBM 模型中，透過計算單字的繁衍率就可以得到整個句子的長度。需要注意的是，在機器翻譯中，譯文長度對翻譯性能有著至關重要的影響。雖然，在很多機器翻譯模型中並沒有直接使用繁衍率這個概念，但幾乎所有的現代機器翻譯系統中都有譯文長度的控制模組。例如，在統計機器翻譯和神經機器翻譯中，都把譯文單字數量作為一個特徵，用於生成合理長度的譯文[22,80,272]。此外，在神經機器翻譯中，在非自回歸的解碼中也使用繁衍率模型對譯文長度進行預測[273]。

Chapter

07

基於短語的模型

機器翻譯的一個基本問題是定義翻譯的基本單元。例如，可以像第 5 章介紹的那樣，以單字為單位進行翻譯，即把句子的翻譯看作單字之間對應關係的一種組合。基於單字的模型是符合人類對翻譯問題的認知的，因為單字本身就是人類加工語言的一種基本單元。在進行翻譯時，也可以使用一些更「複雜」的知識。例如，很多詞語間的搭配需要根據語境的變化進行調整，而且對於句子結構的翻譯往往需要更上層的知識，如句法知識。因此，在對單字翻譯進行建模的基礎上，繼續探索其他類型的翻譯知識，才能使搭配和結構翻譯等問題更好地被建模。

在過去 20 年中，基於短語的模型一直是機器翻譯的主流方法。與基於單字的模型相比，基於短語的模型可以更好地對單字間的搭配和小範圍依賴關係進行描述。這種方法也在相當長的一段時期內佔據著機器翻譯領域的統治地位。即使近些年神經機器翻譯逐漸崛起，基於短語的模型仍然是機器翻譯的主要框架之一，其中的思想和很多技術手段對如今的機器翻譯研究仍然有很好的借鏡意義。

7.1 翻譯中的短語資訊

不難發現，基於單字的模型並不能極佳地捕捉單字間的搭配關係。相比之下，使用更大顆粒度的翻譯單元是一種對搭配進行處理的方法。下面介紹基於單字的模型所產生的問題及如何使用基於短語的模型來緩解該問題。

7.1.1 詞的翻譯帶來的問題

首先，回顧基於單字的統計翻譯模型是如何完成翻譯的。圖 7-1 展示了一個基於單字的翻譯實例，其左側是一個單字的「翻譯表」，它記錄了來源語言（中文）單字和目的語言（英文）單字之間的對應關係，以及這種對應的可能性大小（用P表示）。在翻譯時，會使用這些單字級的對應生成譯文。圖 7-1 的右側是一個基於詞的模型生成的翻譯結果，其中s和t分別表示來源語言和目的語言句子，單字之間的連線表示兩個句子中單字級的對應。

圖 7-1 表現的是一個典型的基於單字對應關係的翻譯方法。它非常適合組合性翻譯（Compositional Translation）的情況，也就是通常說的直譯。不過，自然語言作為人類創造的高級智慧的載體，遠比想像的複雜。例如，即使是同一個單字，詞義也會根據不同的語境產生變化。

單詞翻譯表	P
我 → I	0.6
喜歡 → like	0.3
綠 → green	0.9
茶 → tea	0.8

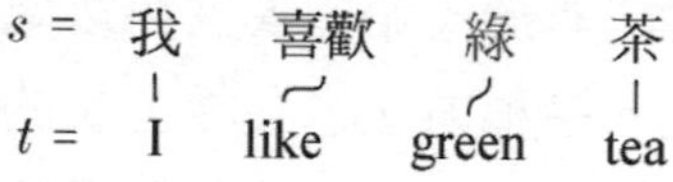

s = 我 喜歡 綠 茶

t = I like green tea

圖 7-1 基於單字的翻譯實例

圖 7-2 舉出了一個新的例子，為了便於閱讀，單字之間用空格或者反斜線進行分割。如果同樣使用機率化的單字翻譯對問題進行建模，則對於輸入的句子「我/喜歡/紅/茶」，翻譯機率最大的譯文是"I like red tea"。 顯然，

"red tea" 並不是英文中「紅/茶」的譯文，正確的譯文應該是"black tea"。

單詞翻譯表	P
我 → I	0.6
喜歡 → like	0.3
紅 → red	0.8
紅 → black	0.1
茶 → tea	0.8

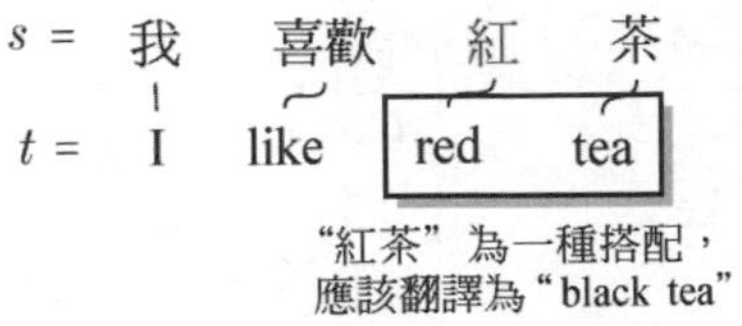

圖 7-2 基於單字的模型對固定搭配「紅/茶」進行翻譯

這裡的問題在於，"black tea"不能透過「紅」和「茶」這兩個單字直譯的結果組合而成，也就是說，把「紅」翻譯為 "red" 並不符合「紅/茶」這種特殊搭配的翻譯。雖然在訓練資料中「紅」有很高的機率被翻譯為"red"，但在本例中，應該選擇機率更低的譯文 "black"。那如何做到這一點呢？如果讓人來做，則這個事不難，因為所有人學習英文時都知道「紅」和「茶」放在一起組成了一個短語，或者說一種搭配，這種搭配的譯文是固定的，記住就好。同理，如果機器翻譯系統也能學習並記住這樣的搭配，就可以做得更好。這也就形成了基於短語的機器翻譯建模的基本思路。

7.1.2 更大粒度的翻譯單元

既然僅僅使用單字的直譯不能覆蓋所有的翻譯現象，那就考慮在翻譯中使用更大顆粒度的單元，這樣能夠對更大範圍的搭配和依賴關係進行建模。一種非常簡單的方法是把單字擴展為n-gram，這裡視為短語（Phrase）。也就是說，翻譯的基本單元是一個個連續的詞串，而非一個個相互獨立的單字。

圖 7-3 展示了一個引入短語之後的翻譯結果，其中的翻譯表不僅包含來源語言和目的語言單字之間的對應，同時包括短語（n-gram）的翻譯。這樣，「紅/茶」可以作為一個短語包含在翻譯表中，它所對應的譯文是 "black tea"。對於待翻譯句子，可以使用單字翻譯的組合得到「紅/茶」的

譯文 "red tea"，也可以直接使用短語翻譯得到 "black tea"。短語翻譯「紅/茶 → black tea」的機率更高，因此最終會輸出正確的譯文 "black tea"。

詞串翻譯表	P
我 → I	0.6
喜歡 → like	0.3
紅 → red	0.8
紅 → black	0.1
茶 → tea	0.8
我/喜歡 → I like	0.3
我/喜歡 → I liked	0.2
綠/茶 → green tea	0.5
綠/茶 → the green tea	0.1
紅/茶 → black tea	0.7
……	

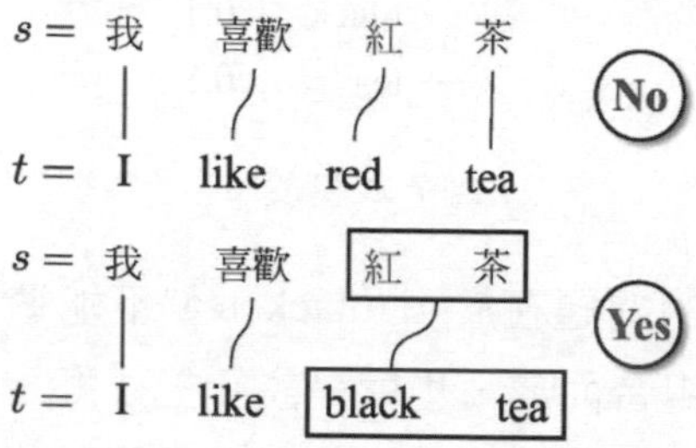

$s =$ 我 喜歡 紅 茶
$t =$ I like red tea
No

$s =$ 我 喜歡 紅 茶
$t =$ I like black tea
Yes

圖 7-3 基於短語（n-gram）的翻譯的實例

一般來説，統計機器翻譯的建模對應著一個兩階段的過程：首先，得到每個翻譯單元所有可能的譯文；然後，透過對這些譯文的組合得到可能的句子翻譯結果，並選擇最佳的目的語言句子輸出。如果基本的翻譯單元被定義下來，則機器翻譯系統可以學習這些單元翻譯所對應的翻譯知識（對應訓練過程），之後運用這些知識對新的句子進行翻譯（對應解碼過程）。

圖 7-4 舉出了基於單字的機器翻譯過程的範例。首先，每個單字的候選譯文都被列舉出來，而機器翻譯系統就是要找到覆蓋所有來源語言單字的一條路徑，且對應的譯文機率是最高的。例如，圖中的紅色折線代表了一條翻譯路徑，也就是一個單字譯文的序列[1]。

[1] 為了簡化問題，這裡沒有描述單字譯文的調序。對於調序的建模，可以把它當作對目的語言單字串的排列，這個排列的好壞需要用額外的調序模型描述。詳見 7.4 節。

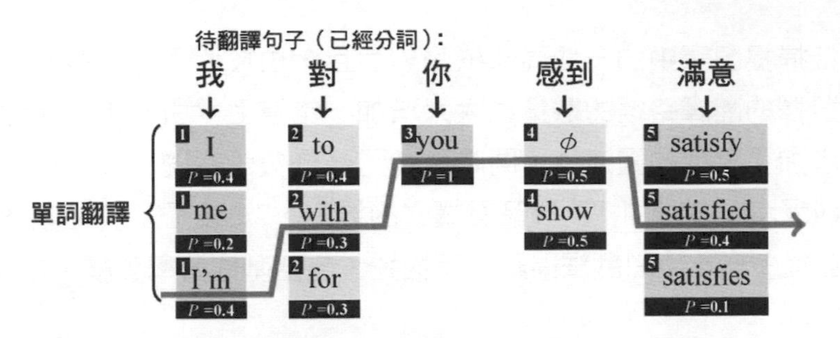

圖 7-4 基於單字的翻譯被看作一條「路徑」

在引入短語翻譯之後，並不需要對上述過程進行太大的修改。仍然可以把翻譯當作一條貫穿來源語言所有單字譯文的路徑，只是這條路徑中會包含短語，而非一個個單字。圖 7-5 舉出了一個實例，其中的藍色折線表示包含短語的翻譯路徑。

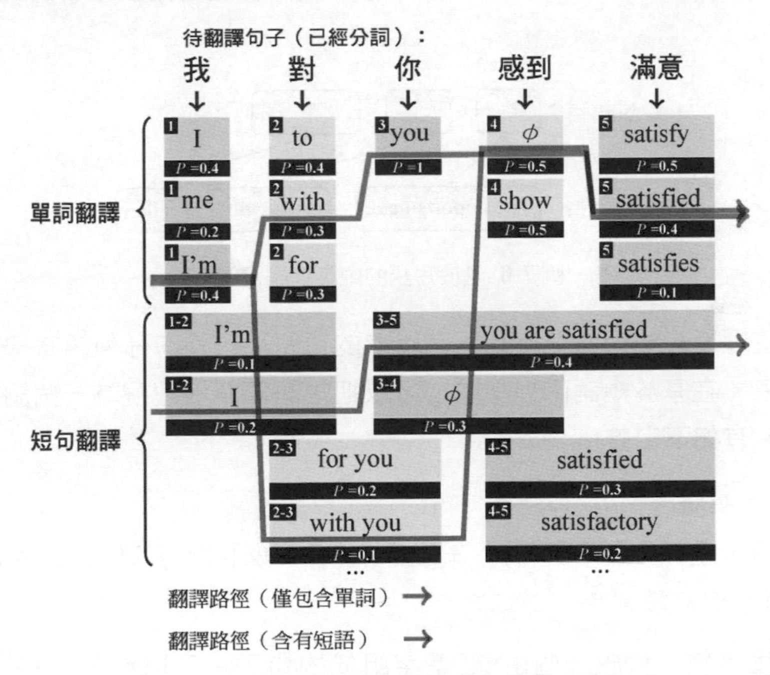

圖 7-5 翻譯被看作由單字和短語組成的「路徑」

實際上，單字本身也是一種短語。從這個角度看，基於單字的翻譯模型是包含在基於短語的翻譯模型中的。這裡所說的短語包括多個連續的單字，可以直接捕捉翻譯中的一些局部依賴。而且，由於引入了更多樣的翻譯單元，可選擇的翻譯路徑的數量也大大增加。本質上，引入更大顆粒度的翻譯單元增加了模型的靈活性，同時增大了翻譯假設空間。如果建模合理，更多的翻譯路徑會增加找到高品質譯文的機會。7.2 節還將介紹基於短語的模型，並從多個角度對翻譯問題進行描述，包括基礎數學建模、調序等。

7.1.3 機器翻譯中的短語

基於短語的機器翻譯的基本假設是：雙敘述子的生成可以用短語之間的對應關係進行表示。圖 7-6 展示了一個基於短語的中英翻譯實例。可以看到，這裡的翻譯單元是連續的詞串。例如，「進口」的譯文 "The imports have" 包含了 3 個單字，而「下降/了」也是一個包含兩個單字的來源語言片段。

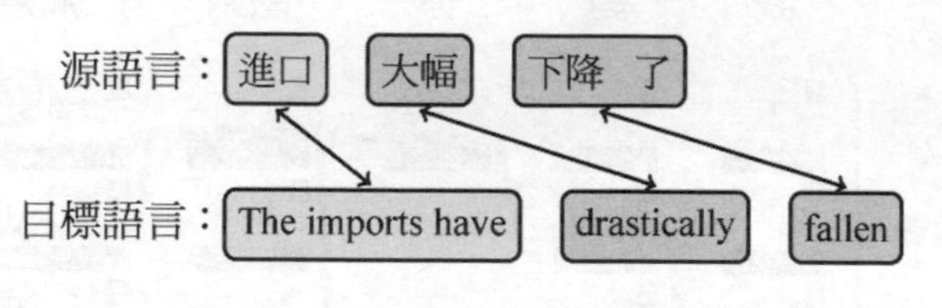

圖 7-6 基於短語的中英翻譯實例

不過，這裡所說的短語並不是語言學上的短語，也沒有任何語言學句法的結構約束。在基於短語的模型中，可以把短語簡單地理解為一個詞串。具體來說，有如下定義。

定義 7.1：短語

對於一個句子$w = \{w_1 \cdots w_n\}$，任意子串$\{w_i \cdots w_j\}(i \leq j$且$0 \leq i,j \leq n)$都是句子$w$的一個短語。

根據這個定義，對於一個由n個單字組成的句子，可以包含$\frac{n(n-1)}{2}$個短語（子串）。進一步，可以把每個句子看作由一系列短語組成的序列。組成這個句子的短語序列也可以被看作句子的一個短語切分（Phrase Segmentation）。

定義 7.2：句子的短語切分

如果一個句子$w = \{w_1 \cdots w_n\}$可以被切分為m個子串，則稱w由m個短語組成，記為$w = \{p_1 \cdots p_m\}$，其中p_i是w的一個短語，$\{p_1, \cdots, p_m\}$也被稱作句子w的一個短語切分。

例如，對於一個句子，「機器/翻譯/是/一/項/很有/挑戰/的/任務」，一種可能的短語切分為：

$$p_1 = \text{機器/翻譯}$$

$$p_2 = \text{是/一/項}$$

$$p_3 = \text{很有//挑戰/的}$$

$$p_4 = \text{任務}$$

進一步，把單語短語的概念推廣到雙語的情況：

定義 7.3：雙語短語對（或短語對）

對於來源語言和目的語言句對(s, t)，s中的一個短語$\bar{s}_i$和t中的一個短語$\bar{t}_j$可以組成一個雙語短語對$(\bar{s}_i, \bar{t}_j)$，簡稱 短語對（Phrase Pairs）$(\bar{s}_i, \bar{t}_j)$。

也就是說，來源語言句子中任意的短語和目的語言句子中任意的短語都組成一個雙語短語。這裡用↔表示互譯關係。對於一個雙敘述對「牛肉的/進口/大幅/下降/了 ↔ the import of beef has drastically fallen」，可以得到很多雙語短語，例如：

大幅度 ↔ drastically

大幅/下降 ↔ has drastically fallen

牛肉的/進口 ↔ import of beef

進口/大幅度 ↔ import has drastically

大幅/下降/了 ↔ drastically fallen

了 ↔ have drastically

… …

接下來的問題是，如何使用雙語短語描述雙敘述子的生成，即句子翻譯的建模問題。在基於詞的翻譯模型裡，可以用詞對齊來描述雙敘述子的對應關係。類似地，也可以使用雙語短語描述句子的翻譯。這裡，借用形式文法中推導的概念。把生成雙敘述對的程序定義為一個基於短語的翻譯推導：

定義 7.4：基於短語的翻譯推導

對於來源語言和目的語言句對(s,t)，分別有短語切分$\{\bar{s}_i\}$和$\{\bar{t}_j\}$，且$\{\bar{s}_i\}$和$\{\bar{t}_j\}$之間存在一一對應的關係。令$\{\bar{a}_j\}$表示$\{\bar{t}_j\}$中每個短語對應到來源語言短語的編號，則稱短語對$\{(\bar{s}_{\bar{a}_j},\bar{t}_j)\}$組成了$s$到$t$的 基於短語的翻譯推導（簡稱推導），記為$d(\{(\bar{s}_{\bar{a}_j},\bar{t}_j)\},s,t)$（簡記為$d(\{(\bar{s}_{\bar{a}_j},\bar{t}_j)\})$或$d$）。

基於短語的翻譯推導定義了一種從來源語言短語序列到目的語言短語序列的對應，其中來源語言短語序列是來源語言句子的一種切分，同樣地，目的語言短語序列是目的語言句子的一種切分。翻譯推導提供了一種描述翻譯過程的手段：對於一個來源語言句子，可以找到從它出發的翻譯推導，推導中短語的目的語言部分就組成了譯文。也就是說，每個來源語言句子s上的一個推導d都蘊含著一個目的語言句子t。

圖 7-7 舉出了一個由 3 個雙語短語$\{(\bar{s}_{\bar{a}_1},\bar{t}_1),(\bar{s}_{\bar{a}_2},\bar{t}_2),(\bar{s}_{\bar{a}_3},\bar{t}_3)\}$組成的中英互譯句對，其中短語對齊資訊為$\bar{a}_1=1,\bar{a}_2=2,\bar{a}_3=3$。這裡，可以把這 3 個短語對的組合看作翻譯 推導，形式化表示為

$$d=(\bar{s}_{\bar{a}_1},\bar{t}_1)\circ(\bar{s}_{\bar{a}_2},\bar{t}_2)\circ(\bar{s}_{\bar{a}_3},\bar{t}_3) \tag{7-1}$$

其中，$\circ$表示短語的組合[2]。

[2] 短語的組合是指將兩個短語a和b進行拼接，形成新的短語 ab。在機器翻譯中，可以把雙語短語的組合看作對目標語短語的組合。例如，對於兩個雙語短語$(\bar{s}_{\bar{a}_1},\bar{t}_1),(\bar{s}_{\bar{a}_2},\bar{t}_2)$，短語的組合表示將$\bar{t}_1$和$\bar{t}_2$進行組合，而來源語言端作為輸入已經給定，因此直接匹配來源語言句子中相應的部分即可。根據兩個短語在來源語言中位置的不同，通常又分為順序翻譯、反序翻譯、不連續翻譯。這部分內容將在 7.4 節介紹。

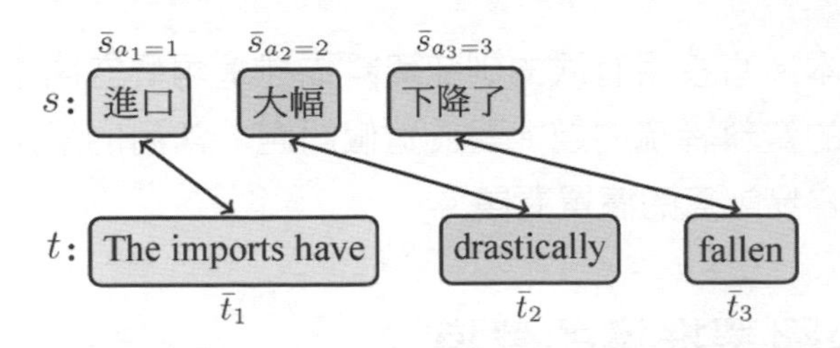

圖 7-7 3 個雙語短語$\{(\bar{s}_{\bar{a}_1},\bar{t}_1),(\bar{s}_{\bar{a}_2},\bar{t}_2),(\bar{s}_{\bar{a}_3},\bar{t}_3)\}$組成的中英互譯句對

至此，就獲得了一個基於短語的翻譯模型。對於每個雙敘述對(s,t)，每個翻譯推導d都對應了一個基於短語的翻譯過程。而基於短語的機器翻譯的目標就是對d進行描述。為了實現基於短語的翻譯模型，有 4 個基本問題需要解決：

- 如何用統計模型描述每個翻譯推導的好壞，即翻譯的統計建模問題。
- 如何獲得可使用的雙語短語對，即短語翻譯獲取問題。
- 如何對翻譯中的調序問題進行建模，即調序問題。
- 如何找到輸入句子s的最佳譯文，即解碼問題。

這 4 個問題也組成了基於短語的翻譯模型的核心，下面逐一展開介紹。

7.2 數學建模

對於統計機器翻譯，其目的是找到輸入句子的可能性最大的譯文：

$$t = \arg\max_{t} P(t|s) \tag{7-2}$$

其中，s是輸入的來源語言句子，t是一個目的語言譯文。$P(t|s)$被稱為翻譯模型，它描述了把s翻譯為t的可能性。透過$\arg\max P(t|s)$ 可以找到使$P(t|s)$達到最大的t。

這裡的第一個問題是如何定義$P(t|s)$。直接描述$P(t|s)$是非常困難的，因為s和t分別對應了巨大的樣本空間，而在訓練資料中能觀測到的只是空間中

的一小部分樣本。直接用有限的訓練資料描述這兩個空間中樣本的對應關係會面臨嚴重的資料稀疏問題。對於這個問題，常用的解決辦法是把複雜的問題轉化為容易計算的簡單問題。

7.2.1 基於翻譯推導的建模

基於短語的翻譯模型假設s到t的翻譯可以用翻譯推導進行描述，這些翻譯推導都是由雙語短語組成的。於是，兩個句子之間的映射可以被看作一個個短語的映射。顯然，短語翻譯的建模要比整個句子翻譯的建模簡單得多。從模型上看，可以把翻譯推導d當作從s到t翻譯的一種隱含結構。這種結構定義了對問題的一種描述，即翻譯由一系列短語組成。根據這個假設，可以把句子的翻譯機率定義為

$$P(t|s) = \sum_{d} P(d,t|s) \tag{7-3}$$

式(7-3) 中，$P(d,t|s)$表示翻譯推導的機率。雖然式(7-3) 把翻譯問題轉化成了翻譯推導的生成問題，但由於翻譯推導的數量十分巨大[3]，式(7-3) 的右端需要對所有可能的推導進行枚舉並求和，這幾乎是無法計算的。

對於這個問題，一種常用的解決辦法是利用一個化簡的模型來近似完整的模型。如果把翻譯推導的整體看作一個空間D，則可以從D中選取一部分樣本參與計算，而非對整個D進行計算。例如，可以用最好的n個翻譯推導代表整個空間D。令$D_{n-\text{best}}$表示最好的n個翻譯推導所組成的空間，於是可以定義：

$$P(t|s) \approx \sum_{d \in D_{n-\text{best}}} P(d,t|s) \tag{7-4}$$

---

[3] 如果把推導看作一種樹結構，則推導的數量與詞串的長度成指數關係。

進一步，把式(7-4) 帶入式(7-2)，可以得到翻譯的目標為

$$\hat{t} = \arg\max_{t} \sum_{d \in D_{n-\text{best}}} P(d,t|s) \tag{7-5}$$

另一種常用的方法是直接用$P(d,t|s)$的最大值代表整個翻譯推導的機率和。這種方法假設翻譯機率是非常尖銳的，「最好」的推導會佔有機率的主要部分。它被形式化為

$$P(t|s) \approx \max P(d,t|s) \tag{7-6}$$

於是，翻譯的目標可以被重新定義：

$$\hat{t} = \arg\max_{t}(\max P(d,t|s)) \tag{7-7}$$

值得注意的是，翻譯推導中蘊含著譯文的資訊，因此每個翻譯推導都與一個譯文對應。可以把式(7-7) 所描述的問題重新定義為

$$\hat{d} = \arg\max_{t}(P(d,t|s)) \tag{7-8}$$

也就是說，給定一個輸入句子s，找到從它出發的最優翻譯推導$\hat{d}$，把這個翻譯推導對應的目的語言詞串看作最優的譯文。假設函數$t(\cdot)$可以返回一個推導的目的語言詞串，則最優譯文也可以被看作：

$$t = t(\hat{d}) \tag{7-9}$$

注意，式(7-8)、式(7-9) 和式(7-7) 在本質上是一樣的。它們組成了統計機器翻譯中最常用的方法[274]——Viterbi 方法。在後面介紹機器翻譯的解碼時還會看到它們的應用。而式(7-5) 也被稱作n-best 方法，常作為 Viterbi 方法的一種改進。

7.2.2 對數線性模型

對於如何定義$P(d,t|s)$有很多種思路，例如，可以把d拆解為若干步驟，然後對這些步驟分別建模，最後形成描述d的生成模型。這種方法在第 5 章

和第 6 章的 IBM 模型中也大量使用。但是，生成模型的每一步推導需要有嚴格的機率解釋，這也限制了研究人員從更多的角度對d進行描述。這裡，可以使用另一種方法——判別模型，對$P(d,t|s)$進行描述[113]。其模型形式如下：

$$P(d,t|s) = \frac{\exp(\text{score}(d,t,s))}{\sum_{d',t'} \exp(\text{score}(d',t',s))} \tag{7-10}$$

其中，

$$\text{score}(d,t,s) = \sum_{i=1}^{M} \lambda_i \cdot h_i(d,t,s) \tag{7-11}$$

式(7-11) 是一種典型的對數線性模型（Log-linear Model）。所謂「對數線性」表現在對多個量求和後進行指數運算（exp(·)）上，這相當於對多個因素進行乘法運算。式(7-10) 的右端是一種歸一化操作。分子部分可以被看作一種對翻譯推導d的對數線性建模。具體來說，對於每個d，用M個特徵對其進行描述，每個特徵用函數$h_i(d,t,s)$表示，它對應一個權重λ_i，表示特徵i的重要性。$\sum_{i=1}^{M} \lambda_i \cdot h_i(d,t,s)$表示對這些特徵的線性加權和，值越大表示模型得分越高，相應的d和t的品質越高。式(7-10) 的分母部分實際上不需要計算，因為其值與求解最佳推導的過程無關。把式(7-10) 帶入式(7-8)，得到

$$\begin{aligned} \hat{d} &= \arg\max_{d} \frac{\exp(\text{score}(d,t,s))}{\sum_{d',t'} \exp(\text{score}(d',t',s))} \\ &= \arg\max_{d} \exp(\text{score}(d,t,s)) \end{aligned} \tag{7-12}$$

式 (7-12) 中，$\exp(\text{score}(d,t,s))$表示指數化的模型得分，記為$\text{mscore}(d,t,s) = \exp(\text{score}(d,t,s))$。於是，翻譯問題就可以被描述為：找到使函數$\text{mscore}(d,t,s)$達到最大的$d$。由於$\exp(\text{score}(d,t,s))$和$\text{score}(d,t,s)$是單調一致的，有時也直接把$\text{score}(d,t,s)$當作模型得分。

7.2.3 判別模型中的特徵

判別模型最大的好處在於它可以更靈活地引入特徵。在某種意義上，每個特徵都是在描述翻譯的某方面屬性。在各種統計分類模型中，也大量使用了「特徵」這個概念（見第 3 章）。例如，要判斷一篇新聞是體育方面的還是文化方面的，可以設計一個分類器，用詞作為特徵。這個分類器會有能力區分「體育」和「文化」兩個類別的特徵，最終決定這篇文章屬於哪個類別。統計機器翻譯也在做類似的事情。系統研發人員可以透過設計翻譯相關的特徵，來區分不同翻譯結果的好壞。翻譯模型會綜合這些特徵對所有可能的譯文進行評分和排序，並選擇得分最高的譯文輸出。

在判別模型中，系統開發人員可以設計任意的特徵來描述翻譯，特徵的設計甚至都不需要統計上的解釋，包括 0-1 特徵、計數特徵等。例如，可以設計特徵來回答「you 這個單字是否出現在譯文中？」如果答案為真，則這個特徵的值為 1，否則為 0。再例如，可以設計特徵來回答「譯文裡有多少個單字？」這個特徵相當於一個統計目的語言單字數的函數，它的值為譯文的長度。此外，還可以設計更複雜的實數特徵，甚至具有機率意義的特徵。在隨後的內容中還將看到，翻譯的調序、譯文流暢度等都會被建模為特徵，而機器翻譯系統會融合這些特徵，綜合得到最優的輸出譯文。

此外，判別模型並不需要像生成模型那樣對問題進行具有統計學意義的「分解」，更不需要對每個步驟進行嚴格的數學推導。相反，它直接對問題的後驗機率進行建模。不像生成模型那樣需要引入假設對每個生成步驟進行化簡，判別模型對問題的刻畫更加直接，因此也受到自然語言處理研究人員的青睞。

7.2.4 架設模型的基本流程

對於翻譯的判別式建模，需要回答兩個問題：

- 如何設計特徵函數$\{h_i(d,t|s)\}$?
- 如何獲得最好的特徵權重$\{\lambda_i\}$?

在基於短語的翻譯模型中，通常包含 3 類特徵：短語翻譯特徵、調序特徵、語言模型相關的特徵。這些特徵都需要從訓練資料中學習。

圖 7-8 展示了一個基於短語的機器翻譯模型的架設流程。其中的訓練資料包括雙語平行語料和目的語言單語語料。首先，需要從雙語平行資料中學習短語的翻譯，並形成一個短語翻譯表；然後，從雙語平行資料中學習調序模型；最後，從目的語言單語資料中學習語言模型。短語翻譯表、調序模型、語言模型都會作為特徵送入判別模型，由解碼器完成對新句子的翻譯。這些特徵的權重可以在額外的開發集上進行調優。關於短語取出、調序模型和翻譯特徵的學習，將在 7.3 節～7.6 節介紹。

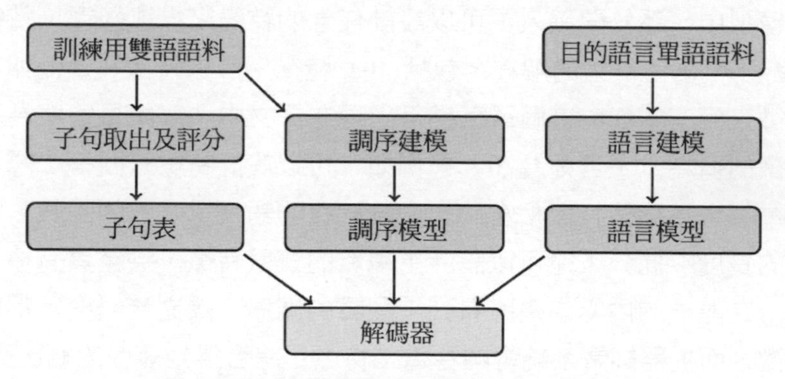

圖 7-8 基於短語的機器翻譯模型的架設流程

7.3 短語取出

在基於短語的模型中，學習短語翻譯是重要的步驟之一。獲得短語翻譯的方法有很多種，最常用的方法是從雙語平行語料中進行短語取出（Phrase Extraction）。前面已經介紹過短語的概念，句子中任意的連續子串都被稱為短語。在圖 7-9 中，用點陣的形式表示雙語之間的對應關係，那麼圖中任意一個矩形框都可以組成一個雙語短語（或短語對），如「什麼/都/沒」對應 "learned nothing?"

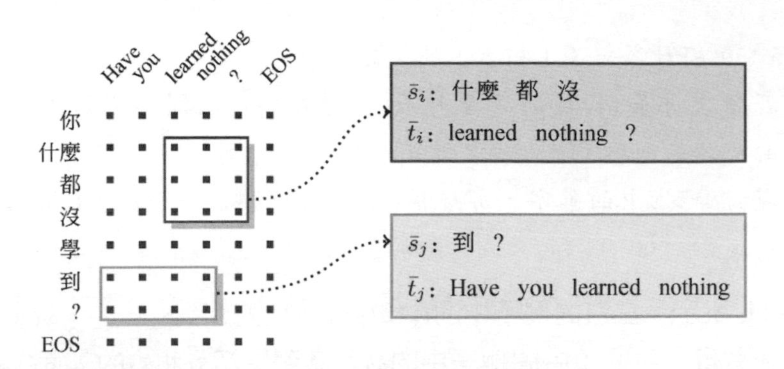

圖 7-9 無限制的短語取出

按照上述取出短語的方式，可以找到所有可能的雙語短語，但這種不加限制的取出是十分低效的。一是可取出的短語數量爆炸，二是取出得到的大部分短語是沒有意義的，如上面的例子中取出到「到/？」對應"Have you learned nothing" 這樣的短語對在翻譯中並沒有什麼意義。對於這個問題，一種解決方法是基於詞對齊進行短語取出，另一種解決方法是取出與詞對齊一致的短語。

7.3.1 與詞對齊一致的短語

圖 7-10 中大藍色方塊代表詞對齊。透過詞對齊資訊，可以很容易地獲得雙語短語「天氣 ↔ The weather」。這裡稱其為與詞對齊一致（相容）的雙語短語。具體定義如下：

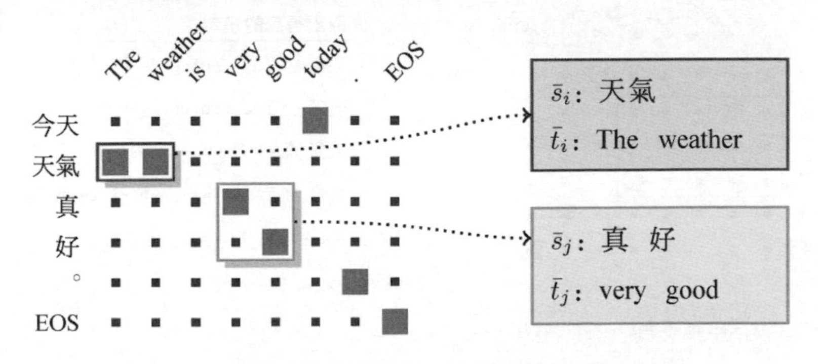

圖 7-10 與詞對齊一致的短語取出

定義 7.5：與詞對齊一致（相容）的雙語短語

對於來源語言句子s和目的語言句子t，存在s和t之間的詞對齊。如果有(s,t)中的雙語短語$(\bar{s},\bar{t})$，且$\bar{s}$中所有單字僅對齊到$\bar{t}$中的單字，同時$\bar{t}$中所有單字僅對齊到$\bar{s}$中的單字，那麼稱$(\bar{s},\bar{t})$是與詞對齊一致的（相容的）雙語短語。

如圖 7-11 所示，左邊的例子中的t_1和t_2嚴格地對應到s_1、s_2、s_3，所以短語是與詞對齊一致的；中間例子中的t_2對應到短語s_1和s_2的外面，所以短語是與詞對齊不一致的；類似地，右邊的例子中短語與詞對齊也是一致的。

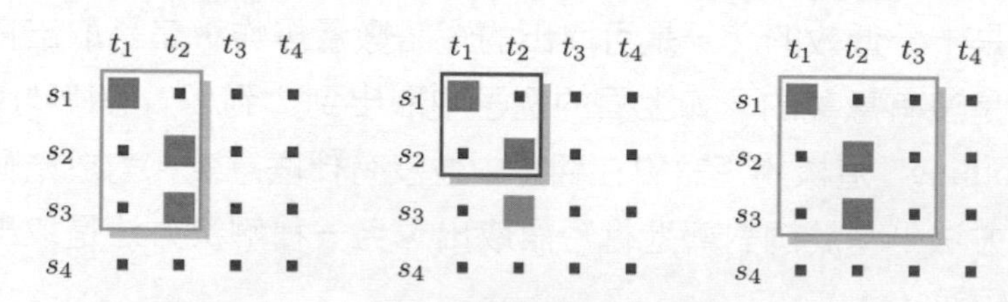

圖 7-11 詞對齊一致性範例

圖 7-12 展示了與詞對齊一致的短語取出過程。首先，判斷取出得到的雙語短語是否與詞對齊保持一致，若一致，則取出出來。在實際取出過程中，通常需要對短語的最大長度進行限制，以免取出過多的無用短語。例如，在實際系統中，最大短語長度一般是 5～7 個詞。

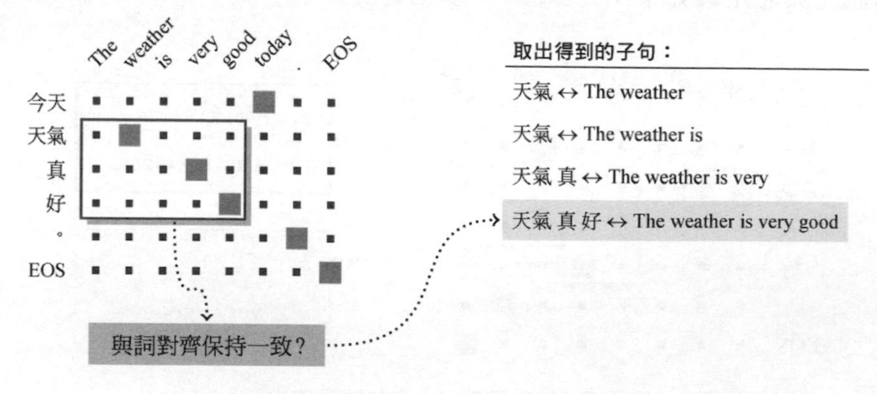

圖 7-12 與詞對齊一致的短語取出

7.3.2 獲取詞對齊

如何獲得詞對齊呢？第 5 章和第 6 章介紹的 IBM 模型本身就是一個詞對齊模型，因此一種常用的方法是直接使用 IBM 模型生成詞對齊。IBM 模型約定每個來源語言單字必須、也只能對應一個目的語言單字。因此，IBM 模型得到的詞對齊結果是不對稱的。在正常情況下，詞對齊可以是一個來源語言單字對應多個目的語言單字，或者多對一，甚至多對多。為了獲得對稱的詞對齊，一種簡單的方法是，分別進行正向翻譯和反向翻譯的詞對齊，然後利用啟發性方法生成對稱的詞對齊。例如，雙向詞對齊取交集、並集等。

如圖 7-13 所示，左邊兩個圖就是正向和反向兩種詞對齊的結果。右邊的圖是融合雙向詞對齊的結果，取交集是藍色的方框，取並集是紅色的方框。當然，還可以設計更多的啟發性規則生成詞對齊[275]。

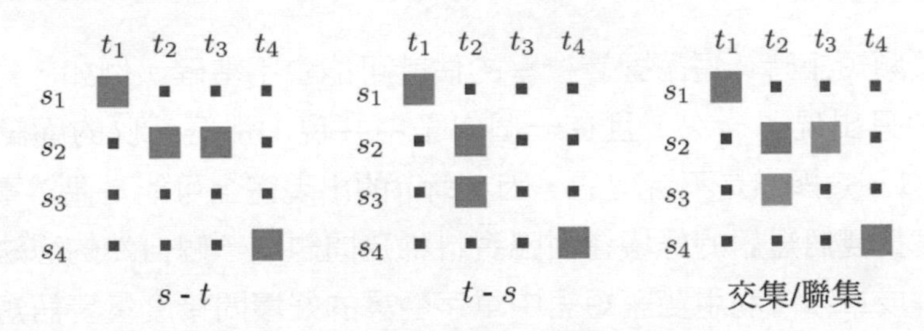

圖 7-13 詞對齊的獲取

除此之外，一些外部工具也可以用來獲取詞對齊，如 Fastalign[252]、Berkeley Word Aligner[253]等。詞對齊的品質通常使用詞對齊錯誤率評價[276]，但詞對齊並不是一個獨立的系統，它一般會服務於其他任務。因此，也可以使用下游任務來評價詞對齊的好壞。例如，改進詞對齊後觀察機器翻譯系統性能的變化。

7.3.3 度量雙語短語品質

取出雙語短語之後，需要對每個雙語短語的品質進行評價。這樣，在使用這些雙語短語時，可以更有效地估計整個句子翻譯的好壞。在統計機器翻譯中，一般用雙語短語出現的可能性大小來度量雙語短語的好壞。這裡，使用相對頻次估計對短語的翻譯條件機率進行計算，公式如下：

$$P(\bar{t}|\bar{s}) = \frac{c(\bar{s},\bar{t})}{c(\bar{s})} \tag{7-13}$$

給定一個雙敘述對(s,t)，$c(\bar{s})$表示短語$\bar{s}$在s中出現的次數，$c(\bar{s},\bar{t})$表示雙語短語$(\bar{s},\bar{t})$在(s,t)中被取出出來的次數。對於一個包含多個句子的語料庫，$c(\bar{s})$和$c(\bar{s},\bar{t})$可以按句子進行累加。類似地，也可以用同樣的方法，計算$\bar{t}$到$\bar{s}$的翻譯機率，即$P(\bar{s}|\bar{t})$。一般會同時使用$P(\bar{t}|\bar{s})$和$P(\bar{s}|\bar{t})$度量一個雙語短語的好與壞。

當遇到低頻短語時，短語翻譯機率的估計可能會不準確。例如，短語$\bar{s}$和$\bar{t}$在語料中只出現了一次，且在一個句子中共現，那麼$\bar{s}$到$\bar{t}$的翻譯機率為$P(\bar{t}|\bar{s}) = 1$，這顯然是不合理的，因為$\bar{s}$和$\bar{t}$的出現完全可能是偶然事件。既然直接度量雙語短語的好壞會面臨資料稀疏問題，一個自然的想法就是把短語拆解成單字，利用雙語短語中單字翻譯的好壞間接度量雙語短語的好壞。為了達到這個目的，可以使用詞彙化翻譯機率（Lexical Translation Probability）。前面借助詞對齊資訊完成了雙語短語的取出，而詞對齊資訊本身就包含了短語內部單字之間的對應關係。因此，同樣可以借助詞對齊來計算單字翻譯機率，公式如下：

$$P_{\mathrm{lex}}(\bar{t}|\bar{s}) = \prod_{j=1}^{|\bar{s}|} \frac{1}{|\{j|a(j,i)=1\}|} \sum_{\forall(j,i):a(j,i)=1} \sigma(t_i|s_j) \tag{7-14}$$

它表達的意思是短語$\bar{s}$和$\bar{t}$存在單字級的對應關係，其中$a(j,i) = 1$表示雙敘述對(s,t)中單字s_j和單字t_i對齊，σ表示單字翻譯機率，用來度量兩個單字之間翻譯的可能性大小（見第 5 章），作為兩個詞之間對應的強度。

來看一個具體的例子，如圖 7-14 所示。對於一個雙語短語，將它們的詞對齊關係代入式(7-14) 就會得到短語的單字翻譯機率。對於單字翻譯機率，可以使用 IBM 模型中的單字翻譯表，也可以透過統計獲得[277]。如果一個單字的詞對齊為空，則用N表示它翻譯為空的機率。和短語翻譯機率一樣，可以使用雙向的單字化翻譯機率來評價雙語短語的好壞。

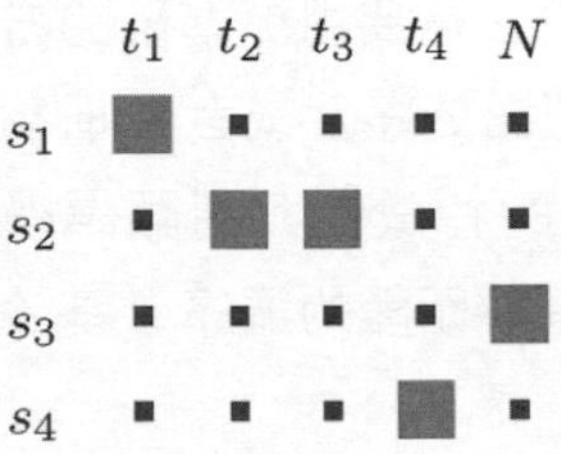

	t_1	t_2	t_3	t_4	N
s_1	■	▪	▪	▪	▪
s_2	▪	■	■	▪	▪
s_3	▪	▪	▪	▪	■
s_4	▪	▪	▪	■	▪

$$
\begin{aligned}
P_{\text{lex}}(\bar{t}|\bar{s}) = \ & \sigma(t_1|s_1)\times \\
& \tfrac{1}{2}(\sigma(t_2|s_2)+\sigma(t_3|s_2))\times \\
& \sigma(N|s_3)\times \\
& \sigma(t_4|s_4)\times
\end{aligned}
$$

圖 7-14 單字翻譯機率實例

經過上面的介紹，可以從雙語平行語料中把雙語短語取出出來，同時得到相應的翻譯機率（即特徵），組成短語表（Phrase Table）。圖 7-15 所示為一個真實短語表的片段，其中包括來源語言短語和目的語言短語，並用|||進行分割。每個雙語對應的得分，包括正向和反向的單字翻譯機率及短語翻譯機率，還包括詞對齊資訊（0-0、1-1）等其他資訊。

```
……
報告認為 ||| report holds that ||| -2.62 -5.81 -0.91 -2.85 1 0 ||| 4 ||| 0-0 1-1 1-2
，悲傷 ||| , sadness ||| -1.946 -3.659 0 -3.709 1 0 ||| 1 ||| 0-0 1-1
，北京等 ||| , beijing , and other ||| 0 -7.98 0 -3.84 1 0 ||| 2 ||| 0-0 1-1 2-2 2-3 2-4
，北京及 ||| , beijing , and ||| -0.69 -1.45 -0.92 -4.80 1 0 ||| 2 ||| 0-0 1-1 2-2
一個世界 ||| one world ||| 0 -1.725 0 -1.636 1 0 ||| 2 ||| 1-1 2-2
……
```

圖 7-15 一個真實短語表的片段

7.4 翻譯調序建模

儘管已經知道了如何將一個來源語言短語翻譯成目的語言短語，但是想要獲得一個高品質的譯文，僅有互譯的雙語短語是遠遠不夠的。

如圖 7-16 所示，按照從左到右的順序對一個句子「在/桌子/上/的/蘋果」進行翻譯，得到的譯文"on the table the apple"的語序是不對的。雖然可以使用n-gram 語言模型對語序進行建模，但是此處仍然需要用更準確的方式描述目標語短語間的次序。一般將這個問題稱為短語調序，或者簡稱為調序。通常，基於短語的調序模型會作為判別模型的特徵參與到翻譯過程中。接下來，介紹 3 種不同的調序方法，分別是基於距離的調序、基於方向的調序和基於分類的調序。

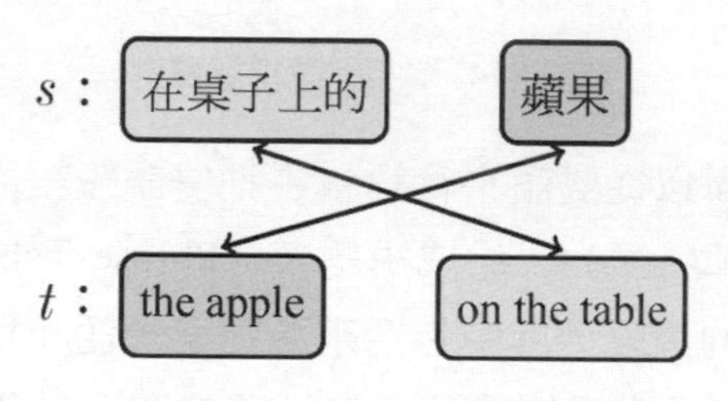

圖 7-16 基於短語翻譯的調序

7.4.1 基於距離的調序

基於距離的調序是一種最簡單的調序模型。第 6 章討論的「扭曲度」本質上就是一種調序模型，只不過第 6 章涉及的扭曲度描述的是單字的調序問題，而這裡需要把類似的概念推廣到短語。

基於距離的調序的一個基本假設是：語言的翻譯基本上都是順序的。也就是說，譯文單字出現的順序和來源語言單字的順序基本一致。反過來說，如果譯文和來源語言單字（或短語）的順序差別很大，就認為出現了調序。

基於距離的調序方法的核心思想是度量當前翻譯結果與順序翻譯之間的差距。對於譯文中的第i個短語，令start_i表示它所對應的來源語言短語中第一個詞所在的位置，end_i表示它所對應的來源語言短語中最後一個詞所在的位置。於是，這個短語（相對於前一個短語）的調序距離為

$$\text{dr} = \text{start}_i - \text{end}_{i-1} - 1 \tag{7-15}$$

在圖 7-17 所示的例子中，"the apple" 所對應的調序距離為 4，"on the table" 所對應的調序距離為−5。顯然，如果兩個源語短語按順序翻譯，則 $\text{start}_i = \text{end}_{i-1} + 1$，這時調序距離為 0。

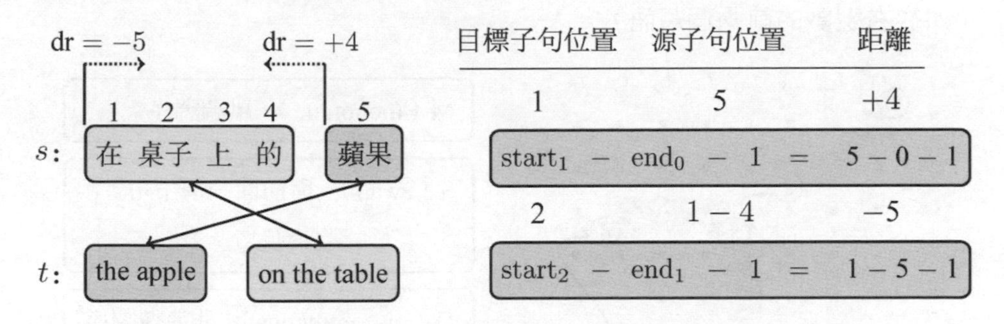

圖 7-17 基於距離的調序

如果把調序距離作為特徵，一般會使用指數函數$f(\text{dr}) = a^{|\text{dr}|}$作為特徵函數（或者調序代價的函數），其中$a$是一個參數，控制調序距離對整個特徵值的影響。調序距離 dr 的絕對值越大，調序代價越高。基於距離的調序模型適用於法譯英這樣的任務，因為兩種語言的語序基本上是一致的。對於中翻日，由於句子結構存在很大差異，使用基於距離的調序會帶來一些問題。因此，具體應用時應該根據語言之間的差異性有選擇地使用該模型。

7.4.2 基於方向的調序

基於方向的調序模型是另一種常用的調序模型。該模型是一種典型的單字化調序模型，因此調序的結果會根據不同短語有所不同。簡單來說，在兩

個短語目的語言端連續的情況下，該模型會判斷兩個雙語短語在來源語言端的調序情況，包含 3 種調序類型：順序的單調翻譯（M）、與前一個短語交換位置（S）、非連續翻譯（D）。因此，這個模型也被稱作 MSD 調序模型，也是 Moses 等經典的機器翻譯系統所採用的調序模型[80]。

圖 7-18 展示了這 3 種調序類型，當兩個短語對在來源語言和目的語言中都按順序排列時，它們就是單調的（如從左邊數前兩個短語）；如果對應的短語順序在目的語言中是反過來的，則屬於交換調序（如從左邊數第 3 和第 4 個短語）；如果兩個短語之間還有其他的短語，則屬於非連續調序（如從右邊數的前兩個短語）。

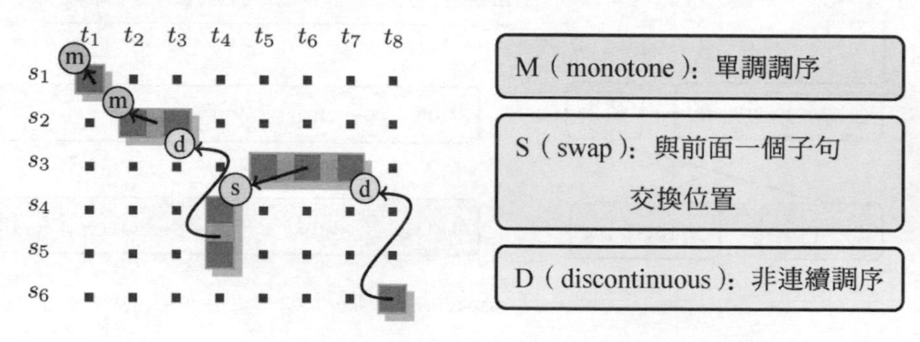

圖 7-18 單字化調序模型的 3 種調序類型

對於每種調序類型，都可以定義一個調序機率，如下：

$$P(o|s,t,a) = \prod_{i=1}^{K} P(o_i|\bar{s}_{a_i}, \bar{t}_i, a_{i-1}, a_i) \tag{7-16}$$

其中，o_i表示（目的語言）第i個短語的調序方向，$o = \{o_i\}$表示短語序列的調序方向，K表示短語的數量。短語之間的調序機率是由雙語短語及短語對齊決定的，o表示調序的種類，可以取 M、S、D 中的任意一種。而整個句子調序的好壞就是把相鄰的短語之間的調序機率相乘（對應取 log 後的加法）。這樣，式(7-16) 把調序的好壞定義為新的特徵，對於 M、S、D 總共就有三個特徵。除了當前短語和前一個短語的調序特徵，還可以定義當前短語和後一個短語的調序特徵，即將上述公式中的a_{i-1}換成a_{i+1}。 於是，又可以得到 3 個特徵。因此，在 MSD 調序中總共可以有 6 個特徵。

在具體實現時，通常使用詞對齊的方法對兩個短語間的調序關係進行判斷。圖 7-19 展示了這個過程。先判斷短語的左上角和右上角是否存在詞對齊關係，再根據其位置交換序類型進行劃分。每個短語對應的調序機率都可以用相對頻次估計進行計算。而 MSD 調序模型也相當於在短語表中的每個雙語短語後添加 6 個特徵。不過，調序模型一般並不會和短語表一起儲存，因此在系統中通常會看到兩個獨立的模型檔案，分別保存短語表和調序模型。

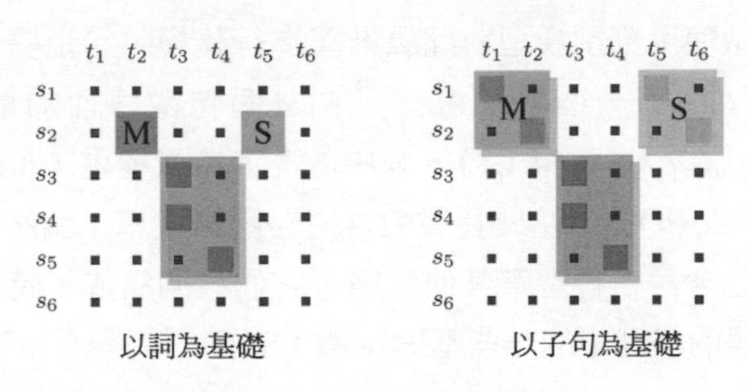

圖 7-19 調序類型的判斷

7.4.3 基於分類的調序

在 MSD 調序中，雙語短語所對應的調序機率$P(o_i|\bar{s}_{a_i},\bar{t}_i,a_{i-1},a_i)$是用極大似然估計法進行計算的。但是，這種方法也會面臨資料稀疏的問題，而且並沒有考慮交換序產生影響的細緻特徵。另一種有效的方法是直接用統計分類模型交換序進行建模，如可以使用最大熵、SVM 等分類器輸出調序機率或者得分[268,270]。對基於分類的調序模型，有兩方面問題需要考慮：

（1）訓練樣本的生成。可以把 M、S、D 看作類別標籤，把所對應的短語及短語對齊資訊看作輸入。這就獲得了大量分類器訓練所需的樣本。

（2）分類特徵設計。這是傳統統計機器學習中的重要組成部分，好的特徵會對分類結果產生很大影響。在調序模型中，一般直接使用單字作為特徵，如用短語的第一個單字和最後一個單字作為特徵就可以達到很好的效果。

隨著神經網路方法的興起，也可以考慮使用多層神經網路建構調序模型[271]。這時，可以把短語直接送入一個神經網路，之後由神經網路完成對特徵的取出和表示，並輸出最終的調序模型得分。

7.5 翻譯特徵

基於短語的模型使用判別模型對翻譯推導進行建模，給定雙敘述對(s,t)，每個翻譯推導d都有一個模型得分，由M個特徵線性加權得到，記為$\text{score}(d,t,s)=\sum_{i=1}^{M}\lambda_i\cdot h_i(d,t,s)$，其中$\lambda_i$表示特徵權重，$h_i(d,t,s)$表示特徵函數（簡記為$h_i(d)$）。這些特徵包含短語翻譯機率、調序模型得分等。除此之外，還包含語言模型等其他特徵，它們共同組成了特徵集合。這裡列出了基於短語的模型中的一些基礎特徵：

- 短語翻譯機率（取對數），包含正向翻譯機率$\log(P(\bar{t}|\bar{s}))$和反向翻譯機率$\log(P(\bar{s}\,|\bar{t}))$，它們是基於短語的模型中最主要的特徵。
- 詞彙化翻譯機率（取對數），同樣包含正向詞彙化翻譯機率$\log(P_{\text{lex}}(\bar{t}|\bar{s}))$和反向詞彙化翻譯機率$\log(P_{\text{lex}}(\bar{s}|\bar{t}))$，它們用來描述雙語短語中單字間對應的好壞。
- n-gram 語言模型，用來度量譯文的流暢程度，可以透過大規模目標端單語資料得到。
- 譯文長度，避免模型傾向於短譯文，同時讓系統自動學習對譯文長度的偏好。
- 翻譯規則數量，為了避免模型僅使用少量特徵組成翻譯推導（規則數量少，短語翻譯機率相乘的因數也會少，得分一般會高），同時讓系統自動學習對規則數量的偏好。

- 被翻譯為空的來源語言單字數量。注意，空翻譯特徵有時也被稱作有害特徵（Evil Feature），這類特徵在一些資料上對 BLEU 有很好的提升作用，但會造成人工評價結果的下降，需要謹慎使用。
- 基於 MSD 的調序模型，包括與前一個短語的調序模型$f_{\text{M-pre}}(d)$、$f_{\text{S-pre}}(d)$、$f_{\text{D-pre}}(d)$和與後一個短語的調序模型$f_{\text{M-fol}}(d)$、$f_{\text{S-fol}}(d)$、$f_{\text{D-fol}}(d)$，共 6 個特徵。

7.6 最小錯誤率訓練

除了特徵設計，統計機器翻譯也需要找到每個特徵所對應的最優權重λ_i。這就是機器學習中所說的模型訓練問題。不過，需要指出的是，統計機器翻譯關於模型訓練的定義與傳統機器學習稍有不同。在統計機器翻譯中，短語取出和翻譯機率的估計被看作模型訓練（Model Training），這裡的模型訓練是指特徵函數的學習；而特徵權重的訓練，一般被稱作權重調優（Weight Tuning），這個過程才真正對應了傳統機器學習（如分類任務）中的模型訓練過程。在本章中，如果沒有特殊說明，權重調優就是指特徵權重的學習，模型訓練是指短語取出和特徵函數的學習。

想要得到最優的特徵權重，最簡單的方法是枚舉所有特徵權重可能的取值，然後評價每組權重所對應的翻譯性能，最後選擇最優的特徵權重作為調優的結果。特徵權重是一個實數值，因此可以考慮量化實數權重，即把權重看作在固定間隔上的取值，如每隔 0.01 取值。即使是這樣，同時枚舉多個特徵的權重也是非常耗時的工作，當特徵數量增多時，這種方法的效率仍然很低。

這裡介紹一種更加高效的特徵權重調優方法——最小錯誤率訓練（Minimum Error Rate Training，MERT）。最小錯誤率訓練是統計機器翻譯發展中具有代表性的工作，也是機器翻譯領域原創的重要技術方法之一[234]。最小錯誤率訓練假設：翻譯結果相對於標準答案的錯誤是可度量的，進而可以透過降低錯誤數量的方式找到最優的特徵權重。假設有樣本集合$S = \{(s^{[1]}, r^{[1]}), \cdots, (s^{[N]}, r^{[N]})\}$，$s^{[i]}$為樣本中第$i$個來源語言句子，$r^{[i]}$為相應的參考譯文。注意，$r^{[i]}$ 可以包含多個參考譯文。S通常被稱為調優集合（Tuning Set）。對於S中的每個來源語言句子$s^{[i]}$，機器翻譯模型會解碼出n-best 推導$d^{[i]} = \{\hat{d}_j^{[i]}\}$，其中$\hat{d}_j^{[i]}$表示對於來源語言句子$s^{[i]}$得到的第$j$個最好的推導。$\{\hat{d}_j^{[i]}\}$可以被定義為

$$\{\hat{d}_j^{[i]}\} = \arg\max_{\{d_j^{[i]}\}} \sum_{i=1}^{M} \lambda_i \cdot h_i(d, t^{[i]}, s^{[i]}) \tag{7-17}$$

對於每個樣本都可以得到n-best 推導集合，整個資料集上的推導集合被記為$\widehat{D} = \{d^{[1]}, \cdots, d^{[N]}\}$。進一步，令所有樣本的參考譯文集合為$R = \{r^{[1]}, \cdots, r^{[N]}\}$。最小錯誤率訓練的目標就是降低$D$相對於$R$的錯誤。也就是說，透過調整不同特徵的權重$\lambda = \{\lambda_i\}$，讓錯誤率最小，形式化描述為

$$\hat{\lambda} = \arg\min_{\lambda} \mathrm{Error}(\widehat{D}, R) \tag{7-18}$$

其中，$\mathrm{Error}(\cdot)$是錯誤率函數。$\mathrm{Error}(\cdot)$的定義方式有很多。通常，$\mathrm{Error}(\cdot)$會與機器翻譯的評價指標相關，例如，詞錯誤率（WER）、位置錯誤率（PER）、BLEU 值、NIST 值等都可以用於 $\mathrm{Error}(\cdot)$的定義。這裡使用 $1 - \mathrm{BLEU}$ 作為錯誤率函數，即$\mathrm{Error}(\widehat{D}, R) = 1 - \mathrm{BLEU}(\widehat{D}, R)$。則式(7-18)可改寫為

$$\begin{aligned} \hat{\lambda} &= \arg\min_{\lambda} \ (1 - \mathrm{BLEU}(\widehat{D}, R)) \\ &= \arg\min_{\lambda} \mathrm{BLEU}(\widehat{D}, R) \end{aligned} \tag{7-19}$$

需要注意的是， BLEU 本身是一個不可微分函數。因此，無法使用梯度下降等方法對式(7-19) 進行求解。那麼，如何快速得到最優解呢？這裡使用一種特殊的最佳化方法，稱作線搜索（Line Search），它是 Powell 搜索的一種形式[278]。這種方法也組成了最小錯誤率訓練的核心。

首先，重新查看特徵權重的搜索空間。按照前面的介紹，如果要進行暴力搜索，則需要把特徵權重的取值按小的間隔進行劃分。這樣，所有特徵權重的取值可以用圖 7-20 所示的網格來表示。

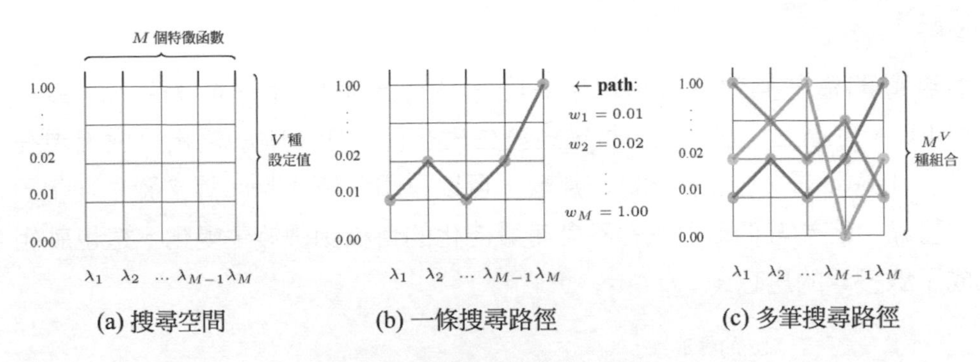

圖 7-20 特徵權重的搜索空間表示

其中，水平座標為所有的M個特徵函數，垂直座標為權重可能的取值。假設每個特徵都有V種取值，那麼遍歷所有特徵權重取值的組合有M^V種。每組$\lambda = \{\lambda_i\}$的取值實際上就是一個貫穿所有特徵權重的折線，如圖 7-20(b) 中藍線所展示的路徑。當然，可以透過枚舉得到很多這樣的折線（如圖 7-20(c) 所示）。假設計算 BLEU 的時間負擔為B，那麼遍歷所有路徑的時間複雜度為$O(M^V \cdot B)$。其中，V可能很大，B也無法忽略，若對每一組特徵權重都重新解碼，得到n-best 譯文，則這種計算方式的時間成本極高，在現實中無法使用。

對全搜索的一種改進是使用局部搜索。循環處理每個特徵，每一次只調整一個特徵權重的值，找到使 BLEU 達到最大的權重。反覆執行該過程，直到模型達到穩定狀態（如 BLEU 不再降低）。

圖 7-21(a) 展示了這種方法。圖中藍色部分為固定的權重，虛線部分為當前權重所有可能的取值，這樣搜索一個特徵權重的時間複雜度為$O(V \cdot B)$。而整個演算法的時間複雜度為$O(L \cdot V \cdot B)$，其中L為循環存取特徵的總次數。這種方法也被稱作格搜索（Grid Search）。

格搜索的問題在於，每個特徵都要存取V個點，V個點無法對連續的特徵權重進行表示，而且裡面也會存在大量的無用存取。也就是說，這V個點中絕大多數點根本「不可能」成為最優的權重。可以把這樣的點稱為無效取值點。

能否避開這些無效的權重取值點呢？我們再重新看一下最佳化的目標BLEU。實際上，當一個特徵權重發生變化時，BLEU 的變化只會出現在系統 1-best 譯文發生變化時。那麼，可以只關注使 1-best 譯文發生變化的取值點，因為其他取值點都不會使最佳化的目標函數發生變化。這也就組成了線搜索的思想。

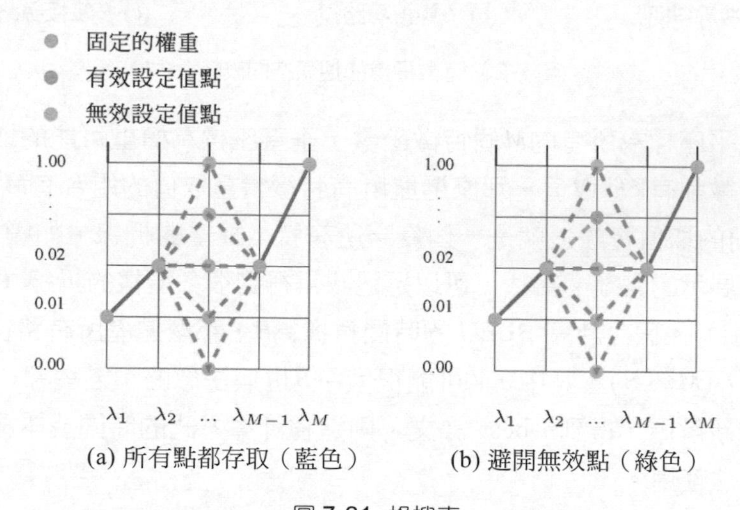

圖 7-21 格搜索

假設對於每個輸入的句子，翻譯模型生成了兩個推導$d = \{d_1, d_2\}$，每個推導d的得分 score(d)可以表示成關於第i個特徵的權重λ_i的線性函數：

$$
\begin{aligned}
\mathrm{score}(d) &= \sum_{k=1} \lambda_k \cdot h_k(d) \\
&= h_i(d) \cdot \lambda_i + \sum_{k \neq i} \lambda_k \cdot h_k(d) \\
&= a \cdot \lambda_i + b
\end{aligned}
\tag{7-20}
$$

這裡，$a = h_i(d)$是直線的斜率，$b = \sum_{k \neq i}^{M} \lambda_k \cdot h_k(d)$是截距。有了關於權重$\lambda_i$的直線表示，可以將$d_1$和$d_2$分別畫成兩條直線，如圖 7-22 所示。在兩條直線交叉點的左側，d_2是最優的翻譯結果；在交叉點右側，d_1是最優的翻譯結果。也就是說，只需知道交叉點左側和右側誰的 BLEU 值高，λ_i的最優值就應該落在相應的範圍。例如，這個例子中交叉點右側（即d_2）對應的 BLEU 值更高，因此最優特徵權重$\hat{\lambda}_i$應該在交叉點右側（$\lambda_x \sim \lambda_i$取任意值都可以）。

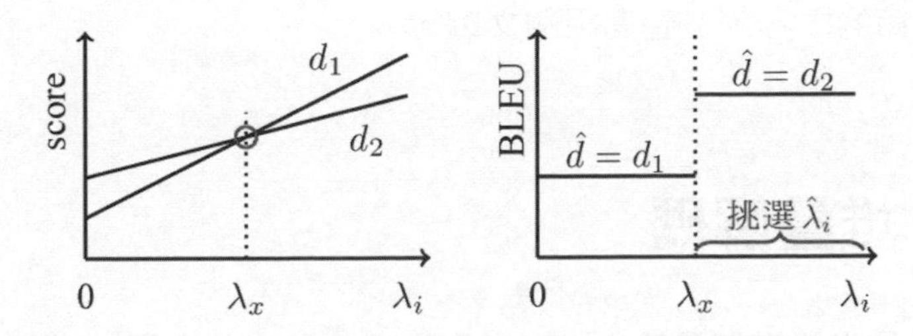

圖 7-22 推導得分關於權重的函數（左）及對應的 BLEU 值變化（右）

這樣，最優權重搜索的問題就被轉化為找到最優推導 BLEU 值發生變化的點的問題。理論上，對於n-best 翻譯，交叉點計算最多需要$\frac{n(n-1)}{2}$次。由於n一般不會過大，這個時間成本完全是可以接受的。此外，在實現時還有一些技巧，例如，並不需要在每個交叉點處對整個資料集進行 BLEU 計算，可以只對 BLEU 產生變化的部分（如n-gram 匹配的數量）進行調整，因此搜索的整體效率會進一步提高。相比格搜索，線搜索可以確保在單一特徵維度上的最優值，同時保證搜索的效率。

還有一些經驗性的技巧用來完善基於線搜索的 MERT。例如：

- 隨機生成特徵權重的起始點。
- 在搜索中，給權重加入一些微小的擾動，避免陷入局部最優。
- 隨機選擇特徵最佳化的順序。
- 使用先驗知識指導 MERT（對權重的取值範圍進行約束）。
- 使用多輪迭代訓練，最終對權重進行平均。

最小錯誤率訓練最大的優點在於可以用於目標函數不可微、甚至不連續的情況。對於最佳化線性模型， 最小錯誤率訓練是一種很好的選擇。但是，也有研究發現，直接使用最小錯誤率訓練無法處理特徵數量過多的情況。例如，用最小錯誤率訓練最佳化 10000 個稀疏特徵的權重時，最佳化效果可能會不理想，而且收斂速度慢。這時，也可以考慮使用線上學習等技術對大量特徵的權重進行調優，比較有代表性的方法包括 MIRA[279]和 PRO[280]。受篇幅所限，這裡不對這些方法做深入討論，感興趣的讀者可以參考 7.8 節的內容，並查閱相關文獻。

7.7 堆疊解碼

解碼的目的是根據模型及輸入，找到模型得分最高的翻譯推導，即

$$\hat{d} = \arg\min_{d} \text{score}(d, t, s) \tag{7-21}$$

想找到得分最高的翻譯推導並不是一件簡單的事情。對於每一句來源語言句子，可能的翻譯結果是指數級的。由於機器翻譯解碼是一個 NP 完全問題[240]，簡單的暴力搜索顯然不現實。因此，在機器翻譯中會使用特殊的解碼策略來確保搜索的效率。本節將介紹基於堆疊的自左向右解碼方法。它是基於短語的模型中的經典解碼方法，非常適用於處理語言生成的各種任務。

首先，看一下翻譯一個句子的基本流程。如圖 7-23 所示，先得到譯文句子的第一個單字。在基於短語的模型中，可以從來源語言端找出生成句首譯文的短語，之後把譯文放到目的語言端，如來源語言的「有」對應的譯文是 "There is"。這個過程可以重複執行，直到生成完整句子的譯文。但是，有兩點需要注意：

- 來源語言的每個單字（短語）只能被翻譯一次。

- 譯文的生成需自左向右連續進行。

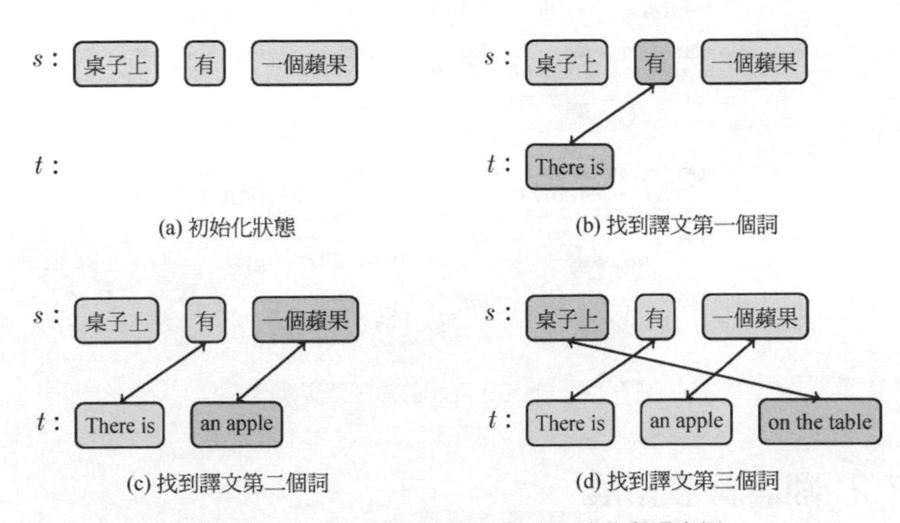

圖 7-23 按目的語言短語自左向右生成的翻譯實例

第一點對應了一種覆蓋度模型（Coverage Model），第二點定義了解碼的方向，以確保n-gram 語言模型的計算是準確的。這樣，就獲得了一個簡單的基於短語的機器翻譯解碼框架。每次從來源語言句子中找到一個短語，作為譯文最右側的部分，重複執行直到整個譯文被生成。

7.7.1 翻譯候選匹配

在解碼時，先要知道每個來源語言短語可能的譯文都是什麼。對於一個來源語言短語，每個可能的譯文也被稱作翻譯候選。實現翻譯候選的匹配很簡單，只需要遍歷輸入的來源語言句子中所有可能的短語，在短語表中找到相應的翻譯即可。例如，圖 7-24 展示了句子「桌子/上/有/一個/蘋果」的翻譯候選匹配結果。可以看到，不同的短語會對應若干翻譯候選。這些翻譯候選會保存在所對應的範圍（被稱為跨度）中。這裡，跨度$[a,b]$表示從第$a+1$個詞開始到第b個詞為止所表示的詞串。例如，"upon the table" 是短語「桌子/上/有」的翻譯候選，即對應來源語言跨度[0,3]。

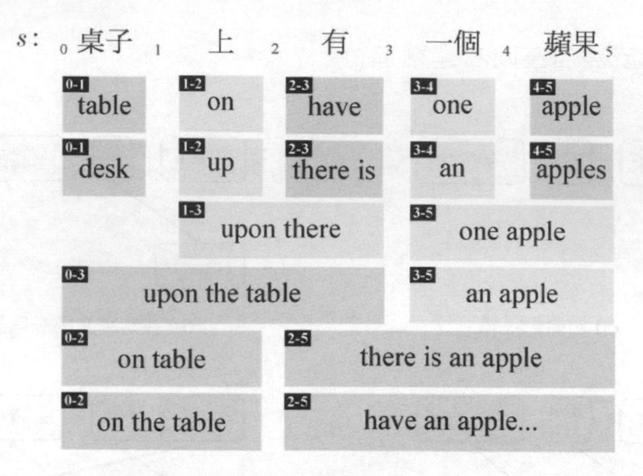

圖 7-24 一個句子匹配的短語翻譯候選

7.7.2 翻譯假設擴展

接下來，需要使用這些翻譯候選生成完整的譯文。在機器翻譯中，一個很重要的概念是翻譯假設（Translation Hypothesis）。 它可以被當作一個局部譯文所對應的短語翻譯推導。在解碼開始時，只有一個空假設，也就是任何譯文單字都沒被生成。接著，可以挑選翻譯選項來擴展當前的翻譯假設。

圖 7-25 展示了翻譯假設擴展的過程。在翻譯假設擴展時，需要保證新加入的翻譯候選放置在舊翻譯假設譯文的右側，也就是要確保翻譯自左向右的連續性。而且，同一個翻譯假設可以使用不同的翻譯候選進行擴展。例如，擴展第一個翻譯假設時，可以選擇「桌子」的翻譯候選"table"；也可以選擇「有」的翻譯候選"There is"。擴展完之後，需要記錄輸入句子中已翻譯的短語，同時計算當前所有翻譯假設的模型得分。這個過程相當於生成了一個圖的結構，每個節點代表了一個翻譯假設。當翻譯假設覆蓋了輸入句子所有的短語，不能被繼續擴展時，就生成了一個完整的翻譯假設（譯文）。最後，找到得分最高的完整翻譯假設，它對應了搜索圖中的最優路徑。

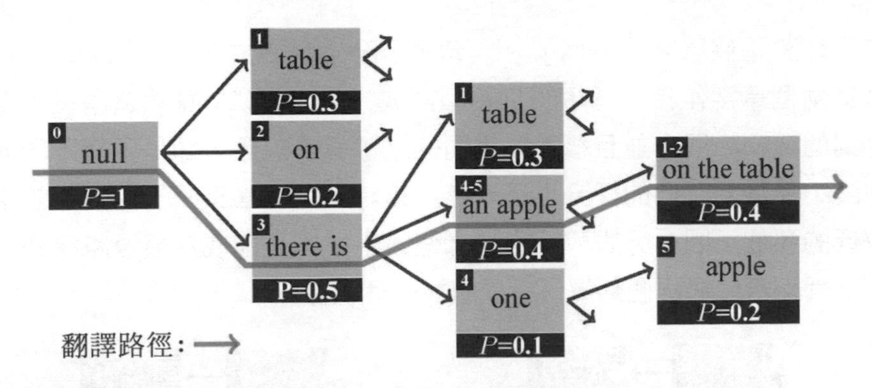

圖 7-25 翻譯假設擴展的過程

7.7.3 剪枝

假設擴展建立了解碼演算法的基本框架，但當句子變長時，這種方法還是面臨著搜索空間爆炸的問題。解決這個問題常用的辦法是剪枝，也就是在搜索圖中排除一些節點。例如，可以使用束剪枝，確保每次翻譯擴展時，最多生成k個新的翻譯假設。這裡k可以被看作束的寬度。透過控制k的大小，可以在解碼精度和速度之間進行平衡。這種基於束寬度進行剪枝的方法也被稱作長條圖剪枝。另一種思路是，每次擴展時只保留與最優翻譯假設得分相差在δ之內的翻譯假設。δ可以被看作一種與最優翻譯假設之間距離的閾值，超過這個閾值就被剪枝。這種方法也被稱作閾值剪枝（Threshold Pruning）。

即使引入束剪枝，解碼過程中仍然會有很多容錯的翻譯假設。有以下兩種方法可以進一步加速解碼。

- 對相同譯文的翻譯假設進行重新組合。
- 對低品質的翻譯假設進行裁剪。

對翻譯假設進行重新組合又被稱作假設重組（Hypothesis Recombination），其核心思想是，把代表同一個譯文的不同翻譯假設融合為一個翻譯假設。如圖 7-26 所示，對於給定的輸入短語「一個　蘋果」，系統可能將兩個單字「一個」、「蘋果」分別翻譯成"an"和"apple"，也可能將這兩個單字作為一個短語直接翻譯成 "an apple"。雖然這兩個翻譯假設得到的譯文相同，並且覆蓋了相同的來源語言短語，卻是兩個不同的翻譯假設，模型給它們的評分也不一樣。這時，可以捨棄兩個翻譯假設中分數較低的那個，因為分數較低的翻譯假設永遠不可能成為最優路徑的一部分。這就相當於把兩個翻譯假設重組為一個假設。

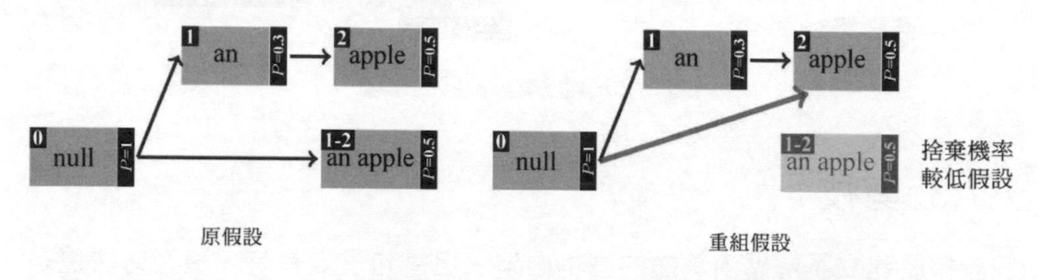

(a) 譯文相同時的假設重組

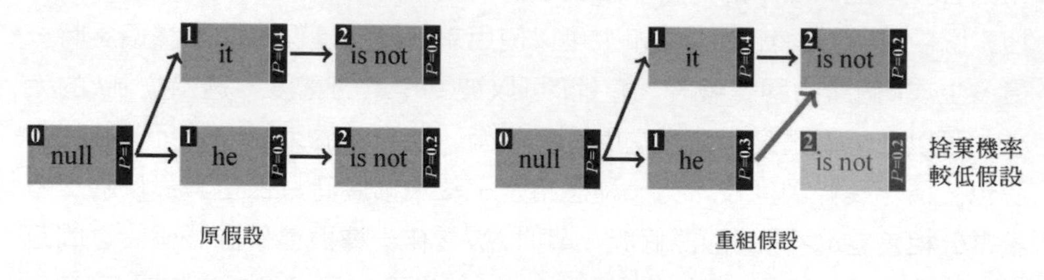

(b) 譯文不同時的假設重組

圖 7-26 假設重組範例

即使翻譯假設對應的譯文不同也可以進行假設重組。圖 7-26(b) 舉出了一個這樣的實例。在兩個翻譯假設中，第一個單字分別被翻譯成了"it"和"he"，緊接著，它們後面的部分都被翻譯成了"is not"。這兩個翻譯假設是非常相似的，因為它們譯文的最後兩個單字是相同的，而且翻譯假設都覆蓋了相同的來源語言部分。這時，也可以對這兩個翻譯假設進行假設重組：如果得分較低的翻譯假設和得分較高的翻譯假設都使用相同的翻譯候選進行擴展，且兩個翻譯假設都覆蓋相同的來源語言單字，則分數低的翻譯假設可以被剪枝。此外，還有兩點需要注意：

- n-gram 語言模型將前$n-1$個單字作為歷史資訊，因此當兩個假設中最後$n-1$個單字不相同時，不能進行假設重組，因為後續的擴展可能會得到不同的語言模型得分，並影響最終的模型得分。
- 調序模型通常用來判斷當前輸入的短語與前一個輸入短語之間的調序代價。因此，當兩個翻譯假設對應短語在來源語言中的順序不同時，也不能被重新組合。

在實際處理中，並不需要「刪掉」分數低的翻譯假設，而應將它們與分數高的翻譯假設連在一起。對於搜索最優翻譯，這些連接可能並沒有什麼作用，但是如果需要分數最高的前兩個或前三個翻譯，可能就需要用到這些連接。

翻譯假設的重組有效地減少了解碼過程中相同或者相似翻譯假設帶來的容錯。因此，這些方法在機器翻譯中被廣泛使用。第 8 章將介紹的基於句法的翻譯模型解碼，也可以使用假設重組進行系統加速。

7.7.4 解碼中的堆疊結構

當品質較差的翻譯假設在擴展早期出現時，這些翻譯假設需要被剪枝，這樣可以忽略所有從它擴展出來的翻譯假設，進而有效地減小搜索空間，但是這樣做也存在以下兩個問題。

- 刪除的翻譯假設可能會在後續的擴展過程中被重新搜索出來。
- 過早地刪除某些翻譯假設可能會導致無法搜索到最優的翻譯假設。

最好的情況是：儘早刪除品質差的翻譯假設，這樣就不會對整個搜索結果產生過大影響。但是，這個「品質」從哪個方面來衡量，是一個需要思考的問題。理想情況是從早期的翻譯假設中挑選一些可比的翻譯假設進行篩選。

目前，比較通用的做法是將翻譯假設進行整理，放進一種堆疊結構中。這裡所說的「堆疊」是為了描述方便的一種說法。它實際上就是保存多個翻譯假設的一種資料結構[4]。當放入堆疊的翻譯假設超過一定閾值時（如 200），可以刪除模型得分低的翻譯假設。通常，會使用多個堆疊來保存翻譯假設，每個堆疊代表覆蓋來源語言單字數量相同的翻譯假設。

例如，第一個堆疊包含了覆蓋一個來源語言單字的翻譯假設，第二個堆疊包含了覆蓋兩個來源語言單字的翻譯假設，依此類推。利用覆蓋來源語言單字數進行堆疊的劃分的原因在於：翻譯相同數量的單字所對應的翻譯假設一般是「可比的」，因此在同一個堆疊裡對它們進行剪枝帶來的風險較小。

在基於堆疊的解碼中，每次都會從所有的堆疊中彈出一個翻譯假設，並選擇一個或者若干個翻譯假設進行擴展，之後把新得到的翻譯假設重新存入解碼堆疊中。這個過程不斷執行，並配合束剪枝、假設重組等技術。最後，在覆蓋所有來源語言單字的堆疊中得到整個句子的譯文。圖 7-27 展示了一個簡單的堆疊解碼過程。第一個堆疊（0 號堆疊）用來存放空翻譯假設。之後，透過假設擴展，不斷地將翻譯假設填入對應的堆疊中。

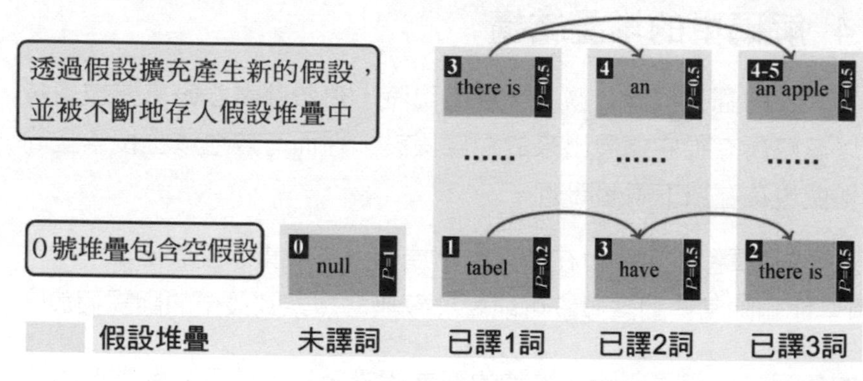

圖 7-27 堆疊解碼過程

[4] 雖然被稱作棧，但是實際上使用一個堆進行實現。這樣可以根據模型得分對翻譯假設進行排序。

7.8 小結及拓展閱讀

統計機器翻譯模型是近 30 年自然語言處理的重要里程碑之一，其統計建模的思想長期影響著自然語言處理的研究。無論是前面介紹的基於單字的模型，還是本章介紹的基於短語的模型，甚至後面章節將介紹的基於句法的模型，都在嘗試著回答：究竟應該用什麼樣的知識對機器翻譯進行統計建模？不過，這個問題至今還沒有確定的答案。顯而易見，統計機器翻譯為機器翻譯的研究提供了一種範式，即讓電腦用機率化的「知識」描述翻譯問題。這些「知識」表現在統計模型的結構和參數中，並且可以從大量的雙語和單語資料中自動學習。這種建模思想在如今的機器翻譯研究中仍然隨處可見。

本章對統計機器翻譯中的基於短語的模型進行了介紹。可以說，基於短語的模型是最成功的機器翻譯模型之一，其結構簡單，翻譯速度快，因此被大量應用於機器翻譯產品及服務中。此外，判別模型、最小錯誤率訓練、短語取出等經典問題都是源自基於短語的模型。基於短語的模型涉及的內容非常豐富，很難透過一章進行面面俱到的介紹。以下很多方向都值得讀者進一步瞭解：

- 基於短語的機器翻譯的想法很早就出現了，例如，直接將機器翻譯看作基於短語的生成問題[269,281,282]，或者單獨對短語翻譯建模，之後整合到基於單字的模型中[283-285]。現在，最通用的框架是 Koehn 等人提出的模型[286]，與其類似的還有 Zens 等人的工作[287,288]。這類模型把短語翻譯分解為短語學習問題和解碼問題。因此，在隨後相當長的一段時間裡，如何獲取雙語短語也是機器翻譯領域的研究熱點。例如，一些團隊在研究如何直接從雙敘述對中學習短語翻譯，而非透過簡單的啟發性規則進行短語取出[289,290]。也有研究人員對短語邊界的建模進行研究，以獲得更高品質的短語，同時減小模型大小[291-293]。

- 調序是基於短語的模型中經典的問題之一。早期的模型都是單字化的調序模型，這類模型把調序定義為短語之間的相對位置建模問題[270,294,295]。後來，也有一些工作使用判別模型整合更多的調序特徵[268,296-298]。實際上，除了基於短語的模型，調序也在基於句法的模型中被廣泛討論。因此，一些工作嘗試將基於短語的調序模型整合到基於句法的機器翻譯系統中[268,299,301]。此外，也有研究人員對不同的調序模型進行了系統化的對比和分析，可以作為相關研究的參考[302]。與在機器翻譯系統中整合調序模型不同，預調序（Pre-ordering）也是一種解決調序問題的思路[303-306]。機器翻譯中的預調序是指將輸入的來源語言句子按目的語言的順序進行排列，在翻譯中盡可能地減少調序操作。這種方法大多依賴來源語言的句法樹進行調序的建模，它與機器翻譯系統的耦合很小，因此很容易進行系統集成。
- 統計機器翻譯中使用的堆疊解碼的方法源自 Tillmann 等人的工作[77]。這種方法在 Pharaoh[81]、Moses[80]等開放原始碼系統中被成功應用，在機器翻譯領域產生了很大的影響力。特別是，這種解碼方法效率很高，在許多工業系統中也大量使用。對於堆疊解碼也有很多改進工作，例如，早期的工作考慮剪枝或限制調序範圍以加快解碼速度[79,307-309]。隨後，也有研究人員從解碼演算法和語言模型整合方式的角度對這類方法進行改進[310-312]。
- 統計機器翻譯的成功很大程度上來自判別模型引入任意特徵的能力。因此，在統計機器翻譯時代，很多工作都集中在新特徵的設計上。例如，可以基於不同的統計特徵和先驗知識設計翻譯特徵[313-315]，也可以模仿分類任務設計大規模的稀疏特徵[279]。模型訓練和特徵權重調優也是統計機器翻譯中的重要問題，除了最小錯誤率訓練，還有很多方法，如最大似然估計[10,286]、判別式方法[316]、貝氏方法[317,318]、最小風險訓練[319,320]、基於 Margin 的方法[314,321]及基於排序模型的方法[280,322]。實際上，統計機器翻譯的訓練和解碼也存在不一致的問題。例如，特徵值由雙語資料上的極大似然估計得到（沒有剪枝），而解碼時卻使用束剪枝，而且模型的目標是最大化機器翻譯評價指標。這個問題可以透過調整訓練的目標函數緩解[323,324]。

- 短語表是基於短語的系統中的重要模組，但是簡單地利用基於頻次的方法估計得到的翻譯機率無法極佳地處理低頻短語。這就需要對短語表進行平滑[312,325-327]。另外，隨著資料量的增長和取出短語長度的增大，短語表的體積會急劇膨脹，這也大大增加了系統的儲存消耗，同時過大的短語表也會帶來短語查詢效率的降低。針對這個問題，很多工作嘗試對短語表進行壓縮。一種思路是限制短語的長度[328,329]；另一種廣泛使用的思路是使用一些指標或分類器對短語進行剪枝，其核心思想是判斷每個短語的品質[330]，並過濾低品質的短語。代表性的方法有：基於假設檢驗的剪枝[331]、基於熵的剪枝[332]、兩階段短語取出方法[333]、基於解碼中短語使用頻率的方法[334]等。此外，短語表的儲存方式也是實際使用中需要考慮的問題。因此，也有研究人員嘗試使用更緊湊、高效的結構保存短語表，其中最具代表性的結構是尾碼陣列（Suffix Arrays），這種結構可以充分利用短語之間有重疊的性質，減少重複儲存[335,335-337]。

Chapter

08

基於句法的模型

人類的語言是有結構的，這種結構往往表現在句子的句法資訊上。例如，人們進行翻譯時會先將待翻譯句子的主幹確定下來，得到譯文的主幹，最後形成完整的譯文。一個人學習外語時，也會先學習外語句子的基本組成，如主語、謂語等，再用這種句子結構知識生成外語句子。

使用句法分析可以極佳地處理翻譯中的結構調序、遠距離依賴等問題。因此，基於句法的機器翻譯模型長期受到研究人員關注。例如，早期基於規則的方法裡就大量使用了句法資訊來定義翻譯規則。進入統計機器翻譯時代，句法資訊的使用同樣是主要研究方向之一。這也產生了很多基於句法的機器翻譯模型及方法，而且在很多工上取得了非常出色的結果。本章將對這些模型和方法進行介紹，內容涉及機器翻譯中句法資訊的表示、基於句法的翻譯建模、句法翻譯規則的學習等。

8.1 翻譯中句法資訊的使用

使用短語的優點在於，可以捕捉到具有完整意思的連續詞串，因此能夠對局部上下文資訊進行建模。當單字之間的搭配和依賴關係出現在連續詞串中時，短語可以極佳地對其進行描述。但是，當單字之間距離很遠時，使用短語的「效率」很低。同n-gram 語言模型一樣，當短語長度變長時，資料會變得非常稀疏。例如，很多實驗已經證明，如果在測試資料中有一個超過 5 個單字的連續詞串，那麼它在訓練資料中往往是很低頻的現象，更長的短語甚至都很難在訓練資料中找到。

雖然可以使用平滑演算法對長短語的機率進行估計，但是使用過長的短語在實際系統研發中仍然不現實。圖 8-1 展示了中翻英中不同距離下的依賴。來源語言的兩個短語（藍色和紅色）在目的語言中產生了調序。但是，這兩個短語在來源語言句子中橫跨 8 個單字。直接使用這 8 個單字組成的短語進行翻譯，顯然會有非常嚴重的資料稀疏問題，因為很難期望在訓練資料中見到一模一樣的短語。

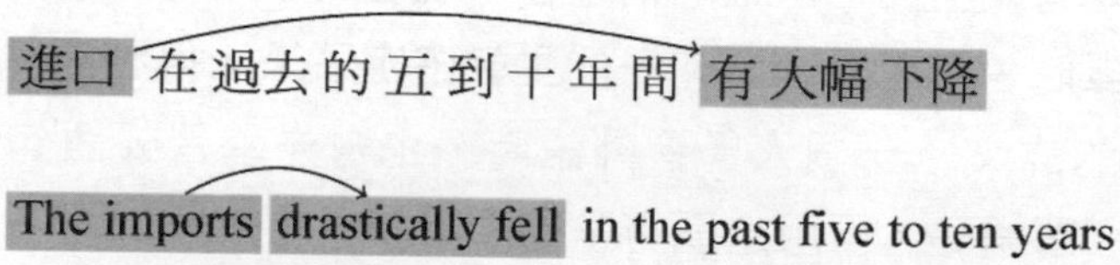

進口 在 過 去 的 五 到 十 年 間 有 大幅 下降

The imports drastically fell in the past five to ten years

圖 8-1 中翻英中不同距離下的依賴

僅使用連續詞串不能處理所有的翻譯問題，其根本原因在於句子的表層串很難描述片段之間大範圍的依賴。一個新的思路是使用句子的層次結構資訊進行建模。第 3 章已經介紹了句法分析基礎。對於每個句子，都可以用句法樹描述它的結構。

圖 8-2 展示了一棵英文句法樹（短語結構樹）。句法樹描述了一種遞迴的結構，每個句法結構都可以用一個子樹來描述，子樹之間的組合可以組成更大的子樹，最終完成整個句子的表示。相比線性的序列結構，樹結構更容易處理大片段之間的關係。例如，兩個在序列中距離「很遠」的單字，在樹結構中可能會「很近」。

S
NP
VP
NP
IN
NP
VBZ
ADVP
DT
NN
in
this area
have
RB
VBN
The
imports
drastically
fallen

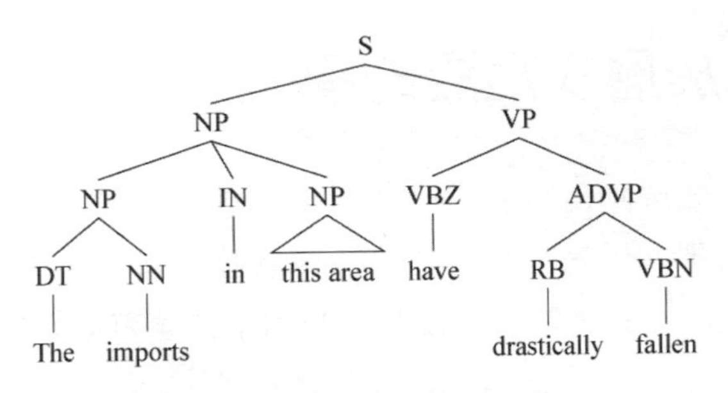

圖 8-2 一棵英文句法樹（短語結構樹）

句法樹結構可以指定機器翻譯對語言進一步抽象的能力，這樣，可以不使用連續詞串，而是透過句法結構對大範圍的譯文生成和調序進行建模。圖 8-3 是一個在翻譯中融入來源語言（中文）句法資訊的實例。在這個例子中，介詞短語「在……後」包含 11 個單字，因此，使用短語很難涵蓋這樣的片段。這時，系統會把「在……後」錯誤地翻譯為"In……"。透過句法樹，可以知道「在……後」對應著一個完整的子樹結構 PP（介詞短語）。因此，很容易知道介詞短語中「在……後」是一個範本（紅色），而「在」和「後」之間的部分組成了從句（藍色）。最終得到正確的譯文"After……"。

使用句法資訊在機器翻譯中並不罕見。在基於規則和範本的翻譯模型中，就大量使用了句法等結構資訊。只是由於早期句法分析技術不成熟，系統的整體效果並不突出。在資料驅動的方法中，句法可以極佳地融合在統計建模中。透過機率化的句法設計，可以對翻譯過程進行很好的描述。

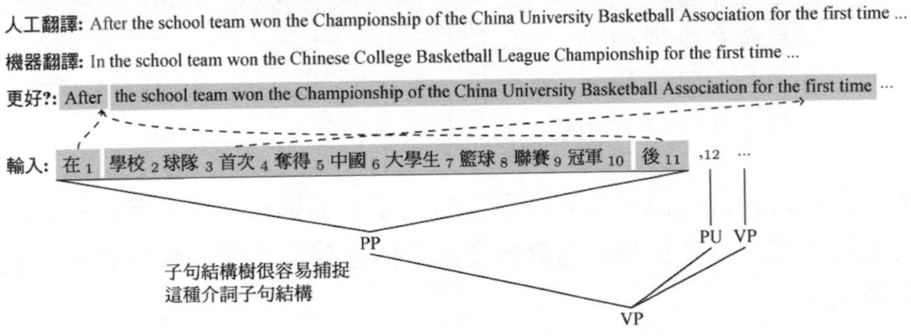

人工翻譯: After the school team won the Championship of the China University Basketball Association for the first time ...
機器翻譯: In the school team won the Chinese College Basketball League Championship for the first time ...
更好?: After the school team won the Championship of the China University Basketball Association for the first time ...
輸入: 在 1 學校 2 球隊 3 首次 4 奪得 5 中國 6 大學生 7 籃球 8 聯賽 9 冠軍 10 後 11 ,12 ...
PP
PU VP
子句結構樹很容易捕捉
這種介詞子句結構
VP

圖 8-3 使用句法結構進行機器翻譯的實例

8.2 基於層次短語的模型

在機器翻譯中，如果翻譯需要局部上下文的資訊，則把短語作為翻譯單元是一種理想的方案。但是，單字之間的關係並不總是「局部」的，很多時候需要距離更遠一些的搭配。比較典型的例子是含有從句的情況。例如：

我 在 今天 早上 沒有 吃 早 飯 的 情況 下 還是 正常 去 上班 了。

這句話的主語「我」和謂語「去 上班」組成了主謂搭配，而二者之間的部分是狀語。顯然，用短語去捕捉這個搭配需要覆蓋很長的詞串，也就是整個「我……去 上班」的部分。如果把這樣的短語考慮到建模中，則會面臨非常嚴重的資料稀疏問題，因為無法保證在訓練資料中能夠出現這麼長的詞串。

實際上，隨著短語長度變長，短語在資料中會變得越來越低頻，相關的統計特徵也會越來越不可靠。表 8-1 就展示了不同長度的短語在一個訓練資料中出現的頻次。可以看到，長度超過 3 的短語已經非常低頻了，更長的短語甚至在訓練資料中一次也沒有出現過。

表 8-1 不同短語在訓練資料中出現的頻次

短語（中文）	訓練資料中出現的頻次
包含	3341
包含 多個	213
包含 多個 詞	12
包含 多個 詞 的	8
包含 多個 詞 的 短語	0
包含 多個 詞 的 短語 太多	0

顯然，利用過長的短語來處理長距離的依賴並不是一種十分有效的方法。過於低頻的長短語無法提供可靠的資訊，而且使用長短語會導致模型體積急劇增加。

再來看一個翻譯實例，圖 8-4 是一個基於短語的機器翻譯系統的翻譯結果。這個例子中的調序有一些複雜，如「許多/大專院校/之一」和「與/東軟/有/合作」的英文翻譯都需要進行調序，分別是"one of the many universities"和"have collaborative relations with Neusoft"。雖然基於短語的系統可以極佳地處理這些調序問題（因為它們僅使用了局部的資訊），但卻無法在這兩個短語（1 和 2）之間進行正確的調序。

源語言句子：東北大學 是 與 東軟 有 合作 的 眾多 高校 之一

系統輸出：NEU is collaborative relations with Neusoft 1
is one of the many universities 2

參考譯文：NEU is one of the many universities that have
collaborative relations with Neusoft

圖 8-4 基於短語的機器翻譯系統的翻譯結果

這個例子也在一定程度上説明了長距離的調序需要額外的機制才能得到更好的處理。實際上，兩個短語（1 和 2）之間的調序現象本身對應了一種結構，或者説範本。也就是中文中的：

與 [什麼 東西] 有 [什麼 事]

可以翻譯成：

have [什麼 事] with [什麼 東西]

這裡[什麼 東西]和[什麼 事]表示範本中的變數，可以被其他詞序列替換。通常，可以把這個範本形式化地描述為

$$\langle \text{與 } X_1 \text{ 有 } X_2,\ \text{have } X_2 \text{ with } X_1 \rangle$$

其中，逗點分隔了來源語言和目的語言部分，X_1和X_2表示範本中需要替換的內容，即變數。來源語言中的變數和目的語言中的變數是一一對應的，如來源語言中的X_1 和目的語言中的X_1代表這兩個變數可以「同時」被替換。假設給定短語對：

〈東軟, Neusoft〉

〈 合作, collaborativerelations 〉

可以使用第一個短語替換範本中的變數X_1，得到

$$\langle \text{與 [東軟] 有 } X_2,\ \ \text{have } X_2 \text{ with [Neusoft]} \rangle$$

其中，[·] 表示被替換的部分。可以看到，在來源語言和目的語言中，X_1被同時替換為相應的短語。進一步，可以用第二個短語替換X_2，得到

$$\langle \text{與 東軟 有 [合作]},\ \ \text{have [collaborativerelations] with Neusoft} \rangle$$

至此，就獲得了一個完整詞串的譯文。類似地，還可以寫出其他的翻譯範本，如下：

$$\langle X_1 \text{ 是 } X_2,\ \ X_1 \text{ is } X_2 \rangle$$

$$\langle X_1 \text{ 之一},\ \ \text{one of } X_1 \rangle$$

$$\langle X_1 \text{ 的 } X_2,\ \ X_2 \text{ that have } X_1 \rangle$$

使用上面這種變數替換的方式，就可以得到一個完整句子的翻譯。

這個過程如圖 8-5 所示。其中，左右相連的方框表示翻譯範本的來源語言和目的語言部分。可以看到，範本中兩種語言中的變數會被同步替換，替換的內容可以是其他範本生成的結果。這就對應了一種層次結構，或者說互譯的句對可以被雙語的層次結構同步生成。

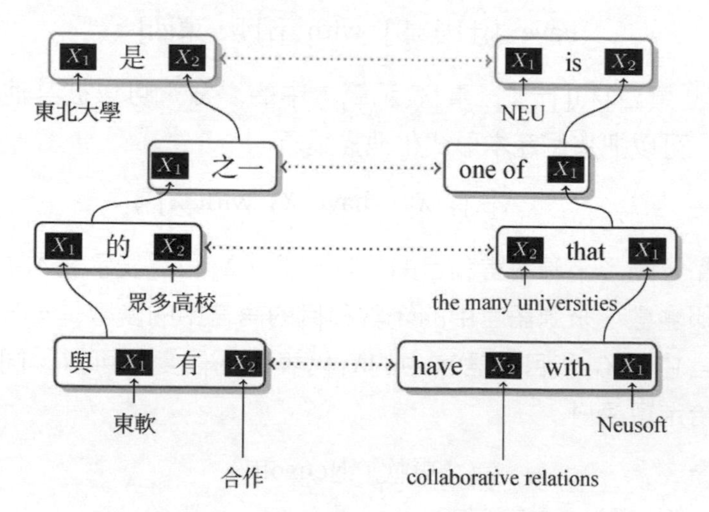

圖 8-5 使用短語和翻譯範本進行雙敘述子的同步生成

實際上，在翻譯中使用這樣的範本就組成了層次短語模型的基本思想。接下來介紹如何對翻譯範本進行建模，以及如何自動學習並使用這些範本。

8.2.1 同步上下文無關文法

基於層次短語的模型（Hierarchical Phrase-based Model）是一個經典的統計機器翻譯模型[88,338]。這個模型可以極佳地解決短語系統對翻譯中長距離調序建模不足的問題。基於層次短語的系統也在多項機器翻譯比賽中取得了很好的成績。基於這項工作的論文也獲得了自然語言處理領域頂級會議 ACL 2015 的最佳論文獎。

層次短語模型的核心是把翻譯問題歸結為兩種語言詞串的同步生成問題。實際上，詞串的生成問題是自然語言處理中的經典問題，早期的研究更關注單敘述子的生成，例如，如何使用句法樹描述一個句子的生成過程。層次短語模型的創新之處是把傳統單語詞串的生成推廣到雙語詞串的同步生成上。這使得機器翻譯可以使用類似句法分析的方法求解。

1. 文法定義

層次短語模型中一個重要的概念是同步上下文無關文法（Synchronous Context-free Grammar，SCFG）。SCFG 可以被看作對來源語言和目的語言上下文無關文法的融合，它要求來源語言和目的語言的產生式及產生式中的變數具有對應關係。具體定義如下：

定義 8.1：同步上下文無關文法

一個同步上下文無關文法由 5 部分組成(N, T_s, T_t, I, R)，其中：

- N是非終結符集合。
- T_s和T_t分別是來源語言和目的語言的終結符集合。
- $I \subseteq N$是起始非終結符集合。
- R是規則集合，每條規則$r \in R$有如下形式：

$$\text{LHS} \rightarrow < \alpha, \beta, \sim > \tag{8-1}$$

其中，LHS $\in N$表示規則的左部，它是一個非終結符；規則的右部由 3 部分組成，$\alpha \in (N \cup T_s)^*$表示由來源語言終結符和非終結符組成的串；$\beta \in (N \cup T_t)^*$ 表示由目的語言終結符和非終結符組成的串；~表示α和β中非終結符的 1-1 對應關係。

根據這個定義，來源語言和目的語言有不同的終結符集合（單字），但是它們會共用同一個非終結符集合（變數）。每個產生式包括來源語言和目的語言兩個部分，分別表示由規則左部生成的來源語言和目的語言符號串。產生式會同時生成兩種語言的符號串，因此這是一種「同步」生成，可以極佳地描述翻譯中兩個詞串之間的對應。

下面是一個簡單的 SCFG 實例：

S → ⟨ NP_1 希望 VP_2, NP_1 wish to VP_2 ⟩

VP → ⟨ 對 NP_1 感到 VP_2, be VP_2 wish NP_1 ⟩

NN → ⟨ 强大, strong ⟩

這裡的S、NP、VP 等符號可以被看作具有句法功能的標記，因此這個文法和傳統句法分析中的 CFG 很像，只不過 CFG 是單語文法，而 SCFG 是雙語同步文法。非終結符的下標表示對應關係，如來源語言的 NP_1和目的語言的 NP_1是對應的。因此，在上面這種表示形式中，兩種語言間非終結符的對應關係~是隱含在變數下標中的。當然，複雜的句法功能標記並不是必需的。例如，也可以使用更簡單的文法形式：

X → ⟨ X_1 希望 X_2, X_1 wish to X_2 ⟩

X → ⟨ 對 X_1 感到 X_2, be X_2 wish X_1 ⟩

X → ⟨ 强大, strong ⟩

這個文法只有一種非終結符X，因此所有的變數都可以使用任意的產生式進行推導。這就給翻譯提供了更大的自由度，也就是說，規則可以被任意使用，進行自由組合。這也符合基於短語的模型中對短語進行靈活拼接的思想。基於此，層次短語系統中也使用這種並不依賴語言學句法標記的文法。在本章中，如果沒有特殊說明，則把這種沒有語言學句法標記的文法稱作基於層次短語的文法（Hierarchical Phrase-based Grammar），或簡稱為層次短語文法。

2. 推導

下面是一個完整的層次短語文法：

r_1： $X \rightarrow \langle$ 進口 X_1, The imports $X_1 \rangle$

r_2： $X \rightarrow \langle$ X_1 下降 X_2, X_2 X_1 fallen $\rangle$

r_3： $X \rightarrow \langle$ 大幅, drastically $\rangle$

r_4： $X \rightarrow \langle$ 了, have $\rangle$

其中，規則r_1和r_2是含有變數的規則，這些變數可以被其他規則的右部替換；規則r_2是調序規則；規則r_3和r_4是純單字化規則，表示單字或者短語的翻譯。

對於一個雙敘述對：

源語言：　進口 大幅 下降 了

目標語言：The imports have drastically fallen

可以進行如下推導（假設起始符號是X）：

$\langle X_1, X_1 \rangle$

$\xrightarrow{r_1} \langle$ 進口 X_2, Theimports $X_2 \rangle$

$\xrightarrow{r_2} \langle$ 進口 X_3 下降 X_4, Theimports X_4 X_3 fallen $\rangle$

$\xrightarrow{r_3} \langle$ 進口 大幅 下降 X_4,

Theimports X_4 drastically fallen $\rangle$

$\xrightarrow{r_4} \langle$ 進口 大幅 下降 了,

Theimports have drastically fallen $\rangle$

其中，每使用一次規則就會同步替換來源語言和目的語言符號串中的一個非終結符，替換結果用紅色表示。通常，將上面這個過程稱作翻譯推導，記為

$$d = r_1 \circ r_2 \circ r_3 \circ r_4 \tag{8-2}$$

在層次短語模型中，每個翻譯推導都唯一地對應一個目的語言譯文。因此，可以用推導的機率$P(d)$描述翻譯的好壞。同基於短語的模型一樣（見 7.2 節），層次短語翻譯的目標是：求機率最高的翻譯推導$\hat{d} = \arg\max P(d)$。值得注意的是，基於推導的方法在句法分析中十分常用。層次短語翻譯實質上也是透過生成翻譯規則的推導來對問題的表示空間進行建模。在 8.3 節還將看到，這種方法可以被擴展到語言學上基於句法的翻譯模型中，而且這些模型都可以用一種被稱作超圖的結構建模。從某種意義上講，基於規則推導的方法將句法分析和機器翻譯進行了形式上的統一，因此機器翻譯也借用了很多句法分析的思想。

3. 膠水規則

由於翻譯現象非常複雜，在實際系統中往往需要把兩個局部翻譯線性拼接到一起。在層次短語模型中，這個問題透過引入膠水規則（Glue Rule）來解決，形式如下：

$$S \rightarrow \langle\ S_1\ X_2, S_1\ X_2\ \rangle$$
$$S \rightarrow \langle\ X_1, X_1\ \rangle$$

膠水規則引入了一個新的非終結符S，S只能和X進行順序拼接，或者S由X生成。如果把S看作文法的起始符，使用膠水規則後，相當於把句子劃分為若干個部分，每個部分都被歸納為X。之後，順序地把這些X拼接到一起，得到最終的譯文。例如，在最極端的情況下，整個句子會生成一個X，再歸納為S，這時並不需要進行膠水規則的順序拼接；另一種極端的情況是，每個單字都被獨立翻譯，被歸納為X，再把最左邊的X歸納為S，把剩下的X拼到一起。這樣的推導形式如下：

$$
\begin{aligned}
S \rightarrow & \langle\ S_1\ X_2, S_1\ X_2\ \rangle \\
& \langle\ S_3\ X_4\ X_2, S_3\ X_4\ X_2\ \rangle \\
& \cdots \\
& \langle\ X_n\ \cdots\ X_4\ X_2, X_n\ \cdots\ X_4\ X_2\ \rangle
\end{aligned}
$$

實際上，膠水規則在很大程度上模擬了基於短語的系統中對字串順序翻譯的操作，而且在實踐中發現，這個步驟是十分必要的。特別是對法英翻譯這樣的任務，語言的結構基本上是順序翻譯的，因此引入順序拼接的操作符合翻譯的整體規律。同時，這種拼接給翻譯增加了靈活性，系統會更加健壯。

需要說明的是，使用同步文法進行翻譯時，單字的順序是內嵌在翻譯規則內的，因此這種模型並不依賴額外的調序模型。一旦文法確定下來，系統就可以進行翻譯。

4. 處理流程

層次短語系統的處理流程如圖 8-6 所示，其核心是從雙語資料中學習同步翻譯文法，並進行翻譯特徵的學習，形成翻譯模型（即規則+特徵）。同時，要從目的語言資料中學習語言模型。最終，把翻譯模型和語言模型一起送入解碼器，在特徵權重調優後，完成對新輸入句子的翻譯。

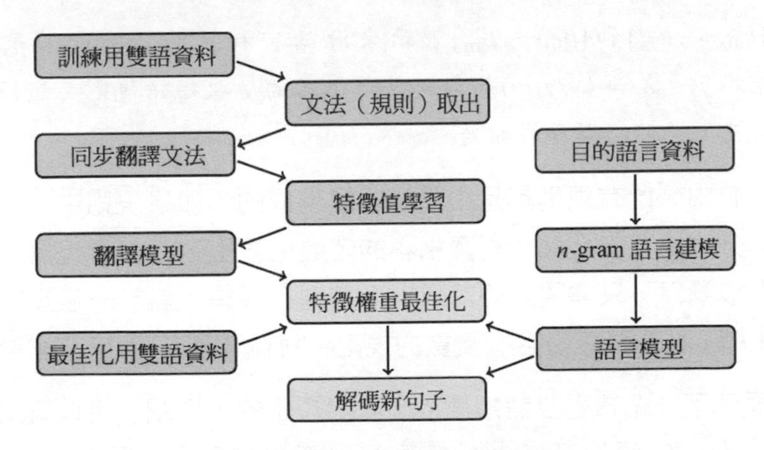

圖 8-6 層次短語系統的處理流程

8.2.2 層次短語規則取出

層次短語系統所使用的文法包括兩部分：

- 不含變數的層次短語規則（短語翻譯）。
- 含有變數的層次短語規則。短語翻譯的取出直接重複使用基於短語的系統即可。

此處，重點討論如何取出含有變數的層次短語規則。7.3 節已經介紹了短語與詞對齊相容的概念。這裡，所有層次短語規則也是與詞對齊相容（一致）的。

定義 8.2：與詞對齊相容的層次短語規則

對於句對(s,t)和它們之間的詞對齊a，令Φ表示在句對(s,t)上與a相容的雙語短語集合。則：

（1）如果$(x,y)\in\Phi$，則$X\rightarrow\langle x,y,\Phi\rangle$是與詞對齊相容的層次短語規則。

（2）對於$(x,y)\in\Phi$，存在m個雙語短語$(x_i,y_j)\in\Phi$，同時存在$(1,\cdots,m)$上面的一個排序$\sim=\{\pi_1,\cdots,\pi_m\}$，且：

$$x=\alpha_0x_1\cdots\alpha_{m-1}x_m\alpha_m \tag{8-3}$$

$$y=\beta_0y_{\pi_1}\cdots\beta_{m-1}y_{\pi_m}\beta_m \tag{8-4}$$

其中，$\{\alpha_0,\cdots,\alpha_m\}$和$\{\beta_0,\cdots,\beta_m\}$表示來源語言和目的語言的若干個詞串（包含空串），$X\rightarrow\langle x,y,\sim\rangle$是與詞對齊相容的層次短語規則。這條規則包含$m$個變數，變數的對齊資訊是$\sim$。

在這個定義中，所有規則都是由雙語短語生成的。如果規則中含有變數，則變數部分也需要滿足與詞對齊相容的定義。按上述定義實現層次短語規則取出也很簡單，只需要對短語取出系統進行改造：對於一個短語，可以透過挖「槽」的方式生成含有變數的規則。每個「槽」代表一個變數。

圖 8-7 展示了一個透過雙語短語取出層次短語的示意圖。可以看到，在獲取一個「大」短語的基礎上（紅色），直接在其內部取出得到另一個

「小」短語（綠色），這樣就生成了一個層次短語規則。

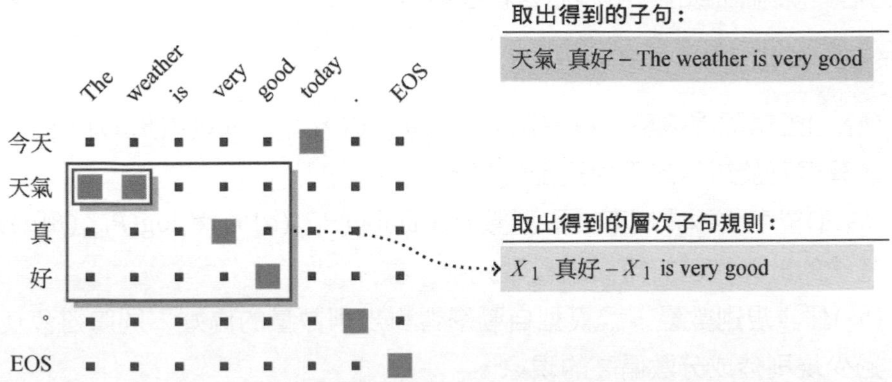

取出得到的子句：

天氣 真好 – The weather is very good

取出得到的層次子句規則：

X_1 真好 – X_1 is very good

圖 8-7 透過雙語短語取出層次短語的示意圖

透過這種方式可以取出出大量的層次短語規則。但是，不加限制地取出會帶來規則集合的過度膨脹，對解碼系統造成很大負擔。例如，如果考慮任意長度的短語，則會使層次短語規則過大，一方面，這些規則很難在測試資料上被匹配；另一方面，取出這樣的「長」規則會使取出演算法變慢，而且規則數量猛增再難以儲存。另外，如果一個層次短語規則中含有過多的變數，也會導致解碼演算法變得更複雜，不利於系統實現和偵錯。針對這些問題，在標準的層次短語系統中會考慮一些限制[338]，包括：

- 取出的規則最多可以跨越 10 個詞。
- 規則的（來源語言端）變數個數不能超過 2。
- 規則的（來源語言端）變數不能連續出現。

在具體實現時，還會考慮其他的限制，如限定規則的來源語言端終結符數量的上限等。

8.2.3 翻譯特徵

在層次短語模型中，每個翻譯推導都有一個模型得分 $\mathrm{score}(d,t,s)$。$\mathrm{score}(d,t,s)$ 是若干特徵的線性加權之和：$\mathrm{score}(d,t,s)=\sum_{i=1}^{M}\lambda_i\cdot$

$h_i(d,t,s)$，其中λ_i是特徵權重，$h_i(d,t,s)$是特徵函數。層次短語模型的特徵包括與規則相關的特徵和語言模型特徵。

對於每一條翻譯規則 LHS→ $\langle \alpha, \beta, \sim \rangle$，有：

- (h_{1-2})短語翻譯機率（取對數），即$\log(P(\alpha|\beta))$和$\log(P(\beta|\alpha))$，特徵的計算與基於短語的模型完全一樣。
- (h_{3-4})單字化翻譯機率（取對數），即$\log(P_{\text{lex}}(\alpha|\beta))$和$\log(P_{\text{lex}}(\beta|\alpha))$，特徵的計算與基於短語的模型完全一樣。
- (h_5)翻譯規則數量，讓模型自動學習對規則數量的偏好，同時避免使用過少規則造成分數偏高的現象。
- (h_6)膠水規則數量，讓模型自動學習使用膠水規則的偏好。
- (h_7)短語規則數量，讓模型自動學習使用純短語規則的偏好。

這些特徵可以被具體描述為

$$h_i(d,t,s) = \sum_{r \in d} h_i(r) \tag{8-5}$$

式(8-5) 中，r表示推導d中的一條規則，$h_i(r)$表示規則r上的第i個特徵。可以看出，推導d的特徵值就是所有包含在d中規則的特徵值的和。進一步，可以定義：

$$\text{rscore}(d,t,s) = \sum_{i=1}^{7} \lambda_i \cdot h_i(d,t,s) \tag{8-6}$$

最終，模型得分被定義為

$$\text{score}(d,t,s) = \text{rscore}(d,t,s) + \lambda_8 \log(P_{\text{lm}}(t)) + \lambda_9 |t| \tag{8-7}$$

其中：

- $\log(P_{\text{lm}}(t))$表示語言模型得分。
- $|t|$表示譯文的長度。

在定義特徵函數之後，特徵權重$\{\lambda_i\}$可以透過最小錯誤率訓練在開發集上進行調優。最小錯誤率訓練方法可以參考第 7 章的相關內容。

8.2.4 CKY 解碼

層次短語模型解碼的目標是找到模型得分最高的推導，即

$$\hat{d} = \arg\max_{d} \text{score}(d, t, s) \tag{8-8}$$

這裡，$\hat{d}$的目的語言部分即最佳譯文t。令函數$t(\cdot)$返回翻譯推導的目的語言詞串，於是有

$$t = t(\hat{d}) \tag{8-9}$$

層次短語規則本質上就是 CFG 規則，因此式(8-8) 代表了一個典型的句法分析過程。需要做的是，用模型來源語言端的 CFG 對輸入句子進行分析，同時用模型目的語言端的 CFG 生成譯文。基於 CFG 的句法分析是自然語言處理中的經典問題。一種廣泛使用的方法是：先將 CFG 轉化為ε-free 的喬姆斯基範式（Chomsky Normal Form）[1]，再採用 CKY 方法進行分析。

CKY 是形式語言中一種常用的句法分析方法[339-341]。它主要用於分析符合喬姆斯基範式的句子。喬姆斯基範式中每個規則最多包含兩叉（或者說兩個變數），因此 CKY 方法也可以被看作基於二叉規則的一種分析方法。對於一個待分析的字串，CKY 方法從小的「範圍」開始，不斷擴大分析的「範圍」，最終完成對整個字串的分析。在 CKY 方法中，一個重要的概念是跨度（Span），所謂跨度表示了一個符號串的範圍。這裡可以把跨度簡單地理解為從一個起始位置到一個結束位置中間的部分。

---

[1] 能夠證明任意的 CFG 都可以被轉換為喬姆斯基範式，即文法只包含形如 $A \rightarrow BC$ 或 $A \rightarrow a$ 的規則。這裡，假設文法中不包含空串產生式 $A \rightarrow \varepsilon$，其中$\varepsilon$表示空字串。

如圖 8-8 所示，每個單字左右都有一個數字來表示序號。可以用序號的範圍來表示跨度，例如：

span[0,1] = “猫”
span[2,4] = “吃　魚”
span[0,4] = “猫　喜歡　吃　魚”

貓　喜歡　吃　魚
0　1　2　3　4

圖 8-8　一個單字串及位置索引

CKY 方法是按跨度由小到大的次序執行的，這也對應了一種自下而上的分析（Bottom-Up Parsing）過程。對於每個跨度，檢查：

- 是否有形如 A→a 的規則可以匹配。
- 是否有形如 A→BC 的規則可以匹配。

對於第一種情況，簡單匹配字串即可；對於第二種情況，需要把當前的跨度進一步分割為兩部分，並檢查左半部分是否已經被歸納為 B，右半部分是否已經被歸納為 C。如果可以匹配，則將在這個跨度上保存匹配結果。後面，可以存取這個結果（也就是 A）來生成更大跨度上的分析結果。

CKY 演算法的虛擬程式碼如程式 9 所示。整個演算法的執行順序是按跨度的長度（l）組織的。對於每個 $\text{span}[j,j+l]$，會在位置k進行切割。之後，判斷 $\text{span}[j,k]$和 $\text{span}[k,j+l]$是否可以形成一個規則的右部。也就是判斷 $\text{span}[j,k]$是否生成了 B，同時判斷 $\text{span}[k,j+l]$是否生成了 C，如果文法中有規則 A→BC，則把這個規則放入 $\text{span}[j,j+l]$。這個過程由 Compose 函數完成。如果 $\text{span}[j,j+l]$可以匹配多條規則，則所有生成的推導都會被記錄在 $\text{span}[j,j+l]$所對應的一個列表裡[2]。

[2] 通常，這個清單會用優先佇列實現。這樣可以對推導按模型得分進行排序，方便後續的剪枝操作。

程式 8.1：CKY 演算法的虛擬程式碼

Input: 符合喬姆斯基範式的待分析字串和一個 CFG

Output: 全部可能的字串語法分析結果

Parameter: s為輸入字串。G為輸入 CFG。J為待分析字串長度。

```
Function CKY-Algorithm(s, G)
for j = 0 to J − 1 do
    span[j, j + 1].Add(A → a ∈ G)
end
for l = 1 to J do                //跨度長度
    for l = 1 to J − l do        //跨度起始位置
        for k = j to j + l do    //跨度結束位置
            hypos = Compose(span[j, k], span[k, j + l])
            span[j, j + l].Update(hypos)
        end
    end
end
return span [0, J]
```

圖 8-10 展示了 CKY 方法的一個運行實例（輸入詞串是 aabbc）。演算法在處理完最後一個跨度後會得到覆蓋整個詞串的分析結果，即句法樹的根節點 S。

CKY 演算法不能直接用於層次短語模型，主要有兩個原因：

- 層次短語模型的文法不符合喬姆斯基範式。
- 機器翻譯需要語言模型。計算當前詞的語言模型得分需要前面的詞做條件，因此機器翻譯的解碼過程並不是上下文無關的。

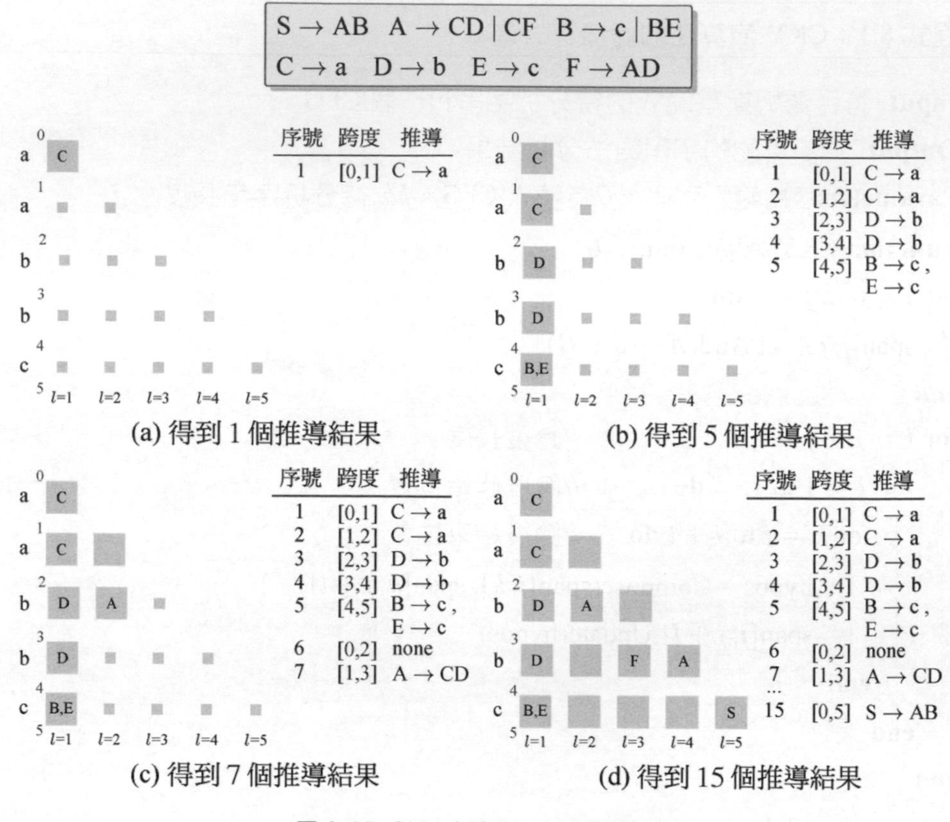

圖 8-10 CKY 方法的一個運行實例

解決第一個問題有兩個思路：

- 把層次短語文法轉化為喬姆斯基範式，就可以直接使用原始的 CKY 演算法進行分析。

- 對 CKY 方法進行改造。解碼的核心任務是要知道每個跨度能否匹配規則的來源語言部分。實際上，層次短語模型的文法是一種特殊的文法。這種文法規則的來源語言部分最多包含兩個變數，而且變數不能連續。這樣的規則會對應一種特定類型的範本，例如，對於包含兩個變數的規則，它的來源語言部分形如$\alpha_0 X_1 \alpha_1 X_2 \alpha_2$。其中，$\alpha_0$、$\alpha_1$和$\alpha_2$表示終結符串，$X_1$和$X_2$是變數。顯然，如果$\alpha_0$、$\alpha_1$和$\alpha_2$確定下來，那麼$X_1$和$X_2$的位置也就確定下來了。因此，對於每一個詞串，都可以很容易地生成這種範本，進而完成匹配，而X_1、X_2和原始的 CKY 中的匹配二叉規則本質上是一樣的。這種方法並不需要對 CKY 方法進行過多調整，因此層次短語系統中廣泛使用這種改造的 CKY 方法進行解碼。

對於語言模型在解碼中的集成問題，一種簡單的解決辦法是：在 CKY 分析的過程中，用語言模型對每個局部的翻譯結果進行評價，並計算局部翻譯（推導）的模型得分。注意，局部的語言模型得分可能是不準確的，例如，局部翻譯片段最左邊單字的機率計算需要依賴前面的單字，但是每個跨度下生成的翻譯是局部的，當前跨度下看不到前面的譯文。這時，會用 1-gram 語言模型的得分代替真實的高階語言模型得分。等這個局部翻譯片段和其他片段組合之後，可以知道前文的內容，這時才會得出最終的語言模型得分。

另一種解決問題的思路是，先不加入語言模型，這樣可以直接使用 CKY 方法進行分析。在得到最終的結果後，對最好的多個推導用含有語言模型的完整模型進行評分，選出最終的最優推導。

在實踐中發現，由於語言模型在機器翻譯中造成至關重要的作用，對最終結果進行重排序會帶來一定的性能損失。不過，這種方法的優勢是速度快，而且容易實現。另外，在實踐時，還需要考慮以下兩方面。

（1）剪枝：在 CKY 中，每個跨度都可以生成非常多的推導（局部翻譯假設）。理論上，這些推導的數量會和跨度大小成指數關係。顯然，不可能保存如此大量的翻譯推導。對於這個問題，常用的辦法是只保留 top-k個推導。也就是每個局部結果只保留最好的k個，即束剪枝。在極端情況下，當k=1 時，這個方法就變成了貪婪的方法。

（2）n-best 結果的生成：n-best 推導（譯文）的生成是統計機器翻譯必要的功能。例如，最小錯誤率訓練中就需要最好的n個結果用於特徵權重調優。在基於 CKY 的方法中，整個句子的翻譯結果會被保存在最大跨度所對應的結構中。因此，一種簡單的n-best 生成方法是從這個結構中取出排名最靠前的n個結果。另外，也可以考慮從上往下遍歷 CKY 生成的推導空間，得到更好的n-best 結果[342]。

8.2.5 立方剪枝

與基於短語的模型相比，基於層次短語的模型引入了「變數」的概念。這樣，可以根據變數周圍的上下文資訊對變數進行調序。變數的內容由其所對應的跨度上的翻譯假設進行填充。圖 8-10 展示了一個層次短語規則匹配詞串的實例。可以看到，規則匹配詞串之後，變數X的位置對應了一個跨度。這個跨度上所有標記為X的局部推導都可以作為變數的內容。

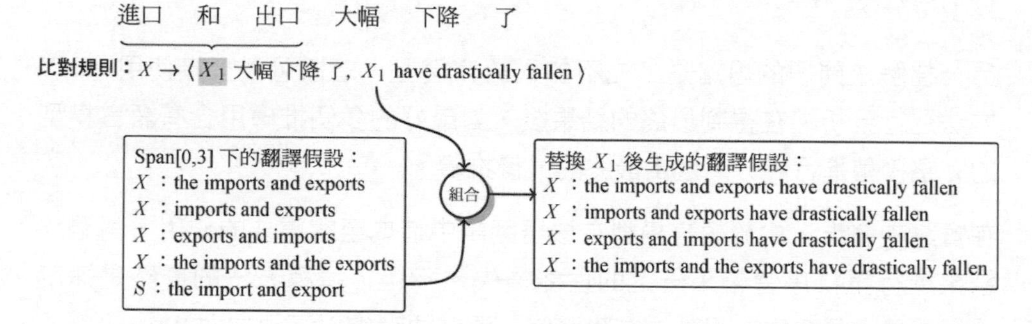

圖 8-10 層次短語規則匹配詞串的實例

真實的情況會更加複雜。對於一個規則的來源語言端，可能會有多個不同的目的語言端與之對應。例如，如下規則的來源語言端完全相同，但譯文不同：

$$X \rightarrow \langle\ X_1\ \text{大幅 下降 了},\quad X_1\ \text{have drastically fallen}\ \rangle$$

$$X \rightarrow \langle\ X_1\ \text{大幅 下降 了},\quad X_1\ \text{have fallen drastically}\ \rangle$$

$$X \rightarrow \langle\ X_1\ \text{大幅 下降 了},\quad X_1\ \text{has drastically fallen}\ \rangle$$

也就是說，當匹配規則的來源語言部分「X_1 大幅 下降 了」時，會有 3

個譯文可以選擇，而變數X_1部分又有很多不同的局部翻譯結果。不同的規則譯文和不同的變數譯文都可以組合出一個局部翻譯結果。圖 8-11 展示了這種情況的實例。

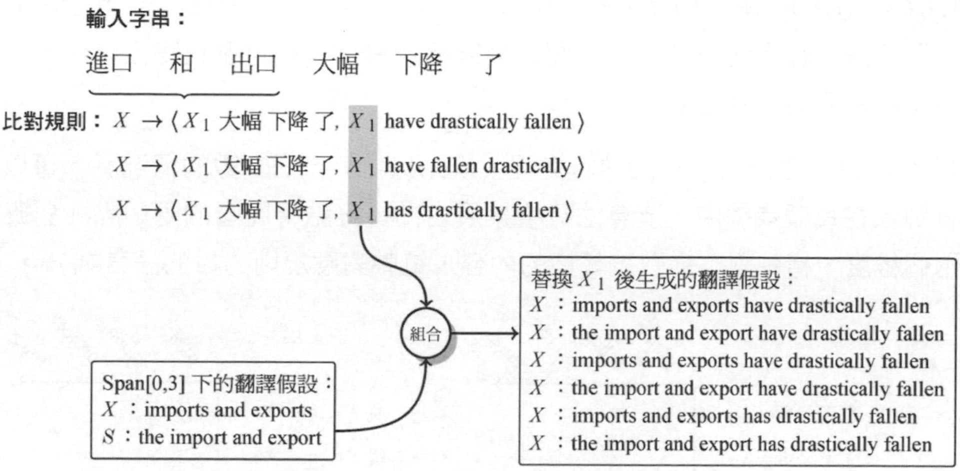

輸入字串：

進口 和 出口 大幅 下降 了

比對規則：$X \rightarrow \langle X_1$ 大幅 下降 了, X_1 have drastically fallen $\rangle$

$X \rightarrow \langle X_1$ 大幅 下降 了, X_1 have fallen drastically $\rangle$

$X \rightarrow \langle X_1$ 大幅 下降 了, X_1 has drastically fallen $\rangle$

組合

Span[0,3] 下的翻譯假設：
X ：imports and exports
S ：the import and export

替換 X_1 後生成的翻譯假設：
X ：imports and exports have drastically fallen
X ：the import and export have drastically fallen
X ：imports and exports have drastically fallen
X ：the import and export have drastically fallen
X ：imports and exports has drastically fallen
X ：the import and export has drastically fallen

圖 8-11 不同規則目的語言端及變數譯文的組合

假設n個規則的來源語言端相同，規則中的每個變數可以被替換為m個結果，對於只含有一個變數的規則，一共有nm種不同的組合。如果規則中含有兩個變數，則這種組合的數量是nm^2。由於翻譯中會進行大量的規則匹配，如果每個匹配的來源語言端都考慮所有nm^2種譯文的組合，那麼解碼速度會很慢。

層次短語系統會進一步對搜索空間剪枝。簡言之，此時並不需要對所有nm^2種組合進行遍歷，而是只考慮其中的一部分組合。這種方法也被稱作立方剪枝（Cube Pruning）。所謂「立方」是指組合譯文時的 3 個維度：規則的目的語言端、第一個變數所對應的翻譯候選、第二個變數所對應的翻譯候選。立方剪枝假設所有的譯文候選都經過排序，如按照短語翻譯機率排序。這樣，每個譯文都對應一個座標，如(i,j,k)就表示第i個規則目的語言端、第一個變數的第j個翻譯候選、第二個變數的第k個翻譯候選的組合。於是，可以把每種組合看作三維空間中的一個點。在立方剪枝中，開始的時候會看到(0,0,0)這個翻譯假設，並把這個翻譯假設放入一個優先佇列中。之後，每次從這個優先佇列中彈出最好的結果，然後沿著 3 個維度分別將座標加 1，例如，如果優先佇列中彈出(i, j, k)，則會生成$(i + 1, j, k)$、$(i, j + 1, k)$和$(i, j, k + 1)$這 3 個新的翻譯假設。然後，計算它們的模型得分並存入優先佇列。這個過程被不斷執行，直到達到終止條件，如擴展次數達到一個上限。

圖 8-12 展示了立方剪枝的執行過程（規則只含有一個變數的情況）。可以看到，在每個步驟中，演算法只會擴展當前最好結果周圍的兩個點（對應兩個維度，橫軸對應變數被替換的內容，縱軸對應規則的目的語言端）。

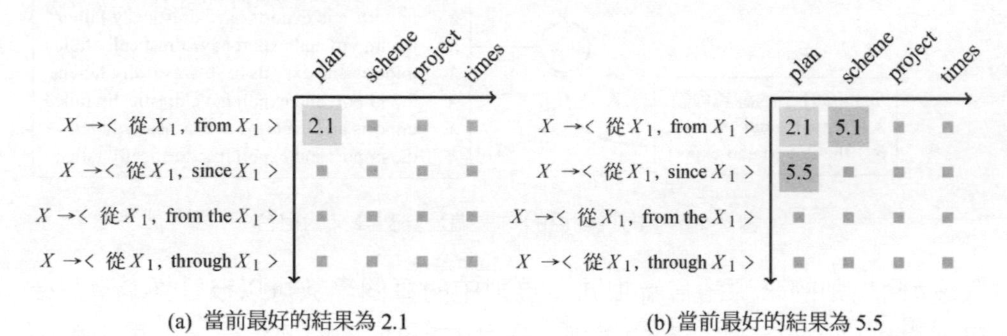

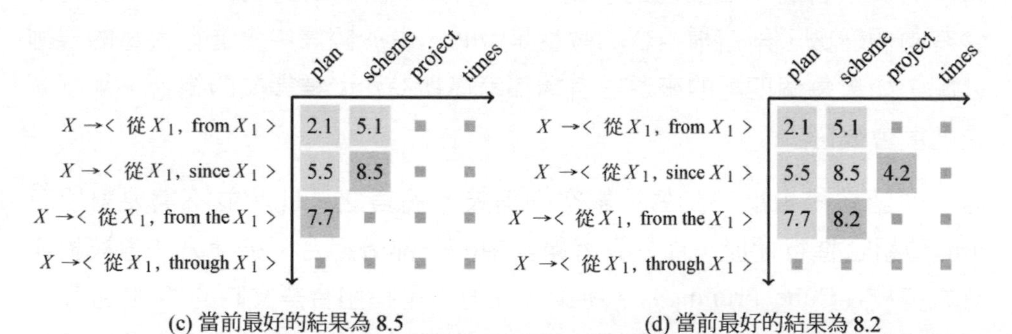

圖 8-12 立方剪枝的執行過程（行表示規則，列表示變數可替換的內容）

理論上，立方剪枝最多存取nm^2個點。在實踐中發現，如果終止條件設計的合理，則搜索的代價基本上與m或者n呈線性關係。因此，立方剪枝可以大大提高解碼速度。立方剪枝實際上是一種啟發性的搜索方法。它把搜索空間表示為一個三維空間。它假設：如果空間中某個點的模型得分較高，那麼它「周圍」的點的得分也很可能較高。這也是對模型得分沿著空間中不同維度具有連續性的一種假設。這種方法也被使用在句法分析中，並取得了很好的效果。

8.3 基於語言學句法的模型

層次短語模型是一種典型的基於翻譯文法的模型。它把翻譯問題轉化為語言分析問題。在翻譯一個句子時，模型會生成一個樹形結構，這樣也就獲得了句子結構的層次化表示。圖 8-13 展示了一個使用層次短語模型進行翻譯時所生成的翻譯推導d，以及這個推導所對應的樹形結構（來源語言）。這棵樹表現了機器翻譯角度下的句子結構，儘管這個結構並不是人類語言學中的句法樹。

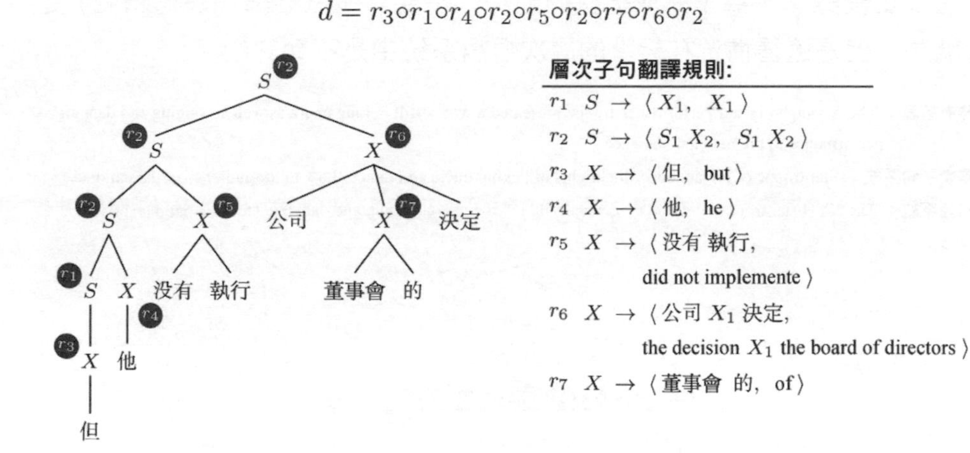

圖 8-13 層次短語模型所對應的翻譯推導及樹結構（來源語言）

在翻譯中使用樹結構的好處在於，模型可以更有效地對句子的層次結構進行抽象，而且樹結構可以作為對序列結構的一種補充，例如，在句子中距離較遠的兩個單字，在樹結構中可以很近。不過，傳統的層次短語模型也存在一些不足：

- 層次短語規則沒有語言學句法標記，很多規則並不符合語言學認知，因此譯文的生成和調序也無法保證遵循語言學規律。例如，層次短語系統經常把完整的句法結構打散，或者「破壞」句法成分進行組合。
- 層次短語系統中有大量的工程化約束條件。例如，規則的來源語言部分不允許兩個變數連續出現，而且變數個數也不能超過兩個。這些約束在一定程度上限制了模型處理翻譯問題的能力。

實際上，基於層次短語的方法可以被看作一種介於基於短語的方法和基於語言學句法的方法之間的折中方法。它的優點在於，短語模型簡單且靈活，同時，由於同步翻譯文法可以對句子的層次結構進行表示，也能夠處理一些較長距離的調序問題。但是，層次短語模型並不是一種「精細」的句法模型，當需要翻譯複雜的結構資訊時，這種模型可能會無能為力。

圖 8-14 展示了一個翻譯實例，對圖中句子進行翻譯需要透過複雜的調序才能生成正確譯文。為了完成這樣的翻譯，需要對多個結構（超過兩個）進行調序，但是這種情況在標準的層次短語系統中是不允許的。

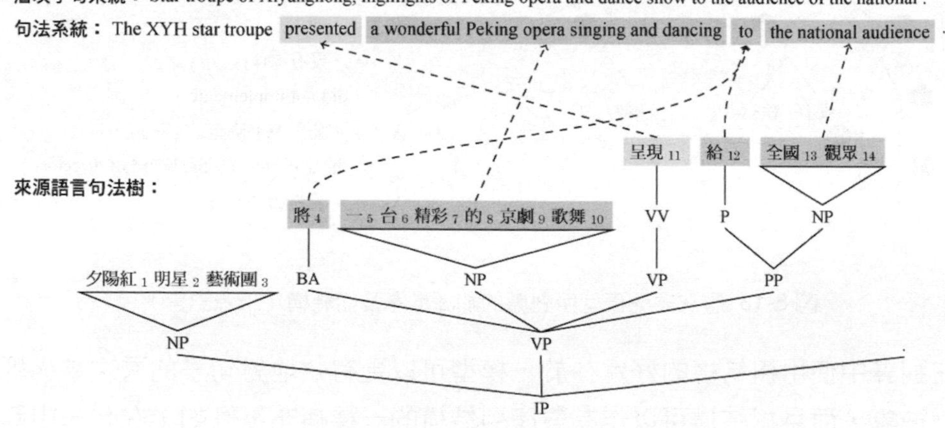

圖 8-14 含有複雜調序的翻譯實例（中翻英）

從這個例子中可以發現，如果知道來源語言的句法結構，則翻譯其實並不「難」。例如，語言學句法結構可以告訴模型句子的主要成分是什麼，而調序實際上是在這些成分之間進行的。從這個角度看，語言學句法可以幫助模型進行更上層結構的表示和調序。

顯然，使用語言學句法對機器翻譯進行建模也是一種不錯的選擇。不過，語言學句法有很多種，需要先確定使用何種形式的句法。例如，在自然語言處理中經常使用的是短語結構句法分析和依存句法分析（如圖 8-16 所示）。二者的區別已經在第 2 章討論過了。

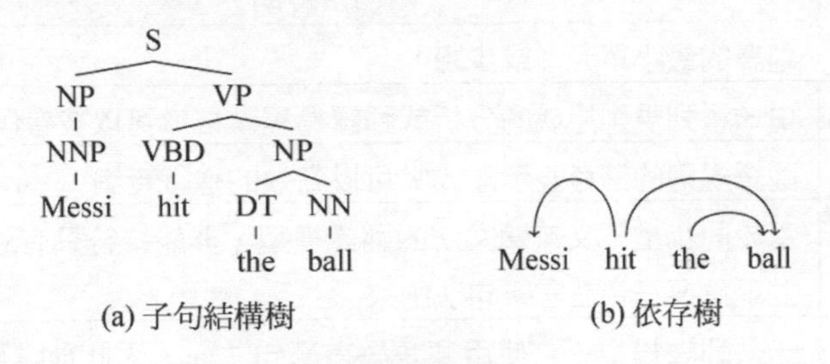

圖 8-15 短語結構樹 vs 依存樹

在機器翻譯中，上述兩種句法資訊都可以被使用。不過，為了後續討論的方便，這裡僅介紹基於短語結構樹的機器翻譯建模。使用短語結構樹的原因在於，它提供了較為豐富的句法資訊，而且相關句法分析工具比較成熟。如果沒有特殊說明，本章提到的句法樹都是指短語結構樹（或成分句法樹）。有時，也會把句法樹簡稱為樹。此外，這裡也假設所有句法樹都可以由句法分析器自動生成[3]。

---

[3] 對於中文、英文等大語種，句法分析器的選擇有很多。而一些小語種，因句法標注資料有限，句法分析可能並不成熟，這時在機器翻譯中使用語言學句法資訊會面臨較大的挑戰。

8.3.1 基於句法的翻譯模型分類

可以說，基於句法的翻譯模型貫穿了現代統計機器翻譯的發展歷程。從概念上講，不管是層次短語模型，還是語言學句法模型，都是基於句法的模型。基於句法的機器翻譯模型種類繁多，這裡先對相關概念進行簡介，以避免後續論述中產生歧義。表 8-2 舉出了基於句法的機器翻譯中的常用概念。

表 8.2 基於句法的機器翻譯中的常用概念

術語	說明
翻譯規則	翻譯的最小單元（或步驟）
推導	由一系列規則組成的分析或翻譯過程，推導可以被看作規則的序列
規則表	翻譯規則的儲存表示形式，可以高效的進行查詢
層次短語模型	基於同步上下文無關文法的翻譯模型，非終結符只有S和X兩種，文法並不需要符合語言學句法約束
樹到串模型	一類翻譯模型，它使用源語語言學句法樹，因此翻譯可以被看作從句法樹到詞串的轉換
串到樹模型	一類翻譯模型，它使用目標語語言學句法樹，因此翻譯可以被看作從詞串到句法樹的轉換
樹到樹模型	一類翻譯模型，它同時使用來源語言和目標語語言學句法樹，因此翻譯可以被看作從句法樹到句法樹的轉換
基於句法	使用語言學句法
基於樹	（來源語言）使用樹結構（大多指句法樹）
基於串	（來源語言）使用詞串。例如，串到樹翻譯系統的解碼器一般都是基於串的解碼方法
基於森林	（來源語言）使用句法森林，這裡森林只是對多個句法樹的一種壓縮結構表示
單字化規則	含有終結符的規則
非單字規則	不含終結符的規則
句法軟約束	不強制規則推導匹配語言學句法樹，通常把句法資訊作為特徵使用
句法硬約束	要求推導必須符合語言學句法樹，不符合的推導會被過濾

基於句法的翻譯模型可以被分為兩類：基於形式文法的模型和基於語言學句法的模型（如圖 8-16 所示）。基於形式文法的模型的典型代表包括：基於反向轉錄文法的模型[343]和基於層次短語的模型[338]。而基於語言學句法的模型包括：樹到串的模型[86,344]、串到樹的模型[87,345]、樹到樹的模型,等[346,347]。

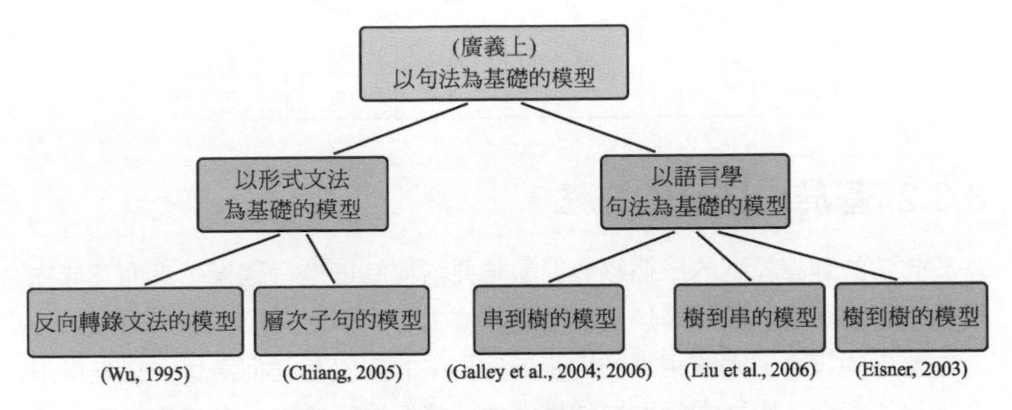

圖 8-16 基於句法的機器翻譯模型的分類

通常，基於形式化文法的模型並不需要句法分析技術的支援。這類模型只是把翻譯過程描述為一系列形式化文法規則的組合過程，而基於語言學句法的模型則需要來源語言和（或者）目的語言句法分析的支持，以獲取更豐富的語言學資訊來提高模型的翻譯能力。這也是本節所關注的重點。當然，所謂分類也沒有唯一的標準，例如，還可以把句法模型分為基於軟約束的模型和基於硬約束的模型，或者分為基於樹的模型和基於串的模型。

表 8-3 進一步對比了不同模型的區別。其中，樹到串和樹到樹模型都使用了來源語言句法資訊，串到樹和樹到樹模型使用了目的語言句法資訊。不過，這些模型都依賴句法分析器的輸出，因此會對句法分析的錯誤比較敏感。相比之下，基於形式化文法的模型並不依賴句法分析器，因此會更健壯。

表 8-3 基於句法的機器翻譯模型對比

模型	形式句法	語言學句法		
		樹到串	串到樹	樹到樹
來源語言句法	否	是	否	是
目的語言句法	否	否	是	是
基於串的解碼	是	否	是	是
基於樹的解碼	否	是	否	是
健壯性	高	中	中	低

8.3.2 基於樹結構的文法

基於句法的翻譯模型的一個核心問題是要對樹結構進行建模，進而完成樹之間或者樹與串之間的轉換。在電腦領域，所謂樹就是由一些節點組成的層次關係的集合。電腦領域的樹和自然界中的樹沒有任何關係，只是借用了相似的概念，因為它的層次結構很像一棵倒過來的樹。在使用樹時，經常會把樹的層次結構轉化為序列結構，稱為樹結構的序列化或者線性化（Linearization）。

例如，使用樹的先序遍歷就可以得到一個樹的序列表示。圖 8-17 對比了樹結構的不同表示形式。實際上，樹的序列表示是非常適合電腦進行讀取和處理的。因此，本章也會使用樹的序列化結果表示句法結構。

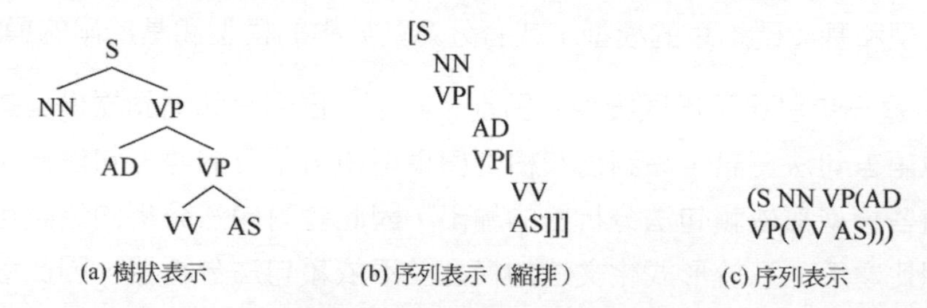

圖 8-17 樹結構的不同表示形式

在基於語言學句法的機器翻譯中，兩個句子間的轉化仍然需要使用文法規則進行描述。有兩種類型的規則：

- 樹到串翻譯規則（Tree-to-String Translation Rule）：在樹到串、串到樹模型中使用。
- 樹到樹翻譯規則（Tree-to-Tree Translation Rule）：在樹到樹模型中使用。

樹到串規則描述了一端是樹結構而另一端是串的情況，因此樹到串模型和串到樹模型都可以使用這種形式的規則。樹到樹模型需要在兩種語言上同時使用句法樹結構，需要樹到樹翻譯規則。

1. 樹到樹翻譯規則

雖然樹到串翻譯規則和樹到樹翻譯規則蘊含了不同類型的翻譯知識，但是它們都在描述一個結構（樹/串）到另一個結構（樹/串）的映射。這裡採用了一種更通用的文法——基於樹結構的文法——將樹到串翻譯規則和樹到樹翻譯規則進行統一。定義如下：

定義 8.2：基於樹結構的文法

一個基於樹結構的文法由 7 部分組成$(N_{\mathrm{s}}, N_{\mathrm{t}}, T_{\mathrm{s}}, T_{\mathrm{t}}, I_{\mathrm{s}}, I_{\mathrm{t}}, R)$，其中

（1）N_{s}和N_{t}是來源語言和目的語言非終結符集合。

（2）T_{s}和T_{t}是來源語言和目的語言終結符集合。

（3）$I_{\mathrm{s}} \subseteq N_{\mathrm{s}}$和$I_{\mathrm{t}} \subseteq N_{\mathrm{t}}$是來源語言和目的語言起始非終結符集合。

（4）R是規則集合，每條規則$r \in R$有如下形式：

$$\langle \alpha_{\mathrm{h}}, \beta_{\mathrm{h}} \rangle \rightarrow \langle \alpha_r, \beta_r, \sim \rangle \tag{8-10}$$

其中，規則左部由非終結符$\alpha_{\mathrm{h}} \in N_{\mathrm{s}}$和$\beta_{\mathrm{h}} \in N_{\mathrm{t}}$組成；規則右部由 3 部分組成，$\alpha_r$表示由來源語言終結符和非終結符組成的樹結構；$\beta_r$表示由目的語言終結符和非終結符組成的樹結構；$\sim$表示$\alpha_r$和$\beta_r$中葉子非終結符的 1-1 對應關係。

基於樹結構的規則非常適合於用描述樹結構到樹結構的映射。例如，圖 8-18 是一個中文句法樹結構到一個英文句法樹結構的對應。其中的樹結構可以被看作完整句法樹上的一個片段，稱為樹片段（Tree Fragment）。

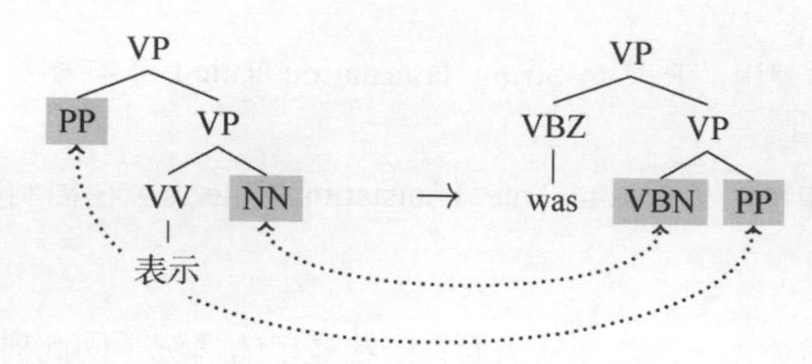

圖 8-18 一個中文句法樹結構到一個英文句法樹結構的對應

樹片段的葉子節點既可以是終結符（單字），也可以是非終結符。當葉子節點為非終結符時，表示這個非終結符會被進一步替換，因此它可以被看作變數。而來源語言樹結構和目的語言樹結構中的變數是一一對應的，對應關係用虛線表示。

這個雙語映射關係可以被表示為一個基於樹結構的文法規則，套用規則的定義$\langle \alpha_{\mathrm{h}}, \beta_{\mathrm{h}} \rangle \to \langle\ \alpha_r, \beta_r, \sim\ \rangle$形式，可以知道：

$$\alpha_{\mathrm{h}} = \mathrm{VP}$$

$$\beta_{\mathrm{h}} = \mathrm{VP}$$

$$\alpha_r = \mathrm{VP(PP}{:}\,x \quad \mathrm{VP(VV(表示)} \quad \mathrm{NN}{:}\,x))$$

$$\beta_r = \mathrm{VP(VBZ(was)} \quad \mathrm{VP(VBN}{:}\,x \quad \mathrm{PP}{:}\,x))$$

$$\sim = \{1-2, 2-1\}$$

這裡，α_{h}和β_{h}表示規則的左部，對應樹片段的根節點；α_r和β_r是兩種語言的樹結構（序列化表示），其中標記為x的非終結符是變數。$\sim = \{1-2, 2-1\}$表示來源語言的第一個變數對應目的語言的第二個變數，而來源語言的第二個變數對應目的語言的第一個變數，這也反映出兩種語言句法結構中的調序現象。類似於層次短語規則，可以把規則中變數的對應關係用下標表示。例如，上面的規則也可以被寫為如下形式：

$$\langle\ \mathrm{VP}, \mathrm{VP}\ \rangle \to \langle\ \mathrm{PP_1}\ \mathrm{VP(VV(表示)}\ \mathrm{NN_2})),\ \ \mathrm{VP(VBZ(was)}\ \mathrm{VP(VBN_2}\ \ \mathrm{PP_1}))\ \rangle$$

其中，兩種語言中變數的對應關係為$\mathrm{PP_1} \leftrightarrow \mathrm{PP_1}$，$\mathrm{NN_2} \leftrightarrow \mathrm{VBN_2}$。

2. 基於樹結構的翻譯推導

規則中的變數預示著一種替換操作，即變數可以被其他樹結構替換。實際上，上面的樹到樹翻譯規則就是一種同步樹替換文法（Synchronous Tree-substitution Grammar）規則。不論是來源語言端還是目的語言端，都可以透過這種替換操作不斷地生成更大的樹結構，也就是透過樹片段的組合得到更大的樹片段。圖 8-19 就展示了樹替換操作的一個實例。

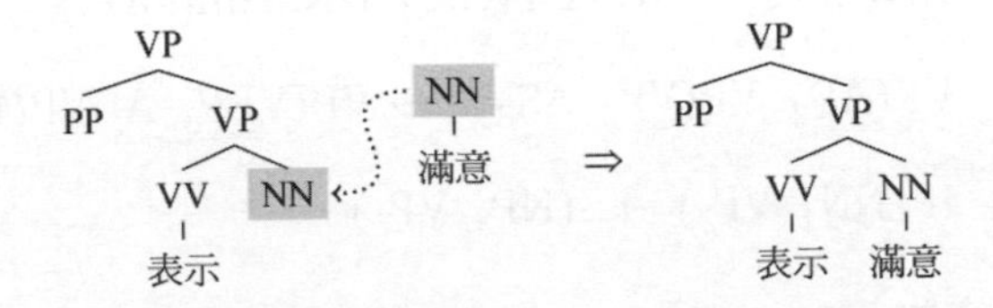

圖 8-19 樹替換操作（將 NN 替換為一個樹結構）

也可以將這種方法擴展到雙語的情況。圖 8-20 舉出了一個使用基於樹結構的同步文法生成雙敘述對的實例。其中，每條規則都同時對應來源語言和目的語言的一個樹片段（用矩形表示）。變數部分可以被替換，這個過程不斷執行。最後，4 條規則組合在一起，形成了來源語言和目的語言的句法樹。這個過程也被稱作規則的推導。

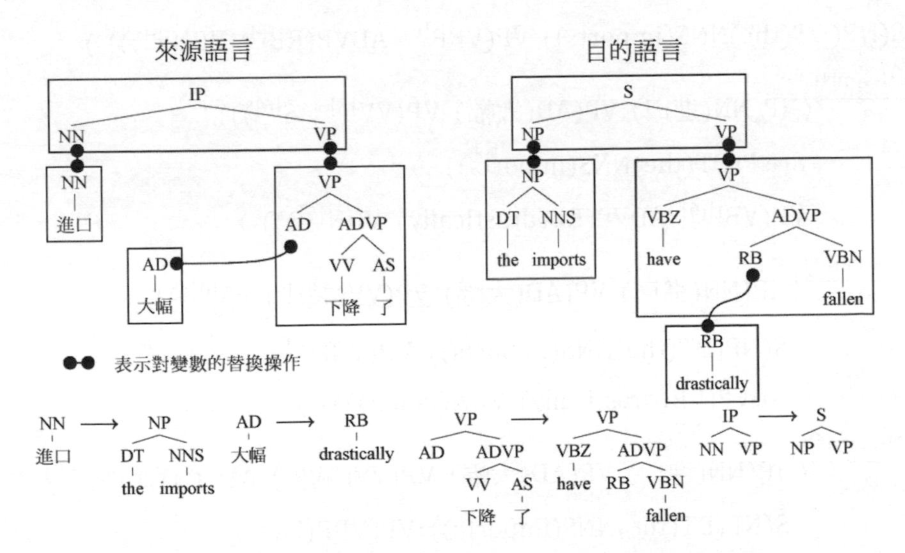

圖 8-20 一個使用基於樹結構的同步文法生成雙敘述對的實例

規則的推導對應了一種來源語言和目的語言樹結構的同步生成過程。例如，使用下面的規則集：

r_3： AD(大幅) → RB(drastically)

r_4： VV(減少) → VBN(fallen)

r_6： AS(了) → VBP(have)

r_7： NN(進口) → NP(DT(the) NNS(imports))

r_8： $\mathrm{VP}(\mathrm{AD}_1\ \mathrm{VP}(\mathrm{VV}_2\ \mathrm{AS}_3)) \rightarrow \mathrm{VP}(\mathrm{VBP}_3\ \mathrm{ADVP}(\mathrm{RB}_1\ \mathrm{VBN}_2))$

r_9： $\mathrm{IP}(\mathrm{NN}_1\ \mathrm{VP}_2) \rightarrow \mathrm{S}(\mathrm{NP}_1\ \mathrm{VP}_2)$

可以得到一個翻譯推導：

$\langle\ \mathrm{IP}^{[1]}, S^{[1]}\ \rangle$

$\xrightarrow[r9]{\mathrm{IP}^{[1]} \Leftrightarrow S^{[1]}} \langle\ \mathrm{IP}(\mathrm{NN}^{[2]}\ \mathrm{VP}^{[3]}), \mathrm{S}(\mathrm{NP}^{[2]}\ \mathrm{VP}^{[3]})\ \rangle$

$\xrightarrow[r7]{\mathrm{NN}^{[2]} \Leftrightarrow \mathrm{NP}^{[2]}}$ ⟨ IP(NN(進口) $\mathrm{VP}^{[3]}$), S(NP(DT(the)NNS(imports)) $\mathrm{VP}^{[3]}$) ⟩

$\xrightarrow[r8]{\mathrm{VP}^{[3]} \Leftrightarrow \mathrm{VP}^{[3]}}$ ⟨ IP(NN(進口) VP($\mathrm{AD}^{[4]}$ VP($\mathrm{VV}^{[5]}$ $\mathrm{AS}^{[6]}$))),

S(NP(DT(the)NNS(imports)) VP($\mathrm{VBP}^{[6]}$ ADVP($\mathrm{RB}^{[4]}$ $\mathrm{VBN}^{[5]}$))) ⟩

$\xrightarrow[r3]{\mathrm{AD}^{[4]} \Leftrightarrow \mathrm{RB}^{[4]}}$ ⟨ IP(NN(進口) VP(AD(大幅) VP($\mathrm{VV}^{[5]}$ $\mathrm{AS}^{[6]}$))),

S(NP(DT(the)NNS(imports))

VP($\mathrm{VBP}^{[6]}$ ADVP(RB(drastically) $\mathrm{VBN}^{[5]}$))) ⟩

$\xrightarrow[r4]{\mathrm{VV}^{[5]} \Leftrightarrow \mathrm{VBN}^{[5]}}$ ⟨ IP(NN(進口) VP(AD(大幅) VP(VV(減少) $\mathrm{AS}^{[6]}$))),

S(NP(DT(the)NNS(imports)) VP($\mathrm{VBP}^{[6]}$

ADVP(RB(drastically) VBN(fallen)))) ⟩

$\xrightarrow[r6]{\mathrm{AS}^{[6]} \Leftrightarrow \mathrm{VBP}^{[6]}}$ ⟨ IP(NN(進口) VP(AD(大幅) VP(VV(減少) AS(了)))),

S(NP(DT(the)NNS(imports)) VP(VBP(have)

ADVP(RB(drastically) VBN(fallen)))) ⟩

其中，→表示推導。顯然，可以把翻譯看作基於樹結構的推導過程（記為d）。與層次短語模型一樣，基於語言學句法的機器翻譯也是要找到最佳的推導$\hat{d} = \arg\max_d P(d)$。

3. 樹到串翻譯規則

基於樹結構的文法可以極佳地表示兩個樹片段之間的對應關係，即樹到樹翻譯規則。那樹到串翻譯規則該如何表示呢？實際上，基於樹結構的文法也同樣適用於樹到串模型。例如，圖 8-21 所示為一個樹片段到串的映射，它可以被看作樹到串規則的一種表示。

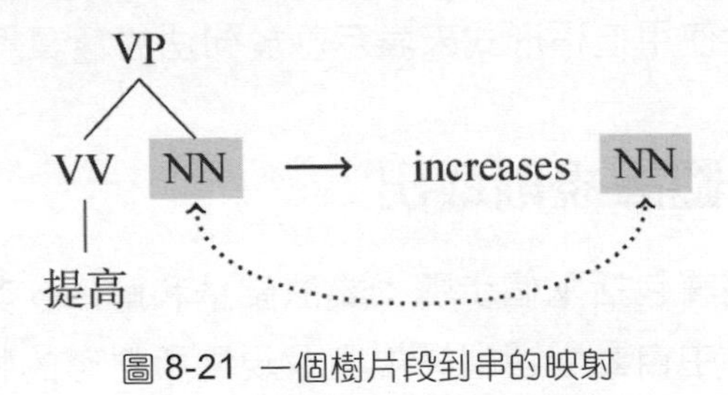

圖 8-21 一個樹片段到串的映射

在圖 8-22 中，來源語言樹片段中的葉子節點 NN 表示變數，它與右手端的變數 NN 對應。這裡仍然可以使用基於樹結構的規則對上面這個樹到串的映射進行表示。參照規則形式$\langle \alpha_{\mathrm{h}}, \beta_{\mathrm{h}} \rangle \to \langle \alpha_r, \beta_r, \sim \rangle$，有

$$\alpha_{\mathrm{h}} = \mathrm{VP}$$

$$\beta_{\mathrm{h}} = \mathrm{VP}$$

$$\alpha_r = \mathrm{VP}(\mathrm{VV}(\text{提高})\quad \mathrm{NN}{:}\,x)$$

$$\beta_r = \mathrm{VP}(\mathrm{increases}\quad \mathrm{NN}{:}\,x)$$

$$\sim = \{1 - 1\}$$

這裡，來源語言部分是一個樹片段，因此α_{h}和α_r很容易確定。對於目的語言部分，可以把這個符號串當作一個單層的樹片段，根節點直接共用來源語言樹片段的根節點，葉子節點就是符號串本身。這樣，也可以得到β_{h}和β_r。從某種意義上說，樹到串翻譯仍然表現了一種雙語的樹結構，只是目

的語言部分不是語言學句法驅動的，而是一種借用來源語言句法標記形成的層次結構。

這裡也可以把變數的對齊資訊用下標表示。同時，由於α_h和β_h是一樣的，可以將左部兩個相同的非終結符合並，於是規則可以被寫作：

$$\mathrm{VP} \rightarrow \langle\ \mathrm{VP(VV(提高)}\quad \mathrm{NN_1}),\quad \mathrm{increases}\quad \mathrm{NN_1}\ \rangle$$

另外，在機器翻譯領域，大家習慣把規則看作來源語言結構（樹/串）到目的語言結構（樹/串）的一種映射，因此常常會把上面的規則記為

$$\mathrm{VP(VV(提高)}\quad \mathrm{NN_1}) \rightarrow \mathrm{increases}\quad \mathrm{NN_1}$$

後面的章節中也會使用這種形式來表示基於句法的翻譯規則。

8.3.3 樹到串翻譯規則取出

基於句法的機器翻譯包括兩個步驟：文法歸納和解碼。其中，文法歸納是指從雙語平行資料中自動學習翻譯規則及規則所對應的特徵；解碼是指利用得到的文法對新的句子進行分析，並獲取機率最高的翻譯推導。

本節先介紹樹到串文法歸納的經典方法——GHKM[87,345]。GHKM 是 4 位作者名字的首字母。GHKM 方法的輸入包括：

- 來源語言句子及其句法樹。
- 目的語言句子。
- 來源語言句子和目的語言句子之間的詞對齊。

它的輸出是這個雙敘述對上的樹到串翻譯規則。GHKM 不是一套單一的演算法，它還包括很多技術手段，用於增加規則的覆蓋度和準確性。下面詳細介紹 GHKM 是如何工作的。

1. 樹的切割與最小規則

獲取樹到串規則就是要找到來源語言樹片段與目的語言詞串之間的對應關

係。一棵句法樹會有很多個樹片段，那麼哪些樹片段可以和目的語言詞串產生對應關係呢？

在 GHKM 方法中，來源語言樹片段和目的語言詞串的對應是由詞對齊決定的。GHKM 假設：一個合法的樹到串翻譯規則，不應該違反詞對齊。這個假設和雙語短語取出中的詞對齊一致性約束是一樣的（見 7.3 節）。簡單來說，規則中兩種語言互相對應的部分不應包含對齊到外部的詞對齊連接。

為了說明這個問題，我們來看一個例子。圖 8-22 包含了一棵句法樹、一個詞串和它們之間的詞對齊結果，規則如下：

$$\text{PP(P(对) NP(NN(回答)))} \rightarrow \text{with the answer}$$

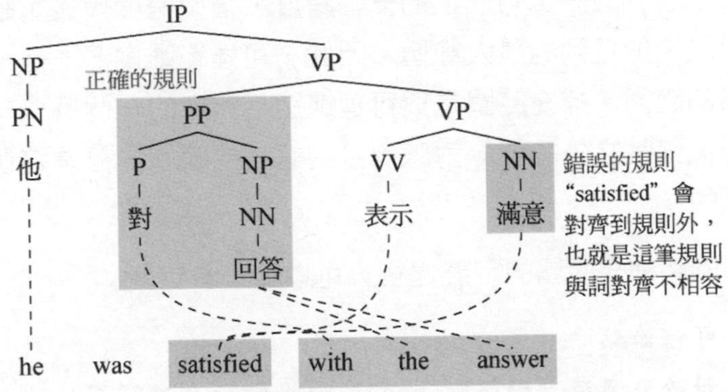

圖 8-22 樹到串規則與詞對齊相容性範例

該規則是一條滿足詞對齊約束的規則（對應圖 8-23 中紅色部分），因為不存在從規則的來源語言或目的語言部分對齊到規則外部的情況。但如下規則卻是一條不合法的規則：

$$\text{NN(滿意)} \rightarrow \text{satisfied}$$

這是因為，"satisfied" 除了對齊到「滿意」，還對齊到「表示」。也就是說，這條規則會產生歧義，因為 "satisfied" 不應該只由「滿意」生成。

為了能夠獲得與詞對齊相容的規則，GHKM 引入了幾個概念。首先，GHKM 方法中定義了可達範圍（Span）和補充範圍（Complement Span）：

定義 8.4： 可達範圍

對於一個來源語言句法樹節點，它的可達範圍是這個節點對應到的目的語言第一個單字和最後一個單字所組成的索引範圍。

定義 8.5： 補充範圍

對於一個來源語言句法樹節點，它的補充範圍是除了它的祖先和子孫節點的其他節點可達範圍的並集。

可達範圍定義了每個節點覆蓋的來源語言片段所對應的目的語言片段。實際上，它表示了目的語言句子上的一個跨度，這個跨度代表了這個來源語言句法樹節點所能達到的最大範圍。因此，可達範圍實際上是一個目的語言單字索引的範圍。補充範圍是與可達範圍相對應的一個概念，它定義了句法樹中一個節點之外的部分對應到目的語言的範圍，但是這個範圍並非必須是連續的。

有了可達範圍和補充範圍的定義之後，可以進一步定義：

定義 8.6： 可信節點

對於來源語言樹節點 node，如果它的可達範圍和補充範圍不相交，則節點 node 就是一個可信節點（Admissible Node），否則是一個不可信節點。

可信節點表示這個樹節點 node 和樹中的其他部分（不包括 node 的祖先和孩子）沒有任何詞對齊上的歧義。也就是說，這個節點可以完整地對應到目的語言句子的一個連續範圍，不會出現在這個範圍中的詞對應到其他節點的情況。如果節點不是可信節點，則表示它會引起詞對齊的歧義，因此不能作為樹到串規則中來源語言樹片段的根節點或者變數部分。圖 8-23 舉出了一個標注了可信節點資訊的句法樹實例。

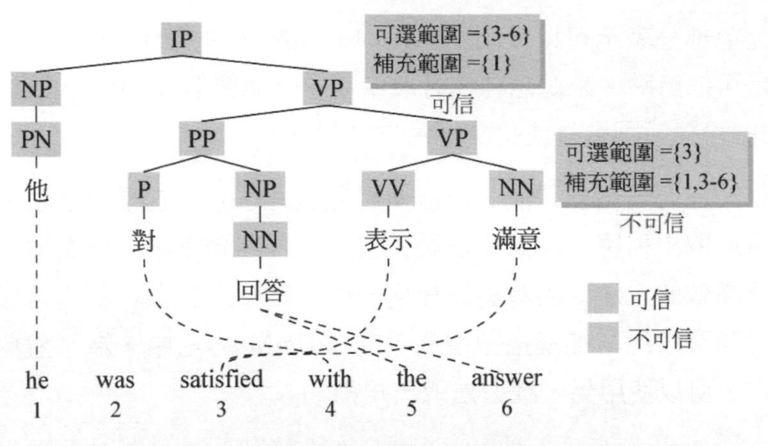

圖 8-23 一個標注了可信節點資訊的句法樹實例

進一步，可以定義樹到串模型中合法的樹片段：

定義 8.7： 合法的樹片段

如果一個樹片段的根節點是可信節點，同時它的葉子節點中的非終結符節點也是可信節點，那麼這個樹片段就是不產生詞對齊歧義的樹片段，也被稱為合法的樹片段。

圖 8-24 是一個基於可信節點得到的樹到串翻譯規則：

$$\text{VP(PP(P(對) NP(NN(回答))) VP}_1) \rightarrow \text{VP}_1 \text{ with the answer}$$

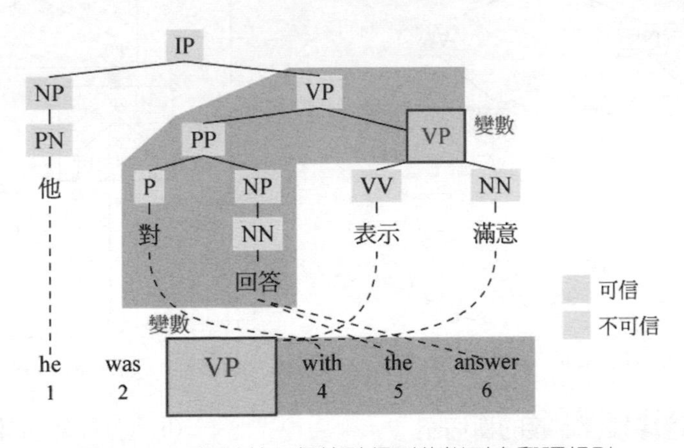

圖 8-24 一個基於可信節點得到的樹到串翻譯規則

其中，藍色部分表示可以取出到的規則，顯然它的根節點和葉子非終結符節點都是可信節點。來源語言樹片段中包含一個變數（VP），因此需要對 VP 節點的可達範圍進行泛化（紅色方框部分）。

至此，對於任何一個樹片段，都能使用上述方法判斷它是否合法。如果合法，就可以取出相應的樹到串規則。但是，枚舉句子中的所有樹片段並不是一個很高效的方法，因為對於任何一個節點，以它為根的樹片段數量隨著其深度和寬度的增加呈指數增長。在 GHKM 方法中，為了避免低效的枚舉操作，可以使用另一種方法取出規則。

實際上，可信節點確定了哪些地方可以作為規則的邊界（合法樹片段的根節點或者葉子節點），可以把所有的可信節點看作一個邊緣集合（Frontier Set）。所謂邊緣集合就是定義了哪些地方可以被「切割」，透過這種切割可以得到一個個合法的樹片段，這些樹片段無法再被切割為更小的合法樹片段。圖 8-25(a) 舉出了一個透過邊緣集合定義的樹切割。圖 8-25(b)中的矩形框表示切割得到的樹片段。

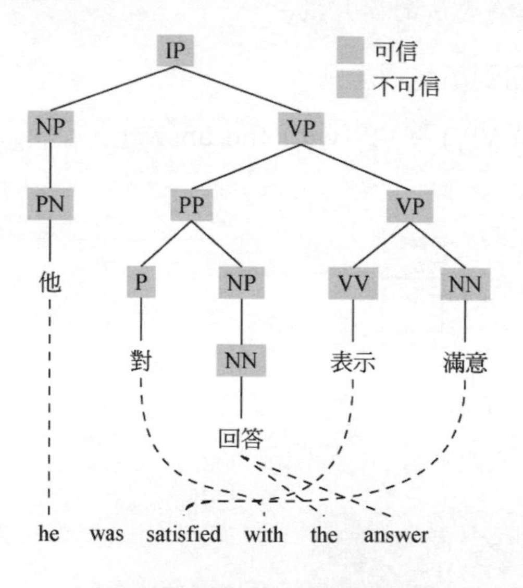

(a) 透過邊緣集合定義的樹切割

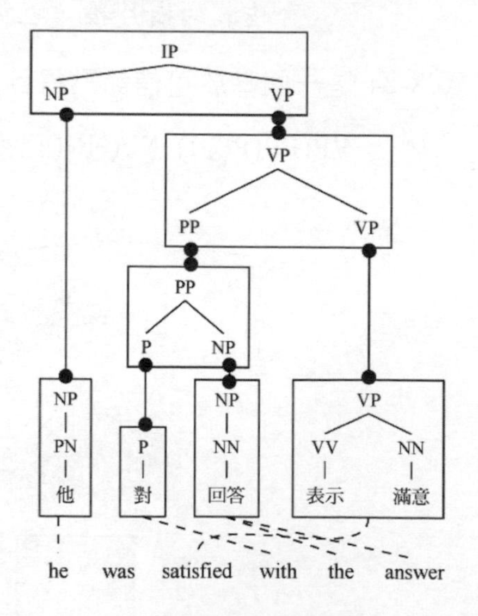

(b) 切割得到的樹部分

圖 8-26 根據邊緣節點定義的樹切割

需要注意的是，因為「NP→PN→他」對應著一個一元生成的過程，所以 "NP(PN (他))" 被看作一個最小的樹片段。當然，也可以把它當作兩個樹片段"NP(PN)" 和 "PN(他)"，不過這種一元產生式往往會導致解碼時推導數量的膨脹。因此，這裡約定把連續的一元生成看作一個生成過程，它對應一個樹片段，而非多個。

將樹進行切割之後，可以得到若干樹片段，每個樹片段都可以對應一個樹到串規則。這些樹片段不能被進一步切割，因此這樣得到的規則也被稱作最小規則（Minimal Rules）。它們組成了樹到串模型中最基本的翻譯單元。圖 8-26 展示了一個基於樹切割得到的最小規則實例，其中左側的每條規則都對應著右側相同編號的樹片段。

r_1 NP(PN(他)) → he

r_2 P(對) → with

r_3 NP(NN(回答)) → the answer

r_4 VP(VV(表示) NN(滿意) → satisfied

r_5 PP(P_1 NP_2) → P_1 NP_2

r_6 VP(PP_1 VP_2) → VP_2 PP_1

r_7 IP(NP_1 VP_2) → NP_1 VP_2

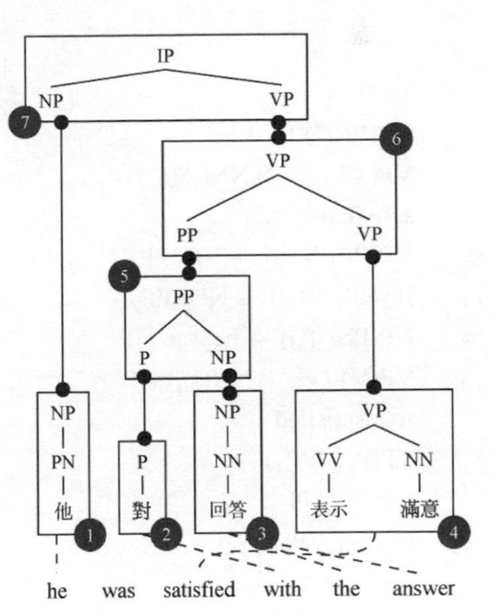

圖 8-26 一個基於樹切割得到的最小規則實例

2. 空對齊處理

空對齊是翻譯中的常見現象。例如，一些虛詞經常找不到在另一種語言中的對應，因此不會被翻譯，這種情況也被稱作空對齊。圖 8-27 中目的語言中的 "was" 就是一個空對齊單字。空對齊的使用可以大大增加翻譯的靈活度。具體到樹到串規則取出任務，需要把空對齊考慮進來，這樣能夠覆蓋更多的語言現象。

處理空對齊單字的手段非常簡單。只需要把空對齊單字附著在它周圍的規則上即可。也就是說，檢查每條最小規則，如果空對齊單字能夠作為規則的一部分進行擴展，就可以生成一條新的規則。

圖 8-27 展示了前面例子中 "was" 被附著在周圍的規則上的結果。其中，含有紅色 "was" 的規則是透過附著空對齊單字得到的新規則。例如，對於規則：

$$\mathrm{NP}(\mathrm{PN}(\text{他})) \rightarrow \mathrm{he}$$

r_1 NP(PN(他)) → he
r_4 VP(VV(表示) NN(滿意) → satisfied
r_6 VP(PP_1 VP_2) → VP_2 PP_1
r_7 IP(NP_1 VP_2) → NP_1 VP_2
r_8 NP(PN(他)) → he was
r_9 VP(VV(表示) NN(滿意)) → was satisfied
r_{10} VP(PP_1 VP_2) → was VP_2 PP_1
r_{11} IP(NP_1 VP_2) → NP_1 was VP_2

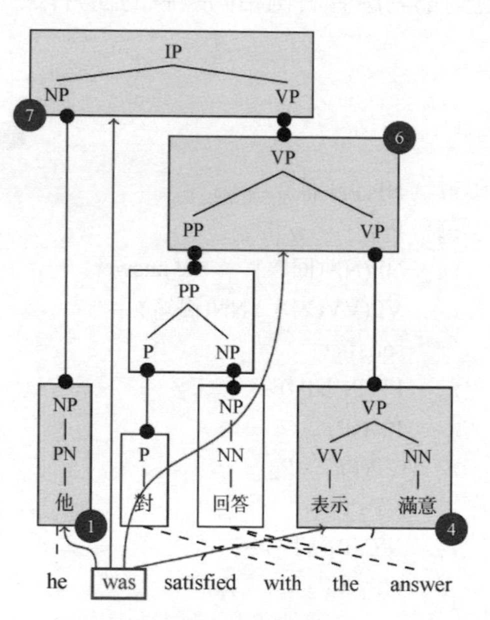

圖 8-27 樹到串規則取出中空對齊單字的處理（綠色矩形）

"was" 緊挨著這個規則目標端的單字 "he"，因此可以把 "was" 包含在規則的目標端，形成新的規則：

$$\mathrm{NP}(\mathrm{PN}(\text{他})) \rightarrow \mathrm{he\ \ was}$$

通常，在規則取出中考慮空對齊可以大大增加規則的覆蓋度。

3. 組合規則

最小規則是基於句法的翻譯模型中最小的翻譯單元。但是，在翻譯複雜句子時，往往需要更大範圍的上下文資訊，如圖 8-14 所示的例子，需要一條規則同時處理多個變數的調序，而這種規則很可能不是最小規則。為了得到「更大」的規則，一種方法是對最小規則進行組合，得到的規則稱為 composed-m規則，其中m表示這個規則是由m條最小規則組合而成。

規則的組合非常簡單。只需要在得到最小規則之後，對相鄰的規則進行拼裝。也就是說，如果某個樹片段的根節點出現在另一個樹片段的葉子節點處，就可以把它們組合成更大的樹片段。圖 8-28 舉出了最小規則組合的實例。其中，規則 1、5、6、7 可以組合成一條 composed-4 規則，這個規則可以進行非常複雜的調序。

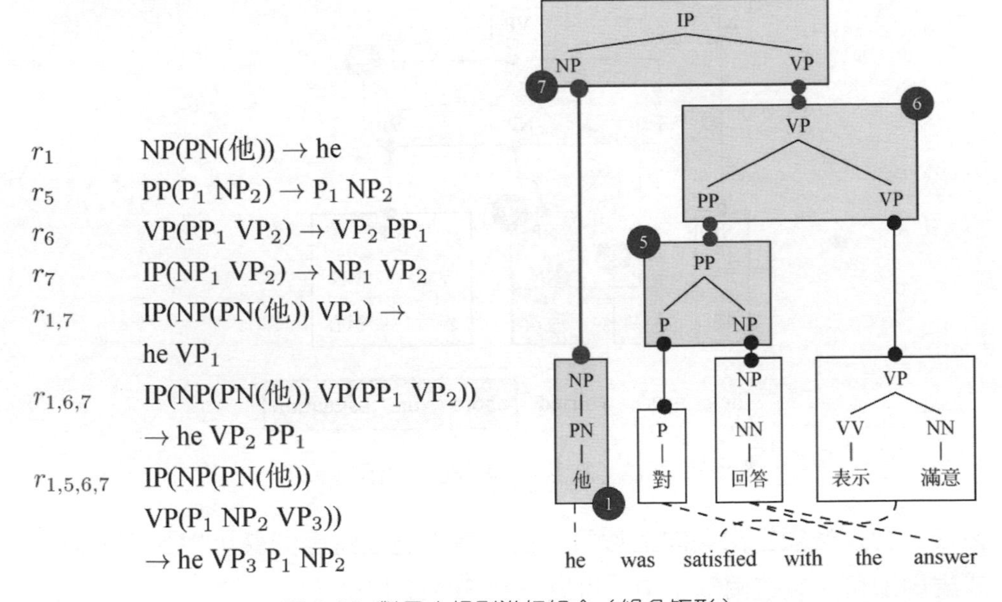

圖 8-28 對最小規則進行組合（綠色矩形）

在真實的系統開發中，組合規則一般會帶來明顯的性能提升。不過，隨著組合規則數量的增加，規則集也會膨脹。因此，往往需要在翻譯性能和文法大小之間找到一種平衡。

4. SPMT 規則

組合規則固然有效，但並不是所有組合規則都非常好用。例如，在機器翻譯中已經發現，如果一個規則含有連續詞串（短語），則這種規則往往會比較可靠。由於句法樹結構複雜，獲取這樣的規則可能會需要很多次規則的組合，規則取出的效率很低。

針對這個問題，一種解決方法是直接從詞串出發進行規則取出。這種方法被稱為 SPMT 方法[348]。它的核心思想是：對於任意一個與詞對齊相容的短語，可以找到包含它的「最小」翻譯規則，即 SPMT 規則。如圖 8-29 所示，可以得到短語翻譯：

$$\text{對 形式} \rightarrow \text{about the situation}$$

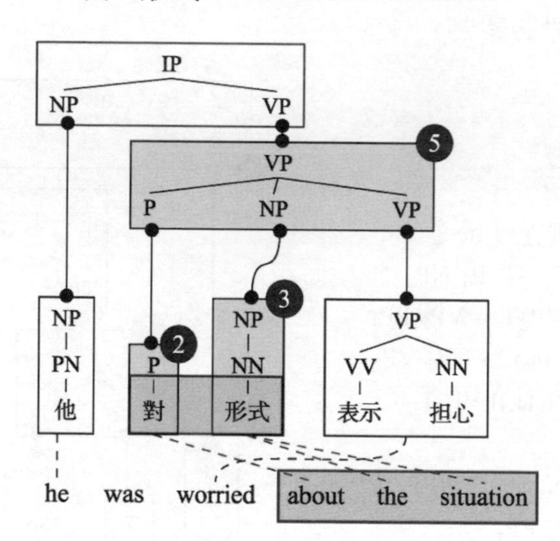

圖 8-29 短語（紅色）所對應的樹片段（綠色）

然後，從這個短語出發向上搜索，找到覆蓋這個短語的最小樹片段，再生成規則即可。在這個例子中，可以得到 SPMT 規則：

$$\text{VP(P(對) NP(NN(形式)) VP}_1) \rightarrow \text{VP}_1 \text{ about the situation}$$

這條規則需要組合 3 條最小規則才能得到，但在 SPMT 中卻可以直接得到。相比規則組合的方法，SPMT 方法可以更有效地取出包含短語的規則。

5. 句法樹二叉化

句法樹是使用人類語言學知識歸納出來的一種解釋句子結構的工具。例如，CTB[349]、PTB[350]等語料就是常用的訓練句法分析器的資料。

但是，在這些資料的標注中會含有大量的扁平結構，如圖 8-30 所示，多個分句可能會導致一個根節點下有很多個分支。這種扁平的結構會給規則取出帶來麻煩。

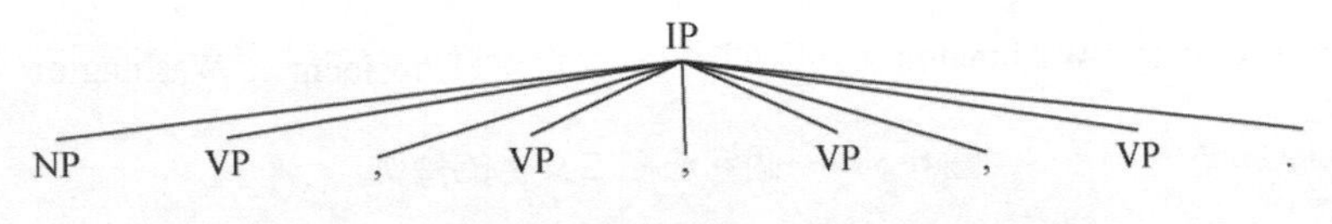

圖 8-30 CTB 中含有多個分句的句法樹結構

圖 8-31 舉出了一個實例，其中的名詞短語（NP）包含 4 個詞，都在同一層樹結構中。由於「喬治 華盛頓」並不是一個獨立的句法結構，無法取出類似於下面這樣的規則：

$$\text{NP(NN(喬治)) NN(華盛頓))} \rightarrow \text{Washington}$$

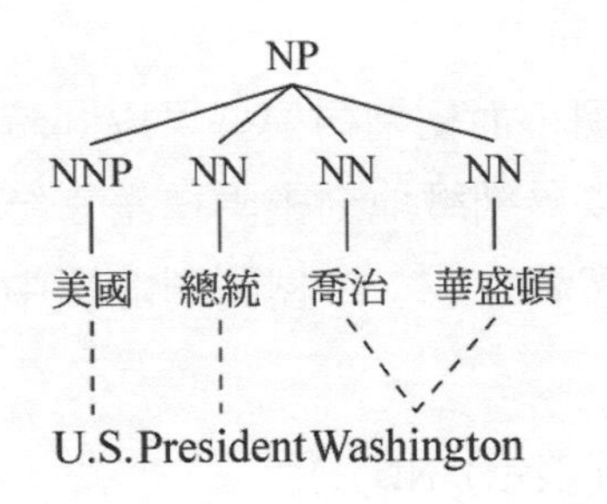

取出到的規則：

NP(NNP$_1$ NN$_2$ NN(喬治) NN(華盛頓))
→ NNP$_1$ NN$_2$ Trump

NP(NNP$_1$ NN(總統) NN(喬治) NN(華盛頓))
→ NNP$_1$ President Trump

不能取出到的規則：

NP(NN(喬治) NN(華盛頓)) → Washington

圖 8-31 一個扁平的句法結構對應的規則取出結果

對於這個問題，一種解決辦法是把句法樹變得更深，使局部的翻譯片段更容易被取出出來。常用的手段是樹二叉化（Binarization）。例如，圖 8-32 就是一個句法樹二叉化的實例[351-353]。二叉化生成了一些新的節點（記為 X-BAR），其中「喬治 華盛頓」被作為一個獨立的結構現。這樣就能取出到規則：

$$\mathrm{NP-BAR(NN(喬治))\ NN(華盛頓))} \rightarrow \mathrm{Washington}$$

$$\mathrm{NP-BAR(NN_1\ NP-BAR_2)} \rightarrow \mathrm{NN_1\ NP-BAR_2}$$

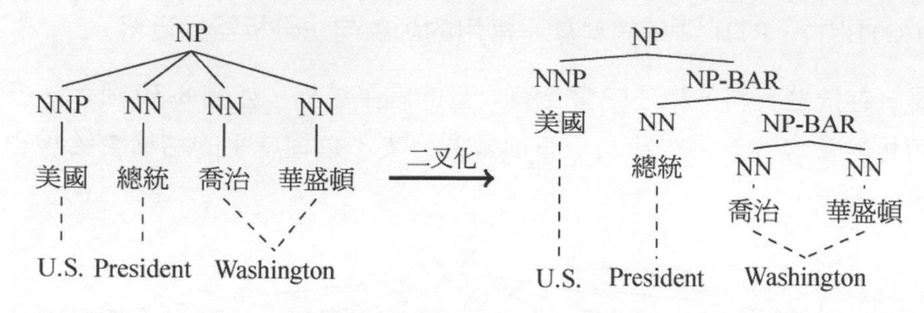

圖 8-33 一個句法樹二叉化的實例

樹二叉化可以幫助規則取出到更細顆粒度的規則，提高規則取出的召回率，因此成了基於句法的機器翻譯中的常用方法。二叉化方法也有很多不同的實現策略，如左二叉化、右二叉化、基於中心詞的二叉化等。具體實現時可以根據實際情況進行選擇。

8.3.4 樹到樹翻譯規則取出

樹到串/串到樹模型只在一個語言端使用句法樹，而樹到樹模型可以同時利用來源語言和目的語言的句法資訊，因此可以更細緻地刻畫兩種語言結構的對應關係，進而更好地完成句法結構的調序和生成。在樹到樹翻譯中，需要兩端都有樹結構的規則，例如：

$$\langle \mathrm{VP, VP} \rangle \rightarrow \langle \mathrm{VP(PP_1\ VP(VV(表示)\ NN_2)),}$$
$$\mathrm{VP(VBZ(was)\ VP(VBN_2\ PP_1))} \rangle$$

也可以把它寫為如下形式：

$$\mathrm{VP(PP_1\ VP(VV(表示)\ NN_2))} \rightarrow \mathrm{VP(VBZ(was)\ VP(VBN_2\ PP_1))}$$

其中，規則的左部是來源語言句法樹結構，右部是目的語言句法樹結構，變數的下標表示對應關係。為了獲取這樣的規則，需要進行樹到樹規則取出。最直接的辦法是把 GHKM 方法推廣到樹到樹翻譯的情況。例如，可以利用雙語結構的約束和詞對齊，定義樹的切割點，再找到兩種語言樹結構的映射關係[354]。

1. 基於節點對齊的規則取出

GHKM 方法的問題在於過於依賴詞對齊結果。在樹到樹翻譯中，真正需要的是樹結構（節點）之間的對應關係，而非詞對齊。特別是在兩端都加入句法樹結構約束的情況下，詞對齊的錯誤可能會導致較為嚴重的規則取出錯誤。圖 8-33 就舉出了一個實例，其中，中文的「了」被錯誤地對齊到了英文的 "the"，導致很多高品質的規則無法被取出。

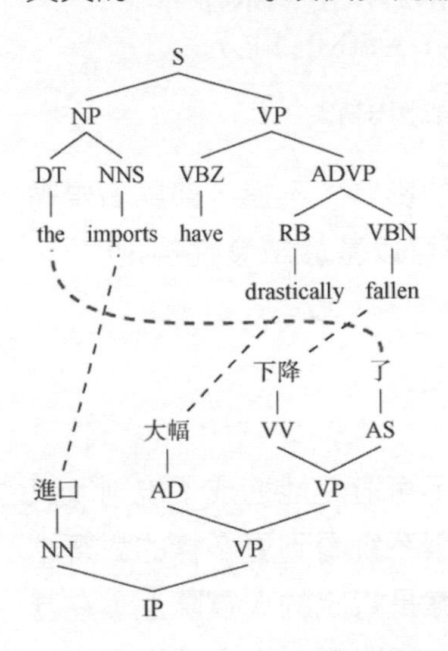

取出得到的規則

r_1 AS(了) → DT(the)

r_2 NN(進口) → NNS(imports)

r_3 AD(大幅) → RB(drastically)

r_4 VV(下降) → VBN(fallen)

r_6 IP(NN$_1$ VP(AD$_2$ VP(VV$_3$ AS$_4$)) →
S(NP(DT$_4$ NNS$_1$) VP(VBZ(have) ADVP(RB$_2$ VBN$_3$))

無法得到的規則

$r_?$ AS(了) → VBZ(have)

$r_?$ NN(進口) →NP(DT(the) NNS(imports))

$r_?$ IP(NN$_1$ VP$_2$) → S(NP$_1$ VP$_2$)

圖 8-33 基於詞對齊的樹到樹規則取出

換一個角度看，詞對齊實際上只是幫助模型找到兩種語言句法樹中節點的對應關係。如果能夠直接得到句法樹節點的對應，就可以避免詞對齊的錯誤。也就是說，可以直接使用節點對齊進行樹到樹規則的取出。首先，利用外部的節點對齊工具獲得兩棵句法樹節點之間的對齊關係。然後，將每個對齊的節點看作樹片段的根節點，再進行規則取出。圖 8-34 展示了基於節點對齊的樹到樹規則取出結果。

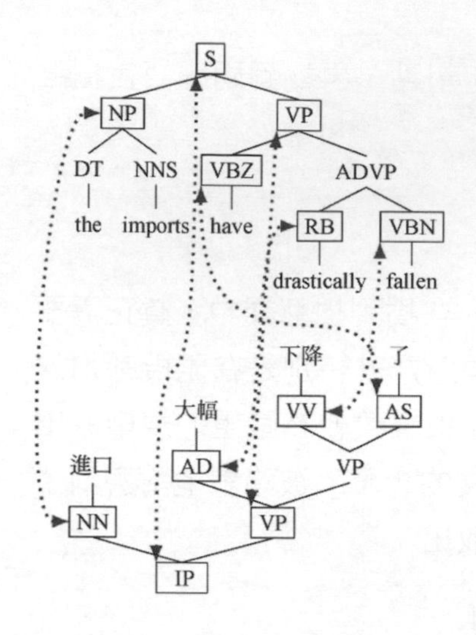

取出得到的規則 (子樹對齊)

r_1 AS(了) → DT(the)

r_2 NN(進口) → NNS(imports)

r_3 AD(大幅) → RB(drastically)

r_4 VV(下降) → VBN(fallen)

r_5 $\text{IP}(\text{NN}_1\ \text{VP}(\text{AD}_2\ \text{VP}(\text{VV}_3\ \text{AS}_4))) \rightarrow$ $\text{S}(\text{NP}(\text{DT}_4\ \text{NNS}_1)\ \text{VP}(\text{VBZ(have)}\ \text{ADVP}(\text{RB}_2\ \text{VBN}_3)))$

r_6 AS(了) → VBZ(have)

r_7 NN(進口) → NP(DT(the) NNS(imports))

r_8 $\text{VP}(\text{AD}_1\ \text{VP}(\text{VV}_2\ \text{AS}_3)) \rightarrow$ $\text{VP}(\text{VBZ}_3\ \text{ADVP}(\text{RB}_1\ \text{VBN}_2))$

r_9 $\text{IP}(\text{NN}_1\ \text{VP}_2) \rightarrow \text{S}(\text{NP}_1\ \text{VP}_2)$

圖 8-34 基於節點對齊的樹到樹規則取出結果

可以看到，節點對齊可以避免詞對齊錯誤造成的影響。不過，節點對齊需要開發額外的工具，有很多方法可以參考，如可以基於啟發性規則[355]、基於分類模型[356]、基於無指導的方法[250]等。

2. 基於對齊矩陣的規則取出

同詞對齊一樣，節點對齊也會存在錯誤，這就不可避免地造成了規則取出的錯誤。既然單一的對齊中含有錯誤，那能否讓系統看到更多樣的對齊結果，進而提高正確規則被取出到的機率呢？答案是肯定的。實際上，在基於短語的模型中就有基於多個詞對齊（如n-best 詞對齊）進行規則取出的方法[357]，這種方法可以在一定程度上提高短語的召回率。在樹到樹規則取出中也可以使用多個節點對齊結果進行規則取出，但簡單地使用多個對齊結果會使系統運行代價線性增長，而且即使是n-best 對齊，也無法保證涵蓋到正確的對齊結果。針對這個問題，另一種思路是使用對齊矩陣進行規則的「軟」取出。

所謂對齊矩陣，是描述兩個句法樹節點之間對應強度的資料結構。矩陣的每個單元中都是一個 0 到 1 之間的數字。當規則取出時，可以認為所有節點之間都存在對齊，這樣可以取出出很多n-best 對齊中無法覆蓋的規則。圖 8-35 展示了一個用對齊矩陣進行規則取出的實例，其中矩陣 1（Matrix 1）表示的是標準的 1-best 節點對齊，矩陣 2（Matrix 2）表示的是一種機率化的對齊矩陣。可以看到，使用矩陣 2 可以取出到更多樣的規則。值得注意的是，基於對齊矩陣的方法同樣適用於短語和層次短語規則的取出。關於對齊矩陣的生成可以參考相關論文[250,356-358]。

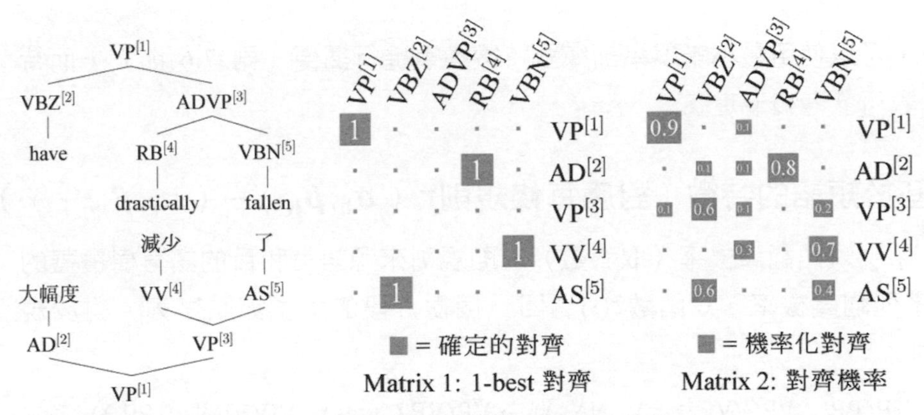

(a) 節點對齊矩陣（1-best vs Matrix）

最小規則
Matrix 1（以 1-best 為基礎的對齊）

r_3	AD(大幅度) → RB(drastically)
r_4	VV(減少) → VBN(fallen)
r_6	AS(了) → VBZ(have)
r_8	VP(AD$_1$ VP(VV$_2$ AS$_3$)) → VP(VBZ$_3$ ADVP(RB$_1$ VBN$_2$)

最小規則
Matrix 2（以對齊機率為基礎）

r_3	AD(大幅度) → RB(drastically)
r_4	VV(減少) → VBN(fallen)
r_6	AS(了) → VBZ(have)
r_8	VP(AD$_1$ VP(VV$_2$ AS$_3$)) → VP(VBZ$_3$ ADVP(RB$_1$ VBN$_2$)
r_{10}	VP(VV(減少) AS(了)) → VBN(fallen)
r_{11}	VP(AD$_1$ VP$_2$) → VP(VBZ$_1$ ADVP$_2$)
...	

(b) 取出得到的樹到樹翻譯規則

圖 8-35 一個用對齊矩陣進行規則取出的實例[250]

此外，在基於句法的規則取出中，一般會對規則進行一些限制，以避免規則數量過大，系統無法處理。例如，可以限制樹片段的深度、變數個數、規則組合的次數等。這些限制往往需要根據具體任務進行設計和調整。

8.3.5 句法翻譯模型的特徵

基於語言學句法的翻譯模型使用判別模型對翻譯推導進行建模（見 7.2 節）。給定雙敘述對(s,t)，由M個特徵經過線性加權，得到每個翻譯推導d的得分，記為$\mathrm{score}(d,t,s)=\sum_{i=1}^{M}\lambda_i\cdot h_i(d,t,s)$，其中$\lambda_i$表示特徵權重，$h_i(d,t,s)$表示特徵函數。翻譯的目標就是找到使$\mathrm{score}(d,t,s)$達到最高的推導$d$。

這裡，可以使用最小錯誤率訓練對特徵權重進行調優（見 7.6 節），而特徵函數可參考如下定義：

1. **基於短語的特徵（對應每條規則r:$\langle\ \boldsymbol{\alpha}_{\mathbf{h}},\boldsymbol{\beta}_{\mathbf{h}}\ \rangle\rightarrow\langle\ \boldsymbol{\alpha}_r,\boldsymbol{\beta}_r,\sim\ \rangle$）**

- (h_{1-2})短語翻譯機率（取對數），即規則來源語言和目的語言樹覆蓋的序列翻譯機率。令函數$\tau(\cdot)$返回一個樹片段的葉子節點序列。對於規則：

  $$\mathrm{VP(PP_1\quad VP(VV(表示)\quad NN_2))\rightarrow VP(VBZ(was)\quad VP(VBN_2\quad PP_1))}$$

  可以得到

  $$\tau(\alpha_r)=\mathrm{PP\ \ 表示\ \ NN}$$
  $$\tau(\beta_r)=\mathrm{was\ \ VBN\ \ PP}$$

  於是，可以定義短語翻譯機率特徵為$\log(P(\tau(\alpha_r)|\tau(\beta_r)))$和$\log(P(\tau(\beta_r)|\tau(\alpha_r)))$。它們的計算方法與基於短語的系統是完全一樣的[4]。

- (h_{3-4})單字化翻譯機率（取對數），即$\log(P_{\mathrm{lex}}(\tau(\alpha_r)|\tau(\beta_r)))$和$\log(P_{\mathrm{lex}}(\tau(\beta_r)|\tau(\alpha_r)))$。這兩個特徵的計算方法與基於短語的系統一樣。

---

[4] 對於樹到串規則，$\tau(\beta_r)$就是規則目的語言端的符號串。

2. 基於句法的特徵（對應每條規則r:⟨ $\alpha_{\mathrm{h}}, \beta_{\mathrm{h}}$ ⟩→⟨ $\alpha_r, \beta_r, \sim$ ⟩）

- （h_5）基於根節點句法標籤的規則生成機率（取對數），即 $\log(P(r|\mathrm{root}(r)))$。這裡，$\mathrm{root}(r)$是規則所對應的雙語根節點$(\alpha_{\mathrm{h}}, \beta_{\mathrm{h}})$。
- (h_6)基於來源語言端的規則生成機率（取對數），即$\log(P(r|\alpha_r))$，給定來源語言端生成整個規則的機率。
- (h_7)基於目的語言端的規則生成機率（取對數），即$\log(P(r|\beta_r))$，給定目的語言端生成整個規則的機率。

3. 其他特徵（對應整個推導d）

- (h_8)語言模型得分（取對數），即$\log(P_{\mathrm{lm}}(t))$，用於度量譯文的流暢度。
- (h_9)譯文長度，即$|t|$，用於避免模型過於傾向生成短譯文（因為短譯文的語言模型分數高）。
- (h_{10})翻譯規則數量，學習對使用規則數量的偏好。例如，如果這個特徵的權重較高，則表明系統更喜歡使用數量多的規則。
- (h_{11})組合規則的數量，學習對組合規則的偏好。
- (h_{12})單字化規則的數量，學習對含有終結符規則的偏好。
- (h_{13})低頻規則的數量，學習對訓練資料中出現頻次低於 3 的規則的偏好。低頻規則大多不可靠，設計這個特徵的目的是區分不同品質的規則。

8.3.6 基於超圖的推導空間表示

在完成建模後，剩下的問題是：如何組織這些翻譯推導，高效率地完成模型所需的計算？本質上，基於句法的機器翻譯與句法分析是一樣的，因此關於翻譯推導的組織可以借用句法分析中的一些概念。

在句法分析中，CFG 的分析過程可以被組織成一個叫有向超圖（Directed Hyper-graph）的結構，簡稱為超圖[359]：

定義 8.3：有向超圖

一個有向超圖G包含一個節點集合N和一個有向 超邊（Hyper-edge）集合E。每個有向超邊包含一個頭（Head）和一個尾（Tail），頭指向N中的一個節點，尾是由若干個N中的節點組成的集合。

與傳統的有方向圖不同，超圖中的每一個邊（超邊）的尾可以包含多個節點。也就是說，每個超邊從若干個節點出發最後指向同一個節點。這種定義完美契合了 CFG 的要求。例如，如果把節點看作一個推導所對應樹結構的根節點（含有句法標記），那麼每個超邊就可以表示一條 CFG 規則。

圖 8-36 就展示了一個簡單的超圖，其中每個節點都有一個句法標記，句法標記下面記錄了這個節點的跨度。超邊 edge1 和 edge2 分別對應了兩條 CFG 規則：

$$\mathrm{VP} \rightarrow \mathrm{VV}\ \ \mathrm{NP}$$
$$\mathrm{NP} \rightarrow \mathrm{NN}\ \ \mathrm{NP}$$

對於規則 "VP → VV NP"，超邊的頭指向 VP，超邊的尾表示規則右部的兩個變數 VV 和 NP。規則 "NP → NN NP" 也可以進行類似的解釋。

不難發現，超圖提供了一種非常緊湊的資料結構來表示多個推導，因為不同推導之間可以共用節點。如果把圖 8-36 中的綠色和紅色部分看作兩個推導，那麼它們就共用了同一個節點 NP[1,2]，其中 NP 是句法標記，[1,2]是跨度。能夠想像，簡單枚舉一個句子的所有推導幾乎是不可能的，但用超圖的方式卻可以很有效地對指數級數量的推導進行表示。另外，超圖上的運算常常被看作一種基於半環的代數系統，而且人們發現許多句法分析和機器翻譯問題本質上都是半環分析（Semi-ring Parsing）。由於篇幅有限，這裡不會對半環等結構展開討論。感興趣的讀者可以查閱相關文獻[360,361]。

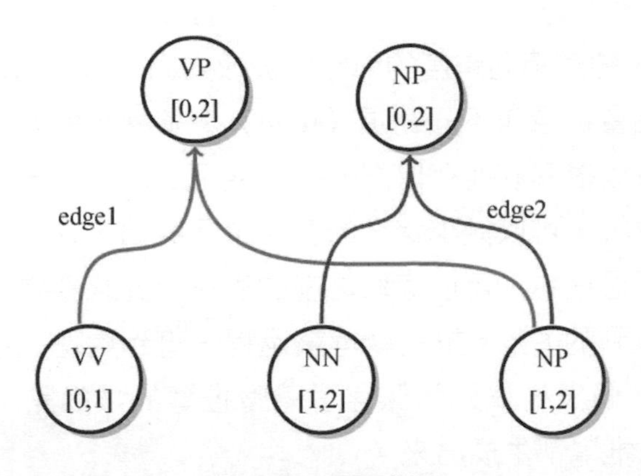

圖 8-36 超圖實例

從句法分析的角度看，超圖最大程度地重複使用了局部的分析結果，使得分析可以「結構化」。例如，有兩個推導：

$$d_1 = r_1 \circ r_2 \circ r_3 \circ r_4 \tag{8-11}$$

$$d_2 = r_1 \circ r_2 \circ r_3 \circ r_5 \tag{8-12}$$

其中，$r_1 - r_5$分別表示不同的規則。$r_1 \circ r_2 \circ r_3$是兩個推導的公共部分。在超圖表示中，$r_1 \circ r_2 \circ r_3$可以對應一個子圖，顯然這個子圖也是一個推導，記為$d' = r_1 \circ r_2 \circ r_3$。這樣，$d_1$和$d_2$不需要重複記錄$r_1 \circ r_2 \circ r_3$，重新寫作：

$$d_1 = d' \circ r_4 \tag{8-13}$$

$$d_2 = d' \circ r_5 \tag{8-14}$$

引入d'的意義在於，整個分析過程具有了遞迴性。從超圖上看，d'可以對應以一個（或幾個）節點為「根」的子圖，因此只需要在這個（或這些）子圖上增加新的超邊就可以得到更大的推導。不斷執行這個過程，最終完成對整個句子的分析。

在句法分析中，超圖的結構往往被組織為一種表格（Chart）結構。表格的每個單元代表了一個跨度，因此可以把所有覆蓋這個跨度的推導都放入相應的表格單元（Chart Cell）。對於 CFG，表格裡的每一項還會增加一個句法標記，用來區分不同句法功能的推導。

如圖 8-37 所示，覆蓋相同跨度的節點會被放入同一個表格單元，但是不同句法標記的節點會被看作不同的項（Item）。這種組織方式建立了一個索引，透過索引可以很容易地存取同一個跨度下的所有推導。例如，如果採用自下而上的分析，可以從小跨度的表格單元開始，建構推導，並填寫表格單元。在這個過程中，可以存取之前的表格單元來獲得所需的局部推導（類似於前面提到的d'）。重複執行該過程，直到處理完最大跨度的表格單元，而最後一個表格單元就保存了完整推導的根節點。透過回溯的方式，能夠把所有推導都生成出來。

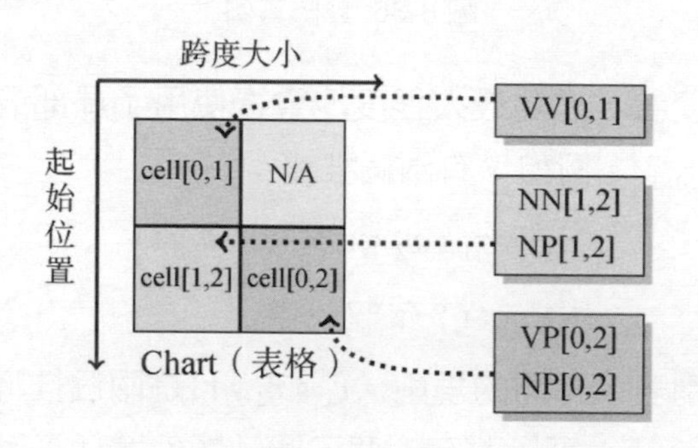

圖 8-37 句法分析表格結構的實例

基於句法的機器翻譯仍然可以使用超圖進行翻譯推導的表示。和句法分析一樣，超圖的每條邊可以對應一個基於樹結構的文法，超邊的頭代表文法的左部，超邊的尾代表規則中變數所對應的超圖中的節點[5]。圖 8-38 舉出了一個使用超圖來表示機器翻譯推導的實例。可以看到，超圖的結構是按來源語言組織的，但是每個規則（超邊）會包含目的語言的資訊。同步翻譯文法可以確保規則的來源語言端和目的語言端都覆蓋連續的詞串，因此超圖中的每個節點都對應一個來源語言跨度，同時對應一個目的語言的連續譯文。這樣，每個節點實際上代表了一個局部的翻譯結果。

---

[5] 也可以把每個終結符看作一個節點，這樣一個超邊的尾就對應規則的樹片段中所有的葉子。

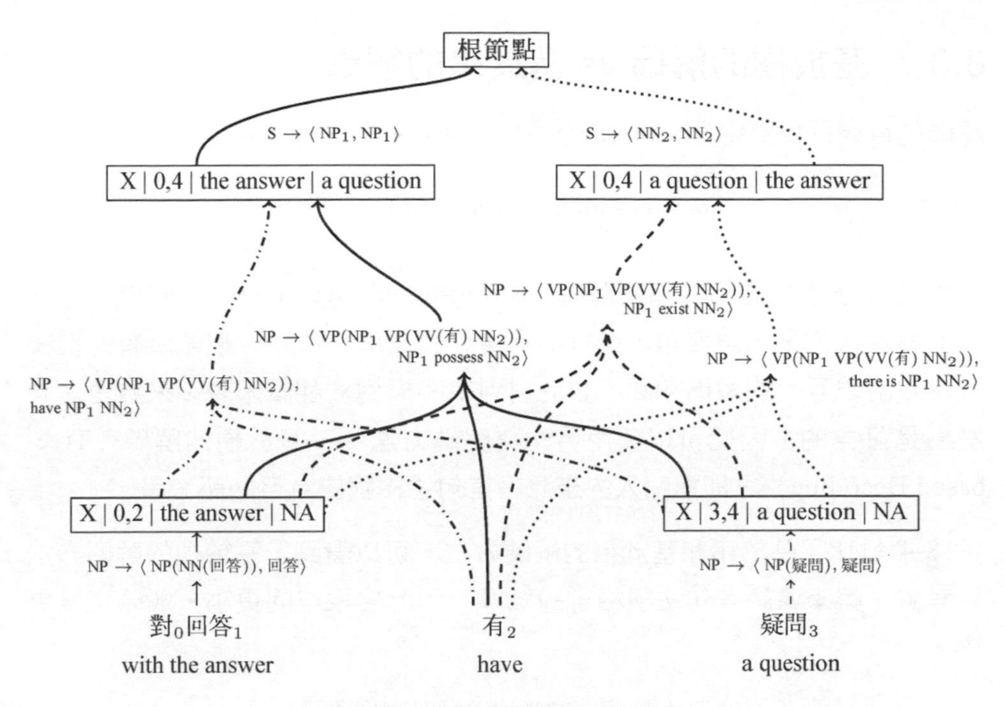

圖 8-38 機器翻譯推導的超圖表示

機器翻譯與句法分析也有不同之處。最主要的區別在於機器翻譯將語言模型作為一個特徵，如n-gram 語言模型。語言模型並不是上下文無關的，因此機器翻譯中計算最優推導的方法和句法分析會有不同。常用的方法是直接在每個表格單元中融合語言模型的分數，保留前k個結果；或者，在建構超圖時不計算語言模型得分，等建構完整個超圖再對最好的若干個推導用語言模型重新排序；再或者，將譯文和語言模型都轉化為加權有限狀態自動機，再直接對兩個自動機做組合（Composition）得到新的自動機，最後得到融合語言模型得分的譯文表示。

基於超圖的推導表示方法有著很廣泛的應用。例如，8.2 節介紹的層次短語系統也可以使用超圖進行建模，因為它也使用了同步文法。從這個角度看，基於層次短語的模型和基於語言學句法的模型本質上是一樣的。它們的主要區別在於規則中的句法標記和取出規則的方法不同。

8.3.7 基於樹的解碼 vs 基於串的解碼

解碼的目標是找到得分 score(d)最高的推導d。這個過程通常被描述為

$$\hat{d} = \arg\max_{d} \text{score}(d, s, t) \tag{8-15}$$

這也是一種標準的基於串的解碼（String-based Decoding），即透過句法模型對輸入的來源語言句子進行翻譯得到譯文串。不過，搜索所有的推導會導致出現巨大的解碼空間。對於樹到串和樹到樹翻譯來說，來源語言句法樹是可見的，因此可以使用另一種解碼方法——基於樹的解碼（Tree-based Decoding），即把輸入的來源語言句法樹翻譯為目的語言串。

表 8-4 對比了基於串和基於樹的解碼方法。可以看到，基於樹的解碼方法只考慮了與來源語言句法樹相容的推導，因此搜索空間更小，解碼速度更快。

表 8-4 基於串的解碼 vs 基於樹的解碼

對比維度	基於樹的解碼	基於串的解碼
解碼方法	$\hat{d} = \arg\max_{d \in D_{\text{tree}}} \text{score}(d)$	$\hat{d} = \arg\max_{d \in D} \text{score}(d)$
搜索空間	與輸入的來源語言句法樹相容的推導D_{tree}	所有的推導D
適用模型	樹到串、樹到樹	所有的基於句法的模型
解碼演算法	Chart 解碼	CKY + 規則二叉化
速度	快	一般較慢

需要注意的是，無論是基於串的解碼方法還是基於樹的解碼方法，都是使用句法模型的方法，在翻譯過程中都會生成翻譯推導和樹結構。二者的本質區別在於，基於樹的解碼把句法樹作為顯式輸入，而基於串的解碼把句法樹看作翻譯過程中的隱含變數。圖 8-39 進一步解釋了這個觀點。

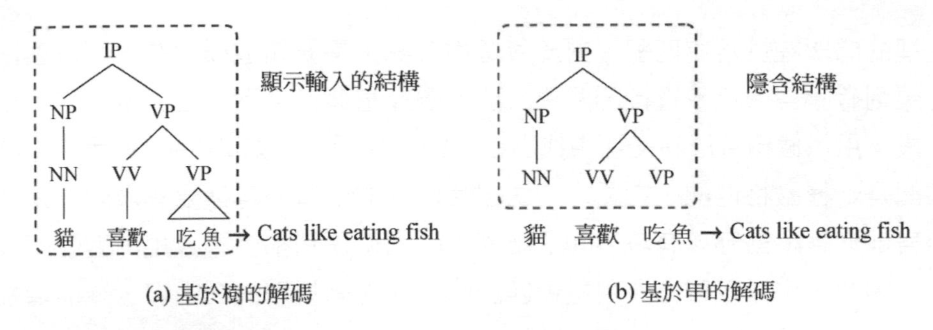

圖 8-39 句法樹在不同解碼方法中的角色

1. 基於樹的解碼

基於樹和基於串的解碼都可以使用前面的超圖結構進行推導的表示。基於樹的解碼方法相對簡單，直接使用表格結構組織解碼空間即可。這裡採用自底向上的策略，具體步驟如下：

- 從來源語言句法樹的葉子節點開始，自下而上地存取輸入句法樹的節點。
- 對於每個樹節點，匹配相應的規則。
- 從樹的根節點可以得到翻譯推導，最終生成最優推導對應的譯文。

這個過程如圖 8-40 所示，可以看到，不同的表格單元對應不同跨度，每個表格單元會保存相應的句法標記（還有譯文的資訊）。

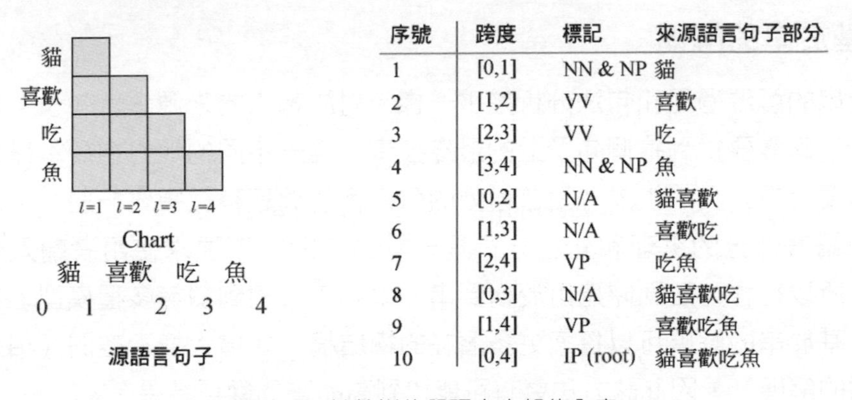

序號	跨度	標記	來源語言句子部分
1	[0,1]	NN & NP	貓
2	[1,2]	VV	喜歡
3	[2,3]	VV	吃
4	[3,4]	NN & NP	魚
5	[0,2]	N/A	貓喜歡
6	[1,3]	N/A	喜歡吃
7	[2,4]	VP	吃魚
8	[0,3]	N/A	貓喜歡吃
9	[1,4]	VP	喜歡吃魚
10	[0,4]	IP (root)	貓喜歡吃魚

圖 8-40 基於樹的解碼中表格的內容

這裡的問題在於規則匹配。對於每個樹節點，需要知道以它為根可以匹配的規則有哪些。比較直接的解決方法是遍歷這個節點下一定深度的句法樹片段，用每個樹片段在文法中找出相應的匹配規則，如圖 8-42 所示。這種匹配是一種嚴格匹配，它要求句法樹片段內的所有內容都要與規則的來源語言部分嚴格對應。有時，句法結構中的細微差別都會導致規則匹配不成功。因此，也可以考慮採用模糊匹配的方式提高規則的命中率，進而增加可以生成推導的數量[362]。

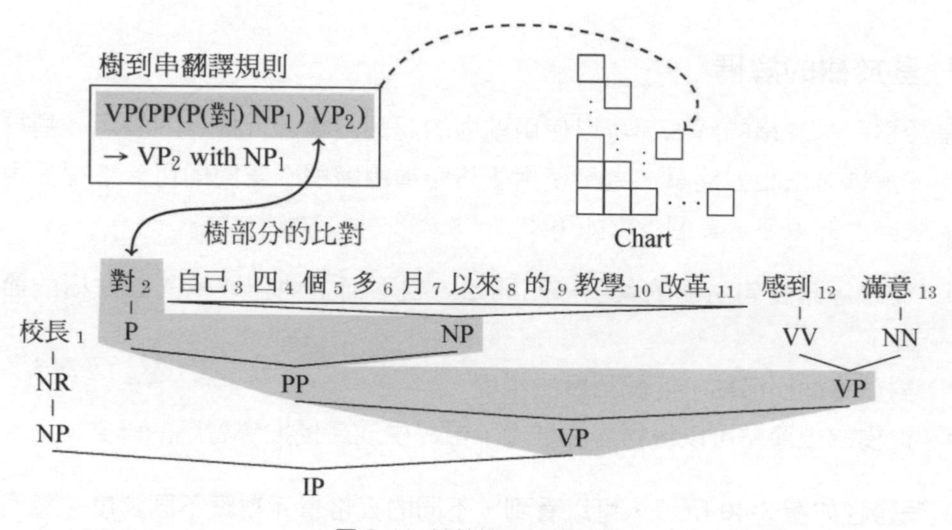

圖 8-41 基於樹的規則匹配

2. 基於串的解碼

基於串的解碼過程和句法分析幾乎一樣。對於輸入的來源語言句子，基於串的解碼需要找到這個句子上的最優推導。唯一不同的地方在於，機器翻譯需要考慮譯文的生成（語言模型的引入會使問題稍微複雜一些），但是來源語言部分的處理和句法分析是一樣的。因為不要求使用者輸入句法樹，所以這種方法同時適用於樹到串、串到樹、樹到樹等多種模型。本質上，基於串的解碼可以探索更多潛在的樹結構，並增大搜索空間（相比基於樹的解碼），因此該方法更有可能找到高品質的翻譯結果。

基於串的解碼仍然可以用表格結構組織翻譯推導。不過，一個比較有挑戰的問題是如何找到每個規則能夠匹配的來源語言跨度。也就是說，對於每個表格單元，需要知道哪些規則可以被填入其中。因為沒有使用者輸入的句法樹做指導，所以理論上輸入句子的所有子串要與所有規則進行匹配。匹配時，需要考慮規則中來源語言端的符號串（或者樹結構的葉子序列）與輸入詞串匹配的全部可能性。

圖 8-42 展示了規則匹配輸入句子（包含 13 個詞）的所有可能。可以看到，規則來源語言端的連續變數會使得匹配情況變得複雜。對於長度為n的詞串，匹配含有m個連續變數的規則的時間複雜度是$O(n^{m-1})$。顯然，當變數個數增加時，規則匹配是相當耗時的操作，甚至當變數個數過多時，解碼無法在可接受的時間內完成。

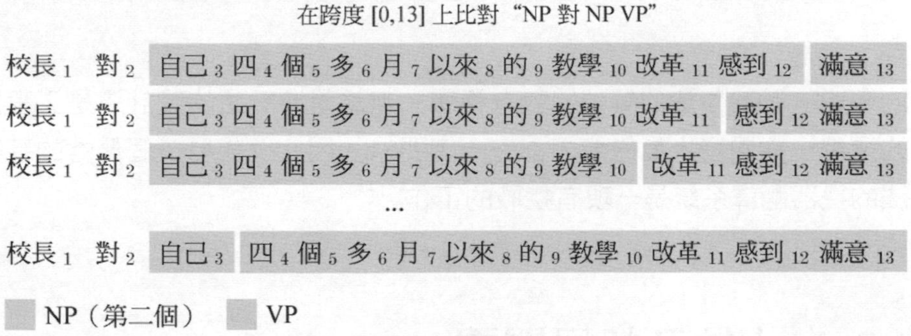

在跨度 [0,13] 上比對 "NP 對 NP VP"

校長$_1$ 對$_2$ [自己$_3$ 四$_4$ 個$_5$ 多$_6$ 月$_7$ 以來$_8$ 的$_9$ 教學$_{10}$ 改革$_{11}$ 感到$_{12}$] [滿意$_{13}$]

校長$_1$ 對$_2$ [自己$_3$ 四$_4$ 個$_5$ 多$_6$ 月$_7$ 以來$_8$ 的$_9$ 教學$_{10}$ 改革$_{11}$] [感到$_{12}$ 滿意$_{13}$]

校長$_1$ 對$_2$ [自己$_3$ 四$_4$ 個$_5$ 多$_6$ 月$_7$ 以來$_8$ 的$_9$ 教學$_{10}$] [改革$_{11}$ 感到$_{12}$ 滿意$_{13}$]

...

校長$_1$ 對$_2$ [自己$_3$] [四$_4$ 個$_5$ 多$_6$ 月$_7$ 以來$_8$ 的$_9$ 教學$_{10}$ 改革$_{11}$ 感到$_{12}$ 滿意$_{13}$]

NP（第二個） VP

圖 8-42 在一個詞串上匹配 "NP 對 NP VP"。連續變數的匹配對應了對詞串不同位置的切割

針對這個問題，有兩種常用的解決辦法：

- 對文法進行限制。例如，可以限制規則中變數的數量；或者不允許連續的變數，這樣的規則也被稱作滿足單字化標準形式（Lexicalized Norm Form， LNF）的規則，如層次短語規則就是 LNF 規則。LNF 中的單字（終結符）可以作為錨點，因此規則匹配時所有變數的匹配範圍是固定的。

- 對規則進行二叉化，使用 CKY 方法進行分析。這個方法也是句法分析中常用的策略。所謂規則二叉化是把規則轉化為最多只含兩個變數或連續詞串的規則（串到樹規則）。例如，對於如下的規則：

$$\text{喜歡}\quad \mathrm{VP}_1 \quad \mathrm{NP}_2 \rightarrow \mathrm{VP}(\mathrm{VBZ}(\mathrm{likes}) \quad \mathrm{VP}_1 \quad \mathrm{NP}_2)$$

二叉化的結果為

$$\text{喜歡}\quad \mathrm{V103} \rightarrow \mathrm{VP}(\mathrm{VBZ}(\mathrm{likes}) \quad \mathrm{V103})$$

$$\mathrm{VP}_1 \quad \mathrm{NP}_2 \rightarrow \mathrm{V103}(\quad \mathrm{VP}_1 \quad \mathrm{NP}_2)$$

可以看到，這兩條新的規則中來源語言端只有兩個部分，代表兩個分叉。V103 是一個新的標籤，沒有任何句法含義。不過，為了保證二叉化後規則目的語言部分的連續性，需要考慮來源語言和目的語言二叉化的同步性 [351,352]。這樣的規則與 CKY 方法一起使用完成解碼，具體內容參考 8.2.4 節。

總的來說，基於句法的解碼器較為複雜，無論是演算法的設計還是工程技巧的運用，對開發人員的能力都有一定要求。因此，開發一個優秀的基於句法的機器翻譯系統是一項有挑戰的工作。

8.4 小結及拓展閱讀

自基於規則的方法開始，如何使用句法資訊就是機器翻譯研究人員關注的熱點。在統計機器翻譯時代，句法資訊與機器翻譯的結合成了最具時代特色的研究方向之一。句法結構具有高度的抽象性，因此可以緩解基於詞串方法不善於處理句子上層結構的問題。

本章對基於句法的機器翻譯模型進行了介紹，並重點討論了相關的建模、翻譯規則取出及解碼問題。從某種意義上說，基於句法的模型與基於短語的模型同屬一類模型，因為二者都假設兩種語言間存在由短語或規則組成的翻譯推導，而機器翻譯的目標就是找到最優的翻譯推導。但是，由於句法資訊有其獨特的性質，因此也給機器翻譯帶來了新的問題。有幾方面問題值得關注：

- 從建模的角度看，早期的統計機器翻譯模型已經涉及了樹結構的表示問題[283,363]。不過，基於句法的翻譯模型的真正崛起是在同步文法提出後。初期的工作大多集中在反向轉錄文法和括弧轉錄文法方面[343,364,365]，這類方法也被用於短語獲取[366,367]。進一步，研究人員提出了更通用的層次模型來描述翻譯過程[88,368,369]，本章介紹的層次短語模型就是其中典型的代表。之後，使用語言學句法的模型逐漸興起。最具代表性的是在單語言端使用語言學句法資訊的模型[86,87,348,370-373]，即樹到串翻譯模型和串到樹翻譯模型。值得注意的是，除了直接用句法資訊定義翻譯規則，也有研究人員將句法資訊作為軟約束改進層次短語模型[374,375]。這類方法具有很大的靈活性，既保留了層次短語模型比較健壯的特點，同時兼顧了語言學句法對翻譯的指導作用。在同一時期，也有研究人員提出同時使用雙語兩端的語言學句法樹對翻譯進行建模，比較有代表性的工作是使用同步樹插入文法（Synchronous Tree-Insertion Grammars）和同步樹替換文法（Synchronous Tree-Substitution Grammars）進行樹到樹翻譯的建模[354,376,377]。不過，樹到樹翻譯假設兩種語言間的句法結構能相互轉換，而這個假設並不總成立。因此，樹到樹翻譯系統往往要配合一些技術，如樹二叉化，來提升系統的健壯性。

- 在基於句法的模型中，常常會使用句法分析器完成句法分析樹的生成。句法分析器會產生錯誤，而這些錯誤會對機器翻譯系統產生影響。針對這個問題，一種解決思路是同時考慮更多的句法樹，從而增加正確句法分析結果被使用到的機率。其中，比較典型的方式是基於句法森林的方法[378,379]，例如，在規則取出或者解碼階段使用句法森林，而非僅使用一棵單獨的句法樹。另一種解決思路是，對句法結構進行鬆弛操作，即在翻譯的過程中並不嚴格遵循句法結構[362,380]。實際上，前面提到的基於句法軟約束的模型也是這類方法的一種表現[374,375]。事實上，機器翻譯領域長期存在一個問題：使用什麼樣的句法結構最適合機器翻譯？因此，有研究人員嘗試對比不同的句法分析結果對機器翻譯系統的影響[381,382]。也有研究人員針對機器翻譯任務提出了自動歸納句法結構[383]的方法，而非直接使用從單語小規模樹庫學習到的句法分析器，這樣可以提高系統的健壯性。

- 本章所討論的模型大多基於短語結構樹。另一個重要的方向是使用依存樹進行翻譯建模[384-386]。依存樹比短語結構樹有更簡單的結構，而且依存關係本身也是對「語義」的表徵，因此也可以捕捉到短語結構樹無法涵蓋的資訊。同其他基於句法的模型類似，基於依存樹的模型大多需要進行規則取出、解碼等步驟，因此這方面的研究工作大多涉及翻譯規則的取出、基於依存樹的解碼等[387-391]。此外，基於依存樹的模型也可以與句法森林結構相結合，對系統性能進行進一步提升[392,393]。

- 不同模型往往有不同的優點，為了融合這些優點，系統融合是很受關注的研究方向。從某種意義上説，系統融合的興起源於 20 世紀初的各種機器翻譯比賽，因為當時提升翻譯性能的主要方法之一就是將多個翻譯引擎進行融合。系統融合的出發點是：多樣的翻譯候選有助於生成更好的譯文。系統融合的思路很多，一種比較簡單的方法是假設選擇（Hypothesis Selection），即從多個翻譯系統的輸出中直接選擇一個譯文[394-396]；另一種方法是用多個系統的輸出建構解碼格（Decoding Lattice）或者混淆網路（Confusion Networks），這樣可以生成新的翻譯結果[397-399]。此外，還可以在解碼過程中動態融合不同模型[400,401]。也有研究人員探討了如何讓不同的模型在一個翻譯系統中互補，而非簡單的融合。例如，可以控制句法在機器翻譯中使用的程度，讓句法模型和層次短語模型處理各自擅長的問題[402]。

- 語言模型是統計機器翻譯系統所使用的重要特徵。但是，即使引入n-gram 語言模型，機器翻譯系統仍然會產生語法上不正確的譯文，甚至會生成結構完全錯誤的譯文。針對這個問題，研究人員嘗試使用基於句法的語言模型。早期的探索有 Charniak 等人[403]和 Och 等人[313]的工作作為支援，當時的結果並沒有顯示出基於句法的語言模型可以顯著提升機器翻譯的品質。後來，BBN 的研究團隊提出了基於依存樹的語言模型[404]，這個模型可以顯著提升層次短語模型的性能。除此之外，也有研究工作探索基於樹替換文法等結構的語言模型[405]。實際上，樹到樹、串到樹模型也可以被看作一種對目的語言句法合理性的度量，只不過目的語言的句法資訊被隱含在翻譯規則中。這時，可以在翻譯規則上設計相應的特徵，以達到引入目的語言句法語言模型的目的。

Chapter 09

神經網路和神經語言建模

類神經網路（Artificial Neural Networks）或神經網路（Neural Networks）是描述客觀世界的一種數學模型。儘管這種模型和生物學上的神經系統在行為上有相似之處，但人們更傾向於把它作為一種計算工具，而非一個生物學模型。近些年，隨著機器學習領域的快速發展，神經網路被大量使用在對圖型和自然語言的處理上。特別是，當研究人員發現深層神經網路可以被成功訓練後，學術界逐漸形成了一種新的機器學習範式——深度學習（Deep Learning）。可以說，深度學習是近幾年最受矚目的研究領域之一，其應用十分廣泛。例如，深度學習模型的使用，為圖型辨識領域提供了新思路，帶來了很多重要進展。包括機器翻譯在內的很多自然語言處理任務中，深度學習也已經成了一種標準模型。基於深度學習的表示學習方法也為自然語言處理開闢了新的思路。

本章將對深度學習的概念和技術進行介紹，目的是為本書後面神經機器翻譯的內容進行鋪陳。此外，本章也會對深度學習在語言建模方面的應用進行介紹，以便讀者可以初步瞭解如何使用深度學習方法描述自然語言處理問題。

9.1 深度學習與神經網路

深度學習是機器學習研究中一個非常重要的分支，其概念來源於對神經網路的研究：透過神經元之間的連接建立一種數學模型，使電腦可以像人一樣進行分析、學習和推理。

近年來，隨著深度學習技術的廣泛傳播與使用，「人工智慧」這個名詞在有些場合下甚至與「深度學習」劃上了等號。這種理解非常片面，準確地說，「深度學習」是實現「人工智慧」的一種技術手段。這種現象反映了深度學習的火爆。深度學習的技術浪潮以驚人的速度席捲世界，也改變了很多領域的現狀，在資料探勘、自然語言處理、語音辨識、圖型辨識等各個領域隨處可見深度學習的身影。在自然語言處理領域，深度學習在很多工中已經取得令人震撼的效果。特別是，基於深度學習的表示學習方法已經成了自然語言處理的新範式，在機器翻譯任務中更是衍生出了「神經機器翻譯」這樣全新的模型。

9.1.1 發展簡史

神經網路最早出現在控制論中，隨後更多地在聯結主義中被提及。神經網路被提出的初衷並不是做一個簡單的計算模型，而是希望將神經網路應用到一些自動控制相關的場景中。然而，隨著神經網路技術的持續發展，神經網路方法已經被廣泛應用到各行各業的研究和實踐工作中。

神經網路誕生至今，經歷了多次高潮和低谷，這是任何一種技術都無法繞開的命運。然而，好的技術和方法終究不會被埋沒，如今，神經網路和深度學習迎來了最好的時代。

1.早期的神經網路和第一次寒冬

最初，神經網路設計的初衷是用計算模型模擬生物大腦中神經元的運行機制，這種想法哪怕是現在看來也是十分超前的。例如，目前很多機構關注的概念——「類腦計算」就是希望研究人腦的運行機制及相關的電腦實現方法。然而，模擬大腦這件事並沒有想像中的那麼簡單，眾所皆知，生物學中對人腦機制的研究是十分困難的。因此，神經網路技術一直在摸索著前行，發展到現在，其計算過程與人腦的運行機制已經大相徑庭。

神經網路的第一個發展階段是在 20 世紀 40 年代到 20 世紀 70 年代，這個時期的神經網路還停留在利用線性模型模擬生物神經元的階段。雖然線性模型在現在看來比較「簡陋」，但是這類模型對後來的隨機梯度下降等經典方法產生了深遠影響。顯而易見的是，這種結構存在著非常明顯的缺陷，單層結構限制了它的學習能力，使它無法描述非線性問題，如著名的互斥函數（XOR）學習問題。此後，神經網路的研究陷入了很長一段時間的低迷期。

2. 神經網路的第二次高潮和第二次寒冬

雖然第一代神經網路受到了打擊，但是在 20 世紀 80 年代，第二代神經網路開始萌發新的生機。在這個發展階段，生物屬性已經不再是神經網路的唯一靈感來源，在聯結主義（Connectionism）和分散式表示兩種思潮的影響下，神經網路方法再次走入了人們的視線。

1）符號主義與聯結主義

人工智慧領域始終存在著符號主義和聯結主義之爭。早期的人工智慧研究在認知學中被稱為符號主義（Symbolicism）。符號主義認為人工智慧源於數理邏輯，希望將世界萬物的所有運轉方式歸納成像文法一樣符合邏輯規律的推導過程。符號主義的支持者們堅信基於物理符號系統（即符號作業系統）假設和有限合理性原理，就能透過邏輯推理來模擬智慧。但被他們忽略的一點是，模擬智慧的推理過程需要大量的先驗知識支援，哪怕是在現代，生物學界也很難準確解釋大腦中神經元的工作原理，因此也很難用符號系統刻畫人腦邏輯。另外，聯結主義偏重於利用神經網路中神經元的連接去探索並模擬輸入與輸出之間存在的某種關係，這個過程不需要任何先驗知識，其核心思想是「大量簡單的計算單元連接到一起，可以實現智慧行為」，這種思想也推動了反向傳播等多種神經網路方法的應用，併發展出了包括長短時記憶模型在內的經典建模方法。2019 年 3 月 27 日，ACM 正式宣佈將圖靈獎授予 Yoshua Bengio、 Geoffrey Hinton 和 Yann LeCun，以表彰他們提出的概念和工作使深度學習神經網路有了重大突破。這三位獲獎人均是人工智慧聯結主義學派的主要代表，從這件事中也可以看出聯結主義對當代人工智慧和深度學習的巨大影響。

2）分散式表示

分散式表示的主要思想是「一個複雜系統的任何部分的輸入都應該是多個特徵共同表示的結果」，這種思想在自然語言處理領域的影響尤其深刻，它改變了刻畫語言世界的角度，將語言文字從離散空間映射到多維連續空間。例如，在現實世界中，「張三」這個代號就代表著一個人。因為有「如果 A 和 B 姓氏相同且在同一個家譜中，那麼 A 和 B 是本家」這個先驗知識，若想知道這個人的親屬都有誰，在知道代號「張三」的情況下，可以得知「張三」的親屬是誰。如果不依靠這個先驗知識，就無法得知「張三」的親屬是誰。在分散式表示中，可以用一個實數向量，如(0.1,0.3,0.4)來表示「張三」這個人，這個人的所有特徵資訊都包含在這個實數向量中，透過在向量空間中的一些操作（如計算距離等），哪怕沒有任何先驗知識的存在，也完全可以找到這個人的所有親屬。在自然語言處理中，一個單字也用一個實數向量（詞向量或詞嵌入）表示，透過這種方式將語義空間重新刻畫，將這個離散空間轉化成了一個連續空間，這時單字就不再是一個簡單的詞條，而是由成百上千個特徵共同描述出來的，其中每個特徵分別代表這個詞的某個「方面」。

隨著第二代神經網路的「脫胎換骨」，學者們又對神經網路方法燃起了希望之火，這也導致有時過分誇大了神經網路的能力。20 世紀 90 年代後期，在語音辨識、自然語言處理等應用中，人們對神經網路方法期望過高，訓練結果並沒有達到預期，這也讓很多人喪失了對神經網路方法的信任。相反，核方法、圖模型等機器學習方法取得了很好的效果，這導致神經網路研究又一次進入低谷。

3. 深度學習和神經網路方法的崛起

21 世紀初，隨著深度學習浪潮席捲世界，神經網路又一次出現在人們的視野中。深度學習的流行源於 2006 年 Hinton 等人成功訓練了一個深度信念網路（Deep Belief Network），在深度神經網路方法完全不受重視的情況下，大家突然發現深度神經網路完全是一個魔鬼般的存在，可以解決很多當時其他方法無法解決的問題。神經網路方法終於在一次又一次的被否定後，迎來了它的春天。隨後，針對神經網路和深度學習的一系列研究陸續展開，並延續至今。

回頭看，現代深度學習的成功主要有三方面的原因：

（1）模型和演算法的不斷完善和改進。這是現代深度學習能夠獲得成功的最主要原因。

（2）平行計算能力的提升使大規模的實踐成為可能。早期的電腦裝置根本無法支撐深度神經網路訓練所需要的計算量，導致實踐變得十分困難。而裝置的進步、運算能力的提升則徹底改變了這種窘境。

（3）以 Geoffrey Hinton 等人為代表的學者的堅持和持續努力。

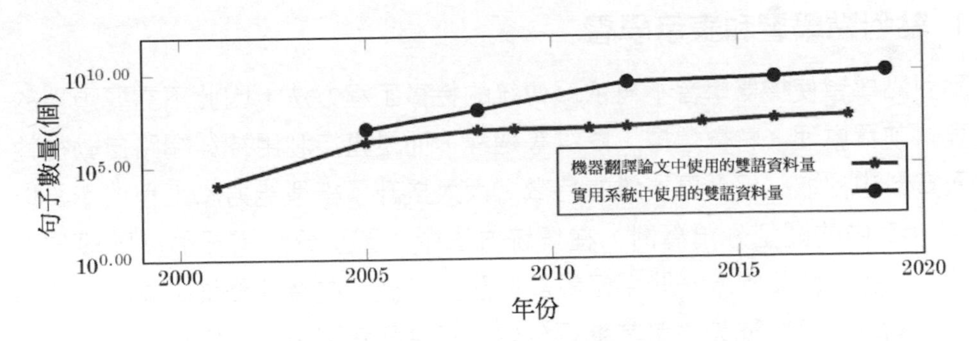

圖 9-1 機器翻譯系統所使用的雙語資料量變化趨勢

另外，從應用的角度看，資料量的快速提升和模型容量的增加也為深度學習的成功提供了條件，資料量的增加使得深度學習有了用武之地。例如，自 2000 年，無論在學術研究還是在工業實踐中，雙語資料的使用數量都在逐年上升（如圖 9-1 所示）。現在的深度學習模型參數量都十分巨大，因此需要大規模資料才能保證模型學習的充分性，而巨量資料時代的到來為訓練這樣的模型提供了資料基礎。

9.1.2 為什麼需要深度學習

深度神經網路提供了一種簡單的學習機制，即直接學習輸入與輸出的關係，通常把這種機制稱為點對點學習（End-to-End Learning）。與傳統方法不同，點對點學習並不需要人工定義特徵或者進行過多的先驗性假設，所有的學習過程都由一個模型完成。從外面看這個模型只是建立了一種輸入到輸出的映射，而這種映射具體是如何形成的完全由模型的結構和參數決定。這樣做的最大好處是，模型可以更加「自由」地學習。此外，點對點學習也引發了一個新的思考——如何表示問題？這也就是所謂的表示學習（Representation Learning）問題。在深度學習時代，問題輸入和輸出的表示已經不再是人類透過簡單複習得到的規律，而是可以讓電腦進行描述的一種可計算「量」，如一個實數向量。這種表示可以被自動學習，因此大大提升了電腦對語言文字等複雜現象的處理能力。

1. 點對點學習和表示學習

點對點學習使機器學習不再依賴傳統的特徵工程方法，因此不需要煩瑣的資料前置處理、特徵選擇、降維等過程，而是直接利用神經網路自動從輸入資料中提取、組合更複雜的特徵，大大提升了模型能力和工程效率。以圖 9-2 中的圖型分類為例，在傳統方法中，圖型分類需要很多階段的處理。首先，需要提取一些手工設計的圖型特徵，在將其降維之後，需要利用 SVM 等分類演算法對其進行分類。與這種多階段的管線似的處理流程相比，點對點深度學習只訓練一個神經網路，輸入就是圖片的圖元表示，輸出是圖片的類別。

傳統的機器學習需要人工定義特徵，這個過程往往需要對問題的隱含假設。這種方法存在 3 方面的問題：

- 特徵的構造需要耗費大量的時間和精力。在傳統機器學習的特徵工程方法中，特徵提取都是基於人力完成的，該過程往往依賴大量的先驗假設，會大大增加相關系統的研發週期。
- 最終的系統性能強弱非常依賴特徵的選擇。有一句話在業界廣泛流傳：「資料和特徵決定了機器學習的上限」，人的智力和認知是有限的，因此人工設計的特徵的準確性和覆蓋度會存在瓶頸。
- 通用性差。針對不同的任務，傳統的機器學習的特徵工程方法需要選擇不同的特徵，在某個任務上表現出很好的特徵，在其他任務上可能沒有效果。

特徵工程＋機器學習

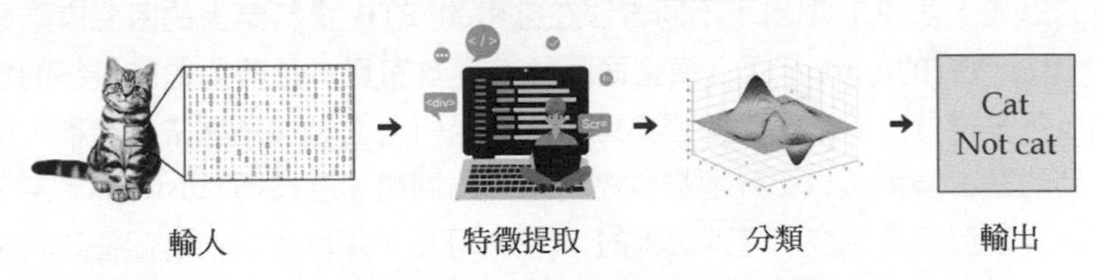

(a) 用以特徵工程為基礎的機器學習方法做圖型分類

深度學習（點對點學習）

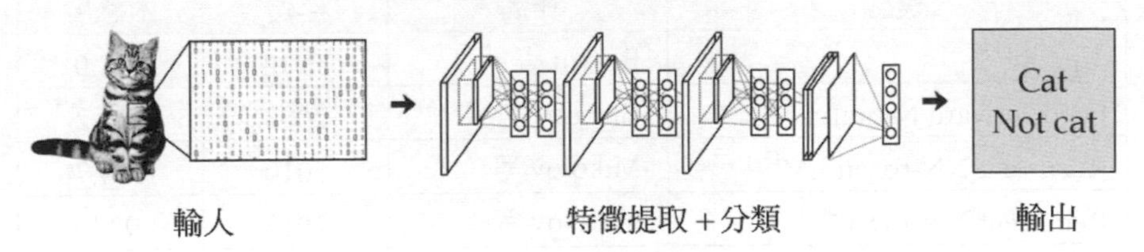

(b) 用點對點學習方法做圖型分類

圖 9-2 特徵工程 vs 點對點學習

點對點學習將人們從大量的特徵提取工作中解放出來，可以不需要太多人的先驗知識。從某種意義上講，對問題的特徵提取完全是自動完成的，這意味著即使系統開發人員不是該任務的「專家」，也可以完成相關系統的開發。此外，點對點學習實際上隱含了一種新的對問題的表示形式——分散式表示。 在這種框架下，模型的輸入可以被描述為分散式的實數向量，這樣模型可以有更多的維度描述一個事物，同時避免傳統符號系統對客觀事物離散化的刻畫。例如，在自然語言處理中，表示學習重新定義了什麼是詞、什麼是句子。在本章後面也會提到，表示學習可以讓電腦對語言文字的描述更加準確和充分。

2. 深度學習的效果

相比於傳統的基於特徵工程的方法，基於深度學習的模型更加方便、通用，在系統性能上也普遍更優。這裡以語言建模任務為例。語言建模的目的是開發一個模型來描述詞串出現的可能性（見第 2 章）。這個任務有很長的歷史。表 9-1 舉出了不同方法在常用的 PTB 資料集上的困惑度結果[1]。由於傳統的n-gram 語言模型面臨維度災難和資料稀疏問題，最終的性能並不是很好。而在深度學習模型中，透過引入循環神經網路等結構，所得到的語言模型可以更好地描述序列生成的問題。基於 Transformer 架構的語言模型將困惑度下降到驚人的 35.7。可見，深度學習為這個任務帶來的進步是巨大的。

表 9-1 不同方法在常用的 PTB 資料集上的困惑度結果

模型	作者	年份	困惑度
3-gram[406]	Brown 等	1992	178.0
Feed-forward Neural LM[72]	Bengio 等	2003	162.2
Recurrent NN-based LM[73]	Mikolov 等	2010	124.7
Recurrent NN-LDA[407]	Mikolov 等	2012	92.0
LSTM[408]	Zaremba 等	2014	78.4
RHN[409]	Zilly 等	2016	65.4
AWD-LSTM[410]	Merity 等	2018	58.8
GPT-2 (Transformer) [411]	Radford 等	2019	35.7

[1] 困惑度越低，表明語言建模的效果越好。

9.2 神經網路基礎

神經網路是一種由大量的節點（或稱神經元）相互連接組成的計算模型。那麼什麼是神經元？神經元之間又是如何連接的？神經網路的數學描述是什麼樣的？本節將圍繞這些問題系統地對神經網路的基礎知識進行介紹。

9.2.1 線性代數基礎

線性代數作為一個數學分支，廣泛應用於科學和工程中，神經網路的數學描述中也大量使用了線性代數工具。因此，本節將對線性代數的一些概念進行簡介，以方便後續對神經網路進行數學描述。

1. 純量、向量和矩陣

純量（Scalar）： 純量亦稱「無向量」，是一種只具有數值大小而沒有方向的量。通俗地說，一個純量就是一個單獨的數，這裡特指實數[2]。例如，對於$a = 5$，a就是一個純量。

向量（Vector）：向量是由一組實數組成的有序數組。與純量不同，向量既有大小也有方向。可以把向量看作空間中的點，每個元素是不同坐標軸上的座標。式(9-1) 和式(9-2) 分別展示了一個行向量和一個列向量：

$$a = (1\ 2\ 5\ 7) \tag{9-1}$$

$$a^{\mathrm{T}} = \begin{pmatrix} 1 \\ 2 \\ 5 \\ 7 \end{pmatrix} \tag{9-2}$$

本章預設使用行向量，如$a = (a_1, a_2, a_3)$，a對應的列向量記為a^{T}。

[2] 嚴格意義上，純量可以是複數等其他形式。為了方便討論，這裡僅以實數為物件。

矩陣（Matrix）：矩陣是一個按照長方陣列排列的實數集合，最早來自方程組的係數及常數所組成的方陣。在電腦領域，通常將矩陣看作二維陣列。這裡用符號A表示一個矩陣，如果該矩陣有m行n列，那麼有$A \in \mathbb{R}^{m\times n}$。矩陣中的每個元素都由一個行索引和一個列索引確定。例如，a_{ij}表示第i行、第j列的矩陣元素。式(9-3) 中的A定義了一個 2 行 2 列的矩陣。

$$A = \begin{pmatrix} a_{11} & a_{12} \\ a_{21} & a_{22} \end{pmatrix} = \begin{pmatrix} 1 & 2 \\ 3 & 4 \end{pmatrix} \tag{9-3}$$

2. 矩陣的轉置

轉置（Transpose）是矩陣的重要操作之一。矩陣的轉置可以看作將矩陣以對角線為鏡像進行翻轉：假設A為m行n列的矩陣，第i行、第j 列的元素是a_{ij}，即$A = (a_{ij})_{m\times n}$，把$m \times n$矩陣A的行換成同序數的列得到一個$n \times m$矩陣，則得到A的轉置矩陣，記為A^{T}，且$A^{\mathrm{T}} = (a_{ji})_{n\times m}$。例如，對於式(9-4) 中的矩陣，

$$A = \begin{pmatrix} 1 & 3 & 2 & 6 \\ 5 & 4 & 8 & 2 \end{pmatrix} \tag{9-4}$$

它轉置的結果如下：

$$A^{\mathrm{T}} = \begin{pmatrix} 1 & 5 \\ 3 & 4 \\ 2 & 8 \\ 6 & 2 \end{pmatrix} \tag{9-5}$$

向量可以看作只有一行（列）的矩陣。對應地，向量的轉置可以看作只有一列（行）的矩陣。純量可以看作只有一個元素的矩陣。因此，純量的轉置等於它本身，即$a^{\mathrm{T}} = a$。

3. 矩陣加法和數乘

矩陣加法又被稱作按元素加法（Element-wise Addition）。它是指兩個矩

陣把其相對應的元素加在一起的運算，通常的矩陣加法被定義在兩個形狀相同的矩陣上。兩個$m \times n$矩陣A和B的和，標記為$A + B$，它也是個$m \times n$矩陣，其內的各元素為其相對應的元素相加後的值，即如果矩陣$C = A + B$，則$c_{ij} = a_{ij} + b_{ij}$。式(9-6) 展示了矩陣之間進行加法的計算過程：

$$\begin{pmatrix} 1 & 3 \\ 1 & 0 \\ 1 & 2 \end{pmatrix} + \begin{pmatrix} 0 & 0 \\ 7 & 5 \\ 2 & 1 \end{pmatrix} = \begin{pmatrix} 1+0 & 3+0 \\ 1+7 & 0+5 \\ 1+2 & 2+1 \end{pmatrix} = \begin{pmatrix} 1 & 3 \\ 8 & 5 \\ 3 & 3 \end{pmatrix} \tag{9-6}$$

矩陣加法滿足以下運算規律：

- 交換律：$A + B = B + A$。
- 結合律：$(A + B) + C = A + (B + C)$。
- $A + \mathbf{0} = A$，其中$\mathbf{0}$指的是零矩陣，即元素皆為 0 的矩陣。
- $A + (-A) = \mathbf{0}$，其中$-A$是矩陣A的負矩陣，即將矩陣A的每個元素取負得到的矩陣。

矩陣的數乘（Scalar Multiplication）也稱純量乘法，是指純量（實數）與矩陣的乘法運算，計算過程是將純量與矩陣的每個元素相乘，最終得到與原矩陣形狀相同的矩陣。例如，矩陣$A = (a_{ij})_{m\times n}$與純量k進行數乘運算，其結果矩陣$B = (ka_{ij})_{m\times n}$，即$k(a_{ij})_{m\times n} = (ka_{ij})_{m\times n}$。式(9-7) 和式(9-8) 展示了矩陣數乘的計算過程：

$$A = \begin{pmatrix} 3 & 2 & 7 \\ 5 & 8 & 1 \end{pmatrix} \tag{9-7}$$

$$2A = \begin{pmatrix} 6 & 4 & 14 \\ 10 & 16 & 2 \end{pmatrix} \tag{9-8}$$

矩陣的數乘滿足以下運算規律，其中k和l是實數，A和B是形狀相同的矩陣：

- 右分配律：$k(A + B) = kA + kB$。
- 左分配律：$(k + l)A = kA + lA$。
- 結合律：$(kl)A = k(lA)$。

4. 矩陣乘法和矩陣點乘

矩陣乘法是矩陣運算中最重要的操作之一，為了與矩陣點乘區分，通常把矩陣乘法叫作矩陣叉乘。假設A為$m \times p$的矩陣，B為$p \times n$的矩陣，對A和B做矩陣乘法的結果是一個$m \times n$的矩陣C，其中矩陣C中第i行、第j列的元素可以表示為

$$(AB)_{ij} = \sum_{k=1}^{p} a_{ik} b_{kj} \tag{9-9}$$

只有當第一個矩陣的列數與第二個矩陣的行數相等時，兩個矩陣才可以做矩陣乘法。式(9-10) 展示了矩陣乘法的運算過程，若$A = \begin{pmatrix} a_{11} & a_{12} & a_{13} \\ a_{21} & a_{22} & a_{23} \end{pmatrix}$，$B = \begin{pmatrix} b_{11} & b_{12} \\ b_{21} & b_{22} \\ b_{31} & b_{32} \end{pmatrix}$，則有

$$\begin{aligned} C &= AB \\ &= \begin{pmatrix} a_{11}b_{11} + a_{12}b_{21} + a_{13}b_{31} & a_{11}b_{12} + a_{12}b_{22} + a_{13}b_{32} \\ a_{21}b_{11} + a_{22}b_{21} + a_{23}b_{31} & a_{21}b_{12} + a_{22}b_{22} + a_{23}b_{32} \end{pmatrix} \end{aligned} \tag{9-10}$$

矩陣乘法滿足以下運算規律：

- 結合律：若$A \in \mathbb{R}^{m\times n}, B \in \mathbb{R}^{n\times p}, C \in \mathbb{R}^{p\times q}$，則$(AB)C = A(BC)$。
- 左分配律：若$A \in \mathbb{R}^{m\times n}$，$B \in \mathbb{R}^{m\times n}$，$C \in \mathbb{R}^{n\times p}$，則$(A + B)C = AC + BC$。
- 右分配律：若$A \in \mathbb{R}^{m\times n}$，$B \in \mathbb{R}^{n\times p}$，$C \in \mathbb{R}^{n\times p}$，則$A(B + C) = AB + AC$。

可以將線性方程組用矩陣乘法表示，如對於線性方程組$\begin{cases} 5x_1 + 2x_2 = y_1 \\ 3x_1 + x_2 = y_2 \end{cases}$，可以表示為$Ax^{\mathrm{T}} = y^{\mathrm{T}}$，其中$A = \begin{pmatrix} 5 & 2 \\ 3 & 1 \end{pmatrix}, x^{\mathrm{T}} = \begin{pmatrix} x_1 \\ x_2 \end{pmatrix}, y^{\mathrm{T}} = \begin{pmatrix} y_1 \\ y_2 \end{pmatrix}$。

矩陣的點乘就是兩個形狀相同的矩陣的各對應元素相乘，矩陣點乘也被稱為按元素乘積（Element-wise Product）或 Hadamard 乘積，記為$A \odot B$。例如，對於式(9-11)和式(9-12)所示的兩個矩陣，

$$A = \begin{pmatrix} 1 & 0 \\ -1 & 3 \end{pmatrix} \tag{9-11}$$

$$B = \begin{pmatrix} 3 & 1 \\ 2 & 1 \end{pmatrix} \tag{9-12}$$

矩陣點乘的計算方式為

$$\begin{aligned} C &= A \odot B \\ &= \begin{pmatrix} 1 \times 3 & 0 \times 1 \\ -1 \times 2 & 3 \times 1 \end{pmatrix} \end{aligned} \tag{9-13}$$

5. 線性映射

線性映射（ Linear Mapping）或線性變換（Linear Transformation）是一個向量空間V到另一個向量空間W的映射函數$f: \mathbf{v} \to \mathbf{w}$，且該映射函數保持加法運算和數量乘法運算，即對於空間V中任意兩個向量u 和v，以及任意純量c，始終符合式(9-14) 和式(9-15)：

$$f(u + v) = f(u) + f(v) \tag{9-14}$$

$$f(cv) = cf(v) \tag{9-15}$$

利用矩陣$A \in \mathbb{R}^{m \times n}$，可以實現兩個有限維歐氏空間的映射函數$f: \mathbb{R}^n \to \mathbb{R}^m$。例如，$n$維列向量$x^{\mathrm{T}}$與$m \times n$的矩陣$A$，向量$x^{\mathrm{T}}$左乘矩陣$A$，可將向量$x^{\mathrm{T}}$映射為$m$列向量。式(9-16)～式(9-18) 所示為一個具體的例子，

$$x^{\mathrm{T}} = \begin{pmatrix} x_1 \\ x_2 \\ \vdots \\ x_n \end{pmatrix} \tag{9-16}$$

$$A = \begin{pmatrix} a_{11} & a_{12} & \cdots & a_{1n} \\ a_{21} & \cdots & \cdots & \cdots \\ \vdots & \vdots & \ddots & \vdots \\ a_{m1} & \cdots & \cdots & a_{mn} \end{pmatrix} \tag{9-17}$$

可以得到

$$y^{\mathrm{T}} = Ax^{\mathrm{T}}$$

$$= \begin{pmatrix} a_{11}x_1 + a_{12}x_2 + \cdots + a_{1n}x_n \\ a_{21}x_1 + a_{22}x_2 + \cdots + a_{2n}x_n \\ \vdots \\ a_{m1}x_1 + a_{m2}x_2 + \cdots + a_{mn}x_n \end{pmatrix} \tag{9-18}$$

上例中矩陣A定義了一個從$\mathbb{R}^n$到$\mathbb{R}^m$的線性映射：向量$x^{\mathrm{T}} \in \mathbb{R}^n$和$y^{\mathrm{T}} \in \mathbb{R}^m$分別為兩個空間中的列向量，即大小為$n \times 1$和$m \times 1$的矩陣。

6. 範數

在工程領域，經常會用被稱為範數（Norm）的函數來衡量向量大小，范數為向量空間內的所有向量指定非零的正長度。對於一個n維向量x，一個常見的範數函數為l_p 範數，通常表示為$\| x \|_p$ ，其中$p \geqslant 0$，是一個純量形式的參數。常用的p的取值有1、2、∞等。範數的計算方式為

$$l_p(x) = \| x \|_p = \left(\sum_{i=1}^{n} |x_i|^p \right)^{\frac{1}{p}} \tag{9-19}$$

l_1范數為向量的各個元素的絕對值之和：

$$\| x \|_1 = \sum_{i=1}^{n} |x_i| \tag{9-20}$$

l_2范數為向量的各個元素平方和的二分之一次方：

$$\| x \|_2 = \sqrt{\sum_{i=1}^{n} {x_i}^2} = \sqrt{x x^{\mathrm{T}}} \tag{9-21}$$

l_2范數被稱為歐幾里德範數（Euclidean Norm）。從幾何的角度看，向量也可以表示為從原點出發的一個帶箭頭的有向線段，其l_2范數為線段的長度，也常被稱為向量的模。l_2 範數在機器學習中非常常用。向量x的l_2範數經常簡化表示為$\| x \|$，可以透過點積$x x^{\mathrm{T}}$進行計算。

l_∞范數為向量的各個元素的最大絕對值，如 (22) 所示：

$$\| x \|_\infty = \max\{|x_1|, |x_2|, \cdots, |x_n|\} \tag{9-22}$$

廣義上講，範數是將向量映射到非負值的函數，其作用是衡量向量x到座標原點的距離。更嚴格地説，範數並不拘於l_p範數，任何一個同時滿足下列性質的函數都可以作為範數：

- 若$f(x) = 0$，則$x = \mathbf{0}$。
- 三角不等式：$f(x + y) \leqslant f(x) + f(y)$。
- 任意實數α，$f(\alpha x) = |\alpha| f(x)$。

在深度學習中，有時希望衡量矩陣的大小，這時可以考慮使用 Frobenius 範數（Frobenius Norm），其計算方式為

$$\| A \|_F = \sqrt{\sum_{i,j} a_{i,j}^2} \tag{9-23}$$

9.2.2 神經元和感知機

生物學中，神經元是神經系統的基本組成單元。同樣，類神經元是類神經網路的基本單元。在人們的想像中，類神經元應該與生物神經元類似，但事實上，二者在形態上是有明顯差別的。圖 9-3 所示為一個典型的類神經元，其本質是一個形似$y = f(x \cdot w + b)$的函數。顯而易見，一個神經元主要由x, w, b, f四部分組成。其中x是一個形如$(x_1, x_2, \cdots, x_n)$ 的實數向量，在一個神經元中擔任「輸入」的角色。w通常被理解為神經元連接的權重（Weight）（對於一個類神經元，權重是一個向量，表示為w；對於由多個神經元組成的神經網路，權重是一個矩陣，表示為W），其中的每一個元素都對應著一個輸入和一個輸出，代表著「某輸入對某輸出的貢獻程度」。b被稱作偏置（對於一個類神經元，偏置是一個實數，表示為b；對於神經網路中的某一層，偏置是一個向量，表示為$\boldsymbol{b}$）。f被稱作啟動函

數，用於對輸入向量各項加權和後進行某種變換。可見，一個類神經元的功能是將輸入向量與權重矩陣右乘（做內積）後，加上偏置量，經過一個啟動函數得到一個純量結果。

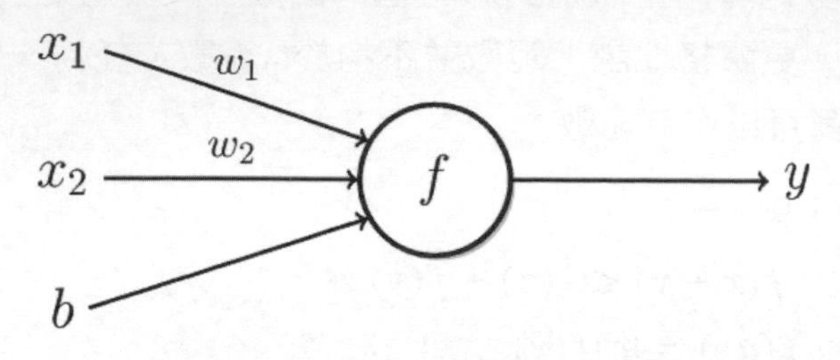

圖 9-3 類神經元

1. 感知機：最簡單的類神經元模型

感知機是類神經元的一種實例，在 20 世紀 50 年代被提出，對神經網路研究產生了深遠的影響。感知機的模型如圖 9-4 所示，其輸入是一個n維二值向量$x = (x_1, x_2, \cdots, x_n)$，其中$x_i = 0$或$1$。權重$w = (w_1, w_2, \cdots, w_n)$，每個輸入變數對應一個權重$w_i$。偏置$b$是一個實數變數（$-\sigma$）。輸出也是一個二值結果，即$y = 0$或$1$。$y$值的判定由輸入的加權和是否大於（或小於）一個閾值$\sigma$決定：

$$y = \begin{cases} 0 & \sum_i (x_i \cdot w_i) - \sigma < 0 \\ 1 & \sum_i (x_i \cdot w_i) - \sigma \geqslant 0 \end{cases} \tag{9-24}$$

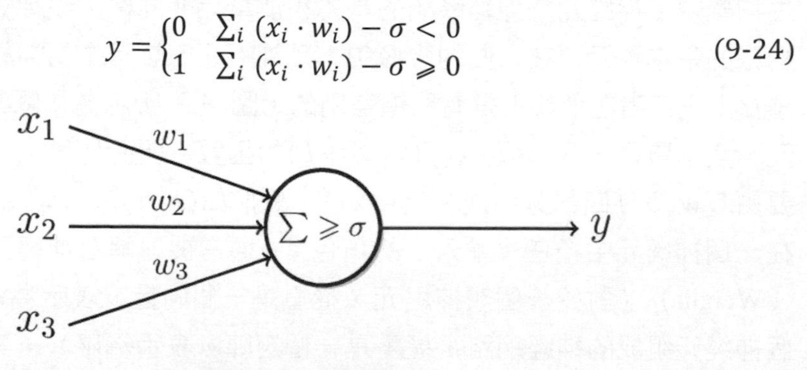

圖 9-4 感知機的模型

感知機可以做一些簡單的決策。舉一個非常簡單的例子，有一場音樂會，你正在糾結是否參加，有 3 個因素會影響你的決定：

- x_1：劇場是否離你足夠近（是，則$x_1 = 1$；否則$x_1 = 0$）。
- x_2：票價是否低於 300 元（是，則$x_2 = 1$；否則$x_2 = 0$）。
- x_3：女友是否喜歡聽音樂會（是，則$x_3 = 1$；否則$x_3 = 0$）。

在這種情況下，應該如何做出決定呢？例如，女友很希望和你一起去聽音樂會，但是劇場很遠而且票價 500 元，如果這些因素對你都是同等重要的（即$w_1 = w_2 = w_3$，假設這 3 個權重都設置為 1），那麼會得到一個綜合得分：

$$x_1 \cdot w_1 + x_2 \cdot w_2 + x_3 \cdot w_3 = 0 \cdot 1 + 0 \cdot 1 + 1 \cdot 1 = 1 \tag{9-25}$$

如果你不是愛糾結的人，能夠接受不完美的事情，你可能會把σ設置為 1，於是$\sum (w_i \cdot x_i) - \sigma \geq 0$，那麼你會去聽音樂會。本例的本質如圖 9-5 所示。

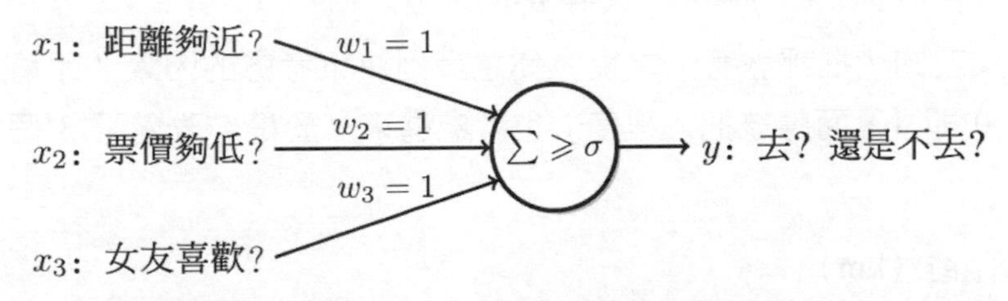

圖 9-5 預測是否去聽音樂會的感知機（權重相同）

2. 神經元內部權重

在上面的例子中，連接權重代表每個輸入因素對最終輸出結果的重要程度，為了得到令人滿意的決策，需要不斷調整權重。如果你更看重票價，則會用不均勻的權重計算每個因素的影響，如$w_1 = 0.5, w_2 = 2, w_3 = 0.5$。此時的感知機模型如圖 9-6 所示。在這種情況下，女友很希望和你一起去聽音樂會，但是劇場很遠而且票價 500 元，會導致你不去聽音樂會，該決策過程如下：

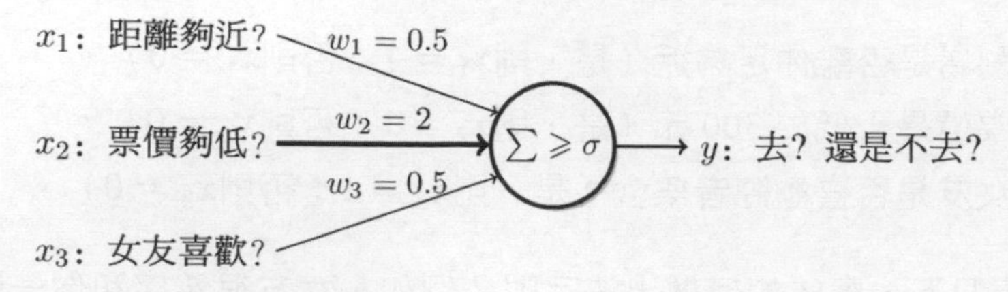

圖 9-6 預測是否去聽音樂會的感知機（權重不同）

$$\begin{aligned}\sum_i (x_i \cdot w_i) &= 0 \cdot 0.5 + 0 \cdot 2 + 1 \cdot 0.5 \\ &= 0.5 \\ &< \sigma = 1\end{aligned} \tag{9-26}$$

當然，結果是女友對這個決定非常不滿意。

3. 神經元的輸入：離散 vs 連續

在受到女友的「批評教育」之後，你意識到決策考慮的因素（即輸入）不應該非 0 即 1，而應該把「程度」也考慮進來，於是你改變了 3 個輸入的形式：

x_1：10/距離（km）

x_2：150/票價（元）

x_3：女友是否喜歡

在新修改的模型中，x_1和x_2變成了連續變數，x_3仍然是離散變數，如圖 9-7 所示。

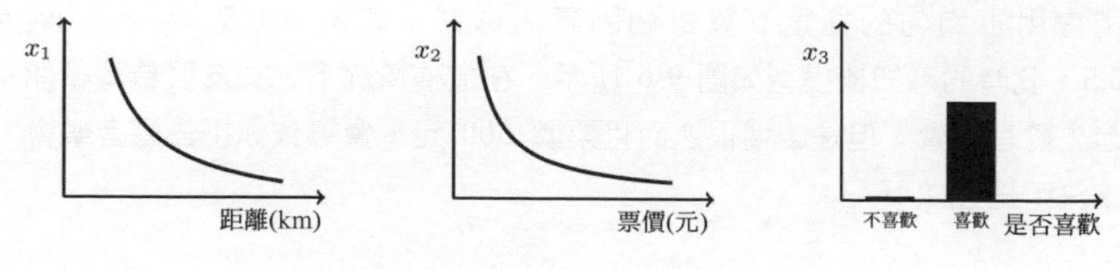

圖 9-7 神經元輸入的不同形式

使用修改後的模型做決策：女友很希望和你一起，但是劇場距你們 20 公里且票價 500 元。於是有$x_1 = 10/20, x_2 = 150/500, x_3 = 1$。此時，決策過程如下：

$$\begin{aligned}\sum_i (x_i \cdot w_i) &= 0.5 \cdot 0.5 + 0.3 \cdot 2 + 1 \cdot 0.5 \\ &= 1.35 \\ &> \sigma = 1\end{aligned} \tag{9-27}$$

雖然劇場很遠，價格有點貴，但是女友很滿意，你就很高興。

4. 神經元內部的參數學習

一次成功的音樂會之旅之後，你似乎掌握了一個真理：其他什麼都不重要，女友的喜好最重要，所以你又對決策模型的權重做了調整：最簡單的方式就是$w_1 = w_2 = 0$，同時令$w_3 > 0$，相當於只考慮x_3的影響而忽略其他因素，於是獲得了如圖 9-8 所示的決策模型。

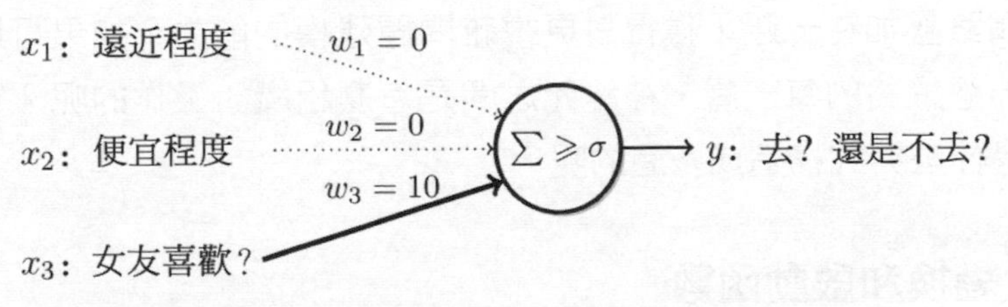

圖 9-8 預測是否去聽音樂會的決策模型（只考慮女友喜好）

很快，又要舉辦一場音樂會，距你 1000 公里，票價 3000 元，當然女友是一直喜歡聽音樂會的。根據新的決策模型，你義無反顧地選擇去聽音樂會。女友又不高興了，喜歡浪漫的女友覺得去聽這場音樂會太奢侈了。從這兩次聽音樂會的經歷中，你發現需要準確地設置每個因素的權重才能達到最好的決策效果。

那麼如何確定最好的權重呢？方法其實很簡單，不斷地嘗試，根據結果不斷地調整權重。在經過成百上千次的嘗試後，終於找到了一組合適的權重，使每次決策的正確率都很高。上面這個過程就類似於參數訓練的過程，利用大量的資料模擬成百上千次的嘗試，根據輸出的結果不斷地調整權重。

可以看到，在「是否參加音樂會」這個實際問題中，主要涉及 3 方面的問題：

- 對問題建模，即定義輸入$\{x_i\}$的形式。
- 設計有效的決策模型，即定義y。
- 得到模型參數（如權重$\{w_i\}$）的最優值。

上面的例子對這 3 個問題都簡要地做出了回答。下面的內容將繼續對它們進行詳細闡述。

9.2.3 多層神經網路

感知機是一種最簡單的單層神經網路。一個很自然的問題是：能否把多個這樣的網路疊加在一起，獲得對更複雜問題建模的能力？如果可以，那麼在多層神經網路的每一層，神經元之間是怎麼組織、工作的呢？單層網路又是透過什麼方式構造成多層的呢？

1. 線性變換和啟動函數

為了建立多層神經網路，需要先對前面提到的簡單的神經元進行擴展，把多個神經元組成一「層」神經元。例如，很多實際問題需要同時有多個輸出，這時可以把多個相同的神經元並列起來，每個神經元都會有一個單獨的輸出，這就組成一「層」，形成了單層神經網路。單層神經網路中的每一個神經元都對應著一組權重和一個輸出，可以把單層神經網路中的不同輸出看作對一個事物不同角度的描述。

舉個簡單的例子，預報天氣時，往往需要預測溫度、濕度和風力，這就意味著如果使用單層神經網路進行預測，需要設置 3 個神經元。如圖 9-9 所示，此時權重矩陣如下：

$$W = \begin{pmatrix} w_{11} & w_{12} & w_{13} \\ w_{21} & w_{22} & w_{23} \end{pmatrix} \tag{9-28}$$

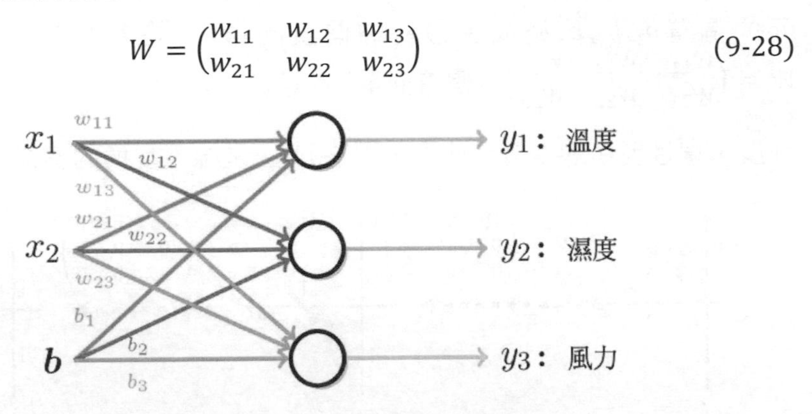

圖 9-9 權重矩陣中的元素與輸出的對應關係

它的第一列元素$\begin{pmatrix} w_{11} \\ w_{21} \end{pmatrix}$是輸入相對於第一個輸出$y_1$ 的權重，參數向量$b = (b_1, b_2, b_3)$的第一個元素b_1是對應於第一個輸出y_1 的偏置量。類似地，可以得到y_2和y_3。預測天氣的單層模型如圖 9-10 所示（在本例中，假設輸入$x = (x_1, x_2)$）。

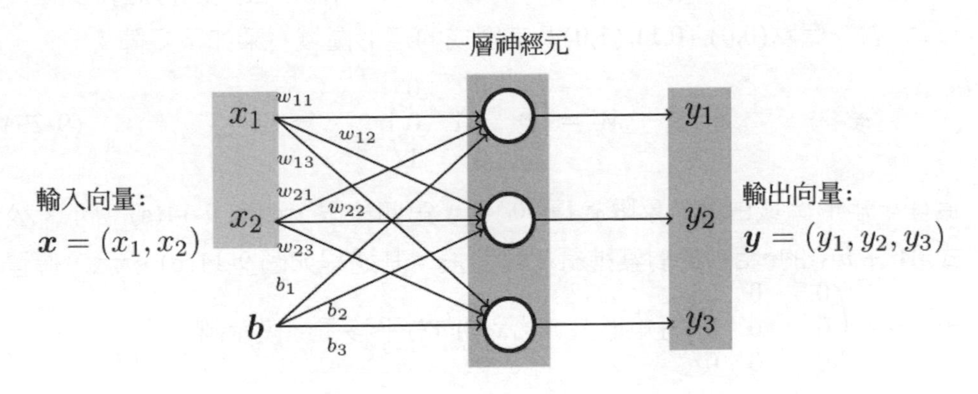

圖 9-10 預測天氣的單層神經網路

在神經網路中，對於輸入向量$x \in \mathbb{R}^m$，一層神經網路先將其經過線性變換映射到$\mathbb{R}^n$，再經過啟動函數變成$y \in \mathbb{R}^n$。還是上面天氣預測的例子，每個神經元獲得相同的輸入，權重矩陣W是一個2×3矩陣，矩陣中每個元素w_{ij}代表第j個神經元中x_i對應的權重值，假設編號為 1 的神經元負責預測溫度，則w_{i1}的含義為預測溫度時輸入x_i對其的影響程度。此外，所有神經元的偏置b_1, b_2, b_3組成了最終的偏置向量b。在該例中則有權重矩陣$W = \begin{pmatrix} w_{11} & w_{12} & w_{13} \\ w_{21} & w_{22} & w_{23} \end{pmatrix}$，偏置向量$b = (b_1, b_2, b_3)$。

那麼，線性變換的本質是什麼？圖 9-11 正是線性變換的簡單示意。

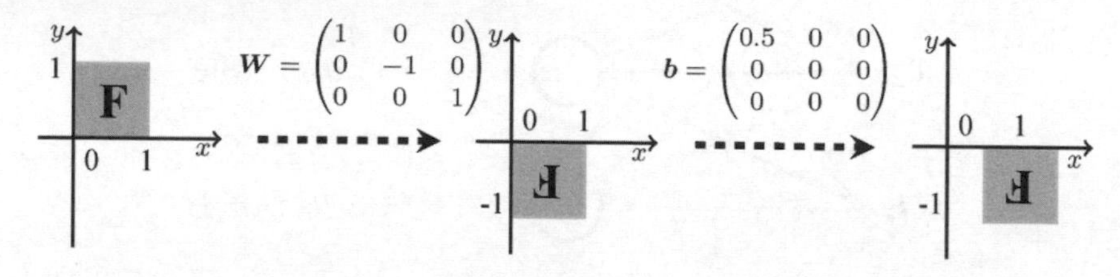

(a) 原本的**x**　(b)旋轉後的**x**　(c)旋轉、平移後的**x**]

圖 9-11 線性變換示意圖

- 從代數角度看，對於線性空間V，任意a，$a \in V$和數域中的任意α，線性變換$T(\cdot)$需滿足：$T(a+b) = T(a) + T(b)$，且$T(\alpha a) = \alpha T(a)$。
- 從幾何角度看，公式中的$xW + b$將x右乘W相當於對x進行旋轉變換，如對 3 個點(0,0), (0,1), (1,0)及其圍成的矩形區域右乘如下矩陣：

$$W = \begin{pmatrix} 1 & 0 & 0 \\ 0 & -1 & 0 \\ 0 & 0 & 1 \end{pmatrix} \tag{9-29}$$

這樣，矩形區域由第一象限旋轉 90 °到了第四象限，如圖 9-11(a) 所示。公式$xW + b$中的b相當於對其進行平移變換，其過程如圖 9-11(b) 所示，偏置矩陣$b = \begin{pmatrix} 0.5 & 0 & 0 \\ 0 & 0 & 0 \\ 0 & 0 & 0 \end{pmatrix}$將矩形區域沿$x$軸向右平移了一段距離。

線性變換提供了對輸入資料進行空間中旋轉、平移的能力。線性變換也適用於更加複雜的情況，這也為神經網路提供了擬合不同函數的能力。例如，可以利用線性變換將三維圖形投影到二維平面上，或者將二維平面上的圖形映射到三維空間。如圖 9-12 所示，透過一個簡單的線性變換，可以將三維圖形投影到二維平面上。

$$\underbrace{\left\{\begin{pmatrix}1&0&0\\0&1&0\\0&0&1\end{pmatrix}\cdots\begin{pmatrix}1&0&0\\0&1&0\\0&0&1\end{pmatrix}\right\}}_{5}\times\begin{bmatrix}1\\1\\1\end{bmatrix}=\underbrace{\left\{\begin{pmatrix}1\\1\\1\end{pmatrix}\cdots\begin{pmatrix}1\\1\\1\end{pmatrix}\right\}}_{5}$$

圖 9-12 線性變換：三維→二維數學示意

那啟動函數又是什麼？一個神經元在接收到經過線性變換的結果後，透過啟動函數的處理，得到最終的輸出y。啟動函數的目的是解決實際問題中的非線性變換，線性變換只能擬合直線，而啟動函數的加入使神經網路具有了擬合曲線的能力。 特別是在實際問題中，很多現象都無法用簡單的線性關係描述，這時可以使用非線性啟動函數來描述更加複雜的問題。常見的非線性啟動函數有 Sigmoid、ReLU、Tanh 等。圖 9-13 和圖 9-14 列舉了幾種常見的啟動函數的形式。

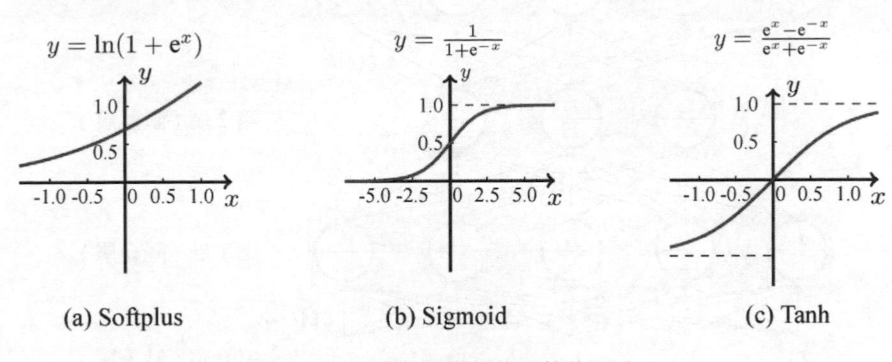

圖 9-13 幾種常見的啟動函數的形式 1

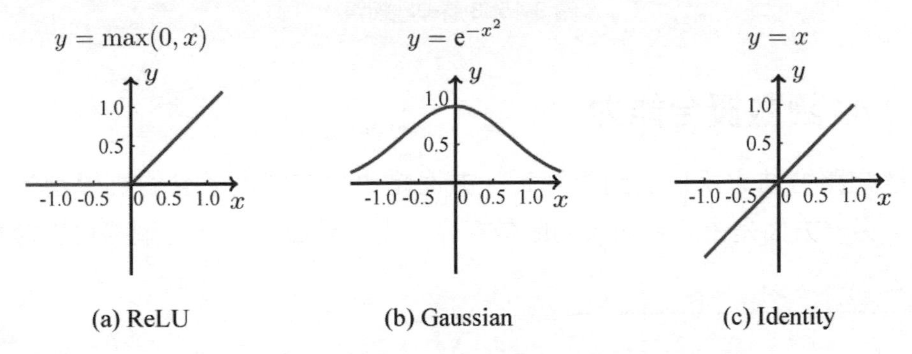

圖 9-14 幾種常見的啟動函數的形式 2

2. 單層神經網路→多層神經網路

單層神經網路由線性變換和啟動函數兩部分組成，但在實際問題中，單層網路並不能極佳地擬合複雜函數。因此，很自然地想到將單層網路擴展到多層神經網路，即深層神經網路。將一層神經網路的最終輸出向量作為另一層神經網路的輸入向量，透過這種方式可以將多個單層神經網路連接在一起。

在多層神經網路中，通常包括輸入層、輸出層和至少一個隱藏層。圖 9-15 展示了一個 3 層神經網路，包括輸入層[3]、輸出層和兩個隱藏層。

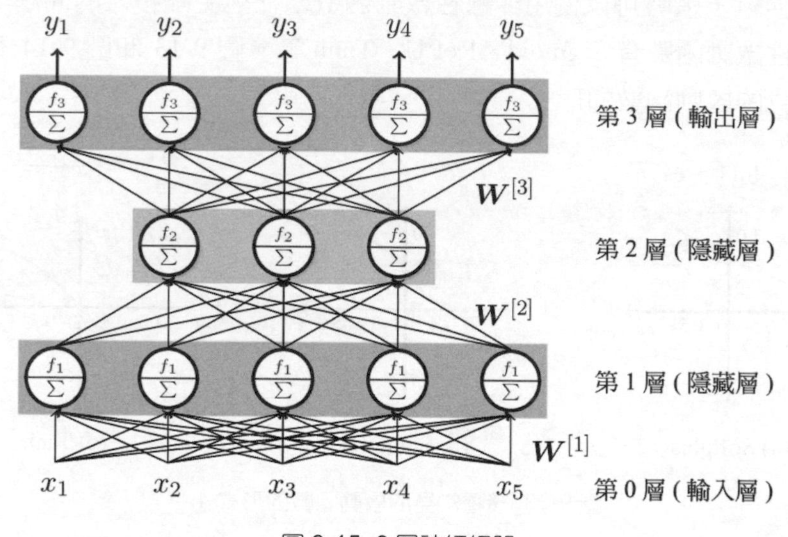

圖 9-15 3 層神經網路

9.2.4 函數擬合能力

神經網路方法之所以受到青睞，一方面是由於它提供了點對點學習的模式，另一方面是由於它強大的函數擬合能力。理論上，神經網路可以擬合

[3] 輸入層不存在神經元，因此在計算神經網路層數時不將其包含在內。

任何形狀的函數。下面就來介紹為什麼神經網路會有這樣的能力。

眾所皆知，單層神經網路無法解決線性不可分問題，如經典的互斥問題。但理論上，具有一個隱藏層的兩層神經網路就可以擬合所有的函數了。接下來，分析為什麼僅僅多了一層，神經網路就能變得如此強大。對於二維空間（平面），「擬合」是指把平面上一系列的點，用一條光滑的曲線連接起來，並用函數表示這條擬合的曲線。這個概念可以推廣到更高維的空間上。在用神經網路解決問題時，可以透過擬合訓練資料中的「資料點」獲得輸入與輸出之間的函數關係，並利用其對未知數據做出判斷。可以假設輸入與輸出之間存在一種函數關係，而神經網路的「擬合」是要盡可能地逼近原函數的輸出值，越逼近，意味著擬合得越好。

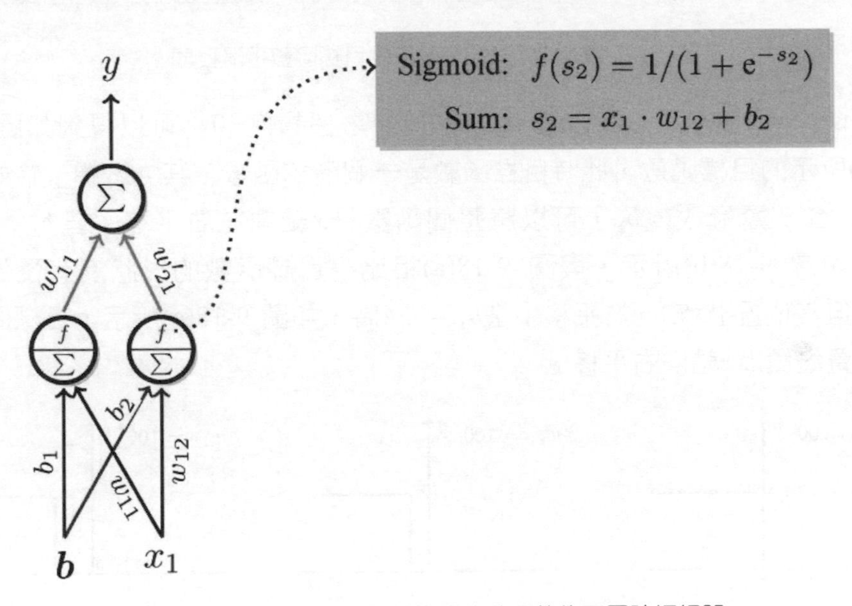

圖 9-16 以 Sigmoid 為隱藏層啟動函數的兩層神經網路

圖 9-16 所示為一個以 Sigmoid 為隱藏層啟動函數的兩層神經網路。透過調整參數$W^{[1]} = (w_{11}, w_{12})$, $b = (b_1, b_2)$和$W^{[2]} = (w'_{11}, w'_{21})$的值，可以不斷地改變目標函數的形狀。

設置$w'_{11} = 1, w_{11} = 1, b_1 = 0$，其他參數設置為 0。可以得到如圖 9-17(a)所示的目標函數，此時的目標函數比較平緩。透過調大w_{11}，可以將圖 9-17(a) 中函數的坡度調得更陡：當$w_{11} = 10$時，如圖 9-17(b)所示，目標函數的坡度與圖 9-17(a)相比變得更陡了；當$w_{11} = 100$時，如圖 9-17(c)所示，目標函數的坡度變得更陡、更尖銳，已經逼近一個階梯函數。

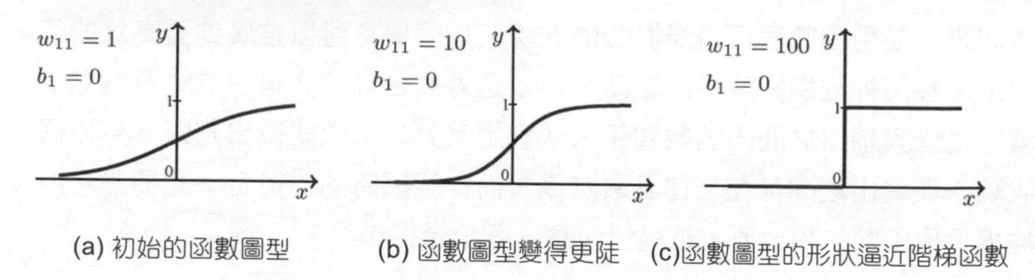

(a) 初始的函數圖型　(b) 函數圖型變得更陡　(c)函數圖型的形狀逼近階梯函數

圖 9-17 透過調整權重w_{11}改變目標函數平滑程度

設置$w'_{11} = 1, w_{11} = 100, b_1 = 0$，其他參數設置為 0。可以得到如圖 9-18(a)所示的目標函數，此時目標函數是一個階梯函數，其「階梯」恰好與y軸重合。透過改變b_1，可以將整個函數沿x軸向左右平移：當$b_1 = -2$時，如圖 9-18(b)所示，與圖 9-18(a)相比，目標函數的形狀沒有發生改變，但其位置沿x軸向右平移；當$b_1 = -4$時，如圖 9-18(c)所示，目標函數的位置繼續沿x軸向右平移。

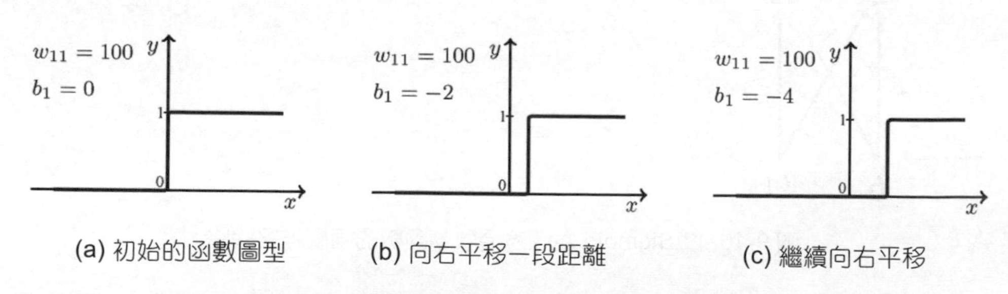

(a) 初始的函數圖型　(b) 向右平移一段距離　(c) 繼續向右平移

圖 9-18 透過調整偏置量b_1改變目標函數位置

設置$w'_{11} = 1, w_{11} = 100, b_1 = -4$，其他參數設置為 0。可以得到如圖 9-19(a) 所示的目標函數，此時目標函數是一個階梯函數，該階梯函數取得最大值的分段處為$y = 1$。 透過改變w'_{11}，可以將目標函數「拉高」或

「壓扁」。如圖 9-19(b)和圖 9-19(c)所示，目標函數變得「扁」了。最終，該階梯函數取得最大值的分段處約為$y = 0.7$。

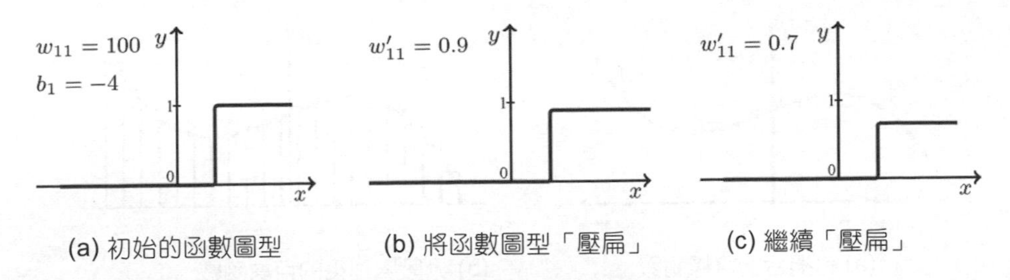

圖 9-19 透過改變權重w'_{11}，將目標函數「拉高」或「壓扁」

設置$w'_{11} = 0.7, w_{11} = 100, b_1 = -4$，其他參數設置為 0。可以得到如圖 9-20(a)所示的目標函數，此時目標函數是一個階梯函數。若是將其他參數設置為$w'_{21} = 0.7, w'_{11} = 100, b_2 = 16$，由圖 9-20(b)可以看出，原來目標函數的「階梯」由一級變成了兩級，由此可以推測，對第二組參數進行設置，可以使目標函數分段數增多。若將第二組參數中的w'_{21}由原來的0.7設置為-0.7，可得到如圖 9-20(c)所示的目標函數，與圖 9-20(b)相比，原目標函數的「第二級階梯」向下翻轉，由此可見，$W^{[2]}$的符號決定了目標函數的翻轉方向。

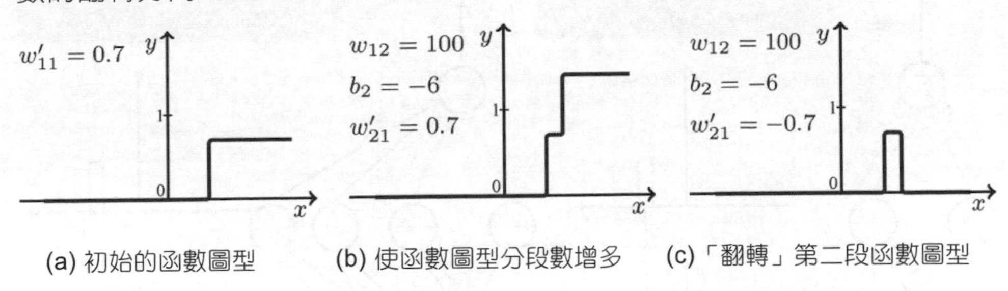

圖 9-20 透過設置第二組參數（b_2和w'_{21}）增加目標函數分段數

從以上內容看出，透過設置神經元中的參數將目標函數的形狀做各種變換，但目標函數類型還是比較簡單的。在實際問題中，輸入與輸出之間的函數關係甚至複雜到無法人為構造或書寫，神經網路又是如何擬合這種複雜的函數關係的呢？

以圖 9-21(a)所示的目標函數為例，為了擬合該函數，可以將其看成分成無數小段的分段函數，如圖 9-21(b)所示。

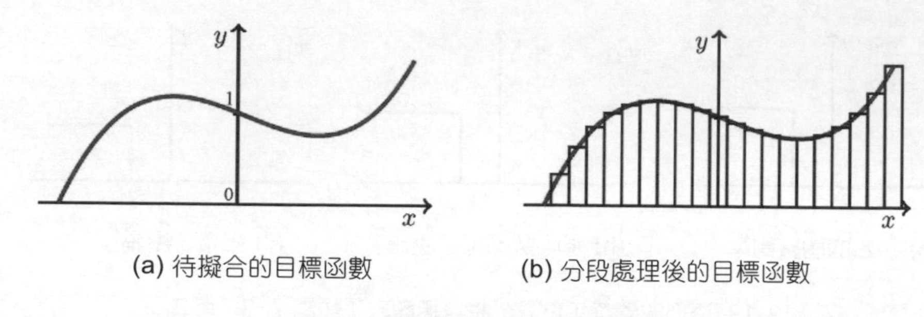

圖 9-21 對目標函數做分段處理

如圖 9-22(a)所示，上例中兩層神經網路的函數可以擬合出目標函數的一小段。為了使兩層神經網路可以擬合出目標函數更多的一小段，需要增加隱藏層神經元的個數。如圖 9-22(b)所示，將原本的兩層神經網路神經元個數增加一倍，由兩個神經元擴展到 4 個，其函數的分段數也增加一倍，此時的函數恰好可以擬合目標函數中的兩個小段。依此類推，理論上，該兩層神經網路便可以透過不斷地增加隱藏層神經元數量擬合任意函數。

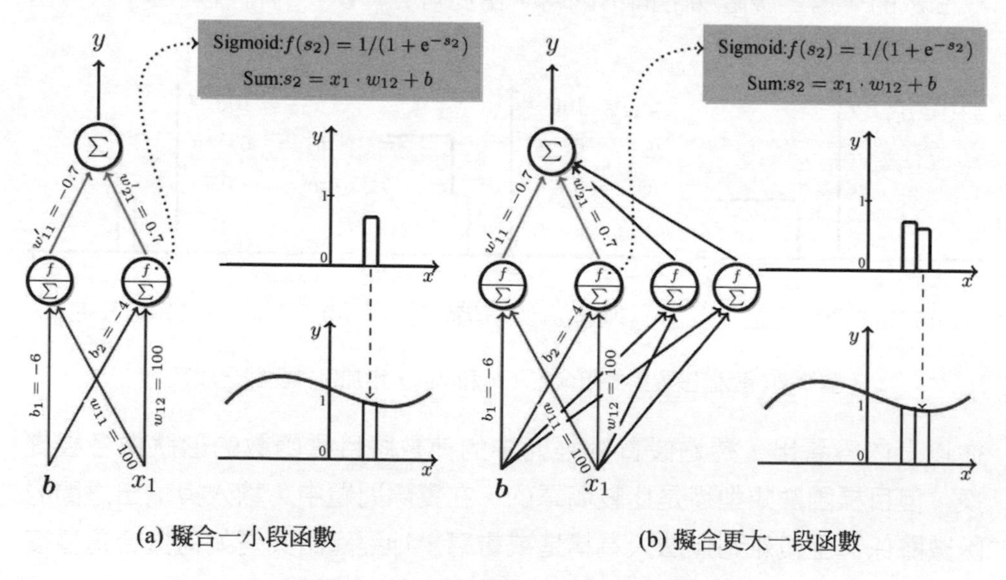

圖 9-22 擴展隱藏層神經元個數，擬合目標函數更多的一小段

理論上，兩層神經元的神經網路可以擬合所有函數，但在實際問題中所使用的神經網路都遠遠超過了兩層，這也是對深度學習這個概念中「深度」的一種表現。使用深層神經網路主要有以下兩方面的原因。

（1） 使用較淺的神經網路去擬合一個比較複雜的函數關係，需要數量極其龐大的神經元和參數，訓練難度大。從上面的例子中可以看出，兩層神經元僅擬合目標函數的兩小段，其隱藏層就需要 4 個神經元。從另一個角度看，加深網路也可能達到與寬網路（更多神經元）類似的效果。

（2） 更多層的網路可以提供更多的線性變換和啟動函數，對輸入的抽象程度更好，因而可以更好地表示資料的特徵。

在本書後面的內容中還會看到，深層網路可以為機器翻譯帶來明顯的性能提升。

9.3 神經網路的張量實現

在神經網路內部，輸入經過若干次變換，最終得到輸出的結果。這個過程類似於一種逐層的資料「流動」。我們不禁會產生這樣的疑問：在神經網路中，資料是以哪種形式「流動」的？如何透過程式設計實現這種資料「流動」呢？

為了解決上面的問題，本節將介紹神經網路更加通用的描述形式 ——張量計算。隨後介紹如何使用基於張量的數學工具架設神經網路。

9.3.1 張量及其計算

1. 張量

對於神經網路中的某層神經元$y = f(xW + b)$，其中W是權重矩陣，如$\begin{pmatrix}1 & 2\\3 & 4\end{pmatrix}$，$b$ 是偏置向量，如(1,3)。在這裡，輸入x和輸出y，可以不是簡單的向量或矩陣形式，而是深度學習中更加通用的數學量——張量（Tensor），式(9-30) 中的幾種情況都可以看作深度學習中定義資料的張量：

$$x=\begin{pmatrix}-1 & 3\end{pmatrix} \quad x=\begin{pmatrix}-1 & 3\\0.2 & 2\end{pmatrix} \quad x=\begin{pmatrix}\begin{pmatrix}-1 & 3\\0.2 & 2\end{pmatrix}\\\begin{pmatrix}-1 & 3\\0.2 & 2\end{pmatrix}\end{pmatrix} \tag{9-30}$$

簡單來説，張量是一種通用的工具，用於描述由多個資料組成的量。例如，輸入的量有 3 個維度在變化，用矩陣不容易描述，用張量卻很容易。

從電腦實現的角度看，所有深度學習框架都把張量定義為「多維陣列」。張量有一個非常重要的屬性——階（Rank）。可以將多維陣列中「維」的屬性與張量的「階」的屬性做類比，這兩個屬性都表示多維陣列（張量）有多少個獨立的方向。例如，3 是一個純量，相當於一個 0 維陣列或 0 階張量；$(2 \quad -3 \quad 0.8 \quad 0.2)^{\mathrm{T}}$ 是一個向量，相當於一個一維陣列或一階張量；$\begin{pmatrix}-1 & 3 & 7\\0.2 & 2 & 9\end{pmatrix}$是一個矩陣，相當於一個二維陣列或二階張量。圖 9-23 所示為一個三維陣列或三階張量，其中每個3×3的方形代表一個二階張量，這樣的方形有 4 個，最終形成三階張量。

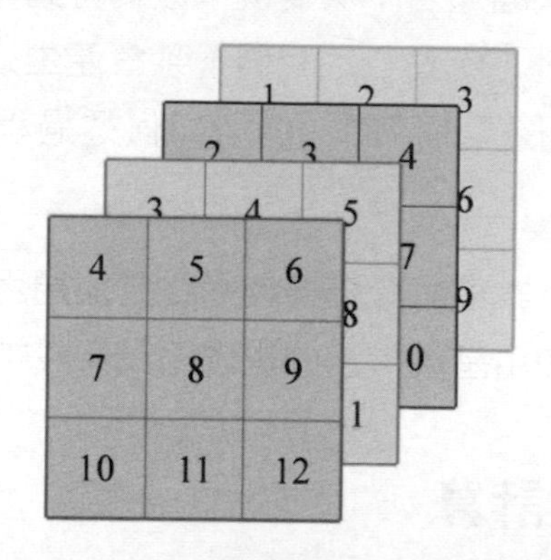

圖 9-23 三階張量範例（4 × 3 × 3）

這裡所使用的張量出於程式設計實現的角度，而數學中的張量有嚴格的定義。從數學的角度看，「張量並不是向量和矩陣的簡單擴展，多維陣列也並不是張量所必需的表達形式」。從某種意義上講，矩陣才是張量的擴展。當然，這個邏輯可能和人們在深度學習中的認知不一致。但是，本書仍然遵循深度學習中常用的概念，把張量理解為多維陣列，在保證數學表達的簡潔性的同時，使程式實現介面更加統一。

2. 張量的矩陣乘法

對於一個單層神經網路，$y = f(xW + b)$中的xW表示對輸入x進行線性變換，其中x是輸入張量，W是權重矩陣。xW表示的是矩陣乘法，需要注意的是，這裡是矩陣乘法而非張量乘法。

張量乘以矩陣怎樣計算呢？回憶 9.2.1 節的線性代數的知識。假設A為$m \times p$的矩陣，B為$p \times n$的矩陣，對A 和B 做矩陣乘積的結果是一個$m \times n$的矩陣C，其中矩陣C中第i行、第j列的元素可以表示為

$$(9 - AB)_{ij} = \sum_{k=1}^{p} a_{ik} b_{kj} \quad (9\text{-}31)$$

如$A = \begin{pmatrix} a_{11} & a_{12} & a_{13} \\ a_{21} & a_{22} & a_{23} \end{pmatrix}, B = \begin{pmatrix} b_{11} & b_{12} \\ b_{21} & b_{22} \\ b_{31} & b_{32} \end{pmatrix}$，兩個矩陣做乘法運算的過程為

$$\begin{aligned} C &= AB \\ &= \begin{pmatrix} a_{11}b_{11} + a_{12}b_{21} + a_{13}b_{31} & a_{11}b_{12} + a_{12}b_{22} + a_{13}b_{32} \\ a_{21}b_{11} + a_{22}b_{21} + a_{23}b_{31} & a_{21}b_{12} + a_{22}b_{22} + a_{23}b_{32} \end{pmatrix} \end{aligned} \quad (9\text{-}32)$$

將矩陣乘法擴展到高階張量中：一個張量x若要與矩陣W做矩陣乘法，則x的最後一維需要與W的行數大小相等，即若張量x的形狀為$\cdot \times n$，W須為$n \times \cdot$的矩陣。式(9-33) 是一個例子：

$$x(1{:}4,1{:}4,1{:}4) \times W(1{:}4,1{:}2) = s(1{:}4,1{:}4,1{:}2) \quad (9\text{-}33)$$

其中，張量x沿第一階所在的方向與矩陣W進行矩陣運算（張量x第一階的每個維度都可以看作一個4×4的矩陣）。圖 9-24 演示了這個計算過程。張量x中編號為 172 的子張量（可看作矩陣）與矩陣W進行矩陣乘法，其

結果對應張量s中編號為 172 的子張量。這個過程會循環 4 次，因為有 4 個這樣的矩陣（子張量）。最終，圖 9-24 舉出了運算結果的形式（$4 \times 4 \times 2$）。

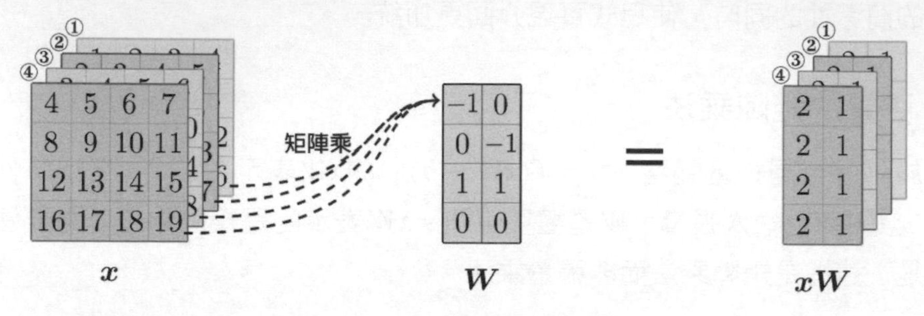

圖 9-24 張量與矩陣的矩陣乘法

3. 張量的單元操作

對於神經網路中的某層神經元$y = f(xW + b)$，也包含其他張量單元操作：

（1）加法：$s + b$，其中張量$s = xW$。

（2）啟動函數：$f(\cdot)$。具體來說：

- $s + b$中的單元加就是對張量中的每個位置都進行加法。在上例中，s是形狀為$(1{:}4,1{:}4,1{:}2)$的三階張量，而b是含有 4 個元素的向量，在形狀不同的情況下是怎樣進行單元加的呢？在這裡需要引入廣播機制（Broadcast Mechanism）：如果兩個陣列的後緣維度（即從末尾算起的維度）的軸長度相符或其中一方的長度為 1，則認為它們是廣播相容的。廣播會在缺失或長度為 1 的維度上進行，它是深度學習框架中常用的計算方式。來看一個具體的例子，如圖 9-25 所示，s是一個2×4的矩陣，b是一個長度為 4 的向量，當它們進行單元加運算時，廣播機制會將b沿第一個維度複製，再與s做加法運算。

$\boldsymbol{s}$

1	2	3	4
5	6	7	8

$\boldsymbol{b}$

1	1	1	1

$\boldsymbol{s}$ + $\boldsymbol{b}$ = $\boldsymbol{s}+\boldsymbol{b}$

$$\begin{matrix}1&2&3&4\\5&6&7&8\end{matrix} + \begin{matrix}1&1&1&1\\1&1&1&1\end{matrix} = \begin{matrix}2&3&4&5\\6&7&8&9\end{matrix}$$

(a) 張量s　(b) 張量b　(c) 張量的單元加運算

圖 9-25 廣播機制

- 除了單元加，張量之間也可以使用減法操作和乘法操作。此外，也可以對張量做啟動操作，這裡將其稱為函數的向量化（Vectorization）。例如，對向量（一階張量）做 ReLU 啟動，ReLU 啟動函數運算式為

$$f(x) = \begin{cases} 0 & x \leqslant 0 \\ x & x > 0 \end{cases} \tag{9-34}$$

例如，$\text{ReLU}\left(\begin{pmatrix}2\\-0.3\end{pmatrix}\right) = \begin{pmatrix}2\\0\end{pmatrix}$。

9.3.2 張量的物理儲存形式

在深度學習的世界中，張量就是多維陣列。因此，張量的物理儲存方式也與多維陣列相同。如下是一些實例：

- 張量$t(1{:}3)$表示一個含有三個元素的向量（一階張量），其物理儲存如圖 9-26(a)所示。
- 張量$t(1{:}2,1{:}3)$表示一個大小為2×3的矩陣（二階張量），其物理儲存如圖 9-26(b)所示。
- 張量$t(1{:}2,1{:}2,1{:}3)$表示一個大小為$2 \times 2 \times 3$的三階張量，其物理儲存如圖 9-26(c)所示。

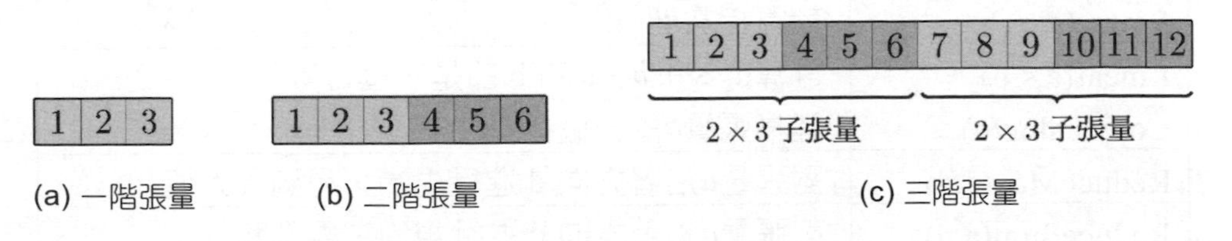

(a) 一階張量　(b) 二階張量　(c) 三階張量

圖 9-26 不同階的張量的物理儲存方式

實際上，高階張量的物理儲存方式也與多維陣列在 C++、Python 中的物理儲存方式相同。

9.3.3 張量的實現手段

實現神經網路的開放原始碼系統有很多，可以使用經典的 Python 工具套件 Numpy，也可以使用成熟的深度學習框架，例如，TensorFlow 和 PyTorch 就是非常受歡迎的深度學習工具套件。此外，還有很多優秀的框架，如 CNTK、MxNet、PaddlePaddle、Keras、Chainer、DL4j、NiuTensor 等。開發人員可以根據自身的喜好和開發專案的要求選擇框架。

這裡以 NiuTensor 為例，對張量計算函數庫進行簡單介紹。這類別庫需要提供張量計算介面，如張量的宣告、定義和張量的各種代數運算，各種單元運算元，如+、−、*、/、Log （取對數）、Exp （指數運算）、Power （冪方運算）、Absolute（絕對值）等，還有 Sigmoid、Softmax 等啟動函數。除了上述單元運算元，張量計算函數庫還支持張量之間的高階運算，其中最常用的是矩陣乘法。表 2 展示了 NiuTensor 支援的部分函數。

表 2 NiuTensor 支援的部分函數

函數	描述
a.Reshape(o,s)	把張量a變換成階為 o、形狀為 s 的張量
a.Get(pos)	取張量a中位置為 pos 的元素
a.Set(v,pos)	把張量a中位置為 pos 的元素值設為 v
a.Dump(file)	把張量a存到 file 中，file 為檔案控制代碼
a.Read(file)	從 file 中讀取張量a，file 為檔案控制代碼
Power(a,p)	計算指數a^p
Linear(a,s,b)	計算$a \cdot s + b$，s 和 b 都是一個實數
CopyValue(a)	建構張量a的一個拷貝
ReduceMax(a,d)	對張量a沿著方向 d 進行規約，得到最大值
ReduceSum(a,d)	對張量a沿著方向 d 進行規約，得到和
Concatenate(a,b,d)	把兩個張量a和b沿 d 方向串聯

函數	描述
Merge(a,d)	對張量a沿 d 方向合併
Split(a,d,n)	對張量a沿 d 方向分裂成 n 份
Sigmoid(a)	對張量a進行 Sigmoid 變換
Softmax(a)	對張量a進行 Softmax 變換，沿最後一個方向
HardTanh(a)	對張量a進行 HardTanh 變換（雙曲正切的近似）
Rectify(a)	對張量a進行 ReLU 變換

9.3.4 前向傳播與計算圖

有了張量這個工具，就可以很容易地實現任意的神經網路。反過來，神經網路都可以被看作張量的函數。一種經典的神經網路計算模型是：給定輸入張量，各神經網路層逐層進行張量計算之後，得到輸出張量。這個過程也被稱作前向傳播（Forward Propagation），它常被用在使用神經網路對新的樣本進行推斷中。

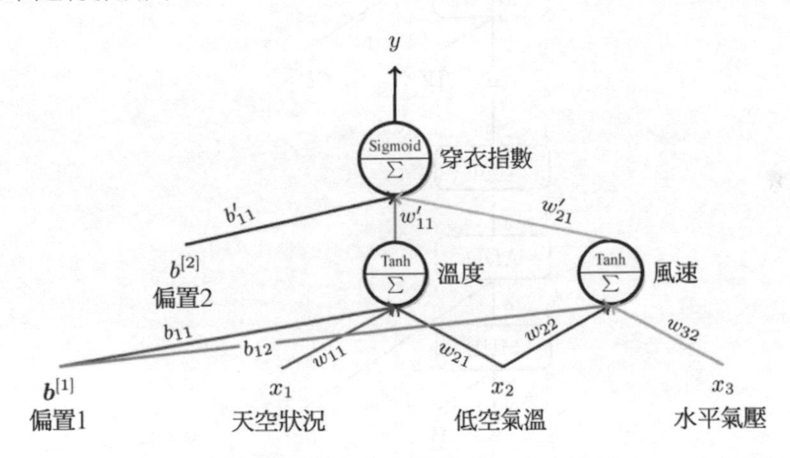

圖 9-27 判斷穿衣指數問題的神經網路過程

看一個具體的例子：圖 9-27 展示了一個根據天氣情況判斷穿衣指數（穿衣指數是人們穿衣薄厚的依據）的過程，將當天的天空狀況、低空氣溫、水平氣壓作為輸入，透過一層神經元在輸入資料中提取溫度、風速兩方面的特徵，並根據這兩方面的特徵判斷穿衣指數。需要注意的是，在實際的神經網路中，並不能準確地知道神經元究竟可以提取哪方面的特徵，以上表述是為了讓讀者更好地理解神經網路的建模過程和前向傳播過程。這裡將上述過程建模為如圖 9-27 所示的兩層神經網路。

它可以被描述為式(9-35)，其中隱藏層的啟動函數是 Tanh 函數，輸出層的啟動函數是 Sigmoid 函數，$W^{[1]}$和$b^{[1]}$分別表示第一層的權重矩陣和偏置，$W^{[2]}$和$b^{[2]}$分別表示第二層的權重矩陣和偏置[4]：

$$y = \text{Sigmoid}(\tanh(xW^{[1]} + b^{[1]})W^{[2]} + b^{[2]}) \tag{9-35}$$

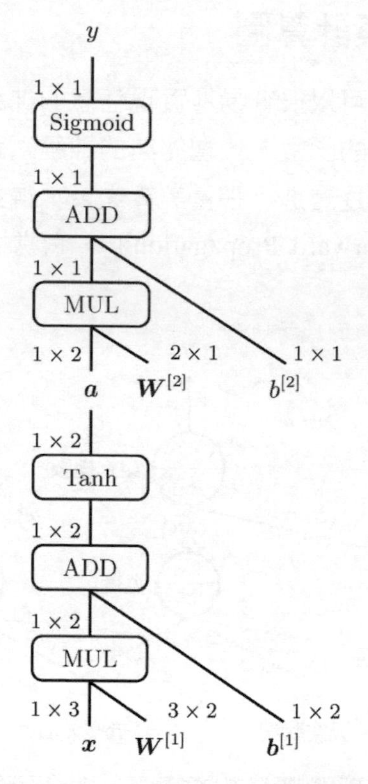

圖 9-28 前向計算範例（計算圖）

[4] 注意這裡$b^{[1]}$是向量而$b^{[2]}$是純量，因而前者加粗後者未加粗。

前向計算範例如圖 9-28 所示，圖中對各張量和其他參數的形狀做了詳細說明。輸入$x = (x_1, x_2, x_3)$是一個1×3的張量，其 3 個維度分別對應天空狀況、低空氣溫、水平氣壓 3 個方面的資料。輸入資料經過隱藏層的線性變換$xW^{[1]} + b^{[1]}$和 Tanh 函數的啟動，得到新的張量$a = (a_1, a_2)$，其中a_1, a_2分別對應從輸入資料中提取出的溫度和風速兩方面特徵。神經網路在獲取到天氣情況的特徵a後，繼續對其進行線性變換$aW^{[2]} + b^{[2]}$和 Sigmoid 函數的啟動操作，得到神經網路的最終輸出y，即神經網路此時預測的穿衣指數。

圖 9-28 實際上是神經網路的一種計算圖（Computation Graph） 表示。很多深度學習框架都把神經網路轉化為計算圖，這樣可以把複雜的運算分解為簡單的運算，稱為運算元（Operator）。透過對計算圖中節點的遍歷，可以方便地完成神經網路的計算。例如，可以對圖中節點進行拓撲排序（由輸入到輸出），之後依次存取每個節點，同時完成相應的計算，這就實現了一個前向計算的過程。

使用計算圖的另一個優點在於，這種方式易於參數梯度的計算。在後面的內容中會看到，計算神經網路中參數的梯度是模型訓練的重要步驟。在計算圖中，可以使用反向傳播 （Backward Propagation）的方式逐層計算不同節點上的梯度資訊。在 9.4.2 節會看到使用計算圖這種結構可以非常方便、高效率地計算反向傳播中所需的梯度資訊。

9.4 神經網路的參數訓練

簡單來說，神經網路可以被看作由變數和函數組成的運算式，如$y = x + b$、$y = \mathrm{ReLU}(xW + b)$、$y = \mathrm{Sigmoid}(\mathrm{ReLU}(xW^{[1]} + b^{[1]})W^{[2]} + b^{[2]})$等，其中的$x$和$y$作為輸入和輸出向量，$W$、$b$等其他變數作為模型參數（Model Parameters）。確定了函數運算式和模型參數，也就確定了神經網路模型。通常，運算式的形式需要系統開發人員設計，而模型參數的數量有時會非常巨大，因此需要自動學習，這個過程也被稱為模型學習或訓練。為了實現這個目標，通常會準備一定量的帶有標準答案的資料，稱之為有標注資料。這些資料會用於對模型參數的學習，這也對應了統計模型中的參數估計過程。在機器學習中，一般把這種使用有標注資料進行統計模型參數訓練的過程稱為有指導的訓練或有監督的訓練（Supervised Training）。在本章中，如果沒有特殊說明，模型訓練都是指有監督的訓練。那麼，神經網路內部是怎樣利用有標注資料對參數進行訓練的呢？

為了回答這個問題，可以把模型參數的學習過程看作一個最佳化問題，即找到一組參數，使得模型達到某種最優的狀態。這個問題又可以被轉化為兩個新的問題：

- 最佳化的目標是什麼？
- 如何調整參數以達到最佳化目標？

下面會圍繞這兩個問題對神經網路的參數學習方法展開介紹。

9.4.1 損失函數

在神經網路的有監督學習中，訓練模型的資料是由輸入和正確答案所組成的樣本組成的。假設有多個輸入樣本$\{x^{[1]},\cdots,x^{[n]}\}$，每一個$x^{[i]}$都對應一個正確答案$y^{[i]}$，$\{x^{[i]},y^{[i]}\}$就組成了一個最佳化神經網路的訓練資料集（Training Data Set）。對於一個神經網路模型$y=f(x)$，每個$x^{[i]}$也會有一個輸出$y^{[i]}$。如果可以度量正確答案$y^{[i]}$和神經網路輸出$y^{[i]}$之間的偏差，進而透過調整網路參數減小這種偏差，就可以得到更好的模型。

通常，可以透過設計損失函數（Loss Function）來度量正確答案$y^{[i]}$和神經網路輸出$y^{[i]}$之間的偏差。而這個損失函數往往充當訓練的目標函數（Objective Function），神經網路訓練就是透過不斷調整神經網路內部的參數使損失函數最小化。圖 9-29 展示了絕對值損失函數中正確答案與神經網路輸出之間的偏差實例。

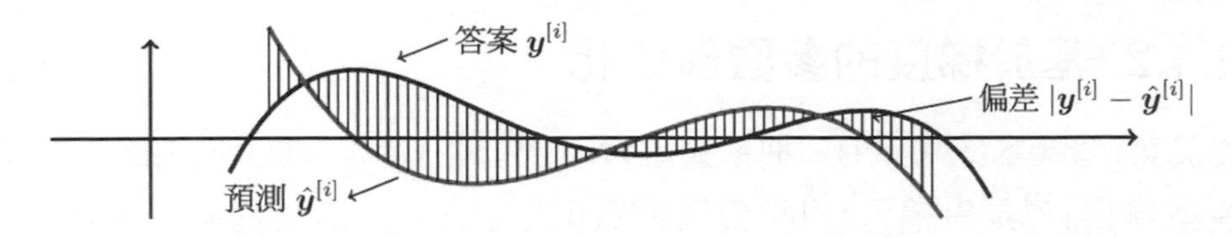

圖 9-29 正確答案與神經網路輸出之間的偏差實例

這裡用 $\mathrm{Loss}(y^{[i]}, y^{[i]})$表示網路輸出$y^{[i]}$相對於答案$y^{[i]}$的損失，簡記為$L$。表 9-3 是幾種常見的損失函數的定義。需要注意的是，沒有一種損失函數可以適用於所有的問題。損失函數的選擇取決於許多因素，包括資料中是否有離群點、模型結構的選擇、是否易於找到函數的導數及預測結果的置信度等。對於相同的神經網路，不同的損失函數會對訓練得到的模型產生不同的影響。對於新的問題，如果無法找到已有的、適合該問題的損失函數，則研究人員可以自訂損失函數。因此，設計新的損失函數也是神經網路中有趣的研究方向。

表 9-3 幾種常見的損失函數的定義

名稱	定義	應用
0-1 損失	$L = \begin{cases} 0 & y^{[i]} = y^{[i]} \\ 1 & y^{[i]} \neq y^{[i]} \end{cases}$	感知機
Hinge 損失	$L = \max(0,1 - y^{[i]} \cdot y^{[i]})$	SVM
絕對值損失	$L = \lvert y^{[i]} - y^{[i]} \rvert$	回歸
Logistic 損失	$L = \log(1 + y^{[i]} \cdot y^{[i]})$	回歸
平方損失	$L = (y^{[i]} - y^{[i]})^2$	回歸
指數損失	$L = \exp(-y^{[i]} \cdot y^{[i]})$	AdaBoost
交叉熵損失	$L = -\sum_k y_k^{[i]} \log \hat{y}_k^{[i]}$ 其中，$y_k^{[i]}$ 表示 $\mathbf{y}^{[i]}$的第k維	多分類

在實際系統開發中，損失函數中除了損失項（即用來度量正確答案$y^{[i]}$和神經網路輸出$y^{[i]}$之間的偏差的部分），還可以包括正則項，如 L1 正則和 L2 正則。設置正則項的目的是要加入一些偏置，使模型在最佳化的過程中偏向某個方向多一些。關於正則項的內容將在 9. 4.5 節介紹。

9.4.2 基於梯度的參數最佳化

對於第i個樣本$(x^{[i]}, y^{[i]})$，把損失函數$L(y^{[i]}, y^{[i]})$看作參數$\boldsymbol{\theta}$的函數[5]，因為模型輸出$y^{[i]}$是由輸入$x^{[i]}$和模型參數$\boldsymbol{\theta}$決定的，所以也把損失函數寫為$L(x^{[i]}, y^{[i]}; \boldsymbol{\theta})$。式(9-36) 描述了參數學習的過程：

$$\widehat{\boldsymbol{\theta}} = \arg\min_{\boldsymbol{\theta}} \frac{1}{n} \sum_{i=1}^{n} L(x^{[i]}, y^{[i]}; \boldsymbol{\theta}) \tag{9-36}$$

其中，$\widehat{\boldsymbol{\theta}}$表示在訓練資料上使損失的平均值達到最小的參數，$n$為訓練資料總量。$\frac{1}{n}\sum_{i=1}^{n} L(x^{[i]}, y^{[i]}; \boldsymbol{\theta})$也被稱作代價函數（Cost Function），它是損失函數均值期望的估計，記為$J(\boldsymbol{\theta})$。

參數最佳化的核心問題是：找到使代價函數$J(\boldsymbol{\theta})$達到最小的$\boldsymbol{\theta}$。然而，$J(\boldsymbol{\theta})$可能會包含大量的參數，例如，基於神經網路的機器翻譯模型的參數量可能會超過一億個。這時，不可能用手動方法進行調參。為了實現高效的參數最佳化，比較常用的方法是使用梯度下降法（The Gradient Descent Method）。

1. 梯度下降法

梯度下降法是一種常用的最佳化方法，非常適用於解決目標函數可微分的問題。它的基本思想是：給定函數上的第一個點，找到使函數值變化最大的方向，然後前進一「步」，這樣模型就可以朝著更大（或更小）的函數值以最快的速度移動[6]。具體來說，梯度下降透過迭代更新參數$\boldsymbol{\theta}$，不斷沿著梯度的反方向讓參數$\boldsymbol{\theta}$朝著損失函數更小的方向移動：如果$J(\boldsymbol{\theta})$對$\boldsymbol{\theta}$可微

---

[5] 為了簡化描述，可以用$\boldsymbol{\theta}$表示神經網路中的所有參數，包括各層的權重矩陣$W^{[1]} \cdots W^{[n]}$和偏置向量$b^{[1]} \cdots b^{[n]}$等。

[6] 梯度下降的一種實現是最速下降（Steepest Descent）。該方法的每一步移動都選取合適的步進值，進而使目標函數能得到最大程度的增長（或下降）。

分，則$\frac{\partial J(\boldsymbol{\theta})}{\partial \boldsymbol{\theta}}$將指向$J(\boldsymbol{\theta})$在$\boldsymbol{\theta}$處變化最大的方向，這裡將其稱為梯度方向。$\boldsymbol{\theta}$沿著梯度方向更新，新的$\boldsymbol{\theta}$可以使函數更接近極值，其過程如圖 9-30 所示[7]。

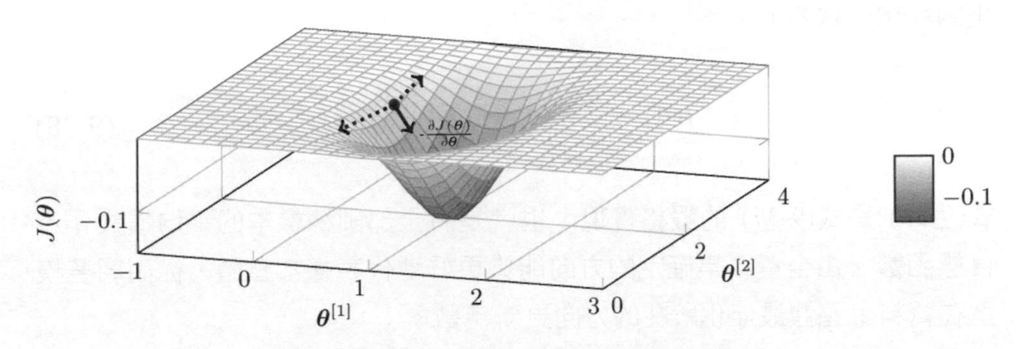

圖 9-30 函數上一個點沿著不同方向移動的範例

應用梯度下降法時，需要先初始化參數$\boldsymbol{\theta}$。一般情況下，深度學習中的參數應該初始化為一個不太大的隨機數。一旦初始化$\boldsymbol{\theta}$，就開始對模型進行不斷的更新，參數更新的規則（Paramater Update Rule）如下：

$$\boldsymbol{\theta}_{t+1} = \boldsymbol{\theta}_t - \alpha \cdot \frac{\partial J(\boldsymbol{\theta})}{\partial \boldsymbol{\theta}} \tag{9-37}$$

其中t表示更新的步數，α是一個超參數，被稱作學習率（Learning Rate），表示更新步幅的大小。α的設置需要根據任務進行調整。

從最佳化的角度看，梯度下降法是一種典型的 基於梯度的方法（The Gradient-based Method），屬於基於一階導數的方法。其他類似的方法還有牛頓法、共軛方向法、擬牛頓法等。在具體實現時，式(9-37) 可以有以下不同的形式。

---

7 圖中的$\boldsymbol{\theta}^{[1]}$和$\boldsymbol{\theta}^{[2]}$分別是參數$\boldsymbol{\theta}$的不同變化方向。

1） 批次梯度下降

批次梯度下降（Batch Gradient Descent）是梯度下降法中最原始的形式，這種梯度下降法在每一次迭代時使用所有的樣本進行參數更新。參數最佳化的目標函數如下：

$$J(\boldsymbol{\theta}) = \frac{1}{n}\sum_{i=1}^{n} L(x^{[i]}, y^{[i]}; \boldsymbol{\theta}) \tag{9-38}$$

式(9-38) 是式(9-37) 的嚴格實現，也就是將全部訓練樣本的平均損失作為目標函數。由全資料集確定的方向能夠更好地代表樣本整體，從而朝著模型在資料上整體最佳化所在的方向更新參數。

不過，這種方法的缺點也十分明顯，因為要在全部訓練資料上最小化損失，每一次參數更新都需要計算在所有樣本上的損失。在使用巨量資料進行訓練時，這種計算是非常消耗時間的。當訓練資料規模很大時，很少使用這種方法。

2） 隨機梯度下降

隨機梯度下降（Stochastic Gradient Descent，SGD）不同於批次梯度下降，它每次迭代只使用一個樣本對參數進行更新。隨機梯度下降的目標函數如下：

$$J(\boldsymbol{\theta}) = L(x^{[i]}, y^{[i]}; \boldsymbol{\theta}) \tag{9-39}$$

由於每次只隨機選取一個樣本$(x^{[i]}, y^{[i]})$進行最佳化，這樣更新的計算代價小，參數更新的速度大大加快，而且適用於利用少量樣本進行線上學習的情況[8]。

---

[8] 例如，訓練資料不是一次給定的，而是隨著模型的使用不斷追加的。這時，需要不斷地用新的訓練樣本更新模型，這種模式也被稱作線上學習（Online Learning）。

因為隨機梯度下降法每次最佳化的只是某一個樣本上的損失，所以它的問題也非常明顯：單一樣本上的損失無法代表在全部樣本上的損失，因此參數更新的效率低，方法收斂速度極慢。即使在目標函數為強凸函數的情況下，隨機梯度下降仍舊無法做到線性收斂。

3） 小批次梯度下降

為了綜合批次梯度下降和隨機梯度下降的優缺點，在實際應用中一般採用這兩個演算法的折中——小批次梯度下降（Mini-batch Gradient Descent）。其思想是：每次迭代計算一小部分訓練資料的損失函數，並對參數進行更新。這一小部分資料被稱為一個批次（mini-batch 或 batch）。小批次梯度下降的參數最佳化的目標函數如下：

$$J(\boldsymbol{\theta}) = \frac{1}{m} \sum_{i=j}^{j+m-1} L(x^{[i]}, y^{[i]}; \boldsymbol{\theta}) \tag{9-40}$$

其中，m表示一個批次中的樣本的數量，j表示這個批次在全體訓練資料的起始位置。這種方法可以更充分地利用 GPU 裝置，因為批次中的樣本可以一起計算，而且每次使用多個樣本可以大大減小使模型收斂所需要的參數更新次數。需要注意的是，批次大小的選擇對模型的最終性能存在一定影響。

2. 梯度獲取

梯度下降法的一個核心是要得到目標函數相對於參數的梯度。下面介紹 3 種常見的求梯度的方法：數值微分（Numerical Differentiation）、符號微分（Symbolic Differentiation）和自動微分（Automatic Differentiation），深度學習實現過程中多採用自動微分方法計算梯度[412]。

1） 數值微分

在數學中，梯度的求解其實就是求函數偏導的問題。導數是用極限來定義的，如式(9-41) 所示：

$$\frac{\partial L(\boldsymbol{\theta})}{\partial \boldsymbol{\theta}} = \lim_{\Delta\boldsymbol{\theta}\to 0} \frac{L(\boldsymbol{\theta}+\Delta\boldsymbol{\theta})-L(\boldsymbol{\theta}-\Delta\boldsymbol{\theta})}{2\Delta\boldsymbol{\theta}} \tag{9-41}$$

其中，$\boldsymbol{\theta}$表示參數的一個很小的變化值。式(9-41) 也被稱作導數的雙邊定義。如果一個函數是初等函數，則可以用求導法則求得其導函數。如果不知道函數導數的解析式，則必須利用數值方法求解該函數在某個點上的導數，這種方法就是數值微分。

數值微分根據導數的原始定義完成，根據公式可知，要得到損失函數在某個參數狀態$\boldsymbol{\theta}$下的梯度，可以將$\boldsymbol{\theta}$增大或減小一點（$\Delta\boldsymbol{\theta}$）。例如，取$|\Delta\boldsymbol{\theta}| = 0.0001$，之後觀測損失函數的變化與$\Delta\boldsymbol{\theta}$的比值。$\Delta\boldsymbol{\theta}$的取值越小，計算的結果越接近導數的真實值，對計算的精度要求也越高。

這種求梯度的方法很簡單，但是計算量很大，求解速度非常慢，而且這種方法會造成截斷誤差（Truncation Error）和捨入誤差（Round-off Error）。在網路比較複雜、參數量稍微有點大的模型上，一般不會使用這種方法。

截斷誤差和捨入誤差是如何造成的呢？當用數值微分方法求梯度時，需用極限或無窮過程求得。然而，電腦需要將求解過程化為一系列有限的算數運算和邏輯運算。這樣就要對某種無窮過程進行「截斷」，即僅保留無窮過程的前段有限序列，而捨棄它的後段。這就帶來截斷誤差；捨入誤差，是指運算得到的近似值和精確值之間的差異。由於數值微分方法計算複雜函數的梯度問題時，經過無數次的近似，每一次近似都產生了捨入誤差，在這樣的情況下，誤差會隨著運算次數的增加而累積得很大，最終得出沒有意義的運算結果。實際上，截斷誤差和捨入誤差在訓練複雜神經網路中，特別是使用低精度計算時，也會出現，因此是實際系統研發中需要注意的問題。

儘管數值微分不適用於大模型中的梯度求解，但由於其非常簡單，因此經常被用於檢驗其他梯度計算方法的正確性。例如，在實現反向傳播的時候（詳見 9.4.6 節），可以檢驗求導是否正確（Gradient Check），這個過程就是利用數值微分實現的。

2） 符號微分

顧名思義，符號微分就是透過建立符號運算式求解微分的方法：借助符號運算式和求導公式，推導出目標函數關於引數的微分運算式，最後代入具體數值得到微分結果。例如，對於運算式$L(\boldsymbol{\theta}) = x\boldsymbol{\theta} + 2\boldsymbol{\theta}^2$，可以手動推導出微分運算式$\frac{\partial L(\boldsymbol{\theta})}{\partial \boldsymbol{\theta}} = x + 4\boldsymbol{\theta}$，最後將具體數值$x = (2\ \ -3)$和$\boldsymbol{\theta} = (-1\ \ 1)$代入，得到微分結果$\frac{\partial L(\boldsymbol{\theta})}{\partial \boldsymbol{\theta}} = (2\ \ -3) + 4(-1\ \ 1) = (-2\ \ 1)$。

使用這種求梯度的方法，要求必須將目標函數轉化成一種完整的數學運算式，這個過程中存在運算式膨脹（Expression Swell）的問題，很容易導致符號微分求解的運算式急速「膨脹」，大大增加系統儲存和處理運算式的負擔。關於這個問題的一個實例如表 9-4 所示。在深層的神經網路中，神經元的數量和參數量極大，損失函數的運算式會非常冗長，不易儲存和管理，而且，僅僅寫出損失函數的微分運算式就是一個很龐大的工作量。另外，這裡真正需要的是微分的結果值，而非微分運算式，推導微分運算式僅僅是求解的中間產物。

表 9-4 符號微分的運算式隨函數的規模增加而膨脹

函數	微分運算式	化簡的微分運算式
x	1	1
$x \cdot (x+1)$	$(x+1) + x$	$2x+1$
$x \cdot (x+1) \cdot$ (x^2+x+1)	$(x+1) \cdot (x^2+x+1)$ $+x \cdot (x^2+x+1)$ $+x \cdot (x+1) \cdot (2x+1)$	$4x^3+6x^2$ $+4x+1$
$(x^2+x) \cdot$ $(x^2+x+1) \cdot$ $(x^4+2x^3$ $+2x^2+x+1)$	$(2x+1) \cdot (x^2+x+1) \cdot$ $(x^4+2x^3+2x^2+x+1)$ $+(2x+1) \cdot (x^2+x) \cdot$ $(x^4+2x^3+2x^2+x+1)$ $+(x^2+x) \cdot (x^2+x+1) \cdot$ $(4x^3+6x^2+4x+1)$	$8x^7+28x^6$ $+48x^5+50x^4$ $+36x^3+18x^2$ $+6x+1$

3） 自動微分

自動微分是一種介於數值微分和符號微分之間的方法：將符號微分應用於

最基本的運算元，如常數、冪函數、指數函數、對數函數、三角函數等，然後代入數值，保留中間結果，再應用於整個函數。透過這種方式，將複雜的微分變成簡單的步驟，這些步驟完全自動化，而且容易進行儲存和計算。

它只對基本函數或常數運用符號微分法則，因此非常適合嵌入程式設計語言的循環條件等結構中，形成一種程式化的微分過程。在具體實現時，自動微分往往被當作一種基於圖的計算，相關的理論和技術方法相對成熟，因此是深度學習中使用最廣泛的一種方法。不同於一般的程式設計模式，圖計算先生成計算圖，然後按照計算圖執行計算過程。

自動微分可以用一種反向模式（Reverse Mode/Backward Mode），即反向傳播思想進行描述[412]。令h_i為神經網路的計算圖中第i個節點的輸出。反向模式的自動微分是要計算

$$h_i = \frac{\partial L}{\partial h_i} \tag{9-42}$$

這裡，h_i表示損失函數L相對於h_i的梯度資訊，它會被保存在節點i處。為了計算h_i，需要從網路的輸出反向計算每一個節點處的梯度。具體實現時，這個過程由一個包括前向計算和反向計算的兩階段方法實現。

從神經網路的輸入，逐層計算每層網路的輸出值。如圖 9-31 所示，第i層的輸出h_i 作為第$i+1$ 層的輸入，資料流程在神經網路內部逐層傳遞。

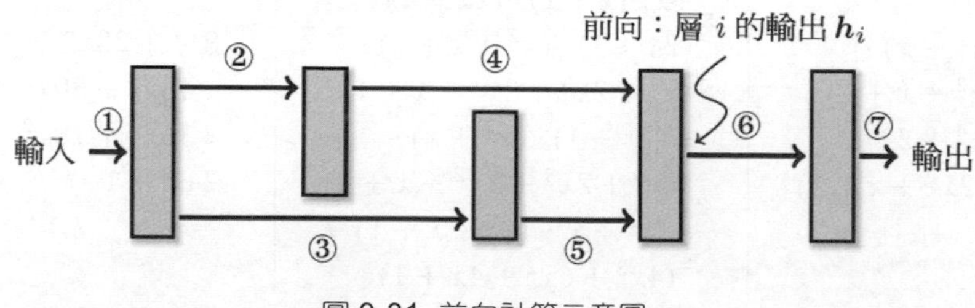

圖 9-31 前向計算示意圖

前向計算實際上就是網路建構的過程，所有的計算都會被轉化為計算圖上的節點，前向計算和反向計算都依賴計算圖來完成。建構計算圖有以下兩

種實現方式：

- 動態圖：前向計算與計算圖的架設同時進行，函數運算式寫完即能得到前向計算的結果，有著靈活、易於偵錯的優點。
- 靜態圖：先架設計算圖，後執行運算，函數運算式完成後，並不能得到前向計算結果，需要顯性呼叫一個 Forward 函數。但是計算圖可以進行深度最佳化，執行效率較高。

對於反向計算的實現，一般從神經網路的輸出開始，逆向逐層計算每層網路輸入所對應的微分結果。如圖 9-32 所示，在第i層計算此處的梯度$\frac{\partial L}{\partial h_i}$，並將微分值向前一層傳遞，根據連鎖律繼續計算梯度。

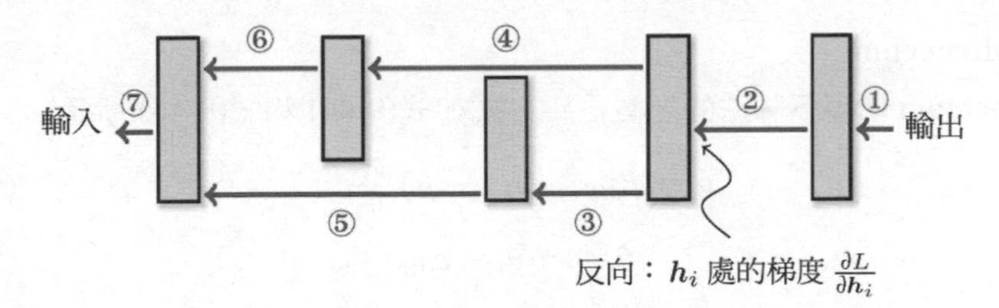

圖 9-32 反向計算示意圖

反向計算是深度學習中反向傳播方法的基礎，其實現的細節將在 9.4.6 節詳細闡述。

3. 基於梯度的方法的變種和改進

參數最佳化通常基於梯度下降法，即在每個更新步驟t，沿梯度反方向更新參數，該過程如下：

$$\boldsymbol{\theta}_{t+1} = \boldsymbol{\theta}_t - \alpha \cdot \frac{\partial J(\boldsymbol{\theta}_t)}{\partial \boldsymbol{\theta}_t} \tag{9-43}$$

其中，α是一個超參數，表示更新步幅的大小，稱作學習率。當然，這是一種最基本的梯度下降法。如果函數的形狀非均向，如呈延伸狀，搜索最優點的路徑就會非常低效，因為這時梯度的方向並沒有指向最小值的方向，並且隨著參數的更新，梯度方向往往呈鋸齒狀，這將是一條相當低效的路徑。此外，這種梯度下降法並不是總能到達最優點，而是在其附近徘徊。還有一個最令人苦惱的問題——設置學習率，如果學習率設置得比較小，會導致訓練收斂速度慢；如果學習率設置得比較大，會導致訓練因最佳化幅度過大而頻頻跳過最優點。我們希望在最佳化網路時損失函數有一個很好的收斂速度，又不至於擺動幅度太大。

針對以上問題，很多學者嘗試對梯度下降法做出改進，如 Momentum[413]、AdaGrad[414]、Adadelta[415]、RMSProp[416]、Adam[417]、AdaMax[417]、Nadam[418]、AMSGrad[419]等等。本節將介紹 Momentum、AdaGrad、RMSProp、Adam 這 4 種方法。

1）Momentum

Momentum 梯度下降法的參數更新方式如式(9-44) 和式(9-45) 所示[9]：

$$v_t = \beta v_{t-1} + (1-\beta)\frac{\partial J}{\partial \theta_t} \tag{9-44}$$

$$\theta_{t+1} = \theta_t - \alpha v_t \tag{9-45}$$

該演算法引入了一個「動量」的理念[413]，它是基於梯度的移動指數加權平均。公式中的v_t是損失函數在前$t-1$次更新中累積的梯度動量，β是梯度累積的一個指數，這裡一般設置值為 0.9。Momentum 梯度下降演算法的主要思想就是對網路的參數進行平滑處理，讓梯度的擺動幅度變得更小。

這裡的「梯度」不再只是現在的損失函數的梯度，而是之前的梯度的加權和。在原始的梯度下降法中，如果在某個參數狀態下，梯度方向變化特別大，甚至與上一次參數更新的梯度方向成 90°夾角，則下一次參數更新的梯度方向可能又是一次 90°的改變，這時參數最佳化路徑將會成「鋸齒」

[9] 在梯度下降法的幾種改進方法的公式中，其更新物件是某個具體參數而非參數矩陣，因此不再使用加粗樣式。

狀（如圖 9-33 所示），最佳化效率極慢。而 Momentum 梯度下降法不會讓梯度發生 90°的變化，而是讓梯度慢慢發生改變：如果當前的梯度方向與之前的梯度方向相同，則在原梯度方向上加速更新參數；如果當前的梯度方向與之前的梯度方向相反，則並不會產生一個急轉彎，而是儘量平滑地改變最佳化路徑。這樣做的優點也非常明顯，一方面杜絕了「鋸齒」狀最佳化路徑的出現，另一方面將最佳化幅度變得更平滑，不會導致頻頻跳過最優點。

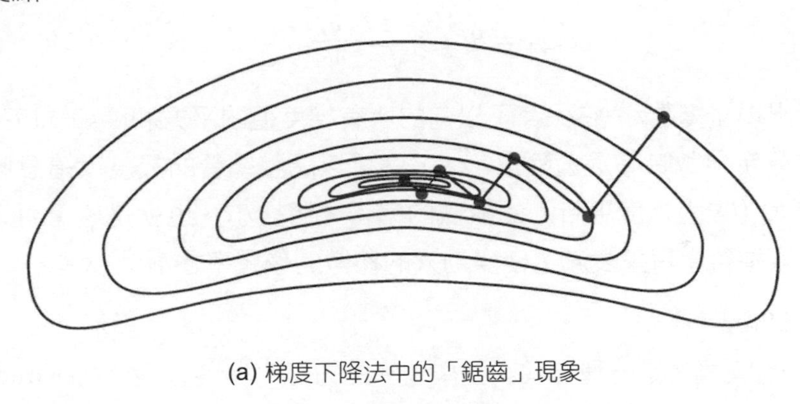

(a) 梯度下降法中的「鋸齒」現象

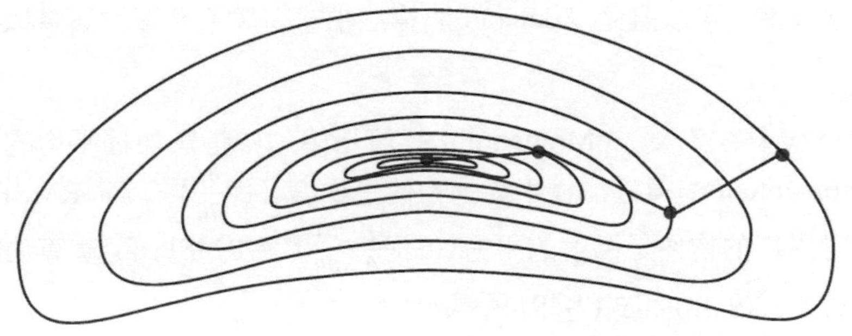

(b) Momentum 梯度下降法更加「平滑」地更新

圖 9-33 Momentum 梯度下降 vs 普通梯度下降

2）AdaGrad

在神經網路的學習中，學習率的設置很重要。學習率過小， 會導致學習花費過多時間；反過來，學習率過大，則會導致學習發散，甚至造成模型的「跑偏」。在深度學習實現過程中，有一種被稱為學習率衰減（Decay）

的方法，即最初設置較大的學習率，隨著學習的進行，使學習率逐漸減小，這種方法相當於將「全體」參數的學習率的值一起降低。AdaGrad 梯度下降法繼承了這個思想[414]。

AdaGrad 會為參數的每個元素適當地調整學習率，並進行學習。其參數更新方式如式(9-46) 和式(9-47) 所示：

$$z_t = z_{t-1} + \frac{\partial J}{\partial \theta_t} \cdot \frac{\partial J}{\partial \theta_t} \tag{9-46}$$

$$\theta_{t+1} = \theta_t - \eta \frac{1}{\sqrt{z_t}} \cdot \frac{\partial J}{\partial \theta_t} \tag{9-47}$$

這裡新出現了變數z，它保存了以前的所有梯度值的平方和。如式(9-47) 所示，在更新參數時，透過除以$\sqrt{z_t}$，就可以調整學習的尺度。這意味著，變動較大（被大幅度更新）的參數的學習率將變小。也就是說，可以按參數的元素進行學習率衰減，使變動大的參數的學習率逐漸減小。

3）RMSProp

RMSProp 演算法是一種自我調整學習率的方法[416]，它是對 AdaGrad 演算法的一種改進，可以避免 AdaGrad 演算法中學習率不斷單調下降以至於過早衰減。

RMSProp 演算法沿襲了 Momentum 梯度下降法中指數加權平均的思路，不過 Momentum 演算法加權平均的物件是梯度（即$\frac{\partial J}{\partial \theta}$），而 RMSProp 演算法加權平均的物件是梯度的平方（即$\frac{\partial J}{\partial \theta} \cdot \frac{\partial J}{\partial \theta}$）。RMSProp 演算法的參數更新方式如式(9-48) 和式(9-49) 所示：

$$z_t = \gamma z_{t-1} + (1-\gamma) \frac{\partial J}{\partial \theta_t} \cdot \frac{\partial J}{\partial \theta_t} \tag{9-48}$$

$$\theta_{t+1} = \theta_t - \frac{\eta}{\sqrt{z_t + \epsilon}} \cdot \frac{\partial J}{\partial \theta_t} \tag{9-49}$$

公式中的ϵ是為了維持數值穩定性而添加的常數，一般可設為 10^{-8}。與 AdaGrad 的想法類似，模型參數中每個元素都擁有各自的學習率。

RMSProp 與 AdaGrad 相比，學習率的分母部分（即兩種梯度下降法迭代公式中的z）的計算由累積方式變成了指數衰減移動平均。於是，每個參數的學習率並不是呈衰減趨勢，而是既可以變小也可以變大，從而避免了 AdaGrad 演算法中學習率不斷單調下降導致過早衰減的問題。

4）Adam

Adam 梯度下降法是在 RMSProp 演算法的基礎上改進的，可以將其看成帶有動量項的 RMSProp 演算法[417]。該演算法在自然語言處理領域非常流行。Adam 演算法的參數更新方式如式(9-50)～式(9-52) 所示：

$$v_t = \beta v_{t-1} + (1-\beta)\frac{\partial J}{\partial \theta_t} \tag{9-50}$$

$$z_t = \gamma z_{t-1} + (1-\gamma)\frac{\partial J}{\partial \theta_t} \cdot \frac{\partial J}{\partial \theta_t} \tag{9-51}$$

$$\theta_{t+1} = \theta_t - \frac{\eta}{\sqrt{z_t + \epsilon}} v_t \tag{9-52}$$

可以看到，Adam 演算法相當於在 RMSProp 演算法中引入了 Momentum 演算法中的動量項，這樣做使得 Adam 演算法兼具了 Momentum 演算法和 RMSProp 演算法的優點：既能使梯度更為「平滑」地更新，也可以為神經網路中的每個參數設置不同的學習率。

需要注意的是，包括 Adam 在內的很多參數更新演算法中的學習率都需要人為設置，而且模型學習的效果與學習率的關係極大，甚至在研發實際系統時，需要工程師進行大量的實驗才能得到最佳的模型。

9.4.3 參數更新的並行化策略

當神經網路較為複雜時，模型訓練需要幾天甚至幾周。如果希望盡可能縮短一次學習所需的時間，最直接的方法就是把不同的訓練樣本分配給多個 GPU 或 CPU，然後在這些裝置上同時進行訓練，即實現並行化訓練。這種方法也被稱作資料並行。具體實現時，有兩種常用的並行化策略：（參數）同步更新和（參數）非同步更新。

- 同步更新（Synchronous Update）是指所有計算裝置完成計算後，統一整理並更新參數。當所有裝置的反向傳播演算法完成之後，同步更新參數，不會出現單一裝置單獨對參數進行更新的情況。雖然這種方法效果穩定，但是效率比較低，在同步更新時，每一次參數更新都需要所有裝置統一開始、統一結束，如果裝置的運行速度不一致，那麼每一次參數更新都需要等待運行速度最慢的裝置結束運行才能開始。
- 非同步更新（Asynchronous Update）是指每個計算裝置可以隨時更新參數。不同裝置可以隨時讀取參數的最新值，然後根據當前參數值和分配的訓練樣本，各內部執行反向傳播過程並獨立更新參數。由於裝置間不需要相互等待，這種方法並行度高。但是不同裝置讀取參數的時間可能不同，會造成不同裝置上的參數不同步，導致這種方法不太穩定，有可能無法達到較好的訓練結果。

圖 9-34 對比了同步更新和非同步更新的區別，在這個例子中，使用 4 台裝置對一個兩層神經網路中的參數進行更新，其中使用了一個參數伺服器（Parameter Server）來保存最新的參數，不同裝置（圖中的 G1、G2、G3）可以透過同步或者非同步的方式存取參數伺服器。圖中的$\boldsymbol{\theta}_o$和$\boldsymbol{\theta}_h$分別代表輸出層和隱藏層的全部參數，操作 Push(·) 表示裝置向參數伺服器傳送梯度，操作 Fetch(·)表示參數伺服器向裝置傳送更新後的參數。

此外，在使用多個裝置進行並行訓練時，由於裝置間頻寬的限制，大量的資料傳輸會有較高的延遲時間。對於複雜神經網路來說，裝置間參數和梯度傳遞的時間消耗也會成為一個不得不考慮的因素。有時，裝置間資料傳輸的時間甚至比模型計算的時間都長，大大降低了並行度[420]。針對這種問題，可以考慮對資料進行壓縮或者減少傳輸的次數來緩解問題。

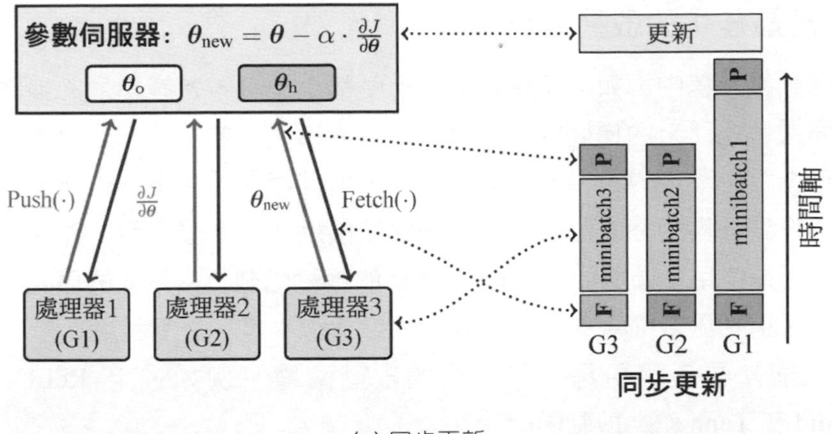

(a) 同步更新

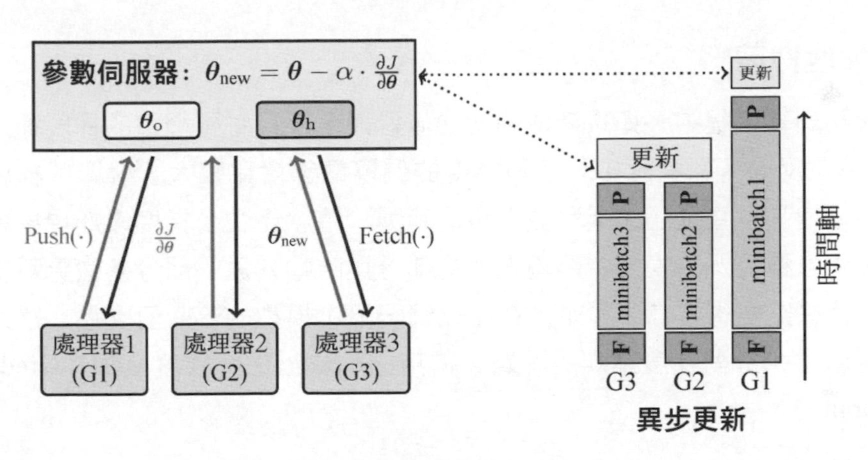

(b) 非同步更新

圖 9-34 同步更新與非同步更新的對比

9.4.4 梯度消失、梯度爆炸和穩定性訓練

深度學習中隨著神經網路層數的增加，導數可能會出現指數級的下降或指數級的增長，這種現象分別稱為梯度消失（Gradient Vanishing）和梯度爆炸（Gradient Explosion）。出現這兩種現象的根本原因是反向傳播過程中連鎖律導致梯度矩陣的多次相乘。這類問題很容易導致訓練的不穩定。

1. 易於最佳化的啟動函數

在網路訓練過程中，如果每層網路的梯度都小於 1，各層梯度的偏導數會與後面層傳遞而來的梯度相乘，得到本層的梯度，並向前一層傳遞。該過程循環進行，最後導致梯度指數級減小，這就產生了梯度消失現象。這種情況會導致神經網路層數較淺的部分梯度接近 0。一般來說，產生很小梯度的原因是使用了類似於 Sigmoid 這樣的啟動函數，當輸入的值過大或者過小時，這類函數曲線會趨於直線，梯度近似為零。針對這個問題，主要的解決辦法是使用更易於最佳化的啟動函數，例如，用 ReLU 代替 Sigmoid 和 Tanh 作為啟動函數。

2. 梯度裁剪

在網路訓練過程中，如果參數的初始值過大，而且每層網路的梯度都大於 1，則在反向傳播過程中，各層梯度的偏導數都會比較大，會導致梯度呈指數級增長，直至超出浮點數表示的範圍，這就產生了梯度爆炸現象。如果發生這種情況，模型中離輸入近的部分比離輸入遠的部分參數更新得更快，使網路變得非常不穩定。在極端情況下，模型的參數值變得非常大，甚至溢位。針對梯度爆炸的問題，常用的解決辦法為梯度裁剪（Gradient Clipping）。

梯度裁剪的思想是設置一個梯度剪貼閾值。在更新梯度時，如果梯度超過這個閾值，就將其強制限制在這個範圍內。假設梯度為g，梯度剪貼閾值為σ，梯度裁剪過程可描述為

$$g' = \min\left(\frac{\sigma}{\|g\|}, 2\right) g \tag{9-53}$$

其中，$\|\cdot\|$表示l_2範數。梯度裁剪經常被使用在層數較多的模型中，如循環神經網路。

3. 穩定性訓練

為了使神經網路模型訓練更加穩定，通常會考慮其他策略。

- 批次標準化（Batch Normalization）。批次標準化，顧名思義，是以進行學習時的小批次樣本為單位進行標準化[421]。具體而言，就是對神經網路隱藏層輸出的每一個維度，沿著批次的方向進行均值為 0、方差為 1 的標準化。在深層神經網路中，每一層網路都可以使用批次標準化操作。這使神經網路任意一層的輸入不至於過大或過小，從而防止隱藏層中異常值導致模型狀態的巨大改變。
- 層標準化（Layer Normalization）。類似地，層標準化更多是針對自然語言處理這種序列處理任務[422]，它和批次標準化的原理是一樣的，只是標準化操作是在序列上同一層網路的輸出結果上進行的。也就是說，標準化操作沿著序列方向進行。這種方法可以極佳地避免序列上不同位置神經網路輸出結果的不可比。同時，由於標準化後所有的結果都轉化到一個可比的範圍，使得隱藏層狀態可以在不同層之間進行自由組合。
- 殘差網路（Residual Networks）。最初，殘差網路是為了解決神經網路持續加深時的模型退化問題[423]而設計的，但是殘差結構對解決梯度消失和梯度爆炸問題也有所幫助。有了殘差結構，可以輕鬆地建構幾十甚至上百層的神經網路，不用擔心層數過深造成的梯度消失問題。殘差網路的結構如圖 9-35 所示。圖 9-35 中右側的曲線叫作跳接（Skip Connection），透過跳接在啟動函數前，將前一層（或前幾層）的輸出，與本層的輸出相加，將求和的結果輸入啟動函數中作為本層的輸出。假設殘差結構的輸入為x_l，輸出為x_{l+1}，則有

$$x_{l+1} = F(x_l) + x_l \tag{9-54}$$

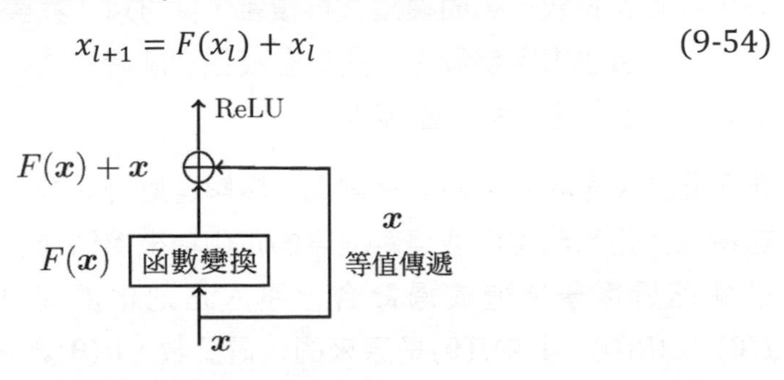

圖 9-35 殘差網路的結構

與簡單的多層堆疊的結構相比，殘差網路提供了跨層連接的結構。這種結構在反向傳播中有很大的好處。例如，對於一個訓練樣本，損失函數為 L，x_l處的梯度的計算方式如式(9-55) 所示。殘差網路可以將後一層的梯度 $\frac{\partial L}{\partial x_{l+1}}$不經過任何乘法項直接傳遞到$\frac{\partial L}{x_l}$，從而緩解梯度經過每一層後多次累乘造成的梯度消失問題。在第 12 章還會看到，在機器翻譯中，殘差結構可以和層標準化一起使用，而且這種組合可以取得很好的效果。

$$
\begin{aligned}
\frac{\partial L}{\partial x_l} &= \frac{\partial L}{\partial x_{l+1}} \cdot \frac{\partial x_{l+1}}{\partial x_l} \\
&= \frac{\partial L}{\partial x_{l+1}} \cdot \left(1 + \frac{\partial F(x_l)}{\partial x_l}\right) \\
&= \frac{\partial L}{\partial x_{l+1}} + \frac{\partial L}{\partial x_{l+1}} \cdot \frac{\partial F(x_l)}{\partial x_l}
\end{aligned} \tag{9-55}
$$

9.4.5 過擬合

在理想情況下，我們總是希望盡可能地擬合輸入和輸出之間的函數關係，即讓模型儘量模擬訓練資料中根據輸入預測答案的行為。然而，在實際應用中，模型在訓練資料上的表現不一定代表了其在未見資料上的表現。如果模型訓練過程中過度擬合訓練資料，最終可能無法對未見資料做出準確的判斷，這種現象叫作過擬合（Overfitting）。隨著模型複雜度的增加，特別是在神經網路變得更深、更寬時，過擬合問題會表現得更為突出。如果訓練資料量較小，而模型又很複雜，就可以「完美」地擬合這些資料，這時過擬合也很容易發生。所以在模型訓練時，往往不希望其「完美」地擬合訓練資料中的每一個樣本。

正則化（Regularization）是常見的緩解過擬合問題的手段，透過在損失函數中加上用來刻畫模型複雜程度的正則項來懲罰過度複雜的模型，避免神經網路過度學習造成過擬合。引入正則化處理之後，目標函數變為 $J(\boldsymbol{\theta}) + \lambda R(\boldsymbol{\theta})$，其中$J(\boldsymbol{\theta})$是原來的代價函數，$R(\boldsymbol{\theta})$為正則項，$\lambda$用來調節正則項對結果影響的程度。

過擬合的模型通常會表現為部分非零參數過多或者參數的值過大。這種參數產生的原因在於模型需要複雜的參數才能匹配樣本中的個別現象甚至雜訊。基於此，常見的正則化方法有 L1 正則化和 L2 正則化，其命名方式是由$R(\boldsymbol{\theta})$的計算形式決定的。在 L1 正則化中，$R(\boldsymbol{\theta})$為參數$\boldsymbol{\theta}$的l_1範數，即$R(\boldsymbol{\theta}) = \parallel \boldsymbol{\theta} \parallel_1 = \sum_{i=1}^{n} |\theta_i|$；在 L2 正則化中，$R(\boldsymbol{\theta})$為參數$\boldsymbol{\theta}$的$l_2$范數的平方，即$R(\boldsymbol{\theta}) = (\parallel \boldsymbol{\theta} \parallel_2)^2 = \sum_{i=1}^{n} \theta_i^2$。L1 正則化中的正則項衡量了模型中參數的絕對值的大小，傾向於生成值為 0 的參數，從而讓參數變得更加稀疏；而 L2 正則化由於平方的加入，當參數中的某一項小到一定程度，比如 0.001 時，參數的平方結果已經可以忽略不計了，因此 L2 正則化會傾向於生成很小的參數。在這種情況下，即使訓練資料中含有少量隨機雜訊，模型也不太容易透過增加個別參數的值對雜訊進行過度擬合，即提高了模型的抗擾動能力。

此外，第 12 章中將介紹的 Dropout 和標籤平滑方法也可以被看作一種正則化操作。它們都可以提高模型在未見資料上的泛化能力。

9.4.6 反向傳播

為了獲取梯度，最常用的做法是使用自動微分技術。該技術通常透過反向傳播實現。該方法分為兩個計算過程：前向計算和反向計算。前向計算的目的是從輸入開始，逐層計算，得到網路的輸出，並記錄計算圖中每個節點的局部輸出。反向計算過程從輸出端反向計算梯度，這個過程可以被看作一種梯度的「傳播」，最終計算圖中所有節點都會得到相應的梯度結果。

這裡先對反向傳播演算法中涉及的符號進行統一說明。圖 9-36 所示為一個多層神經網路，其中層$k-1$、層k、層$k+1$均為神經網路中的隱藏層，層K為神經網路中的輸出層。為了化簡問題，這裡每層網路沒有使用偏置項。

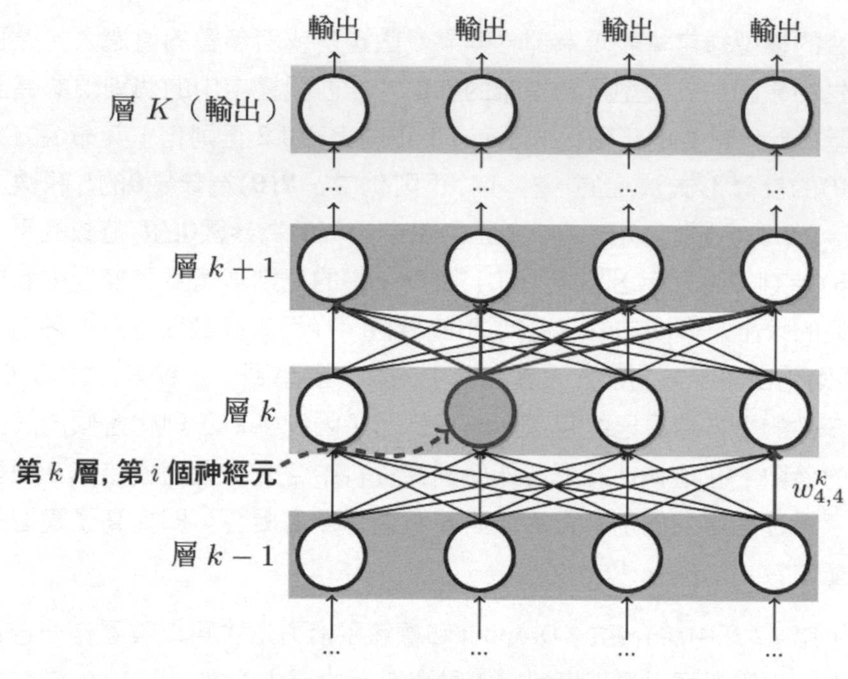

圖 9-36 多層神經網路實例

下面是一些符號的定義：

- h_i^k：第k層第i個神經元的輸出。
- h^k：第k層的輸出。若第k層有n個神經元，則

$$h^k = (h_1^k, h_2^k, \cdots, h_n^k) \tag{9-56}$$

- $w_{j,i}^k$：第$k-1$層神經元j與第k層神經元i的連接權重。
- W^k：第$k-1$層與第k層的連接權重。若第$k-1$層有m個神經元，第k層有n個神經元，則

$$W^k = \begin{pmatrix} w_{1,1}^k & w_{1,2}^k & \cdots & w_{1,n}^k \\ w_{2,1}^k & \cdots & \cdots & \cdots \\ \vdots & \vdots & \ddots & \vdots \\ w_{m,1}^k & \cdots & \cdots & w_{m,n}^k \end{pmatrix} \tag{9-57}$$

- h^K：整個網路的輸出。

- s^k：第k層的線性變換結果，其計算方式如下：

$$s^k = h^{k-1}W^k$$
$$= \sum h_j^{k-1} w_{j,i}^k \quad (9\text{-}58)$$

- f^k：第k層的啟動函數，$h^k = f^k(s^k)$。

於是，在神經網路的第k層，前向計算過程可以描述為

$$h^k = f^k(s^k)$$
$$= f^k(h^{k-1}W^k) \quad (9\text{-}59)$$

1. 輸出層的反向傳播

反向傳播是由輸出層開始計算梯度，之後逆向傳播到每一層網路，直至到達輸入層。這裡先討論輸出層的反向傳播機制。輸出層（即第K層）可以被描述為式(9-60) 和式(9-61)：

$$h^K = f^K(s^K) \quad (9\text{-}60)$$
$$s^K = h^{K-1}W^K \quad (9\text{-}61)$$

也就是說，輸出層（第K層）的輸入h^{K-1}先經過線性變換右乘W^K轉換為中間狀態s^K，之後s^K經過啟動函數$f^K(\cdot)$變為h^K，h^K為第K層（輸出層）的輸出。最後，h^K和標準答案一起計算得到損失函數的值[10]，記為L。以上過程如圖 9-37 所示，這裡將輸出層的前向計算過程細化為兩個階段：線性變換階段和啟動函數+損失函數階段。

---

[10] 反向傳播演算法部分是以某一個訓練樣本為例進行講解的，因而不再計算代價函數J，而是計算損失函數L。

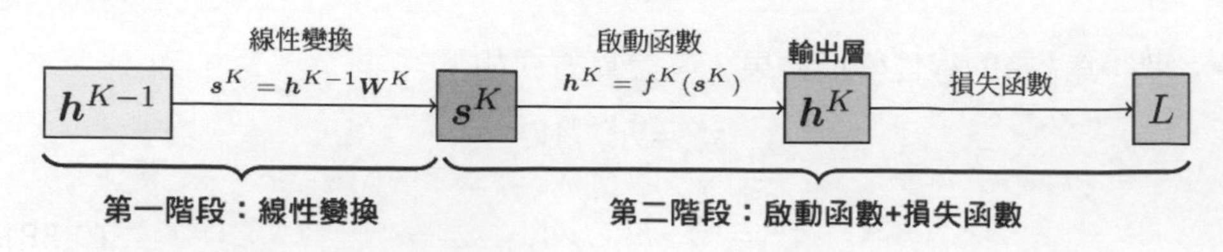

圖 9-37 輸出層的前向計算過程

在前向過程中，計算次序為$h^{K-1} \to s^K \to h^K \to L$，而反向計算中節點存取的次序與之相反：

（1）獲取$\frac{\partial L}{\partial h^K}$，即計算損失函數$L$關於網路輸出結果$h^K$的梯度，並將梯度向前傳遞。

（2）獲取$\frac{\partial L}{\partial s^K}$，即計算損失函數$L$關於中間狀態$s^K$的梯度，並將梯度向前傳遞。

（3）獲取$\frac{\partial L}{\partial h^{K-1}}$和$\frac{\partial L}{\partial W^K}$，即計算損失函數$L$關於第$K-1$層輸出結果$h^{K-1}$的梯度，並將梯度向前傳遞。同時，計算損失函數$L$關於第$K$層參數$W^K$的梯度，並用於參數更新。

前兩個步驟如圖 9-38 所示。 在第一階段，計算的目標是得到損失函數L關於第K層中間狀態s^K的梯度，令$\boldsymbol{\pi}^K = \frac{\partial L}{\partial s^K}$，利用連鎖律有

$$\begin{aligned}\boldsymbol{\pi}^K &= \frac{\partial L}{\partial s^K} \\ &= \frac{\partial L}{\partial h^K} \cdot \frac{\partial h^K}{\partial s^K} \\ &= \frac{\partial L}{\partial h^K} \cdot \frac{\partial f^K(s^K)}{\partial s^K}\end{aligned} \tag{9-62}$$

其中：

- $\frac{\partial L}{\partial h^K}$表示損失函數$L$相對網路輸出$h^K$的梯度。例如，對於平方損失$L = \frac{1}{2} \parallel y - h^K \parallel^2$，有$\frac{\partial L}{\partial h^K} = y - h^K$。計算結束後，將$\frac{\partial L}{\partial h^K}$向前傳遞。

- $\frac{\partial f^K(s^K)}{\partial s^K}$表示啟動函數相對於其輸入$s^K$的梯度。例如，對於 Sigmoid 函數 $f(s) = \frac{1}{1+e^{-s}}$，有$\frac{\partial f(s)}{\partial s} = f(s)(1 - f(s))$

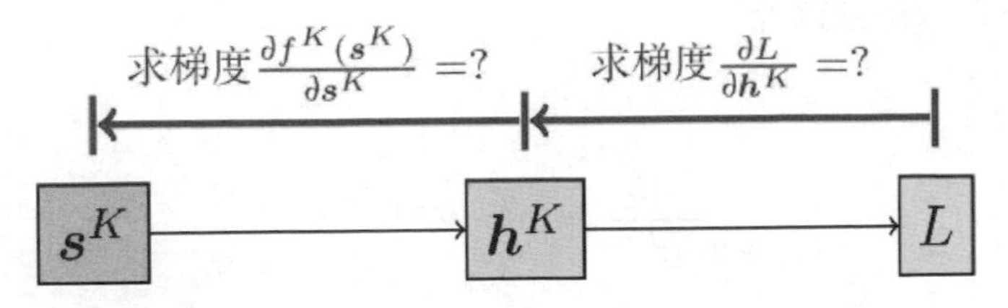

圖 9-38 從損失到中間狀態的反向傳播（輸出層）

這個過程可以得到s^K節點處的梯度$\boldsymbol{\pi}^K = \frac{\partial L}{\partial s^K}$，在後續的過程中，可以直接使用它作為前一層提供的梯度計算結果，而不需要從h^K節點處重新計算。這也表現了自動微分與符號微分的差別，對於計算圖的每一個階段，並不需要得到完整的微分運算式，而是透過前一層提供的梯度，直接計算當前的梯度即可，這樣避免了大量的重複計算。

在得到$\boldsymbol{\pi}^K = \frac{\partial L}{\partial s^K}$之後，下一步的目標是：

（1） 計算損失函數L相對於第$K-1$層與輸出層之間連接權重W^K的梯度。

（2） 計算損失函數L相對於神經網路第$K-1$層輸出結果h^{K-1}的梯度。這部分內容如圖 9-39 所示。

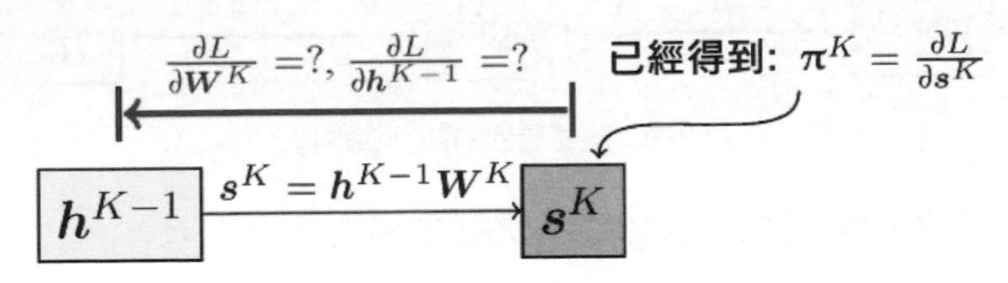

圖 9-39 從中間狀態到輸入的反向傳播（輸出層）

具體來說：

- 計算$\frac{\partial L}{\partial W^K}$：由於$s^K = h^{K-1}W^K$，且損失函數$L$關於$s^K$的梯度$\boldsymbol{\pi}^K = \frac{\partial L}{\partial s^K}$已經得到，於是有

$$\frac{\partial L}{\partial W^K} = [h^{K-1}]^{\mathrm{T}} \boldsymbol{\pi}^K \tag{9-63}$$

其中，$[\cdot]^{\mathrm{T}}$表示轉置操作[11]。

- 計算$\frac{\partial L}{\partial h^{K-1}}$：與求解$\frac{\partial L}{\partial W^K}$類似，可以得到

$$\frac{\partial L}{\partial h^{K-1}} = \boldsymbol{\pi}^K [W^K]^{\mathrm{T}} \tag{9-64}$$

梯度$\frac{\partial L}{\partial h^{K-1}}$需要繼續向前一層傳遞，用於計算網路中間層的梯度。$\frac{\partial L}{\partial W^K}$會作為參數$W^K$的梯度計算結果，用於模型參數的更新[12]。

2. 隱藏層的反向傳播

對於第k個隱藏層，有

$$h^k = f^k(s^k) \tag{9-65}$$

$$s^k = h^{k-1} W^k \tag{9-66}$$

其中，h^k、s^k、h^{k-1} 和 W^k分別表示隱藏層的輸出、中間狀態、隱藏層的輸入和參數矩陣。隱藏層的前向計算過程如圖 9-40 所示，第$k-1$層神經元的輸出h^{k-1}經過線性變換和啟動函數後，將計算結果h^k向後一層傳遞。

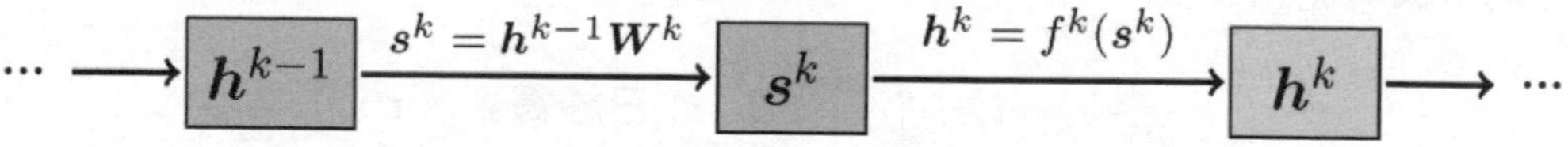

$$\cdots \longrightarrow \boxed{h^{k-1}} \xrightarrow{s^k = h^{k-1}W^k} \boxed{s^k} \xrightarrow{h^k = f^k(s^k)} \boxed{h^k} \longrightarrow \cdots$$

圖 9-40 隱藏層的前向計算過程

與輸出層類似，隱藏層的反向傳播也是逐層逆向計算的。

---

[11] 如果h^{K-1}是一個向量，則$[h^{K-1}]^{\mathrm{T}}$表示向量的轉置，如行向量變成列向量。如果h^{K-1}是一個高階張量，則$[h^{K-1}]^{\mathrm{T}}$表示沿著張量最後兩個方向的轉置。

[12] W^K可能會在同一個網路中被多次使用（類似於網路不同部分共用同一個參數），這時需要累加相關計算節點處得到的$\frac{\partial L}{\partial W^K}$。

（1）獲取$\frac{\partial L}{\partial s^k}$，即計算損失函數$L$關於第$k$層中間狀態$s^k$的梯度，並將梯度向前傳遞。

（2）獲取$\frac{\partial L}{\partial h^{k-1}}$和$\frac{\partial L}{\partial W^k}$，即計算損失函數$L$關於第$k-1$層輸出結果$h^{k-1}$的梯度，並將梯度向前傳遞。同時，計算損失函數$L$關於參數$W^k$的梯度，並用於參數更新。

這兩步和輸出層的反向傳播十分類似。可以利用連鎖律得到

$$\begin{aligned}\frac{\partial L}{\partial s^k} &= \frac{\partial L}{\partial h^k} \cdot \frac{\partial h^k}{\partial s^k} \\ &= \frac{\partial L}{\partial h^k} \cdot \frac{\partial f^k(s^k)}{\partial s^k}\end{aligned} \tag{9-67}$$

其中，$\frac{\partial L}{\partial h^k}$表示損失函數$L$相對該隱藏層輸出$h^k$的梯度。進一步，由於$s^k = h^{k-1}W^k$，可以得到

$$\frac{\partial L}{\partial W^k} = [h^{k-1}]^{\mathrm{T}} \cdot \frac{\partial L}{\partial s^k} \tag{9-68}$$

$$\frac{\partial L}{\partial h^{k-1}} = \frac{\partial L}{\partial s^k} \cdot [W^k]^{\mathrm{T}} \tag{9-69}$$

$\frac{\partial L}{\partial h^{k-1}}$需要繼續向第$k-1$隱藏層傳遞。$\frac{\partial L}{\partial W^k}$會作為參數的梯度用於參數更新。圖 9-41 展示了隱藏層反向傳播的計算過程。

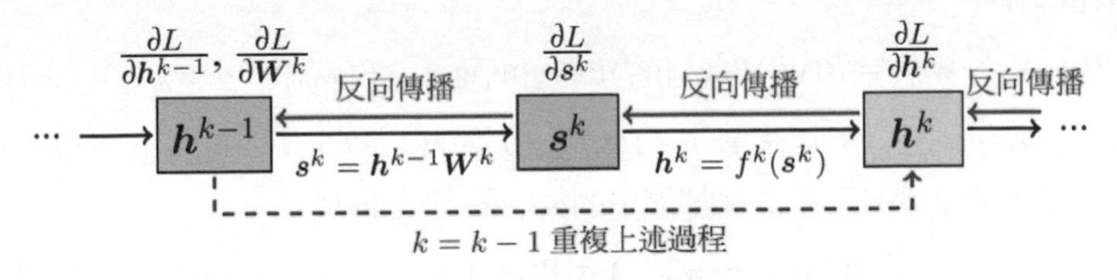

圖 9-41 隱藏層的反向傳播

綜合輸出層和隱藏層的反向傳播方法，可以得到神經網路中任意位置和任意參數的梯度資訊。只需要根據網路的拓撲結構，逆向存取每一個節點，並執行上述反向計算過程。

9.5 神經語言模型

神經網路提供了一種工具，只要將問題的輸入和輸出定義好，就可以學習輸入和輸出之間的對應關係。顯然，很多自然語言處理任務都可以用神經網路進行實現。例如，在機器翻譯中，可以把輸入的來源語言句子和輸出的目的語言句子用神經網路建模；在文字分類中，可以把輸入的文字內容和輸出的類別標籤進行神經網路建模，等等。

為了更好地理解神經網路和深度學習在自然語言處理中的應用。本節介紹一種基於神經網路的語言建模方法——神經語言模型（Neural Language Model）。可以說，神經語言模型是深度學習時代自然語言處理的標示性成果，它所涉及的許多概念至今仍是研究的熱點，如詞嵌入、表示學習、預訓練等。此外，神經語言模型也為機器翻譯的建模提供了很好的思路。從某種意義上講，機器翻譯的深度學習建模的很多靈感均來自神經語言模型，二者在一定程度上是統一的。

9.5.1 基於前饋神經網路的語言模型

回顧第 2 章的內容，語言建模的問題被定義為：對於一個詞序列 $w_1 w_2 \cdots w_m$，如何計算該詞序列的可能性？詞序列出現的機率可以透過連鎖律得到

$$P(w_1 w_2 \cdots w_m) = P(w_1)P(w_2|w_1)P(w_3|w_1 w_2)\cdots P(w_m|w_1 \cdots w_{m-1}) \quad (9\text{-}70)$$

$P(w_m|w_1 \cdots w_{m-1})$需要建模$m-1$個詞組成的歷史資訊，因此這個模型仍然很複雜。於是就有了基於局部歷史的n-gram 語言模型：

$$P(w_m|w_1 \cdots w_{m-1}) = P(w_m|w_{m-n+1} \cdots w_{m-1}) \quad (9\text{-}71)$$

$P(w_m|w_{m-n+1} \cdots w_{m-1})$可以透過相對頻次估計進行計算，如式(9-72) 所示，其中count(·)表示在訓練資料上的頻次：

$$P(w_m|w_{m-n+1} \cdots w_{m-1}) = \frac{\text{count}(w_{m-n+1} \cdots w_m)}{\text{count}(w_{m-n+1} \cdots w_{m-1})} \quad (9\text{-}72)$$

這裡，$w_{m-n+1} \cdots w_m$也被稱作n-gram，即n元語法單元。n-gram 語言模型是一種典型的基於離散表示的模型。在這個模型中，所有的詞都被看作離散的符號。因此，不同單字之間是「完全」不同的。另外，語言現象是十分多樣的，即使在很大的語料庫上也無法得到所有n-gram 的準確統計，甚至很多n-gram 在訓練資料中從未出現過。由於不同n-gram 間沒有建立直接的聯繫，n-gram 語言模型往往面臨資料稀疏的問題。例如，雖然在訓練資料中見過「景色」這個詞，但測試資料中卻出現了「風景」這個詞，恰巧「風景」在訓練資料中沒有出現過。即使「風景」和「景色」表達的是相同的意思，n-gram 語言模型仍然會把「風景」看作未登入詞，指定一個很低的機率值。

上面這個問題的本質是n-gram 語言模型對詞使用了離散化表示，即每個單字都孤立地對應詞表中的一個索引，詞與詞之間在語義上沒有任何「重疊」。神經語言模型重新定義了這個問題。這裡並不需要顯性地統計離散的n-gram 的頻度，而是直接設計一個神經網路模型$g(\cdot)$來估計單字生成的機率，如下所示：

$$P(w_m|w_1 \cdots w_{m-1}) = g(w_1 \cdots w_m) \quad (9\text{-}73)$$

$g(w_1 \cdots w_m)$實際上是一個多層神經網路。與n-gram 語言模型不同的是，$g(w_1 \cdots w_m)$並不包含對$w_1 \cdots w_m$的任何假設，例如，在神經網路模型中，單字不再是離散的符號，而是連續空間上的點。這樣，兩個單字之間也不再是簡單的非 0 即 1 的關係，而是具有可計算的距離。此外，由於沒有對$w_1 \cdots w_m$進行任何結構性的假設，神經語言模型對問題進行點對點學習。透過設計不同的神經網路$g(\cdot)$，可以從不同的角度「定義」序列的表示問題。當然，這麼說可能還有一些抽象，下面就一起看看神經語言模型究竟是什麼樣子的。

1. 模型結構

最具代表性的神經語言模型是前饋神經網路語言模型（Feed-forward Neural Network Language Model，FNNLM）。這種語言模型的目標是用神經網路計算$P(w_m|w_{m-n+1}\cdots w_{m-1})$，之後將多個$n$-gram 的機率相乘，得到整個序列的機率[72]。

為了有一個直觀的認識，這裡以 4-gram 的 FNNLM 為例，即根據前 3 個單字w_{i-3}、w_{i-2}、w_{i-1}預測當前單字w_i的機率。模型結構如圖 9-42 所示。從結構上看，FNNLM 是一個典型的多層神經網路結構。主要有 3 層：

- 輸入層（詞的分散式展現層），把輸入的離散的單字變為分散式表示對應的實數向量。
- 隱藏層，將得到的詞的分散式表示進行線性和非線性變換。
- 輸出層（Softmax 層），根據隱藏層的輸出預測單字的機率分佈。

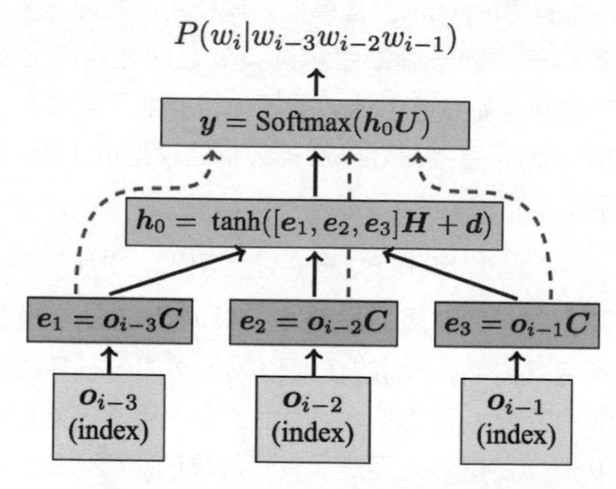

圖 9-42 4-gram 前饋神經網路語言架構

這 3 層堆疊在一起組成了整個網路，而且可以加入從詞的分散式表示直接到輸出層的連接（紅色虛線箭頭）。

2. 輸入層

o_{i-3}、o_{i-2}、o_{i-1}為該語言模型的輸入（綠色方框），輸入為每個詞（如上文的w_{i-1}、w_{i-2}等）的 One-hot 向量表示（維度大小與詞表大小一致），每個 One-hot 向量僅一維為 1，其餘為 0，例如$(0,0,1,\cdots,0)$表示詞表中第 3 個單字。之後把 One-hot 向量乘以一個矩陣C得到單字的分散式表示（藍色方框）。令o_i為第i個詞的 One-hot 表示，e_i為第i個詞的分散式表示，則分散式表示e_i的計算方式如下：

$$e_i = o_i C \tag{9-74}$$

這裡的C可以被理解為一個查詢表，根據o_i中為 1 的那一維，在C中索引到相應的行進行輸出（結果是一個行向量）。通常，把e_i這種單字的實數向量表示稱為詞嵌入，把C稱為詞嵌入矩陣。

3. 隱藏層和輸出層

把得到的e_1、e_2、e_3三個向量串聯在一起，經過兩層網路，最後透過 Softmax 函數（橙色方框）得到輸出，具體過程為

$$y = \text{Softmax}(h_0 U) \tag{9-75}$$

$$h_0 = \tanh([e_{i-3}, e_{i-2}, e_{i-1}]H + d) \tag{9-76}$$

這裡，輸出y是詞表V上的一個分佈，表示$P(w_i|w_{i-1}, w_{i-2}, w_{i-3})$。$U$、$H$和$d$是模型的參數。這樣，對於給定的單字$w_i$可以用$y_i$得到其機率，其中$y_i$表示向量$y$的第$i$維。

$\text{Softmax}(\cdot)$的作用是根據輸入的$|V|$維向量（即$h_0 U$），得到一個$|V|$維的分佈。令$\boldsymbol{\tau}$表示 $\text{Softmax}(\cdot)$的輸入向量，Softmax 函數可以被定義為

$$\text{Softmax}(\tau_i) = \frac{\exp(\tau_i)}{\sum_{i'=1}^{|V|} \exp(\tau_{i'})} \tag{9-77}$$

這裡，$\exp(\cdot)$表示指數函數。Softmax 函數是一個典型的歸一化函數，它可以將輸入的向量的每一維都轉化為 0～1 之間的數，同時保證所有維的和

等於 1。Softmax 的另一個優點是，它本身（對於輸出的每一維）都是可微的（如圖 9-43 所示），因此可以直接使用基於梯度的方法進行最佳化。實際上，Softmax 經常被用於分類任務。也可以把機器翻譯中目的語言單字的生成看作一個分類問題，它的類別數是$|V|$。

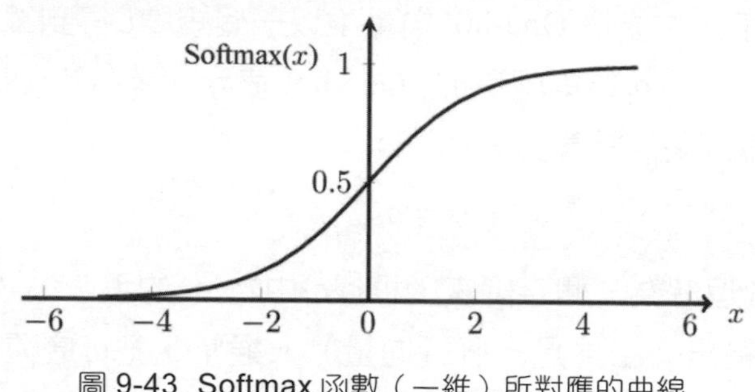

圖 9-43 Softmax 函數（一維）所對應的曲線

4. 連續空間表示能力

值得注意的是，在 FNNLM 中，單字已經不再是一個孤立的符號串，而是被表示為一個實數向量。這樣，兩個單字之間可以透過向量計算某種相似度或距離。這導致相似的單字會具有相似的分佈，進而緩解n-gram 語言模型的問題——明明意思很相近的兩個詞，機率估計的結果差異性卻很大。

在 FNNLM 中，所有的參數、輸入、輸出都是連續變數，因此 FNNLM 也是一個典型的連續空間模型。透過使用交叉熵等損失函數，可以很容易地對 FNNLM 進行最佳化。例如，可以使用梯度下降法對 FNNLM 的模型參數進行訓練。

雖然 FNNLM 的形式簡單，卻為處理自然語言提供了一個全新的角度。首先，該模型重新定義了「詞是什麼」——它並非詞典的一項，而是可以用一個連續實數向量進行表示的可計算的「量」。此外，n-gram 不再是離散的符號序列，模型不需要記錄n-gram，因此極佳地緩解了上面提到的資料稀疏問題，模型體積也大大減小。

當然，FNNLM 也引發了後人的許多思考。例如：神經網路每一層都學到了什麼？是詞法、句法，還是一些其他知識？如何理解詞的分散式表示？等等。在隨後的內容中讀者將看到，隨著近幾年深度學習和自然語言處理的發展，部分問題已經獲得了很好的解答，但是仍有許多問題需要進一步探索。

9.5.2 對於長序列的建模

FNNLM 固然有效，但是和傳統的n-gram 語言模型一樣需要依賴有限上下文假設，也就是w_i的生成機率只依賴於之前的$n-1$個單字。一個很自然的想法是引入更大範圍的歷史資訊，從而捕捉單字間的長距離依賴。

1. 基於循環神經網路的語言模型

對於長距離依賴問題，可以透過循環神經網路（Recurrent Neural Network，RNN）求解。透過引入循環單元這種特殊的結構，循環神經網路可以對任意長度的歷史進行建模，因此在一定程度上解決了傳統n-gram 語言模型有限歷史的問題。正是基於這個優點，循環神經網路語言模型（RNNLM）應運而生[73]。

在循環神經網路中，輸入和輸出都是一個序列，分別記為$(x_1,\cdots,x_m)$和$(y_1,\cdots,y_m)$。它們都可以被看作時序序列，其中每個時刻t都對應一個輸入x_t和輸出y_t。循環神經網路的核心是循環單元（RNN Cell），它讀取前一個時刻循環單元的輸出和當前時刻的輸入，生成當前時刻循環單元的輸出。圖 9-44 展示了一個簡單的循環單元結構，對於時刻t，循環單元的輸出被定義為

$$h_t = \tanh(x_t U + h_{t-1} W) \tag{9-78}$$

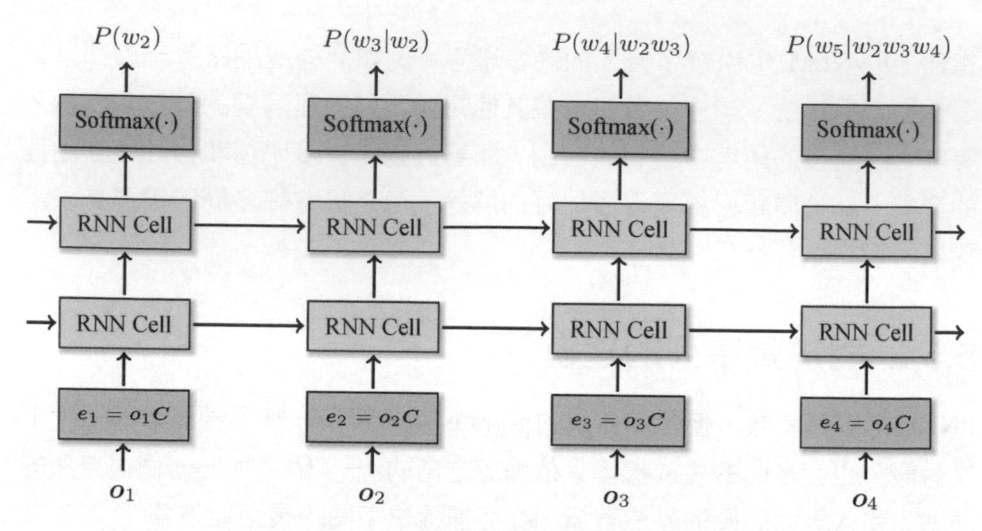

圖 9-44 基於循環神經網路的語言模型結構

其中，h_t表示t時刻循環單元的輸出，h_{t-1}表示$t-1$時刻循環單元的輸出，U和W是模型的參數。可以看出，循環單元的結構其實很簡單，只是一個對h_{t-1}和x_t的線性變換，再加上一個 Tanh 函數。透過讀取上一時刻的輸出，可以在當前時刻存取歷史資訊。這個過程可以循環執行，這樣就完成了對所有歷史資訊的建模。h_t可以被看作序列在t時刻的一種表示，也可以被看作網路的一個隱藏層。進一步，h_t可以被送入輸出層，得到t時刻的輸出：

$$y_t = \text{Softmax}(h_t V) \tag{9-79}$$

其中，V是輸出層的模型參數。

圖 9-44 展示了一個基於循環神經網路的語言模型結構。首先，所有輸入的單字會被轉換成分散式表示（紅色部分），這個過程和 FNNLM 是一樣的。之後，該模型堆疊了兩層循環神經網路（綠色部分）。最後，透過 Softmax 層（藍色部分）得到每個時刻的預測結果$y_t = P(w_t|w_1 \cdots w_{t-1})$。

RNNLM 表現了一種「記憶」的能力。對於每一個時刻，循環單元都會保留一部分「以前」的資訊，並加入「現在」的資訊。從這個角度看，RNNLM 本質上是一種記憶模型。在簡單的循環單元結構的基礎上，也有很多改進工作，如 LSTM、GRU 等模型，這部分內容將在第 10 章介紹。

2. 其他類型的語言模型

透過引入記憶歷史的能力，RNNLM 緩解了n-gram 模型中有限上下文的局限性，但依舊存在一些問題。隨著序列變長，不同單字之間資訊傳遞路徑變長，資訊傳遞的效率變低。對於長序列，很難透過很多次的循環單元操作保留很長的歷史資訊。過長的序列還容易引起梯度消失和梯度爆炸問題（詳見 9. 4.4 節），增加模型訓練的難度。

針對這個問題，一種解決方法是使用卷積神經網路[424]。卷積神經網路的特點是可以對一定視窗大小內的連續單字進行統一建模，這樣非常易於捕捉視窗內單字之間的依賴，同時對它們進行整體的表示。進一步，卷積操作可以被多次疊加使用，透過更多層的卷積神經網路捕捉更大範圍的依賴關係。卷積神經網路及其在機器翻譯中的應用，第 11 章會有詳細論述。

此外，研究人員也提出了另一種新的結構——自注意力機制（Self-attention Mechanism）。自注意力是一種特殊的神經網路結構，它可以對序列上任意兩個詞的相互作用直接進行建模，避免了循環神經網路中隨著距離變長、資訊傳遞步驟增多的缺陷。在自然語言處理領域，自注意力機制被成功地應用在機器翻譯任務上，著名的 Transformer 模型就是基於該原理工作的。第 12 章會系統地介紹自注意力機制和 Transformer 模型[23]。

9.5.3 單字表示模型

在神經語言建模中，每個單字都會被表示為一個實數向量。這對應了一種單字的表示模型。下面介紹傳統的單字表示模型和這種基於實數向量的單字表示模型有何不同。

1. One-hot 編碼

One-hot 編碼（也稱獨熱編碼）是傳統的單字表示方法。One-hot 編碼把單字表示為詞彙表大小的 0-1 向量，其中只有該詞所對應的那一項是 1，其餘所有項都是 0。舉個簡單的例子，假如有一個詞典，裡面包含 10k 個單字，並進行編號。那麼，每個單字都可以表示為一個 10k 維的 One-hot 向量，它僅在對應編號那個維度為 1，其他維度都為 0，如圖 9-45 所示。

cos('桌子','椅子') = 0

	桌子	椅子
你$_1$	0	0
桌子$_2$	1	0
他$_3$	0	0
椅子$_4$	0	1
我們$_5$	0	0
...	...	...
你好$_{10k}$	0	0

圖 9-45 單字的 One-hot 表示

One-hot 編碼的優點是形式簡單、易於計算，而且這種表示與詞典具有很好的對應關係，因此每個編碼都可以進行解釋。但是，One-hot 編碼把單字都看作相互正交的向量。這導致所有單字之間沒有任何的相關性。只要是不同的單字，在 One-hot 編碼下都是完全不同的。例如，大家可能會期望諸如「桌子」「椅子」之類的詞具有相似性，但是 One-hot 編碼把它們看作相似度為 0 的兩個單字。

2. 分散式表示

神經語言模型中使用的是一種分散式表示。在神經語言模型中，每個單字不再是完全正交的 0-1 向量，而是多維實數空間中的一個點，具體表現為一個實數向量。在很多時候，也會把單字的這種分散式表示稱作詞嵌入。

單字的分散式表示可以被看作歐氏空間中的一個點，因此單字之間的關係也可以透過空間的幾何性質進行刻畫。如圖 9-47 所示，可以在一個 512 維空間上表示不同的單字。在這種表示下，「桌子」與「椅子」之間具有一定的聯繫。

$$\cos(\text{'桌子'}, \text{'椅子'}) = 0.5$$

$$\begin{array}{r c c} & \text{桌子} & \text{椅子} \\ \begin{array}{r}\text{屬性}_1 \\ \text{屬性}_2 \\ \text{屬性}_3 \\ \cdots \\ \text{屬性}_{512}\end{array} & \begin{bmatrix}0.1 \\ -1 \\ 2 \\ \cdots \\ 0\end{bmatrix} & \begin{bmatrix}1 \\ 2 \\ 0.2 \\ \cdots \\ -1\end{bmatrix}\end{array}$$

圖 9-46 單字的分散式表示（詞嵌入）

那麼，分散式表示中每個維度的含義是什麼呢？可以把每個維度都理解為一種屬性，如一個人的身高、體重等。但是，神經網路模型更多的是把每個維度看作單字的一種抽象「刻畫」，是一種統計意義上的「語義」，而非簡單的人工歸納的事物的一個個屬性。使用這種連續空間的表示的好處在於，表示的內容（實數向量）可以進行計算和學習，因此可以透過模型訓練得到更適用於自然語言處理的單字表示結果。

為了方便理解，看一個簡單的例子。假如現在有個「預測下一個單字」的任務：有這樣一個句子「屋裡/要/置放/一個/____」，其中下畫線的部分表示需要預測的下一個單字。如果模型在訓練資料中看到過類似於「置放 一個 桌子」這樣的片段，就可以很自信地預測出「桌子」。實際上與「桌子」相近的單字，如「椅子」，也是可以預測的單字。但是，「椅子」恰巧沒有出現在訓練資料中，這時，如果用 One-hot 編碼來表示單字，顯然無法把「椅子」填到下畫線處；而如果使用單字的分散式表示，很容易就知道「桌子」與「椅子」是相似的，因此預測「椅子」在一定程度上也是合理的。

實例 9.1： 屋裡/要/置放/一個/____ 預測下個詞
屋裡/要/置放/一個/桌子 見過
屋裡/要/置放/一個/椅子 沒見過，但是仍然是合理預測

關於單字的分散式表示，還有一個經典的例子：透過詞嵌入可以得到如下關係：“国王” = “女王” − “女人” + “男人”。從這個例子可以看出，詞嵌入

也具有一些代數性質，如詞的分散式表示可以透過加、減等代數運算相互轉換。圖 9-47 展示了詞嵌入在一個二維平面上的投影，不難發現，含義相近的單字分佈比較近。

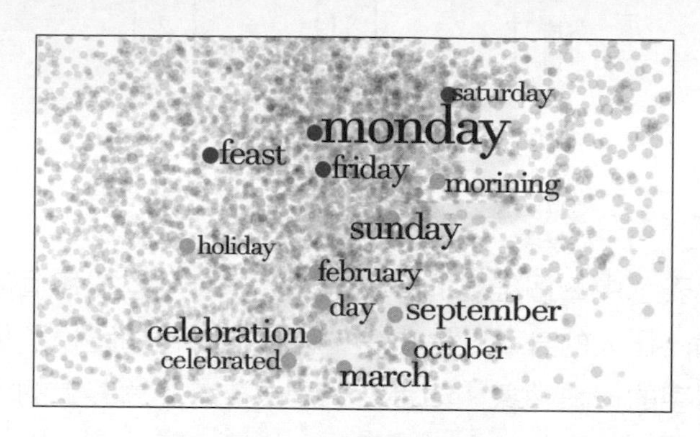

圖 9-47 分散式表示的視覺化

語言模型的詞嵌入是透過詞嵌入矩陣進行儲存的，矩陣中的每一行對應一個詞的分散式表示結果。圖 9-48 展示了一個詞嵌入矩陣的實例。

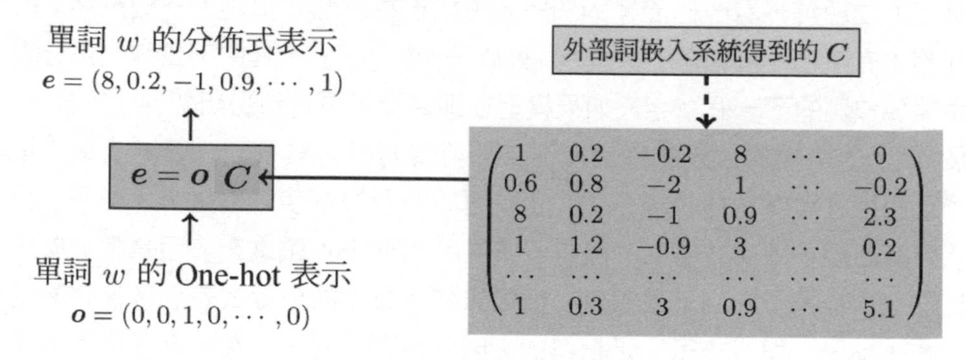

圖 9-48 詞嵌入矩陣 C

通常有兩種方法得到詞嵌入矩陣。一種方法是把詞嵌入作為語言模型的一部分進行訓練，由於語言模型往往較複雜，這種方法非常耗時；另一種方法使用更加輕便的外部訓練方法，如 word2vec[425]、Glove[168]等。由於這些方法的效率較高，因此可以使用更大規模的資料得到更好的詞嵌入結果。

9.5.4 句子表示模型

目前，詞嵌入已經成為諸多自然語言處理系統的標準配備，也衍生出了很多有趣的研究方向。但是，冷靜地看，詞嵌入依舊存在一些問題：每個詞都對應唯一的向量表示，那麼對於一詞多義現象，詞義需要透過上下文進行區分，這時使用簡單的詞嵌入式是無法處理的。有一個著名的例子：

實例 9.1： Aaron is an employee of apple.

He finally ate the apple.

這兩句中"apple"的語義顯然是不同的。第一句中的上下文"Jobs"和"CEO"可以幫助我們判斷"apple"是一個公司名，而非水果。詞嵌入只有一個結果，因此無法區分這兩種情況。這個例子給我們一個啟發：在一個句子中，不能孤立地看待單字，應同時考慮其上下文資訊。也就是需要一個能包含句子中上下文資訊的表示模型。

回憶一下神經語言模型的結構，它需要在每個位置預測單字生成的機率。這個機率是由若干層神經網路進行計算後，透過輸出層得到的。實際上，在送入輸出層之前，系統已經獲得了這個位置的一個向量（隱藏層的輸出），因此可以把它看作含有一部分上下文資訊的表示結果。

以 RNNLM 為例，圖 9-49 展示了一個由 4 個片語成的句子，這裡使用了一個兩層循環神經網路對其進行建模。可以看到，對於第 3 個位置，RNNLM 已經累積了從第 1 個單字到第 3 個單字的資訊，因此可以看作單字 1-3（「賈伯斯 就職 於」）的一種表示。另外，第 4 個單字的詞嵌入可以看作「蘋果」自身的表示。這樣，可以把第 3 個位置 RNNLM 的輸出和第 4 個位置的詞嵌入合併，得到第 4 個位置上含有上下文資訊的表示結果。換個角度看，這裡獲得了「蘋果」的一種新的表示，它不僅包含蘋果這個詞自身的資訊，也包含它前文的資訊。

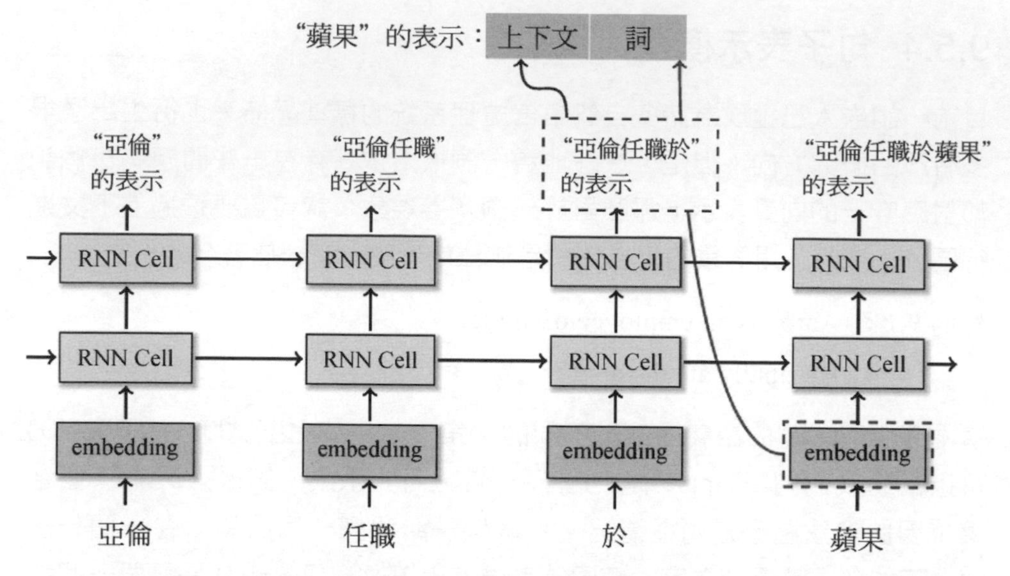

圖 9-49 基於 RNN 的表示模型（詞+上下文）

在自然語言處理中，句子表示模型是指將輸入的句子進行分散式表示。不過，表示的形式不一定是一個單獨的向量。廣泛使用的句子表示模型可以被描述為：給定一個輸入的句子$\{w_1,\cdots,w_m\}$，得到一個表示序列$\{h_1,\cdots,h_m\}$，其中h_i是句子在第i個位置的表示結果。$\{h_1,\cdots,h_m\}$被看作句子的表示，它可以被送入下游模組。例如，在機器翻譯任務中，可以用這種模型表示來源語言句子，然後透過這種表示結果進行目的語言譯文的生成；在序列標注（如詞性標注）任務中，可以對輸入的句子進行表示，然後在這個表示之上建構標籤預測模組。很多自然語言處理任務都可以用句子表示模型進行建模。因此，句子的表示模型也是應用最廣泛的深度學習模型之一，而學習這種表示的過程也被稱為表示學習。

句子表示模型有兩種訓練方法。最簡單的方法是把它作為目標系統中的一個模組進行訓練，如把句子表示模型作為機器翻譯系統的一部分。也就是說，並不單獨訓練句子表示模型，而是把它作為一個內部模組放到其他系統中。另一種方法是將句子表示作為獨立的模組，用外部系統進行訓練，把訓練好的表示模型放入目標系統中，再進行微調。這種方法組成了一種新的範式：預訓練+微調（pre-training + fine-tuning）。圖 9-50 對比了這兩種不同的方法。

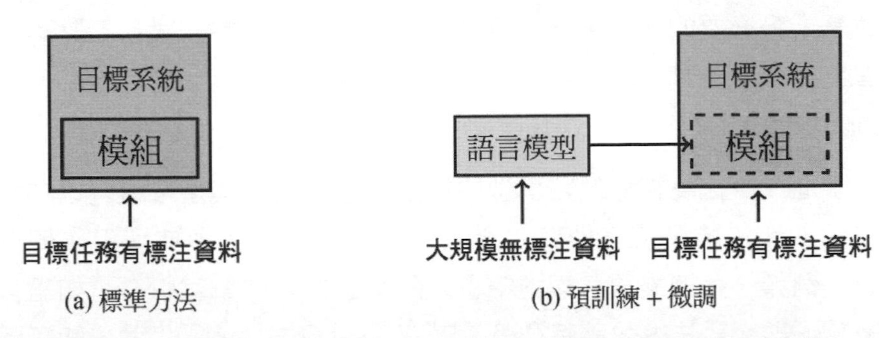

圖 9-50 表示模型的訓練方法（與目標任務聯合訓練 vs 用外部任務預訓練）

目前，句子表示模型的預訓練方法在多項自然語言處理任務上取得了很好的效果。預訓練模型成了當今自然語言處理中的熱點方向，相關系統在很多評測任務上「刷榜」。不過，上面介紹的模型是一種最簡單的句子表示模型，第 16 章會對一些前端的預訓練方法和句子表示模型進行介紹。

9.6 小結及拓展閱讀

神經網路為解決自然語言處理問題提供了全新的思路。深度學習也是建立在多層神經網路結構之上的一系列模型和方法。本章對神經網路的基本概念及其在語言建模中的應用進行了概述。由於篇幅所限，無法覆蓋所有神經網路和深度學習的相關內容，感興趣的讀者可以進一步閱讀專著 *Neural Network Methods in Natural Language Processing*[31]和 *Deep Learning*[30]。此外，還有一些研究方向值得關注：

- 點對點學習是神經網路方法的特點之一。一方面，系統開發人員不需要設計輸入和輸出的隱含結構，甚至連特徵工程都不再需要；另一方面，由於這種點對點學習完全由神經網路自行完成，整個學習過程沒有人的先驗知識做指導，導致學習的結構和參數很難進行解釋。針對這個問題，也有很多研究人員進行了可解釋機器學習（Explainable Machine Learning）的研究[426-428]。對於自然語言處理，方法的可解釋性是十分必要的。從另一個角度看，如何使用先驗知識改善點對點學習也是很多人關注的方向[429,430]，例如，如何使用句法知識改善自然語言處理模型[431-435]。

- 為了進一步提高神經語言模型的性能，除了改進模型，還可以在模型中引入新的結構或其他有效資訊，該領域也有很多典型工作值得關注。例如，在神經語言模型中引入除了詞嵌入的單字特徵，如語言特徵（形態、語法、語義特徵等）[436,437]、上下文資訊[407,438]、知識圖譜等外部知識[439]；或是在神經語言模型中引入字元級資訊，將其作為字元特徵單獨[440,441]或與單字特徵一起[442,443]送入模型中。在神經語言模型中，引入雙向模型也是一種十分有效的嘗試，在單字預測時可以同時利用來自過去和未來的文字資訊[22,167,444]。
- 詞嵌入是自然語言處理近些年的重要進展。所謂「嵌入」是一類方法，理論上，把一個事物進行分散式表示的過程都可以被看作廣義上的「嵌入」。基於這種思想的表示學習也成了自然語言處理中的前端方法。例如，如何對樹結構，甚至圖結構進行分散式表示成了分析自然語言的重要方法[445,449]。此外，除了語言建模，還有很多方式可以進行詞嵌入的學習，如 SENNA[102]、word2vec[164,425]、Glove[168]、CoVe[450] 等。

Chapter 10

基於循環神經網路的模型

神經機器翻譯（Neural Machine Translation）是機器翻譯的前端方法。近年，隨著深度學習技術的發展和在各領域中的深入應用，基於點對點表示學習的方法正在改變著我們處理自然語言的方式，神經機器翻譯在這種趨勢下應運而生。一方面，神經機器翻譯延續著統計建模和基於資料驅動的思想，在基本問題的定義上與前人的研究是一致的；另一方面，神經機器翻譯脫離了統計機器翻譯中對隱含翻譯結構的假設，同時使用分散式表示對文字序列進行建模，這使得它可以從一個全新的角度看待翻譯問題。現在，神經機器翻譯已經成了機器翻譯研究及應用的熱點，譯文品質獲得了巨大的提升。

本章將介紹神經機器翻譯中的一種基礎模型——基於循環神經網路的模型。該模型是神經機器翻譯中最早被成功應用的模型之一。基於這個模型框架，研究人員進行了大量的探索和改進工作，包括使用 LSTM 等循環單元結構、引入注意力機制等。這些內容都將在本章進行討論。

10.1 神經機器翻譯的發展簡史

縱觀機器翻譯的發展歷程，神經機器翻譯誕生較晚。無論是早期的基於規則的方法，還是逐漸發展起來的基於實例的方法，再或是 20 世紀末基於統計的方法，每次機器翻譯框架級的創新都需要很長時間的醞釀，而技術走向成熟甚至需要更長時間。但是，神經機器翻譯的出現和後來的發展速度有些「出人意料」。神經機器翻譯的概念出現在 2013—2014 年，當時機器翻譯領域的主流方法仍然是統計機器翻譯。雖然那個時期深度學習已經在圖型、語音等領域取得了令人矚目的效果，但對自然語言處理來說，深度學習仍然不是主流。

研究人員也意識到了神經機器翻譯在表示學習等方面的優勢。這一時期，很多研究團隊對包括機器翻譯在內的序列到序列問題進行了廣泛而深入的研究，注意力機制等新的方法不斷被推出。這使得神經機器翻譯系統在翻譯品質上逐漸表現出優勢，甚至超越了當時的統計機器翻譯系統。當大家討論神經機器翻譯能否取代統計機器翻譯成為下一代機器翻譯範式的時候，一些網際網路企業推出了以神經機器翻譯技術為核心的線上機器翻譯服務，在很多場景下的翻譯品質顯著超越了當時最好的統計機器翻譯系統。這也引發了學術界和產業界對神經機器翻譯的討論。隨著關注度的不斷升高，神經機器翻譯的研究吸引了更多科學研究機構和企業的投入，神經機器翻譯系統的翻譯品質獲得了進一步提升。

在短短 5～6 年間，神經機器翻譯從一個新生的概念成長為機器翻譯領域的最前端技術之一，在各種機器翻譯評測和應用中呈全面替代統計機器翻譯之勢。例如，從近幾年 WMT、CCMT 等評測的結果看，神經機器翻譯已經處於絕對的統治地位，在不同語種和領域的翻譯任務中，成為各參賽系統的標準配備。此外，從 ACL 等自然語言處理頂級會議發表的論文看，神經機器翻譯在論文數量上呈明顯的增長趨勢，這也表現了學術界對該方法的關注。至今，國內外的很多機構都推出了自己研發的神經機器翻譯系統，整個研究和產業生態欣欣向榮。圖 10-1 展示了機器翻譯發展簡史。

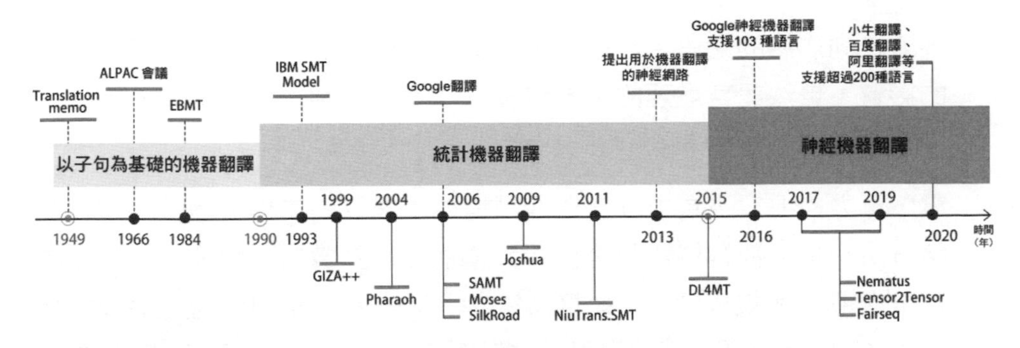

圖 10-1 機器翻譯發展簡史

神經機器翻譯的迅速崛起讓所有研究人員措手不及，甚至有一種一覺醒來天翻地覆的感覺。也有研究人員評價，神經機器翻譯的出現給整個機器翻譯領域帶來了前所未有的發展機遇。客觀地看，機器翻譯達到如今的狀態也是歷史的必然，其中有幾方面原因：

- 20 世紀末，所發展起來的基於資料驅動的方法為神經機器翻譯提供了很好的基礎。本質上，神經機器翻譯仍然是一種基於統計建模的資料驅動的方法，因此無論是對問題的基本建模方式，還是訓練統計模型用到的帶標注資料，都可以重複使用機器翻譯領域以前的研究成果。特別是機器翻譯長期的發展已經累積了大量的雙語、單語資料，這些資料在統計機器翻譯時代就發揮了很大作用。隨著時間的演進，資料規模和品質又得到進一步提升，包括一些評測基準、任務設置都已經非常完備，研究人員可以直接在資料條件全部具備的情況下開展神經機器翻譯的研究工作，這些都節省了大量的時間成本。從這個角度看，神經機器翻譯是站在巨人的肩膀上才發展起來的。
- 深度學習經過長時間的醞釀終於爆發，為機器翻譯等自然語言處理任務提供了新的思路和技術手段。神經機器翻譯的不斷壯大伴隨著深度學習技術的發展。在深度學習的角度下，語言文字可以被表示成抽象的實數向量，這種文字的表示結果可以被自動學習，為機器翻譯建模提供了更大的靈活性。與神經機器翻譯相比，深度學習的發展更加曲折。深度學習經歷了漫長的起伏，神經機器翻譯恰好出現在深度學習逐漸走向成熟的階段。反過來說，受到深度學習及相關技術空前發展的影響，自然語言處理的範式也發生了變化，神經機器翻譯的出現只是這種趨勢下的一種必然。

- 電腦算力的提升也為神經機器翻譯提供了很好的支撐。與很多神經網路方法一樣，神經機器翻譯依賴大量基於浮點數的矩陣運算。甚至在 21 世紀初，大規模的矩陣運算仍然依賴非常昂貴的 CPU 叢集系統，但隨著 GPU 等相關技術的發展，在相對低成本的裝置上已經可以完成非常複雜的浮點並行運算。這使得包括神經機器翻譯在內的很多基於深度學習的系統可以進行大規模實驗，隨著實驗週期的縮短，相關研究和系統的迭代週期也大大縮短。實際上，電腦硬體的運算能力一直是穩定提升的，神經機器翻譯只是受益於運算能力的階段性突破。
- 翻譯需求的不斷增加也為機器翻譯技術提供了新的機會。近年，無論是更高的翻譯品質需求，還是翻譯語種的增多，甚至不同翻譯場景的出現，都對機器翻譯有了更高的要求。人們迫切需要一種品質更高、翻譯效果穩定的機器翻譯方法，神經機器翻譯恰好滿足了這些要求。當然，應用端需求的增加也會反推機器翻譯技術的發展，二者相互促進。

至今，神經機器翻譯已經成為帶有時代特徵的標示性方法。當然，機器翻譯的發展也遠沒有達到終點。下面將介紹神經機器翻譯的起源和優勢，以便讀者在正式瞭解神經機器翻譯的技術方法前對其現狀有一個充分的認識。

10.1.1 神經機器翻譯的起源

從廣義上講，神經機器翻譯是一種基於類神經網路的方法，它把翻譯過程描述為可以用類神經網路表示的函數，所有的訓練和推斷都在這些函數上進行。神經機器翻譯中的神經網路可以用連續可微函數表示，因此這類方法也可以用基於梯度的方法進行最佳化，相關技術非常成熟。更為重要的是，在神經網路的設計中，研究人員引入了分散式表示的概念，這也是近些年自然語言處理領域的重要成果之一。傳統統計機器翻譯仍然把詞序列看作離散空間裡的由多個特徵函數描述的點，類似於n-gram 語言模型，這類模型對資料稀疏問題非常敏感。此外，人工設計特徵也在一定程度上限制了模型對問題的表示能力。神經機器翻譯把文字序列表示為實數向量，一方面避免了特徵工程繁重的工作，另一方面使得系統可以對文字序列的「表示」進行學習。可以說，神經機器翻譯的成功很大程度上源自「表示學習」這種自然語言處理的新範式的出現。在表示學習的基礎上，注意力機制、深度神經網路等技術都被應用於神經機器翻譯，使其得以進一步發展。

雖然神經機器翻譯中大量使用了類神經網路方法，但它並不是最早在機器翻譯中使用類神經網路的框架。實際上，類神經網路在機器翻譯中應用的歷史要遠早於現在的神經機器翻譯。 在統計機器翻譯時代，也有很多研究人員利用類神經網路進行機器翻譯系統模組的建構[451,452]，Schwenk_continuousspace，例如，研究人員成功地在統計機器翻譯系統中使用了基於神經網路的聯合表示模型，取得了很好的效果[451]。

以上這些工作大多都是在系統的局部模組中使用類神經網路和深度學習方法。與之不同的是，神經機器翻譯是用類神經網路完成整個翻譯過程的建模，這樣做的一個好處是，整個系統可以進行點對點學習，無須引入對任何翻譯的隱含結構假設。這種利用點對點學習對機器翻譯進行神經網路建模的方式也就成了現在大家所熟知的神經機器翻譯。這裡簡單列出部分代表性的工作：

- 2013 年，Nal Kalchbrenner 和 Phil Blunsom 提出了一個基於編碼器-解碼器結構的新模型[453]。該模型用卷積神經網路（Convolutional Neural Networks，CNN）將來源語言編碼成實數向量，之後用循環神經網路將連續向量轉換成目的語言。這使得模型不需要進行詞對齊、特徵提取等工作，就能夠自動學習來源語言的資訊。這也是一種點對點學習的方法。不過，這項工作的實現較複雜，而且方法存在梯度消失/爆炸等問題[454,455]，因此並沒有成為後來神經機器翻譯的基礎框架。

- 2014 年，Ilya Sutskever 等人提出了序列到序列（seq2seq）學習的方法，同時將長短時記憶結構（LSTM）引入神經機器翻譯中，這個方法緩解了梯度消失/爆炸的問題，並透過遺忘門的設計讓網路選擇性地記憶資訊，緩解了序列中長距離依賴的問題[21]。該模型在進行編碼的過程中，將不同長度的來源語言句子壓縮成一個固定長度的向量，句子越長，損失的資訊越多，同時該模型無法對輸入和輸出序列之間的對齊進行建模，因此並不能有效地保證翻譯品質。
- 2014 年，Dzmitry Bahdanau 等人首次將注意力機制（Attention Mechanism）應用到機器翻譯領域，在機器翻譯任務上同時對翻譯和局部翻譯單元之間的對應關係建模[22]。這項工作的意義在於，使用了更有效的模型來表示來源語言的資訊，同時使用注意力機制對兩種語言不同部分之間的相互聯繫進行建模。這種方法可以有效地處理長句子的翻譯，而且注意力的中間結果具有一定的可解釋性[1]。然而，與前人的神經機器翻譯模型相比，注意力模型也引入了額外的成本，計算量較大。
- 2016 年，Google 公司發佈了基於多層循環神經網路方法的 GNMT 系統。該系統集成了當時的神經機器翻譯技術，並進行了諸多的改進。它的性能明顯優於基於短語的機器翻譯系統[456]，引起了研究人員的廣泛關注。在之後不到一年的時間裡，臉書公司採用卷積神經網路研發了新的神經機器翻譯系統[24]，實現了比基於循環神經網路的系統更高的翻譯水平，並大幅提升了翻譯速度。

---

[1] 例如，目的語言和來源語言句子不同單字之間的注意力強度能夠在一定程度上反映單字之間的互譯程度。

- 2017 年，Ashish Vaswani 等人提出了新的翻譯模型 Transformer，其完全摒棄了循環神經網路和卷積神經網路，僅透過多頭注意力機制和前饋神經網路，不需要使用序列對齊的循環框架就展示出強大的性能，並且巧妙地解決了翻譯中長距離依賴的問題[23]。Transformer 是第一個完全基於注意力機制架設的模型，不僅訓練速度更快，在翻譯任務上也獲得了更好的結果，一躍成為目前最主流的神經機器翻譯框架。

當然，神經機器翻譯的工作遠不止以上這些[457]。隨著本書內容的逐漸深入，很多經典的模型和方法都會被討論。

10.1.2 神經機器翻譯的品質

圖 10-2 展示了用機器翻譯把一段英文翻譯為中文的結果。其中譯文 1 是統計機器翻譯系統的結果，譯文 2 是神經機器翻譯系統的結果。為了保證公平性，兩個系統使用完全相同的資料進行訓練。

原文：This has happened for a whole range of reasons, not least because we live in a culture where people are encouraged to think of sleep as a luxury - something you can easily cut back on. After all, that's what caffeine is for - to jolt you back into life. But while the average amount of sleep we are getting has fallen, rates of obesity and diabetes have soared. Could the two be connected?

譯文1：這已經發生了一系列的原因，不僅僅是因為我們生活在一個文化鼓勵人們認為睡眠是一種奢侈的東西，你可以很容易地削減。畢竟，這就是咖啡因是你回到生命的震動。但是，儘管我們得到的平均睡眠量下降，肥胖和糖尿病率飆升。可以兩個連接？

譯文2：這種情況的發生有各種各樣的原因，特別是因為我們生活在一種鼓勵人們把睡眠看作是一種奢侈的東西–你可以很容易地減少睡眠的文化中。畢竟，這就是咖啡因的作用讓你重新回到生活中。但是，當我們的平均睡眠時間減少時，肥胖症和糖尿病的發病率卻猛增。這兩者有聯繫嗎？

圖 10-2 機器翻譯實例對比

可以看出，譯文 2 更通順，意思的表達更準確，翻譯品質明顯高於譯文 1。這個例子基本反映出統計機器翻譯和神經機器翻譯的差異性。當然，這裡並不是要討論統計機器翻譯和神經機器翻譯孰優孰劣，只是發現，在很多場景中神經機器翻譯系統可以生成非常流暢的譯文，易於人工閱讀和修改。

在很多量化的評價中，也可以看到神經機器翻譯的優勢。回憶第 4 章提到的機器翻譯品質的自動評估指標，使用最廣泛的一種評估指標是 BLEU。2010 年前，在由 NIST 舉辦的中英機器翻譯評測中（如中英 MT08 資料集），30%以上的 BLEU 值對基於統計方法的翻譯系統來說就已經是當時最頂尖的結果了，而現在的神經機器翻譯系統，可以輕鬆地將 BLEU 提高至 45%以上。

同樣，在機器翻譯領域著名的評測比賽 WMT 中，使用統計機器翻譯方法的參賽系統也在逐年減少。如今，獲得比賽冠軍的系統，幾乎沒有只使用純統計機器翻譯模型的系統[2]。圖 10-3 展示了近年來 WMT 比賽冠軍系統的數量，可見神經機器翻譯系統的占比在逐年提高。

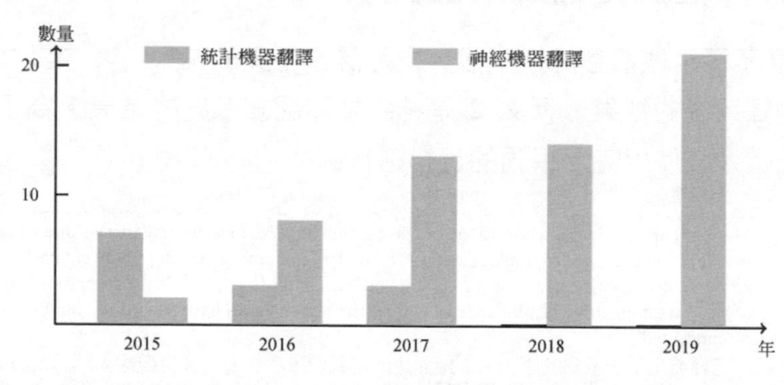

圖 10-3 WMT 比賽冠軍系統的數量

神經機器翻譯在其他評價指標上的表現也全面超越統計機器翻譯。例如，在 IWSLT 2015 英文-德語任務中，研究人員架設了如下 4 個較為先進的機器翻譯系統[458]。

- PBSY：基於短語和串到樹模型的混合系統，其中也使用了一些稀疏的詞彙化特徵。

[2] 但是，仍然有大量的統計機器翻譯和神經機器翻譯融合的方法。例如，在無指導機器翻譯中，統計機器翻譯仍然被作為初始模型。

- HPB：層次短語系統，其中使用了基於句法的預調序和基於神經語言模型的重排序模組。
- SPB：標準的基於短語的模型，其中使用了基於神經語言模型的重排序模組。
- NMT：神經機器翻譯系統，其中使用了長短時記憶模型、注意力機制、稀有詞處理機制等。

與這些系統相比，首先，神經機器翻譯系統的 mTER 得分在不同長度的句子上都有明顯下降，如圖 10-4 所示[3]。其次，神經機器翻譯的單字形態錯誤率和單字詞義錯誤率（用 HTER 度量）都遠低於統計機器翻譯系統（如表 1 所示）。

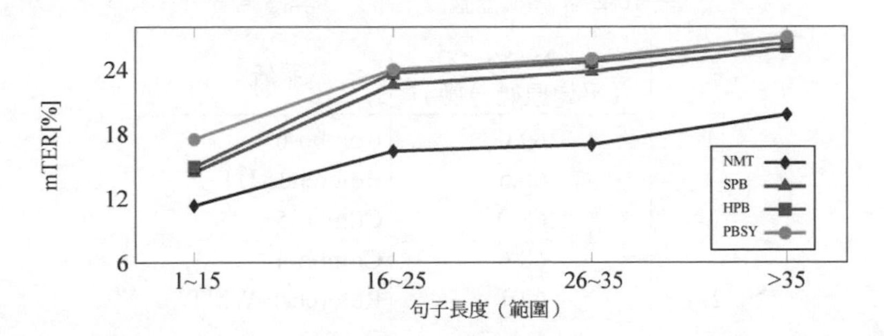

圖 10-4 不同系統在不同長度的句子上的 mTER[%]分值（得分越低越好）[458]

此外，神經機器翻譯在某些任務上的結果已經相當優秀。例如，在一些中英新聞翻譯任務中，神經機器翻譯取得了至少和專業翻譯人員相媲美的效果[459]。在該任務中，神經機器翻譯系統（Combo-4、Combo-5 和 Combo-6）的人工評價得分與 Reference-HT（專業翻譯人員翻譯）的得分無顯著差別，且遠超 Reference-WMT（WMT 的參考譯文，也是由人類翻譯）的得分（如表 10-2 所示）。

[3] mTER、HTER 等都是錯誤率度量，值越低表明譯文品質越高。

近幾年，神經機器翻譯的發展更加迅速，新的模型及方法層出不窮。表 3 舉出了 2017 年至 2020 年，主流的神經機器翻譯模型在 WMT14 英德資料集上的表現。

表 10-1 神經機器翻譯與統計機器翻譯系統的譯文錯誤率 HTER[%]
（忽略編輯距離中的移動操作）[458]

系統	單字	詞根	Δ
PBSY	27.1	22.5	−16.9
HPB	28.7	23.5	−18.4
SPB	28.3	23.2	−18.0
NMT	21.7	18.7	−13.7

表 10-2 不同機器翻譯系統人類評價結果

#	**Ave%**（平均原始分數）	系統
1	69.0	Combo-6
	68.5	Reference-HT
	68.9	Combo-5
	68.6	Combo-4
2	62.1	Reference-WMT

表 10-3 WMT14 英德資料集上不同神經機器翻譯模型的表現

模型	作者	年份	**BLEU[%]**
ConvS2S[24]	Gehring 等	2017	25.2
Transformer-Base[23]	Vaswani 等	2017	27.3
Transformer-Big[23]	Vaswani 等	2017	28.4
RNMT+[460]	Chen 等	2018	28.5
Layer-Wise Coordination [461]	He 等	2018	29.0
Transformer-RPR[462]	Shaw 等	2018	29.2
Transformer-DLCL[463]	Wang 等	2019	29.3
SDT [464]	Li 等	2020	30.4
MSC [465]	Wei 等	2020	30.5

10.1.3 神經機器翻譯的優勢

既然神經機器翻譯如此強大，它的優勢在哪裡呢？表 4 舉出了統計機器翻譯與神經機器翻譯的特點對比。

表 10-4 統計機器翻譯與神經機器翻譯的特點對比

統計機器翻譯的特點	神經機器翻譯的特點
基於離散空間的表示模型	基於連續空間的表示模型
自然語言處理問題的隱含結構假設	無隱含結構假設，點對點學習
特徵工程為主	不需要特徵工程，但需要設計網路
特徵、規則的儲存耗資源	模型儲存相對小，但計算量大

具體來說，神經機器翻譯有如下特點：

- 基於連續空間的表示模型，能捕捉更多隱藏資訊。神經機器翻譯與統計機器翻譯最大的區別在於對語言文字串的表示方法。在統計機器翻譯中，所有詞串本質上都是由更小的詞串（短語、規則）組合而成的，即統計機器翻譯模型利用詞串之間的不同組合來表示更大的詞串。統計機器翻譯使用多個特徵描述翻譯結果，但其仍然對應著離散的字串的組合，因此可以把模型對問題的表示空間看作由一個離散結構組成的集合。在神經機器翻譯中，詞串的表示已經被神經網路轉化為多維實數向量，而且不依賴任何可組合性假設等其他假設來刻畫離散的語言結構。從這個角度看，所有的詞串分別對應了一個連續空間上的點（如對應多維實數空間中一個點）。這樣，模型可以更好地進行最佳化，而且對未見樣本有更好的泛化能力。此外，基於連續可微函數的機器學習演算法已經相對完備，可以很容易地對問題進行建模和最佳化。

- 無隱含結構假設，點對點學習對問題建模更加直接。傳統的自然語言處理任務會對問題進行隱含結構假設。例如，進行翻譯時，統計機器翻譯會假設翻譯過程由短語的拼裝完成。這些假設可以大大化簡問題的複雜度，但也帶來了各種各樣的約束條件，並且錯誤的隱含假設往往會導致建模錯誤。神經機器翻譯是一種點對點模型，它並不依賴任何隱含結構假設。這樣，模型並不會受到錯誤的隱含結構的引導。從某種意義上說，點對點學習可以讓模型更加「自由」的進行學習，因此往往可以學到很多傳統認知上不容易理解或者不容易觀測到的現象。

- 不需要特徵工程，特徵學習更加全面。經典的統計機器翻譯可以透過判別式模型引入任意特徵，不過這些特徵需要人工設計，因此這個過程也被稱為特徵工程。特徵工程依賴大量的人工，特別是對不同語種、不同場景的翻譯任務，所採用的特徵不盡相同，這也使得設計有效的特徵成了統計機器翻譯時代最主要的工作之一。但是，由於人類自身的思維和認知水平的限制，人工設計的特徵可能不全面，甚至會遺漏一些重要的翻譯現象。神經機器翻譯並不依賴任何人工特徵的設計，或者說，它的特徵都隱含在分散式表示中。這些「特徵」都是自動學習得到的，因此神經機器翻譯並不會受到人工思維的限制，學習到的特徵將問題描述得更全面。
- 模型結構統一，儲存相對更小。統計機器翻譯系統依賴很多模組，如詞對齊、短語（規則）表和目的語言模型等，因為所有的資訊（如n-gram）都是離散化表示的，所以模型需要消耗大量的儲存資源。同時，由於系統模組較多，開發的難度也較大。神經機器翻譯的模型都是用神經網路進行表示的，模型參數大多是實數矩陣，因此儲存資源的消耗很小。而且，神經網路可以作為一個整體進行開發和偵錯，系統架設的代價相對較低。實際上，由於模型體積小，神經機器翻譯也非常適於離線小裝置上的翻譯任務。

當然，神經機器翻譯並不完美，很多問題有待解決。首先，神經機器翻譯需要大規模浮點運算的支援，模型的推斷速度較低。為了獲得優質的翻譯結果，往往需要大量 GPU 裝置的支援，運算資源成本很高；其次，由於缺乏人類的先驗知識對翻譯過程的指導，神經機器翻譯的運行過程缺乏可解釋性，系統的可干預性也較差；此外，雖然脫離了繁重的特徵工程，神經機器翻譯仍然需要人工設計網路結構，在模型的各種超參數的設置、訓練策略的選擇等方面，仍然需要大量的人工參與。這也導致很多實驗結果不容易複現。顯然，完全不依賴人工的機器翻譯還很遙遠。不過，隨著研究人員的不斷攻關，很多問題也獲得了解決。

10.2 編碼器-解碼器框架

說到神經機器翻譯就不得不提編碼器-解碼器模型，或編碼器-解碼器框架（Encoder-Decoder Paradigm）。本質上，編碼器-解碼器模型是描述輸入-輸出之間關係的一種方式。編碼器-解碼器這個概念在日常生活中並不少見。例如，在電視系統上為了便於視訊的傳播，會使用各種編碼器將視訊編碼成數位訊號，在用戶端，相應的解碼器組件會把收到的數位訊號解碼為視訊。另一個更貼近生活的例子是電話，它透過對聲波和電信號進行相互轉換，達到傳遞聲音的目的。這種「先編碼，再解碼」的思想被應用到密碼學、資訊理論等多個領域。

不難看出，機器翻譯問題也完美地貼合了編碼器-解碼器結構的特點。可以將來源語言編碼為類似資訊傳輸中的數位訊號，然後利用解碼器對其進行轉換，生成目的語言。下面就來介紹神經機器翻譯是如何在編碼器-解碼器框架下工作的。

10.2.1 框架結構

編碼器-解碼器框架是一種典型的基於「表示」的模型。編碼器的作用是將輸入的文字序列透過某種轉換變為一種新的「表示」形式，這種「表示」包含了輸入序列的所有資訊。之後，解碼器把這種「表示」重新轉換為輸出的文字序列。這其中的一個核心問題是表示學習，即如何定義對輸入文字序列的表示形式，並自動學習這種表示，同時應用它生成輸出序列。一般來説，不同的表示學習方法對應不同的機器翻譯模型，例如，在最初的神經機器翻譯模型中，來源語言句子都被表示為一個獨立的向量，這時表示結果是靜態的；而在注意力機制中，來源語言句子的表示是動態的，也就是翻譯目的語言的每個單字時都會使用不同的表示結果。

圖 10-5 是一個使用編碼器-解碼器框架處理中英翻譯的過程。給定一個中文句子「我/對/你/感到/滿意」，編碼器會將這句話編碼成一個實數向量 $(0.2,-1,6,5,0.7,-2)$，這個向量就是來源語言句子的「表示」結果。雖然有些不可思議，但是神經機器翻譯模型把這個向量等於輸入序列。向量中的數字並沒有實際意義，解碼器卻能從中提取來源語言句子中所包含的資訊。也有研究人員把向量的每一個維度看作一個「特徵」，這樣來源語言句子就被表示成多個「特徵」的聯合，而且這些特徵可以被自動學習。有了這樣的來源語言句子的「表示」，解碼器可以把這個實數向量作為輸入，然後逐詞生成目的語言句子 "I am satisfied with you"。

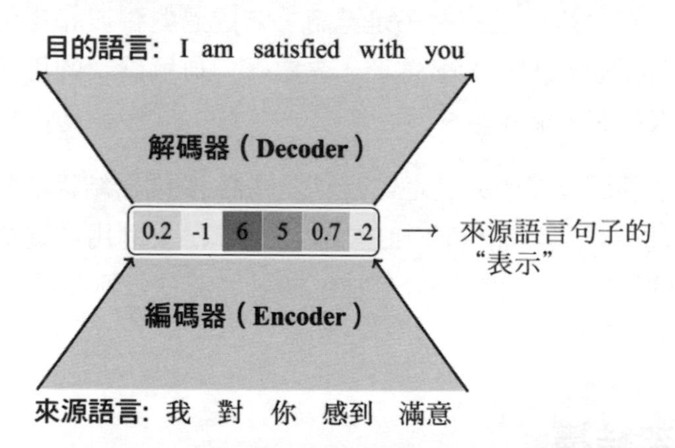

圖 10-5 使用編碼器-解碼器框架處理中英翻譯的過程

在來源語言句子的表示形式確定之後，需要設計相應的編碼器和解碼器結構[466]。在當今主流的神經機器翻譯系統中，編碼器由詞嵌入層和中間網路層組成。當輸入一串單字序列時，詞嵌入層會將每個單字映射到多維實數表示空間，這個過程也被稱為詞嵌入。之後，中間層會對詞嵌入向量進行更深層的抽象，得到輸入單字序列的中間表示。中間層的實現方式有很多，如循環神經網路、卷積神經網路、自注意力機制等都是模型常用的結構。解碼器的結構基本上和編碼器一致，在基於循環神經網路的翻譯模型中，解碼器只比編碼器多了輸出層，用於輸出每個目的語言位置的單字生成機率，而在基於自注意力機制的翻譯模型中，除了輸出層，解碼器還比編碼器多一個編碼-解碼注意力子層，用於幫助模型更好地利用來源語言資訊。

如今，編碼器-解碼器框架已經成了神經機器翻譯系統的標準架構。當然，也有一些研究工作在探索編碼器-解碼器框架之外的結構，但還沒有太多顛覆性的進展。因此，本章仍然以編碼器-解碼器框架為基礎對相關模型和方法進行介紹。

10.2.2 表示學習

編碼器-解碼器框架的創新之處在於，將傳統的基於符號的離散型知識轉化為分散式的連續型知識。例如，對於一個句子，它可以由離散的符號所組成的文法規則來生成，也可以被直接表示為一個實數向量，記錄句子的各個「屬性」。這種分散式的實數向量可以不依賴任何離散化的符號系統，簡單來講，它就是一個函數，把輸入的詞串轉化為實數向量。更為重要的是，這種分散式表示可以被自動學習。從某種意義上講，編碼器-解碼器框架的作用之一就是學習輸入序列的表示。表示結果學習的好與壞很大程度上會影響神經機器翻譯系統的性能。

圖 10-6 對比了統計機器翻譯和神經機器翻譯的表示空間。傳統的統計機器翻譯如圖 10-6(a)所示，透過短語或規則組合來獲得更大的翻譯片段，直至覆蓋整個句子。這本質上是在一個離散的結構空間中不斷組合的過程。神經機器翻譯如圖 10-6(b)所示，它並沒有所謂的「組合」的過程，整個句子的處理是直接在連續空間上進行計算得到的。二者的區別也表現了符號系

統與神經網路系統的區別。前者更適合處理離散化的結構表示，後者更適合處理連續化的表示。

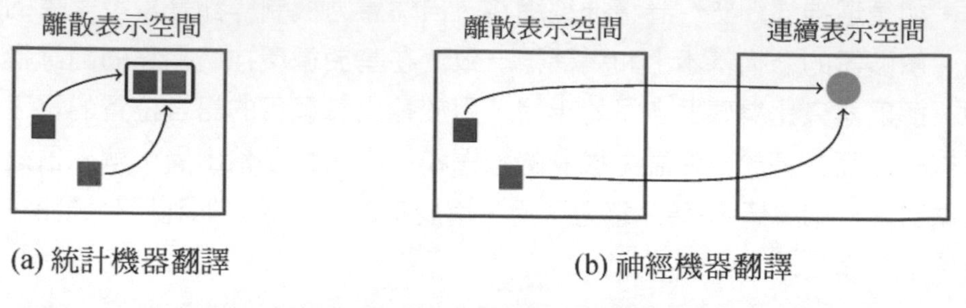

圖 10-6 統計機器翻譯和神經機器翻譯的表示空間

實際上，編碼器-解碼器框架並不是表示學習實現的唯一途徑。例如，在第 9 章提到的神經語言模型實際上也是一種有效的學習句子表示的方法，它所衍生出的預訓練模型可以從大規模單語資料上學習句子的表示形式。這種學習會比使用少量的雙語資料進行編碼器和解碼器的學習更加充分。相比機器翻譯任務，語言模型相當於一個編碼器的學習[4]，可以無縫嵌入神經機器翻譯模型中。值得注意的是，機器翻譯的目的是解決雙語字串之間的映射問題，因此它所使用的句子表示是為了更好地進行翻譯。從這個角度看，機器翻譯中的表示學習又和語言模型中的表示學習有不同。本節不會深入討論神經語言模型和預訓練與神經機器翻譯之間的異同，後續章節會有相關討論。

另外，在神經機器翻譯中，句子的表示形式可以有很多選擇。使用單一向量表示一個句子是一種最簡單的方法。當然，也可以用矩陣、高階張量完成表示。甚至，可以在解碼時動態地生成來源語言的表示結果。

---

[4] 相比神經機器翻譯的編碼器，神經語言模型會多出一個輸出層，這時可以直接把神經語言模型的中間層的輸出作為編碼器的輸出。

10.2.3 簡單的運行實例

為了對編碼器-解碼器框架和神經機器翻譯的運行過程有一個直觀的認識，這裡採用標準的循環神經網路作為編碼器和解碼器的結構，演示一個簡單的翻譯實例。假設系統的輸入和輸出為：

輸入（中文）：我 很 好 <eos>

輸出（英文）：I am fine <eos>

令<eos>（End of Sequence）表示序列的終止，<sos>（Start of Sequence）表示序列的開始。

神經機器翻譯的運行過程如圖 10-7 所示，其中左邊是編碼器，右邊是解碼器。編碼器會連續處理來源語言單字，將每個單字都表示成一個實數向量，也就是每個單字的詞嵌入結果（綠色方框）。在詞嵌入的基礎上運行循環神經網路（藍色方框）。在編碼下一個時間步狀態時，上一個時間步的隱藏狀態會作為歷史資訊傳入循環神經網路。這樣，句子中每個位置的資訊都被向後傳遞，最後一個時間步的隱藏狀態（紅色方框）就包含了整個來源語言句子的資訊，也就獲得了編碼器的編碼結果——來源語言句子的分散式表示。

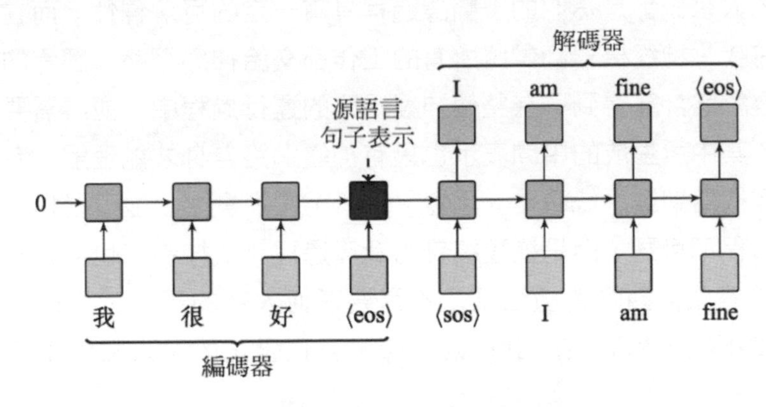

圖 10-7 神經機器翻譯的運行過程

解碼器直接將來源語言句子的分散式表示作為輸入的隱藏層狀態，之後像編碼器一樣依次讀取目的語言單字，這是一個標準的循環神經網路的執行過程。與編碼器不同的是，解碼器會有一個輸出層，用於根據當前時間步的隱層狀態生成目的語言單字及其機率分佈。可以看到，解碼器當前時刻的輸出單字與下一個時刻的輸入單字是一樣的。從這個角度看，解碼器也是一種神經語言模型，只不過它會從另一種語言（來源語言）獲得一些資訊，而非僅生成單敘述子。具體來說，當生成第一個單字"I"時，解碼器利用了來源語言句子表示（紅色方框）和目的語言的起始詞"<sos>"在生成第二個單字"am"時，解碼器利用了上一個時間步的隱藏狀態和已經生成的"I"的資訊。這個過程會循環執行，直到生成完整的目的語言句子。

從這個例子可以看出，神經機器翻譯的過程其實並不複雜：首先，透過編碼器神經網路將來源語言句子編碼成實數向量，然後解碼器神經網路利用這個向量逐詞生成譯文。現在幾乎所有的神經機器翻譯系統都採用類似的架構。

10.2.4 機器翻譯範式的對比

對於不同類型的機器翻譯方法，人類所扮演的作用是不同的。在統計機器翻譯時代，往往需要人工定義所需要的特徵和翻譯單元，翻譯中的每一個步驟對於人來說都是透明的，翻譯過程具有一定的可解釋性。而在神經機器翻譯時代，神經機器翻譯將所有的工作都交給神經網路，翻譯的過程完全由神經網路計算得到。在整個神經網路的運行過程中，並不需要人工先驗知識，其中所生成的中間表示也只有神經網路自身才能理解。有時，也會把神經機器翻譯系統看作「黑盒」。所謂「黑盒」，並不是指神經網路計算的過程不可見，而是這種複雜的計算過程無法控制，也很難解釋。那麼，是神經機器翻譯會魔法嗎，不需要任何人為的干預就可以進行翻譯嗎？其實不然，相對於統計機器翻譯，真正變化的是人類使用知識的形式。

在機器翻譯的不同時期，人類參與到機器翻譯中的形式並不相同，如表10-5 所示。具體來說：

表 10-5 不同機器翻譯範式中人類的作用

機器翻譯方法	人類參與方式
基於規則的機器翻譯方法	設計翻譯規則
統計機器翻譯方法	設計翻譯特徵
神經機器翻譯方法	設計網路架構

- 在早期基於規則的機器翻譯方法中，規則的編寫、維護均需要人來完成，也就是人類直接提供了電腦可讀的知識形式。
- 在統計機器翻譯方法中，則需要人為地設計翻譯特徵，並定義基本翻譯單元的形式，剩下的事情（如翻譯過程）交由統計機器翻譯演算法完成，也就是人類間接地提供了翻譯所需要的知識。
- 在神經機器翻譯方法中，特徵的設計完全不需要人的參與，但進行特徵提取的網路結構仍然需要人為設計，訓練網路所需要的參數也需要工程師的不斷調整才能發揮神經機器翻譯的強大性能。

可見，不管是基於規則的機器翻譯方法，還是統計機器翻譯方法，甚至最新的神經機器翻譯方法，人類的作用是不可替代的。雖然神經機器翻譯很強大，但是它的成功仍然依賴人工設計網路結構和調參。縱然，也有一些研究工作透過結構搜索的方法自動獲得神經網路結構，但是搜索的演算法和模型仍然需要人工設計。道理很簡單：機器翻譯是人類設計的，脫離了人的工作，機器翻譯是不可能成功的。

10.3 基於循環神經網路的翻譯建模

早期，神經機器翻譯的進展主要來自兩個方面：

（1）使用循環神經網路對單字序列進行建模。

（2）注意力機制的使用。

表 10-6 列出了 2013—2015 年間有代表性的部分研究工作。從這些工作的內容上看，當時的研究重點是如何有效地使用循環神經網路進行翻譯建模，以及使用注意力機制捕捉雙語單字序列間的對應關係。

表 10-6 2013—2015 年間神經機器翻譯方面的部分論文

時間（年）	作者	論文（名稱）
2013	[l]Kalchbrenner 和 Blunsom	*Recurrent Continuous Translation Models* [453]
2014	Sutskever 等	*Sequence to Sequence Learning with neural networks* [21]
2014	Bahdanau 等	*Neural Machine Translation by Jointly Learning to Align and Translate* [22]
2014	Cho 等	*On the Properties of Neural Machine Translation* [467]
2015	Jean 等	*On Using Very Large Target Vocabulary for Neural Machine Translation* [468]
2015	Luong 等	*Effective Approches to Attention-based Neural Machine Translation* [25]

可以説，循環神經網路和注意力機制組成了當時神經機器翻譯的標準框架。例如，2016 年出現的 GNMT（Google's Neural Machine Translation）系統就是由多層循環神經網路（長短時記憶模型）和注意力機制架設的，且在當時展示出了很出色的性能[456]，其中的很多技術都為其他神經機器翻譯系統的研發提供了很好的依據。

下面將從基於循環神經網路的翻譯模型入手，介紹神經機器翻譯的基本方法。之後，會對注意力機制進行介紹，同時介紹其在 GNMT 系統中的應用。

10.3.1 建模

同大多數自然語言處理任務一樣，神經機器翻譯要解決的一個基本問題是如何描述文字序列，即序列表示問題。例如，語音資料、文字資料的處理問題都可以被看作典型的序列表示問題。如果把一個序列看作時序上的一系列變數，不同時刻的變數之間往往存在相關性。也就是説，一個時序中某個時刻變數的狀態會依賴其他時刻變數的狀態，即上下文的語境資訊。下面是一個簡單的例子，假設有一個句子，最後的單字被擦掉了，猜測被擦掉的單字是什麼？

中午 沒 吃飯，又 剛 打 了 一 下午 籃球，我 現在 很 餓，我 想______ 。

顯然，根據上下文中提到的「沒/吃飯」「很/餓」，最佳答案是「吃飯」或者「吃東西」。也就是説，對序列中某個位置的答案進行預測時，需要記憶當前時刻之前的序列資訊，因此，循環神經網路應運而生。實際上，循環神經網路有著極為廣泛的應用，如應用在語音辨識、語言建模及神經機器翻譯中。

第 9 章已經對循環神經網路的基本知識進行過介紹，這裡再回顧一下。簡單來説，循環神經網路由循環單元組成。對於序列中的任意時刻，都有一個循環單元與之對應，它會融合當前時刻的輸入和上一時刻循環單元的輸出，生成當前時刻的輸出。這樣，每個時刻的資訊都會被傳遞到下一時刻，這也間接達到了記錄歷史資訊的目的。例如，對於序列$x = \{x_1, \cdots, x_m\}$，循環神經網路會按順序輸出一個序列$h = \{h_1, \cdots, h_m\}$，其中h_i表示i時刻循環神經網路的輸出（通常為一個向量）。

圖 10-8 展示了一個循環神經網路處理序列問題的實例。當前時刻，循環單元的輸入由上一個時刻的輸出和當前時刻的輸入組成，因此也可以視為，網路當前時刻計算得到的輸出是由之前的序列共同決定的，即網路在不斷傳遞資訊的過程中記憶了歷史資訊。以最後一個時刻的循環單元為例，它在對「開始」這個單字的資訊進行處理時，參考了之前所有詞（「<sos> 讓 我們」）的資訊。

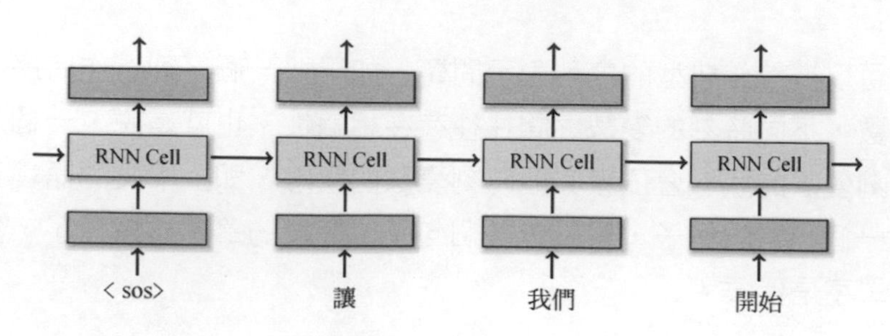

圖 10-8 一個循環神經網路處理序列問題的實例

在神經機器翻譯中使用循環神經網路也很簡單，只需要將來源語言句子和目的語言句子分別看作兩個序列，之後使用兩個循環神經網路分別對其進行建模。這個過程如圖 10-9 所示。圖的下半部分是編碼器，上半部分是解碼器。編碼器利用循環神經網路對來源語言序列逐詞進行編碼處理，同時利用循環單元的記憶能力，不斷累積序列資訊，遇到結束字元<eos>後便獲得了包含來源語言句子全部資訊的表示結果。解碼器利用編碼器的輸出和起始符<sos>逐詞進行解碼，即逐詞翻譯，每得到一個譯文單字，便將其作為當前時刻解碼器端循環單元的輸入，這也是一個典型的神經語言模型的序列生成過程。解碼器透過循環神經網路不斷地累積已經得到的譯文的資訊，並繼續生成下一個單字，直到遇到結束符<eos>，便獲得了最終完整的譯文。

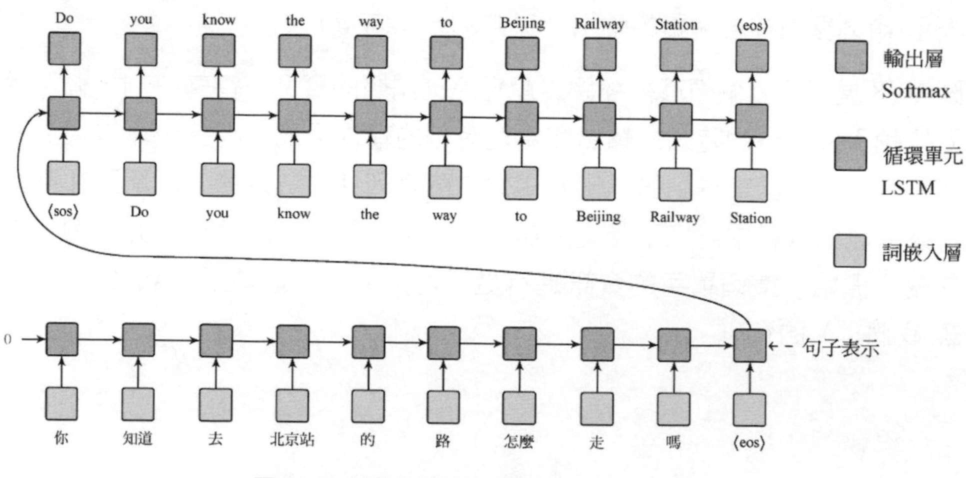

圖 10-9 基於循環神經網路翻譯的模型結構

從數學模型上看，神經機器翻譯模型與統計機器翻譯模型的目標是一樣的：在給定來源語言句子x的情況下，找出翻譯機率最大的目的語言譯文$\hat{y}$，其計算如下：

$$\hat{y} = \arg\max_{y} P(y|x) \tag{10-1}$$

這裡，用$x = \{x_1, \cdots, x_m\}$表示輸入的來源語言單字序列，$y = \{y_1, \cdots, y_n\}$ 表示生成的目的語言單字序列。神經機器翻譯在生成譯文時採用的是自左向右逐詞生成的方式，並在翻譯每個單字時考慮已經生成的翻譯結果，因此對$P(y|x)$的求解可以轉換為

$$P(y|x) = \prod_{j=1}^{n} P(y_j|y_{<j}, x) \tag{10-2}$$

其中，$y_{<j}$表示目的語言第j個位置之前已經生成的譯文單字序列。$P(y_j|y_{<j}, x)$可以被解釋為：根據來源語言句子x和已生成的目的語言譯文片段$y_{<j} = \{y_1, \cdots, y_{j-1}\}$，生成第$j$個目的語言單字$y_j$的機率。

求解$P(y_j|y_{<j}, x)$有 3 個關鍵問題（如圖 10-10 所示）。

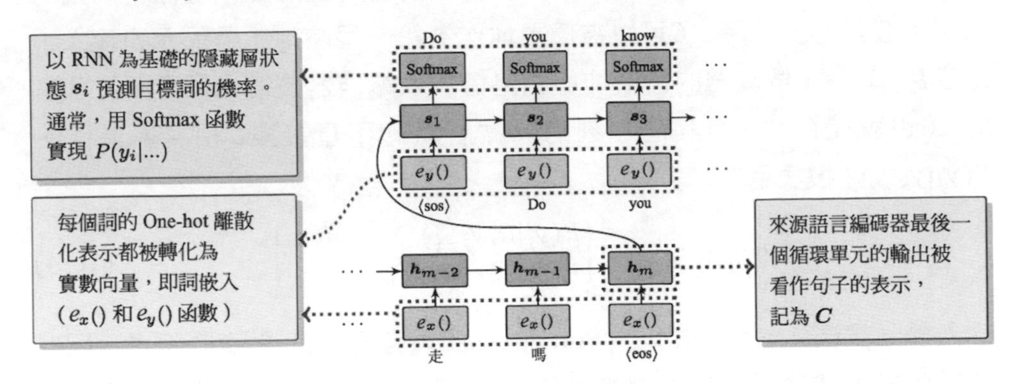

圖 10-10　求解$P(y_j|y_{<j}, x)$的 3 個關鍵問題

- 如何對x和$y_{<j}$進行分散式表示即詞嵌入。首先，將由 One-hot 向量表示的來源語言單字，即由 0 和 1 組成的離散化向量表示轉化為實數向

量。可以把這個過程記為$e_x(\cdot)$。類似地，對目的語言序列$y_{<j}$中的每個單字，用同樣的方式進行表示，記為$e_y(\cdot)$。

- 如何在詞嵌入的基礎上獲取整個序列的表示，即句子的表示學習。可以把詞嵌入的序列作為循環神經網路的輸入，循環神經網路最後一個時刻的輸出向量便是整個句子的表示結果。以圖 10-10 為例，編碼器最後一個循環單元的輸出h_m被看作一種包含了來源語言句子資訊的表示結果，記為C。
- 如何得到每個目的語言單字的機率，即譯文單字的生成（Generation）。與神經語言模型一樣，可以用一個 Softmax 輸出層來獲取當前時刻所有單字的分佈，即利用 Softmax 函數計算目的語言詞表中每個單字的機率。令目的語言序列j時刻的循環神經網路的輸出向量（或狀態）為s_j。根據循環神經網路的性質，y_j 的生成只依賴前一個狀態s_{j-1}和當前時刻的輸入（即詞嵌入$e_y(y_{j-1})$）。同時，考慮來源語言資訊C，$P(y_j|y_{<j},x)$可以被重新定義為

$$P(y_j|y_{<j},x) = P(y_j|s_{j-1},y_{j-1},C) \tag{10-3}$$

$P(y_j|s_{j-1},y_{j-1},C)$由 Softmax 實現，Softmax 的輸入是循環神經網路j時刻的輸出。在具體實現時，C可以被簡單地作為第一個時刻循環單元的輸入，即當$j = 1$ 時，解碼器的循環神經網路會讀取編碼器最後一個隱藏層狀態h_m（也就是C），而其他時刻的隱藏層狀態不直接與C相關。最終，$P(y_j|y_{<j},x)$ 被表示為

$$P(y_j|y_{<j},x) = \begin{cases} P(y_j|C,y_{j-1}) & j = 1 \\ P(y_j|s_{j-1},y_{j-1}) & j > 1 \end{cases} \tag{10-4}$$

輸入層（詞嵌入）和輸出層（Softmax）的內容已在第 9 章介紹過，因此這裡的核心內容是設計循環神經網路結構，即設計循環單元的結構。至今，研究人員已經提出了很多優秀的循環單元結構，其中 RNN 是最原始的循環單元結構。在 RNN 中，對於序列$x = \{x_1,\cdots,x_m\}$，每個時刻t都對應一個循環單元，它的輸出是一個向量h_t，可以被描述為

$$h_t = f(x_tU + h_{t-1}W + b) \tag{10-5}$$

其中，x_t是當前時刻的輸入，h_{t-1}是上一時刻循環單元的輸出，$f(\cdot)$是啟動函數，U和W是參數矩陣，b是偏置。

雖然 RNN 的結構很簡單，但是已經具有了對序列資訊進行記憶的能力。實際上，基於 RNN 結構的神經語言模型已經能夠取得比傳統n-gram 語言模型更優異的性能。在機器翻譯中，RNN 也可以作為入門或者快速原型所使用的神經網路結構。後面會進一步介紹更先進的循環單元結構，以及架設循環神經網路的常用技術。

10.3.2 長短時記憶網路

RNN 結構使得當前時刻循環單元的狀態包含了之前時間步的狀態資訊，但這種對歷史資訊的記憶並不是無損的，隨著序列變長，RNN 的記憶資訊的損失越來越嚴重。在很多長序列處理任務中（如長文字生成）都觀測到了類似現象。針對這個問題，研究人員提出了長短時記憶（Long Short-term Memory）模型，也就是常說的 LSTM 模型[469]。

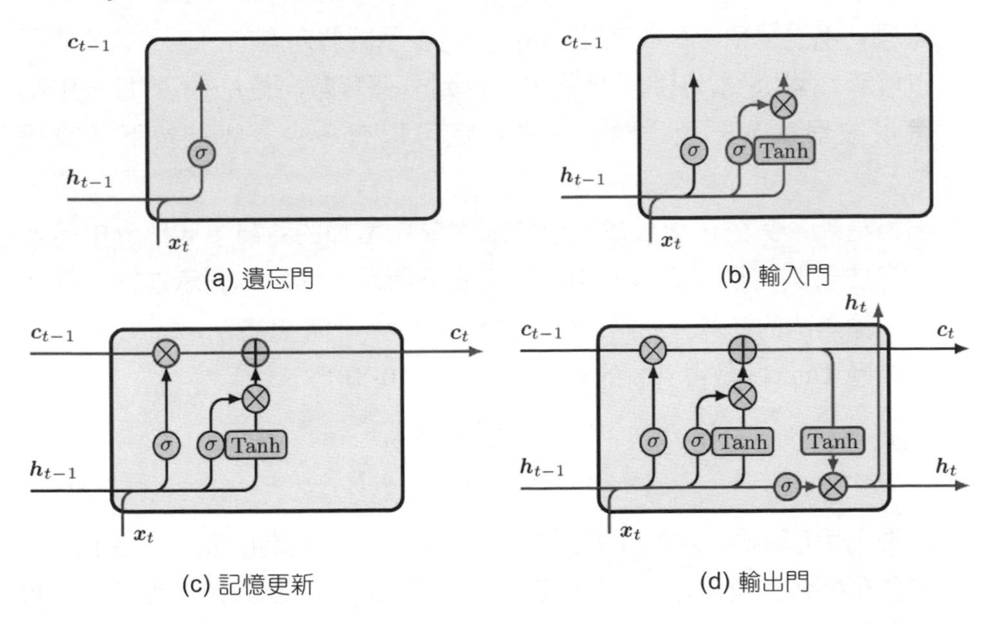

(a) 遺忘門

(b) 輸入門

(c) 記憶更新

(d) 輸出門

圖 10-11 LSTM 中的門控結構

LSTM 模型是 RNN 模型的一種改進。相比 RNN 僅傳遞前一時刻的狀態 h_{t-1}，LSTM 會同時傳遞兩部分資訊：狀態資訊h_{t-1}和記憶資訊c_{t-1}。這裡，c_{t-1}是新引入的變數，也是循環單元的一部分，用於顯性地記錄需要記錄的歷史內容，h_{t-1}和c_{t-1}在循環單元中會相互作用。LSTM 透過「門」單元動態地選擇遺忘多少以前的資訊和記憶多少當前的資訊。LSTM 中的門控結構如圖 10-11 所示，包括遺忘門、輸入門、記憶更新和輸出門。圖中σ代表 Sigmoid 函數，它將函數輸入映射為 0–1 範圍內的實數，用來充當門控訊號。

LSTM 的結構主要分為 3 個部分：

- 遺忘。顧名思義，遺忘的目的是忘記一些歷史，在 LSTM 中透過遺忘門實現，其結構如圖 10-11(a)所示。x_t表示時刻t的輸入向量，h_{t-1}是時刻$t-1$的循環單元的輸出，x_t和h_{t-1}都作為t時刻循環單元的輸入。σ將對x_t和h_{t-1}進行篩選，以決定遺忘的資訊，其計算如下：

$$f_t = \sigma([h_{t-1}, x_t]W_{\mathrm{f}} + b_{\mathrm{f}}) \tag{10-6}$$

  這裡，W_{f}是權值，b_{f}是偏置，$[h_{t-1}, x_t]$表示兩個向量的拼接。該公式可以解釋為對$[h_{t-1}, x_t]$進行變換，並得到一個實數向量f_t。f_t的每一維都可以被理解為一個「門」，它決定可以有多少資訊被留下（或遺忘）。

- 記憶更新。首先，要生成當前時刻需要新增加的資訊，該部分由輸入門完成，其結構如圖 10-11(b)紅色部分所示，"⊗ " 表示進行點乘操作。輸入門的計算分為兩部分，先利用σ決定門控參數i_t，如式(10-7)，再透過 Tanh 函數得到新的資訊c_t，如式(10-8)：

$$i_t = \sigma([h_{t-1}, x_t]W_{\mathrm{i}} + b_{\mathrm{i}}) \tag{10-7}$$

$$c_t = \tanh([h_{t-1}, x_t]W_{\mathrm{c}} + b_{\mathrm{c}}) \tag{10-8}$$

  之後，用i_t點乘c_t，得到當前需要記憶的資訊，記為$i_t \odot c_t$。接下來，需要更新舊的資訊c_{t-1}，得到新的記憶資訊c_t，更新操作如圖 10-11(c)紅色部分所示，"⊕ " 表示相加。具體規則是透過遺忘門選擇忘記一部分上文資訊$f_t \odot c_{t-1}$，透過輸入門計算新增的資訊$i_t \odot c_t$，然後根據"⊗ "門與"⊕ "門進行相應的點乘和加法計算，如式(10-9)：

$$c_t = f_t \odot c_{t-1} + i_t \odot c_t \tag{10-9}$$

- 輸出。該部分使用輸出門計算最終的輸出資訊h_t，其結構如圖 10-11(d) 紅色部分所示。在輸出門中，先將x_t和h_{t-1}透過σ函數變換得到o_t，如式(10-10)。再將上一步得到的新記憶資訊c_t透過 Tanh 函數進行變換，得到值在[−1,1]範圍的向量。最後，將這兩部分進行點乘，如式(10-11)：

$$o_t = \sigma([h_{t-1}, x_t]W_o + b_o) \tag{10-10}$$

$$h_t = o_t \odot \tanh(c_t) \tag{10-11}$$

LSTM 的完整結構如圖 10-12 所示，模型的參數包括參數矩陣W_f, W_i, W_c, W_o和偏置b_f, b_i, b_c, b_o。可以看出，h_t是由c_{t-1}、h_{t-1}與x_t共同決定的。此外，本節公式中啟動函數的選擇是根據函數各自的特點決定的。

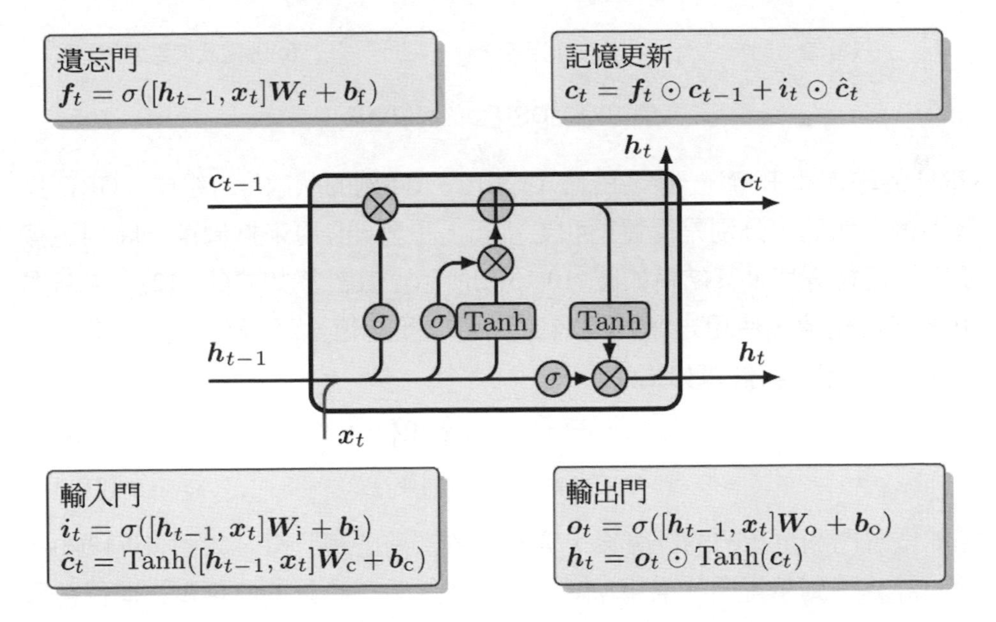

圖 10-12 LSTM 的完整結構

10.3.3 門控循環單元

LSTM 透過門控單元控制傳遞狀態，忘記不重要的資訊，記住必要的歷史資訊，在長序列上取得了很好的效果，但是其進行了許多門訊號的計算，較為煩瑣。門控循環單元（Gated Recurrent Unit，GRU）作為一個 LSTM 的變種，繼承了 LSTM 中利用門控單元控制資訊傳遞的思想，並對 LSTM 進行了簡化[470]。它把循環單元狀態h_t和記憶c_t合併成一個狀態h_t，同時使用更少的門控單元，大大提升了計算效率。

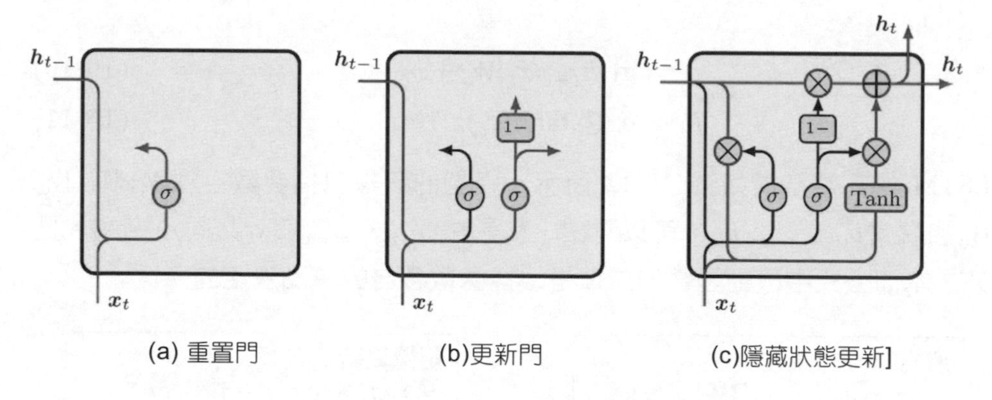

(a) 重置門　(b)更新門　(c)隱藏狀態更新]

圖 10-13 GRU 中的門控結構

GRU 的輸入和 RNN 一樣，由輸入x_t和$t-1$時刻的狀態h_{t-1}組成。GRU 只有兩個門訊號，分別是重置門和更新門。重置門r_t用來控制前一時刻隱藏狀態的記憶程度，其結構如圖 10-13(a)所示，其計算如式(10-12)。更新門用來更新記憶，使用一個門同時完成遺忘和記憶兩種操作，其結構如圖 10-13(b)所示，其計算如式(10-13) 。

$$r_t = \sigma([h_{t-1}, x_t]W_{\mathrm{r}}) \tag{10-12}$$

$$u_t = \sigma([h_{t-1}, x_t]W_{\mathrm{u}}) \tag{10-13}$$

完成重置門和更新門的計算後，需要更新當前隱藏狀態，如圖 10-13(c)所示。計算得到重置門的權重r_t後，使用其對前一時刻的狀態h_{t-1}進行重置($r_t \odot h_{t-1}$)，將重置後的結果與x_t拼接，透過 Tanh 啟動函數將資料變換到$[-1,1]$範圍內，具體計算為

$$h_t = \tanh([r_t \odot h_{t-1}, x_t]W_\mathrm{h}) \tag{10-14}$$

h_t在包含了輸入資訊x_t的同時，引入了h_{t-1}的資訊，可以視為：記憶了當前時刻的狀態。下一步是計算更新後的隱藏狀態也就是更新記憶，公式為

$$h_t = h_{t-1} \odot (1 - u_t) + h_t \odot u_t \tag{10-15}$$

這裡，u_t是更新門中得到的權重，將u_t作用於h_t，表示對當前時刻的狀態進行「遺忘」，捨棄一些不重要的資訊，將$(1 - u_t)$作用於h_{t-1}，用於對上一時刻的隱藏狀態進行選擇性記憶。

GRU 的輸入和輸出與 RNN 的類似，其採用與 LSTM 類似的門控思想，達到捕捉長距離依賴資訊的目的。此外，GRU 比 LSTM 少了一個門結構，而且參數只有W_r、W_u和W_h。因此，GRU 具有比 LSTM 高的運算效率，經常被用在系統研發中。

10.3.4 雙向模型

前面提到的循環神經網路都是自左向右運行的，也就是說，在處理一個單字時，只能存取它前面的序列資訊。但是，只根據句子的前文生成一個序列的表示是不全面的，因為從最後一個詞來看，第一個詞的資訊可能已經很微弱了。為了同時考慮前文和後文的資訊，一種解決辦法是使用雙向循環網路，其結構如圖 10-14 所示。這裡，編碼器可以看作由兩個循環神經網路組成：第一個網路，即紅色虛線框裡的網路，從句子的右邊開始處理，第二個網路從句子左邊開始處理。最終，融合正向和反向得到的結果，傳遞給解碼器。

雙向模型是自然語言處理領域的常用模型，包括前幾章提到的詞對齊對稱化、語言模型等都大量地使用了類似的思路。實際上，這也表現了建模時的非對稱思想。也就是說，建模時，如果設計一個對稱模型可能會導致問題複雜度增加，那麼往往先對問題進行化簡，從某一個角度解決問題。再融合多個模型，從不同角度得到相對合理的最終方案。

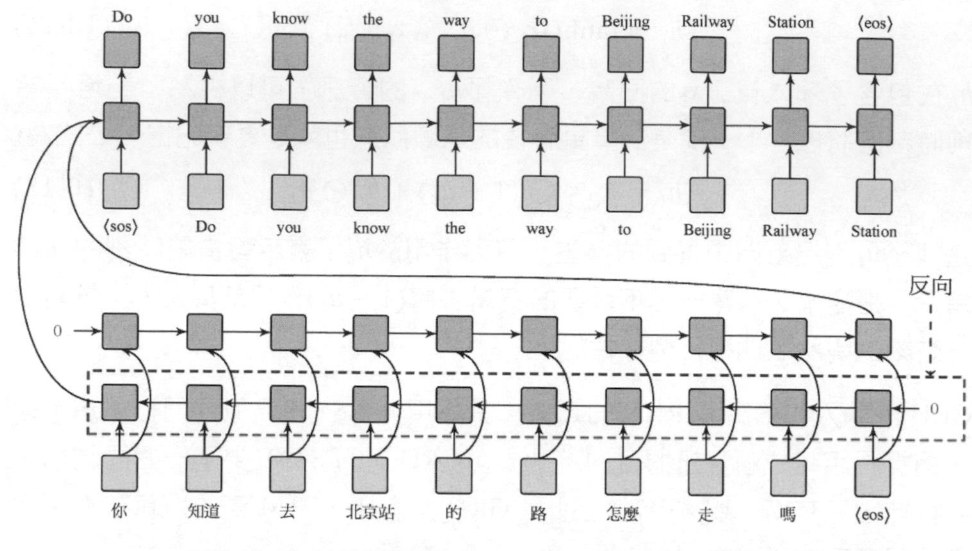

圖 10-14 基於雙向循環神經網路的機器翻譯模型結構

10.3.5 多層神經網路

實際上，單字序列所使用的循環神經網路是一種很「深」的網路，因為從第一個單字到最後一個單字需要經過至少與句子長度相當的層數的神經元。例如，一個包含幾十個詞的句子也會對應幾十個神經元層。但是，在很多深度學習應用中，更習慣把對輸入序列的同一種處理作為「一層」。例如，對於輸入序列，建構一個循環神經網路，那麼這些循環單元就組成了網路的「一層」。當然，這裡並不是要混淆概念，只是要明確，在隨後的討論中，「層」並不是指一組神經元的全連接，它一般指的是網路結構中邏輯上的一層。

單層循環神經網路對輸入序列進行了抽象，為了得到更深入的抽象能力，可以把多個循環神經網路疊在一起，組成多層循環神經網路。圖 10-15 就展示了基於雙層循環神經網路的解碼器和編碼器結構。通常，層數越多，模型的表示能力越強，因此在很多基於循環神經網路的機器翻譯系統中，會使用 4~8 層的網路。但是，過多的層也會增加模型訓練的難度，甚至導致模型無法進行訓練。第 13 章還會對這個問題進行深入討論。

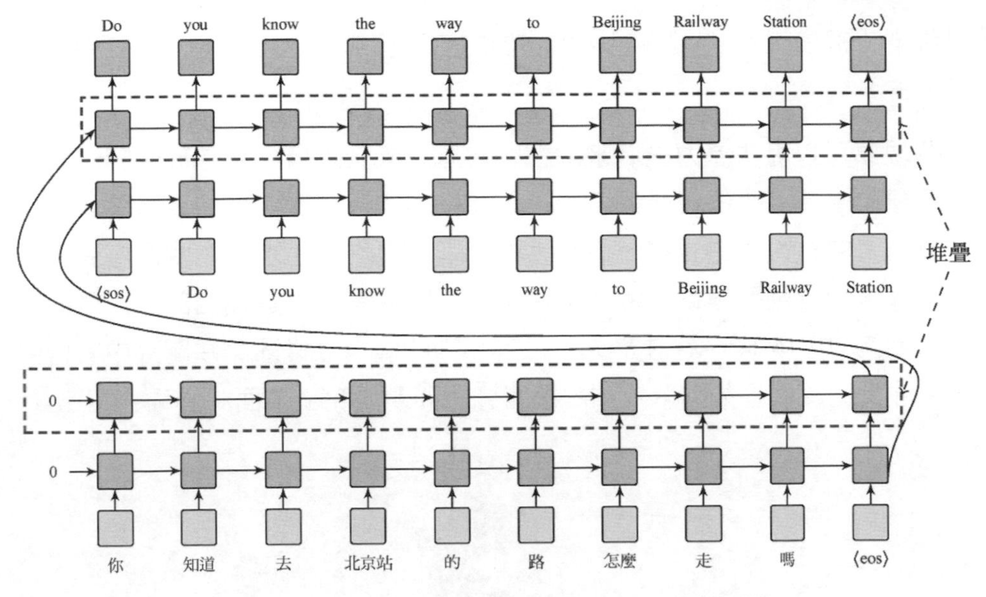

圖 10-15 基於雙層循環神經網路的解碼器和編碼器

10.4 注意力機制

前面提到的 GNMT 系統就使用了注意力機制，那麼注意力機制究竟是什麼？回顧第 2 章提到的一個觀點：世界上不同事物之間的相關性是不一樣的，有些事物之間的聯繫很強，而其他的聯繫可能很弱。自然語言也完美地契合了這個觀點。再重新思考前面提到的根據上下文補全缺失單字的例子：

中午 沒 吃飯，又 剛 打 了 一 下午 籃球，我 現在 很 餓，我 想______ 。

之所以能想到在橫線處填「吃飯」「吃東西」，可能是因為看到了「沒/吃飯」「很/餓」等關鍵資訊。這些關鍵資訊對預測缺失的單字起著關鍵性作用。而預測「吃飯」與前文中的「中午」「又」之間的聯繫似乎不那麼緊密。也就是說，在形成 「吃飯」的邏輯時，在潛意識裡會更注意「沒/

吃飯」「很/餓」等關鍵資訊，即我們的關注度並不是均勻地分佈在整個句子上的。

這個現象可以用注意力機制來解釋。注意力機制的概念來源於生物學的一些現象：當待接收的資訊過多時，人類會選擇性地關注部分資訊而忽略其他資訊。它在人類的視覺、聽覺、嗅覺等方面均有表現，當我們感受事物時，大腦會自動過濾或衰減部分資訊，僅關注其中少數幾個部分。例如，當看到圖 10-16 時，往往最先注意到小狗的嘴，然後才關注圖片中其他部分。注意力機制是如何解決神經機器翻譯問題的呢？下面將詳細介紹。

圖 10-16 戴帽子的狗

10.4.1 翻譯中的注意力機制

早期的神經機器翻譯只使用循環神經網路最後一個單元的輸出作為整個序列的表示，這種方式有兩個明顯的缺陷：

（1）雖然編碼器把一個來源語言句子的表示傳遞給解碼器，但一個維度固定的向量所能包含的資訊是有限的，隨著來源語言序列的增長，將整個句子的資訊編碼到一個固定維度的向量中可能會造成來源語言句子資訊的遺失。顯然，在翻譯較長的句子時，解碼器可能無法獲取完整的來源語言資訊，降低了翻譯性能。

（2）當生成某一個目的語言單字時，並不是均勻地使用來源語言句子中的單字資訊。更普遍的情況是，系統會參考與這個目的語言單字相對應的來源語言單字進行翻譯。這有些類似於詞對齊的作用，即翻譯是基於單字之間的某種對應關係。但是，使用單一的來源語言表示根本無法區分來源語言句子的不同部分，更不用說對來源語言單字和目的語言單字之間的聯繫進行建模了。

舉個更直觀的例子，如圖 10-17 所示，目的語言中的"very long"僅依賴來源語言中的「很長」。這時，如果將所有來源語言編碼成一個固定的實數向量，「很長」的資訊就很可能被其他詞的資訊淹沒。

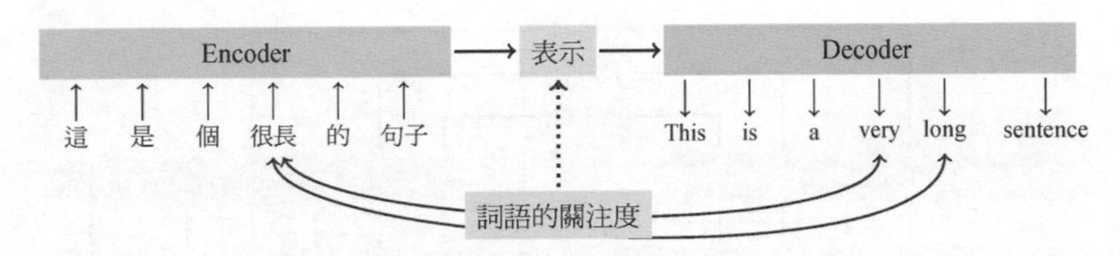

圖 10-17 來源語言單字和目的語言單字的關注度

顯然，以上問題的根本原因在於所使用的表示模型還比較「弱」。因此，需要一個更強大的表示模型，在生成目的語言單字時能夠有選擇地獲取來源語言句子中更有用的部分。更準確地說，對於要生成的目的語言單字，相關性更高的來源語言片段應該在來源語言句子的表示中表現，而非將所有的來源語言單字一視同仁。在神經機器翻譯中引入注意力機制正是為了達到這個目的[22,25]。實際上，除了機器翻譯，注意力機制也被成功地應用於影像處理、語音辨識、自然語言處理等其他任務中。也正是注意力機制的引入，使得包括機器翻譯在內的很多自然語言處理系統獲得了高速發展。

神經機器翻譯中的注意力機制並不複雜。對於每個目的語言單字y_j，系統生成一個來源語言表示向量C_j與之對應，C_j會包含生成y_j所需的來源語言的資訊，而C_j是一種包含目的語言單字與來源語言單字對應關係的來源語言表示。不同於用一個靜態的表示C，注意機制使用的是動態的表示C_j。C_j也被稱作對於目的語言位置j的上下文向量（Context Vector）。圖 10-18 對比了未引入注意力機制和引入注意力機制的編碼器-解碼器框架。可以看出，在注意力模型中，對於每一個目的語言單字的生成，都會額外引入一個單獨的上下文向量參與運算。

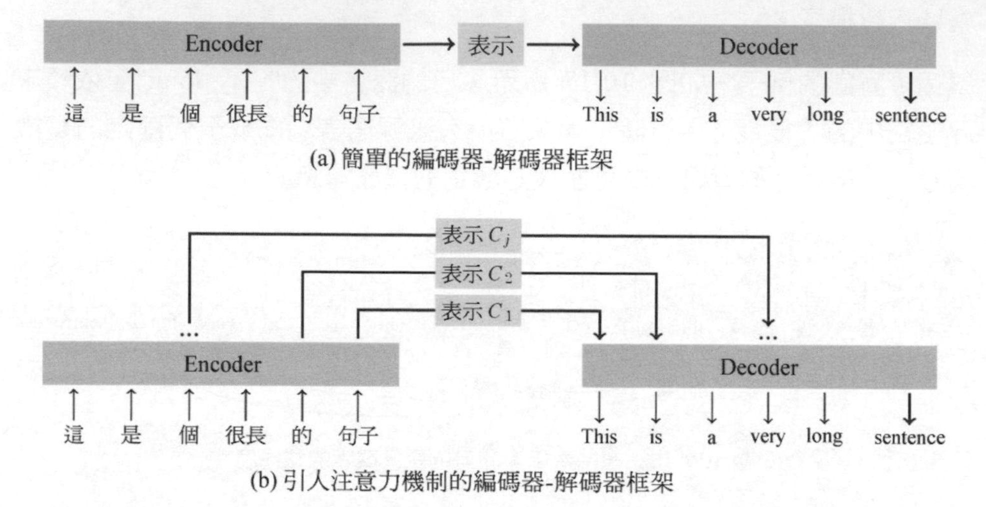

圖 10-18 未引入注意力機制和引入注意力機制的編碼器-解碼器框架對比

10.4.2 上下文向量的計算

在神經機器翻譯中，注意力機制的核心是：針對不同目的語言單字生成不同的上下文向量。這裡，可以將注意力機制看作一種對接收到的資訊的加權處理。對於更重要的資訊指定更高的權重，即更高的關注度，對於貢獻度較低的資訊，分配較低的權重，弱化其對結果的影響。這樣，C_j可以包含更多對當前目的語言位置有貢獻的來源語言片段的資訊。

根據這種思想，上下文向量C_j被定義為對不同時間步編碼器輸出的狀態序列$\{h_1, \cdots, h_m\}$進行加權求和，如：

$$C_j = \sum_i \alpha_{i,j} h_i \tag{10-16}$$

其中，$\alpha_{i,j}$是注意力權重（Attention Weight），它表示目的語言第j個位置與來源語言第i個位置之間的相關性大小。這裡，將每個時間步編碼器的輸出h_i 看作來源語言位置i的表示結果。進行翻譯時，解碼器可以根據當前的位置j，透過控制不同h_i的權重得到C_j，使得對目的語言位置j貢獻大的h_i對C_j的影響增大。也就是說，C_j實際上就是$\{h_1,\cdots,h_m\}$的一種組合，只不過不同的h_i會根據對目標端的貢獻給予不同的權重。圖 10-19 展示了上下文向量C_j的計算過程。

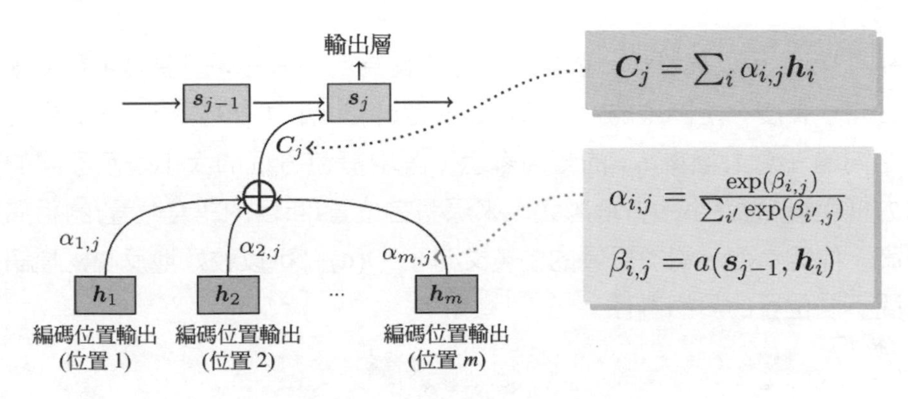

圖 10-19 上下文向量C_j的計算過程

如圖 10-18 所示，注意力權重$\alpha_{i,j}$的計算分為兩步：

（1）使用目的語言上一時刻循環單元的輸出s_{j-1}與來源語言第i個位置的表示h_i之間的相關性，來表示目的語言位置j對來源語言位置i的關注程度，記為$\beta_{i,j}$，由函數$a(\cdot)$實現，其具體計算如下：

$$\beta_{i,j} = a(s_{j-1}, h_i) \tag{10-17}$$

$a(\cdot)$可以被看作目的語言表示和來源語言表示的一種「統一化」，即把來源語言和目的語言表示映射在同一個語義空間，使語義相近的內容有更大的相似性。該函數有多種計算方式，如向量乘、向量夾角和單層神經網路等，具體數學表達如式(10-18)：

$$a(s,h) = \begin{cases} sh^{\mathrm{T}} & \text{向量乘} \\ \cos(s,h) & \text{向量夾角} \\ sWh^{\mathrm{T}} & \text{線性模型} \\ \tanh(W[s,h])v^{\mathrm{T}} & \text{拼接}[s,h] + \text{單層網路} \end{cases} \tag{10-18}$$

其中，W和v是可學習的參數。

（2） 利用 Softmax 函數，將相關性係數$\beta_{i,j}$進行指數歸一化處理，得到注意力權重$\alpha_{i,j}$，具體計算如下：

$$\alpha_{i,j} = \frac{\exp(\beta_{i,j})}{\sum_{i'} \exp(\beta_{i',j})} \tag{10-19}$$

最終，$\{\alpha_{i,j}\}$可以被看作一個矩陣，它的長為目的語言句子長度，寬為來源語言句子長度，矩陣中的每一項對應一個$\alpha_{i,j}$。圖 10-20 舉出了一個中英句對之間的注意力權重$\alpha_{i,j}$ 的矩陣表示。圖中藍色方框的大小表示不同的注意力權重$\alpha_{i,j}$的大小，方框越大，來源語言位置i和目的語言位置j的相關性越高。能夠看到，對於互譯的中英文句子，$\{\alpha_{i,j}\}$可以較好地反映兩種語言之間不同位置的對應關係。

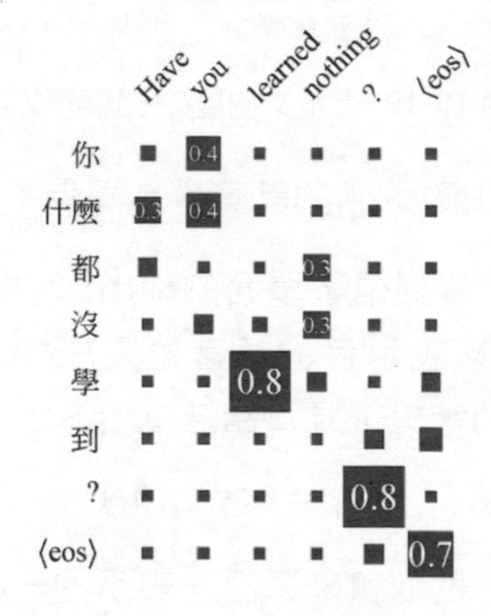

圖 10-20 一個中英句對之間的注意力權重$\alpha_{i,j}$的矩陣表示

圖 10-21 展示了一個上下文向量的計算過程實例。首先，計算目的語言第一個單字"Have"與來源語言中的所有單字的相關性，即注意力權重，對應圖中第一列$\alpha_{i,1}$，則當前時刻所使用的上下文向量$C_1 = \sum_{i=1}^{8} \alpha_{i,1} h_i$；然後，計算第二個單字"you"的注意力權重對應的第二列$\alpha_{i,2}$，其上下文向量$C_2 = \sum_{i=1}^{8} \alpha_{i,2} h_i$。依此類推，得到任意目的語言位置$j$的上下文向量$C_j$。很容易看出，不同目的語言單字的上下文向量對應的來源語言詞的權重$\alpha_{i,j}$是不同的，不同的注意力權重為不同位置指定的重要性不同。

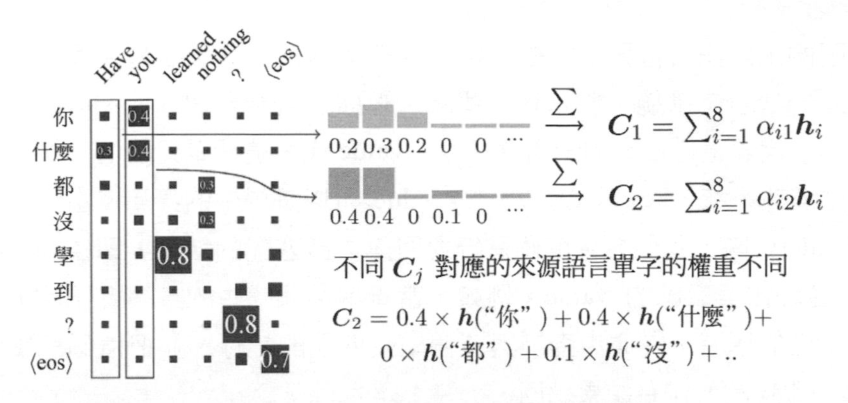

圖 10-21 一個上下文向量的計算過程實例

在 10.3.1 節中，式(10-4) 描述了目的語言單字生成機率$P(y_j|y_{<j},x)$。在引入注意力機制後，不同時刻的上下文向量C_j替換了傳統模型中固定的句子表示C。描述如下：

$$P(y_j|y_{<j},x) = P(y_j|s_{j-1},y_{j-1},C_j) \tag{10-20}$$

這樣，可以在生成每個y_j時，動態地使用不同的來源語言表示C_j，並更準確地捕捉來源語言和目的語言不同位置之間的相關性。表 10-7 展示了引入注意力機制前後譯文單字生成公式的對比。

表 10-7 引入注意力機制前後譯文單字生成公式的對比

引入注意力機制之前	引入注意力機制之後
have = $\arg\max_{y_1} P(y_1\|C,y_0)$	have = $\arg\max_{y_1} P(y_1\|C_1,y_0)$
you = $\arg\max_{y_2} P(y_2\|s_1,y_1)$	you = $\arg\max_{y_2} P(y_2\|s_1,C_2,y_1)$

10.4.3 注意力機制的解讀

從前面的描述可以看出，注意力機制在機器翻譯中就是要回答一個問題：給定一個目的語言位置j和一系列來源語言的不同位置上的表示$\{h_i\}$，如何得到一個新的表示h，使得它與目的語言位置j對應得最好？

如何理解這個過程？注意力機制的本質又是什麼呢？換一個角度看，實際上，目的語言位置j可以被看作一個查詢，我們希望從來源語言端找到與之最匹配的來源語言位置，並返回相應的表示結果。為了描述這個問題，可以建立一個查詢系統。假設有一個庫，裡面包含若干個 key-value 單元，其中 key 代表這個單元的索引關鍵字，value 代表這個單元的值。例如，對於學生資訊系統，key 可以是學號，value 可以是學生的身高。當輸入一個查詢 query 時，我們希望這個系統返回與之最匹配的結果，即找到匹配的 key，並輸出其對應的 value。例如，當查詢某個學生的身高資訊時，可以輸入學生的學號，在庫中查詢與這個學號匹配的記錄，並把這個記錄中的 value（即身高）作為結果返回。

圖 10-22 展示了一個這樣的學生資訊查詢系統。這個系統包含 4 個 key-value 單元，當輸入查詢 query 時，就把 query 與這 4 個 key 一個一個進行匹配，如果完全匹配就返回相應的 value。這裡，query 和key_3是完全匹配的（因為都是橫紋），因此系統返回第三個單元的值，即value_3。如果庫中沒有與 query 匹配的 key，則返回一個空結果。

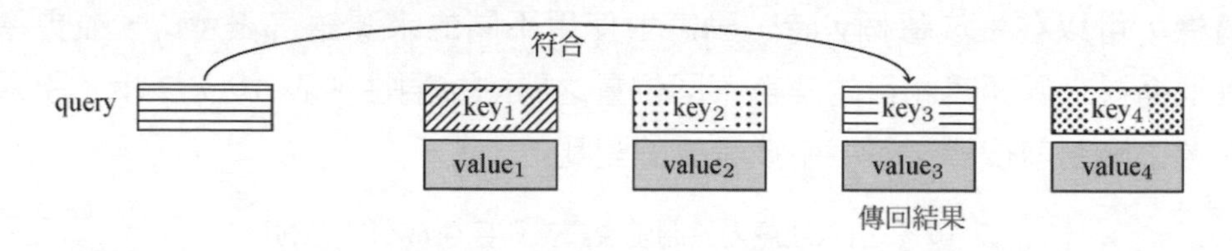

圖 10-22 學生資訊查詢系統

也可以用這個系統描述翻譯中的注意力問題。query 即目的語言位置j的某種表示，key 和 value 即來源語言每個位置i上的h_i（這裡 key 和 value 是相同的），但這樣的系統在解決機器翻譯問題上並不好用，因為目的語言的表示和來源語言的表示都在多維實數空間上，所以無法要求兩個實數向量像字串一樣進行嚴格匹配。或者說，這種嚴格匹配的模型可能會導致 query 幾乎不會命中任何的 key。既然無法嚴格精確匹配，注意力機制就採用了「模糊」匹配的方法。定義每個key_i和 query 都有一個 0～1 的匹配度，這個匹配度描述了key_i和 query 之間的相關程度，記為α_i。查詢的結果（記為$\overline{\text{value}}$）也不再是某一個單元的 value，而是所有單元 value 用α_i的加權和，具體計算如下：

$$\overline{\text{value}} = \sum_i \alpha_i \cdot \text{value}_i \tag{10-21}$$

也就是說，所有的value_i都會對查詢結果有貢獻，只是貢獻度不同罷了。可以透過設計α_i來捕捉 key 和 query 之間的相關性，以達到相關度越大的 key 所對應的 value 對結果的貢獻越大的目的。

重新回到神經機器翻譯問題上來。這種基於模糊匹配的查詢模型可以極佳地滿足對注意力建模的要求。實際上，式(10-21) 中的α_i就是前面提到的注意力權重，它可以由注意力函數$a(\cdot)$計算得到。這樣，$\overline{\text{value}}$就是得到的上下文向量，它包含了所有$\{h_i\}$ 的資訊，只是不同h_i的貢獻度不同。圖 10-23 展示了將基於模糊匹配的查詢模型應用於注意力機制的實例。

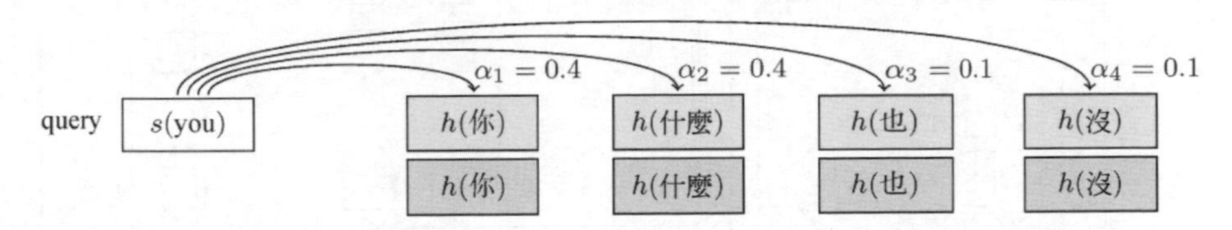

圖 10-23 將基於模糊匹配的查詢模型應用於注意力機制的實例

從統計學的角度看，如果把α_i作為每個value_i出現的機率的某種估計，即 $P(\text{value}_i) = \alpha_i$，則可以把式(10-21) 重寫為

$$\overline{\text{value}} = \sum_i P(\text{value}_i) \cdot \text{value}_i \tag{10-22}$$

顯然，$\overline{\text{value}}$就是value_i在分佈$P(\text{value}_i)$下的期望，即

$$\mathbb{E}_{\sim P(\text{value}_i)}(\text{value}_i) = \sum_i P(\text{value}_i) \cdot \text{value}_i \tag{10-23}$$

從這個角度看，注意力機制實際上是獲得了變數 value 的期望。當然，嚴格意義上，α_i並不是從機率角度定義的，在實際應用中也不必追求嚴格的統計學意義。

10.4.4 實例：GNMT

循環神經網路在機器翻譯中有很多成功的應用，如 RNNSearch[22]、Nematus[471] 等系統就被很多研究人員作為實驗系統。在許多基於循環神經網路的系統中，GNMT 系統是非常成功的一個[456]。GNMT 是 Google 於 2016 年發佈的神經機器翻譯系統。

GNMT 使用了編碼器-解碼器結構，建構了一個 8 層的深度網路，每層網路均由 LSTM 組成，且使用了多層注意力連接編碼器-解碼器，其結構如圖 10-24 所示，編碼器只有最下面 2 層為雙向 LSTM。GNMT 在束搜索中加入了長度懲罰和覆蓋度因數，以確保輸出高品質的翻譯結果。

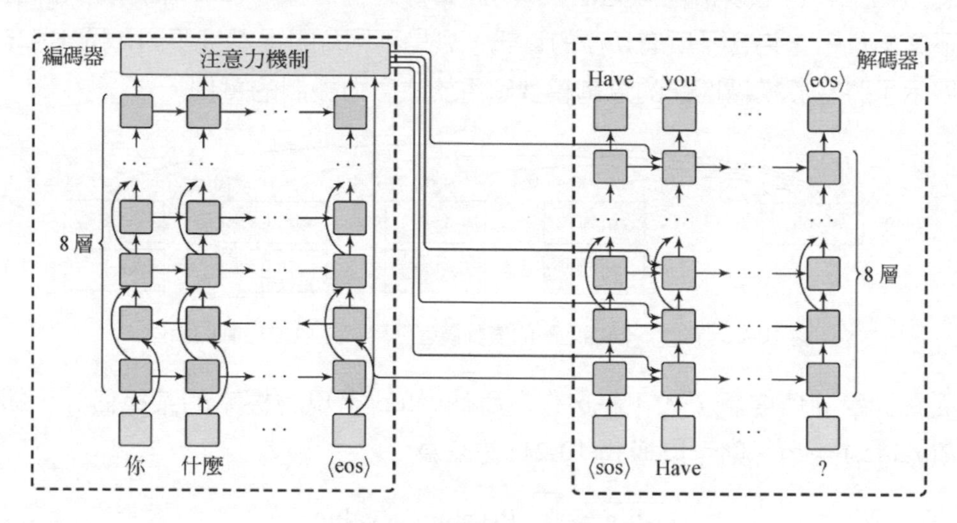

圖 10-24 GNMT 的結構

實際上，GNMT 的主要貢獻在於整合了多種優秀的技術，而且在大規模資料上證明了神經機器翻譯的有效性。在引入注意力機制之前，神經機器翻譯在較大規模的任務上的性能弱於統計機器翻譯。加入注意力機制和深層網路後，神經機器翻譯的性能有了很大的提升。在英德和英法的任務中，GNMT 的 BLEU 值不僅超過了優秀的神經機器翻譯模型 RNNSearch 和 LSTM（6 層），還超過了當時處於領導地位的基於短語的統計機器翻譯模型（PBMT）（如表 10-8 所示）。相比基於短語的統計機器翻譯模型，在人工評價中，GNMT 能將翻譯錯誤平均減少 60%。這一結果充分表明了神經機器翻譯帶來的巨大性能提升。

表 10-8 GNMT 與其他翻譯模型對比[456]

翻譯模型	BLEU[%] 英德 EN-DE	BLEU[%] 英法 EN-FR
PBMT	20.7	37.0
RNNSearch	16.5	–
LSTM(6 layers)	–	31.5
Deep-Att	20.6	37.7
GNMT	24.6	39.0

10.5 訓練及推斷

神經機器翻譯模型的訓練大多使用基於梯度的方法（見第 9 章），本節將介紹用這種方法訓練循環神經網路的應用細節。進一步，會介紹神經機器翻譯模型的推斷方法。

10.5.1 訓練

在基於梯度的方法中，模型參數可以透過損失函數L不斷對參數的梯度進行更新。對於第 step 步參數更新，先進行神經網路的前向計算，再進行反向計算，並得到所有參數的梯度資訊，最後使用下面的規則進行參數更新：

$$w_{\text{step}+1} = w_{\text{step}} - \alpha \cdot \frac{\partial L(w_{\text{step}})}{\partial w_{\text{step}}} \tag{10-24}$$

其中，w_{step}表示更新前的模型參數，$w_{\text{step}+1}$表示更新後的模型參數，$L(w_{\text{step}})$表示模型相對於w_{step} 的損失，$\frac{\partial L(w_{\text{step}})}{\partial w_{\text{step}}}$表示損失函數的梯度，$\alpha$是

更新的步進值。也就是說，給定一定量的訓練資料，不斷執行式(10-24) 的過程，反覆使用訓練資料，直至模型參數達到收斂或損失函數不再變化。通常，把公式的一次執行稱為「一步」更新/訓練，把存取完所有樣本的訓練稱為「一輪」訓練。 將式(10-24) 應用於神經機器翻譯有幾個基本問題需要考慮：

（1）損失函數的選擇。

（2）參數初始化的策略，也就是如何設置w_0。

（3）最佳化策略和學習率調整策略。

（4）訓練加速。

下面我們針對這些問題進行討論。

1. 損失函數

神經機器翻譯在目標端的每個位置都會輸出一個機率分佈，表示這個位置上不同單字出現的可能性。設計損失函數時，需要知道當前位置輸出的分佈與標準答案相比的「差異」。在神經機器翻譯中，常用的損失函數是交叉熵損失函數。令$\hat{y}$ 表示機器翻譯模型輸出的分佈，y 表示標準答案，則交叉熵損失可以被定義為

$$L_{\text{ce}}(\hat{y}, y) = -\sum_{k=1}^{|V|} \hat{y}[k]\log(y[k]) \quad (10\text{-}25)$$

其中，$\hat{y}[k]$ 和$y[k]$分別表示向量y和$\hat{y}$的第k維，$|V|$表示輸出向量的維度（等於詞表大小）。假設有n個訓練樣本，模型輸出的機率分佈為$\hat{Y} = \{\hat{y}_1, \cdots, \hat{y}_n\}$，標準答案的分佈$Y = \{y_1, \cdots, y_n\}$。這個訓練樣本集合上的損失函數可以被定義為

$$L(\hat{Y}, Y) = \sum_{j=1}^{n} L_{\text{ce}}(\hat{y}_j, y_j) \quad (10\text{-}26)$$

式(10-26) 是一種非常通用的損失函數形式，除了交叉熵，也可以使用其他的損失函數，只需要替換$L_{\mathrm{ce}}(\cdot)$即可。這裡使用交叉熵損失函數的好處在於，它非常容易最佳化，特別是與 Softmax 組合，其反向傳播的實現非常高效。此外，交叉熵損失（在一定條件下）也對應了極大似然的思想，這種方法在自然語言處理中已經被證明是非常有效的。

除了交叉熵，很多系統也使用了面向評價的損失函數，如直接利用評價指標 BLEU 定義損失函數[235]。不過，這類損失函數往往不可微分，因此無法直接獲取梯度。這時，可以引入強化學習技術，透過策略梯度等方法進行最佳化。這類方法需要採樣等手段，這裡不做重點討論，相關內容會在第 13 章進行介紹。

2. 參數初始化

神經網路的參數主要是各層中的線性變換矩陣和偏置。在訓練開始時，需要對參數進行初始化。由於神經機器翻譯的網路結構複雜，損失函數往往不是凸函數，不同的初始化會導致不同的最佳化結果。而且，在大量實踐中發現，神經機器翻譯模型對初始化方式非常敏感，性能優異的系統往往需要特定的初始化方式。

因為 LSTM 是神經機器翻譯中的常用模型，所以下面以 LSTM 模型為例（見 10.3.2 節），介紹機器翻譯模型的初始化方法，這些方法也可以推廣到 GRU 等結構。具體內容如下：

- LSTM 遺忘門偏置初始化為 1，也就是始終選擇遺忘記憶c，這樣可以有效防止初始化時c裡包含的錯誤訊號傳播到後面的時刻。
- 網路中的其他偏置一般都初始化為 0，可以有效地防止加入過大或過小的偏置後，啟動函數的輸出跑到「飽和區」，也就是梯度接近 0 的區域，防止訓練一開始就無法跳出局部極小的區域。
- 網路的權重矩陣w一般使用 Xavier 參數初始化方法[472]，可以有效地穩定訓練過程，特別是對於比較「深」的網路。令d_{in}和d_{out}分別表示w的輸入和輸出的維度大小[5]，則該方法的具體實現如下：

$$w \sim U\left(-\sqrt{\frac{6}{d_{\text{in}}+d_{\text{out}}}},\sqrt{\frac{6}{d_{\text{in}}+d_{\text{out}}}}\right) \tag{10-27}$$

其中，$U(a,b)$表示以$[a,b]$為範圍的均勻分佈。

3. 最佳化策略

式(10-24) 展示了最基本的最佳化策略，也被稱為標準的 SGD 最佳化器。實際上，訓練神經機器翻譯模型時，還有非常多的最佳化器可以選擇，在第 9 章也有詳細介紹，本章介紹的循環神經網路使用 Adam 最佳化器[417]。Adam 透過對梯度的一階矩估計（First Moment Estimation） 和二階矩估計（Second Moment Estimation）進行綜合考慮，計算出更新步進值。

通常，Adam 收斂得比較快，不同任務基本上可以使用同一套配置進行最佳化，雖然性能不算差，但是難以達到最優效果。相反，SGD 雖能透過在不同的資料集上進行調整達到最優的結果，但是收斂速度慢。因此，需要根據不同的需求選擇合適的最佳化器。若需要快速得到模型的初步結果，選擇 Adam 較為合適，若需要在一個任務上得到最優的結果，選擇 SGD 更合適。

4. 梯度裁剪

需要注意的是，訓練循環神經網路時，反向傳播使得網路層之間的梯度相乘。在網路層數過深時，如果連乘因數小於 1 可能造成梯度指數級的減少，甚至趨近於 0，則網路無法最佳化，也就是梯度消失問題。當連乘因數大於 1 時，可能會導致梯度的乘積變得異常大，產生梯度爆炸的問題。在這種情況下，需要使用「梯度裁剪」，防止梯度超過閾值。梯度裁剪在

---

[5] 對於變換$y=xw$，w的列數為d_{in}，行數為d_{out}。

第 9 章已經介紹過，這裡僅簡單回顧。梯度裁剪的具體公式為

$$w' = w \cdot \frac{\gamma}{\max(\gamma, \| w \|_2)} \tag{10-28}$$

其中，γ是手工設定的梯度大小閾值，$\|\cdot\|_2$是l_2範數，w'表示梯度裁剪後的參數。這個公式的含義在於只要梯度大小超過閾值，就按照閾值與當前梯度大小的比例進行放縮。

5. 學習率策略

在式(10-24) 中，α決定了每次參數更新時更新的步幅大小，稱之為學習率。學習率是基於梯度方法中的重要超參數，決定了目標函數能否收斂到較好的局部最優點及收斂的速度。合理的學習率能夠使模型快速、穩定地達到較好的狀態。但是，如果學習率太小，則收斂過程會很慢；而如果學習率太大，則模型的狀態可能會出現震盪，很難達到穩定，甚至使模型無法收斂。圖 10-25 對比了不同學習率對最佳化過程的影響。

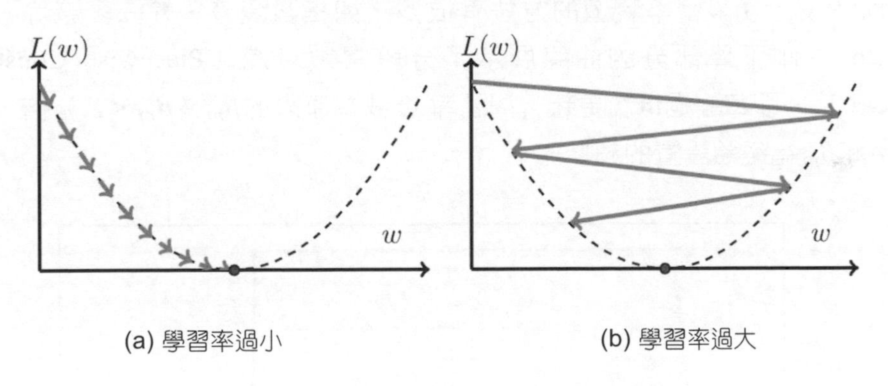

圖 10-25 不同學習率對最佳化過程的影響

不同最佳化器需要的學習率不同，例如 Adam 一般使用 0.001 或 0.0001，而 SGD 則在 0.1~1 之間進行挑選。在梯度下降法中，都是給定的統一的學習率，整個最佳化過程中都以確定的步進值進行更新。因此，無論使用哪個最佳化器，為了保證訓練又快又好，通常都需要根據當前的更新次數，動態地調整學習率的大小。

圖 10-26 展示了一種常用的學習率調整策略。它分為兩個階段：預熱階段和衰減階段。模型訓練初期梯度通常很大，如果直接使用較大的學習率很容易讓模型陷入局部最優。學習率的預熱階段是指在訓練初期使學習率從小到大逐漸增加的階段，目的是減緩在初始階段模型「跑偏」的現象。一般來說，初始學習率太高會使模型進入一種損失函數曲面非常不平滑的區域，進而使模型進入一種混亂的狀態，後續的最佳化過程很難取得很好的效果。一種常用的學習率預熱方法是逐漸預熱（Gradual Warmup）。假設預熱的更新次數為N，初始學習率為α_0，則預熱階段第 step 次更新的學習率計算為

$$\alpha_t = \frac{\text{step}}{N}\alpha_0 \quad , \quad 1 \leqslant t \leqslant T' \tag{10-29}$$

另外，當模型訓練逐漸接近收斂時，使用太大的學習率會很容易讓模型在局部最優解附近震盪，從而錯過局部極小，因此需要透過減小學習率來調整更新的步進值，以此來不斷地逼近局部最優，這一階段也稱為學習率的衰減階段。使學習率衰減的方法有很多，如指數衰減、餘弦衰減等，圖 10-26 右側下降部分的曲線展示了分段常數衰減（Piecewise Constant Decay），即每經過m次更新，學習率衰減為原來的β_m（$\beta_m < 1$）倍，其中m和β_m為經驗設置的超參。

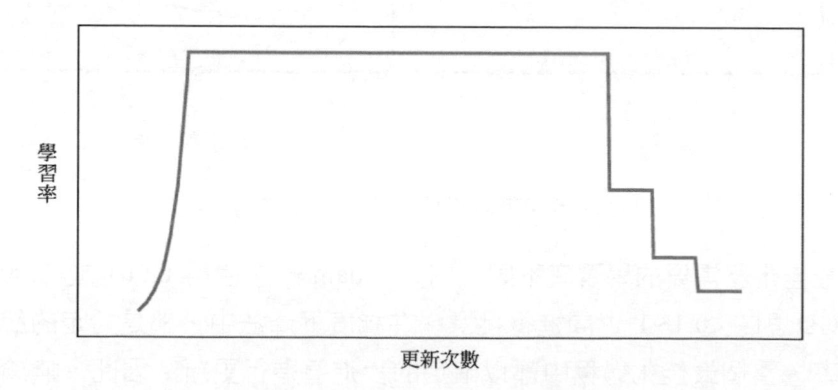

圖 10-25 一種常用的學習率調整策略

6. 並行訓練

機器翻譯是自然語言處理中很「重」的任務。因為資料量巨大而且模型較為複雜，所以模型訓練的時間往往很長。例如，使用一千萬句資料進行訓練，性能優異的系統往往也需要幾天甚至一周。更大規模的資料會導致訓練時間更長。特別是使用多層網路同時增加模型容量時（如增加隱藏層寬度時），神經機器翻譯的訓練會更加緩慢。針對這個問題，一種思路是從模型訓練演算法上進行改進，如前面提到的 Adam 就是一種高效的訓練策略；另一種思路是利用多裝置進行加速，也稱作分散式訓練。

常用的多裝置並行化加速方法有資料並行和模型並行，其優缺點的簡單對比如表 10-9 所示。資料並行是指把同一個批次的不同樣本分到不同裝置上進行平行計算，其優點是並行度高，理論上有多大的批次就可以有多少個裝置平行計算，但模型體積不能大於單一裝置容量的極限。模型並行是指把「模型」切分成若干模組後分配到不同裝置上平行計算，其優點是可以對很大的模型進行運算，但只能有限並行，例如，如果按層對模型進行分割，那麼有多少層就需要多少個裝置。這兩種方法可以一起使用，進一步提高神經網路的訓練速度。

表 10-9 資料並行與模型並行優缺點對比

多裝置並行方法	優點	缺點
資料並行	並行度高，理論上有多大的批次（Batch）就可以有多少個裝置平行計算	模型不能大於單一裝置的極限
模型並行	可以對很大的模型進行運算	只能有限並行，有多少層就有多少個裝置

- 資料並行。如果一台裝置能完整放下一個神經機器翻譯模型，那麼資料並行可以把一個大批次均勻切分成n個小批次，然後分發到n個裝置上平行計算，最後把結果整理，相當於把運算時間變為原來的$1/n$，資料並行的過程如圖 10-27 所示。需要注意的是，多裝置並行需要將資料在不同裝置間傳輸。特別是在多個 GPU 的情況下，裝置間傳輸的頻寬

十分有限，裝置間傳輸資料往往會造成額外的時間消耗[420]。通常，資料並行的訓練速度無法隨裝置數量增加呈線性增長。不過，這個問題也有很多優秀的解決方案，如採用多個裝置的非同步訓練。這些內容已經超出本章範圍，這裡不做過多討論。

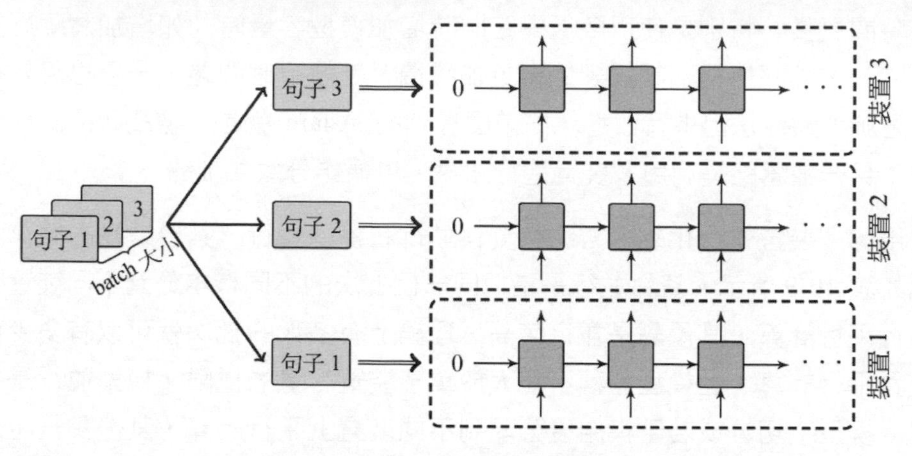

圖 10-27 資料並行的過程

- 模型並行。把較大的模型分成若干小模型，之後在不同裝置上訓練小模型。對於循環神經網路，不同層的網路天然就是一個相對獨立的模型，因此非常適合使用這種方法。例如，對於l層的循環神經網路，把每層都看作一個小模型，然後分發到l個裝置上平行計算。在序列較長時，該方法使其運算時間變為原來的$1/l$。圖 10-28 以 3 層循環神經網路為例，展示了對句子「你 很 不錯 。」進行模型並行的過程。其中，每一層網路都被放到一個裝置上。當模型根據已經生成的第一個詞「你」預測下一個詞時（如圖 10-28(a)所示），同層的下一個時刻的計算和對「你」的第二層的計算可以同時開展（如圖 10-28(b)所示）。依此類推，就完成了模型的平行計算。

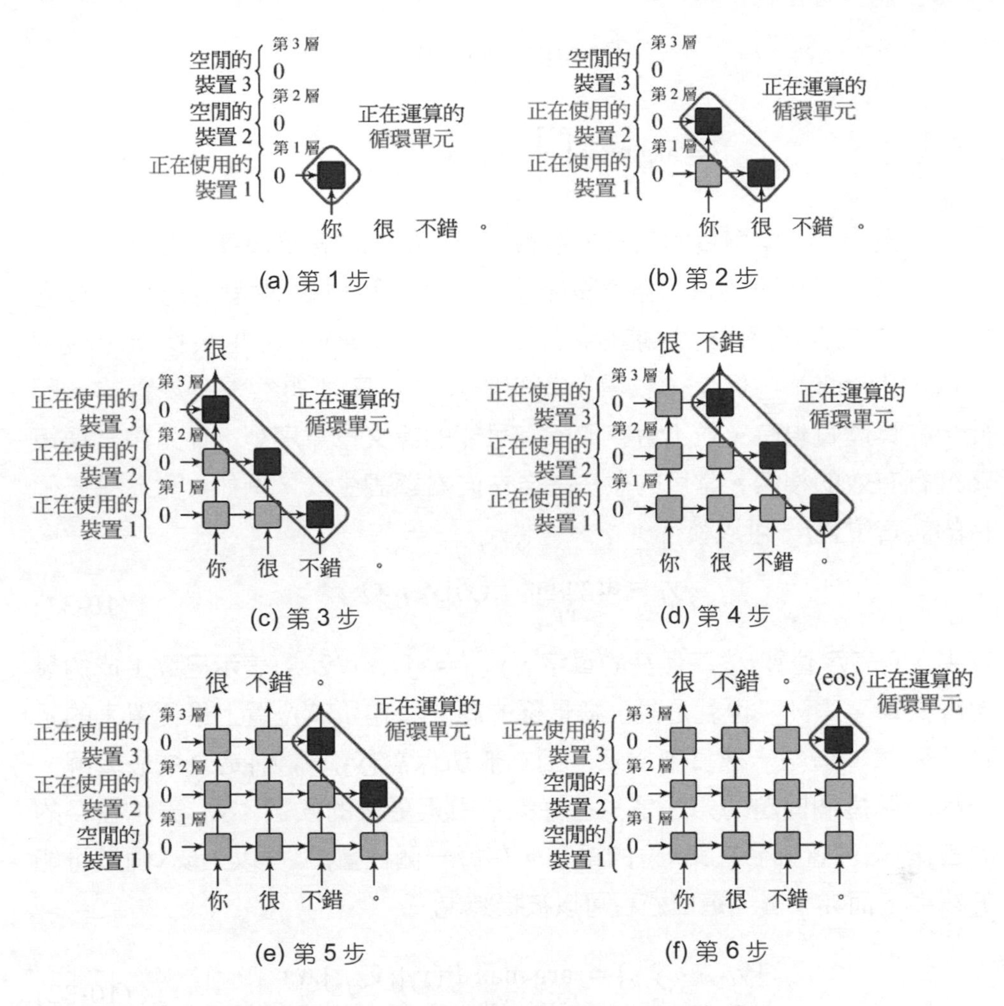

圖 10-28 一個 3 層循環神經網路的模型並行過程

10.5.2 推斷

神經機器翻譯的推斷是一個典型的搜索問題（見第 2 章）。這個過程是指：利用已經訓練好的模型對新的來源語言句子進行翻譯。具體來說，先利用編碼器生成來源語言句子的表示，再利用解碼器預測目的語言譯文。也就是說，對於來源語言句子x，生成一個使翻譯機率$P(y|x)$最大的目的語言譯文$\hat{y}$，具體計算如下（詳細過程見 10.3.1 節）：

$$\hat{y} = \arg\max_{y} P(y|x)$$

$$= \arg\max_{y} \prod_{j=1}^{n} P(y_j|y_{<j}, x) \tag{10-30}$$

在具體實現時，當前目的語言單字的生成需要依賴前面單字的生成，因此無法同時生成所有的目的語言單字。理論上，可以枚舉所有的y，然後利用$P(y|x)$ 的定義對每個y進行評價，找出最好的y。這也被稱作全搜索（Full Search）。但是，枚舉所有的譯文單字序列顯然是不現實的。因此，在具體實現時，並不會存取所有可能的譯文單字序列，而是用某種策略進行有效的搜索。常用的做法是自左向右逐詞生成。例如，對於每一個目的語言位置j，可以執行：

$$\hat{y}_j = \arg\max_{y_j} P(y_j|\hat{y}_{<j}, x) \tag{10-31}$$

其中，$\hat{y}_j$表示位置j機率最高的單字，$y_{<j} = \{\hat{y}_1, \cdots, \hat{y}_{j-1}\}$表示已經生成的最優譯文單字序列。也就是說，把最優的譯文看作所有位置上最優單字的組合。顯然，這是一種貪婪搜索，因為無法保證$\{\hat{y}_1, \cdots, \hat{y}_n\}$是全域最優解。一種緩解這個問題的方法是，在每步中引入更多的候選。$\hat{y}_{jk}$ 表示在目的語言第j個位置排名在第k位的單字。在每一個位置j，可以生成k個最可能的單字，而非 1 個，這個過程可以被描述為

$$\{\hat{y}_{j1}, \cdots, \hat{y}_{jk}\} = \arg\max_{\{\hat{y}_{j1}, \cdots, \hat{y}_{jk}\}} P(y_j|\{\hat{y}_{<j*}\}, x) \tag{10-32}$$

其中，$\{\hat{y}_{j1}, \cdots, \hat{y}_{jk}\}$表示對於位置$j$翻譯機率最大的前$k$個單字，$\{\hat{y}_{<j*}\}$表示前$j-1$步 top-$k$單字組成的所有歷史。$\hat{y}_{<j*}$可以被看作一個集合，裡面每一個元素都是一個目的語言單字序列，這個序列是前面生成的一系列 top-k單字的某種組合。$P(y_j|\{\hat{y}_{<j*}\}, x)$表示基於$\{\hat{y}_{<j*}\}$的某一條路徑生成$y_j$的機率[6]。

---

[6] 嚴格來說，$P(y_j|\hat{y}_{<j*})$不是一個準確的數學表達，式 (32) 的寫法強調y_j是由$\{\hat{y}_{<j*}\}$中的某個譯文單字序列作為條件生成的。

這種方法也被稱為束搜索，意思是搜索時始終考慮一個集束內的候選。

不論是貪婪搜索還是束搜索，都是自左向右的搜索過程，也就是每個位置的處理需要等前面位置處理完才能執行。這是一種典型的自回歸模型（Autoregressive Model），它通常用來描述時序上的隨機過程，其中每一個時刻的結果對時序上其他部分的結果有依賴[473]。相應地，也有非自回歸模型（Non-autoregressive Model），它消除了不同時刻結果之間的直接依賴[273]。由於自回歸模型是當今神經機器翻譯主流的推斷方法，這裡仍以自回歸的貪婪搜索和束搜索為基礎進行討論。

1. 貪婪搜索

圖 10-29 展示了一個基於貪婪方法的神經機器翻譯解碼過程。每一個時間步的單字預測都依賴其前一步單字的生成。在解碼第一個單字時，由於沒有之前的單字資訊，會用<sos>進行填充作為起始的單字，且會用一個零向量（可以視為沒有之前時間步的資訊）表示第 0 步的中間層狀態。

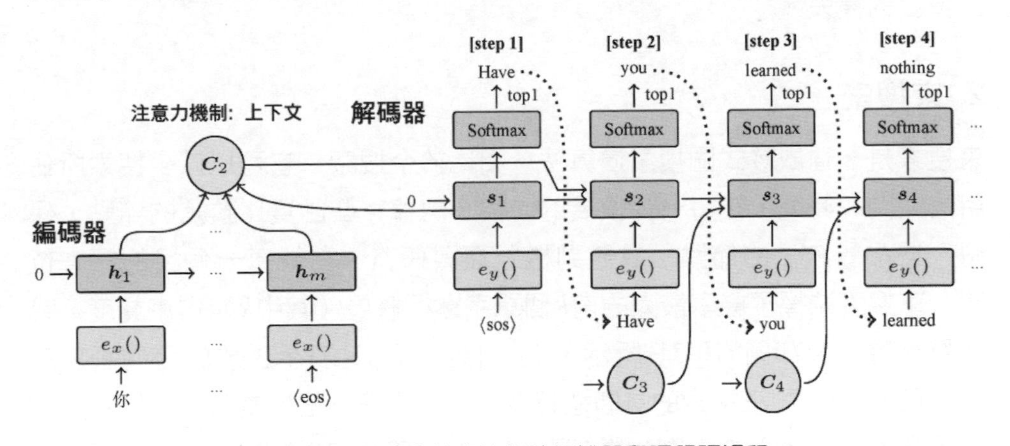

圖 10-29 基於貪婪方法的神經機器翻譯解碼過程

解碼器的每一步 Softmax 層會輸出所有單字的機率，由於是基於貪心的方法，這裡會選擇機率最大（top-1）的單字作為輸出。這個過程可以參考圖 10-30。選擇分佈中機率最大的單字"Have"作為得到的第一個單字，並再次送入解碼器，作為第二步的輸入，同時預測下一個單字。依此類推，直到生成句子的結束字元，就獲得了完整的譯文。

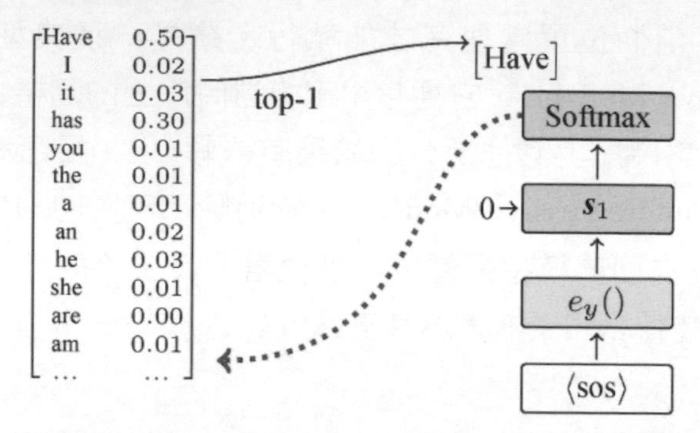

圖 10-30 解碼第一個位置輸出的單字機率分佈（"Have"的機率最高）

貪婪搜索的優點在於速度快。在對翻譯速度有較高要求的場景中，貪婪搜索是一種十分有效的系統加速方法，而且原理非常簡單，易於快速實現。不過，由於每一步只保留一個最好的局部結果，貪婪搜索往往會帶來翻譯品質上的損失。

2. 束搜索

束搜索是一種啟發式圖搜索演算法。相比於全搜索，它可以減少搜索所佔用的空間和時間，在每一步擴展的時候，剪掉一些品質比較差的節點，保留一些品質較高的節點。具體到機器翻譯任務，對於每一個目的語言位置，束搜索選擇了機率最大的前k個單字進行擴展（其中k叫作束寬度，或稱為束寬）。如圖 10-31 所示，假設$\{y_1,\cdots,y_n\}$ 表示生成的目的語言序列，且$k=3$，則束搜索的具體過程為：在預測第一個位置時，可以透過模型得到y_1的機率分佈，選取機率最大的前 3 個單字作為候選結果（假設分別為"have"、"has"、"it"）。在預測第二個位置的單字時，模型針對已經得到的三個候選結果（"have"、"has"、"it"）計算第二個單字的機率分佈。因為y_2對應$|V|$種可能，所以總共可以得到$3\times|V|$種結果。然後，從中選取使序列機率$P(y_2,y_1|x)$最大的前三個y_2作為新的輸出結果，這樣便獲得了前

兩個位置的 top-3 譯文。在預測其他位置時也是如此，不斷重複此過程直到推斷結束。可以看到，束搜索的搜索空間大小與束寬度有關，即束寬度越大，搜索空間越大，更有可能搜索到品質更高的譯文，但搜索會更慢。束寬度等於 3，意味著每次只考慮 3 個最有可能的結果，貪婪搜索實際上是束寬度為 1 的情況。在神經機器翻譯系統實現中，一般束寬度設置在 4～8。

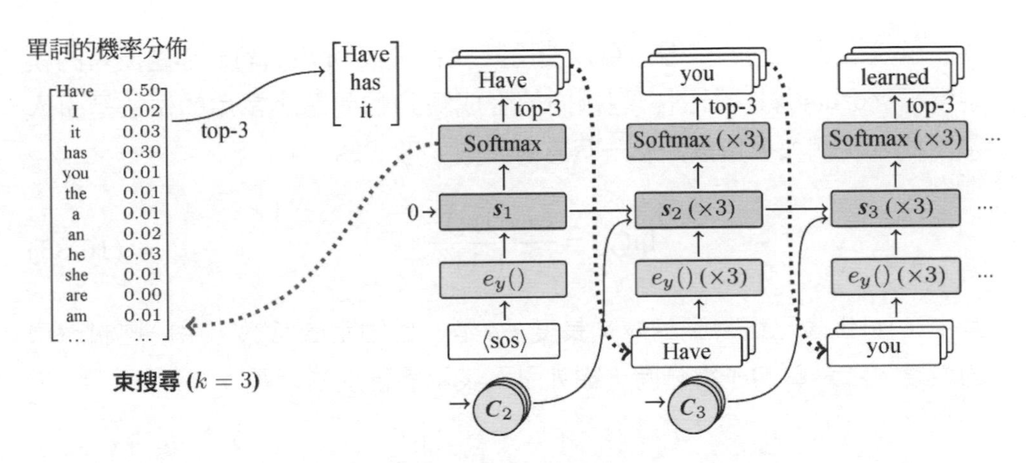

圖 10-31 束搜索的過程

3. 長度懲罰

這裡用$P(y|x) = \prod_{j=1}^{n} P(y_j|y_{<j}, x)$作為翻譯模型。這個公式有一個明顯的缺點：當句子過長時，乘法運算容易溢位，也就是多個數相乘可能會產生浮點數無法表示的運算結果。為了解決這個問題，可以利用對數操作將乘法轉換為加法，得到新的計算方式：$\log P(y|x) = \sum_{j=1}^{n} \log P(y_j|y_{<j}, x)$。對數函數不會改變函數的單調性，因此在具體實現時，通常用$\log P(y|x)$表示句子的得分，而不用$P(y|x)$。

不管是使用$P(y|x)$還是$\log P(y|x)$計算句子得分，還面臨兩個問題：

- $P(y|x)$的範圍是[0,1]，如果句子過長，那麼句子的得分就是很多個小於 1 的數相乘，或者取 log 之後很多個小於 0 的數相加。這就是說，句子

的得分會隨著長度的增加而變小，即模型傾向於生成短句。

- 模型本身並沒有考慮每個來源語言單字被使用的程度，如一個單字可能會被翻譯很多「次」。這個問題在統計機器翻譯中並不存在，因為所有詞在翻譯中必須被「覆蓋」到。早期的神經機器翻譯模型沒有所謂覆蓋度的概念，因此無法保證每個單字被翻譯的「程度」是合理的[474,475]。

為了解決上面提到的問題，可以使用其他特徵與$\log P(y|x)$一起組成新的模型得分$\mathrm{score}(y,x)$。針對模型傾向於生成短句的問題，常用的做法是引入懲罰機制。例如，可以定義一個懲罰因數，形式為

$$\mathrm{lp}(y)=\frac{(5+|y|)^{\alpha}}{(5+1)^{\alpha}} \tag{10-33}$$

其中，$|y|$代表已經得到的譯文長度，α是一個固定的常數，用於控制懲罰的強度。在計算句子得分時，額外引入表示覆蓋度的因數：

$$\mathrm{cp}(y,x)=\beta\cdot\sum_{i=1}^{|x|}\log(\min(\sum_{j}^{|y|}\alpha_{ij},1)) \tag{10-34}$$

$\mathrm{cp}(\cdot)$會懲罰把某些來源語言單字對應到很多目的語言單字的情況（覆蓋度），被覆蓋的程度用$\sum_{j}^{|y|}\alpha_{ij}$度量。$\beta$是根據經驗設置的超參數，用於對覆蓋度懲罰的強度進行控制。

最終，模型得分定義為

$$\mathrm{score}(y,x)=\frac{\log P(y|x)}{\mathrm{lp}(y)}+\mathrm{cp}(y,x) \tag{10-35}$$

顯然，目的語言y越短，$\mathrm{lp}(y)$的值越小，因為$\log P(y|x)$是負數，所以句子得分$\mathrm{score}(y,x)$越小。也就是說，模型會懲罰譯文過短的結果。當覆蓋度較高時，同樣會使得分變低。透過這樣的懲罰機制，使模型的得分更合理，從而幫助模型選擇品質更高的譯文。

10.6 小結及拓展閱讀

神經機器翻譯是近幾年的熱門方向。無論是前端性的技術探索，還是面向應用落地的系統研發，神經機器翻譯已經成為當下最好的選擇之一。研究人員對神經機器翻譯的熱情使得這個領域獲得了快速的發展。本章作為神經機器翻譯的入門章節，對神經機器翻譯的建模思想和基礎框架進行了描述。同時，對常用的神經機器翻譯架構——循環神經網路進行了討論與分析。

經過幾年的累積，神經機器翻譯的細分方向已經十分多樣，由於篇幅所限，本節無法覆蓋所有內容（雖然筆者盡所能全面地介紹了相關的基礎知識，但難免會有疏漏）。很多神經機器翻譯的模型和方法值得進一步學習和探討：

- 循環神經網路有很多變種結構。除了 RNN、LSTM、GRU，還有其他改進的循環單元結構，如 LRN[476]、SRU[477]、ATR[478]。

- 注意力機制的使用是機器翻譯乃至整個自然語言處理領域近幾年獲得成功的重要因素之一[22,25]。早期，有研究人員嘗試將注意力機制和統計機器翻譯的詞對齊進行統一[479-481]。最近，也有大量的研究工作對注意力機制進行改進，如使用自注意力機制建構翻譯模型等[23]，而對注意力模型的改進也成了自然語言處理領域的熱點問題之一。第 15 章將對機器翻譯中不同的注意力模型進行進一步討論。

- 一般來説，神經機器翻譯的計算過程是沒有人工干預的，翻譯流程也無法用人類的知識直接解釋，因此一個有趣的方向是在神經機器翻譯中引入先驗知識，使機器翻譯的行為更「像」人。例如，可以使用句法樹引入人類的語言學知識[433,482]，基於句法的神經機器翻譯也包含大量的樹結構的神經網路建模[445,483]。此外，可以把使用者定義的詞典或者翻譯記憶加入翻譯過程中[430,484-486]，使使用者的約束直接反映到機器翻譯的結果上。先驗知識的種類還有很多，包括詞對齊[481,487,488]、篇章資訊[489-491] 等，都是神經機器翻譯中能夠使用的資訊。

Chapter 11

基於卷積神經網路的模型

卷積神經網路是一種經典的神經計算模型，在電腦視覺等領域已經得到廣泛應用。透過卷積、池化等一系列操作，卷積神經網路可以極佳地對輸入資料進行特徵提取。這個過程與圖型和語言加工中局部輸入訊號的處理有著天然的聯繫。卷積操作還可以被多次執行，形成多層卷積神經網路，進而進行更高層次的特徵抽象。

在自然語言處理中，卷積神經網路也是備受關注的模型之一。本章將介紹基於卷積神經網路的機器翻譯模型。本章不僅會重點介紹如何利用卷積神經網路建構點對點翻譯模型，還會對一些機器翻譯中改進的卷積神經網路結構進行討論。

11.1 卷積神經網路

卷積神經網路是一種前饋神經網路，由若干的卷積層與池化層組成。早期，卷積神經網路被應用在語音辨識任務上[492]，之後在影像處理領域取得了很好的效果[493,494]。近年來，卷積神經網路已經成為語音、自然語言處理、影像處理任務的基礎框架[423,495-498]。在自然語言處理領域，卷積神經網路已經得到廣泛應用，在文字分類[497-499]、情感分析[500]、語言建模[501,502]、機器翻譯[24,451,503,504]等任務中取得了不錯的成績。

圖 11-1 展示了全連接層和卷積層的結構對比。可以看出，在全連接層中，模型考慮了所有的輸入，層輸出中的每一個元素都依賴於所有輸入。這種全連接層適用於大多數任務，但是當處理圖型這種網格資料時，規模過大的資料會導致模型參數量過大，難以處理。另外，在一些網格資料中，通常具有局部不變性的特徵，如圖型中不同位置的相同物體，語言序列中相同的n-gram 等，而全連接網路很難提取這些局部不變性特徵。為此，一些研究人員提出使用卷積層來替換全連接層[505,506]。

與全連接網路相比，卷積神經網路最大的特點在於具有局部連接（Locally Connected） 和權值共用（Weight Sharing）的特性。如圖 11-1(b)所示，卷積層中每個神經元只回應周圍部分的局部輸入特徵，大大減少了網路中的連接數和參數量。另外，卷積層使用相同的卷積核對不同位置進行特徵提取，換句話說，就是採用權值共用來減少參數量，共用的參數對應圖中相同顏色的連接。

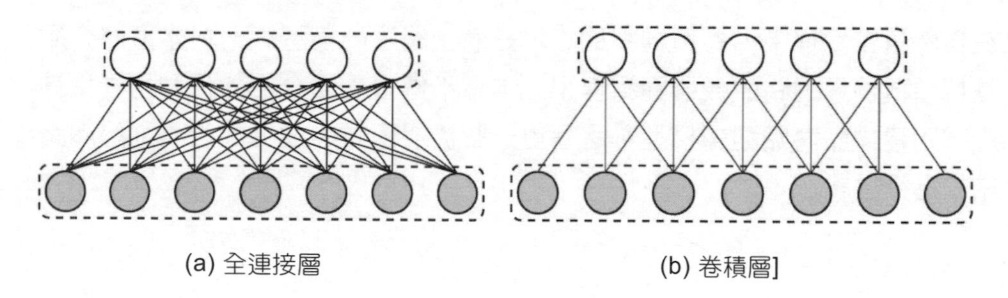

圖 11-1 全連接層和卷積層的結構對比

圖 11-2 展示了一個標準的卷積神經網路結構，其中包括了卷積層、啟動函數和池化層 3 個部分。本節將對卷積神經網路中的基本結構進行介紹。

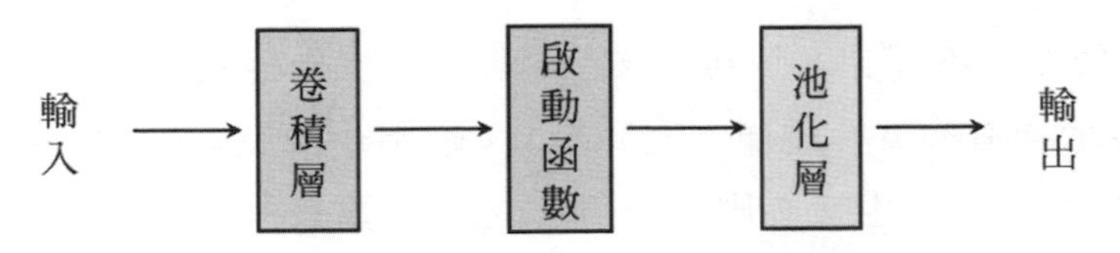

圖 11-2 標準的卷積神經網路結構

11.1.1 卷積核與卷積操作

卷積操作作為卷積神經網路的核心部分，其本質是一種特殊的線性運算。區別於全連接的方式，卷積使用一系列卷積核（Convolution Kernel，也稱為濾波器）對局部輸入資料進行特徵提取，然後透過在輸入資料的空間維度上移動卷積核獲取所有位置的特徵資訊。卷積的輸入可以是任意維度形式的資料。由於其在影像處理領域應用最為廣泛，這裡以二維圖型為例對卷積核和卷積操作進行簡單介紹。

在圖型卷積中，卷積核是一組$Q \times U \times O$的參數（如圖 11-3 所示）。其中Q和U表示卷積核視窗的寬度與長度，分別對應圖型中的寬和長兩個維度，$Q \times U$決定了該卷積核視窗的大小。O是該卷積核的深度，它的取值和輸入資料通道數保持一致。通道可以看作圖型不同的特徵，如灰色圖型只有灰度資訊，通道數為 1；而 RGB 格式的圖型有 3 個通道，分別對應紅綠藍 3 種顏色的資訊。

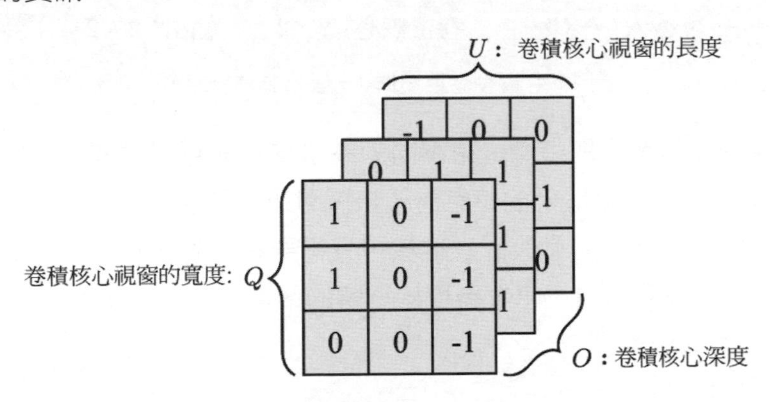

圖 11-3 圖型卷積中的卷積核

在卷積計算中，不同深度下卷積核不同但執行操作相同，這裡以二維卷積核為例展示卷積計算。設輸入矩陣為x，輸出矩陣為y，卷積滑動步幅為 stride，卷積核為w，且$w \in \mathbb{R}^{Q \times U}$，那麼卷積計算過程為

$$y_{i,j} = \sum \sum (x_{[i\times\text{stride}:i\times\text{stride}+Q-1,\,j\times\text{stride}:j\times\text{stride}+U-1]} \odot w) \quad (11\text{-}1)$$

其中i是輸出矩陣的行下標，j是輸出矩陣的列下標，⊙表示矩陣點乘，具體見第 9 章。圖 11-4 展示了一個圖型卷積操作範例，其中Q為 2，U為 2，stride 為 1，根據式(11-1)，圖中藍色位置$y_{0,0}$的計算如下：

$$\begin{aligned}
y_{0,0} &= \sum \sum (x_{[0\times1:0\times1+2-1,0\times1:0\times1+2-1]} \odot w) \\
&= \sum \sum (x_{[0:1,0:1]} \odot w) \\
&= \sum \sum \begin{pmatrix} 0\times0 & 1\times1 \\ 3\times2 & 4\times3 \end{pmatrix} \\
&= 0\times0+1\times1+3\times2+4\times3 \\
&= 19
\end{aligned} \quad (11\text{-}2)$$

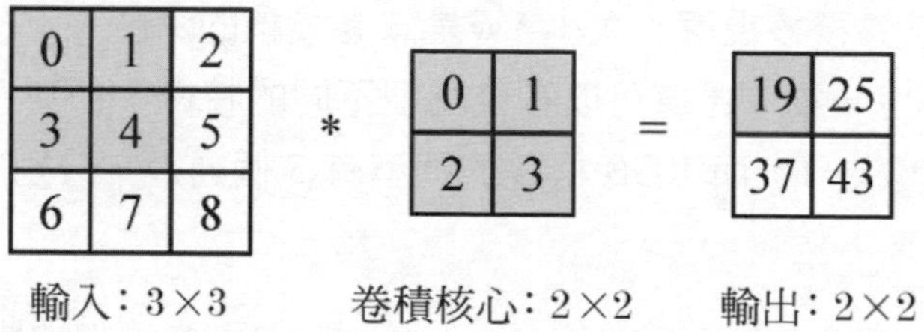

0	1	2
3	4	5
6	7	8

輸入：3×3

*

0	1
2	3

卷積核心：2×2

=

19	25
37	43

輸出：2×2

圖 11-4 圖型卷積操作（* 表示卷積計算）

卷積計算的作用是提取特徵，用不同的卷積核計算可以獲取不同的特徵，如圖 11-5 所示，透過設計的特定卷積核就可以獲取圖型邊緣資訊。在卷積神經網路中，不需要手動設計卷積核，只需要指定卷積層中卷積核的數量及大小，模型就可以自己學習卷積核具體的參數。

圖 11-5 透過設計的特定卷積核獲取圖型邊緣資訊

11.1.2 步進值與填充

在卷積操作中，步進值是指卷積核每次滑動的距離，與卷積核的大小共同決定了卷積輸出的大小，如圖 11-6 所示。步進值越大，對輸入資料的壓縮程度越高，其輸出的維度越小；反之，步進值越小，對輸入資料的壓縮程度越低，輸出的尺寸和輸入越接近。若使用一個$3 \times 3 \times 1$的卷積核在$6 \times 6 \times 1$的圖型上進行卷積，設置步進值為 1，其對應的輸出大小就為$4 \times 4 \times 1$。這種做法最簡單，但會導致兩個問題：一是在輸入資料中，由於邊緣區域的圖元只會被計算一次，與中心區域相比，這些圖元被考慮的次數會更少，導致圖型邊緣資訊遺失；二是在經歷多次卷積之後，其輸出特徵的維度會不斷減小，影響模型的泛化能力。

0	0	1	0	2	1
0	1	2	4	2	2
2	0	1	4	0	0
1	2	3	2	0	0
2	0	0	1	5	2
1	1	2	0	2	2

輸入：6×6

*

0	1	1
1	0	0
0	1	0

卷積核心：3×3

=

1	3	8	7
7	9	9	8
2	7	8	7
8	7	2	3

輸出：4×4

圖 11-6 卷積操作的維度變換

為了解決這兩個問題，可以採用填充的操作對圖型的邊緣進行擴充，填充一些元素，如 0。在圖 11-7 中，將$6 \times 6 \times 1$的圖型填充為$8 \times 8 \times 1$的圖型，然後在$8\times8\times1$的圖型上進行卷積操作。這樣可以得到與輸入資料大小一致的輸出結果，同時緩解圖型邊緣資訊遺失的問題。

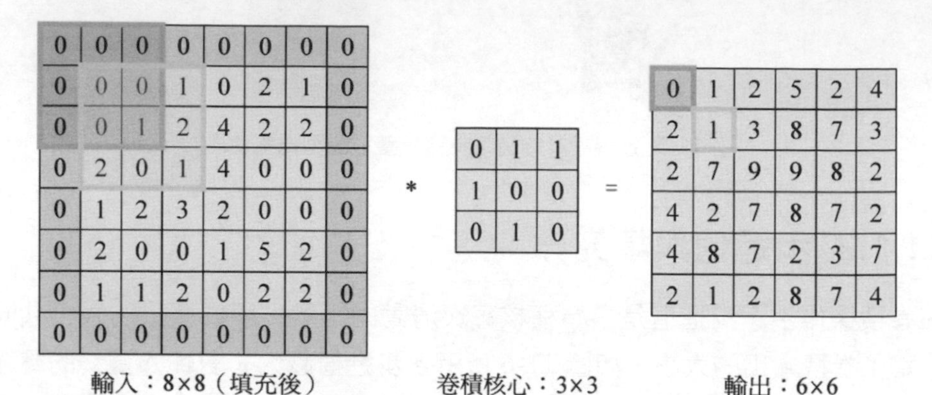

圖 11-7 填充和卷積操作

11.1.3 池化

在圖 11-2 所示的網路結構中，卷積層輸出會透過一個非線性的啟動函數，之後會透過池化層（也稱為彙聚層）。池化過程和卷積類似，都是根據設定的視窗進行滑動，選取局部資訊進行計算。不同的是，池化層的計算是無參數化的，不需要額外的權重矩陣。常見的池化操作有最大池化（Max Pooling） 和平均池化（Average Pooling）。前者獲取視窗內最大的值，後者獲取視窗內矩陣的平均值。圖 11-8 展示了視窗大小為2×2、步進值為 2 的兩種池化方法的計算過程。

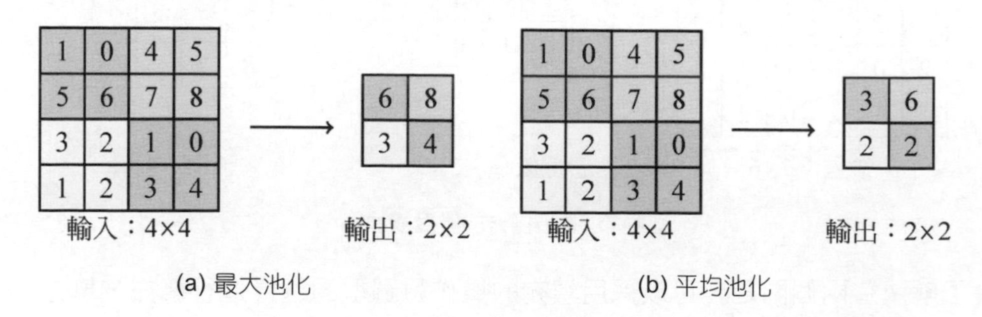

圖 11-8 池化方法的計算過程

池化計算選取每個滑動視窗內最突出的值或平均值作為局部資訊，壓縮了卷積層輸出的維度大小，有效地減少了神經網路的計算量，是卷積神經網路中必不可少的操作。在網路建模時，通常，在較低層時會使用最大池化，僅保留特徵中最顯著的部分。當網路更深時，特徵資訊都具有一定意義，如在自然語言處理任務中，深層網路的特徵向量包含的語義資訊較多，選取平均池化方法更合適。

11.1.4 面向序列的卷積操作

與影像處理任務中的二維圖像資料相比，自然語言處理任務主要處理一維序列，如單字序列。單字序列的長度往往是不固定的，很難使用全連接網路處理它，因為長序列無法用固定大小的全連接網路直接建模，而且過長的序列也會導致全連接網路參數量的急劇增加。

針對不定長序列，一種可行的方法是使用之前介紹過的循環神經網路進行資訊提取，其本質也是基於權重共用的想法，在不同的時間步重複使用相同的循環神經網路單元進行處理。但是，循環神經網路最大的弊端在於每一時刻的計算都依賴於上一時刻的結果，因此只能對序列進行連續處理，無法充分利用硬體裝置進行平行計算，導致效率相對較低。此外，在處理較長的序列時，這種串列的方式很難捕捉長距離的依賴關係。相比之下，卷積神經網路採用共用參數的方式處理固定大小視窗內的資訊，且不同位置的卷積操作之間沒有相互依賴，因此可以對序列進行高效的並行處理。同時，針對序列中距離較長的依賴關係，可以透過堆疊多層卷積層來擴大感受野（Receptive Field），這裡感受野指能夠影響神經元輸出的原始輸入資料區域的大小。圖 11-9 對比了這兩種結構，可以看出，為了捕捉e_2和e_8之間的聯繫，串列結構需要順序地進行 6 次操作，操作次數與序列長度相關。在該卷積神經網路中，卷積操作每次對 3 個詞進行計算，僅需要 4 層卷積計算就能得到e_2和e_8之間的聯繫，其運算元與卷積核的大小相關，與串列的方式相比，具有更短的路徑和更少的非線性計算，更容易進行訓練。因此，也有許多研究人員在許多自然語言處理任務上嘗試使用卷積神經網路進行序列建模[497,498,500,507,508]。

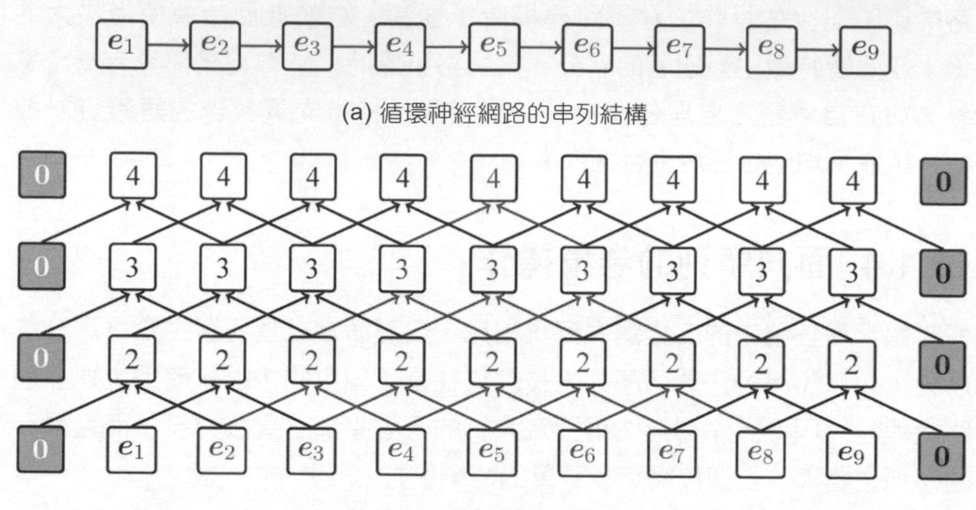

(b) 卷積神經網路的層級結構

圖 11-9 串列及層級結構對比

（e_i表示詞嵌入，**0**表示**0**向量，方框裡的 2、3、4 展現層次編號）

區別於傳統圖型上的卷積操作，在面向序列的卷積操作中，卷積核只在序列這一維度移動，用來捕捉連續的多個詞之間的特徵。需要注意的是，單字通常由一個實數向量表示（詞嵌入），因此可以將詞嵌入的維度看作卷積操作中的通道數。圖 11-10 就是一個基於序列卷積的文字分類模型，模型的輸入是維度大小為$m \times O$的句子表示，m表示句子長度，O表示卷積核通道數，其值等於詞嵌入維度，模型使用多個不同（對應圖中不同的顏色）的卷積核對序列進行特徵提取，獲得了多個不同的特徵序列。然後，使用池化層降低表示維度，得到一組和序列長度無關的特徵表示。最後，模型基於這組壓縮過的特徵表示，使用全連接網路和 Softmax 函數進行類別預測。在這個過程中，卷積層和池化層分別起特徵提取和特徵壓縮的作用，將一個不定長的序列轉化為一組固定大小的特徵表示。

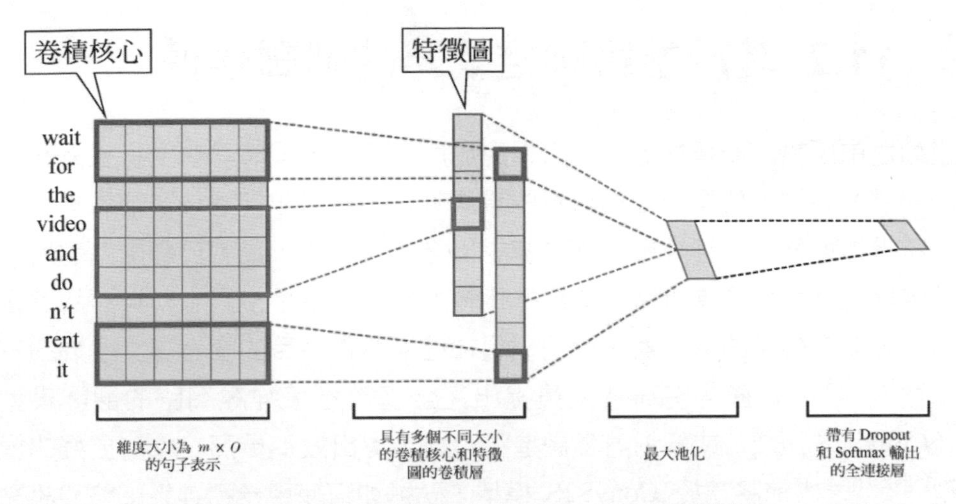

圖 11-10 序列卷積在文字分類模型中的應用[498]

與其他自然語言處理任務不同的是，機器翻譯需要對序列進行全域表示，換句話說，模型需要捕捉序列中各個位置之間的關係。因此，基於卷積神經網路的神經機器翻譯模型需要堆疊多個卷積層進行遠距離的依賴關係的建模。同時，為了在多層網路中維持序列的原有長度，需要在卷積操作前對輸入序列進行填充。圖 11-11 是一個簡單的範例，針對一個長度$m = 6$的句子，其隱藏層表示維度，即卷積操作的輸入通道數是$O = 4$，卷積核大小為$K = 3$。先對序列進行填充，得到一個長度為 8 的序列，然後使用這些卷積核在這之上進行特徵提取。一共使用了$N = 4$個卷積核，整體的參數量為$K \times O \times N$，最後的卷積結果為$m \times N$的序列表示。

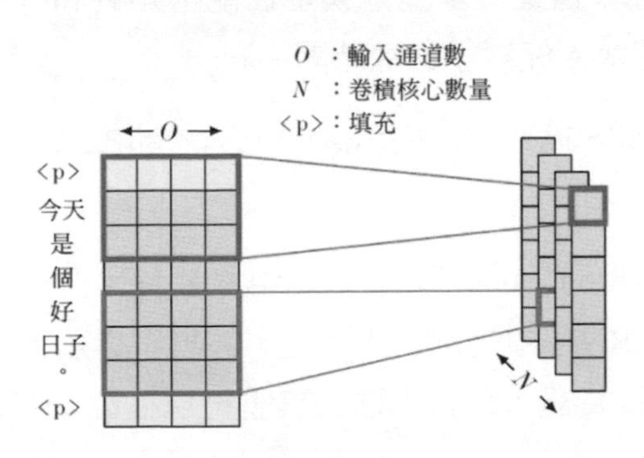

圖 11-11 機器翻譯中的序列卷積操作

11.2 基於卷積神經網路的翻譯建模

正如之前所講，卷積神經網路可以用於序列建模，同時具有並行性高和易於學習的特點，於是一個很自然的想法就是將其用作神經機器翻譯模型中的特徵提取器。在神經機器翻譯被提出之初，研究人員就已經開始利用卷積神經網路對句子進行特徵提取。比較經典的模型是使用卷積神經網路作為來源語言句子的編碼器，使用循環神經網路作為目的語言譯文生成的解碼器[453,503]。之後，有研究人員提出完全基於卷積神經網路的翻譯模型（ConvS2S）[24]，或針對卷積層進行改進，提出效率更高、性能更好的模型[504,509]。本節將基於 ConvS2S 模型，闡述如何使用卷積神經網路架設點對點神經機器翻譯模型。

ConvS2S 模型是一種高並行的、序列到序列的神經計算模型。該模型利用卷積神經網路分別對來源語言端與目的語言端的序列進行特徵提取，並使用注意力機制捕捉兩個序列之間的映射關係。與基於多層循環神經網路的 GNMT 模型[456]相比，其主要優勢在於每一層的網路計算是完全並行的，避免了循環神經網路中計算順序對時序的依賴。同時，利用多層卷積神經網路的層級結構可以有效地捕捉序列不同位置之間的依賴。即使是遠距離依賴，也可以透過若干層卷積單元進行有效的捕捉，而且其資訊傳遞的路徑相比循環神經網路更短。除此之外，模型同時使用門控線性單元、殘差網路和位置編碼等技術進一步提升模型性能，達到和 GNMT 模型相媲美的翻譯性能，同時大大縮短了訓練時間。

圖 11-12 為 ConvS2S 模型的結構示意圖，其內部由若干不同的模組組成，包括：

- 位置編碼（Position Encoding）：圖中綠色背景框表示來源語言端的詞嵌入部分。與 RNN 中的詞嵌入相比，該模型還引入了位置編碼，幫助模型獲得詞位置資訊。位置編碼的具體實現在圖 11-12 中並沒有顯示，詳見 11. 2.1 節。

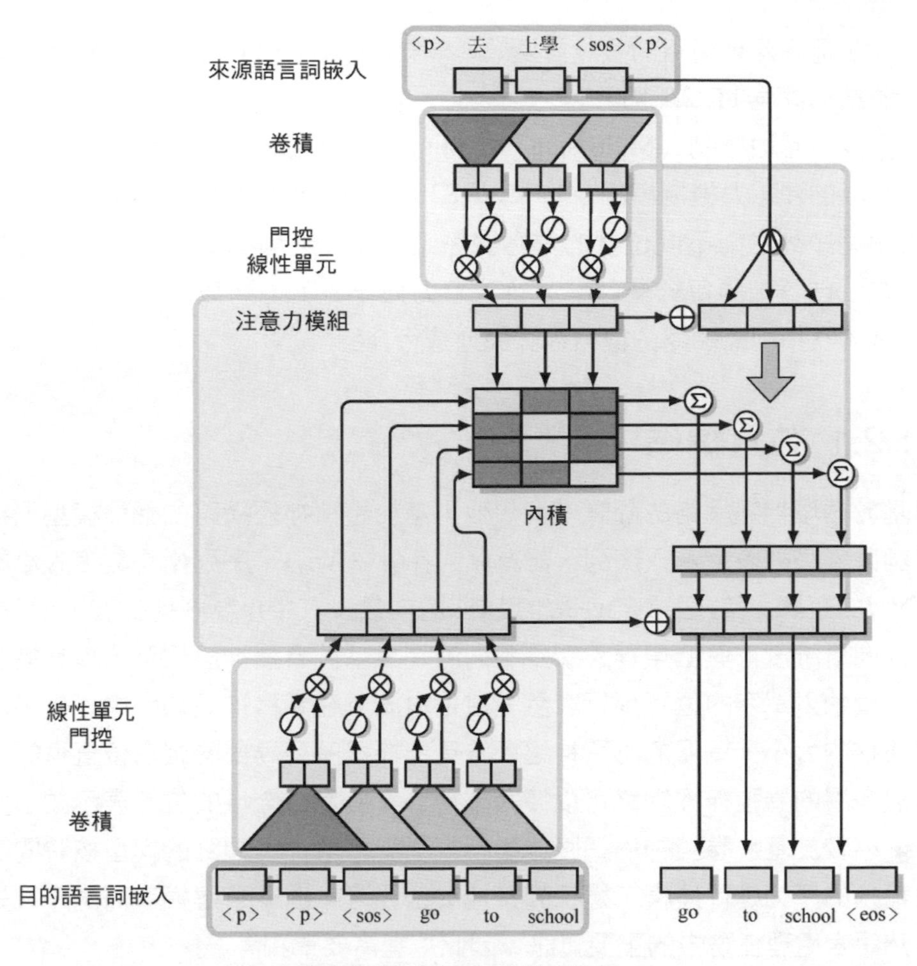

圖 11-12 ConvS2S 模型結構

- 卷積層及閘控線性單元（Gated Linear Units， GLU）：黃色背景框是卷積模組，這裡使用門控線性單元作為非線性函數，之前的研究工作[502]表明，這種非線性函數更適於序列建模任務。為了簡化，圖中只展示了一層卷積，實踐時為了更好地捕捉句子資訊，通常使用多層卷積的疊加。
- 殘差連接（Residual Connection）：來源語言端和目的語言端的卷積層網路之間都存在一個從輸入到輸出的額外連接，即跳接[423]。該連接方式確保了每個隱藏層輸出都能包含輸入序列中的更多資訊，同時能夠有效提高深層網路的資訊傳遞效率（該部分在圖 11-12 中沒有顯示，具體結構詳見 11. 2.3 節）。

- 多步注意力機制（Multi-step Attention）：藍色框內部展示了基於多步結構的注意力機制模組[510]。ConvS2S 模型同樣使用注意力機制來捕捉兩個序列之間不同位置的對應關係。區別於之前的做法，多步注意力在解碼器端的每一層都會執行注意力操作。下面將以此模型為例，對基於卷積神經網路的機器翻譯模型進行介紹。

11.2.1 位置編碼

與基於循環神經網路的翻譯模型類似，基於卷積神經網路的翻譯模型同樣用詞嵌入序列表示輸入序列，記為$\mathbf{w} = \{w_1, \cdots, w_m\}$。序列$\mathbf{w}$ 是維度大小為$m \times d$的矩陣，第i個單字w_i是維度為d的向量，其中m為序列長度，d為詞嵌入向量維度。與循環神經網路不同的是，基於卷積神經網路的模型需要對每個輸入單字的位置進行表示。這是由於，在卷積神經網路中，受限於卷積核的大小，單層的卷積神經網路只能捕捉序列局部的相對位置資訊。雖然多層的卷積神經網路可以擴大感受野，但是對全域的位置表示並不充分。相較於基於卷積神經網路的模型，基於循環神經網路的模型按時間步對輸入的序列進行建模，這樣間接地對位置資訊進行了建模，而詞序又是自然語言處理任務中的重要資訊，因此這裡需要單獨考慮。

為了更好地引入序列的詞序資訊，該模型引入了位置編碼$\mathbf{p} = \{p_1, \ldots, p_m\}$，其中$p_i$的維度大小為$d$，一般和詞嵌入維度相等，具體數值作為網路可學習的參數。簡單來說，p_i是一個可學習的參數向量對應位置i的編碼。這種編碼的作用就是對位置資訊進行表示，不同序列中的相同位置都對應一個唯一的位置編碼向量。之後將詞嵌入矩陣和位置編碼相加，得到模型的輸入序列$\mathbf{e} = \{w_1 + p_1, \ldots, w_m + p_m\}$。也有研究人員發現卷積神經網路本身具備一定的編碼位置資訊的能力[511]，而這裡額外的位置編碼模組可以被看作對卷積神經網路位置編碼能力的一種補充。

11.2.2 門控卷積神經網路

單層卷積神經網路的感受野受限於卷積核的大小，因此只能捕捉序列中局部的上下文資訊，不能極佳地進行長序列建模。為了捕捉更長的上下文資訊，最簡單的做法就是堆疊多個卷積層。相比於循環神經網路的鏈式結構，對相同的上下文跨度，多層卷積神經網路的層級結構可以透過更少的非線性計算對其進行建模，緩解了長距離建模中的梯度消失問題。因此，卷積神經網路相對更容易進行訓練。

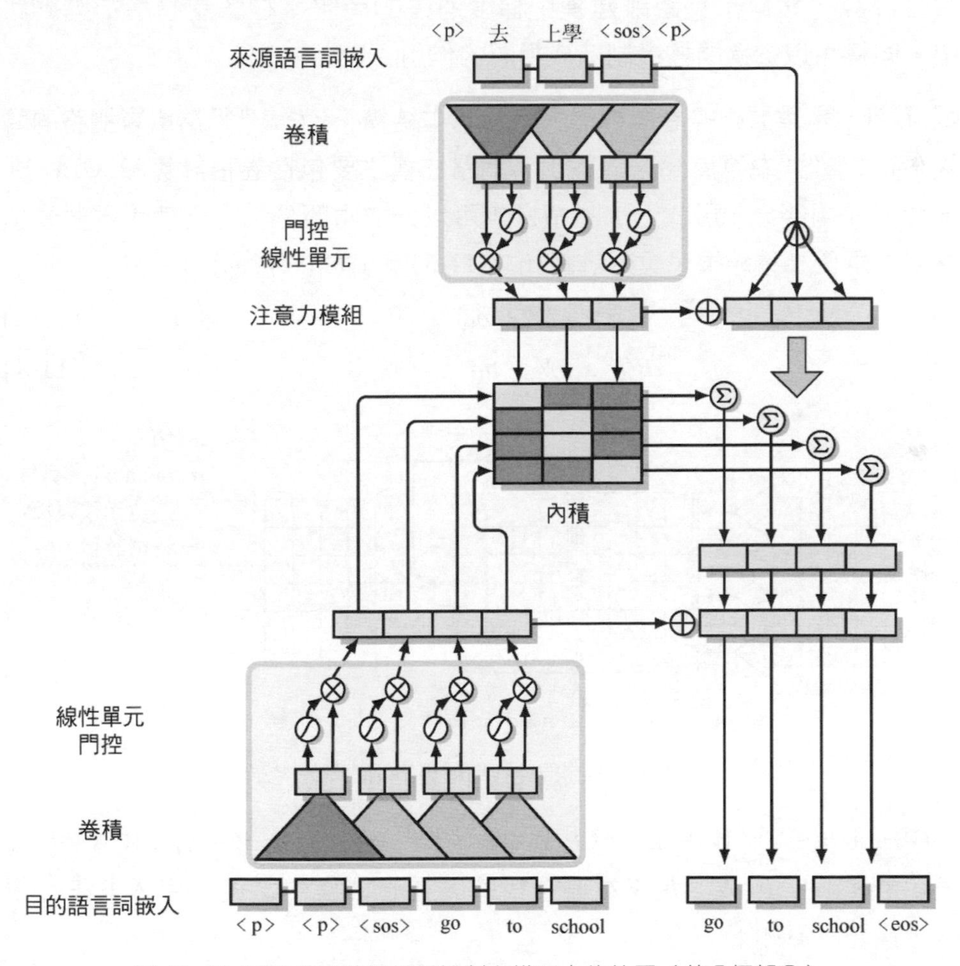

圖 11-13 門控卷積神經網路機制在模型中的位置（黃色框部分）

在 ConvS2S 模型中，編碼器和解碼器分別使用堆疊的門控卷積神經網路對來源語言和目的語言序列進行建模，在傳統卷積神經網路的基礎上引入了門控線性單元[502]，透過門控機制對卷積輸出進行控制，它在模型中的位置如圖 11-13 中黃色框所示。

門控機制在第 10 章介紹 LSTM 模型時提到過。在 LSTM 模型中，可以透過引入 3 個門控單元來控制資訊流，使隱藏層狀態能夠獲得長時間記憶。同時，門控單元的引入簡化了不同時間步間狀態更新的計算，只包括一些線性計算，緩解了長距離建模中梯度消失的問題。在多層卷積神經網路中，同樣可以透過門控機制造成相同的作用。

圖 11-14 是單層門控卷積神經網路的基本結構，$x \in \mathbb{R}^{m\times d}$為單層網路的輸入，$y \in \mathbb{R}^{m\times d}$為單層網路的輸出，網路結構主要包括卷積計算和 GLU 非線性單元兩部分。形式上，卷積操作可以分成兩部分，分別使用兩個卷積核得到兩個卷積結果，具體計算如式(11-3) 和式(11-4) 所示：

$$A = x * W + b_W \tag{11-3}$$

$$B = x * V + b_V \tag{11-4}$$

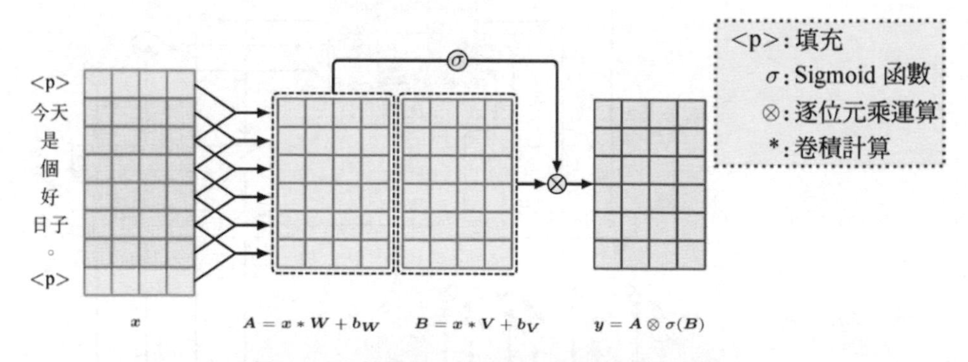

圖 11-14 單層門控卷積神經網路的基本結構

其中，$A, B \in \mathbb{R}^d$, $W \in \mathbb{R}^{K\times d\times d}$, $V \in \mathbb{R}^{K\times d\times d}$, $b\ \ W$、$b\ \ V \in \mathbb{R}^d$, W、V在此表示卷積核，$b\ \ W$、$b\ \ V$為偏置矩陣。在卷積操作之後，引入非線性變換，具體計算如下：

$$y = A \otimes \sigma(B) \tag{11-5}$$

其中，σ為 Sigmoid 函數，$\otimes$為按位乘運算。Sigmoid 將B映射為 0-1 範圍內的實數，用來充當門控。可以看到，門控卷積神經網路的核心部分是$\sigma(B)$，透過這個門控單元對卷積輸出進行控制，確定保留哪些資訊。同時，在梯度反向傳播的過程中，這種機制使得不同層之間存在線性通道，梯度傳導更加簡單，利於深層網路的訓練。這種思想和殘差網路的很類似。

在 ConvS2S 模型中，為了保證卷積操作之後的序列長度不變，需要對輸入進行填充，這一點已經在之前的章節中討論過了。因此，在編碼端，每一次卷積操作前，需要對序列的頭部和尾部分別做相應的填充（如圖 11-15 左側部分所示）。在解碼器中，由於需要訓練和解碼保持一致，模型在訓練過程中不能使用未來的資訊，需要對未來的資訊進行遮罩，也就是遮罩當前譯文單字右側的譯文資訊。從實踐角度看，只需要對解碼器輸入序列的頭部填充$K-1$個空元素，其中K為卷積核的寬度（圖 11-15 展示了卷積核寬度K=3 時，解碼器對輸入序列的填充情況，圖中三角形表示卷積操作）。

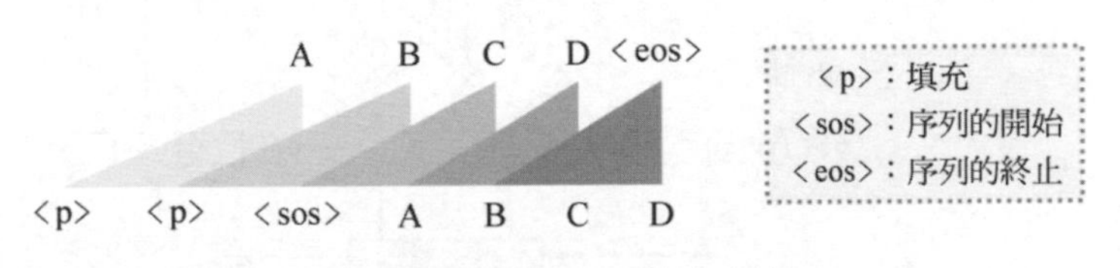

圖 11-15 解碼器的填充方法

11.2.3 殘差網路

殘差連接是一種訓練深層網路的技術，其內容在第 9 章已經進行了介紹，即在多層神經網路之間，透過增加直接連接的方式，將底層資訊直接傳遞給上層。透過增加這樣的直接連接，可以讓不同層之間的資訊傳遞得更高效，有利於深層神經網路的訓練，其計算公式為

$$h^{l+1} = F(h^l) + h^l \tag{11-6}$$

其中，h^l表示l層神經網路的輸入向量，$F(h^l)$是l層神經網路的運算。如果$l=2$，則式(11-6) 可以解釋為：第 3 層的輸入h^3等於第 2 層的輸出$F(h^2)$加

上第 2 層的輸入h^2。

在 ConvS2S 中，殘差連接主要應用在門控卷積神經網路和多步自注意力機制中，例如，在編碼器的多層門控卷積神經網路中，在每一層的輸入和輸出之間增加殘差連接，具體的數學描述為

$$h^{l+1} = A^l \otimes \sigma(B^l) + h^l \tag{11-7}$$

11.2.4 多步注意力機制

ConvS2S 模型也採用了注意力機制來獲取每個目的語言位置相應的來源語言上下文資訊，其仍然沿用傳統的點乘注意力機制[25]，其中圖 11-16 所示的藍色框代表多步注意力機制在 ConvS2S 模型中的位置。

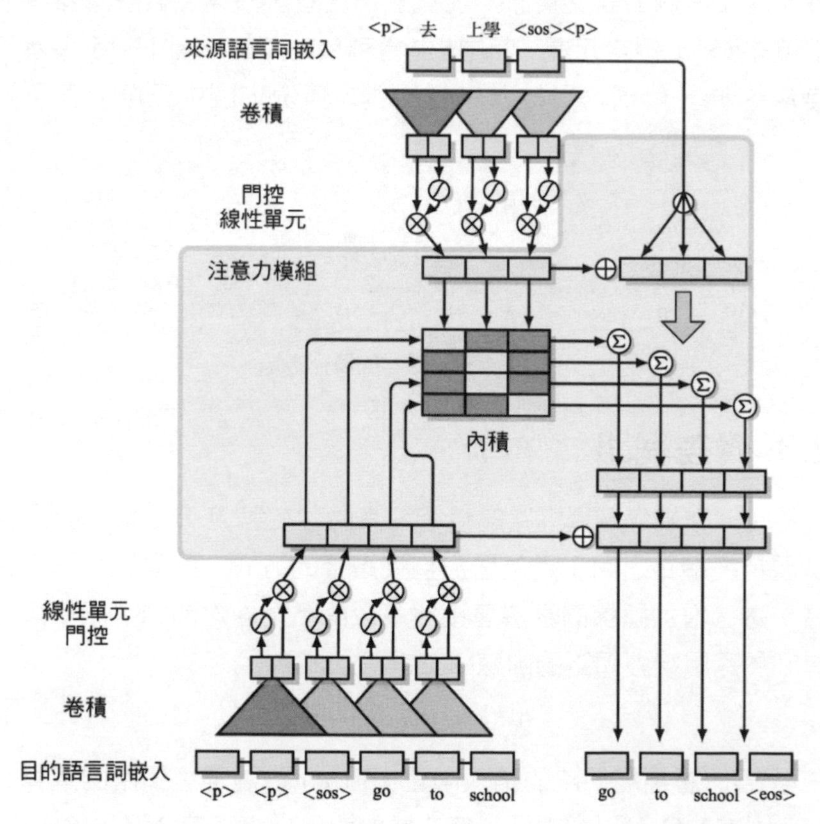

圖 11-16 多步注意力機制在 ConvS2S 模型中的位置（藍色背景框部分）

在基於循環神經網路的翻譯模型中，注意力機制已經被廣泛使用[22]。一方面，用於避免循環神經網路將來源語言序列壓縮成一個固定維度的向量表示帶來的資訊損失；另一方面，注意力機制同樣能夠幫助解碼器區分來源語言中不同位置對當前目的語言位置的貢獻度，其具體計算過程如式(11-8) 和式(11-9) 所示。

$$C_j = \sum_i \alpha_{i,j} h_i \tag{11-8}$$

$$\alpha_{i,j} = \frac{\exp(\alpha(s_{j-1}, h_i))}{\sum_{i'} \exp(\alpha(s_{j-1}, h_{i'}))} \tag{11-9}$$

其中，h_i表示來源語言端第i個位置的隱藏層狀態，即編碼器在第i個位置的輸出。s_j表示目標端第j個位置的隱藏層狀態。給定s_j和h_i，注意力機制透過函數$a(\cdot)$計算目的語言表示s_j與來源語言表示h_i之間的注意力權重$\alpha_{i,j}$，透過加權平均得到當前目的語言端位置所需的上下文表示C_j。其中，$a(\cdot)$的具體計算方式在第 10 章已詳細討論。

在 ConvS2S 模型中，解碼器同樣採用堆疊的多層門控卷積神經網路對目的語言進行序列建模。區別於編碼器，解碼器在每一層卷積網路之後引入注意力機制，用來參考來源語言資訊。ConvS2S 選用了點乘注意力，並且透過類似殘差連接的方式將注意力操作的輸入與輸出同時作用於下一層計算，稱為多步注意力。具體計算方式如下：

$$\alpha_{ij}^l = \frac{\exp(h_i d_j^l)}{\sum_{i'=1}^m \exp(h_{i'} d_j^l)} \tag{11-10}$$

不同於式(11-9) 中使用的目的語言端隱藏層表示s_{j-1}，式(11-10) 中的d_j^l同時結合了s_j的卷積計算結果和目的語言端的詞嵌入g_j，其具體計算如式(11-11) 和式(11-12) 所示。

$$d_j^l = z_j^l W_d^l + b_d^l + g_j \tag{11-11}$$

$$z_j^l = \mathrm{Conv}(s_j^l) \tag{11-12}$$

其中，z_j^l表示第l層卷積網路輸出中第j個位置的表示，W_d^l和b_d^l是模型可學習的參數，$\mathrm{Conv}(\cdot)$表示卷積操作。在獲得第l層的注意力權重之後，就可以得到對應的上下文表示C_j^l，具體計算如下：

$$C_j^l = \sum_i \alpha_{ij}^l (h_i + e_i) \tag{11-13}$$

模型使用了更全面的來源語言資訊，同時考慮了來源語言端編碼表示h_i及詞嵌入表示e_i。在獲得第l層的上下文向量C_j^l後，模型將其與z_j^l相加，然後送入下一層網路，這個過程可以被描述為

$$s_j^{l+1} = C_j^l + z_j^l \tag{11-14}$$

與循環網路中的注意力機制相比，該機制能夠幫助模型判別已經考慮了哪些先前的輸入。也就是說，多步注意力機制會考慮模型之前更關注哪些單字，並且在之後的層中執行多次注意力的「跳躍」。

11.2.5 訓練與推斷

與基於循環神經網路的翻譯模型一樣，ConvS2S 模型會計算每個目的語言位置上不同單字的機率，並以交叉熵作為損失函數，來衡量模型預測分佈與標準分佈之間的差異。同時，採用基於梯度的方法對網路中的參數進行更新（見第 9 章）。

ConvS2S 模型的訓練與基於循環神經網路的翻譯模型的訓練的主要區別是：

- ConvS2S 模型使用了 Nesterov 加速梯度下降法（Nesterov Accelerated Gradient，NAG），動量累計的係數設置為 0.99。當梯度范數超過 0.1 時，重新進行規範化[512]。
- 將 ConvS2S 模型的學習率設置為 0.25，當模型在驗證集上的困惑度不再下降時，便在每輪的訓練後將學習率降低一個數量級，直至學習率小於一定的閾值（如 0.0004）。

Nesterov 加速梯度下降法和第 9 章介紹的 Momentum 梯度下降法類似，都使用了歷史梯度資訊。先回憶 Momentum 梯度下降法，具體計算如式(11-15) 和式(11-16) 所示：

$$w_{t+1} = w_t - \alpha v_t \tag{11-15}$$

$$v_t = \beta v_{t-1} + (1-\beta)\frac{\partial J(w_t)}{\partial w_t} \tag{11-16}$$

其中，w_t表示第t步更新時的模型參數；$J(w_t)$表示損失函數均值期望的估計；$\frac{\partial J(w_t)}{\partial w_t}$將指向$J(w_t)$在$w_t$處變化最大的方向，即梯度方向；$\alpha$ 為學習率；v_t為損失函數在前$t-1$步更新中累積的梯度動量，利用超參數β控制累積的範圍。

而在 Nesterov 加速梯度下降法中，使用的梯度不是來自當前參數位置，而是按照之前的梯度方向更新一小步的位置，以便於更好地「預測未來」，提前調整更新速率。因此，其動量的更新方式如下：

$$v_t = \beta v_{t-1} + (1-\beta)\frac{\partial J(w_t)}{\partial (w_t - \alpha\beta v_{t-1})} \tag{11-17}$$

Nesterov 加速梯度下降法利用了二階導數的資訊，可以做到「向前看」，加速收斂過程[513]。ConvS2S 模型也採用了一些網路正則化和參數初始化的策略，使得模型在前向計算和反向計算的過程中，方差盡可能保持一致，模型訓練更穩定。

此外，為了進一步提升訓練效率及性能，ConvS2S 模型還使用了小批次訓練，即每次從樣本中選擇一小部分資料進行訓練。同時，ConvS2S 模型中也使用了 Dropout 方法[514]。除了在詞嵌入層和解碼器輸出層應用 Dropout，ConvS2S 模型還對卷積塊的輸入層應用了 Dropout。

ConvS2S 模型的推斷過程與第 10 章中描述的推斷過程一樣。其基本思想是：依靠來源語言句子和前面已經生成的譯文單字預測下一個譯文單字。這個過程也可以結合貪婪搜索或者束搜索等解碼策略。

11.3 局部模型的改進

在序列建模中，卷積神經網路可以透過參數共用，高效率地捕捉局部上下文特徵，如圖 11-11 所示。透過進一步分析發現，在標準卷積操作中包括了不同詞和不同通道之間兩種資訊的互動，每個卷積核都是對相鄰詞的不同通道進行卷積操作，參數量為$K \times O$，其中，K為卷積核大小，O為輸入的通道數，即單字表示的維度大小。如果使用N個卷積核，得到N個特徵（即輸出通道數），則總共的參數量為$K \times O \times N$。 這裡涉及卷積核大小、輸入通道數和輸出通道數三個維度，因此計算複雜度較高。為了進一步提升計算效率，降低參數量，一些研究人員提出深度可分離卷積（Depthwise Separable Convolution），將空間維度和通道間的資訊互動分離成深度卷積（Depthwise Convolution，也叫逐通道卷積） 和逐點卷積（Pointwise Convolution）兩部分[515,516]。除了直接將深度可分離卷積應用到神經機器翻譯中[504]，研究人員還提出使用更高效的輕量卷積（Lightweight Convolution）和動態磁碟區積（Dynamic Convolution）進行不同詞之間的特徵提取[509]。本節主要介紹這些改進的卷積操作。在後續章節中也會看到這些模型在神經機器翻譯中的應用。

11.3.1 深度可分離卷積

根據前面的介紹可以看出，卷積神經網路適用於局部檢測和處理位置不變的特徵。對於特定的表達，如地點、情緒等，使用卷積神經網路能達到不錯的辨識效果，因此它常被用在文字分類中[497,498,507,517]。不過，機器翻譯所面臨的情況更複雜，除了局部句子片段資訊，研究人員還希望模型能夠捕捉句子結構、語義等資訊。雖然單層卷積神經網路在文字分類中已經取得了很好的效果[498]，但是神經機器翻譯等任務仍然需要有效的卷積神經網路。隨著深度可分離卷積在機器翻譯中的探索[504]，更高效的網路結構被設計出來，獲得了比 ConvS2S 模型更好的性能。

深度可分離卷積由深度卷積和逐點卷積兩部分組成[518]。圖 11-17 對比了標準卷積、深度卷積和逐點卷積，為了方便顯示，圖中只畫出了部分連接。

給定輸入序列表示$\mathbf{x} = \{x_1, \cdots, x_m\}$，其中$m$為序列長度，$x_i \in \mathbb{R}^O$，$O$ 為輸入序列的通道數。為了獲得與輸入序列長度相同的卷積輸出結果，需要先進行填充。為了方便描述，這裡在輸入序列尾部填充 $K-1$ 個元素（K為卷積核視窗的長度），其對應的卷積結果為$\mathbf{z} = \{z_1, \cdots, z_m\}$。 在標準卷積中，若使用$N$表示卷積核的個數，也就是標準卷積輸出序列的通道數，那麼對於第i個位置的第n個通道$z_{i,n}^{\text{std}}$，其標準卷積具體計算如下：

$$z_{i,n}^{\text{std}} = \sum_{o=1}^{O} \sum_{k=0}^{K-1} x_{i+k,o} W_{k,o,n}^{\text{std}} \tag{11-18}$$

其中，z^{std}表示標準卷積的輸出，$z_i^{\text{std}} \in \mathbb{R}^N$，$W^{\text{std}} \in \mathbb{R}^{K \times O \times N}$ 為標準卷積的參數。可以看出，標準卷積中每個輸出元素需要考慮卷積核尺度內所有詞的所有特徵，參數量相對較多，對應圖 11-17 中的連接數也最多。

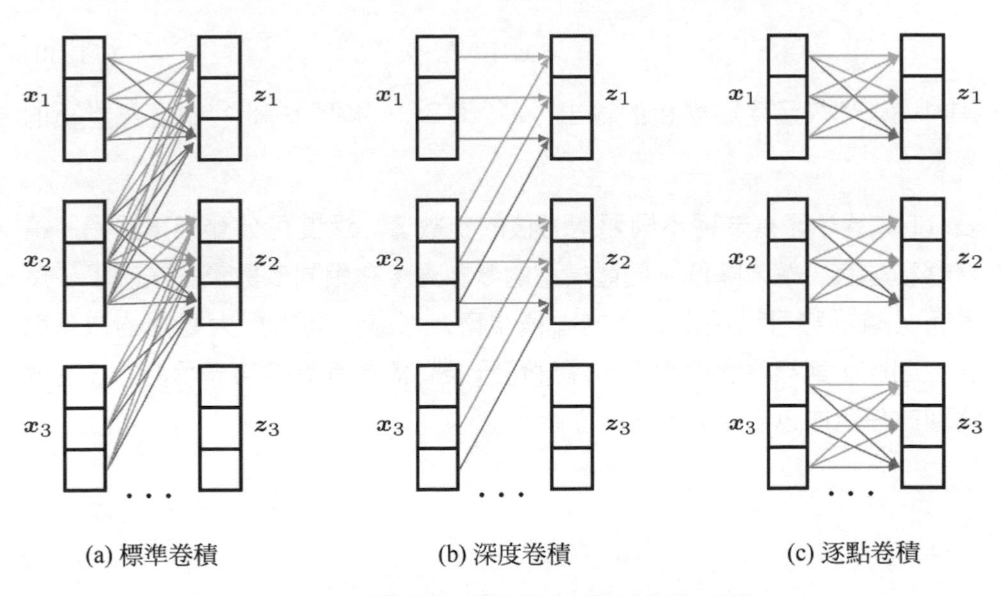

圖 11-17 標準卷積、深度卷積和逐點卷積示意圖

相應地，深度卷積只考慮不同詞之間的依賴性，而不考慮不同通道之間的關係，相當於使用O個卷積核一個一個通道地對不同的詞進行卷積操作。因此，深度卷積不改變輸出的表示維度，輸出序列表示的通道數與輸入序列一致，其計算如下：

$$z_{i,o}^{\mathrm{dw}} = \sum_{k=0}^{K-1} x_{i+k,o} W_{k,o}^{\mathrm{dw}} \tag{11-19}$$

其中，z^{dw}表示深度卷積的輸出，$z_i^{\mathrm{dw}} \in \mathbb{R}^O$ ，$W^{\mathrm{dw}} \in \mathbb{R}^{K\times O}$為深度卷積的參數，參數量只涉及卷積核大小及輸入表示維度。

與深度卷積互為補充的是，逐點卷積只考慮不同通道之間的依賴性，不考慮不同詞之間的依賴。換句話說，逐點卷積對每個詞表示做了一次線性變換，將輸入表示x_i從 $\mathbb{R}^O$ 的空間映射到 $\mathbb{R}^N$的空間，其具體計算如下：

$$\begin{aligned} z_{i,n}^{\mathrm{pw}} &= \sum_{o=1}^{O} x_{i,o} W_{o,n}^{\mathrm{pw}} \\ &= x_i W^{\mathrm{pw}} \end{aligned} \tag{11-20}$$

其中，z^{pw}表示逐點卷積的輸出，$z_i^{\mathrm{pw}} \in \mathbb{R}^N$，$W^{\mathrm{pw}} \in \mathbb{R}^{O\times N}$為逐點卷積的參數。

表 11-1 展示了這幾種不同類型卷積的參數量。深度可分離卷積透過將標準卷積進行分解，降低了整體模型的參數量。在相同參數量的情況下，深度可分離卷積可以採用更大的卷積視窗，考慮序列中更大範圍的依賴關係。因此，與標準卷積相比，深度可分離卷積具有更強的表示能力，在機器翻譯任務中也能獲得更好的性能。

表 11-1 不同類型卷積的參數量
（K表示卷積核大小，O表示輸入通道數，N表示輸出通道數）[457]

卷積類型	參數量
標準卷積	$K \times O \times N$
深度卷積	$K \times O$
逐點卷積	$O \times N$
深度可分離卷積	$K \times O + O \times N$

11.3.2 輕量卷積和動態磁碟區積

在深度可分離卷積中，深度卷積的作用是捕捉相鄰詞之間的依賴關係，這和第 12 章即將介紹的基於自注意力機制的模型類似。基於深度卷積，一些研究人員提出了輕量卷積和動態磁碟區積，用來替換注意力機制，並將其應用於基於自注意力機制的模型中[509]。同時，卷積操作的線性複雜度使得它具有較高的運算效率，相比注意力機制的平方複雜度，卷積操作是一種更加「輕量」的方法。接下來，分別介紹輕量卷積與動態磁碟區積的思想。

1. 輕量卷積

在序列建模的模型中，一個很重要的模組就是對序列中不同位置的資訊的提取，如 ConvS2S 模型中的卷積神經網路等。雖然考慮局部上下文的卷積神經網路只在序列這一維度進行操作，具有線性的複雜度，但是由於標準卷積操作中考慮了不同通道的資訊互動，整體複雜度依舊較高。一種簡化的策略就是採取通道獨立的卷積操作，也就是 11.3.1 節介紹的深度卷積。

在神經機器翻譯模型中，神經網路不同層的維度通常一致，即$O = N = d$。因此，深度卷積可以使卷積神經網路的參數量從 Kd^2 降到Kd（參考表 1）。從形式上看，深度卷積和注意力機制很類似，區別在於注意力機制考慮了序列全域上下文資訊，權重來自當前位置對其他位置的「注意力」，而深度卷積中僅考慮了局部的上下文資訊，權重採用了在不同通道上獨立的固定參數。為了進一步降低參數量，輕量卷積共用了部分通道的卷積參數。如圖 11-18 所示，深度卷積中 4 種顏色的連接代表了 4 個通道上獨立的卷積核，而在輕量卷積中，第 1 和第 3 通道，第 2 和第 4 通道分別採用了共用的卷積核參數。透過共用，可以將參數量壓縮到Ka，其中壓縮比例為d/a（a為壓縮後保留的共用通道數）。

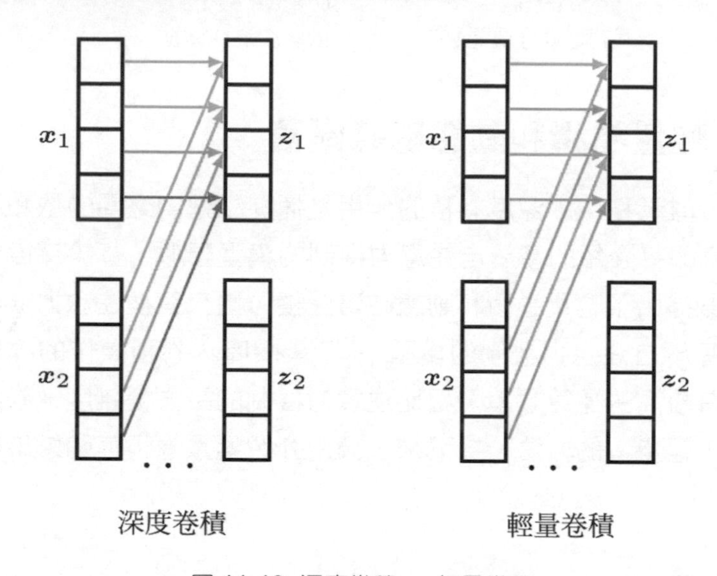

圖 11-18 深度卷積 vs 輕量卷積

此外，與標準卷積不同的是，輕量卷積之前需要先對卷積參數進行歸一化，具體計算過程為

$$z_{i,o}^{\mathrm{lw}} = \sum_{k=0}^{K-1} x_{i+k,o} \mathrm{Softmax}(W^{\mathrm{lw}})_{k,\lceil \frac{oa}{d} \rceil} \tag{11-21}$$

其中，z^{lw}表示輕量卷積的輸出，$z_i^{\mathrm{lw}} \in \mathbb{R}^d$，$W^{\mathrm{lw}} \in \mathbb{R}^{K \times a}$為輕量卷積的參數。這裡，輕量卷積用來捕捉相鄰詞的特徵，透過 Softmax 可以在保證關注到不同詞的同時，對輸出大小進行限制。

2. 動態磁碟區積

輕量卷積和動態磁碟區積的概念最早在圖型領域被提出，大大減少了卷積神經網路模型中的參數和計算量[494,519,520]。雖然輕量卷積在儲存和速度上具有優勢，但其參數量的減少也導致了表示能力的下降，損失了一部分模型性能。為此，研究人員提出了動態磁碟區積，希望在不增加網路深度和寬度的情況下增強模型的表示能力，其思想就是根據輸入動態地生成卷積參數[509,521]。

在輕量卷積中，模型使用的卷積參數是靜態的，與序列位置無關， 維度大小為$K \times a$；而在動態磁碟區積中，為了增強模型的表示能力，卷積參數來自當前位置輸入的變換，具體計算為

$$f(x_i) = \sum_{c=1}^{d} W_{:,:,c} \odot x_{i,c} \tag{11-22}$$

這裡採用了最簡單的線性變換，其中$\odot$表示矩陣的點乘（詳見第 9 章），d為通道數，x_i是序列第i個位置的表示，c表示某個通道，$W \in \mathbb{R}^{K \times a \times d}$為變換矩陣，$W_{:,:,c}$表示其只在$d$這一維進行計算，最後生成的$f(x_i) \in \mathbb{R}^{K \times a}$就是與輸入相關的卷積核參數。透過這種方式，模型可以根據不同位置的表示來確定如何關注其他位置資訊的「權重」，更好地提取序列資訊。同時，與注意力機制中兩兩位置確定出來的注意力權重相比，動態磁碟區積線性複雜度的做法具有更高的計算效率。

11.4 小結及拓展閱讀

卷積是一種高效的神經網路結構，在圖型、語音處理等領域取得了令人矚目的成績。本章介紹了卷積的概念及其特性，並對池化、填充等操作進行了討論。本章介紹了具有高平行計算能力的機器翻譯範式，即基於卷積神

經網路的編碼器-解碼器框架。其在機器翻譯任務上表現出色，並大幅縮短了模型的訓練週期。除了基礎部分，本章還針對卷積計算進行了延伸，內容涉及逐通道卷積、逐點卷積、輕量卷積和動態磁碟區積等。除了上述內容，卷積神經網路及其變種在文字分類、命名實體辨識、關係分類、事件取出等其他自然語言處理任務上也有許多應用[102,498,522-524]。

與機器翻譯任務不同的是，文字分類任務偏重於對序列特徵的提取，然後透過壓縮後的特徵表示做出類別預測。卷積神經網路可以對序列中一些n-gram 特徵進行提取，也可以用在文字分類任務中，其基本結構包括輸入層、卷積層、池化層和全連接層。除了本章介紹過的 TextCNN 模型[498]，不少研究工作在此基礎上對其進行改進。例如，透過改變輸入層引入更多特徵[525,526]，對卷積層[523,527]及池化層進行改進[497,523]。在命名實體辨識任務中，同樣可以使用卷積神經網路進行特徵提取[102,522]，或者使用更高效的空洞卷積對更長的上下文進行建模[528]。此外，也有一些研究工作嘗試使用卷積神經網路提取字元級特徵[529-531]。

Chapter

12

基於自注意力的模型

循環神經網路和卷積神經網路是兩種經典的神經網路結構，在機器翻譯中進行應用也是較為自然的想法。但是，這些模型在處理文字序列時也有問題：它們對序列中不同位置之間的依賴關係的建模並不直接。以卷積神經網路為例，如果要對長距離依賴進行描述，需要多層卷積操作，而且不同層之間的資訊傳遞也可能有損失，這些都限制了模型的能力。

為了更好地描述文字序列，研究人員提出了一種新的模型 Transformer。Transformer 並不依賴任何循環單元或者卷積單元，而是使用一種被稱作自注意力網路的結構對序列進行表示。自注意力機制可以非常高效率地描述任意距離之間的依賴關係，因此非常適合處理語言文字序列。Transformer 一經提出就受到廣泛關注，現在已經成了機器翻譯中最先進的架構之一。本章將對 Transformer 的基本結構和實現技術進行介紹。這部分知識也會在本書的前端部分（第 13 章～第 18 章）大量使用。

12.1 自注意力機制

回顧循環神經網路處理文字序列的過程。如圖 12-1 所示，對於單字序列$\{w_1, \cdots, w_m\}$，處理第m個單字w_m時（綠色方框部分），需要輸入前一時刻的資訊（即處理單字w_{m-1}），而w_{m-1}又依賴於w_{m-2}，依此類推。也就是說，如果想建立w_m和w_1之間的關係，需要$m-1$次資訊傳遞。對於長序列來說，單字之間資訊傳遞距離過長會導致資訊在傳遞過程中遺失。同時，這種按順序建模的方式也使得系統對序列的處理十分緩慢。

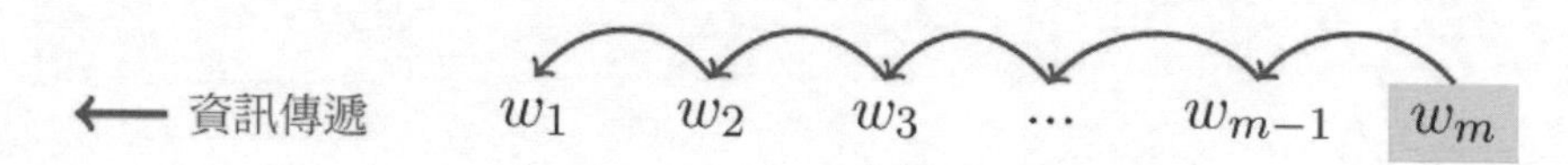

圖 12-1 循環神經網路中單字之間的依賴關係

那麼，能否擺脱這種順序傳遞資訊的方式，直接對不同位置單字之間的關係進行建模，即將資訊傳遞的距離拉近為 1 呢？自注意力機制的提出有效地解決了這個問題[532]。圖 12-2 舉出了自注意力機制對序列進行建模的範例。對於單字w_m，自注意力機制直接建立它與前$m-1$個單字之間的關係。也就是説，w_m與序列中所有其他單字的距離都是 1。這種方式極佳地解決了長距離依賴問題。同時，由於單字之間的聯繫都是相互獨立的，大大提高了模型的並行度。

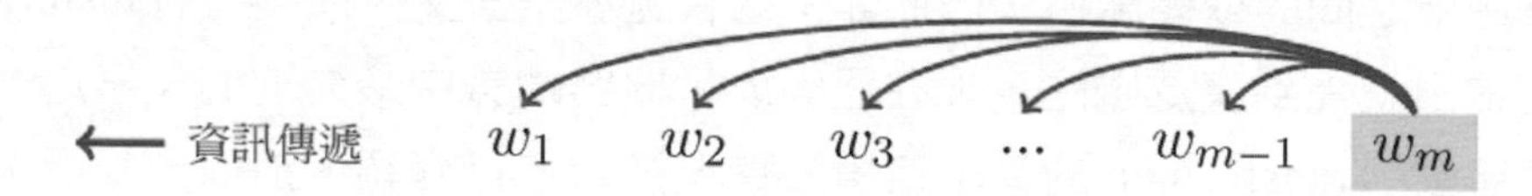

圖 12-2 自注意力機制中單字之間的依賴關係

自注意力機制也可以被看作一個序列表示模型。例如，對於每個目標位置j，都生成一個與之對應的來源語言句子表示，它的形式如下：

$$C_j = \sum_i \alpha_{i,j} h_i \tag{12-1}$$

其中，h_i 為來源語言句子每個位置的表示結果，$\alpha_{i,j}$是目標位置j對h_i的注意力權重。以來源語言句子為例，自注意力機制將序列中每個位置的表示h_i看作 query（查詢），並將所有位置的表示看作 key（鍵）和 value（值）。自注意力模型透過計算當前位置與所有位置的匹配程度，也就是注意力機制中提到的注意力權重，對各個位置的 value 進行加權求和。得到的結果可以被看作在這個句子中當前位置的抽象表示。這個過程可以疊加多次，形成多層注意力模型，對輸入序列中各個位置進行更深層的表示。

舉個例子，如圖 12-3 所示，一個中文句子包含 5 個詞。這裡，用h(他)表示「他」當前的表示結果，其中$h(\cdot)$是一個函數，用於返回輸入單字所在位置對應的表示結果（向量）。如果把「他」看作目標，這時 query 就是h(他)，key 和 value 是圖中所有位置的表示，即h(他)、h(什麼)、h(也)、h(沒)、h(學)。在自注意力模型中，先計算 query 和 key 的相關度，這裡用α_i表示h(他)和位置i的表示之間的相關性。然後，把α_i作為權重，對不同位置上的 value 進行加權求和。最終，得到新的表示結果$\tilde{h}$(他)，其具體計算如下：

$$\tilde{h}(\text{他}) = \alpha_1 h(\text{他}) + \alpha_2 h(\text{什麼}) + \alpha_3 h(\text{也}) + \alpha_4 h(\text{沒}) + \alpha_5 h(\text{學}) \tag{12-2}$$

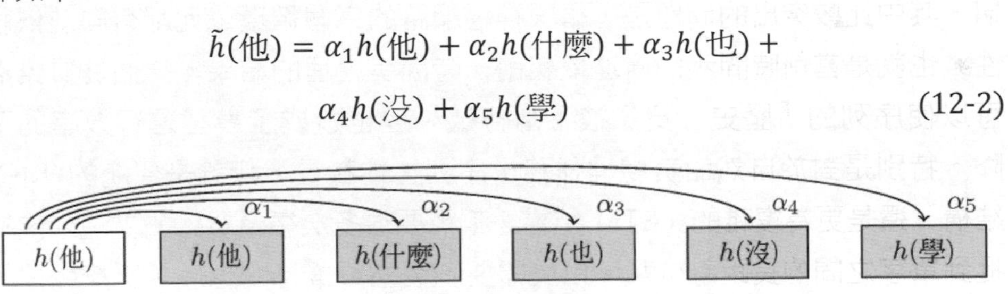

圖 12-3 自注意力機制的計算實例

同理，也可以用同樣的方法處理這個句子中的其他單字。可以看出，在自注意力機制中，並不是使用類似於循環神經網路的記憶能力去存取歷史資訊。序列中所有單字之間的資訊都是透過同一種操作（query 和 key 的相關度）進行處理的。這樣，表示結果$\tilde{h}$(他)在包含「他」這個單字的資訊的同時，也包含了序列中其他詞的資訊。也就是說，在序列中，每一個位置的表示結果都包含了其他位置的資訊。從這個角度看，$\tilde{h}$(他)已經不再是單字「他」自身的表示結果，而是一種在單字「他」的位置上的全域資訊的表示。

通常，也把生成$\tilde{h}(w_i)$的過程看作特徵提取，而實現這個過程的模型被稱為特徵提取器。循環神經網路、卷積神經網路和自注意力模型都是典型的特徵提取器。特徵提取是神經機器翻譯系統的關鍵步驟，在隨後的內容中可以看到，自注意力模型是一個非常適合機器翻譯任務的特徵提取器。

12.2 Transformer 模型

下面對 Transformer 模型的由來及整體架構進行介紹。

12.2.1 Transformer 的優勢

先回顧第 10 章介紹的循環神經網路。雖然它很強大，但也存在一些弊端，其中比較突出的問題是，循環神經網路的每個循環單元都有向前依賴性，也就是當前時間步的處理依賴前一時間步處理的結果。這個性質雖然可以使序列的「歷史」資訊被不斷傳遞，但也造成了模型運行效率的下降。特別是對於自然語言處理任務，序列往往較長，無論是傳統的 RNN 結構，還是更為複雜的 LSTM 結構，都需要很多次循環單元的處理才能捕捉到單字之間的長距離依賴。由於需要多個循環單元的處理，距離較遠的兩個單字之間的資訊傳遞變得很複雜。

針對這些問題，研究人員提出了一種全新的模型——Transformer[23]。與循環神經網路等傳統模型不同，Transformer 模型僅僅使用自注意力機制和標準的前饋神經網路，完全不依賴任何循環單元或者卷積操作。自注意力機制的優點在於可以直接對序列中任意兩個單元之間的關係進行建模，這使得長距離依賴等問題可以更好地被求解。此外，自注意力機制非常適合在

GPU 上進行並行化，因此模型訓練的速度更快。表 12-1 對比了 RNN、CNN 和 Transformer 的層類型複雜度[1]。

表 12-1 RNN、CNN 和 Transformer 的層類型複雜度對比[23]

模型	層類型	複雜度	最小順序運算元	最大路徑長度
RNN	循環單元	$O(n \cdot d^2)$	$O(n)$	$O(n)$
CNN	空洞卷積	$O(k \cdot n \cdot d^2)$	$O(1)$	$O(\log_k(n))$
Transformer	自注意力	$O(n^2 \cdot d)$	$O(1)$	$O(1)$

註：n表示序列長度，d表示隱藏層大小，k表示卷積核大小

Transformer 被提出之後，席捲了整個自然語言處理領域。也可以將 Transformer 當作一種表示模型，因此它也被大量地使用在自然語言處理的其他領域，甚至在影像處理[533]和語音處理[534,535]中也能看到它的影子。例如，目前非常流行的 BERT 等預訓練模型就是基於 Transformer 的。表 2 展示了 Transformer 在 WMT 英德和英法機器翻譯任務上的性能。它能用更少的計算量（FLOPs）達到比其他模型更好的翻譯品質[2]。

表 12-2 不同翻譯模型性能的對比[23]

系統	BLEU[%] 英德	BLEU[%] 英法	模型訓練代價（FLOPs）
GNMT+RL	24.6	39.92	1.4×10^{20}
ConvS2S	25.16	40.46	1.5×10^{20}
MoE	26.03	40.56	1.2×10^{20}
Transformer（Base Model）	27.3	38.1	3.3×10^{18}
Transformer（Big Model）	**28.4**	**41.8**	2.3×10^{19}

[1] 順序運算元指模型處理一個序列需要的運算元。Transformer 和 CNN 都可以進行平行計算，所以順序運算元是 1。路徑長度指序列中任意兩個單字在網路中的距離。

[2] FLOPs = Floating Point Operations，即浮點運算數。它是度量演算法/模型複雜度的常用單位。

注意，Transformer 並不簡單地等於自注意力機制。Transformer 模型還包含了很多優秀的技術，如多頭注意力、新的訓練學習率調整策略等。這些因素一起組成了真正的 Transformer。下面就一起看看自注意力機制和 Transformer 是如何工作的。

12.2.2 整體結構

圖 12-4 展示了 Transformer 的結構。編碼器由若干層組成（綠色虛線框代表一層）。每一層（Layer）的輸入都是一個向量序列，輸出是同樣大小的向量序列，而 Transformer 層的作用是對輸入進行進一步的抽象，得到新的表示結果。這裡的層並不是指單一的神經網路結構，它由若干個不同的模組組成，包括：

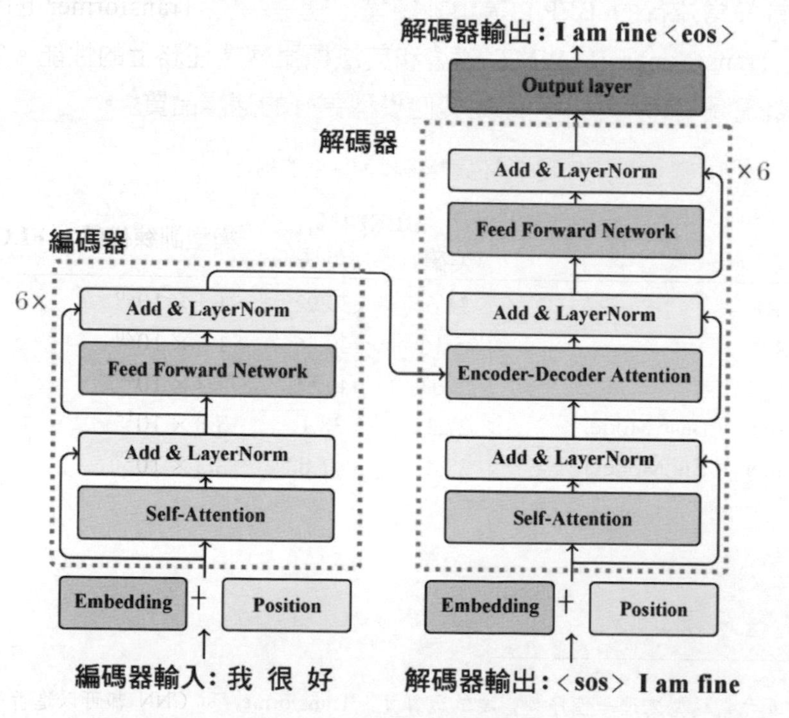

圖 12-4　Transformer 的結構

- 自注意力子層（Self-Attention Sub-layer）：使用自注意力機制對輸入的序列進行新的表示。
- 前饋神經網路子層（Feed-Forward Sub-layer）：使用全連接的前饋神經網路對輸入向量序列進行進一步變換。
- 殘差連接（標記為"Add"）：對於自注意力子層和前饋神經網路子層，都有一個從輸入直接到輸出的額外連接，也就是一個跨子層的直連。殘差連接可以使深層網路的資訊傳遞更有效。
- 層標準化（Layer Normalization）：在自注意力子層和前饋神經網路子層進行最終輸出之前，會對輸出的向量進行層標準化，規範結果向量的取值範圍，易於後面的處理。

以上操作就組成了 Transformer 的一層，各個模組執行的順序可以簡單地描述為：Self-Attention → Residual Connection → Layer Normalization → Feed Forward Network → Residual Connection → Layer Normalization。編碼器中可以包含多個這樣的層，如可以建構一個 6 層編碼器，每層都執行上面的操作。最上層的結果作為整個編碼的結果，會被傳入解碼器。

解碼器的結構與編碼器十分類似。它也是由若干層組成的，每一層包含編碼器中的所有結構，即自注意力子層、前饋神經網路子層、殘差連接和層標準化模組。此外，為了捕捉來源語言的資訊，解碼器引入了一個額外的編碼-解碼注意力子層（Encoder-Decoder Attention Sub-layer）。這個新的子層，可以幫助模型使用來源語言句子的表示資訊生成目的語言不同位置的表示。編碼-解碼注意力子層仍然基於自注意力機制，因此它和自注意力子層的結構是相同的，只是 query、key、value 的定義不同。例如，在解碼器端，自注意力子層的 query、key、value 是相同的，它們都等於解碼器每個位置的表示；而在編碼-解碼注意力子層中，query 是解碼器每個位置的表示，此時 key 和 value 是相同的，等於編碼器每個位置的表示。圖 12-5 舉出了這兩種不同注意力子層輸入的區別。

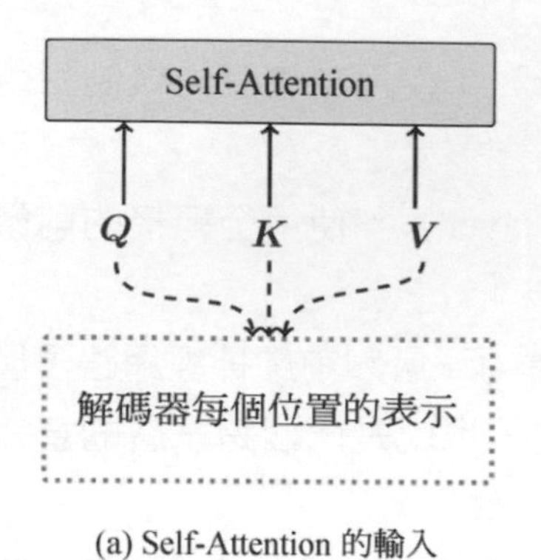

(a) Self-Attention 的輸入

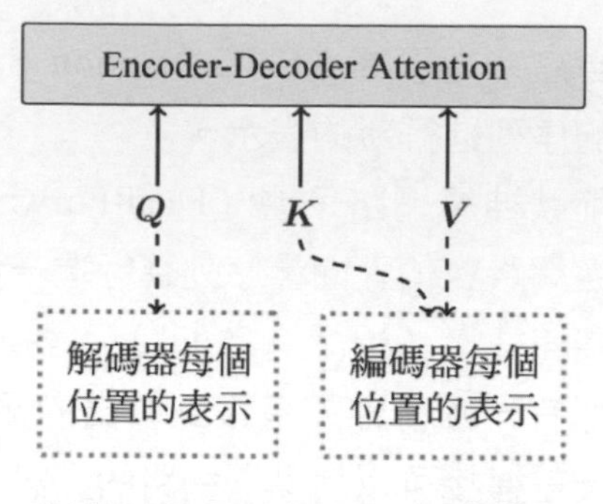

(b) Encoder-Decoder Attention 的輸入

圖 12-5 注意力模型的輸入（自注意力子層 vs 編碼-解碼注意力子層）

此外，編碼器和解碼器都有輸入的詞序列。編碼器的詞序列輸入是為了對其進行表示，進而能從編碼器存取到來源語言句子的全部資訊。解碼器的詞序列輸入是為了進行目的語言的生成，本質上它和語言模型是一樣的，在得到前$n-1$個單字的情況下輸出第n個單字。除了輸入詞序列的詞嵌入，Transformer 中也引入了位置嵌入，以表示每個位置資訊。原因是，自注意力機制沒有顯性地對位置進行表示，因此無法考慮詞序。在輸入中引入位置資訊可以讓自注意力機制間接地感受到每個詞的位置，進而保證對序列表示的合理性。最終，整個模型的輸出由一個 Softmax 層完成，它和循環神經網路中的輸出層是完全一樣的。

在進行更詳細的介紹前，先透過圖 12-4 簡單瞭解 Transformer 模型是如何進行翻譯的。首先，Transformer 將來源語言句子「我/很/好」的詞嵌入融合位置編碼後作為輸入。然後，編碼器對輸入的來源語言句子進行逐層抽象，得到包含豐富的上下文資訊的來源語言表示並傳遞給解碼器。解碼器的每一層，使用自注意力子層對輸入解碼器的表示進行加工，再使用編碼-解碼注意力子層融合來源語言句子的表示資訊。就這樣逐詞生成目的語言譯文單字序列。解碼器每個位置的輸入是當前單字（如"I"），而輸出是下一個單字（如"am"），這個設計和標準的神經語言模型是完全一樣的。

當然，讀者可能還有很多疑惑，如什麼是位置編碼？Transformer 的自注意力機制具體是怎麼計算的，其結構是怎樣的？層標準化又是什麼？等等。下面就一一展開介紹。

12.3 位置編碼

在使用循環神經網路對序列的資訊進行提取時，每個時刻的運算都要依賴前一個時刻的輸出，具有一定的時序性，這也與語言具有順序的特點契合。而採用自注意力機制對來源語言和目的語言序列進行處理時，直接對當前位置和序列中的任意位置進行建模，忽略了詞之間的順序關係，例如，圖 12-6 中兩個語義不同的句子，透過自注意力得到的表示$\tilde{h}$(機票)是相同的。

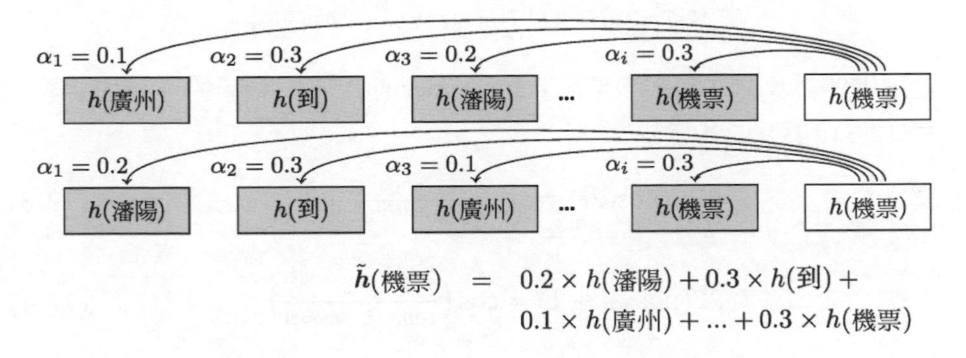

圖 12-6 「機票」的更進一步抽象表示h的計算

為了解決這個問題，Transformer 在原有的詞向量輸入基礎上引入了位置編碼，表示單字之間的順序關係。位置編碼在 Transformer 結構中的位置如圖 12-7 所示，它是 Transformer 成功的一個重要因素。

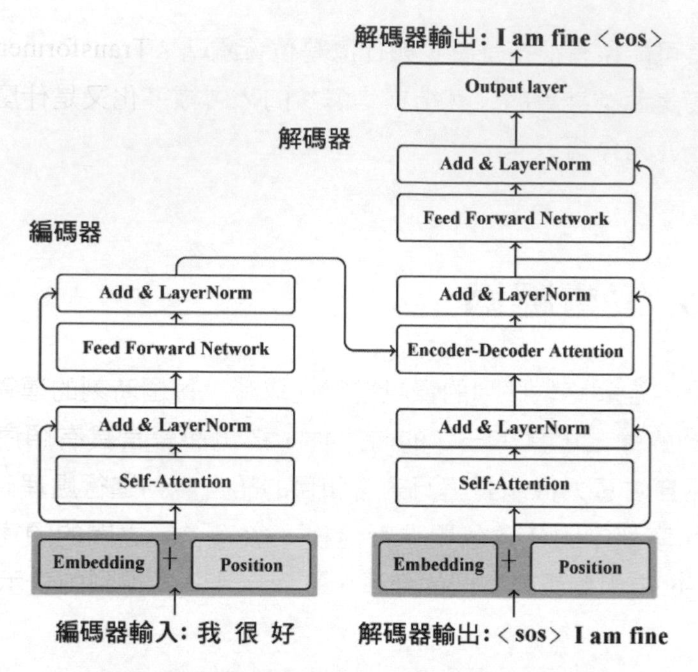

圖 12-7 位置編碼在 Transformer 結構中的位置

位置編碼的計算方式有很多種，Transformer 使用不同頻率的正餘弦函數，如式(12-3) 和式(12-4) 所示：

$$\mathrm{PE}(\mathrm{pos}, 2i) = \sin\left(\frac{\mathrm{pos}}{10000^{2i/d_{\mathrm{model}}}}\right) \tag{12-3}$$

$$\mathrm{PE}(\mathrm{pos}, 2i+1) = \cos\left(\frac{\mathrm{pos}}{10000^{2i/d_{\mathrm{model}}}}\right) \tag{12-4}$$

式中，PE(·)表示位置編碼的函數，pos 表示單字的位置，i代表位置編碼向量中的第幾維，d_{model}是 Transformer 的一個基礎參數，表示每個位置的隱層大小。正餘弦函數的編碼各占一半，因此當位置編碼的維度為 512 時，i的範圍是 0～255。 在 Transformer 中，位置編碼的維度和詞嵌入向量的維度相同（均為d_{model}），模型將二者相加作為模型輸入，如圖 12-8 所示。

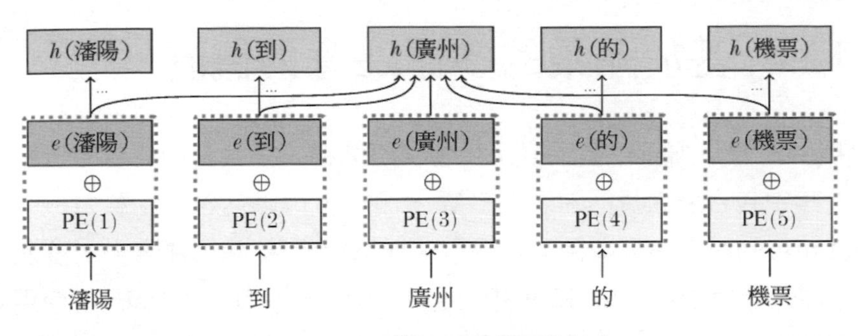

圖 12-8 位置編碼與詞編碼的組合

為什麼透過這種計算方式可以極佳地表示位置資訊呢？有幾方面原因。首先，正餘弦函數是具有上下界的週期函數，用正餘弦函數可將長度不同的序列的位置編碼的範圍固定到$[-1,1]$，這樣在與詞的編碼相加時，不至於產生太大差距。另外，位置編碼的不同維度對應不同的正餘弦曲線，這為多維的表示空間指定了一定意義。最後，根據三角函數的性質，如式(12-5) 和式(12-6)：

$$\sin(\alpha+\beta) = \sin\alpha \cdot \cos\beta + \cos\alpha \cdot \sin\beta \tag{12-5}$$

$$\cos(\alpha+\beta) = \cos\alpha \cdot \cos\beta - \sin\alpha \cdot \sin\beta \tag{12-6}$$

可以得到第 pos+k個位置的編碼，如式(12-7) 和式(12-8)：

$$\begin{aligned}\mathrm{PE}(\mathrm{pos}+k,2i) = \mathrm{PE}(\mathrm{pos},2i)\cdot\mathrm{PE}(k,2i+1) + \\ \mathrm{PE}(\mathrm{pos},2i+1)\cdot\mathrm{PE}(k,2i)\end{aligned} \tag{12-7}$$

$$\begin{aligned}\mathrm{PE}(\mathrm{pos}+k,2i+1) = \mathrm{PE}(\mathrm{pos},2i+1)\cdot\mathrm{PE}(k,2i+1) - \\ \mathrm{PE}(\mathrm{pos},2i)\cdot\mathrm{PE}(k,2i)\end{aligned} \tag{12-8}$$

即對於任意固定的偏移量k，$\mathrm{PE}(\mathrm{pos}+k)$能被表示成$\mathrm{PE}(\mathrm{pos})$的線性函數。換句話說，位置編碼可以表示詞之間的距離。在實踐中發現，位置編碼對 Transformer 系統的性能有很大影響，對其進行改進也會對性能有進一步提升[462]。

12.4 基於點乘的多頭注意力機制

Transformer 模型摒棄了循環單元和卷積等結構，完全基於注意力機制構造模型，其中包含著大量的注意力計算。例如，可以透過自注意力機制對來源語言和目的語言序列進行資訊提取，並透過編碼-解碼注意力對雙敘述對之間的關係進行建模。圖 12-9 中紅色方框部分是 Transformer 中使用注意力機制的模組，而這些模組都是由基於點乘的多頭注意力機制實現的。

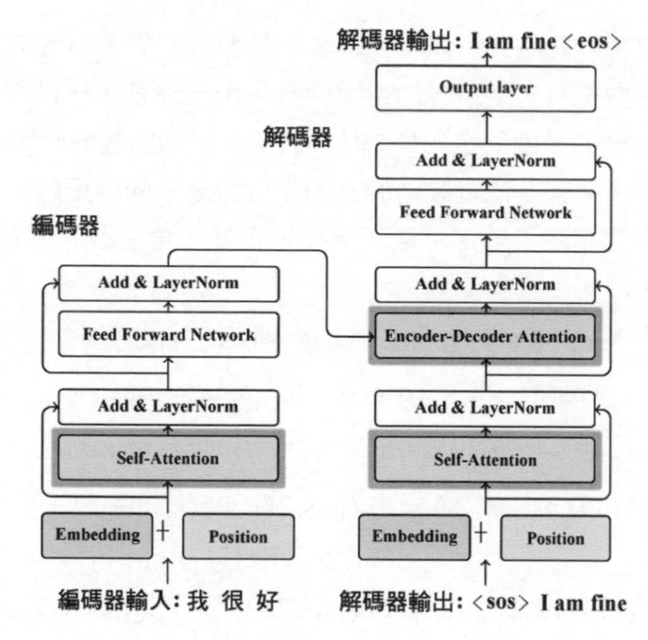

圖 12-9 自注意力機制在模型中的位置

12.4.1 點乘注意力機制

12.1 節中已經介紹，自注意力機制中至關重要的是獲取相關性係數，也就是在融合不同位置的表示向量時各位置的權重。Transformer 模型採用了一種基於點乘的方法計算相關性係數。這種方法也稱為縮放的點乘注意力（Scaled Dot-product Attention）機制。它的運算並行度高，同時並不消耗太多的儲存空間。

在注意力機制的計算過程中，包含 3 個重要的參數，分別是 query、key 和 value。在下面的描述中，分別用Q, K, V對它們進行表示，其中Q 和K的維度為$L \times d_{\mathrm{k}}$，V的維度為$L \times d_{\mathrm{v}}$。這裡，L為序列的長度，d_{k}和d_{v}分別表示每個 key 和 value 的大小，通常設置為$d_{\mathrm{k}} = d_{\mathrm{v}} = d_{\mathrm{model}}$。

在自注意力機制中，Q, K, V都是相同的，對應著來源語言或目的語言序列的表示。而在編碼-解碼注意力機制中，要對雙語之間的資訊進行建模，因此將目的語言每個位置的表示視為編碼-解碼注意力機制的Q，來源語言句子的表示視為K 和V。

在得到Q, K和V後，便可以進行注意力的運算，這個過程可以被形式化為

$$\mathrm{Attention}(Q, K, V) = \mathrm{Softmax}\left(\frac{QK^{\mathrm{T}}}{\sqrt{d_{\mathrm{k}}}} + Mask\right)V \tag{12-9}$$

首先，透過對Q和K的轉置進行矩陣乘法操作，得到一個維度大小為$L \times L$的相關性矩陣，即QK^{T}，它表示一個序列上任意兩個位置的相關性。再透過係數 $1/\sqrt{d_{\mathrm{k}}}$進行放縮操作，放縮可以減少相關性矩陣的方差，具體表現在運算過程中，實數矩陣中的數值不會過大，有利於模型訓練。

在此基礎上，透過對相關性矩陣累加一個遮罩矩陣 **Mask** 來遮罩矩陣中的無用資訊。例如，在編碼器端，如果需要同時處理多個句子，由於這些句子長度不統一，需要對句子進行補齊。再例如，在解碼器端，訓練的時候需要遮罩當前目的語言位置右側的單字，因此這些單字在推斷的時候是看不到的。

隨後，使用 Softmax 函數對相關性矩陣在行的維度上進行歸一化操作，這可以視為對第i 行進行歸一化，結果對應了V 中不同位置上向量的注意力權重。對於 value 的加權求和，可以直接用相關性係數和V 進行矩陣乘法得到，即用$\mathrm{Softmax}(\frac{QK^{\mathrm{T}}}{\sqrt{d_{\mathrm{k}}}} + Mask)$和$V$進行矩陣乘。最終，得到自注意力的輸出，它和輸入的$V$的大小一模一樣。圖 12-10 展示了點乘注意力的計算過程。

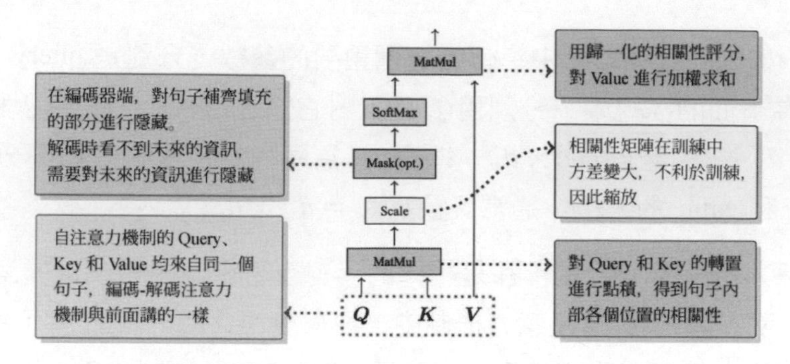

圖 12-10 點乘注意力的計算過程

下面舉個簡單的例子介紹點乘注意力的具體計算過程。如圖 12-11 所示，用黃色、藍色和橙色的矩陣分別表示Q, K和V。Q, K 和V中的每一個小格都對應一個單字在模型中的表示（即一個向量）。首先，透過點乘、放縮、遮罩等操作得到相關性矩陣，即粉色部分；其次，對得到的中間結果矩陣（粉色）的每一行用 Softmax 啟動函數進行歸一化操作，得到最終的權重矩陣，也就是圖中的紅色矩陣。紅色矩陣中的每一行都對應一個注意力分佈；最後，按行對V進行加權求和，得到每個單字透過點乘注意力計算得到的表示。這裡，主要的計算消耗是兩次矩陣乘法，即Q與K^{T}的乘法、相關性矩陣和V的乘法。這兩個操作都可以在 GPU 上高效率地完成，因此可以一次性地計算出序列中所有單字之間的注意力權重，並完成所有位置表示的加權求和過程，大大提高了模型計算的並行度。

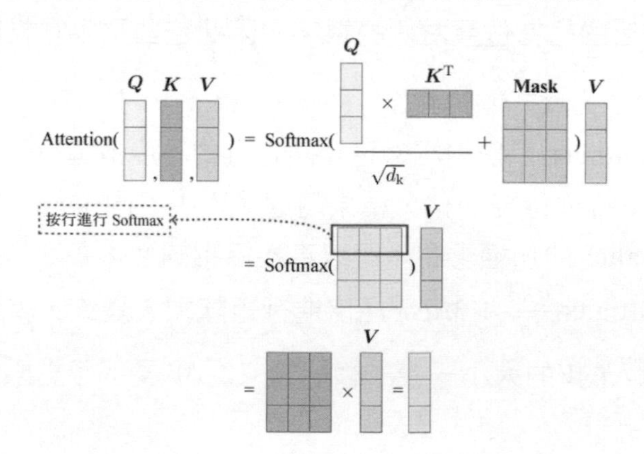

圖 12-11 式(12-9) 的執行過程範例

12.4.2 多頭注意力機制

Transformer 中使用的另一項重要技術是多頭注意力機制（Multi-head Attention）。「多頭」可以理解成將原來的Q, K, V按照隱層維度平均切分成多份。假設切分h份，那麼最終會得到$Q = \{Q_1, \cdots, Q_h\}, K = \{K_1, \cdots, K_h\}$, $V = \{V_1, \cdots, V_h\}$。多頭注意力就是用每一個切分得到的Q, K, V獨立地進行注意力計算，即第i個頭的注意力計算結果$head_i = \text{Attention}(Q_i, K_i, V_i)$。

圖 12-12 所示為多頭注意力機制的計算過程。

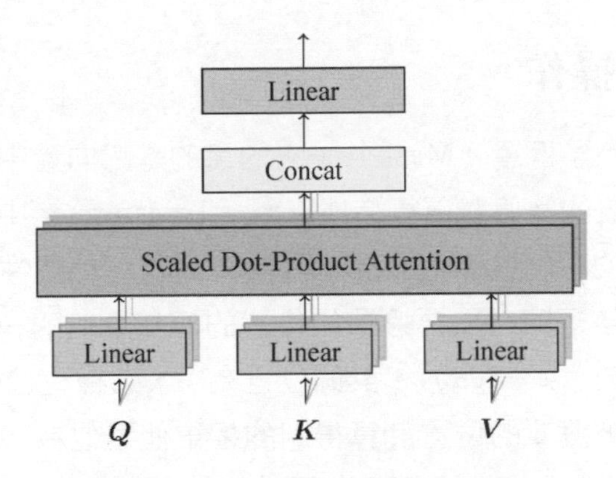

圖 12-12 多頭注意力機制的計算過程

首先，將Q, K, V分別透過線性（Linear）變換的方式映射為h個子集，即$Q_i = QW_i^{\text{Q}}, K_i = KW_i^{\text{K}}, V_i = VW_i^{\text{V}}$，其中$i$表示第$i$個頭，$W_i^{\text{Q}} \in \mathbb{R}^{d_{\text{model}} \times d_{\text{k}}}$, $W_i^{\text{K}} \in \mathbb{R}^{d_{\text{model}} \times d_{\text{k}}}$, $W_i^{\text{V}} \in \mathbb{R}^{d_{\text{model}} \times d_{\text{v}}}$是參數矩陣；$d_{\text{k}} = d_{\text{v}} = d_{\text{model}}/h$，對於不同的頭採用不同的變換矩陣，這裡$d_{\text{model}}$表示每個隱層向量的維度。

其次，對每個頭分別執行點乘注意力操作，並得到每個頭的注意力操作的輸出$head_i$。

最後，將h個頭的注意力輸出在最後一維d_{v}中進行拼接（Concat），重新得到維度為hd_{v}的輸出，並透過對其右乘一個權重矩陣W^{o}進行線性變換，從而對多頭計算得到的資訊進行融合，且將多頭注意力輸出的維度映射為模型的隱藏層大小（即d_{model}），這裡參數矩陣$W^{\text{o}} \in \mathbb{R}^{hd_{\text{v}} \times d_{\text{model}}}$。

多頭注意力機制可以被形式化地描述為式(12-10)和式(12-11)：

$$\text{MultiHead}(Q,K,V) = \text{Concat}(head_1,\cdots,head_h)W^{\text{o}} \tag{12-10}$$

$$head_i = \text{Attention}(QW_i^{\text{Q}},KW_i^{\text{K}},VW_i^{\text{V}}) \tag{12-11}$$

多頭注意力機制的好處是允許模型在不同的表示子空間裡學習。在很多實驗中發現，不同表示空間的頭捕捉的資訊是不同的，例如，在使用 Transformer 處理自然語言時，有的頭可以捕捉句法資訊，有的頭可以捕捉詞法資訊。

12.4.3 遮罩操作

在式(12-9) 中提到了遮罩（Mask），它的目的是對向量中的某些值進行掩蓋，避免無關位置的數值對運算造成影響。Transformer 中的遮罩主要應用在注意力機制中的相關性係數計算，具體方式是在相關性係數矩陣上累加一個遮罩矩陣。該矩陣在需要遮罩的位置的值為負無窮−inf（具體實現時是一個非常小的數，如−1e9），其餘位置為 0，這樣在進行了 Softmax 歸一化操作之後，被遮罩的位置計算得到的權重便近似為 0。也就是說，對無用資訊分配的權重為 0，從而避免了其對結果產生影響。Transformer 包含兩種遮罩：

- 句長補全遮罩（Padding Mask）。在批次處理多個樣本時（訓練或解碼），由於要對來源語言和目的語言的輸入進行批次化處理，而每個批次內序列的長度不一樣，為了方便對批次內序列進行矩陣表示，需要進行對齊操作，即在較短的序列後面填充 0 來占位（padding 操作）。這些填充 0 的位置沒有實際意義，不參與注意力機制的計算，因此需要進行遮罩 操作，遮罩其影響。
- 未來資訊遮罩（Future Mask）。對解碼器來說，由於在預測時是自左向右進行的，即第t時刻解碼器的輸出只能依賴t時刻之前的輸出，且為了保證訓練解碼一致，避免在訓練過程中觀測到目的語言端每個位置未來的資訊，因此需要對未來資訊進行遮罩。具體做法是：構造一個上三角值全為-inf 的 Mask 矩陣，即在解碼器計算中，在當前位置，透過未來資訊遮罩把序列之後的資訊遮罩，避免t 時刻之後的位置對當前的計算產生影響。圖 12-13 舉出了 Transformer 模型對未來位置進行遮罩的遮罩實例。

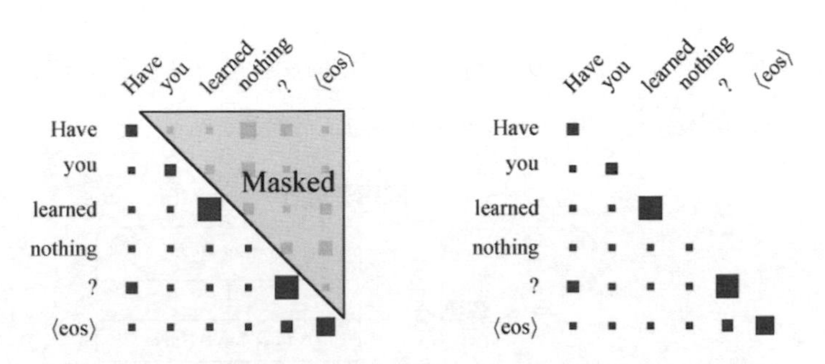

圖 12-13 Transformer 模型對未來位置進行遮罩的遮罩實例

12.5 殘差網路和層標準化

Transformer 編碼器、解碼器分別由多層網路組成（通常為 6 層），每層網路又包含多個子層（自注意力網路、前饋神經網路）。因此，Transformer 實際上是一個很深的網路結構。再加上點乘注意力機制中包含很多線性和非線性變換，且注意力函數 Attention(·)的計算也涉及多層網路，整個網路的資訊傳遞非常複雜。從反向傳播的角度看，每次回傳的梯度都會經過若干步驟，容易產生梯度爆炸或者消失。解決這個問題的一種辦法就是使用殘差連接[423]，此部分內容在第 9 章介紹過，這裡不再贅述。

在 Transformer 模型的訓練過程中，引入了殘差操作，因此將前面所有層的輸出加到一起，如下：

$$x^{l+1} = F(x^l) + x^l \tag{12-12}$$

其中，x^l表示第l層網路的輸入向量，$F(x^l)$是子層運算，這樣會導致不同層（或子層）的結果之間的差異性很大，造成訓練過程不穩定、訓練時間較長。為了避免這種情況，在每層中加入了層標準化操作[422]。圖 12-14 中的紅色框展示了 Transformer 模型中殘差和層標準化的位置。層標準化的計算如下：

$$\mathrm{LN}(x) = g \cdot \frac{x-\mu}{\sigma} + b \tag{12-13}$$

式(12-13) 使用均值μ和方差σ對樣本進行平移縮放，將資料規範化為均值為 0，方差為 1 的標準分佈。g和b是可學習的參數。

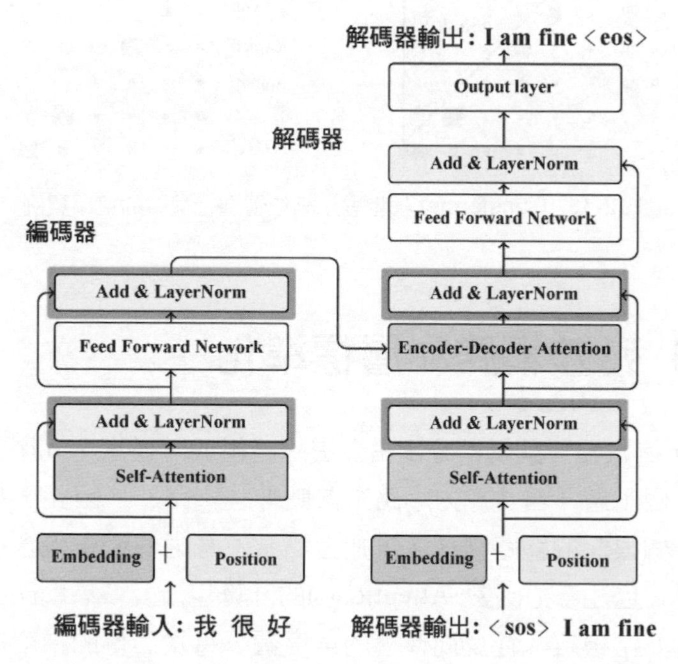

圖 12-14 殘差和層標準化在 Transformer 模型中的位置

在 Transformer 模型中，經常使用的層標準化操作有兩種結構，分別是後標準化（Post-norm）和前標準化（Pre-norm），結構如圖 12-15 所示。在後標準化中，先進行殘差連接再進行層標準化，而前標準化則是在子層輸入之前進行層標準化操作。在很多實踐中已經發現，前標準化的方式更有利於資訊傳遞，因此適合訓練深層的 Transformer 模型[463]。

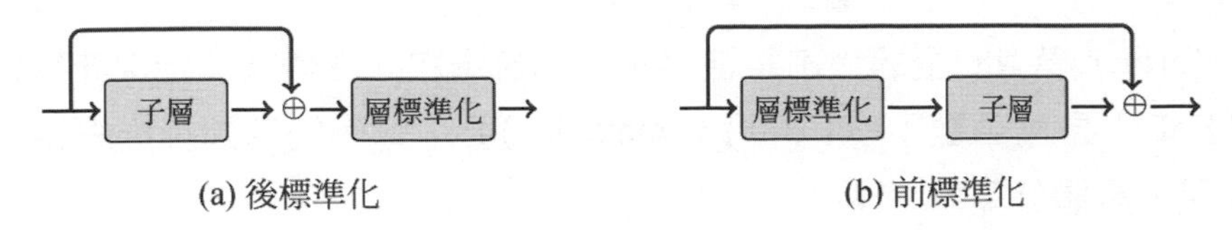

圖 12-15 不同的標準化方式

12.6 前饋全連接網路子層

在 Transformer 模型的結構中，每一個編碼層或者解碼層中都包含一個前饋神經網路，它在模型中的位置如圖 12-16 中紅色框所示。

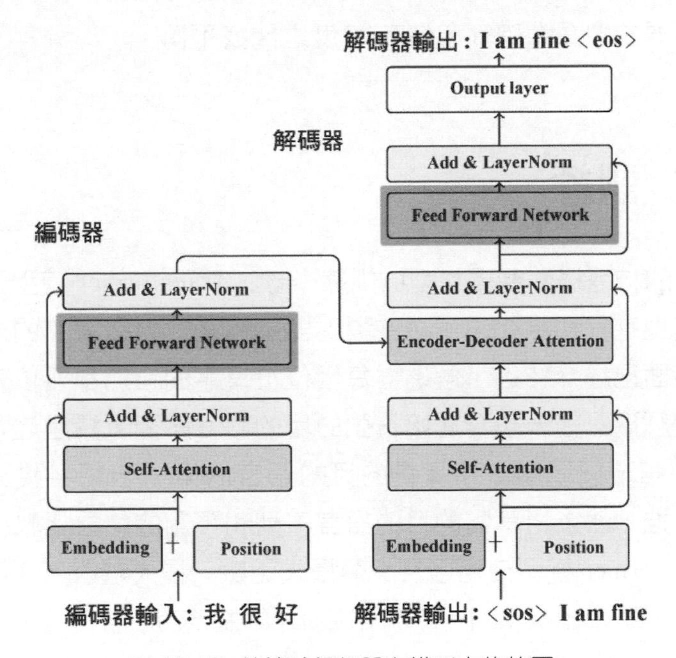

圖 12-16 前饋神經網路在模型中的位置

Transformer 模型使用了全連接網路。全連接網路的作用主要表現在將注意力計算後的表示映射到新的空間中，新的空間會有利於接下來的非線性變換等操作。實驗證明，去掉全連接網路會對模型的性能造成很大影響。

Transformer 模型的全連接前饋神經網路包含兩次線性變換和一次非線性變換（ReLU 啟動函數：$\text{ReLU}(x) = \max(0, x)$），每層的前饋神經網路參數不共用，具體計算如下：

$$\text{FFN}(x) = \max(0, xW_1 + b_1)W_2 + b_2 \tag{12-14}$$

其中，W_1, W_2, b_1和b_2為模型的參數。通常，前饋神經網路的隱藏層維度要比注意力部分的隱藏層維度大，而且研究人員發現，這種設置對 Transformer 模型至關重要。 例如，注意力部分的隱藏層維度為 512，前饋神經網路部分的隱藏層維度為 2048。當然，繼續增大前饋神經網路的隱藏層大小，例如設為 4096，甚至 8192，還可以帶來性能的增益，但是前饋部分的儲存消耗較大，需要更大規模 GPU 裝置的支持。因此在具體實現時，往往需要在翻譯準確性和儲存/速度之間找平衡。

12.7 訓練

與前面介紹的神經機器翻譯模型的訓練一樣，Transformer 模型的訓練流程為：先對模型進行初始化，然後在編碼器中輸入包含結束符的來源語言單字序列。前面已經介紹過，解碼器每個位置單字的預測都要依賴已經生成的序列。在解碼器輸入包含起始符號的目的語言序列，透過起始符號預測目的語言的第一個單字，用真實的目的語言的第一個單字預測第二個單字，依此類推，然後用真實的目的語言序列和預測的結果比較，計算它的損失。Transformer 模型使用了交叉熵損失函數，損失越小，說明模型的預測越接近真實輸出。然後，利用反向傳播來調整模型中的參數。Transformer 模型 將任意時刻輸入的資訊之間的距離拉近為 1，摒棄了 RNN 中每一個時刻的計算都要基於前一時刻的計算這種具有時序性的訓練方式，因此 Transformer 模型中訓練的不同位置可以並行化訓練，大大提高了訓練效率。

需要注意的是，Transformer 模型也包含很多工程方面的技巧。首先，在訓練最佳化器方面，需要注意以下幾點：

- Transformer 模型使用 Adam 最佳化器最佳化參數，並設置$\beta_1 = 0.9$, $\beta_2 = 0.98, \epsilon = 10^{-9}$。
- Transformer 模型在學習率中同樣應用了學習率預熱（Warmup）策略，其計算公式為

$$\text{lrate} = d_{\text{model}}^{-0.5} \cdot \min(\text{step}^{-0.5}, \text{step} \cdot \text{warmup\_steps}^{-1.5}) \tag{12-15}$$

其中，step 表示更新的次數（或步數）。通常設置網路更新的前 4000 步為預熱階段，即$\text{warmup_steps} = 4000$。Transformer 模型的學習率曲線如圖 12-17 所示。在訓練初期，學習率從一個較小的初始值逐漸增大（線性增長），當到達一定的步數，學習率再逐漸減小。這樣做可以減緩訓練初期的不穩定現象，同時在模型達到相對穩定之後，透過逐漸減小的學習率，讓模型進行更細緻的調整。這種學習率的調整方法是 Transformer 模型的一大工程貢獻。

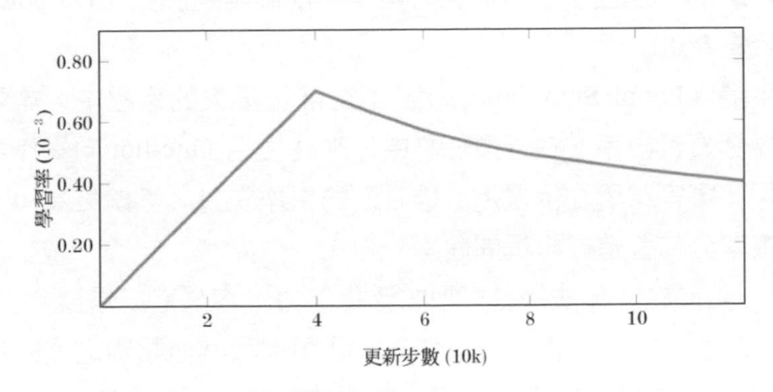

圖 12-17 Transformer 模型的學習率曲線

另外，為了提高模型訓練的效率和性能，Transformer 模型進行了以下幾方面的操作：

- 小批次訓練（Mini-batch Training）：每次使用一定數量的樣本進行訓練，即每次從樣本中選擇一小部分資料進行訓練。這種方法的收斂速

度較快，易於提高裝置的使用率。批次大小通常設置為 2048 或 4096（token 數即每個批次中的單字個數）。每一個批次中的句子並不是隨機選擇的，模型通常會根據句子長度進行排序，選取長度相近的句子組成一個批次。這樣做可以減少 padding 數量，提高訓練效率，如圖 12-18 所示。

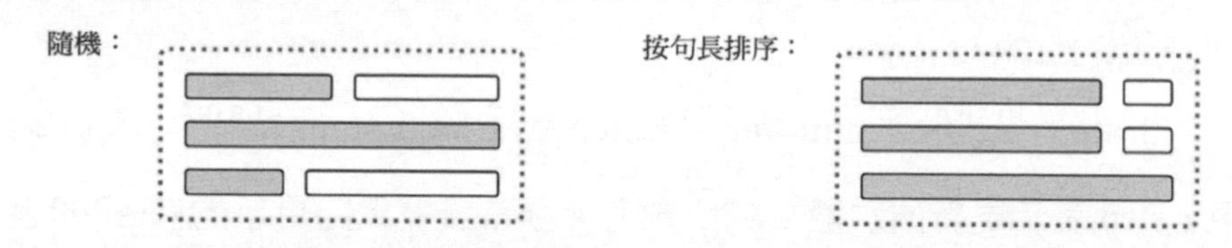

圖 12-18 不同批次生成方法對比（白色部分為 padding）

- 丟棄法（Dropout）[514]：由於 Transformer 模型的網路結構較複雜，會導致過度擬合訓練資料，從而對未見資料的預測結果變差。這種現象也被稱作過擬合。為了避免這種現象，Transformer 模型加入了 Dropout 操作。Transformer 模型中有 4 個地方用到了 Dropout：詞嵌入和位置編碼、殘差連接、注意力操作和前饋神經網路。Dropout 的比例通常設置為0.1。
- 標籤平滑（Label Smoothing）[536]：在計算損失的過程中，需要用預測機率擬合真實機率。在分類任務中，往往使用 One-hot 向量代表真實機率，即真實答案所在位置那一維對應的機率為 1，其餘維為 0，而擬合這種機率分佈會造成兩個問題：
  - 第 1 個問題，無法保證模型的泛化能力，容易造成過擬合。
  - 第 2 個問題，1 和 0 機率鼓勵所屬類別和其他類別之間的差距盡可能加大，會造成模型過於相信預測的類別。因此，Transformer 模型引入標籤平滑來緩解這種現象，簡單地說，就是給正確答案以外的類別分配一定的機率，而非採用非 0 即 1 的機率。這樣，可以學習一個比較平滑的機率分佈，從而提升模型的泛化能力。

不同的 Transformer 模型可以適應不同的任務，常見的 Transformer 模型有 Transformer Base、Transformer Big 和 Transformer[23,463]，具體設置如下：

- Transformer Base：標準的 Transformer 結構，解碼器編碼器均包含 6 層，隱藏層的維度為 512，前饋神經網路的維度為 2048，多頭注意力機制為 8 頭，Dropout 設為 0.1。
- Transformer Big：為了提升網路的容量，使用更寬的網路。在 Base 的基礎上增大隱藏層維度至 1024，前饋神經網路的維度變為 4096，多頭注意力機制為 16 頭，Dropout 設為 0.3。
- Transformer Deep：加深編碼器的網路層數可以進一步提升網路的性能，它的參數設置與 Transformer Base 基本一致，但是層數增加到 48 層，同時使用 Pre-Norm 作為層標準化的結構。

這些 Transformer 模型在 WMT16 資料 上的實驗對比如表 12-3 所示。可以看出，Transformer Base 的 BLEU 得分雖不如另外兩種模型，但其參數量是最少的，而 Transformer Deep 的性能整體上強於 Transformer Big。

表 12-3 3 種 Transformer 模型的對比

模型	BLEU[%]		模型參數量
	英德	英法	
Transformer Base（6 層）	27.3	38.1	65×10^6
Transformer Big（6 層）	28.4	41.8	213×10^6
Transformer Deep（48 層）	30.2	43.1	194×10^6

12.8 推斷

Transformer 模型解碼器生成譯文詞序列的過程和其他神經機器翻譯系統類似，都是從左往右生成，且下一個單字的預測依賴已經生成的單字，其具體推斷過程如圖 12-19 所示，其中，C_i是編碼-解碼注意力的結果，解碼器先根據"<sos>"和C_1生成第一個單字"how"，然後根據"how"和C_2生成第二個單字"are"，依此類推，當解碼器生成"<eos>"時結束推斷。

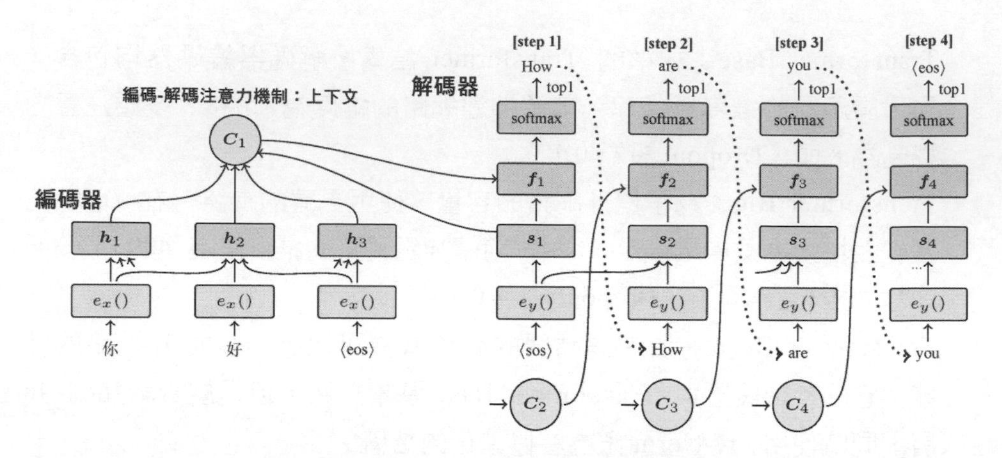

圖 12-19 Transformer 模型的推斷過程範例

但是，Transformer 模型在推斷階段無法對所有位置進行並行化操作，對於每一個目的語言單字，都需要對前面的所有單字進行注意力操作，因此它的推斷速度非常慢。可以採用的加速手段有：Cache（快取需要重複計算的變數）[537]、低精度計算[538,539]、共用注意力網路等[540]。關於 Transformer 模型的推斷加速方法將在第 14 章深入討論。

12.9 小結及拓展閱讀

編碼器-解碼器框架提供了一個非常靈活的機制，使開發人員只需設計編碼器和解碼器的結構就能完成機器翻譯。但是，架構的設計是深度學習中最具挑戰的工作，優秀的架構往往需要長時間的探索和大量的實驗驗證，而且還需要一點點「靈感」。前面介紹的基於循環神經網路的翻譯模型和注意力機制就是研究人員透過長期實踐發現的神經網路架構。本章介紹了一個全新的模型——Transformer，同時對很多優秀的技術進行了介紹。除了基礎知識，自注意力機制和模型結構還有很多值得討論的地方：

- 近年，有研究已經發現注意力機制可以捕捉一些語言現象[541]。在Transformer 模型的多頭注意力機制中，不同頭往往會捕捉到不同的資訊，例如，有些頭對低頻詞更加敏感，有些頭更適合詞義消歧，甚至有些頭可以捕捉句法資訊。此外，注意力機制增加了模型的複雜性，而且隨著網路層數的增多，神經機器翻譯中也存在大量的容錯，因此研發輕量的注意力模型也是具有實踐意義的方向[540,542-545]。
- 神經機器翻譯依賴成本較高的 GPU 裝置，因此對模型的裁剪和加速也是很多系統研發人員感興趣的方向。從工程上，可以考慮減少運算強度，如使用低精度浮點數[546]或者整數[539,547]進行計算，或者引入快取機制加速模型的推斷[537]；也可以透過對模型參數矩陣的剪枝，減小整個模型的體積[548]；還可以使用知識蒸餾[549,550]的方法。 利用大模型訓練小模型，往往可以得到比單獨訓練小模型更好的效果[551]。
- 自注意力網路作為 Transformer 模型的重要組成部分，近年來，雖然受到研究人員的廣泛關注，但因其存在很多不足，研究人員也嘗試設計更高效的操作來替代它。例如，利用動態磁碟區積網路替換編碼器與解碼器的自注意力網路，在保證推斷效率的同時取得了和 Transformer 模型相當，甚至略好的翻譯性能[509]；為了加速 Transformer 模型處理較長輸入文字的效率，利用局部敏感雜湊替換自注意力機制的 Reformer 模型也吸引了廣泛的關注[545]。此外，在自注意力網路中引入額外的編碼資訊，能夠提高模型的表示能力。例如，引入固定視窗大小的相對位置編碼資訊[462,552]，或利用動態系統的思想從資料中學習特定的位置編碼表示，具有更好的泛化能力[553]。透過對 Transformer 模型中各層輸出進行視覺化分析，研究人員發現 Transformer 模型自底向上各層網路依次聚焦於詞級-語法級-語義級的表示[464,554]，因此，在底層的自注意力網路中，引入局部編碼資訊有助於模型對局部特徵的抽象[555,556]。

- 除了針對 Transformer 模型中子層的最佳化，網路各層之間的連接方式在一定程度上也能影響模型的表示能力。近年來，針對網路連接最佳化的工作如下：在編碼器頂部利用平均池化或權重累加等融合手段得到編碼器各層的全域表示[557-560]，利用之前各層的表示來生成當前層的輸入表示[463,465,561]。

Chapter

13

神經機器翻譯模型訓練

模型訓練是機器翻譯領域的重要研究方向，其中的很多成果對其他自然語言處理任務也有很好的借鏡意義。特別是，訓練神經機器翻譯模型仍然面臨一些挑戰，包括：

- 如何對大容量模型進行有效的訓練？例如，避免過擬合問題，並讓模型更健壯，同時有效地處理更大的詞彙表。
- 如何設計更好的模型訓練策略？例如，在訓練中更好地利用機器翻譯評價指標，同時選擇對翻譯更有價值的樣本進行模型訓練。
- 如何讓模型學習到的「知識」在模型之間遷移？例如，把一個「強」模型的能力遷移到一個「弱」模型上，而這種能力可能無法透過直接訓練「弱」模型得到。

本章將針對這些問題展開討論，內容會覆蓋開放詞表、正則化、對抗樣本訓練、知識蒸餾等多個主題。需要注意的是，神經機器翻譯模型訓練涉及的內容十分廣泛。在很多情況下，模型訓練問題會和建模問題強相關。因此，本章的內容主要集中在相對獨立的基礎模型訓練問題上。在後續章節中，仍然會有模型訓練方面的介紹，主要針對機器翻譯的特定主題，如深層神經網路訓練、無指導訓練等。

13.1 開放詞表

對神經機器翻譯而言，研究人員通常希望使用更大的詞表完成模型訓練，因為大詞表可以覆蓋更多的語言現象，使模型對不同的語言現象有更強的區分能力。但是，人類的語言表達方式十分多樣，這也表現在單字的組成上，人們甚至無法想像資料中存在的不同單字的數量。例如，在 WMT、CCMT 等評測資料上，英文詞表的大小都在 100 萬以上。如果不加限制，則機器翻譯的詞表將會很「大」。這會導致模型參數量變大，模型訓練變得極為困難。更嚴重的問題是，測試資料中的一些單字根本就沒在訓練資料中出現過，這時，會出現未登入詞翻譯問題（即 OOV 問題），即系統無法對未見單字進行翻譯。在神經機器翻譯中，通常會考慮使用更小的翻譯單元來緩解資料稀疏問題。

13.1.1 大詞表和未登入詞問題

先來分析神經機器翻譯的大詞表問題。神經機器翻譯的模型訓練和推斷都依賴於來源語言和目的語言的詞表（見第 10 章）。在建模中，詞表中的每一個單字都會被轉換為分散式（向量）表示，即詞嵌入。如果每個單字都對應一個向量，那麼單字的各種變形（時態、語態等）都會導致詞表增大，同時增加學習詞嵌入的難度。如果要覆蓋更多的翻譯現象，則詞表會不斷膨脹，並帶來兩個問題：

- 資料稀疏。很多不常見的低頻詞包含在詞表中，而這些低頻詞的詞嵌入表示很難得到充分學習。
- 參數及計算量的增大。大詞表會增加詞嵌入矩陣的大小，同時顯著增加輸出層中線性變換和 Softmax 的計算量。

理想情況下，機器翻譯應該是一個開放詞表（Open Vocabulary）的翻譯任務，即無論測試資料中包含什麼樣的詞，機器翻譯系統都能夠正常運行。但現實情況是，即使不斷擴充詞表，也不可能覆蓋所有可能出現的單字。

這個問題在使用受限詞表時會更加嚴重，因為低頻詞和未見過的詞都會被看作未登入詞。這時，會將這些單字用符號<UNK>代替。通常，資料中<UNK>的數量會直接影響翻譯性能，過多的<UNK>會造成欠翻譯、句子結構混亂等問題。因此，神經機器翻譯需要額外的機制來解決大詞表和未登入詞問題。

13.1.2 子詞

一種解決開放詞表翻譯問題的思路是改造輸出層結構[468,562]，例如，替換原始的 Softmax 層，用更高效的神經網路結構對超大規模詞表進行預測。模型結構和訓練方法的調整使得系統開發與偵錯的工作量增加，並且這類方法仍然無法解決未登入詞問題，因此在實際系統中並不常用。

另一種思路是不改變機器翻譯系統，而是從資料處理的角度緩解未登入詞問題。既然使用單字會帶來資料稀疏問題，那麼自然會想到使用更小的單元，透過更小的單元的多種排列組合表示更多的單字。例如，把字元作為最小的翻譯單元[1]——也就是基於字元的翻譯模型[563]。以英文為例，只需要構造一個包含 26 個英文字母、數位和一些特殊符號的字元表，便可以表示所有的單字。

字元級翻譯也面臨著新的問題——使用字元增加了系統捕捉不同語言單元之間搭配關係的難度。假設平均一個單字由 5 個字元組成，系統所處理的序列長度便增大 5 倍。這使得具有獨立意義的不同語言單元需要跨越更遠的距離才能產生聯繫。此外，基於字元的方法也破壞了單字中天然存在的構詞規律，或者說破壞了單字內字元的局部依賴。例如，英文單字"telephone"中的"tele"和"phone"都是有具體含義的詞綴，但如果把它們打散為字元，就失去了這些含義。

---

[1] 中文裡的字元可以被看作中文字。

那麼，有沒有一種方式能夠兼顧基於單字和基於字元方法的優點呢？有兩種常用方式：一種是採用字詞融合的方式建構詞表，將未知單字轉換為字元的序列，並透過特殊的標記將其與普通的單字區分[564]；另一種是將單字切分為子詞（Sub-word），它是介於單字和字元之間的一種語言單元表示形式。例如，將英文單字"doing"切分為"do"+"ing"。對於形態學豐富的語言來說，子詞表現了一種具有獨立意義的構詞基本單元。如圖 13-1 所示，子詞"do"和"new"可以用於組成其他不同形態的單字。

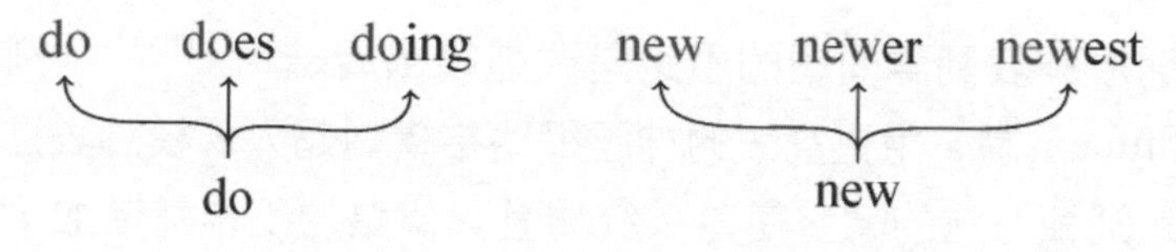

圖 13-1 不同單字共用相同的子詞（首碼）

在極端情況下，子詞可以包含所有的字母和數字。理論上，所有的單字都可以用子詞進行組裝。當然，理想的狀況是在子詞詞表不太大的前提下，使用盡可能少的子詞單元拼裝出每個單字。在神經機器翻譯中，基於子詞的切分是很常用的資料處理方法，稱為子詞切分。主要包括 3 個步驟：

- 對原始資料進行分詞操作。
- 建構符號合併表。
- 根據合併表，將字元合併為子詞。

這裡的核心是建構符號合併表，下面對一些常用方法進行介紹。

13.1.3 雙位元組編碼

位元組對編碼或雙位元組編碼（BPE）是一種常用的子詞詞表建構方法。BPE 演算法最早用於資料壓縮，該方法先將資料中常見的連續字串替換為一個不存在的字元，然後透過建構一個替換關係的對應表，對壓縮後的資料進行還原[565]。機器翻譯借用了這種思想，即將子詞切分的過程看作學習對自然語言句子的壓縮編碼表示的過程[89]，其目的是保證編碼（即子詞切分）後的結果佔用的位元組盡可能少。這樣，子詞單元既可以盡可能地被不同單字重複使用，又不會因為使用過小的單元，使子詞切分後的序列過長。

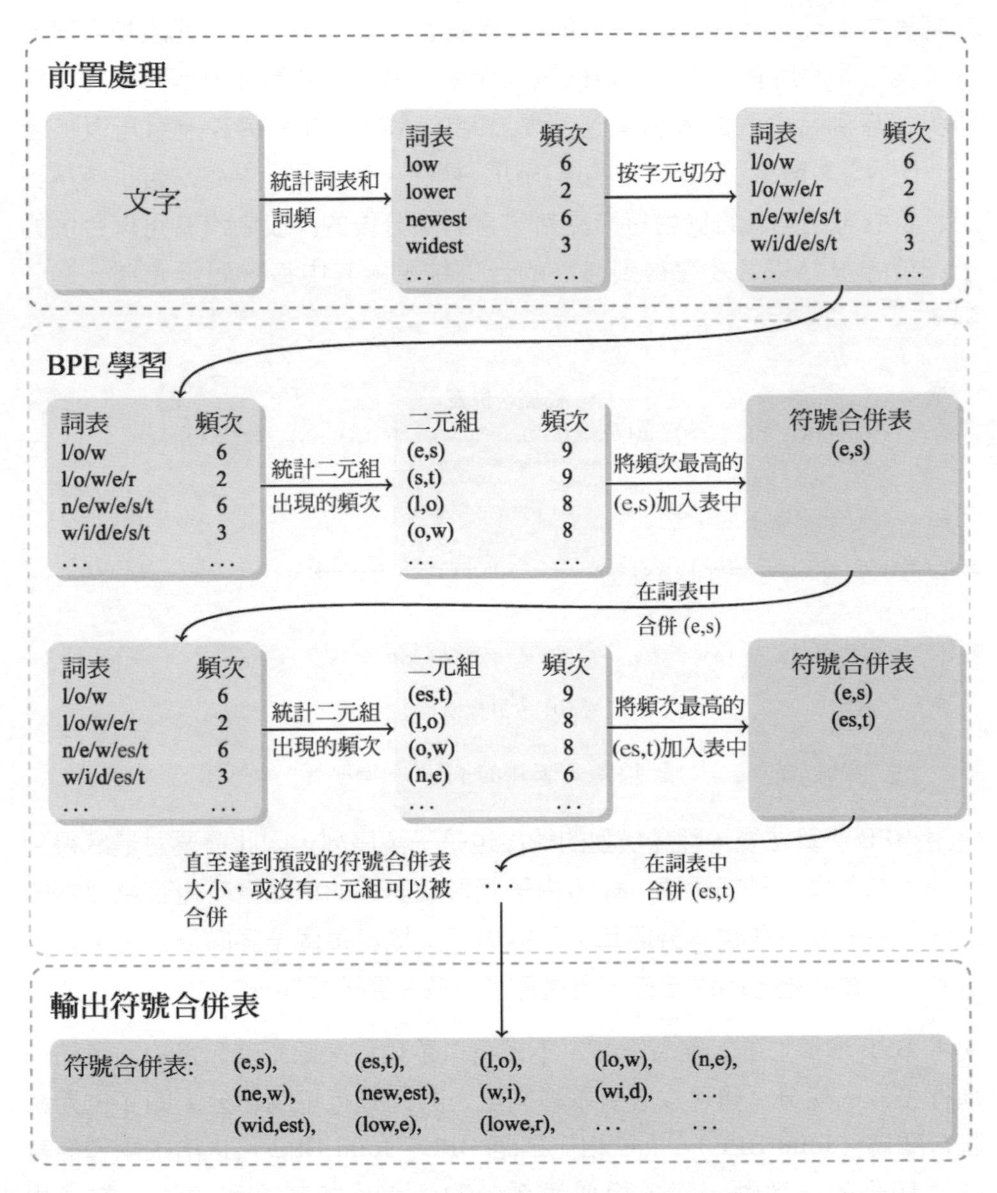

圖 13-2 BPE 演算法中符號合併表的生成過程

使用 BPE 演算法進行子詞切分包含兩個步驟。第 1 步，透過統計的方法構造符號合併表（如圖 13-2 所示），具體方式為：先對分過詞的文字進行統計，得到詞表和頻次，同時將詞表中的單字分割為字元表示；第 2 步，統計詞表中出現的所有二元組的頻次，選擇當前頻次最高的二元組加入符號合併表，並將所有詞表中出現的該二元組合並為一個單元。不斷地重複這兩步，直到合併表的大小達到預先設定的大小，或沒有二元組可以被合併。圖 13-3 舉出了 BPE 中的子詞切分過程。紅色單元為每次合併後得到的新符號，這些新符號會持續更新，直到切分後的詞表中沒有可以合併的子詞或遍歷結束，才會得到最終的合併結果。其中每一個單元為一個子詞。

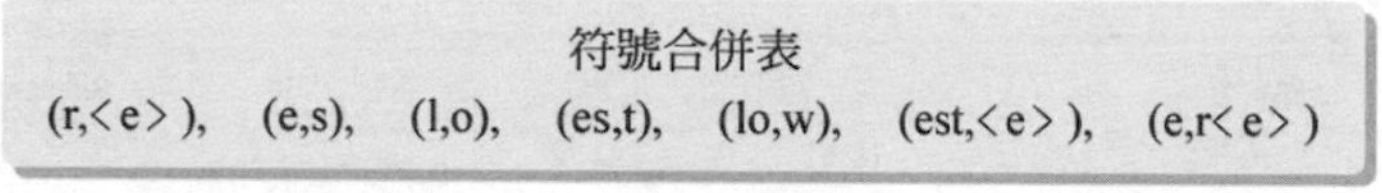

符號合併表

(r,<e>), (e,s), (l,o), (es,t), (lo,w), (est,<e>), (e,r<e>)

(a) 符號合併表

範例 1：l o w e r <e> ⟶ l o w e r<e> ⟶ lo w e r<e> ⟶ low e r<e> ⟶ low er<e>

範例 2：l o w e s t <e> → l o w es t <e> → lo w es t <e> → lo w est <e> → low est <e> → low est<e>

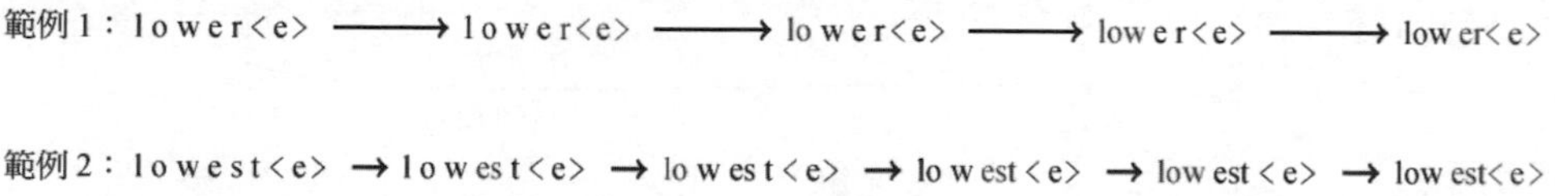

(b) 合併樣例]

圖 13-3 BPE 中的子詞切分過程

使用 BPE 演算法後，翻譯模型的輸出也是子詞序列，因此需要對最終得到的翻譯結果進行子詞還原，即將由子詞形式表達的單元重新組合為原本的單字。這一步操作也十分簡單，只需要不斷地將每個子詞向後合併，直至遇到表示單字邊界的終結符，便獲得了一個完整的單字。

使用 BPE 演算法的策略有很多。不僅可以單獨對來源語言和目的語言句子進行子詞的切分，還可以聯合兩種語言，共同進行子詞切分，即雙位元組聯合編碼（Joint-BPE）[89]。 相比單語 BPE，Joint-BPE 可以增加兩種語言子詞切分的一致性。對於相似語系中的語言，如英文和德語，常使用

Joint-BPE 的方法聯合建構詞表。而對於中文和英文這些差異比較大的語種，則需要獨立地進行子詞切分。

BPE 還有很多變種演算法。例如，可以設計更合理的符號合併優先順序。這種方法的出發點在於，在不考慮優先順序的情況下，在對一個單字用同一個合併表切分子詞時，可能存在多種結果。如 hello，可以被切分為"hell"和"o"，也可以被切分為"h"和"ello"。 這種切分方式的多樣性可以提高神經機器翻譯系統的健壯性[566]。此外，儘管 BPE 也被命名為雙位元組編碼，但是在實踐中，該方法一般處理的是 Unicode 編碼，而非位元組。相應地，在預訓練模型 GPT2 中，也探索了位元組等級的 BPE，這種方法在機器翻譯、自動問答等任務中取得了很好的效果[411]。

13.1.4 其他方法

與基於統計的 BPE 演算法不同，基於 Word Piece 的子詞切分方法利用語言模型進行子詞詞表的構造[567]。本質上，基於語言模型的方法和基於 BPE 的方法的思路相同，即透過合併字元和子詞不斷生成新的子詞。它們的區別在於合併子詞的方式，基於 BPE 的方法選擇出現頻次最高的連續字元進行合併，而基於語言模型的方法則是根據語言模型輸出的機率選擇要合併哪些子詞。具體來說，基於 Word Piece 的方法先將句子切割為字元表示的形式[567]，並利用該資料訓練一個 1-gram 語言模型，記為$\log P(\cdot)$。假設兩個相鄰的子詞單元a和b被合併為新的子詞c，則整個句子的語言模型得分的變化為$\Delta = \log P(c) - \log P(a) - \log P(b)$。這樣，可以不斷地選擇使$\Delta$最大的兩個子詞單元進行合併，直到達到預設的詞表大小或句子機率的增量低於某個閾值。

目前，比較主流的子詞切分方法都作用於分詞後的序列，對一些沒有明顯詞邊界且資源缺乏的語種並不友善。相比之下，Sentence Piece 方法可以作用於未經分詞處理的輸入序列[568]，同時囊括了雙位元組編碼和語言模型的子詞切分方法，更加靈活好用。

在以 BPE 為代表的子詞切分方法中，每個單字都對應一種唯一的子詞切分方式，因此輸入的資料經過子詞切分後的序列表示也是唯一的。一旦切分出現錯誤，整句話的翻譯效果可能會變得很差。為此，研究人員提出了一些規範化方法[566,569]。

- 子詞規範化方法[566]。其做法是根據 1-gram 語言模型採樣出多種子詞切分候選。之後，以最大化整個句子的機率為目標來建構詞表。
- BPE-Dropout[569]。在訓練時，按照一定機率p隨機丟棄一些可行的合併操作，從而產生不同的子詞切分結果。在推斷階段，將p設置為 0，等於標準的 BPE。總的來說，上述方法相當於在子詞的粒度上對輸入的序列進行擾動，進而達到增加訓練健壯性的目的。
- 動態規劃編碼（Dynamic Programming Encoding，DPE）[570]。引入了混合字元-子詞的切分方式，將句子的子詞切分看作一種隱含變數。機器翻譯解碼端的輸入是基於字元表示的目的語言序列，推斷時將每個時間步的輸出映射到預先設定好的子詞詞表上，得到當前最可能的子詞結果。

13.2 正則化

正則化是機器學習中的經典技術，通常用於緩解過擬合問題。正則化的概念源自線性代數和代數幾何。在實踐中，它更多是指對反問題（The Inverse Problem）的一種求解方式。假設輸入x和輸出y之間存在一種映射f：

$$y = f(x) \tag{13-1}$$

反問題是指：當觀測到y時，能否求出x。反問題對應了很多實際問題，如可以將y看作經過美化的圖片，將x看作原始的圖片，反問題對應了圖片還原。機器翻譯的訓練也是一種反問題，因為可以將y看作正確的譯文，將x

看作輸入句子或模型參數[2]。

理想情況下，研究人員希望反問題的解是適定的（Well-posed）。所謂適定解，需要滿足 3 個條件：解是存在的、解是唯一的、解是穩定的（即y微小的變化會導致x微小的變化，也被稱作解連續）。所有不存在唯一穩定解的問題都被稱作不適定問題（Ill-posed Problem）。對於機器學習問題，解的存在性比較容易理解。解的唯一性大多由問題決定。例如，如果把描述問題的函數$f(\cdot)$看作一個$n \times n$矩陣$\mathbf{A}$，x和y都看作n維向量，那麼x不唯一的原因在於$\mathbf{A}$不滿秩（非奇異矩陣）。不過，存在性和唯一性並不會對機器學習方法造成太大困擾，因為在實踐中往往會找到近似的解。但是，解的穩定性給神經機器翻譯帶來了很大的挑戰。神經機器翻譯模型非常複雜，裡面存在大量的矩陣乘法和非線性變換。這導致$f(\cdot)$往往是不穩定的，也就是說，神經機器翻譯中輸出y的微小變化會導致輸入x的巨大變化。例如，在系統研發中經常會發現，即使訓練樣本發生很小的變化，模型訓練得到的參數都會有非常明顯的區別。不僅如此，在神經機器翻譯模型中，穩定性訓練還面臨兩方面的挑戰：

- 觀測資料不充分。由於語言表達的多樣性，訓練樣本只能覆蓋非常有限的翻譯現象。從樣本的表示空間上看，對於沒有觀測樣本的區域，根本無法知道真實解的樣子，因此很難描述這些樣本的性質，更不用說穩定性訓練了。
- 資料中存在雜訊。雜訊問題是穩定性訓練最大的挑戰之一。即使是很小的雜訊，也可能導致解的巨大變化。

以上問題帶來的現象就是過擬合。訓練資料有限且存在雜訊，因此模型參數會過分擬合雜訊資料。而且，這樣的模型參數與理想的模型參數相差很遠。正則化正是一種解決過擬合現象的方法。有時，正則化也被稱作降噪

---

[2] 在訓練中，如果把來源語言句子看作不變的量，則這時函數$f(\cdot)$的輸入只有模型參數。

（Denoising），雖然它的出發點並不只是去除雜訊的影響。圖 13-4 對比了不同函數對二維空間中一些資料點的擬合情況。在過擬合現象中，函數可以完美地擬合所有的資料點，即使有些資料點是雜訊。

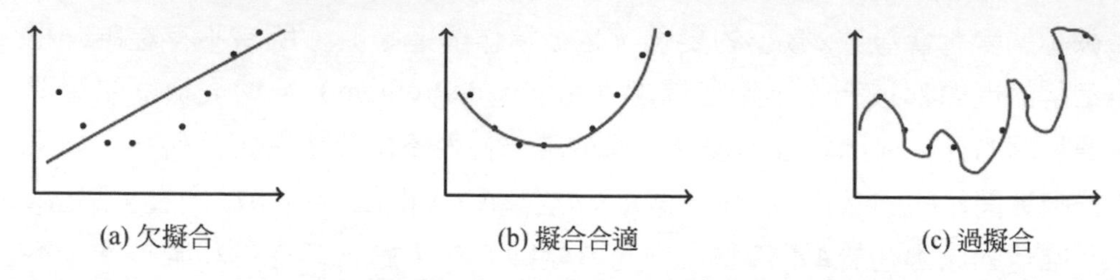

圖 13-4　不同函數對二維空間中一些資料點的擬合情況

正則化的一種實現是在訓練目標中引入一個正則項。在神經機器翻譯中，引入正則項的訓練目標為

$$\hat{\mathbf{w}} = \arg\min_{\mathbf{w}} \mathrm{Loss}(\mathbf{w}) + \lambda R(\mathbf{w}) \tag{13-2}$$

其中，$\mathbf{w}$是模型參數，$\mathrm{Loss}(\mathbf{w})$是損失函數，$R(\mathbf{w})$是正則項，$\lambda$是正則項的係數，用於控制正則化對訓練影響的程度。$R(\mathbf{w})$也可以被看作一種先驗，因為在資料不充分且存在雜訊的情況下，可以根據一些先驗知識讓模型偏向正確的方向，而非一味地根據受雜訊影響的$\mathrm{Loss}(\mathbf{w})$進行最佳化。相應地，引入正則化後的模型可以獲得更好的泛化（Generalization）能力，即模型在新的未見資料上的表現會更好。

實踐證明，正則化方法有助於使像神經機器翻譯模型這樣複雜的模型獲得穩定的模型參數。甚至在一些情況下，如果不引入正則化，則訓練得到的翻譯模型根本無法使用。此外，正則化方法不僅可以用於提高模型的泛化能力，也可以作為干預模型學習的一種手段，例如，可以將一些先驗知識作為正則項，約束機器翻譯模型的學習。類似的手段會在本書後續章節中使用。

13.2.1 L1/L2 正則化

L1/L2 正則化是常用的正則化方法，雖然這種方法並不針對機器翻譯模型。L1/L2 正則化分別對應正則項是l_1和l_2範數的情況。具體來説，L1 正則化是指

$$R(\mathbf{w}) = \| \mathbf{w} \|_1 = \sum_{w_i} |w_i| \tag{13-3}$$

L2 正則化是指

$$R(\mathbf{w}) = (\| \mathbf{w} \|_2)^2 = \sum_{w_i} {w_i}^2 \tag{13-4}$$

第 9 章已經介紹了 L1 和 L2 正則化方法，本節進一步展開。從幾何的角度看，L1 和 L2 正則項都是有物理意義的。二者都可以被看作空間上的一個區域，例如，在二維平面上，l_1範數表示一個以 0 點為中心的菱形，l_2範數表示一個以 0 點為中心的圓。此時，$L(\mathbf{w})$和$R(\mathbf{w})$疊加在一起，組成一個新的區域，最佳化問題可以被看作在這個新的區域上進行最佳化。L1 和 L2 正則項在解空間中形成的區域都在 0 點（座標原點）附近，因此最佳化的過程可以確保參數不會偏離 0 點太多。也就是説，L1 和 L2 正則項引入了一個先驗：模型的解不應該離 0 點太遠，而 L1 和 L2 正則項實際上是在度量這個距離。

為什麼要用 L1 和 L2 正則項懲罰離 0 點遠的解呢？這還要從模型複雜度談起。實際上，對神經機器翻譯這樣的模型來説，模型的容量是足夠的。所謂容量，可以簡單地理解為獨立參數的個數[3]。也就是説，理論上，存在一種模型，可以完美地描述問題。但是，從目標函數擬合的角度看，如果一個模型可以擬合很複雜的目標函數，那麼模型所表示的函數形態也會很複

[3] 另一種定義是把容量看作神經網路所能表示的假設空間大小[571]，也就是神經網路能表示的不同函數所組成的空間。

雜。這往往表現在模型中參數的值「偏大」。例如，用一個多項式函數擬合一些空間中的點，如果希望擬合得很好，則各個項的係數往往是非零的。為了對每個點進行擬合，通常需要多項式中的某些項具有較大的係數，以期望函數在局部有較大的斜率。顯然，這樣的模型是很複雜的。模型的複雜度可以用函數中參數（如多項式中各項的係數）的「值」進行度量，這也表現在模型參數的範數上。

因此，L1 和 L2 正則項的目的是防止模型為了匹配少數（雜訊）樣本而學習過大的參數。反過來說，L1 和 L2 正則項會鼓勵那些參數值在 0 點附近的情況。從實踐的角度看，這種方法可以極佳地對統計模型的訓練進行校正，得到泛化能力更強的模型。

13.2.2 標籤平滑

神經機器翻譯在每個目的語言位置j會輸出一個分佈$\hat{\mathbf{y}}_j$，這個分佈描述了每個目的語言單字出現的可能性。在訓練時，每個目的語言位置上的答案是一個單字，也就對應了 One-hot 分佈$\mathbf{y}_j$，它僅在正確答案那一維為 1，其他維均為 0。模型訓練可以被看作一個調整模型參數讓$\hat{\mathbf{y}}_j$逼近$\mathbf{y}_j$的過程。但是，$\mathbf{y}_j$的每一個維度是一個非 0 即 1 的目標，這就無法考慮類別之間的相關性。具體來說，除非模型在答案那一維輸出 1，否則都會得到懲罰。即使模型把一部分機率分配給與答案相近的單字（如同義詞），這個相近的單字仍被視為完全錯誤的預測。

標籤平滑的思想很簡單[536]：答案所對應的單字不應該「獨享」所有的機率，其他單字應該有機會作為答案。這個觀點與第 2 章中語言模型的平滑非常類似。在複雜模型的參數估計中，往往需要給未見或者低頻事件分配一些機率，以保證模型具有更好的泛化能力。具體實現時，標籤平滑使用了一個額外的分佈$\mathbf{q}$，它是在詞彙表V 上的一個均勻分佈，即$q_k = \frac{1}{|V|}$，其中q_k表示分佈的第k維。然後，標準答案的分佈被重新定義為$\mathbf{y}_j$和$\mathbf{q}$的線性插值：

$$\mathbf{y}_j^{\mathrm{ls}} = (1-\alpha)\cdot\mathbf{y}_j + \alpha\cdot\mathbf{q} \tag{13-5}$$

這裡，α表示一個係數，用於控制分佈$\mathbf{q}$的重要性，$\mathbf{y}_j^{\mathrm{ls}}$表示使用標籤平滑後的學習目標。

標籤平滑實際上定義了一種「軟」標籤，使得所有標籤都可以分到一些機率。一方面可以緩解資料中雜訊的影響，另一方面可以使目標分佈更合理（顯然，真實的分佈不應該是 One-hot 分佈）。圖 13-5 展示了未使用標籤平滑和使用標籤平滑的損失函數計算結果。

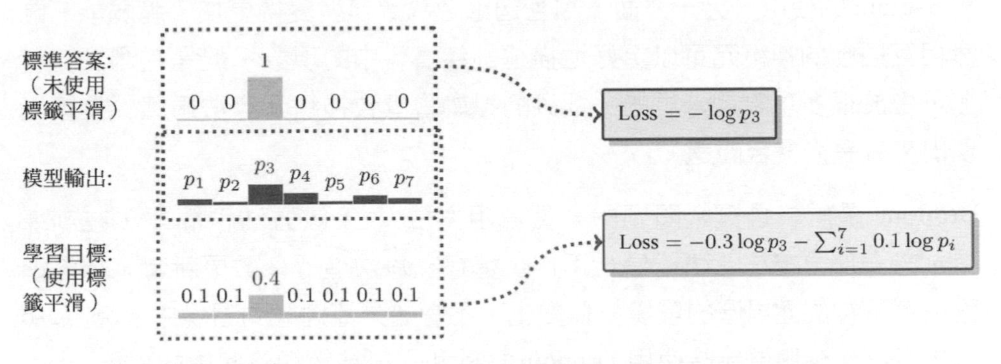

圖 13-5 未使用標籤平滑 vs 使用標籤平滑的損失函數計算結果

標籤平滑也可以被看作對損失函數的一種調整，並引入了額外的先驗知識（即與$\mathbf{q}$相關的部分）。只不過，這種先驗知識並不是透過式(13-2) 所示的線性插值方式與原始損失函數進行融合的。

13.2.3 Dropout

神經機器翻譯模型是一種典型的多層神經網路模型。每一層都包含若干神經元，負責接收前一層所有神經元的輸出，之後進行諸如乘法、加法等變換操作，並有選擇地使用非線性的啟動函數，最終得到當前層每個神經元的輸出。從模型最終預測的角度看，每個神經元都在參與最終的預測。理想情況下，研究人員希望每個神經元都能相互獨立地做出「貢獻」。這樣的模型會更加健壯，因為即使一部分神經元不能正常執行，其他神經元仍然可以獨立地做出合理的預測。隨著每一層神經元數量的增加及網路結構的複雜化，神經元之間會出現相互適應（Co-adaptation）的現象。所謂相互適應，是指一個神經元對輸出的貢獻與同一層其他神經元的行為相關，即這個神經元已經與它周圍的「環境」相適應。

一方面，相互適應的好處在於神經網路可以處理更複雜的問題，因為聯合使用兩個神經元要比單獨使用每個神經元的表示能力強。這類似於傳統機器學習任務中往往會設計一些高階特徵，如自然語言序列標注中對 2-gram 和 3-gram 的使用。另一方面，相互適應會導致模型變得更加「脆弱」。雖然相互適應的神經元可以更好地描述訓練資料中的現象，但是在測試資料上，由於很多現象是未見的，細微的擾動會導致神經元無法適應。具體表現出來就是過擬合問題。

Dropout 是解決過擬合問題的一種常用方法[572]。該方法很簡單，在訓練時，讓一部分神經元隨機停止工作，這樣在每次進行參數更新時，神經網路中每個神經元周圍的環境都在變化，不會過分地適應到環境中。圖 13-6 舉出了某次參數更新時使用 Dropout 之前和之後神經網路狀態的對比。

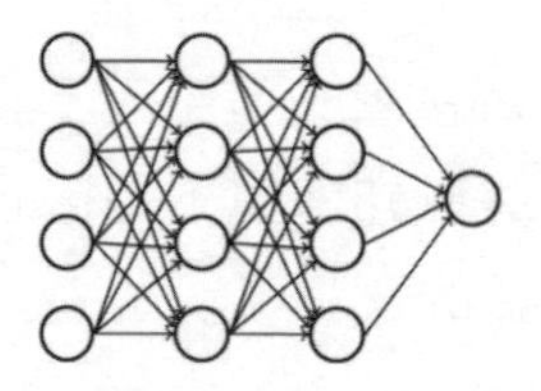
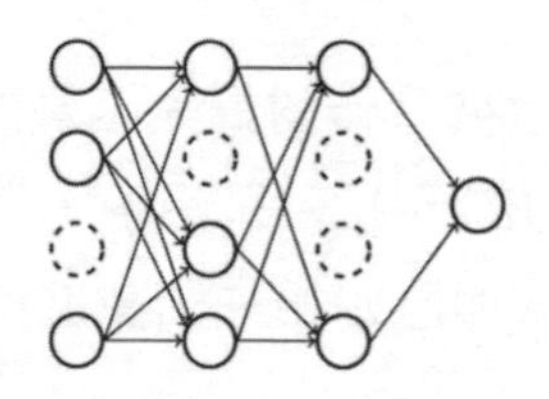

圖 13-6 使用 Dropout 之前（左）和之後（右）神經網路狀態的對比

在具體實現時，可以設置一個參數$p \in (0,1)$。在每次參數更新時，每個神經元都以機率p停止工作。相當於每層神經網路會有以p為機率的神經元被「遮罩」，每次參數更新時會隨機遮罩不同的神經元。圖 13-7 展示了使用 Dropout 方法之前和使用該方法之後的一層神經網路在計算方式上的不同。其中，x_i^l代表第l層神經網路的第i個輸入，w_i^l為輸入所對應的權重，b^l表示第l層神經網路輸入的偏置，z_i^{l+1}表示第l層神經網路的線性運算的結果，$f(\cdot)$表示啟動函數，r_i^l的值服從參數為$1-p$的伯努利分佈。

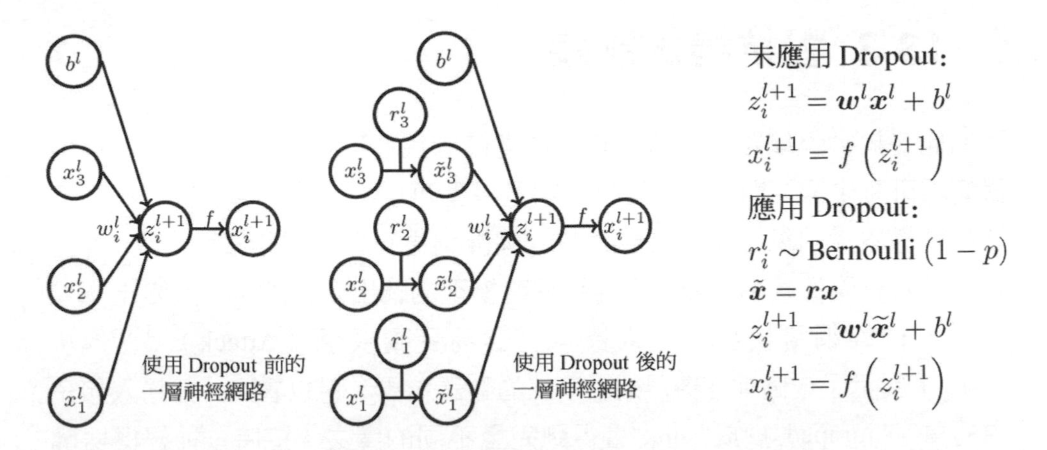

圖 13-7 使用 Dropout 之前（左）和之後（右）的一層神經網路

對於新的樣本，可以使用 Dropout 訓練過的模型對其進行推斷，但是每個神經元的輸出要乘以$1-p$，以保證每層神經元輸出的期望和訓練時是一樣的。另一種常用的做法是，在訓練時對每個神經元的輸出乘以$\frac{1}{1-p}$，然後在推斷時神經網路可以不經過任何調整就直接使用。

Dropout 方法的另一種解釋是，在訓練中遮罩一些神經元相當於從原始的神經網路中取出出了一個子網路。這樣，每次訓練都在一個隨機生成的子網路上進行，而不同子網路之間的參數是共用的。在推斷時，則把所有的子網路整合到一起。這種思想也有一些整合學習（Ensemble Learning）的味道，只不過 Dropout 中的子模型（或子網路）是在指數級空間中採樣出來的。Dropout 可以極佳地緩解複雜神經網路模型的過擬合問題，因此也成了大多數神經機器翻譯系統的標準配備。

隨著網路層數的增多，相互適應也會出現在不同層之間，甚至會出現在多頭注意力機制的不同頭之間。因此，Dropout 方法也可以用於對模型局部結構的遮罩，例如，對多層神經網路中的層進行遮罩，可以使用 Layer Dropout 方法。 特別是對深層神經網路，Layer Dropout 也是一種有效的防止過擬合的方法。Layer Dropout 的內容將在第 15 章詳細介紹。

13.3 對抗樣本訓練

同其他基於神經網路的方法一樣，提高健壯性（Robustness）也是神經機器翻譯研發中需要關注的。雖然大容量模型可以極佳地擬合訓練資料，但當測試樣本與訓練樣本差異較大時，翻譯結果可能會很糟糕[514,573]。甚至有時輸入只受到微小的擾動，神經網路模型的輸出就會產生巨大變化。或者說，神經網路模型在輸入樣本上容易受到攻擊（Attack）[574-576]。表 13-1 展示了一個神經機器翻譯系統的翻譯結果，可以看到，把輸入句子中的單字"jumped"換成"sunk"會得到完全不同的譯文。這時，神經機器翻譯系統就存在健壯性問題。

表 13-1 一個神經機器翻譯系統的翻譯結果

原始輸入	When shot at, the dove jumped into the bushes
原始輸出	當鴿子被射中時，它跳進了灌木叢
擾動的輸入	When shot at, the dove sunk into the bushes
擾動的輸出	當有人開槍射擊時，那只鴿子陷進了灌木叢中

決定神經網路模型健壯性的因素主要包括訓練資料、模型結構、正則化方法等。僅從模型的角度來改善健壯性一般是較為困難的，因為如果輸入資料是「乾淨」的，模型就會學習如何在這樣的資料上進行預測。無論模型的能力是強還是弱，當推斷時的輸入資料出現擾動時，模型可能就無法適應這種它從未見過的新資料。因此，一種簡單、直接的方法是從訓練樣本出發，讓模型在學習的過程中能對樣本中的擾動進行處理，進而在推斷時更加健壯。具體來說，可以在訓練過程中構造有雜訊的樣本，即基於對抗樣本（Adversarial Examples）進行對抗訓練（Adversarial Training）。

13.3.1 對抗樣本與對抗攻擊

圖型辨識領域的研究人員發現，輸入圖型的細小擾動（如圖元變化等），會使模型以高置信度舉出錯誤的預測[577-579]，但這種擾動並不會造成人類的錯誤判斷。也就是說，雖然樣本中的微小變化「欺騙」了圖型辨識系統，但是「欺騙」不了人類。這種現象背後的原因很多，一種可能的原因是：系統並沒有理解圖型，而是在擬合數據，因此擬合能力越強，反而對資料中的微小變化越敏感。從統計學習的角度看，既然新的資料中可能會有擾動，那更好的學習方式就是在訓練中顯性地把這種擾動建模出來，讓模型對輸入樣本中包含的細微變化表現得更加健壯。

這種透過在原樣本上增加一些難以察覺的擾動，從而使模型得到錯誤輸出的樣本被稱為對抗樣本。對於模型的輸入$\mathbf{x}$和輸出$\mathbf{y}$，對抗樣本可以被描述為

$$C(\mathbf{x}) = \mathbf{y} \tag{13-6}$$

$$C(\mathbf{x}') \neq \mathbf{y} \tag{13-7}$$

$$\text{s.t.} \quad \Psi(\mathbf{x}, \mathbf{x}') < \varepsilon \tag{13-8}$$

其中，$(\mathbf{x}', \mathbf{y})$為輸入中含有擾動的對抗樣本，函數$C(\cdot)$為模型。式(13-8) 中的$\Psi(\mathbf{x}, \mathbf{x}')$表示擾動後的輸入$\mathbf{x}'$和原輸入$\mathbf{x}$之間的距離，$\varepsilon$表示擾動的受限範圍。當模型無法對包含雜訊的輸入舉出正確的輸出時，往往意味著該模型的抗干擾能力差，因此可以利用對抗樣本檢測現有模型的健壯性[580]。同時，採用類似資料增強的方式將對抗樣本混合至訓練資料中，使模型得到穩定的預測能力，這種方式也被稱為對抗訓練[579,581,582]。

透過對抗樣本訓練來提升模型健壯性的首要問題是：如何生成對抗樣本。透過當前模型C和樣本$(\mathbf{x}, \mathbf{y})$生成對抗樣本的過程被為對抗攻擊（Adversarial Attack）。對抗攻擊可以分為黑盒攻擊和白盒攻擊。在白盒攻擊中，攻擊演算法可以存取模型的完整資訊，包括模型結構、網路參數、損失函數、啟動函數、輸入和輸出資料等。黑盒攻擊通常依賴啟發式方法生成對抗樣本[580]，這種攻擊方法不需要知道神經網路的詳細資訊，僅透過存取模型的輸入和輸出就可以達到攻擊的目的。由於神經網路本身就是一個黑盒模型，在神經網路的相關應用中黑盒攻擊方法更實用。

在神經機器翻譯中，訓練資料中含有的細微擾動會使模型比較脆弱[583]。

研究人員希望借鏡圖型任務中的一些對抗攻擊方法，並將其應用於自然語言處理任務中。然而，對電腦而言，以圖元值等表示的圖像資料本身就是連續的[584]，而文字中的一個個單字本身是離散的，這種圖型與文字資料間的差異使得這些方法在自然語言處理上並不適用。例如，如果將圖型任務中對一幅圖片的局部圖型進行替換的方法用於自然語言處理中，那麼可能會生成語法錯誤或者語意錯誤的句子。而且，簡單替換單字產生的擾動過大，模型很容易判別。即使對詞嵌入等連續表示的部分進行擾動，也會產生無法與詞嵌入空間中的任何詞匹配的向量[585]。針對這些問題，下面著重介紹在神經機器翻譯任務中如何有效生成、使用對抗樣本。

13.3.2 基於黑盒攻擊的方法

一個好的對抗樣本應該具有這種性質：對文字做最少的修改，並最大程度地保留原文的語義。一種簡單的實現方式是對文字加雜訊[583]。這裡，雜訊可以分為自然雜訊和人工雜訊。自然雜訊一般是指在語料庫中自然出現的錯誤，如輸入錯誤、拼寫錯誤等。人為雜訊是指透過人工設計的自動方法修改文字，例如，可以透過規則或是雜訊生成器，在乾淨的資料中以一定的機率引入拼寫錯誤、語法錯誤等[586-588]。此外，也可以在文字中加入人為設計過的毫無意義的單字序列。

除了單純地在文字中引入各種擾動，還可以透過文字編輯的方式，在不改變語義的情況下盡可能地修改文字，從而建構對抗樣本[589,590]。文字的編輯方式主要包括替換、插入、刪除和交換操作。表 13-2 舉出了透過這幾種方式生成的對抗樣本實例。

表 13- 2 對抗樣本實例

原始輸入	**We are really looking forward to the holiday**
替換操作	We are really looking forward to the vacation
插入操作	We are really looking forward to the holiday tomorrow
刪除操作	We are really looking forward to the holiday
交換操作	We are really forward looking to the holiday

可以利用 FGSM 等演算法[579]，驗證文字中每一個單字的貢獻度，同時為每一個單字建構一個候選池，包括該單字的近義詞、拼寫錯誤詞、同音詞等。對於貢獻度較低的詞，如語氣詞、副詞等，可以使用插入、刪除操作進行擾動。對於其他的單字，可以在候選池中選擇相應的單字並進行替換。其中，交換操作可以是基於詞等級的，如交換序列中的單字，也可以是基於字元等級的，如交換單字中的字元[591]。重複上述編輯操作，直至編輯出的文字可以誤導模型做出錯誤的判斷。

在機器翻譯中，常用的回譯技術也是生成對抗樣本的一種有效方式。回譯是指透過反向模型將目的語言翻譯成來源語言，並將翻譯得到的雙語資料用於模型訓練（見第 16 章）。除了翻譯模型，語言模型也可以用於生成對抗樣本。第 2 章已經介紹過，語言模型可以用於檢測句子的流暢度，它根據上文預測當前位置可能出現的單字。因此，可以使用語言模型預測當前位置最可能出現的多個單字，並用這些單字替換序列中原本的單字。在機器翻譯任務中，可以透過與神經機器翻譯系統聯合訓練，共用詞向量矩陣的方式得到語言模型[592]。

此外，生成對抗網路（Generative Adversarial Networks，GANs）也可以被用來生成對抗樣本[593]。與回譯方法類似，基於生成對抗網路的方法將原始的輸入映射為潛在分佈P，並在其中搜索出服從相同分佈的文字組成對抗樣本。一些研究也對這種方法進行了最佳化[593]，在稠密的向量空間中進行搜索，也就是說，在定義P的基礎稠密向量空間中找到對抗性表示$\mathbf{z}'$，然後利用生成模型將其映射回$\mathbf{x}'$，使最終生成的對抗樣本在語義上接近原始輸入。

13.3.3 基於白盒攻擊的方法

除了在單字等級增加擾動，還可以在模型內部增加擾動。一種簡單的方法是在每一個詞的詞嵌入上，累加一個正態分佈的變數，之後將其作為模型的最終輸入。同時，可以在訓練階段增加額外的訓練目標。例如，迫使模型在接收到被擾動的輸入後，模型的編碼器能夠生成與正常輸入類似的表示，同時解碼器也能夠輸出正確的翻譯結果[594]。

還可以根據機器翻譯的具體問題增加擾動。例如，針對同音字錯誤問題，將單字的發音轉換為一個包含n個發音單元的發音序列，如音素、音節等，並訓練相應的嵌入矩陣，將每一個發音單元轉換為對應的向量表示。對發音序列中發音單元的嵌入表示進行平均後，得到當前單字的發音表示。最後，將詞嵌入與單字的發音表示進行加權求和，並將結果作為模型的輸入[595]。透過這種方式可以提高模型對同音異形詞的處理能力。除了在詞嵌入層增加擾動，也可以在編碼器輸出中引入額外的雜訊，達到與在層輸入中增加擾動類似的效果[491]。

此外，對於訓練樣本$(\mathbf{x},\mathbf{y})$，還可以使用基於梯度的方法生成對抗樣本$(\mathbf{x}',\mathbf{y}')$。例如，可以利用替換詞與原始單字詞向量之間的差值，以及候選詞的梯度之間的相似度生成對抗樣本[576]。以來源語言為例，生成$\mathbf{x}'$中第i個詞的過程可以被描述為

$$x'_i = \arg\max_{x \in V} \mathrm{sim}(e(x) - e(x_i), \mathbf{g}_{x_i}) \tag{13-9}$$

$$\mathbf{g}_{x_i} = \nabla_{e(x_i)} - \log P(\mathbf{y}|\mathbf{x};\theta) \tag{13-10}$$

其中，x_i為輸入序列中的第i個詞，$e(\cdot)$用於獲取詞向量，$\mathbf{g}_{x_i}$為翻譯機率相對於$e(x_i)$的梯度，$\mathrm{sim}(\cdot,\cdot)$是用於評估兩個向量之間相似度（距離）的函數，$V$為來源語言的詞表。對詞表中所有單字進行枚舉的計算成本較大，因此可以利用語言模型以最可能的n個詞為候選，並從中採樣出單字完成替換。同時，為了保護模型不受解碼器預測誤差的影響，需要對模型目的語言端的輸入做同樣的調整。與來源語言端的操作不同，此時會將式(13-10) 中的損失替換為$-\log P(\mathbf{y}|\mathbf{x}')$，即使用生成的對抗樣本$\mathbf{x}'$計算翻譯機率。

在進行對抗性訓練時，可以在原有的訓練損失上增加 3 個額外的損失，最終的損失函數被定義為

$$\mathrm{Loss}(\theta_{\mathrm{mt}},\theta_{\mathrm{lm}}^{\mathbf{x}},\theta_{\mathrm{lm}}^{\mathbf{y}})=\mathrm{Loss}_{\mathrm{clean}}(\theta_{\mathrm{mt}})+\mathrm{Loss}_{\mathrm{lm}}(\theta_{\mathrm{lm}}^{\mathbf{x}})+\mathrm{Loss}_{\mathrm{robust}}(\theta_{\mathrm{mt}})+\mathrm{Loss}_{\mathrm{lm}}(\theta_{\mathrm{lm}}^{\mathbf{y}}) \tag{13-11}$$

其中，$\mathrm{Loss}_{\mathrm{clean}}(\theta_{\mathrm{mt}})$為正常情況下的損失，$\mathrm{Loss}_{\mathrm{lm}}(\theta_{\mathrm{lm}}^{\mathbf{x}})$和$\mathrm{Loss}_{\mathrm{lm}}(\theta_{\mathrm{lm}}^{\mathbf{y}})$為生成對抗樣本所用到的來源語言與目的語言的模型的損失，$\mathrm{Loss}_{\mathrm{robust}}(\theta_{\mathrm{mt}})$是以修改後的來源語言$\mathbf{x}'$為輸入，以原始的譯文$\mathbf{y}$作為答案時計算得到的損失。假設有$N$個樣本，則損失函數的具體形式為

$$\mathrm{Loss}_{\mathrm{robust}}(\theta_{\mathrm{mt}})=\frac{1}{N}\sum_{(\mathbf{x},\mathbf{y})}-\log P(\mathbf{y}|\mathbf{x}',\mathbf{y}';\theta_{\mathrm{mt}}) \tag{13-12}$$

無論是黑盒方法還是白盒方法，本質上都是透過增加雜訊使得模型訓練更加健壯。類似的思想在很多機器學習方法中都有表現，例如，在最大熵模型中使用高斯雜訊就是常用的增加模型健壯性的手段之一[596]。從雜訊通道模型的角度看（見第 5 章），翻譯過程也可以被理解為加噪和去噪的過程，不論這種雜訊是天然存在於資料中的，還是人為添加的。除了對抗樣本訓練，機器翻譯所使用的降噪自編碼方法和基於重構的損失函數[597,598]，也都表現了類似的思想。廣義上，這些方法也可以被看作利用「加噪+ 去噪」進行健壯性訓練的方法。

13.4 學習策略

儘管極大似然估計在神經機器翻譯中取得了巨大的成功，但仍然面臨著許多問題。例如，似然函數並不是評估翻譯系統性能的指標，這使得即使在訓練資料上最佳化似然函數，應用模型時也並不一定能獲得更好的翻譯結果。本節將先對極大似然估計的問題進行論述，再介紹一些解決相關問題的方法。

13.4.1 極大似然估計的問題

極大似然估計已成為機器翻譯乃至整個自然語言處理領域使用最廣泛的訓練用目標函數。但是，使用極大似然估計存在曝光偏置（Exposure Bias）問題和訓練目標函數與任務評價指標不一致問題。

- 曝光偏置問題。在訓練過程中，模型使用標注資料進行訓練，因此模型在預測下一個單字時，解碼器的輸入是正確的譯文片段，即預測第j個單字時，系統使用了標準答案$\{y_1,\cdots,y_{j-1}\}$作為歷史資訊。對新的句子進行翻譯時，預測第j個單字時使用的是模型自己生成的前$j-1$個單字，即$\{\hat{y}_1,\cdots,\hat{y}_{j-1}\}$。這意味著，訓練時使用的輸入資料（目的語言端）與真實翻譯時的情況不符，如圖 13-8 所示。由於模型在訓練過程中一直使用標注資料作為解碼器的輸入，使得模型逐漸適應了標注資料。因此在推斷階段，模型無法極佳地適應模型本身生成的資料。這就是曝光偏置問題[599,600]。

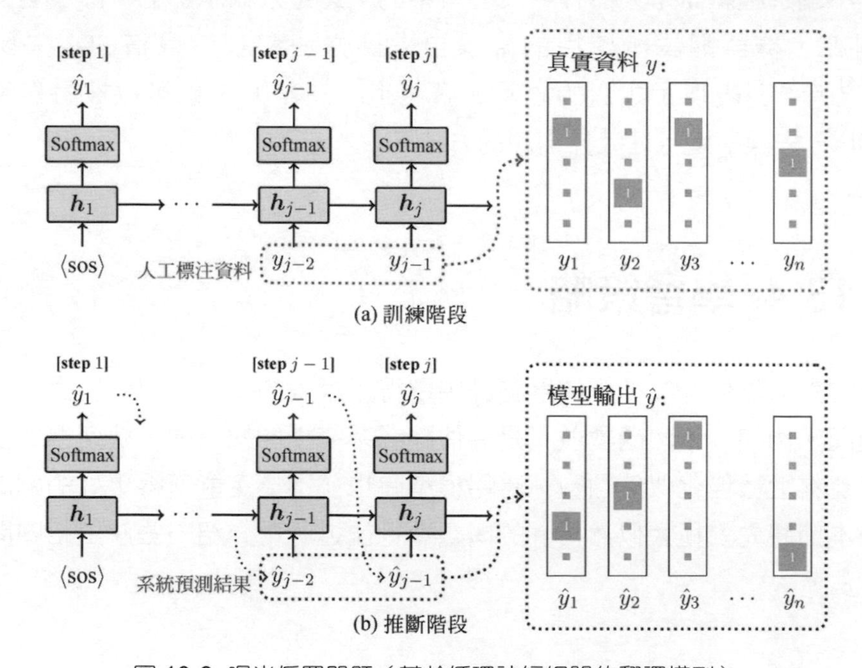

圖 13-8 曝光偏置問題（基於循環神經網路的翻譯模型）

- 訓練目標函數與任務評價指標不一致問題。通常，在訓練過程中，模型採用極大似然估計對訓練資料進行學習，而在推斷過程中，使用 BLEU 等外部評價指標來評價模型在新資料上的性能。在機器翻譯任務中，這個問題的一種表現是：訓練資料上更低的困惑度不一定能帶來 BLEU 的提升。更加理想的情況是，模型應該直接使性能評價指標最大化，而非訓練集資料上的似然函數[235]。但是，很多模型性能評價指標不可微分，這使得研究人員無法直接利用基於梯度的方法來最佳化這些指標。

13.4.2 非 Teacher-forcing 方法

所謂 Teacher-forcing 方法，即要求模型預測的結果和標準答案完全對應。Teacher-forcing 是一種深度學習中的訓練策略，在序列處理任務上被廣泛使用[571]。以序列生成任務為例，Teacher-forcing 要求模型在訓練時不使用上一時刻的模型輸出作為下一時刻的輸入，而是使用訓練資料中上一時刻的標準答案作為下一時刻的輸入。顯然，這會導致曝光偏置問題。為了解決這個問題，可以使用非 Teacher-forcing 方法。例如，在訓練中使用束搜索，這樣可以讓訓練過程模擬推斷時的行為。具體來說，非 Teacher-forcing 方法可以用排程採樣和生成對抗網路實現。

1. 排程採樣

對於一個目的語言序列$y=\{y_1,\cdots,y_n\}$，在預測第j個單字時，訓練過程與推斷過程之間的主要區別在於：訓練過程中使用的是標準答案$\{y_1,\cdots,y_{j-1}\}$，而推斷過程使用的是來自模型本身的預測結果$\{\hat{y}_1,\cdots,\hat{y}_{j-1}\}$。此時，可以採取一種排程採樣（Scheduled Sampling）機制[599]。以基於循環神經網路的模型為例，在訓練中預測第j個單字時，隨機決定使用y_{j-1}還是$\hat{y}_{j-1}$作為輸入。 假設訓練時使用的是基於小批次的隨機梯度下降法，在第i 個批次中，對序列的每一個位置進行預測時，會以機率ϵ_i使用標準答案y_{j-1}，或以機率$1-\epsilon_i$使用來自模型本身的預測$\hat{y}_{j-1}$。具體到序列中的一個位置j，可以根據模型單字預測的機率進行採樣，在ϵ_i控制的排程策略下，同y_{j-1}一起作為輸入。此過程如圖 13-9 所示，並且這個過程可以極佳地與束搜索融合。

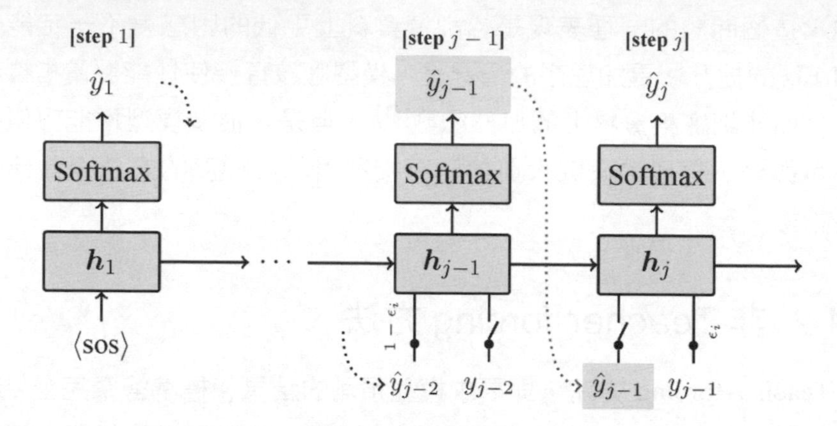

圖 13-9 排程採樣方法的示意圖

當$\epsilon_i = 1$時，模型的訓練與原始的訓練策略完全相同，而當$\epsilon_i = 0$時，模型的訓練則與推斷時使用的策略完全一樣。這裡使用了一種課程學習（Curriculum Learning）策略[601]，該策略認為學習應該循序漸進，從一種狀態逐漸過渡到另一種狀態。在訓練開始時，由於模型訓練不充分，如果以模型預測結果為輸入，則會導致收斂速度非常慢。因此，在模型訓練的前期，通常會選擇使用標準答案$\{y_1, \cdots, y_{j-1}\}$。在模型訓練的後期，更傾向於使用自模型本身的預測$\{\hat{y}_1, \cdots, \hat{y}_{j-1}\}$。關於課程學習的內容在 13.6.2 節還會有詳細介紹。

在使用排程策略時，需要調整關於訓練批次i的函數來降低ϵ_i，與梯度下降法中降低學習率的方式相似。排程策略可以採用如下幾種方式：

- 線性衰減。$\epsilon_i = \max(\epsilon, k - ci)$，其中$\epsilon$（$0 \leqslant \epsilon < 1$）是$\epsilon_i$的最小數值，而$k$和$c$代表衰減的偏移量和斜率，取決於預期的收斂速度。
- 指數衰減。$\epsilon_i = k^i$，其中k是一個常數，一般為$k < 1$。
- 反向 Sigmoid 衰減。$\epsilon_i = k/(k + \exp(i/k))$，其中$k \geqslant 1$。

2. 生成對抗網路

排程採樣解決曝光偏置的方法是將模型前$j-1$步的預測結果作為輸入，來預測第j步的輸出。但是，如果模型預測的結果中有錯誤，那麼再用錯誤的結果預測未來的序列也會產生問題。解決這個問題就需要知道模型預測的好與壞，並在訓練中有效地使用它們。如果生成好的結果，則可以使用它進行模型訓練，否則就不使用。生成對抗網路就是這種技術，它引入了一個額外的模型（判別器）對原有模型（生成器）的生成結果進行評價，並根據評價結果同時訓練兩個模型。

13.3 節已經提到了生成對抗網路，這裡稍做展開。在機器翻譯中，基於對抗神經網路的架構被命名為對抗神經機器翻譯（Adversarial-NMT）[602]。令(x,y)表示一個訓練樣本，令$\hat{y}$表示神經機器翻譯系統對來源語言句子x的翻譯結果。此時，對抗神經機器翻譯的整體框架如圖 13-10 所示。其中，綠色部分表示神經機器翻譯模型G，該模型將來源語言句子x翻譯為目的語言句子$\hat{y}$。紅色部分是對抗網路D，它的作用是判別目的語言句子是否為來源語言句子x的真實翻譯。G和D相互對抗，用G生成的翻譯結果$\hat{y}$來訓練D，並生成獎勵訊號，再使用獎勵訊號透過策略梯度訓練G。

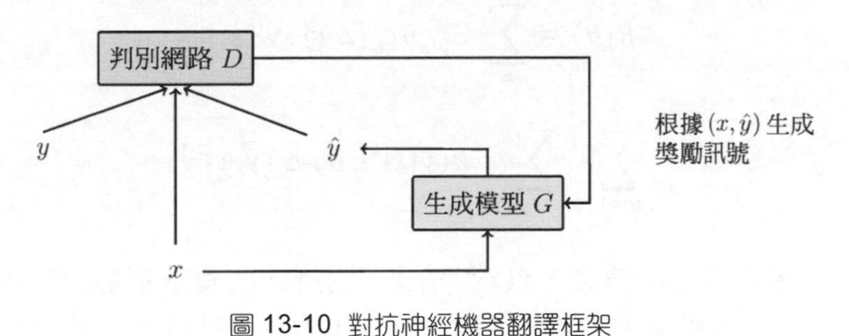

圖 13-10 對抗神經機器翻譯框架

實際上，對抗神經機器翻譯的訓練目標就是強制$\hat{y}$與y相似。在理想情況下，$\hat{y}$與人類標注的答案y非常相似，以至於人類也無法分辨$\hat{y}$是由機器還是由人類產生的。

13.4.3 強化學習方法

強化學習（Reinforcement Learning，RL）方法是機器學習中的經典方法，它可以同時解決 13.4.1 節提到的曝光偏置問題和訓練目標函數與任務評價指標不一致問題。本節主要介紹基於策略的方法和基於演員-評論家的方法[603]。

1. 基於策略的方法

最小風險訓練（Minimum Risk Training，MRT）可以被看作一種基於策略的方法。與極大似然估計不同，最小風險訓練引入了評價指標作為損失函數，並最佳化模型，將預期風險降至最低[235]。

最小風險訓練的目標是找到模型參數$\hat{\theta}_{\mathrm{MRT}}$，滿足式(13-13)：

$$\hat{\theta}_{\mathrm{MRT}} = \arg\min_{\theta}\{R(\theta)\} \tag{13-13}$$

其中，$R(\theta)$表示預期風險，通常用風險函數的期望表示。假設有N個訓練樣本$\{(x^{[1]}, y^{[1]}), \cdots, (x^{[N]}, y^{[N]})\}$，$R(\theta)$被定義為

$$\begin{aligned} R(\theta) &= \sum_{k=1}^{N} \mathbb{E}_{\hat{y}|x^{[k]};\theta}[\Delta\,(\hat{y}, y^{[k]})] \\ &= \sum_{k=1}^{N} \sum_{\hat{y}\in\chi(x^{[k]})} P(\hat{y}|x^{[k]};\theta)\,\Delta\,(\hat{y}, y^{[k]}) \end{aligned} \tag{13-14}$$

這裡，$\hat{y}$是模型預測的譯文，$\chi(x^{[k]})$是$x^{[k]}$對應的所有候選翻譯的集合。損失函數$\Delta\,(\hat{y}, y^{[k]})$用來衡量模型預測$\hat{y}$與標準答案$y^{[k]}$間的差異，損失函數一般用翻譯品質評價指標定義，如 BLEU、TER 等[4]。在最小風險訓練中，模型參數θ的偏導數為

---

[4] 當選擇 BLEU 作為損失函數時，損失函數可以被定義為$1-$BLEU。

$$\frac{\partial R(\theta)}{\partial \theta} = \sum_{k=1}^{N} \mathbb{E}_{\hat{y}|x^{[k]};\theta}[\Delta\,(\hat{y}, y^{[k]}) \times \frac{\partial P(\hat{y}|x^{[k]};\theta)/\partial \theta}{P(\hat{y}|x^{[k]};\theta)}]$$

$$= \sum_{k=1}^{N} \mathbb{E}_{\hat{y}|x^{[k]};\theta}[\Delta\,(\hat{y}, y^{[k]}) \times \frac{\partial \log P(\hat{y}|x^{[k]};\theta)}{\partial \theta}] \qquad (13\text{-}15)$$

式(13-15) 使用了策略梯度（Policy Gradient）的手段將$\Delta\,(\hat{y}, y^{[k]})$提到微分操作之外[604,605]。因為無須對$\Delta\,(\hat{y}, y^{[k]})$進行微分，所以在最小風險訓練中允許使用任意不可微的損失函數，包括 BLEU 等常用的評價函數。同時，等式右側會將機率的求導操作轉化為對 log 函數的求導，更易於模型進行最佳化。因此，使用式(13-15) 就可以求出模型參數相對於風險函數的損失，進而進行基於梯度的最佳化。

這裡需要注意的是，式(13-15) 中求期望的過程是無法直接實現的，因為無法遍歷所有的譯文句子。通常，會使用採樣的方法搜集一定數量的譯文，來模擬譯文空間。例如，可以使用推斷系統生成若干譯文。同時，為了保證生成的譯文之間具有一定的差異性，也可以對推斷過程進行一些「干擾」。從實踐的角度看，採樣方法是影響強化學習系統的重要因素，因此往往需要對不同的任務設計相應的採樣方法。最簡單的方法就是在產生譯文的每一個詞時，根據模型產生的下一個詞的分佈，隨機選取詞當作模型預測，直到選到句子結束符或達到特定長度時停止[606]。其他方法還包括隨機束搜索，它把束搜索中選取 Top-k的操作替換成隨機選取k個詞，這個方法不會擷取到重複的樣本。還可以使用基於 Gumbel-Top-k的隨機束搜索更好地控制樣本中的雜訊[607]。

相比於極大似然估計，最小風險訓練有以下優點：

- 使用模型自身產生的資料進行訓練，避免了曝光偏置問題。
- 直接最佳化 BLEU 等評價指標，解決了訓練目標函數與任務評價指標不一致的問題。
- 不涉及具體的模型結構，可以應用於任意的機器翻譯模型。

2. 基於演員-評論家的方法

基於策略的強化學習是要尋找一個策略$p(a|\hat{y}_{1\cdots j-1},x)$，使得該策略選擇的行動$a$未來可以獲得的獎勵期望最大化，也被稱為動作價值函數（Action-value Function）最大化。這個過程通常用函數Q來描述：

$$Q(a;\hat{y}_{1\cdots j-1},y)=\mathbb{E}_{\hat{y}_{j+1\cdots J}\sim p(\cdot|\hat{y}_{1\cdots j-1}a,x)}[r_j(a;\hat{y}_{1\cdots j-1},y)+\sum_{i=j}^{J}r_i(\hat{y}_i;\hat{y}_{1\cdots j-1}a\hat{y}_{j+1\cdots i},y)] \quad (13\text{-}16)$$

其中，$r_j(a;\hat{y}_{1\cdots j-1},y)$是$j$時刻做出行動$a$獲得的獎勵，$r_i(\hat{y}_i;\hat{y}_{1\cdots j-1}a\hat{y}_{j+1\cdots i},y)$是在$j$時刻的行動為$a$的前提下，$i$時刻做出的行動$\hat{y}_i$獲得的獎勵，$\hat{y}_{j+1\cdots J}\sim p(\cdot|\hat{y}_{1\cdots j-1}a,x)$表示序列$\hat{y}_{j+1\cdots J}$是根據$p(\cdot|\hat{y}_{1\cdots j-1}a,x)$得到的採樣結果，機率函數$p$中的·表示序列$\hat{y}_{j+1\cdots J}$服從的隨機變數，$x$是來源語言句子，$y$是正確譯文，$\hat{y}_{1\cdots j-1}$是策略$p$產生的譯文的前$j-1$個詞，$J$是生成譯文的長度。對於式(13-16) 中的$\hat{y}_{j+1\cdots i}$來說，如果$i<j+1$，則$\hat{y}_{j+1\cdots i}$不存在，對於來源語言句子$x$，最優策略$\hat{p}$可以被定義為

$$\hat{p}=\arg\max_{p}\mathbb{E}_{\hat{y}\sim p(\hat{y}|x)}\sum_{j=1}^{J}\sum_{a\in A}p(a|\hat{y}_{1\cdots j},x)Q(a;\hat{y}_{1\cdots j},y) \quad (13\text{-}17)$$

其中，A表示所有可能的行動組成的空間，也就是詞表V。式(13-17) 的含義是，最優策略$\hat{p}$的選擇需要同時考慮當前決策的「信心」（即$p(a|\hat{y}_{1\cdots j},x)$）和未來可以獲得的「價值」（即$Q(a;\hat{y}_{1\cdots j},y)$）。

計算動作價值函數Q需要枚舉j時刻以後所有可能的序列，而可能的序列數目隨著其長度呈指數級增長，因此只能採用估計的方法計算Q的值。基於策略的強化學習方法，如最小風險訓練（風險$\Delta=-Q$）等都使用了採樣的方法來估計Q。採樣的結果是Q的無偏估計，它的缺點是使用這種方法得到的估計結果的方差比較大。而Q直接關係到梯度更新的大小，不穩定的數

值會導致模型更新不穩定，難以最佳化。

為了避免採樣的負擔和隨機性帶來的不穩定，基於演員-評論家（Actor-critic）的強化學習方法引入了一個可學習的函數$\tilde{Q}$[603]，透過函數$\tilde{Q}$逼近動作價值函數Q。由於$\tilde{Q}$是一個人工設計的函數，該函數有著自身的偏置，因此$\tilde{Q}$不是Q的一個無偏估計，使用$\tilde{Q}$來指導p的最佳化，無法達到理論上的最優解。儘管如此，得益於神經網路強大的擬合能力，基於演員-評論家的強化學習方法在實踐中仍然非常流行。

在基於演員-評論家的強化學習方法中，演員就是策略p，評論家就是動作價值函數Q的估計$\tilde{Q}$。對於演員，它的目標是找到最優的決策：

$$\hat{p} = \max_{p} \mathbb{E}_{\hat{y}\sim p(\hat{y}|x)} \sum_{j=1}^{J} \sum_{a\in A} p(a|\hat{y}_{1\cdots j}, x)\tilde{Q}(a; \hat{y}_{1\cdots j}, y) \tag{13-18}$$

與式(13-17) 對比可以發現，基於演員-評論家的強化學習方法與基於策略的強化學習方法類似，式(13-18) 對動作價值函數Q的估計變成了一個可學習的函數$\tilde{Q}$。對於目標函數裡期望的計算，通常使用採樣的方式來逼近，這與最小風險訓練十分類似。例如，選擇一定量的$\hat{y}$來計算期望，而非遍歷所有的$\hat{y}$。借助與最小風險訓練類似的方法，可以計算對p的梯度來最佳化演員。

對評論家而言，它的最佳化目標並不是那麼顯而易見。儘管可以透過採樣的方式來估計Q，然後使用該估計作為目標，讓$\tilde{Q}$進行擬合，但會導致非常高的（採樣）代價。可以想像，既然有了一個無偏估計，為什麼還要用有偏估計$\tilde{Q}$呢？

回顧動作價值函數的定義，可以對它做適當的展開，得到如下等式：

$$Q(\hat{y}_j; \hat{y}_{1\cdots j-1}, y) = r_j(\hat{y}_j; \hat{y}_{1\cdots j-1}, y) + \sum_{a\in A} p(a|\hat{y}_{1\cdots j}, x)Q(a; \hat{y}_{1\cdots j}, y) \tag{13-19}$$

這個等式也被稱為貝爾曼方程式（Bellman Equation）[608]。它表達了$j-1$時刻的動作價值函數$Q(\hat{y}_j;\hat{y}_{1\cdots j-1},y)$跟下一時刻$j$的動作價值函數$Q(a;\hat{y}_{1\cdots j},y)$之間的關係。在理想情況下，動作價值函數$Q$應該滿足式(13-19)。因此，可以使用該等式作為可學習的函數Q的目標。於是，可以定義j時刻動作價值函數為

$$q_j = r_j(\hat{y}_j;\hat{y}_{1\cdots j-1},y) + \sum_{a\in A} p(a|\hat{y}_{1\cdots j},x)Q(a;\hat{y}_{1\cdots j},y) \tag{13-20}$$

相應地，評論家對應的目標定義為

$$Q = \arg\min_{Q} \sum_{j=1}^{J} (Q(\hat{y}_j;\hat{y}_{1\cdots j-1},y) - q_j)^2 \tag{13-21}$$

此時，式(13-20) 與式(13-21) 共同組成了評論家的學習目標，使得可學習的函數Q逼近理想的Q。最後，透過同時最佳化演員和評論家直到收斂，獲得的演員（也就是策略p）是我們期望的翻譯模型。圖 13-11 展示了演員和評論家的關係。

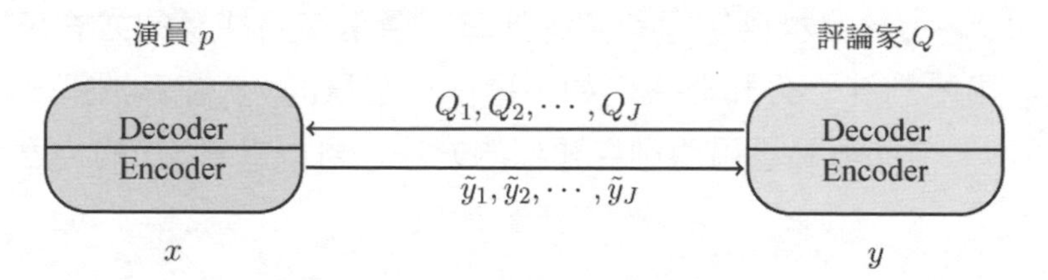

圖 13-11 演員和評論家的關係

使用基於演員-評論家的強化學習方法還有許多細節，包括但不限於以下技巧：

- 多目標學習。演員的最佳化通常會引入額外的極大似然估計目標函數，同時會使用極大似然估計進行預訓練。這樣會簡化訓練，因為隨機初始化的演員性能很差，很難獲得有效的獎勵。同時，極大似然估計也可以被當作一種先驗知識，透過正則項的形式約束機器翻譯模型的學習，防止模型陷入很差的局部最優，並加速模型收斂。

- 最佳化目標。評論家的最佳化目標是由自身輸出構造的。當模型更新比較快時，模型的輸出變化也會很快，導致構造的最佳化目標不穩定，影響模型的收斂效果。一個解決方案是，在一定更新次數內，先固定構造最佳化目標使用的模型，再使用比較新的模型來構造後續一定更新次數內的最佳化目標，如此往復[609]。
- 方差懲罰。在機器翻譯中使用強化學習方法的一個問題是動作空間過大，這是由詞表過大造成的。因為模型只根據被採樣到的結果進行更新，很多動作很難得到更新，因此對不同動作的動作價值函數估計值會有很大差異。此時，通常引入一個正則項 $C_j = \sum_{a\in A}\left(Q(a;\hat{y}_{1\cdots j-1},y) - \frac{1}{|A|}\sum_{b\in A} Q(b;\hat{y}_{1\cdots j-1},y)\right)^2$ 來約束不同動作的動作函數估計值，使其不會偏離均值太遠[610]。
- 獎勵塑形。在機器翻譯裡使用強化學習方法的另一個問題是獎勵的稀疏性。評價指標（如 BLEU 等）只能對完整的句子進行評分，也就是獎勵只有在句子結尾有值，在句子中間為 0。這種情況意味著模型在生成句子的過程中沒有任何訊號來指導它的行為，從而大大增加了學習難度。常見的解決方案是進行獎勵塑形（Reward Shaping），使獎勵在生成句子的過程中變得稠密，同時不會改變模型的最優解[611]。

13.5 知識蒸餾

理想的機器翻譯系統應該是品質好、速度快、儲存佔用少的。不過，為了追求更好的翻譯品質，往往需要更大的模型，但是相應的翻譯速度會降低，模型的體積會變大。在很多場景下，這樣的模型無法直接使用。例如，Transformer-Big 等「大」模型通常在專用伺服器上運行，在手機等受限環境下仍很難應用。

直接訓練「小」模型的效果往往並不理想，其翻譯品質與「大」模型相比仍有比較明顯的差距。既然直接訓練小模型無法達到很好的效果，一種有趣的做法是把「大」模型的知識傳遞給「小」模型。這類似於教小孩學數學：不是請一個權威數學家（即資料中的標準答案）進行教學，而是請一個小學數 學教師（即「大」模型）。這就是知識蒸餾的基本思想。

13.5.1 什麼是知識蒸餾

通常，知識蒸餾可以被看作一種知識遷移的手段[549]。如果把「大」模型的知識遷移到「小」模型，這種方法的直接結果就是模型壓縮（Model Compression）。當然，理論上，也可以將「小」模型的知識遷移到「大」模型，例如，將遷移後得到的「大」模型作為初始狀態，之後繼續訓練該模型，以期望取得加速收斂的效果。在實踐中更多是使用「大」模型到「小」模型的遷移，這也是本節討論的重點。

知識蒸餾基於兩個假設：

- 「知識」在模型間是可遷移的。也就是說，一個模型中蘊含的規律可以被另一個模型使用。最典型的例子就是預訓練語言模型（見第 9 章）。使用單語資料學習到的表示模型，在雙語的翻譯任務中仍然可以發揮很好的作用，即將單語語言模型學習到的知識遷移到雙語模型對句子的表示中。
- 模型所蘊含的「知識」比原始資料中的「知識」更容易被學習到。例如，機器翻譯中大量使用的回譯（偽資料）方法，就把模型的輸出作為資料讓系統學習。

這裡所說的第 2 個假設對應了機器學習中的一大類問題——學習難度（Learning Difficulty）。所謂難度是指：在給定一個模型的情況下，需要花費多大代價對目標任務進行學習。如果目標任務很簡單，同時模型與任務很匹配，則學習難度會降低。如果目標任務很複雜，同時模型與其匹配程度很低，則學習難度會很大。在自然語言處理任務中，這個問題的一種表現是：在品質很高的資料中學習的模型的翻譯品質可能仍然很差。即使訓練資料是完美的，模型仍然無法做到完美的學習。這可能是因為建模的不合理，導致模型無法描述目標任務中複雜的規律。在機器翻譯中這個問題表現得尤為明顯。例如，在機器翻譯系統輸出的n-best 結果中挑選最好的譯文（稱為 Oracle）作為訓練樣本，讓系統重新學習，仍然達不到 Oracle 的水平。

知識蒸餾本身也表現了一種「自學習」的思想，即利用模型（自己）的預測來教模型（自己）。這樣，既保證了知識可以向更輕量的模型遷移，也避免了模型從原始資料中學習難度大的問題。雖然「大」模型的預測中也會有錯誤，但這種預測更符合建模的假設，因此「小」模型反倒更容易從不完美的資訊中學到更多的知識[5]。類似於，剛開始學習圍棋的人從職業九段身上可能什麼也學不到，向一個業餘初段的選手學習可能更容易入門。另外，也有研究表明：在機器翻譯中，相比於「小」模型，「大」模型更容易最佳化，也更容易找到更好的模型收斂狀態[612]。因此，在需要一個性能優越、儲存較小的模型時，也會考慮將大模型壓縮得到更輕量的模型[613]。

通常，把「大」模型看作傳授知識的「教師」，被稱作教師模型（Teacher Model）；把「小」模型看作接收知識的「學生」，被稱作學生模型（Student Model）。例如，可以把 Transformer-Big 看作教師模型，把 Transformer-Base 看作學生模型。

---

[5] 很多時候，「大」模型和「小」模型都基於同一種架構，因此，二者對問題的假設和模型結構都是相似的。

13.5.2 知識蒸餾的基本方法

知識蒸餾的基本思路是讓學生模型盡可能地擬合教師模型[549]，通常有兩種實現方式[550]：

- 單字級的知識蒸餾（Word-level Knowledge Distillation）。該方法的目標是使學生模型的預測（分佈）盡可能逼近教師模型的預測（分佈）。令$x = \{x_1, \cdots, x_m\}$和$y = \{y_1, \cdots, y_n\}$分別表示輸入和輸出（資料中的答案）序列，V表示目的語言詞表，則基於單字的知識蒸餾的損失函數被定義為

$$L_{\text{word}} = -\sum_{j=1}^{n} \sum_{y_j \in V} P_t(y_j|x) \log P_s(y_j|x) \tag{13-22}$$

  這裡，$P_s(y_j|x)$和$P_t(y_j|x)$分別表示學生模型和教師模型在j位置輸出的機率。實際上，式(13-22) 在最小化教師模型和學生模型輸出分佈之間的交叉熵。

- 序列級的知識蒸餾（Sequence-level Knowledge Distillation）。除了單字一級輸出的擬合，基於序列的知識蒸餾希望在序列整體上進行擬合，其損失函數被定義為

$$L_{\text{seq}} = -\sum_{y} P_t(y|x) \log P_s(y|x) \tag{13-23}$$

式(13-23) 要求遍歷所有可能的譯文序列，並進行求和。當詞表大小為V，序列長度為n時，序列的數量有V^n個。因此，會考慮用教師模型的真實輸出序列$\hat{y}$代替整個空間，即假設$P_t(\hat{y}|x) = 1$。於是，目標函數變為

$$L_{\text{seq}} = -\log P_s(\hat{y}|x) \tag{13-24}$$

這樣的損失函數最直接的好處是，知識蒸餾的流程會非常簡單。因為只需要利用教師模型將訓練資料（來源語言）翻譯一遍，再用它的輸入與輸出構造新的雙語資料。然後，利用新得到的雙語資料訓練學生模型即可。圖 13-12 對比了詞級和序列級知識蒸餾方法的差異。

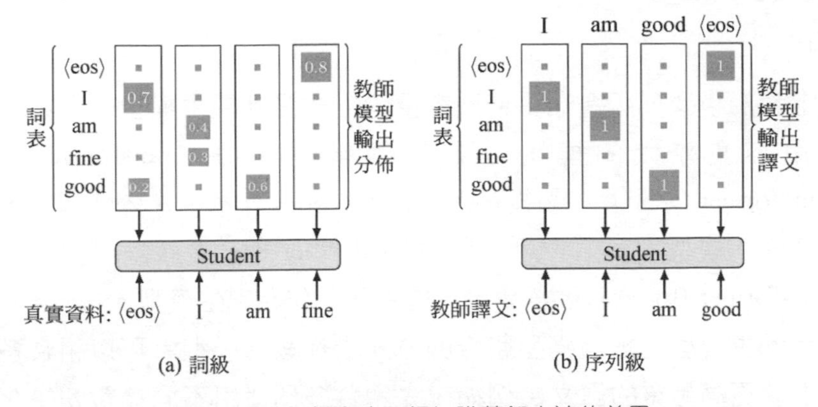

圖 13-12 詞級和序列級知識蒸餾方法的差異

本質上，單字級的知識蒸餾與語言建模等問題的建模方式是一致的。在傳統方法中，訓練資料中的答案會被看作一個 One-hot 分佈，然後讓模型盡可能地擬合這種分佈。而這裡，答案不再是一個 One-hot 分佈，而是由教師模型生成的真實分佈，但是損失函數的形式是一模一樣的。在具體實現時，一個容易出現的問題是在詞級的知識蒸餾方法中，教師模型的 Softmax 可能會生成非常尖銳的分佈。這時，需要考慮對分佈進行平滑，提高模型的泛化能力，例如，可以在 Softmax 函數中加入一個參數α，如 $\mathrm{Softmax}(s_i)=\frac{\exp(s_i/\alpha)}{\sum_{i'}\exp(s_{i'}/\alpha)}$。這樣可以透過$\alpha$ 控制分佈的平滑程度。

除了在模型最後輸出的分佈上進行知識蒸餾，同樣可以使用教師模型對學生模型的中間層輸出和注意力分佈進行約束。這種方法在第 14 章中會有具體應用。

13.5.3 機器翻譯中的知識蒸餾

在神經機器翻譯中，通常使用式(13-24) 的方法進行知識蒸餾，即透過教師模型構造偽資料，讓學生模型從偽資料中學習。這樣做的好處在於，系統研發人員不需要對系統進行任何修改，整個過程只需要呼叫教師模型和學生模型的標準訓練、推斷模組即可。

那麼，如何構造教師模型和學生模型呢？以 Transformer 為例，通常有兩種思路：

- 固定教師模型，透過減少模型容量的方式設計學生模型。例如，可以使用容量較大的模型作為教師模型（如 Transformer-Big 或 Transformer-Deep），然後透過將神經網路變「窄」、變「淺」的方式得到學生模型。例如，可以用 Transformer-Big 做教師模型，然後把 Transformer-Big 的解碼器變為一層網路，作為學生模型。
- 固定學生模型，透過模型整合的方式設計教師模型。可以組合多個模型生成更高品質的譯文。例如，先融合多個使用不同參數初始化方式訓練得到的 Transformer-Big 模型，再學習一個 Transformer-Base 模型。

此外，還可以採用迭代式知識蒸餾的方式。首先，透過模型整合得到較強的教師模型，再將知識遷移到不同的學生模型上，隨後，繼續使用這些學生模型整合新的教師模型。不斷重複上述過程，可以逐步提升整合模型的性能，如圖 13-13 所示。值得注意的是，隨著迭代次數的增加，整合所帶來的收益也會隨著子模型之間差異的減小而減少。

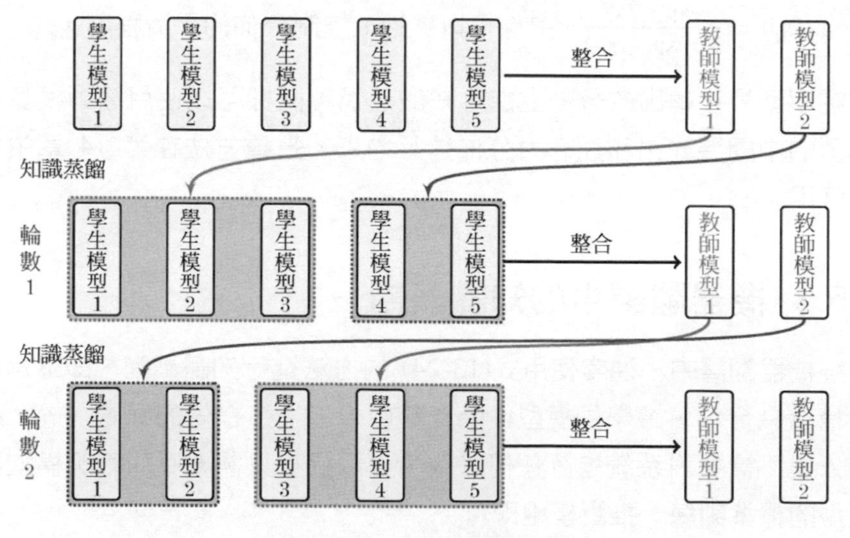

圖 13-13 迭代式知識蒸餾

如果傾向於使用更少的儲存、更快的推理速度，則可以使用更小的學生模型。值得注意的是，對於 Transformer 模型來説，減少解碼端的層數會大幅提升推理速度。特別是對於基於深層編碼器的 Transformer-Deep，適當減少解碼端的層數，不會帶來翻譯品質的下降。可以根據不同任務的需求，選擇適當大小的學生模型，來平衡儲存空間、推斷速度和模型品質之間的關係。

13.6 基於樣本價值的學習

當人學習知識時，通常會遵循循序漸進、由易到難的原則，這是一種很自然的學習策略。當訓練機器翻譯模型時，通常是將全部樣本以隨機的方式輸入模型中，換句話説，就是讓模型平等地對待所有的訓練樣本。這種方式忽略了樣本對於模型訓練的「價值」。顯然，更理想的方式是優先使用價值高的樣本對模型進行訓練。圍繞訓練樣本的價值差異產生了諸如資料選擇、主動學習、課程學習等一系列的樣本使用方法，這些學習策略本質上是在不同任務、不同背景、不同假設下，對如何高效率地利用訓練樣本這一問題進行求解，本節即對這些技術進行介紹。

13.6.1 資料選擇

模型學習的目的是學習訓練資料中的分佈，以期望模型學到的分佈和真實的分佈越接近越好。然而，訓練資料是從真實世界中採樣得來的，這導致訓練資料無法完整地描述客觀世界的真實規律。這種分佈的不匹配有許多不同的表現形式，例如，類別不平衡、領域差異、存在標籤雜訊等，這導致模型在實踐中表現不佳。

類別不平衡在分類任務中更為常見，可以透過重採樣、代價敏感訓練等手段來解決。資料選擇則是緩解領域差異和標籤雜訊等問題的一種有效手段，它的學習策略是讓模型有選擇地使用樣本進行學習。此外，在一些缺乏資源場景下，還會面臨標注資料稀少的情況。此時，可以利用主動學習，選擇那些最有價值的樣本優先進行人工標注，從而降低標注成本。

顯然，上述方法都基於一個假設：在訓練過程中，每個樣本都是有價值的，且這種價值可以計算。價值在不同任務背景下有不同的含義，這與任務的特性有關。例如，在選擇與目標領域相關的資料時，樣本的價值表示這個樣本與領域的相關性；在資料降噪中，價值表示樣本的可信度；在主動學習中，價值表示樣本的難易程度。

1. 領域相關的資料選擇

當機器翻譯系統應用於不同領域時，訓練語料與所應用領域的相關性就顯得非常重要[614,615]。不同領域往往具有自己獨特的屬性，如語言風格、句子結構、專業術語等。以"bank"這個英文單字為例，在金融領域，它通常被翻譯為「銀行」，而在電腦領域，一般被解釋為「庫」「儲存體」。這就導致使用通用領域的資料訓練出來的模型在特定領域上的翻譯效果不理想。本質上，是訓練資料和測試資料的領域屬性不匹配造成的。

一種解決辦法是只使用特定領域的資料進行模型訓練，這種資料往往比較缺乏。那能不能利用通用領域的資料來幫助資料稀少的領域呢？這個研究方向被稱為機器翻譯的領域適應（Domain Adaptation），即把資料從資源豐富的領域（稱為源領域， Source Domain）向資源缺乏的領域（稱為目標領域，Target Domain）遷移。這本身也對應著資源缺乏場景下的機器翻譯問題，這類問題會在第 16 章進行詳細討論。本章更關注如何有效地利用訓練樣本，以更好地適應目標領域。具體來說，可以使用資料選擇（Data Selection），從源領域的訓練資料中選擇與目標領域更相關的樣本進行模型訓練。這樣做的一個好處是，源領域中混有大量與目標領域不相關的樣本，資料選擇可以有效降低這部分資料的比例，這樣可以更加突出與領域相關樣本的作用。

資料選擇要解決的核心問題是：給定一個目標領域/任務資料集（如目標任務的開發集），如何衡量原始訓練樣本與目標領域/任務的相關性？主要方法可以分為以下幾類：

- 基於交叉熵差（Cross-entropy Difference，CED）的方法[616-619]。該方法在目標領域資料和通用資料上分別訓練語言模型，然後用這兩個語言模型給句子評分並做差，差越小，說明句子與目標領域越相關。
- 基於文字分類的方法[620-623]。將問題轉化為文字分類問題，先構造一個領域分類器，再利用分類器對給定的句子進行領域分類，最後用輸出的機率評分，選擇得分高的樣本。
- 基於特徵衰減演算法（Feature Decay Algorithms，FDA）的方法[624-626]。該演算法基於特徵匹配，試圖從源領域中提取一個句子集合，這些句子能夠最大程度地覆蓋目標領域的語言特徵。

上述方法實際上描述了一種靜態的學習策略，即先利用評分函數對源領域的資料進行評分排序，然後選取一定數量的資料合併到目標領域資料集中，再用目標領域資料集訓練模型[616,617,620,621]。這個過程擴大了目標領域的資料規模，此時，對於使用目標領域資料集訓練出的模型來說，其性能的增加主要來自資料量的增加。研究人員也發現靜態方法存在兩方面的缺陷：

- 在選定的子集上進行訓練會導致詞表覆蓋率的降低，並加劇單字長尾分佈問題[617,627]。
- 靜態方法可以看作一種資料過濾技術，它對資料的判定方式是「非黑即白」的，即接收或拒絕。一方面，這種方式會受到評分函數的影響；另一方面，被拒絕的資料可能對訓練模型仍然有用，而且樣本的價值可能會隨著訓練過程的推進而改變[628]。

使用動態學習策略可以有效地緩解上述問題。它的基本想法是：不直接拋棄領域相關性低的樣本，而是讓模型給予相關性高的樣本以更高的關注度，使它更容易參與訓練過程中。在實現上，主要有兩種方法，一種是將句子的領域相似性表達成機率分佈，在訓練時根據該分佈對資料進行動態採樣[627,629]；另一種是在計算損失函數時根據句子的領域相似性，以加權的方式進行訓練[618,622]。相比於靜態方法的二元選擇方式，動態方法是一種「軟」選擇的方式，使模型有機會使用到其他資料，提高了訓練資料的多樣性，因此性能也更穩定。

2. 資料降噪

除了領域差異，訓練資料中也存在雜訊，如機器翻譯所使用的資料中經常出現句子未對齊、多種語言文字混合、單字遺失等問題。相關研究表明，神經機器翻譯對於雜訊資料很敏感[630]，因此無論是從訓練效果還是訓練效率出發，資料降噪都是很有意義的。事實上，在統計機器翻譯時代，就有很多資料降噪方面的研究工作[631-633]，因此，許多方法也可以應用到神經機器翻譯中來。

含有雜訊的資料通常都具有較為明顯的特徵，因此可以用諸如句子長度比、詞對齊率、最長連續未對齊序列長度等特徵對句子進行綜合評分[634-636]；也可以將該問題轉化為分類任務，對句子進行篩選[637,638]。此外，從某種意義上講，資料降噪也算是一種領域資料選擇，因為它的目標是選擇可信度高的樣本，所以可以人工建構一個可信度高的小資料集，然後利用該資料集和通用資料集之間的差異進行選擇[628]。

早期的工作主要關注過濾雜訊樣本，較少探討如何利用雜訊樣本。事實上，雜訊是有強度的，有些雜訊樣本對於模型可能是有價值的，而且它們的價值可能會隨著模型的狀態而改變[628]。對於一個雙敘述對「我/喜歡/那個/地方/。"I love that place. It’s very beautiful."一方面，雖然這兩個句子都很流暢，但中文句子中缺少一部分翻譯，因此簡單地基於長度或雙語詞典的方法可以很容易將其過濾掉；另一方面，這個樣本對於訓練機器翻譯模型仍然有用，特別是在資料缺乏的情況下，因為中文句子和英文句子的前半部分仍然是正確的互譯結果。這表現了雜訊資料的微妙之處，它對應的不是簡單的二元分類問題（一個訓練樣本有用或沒有用）：一些訓練樣本可能部分有用。因此，簡單的過濾並不是很好的辦法，一種更理想的學習策略應該是既可以合理地利用這些資料，又不讓其對模型產生負面影響。例如，在訓練過程中，對批次資料的雜訊水平進行退火（Anneal），使得模型在越來越乾淨的資料上進行訓練[628,639]。宏觀上，整個訓練過程其實是一個持續微調的過程，這和微調的思想基本一致。這種學習策略不僅充分利用了訓練資料，而且避免了雜訊資料對模型的負面影響，因此取得了不錯的效果。

3. 主動學習

主動學習（Active Learning）也是一種資料選擇策略。它最初被應用，是因為標注大量資料的成本過高，應該優先標注對模型最有價值的資料，這樣可以最大化模型學習的效率，同時降低資料標注的整體代價[640]。主動學習主要由 5 個部分組成，包括未標注樣本池、篩選策略、標注者、標注樣本集、目標模型。在主動學習過程中，會根據當前的模型狀態找到未標注樣本池中最有價值的樣本，送給標注者。標注結束後，會把標注的樣本加入標注樣本集中，再用這些標注的樣本更新模型。之後，重複這個過程，直到到達某種收斂狀態。

主動學習的一個核心問題是：如何選擇那些最有價值的未標注樣本？通常，假設模型認為最「難」的樣本是最有價值的。具體實現時有很多思路，如基於置信度的方法、基於分類錯誤的方法等[641,642]。

在機器翻譯中，主動學習可以被用於低資源翻譯，以減少人工標注的成本[643,644]。也可以被用於互動式翻譯，讓模型持續從外界回饋中受益[645-647]。總的來說，主動學習在機器翻譯中應用得不算廣泛。這是由於，機器翻譯任務很複雜，設計樣本價值的評價函數較為困難。而且，在很多場景中，並不是簡單地選擇樣本，而是希望訓練裝置能夠考慮樣本的價值，以充分發揮所有資料的優勢。這也正是即將介紹的課程學習等方法要解決的問題。

13.6.2 課程學習

課程學習的基本思想是：先學習簡單的、具有普適性的知識，再逐漸增加難度，學習更複雜、更專業化的知識。在統計模型訓練中，這種思想可以表現在讓模型按照由「易」到「難」的順序對樣本進行學習[648]，這本質上是一種樣本使用策略。以神經機器翻譯使用的隨機梯度下降法為例，在傳統的方法中，所有訓練樣本都是隨機呈現給模型的，換句話說，就是讓模型平等地對待所有的訓練樣本，忽略樣本的複雜性和當前模型的學習狀態。因此，模擬人類由易到難的學習過程就是一種很自然的想法，這樣做的好處在於：

- 加速模型訓練。課程學習可以在不降低模型性能的前提下，加速模型的訓練，減少迭代步數。
- 使模型獲得更好的泛化性能。透過對簡單樣本的學習，讓模型不至於過早地進入擬合複雜樣本的狀態。

課程學習是符合直覺的。可以想像，對於一個數學零基礎的人來說，如果一開始就同時學習加減乘除和高等數學，則效率自然比較低；如果按照正常的學習順序，先學習加減乘除，再學習各種函數，最後學習高等數學，則效率會高。事實上，課程學習自從被提出就受到研究人員的極大關注，除了想法本身有趣，還因為它作為一種和模型無關的訓練策略，具有隨插即用的特點。神經機器翻譯就是一種契合課程學習的任務，這是因為神經機器翻譯往往需要大規模的平行語料來訓練模型，訓練成本很高，所以使用課程學習來加快收斂是一個很自然的想法。

那麼，如何設計課程學習方法呢？有兩個核心問題：

- 如何評估每個樣本的難度？即設計評估樣本學習難易度的準則，簡稱難度評估準則（Difficulty Criteria）。
- 以何種策略規劃訓練資料？即何時為訓練提供更複雜的樣本，以及提供多少樣本等，稱為課程規劃（Curriculum Schedule）。

把這兩個問題抽象成兩個模組：難度評估器和訓練排程器，那麼課程學習的框架如圖 13-14 所示。首先，難度評估器按照由易到難的順序對訓練樣本進行排序，最開始，排程器從相對容易的資料區塊中採樣訓練樣本，發送給模型進行訓練，隨著訓練時間的演進，訓練排程器將逐漸從更困難的資料區塊中採樣（何時、選擇何種採樣方式取決於設定的策略），持續這個過程，直到得到整個訓練集的均勻採樣結果。

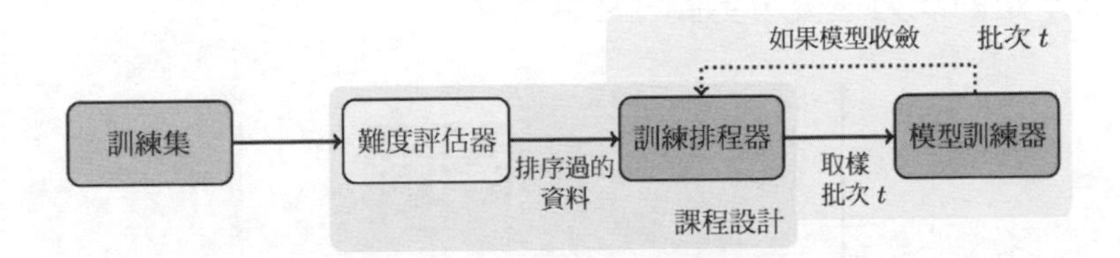

圖 13-14 課程學習的框架

實際上，評估樣本的難度的方式和具體的任務相關，在神經機器翻譯中，有很多種評估方法，可以利用語言學上的困難準則，如句子長度、句子平均詞頻、句法樹深度等[649,650]。這些準則本質上屬於人類的先驗知識，符合人類的直覺，但不一定和模型相匹配。對人類來說簡單的句子，對模型來說可能並不簡單，因此研究人員也提出了基於模型的方法，如語言模型[639,651]或神經機器翻譯模型[601,652]，都可以用於評價樣本的難度。值得注意的是，利用神經機器翻譯來評分的方法分為靜態和動態兩種。靜態的方法是利用在小資料集上訓練的、更小的翻譯模型來評分[652]。動態的方法則是利用當前模型的狀態來評分，這在廣義上也叫作自步學習（Self-paced Learning），通常可以利用模型的訓練誤差或變化率等指標進行樣本難度的估計[601]。

雖然樣本難度的度量在不同任務中有所不同，但課程規劃通常與資料和任務無關。在各種場景中，大多數課程學習都利用了類似的排程策略。具體而言，排程策略可以分為預先定義的和自動的兩種。預先定義的排程策略通常將按照難易程度排序好的樣本劃分為塊，每個塊中包含一定數量的難度相似的樣本。然後，按照「先易後難」的原則人工定義一個排程策略，一種較為流行的方法是：在訓練早期，模型只在簡單塊中採樣，隨著訓練過程的進行，將下一個塊的樣本合併到當前訓練子集中，繼續訓練，直到合併了整個資料區塊，即整個訓練集可見為止，之後繼續訓練直到收斂。這個過程如圖 13-15 所示。類似的還有一些其他變形，如訓練到模型可見整個資料集之後，再將最難的樣本塊複製並添加到訓練集中，或者將最容易的資料區塊逐漸刪除，再添加回來等，這些方法的基本想法都是想讓模型在具備一定的能力之後，更關注困難樣本。

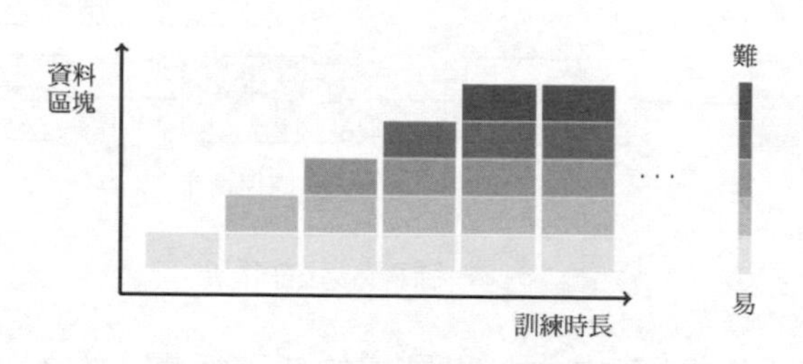

圖 13-15 「先易後難」資料區塊選擇

儘管預先定義的排程策略簡單有效，但也會面臨方法不夠靈活、資料區塊劃分不合理等問題，而且這種策略在一定程度上也忽略了當前模型的回饋。因此，另一種方法是自動的方法，根據模型的回饋動態調整樣本的難度或排程策略，模型的回饋可以是模型的不確定性[653]、模型的能力[601,649]等。這些方法在一定程度上使整個訓練過程和模型的狀態相匹配，同時，樣本的選擇過渡得更加平滑，因此在實踐中取得了不錯的效果。

13.6.3 持續學習

人類具有不斷學習、調整和轉移知識的能力，這種能力被稱為持續學習（Continual Learning），也叫終生學習（Lifelong Learning）或增量式學習（Incremental Learning）。人類學習新任務時，會很自然地利用以前的知識，並將新學習的知識整合到以前的知識中。然而，對機器學習系統來說，尤其在聯結主義的範式下（如深度神經網路模型），這是一個很大的挑戰，是由神經網路的特性決定的。當前的神經網路模型依賴標注的訓練樣本，透過反向傳播演算法對模型參數進行訓練更新，最終達到擬合數據分佈的目的。當把在某個任務上訓練的模型應用到新的任務上時，本質上是模型輸入資料的分佈發生了變化，從這種分佈差異過大的資料中不斷獲取可用資訊，很容易導致災難性遺忘（Catastrophic Forgetting）問題，即用新資料訓練模型時會干擾先前學習的知識。甚至，在最壞的情況下，會導致舊知識被新知識完全重寫。在機器翻譯領域，類似的問題經常發生在不斷增加資料的場景中：當使用者使用少量資料對模型進行更新時，發現模型在舊資料上的性能下降了（見第 18 章）。

為克服災難性遺忘問題，學習系統必須能連續獲取新知識和完善現有知識，還應防止新資料的輸入干擾現有的知識，這個問題稱作穩定性-可塑性（Stability-Plasticity）問題。可塑性指整合新知識的能力，穩定性指保留先前的知識不至於遺忘。要解決這些問題，就需要模型在保留先前任務的知識與學習當前任務的新知識之間取得平衡。目前的解決方法可以分為以下幾類：

- 基於正則化的方法。透過對模型參數的更新施加約束來減輕災難性的遺忘，通常是在損失函數中引入一個額外的正則化項，使得模型在學習新資料時鞏固先前的知識[654,655]。
- 基於實例的方法。在學習新任務的同時混合訓練先前的任務樣本以減輕遺忘，這些樣本可以是從先前任務的訓練資料中精心挑選出的子集，或者是利用生成模型生成的偽樣本[656,657]。
- 基於動態模型架構的方法。例如，增加神經元或新的神經網路層重新訓練，或者在新任務上訓練模型時，只更新模型的部分參數[658,659]。

從某種程度上看，多領域、多語言機器翻譯等都可以被看作廣義上的持續學習。在多領域神經機器翻譯中，研究人員期望一個在通用資料上學習的模型可以繼續在新的領域有良好的表現。在多語言神經機器翻譯中，研究人員期望一個模型可以支援更多語種的翻譯，甚至當新的語言到來時不需要修改模型結構。以上這些問題在第 16 章和第 18 章中會詳細介紹。

13.7 小結及拓展閱讀

本章從不同角度討論了神經機器翻譯模型的訓練問題。不僅可以作為第 9 章~第 12 章內容的擴展，而且為本書後續章節的內容進行了鋪陳。從機器學習的角度看，本章介紹的很多內容不僅適用於機器翻譯，大多數內容同樣適用於其他自然語言處理任務。此外，本章也討論了許多與機器翻譯相關的問題（如大詞表），這又使得本章的內容具有機器翻譯的特性。總的來說，模型訓練是一個非常開放的問題，在後續章節中還會頻繁涉及。同時，還有一些方向可以關注：

- 對抗樣本除了用於提高模型的健壯性，還有很多其他的應用場景，如評估模型。透過建構由對抗樣本構造的資料集，可以驗證模型對不同類型雜訊的健壯性[660]。在生成對抗樣本時，常常要考慮很多問題，如擾動是否足夠細微[575,577]，能在人類難以察覺的同時達到欺騙模型的目的；對抗樣本在不同的模型結構或資料集上是否具有足夠的泛化能力[661,662]；生成的方法是否足夠高效，等等[580,663]。

- 機器翻譯中的很多演算法使用了強化學習方法，如 MIXER 演算法用混合策略梯度和極大似然估計的目標函數更新模型[600]，DAgger[664]及 DAD[665]等演算法在訓練過程中逐漸讓模型適應推斷階段的模式。此外，強化學習的效果目前還相當不穩定，研究人員提出了大量的方法對其進行改善，如降低對動作價值函數Q的估計的方差[603,666]、使用單語語料[667,668]，等等。

- 廣義上講，大多數課程學習方法都遵循由易到難的原則。然而，在實踐過程中，人們逐漸指定了課程學習更多的內涵，課程學習的含義早已超越了最原始的定義。一方面，課程學習可以與許多工結合，此時，評估準則並不一定總是樣本的困難度，這取決於具體的任務。或者說，我們更關心的是樣本帶給模型的「價值」，而非簡單的難易標準。另一方面，在一些任務或資料中，由易到難並不總是有效的，有時困難優先反而會取得更好的效果[652,669]。實際上，這和人類的直覺不太相符，一種合理的解釋是課程學習更適合標籤雜訊、離群值較多或目標任務難以擬合的場景，該方法能夠提高模型的健壯性和收斂速度，而困難優先的策略則更適合資料集乾淨的場景[670]。

Chapter

14

神經機器翻譯模型推斷

推斷是神經機器翻譯中的核心問題。訓練時雙敘述子對模型是可見的，但是在推斷階段，模型需要根據輸入的來源語言句子預測譯文，因此神經機器翻譯的推斷和訓練過程有著很大的不同。特別是，推斷系統往往對應著機器翻譯實際部署的需要，因此機器翻譯推斷系統的精度和速度等因素也是實踐中需要考慮的。

本章對神經機器翻譯模型推斷中的若干問題進行討論。主要涉及 3 方面內容：

- 神經機器翻譯的基本問題，如推斷方向、譯文長度控制等。
- 神經機器翻譯的推斷加速方法，如輕量模型、非自回歸翻譯模型等。
- 多模型整合推斷。

14.1 面臨的挑戰

神經機器翻譯的推斷是指：對於輸入的來源語言句子x，使用已經訓練好的模型找到最佳譯文$\hat{y}$的過程，其中$\hat{y} = \arg\max_y P(y|x)$。這個過程也被稱作解碼。為了避免與神經機器翻譯中的編碼器-解碼器在概念上的混淆，這

裡統一把翻譯新句子的操作稱作推斷。以上過程是一個典型的搜索問題（見第 2 章），例如，可以使用貪婪搜索或者束搜索完成神經機器翻譯的推斷（見第 10 章）。

通用的神經機器翻譯推斷包括如下幾步：

- 對輸入的來源語言句子進行編碼。
- 使用來源語言句子的編碼結果，在目的語言端自左向右逐詞生成譯文。
- 在目的語言的每個位置計算模型得分，同時進行剪枝。
- 當滿足某種條件時終止搜索。

這個過程與統計機器翻譯中自左向右翻譯是一樣的（見第 7 章），即在目的語言的每個位置，根據已經生成的部分譯文和來源語言的資訊，生成下一個譯文單字[80,81]。它可以由兩個模組實現[671]：

- 預測模組，根據已經生成的部分譯文和來源語言資訊，預測下一個要生成的譯文單字的機率分佈[1]。因此，預測模組實際上就是一個模型評分裝置。
- 搜索模組，它會利用預測結果，對當前的翻譯假設進行評分，並根據模型得分對翻譯假設進行排序和剪枝。

預測模組是由模型決定的，而搜索模組可以與模型無關。也就是說，不同的模型可以共用同一個搜索模組完成推斷。例如，對於基於循環神經網路的模型，預測模組需要讀取前一個狀態的資訊和前一個位置的譯文單字，然後預測當前位置單字的機率分佈；對於 Transformer 模型，預測模組需要先對前面的所有位置做注意力運算，再預測當前位置單字的機率分佈。這兩個模型都可以使用同一個搜索模組。圖 14-1 舉出了神經機器翻譯推斷系統的結構。

---

[1] 在統計機器翻譯中，也可以同時預測若干個連續的單字，即短語。在神經機器翻譯中也有類似於生成短語的方 法，但是主流的方法還是以單字為單位生成。

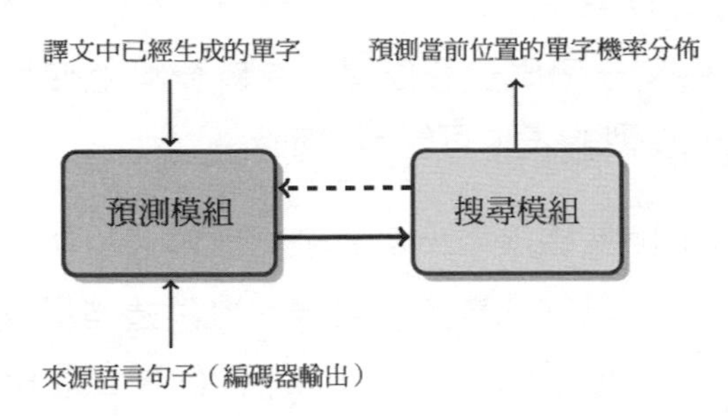

圖 14-1 神經機器翻譯推斷系統的結構

這是一個非常通用的結構框架，同樣適用於統計機器翻譯模型。因此，神經機器翻譯推斷中的很多問題與統計機器翻譯是一致的，如束搜索的寬度、解碼終止條件等。

一般來說，設計機器翻譯推斷系統需要考慮 3 個因素：搜索的準確性、搜索的時延、搜索所需要的儲存。通常，準確性是研究人員最關心的問題，如可以透過增大搜索空間找到模型得分更高的結果。而搜索的時延和儲存消耗是實踐中必須要考慮的問題，如可以設計更小的模型和更高效的推斷方法來提高系統的可用性。

雖然上述問題在統計機器翻譯中均涉及，但是在神經機器翻譯中又面臨著新的挑戰。

- 搜索中的某些現象在統計機器翻譯和神經機器翻譯中完全相反。例如，在統計機器翻譯中，減少搜索錯誤是提升翻譯品質的一種手段。但是在神經機器翻譯中，只減少搜索錯誤可能無法帶來性能的提升，甚至會造成翻譯品質的下降[474,672]。
- 搜索的時延很高，系統實際部署的成本很高。與統計機器翻譯系統不同的是，神經機器翻譯系統依賴大量的浮點運算。這導致神經機器翻譯系統的推斷比統計機器翻譯系統慢很多。雖然可以使用 GPU 來提高神經機器翻譯的推斷速度，但也大大增加了成本。
- 神經機器翻譯在最佳化過程中容易陷入局部最優，單模型的表現並不穩定。由於神經機器翻譯最佳化的目標函數非常不光滑，每次訓練得到的模型往往只是一個局部最優解。在新資料上使用這個局部最優模型進行推斷時，模型的表現可能不穩定。

研究人員也針對以上問題開展了大量的研究工作。14.2 節將對神經機器翻譯推斷中所涉及的一些基本問題進行討論。雖然這些問題在統計機器翻譯中也有涉及，但在神經機器翻譯中卻有著不同的現象和解決思路。14.3 節～14.5 節將圍繞如何改進神經機器翻譯的推斷效率和怎樣進行多模型融合這兩個問題進行討論。

14.2 基本問題

下面將對神經機器翻譯推斷中的若干基本問題進行討論，包括推斷方向、譯文長度控制、搜索終止條件、譯文多樣性和搜索錯誤。

14.2.1 推斷方向

機器翻譯有兩種常用的推斷方式——自左向右推斷和自右向左推斷。自左向右推斷符合現實世界中人類的語言使用規律，因為人在翻譯一個句子時，總是習慣從句子開始的部分向後生成[2]。當然，人有時也會使用當前單字後面的譯文資訊。也就是說，翻譯也需要「未來」的文字資訊，即自右向左對譯文進行生成。

以上兩種推斷方式在神經機器翻譯中都有應用，對於來源語言句子$x = \{x_1, \cdots, x_m\}$和目的語言句子$y = \{y_1, \cdots, y_n\}$，自左向右推斷可以被描述為

[2] 在有些語言中，文字是自右向左書寫的，這時自右向左推斷更符合人類使用這種語言的習慣。

$$P(y|x) = \prod_{j=1}^{n} P(y_j|y_{<j}, x) \tag{14-1}$$

自右向左推斷可以被描述為

$$P(y|x) = \prod_{j=1}^{n} P(y_{n+1-j}|y_{>n+1-j}, x) \tag{14-2}$$

其中，$y_{<j} = \{y_1, \cdots, y_{j-1}\}, y_{>n+1-j} = \{y_{n+1-j}, \cdots, y_n\}$。可以看到，自左向右推斷和自右向左推斷本質上是一樣的。第 10 章~第 12 章均使用了自左向右的推斷方法。自右向左推斷比較簡單的實現方式是：在訓練過程中直接將雙語資料中的目的語言句子進行反轉，之後仍然使用原始模型進行訓練即可。在推斷的時候，生成的目的語言詞串也需要進行反轉得到最終的譯文。有時，使用自右向左的推斷方式會取得更好的效果[673]。不過，更多情況下，需要同時使用詞串左端（歷史）和右端（未來）的資訊。有多種思路可以融合左右兩端的資訊：

- 重排序（Reranking）。可以先用一個基礎模型（如自左向右的模型）得到每個來源語言句子的n-best 翻譯結果，再同時用基礎模型的得分和自右向左模型的得分對n-best 翻譯結果進行重排序[673-675]。也有研究人員利用最小貝氏風險的方法進行重排序[676]。這類方法不會改變基礎模型的翻譯過程，因此相對「安全」，不會對系統性能產生副作用。
- 雙向推斷（Bidirectional Inference）。除了自左向右推斷和自右向左推斷，另一種方法是讓自左向右和自右向左模型同步進行，也就是同時考慮譯文左側和右側的文字資訊[677,677,678]。例如，可以同時對左側和右側生成的譯文進行注意力計算，得到當前位置的單字預測結果。這種方法能夠更加充分地融合雙向翻譯的優勢。
- 多階段推斷（Multi-stage Inference）。在第一階段，透過一個基礎模型生成一個初步的翻譯結果。在第二階段，同時使用第一階段生成的翻譯結果和來源語言句子，進一步生成更好的譯文[679-681]。第一階段的結果已經包含了完整的譯文資訊，因此在第二階段中，系統實際上已經同時使用了整個譯文串的兩端資訊。上述過程可以擴展為迭代式的譯文生成方法，配合遮罩等技術，可以在生成每個譯文單字時，同時考慮左右兩端的上下文資訊[682-684]。

不論是自左向右推斷還是自右向左推斷，本質上都是在對上下文資訊進行建模。此外，研究人員也提出了許多新的譯文生成策略，如從中部向外生成[685]、按來源語言順序生成[686]、基於插入的方式生成[687,688]等。或者將翻譯問題鬆弛化為一個連續空間模型的最佳化問題，進而在推斷的過程中同時使用譯文左右兩端的資訊[681]。

最近，以 BERT 為代表的預訓練語言模型已經證明，一個單字的「歷史」和「未來」資訊對於生成當前單字都是有幫助的[125]。類似的觀點也在神經機器翻譯編碼器設計中獲得了驗證。例如，在基於循環神經網路的模型中，經常同時使用自左向右和自右向左的方式對來源語言句子進行編碼；在 Transformer 模型中，編碼器會使用整個句子的資訊對每一個來源語言位置進行表示。因此，神經機器翻譯的推斷採用類似的策略是有其合理性的。

14.2.2 譯文長度控制

機器翻譯推斷的一個特點是譯文長度需要額外的機制進行控制[689-692]。這是因為機器翻譯在建模時僅考慮了將訓練樣本（即標準答案）上的損失最小化，但是推斷的時候會看到從未見過的樣本，甚至這些未見樣本佔據了大量樣本空間。該問題會導致：直接使用訓練好的模型會翻譯出長度短得離譜的譯文。神經機器翻譯模型使用單字機率的乘積表示整個句子的翻譯機率，它天然就傾向於生成短譯文，因為機率為大於 0 小於 1 的常數，短譯文會使用更少的機率因式相乘，傾向於得到更高的句子得分，而模型只關心每個目的語言位置是否被正確預測，對於譯文長度沒有考慮。統計機器翻譯模型中也存在譯文長度不合理的問題，解決該問題的常見策略是在推斷過程中引入譯文長度控制機制[80]。神經機器翻譯也借用了類似的思想來控制譯文長度，有以下幾種方法：

- 長度懲罰因數。用譯文長度來歸一化翻譯機率是最常用的方法：對於來源語言句子x和譯文句子y，模型得分$\text{score}(x,y)$的值會隨著譯文y 的長度增大而減小。為了避免此現象，可以引入一個長度懲罰因數$\text{lp}(y)$，並定義模型得分，如式(14-3) 所示：

$$\text{score}(x,y) = \frac{\log P(y|x)}{\text{lp}(y)} \tag{14-3}$$

通常，$\text{lp}(y)$ 隨譯文長度$|y|$的增大而增大，因此這種方式相當於對$\log P(y|x)$按長度進行歸一化[693]。$\text{lp}(y)$的定義方式有很多，表 1 列出了一些常用的形式，其中α是需要人為設置的參數。

表 14-1　長度懲罰因數$\text{lp}(y)$的定義（$|y|$表示譯文長度）

名稱	$\boldsymbol{lp}(\mathbf{y})$
句子長度	$\text{lp}(y) = \|y\|^\alpha$
GNMT 懲罰因數	$\text{lp}(y) = \frac{(5+\|y\|)^\alpha}{(5+1)^\alpha}$
指數化長度懲罰因數	$\text{lp}(y) = \alpha \cdot \log(\|y\|)$

- 譯文長度範圍約束。為了讓譯文的長度落在合理的範圍內，神經機器翻譯的推斷也會設置一個譯文長度約束[537,694]。令$[a,b]$表示一個長度範圍，可以定義：

$$a = \omega_{\text{low}} \cdot |x| \tag{14-4}$$

$$b = \omega_{\text{high}} \cdot |x| \tag{14-5}$$

其中，ω_{low}和ω_{high}分別表示譯文長度的下限和上限，在很多系統中設置為$\omega_{\text{low}} = 1/2$，$\omega_{\text{high}} = 2$，表示譯文至少有來源語言句子一半長，最多有來源語言句子兩倍長。ω_{low}和ω_{high}的設置對推斷效率的影響很大，ω_{high}可以被看作一個推斷的終止條件，最理想的情況是$\omega_{\text{high}} \cdot |x|$恰巧等於最佳譯文的長度，這說明沒有浪費任何運算資源。反過來，$\omega_{\text{high}} \cdot |x|$遠大於最佳

譯文的長度，這說明很多計算都是無用的。為了找到長度預測的準確率和召回率之間的平衡點，一般需要大量的實驗最終確定ω_{low}和ω_{high}。當然，利用統計模型預測ω_{low}和ω_{high}也是非常值得探索的方向，如基於繁衍率的模型[273,695]。

- 覆蓋度模型。譯文長度過長或過短的問題，本質上對應著 過翻譯（或翻譯過度，Over Translation）和欠翻譯（或翻譯不足，Under Translation）的問題[696]。這兩種問題出現的原因是：神經機器翻譯沒有對過翻譯和欠翻譯建模，即機器翻譯覆蓋度問題[475]。針對此問題，最常用的方法是在推斷的過程中引入一個度量覆蓋度的模型。例如，使用 GNMT 覆蓋度模型定義模型得分[456]，如下：

$$\text{score}(x,y) = \frac{\log P(y|x)}{\text{lp}(y)} + \text{cp}(x,y) \tag{14-6}$$

$$\text{cp}(x,y) = \beta \cdot \sum_{i=1}^{|x|} \log(\min(\sum_{j}^{|y|} a_{ij}, 1)) \tag{14-7}$$

其中，$\text{cp}(x,y)$表示覆蓋度模型，它度量了譯文對來源語言每個單字的覆蓋程度。在$\text{cp}(x,y)$的定義中，β是一個需要自行設置的超參數，a_{ij}表示來源語言第i個位置與譯文 第j個位置的注意力權重，這樣$\sum_{j}^{|y|} a_{ij}$就可以用來衡量來源語言第i個單字中的資訊被翻譯的程度，如果它大於 1，則表明出現了過翻譯問題；如果它小於 1，則表明出現了欠翻譯問題。式(14-7) 會懲罰那些欠翻譯的翻譯假設。覆蓋度模型的一種改進形式是[474]：

$$\text{cp}(x,y) = \sum_{i=1}^{|x|} \log(\max(\sum_{j}^{|y|} a_{ij}, \beta)) \tag{14-8}$$

式(14-8) 將式(14-7) 中的向下截斷方式改為向上截斷。這樣，模型可以對過翻譯（或重複翻譯）有更好的建模能力。不過，這個模型需要在開發集上細緻地調整β，也帶來了額外的工作量。此外，也可以將這種覆蓋度單獨建模並進行參數化，與翻譯模型一同訓練[475,697,698]。這樣可以得到更加精細的覆蓋度模型。

14.2.3 搜索終止條件

在機器翻譯推斷中，何時終止搜索是一個非常基礎的問題。如第 2 章所述，系統研發人員既希望盡可能遍歷更大的搜索空間，找到更好的結果，又希望在盡可能短的時間內得到結果。這時，搜索的終止條件就是一個非常關鍵的指標。在束搜索中，有很多終止條件可以使用，例如，在生成一定數量的譯文之後就終止搜索，或者當最佳譯文與排名第二的譯文之間的分值差距超過一個閾值時就終止搜索，等等。

在統計機器翻譯中，搜索的終止條件相對容易設計。因為所有的翻譯結果都可以用相同步驟的搜索過程生成，例如，在 CYK 推斷中，搜索的步驟僅與建構的分析表大小有關。在神經機器翻譯中，這個問題更加複雜。當系統找到一個完整的譯文之後，可能還有很多譯文沒有被生成完，這時就面臨著一個問題——如何決定是否繼續搜索。

針對這些問題，研究人員設計了很多新的方法。例如，可以在束搜索中使用啟發性資訊讓搜索盡可能早地停止，同時保證搜索結果是「最優的」[57]。也可以將束搜索建模為最佳化問題[58,699]，進而設計出新的終止條件[700]。很多開放原始碼機器翻譯系統也都使用了簡單有效的終止條件，例如，在 OpenNMT 系統中，當搜索束中當前最好的假設生成了完整的譯文搜索就會停止[694]，在 RNNSearch 系統中，當找到預設數量的譯文時搜索就會停止，同時，在這個過程中會不斷減小搜索束的大小[22]。

實際上，設計搜索終止條件反映了搜索時延和搜索精度的一種折中[701,702]。在很多應用中，這個問題都非常關鍵。例如，在同聲傳譯中，對於輸入的長文字，何時開始翻譯、何時結束翻譯都是十分重要的[703,704]。在很多線上翻譯應用中，翻譯結果的回應不能超過一定的時間，這時就需要一種時間受限搜索（Time-constrained Search）策略[671]。

14.2.4 譯文多樣性

機器翻譯系統的輸出並不僅限於單一譯文。在很多情況下，需要多個譯文。例如，譯文重排序中通常需要系統的n-best 輸出，在互動式機器翻譯中，往往也需要提供多個譯文供使用者選擇。但是，無論是統計機器翻譯還是神經機器翻譯，都面臨一個同樣的問題：n-best 輸出中的譯文十分相似。實例 14.1 就展示了一個神經機器翻譯系統輸出的多個翻譯結果，可以看出，這些譯文的區別很小。這也被看作機器翻譯缺乏譯文多樣性的問題[396,706-709]。

實例 14.1： 來源語言句子：我們/期待/安理會/儘早/就此/做出/決定/。

機器譯文 1： We look forward to the Security Council making a decision on this as soon as possible .

機器譯文 2： We look forward to the Security Council making a decision on this issue as soon as possible .

機器譯文 3： We hope that the Security Council will make a decision on this issue as soon as possible .

機器翻譯的輸出缺乏多樣性會帶來很多問題。一個直接的問題是在重排序時很難選出更好的譯文，因為所有候選都沒有太大的差別。此外，當需要利用n-best 輸出來表示翻譯假設空間時，缺乏多樣性的譯文會使翻譯後驗機率的估計不夠準確，造成建模的偏差。在一些模型訓練方法中，這種後驗機率估計的偏差也會造成較大的影響[235]。從人工翻譯的角度，同一個來源語言句子的譯文應該是多樣的，過於相似的譯文無法反映足夠多的翻譯現象。

因此，增加譯文多樣性成了機器翻譯中一個有價值的研究方向。在統計機器翻譯中就有很多嘗試[396,708,709]，主要思路是透過加入一些「擾動」讓翻譯模型的行為發生變化，進而得到區別更大的譯文。類似的方法同樣適用於神經機器翻譯。例如，可以在推斷過程中引入額外的模型，用於懲罰出現相似譯文的情況[707,710]。也可以在翻譯模型中引入新的隱含變數或加入新的干擾，進而控制多樣性譯文的輸出[711-713]。類似地，也可以利用模型中局部結構的多樣性來生成多樣的譯文[714]。除了考慮每個譯文之間的多樣性，也可以對譯文進行分組，之後增加不同組之間的多樣性[715]。

14.2.5 搜索錯誤

機器翻譯的錯誤分為兩類：搜索錯誤和模型錯誤。搜索錯誤是指由於搜索演算法的限制，即使潛在的搜索空間中有更好的解，模型也無法找到。比較典型的例子是，在對搜索結果進行剪枝時，如果剪枝過多，則找到的結果很有可能不是最優的，這時就出現了搜索錯誤。而模型錯誤則是指由於模型學習能力的限制，即使搜索空間中存在最優解，模型也無法將該解排序在前面。

在統計機器翻譯中，搜索錯誤可以透過減少剪枝來緩解。比較簡單的方式是增加搜索束寬度，這往往會帶來一定的性能提升[716]，也可以對搜索問題進行單獨建模，以保證學習到的模型出現更少的搜索錯誤[717,718]。但是，在神經機器翻譯中，這個問題卻表現出不同的現象：在很多神經機器翻譯系統中，隨著搜索束的增大，系統的 BLEU 值不升反降。圖 14-2 展示了神經機器翻譯系統中 BLEU 值隨搜索束大小的變化曲線，為了使該圖更加規整直觀，水平座標處對束大小取對數。這個現象與傳統的常識相背，有一些研究正在嘗試解釋這個現象[672,719]。

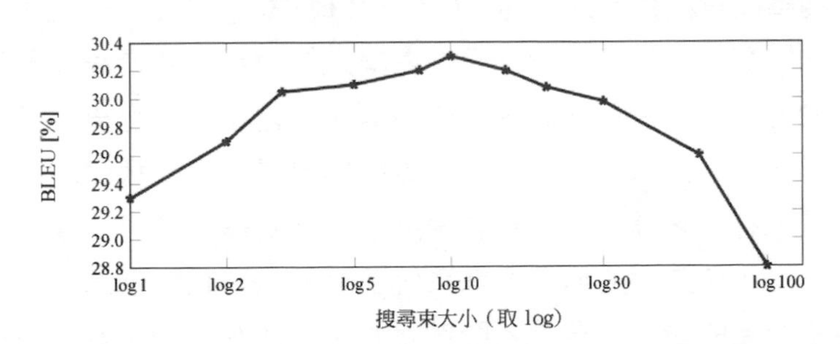

圖 14-2 神經機器翻譯系統中 BLEU 值隨搜索束大小的變化曲線[720]

在實驗中，研究人員發現增加搜索束的大小會導致翻譯生成的結果變得更短。他們將這個現象歸因於：神經機器翻譯的建模基於局部歸一的最大似然估計，增加搜索束的大小，會導致更多的模型錯誤[457,691,692]。此外，也有研究人員把這種翻譯過短的現象歸因於搜索錯誤[672]：搜索時面臨的搜索空間是十分巨大的，因此搜索時可能無法找到模型定義的「最好」的譯文。在某種意義上，這也反映了訓練和推斷不一致的問題（見第 13 章）。一種解決該問題的思路是從「訓練和推斷行為不一致」的角度切入。例如，為了解決曝光偏置問題[600]，可以讓系統使用前面步驟的預測結果，作為預測下一個詞需要的歷史資訊，而非依賴於標準答案[599,721]。為了解決訓練和推斷目標不一致的問題，可以在訓練時模擬推斷的行為，同時讓模型訓練的目標與評價系統的標準盡可能一致[235]。

此外，還有其他方法能解決增大搜索束造成的翻譯品質下降的問題。例如，可以透過對結果重排序來緩解這個問題，也可以透過設計更好的覆蓋度模型來生成長度更加合理的譯文[474]。從這個角度看，上述問題的成因也較為複雜，因此需要同時考慮模型錯誤和搜索錯誤。

14.3 輕量模型

翻譯速度和翻譯精度之間的平衡是機器翻譯系統研發中的常見問題。即使是以提升翻譯品質為目標的任務（如用 BLEU 進行評價），也不得不考慮翻譯速度的影響。例如，在很多工中會構造偽資料，該過程涉及對大規模單語資料的翻譯；無監督機器翻譯中也會頻繁地使用神經機器翻譯系統構造訓練資料。在這些情況下，如果翻譯速度過慢會增大實驗的週期。從應用的角度看，在很多場景下，翻譯速度甚至比翻譯品質更重要。例如，線上翻譯和一些小裝置上的機器翻譯系統都需要保證相對低的翻譯時延，以滿足使用者體驗的最基本要求。雖然我們希望能有一套又好又快的翻譯系統，但現實情況是：需要透過犧牲一些翻譯品質來換取翻譯速度的提升。

下面就列舉一些常用的神經機器翻譯輕量模型和加速方法。這些方法通常應用在神經機器翻譯的解碼器上，因為相比編碼器，解碼器是推斷過程中最耗時的部分。

14.3.1 輸出層的詞彙選擇

神經機器翻譯需要對輸入和輸出的單字進行分散式表示。但是，由於真實的詞表通常很大，計算並保存這些單字的向量表示會消耗較多的計算和儲存資源，特別是對基於 Softmax 的輸出層來說，大詞表的計算十分耗時。雖然可以透過 BPE 和限制詞彙表規模的方法降低輸出層計算的負擔[89]，但是為了獲得可接受的翻譯品質，詞彙表也不能過小，因此輸出層的計算代價仍然很高。

透過改變輸出層的結構，可以在一定程度上緩解這個問題[468]。一種比較簡單的方法是對可能輸出的單字進行篩選，即詞彙選擇。這裡，可以利用類似於統計機器翻譯的翻譯表，獲得每個來源語言單字最可能的譯文。在翻譯過程中，利用注意力機制找到每個目的語言位置對應的來源語言位置，之後獲得這些來源語言單字最可能的翻譯候選。之後，只需要在這個有限的翻譯候選單字集合上進行 Softmax 計算，此方法大大降低了輸出層的計算量。尤其對於 CPU 上的系統，這個方法往往會帶來明顯的速度提升。圖 14-3 對比了標準方法中的 Softmax 與詞彙選擇方法中的 Softmax。

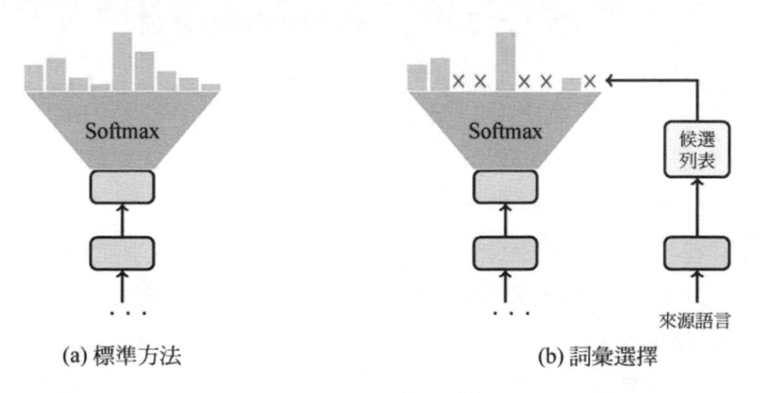

圖 14-3 標準方法中的 Softmax 與詞彙選擇方法中的 Softmax

實際上，詞彙選擇也是一種典型的處理大詞表的方法（見第 13 章）。這種方法最大的優點在於，它可以與其他方法結合（如與 BPE 等方法結合）。本質上，這種方法與傳統的基於統計的機器翻譯中的短語表剪枝有類似之處[330-332]，當翻譯候選過多時，可以根據翻譯候選對候選集進行剪枝。這種技術已經在統計機器翻譯系統中獲得了成功應用。

14.3.2 消除容錯計算

消除不必要的計算是加速機器翻譯系統的另一種方法。例如，在統計機器翻譯時代，假設重組就是一種典型的避免容錯計算的手段（見第 7 章）。在神經機器翻譯中，消除容錯計算的一種簡單有效的方法是對解碼器的注意力結果進行快取。以 Transformer 為例，在生成每個譯文時，Transformer 模型會對當前位置之前的所有位置進行自注意力操作，但是這些計算裡，只有和當前位置相關的計算是「新」的，前面位置之間的注意力結果已經在之前的解碼步驟裡計算過，因此可以對其進行快取。

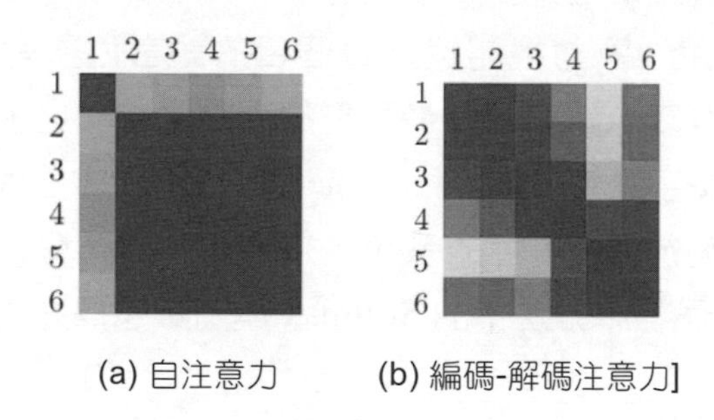

(a) 自注意力　　(b) 編碼-解碼注意力]

圖 14-4 解碼器自注意力和編碼-解碼注意力中不同層之間注意力權重的相似性（深色表示相似）

此外，Transformer 模型較為複雜，還會有很多容錯。例如，Transformer 的每一層會包含自注意力機制、層正則化、殘差連接、前饋神經網路等多種不同的結構。同時，不同結構之間還會包含一些線性變換。多層 Transformer 模型會更加複雜。但是，這些層可能在做相似的事情，甚至有些計算根本就是重複的。圖 14-4 展示了解碼器自注意力和編碼-解碼注意意力中不同層之間注意力權重的相似性。這裡的相似性利用 Jensen-Shannon 散度進行度量[722]。可以看出，在自注意力中，2 ~ 6 層之間的注意力權重的分佈非常相似。編碼-解碼注意力也有類似的現象，臨近的層之間有非常相似的注意力權重。這個現象說明：在多層神經網路中有些計算是容錯的，因此很自然的想法是消除這些容錯，使機器翻譯變得更「輕」。

一種消除容錯計算的方法是將不同層的注意力權重進行共用，這樣頂層的注意力權重可以重複使用底層的注意力權重[540]。在編碼-解碼注意力中，注意力機制中輸入的 Value 都是一樣的[3]，甚至可以直接重複使用前一層注意力計算的結果。圖 14-5 舉出了標準的多層自注意力、共用自注意力、共用編碼-解碼注意力方法的對比，其中**S**表示注意力權重，**A**表示注意力模型的輸出。可以看出，使用共用的思想，可以大大減少容錯的計算。

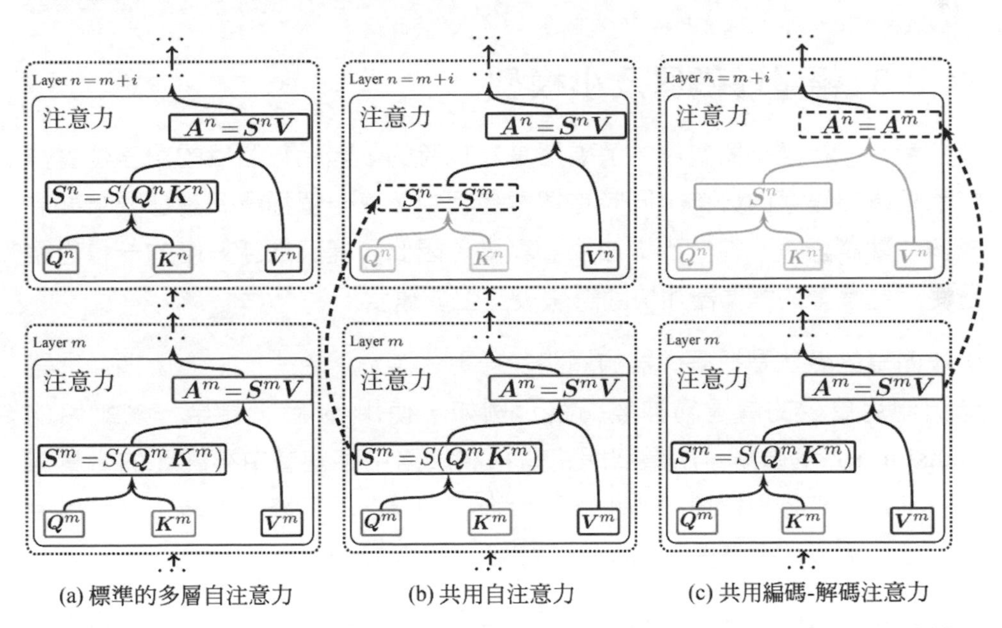

圖 14-5 標準的多層自注意力、共用自注意力、共用編碼-解碼注意力方法的對比[540]

---

[3] 在 Transformer 解碼器中，編碼-解碼注意力輸入的 Value 是編碼器的輸出，因此是相同的（見第 12 章）。

另一種方法是對不同層的參數進行共用。這種方法雖然不能帶來直接的加速，但是可以大大減小模型的體積。例如，可以重複使用同一層的參數完成多層的計算。在極端情況下，6 層網路可以只使用一層網路的參數。不過，在深層模型中（層數> 20），淺層部分的差異往往較大，而深層（遠離輸入）之間的相似度會更高。這時，可以考慮對深層的部分進行更多的共用。

減少容錯計算也代表了一種剪枝的思想。本質上，這類方法利用了模型參數的稀疏性假設,：一部分參數對模型整體的行為影響不大，因此可以直接拋棄。這類方法也被使用在神經機器翻譯模型的不同部分。例如，對於 Transformer 模型，也有研究發現多頭注意力中的有些頭是有容錯的[726]，因此可以直接對其進行剪枝。

14.3.3 輕量解碼器及小模型

在推斷時，神經機器翻譯的解碼器是最耗時的，因為每個目的語言位置需要單獨輸出單字的分佈，同時在搜索過程中，每一個翻譯假設都要被擴展成多個翻譯假設，進一步增加了計算量。因此，提高推斷速度的一種思路是使用更輕量的解碼器加快翻譯假設的生成速度。

比較簡單的做法是把解碼器的網路變得更「淺」、更「窄」。所謂淺網路是指使用更少的層建構神經網路，例如，使用 3 層，甚至一層網路的 Transformer 解碼器。所謂窄網路是指將網路中某些層中神經元的數量減少。不過，直接訓練這樣的小模型會造成翻譯品質下降。這時，會考慮使用知識蒸餾等技術來提升小模型的品質（見第 13 章）。

化簡 Transformer 解碼器的神經網路也可以提高推斷速度。例如，可以使用平均注意力機制代替原始 Transformer 模型中的自注意力機制[542]，也可以使用運算更輕的卷積操作代替注意力模組[509]。前面提到的基於共用注意力機制的模型也是一種典型的輕量模型[540]。這些方法本質上也是對注意力模型結構的最佳化，這類思想在近幾年也受到了很多關注[545,728,729]，在第 15 章會進一步討論。

此外，使用異質神經網路也是一種平衡精度和速度的有效方法。在很多研究中發現，基於 Transformer 的編碼器對翻譯品質的影響更大，而解碼器的作用會小一些。因此，一種想法是使用速度更快的解碼器結構，例如，用基於循環神經網路的解碼器代替 Transformer 模型中基於注意力機制的解碼器[460]。這樣，既能發揮 Transformer 模型在編碼上的優勢，也能利用循環神經網路在解碼器速度上的優勢。使用類似的思想，也可以用卷積神經網路等結構進行解碼器的設計。

針對羽量級 Transformer 模型的設計也包括層級的結構剪枝，這類方法試圖透過跳過某些操作或者某些層來降低計算量。典型的相關工作是樣本自我調整神經網路結構，如 FastBERT[730]、Depth Adaptive Transformer[731] 等，與傳統的 Transformer 模型的解碼過程不同，這類神經網路結構在推斷時不需要計算全部的解碼層，而是根據輸入自動選擇模型的部分層進行計算，達到加速和減少參數量的目的。

14.3.4 批次推斷

在深度學習時代，使用 GPU 已經成為大規模使用神經網路方法的前提。特別是對於機器翻譯這樣的複雜任務，GPU 的並行運算能力會帶來明顯的速度提升。為了充分利用 GPU 的並行能力，可以同時對多個句子進行翻譯，即批次推斷（Batch Inference）。

第 10 章已經介紹了神經機器翻譯中批次處理的基本概念，其實現並不困難，不過有兩方面問題需要注意：

- 批次生成策略。在來源語言文字預先給定的情況下，通常按句子長度組織每個批次，即把長度相似的句子放到一個批次裡。這樣做的好處是可以盡可能地保證一個批次中的內容是「滿」的，如果句長差異過大，則會造成批次中有很多位置用預留位置填充，產生無用計算。對於即時翻譯的情況，批次的組織較為複雜。在機器翻譯系統的實際應用中，由於有翻譯時延的限制，可能待翻譯句子未累積到標準批次數量就要進行翻譯。常見的做法是，設置一個等待的時間，在同一個時間段中的句子可以放到一個批次中（或者幾個批次中）。在高併發的情況下，也可以考慮先使用不同的桶（Bucket）保存不同長度範圍的句子，再將同一個桶中的句子進行批次推斷。這個問題在第 18 章還會進一步討論。

- 批次大小的選擇。一個批次中的句子數量越多，GPU 裝置的使用率越高，系統輸送量越大。一個批次中所有句子翻譯結束才能拿到翻譯結果，因此即使批次中有些句子的翻譯已經結束，也要等待其他沒有完成翻譯的句子。也就是說，從單一句子看，批次越大，翻譯的延遲時間越長，這也導致在翻譯即時性要求較高的場景中，不能使用過大的批次。而且，大批次對 GPU 顯存的消耗更大，因此也需要根據具體任務，合理地選擇批次大小。為了說明這些問題，圖 14-6 展示了不同批次大小下的時延和顯存消耗。

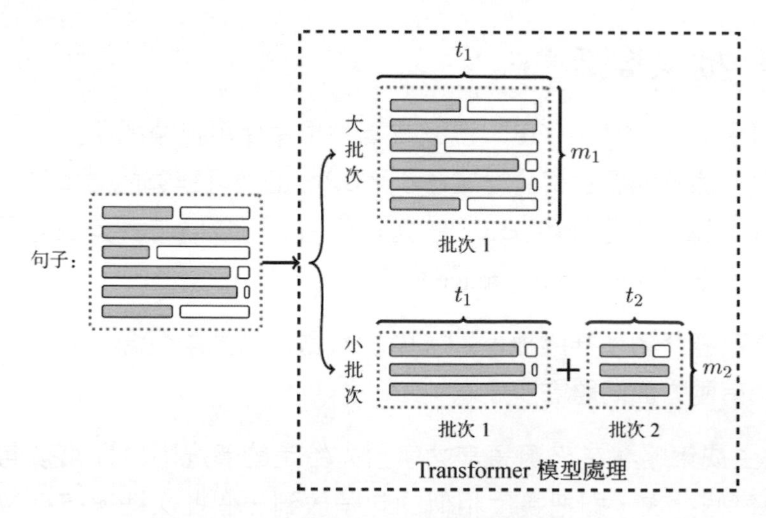

圖 14-6 不同批次大小下的時延和顯存消耗

14.3.5 低精度運算

降低運算強度也是計算密集型任務的加速手段之一。標準的神經機器翻譯系統大多基於單精度浮點運算。從電腦的硬體發展看，單精度浮點運算還是很「重」的。當計算能容忍一些精度損失時，可以考慮採用以下方法降低運算精度，達到加速的目的。

- 半精度浮點運算。半精度浮點運算是隨著近幾年 GPU 技術發展而逐漸流行的一種運算方式。簡單來說，半精度的表示需要的儲存單元 要比單精度少，所表示的浮點數範圍也相應地變小。不過，實踐證明神經機器翻譯中的許多運算用半精度計算就可以滿足對精度的要求。因此，直接使用半精度運算可以大大加速系統的訓練和推斷進程，同時對翻譯品質的影響很小。需要注意的是，在分散式訓練時，由於參數伺服器需要對多個計算節點上的梯度進行累加，所以保存參數時仍然會使用單精度浮點以保證多次累加之後不會造成過大的精度損失。
- 整數運算。整數運算是一種比浮點運算「輕」很多的運算。相比浮點運算，無論是晶片佔用面積、功耗還是處理單次運算的時鐘週期數，整數運算都有明顯的優勢。不過，整數的表示和浮點數有很大的不同。一個基本問題是，整數是不連續的，因此無法準確地刻畫浮點數中很小的小數。對於這個問題，一種解決方法是利用「量化+ 反量化+ 縮放」的策略讓整數運算達到與浮點運算近似的效果[547,732,733]。所謂「量化」就是把一個浮點數離散化為一個整數，「反量化」是這個過程的逆過程。由於浮點數可能超出整數的範圍，因此會引入一個縮放因數：在量化前將浮點數縮放到整數可以表示的範圍，反量化前再縮放回原始浮點數的表示範圍。這種方法在理論上可以帶來很好的加速效果。不過，由於量化和反量化的操作本身也有時間消耗，而且在不同處理器上的表現差異較大，所以不同實現方式帶來的加速效果並不相同，需要透過實驗測算。

- 低精度整數運算。使用更低精度的整數運算是進一步加速的手段之一。如使用 16 位元整數、8 位元整數，甚至 4 位元整數在理論上都會帶來速度的提升，如表 2 所示。不過，並不是所有處理器都支援低精度整數的運算。開發這樣的系統，一般需要硬體和特殊低精度整數計算函數庫的支持，而且相關計算大多是在 CPU 上實現，應用會受到一定的限制。

表 2 不同計算精度的運算速度對比

指標	FP32	INT32	INT16	INT8	INT4
速度	1×	3～4×	≈4×	4～6×	≈8×

實際上，低精度運算的另一個好處是可以減少模型儲存的體積。例如，如果要把機器翻譯模型作為軟體的一部分打包儲存，則可以考慮用低精度的方式保存模型參數，使用時再恢復成原始精度的參數。值得注意的是，參數的離散化表示（如整數表示）的一個極端例子是二值神經網路（Binarized Neural Networks）[734]，即只用−1 和+1 表示神經網路的每個參數[4]。二值化可以被看作一種極端的量化手段。不過，這類方法還沒有在機器翻譯中得到大規模驗證。

14.4 非自回歸翻譯

目前，大多數神經機器翻譯模型都使用自左向右逐詞生成譯文的策略，即第j個目的語言單字的生成依賴於先前生成的$j-1$個詞。這種翻譯方式也被稱作自回歸解碼（Autoregressive Decoding）。雖然以 Transformer 為代表的模型使得訓練過程高度並行化，加快了訓練速度，但由於推斷過程自回歸的特性，模型無法同時生成譯文中的所有單字，導致模型的推斷過程

[4] 也存在使用 0 或 1 表示神經網路參數的二值神經網路。

非常緩慢，這對於神經機器翻譯的實際應用是個很大的挑戰。因此，如何設計一個能夠並行訓練階段和推斷階段的模型是目前研究的熱點之一。

14.4.1 自回歸 vs 非自回歸

目前，主流的神經機器翻譯的推斷是一種自回歸翻譯（Autoregressive Translation）過程。所謂自回歸，是一種描述時間序列生成的方式：對於目標序列$y = \{y_1, \cdots, y_n\}$，如果j時刻狀態y_j的生成依賴於之前的狀態$\{y_1, \cdots, y_{j-1}\}$，而且y_j與$\{y_1, \cdots, y_{j-1}\}$組成線性關係，那麼稱目標序列y的生成過程是自回歸的。神經機器翻譯借用了這個概念，但是並不要求y_j與$\{y_1, \cdots, y_{j-1}\}$組成線性關係，14.2.1 節提到的自左向右翻譯模型和自右向左翻譯模型都屬於自回歸翻譯模型。自回歸翻譯模型在機器翻譯任務上也有很好的表現，特別是配合束搜索往往能夠有效地尋找近似最優譯文。但是，由於解碼器的每個步驟必須順序地而非並行地運行，所以自回歸翻譯模型會阻礙不同譯文單字生成的並行化。特別是在 GPU 上，翻譯的自回歸性會大大降低計算的並行度和裝置使用率。

對於這個問題，研究人員也考慮移除翻譯的自回歸性，進行非自回歸翻譯（Non-Autoregressive Translation，NAT）[273]。一個簡單的非自回歸翻譯模型將問題建模為

$$P(y|x) = \prod_{j=1}^{n} P(y_j|x) \tag{14-9}$$

對比式(14-1) 可以看出，式(14-9) 中位置j上的輸出y_j只依賴輸入句子x，與其他位置上的輸出無關。於是，可以並行生成所有位置上的y_j。理想情況下，這種方式一般可以帶來幾倍甚至十幾倍的速度提升。

14.4.2 非自回歸翻譯模型的結構

在介紹非自回歸翻譯模型的具體結構之前，先來介紹如何實現一個簡單的非自回歸翻譯模型。這裡用標準的 Transformer 舉例。為了一次性生成所

有的詞，需要丟棄解碼器對未來資訊遮罩的矩陣，從而去掉模型的自回歸性。此外，還要考慮生成譯文的長度。在自回歸翻譯模型中，每步的輸入是上一步解碼出的結果，當預測到結束字元<eos>時，序列的生成就自動停止了。然而，非自回歸翻譯模型沒有這樣的特性，因此還需要一個長度預測器來預測其長度，之後再用這個長度得到每個位置的表示，將其作為解碼器的輸入，進而完成整個序列的生成。

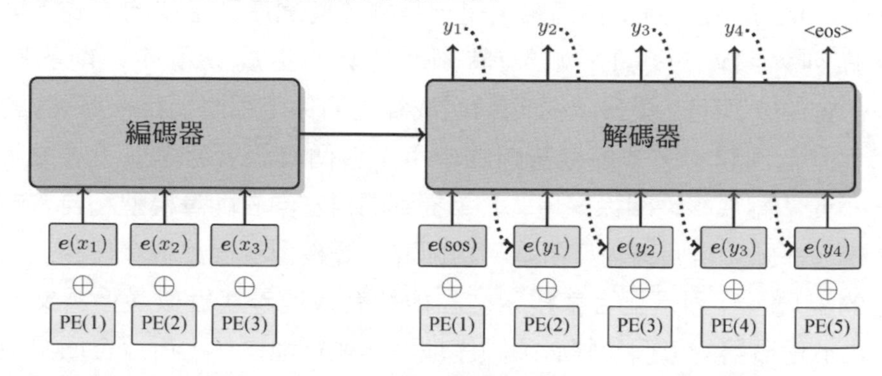

(a) 自回歸翻譯模型

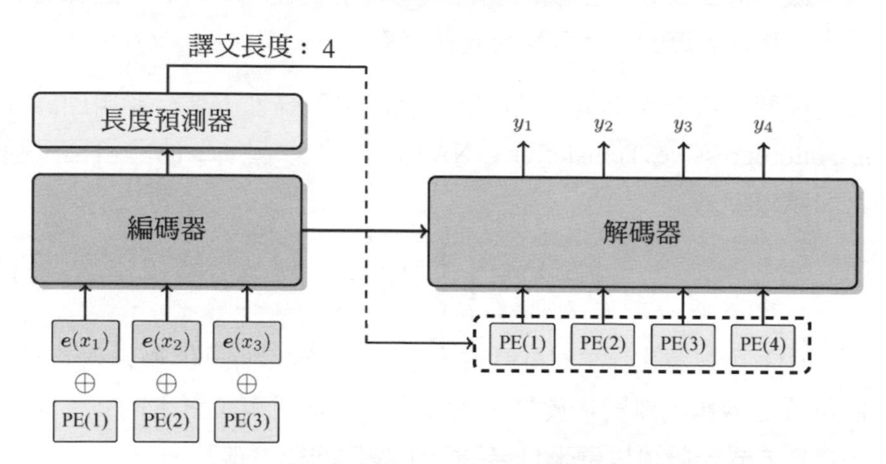

(b) 簡單的非自回歸翻譯模型

圖 14-7 自回歸翻譯模型和簡單的非自回歸翻譯模型

圖 14-7 對比了自回歸翻譯模型和簡單的非自回歸翻譯模型。可以看出，這種自回歸翻譯模型可以一次性生成完整的譯文。不過，高並行性也帶來了

翻譯品質的下降。例如，對於 IWSLT 英德等資料，非自回歸翻譯模型的 BLEU 值只有個位數，而目前最好的自回歸翻譯模型的 BLEU 值已經能夠達到 30 以上。這是因為每個位置的詞的預測只依賴來源語言句子x，使得預測不準確。需要注意的是，圖 14-7(b)中將位置編碼作為非自回歸翻譯模型解碼器的輸入只是一個最簡單的例子，在真實的系統中，非自回歸解碼器的輸入一般是複製編碼器端的輸入，即來源語言句子詞嵌入與位置編碼的融合。

完全獨立地對每個詞建模，會出現什麼問題呢？來看一個例子，將中文句子「幹/得/好/！」翻譯成英文，可以翻譯成"Good job !"或者"Well done !"。假設生成這兩種翻譯的機率是相等的，即一半的機率是"Good job !"，另一半的機率是"Well done !"。由於非自回歸翻譯模型的條件獨立性假設，推斷時第一個詞是"Good"或"Well"的機率是差不多大的，如果第二個詞"job"和"done"的機率也差不多，會使模型生成"Good done !"或"Well job !"這樣錯誤的翻譯，如圖 14-8 所示。這便是影響句子品質的關鍵問題，稱之為多峰問題（Multimodality Problem）[273]。如何有效處理非自回歸翻譯模型中的多峰問題 是提升非自回歸翻譯模型品質的關鍵。

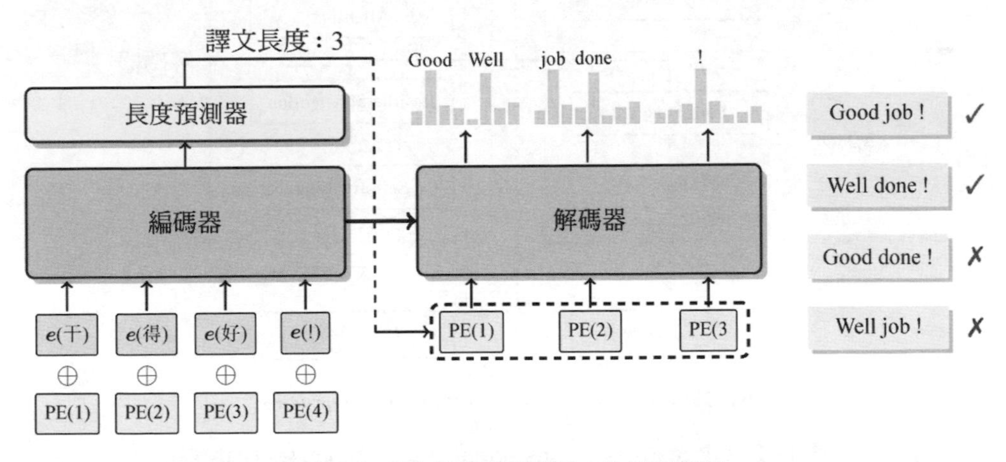

圖 14-8 非自回歸翻譯模型中的多峰問題

因此，非自回歸翻譯的研究大多集中在針對以上問題的求解。有 3 類方法有助於解決以上問題：基於繁衍率的非自回歸翻譯模型、句子級知識蒸餾、自回歸翻譯模型評分。下面將依次對這些方法進行介紹。

1. 基於繁衍率的非自回歸翻譯模型

圖 14-9 舉出了基於繁衍率的 Transformer 非自回歸翻譯模型的結構[273]，其由編碼器、解碼器和繁衍率預測器 3 個模組組成。類似於標準的 Transformer 模型，這裡編碼器和解碼器完全由前饋神經網路和多頭注意力模組組成。唯一的不同是解碼器中新增了位置注意力模組（圖 14-9 中被紅色虛線框住的模組），用於更好地捕捉目的語言端的位置資訊。

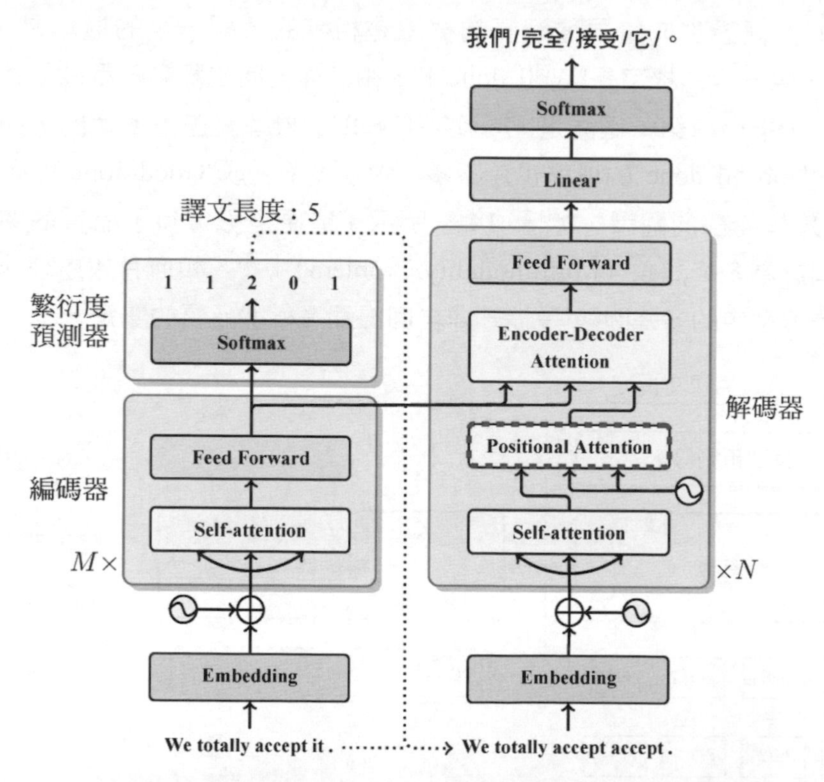

圖 14-9 基於繁衍率的 Transformer 非自回歸翻譯模型的結構

繁衍率預測器的一個作用是預測整個譯文句子的長度，以便並行地生成所有譯文單字。可以透過計算每個來源語言單字的繁衍率來估計最終譯文的長度。具體來說，繁衍率指的是：根據每個來源語言單字預測其對應的目的語言單字的個數（見第 6 章），如圖 14-9 所示，翻譯過程中英文單字"We"對應一個中文單字「我們」，其繁衍率為 1。於是，可以得到來源語言句子對應的繁衍率序列（圖 14-9 中的數字 1 1 2 0 1），最終的譯文長度由來源語言單字的繁衍率之和決定。之後，將來源語言單字按該繁衍率序列進行複製，本例中，將"We"、"totally"、"."複製一次，將"accept"、"it"分別複製兩次和零次，就獲得了最終解碼器的輸入"We totally accept accept."。在模型訓練階段，繁衍率序列可以透過外部詞對齊工具得到，用於之後訓練繁衍率預測器。由於外部詞對齊系統會出現錯誤，在模型收斂之後，可以對繁衍率預測器進行額外的微調。

實際上，使用繁衍率的另一個好處是可以緩解多峰問題，因為繁衍率本身可以看作模型的一個隱變數。使用這個隱變數，本質上是在對可能的譯文空間進行剪枝，因為只有一部分譯文滿足給定的繁衍率序列。從這個角度看，在繁衍率的作用下，不同單字譯文組合的情況變少了，因此多峰問題也就被緩解了。

另外，在每個解碼器層中還新增了額外的位置注意力模組，該模組與其他部分中使用的多頭注意力機制相同，其仍然是基於**Q**, **K**, **V**之間的計算（見第 12 章），只是把位置編碼作為**Q** 和**K**，解碼器端前一層的輸出作為**V**。這種方法提供了更強的位置資訊。

2. 句子級知識蒸餾

知識蒸餾的基本思路是把教師模型的知識傳遞給學生模型，讓學生模型更好地學習（見第 13 章）。透過這種方法，可以降低非自回歸翻譯模型的學習難度。具體來說，可以將自回歸翻譯模型作為「教師」，非自回歸翻譯模型作為「學生」。把自回歸翻譯模型生成的句子作為新的訓練樣本，送給非自回歸翻譯模型進行學習[682,735,736]。有研究發現，自回歸翻譯模型生成的結果的「確定性」更高，也就是不同句子中相同源語言片段翻譯的多樣性相對低一些[273]。雖然從人工翻譯的角度看，這可能並不是理想的譯文，但使用這樣的譯文可以在一定程度上緩解多峰問題。經過訓練的自回歸翻譯模型會始終將相同的來源語言句子翻譯成相同的譯文。這樣得到的資料集雜訊更少，能夠降低非自回歸翻譯模型學習的難度。此外，相比人工標注的譯文，自回歸翻譯模型輸出的譯文更容易讓模型學習，這也是句子級知識蒸餾有效的原因之一。

3. 自回歸翻譯模型評分

透過採樣不同的繁衍率序列，可以得到多個不同的翻譯候選。之後，用自回歸翻譯模型對這些不同的翻譯候選進行評分，選擇評分最高的翻譯候選作為最終的翻譯結果。通常，這種方法能夠很有效地提升非自回歸翻譯模型的譯文品質，並保證較高的推斷速度[273,737-740]。缺點是需要同時部署自回歸和非自回歸兩套翻譯系統。

14.4.3 更好的訓練目標

雖然非自回歸翻譯可以顯著提升翻譯速度，但是在很多情況下，其翻譯品質還是低於傳統的自回歸翻譯[273,736,741]。因此，很多工作致力於縮小自回歸翻譯模型和非自回歸翻譯模型的性能差距[742,744]。

一種直接的方法是層級知識蒸餾[745]。自回歸翻譯模型和非自回歸翻譯模型的結構相差不大，因此可以將翻譯品質更高的自回歸翻譯模型作為「教師」，透過給非自回歸翻譯模型提供監督訊號，使其逐塊地學習前者的分佈。研究人員發現了兩點非常有意思的現象：

（1） 非自回歸翻譯模型容易出現「重複翻譯」的現象，這些相鄰的重複單字所對應的位置的隱藏狀態非常相似。

（2） 非自回歸翻譯模型的注意力分佈比自回歸翻譯模型的分佈更加尖銳。

這兩點發現啟發了研究人員，他們可以使用自回歸翻譯模型中的隱層狀態和注意力矩陣等中間表示來指導非自回歸翻譯模型的學習過程。可以計算兩個模型隱層狀態的距離及注意力矩陣的 KL 散度[5]，將它們作為額外的損失指導非自回歸翻譯模型的訓練。類似的做法也出現在基於模仿學習的方法中[737]，它也可以被看作對自回歸翻譯模型不同層行為的模擬。不過，基於模仿學習的方法會使用更複雜的模組來完成自回歸翻譯模型對非自回歸翻譯模型的指導，例如，在自回歸翻譯模型和非自回歸翻譯模型中，都使用一個額外的神經網路，用於傳遞自回歸翻譯模型提供給非自回歸翻譯模型的層級監督訊號。

此外，也可以使用基於正則化因數的方法[739]。非自回歸翻譯模型的翻譯結果中存在著兩種非常嚴重的錯誤：重複翻譯和不完整的翻譯。重複翻譯問題是指解碼器隱層狀態中相鄰的兩個位置過於相似，因此翻譯出來的單字也一樣。不完整翻譯，即欠翻譯問題，通常是由於非自回歸翻譯模型在翻譯的過程中遺失了一些來源語言句子的資訊。針對這兩個問題，可以透過在相鄰隱層狀態間添加相似度約束來計算一個重構損失。具體實踐時，對於翻譯$x \rightarrow y$，透過一個反向的自回歸翻譯模型將y翻譯成x'，最後計算x與x'的差異性作為損失。

14.4.4 引入自回歸模組

非自回歸翻譯消除了序列生成過程中不同位置預測結果間的依賴，在每個位置都進行獨立的預測，但這會導致翻譯品質顯著下降，因為缺乏不同單字間依賴關係的建模。因此，也有研究聚焦於在非自回歸翻譯模型中添加一些自回歸組件。

[5] KL 散度即相對熵。

一種做法是將句法資訊作為目的語言句子的框架[746]。具體來說，先自回歸地預測出一個目的語言的句法塊序列，將句法塊作為序列資訊的抽象，然後根據句法塊序列非自回歸地生成所有目的語言單字。如圖 14-10 所示，該模型由一個編碼器和兩個解碼器組成。其中，編碼器和第一個解碼器與標準的 Transformer 模型相同，用來自回歸地預測句法樹資訊；第二個解碼器將第一個解碼器的句法資訊作為輸入，再非自回歸地生成整個譯文。在訓練過程中，透過使用外部句法分析器獲得對句法預測任務的監督訊號。雖然可以簡單地讓模型預測整個句法樹，但這種方法會顯著增加自回歸步驟的數量，從而增大時間負擔。因此，為了維持句法資訊與解碼時間的平衡，這裡預測一些由句法標記和子樹大小組成的塊識別字（如 VP3）而非整個句法樹。第 15 章還會進一步討論基於句法的神經機器翻譯模型。

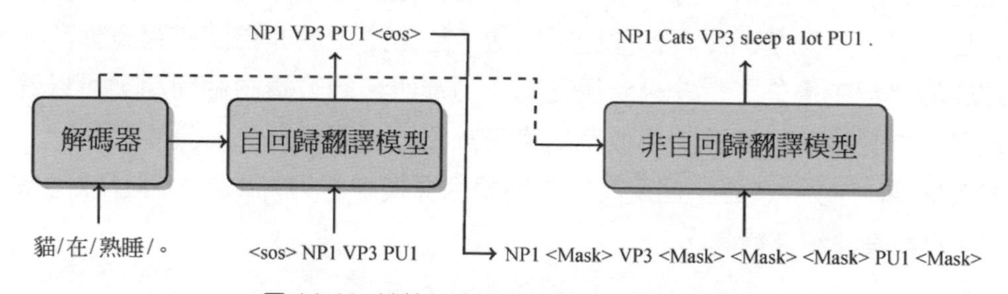

圖 14-10 基於句法結構的非自回歸翻譯模型

另一種做法是半自回歸地生成譯文[747]。如圖 14-11 所示，自回歸翻譯模型從左到右依次生成譯文，具有「最強」的自回歸性；而非自回歸翻譯模型完全獨立地生成每個譯文單字，具有「最弱」的自回歸性；半自回歸翻譯模型則是將整個譯文分成k個塊，在塊內執行非自回歸解碼，在塊間執行自回歸解碼，能夠在每個時間步並行產生多個連續的單字。透過調整塊的大小，半自回歸翻譯模型可以靈活地調整為自回歸翻譯（當k等於 1）和非自回歸翻譯（當k大於或等於最大的譯文長度）。

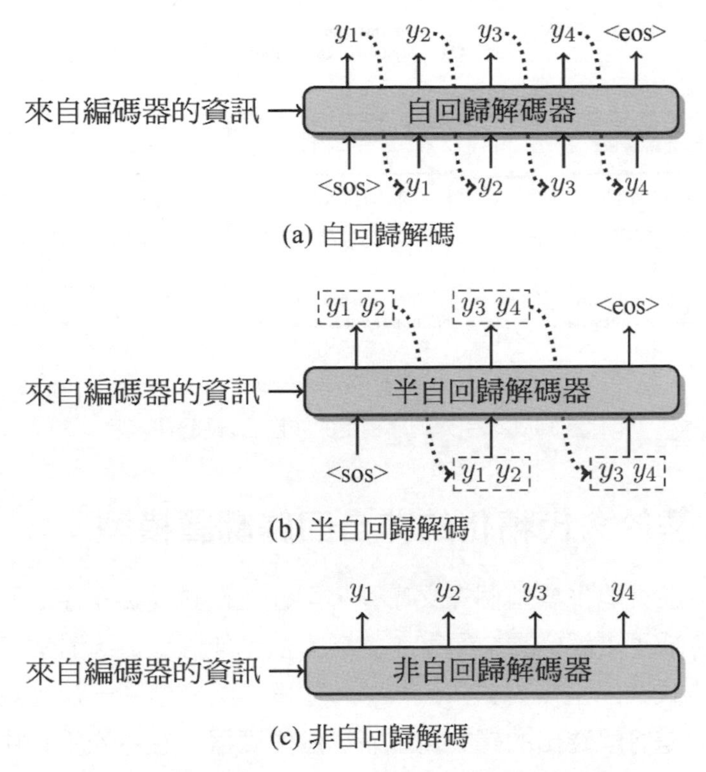

圖 14-11 自回歸、半自回歸和非自回歸解碼對比[747]

還有一種做法引入了羽量級的自回歸調序模組[748]。為瞭解決非自回歸翻譯模型解碼搜索空間過大的問題，可以使用調序技術在相對較少的翻譯候選上進行自回歸翻譯模型的計算。如圖 14-12 所示，該方法對來源語言句子進行重新排列，轉換成由來源語言單字組成但位於目的語言結構中的偽譯文，然後將偽譯文進一步轉換成目的語言以獲得最終的翻譯。其中，這個調序模組可以是一個輕量自回歸翻譯模型，如一層的循環神經網路。

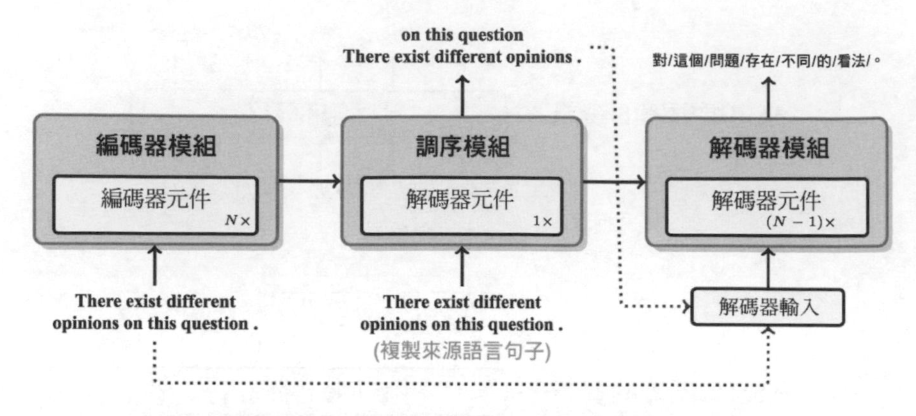

圖 14-12 引入調序模組的非自回歸翻譯模型

14.4.5 基於迭代精化的非自回歸翻譯模型

如果一次性並行地生成整個譯文序列，則往往很難捕捉單字之間的關係，而且即使生成了錯誤的譯文單字，這類方法也無法修改。針對這些問題，可以使用迭代式的生成方式[682,749,750]。這種方法放棄了一次生成最終的譯文句子，而是將解碼出的譯文再重新送給解碼器，在每次迭代中改進之前生成的譯文單字，可以視為句子級的自回歸翻譯模型。這樣做的好處在於，在每次迭代的過程中，可以利用已經生成的部分翻譯結果，指導其他部分的生成。

圖 14-13 展示了這種方法的運行範例。它擁有一個編碼器和N個解碼器。編碼器先預測出譯文的長度，然後將輸入x按照長度複製出x'，作為第一個解碼器的輸入，再生成$y^{[1]}$作為第一輪迭代的輸出。接下來，把$y^{[1]}$輸入給第二個解碼器，然後輸出$y^{[2]}$，依此類推。那麼，迭代到什麼時候結束呢？一種簡單的做法是提前制定好迭代次數，這種方法能夠自主地對生成句子的品質和效率進行平衡。另一種稱之為「自我調整」的方法，具體是透過計算當前生成的句子與上一次生成句子之間的變化量來判斷是否停

止。例如，使用傑卡德相似係數作為變化量函數[6]。需要說明的是，圖 14-13 是使用多個解碼器的一種邏輯示意，真實的系統僅需要一個解碼器，並運行多次，就達到了迭代精化的目的。

除了使用上一個步驟的輸出，當前解碼器的輸入還使用了添加雜訊的正確目的語言句子[682]。另外，對於譯文長度的預測，也可以使用編碼器的輸出單獨訓練一個獨立的長度預測模組，這種方法也推廣到了目前大多數非自回歸翻譯模型上。

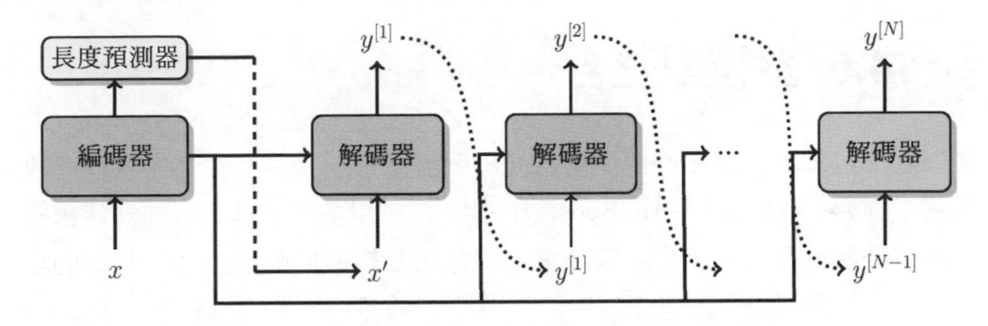

圖 14-13 基於迭代精化的非自回歸翻譯模型的運行範例

另一種方法借鏡了 BERT 的思想[125]，稱為 Mask-Predict[749]。類似於 BERT 中的<CLS>標記，該方法在來源語言句子的最前面加上了一個特殊符號<LEN>作為輸入，用來預測目標句的長度n。之後，將特殊符<Mask>（與 BERT 中的<Mask>有相似的含義）複製n次作為解碼器的輸入，然後用非自回歸的方式生成所有的譯文單字。這樣生成的翻譯品質可能比較差，因此可以將第一次生成的這些詞中不確定（即生成機率比較低）的詞「擦」掉，依據剩餘的譯文單字及來源語言句子重新預測，不斷迭代，直到滿足停止條件為止。圖 14-14 舉出了一個範例。

[6] 傑卡德相似係數是衡量有限樣本集之間的相似性與差異性的一種指標，傑卡德相似系數值越大，樣本相似度越高。

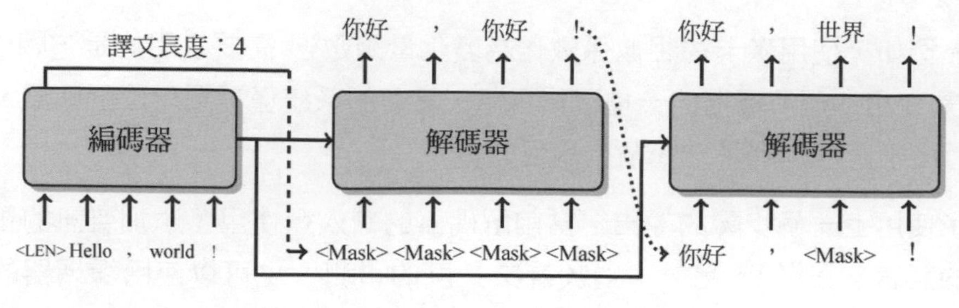

圖 14-14 Mask-Predict 方法的運行範例

14.5 多模型整合

在機器學習領域，把多個模型融合成一個模型是提升系統性能的一種有效方法。例如，在經典的 AdaBoost 方法中[751]，用多個「弱」分類器建構的「強」分類器可以使模型在訓練集上的分類錯誤率無限接近 0。類似的思想也被應用到機器翻譯中[709,752-754]，被稱為系統融合（System Combination）。在各種機器翻譯比賽中，系統融合已經成為經常使用的技術之一。許多模型融合方法都是在推斷階段完成的，因此此類方法的開發代價較低。

廣義上講，使用多個特徵組合的方式可以被看作一種模型的融合。融合多個神經機器翻譯系統的方法有很多，可以分為假設選擇、局部預測融合、譯文重組 3 類，下面分別進行介紹。

14.5.1 假設選擇

假設選擇（Hypothesis Selection）是最簡單的系統融合方法[708]，其思想是：給定一個翻譯假設集合，綜合多個模型對每一個翻譯假設進行評分，之後選擇得分最高的假設作為結果輸出。

假設選擇中需要先考慮的問題是假設生成。建構翻譯假設集合是假設選擇的第一步，也是最重要的一步。理想情況下，這個集合應該盡可能地包含更多高品質的翻譯假設，這樣後面有更大的機率選出更好的結果。不過，單一模型的性能是有上限的，因此無法期望這些翻譯假設的品質超越單一模型的上限。研究人員更關心的是翻譯假設的多樣性，因為已經證明，多樣的翻譯假設非常有助於提升系統融合的性能[396,755]。生成多樣的翻譯假設，通常有兩種思路：

（1）使用不同的模型生成翻譯假設。

（2）使用同一個模型的不同參數和設置生成翻譯假設。

圖 14-15 展示了二者的區別。例如，可以使用基於循環神經網路的模型和 Transformer 模型生成不同的翻譯假設，都放入集合中；也可以只用 Transformer 模型，但用不同的模型參數建構多個系統，分別生成翻譯假設。在神經機器翻譯中，經常採用的是第二種方式，因為其系統開發的成本更低。

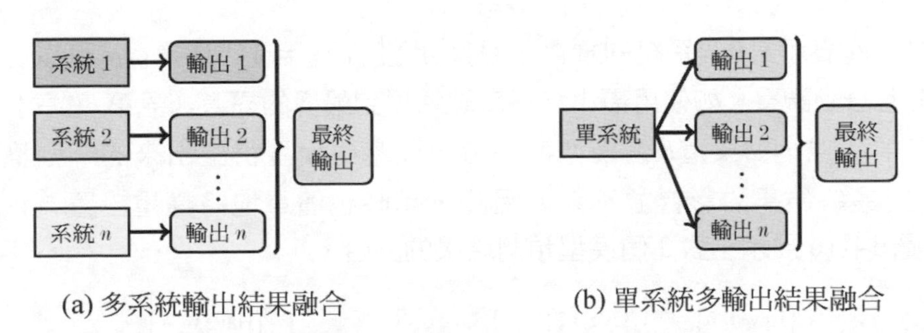

圖 14-15 多模型翻譯假設生成 vs 單模型翻譯假設生成

此外，模型的選擇也十分重要。所謂假設選擇實際上就是要用一個更強的模型在候選中進行選擇。這個「強」模型一般由更多、更複雜的子模型組合而成。常用的方法是直接使用翻譯假設生成時的模型建構「強」模型。例如，使用兩個模型生成了翻譯假設集合，之後對所有翻譯假設分別用這兩個模型進行評分。最後，綜合兩個模型的評分（如線性插值），得到翻譯假設的最終得分，並進行選擇。當然，也可以使用更強大的統計模型對多個子模型進行組合，如使用更深、更寬的神經網路。

假設選擇也可以被看作一種簡單的投票模型，對所有的候選用多個模型投票，選出最好的結果輸出，包括重排序在內的很多方法也是假設選擇的一種特例。例如，在重排序中，可以把生成n-best 列表的過程看作翻譯假設生成過程，而重排序的過程可以被看作融合多個子模型進行最終結果選擇的過程。

14.5.2 局部預測融合

神經機器翻譯模型對每個目的語言位置j的單字的機率分佈進行預測[7]，假設有K個神經機器翻譯系統，那麼每個系統k都可以獨立計算這個機率分佈，記為$P_k(y_j|y_{<j},x)$。於是，可以融合這K個系統的預測：

$$P(y_j|y_{<j},x) = \sum_{k=1}^{K} \gamma_k \cdot P_k(y_j|y_{<j},x) \tag{14-10}$$

其中，γ_k表示第k個系統的權重，且滿足$\sum_{k=1}^{K} \gamma_k = 1$。權重$\{\gamma_k\}$可以在開發集上自動調整，如使用最小錯誤率訓練得到最優的權重（見第 7 章）。實踐中發現，如果這K個模型都是由一個基礎模型衍生出來的，則權重$\{\gamma_k\}$對最終結果的影響並不大。因此，有時也簡單地將權重設置為$\gamma_k = \frac{1}{K}$。圖 14-16 展示了對 3 個模型預測結果的整合。

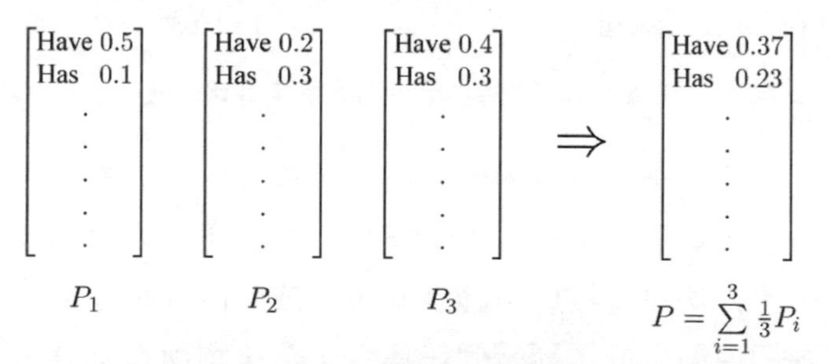

圖 14-16 對 3 個模型預測結果的整合

[7] 即對目的語言詞彙表中的每個單字w_r，計算$P(y_j = w_r|y_{<j},x)$。

式(14-10) 是一種典型的線性插值模型，這類模型在語言建模等任務中已經獲得了成功應用。從統計學習的角度看，多個模型的插值可以有效地降低經驗錯誤率。不過，多模型整合依賴一個假設：這些模型之間需要有一定的互補性。這種互補性有時也表現在多個模型預測的上限上，稱為 Oracle。例如，可以把這K個模型輸出中 BLEU 最高的結果作為 Oracle，也可以選擇每個預測結果中使 BLEU 值最高的譯文單字，這樣組成的句子作為 Oracle。當然，並不是說 Oracle 提高了，模型整合的結果一定會變好。Oracle 是最理想情況下的結果，而實際預測的結果往往與 Oracle 有很大差異。如何使用 Oracle 進行模型最佳化也是很多研究人員在探索的問題。

此外，如何建構整合用的模型也是非常重要的，甚至可以說，這部分工作會成為模型整合方法中最困難的一環[673,675,756]。為了增加模型的多樣性，常用的方法有：

- 改變模型寬度和深度，即用不同層數或不同隱藏層大小得到多個模型。
- 使用不同的參數進行初始化，即用不同的隨機種子初始化參數，訓練多個模型。
- 不同模型（局部）架構的調整，如使用不同的位置編碼模型[462]、多層融合模型[463]等。
- 利用不同數量的偽資料，以及不同資料增強方式產生的偽資料訓練模型[757]。
- 利用多分支、多通道的模型，使得模型能有更好的表示能力[757]。
- 利用預訓練方法進行參數共用，然後對模型進行微調。

14.5.3 譯文重組

假設選擇是直接從已經生成的譯文中進行選擇，因此無法產生「新」的譯文，也就是說，它的輸出只能是某個單模型的輸出。此外，預測融合需要同時使用多個模型進行推斷，對計算和記憶體消耗較大。這兩種方法有一個共通性：搜索都是基於一個個字串，相比指數級的譯文空間，所看到的結果還是非常小的一部分。對於這個問題，一種方法是利用更加緊湊的資料結構對指數級的譯文串進行表示。例如，可以使用詞格（Word Lattice）對多個譯文串進行表示[758]。圖 14-17 展示了基於n-best 詞串的表示方法和基於詞格的表示方法。可以看到，詞格中從起始狀態到結束狀態的每一條路徑都表示一個譯文，不同譯文的不同部分可以透過詞格中的節點共用[8]。理論上，詞格可以把指數級數量的詞串用線性複雜度的結構表示出來。

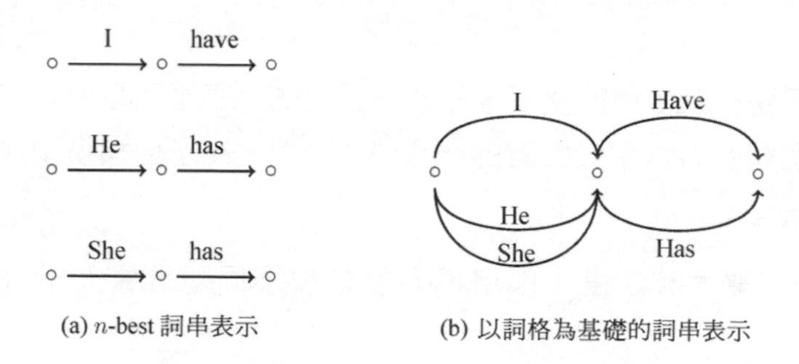

圖 14-17 基於n-best 詞串的表示方法和基於詞格的表示方法

有了詞格這樣的結構，多模型整合又有了新的思路。首先，可以將多個模型的譯文融合為詞格。注意，這個詞格會包含這些模型無法生成的完整譯文句子。然後，用一個更強的模型在詞格上搜索最優的結果。這個過程有可能找到一些「新」的譯文，即結果可能是從多個模型的結果中重組而來的。詞格上的搜索模型可以基於多模型的融合，也可以使用一個簡單的模型，將神經機器翻譯模型調整為基於詞格的詞串表示，再進行推斷[759]。其過程基本與原始的模型推斷沒有區別，只是需要把模型預測的結果附著到詞格中的每條邊上，再進行推斷。

[8] 本例中的詞格也是一個混淆網路（Confusion Network）。

圖 14-18 對比了不同的模型整合方法。從系統開發的角度看，假設選擇和預測融合的複雜度較低，適合快速開發原型系統，而且性能穩定。譯文重組需要更多的模組，系統偵錯的複雜度較高，但由於看到了更大的搜索空間，因此系統性能提升的潛力較大[9]。

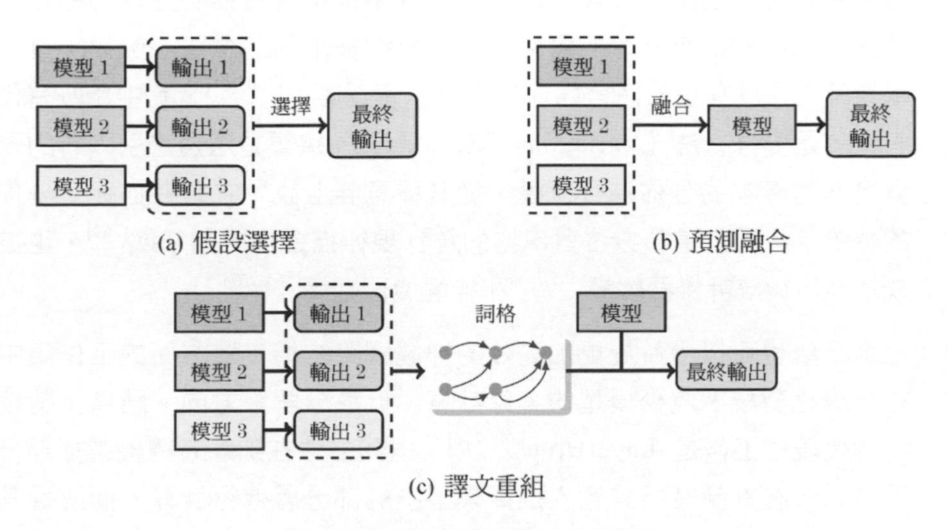

圖 14-18 不同的模型整合方法對比

14.6 小結與拓展閱讀

推斷系統（或解碼系統）是神經機器翻譯的重要組成部分。在神經機器翻譯研究中，單獨針對推斷問題開展的討論並不多見，更多的工作是將其與實踐結合，常見於開放原始碼系統和評測比賽中。但是，從應用的角度看，研發高效的推斷系統是機器翻譯能夠被大規模使用的前提。本章從神經機器翻譯推斷的基本問題出發，重點探討了推斷系統的效率、非自回歸翻譯、多模型整合等問題。但是，推斷問題涉及的問題十分廣泛，因此本

[9] 一般來說，詞格上的 Oracle 要比 n-best 譯文上的 Oracle 的品質高。

章也無法對其進行全面覆蓋。關於神經機器翻譯模型推斷還有以下若干研究方向值得關注：

- 機器翻譯系統中的推斷也借用了統計推斷（Statistical Inference）的概念。傳統意義上講，這類方法都是在利用樣本資料推測整體的趨勢和特徵。因此，從統計學的角度看，也有很多不同的思路。例如，貝氏學習等方法就在自然語言處理中獲得了廣泛應用[760,761]，其中比較有代表性的是變分方法（Variational Methods）。這類方法透過引入新的隱含變數對樣本的分佈進行建模，從某種意義上說，它是在描述「分佈的分佈」，因此這類方法對事物的統計規律描述得更加細緻[762]，也被成功地用於統計機器翻譯[405,763]和神經機器翻譯[764-767]。

- 推斷系統也可以受益於更加高效的神經網路結構。這方面的工作集中在結構化剪枝、減少模型的容錯計算、低秩分解等方向。結構化剪枝中的代表性工作是 LayerDrop[768-770]，這類方法在訓練時隨機選擇部分子結構，在推斷時根據輸入選擇模型中的部分層進行計算，而跳過其餘層，達到加速的目的。有關減少模型的容錯計算的研究主要集中在改進注意力機制上，本章已經有所介紹。低秩分解則針對詞向量或注意力的映射矩陣進行改進，以詞頻自我調整表示[771]為例，詞頻越高，則對應的向量維度越大，反之則越小；或者層數越高，注意力映射矩陣維度越小[729,772-774]。在實踐中比較有效的是用較深的編碼器與較淺的解碼器結合的方式，在極端情況下，解碼器僅使用一層神經網路即可取得與多層神經網路相媲美的翻譯品質，從而極大地提升翻譯效率[775-777]。第 15 章還會進一步對高效神經機器翻譯的模型結構進行討論。

- 在對機器翻譯推斷系統進行實際部署時，對儲存的消耗也是需要考慮的因素。因此，如何讓模型變得更小也是研發人員關注的方向。當前的模型壓縮方法主要分為剪枝、量化、知識蒸餾和輕量方法，其中輕量方法的研究重點集中在更輕量模型結構的設計，這類方法已經在本章進行了介紹。剪枝主要包括權重大小剪枝[778-781]、面向多頭注意力的剪枝[541,726]、網路層及其他結構剪枝等[782,783]，還有一些方法也透過在訓練期間採用正則化的方式來提升剪枝能力[768]。量化方法主要透過截斷浮點數減少模型的儲存大小，使其僅使用幾個位元位元的數字表示方法便能儲存整個模型，雖然會導致捨入誤差，但壓縮效果顯著[547,784-786]。利用知識蒸餾方法，一些方法還將 Transformer 模型蒸餾成如 LSTMs 等推斷速度更快的結構[549,727,787]。

- 如今，翻譯模型使用交叉熵損失作為最佳化函數，這在自回歸翻譯模型上取得了非常優秀的性能。交叉熵是一個嚴格的損失函數，每個預測錯誤的單字所對應的位置都會受到懲罰，即使是編輯距離很小的輸出序列[788]。自回歸翻譯模型會在很大程度上避免這種懲罰，因為當前位置的單字是根據先前生成的詞得到的，而非自回歸翻譯模型無法獲得這種資訊。如果在預測時漏掉一個單字，就可能會將正確的單字放在錯誤的位置上。為此，一些研究工作透過改進損失函數來提高非自回歸翻譯模型的性能。一種做法是使用一種新的交叉熵函數[788]，它透過忽略絕對位置、關注相對順序和詞彙匹配為非自回歸翻譯模型提供更精確的訓練訊號。另外，也可以使用基於n-gram 的訓練目標[789]最小化模型與參考譯文之間的n-gram 差異。該訓練目標在n-gram 的層面上評估預測結果，因此能夠建模目標序列單字之間的依賴關係。
- 當自回歸翻譯模型解碼時，當前位置單字的生成依賴於先前生成的單字，已生成的單字提供了較強的目標端上下文資訊。與自回歸翻譯模型相比，非自回歸翻譯模型的解碼器需要在資訊更少的情況下執行翻譯任務。一些研究工作透過將條件隨機場引入非自回歸翻譯模型，對序列依賴進行建模[740]。也有工作引入了詞嵌入轉換矩陣，將來源語言端的詞嵌入轉換為目的語言端的詞嵌入，為解碼器提供更好的輸入[738]。此外，研究人員也提出了羽量級的調序模組來顯式地建模調序資訊，以指導非自回歸翻譯模型的推斷[748]。大多數非自回歸翻譯模型可以被看作一種基於隱含變數的模型，因為目的語言單字的並行生成是基於來源語言編碼器生成的一個（一些）隱含變數。因此，也有很多方法用來生成隱含變數，例如，利用自編碼生成一個較短的離散化序列，將其作為隱含變數，之後，在這個較短的變數上並行生成目的語言序列[741]。類似的思想也可以用於局部塊內的單字並行生成[790]。

Chapter

15

神經機器翻譯模型結構最佳化

模型結構的設計是機器翻譯系統研發中最重要的工作之一。在神經機器翻譯時代，雖然系統研發人員脫離了煩瑣的特徵工程，但是神經網路結構的設計仍然耗時耗力。無論是像循環神經網路、Transformer 這樣的整體架構的設計，還是注意力機制等局部結構的設計，都對機器翻譯性能有很大的影響。

本章主要討論神經機器翻譯中結構最佳化的若干研究方向，包括注意力機制的改進、神經網路連接最佳化及深層模型、基於句法的神經機器翻譯模型、基於結構搜索的翻譯模型最佳化。這些內容可以指導神經機器翻譯系統的深入最佳化，其中涉及的一些模型和方法也可以應用於其他自然語言處理任務中。

15.1 注意力機制的改進

注意力機制是神經機器翻譯成功的關鍵。以 Transformer 模型為例，由於使用了自注意力機制，該模型展現了較高的訓練並行性。同時，在機器翻譯、語言建模等任務上，該模型也取得了很好的表現。當然，Transformer

模型也存在許多亟待解決的問題，如在處理長文字序列時（假設文字長度為N），自注意力機制的時間複雜度為$O(N^2)$，當N過大時，翻譯速度很低。此外，儘管 Transformer 模型的輸入中包含了絕對位置編碼表示，但是現有的自注意力機制仍然無法顯性地捕捉局部視窗下不同位置之間的關係。而且，注意力機制也需要更多樣的手段進行特徵提取，如採用多頭或多分支結構對不同空間特徵進行提取。針對以上問題，本節將介紹注意力機制的最佳化策略，並重點討論 Transformer 模型的若干改進方法。

15.1.1 局部資訊建模

使用循環神經網路進行序列建模時，每一個時刻的計算都依賴於上一時刻循環單元的狀態。這種模式天然具有一定的時序性，同時具有歸納偏置（Inductive Bias）的特性[791]，即每一時刻的狀態僅基於當前時刻的輸入和前一時刻的狀態。這種歸納偏置的好處在於，模型並不需要對絕對位置進行建模，因此模型可以很容易地處理任意長度的序列，即使測試樣本顯著長於訓練樣本。

但是，Transformer 模型中的自注意力機制本身並不具有這種性質，而且它直接忽略了輸入單元之間的位置關係。雖然 Transformer 模型中引入了基於正餘弦函數的絕對位置編碼（見第 12 章），但是該方法仍然無法顯性地區分局部依賴與長距離依賴[1]。

針對上述問題，研究人員嘗試引入「相對位置」資訊，對原有的「絕對位置」資訊進行補充，強化了局部依賴[462,552]。此外，模型中每一層均存在自注意力機制計算，因此模型捕捉位置資訊的能力也逐漸減弱，這種現象在深層模型中尤為明顯。利用相對位置表示能夠把位置資訊顯性地加入每一層的注意力機制的計算中，進而強化深層模型的位置表示能力[464]。圖 15-1 對比了 Transformer 模型中絕對位置編碼和相對位置表示的方法。

---

[1] 局部依賴指當前位置與局部相鄰位置的聯繫。

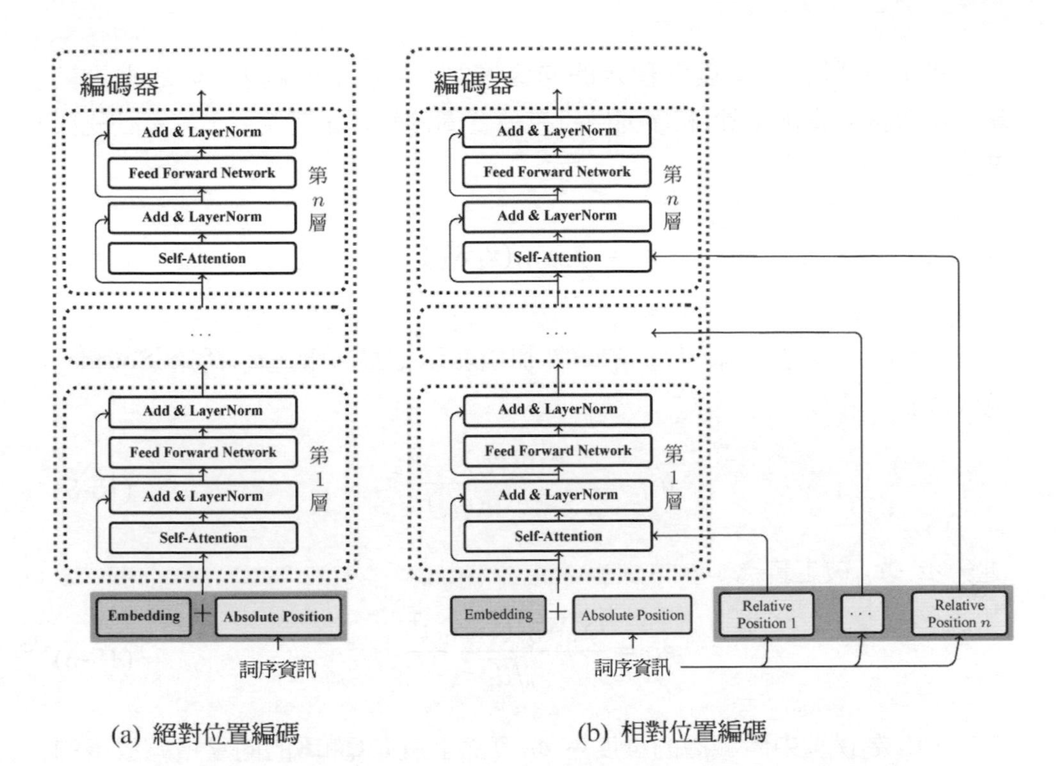

圖 15-1 Transformer 模型中絕對位置編碼和相對位置表示的方法對比

1. 位置編碼

在介紹相對位置表示之前，先簡要回顧自注意力機制的計算流程（見第 12 章）。對於 Transformer 模型中的某一層神經網路，可以定義：

$$\mathbf{Q} = \mathbf{x}\mathbf{W}_{\mathrm{Q}} \tag{15-1}$$

$$\mathbf{K} = \mathbf{x}\mathbf{W}_{\mathrm{K}} \tag{15-2}$$

$$\mathbf{V} = \mathbf{x}\mathbf{W}_{\mathrm{V}} \tag{15-3}$$

其中，$\mathbf{x}$為上一層的輸出[2]，$\mathbf{W}_{\mathrm{Q}}, \mathbf{W}_{\mathrm{K}}, \mathbf{W}_{\mathrm{V}}$為模型參數，可以透過自動學習得

---

[2] 這裡，**K, Q, V**的定義與第 12 章略有不同。這裡的**K, Q, V** 是指對注意力模型輸入進行線性變換後的結果，而第 12 章中的**K, Q, V**直接表示輸入。這兩種描述方式本質上相同，區別在於對輸入的線性變換是放在輸入自身中描述，還是作為輸入之後的一個額外操作。

到。此時，對於整個模型輸入的向量序列$\mathbf{x} = \{\mathbf{x}_1, \cdots, \mathbf{x}_m\}$，透過點乘計算，可以得到當前位置$i$和序列中所有位置間的關係，記為$\mathbf{z}_i$，計算公式如下：

$$\mathbf{z}_i = \sum_{j=1}^{m} \alpha_{ij}(\mathbf{x}_j \mathbf{W}_{\mathrm{V}}) \tag{15-4}$$

這裡，$\mathbf{z}_i$可以被看作輸入序列的線性加權表示結果。權重α_{ij}透過 Softmax 函數得到

$$\alpha_{ij} = \frac{\exp(e_{ij})}{\sum_{k=1}^{m} \exp(e_{ik})} \tag{15-5}$$

進一步，e_{ij}被定義為

$$e_{ij} = \frac{(\mathbf{x}_i \mathbf{W}_{\mathrm{Q}})(\mathbf{x}_j \mathbf{W}_{\mathrm{K}})^{\mathrm{T}}}{\sqrt{d_k}} \tag{15-6}$$

其中，d_k為模型中隱藏層的維度[3]。e_{ij}實際上就是$\mathbf{Q}$和$\mathbf{K}$的向量積縮放後的結果。

基於上述描述，相對位置模型可以按如下方式實現：

- 相對位置表示（Relative Positional Representation）[462]，其核心思想是在能夠捕捉全域依賴的自注意力機制中引入相對位置資訊。該方法可以有效補充絕對位置編碼的不足，甚至完全取代絕對位置編碼。對於 Transformer 模型中的任意一層，假設$\mathbf{x}_i$和$\mathbf{x}_j$是位置i和j的輸入向量（也就是來自上一層位置i和j的輸出向量），二者的位置關係可以透過向量$\mathbf{a}_{ij}^{\mathrm{V}}$ 和$\mathbf{a}_{ij}^{\mathrm{K}}$表示，定義為

$$\mathbf{a}_{ij}^{\mathrm{K}} = \mathbf{w}_{\mathrm{clip}(j-i,k)}^{\mathrm{K}} \tag{15-7}$$

---

[3] 在多頭注意力機制中，d_k為經過多頭分割後每個頭的維度。

$$\mathbf{a}_{ij}^{\mathrm{V}} = \mathbf{w}_{\mathrm{clip}(j-i,k)}^{\mathrm{V}} \tag{15-8}$$

$$\mathrm{clip}(x,k) = \max(-k, \min(k,x)) \tag{15-9}$$

其中，$\mathbf{w}^{\mathrm{K}} \in \mathbb{R}^{d_k}$和$\mathbf{w}^{\mathrm{V}} \in \mathbb{R}^{d_k}$是模型中可學習的參數矩陣；$\mathrm{clip}(\cdot,\cdot)$表示截斷操作，由式(15-9) 定義。可以看出，$\mathbf{a}^{\mathrm{K}}$ 與$\mathbf{a}^{\mathrm{V}}$ 是根據輸入的相對位置資訊（由$\mathrm{clip}(j-i,k)$確定）對$\mathbf{w}^{\mathrm{K}}$和$\mathbf{w}^{\mathrm{V}}$進行查表得到的向量，即相對位置表示，如圖 15-2 所示。透過預先設定的最大相對位置k，強化模型對以當前詞為中心的左右各k 個詞的注意力進行計算。因此，最終的視窗大小為$2k+1$。 對於邊緣位置視窗大小不足$2k$的單字，採用裁剪的機制，即只對有效的臨近詞進行建模。此時，注意力模型的計算可以調整為

$$\mathbf{z}_i = \sum_{j=1}^{m} \alpha_{ij}(\mathbf{x}_j \mathbf{W}_{\mathrm{V}} + \mathbf{a}_{ij}^{\mathrm{V}}) \tag{15-10}$$

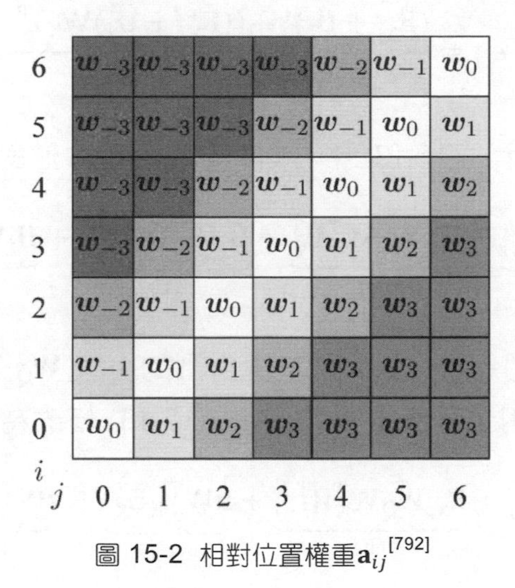

i \ j	0	1	2	3	4	5	6
6	w_{-3}	w_{-3}	w_{-3}	w_{-3}	w_{-2}	w_{-1}	w_0
5	w_{-3}	w_{-3}	w_{-3}	w_{-2}	w_{-1}	w_0	w_1
4	w_{-3}	w_{-3}	w_{-2}	w_{-1}	w_0	w_1	w_2
3	w_{-3}	w_{-2}	w_{-1}	w_0	w_1	w_2	w_3
2	w_{-2}	w_{-1}	w_0	w_1	w_2	w_3	w_3
1	w_{-1}	w_0	w_1	w_2	w_3	w_3	w_3
0	w_0	w_1	w_2	w_3	w_3	w_3	w_3

圖 15-2 相對位置權重$\mathbf{a}_{ij}$[792]

與式(15-4) 相比，式(15-10) 在計算$\mathbf{z}_i$時引入了額外的向量$\mathbf{a}_{ij}^{\mathrm{V}}$，用它來表示位置$i$與位置$j$之間的相對位置資訊。同時，在計算注意力權重時對$\mathbf{K}$進行修改，同樣引入$\mathbf{a}_{ij}^{\mathrm{K}}$向量表示位置$i$與位置$j$之間的相對位置。在式(15-6) 的基礎上，將注意力權重的計算方式調整為

$$e_{ij}=\frac{\mathbf{x}_i\mathbf{W}_{\mathrm{Q}}(\mathbf{x}_j\mathbf{W}_{\mathrm{K}}+\mathbf{a}_{ij}^{\mathrm{K}})^{\mathrm{T}}}{\sqrt{d_k}}$$

$$=\frac{\mathbf{x}_i\mathbf{W}_{\mathrm{Q}}(\mathbf{x}_j\mathbf{W}_{\mathrm{K}})^{\mathrm{T}}+\mathbf{x}_i\mathbf{W}_{\mathrm{Q}}(\mathbf{a}_{ij}^{\mathrm{K}})^{\mathrm{T}}}{\sqrt{d_k}} \tag{15-11}$$

可以注意到，與標準的 Transformer 模型只將位置編碼資訊作為模型的輸入不同，式(15-10) 和式(15-11) 將位置編碼資訊直接融入每一層注意力機制的計算中。

- Transformer-XL[552]。在 Transformer 模型中，輸入由詞嵌入表示與絕對位置編碼組成。對於輸入層，有$\mathbf{x}_i=\mathbf{E}_{\mathbf{x}_i}+\mathbf{U}_i,\ \mathbf{x}_j=\mathbf{E}_{\mathbf{x}_j}+\mathbf{U}_j$，其中$\mathbf{E}_{\mathbf{x}_i}$和$\mathbf{E}_{\mathbf{x}_j}$表示詞嵌入，$\mathbf{U}_i$和$\mathbf{U}_j$表示絕對位置編碼（正餘弦函數）。將$\mathbf{x}_i$與$\mathbf{x}_j$代入式(15-6) 可以得到

$$e_{ij}=\frac{(\mathbf{E}_{\mathbf{x}_i}+\mathbf{U}_i)\mathbf{W}_{\mathrm{Q}}((\mathbf{E}_{\mathbf{x}_j}+\mathbf{U}_j)\mathbf{W}_{\mathrm{K}})^{\mathrm{T}}}{\sqrt{d_k}} \tag{15-12}$$

這裡，使用A_{ij}^{abs}表示式(15-12) 中右側的分子部分，並對其進行展開：

$$A_{ij}^{\mathrm{abs}}=\underbrace{\mathbf{E}_{\mathbf{x}_i}\mathbf{W}_{\mathrm{Q}}\mathbf{W}_{\mathrm{K}}^{\mathrm{T}}\mathbf{E}_{\mathbf{x}_j}^{\mathrm{T}}}_{\text{(a)}}+\underbrace{\mathbf{E}_{\mathbf{x}_i}\mathbf{W}_{\mathrm{Q}}\mathbf{W}_{\mathrm{K}}^{\mathrm{T}}\mathbf{U}_j^{\mathrm{T}}}_{\text{(b)}}+\underbrace{\mathbf{U}_i\mathbf{W}_{\mathrm{Q}}\mathbf{W}_{\mathrm{K}}^{\mathrm{T}}\mathbf{E}_{\mathbf{x}_j}^{\mathrm{T}}}_{\text{(c)}}+\underbrace{\mathbf{U}_i\mathbf{W}_{\mathrm{Q}}\mathbf{W}_{\mathrm{K}}^{\mathrm{T}}\mathbf{U}_j^{\mathrm{T}}}_{\text{(d)}} \tag{15-13}$$

其中，abs代表使用絕對位置編碼計算得到的A_{ij}，$\mathbf{W}_{\mathrm{Q}}$與$\mathbf{W}_{\mathrm{K}}$表示線性變換矩陣。為了引入相對位置資訊，可以將式(15-13) 修改為

$$A_{ij}^{rel}=\underbrace{\mathbf{E}_{\mathbf{x}_i}\mathbf{W}_{\mathrm{Q}}\mathbf{W}_{\mathrm{K}}^{\mathrm{T}}\mathbf{E}_{\mathbf{x}_j}^{\mathrm{T}}}_{\text{(a)}}+\underbrace{\mathbf{E}_{\mathbf{x}_i}\mathbf{W}_{\mathrm{Q}}\mathbf{W}_{\mathrm{K}}^{\mathrm{T}}\mathbf{R}_{i-j}^{\mathrm{T}}}_{\text{(b)}}+\underbrace{\mathbf{u}\mathbf{W}_{\mathrm{K,E}}^{\mathrm{T}}\mathbf{E}_{\mathbf{x}_j}^{\mathrm{T}}}_{\text{(c)}}+\underbrace{\mathbf{v}\mathbf{W}_{\mathrm{K,R}}^{\mathrm{T}}\mathbf{R}_{i-j}^{\mathrm{T}}}_{\text{(d)}} \tag{15-14}$$

其中，A_{ij}^{rel}為使用相對位置表示後位置i與j關係的表示結果，$\mathbf{R}$是一個固定的正弦矩陣。不同於式(15-13)，式(15-14) 對(c)中的$\mathbf{E}_{\mathbf{x}_j}^{\mathrm{T}}$與(d)中的$\mathbf{R}_{i-j}^{\mathrm{T}}$採用了不同的映射矩陣，分別為$\mathbf{W}_{\mathrm{K,E}}^{\mathrm{T}}$和$\mathbf{W}_{\mathrm{K,R}}^{\mathrm{T}}$，這兩項分別代表了鍵$\mathbf{K}$中的詞嵌入表示和相對位置表示，此時只採用了相對位置表示，因此式(15-14) 在

(c)與(d)中使用了$\mathbf{u}$和$\mathbf{v}$兩個可學習的矩陣代替$\mathbf{U}_i\mathbf{W}_\mathrm{Q}$與$\mathbf{U}_i\mathbf{W}_\mathrm{Q}$，即查詢$\mathbf{Q}$中的絕對位置編碼部分。此時，式(15-14) 中各項的含義為：(a)表示位置i與位置j之間詞嵌入的相關性，可以看作基於內容的表示；(b)表示基於內容的位置偏置；(c)表示全域內容的偏置；(d)表示全域位置的偏置。式(15-13)中的(a)和(b)兩項與前面介紹的絕對位置編碼一致[462]，並針對相對位置表示引入了額外的線性變換矩陣。同時，這種方法兼顧了全域內容偏置和全域位置偏置，可以更好地利用正餘弦函數的歸納偏置特性。

- 結構化位置表示（Structural Position Representations）[793]。透過對輸入句子進行依存句法分析得到句法樹，根據葉子節點在句法樹中的深度表示其絕對位置，並在此基礎上利用相對位置表示的思想計算節點之間的相對位置資訊。
- 基於連續動態系統（Continuous Dynamic Model）的位置編碼[553]。使用神經常微分方程求解器（Solver）建模位置資訊[794]，使模型具有更好的歸納偏置能力，可以處理變長的輸入序列，同時能夠從不同的資料中進行自我調整學習。

2. 注意力分佈約束

局部注意力機制一直是機器翻譯中受關注的研究方向[25]。透過對注意力權重的視覺化，可以觀測到不同位置的詞受關注的程度相對平滑。這樣的建模方式有利於全域建模，但在一定程度上分散了注意力，導致模型忽略了鄰近單字之間的關係。為了提高模型對局部資訊的感知，有以下幾種方法：

- 引入高斯約束[555]。如圖 15-3 所示，這類方法的核心思想是引入可學習的高斯分佈$\mathbf{G}$，將其作為局部約束，與注意力權重進行融合。

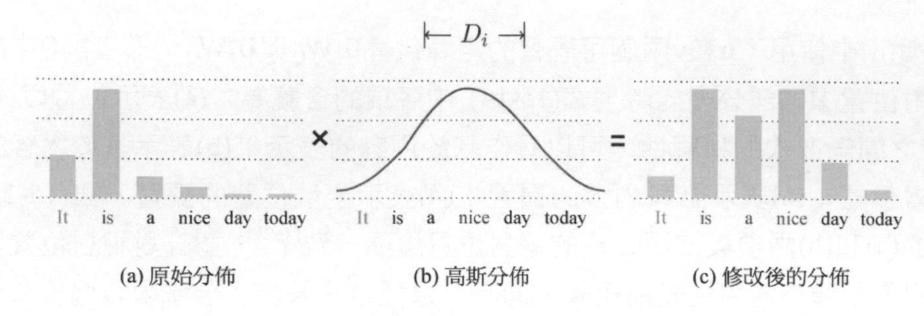

圖 15-3 融合高斯分佈的注意力分佈

具體形式如下：

$$e_{ij}=\frac{(\mathbf{x}_i\mathbf{W}_{\mathrm{Q}})(\mathbf{x}_j\mathbf{W}_{\mathrm{K}})^{\mathrm{T}}}{\sqrt{d_k}}+G_{ij} \tag{15-15}$$

其中，G_{ij}表示位置j和預測的中心位置P_i之間的連結程度，G_{ij}是$\mathbf{G}$中的一個元素，$\mathbf{G}\in\mathbb{R}^{m\times m}$。計算公式為

$$G_{ij}=-\frac{(j-P_i)^2}{2\sigma_i^2} \tag{15-16}$$

其中，σ_i表示偏差，被定義為第i個詞的局部建模視窗大小D_i的一半，即$\sigma_i=\frac{D_i}{2}$。中心位置P_i和局部建模視窗D_i的計算方式為

$$\begin{pmatrix}P_i\\D_i\end{pmatrix}=m\cdot\mathrm{Sigmoid}\left(\begin{pmatrix}p_i\\v_i\end{pmatrix}\right) \tag{15-17}$$

其中，m表示序列長度，p_i和v_i為計算的中間結果，被定義為

$$p_i=\mathbf{I}_p^{\mathrm{T}}\tanh(\mathbf{W}_p\mathbf{Q}_i) \tag{15-18}$$

$$v_i=\mathbf{I}_d^{\mathrm{T}}\tanh(\mathbf{W}_d\mathbf{Q}_i) \tag{15-19}$$

其中，$\mathbf{W}_p,\mathbf{W}_d,\mathbf{I}_p,\mathbf{I}_d$均為模型中可學習的參數矩陣。

- 多尺度局部建模[795]。不同於上述方法直接作用於注意力權重，多尺度局部建模透過指定多頭不一樣的局部感受野，間接地引入局部約束，如圖 15-4 所示。

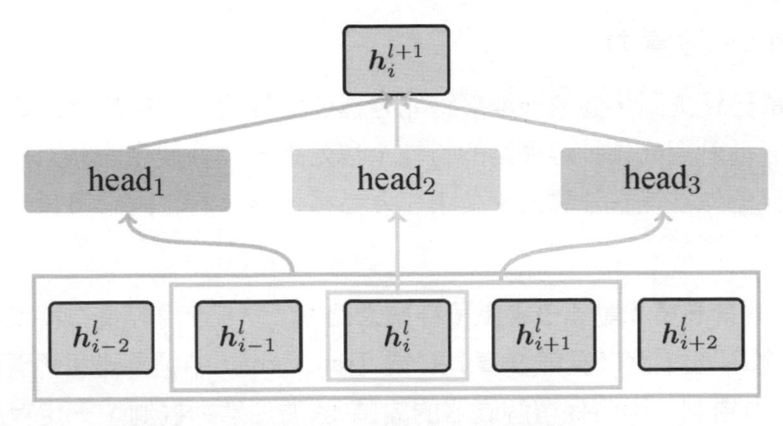

圖 15-4 多尺度局部建模[795]

於是，在計算第i個詞對第j個詞的相關係數時，透過超參數ω控制實際的感受野為$j-\omega,\cdots,j+\omega$，注意力計算中e_{ij}的計算方式與式(15-6) 相同，權重α_{ij}的具體計算公式為

$$\alpha_{ij} = \frac{\exp(e_{ij})}{\sum_{k=j-\omega}^{j+\omega} \exp(e_{ik})} \tag{15-20}$$

在計算注意力輸出時，同樣利用上述思想進行局部約束：

$$\mathbf{z}_i = \sum_{j=j-\omega}^{j+\omega} \alpha_{ij}(\mathbf{x}_j \mathbf{W}_\text{V}) \tag{15-21}$$

其中，約束的具體作用範圍會根據實際句長進行一定的裁剪，透過對不同的頭設置不同的超參數來控制感受野的大小，最終實現多尺度局部建模。

值得注意的是，上述兩種添加局部約束的方法都更適用於 Transformer 模型的底層網路。這是由於模型離輸入更近的層更傾向於捕捉局部資訊[554,555]，伴隨著神經網路的加深，模型更傾向於逐漸加強全域建模的能力。類似的結論在針對 BERT 模型的解釋性研究工作中也有論述[554,796]。

3. 卷積 vs 注意力

第 11 章已經提到，卷積神經網路能夠極佳地捕捉序列中的局部資訊。因此，充分地利用卷積神經網路的特性，也是進一步最佳化注意力模型的思路。常見的做法是在注意力模型中引入卷積操作，甚至用卷積操作替換注意力模型，例如：

- 使用輕量卷積和動態磁碟區積神經網路[509,535]。使用輕量卷積或動態磁碟區積神經網路（見第 9 章）替換 Transformer 中編碼器和解碼器的自注意力機制，同時保留解碼器的編碼-解碼注意力機制，一定程度上加強了模型對局部資訊的建模能力，同時提高了計算效率。
- 使用一維卷積注意力網路[556]（如圖 15-5(b) 所示）。可以使用一維的卷積自注意力網路（1D-CSAN）將關注的範圍限制在相近的元素視窗中，其形式十分簡單，只需預先設定好局部建模的視窗大小D，並在進行注意力權重計算和對 Value 值進行加權求和時，將其限制在設定好的視窗範圍內。
- 使用二維卷積注意力網路（如圖 15-5(c) 所示）。在一維卷積注意力網路的基礎上，對多個注意力頭之間的資訊進行互動建模，打破了注意力頭之間的界限。1D-CSAN 的關注區域為$1 \times D$，當將其擴展為二維矩形$D \times N$時，長和寬分別為局部視窗的大小和參與建模的自注意力頭的個數。這樣，模型可以計算某個頭中的第i個元素和另一個頭中的第j個元素之間的相關性係數，實現了對不同子空間之間關係的建模，所得到的注意力分佈表示了頭之間的依賴關係。

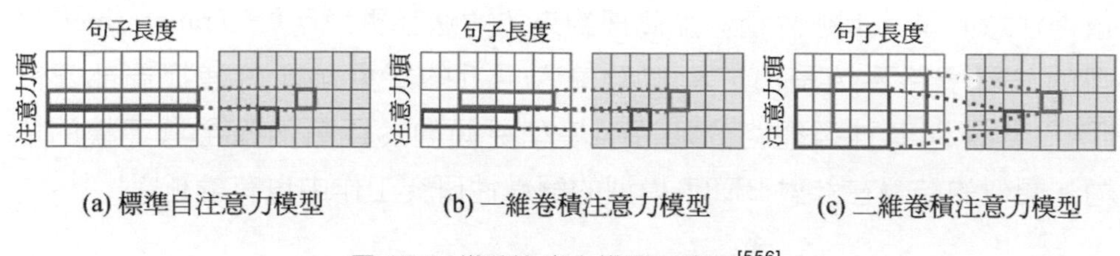

圖 15-5 卷積注意力模型示意圖[556]

15.1.2 多分支結構

在神經網路模型中，可以使用多個平行的元件從不同角度捕捉輸入的特徵，這種結構被稱為多分支（Multi-branch）結構[797]。多分支結構在影像處理領域被廣泛應用，在許多人工設計或者自動搜索獲得的神經網路結構中也有它的身影[798-800]。

在自然語言處理領域，多分支結構同樣也有很多應用。一個典型的例子是，第 10 章介紹過的為了更好地對來源語言進行表示，編碼器可以採用雙向循環神經網路。這種模型可以被看作一個兩分支的結構，分別用來建模正向序列和反向序列的表示，之後將這兩種表示進行拼接，得到更豐富的序列表示結果。另一個典型的例子是第 12 章介紹的多頭注意力機制。在 Transformer 模型中，多頭注意力將輸入向量分割成多個子向量，然後分別進行點乘注意力的計算，最後將多個輸出的子向量拼接，並透過線性變換進行不同子空間資訊的融合。在這個過程中，多個不同的頭對應著不同的特徵空間，可以捕捉到不同的特徵資訊。

近年，在 Transformer 模型的結構基礎上，研究人員探索了更為豐富的多分支結構。下面介紹幾種在 Transformer 模型中引入多分支結構的方法：

- 基於權重的方法[801]。其主要思想是在多頭自注意力機制的基礎上保留不同表示空間的特徵。傳統方法使用串聯操作，並透過線性映射矩陣融合不同頭之間的資訊，而基於權重的 Transformer 直接利用線性映射將維度為d_k 的向量表示映射到d_{model}維的向量。然後，將這個d_{model}維向量分別送入每個分支中的前饋神經網路，最後對不同分支的輸出進行線性加權。這種模型的計算複雜度要大於標準的 Transformer 模型。
- 基於多分支注意力的方法[800]。不同於基於權重的 Transformer 模型，多分支注意力模型直接利用每個分支獨立地進行自注意力模型的計算（如圖 15-6 所示）。同時，為了避免結構相同的多個多頭注意力機制之間的協作適應，這種模型使用 Dropout 方法在訓練過程中以一定的機率隨機丟棄一些分支。

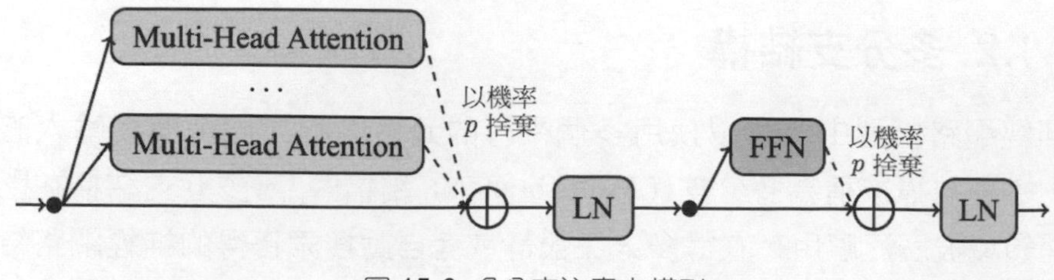

圖 15-6 多分支注意力模型

- 基於多單元的方法。為了進一步加強不同分支的作用，基於多單元的 Transformer 模型進行了序列不同位置表示結果的交換，或使用不同的遮罩策略對不同分支的輸入進行擾動，保證分支間的多樣性與互補性[799]。本質上，所謂的多單元思想與整合學習十分相似，類似於在訓練過程中同時訓練多個編碼器。此外，透過增大子單元之間的結構差異性，也能夠進一步增大分支之間的多樣性李北 2019 面向神經機器翻譯的整合學習方法分析[802]。

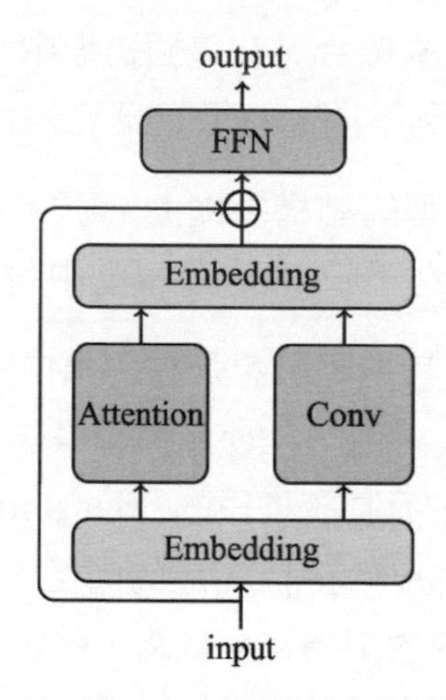

圖 15-7 基於自注意力和卷積神經網路的兩分支結構

此外，在 15.1.1 節中曾提到過，卷積神經網路可以與自注意力機制一同使用，相互補充。類似的想法在多分支結構中也有表現。如圖 15-7 所示，可以使用自注意力機制和卷積神經網路分別提取全域和局部兩種依賴關係[544]。具體的做法是將輸入的特徵向量切分成等同維度的兩部分，分別送入兩個分支進行計算。其中，全域資訊用自注意力機制提取，局部資訊用輕量卷積網路提取[509]。此外，由於每個分支的維度只有原始的一半，採用平行計算方式可以顯著提升系統的運行速度。

15.1.3 引入循環機制

雖然 Transformer 模型完全摒棄了循環單元與卷積單元，僅透過位置編碼來區分序列中的不同位置，但是循環神經網路並非沒有存在的價值，它非常適用於處理序列結構，且其結構成熟、易於最佳化。因此，有研究人員嘗試將其與 Transformer 模型融合。這種方式一方面能夠發揮循環神經網路簡單高效的特點，另一方面能夠發揮 Transformer 模型在特徵提取方面的優勢，是一種非常值得探索的思路[460]。

在 Transformer 模型中，引入循環神經網路的一種方法是，對深層網路的不同層使用循環機制。早在殘差網路提出時，研究人員已經開始嘗試探討殘差網路成功背後的原因[803-805]。本質上，在卷積神經網路中引入殘差連接後，神經網路從深度上隱性地利用了循環的特性。也就是說，多層 Transformer 模型的不同層本身也可以被看作一個處理序列，只是序列中不同位置（對應不同層）的模型參數獨立，而非共用。Transformer 模型的編碼器與解碼器分別由N個結構相同但參數獨立的層堆疊而成，其中，編碼器包含 2 個子層，解碼器包含 3 個子層。同時，子層之間引入了殘差連接，保證了網路資訊傳遞的高效性。因此，一個很自然的想法是透過共用不同層之間的參數，引入循環神經網路中的歸納偏置[806]。其中，每層的權重是共用的，並引入了基於時序的編碼向量，用於顯著區分不同深度下的時序資訊，如圖 15-8 所示。在訓練大容量預訓練模型時，也採取了共用層間參數的方式[807]。

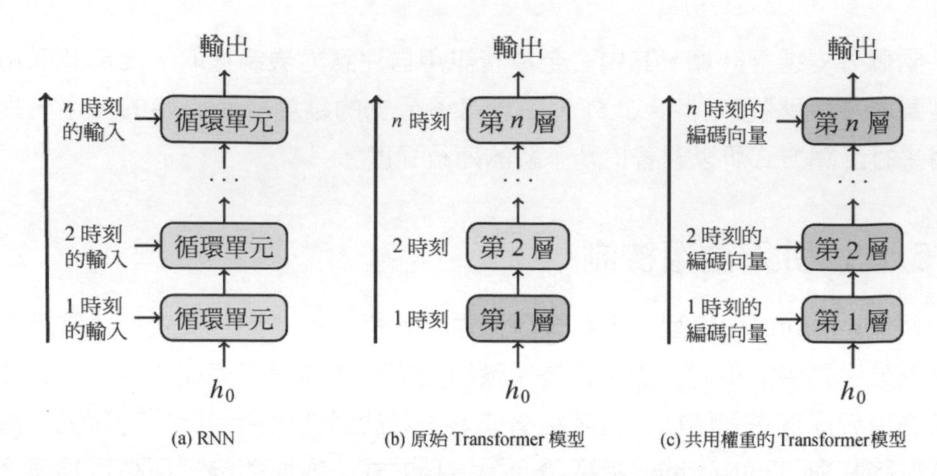

圖 15-8 在 Transformer 模型中引入循環機制

另一種方法是，利用循環神經網路對輸入序列進行編碼，透過門控機制將得到的結果與 Transformer 模型進行融合[808]。融合機制可以採用串列計算或平行計算。

15.1.4 高效的自注意力模型

除了機器翻譯，Transformer 模型同樣被廣泛應用於自然語言理解、影像處理、語音處理等任務中。但是，自注意力機制的時間複雜度是序列長度 N 的平方項，同時其對記憶體（顯存）的消耗巨大，當處理較長序列的文字時，這種問題尤為嚴重。因此，如何提高 Transformer 模型的效率受到廣泛關注。第 14 章已經從模型推斷的角度介紹了 Transformer 模型的加速方法，這裡重點討論一些高效的 Transformer 變種模型。

由於自注意力機制需要計算序列中的每一個位置與其他所有位置的相關性，因此其時間複雜度較高。一個想法是限制自注意力機制的作用範圍，大體上可以分為如下幾種方式：

- 分塊注意力：顧名思義，就是將序列劃分為固定大小的片段，注意力模型只在對應的片段內執行。這樣，每一個片段內的注意力計算成本是固定的，可以大大降低處理長序列時的整體計算時間[809,810]。

- 跨步注意力：該模型是一種稀疏的注意力機制，通常會設置一個固定的間隔，也就是說，在計算注意力表示時，每次跳過固定數量的詞，並將下一個詞納入注意力計算的考慮範圍內[811]。與分片段進行注意力計算類似，假設最終參與注意力計算的間隔長度為N/B，每次參與注意力計算的單字數為B，那麼注意力的計算複雜度將從$O(N^2)$縮減為$O(N/B \times B^2)$，即$O(NB)$。
- 記憶體壓縮注意力：這種方式的主要思想是使用一些操作，如卷積、池化等對序列進行下採樣（Subsampled），以便縮短序列長度。例如，使用跨步卷積（Stride Convolution）來減少 Key 和 Value 的數量，即減少表示序列長度的維度的大小，Query 的數量保持不變，從而減少了注意力權重計算時的複雜度[810]。其計算複雜度取決於跨步卷積時步幅的大小K，可以視為每K個單元做一次特徵融合後，將關注的目標縮減為N/K，整體的計算複雜度為N^2/K。相比於使用前兩種方式對局部進行注意力計算，該方式仍是對全域的建模。

在不同的任務中，可以根據不同的需求使用不同的注意力模型，甚至可以採用多種注意力模型的結合。例如，對 BERT 中的特殊標籤<CLS>來說，需要使用其表示全域資訊，因此使用全域注意力來計算它。而對於其他位置，則可以使用局部注意力提高計算效率。同樣地，也可以針對多頭機制中的不同注意力頭採用不同的計算方式，或者對不同的頭設置不同的局部視窗大小，以此增大感受野，在提高模型計算效率的同時使模型保留全域建模能力。

上述方法都基於預先設定好的超參數來限制注意力機制的作用範圍，因此可以稱這些方法是靜態的。除此之外，還有以資料驅動的方法，這類方法透過模型學習注意力機制的作用範圍。例如，可以將序列分塊，並對序列中的不同單元進行排序或者聚類，之後採用稀疏注意力的計算。下面對部分相關的模型進行介紹：

- Reformer 模型在計算 Key 和 Value 時使用相同的線性映射，共用 Key 和 Value 的值[545]，降低了自注意力機制的複雜度。Reformer 引入了一種局部敏感雜湊注意力機制（Locality Sensitive Hashing Attention，LSH Attention），其提高效率的方式和固定模式中的局部建模一致，減少了注意力機制的計算範圍。對於每一個 Query，透過局部雜湊敏感機制找出和其較為相關的 Key，並進行注意力的計算。局部雜湊敏感注意力機制的基本思路就是距離相近的向量以較大的機率被雜湊分配到一個桶內，距離較遠的向量被分配到一個桶內的機率較低。此外，Reformer 中還採用了一種可逆殘差網路結構（The Reversible Residual Network）和分塊計算前饋神經網路層的機制，即將前饋層的隱藏層維度拆分為多個塊並獨立地進行計算，最後進行拼接操作，得到前饋層的輸出，這種方式大幅減少了記憶體（顯存）佔用。
- Routing Transformer 透過聚類演算法對序列中的不同單元進行分組，分別在組內進行自注意力機制的計算[812]。該方法是將 Query 和 Key 映射到聚類矩陣$\mathbf{S}$：

$$\mathbf{S} = \mathbf{QW} + \mathbf{KW} \tag{15-22}$$

其中，$\mathbf{W}$為映射矩陣。為了保證每個簇內的單字數量一致，利用聚類演算法將$\mathbf{S}$中的向量分配到$\sqrt{N}$個簇中，其中N為序列長度，即分別計算$\mathbf{S}$中每個向量與質心（聚類中心）的距離，並對每個質心取距離最近的若干個節點。

另外，在注意力機制中，對計算效率影響很大的一個因素是 Softmax 函數的計算。第 12 章已經介紹過自注意力機制的計算公式為

$$\mathrm{Attention}(\mathbf{Q},\mathbf{K},\mathbf{V}) = \mathrm{Softmax}\left(\frac{\mathbf{QK}^{\mathrm{T}}}{\sqrt{d_k}}\right)\mathbf{V} \tag{15-23}$$

由於 Softmax 函數的存在，要先進行$\mathbf{QK}^{\mathrm{T}}$的計算，得到$N \times N$的矩陣，其時間複雜度是$O(N^2)$。 假設能夠移除 Softmax 操作，便可以將注意力機制的計算調整為$\mathbf{QK}^{\mathrm{T}}\mathbf{V}$。由於矩陣的運算滿足結合律，可以先進行$\mathbf{K}^{\mathrm{T}}\mathbf{V}$ 的運算，得到$d_k \times d_k$的矩陣，再左乘$\mathbf{Q}$。在長文字處理中，由於多頭機制的存

在，一般有$d_k \ll N$，最終的計算複雜度便可以近似為$O(N)$，從而將注意力機制簡化為線性模型[728,813]。

15.2 神經網路連接最佳化及深層模型

除了對 Transformer 模型中的局部元件進行改進，改進不同層之間的連接方式也十分重要。常見的做法是融合編碼器/解碼器的中間層表示，得到資訊更豐富的編碼/解碼輸出[557,559-561]。同時，利用稠密連接等更豐富的層間連接方式強化或替換殘差連接。

與此同時，雖然採用寬網路的模型（如 Transformer-Big）在機器翻譯、語言模型等任務上表現得十分出色，但伴隨而來的是快速增長的參數量與更大的訓練代價。受限於任務的複雜度與計算裝置的算力，進一步探索更寬的神經網路顯然不是特別高效的手段。因此，研究人員普遍選擇增加神經網路的深度對句子進行更充分地表示。但是，簡單地堆疊很多層的 Transformer 模型並不能帶來性能上的提升，反而會面臨更加嚴重的梯度消失/梯度爆炸的問題。這是由於隨著神經網路變深，梯度無法有效地從輸出層回傳到底層神經網路，造成淺層部分的參數無法得到充分訓練[463,558,814,815]。針對這些問題，可以設計更有利於深層資訊傳遞的神經網路連接和恰當的參數初始化等方法。

如何設計一個足夠「深」的機器翻譯模型仍然是業界關注的熱點問題之一。此外，伴隨著神經網路的繼續變深，將會面臨一些新的問題，例如，如何加速深層神經網路的訓練，如何解決深層神經網路的過擬合問題等。下面將對以上問題展開討論。先對 Transformer 模型的內部資訊流進行分析，然後分別從模型結構和參數初始化兩個角度求解為什麼深層網路難以訓練，並介紹相應的解決方案。

15.2.1 Post-Norm vs Pre-Norm

為了探究為何深層 Transformer 模型很難直接訓練，先對 Transformer 的模型結構進行簡單回顧，詳細內容可以參考第 12 章。以 Transformer 的編碼器為例，在多頭自注意力和前饋神經網路中間，Transformer 模型利用殘差連接[423]和層標準化操作[422]提高資訊的傳遞效率。Transformer 模型大致分為圖 15-9 中的兩種結構——後作方式（Post-Norm）的殘差連接單元和前作方式（Pre-Norm）的殘差連接單元。

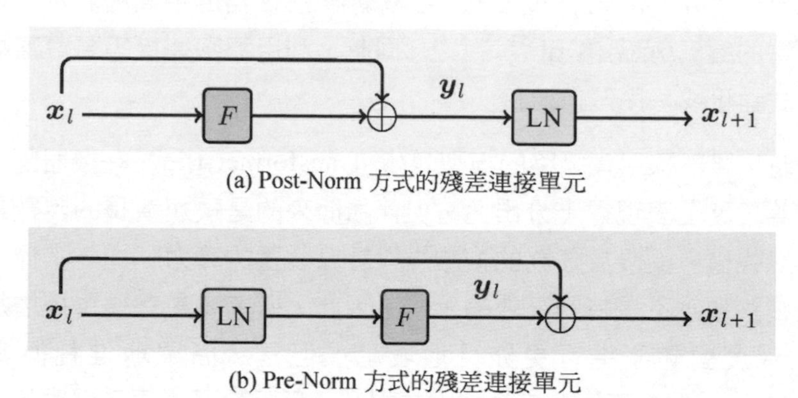

圖 15-9 Post-Norm Transformer 與 Pre-Norm Transformer

令$\mathbf{x}_l$和$\mathbf{x}_{l+1}$表示第l個子層的輸入和輸出[4]，$\mathbf{y}_l$表示中間的臨時輸出；$\mathrm{LN}(\cdot)$展現層標準化操作，幫助減小子層輸出的方差，讓訓練變得更穩定；$F(\cdot)$表示子層所對應的函數，如前饋神經網路、自注意力等。下面分別對 Post-Norm 和 Pre-Norm 進行簡單的描述。

- Post-Norm：早期的 Transformer 遵循的是 Post-Norm 結構[23]。也就是層標準化作用於每一個子層的輸入和輸出的殘差結果上，如圖 15-9(a)

[4] 這裡沿用 Transformer 中的定義，每一層包含多個子層。例如，對於 Transformer 編碼器，每一層包含一個自注意力子層和一個前饋神經網路子層。所有子層都需要進行層標準化和殘差連接。

所示。可以表示為

$$\mathbf{x}_{l+1} = \mathrm{LN}(\mathbf{x}_l + F(\mathbf{x}_l; \boldsymbol{\theta}_l)) \tag{15-24}$$

其中，$\boldsymbol{\theta}_l$是子層l的參數。

- Pre-Norm：透過調整層標準化的位置，將其放置於每一子層的輸入之前，得到 Pre-Norm 結構[816]，如圖 15-9 (b)所示。這種結構也被廣泛應用於最新的 Transformer 開放原始碼系統中[537,694,817]，公式為

$$\mathbf{x}_{l+1} = \mathbf{x}_l + F(\mathrm{LN}(\mathbf{x}_l); \boldsymbol{\theta}_l) \tag{15-25}$$

從式(15-24) 與式(15-25) 中可以發現，在前向傳播的過程中，Pre-Norm 結構可以透過殘差路徑將底層神經網路的輸出直接暴露給上層神經網路。此外，在反向傳播過程中，使用 Pre-Norm 結構也可以使得頂層網路的梯度更容易回饋到底層網路。以一個含有L個子層的結構為例，令 Loss 表示整個神經網路輸出上的損失，$\mathbf{x}_L$為頂層的輸出。對於 Post-Norm 結構，根據連鎖律，損失 Loss 相對於$\mathbf{x}_l$ 的梯度可以表示為

$$\frac{\partial \mathrm{Loss}}{\partial \mathbf{x}_l} = \frac{\partial \mathrm{Loss}}{\partial \mathbf{x}_L} \times \prod_{k=l}^{L-1} \frac{\partial \mathrm{LN}(\mathbf{y}_k)}{\partial \mathbf{y}_k} \times \prod_{k=l}^{L-1} \left(1 + \frac{\partial F(\mathbf{x}_k; \boldsymbol{\theta}_k)}{\partial \mathbf{x}_k}\right) \tag{15-26}$$

其中，$\prod_{k=l}^{L-1} \frac{\partial \mathrm{LN}(\mathbf{y}_k)}{\partial \mathbf{y}_k}$表示在反向傳播過程中，經過層標準化得到的複合函數導數。$\prod_{k=l}^{L-1} (1 + \frac{\partial F(\mathbf{x}_k; \boldsymbol{\theta}_k)}{\partial \mathbf{x}_k})$表示每個子層間殘差連接的導數。

類似地，也能得到 Pre-Norm 結構的梯度計算結果為

$$\frac{\partial \mathrm{Loss}}{\partial \mathbf{x}_l} = \frac{\partial \mathrm{Loss}}{\partial \mathbf{x}_L} \times \left(1 + \sum_{k=l}^{L-1} \frac{\partial F(\mathrm{LN}(\mathbf{x}_k); \boldsymbol{\theta}_k)}{\partial \mathbf{x}_l}\right) \tag{15-27}$$

對比式(15-26) 和式(15-27) 可以看出，Pre-Norm 結構直接把頂層的梯度$\frac{\partial \mathrm{Loss}}{\partial \mathbf{x}_L}$傳遞給下層，如果將式(15-27) 的右側展開，可以發現$\frac{\partial \mathrm{Loss}}{\partial \mathbf{x}_l}$中直接含有$\frac{\partial \mathrm{Loss}}{\partial \mathbf{x}_L}$部分。這個性質弱化了梯度計算對模型深度$L$的依賴；而如式(15-26)右側所示，Post-Norm 結構包含一個與L相關的多項導數的積，伴隨著L的

增大，更容易發生梯度消失和梯度爆炸問題。因此，Pre-Norm 結構更適於堆疊多層神經網路的情況。例如，使用 Pre-Norm 結構可以很輕鬆地訓練一個 30 層（60 個子層）編碼器的 Transformer 網路，並帶來可觀的 BLEU 提升。這個結果相當於標準 Transformer 編碼器深度的 6 倍，而用 Post-Norm 結構訓練深層網路時，訓練結果很不穩定。當編碼器的深度超過 12 層後，很難完成有效訓練[463]，尤其是在使用低精度參數進行訓練時，更容易出現損失函數發散的情況。這裡，將使用 Pre-Norm 的深層 Transformer 模型稱為 Transformer-Deep。

另一個有趣的發現是，使用深層網路後，網路可以更有效地利用較大的學習率和較大的批次訓練，大幅縮短了模型達到收斂狀態的時間。相比於 Transformer-Big 等寬網路，Transformer-Deep 並不需要太大的隱藏層維度就可以取得更優的翻譯品質[463]。也就是說，Transformer-Deep 是一個更「窄」、更「深」的神經網路。這種結構的參數量比 Transformer-Big 少，系統運行的效率更高。

此外，研究人員發現，當編碼器使用深層模型之後，解碼器使用更淺的模型依然能夠維持很好的翻譯品質。這是由於解碼器也會對來源語言資訊進行加工和抽象，當編碼器變深之後，解碼器對來源語言的加工就不那麼重要了，因此，可以減少解碼器的深度。這樣做的一個直接好處是：可以透過減少解碼器的深度提高翻譯速度。在一些對翻譯延遲時間敏感的場景中，這種架構是極具潛力的[775,776,818]。

15.2.2 高效資訊傳遞

儘管使用 Pre-Norm 結構可以很容易地訓練深層 Transformer 模型，但從資訊傳遞的角度看，Transformer 模型中第 l 層的輸入僅依賴於前一層的輸出。雖然殘差連接可以跨層傳遞資訊，但是對於很深（模型層數多）的模型，整個模型的輸入和輸出之間仍需要經過很多次殘差連接。

為了使上層的神經網路可以更方便地存取下層神經網路的資訊，最簡單的方法是引入更多的跨層連接。引入跨層連接的一種方式是直接將所有層的輸出連接到最上層，達到聚合多層資訊的目的[557-559]。另一種更有效的方式是在網路前向計算的過程中建立當前層表示與之前層表示之間的關係，例如，使用動態線性聚合方法[463]（Dynamic Linear Combination of Layers，DLCL）和動態層聚合方法[561]。這兩種方法的共通性在於，在每一層的輸入中不僅考慮前一層的輸出，而且將前面所有層的中間結果（包括詞嵌入表示）進行聚合，利用稠密的層間連接提高了網路中資訊傳遞的效率（前向計算和反向計算）。DLCL 利用線性的層融合手段來保證計算的時效性，主要用於深層神經網路的訓練，它在理論上等價於常微分方程中的高階求解方法[463]。此外，為了進一步增強上層神經網路對底層表示的利用，研究人員從多尺度的角度對深層的編碼器進行分塊，並使用 GRU 來捕捉不同塊之間的聯繫，得到更高層次的表示。該方法可以看作對動態線性聚合網路的延伸。接下來，分別對上述改進方法展開討論。

1. 使用更多的跨層連接

圖 15-10 描述了一種引入更多跨層連接的結構的方法，即層融合方法。在模型的前向計算過程中，假設編碼器的總層數為L，當完成編碼器L層的逐層計算後，透過線性平均、加權平均等機制對模型的中間層表示進行融合，得到蘊含所有層資訊的表示$\mathbf{g}$，作為編碼-解碼注意力機制的輸入，與總共有M層的解碼器共同處理解碼資訊。

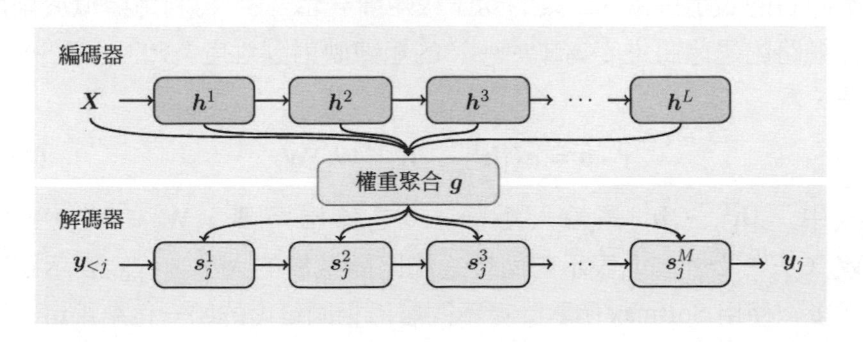

圖 15-10 層融合方法

令$\mathbf{h}^i$是編碼器第i層的輸出，$\mathbf{s}_j^k$是解碼器生成第j個單字時第k層的輸出。層融合機制可以大致分為如下幾種：

- 線性平均，即平均池化，對各層中間表示進行累加，取平均值，表示如下：

$$\mathbf{g} = \frac{1}{L}\sum_{l=1}^{L} \mathbf{h}^l \tag{15-28}$$

- 權重平均。在線性平均的基礎上，為每一個中間層表示指定一個相應的權重。權重的值通常採用可學習的參數矩陣$\mathbf{W}_l$表示。這種方法通常會略優於線性平均方法。可以用如下方式描述：

$$\mathbf{g} = \sum_{l=1}^{L} \mathbf{W}_l \mathbf{h}^l \tag{15-29}$$

- 前饋神經網路。將之前中間層的表示進行串聯，之後利用前饋神經網路得到融合的表示，為

$$\mathbf{g} = \mathrm{FNN}([\mathbf{h}^1, \cdots, \mathbf{h}^L]) \tag{15-30}$$

其中，$[\cdot]$表示串聯操作。這種方式具有比權重平均更強的擬合能力。

- 基於多跳注意力（Multi-hop Attemtion）機制。 圖 15-11 展示了一種基於多跳注意力機制的層融合方法，其做法與前饋神經網路類似，先將不同層的表示拼接成二維的句子級矩陣表示[532]，再利用類似於前饋神經網路的思想將維度為$\mathbb{R}^{d_{\mathrm{model}} \times L}$的矩陣映射到維度為$\mathbb{R}^{d_{\mathrm{model}} \times n_{\mathrm{hop}}}$的矩陣，為

$$\mathbf{o} = \sigma([\mathbf{h}^1, \cdots, \mathbf{h}^L]^{\mathrm{T}} \mathbf{W}_1) \mathbf{W}_2 \tag{15-31}$$

其中，$[\mathbf{h}^1, \cdots, \mathbf{h}^L]$是輸入矩陣，$\mathbf{o}$是輸出矩陣，$\mathbf{W}_1 \in \mathbb{R}^{d_{\mathrm{model}} \times d_{\mathrm{a}}}$，$\mathbf{W}_2 \in \mathbb{R}^{d_{\mathrm{a}} \times n_{\mathrm{hop}}}$，$d_{\mathrm{a}}$表示前饋神經網路隱藏層的大小，$n_{\mathrm{hop}}$表示跳數。然後，使用 Softmax 函數計算不同層沿相同維度的歸一化結果$\mathbf{u}_l$：

$$\mathbf{u}_l = \frac{\exp(\mathbf{o}_l)}{\sum_{i=1}^{L} \exp(\mathbf{o}_i)} \tag{15-32}$$

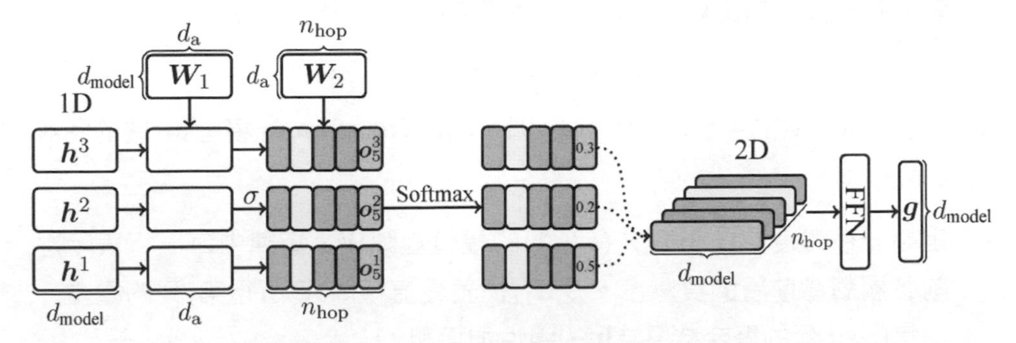

圖 15-11 基於多跳注意力機制的層融合方法

透過向量積操作得到維度為$\mathbb{R}^{d_{\text{model}} \times n_{\text{hop}}}$的稠密表示$\mathbf{v}_l$：

$$\mathbf{v}_l = [\mathbf{h}^1, \cdots, \mathbf{h}^L]\mathbf{u}_l \tag{15-33}$$

透過單層的前饋神經網路得到最終的融合表示 ：

$$\mathbf{g} = \text{FNN}([\mathbf{v}_1, \cdots, \mathbf{v}_L]) \tag{15-34}$$

上述工作更多應用於淺層的 Transformer 模型中，這種僅在編碼器頂部使用融合機制的方法並沒有在深層 Transformer 模型上得到有效的驗證。主要原因是融合機制僅作用於編碼器或解碼器的頂層，對中間層的資訊傳遞效率並沒有顯著提升。因此，當網路深度較深時，這種方法的資訊傳遞仍然不夠高效，但這種「靜態」的融合方式為深層 Transformer 模型的研究奠定了基礎。例如，可以使用透明注意力網路[558]，即在權重平均的基礎上，引入了一個權重矩陣，其核心思想是，讓解碼器中每一層的編碼-解碼注意力模組都接收不同比例的編碼資訊，而非使用相同的融合表示。

2. 動態層融合

如何進一步提高資訊的傳遞效率？本節介紹的動態層融合可以更充分地利用之前層的資訊，其神經網路連接更加稠密，模型表示能力更強

[463,464,558]。以基於 Pre-Norm 結構的 DLCL 中的編碼器為例，具體做法如下：

- 對於每一層的輸出$\mathbf{x}_l$，對其進行層標準化，得到每一層的資訊表示，為

$$\mathbf{h}^l = \mathrm{LN}(\mathbf{x}_l) \tag{15-35}$$

$\mathbf{h}^0$表示詞嵌入層的輸出$\mathbf{X}$，$\mathbf{h}^l$（$l > 0$）代表 Transformer 模型第l層的隱藏層表示。

- 定義一個維度為$(L+1) \times (L+1)$的權值矩陣$\mathbf{W}$，矩陣中每一行表示之前各層對當前層的貢獻度。令$W_{l,i}$代表權值矩陣$\mathbf{W}$第l行第i列的權重，則第$0 \sim l$ 層的聚合結果為$\mathbf{h}_i$的線性加權和：

$$\mathbf{g}^l = \sum_{i=0}^{l} \mathbf{h}^i \times W_{l,i} \tag{15-36}$$

$\mathbf{g}^l$會作為輸入的一部分送入第$l+1$層，其網路結構如圖 15-12 所示。

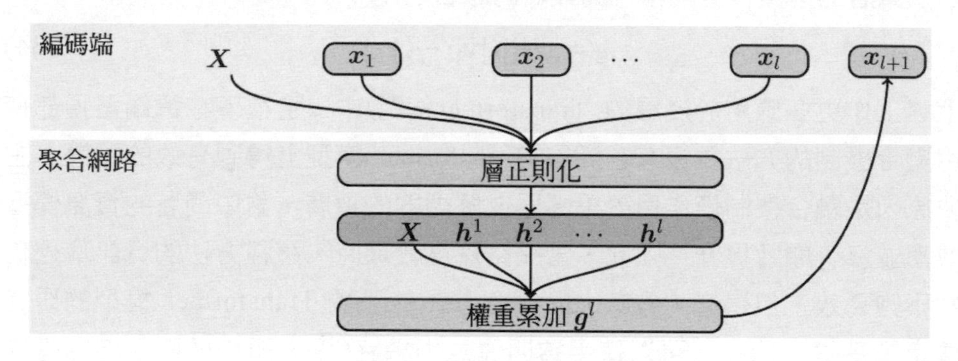

圖 15-12 線性層聚合網路結構

根據上述描述可以發現，權值矩陣$\mathbf{W}$的每個位置的值由先前層對應位置的值計算得到，因此，該矩陣是一個下三角矩陣。開始時，對權值矩陣的每行進行平均初始化，即初始化矩陣$\mathbf{W}_0$的每一行各個位置的值為$\frac{1}{\lambda}$，$\lambda \in (1,2,\cdots,l+1)$。伴隨著神經網路的訓練，不斷更新$\mathbf{W}$中每一行不同位置權重的大小。

動態線性層聚合的一個好處是，系統可以自動學習不同層對當前層的貢獻度。在實驗中也發現，離當前層更近的部分的貢獻度（權重）會更大，圖 15-13 展示了對收斂的 DLCL 網路進行權重視覺化的結果，在每一行中，顏色越深，代表對當前層的貢獻度越大。

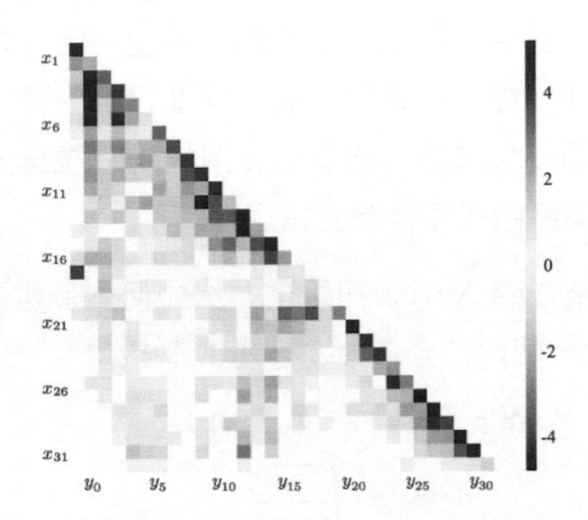

圖 15-13 對收斂的 DLCL 網路進行權重視覺化的結果[463]

除了動態層線性聚合方法，也可以利用更複雜的膠囊網路[561]、樹狀層次結構[559]、多尺度協作框架[819]等作為層間的融合方式。然而，也有研究發現，進一步增加模型編碼器的深度並不能取得更優的翻譯性能。因此，如何進一步突破神經網路深度的限制是值得關注的研究方向，類似的話題在影像處理領域也引起了廣泛討論[820-823]。

15.2.3 面向深層模型的參數初始化策略

對於深層神經機器翻譯模型，除了神經網路結構的設計，合適的模型參數初始化策略同樣十分重要，如 Transformer 模型中的參數矩陣採用了 Xavier 初始化方法[472]。該方法可以保證在訓練過程中各層啟動函數的輸出和梯度的方差的一致性，即同時保證每層在前向和反向傳播時輸入和輸出的方差相同。這類方法常用於初始化淺層神經網路，在訓練深層 Transformer 模型時表現不佳[472]。因此，研究人員針對深層網路的參數初始化方法進行了探索：

1. 基於深度縮放的初始化策略

隨著神經網路層數的加深，輸入的特徵要經過很多的線性及非線性變換，受神經網路中啟動函數導數值域範圍和連乘操作的影響，常常會帶來梯度爆炸或梯度消失的問題。出現這個問題的原因是過多地堆疊網路層數時，無法保證反向傳播過程中每層梯度方差的一致性，因此在深層模型中，採用的很多標準化方式（如層標準化、批次標準化等）都是從方差一致性的角度來解決問題，即將各層輸出的取值範圍控制在啟動函數的梯度敏感區域，從而維持神經網路中梯度傳遞的穩定性。

為了說明問題，先來介紹 Xavier 初始化方法如何對參數矩陣$\mathbf{W}$進行初始化[472]。具體做法是從一個均勻分佈中進行隨機採樣：

$$\mathbf{W} \in \mathbb{R}^{n_i \times n_o} \sim u(-\gamma, \gamma) \tag{15-37}$$

$$\gamma = \sqrt{\frac{6}{n_i + n_o}} \tag{15-38}$$

其中，$u(-\gamma, \gamma)$表示$-\gamma$與γ間的均勻分佈，n_i和n_o分別為線性變換$\mathbf{W}$中輸入和輸出的維度，也就是上一層神經元的數量和下一層神經元的數量。透過使用這種初始化方式，可維持神經網路在前向與反向計算過程中，每一層的輸入與輸出方差的一致性[824]。

令模型中某層神經元的輸出表示為$Z = \sum_{j=1}^{n_i} w_j x_j$。可以看出，$Z$的核心是計算兩個變數$w_j$和$x_j$的乘積。兩個變數乘積的方差的展開式為

$$\mathrm{Var}(w_j x_j) = E[w_j]^2 \mathrm{Var}(x_j) + E[x_j]^2 \mathrm{Var}(w_j) + \mathrm{Var}(w_j)\mathrm{Var}(x_j) \tag{15-39}$$

其中，$\mathrm{Var}(\cdot)$表示求方差操作，在大多數情況下，現有模型中的各種標準化方法可以維持$E[w_j]^2$和$E[x_j]^2$等於或近似 0。並且，此時可以假設輸入$x_j(1 < j < n_j)$獨立同分佈，因此可以使用x表示輸入服從的分佈，並且對於參數w_j也可以有同樣的表示w。此時，模型中一層神經元輸出的方差可以表示為

$$\mathrm{Var}(Z) = \sum_{j=1}^{n_i} \mathrm{Var}(x_j)\mathrm{Var}(w_j)$$
$$= n_i \mathrm{Var}(w)\mathrm{Var}(x) \quad (15\text{-}40)$$

透過觀察式(15-40) 可以發現，在前向傳播的過程中，當$\mathrm{Var}(w) = \frac{1}{n_i}$時，可以保證每層的輸入和輸出的方差一致。類似地，透過相關計算可知，為了保證模型中每一層的輸入和輸出的方差一致，反向傳播時應有$\mathrm{Var}(w) = \frac{1}{n_o}$，透過對兩種情況取平均值，控制參數$w$的方差為$\frac{2}{n_i+n_o}$，則可以維持神經網路在前向與反向計算過程中，每一層的輸入與輸出方差的一致性。若將參數初始化為一個服從邊界為$[-a, b]$的均勻分佈，那麼其方差為$\frac{(b+a)^2}{12}$。為了達到w的取值要求，初始化時應有$a = b = \sqrt{\frac{6}{n_i+n_o}}$。

隨著神經網路層數的增加，上述初始化方法已經不能極佳地約束基於 Post-Norm 的 Transformer 模型的輸出方差。當神經網路堆疊很多層時，模型頂層輸出的方差較大，同時，反向傳播時，頂層的梯度範數也要大於底層的。因此，一個很自然的想法是根據網路的深度對不同層的參數矩陣採取不同的初始化方式，進而強化對各層輸出方差的約束，可以描述為

$$\mathbf{W} \in \mathbb{R}^{n_i \times n_o} \sim u\left(-\gamma \frac{\alpha}{\sqrt{l}}, \gamma \frac{\alpha}{\sqrt{l}}\right) \quad (15\text{-}41)$$

其中，l為對應的神經網路的深度，α為預先設定的超參數，用來控制縮放的比例。可以透過縮減頂層神經網路輸出與輸入之間的差異，讓啟動函數的輸入分佈保持在一個穩定狀態，盡可能地避免它們陷入梯度飽和區。

2. Lipschitz 初始化策略

2.1 節已經介紹了，在 Pre-Norm 結構中，每一個子層的輸入為$\mathbf{x}_{l+1}^{\mathrm{pre}} = \mathbf{x}_l + \mathbf{y}_l$，其中$\mathbf{x}_l$為當前子層的輸入，$\mathbf{y}_l$為$\mathbf{x}_l$經過自注意力或前饋神經網路計算後得到的子層輸出。在 Post-Norm 結構中，在殘差連接之後還要進行層標準化操作，具體計算流程為

- 計算均值：$\boldsymbol{\mu} = \text{mean}(\mathbf{x}_l + \mathbf{y}_l)$
- 計算方差：$\boldsymbol{\sigma} = \text{std}(\mathbf{x}_l + \mathbf{y}_l)$
- 根據均值和方差對輸入進行放縮，如下：

$$\mathbf{x}_{l+1}^{\text{post}} = \frac{\mathbf{x}_l + \mathbf{y}_l - \boldsymbol{\mu}}{\boldsymbol{\sigma}} \cdot \mathbf{w} + \mathbf{b} \tag{15-42}$$

其中，$\mathbf{w}$和$\mathbf{b}$為可學習參數。進一步將式(15-42) 展開，可得

$$\begin{aligned}\mathbf{x}_{l+1}^{\text{post}} &= \frac{\mathbf{x}_l + \mathbf{y}_l}{\boldsymbol{\sigma}} \cdot \mathbf{w} - \frac{\boldsymbol{\mu}}{\boldsymbol{\sigma}} \cdot \mathbf{w} + \mathbf{b} \\ &= \frac{\mathbf{w}}{\boldsymbol{\sigma}} \cdot \mathbf{x}_{l+1}^{\text{pre}} - \frac{\mathbf{w}}{\boldsymbol{\sigma}} \cdot \boldsymbol{\mu} + \mathbf{b}\end{aligned} \tag{15-43}$$

可以看出，相比於 Pre-Norm 的計算方式，基於 Post-Norm 的 Transformer 模型中子層的輸出為 Pre-Norm 形式的$\frac{\mathbf{w}}{\boldsymbol{\sigma}}$倍。當$\frac{\mathbf{w}}{\boldsymbol{\sigma}} < 1$時，$\mathbf{x}_l$較小，輸入與輸出之間的差異過大，導致深層 Transformer 模型難以收斂。Lipschitz 初始化策略透過維持條件$\frac{\mathbf{w}}{\boldsymbol{\sigma}} > 1$，保證網路輸入與輸出範數一致，進而緩解梯度消失的問題[825]。一般情況下，$\mathbf{w}$可以被初始化為 1，因此，Lipschitz 初始化方法最終的約束條件為

$$0 < \boldsymbol{\sigma} = \text{std}(\mathbf{x}_l + \mathbf{y}_l) \leq 1 \tag{15-44}$$

3. T-Fixup 初始化策略

另一種初始化方法是從神經網路結構與最佳化器的計算方式入手。Post-Norm 結構在 Warmup 階段難以精確地估計參數的二階動量，這導致了訓練不穩定的問題[826]。也就是說，層標準化是導致深層 Transformer 模型難以最佳化的主要原因之一[463]。在 Post-Norm 結構下，Transformer 模型的底層網路，尤其是編碼器的詞嵌入層面臨嚴重的梯度消失問題。出現該問題的原因在於，在不改變層標準化位置的前提下，Adam 最佳化器利用滑動平均的方式估計參數的二階矩，其方差是無界的。在訓練階段的前期，模型只能看到有限數量的樣本，因此很難有效地估計參數的二階矩，導致反向更新參數時參數的梯度方差過大。

除了用 Pre-Norm 代替 Post-Norm 結構來訓練深層網路，也可以採用去除

Warmup 策略並移除層標準化機制的方式，並對神經網路中不同的參數矩陣制定相應的縮放機制，來保證訓練的穩定性[826]。具體的縮放策略如下：

- 類似於標準的 Transformer 模型初始化方式，使用 Xavier 初始化方式來初始化除詞嵌入以外的所有參數矩陣。詞嵌入矩陣服從$\mathbb{N}(0, d^{-\frac{1}{2}})$的高斯分佈，其中$d$代表詞嵌入的維度。
- 對編碼器中部分自注意力機制的參數矩陣及前饋神經網路的參數矩陣進行縮放因數為 $0.67\ L^{-\frac{1}{4}}$的縮放，對編碼器中詞嵌入的參數矩陣進行縮放因數為$(9L)^{-\frac{1}{4}}$的縮放， 其中L為編碼器的層數。
- 對解碼器中部分注意力機制的參數矩陣、前饋神經網路的參數矩陣，以及解碼器詞嵌入的參數矩陣進行縮放因數為$(9M)^{-\frac{1}{4}}$的縮放，其中M為解碼器的層數。

這種初始化方法由於沒有 Warmup 策略，學習率會從峰值退火，並且退火過程由參數的更新次數決定，這種方法大幅增加了模型收斂的時間。因此，如何進一步加快該初始化方法下模型的收斂速度是比較關鍵的問題。

4. ADMIN 初始化策略

也有研究發現，Post-Norm 結構在訓練過程中過度依賴殘差支路，在訓練初期很容易發生參數梯度方差過大的現象[815]。經過分析發現，雖然底層神經網路發生梯度消失是導致訓練不穩定的重要因素，但並不是唯一因素。例如，在標準 Transformer 模型中，梯度消失的原因是使用了 Post-Norm 結構的解碼器。雖然透過調整模型結構解決了梯度消失問題，但模型訓練不穩定的問題仍然沒有被極佳地解決。研究人員觀測到 Post-Norm 結構在訓練過程中過於依賴殘差支路，而 Pre-Norm 結構在訓練過程中逐漸呈現出對殘差支路的依賴性，這更易於網路的訓練。從參數更新的角度看，在 Pre-Norm 結構中，參數更新後網路輸出的方差與參數更新前網路輸出的方差變化了$O(\log L)$，而 Post-Norm 結構對應的變化為$O(L)$。因此，可以嘗試減小 Post-Norm 結構中由於參數更新導致的輸出的方差值，從而達到穩定訓練的目的。針對該問題，可以採用兩階段的初始化方法。這裡，可以重新定義子層之間的殘差連接為

$$\mathbf{x}_{l+1} = \mathbf{x}_l \odot \boldsymbol{\omega}_{l+1} + F_{l+1}(\mathbf{x}_l) \tag{15-45}$$

其兩階段的初始化方法如下：

- Profiling 階段：$\boldsymbol{\omega}_{l+1} = 1$，只進行前向計算，無須進行梯度計算。在訓練樣本上計算$F_{l+1}(\mathbf{x}_l)$的方差。
- Initialization 階段：透過 Profiling 階段得到的$F_{l+1}(\mathbf{x}_l)$的方差來初始化$\boldsymbol{\omega}_{l+1}$：

$$\boldsymbol{\omega}_{l+1} = \sqrt{\sum_{j<l} \mathrm{Var}[F_{l+1}(\mathbf{x}_l)]} \tag{15-46}$$

這種動態的參數初始化方法不受限於具體的模型結構，有較好的通用性。

15.2.4 深層模型的訓練加速

儘管窄而深的神經網路比寬網路有更快的收斂速度[463]，但伴隨著訓練資料的增加，以及模型的不斷加深，訓練代價成為不可忽視的問題。例如，在幾千萬甚至上億的雙語平行句對上訓練一個 48 層的 Transformer 模型需要幾周才能收斂[5]。因此，在保證模型性能不變的前提下，高效率地完成深層模型的訓練也是至關重要的。

1 漸進式訓練

所謂漸進式訓練是指從淺層神經網路開始，在訓練過程中逐漸增加模型的深度。一種比較簡單的方式是將模型分為淺層部分和深層部分，之後分別進行訓練，最終達到提高模型翻譯性能的目的[827]。

[5] 訓練時間的估算是在單台 8 卡 Titan V GPU 伺服器上得到的。

另一種方式是動態建構深層模型，並盡可能地重複使用淺層部分的訓練結果[464]。假設開始時模型包含l層神經網路，然後訓練這個模型至收斂。之後，直接複製這l層神經網路（包括參數），並堆疊出一個$2l$ 層的模型。繼續訓練，重複這個過程。進行n次之後就獲得了$(n+1)\times l$層的模型。圖 15-14 舉出了在編碼器上使用漸進式訓練的示意圖。

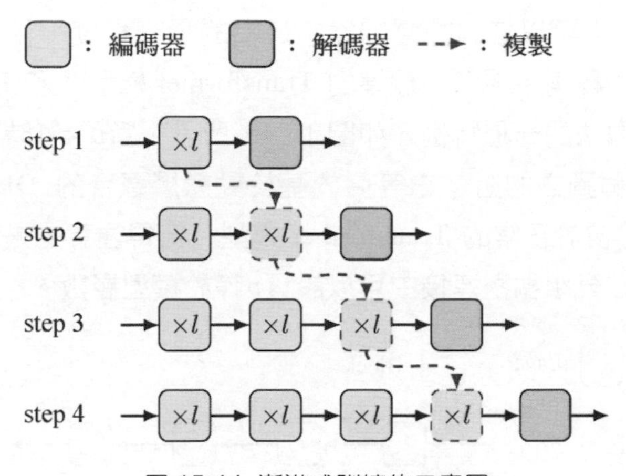

圖 15-14 漸進式訓練的示意圖

漸進式訓練的好處在於深層模型並不是從頭開始訓練的。每一次堆疊，都相當於利用「淺」模型給「深」模型提供一個很好的初始狀態，這樣深層模型的訓練會更容易。

2. 分組稠密連接

很多研究工作表明，深層模型不同層之間的稠密連接能夠很明顯地提高資訊傳遞的效率[463,559,827,828]。與此同時，對之前層資訊的不斷重複使用有助於得到更好的表示，但也帶來了計算代價過大的問題。在 DLCL 中，每一次聚合時都需要重新計算之前每一層表示對當前層輸入的貢獻度，因此，伴隨著編碼器整體深度的增加，這部分的計算代價變得不可忽略。例如，一個基於動態層聚合的 48 層 Transformer 模型比不使用動態層聚合的模型在進行訓練時的速度慢近 2 倍。同時，快取中間結果也增加了顯存的使用量。例如，即使在使用半精度計算的情況下，每張 12GB 顯存的 GPU 上計算的詞也不能超過 2048 個，否則會導致訓練負擔急劇增大。

緩解這個問題的一種方法是使用更稀疏的層間連接方式，其核心思想與 DLCL 類似，不同點在於可以透過調整層之間連接的稠密程度降低訓練代價。例如，可以將每p層分為一組，DLCL 只在不同組之間進行。這樣，透過調節p值的大小可以控制神經網路中連接的稠密程度，作為訓練代價與翻譯性能之間的權衡。顯然，標準的 Transformer 模型[23]和 DLCL 模型[463]都可以看作該方法的一種特例。如圖 15-15 所示，當$p = 1$時，每一個單獨的塊被看作一個獨立的組，它等價於基於動態層聚合的 DLCL 模型；當$p = \infty$時，它等價於正常的 Transformer 模型。值得注意的是，如果配合漸進式訓練，則在分組稠密連接中可以設置p等於模型層數。

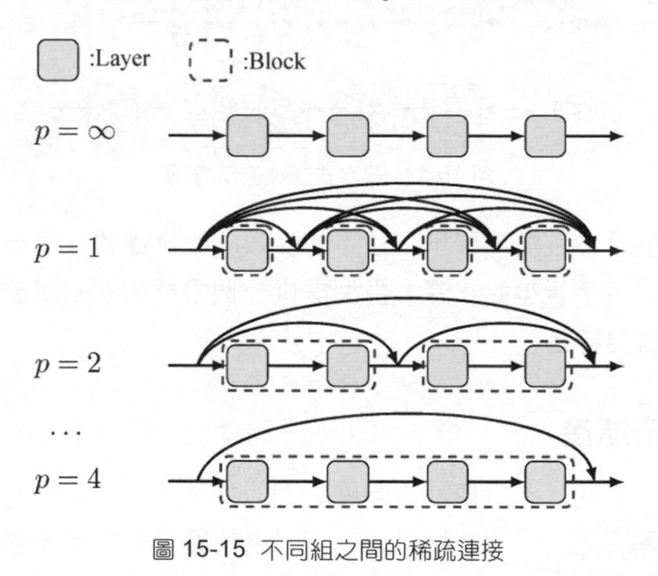

圖 15-15 不同組之間的稀疏連接

3. 學習率重置

儘管漸進式訓練策略與分組稠密連接結構都可以加速深層模型的訓練，但使用傳統的學習率衰減策略會導致訓練深層模型時的學習率較小，因此模型無法快速達到收斂狀態，同時影響最終的模型性能。

圖 15-16 對比了使用學習率重置與不使用學習率重置的學習率曲線，其中的紅色曲線描繪了在 WMT 英德翻譯任務上標準 Transformer 模型的學習率曲線，可以看出，模型訓練到 40k 步時的學習率與學習率的峰值有明顯的差距，而此時剛開始訓練最終的深層模型，過小的學習率並不利於後期深層網路的充分訓練。

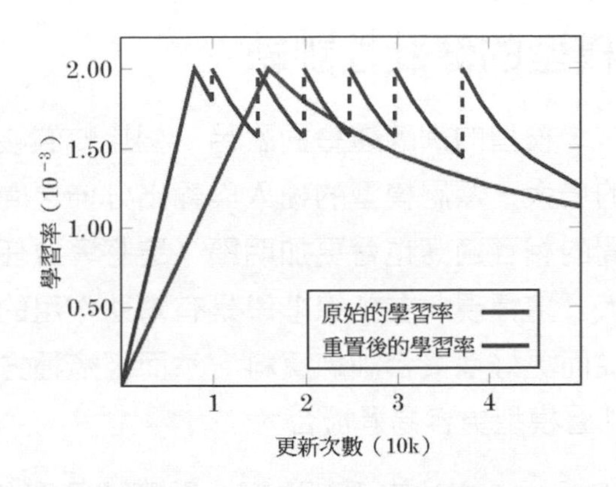

圖 15-16 使用學習率重置與不使用學習率重置的學習率曲線

針對該問題的一個解決方案是修改學習率曲線的衰減策略，如圖 15-16 所示，圖中藍色的曲線是修改後的學習率曲線。先在訓練的初期讓模型快速達到學習率的峰值（線性遞增），然後神經網路的深度每增加l層，都會將當前的學習率的值重置到峰值點。之後，根據訓練的步數對其進行相應的衰減。具體步驟如下：

（1）在訓練初期，模型會先經歷一個學習率預熱的過程：

$$\mathrm{lr} = d_{\mathrm{model}}^{-0.5} \cdot \mathrm{step\_num} \cdot \mathrm{warmup\_steps}^{-0.5} \tag{15-47}$$

這裡，step_num 表示參數更新的次數，warmup_step 表示預熱的更新次數，d_{model}表示 Transformer 模型的隱藏層大小，lr 是學習率。

（2）在之後的訓練過程中，每當增加模型深度時，學習率都會重置到峰值，並進行相應的衰減：

$$\mathrm{lr} = d_{\mathrm{model}}^{-0.5} \cdot \mathrm{step\_num}^{-0.5} \tag{15-48}$$

step_num 代表學習率重置後更新的步數。

綜合使用漸進式訓練、分組稠密連接、學習率重置策略，可以在翻譯品質不變的前提下，縮減近 40%的訓練時間[464]。同時，伴隨著模型的加深與資料集的增大，由上述方法帶來的加速比也會進一步增大。

15.2.5 深層模型的健壯性訓練

伴隨著網路的加深，模型的訓練還會面臨另一個比較嚴峻的問題——過擬合。由於參數量的增大，深層模型的輸入與輸出分佈之間的差異會越來越大，不同子層之間的相互適應也會更加明顯，這將導致任意子層網路對其他子層的依賴過大。這種現象在訓練階段是有幫助作用的，因為不同子層可以協作工作，從而更好地擬合訓練資料。然而，這種方式也降低了模型的泛化能力，即深層模型更容易過擬合。

通常，可以使用 Dropout 方法來緩解過擬合問題（見第 13 章）。不幸的是，儘管目前 Transformer 模型使用了多種 Dropout 方法（如 Residual Dropout、Attention Dropout、 ReLU Dropout 等），但過擬合問題在深層模型中仍然存在。圖 15-17 展示了 WMT16 英德翻譯任務的驗證集與訓練集的困惑度，從中可以看出，圖 15-17(a)所示的深層模型與圖 15-17(b)所示的淺層模型相比，深層模型在訓練集和驗證集的 PPL 上都有明顯的優勢，並且在訓練一段時間後出現驗證集 PPL 上漲的現象，説明模型在訓練資料上過擬合。

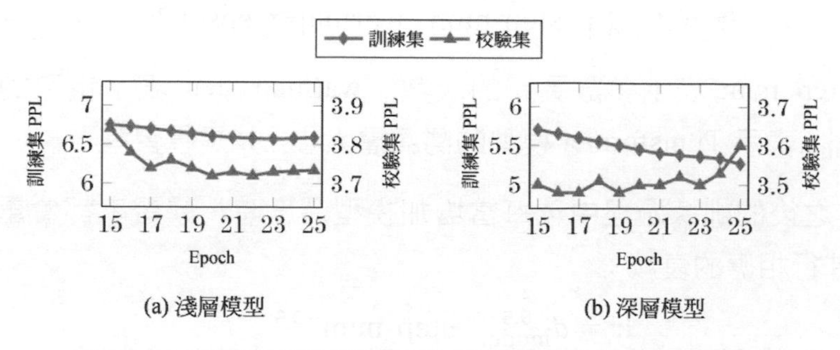

圖 15-17 WMT16 英德翻譯任務的驗證集與訓練集的困惑度

第 13 章提到的 Layer Dropout 方法可以有效地緩解過擬合的問題。以編碼器為例， Layer Dropout 方法的操作過程可以被描述為：在訓練過程中，對自注意力子層或前饋神經網路子層進行隨機丟棄，以減少不同子層之間的相互適應。這裡選擇 Pre-Norm 結構作為基礎架構，它可以被描述為

$$\mathbf{x}_{l+1} = F(\mathrm{LN}(\mathbf{x}_l)) + \mathbf{x}_l \tag{15-49}$$

其中，$\mathrm{LN}(\cdot)$展現層標準化函數， $F(\cdot)$表示自注意力機制或前饋神經網路，$\mathbf{x}_l$表示第l個子層的輸入。之後，使用一個遮罩 Mask（值為 0 或 1）來控制每個子層的計算方式。於是，該子層的計算公式可以被重寫為

$$\mathbf{x}_{l+1} = \mathrm{Mask} \cdot F(\mathrm{LN}(\mathbf{x}_l)) + \mathbf{x}_l \tag{15-50}$$

$\mathrm{Mask} = 0$代表該子層被丟棄，而$\mathrm{Mask} = 1$代表正常進行當前子層的計算。圖 15-18 展示了這個方法與標準的 Pre-Norm 結構的區別。

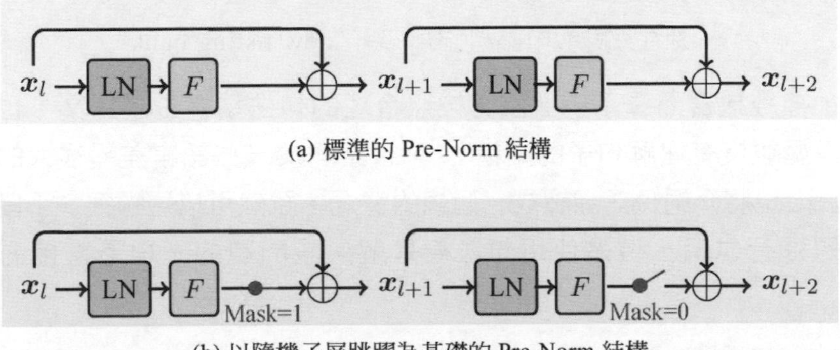

圖 15-18 標準的 Pre-Norm 結構與基於隨機子層跳躍的 Pre-Norm 結構

除此之外，在殘差網路中，研究人員已經發現底層神經網路的作用是對輸入進行抽象表示，而上層神經網路會進一步修正這種表示來擬合訓練目標，因此，底層神經網路對模型最終的輸出有很大的影響[804]。該結論同樣適用於 Transformer 模型，例如，在訓練中，殘差支路及底層的梯度範數通常比較大，這也間接表明底層神經網路在整個最佳化過程中需要更大的更新。考慮到這個因素，在設計每一個子層被丟棄的機率時，可以採用自底向上線性增大的策略，保證底層的神經網路相比於頂層更容易保留。

15.3 基於句法的神經機器翻譯模型

在統計機器翻譯時代，使用句法資訊是一種非常有效的機器翻譯建模手段（見第 8 章）。由於句法是人類運用語言的高級抽象結果，使用句法資訊（如句法樹）可以幫助機器翻譯系統對句子結構進行建模。例如，利用句法樹提升譯文語法結構的正確性。在神經機器翻譯中，大多數框架均基於詞串進行建模，因此在模型中引入句法樹等結構也很有潛力[829]。具體來說，由於傳統神經機器翻譯模型缺少對句子結構的理解，會導致一些翻譯問題：

- 過度翻譯問題，如：

  「兩/個/女孩」 → "two girls and two girls"

- 翻譯不連貫問題，如：

  「新生/銀行/申請/上市」 → "new listing bank"

顯然，神經機器翻譯系統並沒有按照合理的句法結構生成譯文。也就是說，模型並沒有理解句子的結構[829]，甚至對於一些語言差異很大的語言對，會出現將介詞短語翻譯成一個詞的情況。雖然可以透過很多手段對上述問題進行求解，但是使用句法樹是解決該問題的一種最直接的方法[830]。

那麼在神經機器翻譯中，如何將這種離散化的樹結構融入基於分散式表示的翻譯模型中呢？有以下兩種策略：

- 將句法資訊加入編碼器，使編碼器更充分地表示來源語言句子。
- 將句法資訊加入解碼器，使翻譯模型生成更符合句法的譯文。

15.3.1 在編碼器中使用句法資訊

在編碼器中，使用句法資訊有兩種思路，一種思路是在編碼器中顯性地使用樹結構進行建模，另一種思路是把句法資訊作為特徵，輸入傳統的序列編碼器中。這兩種思路與統計機器翻譯中基於句法樹結構的模型和基於句法特徵的模型十分相似（見第 8 章）。

1. 基於句法樹結構的模型

使用句法資訊的一種簡單的方法是將來源語言句子編碼成一個二元樹結構[6]，樹節點的資訊是由左子樹和右子樹變換而來，如式(15-51) 所示：

$$\mathbf{h}_{\mathrm{p}} = f_{\mathrm{tree}}(\mathbf{h}_{\mathrm{l}}, \mathbf{h}_{\mathrm{r}}) \tag{15-51}$$

其中，$\mathbf{h}_{\mathrm{l}}$和$\mathbf{h}_{\mathrm{r}}$分別代表了左孩子節點和右孩子節點的神經網路輸出（隱藏層狀態），透過一個非線性函數$f_{\mathrm{tree}}(\cdot,\cdot)$得到父節點的狀態$\mathbf{h}_{\mathrm{p}}$。圖 15-19 展示了一個基於樹結構的循環神經網路編碼器[830]。

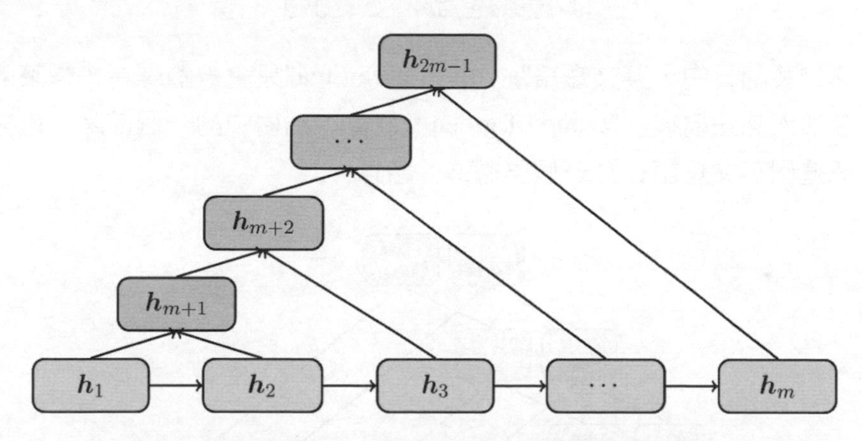

圖 15-19 基於樹結構的循環神經網路編碼器

這些編碼器自下而上組成了一個樹狀結構，這種樹結構的具體連接形式由句法分析決定。其中，$\{\mathbf{h}_1, \cdots, \mathbf{h}_m\}$是輸入序列對應的循環神經單元（綠色部分），$\{\mathbf{h}_{m+1}, \cdots, \mathbf{h}_{2m-1}\}$對應著樹中的節點（紅色部分），它的輸出由其左右子節點透過式(15-51) 計算得到。對於注意力模型，圖中所有的節點都會參與上下文向量的計算，因此僅需要對第 10 章描述的計算方式稍加

6 所有句法樹都可以透過二叉化的方法轉化為二元樹（見第 8 章）。

修改，如下：

$$\mathbf{C}_j = \sum_{i=1}^{m} \alpha_{i,j} \mathbf{h}_i + \sum_{i=m+1}^{2m-1} \alpha_{i,j} \mathbf{h}_i \tag{15-52}$$

其中，$\mathbf{C}_j$代表生成第j個目的語言單字所需的來源語言上下文表示。這樣做的好處是編碼器更容易將一個短語結構表示成一個單元，進而在解碼器中映射成一個整體。例如，對於英文句子：

"I am having a cup of green tea."

可以翻譯成

「私/は/緑茶/を/飲んでいます。」

在標準的英翻日中，英文短語"a cup of green tea"只會被翻譯為「緑茶」一詞。在加入句法樹後，"a cup of green tea"會作為樹中的一個節點，這樣更容易把這個英文短語作為一個整體進行翻譯。

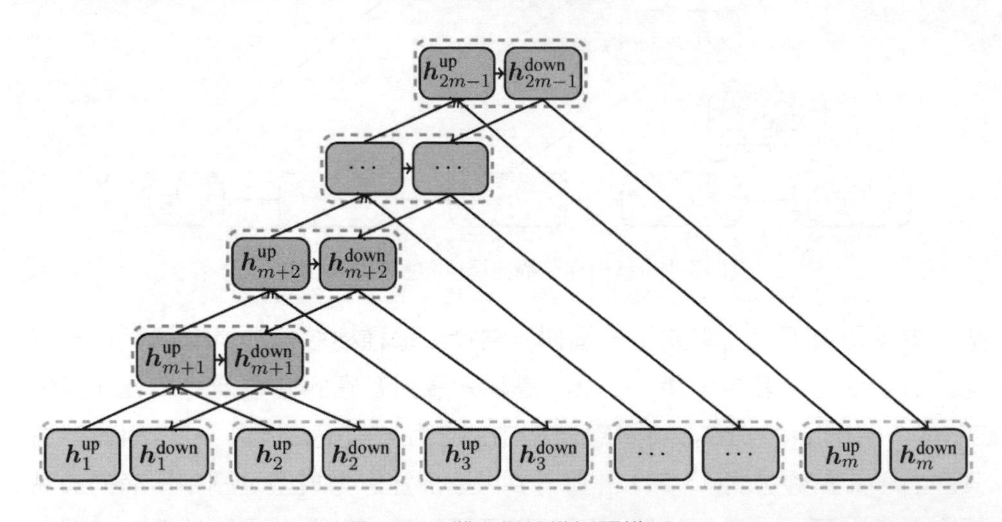

圖 15-20 雙向樹結構編碼模型

這種自底而上的樹結構表示方法也存在問題：每個樹節點的狀態並不能包含樹中其他位置的資訊。也就是說，從每個節點上看，其表示結果沒有極佳地利用句法樹中的上下文資訊。因此，可以同時使用自下而上和從上往下的資訊傳遞方式進行句法樹的表示[433,831]，這樣增加了樹中每個節點對其覆蓋的子樹及周圍上下文的建模能力。如圖 15-20 所示，$\mathbf{h}^{\mathrm{up}}$和$\mathbf{h}^{\mathrm{down}}$分別代表向上傳輸節點和向下傳輸節點的狀態，虛線框代表$\mathbf{h}^{\mathrm{up}}$和$\mathbf{h}^{\mathrm{down}}$會拼接到一起，並作為這個節點的整體表示參與注意力模型的計算。顯然，自下而上的傳遞可以保證句子的淺層資訊（如短距離單字搭配）被傳遞給上層節點，而從上往下的傳遞可以保證句子上層結構的抽象被有效地傳遞給下層節點。這樣，每個節點就同時含有淺層和深層句子表示的資訊。

2. 基於句法特徵的模型

除了直接對樹結構進行編碼，將單字、句法資訊等直接轉換為特徵向量拼接到一起，作為機器翻譯系統的輸入也是一種在編碼器中使用句法資訊的方法[832]。這種方法的優點在於，句法資訊可以無縫融入現有神經機器翻譯框架，對系統結構的修改很小。以基於循環神經網路的翻譯模型為例，可以用如下方式計算輸入序列第i個位置的表示結果：

$$\mathbf{h}_i = \tanh(\mathbf{W}(\Vert_{k=1}^{F} \mathbf{E}_k x_{ik}) + \mathbf{U}\mathbf{h}_{i-1}) \quad (15\text{-}53)$$

其中，$\mathbf{W}$和$\mathbf{U}$是線性變換矩陣，F代表了特徵的數量；而$\mathbf{E}_k$是一個特徵嵌入矩陣，記錄了第k個特徵不同取值對應的分散式表示；x_{ik} 代表了第i 個詞在第k 個特徵上的取值，於是$\mathbf{E}_k x_{ik}$就獲得了所啟動特徵的嵌入結果。$\Vert$操作為拼接操作，它將所有特徵的嵌入結果拼接為一個向量。這種方法十分靈活，可以很容易地融合不同的句法特徵，如詞根、子詞、形態、詞性及依存關係等。

此外，還可以將句法資訊的表示轉化為基於序列的編碼，與原始的詞串融合。這樣做的好處是，並不需要使用基於樹結構的編碼器，而是直接重複使用基於序列的編碼器，句法資訊可以在對句法樹的序列化表示中學習到。如圖 15-21 (a) 所示，對於英文句子"I love dogs"，可以得到如圖 15-21 (a) 所示的句法樹。這裡，用w_i 表示第i 個單字，如圖 15-21 (b) 所示。透過對句法樹進行先序遍歷，可以得到句法樹節點的序列$\{l_1, \cdots, l_T\}$，其中T表示句法樹中節點的個數，l_j表示樹中的第j個節點，如圖 15-21 (c)所示。

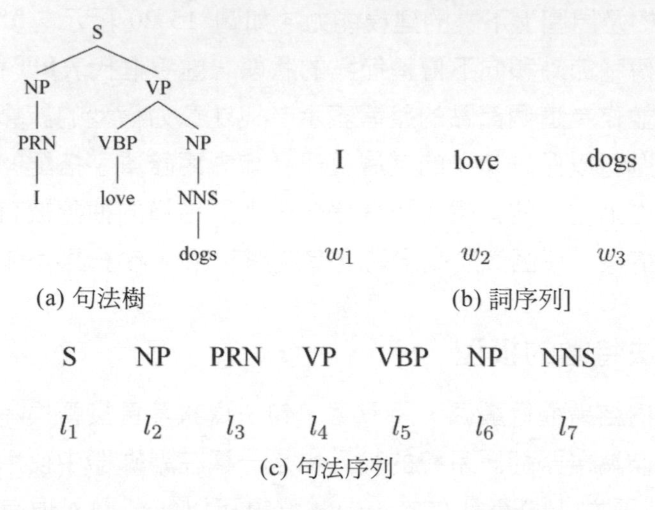

圖 15-21 一個句子的句法樹、詞序列、句法樹節點序列

在對句法樹的樹結構進行序列化的基礎上，可以用句法樹節點與原始的詞資訊一同構造新的融合表示$\mathbf{h}'_i$，並使用這種新的表示計算上下文向量，如下：

$$\mathbf{C}_j = \sum_{i=1}^{m} \alpha_{i,j}\mathbf{h}'_i \tag{15-54}$$

其中，m是來源語言句子的長度。新的融合表示$\mathbf{h}'_i$有如下幾種計算方式[829]：

- 平行結構。利用兩個編碼器分別對來源語言單字序列和線性化的句法樹進行建模，之後在句法樹節點序列中尋找每個單字的父節點（或祖先節點），將這個單字和它的父節點（或祖先節點）的狀態融合，得到新的表示。如圖 15-22(a)所示，圖中$\mathbf{h}_{w_i}$為詞w_i在單字序列中的狀態，$\mathbf{h}_{l_j}$為樹節點l_j在句法節點序列中的狀態。如果單字w_i是節點l_j在句法樹（如圖 15-21(a)所示）中的子節點，則將向量$\mathbf{h}_{w_i}$和$\mathbf{h}_{l_j}$拼接到一起，作為這個詞的新的融合表示向量$\mathbf{h}'_i$。

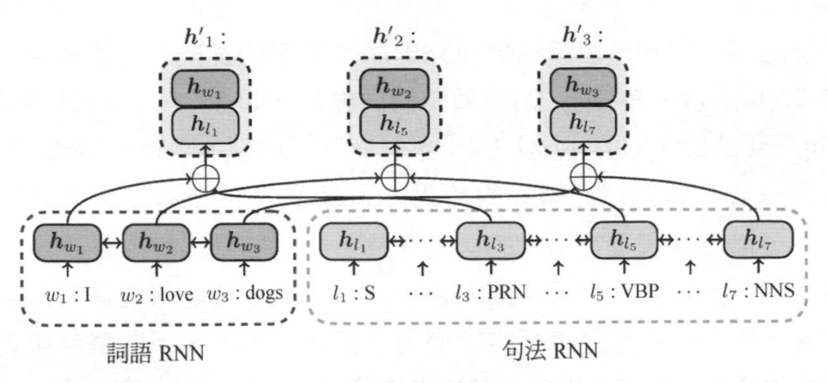

(a) 平行結構

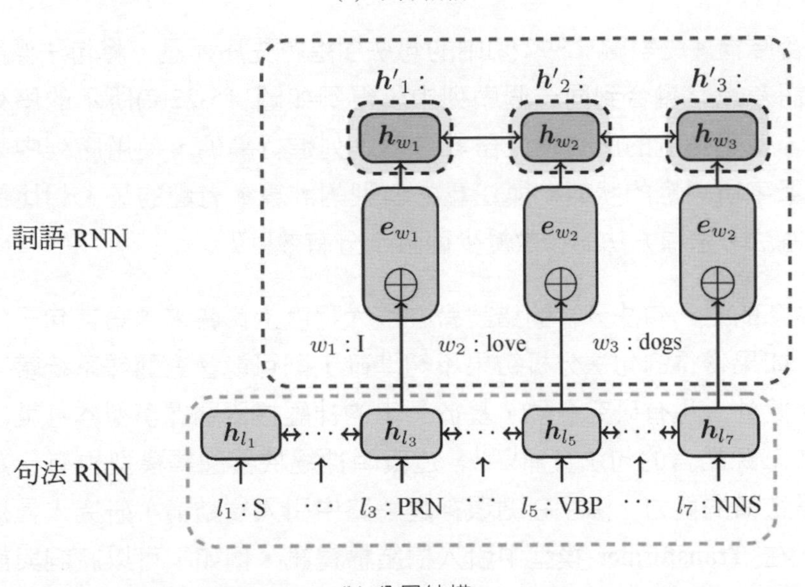

(b) 分層結構

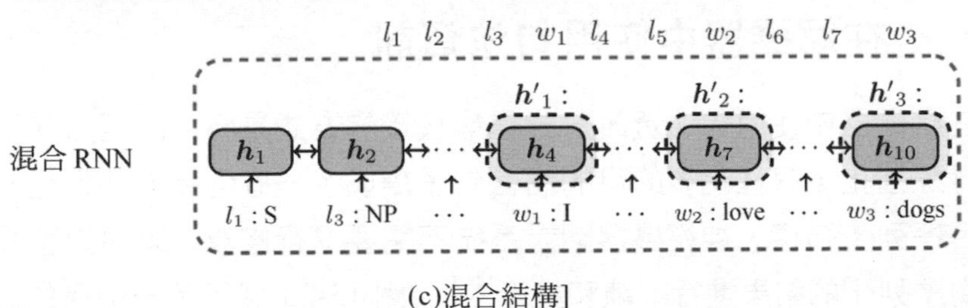

(c)混合結構]

圖 15-22 三種對樹結構資訊的融合方式

- 分層結構。將句法表示結果與來源語言單字的詞嵌入向量融合，如圖 15-22(b)所示，其中e_{w_i}為第i個詞的詞嵌入。類似地，如果單字w_i是節點l_j在句法樹（如圖 15-21 (a)所示）中的子節點，則將 向量e_{w_i}和$\mathbf{h}_{l_j}$拼接到一起，作為原始模型的輸入，這樣$\mathbf{h}'_i$直接參與注意力計算。注意，分層結構和平行結構的區別在於，分層結構最終還是使用了一個編碼器，句法資訊只與詞嵌入進行融合，因此最終的結構和原始的模型是一致的；平行結構相當於使用了兩個編碼器，因此單字和句法資訊的融合是在兩個編碼器的輸出上進行的。

- 混合結構。先對圖 15-21(a)中的句法樹進行先序遍歷，將句法標記和來源語言單字融合到同一個序列中，得到如圖 15-22(c)所示的序列。然後，使用傳統的序列編碼器對這個序列進行編碼，使用序列中來源語言單字所對應的狀態參與注意力模型的計算。有趣的是，相比於前兩種方法，這種方法的參數量少而且十分有效[829]。

需要注意的是，句法分析的錯誤會在很大程度上影響來源語言句子的表示結果。如果獲得的句法分析結果不夠準確，則可能會對翻譯系統帶來負面影響。此外，也有研究發現，基於詞串的神經機器翻譯模型本身就能學習到一些來源語言的句法資訊[833]，這表明神經機器翻譯模型也有一定的歸納句子結構的能力。除了在循環神經網路中引入樹結構，研究人員還探索了如何在 Transformer 模型中引入樹結構資訊。例如，可以將詞與詞之間的依存關係距離作為額外的語法資訊，融入注意力模型中[834]。

15.3.2 在解碼器中使用句法資訊

為了在解碼器中使用句法資訊，一種最直接的方式是將目的語言句法樹結構進行線性化，線性化後的目的語言句子變成了一個含有句法標記和單字的混合序列。這樣，神經機器翻譯系統不需要進行修改，就可以直接使用句法樹序列化的結果進行訓練和推斷[447]。圖 15-23 展示了一個目的語言的句法樹線性化範例。

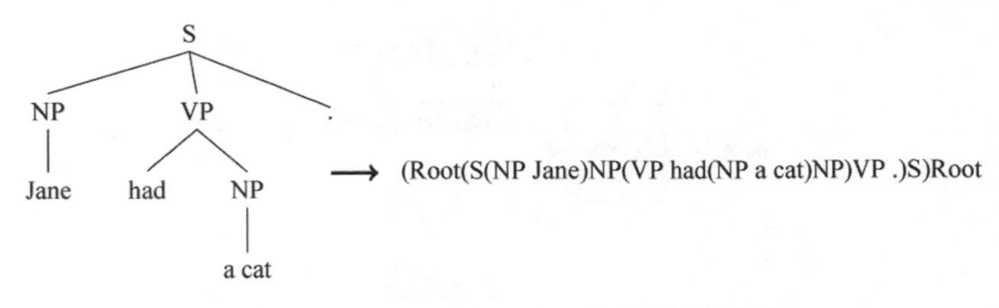

圖 15-23 一個目的語言的句法樹線性化範例

直接使用序列化的句法樹也會帶來新的問題。例如，在推斷時，生成的譯文序列可能根本不對應合法的句法樹。此時，需要額外的模組對結果進行修正或調整，以得到合理的譯文。

另一種方法是直接在目的語言端使用句法樹進行建模。與來源語言句法樹的建模不同，目的語言句法樹的生成伴隨著譯文的生成，因此無法像來源語言端一樣，將整個句法樹一起處理。這樣，譯文生成問題就變成了目的語言樹結構的生成，從這個角度看，這個過程與統計機器翻譯中串到樹的模型是類似的（見第 8 章）。樹結構的生成有很多種策略，但基本思想類似，可以根據已經生成的局部結構預測新的局部結構，並將這些局部結構拼裝成更大的結構，直到得到完整的句法樹結構[835]。

實現目的語言句法樹生成的一種手段是將形式文法擴展，以適應分散式表示學習框架。這樣，可以使用形式文法描述句法樹的生成過程（見第 3 章），同時，利用分散式表示進行建模和學習。例如，可以使用基於循環神經網路的文法描述方法，把句法分析過程看作一個循環神經網路的執行過程[836]。此外，可以從多工學習（Multitask Learning）出發，用多個解碼器共同完成目的語言句子的生成[837]。圖 15-24 展示了一個融合句法資訊的多工學習過程，其中使用了由一個編碼器（中文）和多個解碼器組成的序列生成模型。其中，不同解碼器負責不同的任務：第一個解碼器用於預測翻譯結果，即翻譯任務；第二個解碼器用於句法分析任務；第三個解碼器用於語言理解任務，生成中文上下文，其設計思想是各個任務之間能夠相互輔助，使編碼器的表示能包含更多的資訊，進而讓多個任務都獲得性能提升。這種方法也可以使用在多個編碼器上，其思想是類似的。

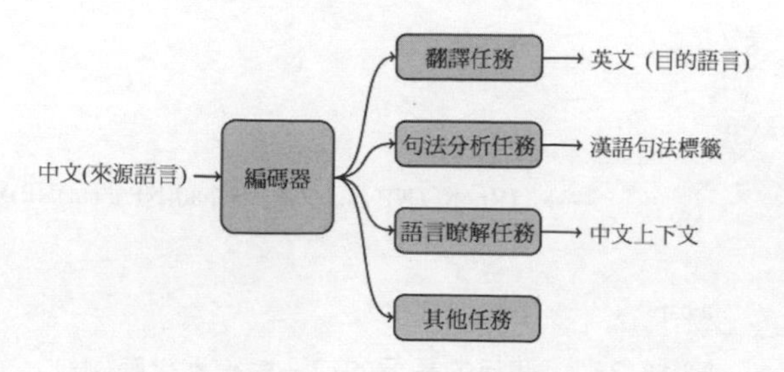

圖 15-24 融合句法資訊的多工學習過程

融合樹結構和目的語言詞串的方法也存在問題——它會導致目的語言端的序列過長，使得模型難以訓練。為了緩解這個問題，可以使用兩個模型，一個用於生成句子，另一個用於生成樹結構[483,838]。以生成目的語言依存樹為例，生成依存樹的模型是一個生成移進-規約序列的生成模型，稱為動作模型；另一個模型負責預測目的語言詞序列，稱為詞預測模型，它只有在第一個模型進行移位元操作時才會預測下一個詞，同時會將當前詞的狀態送入第一個模型中。整個過程如圖 15-25 所示，這裡使用循環神經網路建構了動作模型和詞預測模型。$\mathbf{h}_i^{\text{action}}$ 表示動作模型的隱藏層狀態，$\mathbf{h}_i^{\text{word}}$ 表示詞預測模型的隱藏層狀態。動作模型會結合詞預測模型的狀態預測「移位元」「左規約」「右規約」三種動作，只有當動作模型預測出「移位元」操作時，詞預測模型才會預測下一時刻的詞語；而動作模型預測「左規約」和「右規約」相當於完成了依存關係的預測（依存樹見圖 15-25 右側）。最後，當詞預測模型預測出結束符號<eos> 時，整個過程結束。

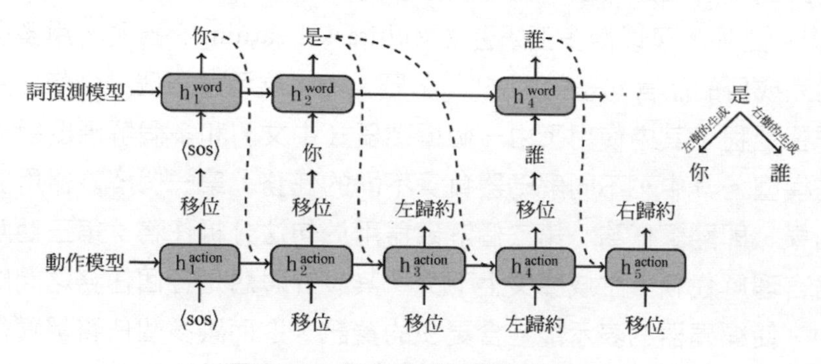

圖 15-25 動作模型和詞預測模型

相較於在編碼器中融入句法資訊，在解碼器中融入句法資訊更為困難。由於樹結構與單字的生成是一個相互影響的過程，如果先生成樹結構，再根據樹得到譯文單字串，那麼一旦樹結構有誤，翻譯結果就會有問題。在統計機器翻譯中，句法資訊究竟應該使用到什麼程度已經有一些討論[372,402]。而在神經機器翻譯中，如何更有效地引入樹結構資訊，以及如何平衡樹結構資訊與詞串的作用還有待確認。如前文所述，雖然有些資訊是不容易透過人的先驗知識進行解釋的，但是基於詞串的神經機器翻譯模型已經能夠捕捉到一些句法結構資訊[833]。這時，使用人工複習的句法結構來約束或者強化翻譯模型，是否可以補充模型無法學到的資訊，還需要進一步研究。

15.4 基於結構搜索的翻譯模型最佳化

人們希望電腦能夠自動地找到最適用於當前任務的神經網路模型結構。這種方法也被稱作神經架構搜索（Neural Architecture Search），有時也被稱作神經網路結構搜索，或簡稱為網路結構搜索[839-841]。

15.4.1 網路結構搜索

網路結構搜索屬於自動機器學習（Automated Machine Learning）的範圍，其目的是根據對應任務上的資料找到最合適的模型結構。在這個過程中，模型結構就像神經網路中的參數一樣被自動地學習。圖 15-26 (a) 展示了人工設計的 Transformer 編碼器的局部結構，圖 15-26 (b) 舉出了使用進化演算法最佳化後得到的結構[798]。可以看出，在使用網路結構搜索方法得到的模型中，出現了與人工設計的結構不同的跨層連接，還搜索到了全新的多分支結構，這種結構也是人工不易設計出來的。

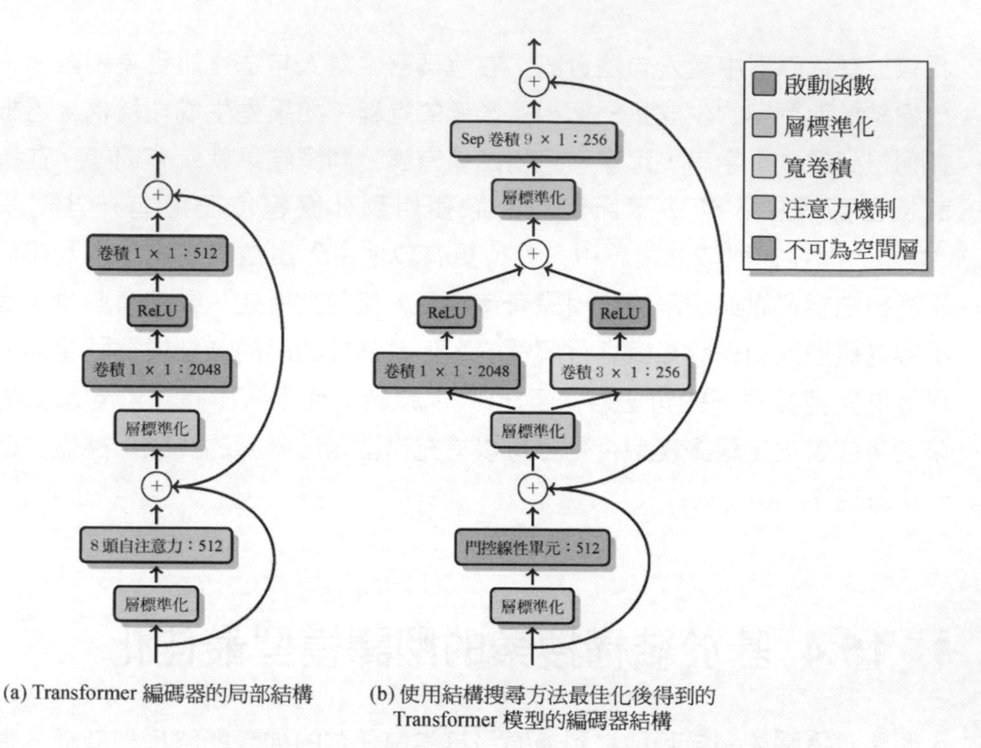

圖 15-26 傳統的 Transformer 模型和使用網路結構搜索方法最佳化後的 Transformer 模型[798]

那麼，網路結構搜索究竟是一種什麼樣的技術呢？如圖 15-27 所示，在傳統的機器學習方法中，研究人員需要設計大量的特徵來描述待解決的問題，即「特徵工程」。而在深度學習時代，神經網路模型可以完成特徵的取出和學習，但需要人工設計神經網路結構，這項工作仍然十分繁重。因此，一些科學研究人員開始思考，能否將設計模型結構的工作也交由機器自動完成？深度學習方法中模型參數能夠透過梯度下降等方式進行自動最佳化，那麼模型結構是否可以看作一種特殊的參數，使用搜索演算法自動找到最適用於當前任務的模型結構？基於上述想法，網路結構搜索應運而生。

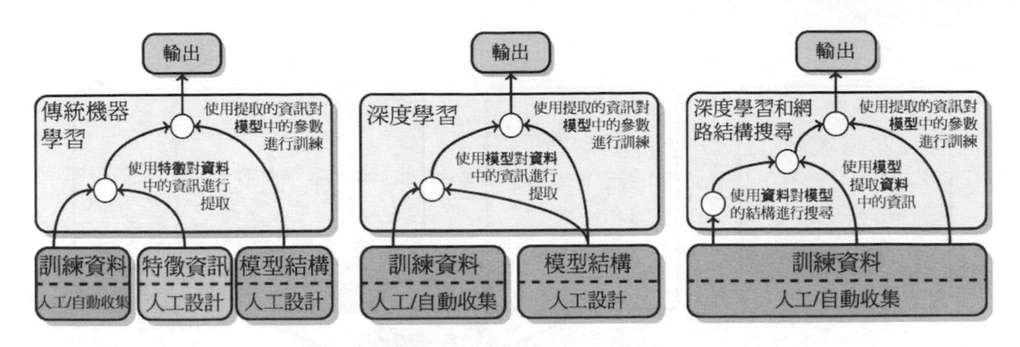

圖 15-27 機器學習範式對比

早在 20 世紀 80 年代，研究人員就開始使用進化演算法對神經網路結構進行設計[842]，也引發了之後的很多探索[843-845]。近年，隨著深度學習技術的發展，網路結構搜索技術在很多工中受到關注。例如，網路結構搜索極佳地應用在了語言建模上，並取得了很好的效果[846-848]。下面將對網路結構搜索的基本方法和其在機器翻譯中的應用進行介紹。

15.4.2 網路結構搜索的基本方法

對網路結構搜索任務來說，目標是透過資料驅動的方式自動地找到最合適的模型結構。以有監督學習為例，給定訓練集合$\{(\mathbf{x}_1,\mathbf{y}_1),\cdots,(\mathbf{x}_n,\mathbf{y}_n)\}$（其中，$\mathbf{x}_i$表示的是第$i$個樣本的輸入，$\mathbf{y}_i$表示該樣本的答案，並假設$\mathbf{x}_i$和$\mathbf{y}_i$均為向量表示），網路結構搜索過程可以被建模為根據資料找到最佳模型結構$\hat{a}$的過程：

$$\hat{a} = \arg\max_{a} \sum_{i=1}^{n} P(\mathbf{y}_i|\mathbf{x}_i;a) \tag{15-55}$$

其中，$P(\mathbf{y}_i|\mathbf{x}_i;a)$為模型$a$觀察到資料$\mathbf{x}_i$後預測$\mathbf{y}_i$的機率，而模型結構$a$本身可以看作輸入$\mathbf{x}$到輸出$\mathbf{y}$ 的映射函數。圖 15-28 展示了網路結構搜索方法的主要流程，其中包括 3 個部分：設計搜索空間、選擇搜索策略及進行性能評估，下面將對上述各個部分進行簡介。

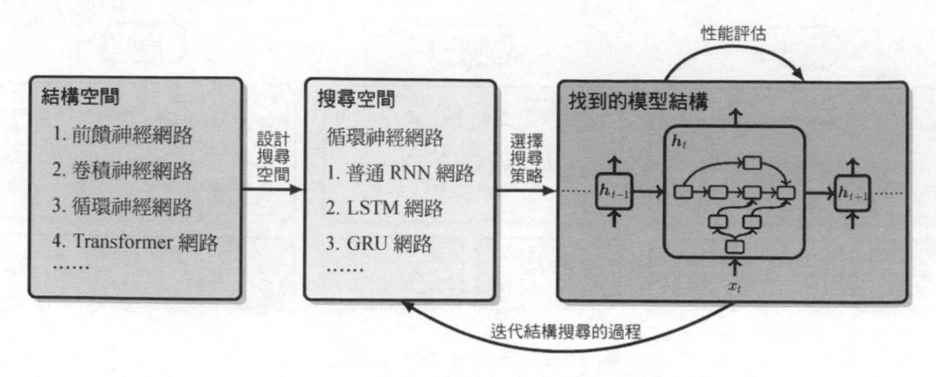

圖 15-28 網路結構搜索方法的主要流程

1. 搜索空間

對搜索空間建模是結構搜索任務中的基礎部分。如圖 15-29 所示，結構空間中包含所有潛在的模型結構。圖 15-29 以結構之間的相似性為衡量指標對模型結構在搜索空間中的相對位置進行了刻畫。同時，顏色的深淺表示該結構在指定任務下的性能情況。可以看出，對特定任務來說，性能較好的模型結構往往會聚集在一起。因此，在研究人員設計搜索空間時，為了增加找到最優結構的可能性，往往會根據經驗或者透過實驗將易產出高性能模型結構的區域設定為搜索空間。以自然語言處理任務為例，最初的網路結構搜索工作主要對基於循環神經網路組成的搜索空間進行探索[839,846,849]，而近年，在 Transformer 模型的基礎上進行結構搜索也引起了研究人員的廣泛關注[798,850,851]。

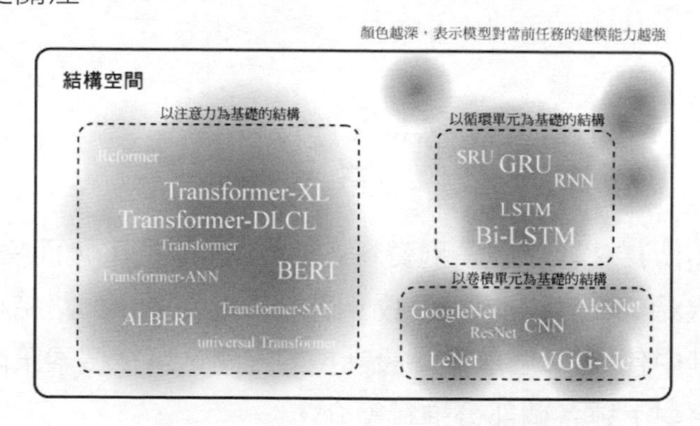

圖 15-29 結構空間中結構之間的關係

另一個很重要的問題是如何表示一個網路結構。在目前的結構搜索方法中，通常將模型結構分為整體框架和內部結構（元結構）兩部分。整體框架將若干內部結構的輸出按照特定的方式組織起來，最終得到模型輸出。

- 整體框架。如圖 15-29 所示，整體框架一般基於經驗進行設計。例如，對包括機器翻譯在內的自然語言處理任務而言，會更傾向於使用循環神經網路或 Transformer 模型的相關結構作為搜索空間[798,839,846]。
- 內部結構。對於內部結構的設計需要考慮搜索過程中的最小搜索單元，以及搜索單元之間的連接方式。最小搜索單元指在結構搜索過程中可被選擇的最小獨立計算單元。在不同搜索空間的設計中，最小搜索單元的顆粒度各有不同，較小的搜索粒度主要包括矩陣乘法、張量縮放等基本數學運算[852]，更大粒度的搜索單元包括常見的啟動函數及一些局部結構，如 ReLU、注意力機制等[515,847,853]。對於搜索顆粒度的問題，目前還缺乏有效的方法針對不同任務進行自動最佳化。

2. 搜索策略

在定義好搜索空間之後，如何進行網路結構的搜索也同樣重要。該過程被稱為搜索策略的設計，其主要目的是根據已找到的模型結構計算下一個最有潛力的模型結構。為保證模型的有效性，在一些方法中也會引入外部知識（如經驗性的模型結構或張量運算規則）對搜索過程進行剪枝。目前，常見的搜索策略包括基於進化演算法的結構搜索方法、基於強化學習的結構搜索方法及基於梯度的結構搜索方法等。

- 基於進化演算法的結構搜索方法。進化演算法最初被用來對神經網路模型結構及其中的權重參數進行最佳化[842,854,855]。隨著最最佳化演算法的發展，近年來，對於網路參數的學習開始更多地採用梯度下降的方式，但進化演算法依舊被用於對模型結構進行最佳化[856,858]。從結構最佳化的角度看，一般是將模型結構看作遺傳演算法中種群的個體，使用輪盤賭或錦標賽等取出方式，對種群中的結構進行取樣並將取樣得到的結構作為親本，之後透過親本模型的突變產生新的模型結構。最終，對這些新的模型結構進行適應度評估。根據模型結構在驗證集上的性能確定是否將其加入種群。

- 基於強化學習的結構搜索方法。強化學習方法已經在第 13 章進行了介紹，這裡可以將神經網路結構的設計看作一種序列生成任務，使用字元序列對網路結構進行表述[839]。圖 15-30 所示為基於強化學習的結構搜索方法，其執行過程為由智慧體生成模型結構，再將生成的模型結構應用於對應的任務中（如機器翻譯、語言建模等），根據模型在對應任務中的輸出及表現水平進一步對智慧體進行回饋，促使智慧體生成更適用於當前任務的模型結構。

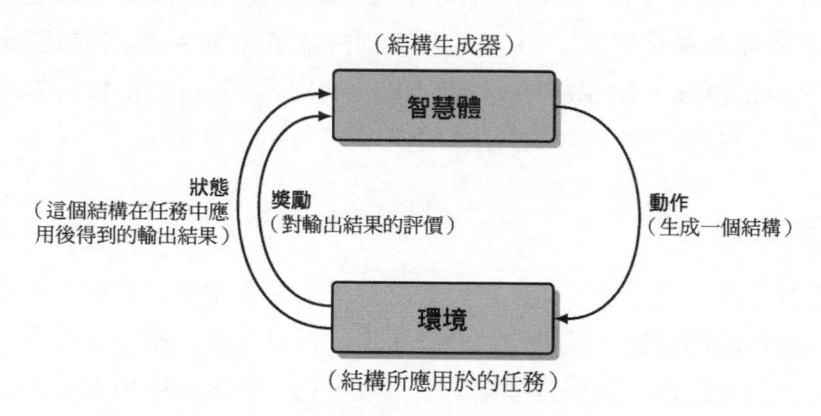

圖 15-30 基於強化學習的結構搜索方法

- 基於梯度的結構搜索方法。這種方法的思想是在連續空間中對模型結構進行表示[846]，通常將模型結構建模為超網路中的結構參數，接下來，使用基於梯度的方法對超網路中的參數進行最佳化，最終根據其中的結構參數離散出最終的模型結構，達到結構搜索的目的，整體過程如圖 15-31 所示。基於梯度的方法十分高效，因此受到了廣泛關注[847,859,860]。

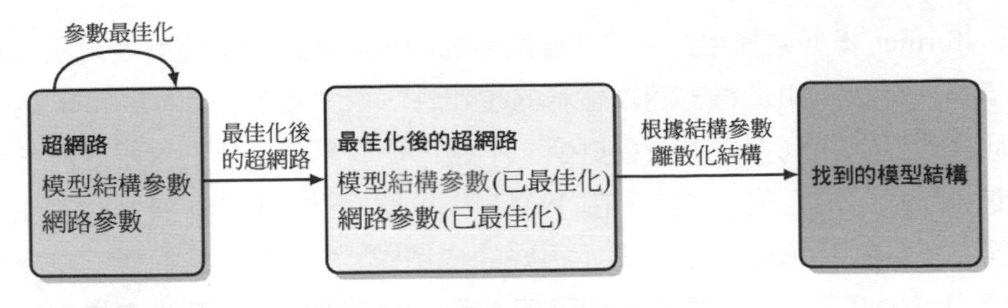

圖 15-31 基於梯度的結構搜索方法

3. 性能評估

結構搜索過程中會產生大量的中間結構，因此需要快速評估這些結構的性能優劣，以保證在搜索中可以有效地挑選高品質的模型結構。對於該問題，可以從以下 3 個方面來考慮：

- 資料及超參數的調整。具體來說，可以用少量的資料訓練模型，以便快速評估其性能[861,862]。在超參數的調整方面，可以透過減少模型訓練輪數、減少模型的層數等方式簡化模型參數，達到加速訓練、評估的目的[840,841,863]。
- 現有參數的繼承及重複使用。透過在現有的模型參數的基礎上，繼續最佳化中間過程產生的模型結構，加快待評價模型的收斂進程[856,857,864]。這種方式無須從頭訓練搜索過程中產生的中間結構，透過「暖開機」的方式對模型參數進行最佳化，能大幅減少性能評估過程的時間消耗。
- 模型性能的預測。這種方式使用訓練過程中的性能變化曲線來預估模型是否具有潛力，從而快速終止低性能模型的訓練過程[865-867]。

15.4.3 機器翻譯任務下的網路結構搜索

對自然語言處理任務來說，大多數網路結構搜索方法選擇在語言建模、命名實體辨識等任務上進行嘗試[847,848]。其中，大多數工作是在基於循環神經網路的模型結構上進行探索的，與目前在機器翻譯領域中廣泛使用的

Transformer 模型結構相比，這些搜索到的結構在性能上並沒有表現出絕對的優勢。此外，由於機器翻譯任務的複雜性，針對基於 Transformer 的機器翻譯模型的結構搜索方法會更少。不過，仍有部分工作在機器翻譯任務上取得了很好的表現。例如，在 WMT19 機器翻譯比賽中，神經網路結構最佳化方法在多個任務上取得了很好的成績[868,869]。對於結構搜索在機器翻譯領域的應用，目前主要包括兩個方面：對模型性能的改進和模型效率的最佳化。

1. 模型性能的改進

結構搜索任務中一個非常重要的目標是找到更適用於當前任務的模型結構。目前來看，有兩種思路：

- 搜索模型中的局部結構。在機器翻譯任務中，一種典型的局部模型結構搜索方法是面向啟動函數的搜索[870]，該方法將啟動函數看作一元函數、二元函數的若干次複合。例如，Swish 啟動函數就是用結構搜索方法找到的新函數：

$$f(x) = x \cdot \delta(\beta x) \tag{15-56}$$

$$\delta(z) = (1 + \exp(-z))^{-1} \tag{15-57}$$

與人工設計的啟動函數 ReLU 相比，Swish 函數在多個機器翻譯任務中取得了不錯的效果。

- 搜索模型中局部結構的組合。在基於 Transformer 模型的網路結構搜索任務中，對局部結構的組合方式的學習也受到了關注，其中包括基於進化演算法的方法和基於梯度對現有 Transformer 模型結構的改良[798,853]。與前文所述的對局部結構的改良不同，此處更多是對現有的人工設計出來的局部結構進行組合，找到最佳的整體結構。在模型結構的表示方法上，這些方法會根據先驗知識為搜索單元設定一個部分框架，例如，每當資訊傳遞過來，先進行層標準化，再對候選位置上的操作使用對應的搜索策略進行搜索。這類方法也會在 Transformer 結構中引入多分支結構，一個搜索單元的輸出可以被多個後續單元所使用，這種方式有效擴大了結構搜索過程中的搜索空間，能夠在現有的Transformer 結構的基礎上找到更優的模型結構。

此外，對模型結構中超參數的自動搜索能夠有效提升模型的性能[871]，這種方法在機器翻譯中也有應用[466]。

2. 模型效率的最佳化

網路結構搜索除了能提高機器翻譯模型的性能，也能最佳化模型的執行效率。從實用的角度出發，可以在進行結構搜索的同時考慮裝置的運算能力，希望找到更適合運行裝置的模型結構。同時，網路結構搜索也可以用來對大模型進行壓縮，增加其在推斷過程中的效率，這方面的工作不僅限於機器翻譯模型，也有部分工作對基於注意力機制的預訓練模型進行壓縮。

- 面向特定裝置的模型結構最佳化。可以在結構最佳化的過程中將裝置的算力作為一個約束[851]。具體來說，可以將搜索空間中的各種結構建模在同一個超網路中，透過權重共用的方式進行訓練。使用裝置算力約束子模型，並透過進化演算法對子模型進行搜索，搜索到適用於目標裝置的模型結構。該方法搜索到的模型能夠在保證模型性能不變的前提下獲得較大的效率提升。
- 模型壓縮。此外，在不考慮裝置算力的情況下，也可以透過結構搜索的方法對基於 Transformer 的預訓練模型進行壓縮。例如，將Transformer 模型拆分為若干小元件，透過基於採樣的結構搜索的方法對壓縮後的模型結構進行搜索，嘗試找到最優且高效的推斷模型[872]。類似地，也可以在基於 BERT 的預訓練模型上透過結構搜索的方法進行模型壓縮，透過基於梯度的結構搜索的方法，針對不同的下游任務將 BERT 模型壓縮為小模型[850]。

雖然受算力等條件的限制，很多網路結構搜索方法沒有直接在機器翻譯任務中實踐，但這些方法也被廣泛應用。例如，可微分結構搜索方法被成功地用於學習更好的循環單元結構，這類方法完全可以應用在機器翻譯任務上。

此外，受預訓練模型的啟發，網路結構預搜索可能是一個極具潛力的方向。例如，有研究人員在大規模語言模型上進行網路結構搜索[847]，然後將搜索到的模型結構應用於更多的自然語言處理任務中，這種方式有效提升了模型結構的可重複使用性。同時，相較於使用受到特定任務限制的資料，使用大規模的單語資料可以更充分地學習語言的規律，更好地指導模型結構的設計。此外，對機器翻譯任務而言，結構的預搜索同樣是一個值得關注的研究方向。

15.5 小結及拓展閱讀

模型結構最佳化一直是機器翻譯研究的重要方向。一方面，對於通用框架（如注意力機制）的結構改良可以服務於多種自然語言處理任務；另一方面，針對機器翻譯中存在的問題設計相應的模型結構也是極具價值的。本章重點介紹了神經機器翻譯中的幾種結構最佳化方法，內容涉及注意力機制的改進、深層神經網路的建構、句法結構的使用及自動結構搜索等幾個方面。此外，還有若干問題值得關注：

- 多頭注意力是近年神經機器翻譯中常用的結構。多頭機制可以讓模型從更多維度提取特徵，也反映了一種多分支建模的思想。研究人員針對 Transformer 編碼器的多頭機制進行了分析，發現部分頭在神經網路的學習過程中扮演了至關重要的角色，並且蘊含語言學解釋[541]；而另一部分頭本身不具備很好的解釋性，對模型的幫助也不大，因此可以被剪枝。也有研究人員發現，在 Transformer 模型中並不是頭數越多模型的性能就越強。如果在訓練過程中使用多頭機制，並在推斷過程中去除大部分頭，則可以在模型性能不變的前提下提高模型在 CPU 上的執行效率[726]。

- 也可以利用正則化手段，在訓練過程中增大不同頭之間的差異[873]，或引入多尺度的思想，對輸入的特徵進行分級表示，並引入短語的資訊[874]。還可以透過對注意力權重進行調整來區分序列中的實詞與虛詞[875]。除了上述基於編碼器端-解碼器端的建模範式，還可以定義隱變數模型來捕捉句子中潛在的語義資訊[766,876]，或直接對來源語言和目的語言序列進行聯合表示[466]。
- 對 Transformer 等模型來說，處理超長序列是較為困難的。一種比較直接的解決辦法是最佳化自注意力機制，降低模型計算複雜度。例如，採用基於滑動視窗的局部注意力的 Longformer 模型[811]、基於隨機特徵的 Performer[729]、使用低秩分解的 Linformer[813]和應用星形拓撲排序的 Star-Transformer[877]。

Chapter

16

低資源神經機器翻譯

神經機器翻譯帶來的性能提升是顯著的，但隨之而來的問題是對巨量雙語訓練資料的依賴。不同語言可使用的資料規模不同，中文、英文這種使用範圍廣泛的語言，存在著大量的雙語平行句對，這些語言被稱為富資來源語言（High-resource Language）。而其他使用範圍稍小的語言，如斐濟語、古吉拉特語等，相關的資料非常稀少，這些語言被稱為低資來源語言（Low-resource Language）。世界上現存語言超過 5000 種，僅有很少一部分為富資來源語言，絕大多數為低資來源語言。即使在富資來源語言中，對於一些特定的領域，雙語平行語料也是十分缺乏的。有時，一些特殊的語種或領域甚至會面臨「零資源」的問題。因此，低資源機器翻譯（Low-resource Machine Translation）是當下急需解決且頗具挑戰的問題。

本章將對低資源神經機器翻譯的相關問題、模型和方法展開介紹，內容涉及資料的有效使用、雙向翻譯模型、多語言翻譯模型、無監督機器翻譯和領域適應。

16.1 資料的有效使用

資料缺乏是低資源機器翻譯面臨的主要問題，充分使用既有資料是一種解決問題的思路。例如，在雙語訓練不充足時，可以對雙語資料的部分單字用近義詞進行替換，達到豐富雙語資料的目的[878,879]，也可以考慮用轉述等方式生成更多的雙語訓練資料[880,881]。

另一種思路是使用更容易獲取的單語資料。實際上，在統計機器翻譯時代，使用單語資料訓練語言模型是建構機器翻譯系統的關鍵步驟，好的語言模型往往會帶來性能的增益。這個現象在神經機器翻譯中似乎並不明顯，因為在大多數神經機器翻譯的範式中，並不要求使用大規模單語資料來幫助機器翻譯系統，甚至連語言模型都不會作為一個獨立的模組。這一方面是由於神經機器翻譯系統的解碼端本身就起著語言模型的作用，另一方面是由於雙語資料的增多，使翻譯模型可以極佳地捕捉目的語言的規律。但是，雙語資料是有限的，在很多場景下，單語資料的規模會遠大於雙語資料，如果能夠讓這些單語資料發揮作用，顯然是一種非常好的選擇。針對以上問題，下面將從資料增強、基於語言模型的方法等方面展開討論。

16.1.1 資料增強

資料增強（Data Augmentation）是一種增加訓練資料的方法，通常透過對既有資料進行修改或者生成新的偽資料等方式實現。有時，資料增強也可以被看作一種防止模型過擬合的手段[882]。在機器翻譯中，典型的資料增強方法包括回譯、修改雙語資料、雙敘述對挖掘等。

1 回譯

回譯（Back Translation，BT）是目前機器翻譯任務上最常用的一種資料增強方法[660,667,883]。回譯的主要思想是：利用目的語言-來源語言翻譯模型

（反向翻譯模型）生成偽雙敘述對，用於訓練來源語言-目的語言翻譯模型（正向翻譯模型）。假設現在需要訓練一個英漢翻譯模型。首先，使用雙語資料訓練中英翻譯模型，即反向翻譯模型。然後，透過該模型將額外的中文單敘述子翻譯為英文句子，從而得到大量的英文-真實中文偽雙敘述對。將回譯得到的偽雙敘述對和真實雙敘述對混合，訓練得到最終的英漢翻譯模型。 回譯方法只需要訓練一個反向翻譯模型，就可以利用單語資料增加訓練資料的數量，因此獲得了廣泛使用[459,884,885]。圖 16-1 舉出了回譯方法的簡要流程。

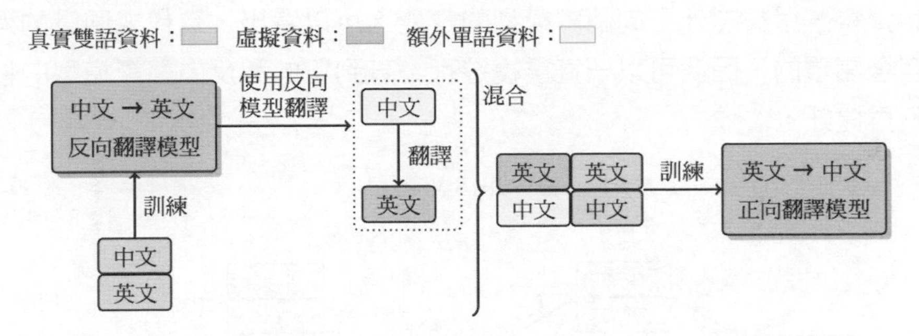

圖 16-1 回譯方法的簡要流程

圍繞如何利用回譯方法生成偽雙語資料這一問題，研究人員進行了詳細的分析探討。一般認為，反向翻譯模型的性能越好，生成的偽資料的品質就越高，對正向翻譯模型的性能提升就越大[667,883]。不過，在實踐中發現，即使一些簡單的策略也能帶來性能的提升。例如，對於一些低資源翻譯任務，透過將目的語言句子複製到來源語言端構造偽資料能帶來增益[886]。原因在於，即使構造的雙語偽資料是不準確的，其目的語言端仍然是真實資料，可以使解碼器訓練得更充分，進而提升神經機器翻譯模型生成結果的流暢度。相比這些簡單的偽資料生成策略，利用目的語言單語資料進行回譯可以帶來更大的性能提升[886]。一種可能的解釋是，雙語偽資料的來源語言是模型生成的翻譯結果，保留了兩種語言之間的互譯資訊，相比真實資料又存在一定的雜訊。神經機器翻譯模型在偽雙敘述對上進行訓練，可以學習到如何處理帶有雜訊的輸入，提高了模型的健壯性。

在回譯方法中，反向翻譯模型的訓練只依賴於有限的雙語資料，因此生成的來源語言端偽資料的品質難以保證。為此，可以採用迭代式回譯（Iterative Back Translation）[883]的方法。同時，利用來源語言端和目的語言端的單語資料，不斷透過回譯的方式提升正向和反向翻譯模型的性能。圖 16-2 展示了迭代式回譯方法的流程，圖中帶圈的數字代表迭代式回譯方法執行的順序。首先，使用雙語資料訓練一個正向翻譯模型，然後利用額外的來源語言單語資料，透過回譯的方式生成偽雙語資料，提升反向翻譯模型的性能。之後，利用反向翻譯模型和額外的目的語言單語資料生成偽雙語資料，用於提升正向翻譯模型的性能。可以看出，迭代式回譯的過程是完全閉環的，因此可以一直重複進行，直到正向和反向翻譯模型的性能均不再提升。

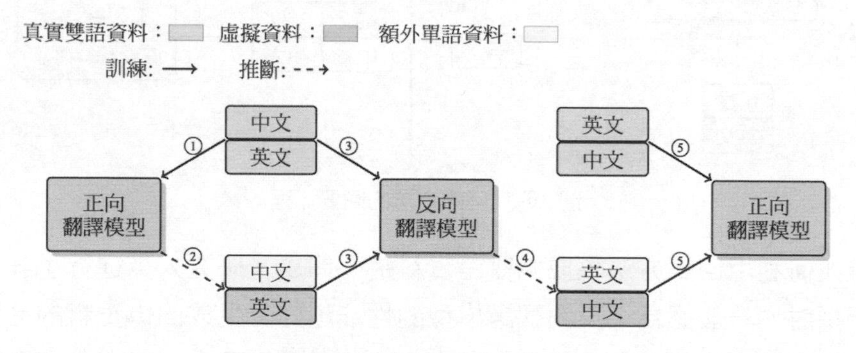

圖 16-2 迭代式回譯方法的流程

研究人員發現，在低資源場景中，由於缺乏雙語資料，高品質的偽雙語資料對於模型來說更有幫助。而在富資源場景中，在回譯產生的來源語言句子中添加一些雜訊，提高翻譯結果的多樣性，反而可以達到更好的效果，常使用採樣解碼、Top-k解碼和加噪[606,887,888]的方法。回譯中常用的編碼方式為束搜索，在生成每個詞時，只考慮預測機率最高的幾個詞，因此生成的翻譯結果品質更高，但導致的問題是翻譯結果主要集中在部分高頻詞上，生成的偽資料缺乏多樣性，也就很難準確地覆蓋真實的資料分佈[889]。採樣解碼是指在解碼過程中，對詞表中所有的詞按照預測機率進行隨機採樣，因此整個詞表中的詞都有可能被選中，從而使生成結果的多樣性更強，但翻譯品質和流暢度也會明顯下降。Top-k解碼是束搜索和採樣解碼的一個折中方法。在解碼過程中，Top-k對解碼詞表中預測機率最高的前k個詞進行隨機採樣，這樣在保證翻譯結果準確的前提下，提高了結果的多樣性。加噪方法在束搜索的解碼結果中加入了一些雜訊，如丟掉或遮罩部分詞、打亂句子順序等。這些方法在生成的來源語言句子中引入了雜訊，不僅增加了對包含低頻詞或雜訊句子的訓練次數，也提高了模型的健壯性和泛化能力[597]。

與回譯方法類似，來源語言單語資料也可以透過一個雙語資料訓練的正向翻譯模型獲得對應的目的語言翻譯結果，從而構造正向翻譯的偽資料[890]。與回譯方法相反，這時的偽資料中來源語言句子是真實的，而目的語言句子是自動生成的，構造的偽資料對譯文的流暢性並沒有太大幫助，其主要作用是提升編碼器的特徵提取能力。然而，由於偽資料中生成的譯文品質很難保證，利用正向翻譯模型生成偽資料的方法帶來的性能提升效果要弱於回譯，甚至可能是有害的[888]。

2. 修改雙語資料

回譯方法是利用單語資料來生成偽資料，而另一種資料增強技術是對原始雙語資料進行修改，得到偽雙語資料，常用的方法包括加噪和轉述等。

加噪是自然語言處理任務中廣泛使用的一種方法[125,597,884,891]。例如，在廣泛使用的降噪自編碼器（Denoising Autoencoder）中，向原始資料中加入雜訊作為模型的輸入，模型透過學習如何預測原始資料進行訓練。在神經機器翻譯中，透過加噪進行資料增強的常用方法是：在保證句子整體語義不變的情況下，對原始的雙語資料適當加入一些雜訊，從而生成偽雙語資料來增加訓練資料的規模。常用的加噪方法有以下 3 種：

- 丟棄單字：句子中的每個詞均有P_{Drop}的機率被丟棄。
- 遮罩單字：句子中的每個詞均有P_{Mask}的機率被替換為一個額外的<Mask>詞。<Mask>的作用類似於預留位置，可以視為一個句子中的部分詞被遮罩，無法得知該位置詞的準確含義。

- 打亂順序：將句子中距離較近的某些詞的位置進行隨機交換。

圖 16-3 展示了 3 種加噪方法的範例。P_{Drop}和P_{Mask}均設置為 0.1，表示每個詞有10%的機率被丟棄或遮罩。打亂句子內部順序的操作略微複雜，一種實現方法是：先透過一個數字來表示每個詞在句子中的位置，如「我」是第一個詞，「你」是第三個詞，然後，在每個位置生成一個1到n的隨機數，n一般設置為 3，再將每個詞的位置數和對應的隨機數相加，即圖中的S。 按照從小到大排序S，根據排序後每個位置的索引，從原始句子中選擇對應的詞，從而得到最終打亂順序後的結果。例如，計算後，若除了S_2的值小於S_1，其餘單字的S值均為遞增順序，則將原句中第一個詞和第二個詞進行交換，其他詞保持不變。

和回譯方法相似，加噪方法一般僅在來源語言句子上操作，既保證了目的語言句子的流暢度，又可以增加資料的多樣性，提高模型的健壯性和泛化能力[597]。加噪作為一種簡單有效的方法，實際的應用場景很多，例如：

- 對單語資料加噪。透過一個點對點模型預測來源語言句子的調序結果，該模型和神經機器翻譯模型的編碼器共用參數，從而增強編碼器的特徵提取能力[890]。
- 訓練降噪自編碼器。將加噪後的句子作為輸入，原始句子作為輸出，用來訓練降噪自編碼器，這一思想在無監督機器翻譯中獲得了廣泛應用，詳細方法參考 16. 4.3 節。
- 對偽資料進行加噪。通常，使用上述 3 種加噪方法提高偽資料的多樣性。

另一種加噪方法是進行詞替換：將雙語資料中的部分詞替換為詞表中的其他詞[878]，在保證句子的語義或語法正確的前提下，增加了訓練資料的多樣性。例如，對於「我/出去/玩。」這句話，將「我」替換為「你」「他」「我們」，或者將「玩」替換為「騎車」「學習」「吃飯」等，雖然改變了語義，但句子在語法上仍然是合理的。

詞替換的另一種策略是將來源語言中的稀有詞替換為語義相近的詞。詞表中的稀有詞由於出現次數較少，很容易導致訓練不充分的問題[89]。透過語言模型將來源語言句子中的某個詞替換為滿足語法或語義條件的稀有詞，再透過詞對齊工具找到來源語言句子中被替換的詞在目的語言句子中對應的位置，借助翻譯詞典，將這個目的語言位置的單字替換為詞典中的翻譯結果，從而得到偽雙語資料。

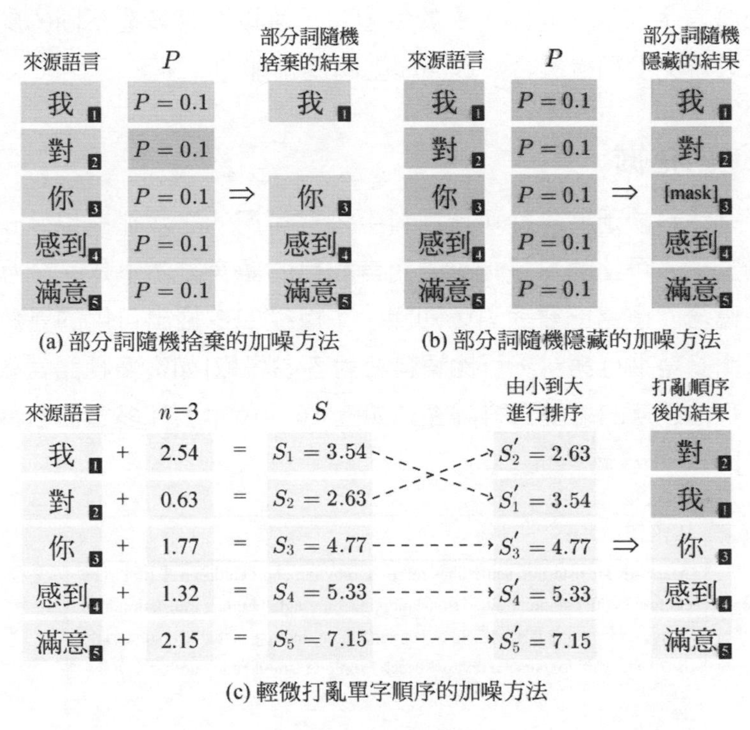

圖 16-3 3 種加噪方法

此外，透過在來源語言或目的語言中隨機選擇某些詞，將這些詞替換為詞表中一個隨機詞[879]，也可以得到偽雙語資料。隨機選擇句子中的某個詞，將這個詞的詞嵌入替換為其他詞的詞嵌入的加權結果。相比直接替換單字，同一個詞在不同的上下文中也會被替換為不同的上下文表示結果[592]，這種豐富的分散式表示相比直接使用詞嵌入可以包含更多的語義資訊。

相比上述兩種方法只是對句子做輕微的修改，轉述（Paraphrasing）方法考慮到了自然語言表達的多樣性：透過對原始句子進行改寫，使用不同的句式來傳達相同含義的資訊[892,893]。對「東北大學的校訓是自強不息、知行合一」這句話，可以使用其他的句式來表達同樣的含義，如「自強不息、知行合一是東北大學的校訓」。轉述在機器翻譯任務上獲得了廣泛使用[881,894,895]，透過轉述方法對原始的雙語資料進行改寫，使訓練資料可以覆蓋更多的語言學現象。同時，由於每個句子可以對應多個不同的翻譯，轉述方法可以避免模型過擬合，提高模型的泛化能力。

3. 雙敘述對挖掘

在雙語平行語料缺乏時，從可比語料中挖掘可用的雙敘述對也是一種有效的方法[896-8898]。可比語料是指來源語言和目的語言雖然不是完全互譯的文字，但是蘊含了豐富的雙語對照知識，可以從中挖掘出可用的雙敘述對來訓練。相比雙語平行語料，可比語料相對容易獲取[如從多種語言報導的新聞事件、多種語言的維基百科詞條（如圖 16-4 所示）和多種語言翻譯的書籍中獲取]。

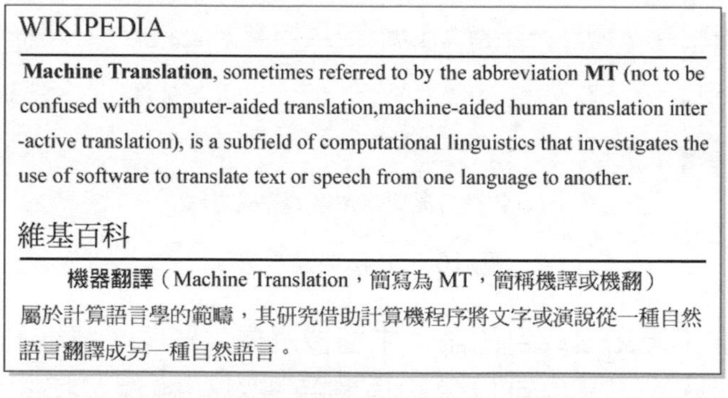

WIKIPEDIA

Machine Translation, sometimes referred to by the abbreviation **MT** (not to be confused with computer-aided translation,machine-aided human translation inter -active translation), is a subfield of computational linguistics that investigates the use of software to translate text or speech from one language to another.

維基百科

機器翻譯（Machine Translation，簡寫為 MT，簡稱機譯或機翻）屬於計算語言學的範疇，其研究借助計算機程序將文字或演說從一種自然語言翻譯成另一種自然語言。

圖 16-4 維基百科中的可比語料

可比語料大多存在於網頁中，內容較複雜，可能會存在較大比例的雜訊，如 HTML 標籤、亂碼等。先對內容進行充分的資料清洗，得到乾淨的可比語料，然後從中取出可用的雙敘述對。傳統的取出方法一般透過統計模型或雙語詞典得到雙敘述對。例如，計算兩個不同語言句子之間的單字重疊數或 BLEU 值[896,899]；或者透過排序模型或二分類器判斷一個目的語言句子和一個來源語言句子互譯的可能性[897,900]。

另一種比較有效的方法是根據兩種語言中每個句子的表示向量取出資料[898]。首先，對於兩種語言的每個句子，分別使用詞嵌入加權平均等方法計算得到句子的表示向量，然後計算每個來源語言句子和目的語言句子之間的餘弦相似度，相似度大於一定閾值的句對被認為是可用的雙敘述對[898]。然而，不同語言單獨訓練得到的詞嵌入可能對應不同的表示空間，因此得到的表示向量無法用於衡量兩個句子的相似度[901]。為了解決這個問題，一般使用同一表示空間的跨語言詞嵌入來表示兩種語言的單字[902]。在跨語言詞嵌入中，不同語言相同意思的詞對應的詞嵌入具有較高的相似性，因此得到的句子表示向量也就可以用於衡量兩個句子是否表示相似的語義[165]。跨語言詞嵌入的具體內容參考 16. 4.1 節。

16.1.2 基於語言模型的方法

除了構造雙語資料進行資料增強，直接利用單語資料也是機器翻譯中的常用方法。通常，單語資料會被用於訓練語言模型（見第 2 章）。對於機器翻譯系統而言，在目的語言端，語言模型可以幫助系統選擇更流暢的譯文；在來源語言端，語言模型可以用於句子編碼，進而更好地生成句子的表示結果。在傳統方法中，語言模型常被用在目的語言端。近些年，隨著預訓練技術的發展，語言模型也被使用在神經機器翻譯的編碼器端。下面從語言模型在目的語言端的融合、預訓練詞嵌入、預訓練模型和多工學習 4 方面介紹基於語言模型的單語資料使用方法。

1. 語言模型在目的語言端的融合

融合目的語言端的語言模型是一種最直接的使用單語資料的方法[903-905]。實際上，神經機器翻譯模型本身也具備了語言模型的作用，因為解碼器本

質上也是一個語言模型，用於描述生成譯文詞串的規律。對於一個雙敘述對(x, y)，神經機器翻譯模型可以被描述為

$$\log P(y|x;\theta) = \sum_{t} \log P(y_j|y_{<j}, x;\theta) \tag{16-1}$$

這裡，θ是神經機器翻譯模型的參數，$y_{<j}$表示第j個位置前面已經生成的詞序列。可以看出，模型的翻譯過程與兩部分資訊有關，分別是來源語言句子x及前面生成的譯文序列$y_{<j}$。語言模型可以與解碼過程融合，根據$y_{<j}$生成流暢度更高的翻譯結果。常用的融合方法主要分為淺融合和深融合[903]。

淺融合方法獨立訓練翻譯模型和語言模型，在生成每個詞時，對兩個模型的預測機率進行加權求和得到最終的預測機率。淺融合的不足在於，解碼過程對每個詞均採用相同的語言模型權重，缺乏靈活性。針對這個問題，深融合聯合翻譯模型和語言模型進行訓練，從而在解碼過程中動態地計算語言模型的權重，更好地融合翻譯模型和語言模型，計算預測機率。

大多數情況下，目的語言端語言模型的使用可以提高譯文的流暢度，但並不會增加翻譯結果對來源語言句子表達的充分性，即來源語言句子的資訊是否被充分表現在了譯文中。也有一些研究發現，神經機器翻譯過於關注譯文的流暢度，沒有考慮充分性的問題，例如，神經機器翻譯系統的結果中經常出現漏譯等問題。也有一些研究人員提出了控制翻譯充分性的方法，讓譯文在流暢度和充分性之間達到平衡[474,475,906]。

2. 預訓練詞嵌入

神經機器翻譯模型所使用的編碼器-解碼器框架天然包含了對輸入（來源語言）和輸出（目的語言）進行表示學習的過程。在編碼端，需要學習一種分散式表示來表示來源語言句子的資訊，這種分散式表示可以包含序列中每個位置的表示結果（見第 9 章）。從結構上看，神經機器翻譯所使用的編碼器與語言模型無異，或者說，神經機器翻譯的編碼器其實就是一個來

源語言的語言模型。唯一的區別在於，神經機器翻譯的編碼器並不直接輸出來源語言句子的生成機率，而傳統語言模型是建立在序列生成任務上的。既然神經機器翻譯的編碼器可以與解碼器一起在雙語資料上聯合訓練，那為什麼不使用更大規模的資料單獨對編碼器進行訓練呢？或者說，直接使用一個預先訓練好的編碼器，與機器翻譯的解碼器配合完成翻譯過程。

實現上述想法的一種手段是預訓練（Pre-training）[125,126,167,907]。預訓練的做法相當於將句子的表示學習任務從目標任務中分離，這樣可以利用額外的更大規模的資料進行學習。一種常用的方法是使用語言建模等方式在大規模單語資料上進行訓練，得到神經機器翻譯模型中的部分模型（如詞嵌入和編碼器等）的參數初始值。然後，神經機器翻譯模型在雙語資料上進行微調（Fine-tuning），得到最終的翻譯模型。

詞嵌入可以被看作對每個獨立單字進行的表示學習的結果，在自然語言處理的眾多工中都扮演著重要角色[102,908,909]。到目前為止，已經有大量的詞嵌入學習方法被提出（見第 9 章），因此可以直接應用這些方法在巨量的單語資料上訓練，得到詞嵌入，用來初始化神經機器翻譯模型的詞嵌入參數矩陣[910,911]。

需要注意的是，在神經機器翻譯中使用預訓練詞嵌入有兩種方法。一種方法是直接將詞嵌入作為固定的輸入，也就是在訓練神經機器翻譯模型的過程中，並不調整詞嵌入的參數。這樣做的目的是完全將詞嵌入模組獨立出來，將機器翻譯看作在固定的詞嵌入輸入上進行的建模，從而降低機器翻譯模型學習的難度。另一種方法是仍然遵循「預訓練+微調」的策略，將詞嵌入作為機器翻譯模型部分參數的初始值。在之後的機器翻譯訓練過程中，詞嵌入模型的結果會被更新。近年，在詞嵌入預訓練的基礎上進行微調的方法越來越受研究人員的青睞。因為在實踐中發現，完全用單語資料學習的單字表示，與雙語資料上的翻譯任務並不完全匹配。同時，目的語言的資訊也會影響來源語言的表示學習。

雖然預訓練詞嵌入在巨量的單語資料上學習到了豐富的表示，但詞嵌入的一個主要缺點是無法解決一詞多義問題。在不同的上下文中，同一個單字經常表示不同的意思，而它的詞嵌入卻是完全相同的，模型需要在編碼過程中透過上下文理解每個詞在當前語境下的含義。因此，上下文詞向量在近年獲得了廣泛的關注[167,450,912]。上下文詞嵌入是指一個詞的表示不僅依賴於單字自身，還依賴於上下文語境。在不同的上下文中，每個詞對應的詞嵌入是不同的，因此無法簡單地透過詞嵌入矩陣來表示。通常，使用巨量的單語資料預訓練語言模型任務，期望句子中每個位置對應的表示結果包含一定的上下文資訊[125,126,167]。這本質上和下面即將介紹的句子級預訓練模型一樣。

3. 預訓練模型

與固定的詞嵌入相比，上下文詞嵌入包含了當前語境中的語義資訊，豐富了模型的輸入表示，降低了訓練難度。但是，模型仍有大量的參數需要從零學習，以便提取整個句子的表示。一種可行的方案是在預訓練階段直接得到預訓練好的模型參數，在下游任務中，僅透過任務特定的資料對模型參數進行微調，得到一個較強的模型。基於這個想法，有大量的預訓練模型被提出。例如，生成式預訓練（Generative Pre-training，GPT）和來自 Transformer 的雙向編碼器表示（Bidirectional Encoder Representations From Transformers，BERT）就是兩種典型的預訓練模型。圖 16-5 對比了二者的模型結構。

GPT 透過 Transformer 模型自回歸地訓練單向語言模型[126]，類似於神經機器翻譯模型的解碼器，相比雙向 LSTM 等模型，Tranformer 模型的表示能力更強。之後提出的 BERT 模型更是將預訓練的作用提升到了新的水平[125]。GPT 模型的一個缺陷在於模型只能進行單向編碼，也就是前面的文字在建模時無法獲取後面的資訊。而 BERT 提出了一種自編碼的方式，使模型在預訓練階段可以透過雙向編碼的方式進行建模，進一步增強了模型的表示能力。

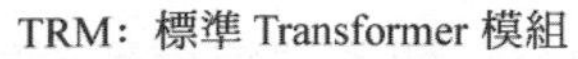

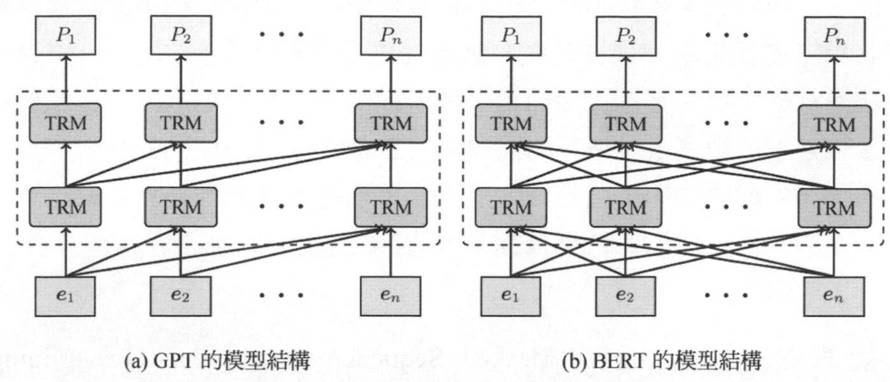

(a) GPT 的模型結構　　(b) BERT 的模型結構

圖 16-5 GPT 的模型結構和 BERT 的模型結構對比

BERT 的核心思想是透過遮罩語言模型（Masked Language Model，MLM）任務進行預訓練。遮罩語言模型的思想類似於完形填空，隨機選擇輸入句子中的部分詞進行遮罩，之後讓模型預測這些被遮罩的詞。遮罩的具體做法是將被選中的詞替換為一個特殊的詞<Mask>，這樣模型在訓練過程中就無法得到遮罩位置詞的資訊，需要聯合上下文內容進行預測，因此提高了模型對上下文的特徵提取能力。而使用遮罩的方式進行訓練也給神經機器翻譯提供了新的思路，在本章也會使用到類似方法。

在神經機器翻譯任務中，預訓練模型可以用於初始化編碼器的模型參數[913-915]。之所以用在編碼器端而非解碼器端，主要原因是編碼器的作用主要是特徵提取，訓練難度相對較高，而解碼器的作用主要是生成，和編碼器提取到的表示是強依賴的，相對比較脆弱[916]。

在實踐中發現，參數初始化的方法在一些富資源語種上的提升效果並不明顯，甚至會帶來性能的下降[917]。原因可能在於，預訓練階段的訓練資料規模非常大，因此在下游任務的資料量較少的情況下幫助較大。而在一些富資源語種上，雙敘述對的資料足夠充分，因此簡單地透過預訓練模型來初始化模型參數無法帶來明顯的效果提升。此外，預訓練模型的訓練目標並沒有考慮到序列到序列的生成，與神經機器翻譯的訓練目標並不完全一致，兩者訓練得到的模型參數可能存在一些區別。

因此，一種做法是將預訓練模型和翻譯模型進行融合，把預訓練模型作為一個獨立的模組為編碼器或者解碼器提供句子級表示結果[917,918]；另一種做法是針對生成任務進行預訓練。機器翻譯是一種典型的語言生成任務，不僅包含來源語言表示學習的問題，而且包含序列到序列的映射、目的語言端序列生成的問題，這些知識是無法單獨透過（來源語言）單語資料學習到的。因此，可以使用單語資料對編碼器-解碼器結構進行預訓練[919,921]。

以遮罩點對點預訓練（Masked Sequence to Sequence Pre-training，MASS）方法為例[919]，其思想與 BERT 十分相似，也是透過在預訓練過程中採用遮罩的方式，隨機選擇編碼器輸入句子中的連續片段替換為特殊詞 <Mask>，然後在解碼器中預測這個連續片段，如圖 16-6 所示。這種做法可以使編碼器捕捉上下文資訊，同時迫使解碼器依賴編碼器進行自回歸的生成，從而學習到編碼器和解碼器之間的注意力。為了調配下游的機器翻譯任務，使預訓練模型可以學習到不同語言的表示，MASS 對不同語言的句子採用共用詞彙表和模型參數的方法，利用同一個預訓練模型進行不同語言句子的預訓練。透過這種方式，模型既學習到了對來源語言句子的編碼，也學習到了對目的語言句子的生成方法，再透過雙敘述對對預訓練模型進行微調，模型可以快速收斂到較好的狀態。

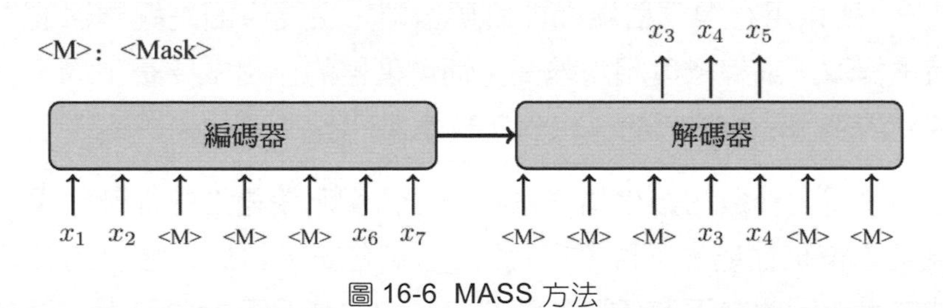

圖 16-6 MASS 方法

此外，還有很多問題值得探討。例如，為何預訓練詞嵌入在神經機器翻譯模型中有效[911]；如何在神經機器翻譯模型中利用預訓練的 BERT 模型[913,914,918,922]；如何針對神經機器翻譯任務進行預訓練[920,923,924]；如何針對機器翻譯中的 Code-switching 問題進行預訓練[925]；如何在微調過程中避免災難性遺忘[926]。

4. 多工學習

在訓練一個神經網路時，如果過分地關注單一訓練目標，可能會使模型忽略其他有幫助的資訊，這些資訊可能來自一些其他相關的任務[927]。透過聯合多個獨立但相關的任務共同學習[927-929]，任務之間相互「促進」，就是多工學習,。多工學習的常用做法是，針對多個相關的任務，共用模型的部分參數來學習不同任務之間相似的特徵，並透過特定的模組來學習每個任務獨立的特徵（見第 15 章）。常用的策略是對底層的模型參數進行共用，頂層的模型參數用於獨立學習各個不同的任務。

在神經機器翻譯中，應用多工學習的主要策略是將翻譯任務作為主任務，同時設置一些僅使用單語資料的子任務，透過這些子任務來捕捉單語資料中的語言知識[837,890,930]。一種多工學習的方法是利用來源語言單語資料，透過單一編碼器對來源語言資料進行建模，再分別使用兩個解碼器學習來源語言排序和翻譯任務。來源語言排序任務是指利用預排序規則對來源語言句子中詞的順序進行調整[305]，可以透過單語資料構造訓練資料，從而使編碼器被訓練得更充分[890]，如圖 16-7 所示，圖中$y_<$表示當前時刻之前的單字序列，$x_<$表示來源語言句子中詞的順序調整後的句子。

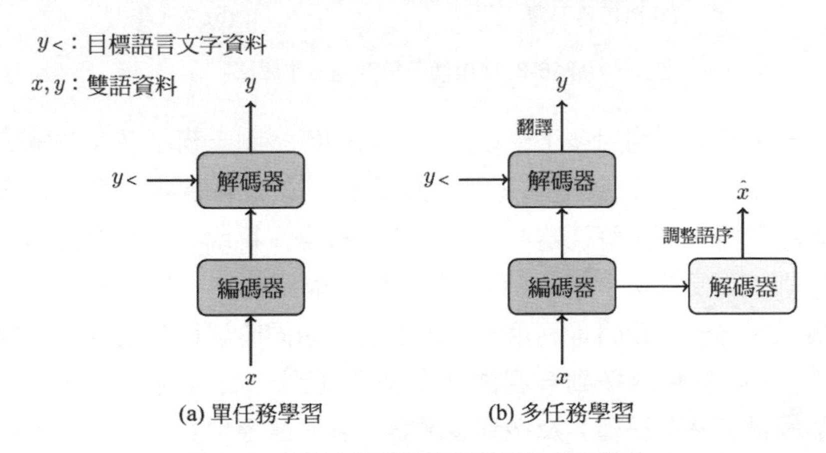

圖 16-7 使用來源語言單語資料的多工學習

雖然神經機器翻譯模型可以看作一種語言生成模型，但生成過程卻依賴於來源語言資訊，因此無法直接利用目的語言單語資料進行多工學習。針對這個問題，可以對原有翻譯模型結構進行修改，在解碼器底層增加一個語言模型子層，這個子層用於學習語言模型任務，與編碼器端是完全獨立的，如圖 16-8 所示[930]，圖中$y_<$表示當前時刻之前的單字序列，$z_<$表示當前時刻之前的單語資料。在訓練過程中，分別將雙語資料和單語資料送入翻譯模型和語言模型進行計算，雙語資料訓練產生的梯度用於對整個模型進行參數更新，而單語資料訓練產生的梯度只對語言模型子層進行參數更新。

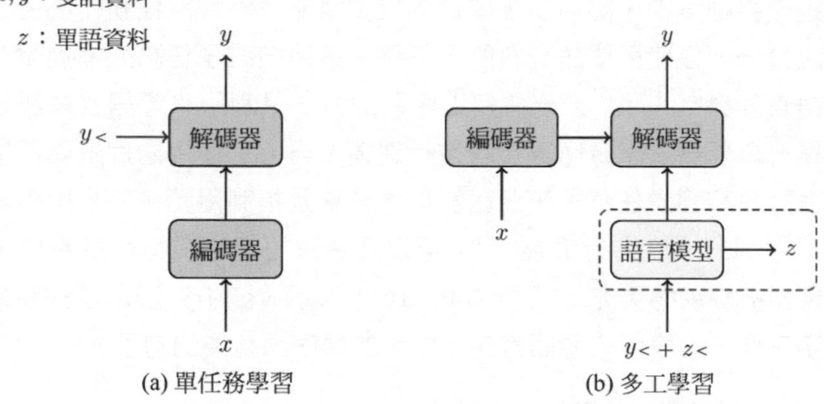

圖 16-8 使用語言模型的多工學習

此外，一種策略是利用多工學習的思想來訓練多到一模型（多個編碼器、單一解碼器）、一到多模型（單一編碼器、多個解碼器）和多到多模型（多個編碼器、多個解碼器），從而借助單語資料或其他資料使編碼器或解碼器訓練得更充分[837]，任務的形式包括翻譯任務、句法分析任務、圖型分類等。另一種策略是利用多工學習的思想同時訓練多個語言的翻譯任務[931,932]，同樣包括多到一翻譯（多個語種到一個語種）、一到多翻譯（一個語種到多個語種）及多到多翻譯（多個語種到多個語種），這種方法可以利用多種語言的訓練資料進行學習，具有較大的潛力，逐漸受到了研究人員的關注，具體內容可以參考 16.3 節。

16.2 雙向翻譯模型

在機器翻譯任務中，對於給定的雙語資料，可以同時學習來源語言到目的語言和目的語言到來源語言的翻譯模型，因此機器翻譯可被視為一種雙向任務。那麼，兩個方向的翻譯模型能否聯合起來，相輔相成呢？下面將從雙向訓練和對偶學習兩方面對雙向翻譯模型進行介紹。這些方法被大量使用在低資源翻譯系統中，如可以用雙向翻譯模型反覆迭代構造偽資料。

16.2.1 雙向訓練

回顧神經機器翻譯系統的建模過程，給定一個互譯的句對(x,y)，一個從來源語言句子x到目的語言句子y的翻譯表示，求條件機率$P(y|x)$。類似地，一個從目的語言句子y到來源語言句子x的翻譯可以表示為$P(x|y)$。通常，神經機器翻譯的訓練一次只得到一個方向的模型，也就是$P(y|x)$或者$P(x|y)$。這意味著$P(y|x)$和$P(x|y)$之間是互相獨立的。但$P(y|x)$和$P(x|y)$是否真的沒有關係呢？這裡以最簡單的情況為例，假設x和y被表示為相同大小的兩個向量$\mathbf{E}_x$和$\mathbf{E}_y$，且$\mathbf{E}_x$到$\mathbf{E}_y$的變換是一個線性變換，也就是與一個方陣$\mathbf{W}$ 做矩陣乘法：

$$\mathbf{E}_y = \mathbf{E}_x\mathbf{W} \tag{16-2}$$

這裡，$\mathbf{W}$應當是一個滿秩矩陣，否則對於任意一個$\mathbf{E}_x$經過$\mathbf{W}$變換得到的$\mathbf{E}_y$只落在所有可能的$\mathbf{E}_y$的一個子空間內，即在給定$\mathbf{W}$ 的情況下有些y 不能被任何一個x表達，而這不符合常識，因為不管是什麼句子，總能找到它的一種譯文。若$\mathbf{W}$是滿秩矩陣，則說明$\mathbf{W}$可逆，也就是給定$\mathbf{E}_x$到$\mathbf{E}_y$ 的變換$\mathbf{W}$，$\mathbf{E}_y$到$\mathbf{E}_x$ 的變換必然是$\mathbf{W}$的逆，而非其他矩陣。

這個例子說明$P(y|x)$和$P(x|y)$應當存在聯繫。雖然x和y之間是否存在簡單的線性變換關係並沒有結論，但是上面的例子舉出了一種對來源語言句子和目的語言句子進行相互轉化的思路。實際上，研究人員已經透過一些數學技巧用目標函數把$P(y|x)$和$P(x|y)$聯繫起來，這樣訓練神經機器翻譯系統一次就可以同時得到兩個方向的翻譯模型，使訓練變得更加高效[459,933,934]。雙向聯合訓練的基本思想是：使用兩個方向的翻譯模型對單語資料進行推斷，之後將翻譯結果和原始的單語資料作為訓練語料，透過多次迭代更新兩個方向上的機器翻譯模型。

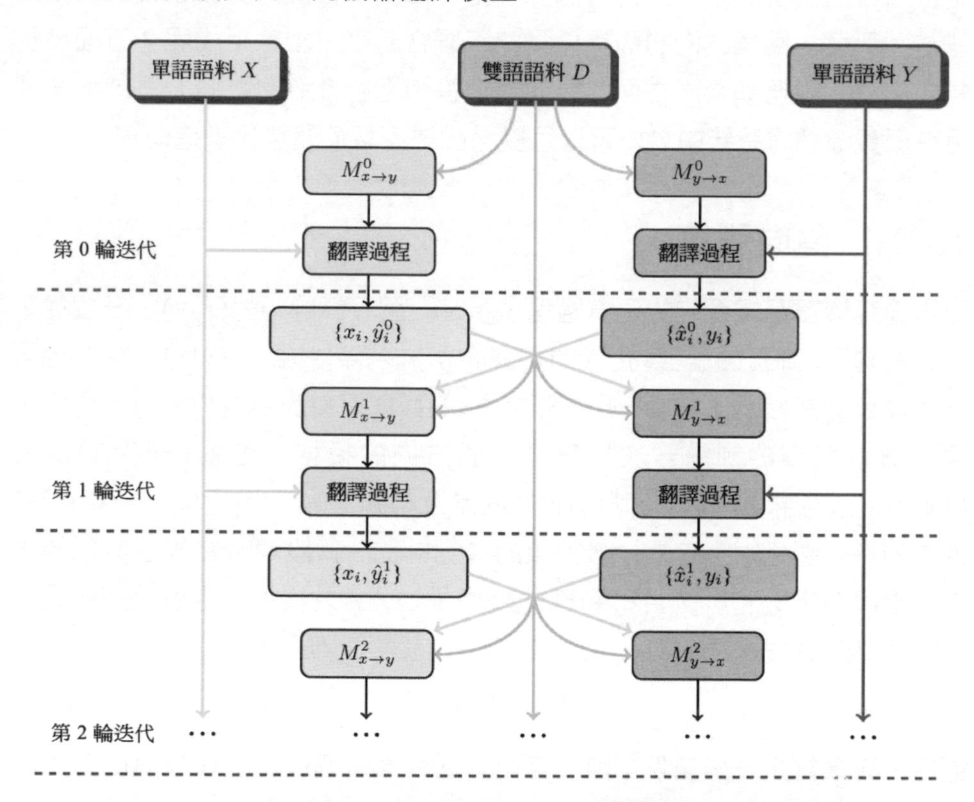

圖 16-9 翻譯模型的雙向訓練流程

圖 16-9 舉出了一個翻譯模型的雙向訓練流程，其中$M^k_{x\to y}$表示第k輪得到的x到y的翻譯模型，$M^k_{y\to x}$表示第k輪得到的y到x的翻譯模型。這裡只展示了前兩輪迭代。在第 1 次迭代開始之前，先使用雙語資料對兩個初始翻譯模

型進行訓練。為了保持一致性，這裡稱之為第 0 輪迭代。在第 1 輪迭代中，先使用這兩個翻譯模型$M_{x\to y}^{0}$ 和$M_{y\to x}^{0}$ 翻譯單語資料$X=\{x_i\}$ 和$Y=\{y_i\}$，得到譯文$\{\hat{y}_i^0\}$和$\{\hat{x}_i^0\}$。建構偽訓練資料集$\{x_i,\hat{y}_i^0\}$ 與$\{\hat{x}_i^0,y_i\}$。然後用上面的兩個偽訓練資料集和原始雙語資料混合，訓練得到模型$M_{x\to y}^{1}$和$M_{y\to x}^{1}$ 並進行參數更新，即用 $\{\hat{x}_i^0,y_i\}\cup\ \{x_i,y_i\}$ 訓練 $M_{x\to y}^{1}$ ，用$\{\hat{y}_i^0,x_i\}\cup\ \{y_i,x_i\}$訓練$M_{y\to x}^{1}$。第 2 輪迭代繼續重複上述過程，使用更新參數後的翻譯模型$M_{x\to y}^{1}$和$M_{y\to x}^{1}$ 得到新的偽資料集$\{x_i,\hat{y}_i^1\}$ 與$\{\hat{x}_i^1,y_i\}$。然後得到翻譯模型$M_{x\to y}^{2}$和$M_{y\to x}^{2}$。這種方式本質上是一種自學習的過程，逐步生成更好的偽資料，同時提升模型品質。

16.2.2 對偶學習

對稱，也許是人類最喜歡的美，其貫穿於整個人類文明的誕生與發展之中。古語「夫美也者，上下、內外、大小、遠近皆無害焉，故曰美」描述的即是這樣的美。在人工智慧的任務中，也存在著這樣的對稱結構，如機器翻譯中的英翻中和中翻英、影像處理中的圖型標注和圖型生成，以及語音處理中的語音辨識和語音合成等。利用這些任務的對稱性質（也稱對偶性），可以使互為對偶的兩個任務獲得更有效的回饋，從而使對應的模型相互學習、相互提高。

目前，對偶學習的思想已經廣泛應用於低資源機器翻譯領域，它不僅能提升在有限雙語資源下的翻譯模型的性能，而且能利用未標注的單語資料進行學習。下面將從有監督對偶學習（Dual Supervised Learning）[935,936]與無監督對偶學習（Dual Unsupervised Learning）[937,939]兩方面，對對偶學習的思想進行介紹。

1. 有監督對偶學習

對偶學習涉及兩個任務，分別是原始任務和它的對偶任務。在機器翻譯任務中，給定一個互譯的句對(x,y)，原始任務學習一個條件機率$P(y|x)$，將

來源語言句子x翻譯成目的語言句子y；對偶任務同樣學習一個條件機率$P(x|y)$，將目的語言句子y翻譯成來源語言句子x。除了使用條件機率建模翻譯問題，還可以使用聯合分佈$P(x,y)$進行建模。根據條件機率定義，有

$$P(x,y) = P(x)P(y|x) = P(y)P(x|y) \tag{16-3}$$

式(16-3) 很自然地把兩個方向的翻譯模型$P(y|x)$和$P(x|y)$及兩個語言模型$P(x)$和$P(y)$聯繫起來：$P(x)P(y|x)$應該與$P(y)P(x|y)$接近，因為它們都表達了同一個聯合分佈$P(x,y)$。因此，在建構訓練兩個方向的翻譯模型的目標函數時，除了它們單獨訓練時各自使用的極大似然估計目標函數，可以額外增加一個目標項來激勵兩個方向的翻譯模型，例如：

$$L_{\text{dual}} = (\log P(x) + \log P(y|x) - \log P(y) - \log P(x|y))^2 \tag{16-4}$$

透過該正則化項，互為對偶的兩個任務可以被放在一起學習，透過任務對偶性加強監督學習的過程，就是有監督對偶學習[935,937]。這裡，$P(x)$和$P(y)$兩個語言模型是預先訓練好的，並不參與翻譯模型的訓練。可以看到，對於單獨的一個模型來說，其目標函數增加了與另一個方向的模型相關的損失項。這樣的形式與 L1/L2 正則化非常類似（見第 13 章），因此可以把這個方法看作一種正則化的手段（受翻譯任務本身的性質啟發）。有監督對偶學習需要最佳化如下損失函數：

$$L = \log P(y|x) + \log P(x|y) + L_{\text{dual}} \tag{16-5}$$

由於兩個方向的翻譯模型和語言模型相互影響，這種共同訓練、共同提高的方法能得到比基於單一方向訓練效果更好的模型。

2. 無監督對偶學習

有監督的對偶學習需要使用雙語資料來訓練兩個翻譯模型，但是有些低資來源語言僅有少量雙語資料可以訓練。因此，如何使用資源相對豐富的單語資料來提升翻譯模型的性能也是一個關鍵問題。

無監督對偶學習提供了一個解決問題的思路[937]。假設目前有兩個比較弱的翻譯模型，一個原始翻譯模型f將來源語言句子x翻譯成目的語言句子y，一個對偶任務模型g將目的語言句子y翻譯成來源語言句子x。翻譯模型可由有限的雙語訓練，或者使用無監督機器翻譯得到（見 16.4 節）。如圖 16-10 所示，無監督對偶學習的流程是，先透過原始任務模型f 將一個來源語言單敘述子x翻譯為目的語言句子y，隨後，透過對偶任務模型g將目的語言句子y翻譯為來源語言句子x'。如果模型f和g的翻譯性能較好，則x'和x會十分相似。透過計算二者的重構損失（Reconstruction Loss），可以最佳化模型f和g的參數。這個過程可以多次迭代，從大量的無標注單語資料上不斷提升性能。

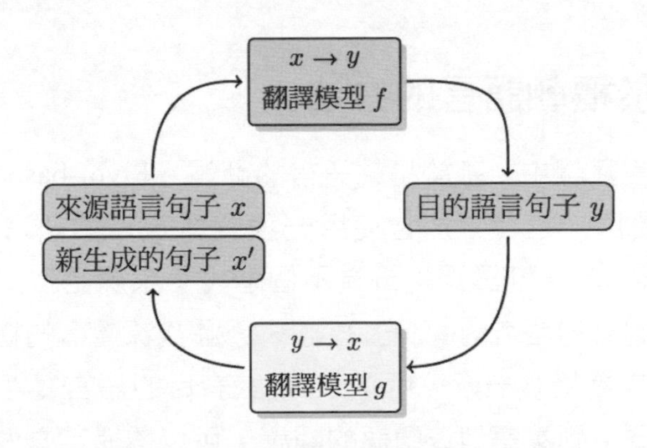

圖 16-10 無監督對偶學習的流程

無監督對偶學習的過程與強化學習的過程非常相似（見第 13 章）。在訓練過程中，模型無法知道某個狀態下正確的行為是什麼，只能透過這種試錯-回饋的機制反覆調整。訓練這兩個模型可以用已有的強化學習演算法，如策略梯度方法[940]。策略梯度的基本思想是：如果在執行某個動作之後，獲得了一個不錯的回饋，那麼會調整策略來增加這個狀態下執行該動作的機率；反之，如果採取某個動作後獲得了一個負反饋，就需要調整策略來降低這個狀態下執行該動作的機率。

16.3 多語言翻譯模型

低資源機器翻譯面臨的主要挑戰是缺乏大規模、高品質的雙語資料。這個問題往往伴隨著多語言的翻譯任務[941]。也就是說，要同時開發多個不同語言之間的機器翻譯系統，其中少部分語言是富資來源語言，而其他語言是低資來源語言。針對低資來源語言雙語資料稀少或缺失的情況，一種常見的解決思路是利用富資來源語言的資料或系統，幫助低資源機器翻譯系統。這也組成了多語言翻譯的思想，並延伸出大量的研究工作，其中有 3 個典型的研究方向：基於樞軸語言的方法[942]、基於知識蒸餾的方法[551]、基於遷移學習的方法[932,943]。

16.3.1 基於樞軸語言的方法

在傳統的多語言翻譯中，基於樞軸語言的翻譯（Pivot-based Translation）[942,943]被廣泛使用。這種方法會使用一種資料豐富的語言作為樞軸語言（Pivot Language）。翻譯過程分為兩個階段：來源語言到樞軸語言的翻譯和樞軸語言到目的語言的翻譯。這樣，透過資源豐富的樞軸語言將來源語言和目的語言橋接在一起，解決來源語言-目的語言雙語資料缺乏的問題。例如，想要得到泰語到波蘭語的翻譯，可以透過英文做樞軸語言。透過「泰語→英文→波蘭語」的翻譯過程完成泰語到波蘭語的轉換。

在統計機器翻譯中，有很多基於樞軸語言的方法[944,947]，這些方法已經廣泛用於低資源翻譯任務[942,948-950]。基於樞軸語言的方法與模型結構無關，因此這些方法也適用於神經機器翻譯，並取得了不錯的效果[943,951]。

基於樞軸語言的翻譯過程如圖 16-11 所示。這裡，使用虛線表示具有雙語平行語料庫的語言對，並使用帶有箭頭的實線表示翻譯方向，令x、y和p分別表示來源語言、目的語言和樞軸語言，對於輸入來源語言句子x和目的語言句子y，其翻譯過程可以被建模為

$$P(y|x) = \sum_{p} P(p|x)P(y|p) \tag{16-6}$$

其中，p表示一個樞軸語言句子。$P(p|x)$和$P(y|p)$的求解可以直接重複使用既有的模型和方法。不過，枚舉所有的樞軸語言句子p是不可行的。因此，一部分研究工作也探討了如何選擇有效的路徑，從x經過少量p到達y[]952。

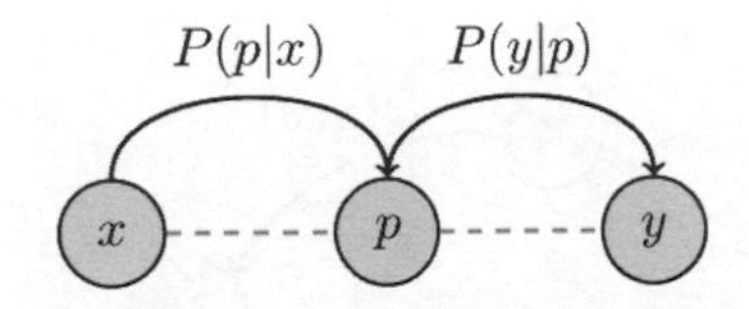

圖 16-11 基於樞軸語言的翻譯過程

雖然基於樞軸語言的方法簡單且易於實現，但該方法也有一些不足。例如，它需要兩次翻譯，時間負擔較大。在兩次翻譯中，翻譯錯誤會累積，從而產生錯誤傳播，導致模型翻譯準確性降低。此外，基於樞軸語言的方法仍然假設來源語言和樞軸語言（或目的語言和樞軸語言）之間存在一定規模的雙語平行資料，但這個假設在很多情況下並不成立。例如，對於一些資源極度缺乏的語言，其到英文或中文的雙語資料仍然十分匱乏，這時使用基於樞軸語言的方法的效果往往並不理想。雖然存在以上問題，但是基於樞軸語言的方法仍然受到工業界的青睞，很多線上翻譯引擎也在大量使用這種方法進行多語言的翻譯。

16.3.2 基於知識蒸餾的方法

為了緩解基於樞軸語言的方法中存在的錯誤傳播等問題帶來的影響，可以採用基於知識蒸餾的方法[551,953]。知識蒸餾是一種常用的模型壓縮方法[549]，基於教師-學生框架，在第 13 章已經進行了詳細介紹。針對低資源翻譯任務，基於教師-學生框架的翻譯過程如圖 16-12 所示。其中，虛線表示具有平行語料庫的語言對，帶有箭頭的實線表示翻譯方向。這裡，將樞軸

語言（p）到目的語言（y）的翻譯模型$P(y|p)$當作教師模型，來源語言（x）到目的語言（y）的翻譯模型$P(y|x)$當作學生模型。然後，用教師模型指導學生模型的訓練，這個過程中學習的目標是讓$P(y|x)$盡可能接近$P(y|p)$，這樣學生模型就可以學習到來源語言到目的語言的翻譯知識。舉個例子，假設圖 16-12 中x為來源語言德語"hallo"，p為中間語言英文"hello"，y為目的語言法語"bonjour"，則德語"hallo"翻譯為法語"bonjour"的機率應該與英文"hello"翻譯為法語"bonjour"的機率相近。

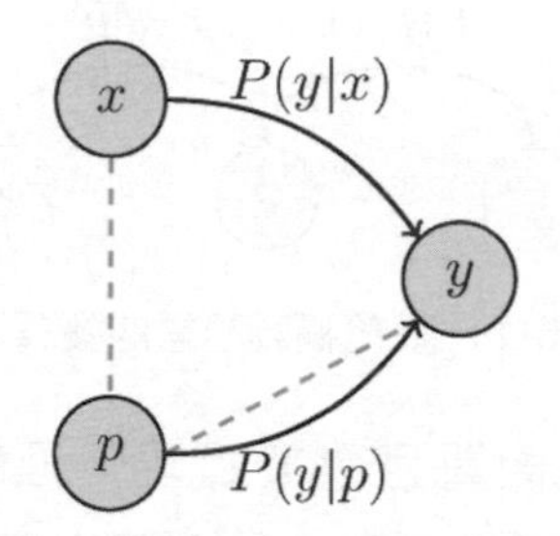

圖 16-12 基於教師-學生框架的翻譯過程

需要注意的是，基於知識蒸餾的方法基於一個假設：如果來源語言句子x、樞軸語言句子p和目的語言句子y這三者互譯，則$P(y|x)$應接近$P(y|p)$，即

$$P(y|x) \approx P(y|p) \tag{16-7}$$

和基於樞軸語言的方法相比，基於知識蒸餾的方法無須訓練來源語言到樞軸語言的翻譯模型，也就無須經歷兩次翻譯過程。不過，基於知識蒸餾的方法仍然需要顯性地使用樞軸語言進行橋接，因此仍然面臨著「來源語言→樞軸語言→目的語言」轉換中資訊遺失的問題。例如，當樞軸語言到目的語言的翻譯效果較差時，由於教師模型無法提供準確的指導，學生模型也無法取得很好的學習效果。

16.3.3 基於遷移學習的方法

遷移學習（Transfer Learning）是一種基於機器學習的方法，指的是一個預訓練的模型被重新用在另一個任務中，而並不是從頭訓練一個新的模型 [549]。遷移學習的目標是將某個領域或任務上學習到的知識應用到新的領域或問題中。在機器翻譯中，可以用富資來源語言的知識改進低資來源語言上的機器翻譯性能，也就是將富資來源語言中的知識遷移到低資來源語言中。

基於樞軸語言的方法需要顯性地建立「來源語言→樞軸語言→目的語言」的路徑。這時，如果路徑中某處出現了問題，就會成為整個路徑的瓶頸。如果使用多個樞軸語言，這個問題就會更加嚴重。不同於基於樞軸語言的方法，遷移學習無須進行兩次翻譯，也就避免了翻譯路徑中錯誤累積的問題。如圖 16-13 所示，遷移學習將所有任務分類為源任務和目標任務，目的是將源任務中的知識遷移到目標任務中。

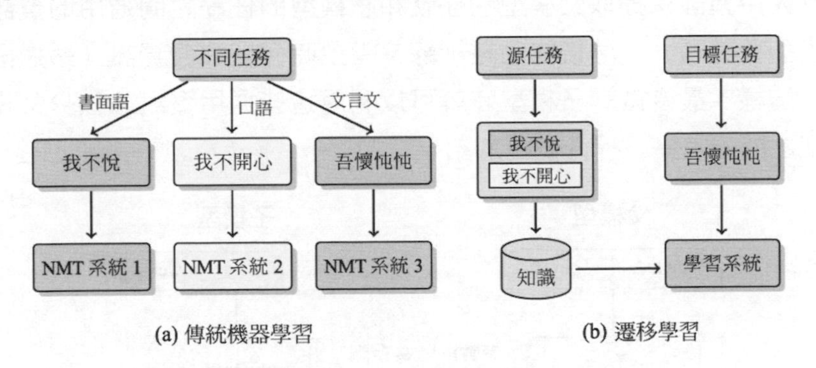

圖 16-13 傳統機器學習和遷移學習方法對比

1. 參數初始化方法

在解決多語言翻譯問題時，需要先在富資來源語言上訓練一個翻譯模型，將其稱為父模型（Parent Model）。在對父模型的參數進行初始化的基礎上，訓練低資來源語言的翻譯模型，稱為子模型（Child Model），這意味著低資源翻譯模型將不會從隨機初始化的參數開始學習，而是從父模型的參數開始[954-956]。這時，也可以把參數初始化過程看作遷移學習。在圖 16-14 中，左側模型為父模型，右側模型為子模型。這裡假設從英文到中文的翻譯為富資源翻譯，從英文到西班牙語的翻譯為低資源翻譯，則先用英中雙語平行語料庫訓練出一個父模型，再用英文到西班牙語的資料在父模型上微調，得到子模型，這個子模型即遷移學習的模型。此過程可以看作在富資來源語言訓練模型上使用低資來源語言的資料進行微調，將富資來源語言中的知識遷移到低資來源語言中，從而提升低資來源語言的模型性能。

儘管這種方法在某些低資來源語言上成就非凡，但在資源極度匱乏或零資源的翻譯任務中仍然表現不佳[957]。具體而言，如果子模型訓練資料過少，無法透過訓練彌補父模型與子模型之間的差異，那麼微調的結果將很差。一種解決方案是先預訓練一個多語言模型，然後固定這個預訓練模型的部分參數，訓練父模型，最後從父模型中微調子模型[958]。這樣做的好處在於先用預訓練提取父模型的任務和子模型的任務之間通用的資訊（保存在模型參數裡），然後強制在訓練父模型時保留這些資訊（透過固定參數），這樣，最後微調子模型時就可以利用這些通用資訊，減少父模型和子模型之間的差異，提升微調的結果[959]。

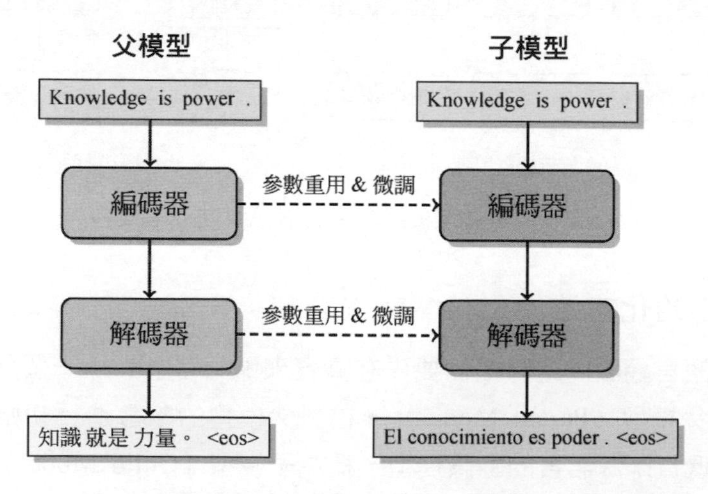

圖 16-14 參數初始化方法示意圖

2. 多語言單模型方法

多語言單模型方法（Multi-lingual Single Model-based Method）也被看作一種遷移學習。多語言單模型方法尤其適用於翻譯方向較多的情況，因為為每一個翻譯方向單獨訓練一個模型是不現實的。不僅受裝置資源和時間的限制，而且很多翻譯方向都沒有雙語平行資料[932,941,960]。例如，要得到100 個語言之間互譯的系統，理論上就需要訓練100×99個翻譯模型，代價巨大。這時，最佳的解決方案是使用多語言單模型方法。

多語言單模型系統是指具有多個語言方向翻譯能力的單模型系統。對於來源語言集合G_x和目的語言集合G_y，多語言單模型的學習目標是學習一個單一的模型，這個模型可以進行任意來源語言到任意目的語言的翻譯，即同時支持所有$\{(l_x, l_y)|x \in G_x, y \in G_y)\}$的翻譯。多語言單模型方法又可以進一步分為一對多[931]、多對一[563]和多對多[961]的方法。這些方法本質上是相同的，因此這裡以多對多翻譯為例進行介紹。

在模型結構方面，多語言模型與普通的神經機器翻譯模型相同，都是標準的編碼器-解碼器結構。多語言單模型方法的一個假設是：不同語言可以共用同一個表示空間。因此，該方法使用同一個編碼器處理所有來源語言句子，使用同一個解碼器處理所有目的語言句子。為了使多個語言共用同一個解碼器（或編碼器），一種簡單的方法是直接在輸入句子上加入語言標記，讓模型顯性地知道當前句子屬於哪個語言。如圖 16-15 所示，在此範例中，標記"<spanish>"表示目的語言句子為西班牙語，標記"<german>"表示目的語言句子為德語，則模型在進行翻譯時會將開頭加有"<spanish>"標籤的句子翻譯為西班牙語[932]。假設訓練時有英文到西班牙語"<spanish> Hello"→"Hola"和法語到德語"<german> Bonjour"→"Hallo" 的雙敘述對，則在解碼時，輸入英文"<german> Hello"就會得到解碼結果"Hallo"。

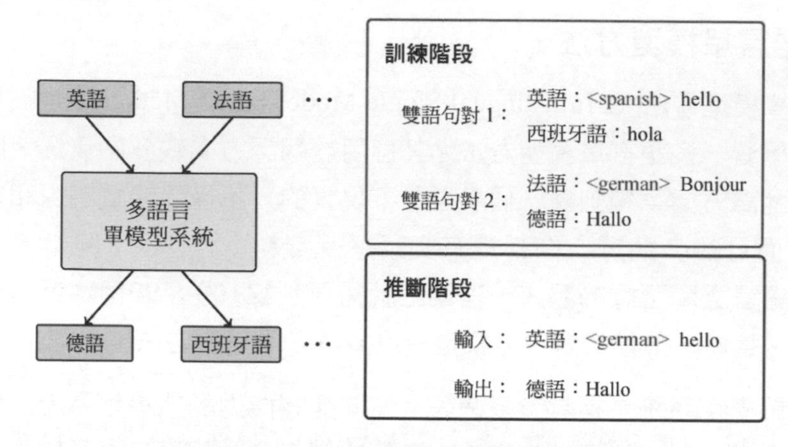

圖 16-15 多語言單模型系統示意圖

多語言單模型系統無須顯性訓練基於樞軸語言的翻譯系統，而是共用多個語言的編碼器和解碼器，因此極大地提升了資料資源的利用效率，其適用的極端場景是零資源翻譯，即來源語言和目的語言之間沒有任何平行資料。以法語到德語的翻譯為例，假設此翻譯語言方向為零資源，即沒有法語到德語的雙語平行資料，但是有法語到其他語言（如英文）的雙語平行資料，也有其他語言（如英文）到德語的雙語平行資料。這時，直接運行圖 16-15 所示的模型，可以學習法語到英文、英文到德語的翻譯能力，同時具備了法語到德語的翻譯能力，即零資源翻譯能力。從這個角度看，零資源神經機器翻譯也需要樞軸語言，只是這些樞軸語言資料僅在訓練期間使用[932]，無須生成偽並行語料庫。這種使用樞軸語言的方式也被稱作隱式橋接（Implicit Bridging）。

另外，使用多語言單模型系統進行零資源翻譯的一個優勢在於，它可以在最大程度上利用其他語言的資料。還是以上面提到的法語到德語的零資源翻譯任務為例，除了使用法語到英文、英文到德語的資料，所有法語到其他語言、其他語言到德語的資料都是有價值的，這些資料可以強化對法語句子的表示能力，同時強化對德語句子的生成能力。這個優點也是 16.3.1 節介紹的傳統的基於樞軸語言的方法所不具備的。

多語言單模型系統經常面臨脫靶翻譯的問題，即把來源語言翻譯成錯誤的目的語言，如要求翻譯成英文，翻譯結果卻是中文或英文中夾雜其他語言的字元。這是因為多語言單模型系統對所有語言都使用一樣的參數，導致模型不容易區分出不同語言字元混合的句子屬於哪種語言。針對這個問題，可以在原來共用參數的基礎上為每種語言添加額外的獨立參數，使每種語言擁有足夠的建模能力，以便更好地完成特定語言的翻譯[962,963]。

16.4 無監督機器翻譯

低資源機器翻譯的一種極端情況是：沒有任何可以用於模型訓練的雙語平行資料。一種思路是借用多語言翻譯方面的技術（見 16.3 節），利用基於樞軸語言或零資源的方法建構翻譯系統，但這類方法仍然需要多個語種的平行資料。對於某一個語言對，在只有來源語言和目的語言單語資料的前提下，能否訓練一個翻譯模型呢？這裡稱這種不需要雙語資料的機器翻譯方法為無監督機器翻譯（Unsupervised Machine Translation）。

直接進行無監督機器翻譯是很困難的。一個簡單可行的思路是將問題分解，然後分別解決各個子問題，最後形成完整的解決方案。在無監督機器翻譯中，可以先使用無監督方法尋找詞與詞之間的翻譯，在此基礎上，進一步得到句子到句子的翻譯模型。這種「由小到大」的建模思路十分類似於統計機器翻譯中的方法（見第 7 章）。

16.4.1 無監督詞典歸納

雙語詞典歸納（Bilingual Dictionary Induction，BDI）可用於處理不同語言間單字等級的翻譯任務。在統計機器翻譯中，詞典歸納是一項核心任務，它從雙語平行語料中發掘互為翻譯的單字，是翻譯知識的主要來源黃書劍 0 統計機器翻譯中的詞對齊研究[964]。在神經機器翻譯中，詞典歸納通常被用在無監督機器翻譯、多語言機器翻譯等任務中。這裡，單字透過實數向量進行表示，即詞嵌入。所有單字分佈在一個多維空間中，而且研究人員發現：詞嵌入空間在一些語言中顯示出類似的結構，這使得直接利用詞嵌入建構雙語詞典成為可能[901]，其基本思想是先將來自不同語言的詞嵌入投影到共用嵌入空間中，然後在這個共用空間中歸納雙語詞典，原理如圖 16-16 所示。較早的嘗試是用一個包含數千詞對的種子詞典作為錨點，學習從來源語言到目的語言詞嵌入空間的線性映射，將兩個語言的單字投影到共用的嵌入空間後，執行一些對齊演算法即可得到雙語詞典[901]。最近的研究表明，詞典歸納可以在更弱的監督訊號下完成，這些監督訊號來自更小的種子詞典[965]、相同的字串[966]，甚至僅僅是共用的數位[967]。

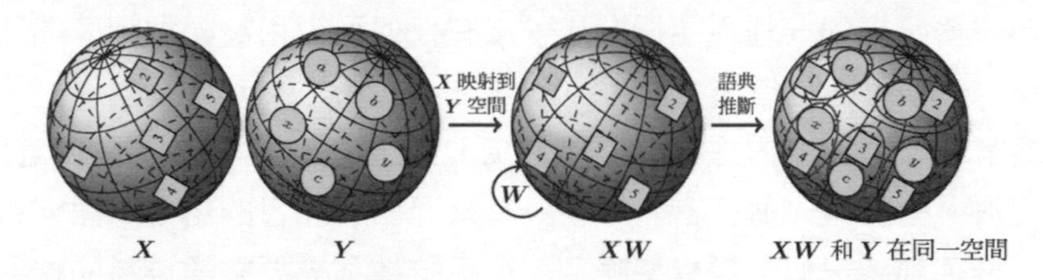

圖 16-16 詞典歸納原理圖

研究人員也提出了完全無監督的詞典歸納方法，這類方法不依賴於任何種子詞典即可實現詞典歸納，下面對其進行介紹。

1. 基本框架

無監督詞典歸納的核心思想是充分利用詞嵌入空間近似同構的假設[968]，基於一些無監督匹配的方法得到一個初始化的種子詞典，再以該種子詞典為起始監督訊號，不斷微調提高性能。複習起來，無監督詞典歸納系統通常包括以下兩個階段：

- 基於無監督的分佈匹配。該階段利用一些無監督方法得到一個包含雜訊的初始化詞典D。
- 基於有監督的微調。利用兩個單語詞嵌入和第一階段中學習到的種子字典執行一些對齊演算法來迭代微調，如普氏分析（Procrustes Analysis）[969]。

無監督詞典歸納流程如圖 16-17 所示，主要步驟包括：

- 對於圖 16-17(a)中分佈在不同空間中的兩個單語詞嵌入**X**和**Y**，基於兩者近似同構的假設，利用無監督匹配的方法得到一個粗糙的線性映射**W**，使得兩個空間能大致對齊，結果如圖 16-17(b)所示。
- 在這個共用空間中執行對齊演算法，從而歸納出一個種子詞典，如圖 16-17(c)所示。
- 利用種子詞典不斷迭代微調，進一步提高映射**W**的性能，最終的映射效果如圖 16-17(d)所示，之後即可從中推斷出詞典，並作為最後的結果。

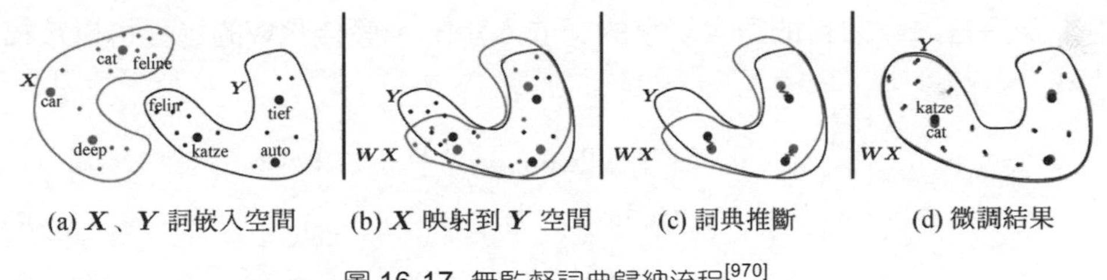

圖 16-17 無監督詞典歸納流程[970]

不同的無監督方法的最大區別主要在於第一階段，獲得初始種子詞典的手段，而第二階段微調的原理都大同小異。第一階段的主流方法主要有兩大類：

- 基於生成對抗網路的方法[968,970-972]。透過生成器產生映射**W**，鑑別器負責區分隨機抽樣的元素**WX** 和**Y**，兩者共同最佳化收斂，即可得到映射**W**。
- 基於 Gromov-wasserstein 的方法[968,973-975]。Wasserstein 距離是度量空間中定義兩個機率分佈之間距離的函數。在這個任務中，用它來衡量不同語言中單字對之間的相似性，利用空間近似同構的資訊可以定義一些目標函數，之後透過最佳化該目標函數得到映射**W**。

在得到映射**W**之後，對於**X**中的任意一個單字x_i，透過$\mathbf{WE}(x_i)$將其映射到空間$\mathbf{Y}$中（$\mathbf{E}(x_i)$表示的是單字x_i的詞嵌入向量），然後在$\mathbf{Y}$中找到該點的最近鄰點y_j，於是y_j就是x_i的翻譯詞，重複該過程即可歸納出種子詞典D，第一階段結束。實際上，第一階段缺乏監督訊號，得到的種子詞典D會包含大量的雜訊，因此需要進一步微調。

微調的原理普遍基於普氏分析[901]。假設現在有一個種子詞典$D=\{x_i,y_i\}$（其中$i \in \{1,n\}$）和兩個單語詞嵌入$\mathbf{X}$和$\mathbf{Y}$，就可以將D作為映射錨點（Anchor）學習一個轉移矩陣$\mathbf{W}$，使得$\mathbf{WX}$與$\mathbf{Y}$這兩個空間盡可能相近。此外，透過對$\mathbf{W}$施加正交約束可以顯著提高性能[976]，於是這個最佳化問題就轉變成了普魯克問題（Procrustes Problem）[966]，可以透過奇異值分解（Singular Value Decomposition，SVD）獲得近似解。這裡用$\mathbf{X}'$和$\mathbf{Y}'$表示D中來源語言單字和目的語言單字的詞嵌入矩陣，最佳化$\mathbf{W}$的過程可以被描述為

$$\begin{aligned}\widehat{\mathbf{W}} &= \arg\min_{\mathbf{W}\in O_d(\mathbb{R})} \parallel \mathbf{WX}' - \mathbf{Y}' \parallel_{\mathrm{F}} \\ &= \mathbf{UV}^{\mathrm{T}}\end{aligned} \tag{16-8}$$

$$\text{s.t.} \quad \mathbf{U}\Sigma\mathbf{V}^{\mathrm{T}} = SVD\left(\mathbf{Y}'\mathbf{X}'^{\mathrm{T}}\right) \tag{16-9}$$

其中，Σ表示對角矩陣，$\parallel\cdot\parallel_{\mathrm{F}}$表示矩陣的 Frobenius 範數，即矩陣元素絕對值的平方和再開方，d是詞嵌入的維度，$O_d(\mathbb{R})$表示$d \times d$的實數空間，$SVD(\cdot)$表示奇異值分解。用式(16-8) 可以獲得新的$\mathbf{W}$，透過$\mathbf{W}$可以歸納出新的D，如此迭代的微調，最後可以得到收斂的D。

較早的無監督方法是基於生成對抗網路的方法[970,971,977]，利用生成器產生單字間的映射，然後用判別器區別兩個空間。然而研究表明，生成對抗網路缺乏穩定性，容易在低資來源語言對上失敗[978]，因此有不少改進工作，如利用變分自編碼器（Variational Autoencoders，VAEs）捕捉更深層次的語義資訊並結合對抗訓練的方法[972,979]；透過改進最近鄰點的度量函數提升性能的方法[980,981]；利用多語言訊號提升性能的方法[972,982-984]；也有一些工作捨棄生成對抗網路，透過直接最佳化空間距離進行單字的匹配[968,973,985,986]。

2. 健壯性問題

很多無監督詞典歸納方法在相似語言對（如英-法、英-德）上已經取得了不錯的結果，然而，在遠距離語言對（如英-中、英-日）上的性能仍然很差[987,988]。因此，研發健壯的無監督詞典歸納方法仍然面臨許多挑戰：

- 詞典歸納依賴於基於大規模單語資料訓練出來的詞嵌入，而詞嵌入會受單語資料的來源、數量、詞向量訓練演算法、超參數配置等多方面因素的影響，容易導致不同情況下詞嵌入結果的差異很大。
- 詞典歸納強烈依賴於詞嵌入空間近似同構的假設，然而許多語言之間天然的差異導致該假設並不成立。無監督系統通常是基於兩階段的方法，由於起始階段缺乏監督訊號，很難得到品質較高的種子詞典，進而導致後續階段無法完成準確的詞典歸納[988,989]。
- 由於詞嵌入這種表示方式的局限性，模型無法實現單字多對多的對齊，而且對於一些相似的詞或實體，模型也很難實現對齊。

無監督方法的健壯性是一個很難解決的問題。對於詞典推斷這個任務來說，是否有必要進行完全無監督的學習仍然值得商榷。因為其作為一個底層任務，不僅可以利用詞嵌入，還可以利用單語、甚至是雙語資訊。此外，基於弱監督的方法的代價也不是很大，只需要數千個詞對即可。有了監督訊號的引導，健壯性問題就能得到一定的緩解。

16.4.2 無監督統計機器翻譯

在無監督詞典歸納的基礎上，可以進一步得到句子間的翻譯[990]，實現無監督機器翻譯。統計機器翻譯作為機器翻譯的主流方法，對其進行無監督學習有助於建構初始的無監督機器翻譯系統，從而進一步訓練更先進的無監督神經機器翻譯系統。以基於短語的統計機器翻譯系統為例，系統主要包含短語表、語言模型、調序模型及權重調優等模組（見第 7 章）。其中，短語表和模型調優需要雙語資料，而語言模型和（基於距離的）調序模型只依賴於單語資料。因此，如果可以透過無監督的方法完成短語歸納和權重調優，就獲得了無監督統計機器翻譯系統[991]。

1. 無監督短語歸納

回顧統計機器翻譯中的短語表，它類似於一個詞典，對一個來源語言短語舉出相應的譯文[287]。只不過詞典的基本單元是詞，而短語表的基本單元是短語（或n-gram）。此外，短語表還提供短語翻譯的得分。既然短語表跟詞典如此相似，可以把無監督詞典歸納的方法移植到短語上，也就是把詞典裡面的詞替換成短語，就可以無監督地得到短語表。

如 16.4.1 節所述，無監督詞典歸納的方法依賴於詞的分散式表示，也就是詞嵌入。因此，當把無監督詞典歸納拓展到短語上時，需要先獲得短語的分散式表示。比較簡單的方法是把詞換成短語，然後借助與無監督詞典歸納相同的演算法得到短語的分散式表示。最後，直接應用無監督詞典歸納方法，得到來源語言短語與目的語言短語之間的對應。

在得到短語翻譯的基礎上，需要確定短語翻譯的得分。在無監督詞典歸納中，在推斷詞典時會為一對來源語言單字和目的語言單字評分（詞嵌入之間的相似度），再根據評分決定哪一個目的語言單字更有可能是當前來源語言單字的翻譯。在無監督短語歸納中，這樣一個評分已經提供了對短語對品質的度量，因此經過適當的歸一化處理就可以得到短語翻譯的得分。

2. 無監督權重調優

有了短語表之後，剩下的問題是如何在沒有雙語資料的情況下進行模型調優，從而把短語表、語言模型、調序模型等模組融合起來[234]。在統計機器翻譯系統中，短語表可以提供短語的翻譯，而語言模型可以保證從短語表中翻譯得到的句子的流暢度，因此統計機器翻譯模型即使在沒有權重調優的基礎上也已經具備了一定的翻譯能力。一個簡單而有效的無監督方法就是使用未經模型調優的統計機器翻譯模型進行回譯，也就是將目的語言句子翻譯成來源語言句子後，再將翻譯得到的來源語言句子當成輸入，將目的語言句子當成標準答案，完成權重調優。

經過上述無監督模型調優後，獲得了一個效果更好的翻譯模型。這時，可以使用這個翻譯模型產生品質更高的資料，再用這些資料繼續對翻譯模型進行調優，如此反覆迭代一定次數後停止。這個方法也被稱為迭代最佳化（Iterative Refinement）[991]。

迭代最佳化會帶來一個問題：在每一次迭代中都會產生新的模型，應該什麼時候停止生成新模型，挑選哪一個模型呢？在無監督的場景中，沒有任何真實的雙語資料可以使用，因此無法使用監督學習裡的驗證集對每個模型進行檢驗並篩選。另外，即使有很少量的雙語資料（如數百條雙敘述對），直接在上面挑選模型和調整超參數會導致過擬合問題，使得最後的結果越來越差。一個非常高效的模型選擇方法是：先從訓練集裡挑選一部分句子作為驗證集（不參與訓練），再使用當前模型翻譯這些句子，再翻譯回來（來源語言→目的語言→來源語言，或者目的語言→來源語言→目的語言），將得到的結果與原始的結果計算 BLEU 的值，得分越高則效果越好。這種方法已被證明與使用大規模雙語驗證集的結果高度相關[885]。

16.4.3 無監督神經機器翻譯

既然神經機器翻譯已經在很多工上優於統計機器翻譯，為什麼不直接做無監督神經機器翻譯呢？實際上，由於神經網路的黑盒特性，使其無法像統計機器翻譯那樣進行拆解，並定位問題。因此，需要借用其他無監督翻譯系統來訓練神經機器翻譯模型。

1. 基於無監督統計機器翻譯的方法

一個簡單的方法是，借助已經成功的無監督方法為神經機器翻譯模型提供少量雙語監督訊號。初始的監督訊號可能很少或者包含大量雜訊，因此需要逐步最佳化資料，重新訓練出更好的模型。這也是目前絕大多數無監督神經機器翻譯方法的核心思路。這個方案最簡單的實現就是，借助已經建構的無監督統計機器翻譯模型，用它產生偽雙語資料來訓練神經機器翻譯模型 ，然後進行迭代回譯，以便資料最佳化[992]。這個方法的優點是直觀、性能穩定且容易偵錯（所有模組都互相獨立）；缺點是複雜煩瑣，涉及許多超參數調整工作，而且訓練代價較大。

2. 基於無監督詞典歸納的方法

另一個思路是，直接從無監督詞典歸納中得到神經機器翻譯模型，從而避免煩瑣的無監督統計機器翻譯模型的訓練，同時避免神經機器翻譯模型繼承統計機器翻譯模型的錯誤。這種方法的核心就是，把翻譯看成一個兩階段的過程：

（1）無監督詞典歸納透過雙語詞典把一個來源語言句子轉換成一個不通順但意思完整的目的語言句子。

（2）把這樣一個不通順的句子改寫成一個流暢的句子，同時保留原來的含義，最後達到翻譯的目的。

第二階段的改寫任務其實是一個特殊的翻譯任務，只不過現在的來源語言和目的語言是使用不同的方式表達同一種語言的句子。因此，可以使用神經機器翻譯模型完成這個任務，而且由於這裡只需要單語資料不涉及雙語資料，模型的訓練是無監督的。這樣的方法不再需要無監督統計機器翻譯，並且適應能力很強。對於新語種，不需要重新訓練神經機器翻譯模型，只需要訓練無監督詞典，歸納進行詞的翻譯，再使用相同的模型進行改寫。

目前，訓練資料需要使用其他語種的雙語資料進行構造（對來源語言句子中的每個詞使用雙語詞典進行翻譯並作為輸入，輸出的目的語言句子不變）。雖然可以透過將單敘述子根據規則或隨機打亂的方式生成訓練資料，但這些句子與真實句子的差異較大，導致訓練-測試不一致的問題。而且，這樣一個兩階段的過程會產生錯誤傳播的問題，如無監督詞典歸納對一些詞進行了錯誤的翻譯，那麼這些錯誤的翻譯會被送入下一階段進行改寫，因為翻譯模型這時已經無法看到來源語言句子，所以最終的結果將繼承無監督詞典歸納的錯誤[993]。

3. 更深層的融合

為了獲得更好的神經機器翻譯模型，可以對訓練流程和模型做更深度的整合。第 10 章已經介紹過，神經機器翻譯模型的訓練包含兩個階段：初始化和最佳化。無監督神經機器翻譯的核心思路也對應這兩個階段，因此可以考慮在模型的初始化階段使用無監督方法提供初始的監督訊號，然後不但最佳化模型的參數，還最佳化訓練使用的資料，從而避免管線帶來的錯誤傳播。其中，初始的監督訊號可以透過兩種方法提供給模型。一種是直接使用無監督方法提供最初的偽雙語資料，然後訓練最初的翻譯模型；另一種則是借助無監督方法初始化模型，得到最初的翻譯模型後，直接用初始化好的翻譯模型產生偽雙語資料，然後訓練自己，如圖 16-18 所示。圖 16-18 (a)的一個簡單實現是利用無監督詞典歸納得到詞典，用這個詞典對單語資料進行逐詞的翻譯，得到最初的偽雙語資料，再在這些資料上訓練最初的翻譯模型，最後不斷地交替最佳化資料和模型，得到更好的翻譯模型和品質更好的偽資料[884]。透過不斷最佳化訓練用的雙語資料，擺脫了無監督詞典歸納在最初的偽雙語資料中遺留下來的錯誤，同時避免了使用無監督統計機器翻譯模型的代價。圖 16-18 (b)的實現則依賴於具體的翻譯模型初始化方法，接下來將討論翻譯模型的不同初始化方法。

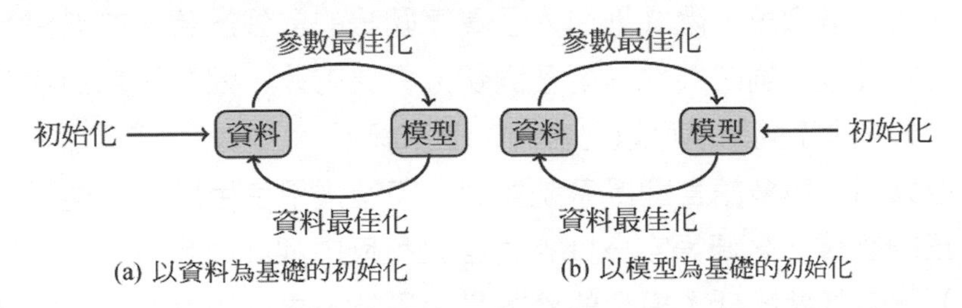

圖 16-18 模型參數初始化策略

4. 其他問題

一般認為，在生成的偽資料上最佳化模型會使模型變得更好，這時對這個更好的模型使用資料增強的手段（如回譯等）就可以生成更好的訓練資料。這樣的資料最佳化過程依賴一個假設：模型經過最佳化後會生成比原始資料更好的資料。在資料最佳化和參數最佳化的共同影響下，模型非常容易擬合數據中的簡單模式，使模型傾向於產生包含這種簡單模式的資料，造成模型對這種類型態資料過擬合的現象。一個常見的問題是模型對任何輸入都輸出相同的譯文，這時翻譯模型無法產生任何有意義的結果，也就是説，在資料最佳化產生的資料裡，無論什麼目的語言對應的來源語言都是同一個句子。在這種情況下，翻譯模型雖然能降低過擬合的影響，但不能學會任何來源語言跟目的語言之間的對應關係，也就無法進行正確翻譯。這個現象也反映出無監督機器翻譯訓練的脆弱性。

比較常見的解決方案是，在雙語資料對應的目標函數外增加一個語言模型目標函數。在初始階段，由於資料中存在大量不通順的句子，額外的語言模型目標函數能把部分句子糾正過來，使模型逐漸生成更好的資料[885]。這個方法在實際應用中非常有效，儘管目前還沒有太多理論上的支持。

無監督神經機器翻譯還有兩個關鍵的技巧：

- 詞表共用：對於來源語言和目的語言裡都一樣的詞使用同一個詞嵌入，而非來源語言和目的語言各自對應一個詞嵌入，如阿拉伯數字或者一些實體名字。這相當於告訴模型這個詞在來源語言和目的語言裡表達同一個意思，隱式地引入了單字翻譯的監督訊號。在無監督神經機器翻譯裡，詞表共用搭配子詞切分會更有效，因為子詞的覆蓋範圍廣，如多個不同的詞可以包含同一個子詞。
- 模型共用：與多語言翻譯系統類似，模型共用使用同一個翻譯模型進行正向翻譯（來源語言→目的語言）和反向翻譯（目的語言→來源語言）。這樣做降低了模型的參數量。另外，兩個翻譯方向可以為對方造成正則化的作用，減小了過擬合的風險。

圖 16-19 複習了無監督神經機器翻譯模型訓練的流程。接下來，將討論無監督神經機器翻譯裡模型參數初始化和語言模型的使用兩個問題。

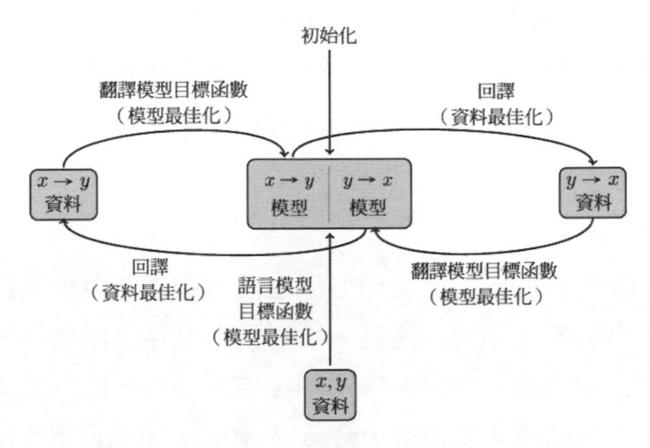

圖 16-19 無監督神經機器翻譯模型訓練的流程

1）模型參數初始化

無監督神經機器翻譯的關鍵在於，如何提供最開始的監督訊號，從而啟動後續的迭代流程。無監督詞典歸納已經可以提供一些可靠的監督訊號，那麼如何在模型初始化中融入這些資訊？既然神經機器翻譯模型都使用詞嵌入作為輸入，而且無監督詞典歸納也是基於兩種語言共用的詞嵌入空間，那麼可以使用共用詞嵌入空間的詞嵌入結果來初始化模型的詞嵌入層，然後在這個基礎上訓練模型。例如，兩個語言裡意思相近的詞對應的詞嵌入會比其他詞更靠近對方[891]。為了防止機器翻譯訓練過程中模型參數的更新破壞詞嵌入中蘊含的資訊，通常初始化後會固定模型的詞嵌入層不讓其更新[991]。

無監督神經機器翻譯能在提供更少監督訊號的情況下啟動，也就是可以去除無監督詞典歸納這一步[994]。這時，模型的初始化直接使用共用詞表的預訓練模型的參數作為起始點。這個預訓練模型直接使用前面提到的預訓練方法（如 MASS）進行訓練，區別在於模型的結構需要嚴格匹配翻譯模型。此外，這個模型不僅在一個語言的單語資料上進行訓練，而是同時在兩個語言的單語資料上進行訓練，並且兩個語言的詞表共用。前面提到，在共用詞表特別是共用子詞詞表的情況下，已經隱式地告訴模型來源語言和目的語言裡一樣的（子）詞互為翻譯，相當於模型使用了少量的監督訊號。在此基礎上，使用兩個語言的單語資料進行預訓練，透過模型共用進一步挖掘語言之間共通的部分。因此，使用預訓練模型進行初始化，無監督神經機器翻譯模型已經得到大量的監督訊號，可以透過不斷最佳化提升模型性能。

2）語言模型的使用

無監督神經機器翻譯的一個重要部分來自語言模型的目標函數。因為翻譯模型本質上是在完成文字生成任務，所以只有文字生成類型的語言模型建模方法才可以應用到無監督神經機器翻譯中。例如，給定前文預測下一詞就是一個典型的自回歸生成任務（見第 2 章），因此可以應用到無監督神經機器翻譯中。目前，預訓練時流行的 BERT 等模型是遮罩語言模型[125]，不能直接在無監督神經機器翻譯裡使用。

另一個在無監督神經機器翻譯中比較常見的語言模型目標函數是降噪自編碼器，它也是文字生成類型的語言模型建模方法。對於一個句子x，先使用一個雜訊函數$x' = \mathrm{noise}(x)$ 對x注入雜訊，產生一個品質較差的句子x'。然後，讓模型學習如何從x'還原x。這樣的目標函數比預測下一詞更貼近翻譯任務，因為它是一個序列到序列的映射，並且輸入、輸出兩個序列在語義上是等價的。這裡之所以採用x'而非x來預測x，是因為模型可以透過簡單的複製輸入作為輸出，來完成從x預測x的任務，很難學到有價值的資訊。並且，在輸入中注入雜訊會讓模型更加健壯，因此模型可以學會如何利用句子中雜訊以外的資訊得到正確的輸出。通常，雜訊函數有 3 種形式，如表 15-1 所示。

表 15-1 雜訊函數的 3 種形式（原句為「我 喜歡 吃 蘋果 。」）

雜訊函數	描述	例子
交換	將句子中的任意兩個詞進行交換	「我 喜歡 蘋果 吃 。」
刪除	句子中的詞按一定機率被刪除	「我 喜歡 吃 。」
空白	句子中的詞按一定機率被替換成空白符	「我 ____ 吃 蘋果 。」

在實際應用中，以上 3 種形式的雜訊函數都會被使用到。在交換形式中，距離越近的詞越容易被交換，並且要保證交換次數有上限，而刪除和空白方法裡詞的刪除和替換機率通常都非常低，如 0.1。

16.5 領域適應

機器翻譯經常面臨訓練與應用所處領域不一致的問題，如將在新聞類資料上訓練的翻譯系統應用在醫學文獻翻譯任務上會有很大問題。不同領域的語言表達方式存在很大的區別，例如，日常用語的句子結構較為簡單，而在化學領域的學術論文中，單字和句子結構較為複雜。此外，不同領域之間存在較為嚴重的一詞多義問題，即同一個詞在不同領域中經常會有不同的含義。實例 16.1 展示了英文單字 pitch 在不同領域的不同詞義。

實例 16.1： 單字 pitch 在不同領域的不同詞義

體育領域： The rugby tour was a disaster both on and off the pitch.
這次橄欖球巡迴賽在場上、場下都徹底失敗。

化學領域： The timbers of similar houses were painted with pitch.
類似房屋所用的棟木刷了瀝青。

聲學領域： A basic sense of rhythm and pitch is essential in a music teacher.
基本的韻律感和音高感是音樂教師的必備素質。

在機器翻譯任務中，新聞等領域的雙語資料相對容易獲取，所以機器翻譯在這些領域表現較佳。然而，即使在富資源語種上，化學、醫學等專業領域的雙語資料也十分有限。如果直接使用這些低資源領域的資料訓練機器翻譯模型，則由於資料缺乏問題，會導致模型的性能較差[995]。如果混合多個領域的資料增大訓練資料的規模，則不同領域資料量之間的不平衡會導致資料較少的領域訓練得不充分，使得在低資源領域上的翻譯結果不盡如人意[996]。

領域適應方法是利用源領域的知識改進目標領域模型效果的方法，該方法可以有效地減少模型對目標領域資料的依賴。領域適應主要有兩類方法：

- 基於資料的方法。利用源領域的雙語資料或目標領域的單語資料進行資料選擇或資料增強，來增加模型訓練的資料量。
- 基於模型的方法。針對領域適應開發特定的模型結構、訓練策略和推斷方法。

16.5.1 基於資料的方法

在統計機器翻譯時代，如何有效地利用外部資料來改善目標領域的翻譯效果已經備受關注 。其中的絕大多數方法與翻譯模型無關，因此這些方法同樣適用於神經機器翻譯。基於資料的領域適應方法可以分為基於資料加權的方法、基於資料選擇的方法和基於偽資料的方法。圖 16-20 展示了這 3 種方法的示意圖。

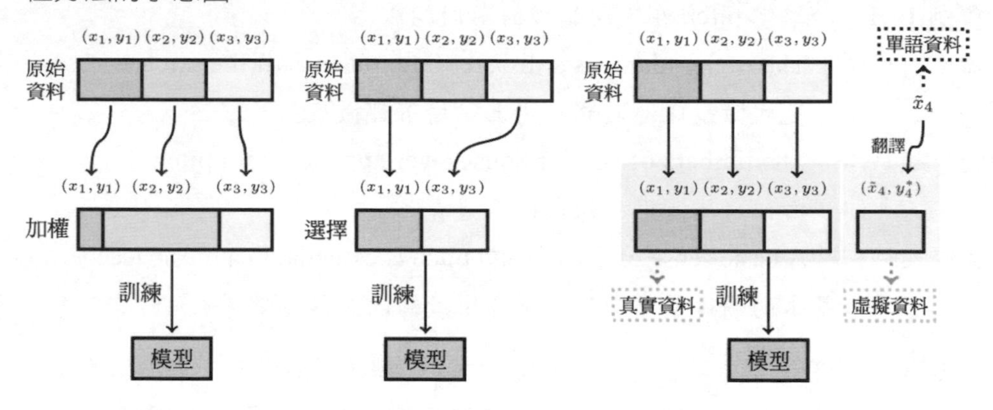

圖 16-20 基於資料的領域適應方法的示意圖

1. 基於資料加權/資料選擇的方法

一種觀點認為，資料量較少的領域資料應該在訓練過程中獲得更大的權重，從而使這些更有價值的資料發揮出更大的作用[997,998]。實際上，基於資料加權的方法與第 13 章中基於樣本價值的學習方法是一致的，只是描述的場景略有不同。這類方法本質上在解決類別不均衡問題（Class Imbalance Problem）[999]。資料加權的一種方法是可以透過修改損失函數，將其縮放α 倍來實現（α 是樣本的權重）。在實踐中，也可以直接複製[1]低資源的領域資料達到與該方法相同的效果[1000]。

資料選擇是資料加權的一種特殊情況，它可以被看作樣本權重「非 0 即 1」的情況。具體來說，可以直接選擇與領域相關的資料參與訓練[996]。這種方法並不需要使用全部資料進行訓練，因此模型的訓練成本較低。第 13 章已經對資料加權和資料選擇方法進行了詳細介紹，這裡不再贅述。

2. 基於偽資料的方法

資料選擇方法可以從源領域中選擇和目標領域相似的樣本用於訓練，但可用的資料是較為有限的。因此，另一種思路是，對現有的雙語資料進行修改[1001]（如取出雙語短語對等）或透過單語資料生成偽資料來增加資料量[1002]。這個問題和 16.1 節中的場景基本一致，可以直接重複使用 16.1 節所描述的方法。

3. 多領域資料的使用

領域適應中的目標領域往往不止一個，想要同時提升多個目標領域的效果，一種簡單的思路是，使用前文所述的單領域適應方法對每一個目標領域進行領域適應。不過，與多語言翻譯一樣，多領域適應往往伴隨著嚴重的資料缺乏問題，大多數領域的資料量很小，因此無法保證單一領域的領域適應效果。

解決該問題的一種思路是，將所有資料混合使用，並訓練一個能夠同時適應所有領域的模型。同時，為了區分不同領域的資料，可以在樣本上增加

---

[1] 相當於對資料進行重採樣。

領域標籤[1003]。事實上，這種方法與基於知識蒸餾的方法一樣。它也是一種典型的小樣本學習策略，旨在讓模型從不同類型的樣本中尋找聯繫，進而更加充分地利用資料，改善模型在低資源任務上的表現。

16.5.2 基於模型的方法

對於神經機器翻譯模型，可以在訓練和推斷階段進行領域適應。具體來說，有如下方法：

1. 多目標學習

在使用多領域資料時，混合多個相差較大的領域資料進行訓練會使單一領域的翻譯性能下降[1004]。為了解決這一問題，可以對所有訓練資料的來源領域進行區分。一個比較典型的做法是，在使用多領域資料訓練時，在神經機器翻譯模型的編碼器頂部添加一個判別器[615]，該判別器以來源語言句子x的編碼器表示作為輸入，預測句子所屬的領域標籤d，如圖 16-21 所示。為了使預測領域標籤d的正確機率$P(d|\mathbf{H})$最大（其中$\mathbf{H}$為編碼器的隱藏狀態），模型在訓練過程中應最小化損失函數L_{disc}：

$$L_{\mathrm{disc}} = -\log P(d|\mathbf{H}) \tag{16-10}$$

在此基礎上，加上原始的翻譯模型損失函數L_{gen}：

$$L_{\mathrm{gen}} = -\log P(y|x) \tag{16-11}$$

最終，得到融合後的損失函數：

$$L = L_{\mathrm{disc}} + L_{\mathrm{gen}} \tag{16-12}$$

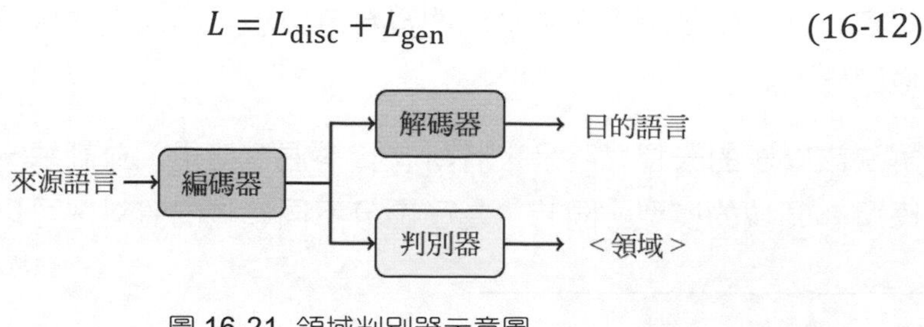

圖 16-21 領域判別器示意圖

2. 訓練階段的領域適應

實際上，16.5.1 節描述的資料加權和資料選擇方法本身也是與模型訓練相關的，例如，資料選擇方法會降低訓練資料的資料量。在具體實現時，需要對訓練策略進行調整。一種方法是在不同的訓練輪次動態地改變訓練資料集。動態資料選擇既可以使每輪的訓練資料均小於全部資料量，從而加快訓練進程，又可以緩解訓練資料覆蓋度不足的問題帶來的影響，具體做法有兩種：

- 將完整的資料送入模型，再根據其與目標領域資料的相似度逐次減少每輪的資料量[627]。
- 先將與目標領域資料相似度最高的句子送入模型，讓模型可以最先學到目標領域最相關的知識，再逐漸增加資料量[651]。

另一種方法是，不從隨機狀態開始訓練網路，而是以翻譯性能較好的源領域模型為初始狀態，因為源領域模型中包含一些通用知識，可以被目標領域借鏡。例如，想獲得口語的翻譯模型，可以使用新聞的翻譯模型作為初始狀態進行訓練。這也被看作一種預訓練-微調方法。

不過，這種方法經常帶來災難性遺忘問題，即在目標領域上過擬合，導致在源領域上的翻譯性能大幅下降（見第 13 章）。如果想保證模型在目標領域和源領域上都有較好的性能，一個比較常用的方法是進行混合微調[1003]。具體做法是，先在源領域資料上訓練一個神經機器翻譯模型，然後將目標領域資料複製數倍，使其和源領域的資料量相當，再將資料混合，對神經機器翻譯模型進行微調。混合微調方法既降低了目標領域資料量小導致的過擬合問題的影響，又帶來了更好的微調性能。除了混合微調，也可以使用知識蒸餾的方法緩解災難性遺忘問題（見 16.3 節），即對源領域和目標領域進行多次循環知識蒸餾，迭代學習對方領域的知識，保證在源領域和目標領域上的翻譯性能共同逐步上升[1005]。此外，還可以使用 L2 正則化和 Dropout 方法來緩解這個問題[1006]。

3. 推斷階段的領域適應

在神經機器翻譯中，領域適應的另一種典型思路是最佳化推斷演算法[1007]。不同領域的資料既存在共通性，又有各自的特點，因此對於使用多領域資料訓練出的模型，分情況進行推斷可能會帶來更好的效果。例如，在統計機器翻譯中，對疑問句和陳述句分別使用兩個模型進行推斷可以使翻譯效果更好[1008]。在神經機器翻譯模型中，可以採用整合推斷（見第 14 章）達到同樣的效果，即把多個領域的模型融合為一個模型用於推斷[1009]。整合推斷方法的主要優勢在於實現簡單，多個領域的模型可以獨立訓練，大大縮短了訓練時間。整合推斷也可以結合加權的思想，對不同領域的句子，指定每個模型不同的先驗權重進行推斷，獲得最佳的推斷結果[1010]。此外，也可以在推斷過程中融入語言模型[903,930]或目標領域的罕見詞[1011]。

16.6 小結及拓展閱讀

低資源機器翻譯是機器翻譯大規模應用面臨的挑戰之一，因此備受關注。一方面，小樣本學習技術的發展，使研究人員可以用更多的方法對問題進行求解；另一方面，從多語言之間的聯繫出發，也可以進一步挖掘不同語言背後的知識，並應用於低資源機器翻譯任務中。本章從多個方面介紹了低資源機器翻譯方法，並結合多語言、零資源翻譯等問題舉出了不同場景下解決問題的思路。除此之外，還有 4 方面工作值得進一步關注。

- 如何更高效率地利用已有雙語資料或單語資料進行資料增強始終是一個熱點問題。研究人員分別探索了來源語言單語資料和目的語言單語資料的使用方法[888,8901012]，以及如何對已有雙語資料進行修改的問題[592,879]。經過資料增強得到的偽資料的品質時好時壞，如何提高偽資料的品質，更好地利用偽資料進行訓練也是十分重要的問題[1013-1017]。此外，還有一些工作對資料增強技術進行了理論分析[1018,1019]。

- 預訓練模型也是自然語言處理的重要突破之一，也給低資源機器翻譯提供了新的思路。除了基於語言模型或遮罩語言模型的方法，還有很多新的架構和模型被提出，如排列語言模型、降噪自編碼器等[920,1012-1022]。預訓練技術也逐漸向多語言領域擴展[919,994,1023]，甚至不再侷限於文字任務[1024-1026]。本章也對如何將預訓練模型高效率地應用到下游任務中，進行了很多經驗性的對比與分析[167,1027,1028]。

- 多工學習是多語言翻譯的一種典型方法。透過共用編碼器模組或注意力模組進行一對多[931]或多對一[563]或多對多[961]的學習。然而，這些方法需要為每個翻譯語言對設計單獨的編碼器和解碼器，限制了其擴展性。為了解決以上問題，研究人員進一步探索了用於多語言翻譯的單一機器翻譯模型的方法，也就是本章提到的多語言單模型系方法[932,1029]。為了彌補多語言單模型方法中缺乏語言表示多樣性的問題，可以重新組織多語言共用模組，設計特定任務相關模組[1030-1033]；也可以將多語言單字編碼和語言聚類分離，用一種多語言詞典編碼框架共用單字等級的資訊，有助於語言間的泛化[1034]；還可以將語言聚類為不同的組，並為每個聚類單獨訓練一個多語言模型[1035]。

- 零資源翻譯也是近年受到廣泛關注的研究方向[1036,1037]。在零資源翻譯中，僅使用少量並行語料庫（覆蓋k個語言），一個模型就能在任何$k(k-1)$個語言對之間進行翻譯[1038]。但是，零資源翻譯的性能通常很不穩定並且明顯落後於有監督的翻譯方法。為了改善零資源翻譯的穩定性，可以開發新的跨語言正則化方法，如對齊正則化方法[1039]、一致性正則化方法，也可以透過反向翻譯或基於樞軸語言的翻譯生成偽資料[1036,1040,1041]。

Chapter

17

多模態、多層次機器翻譯

基於上下文的翻譯是機器翻譯的一個重要分支。在傳統方法中，機器翻譯通常被定義為對一個句子進行翻譯的任務，但在現實中，每句話都不是獨立出現的。例如，人們會使用語音進行表達，或透過圖片來傳遞資訊，這些語音和圖片內容都可以伴隨文字一起出現在翻譯場景中。此外，句子往往存在於段落或篇章之中，如果要理解這個句子，也需要整個段落或篇章的資訊，而這些上下文資訊都是機器翻譯可以利用的。

本章在句子級翻譯的基礎上將問題擴展為上下文中的翻譯，具體包括語音翻譯、圖型翻譯、篇章翻譯三個主題。這些問題均為機器翻譯應用中的真實需求。同時，使用多模態等資訊也是當下自然語言處理的熱點研究方向之一。

17.1 機器翻譯需要更多的上下文

長期以來，機器翻譯都是指句子級翻譯。主要原因是，句子級的翻譯建模可以大大簡化問題，使機器翻譯方法更容易被實踐和驗證，但是人類使用語言的過程並不是孤立地在一個個句子上進行的。這個問題可以類比於人類學習語言的過程：小孩成長過程中會接受視覺、聽覺、觸覺等多種訊號，這些訊號的共同作用使他們產生了對客觀世界的「認識」，同時促進他們使用「語言」進行表達。從這個角度看，語言能力並不是由單一因素形成的，它往往伴隨著其他資訊的相互作用，例如，當人們翻譯一句話時，會用到看到的畫面、聽到的語調，甚至前面說過的句子中的資訊。

廣義上，當前句子以外的資訊都可以被看作一種上下文。以圖 16-1 為例，需要把英文句子"A girl jumps off a bank."翻譯為中文。其中的"bank"有多個含義，僅僅使用英文句子本身的資訊可能會將其翻譯為「銀行」，而非正確的譯文「河床」。圖 17-1 中也提供了這個英文句子所對應的圖片，圖片中直接展示了河床，這時，句子中的"bank"是沒有歧義的。通常，也會把這種用圖片和文字一起進行機器翻譯的任務稱作多模態機器翻譯（Multi-Modal Machine Translation）。

模態（Modality）指某一種資訊來源，如視覺、聽覺、嗅覺、味覺都可以被看作不同的模態。因此，視訊、語音、文字等都可以看作承載這些模態的媒介。在機器翻譯中使用多模態這個概念，是為了區分某些不同於文字的資訊。除了圖型等視覺模態資訊，機器翻譯也可以利用聽覺模態資訊。例如，直接對語音進行翻譯，甚至直接用語音表達翻譯結果。

圖片:
翻譯模型
目的語言：一個/女孩/從/河床/上/跳下來/。
來源語言: A girl jumps off a bank .

圖 17-1 多模態機器翻譯實例

除了不同資訊源所引入的上下文，機器翻譯也可以利用文字本身的上下文。例如，翻譯一篇文章中的某個句子時，可以根據整個篇章的內容進行翻譯。顯然，這種篇章的語境是有助於機器翻譯的。本章將對機器翻譯中使用不同上下文（多模態和篇章資訊）的方法展開討論。

17.2 語音翻譯

語音，是人類交流中最常用的一種資訊載體。從日常聊天、出國旅遊，到國際會議、跨國合作，對語音翻譯的需求不斷增加，甚至在有些場景下，用語音進行互動要比用文字進行互動頻繁得多。因此，語音翻譯（Speech Translation）也成了語音處理和機器翻譯相結合的重要產物。根據目的語言的載體類型，可以將語音翻譯分為語音到文字翻譯（Speech-to-Text Translation）和語音到語音翻譯（Speech-to-Speech Translation）；基於翻譯的即時性，還可以分為即時語音翻譯（即同聲傳譯，Simultaneous Translation）和離線語音翻譯（Offline Speech Translation）。本節主要關注離線語音到文字翻譯的方法（簡稱語音翻譯），分別從音訊處理、串聯語音翻譯和點對點語音翻譯幾個維度展開討論。

17.2.1 音訊處理

為了保證對相關內容描述的完整性，這裡對語音處理的基本知識做簡介。不同於文字，音訊本質上是經過若干訊號處理之後的波形（Waveform）。具體來說，聲音是一種空氣的震動，因此可以被轉換為模擬訊號。模擬訊號是一段連續的訊號，經過採樣變為離散的數位訊號。採樣是指每隔固定的時間記錄一下聲音的振幅，取樣速率表示每秒的採樣點數，單位是赫茲（Hz）。取樣速率越高，採樣的結果與原始的語音越像。通常，採樣的標準是能夠透過離散化的數位訊號重現原始語音。日常生活中使用的手機和電腦裝置的取樣速率一般為 16kHz，表示每秒 16000 個採樣點；而音訊 CD 的取樣速率可以達到 44.1kHz。經過進一步的量化，將採樣點的值轉換為整數數值保存，從而減少佔用的儲存空間，通常採用的是 16 位量化。將取樣速率和量化位數相乘，就可以得到取樣率（bits per second，bps，中文表示為 b/s 或 bit/s），表示音訊每秒佔用的位數。例如，16kHz 取樣速率和 16 位（bit）量化的音訊，取樣率為 256kb/s。音訊處理過程如圖 17-2 所示[1042,1043]。

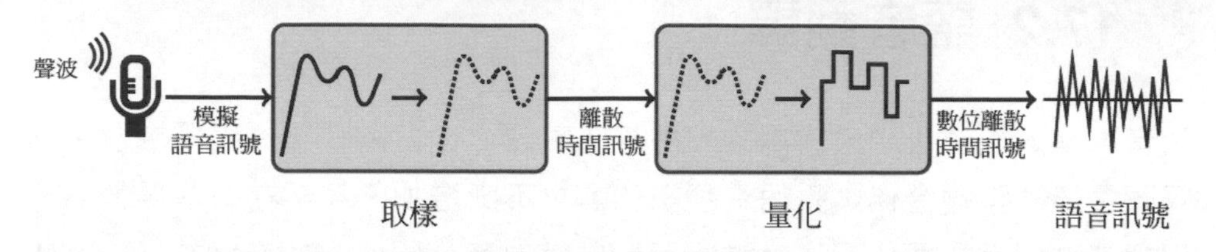

圖 17-2 音訊處理過程

經過上面的描述可以看出，音訊的表示實際上是一個非常長的採樣點序列，這導致了直接使用現有的深度學習技術處理音訊序列較為困難。並且，原始的音訊訊號中可能包含著較多的雜訊、環境聲或容錯資訊，也會對模型產生干擾。因此，一般會對音訊序列進行處理來提取聲學特徵，即將長序列的採樣點序列轉換為短序列的特徵向量序列，再用於下游系統。雖然已有一些工作不依賴特徵提取，直接在原始的採樣點序列上進行聲學建模和模型訓練[1044]，但目前的主流方法仍然是基於聲學特徵進行建模[1045]。

聲學特徵提取的第一步是前置處理，其流程主要是對音訊進行預加重（Pre-emphasis）、分幀（Framing）和加窗（Windowing）。預加重是透過增強音訊訊號中的高頻部分來減弱語音中對高頻訊號的抑制，使頻譜更加順滑。分幀（原理如圖 17-3 所示）基於短時平穩假設，即根據生物學特徵，語音訊號是一個緩慢變化的過程，10ms~30ms 的訊號片段是相對平穩的。基於這個假設，一般將每 25ms 作為一幀來提取特徵，這個時間稱為幀長（Frame Length）。 同時，為了保證不同幀之間的訊號平滑性，使每兩個相鄰幀之間存在一定的重合部分。一般每隔 10ms 取一幀，這個時長稱為幀移（Frame Shift）。為了緩解分幀帶來的頻譜洩漏問題，需要對每幀的訊號進行加窗處理，使其幅度在兩端漸變到 0，一般採用的是漢明窗

（Hamming Window）[1042]。

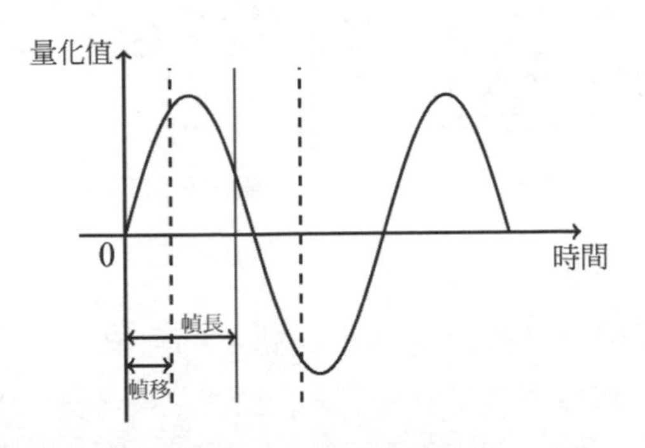

圖 17-3 分幀原理圖

經過上述前置處理操作，可以得到音訊對應的幀序列，之後透過不同的操作提取不同類型的聲學特徵。在語音翻譯中，比較常用的聲學特徵為濾波器組（Filter-bank，Fbank）和 Mel 頻率倒譜系數（Mel-frequency Cepstral Coefficient，MFCC）[1042]。實際上，提取到的聲學特徵可以類比於電腦視覺中的圖元特徵，或者自然語言處理中的詞嵌入表示。不同之處在於，聲學特徵更加複雜多變，可能存在著較多的雜訊和容錯資訊。此外，與對應的文字序列相比，音訊提取到的特徵序列的長度要大 10 倍以上。例如，人類正常交流時每秒一般可以說 2～3 個字，而每秒的語音能提取到 100 幀的特徵序列。巨大的長度比差異也為聲學特徵建模帶來了挑戰。

17.2.2 串聯語音翻譯

實現語音翻譯最簡單的思路是基於串聯的方式，即先透過自動語音辨識（Automatic Speech Recognition，ASR）系統將語音轉化為來源語言文字，然後利用機器翻譯系統將來源語言文字翻譯為目的語言文字。這種做法的好處在於，語音辨識和機器翻譯模型可以分別進行訓練，有很多資料資源及成熟技術可以分別運用到兩個系統中。因此，串聯語音翻譯是很長時間以來的主流方法，深受工業界的青睞。串聯語音翻譯的流程如圖 17-4 所示。

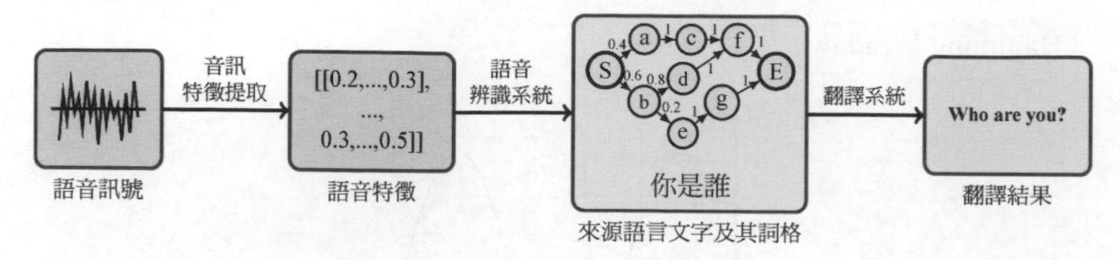

圖 17-4 串聯語音翻譯的流程

17.2.1 節已經對聲學特徵提取進行了描述，而且文字翻譯可以直接使用本書介紹的統計機器翻譯或者神經機器翻譯方法。因此，下面簡介語音辨識模型，以便讀者對串聯式語音翻譯系統有一個完整的認識，其中的部分概念在後續介紹的點對點語言翻譯中也會有所涉及。

傳統的語音辨識模型和統計機器翻譯相似，需要利用聲學模型、語言模型和發音詞典進行聯合辨識，系統較為複雜[1046-1048]。而近年來，隨著神經網路的發展，基於神經網路的點對點語音辨識模型逐漸受到關注，訓練流程也被簡化[1049,1050]。目前的點對點語音辨識模型主要基於序列到序列結構，編碼器根據輸入的聲學特徵進一步提取高級特徵，解碼器根據編碼器提取的特徵辨識對應的文字。17.2.3 節介紹的點對點語音翻譯模型也是基於十分相似的結構。因此，從某種意義上說，語音辨識和翻譯所使用的點對點方法與神經機器翻譯的一致。

語音辨識廣泛使用基於 Transformer 的模型結構（見第 12 章），如圖 17-5 所示。可以看出，與文字翻譯相比，在結構上，語音辨識模型的編碼器的輸入為聲學特徵，而編碼器底層會使用額外的卷積層來減小輸入序列的長度。這是由於語音對應的特徵序列過長，在計算注意力模型時，會佔用大量的記憶體和顯存，並增加訓練時間。因此，一個常用的做法是，在語音特徵上進行兩層步進值為 2 的卷積操作，從而將輸入序列的長度縮小為之前的 1/4。透過使用大量的語音-標注平行資料對模型進行訓練，可以得到高品質的語音辨識模型。

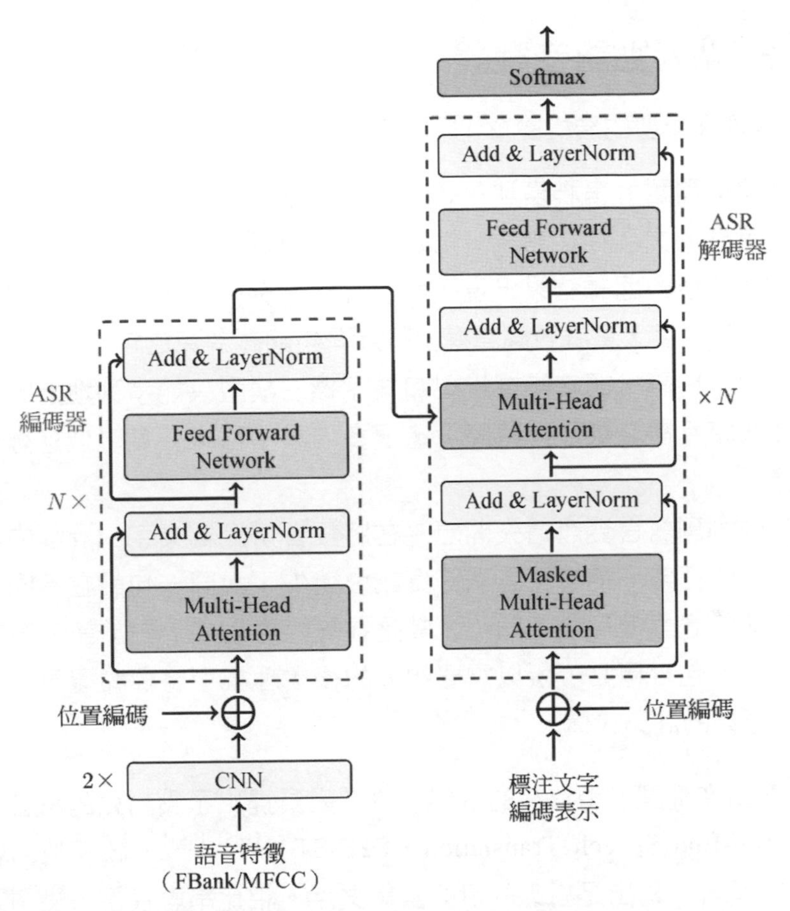

圖 17-5 基於 Transformer 的語音辨識模型

降低語音辨識的錯誤對下游系統的影響通常有 3 種思路。第一種思路是，會用詞格取代 One-best 語音辨識的結果。第二種思路是，透過一個後處理模型修正辨識結果中的錯誤，再送給文字翻譯模型進行翻譯。也可以進一步對文字做順滑（Disfluency Detection）處理，使得送給翻譯系統的文字更加乾淨、流暢，如刪除一些表示停頓的語氣詞。這一做法在工業界獲得了廣泛應用，但每個模型只能串列地計算，因此會帶來額外的計算代價及運算時間。第三種思路是，訓練更加健壯的文字翻譯模型，使其可以處理輸入中存在的雜訊或誤差[594]。

17.2.3 點對點語音翻譯

串聯語音翻譯模型的結構簡單、易於實現，但不可避免地存在一些缺陷：

- 錯誤傳播問題。串聯模型導致的一個很嚴重的問題是，如果語音辨識模型得到的文字存在錯誤，則這些錯誤很可能在翻譯過程中被放大，從而使最後的翻譯結果出現較大的偏差。例如，辨識時在句尾少生成了個「嗎」字，會導致翻譯模型將疑問句翻譯為陳述句。
- 翻譯效率問題。語音辨識模型和文字標注模型只能串列地計算，因此翻譯效率相對較低，而實際上，很多場景中都需要實現低延遲時間的翻譯。
- 語音中的副語言資訊遺失問題。在將語音辨識為文字的過程中，語音中包含的語氣、情感、音調等資訊會遺失，而同一句話在不同的語氣中表達的意思很可能不同，尤其是在實際應用中，由於語音辨識的結果通常不包含標點，所以需要額外的後處理模型將標點還原，這也會帶來額外的計算代價。

針對串聯語音翻譯模型存在的缺陷，研究人員提出了點對點的語音翻譯模型（End-to-End Speech Translation，E2E-ST）[1051-1053]，該模型的輸入是來源語言語音，輸出是對應的目的語言文字。相比串聯模型，點對點模型有如下優點：

- 點對點模型不需要多階段的處理，避免了錯誤的傳播問題。
- 點對點模型涉及的模組更少，容易控制模型體積。
- 點對點模型的語音訊號可以直接作用於翻譯過程，使副語言資訊得以表現。

圖 17-6 展示了基於 Transformer 的點對點語音翻譯模型（下文中的語音翻譯模型均指點對點的模型）。該模型採用的也是序列到序列的架構，編碼器的輸入是從語音中提取的特徵（如 FBank 特徵）。編碼器底層採用和語音辨識模型相同的卷積結構來縮短序列的長度（見 17.2.2 節）。之後的流

程和標準的神經機器翻譯完全一致，編碼器對語音特徵進行編碼，解碼器根據編碼結果生成目的語言的翻譯結果。

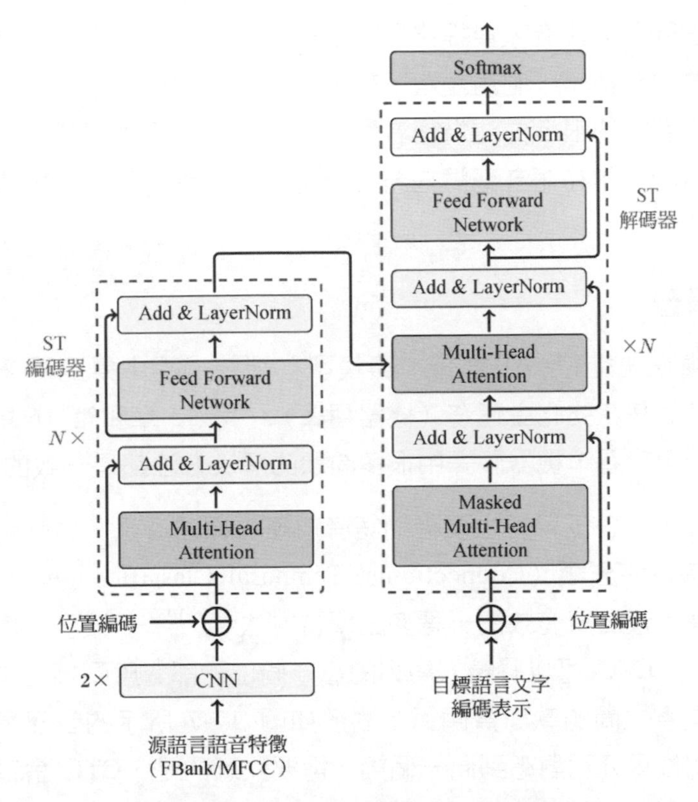

圖 17-6 基於 Transformer 的點對點語音翻譯模型

雖然點對點語音翻譯模型解決了串聯模型存在的問題，但也面臨著兩個嚴峻的問題：

- 訓練資料缺乏。雖然語音辨識和文字翻譯的訓練資料都很多，但直接由來源語言語音到目的語言文字的平行資料十分有限。因此，點對點語音翻譯是一種天然的低資源翻譯任務。
- 建模複雜度更高。在語音辨識中，模型要學習如何生成與語音對應的文字序列，而輸入和輸出的對齊比較簡單，並不涉及調序的問題。在文字翻譯中，模型要學習如何生成來源語言序列對應的目的語言序列，僅需要學習不同語言之間的映射，不涉及模態的轉換；而語音翻譯模型需要學習從語音到目的語言文字的生成，任務更加複雜。

針對這兩個問題，研究人員提出了很多解決方法，包括多工學習、遷移學習等，主要思想都是，利用語音辨識或文字翻譯資料來指導模型的學習。並且，文字翻譯的很多方法為語音翻譯技術的發展提供了思路。如何將其他領域現有的工作在語音翻譯任務上驗證，也是語音翻譯研究人員當前關注的焦點[1054]。

1. 多工學習

一種解決辦法是進行多工學習，讓模型在訓練過程中得到更多的監督資訊，使用多個任務強化主任務（機器翻譯），第 15 章和第 16 章也有所涉及。從這個角度看，機器翻譯中很多問題的解決方法都是一致的。

在語音翻譯中，多工學習主要借助語音對應的標注資訊，也就是來源語言文字。連接時序分類（Connectionist Temporal Classification，CTC）[1055]是語音處理中最簡單有效的一種多工學習方法[1056,1057]，被廣泛應用於文字辨識任務中。CTC 可以將輸入序列的每一個位置都對應到標注文字中，學習語音和文字之間的軟對齊關係。對於如圖 17-7 所示的音訊序列，CTC 可以將每個位置分別對應到同一個詞。需要注意的是，CTC 會額外新增一個詞ϵ，類似於一個空白詞，表示這個位置沒有聲音或者沒有任何對應的預測結果。對齊完成之後，將相同且連續的詞合併，並丟棄ϵ，得到預測結果。

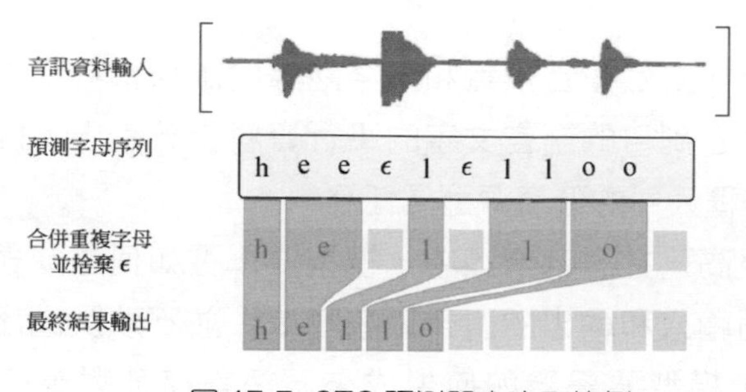

圖 17-7 CTC 預測單字序列範例

CTC 的一些特性使其可以極佳地完成輸入和輸出之間的對齊，例如：

- 輸入和輸出之間的對齊是單調的。對於音訊輸入序列$\{s_1,\cdots,s_m\}$，其對應的預測輸出序列為$\{x_1,\cdots,x_n\}$。假設s_i對應的預測輸出結果為x_j，那麼s_{i+1}對應的預測結果只能是x_j、x_{j+1} 或 ϵ中的一個。以圖 17-7 所示的例子為例，如果輸入的位置s_i已經對齊了字元"e"，那麼s_{i+1}的對齊結果只能是"e"、"l" 或ϵ中的一個。
- 輸入和輸出之間是多對一的關係。也就是多個輸入會對應到同一個輸出上。這對語音序列來說是非常自然的一件事情，輸入的每個位置只包含非常短的語音特徵，因此多個輸入才可以對應一個輸出字元。

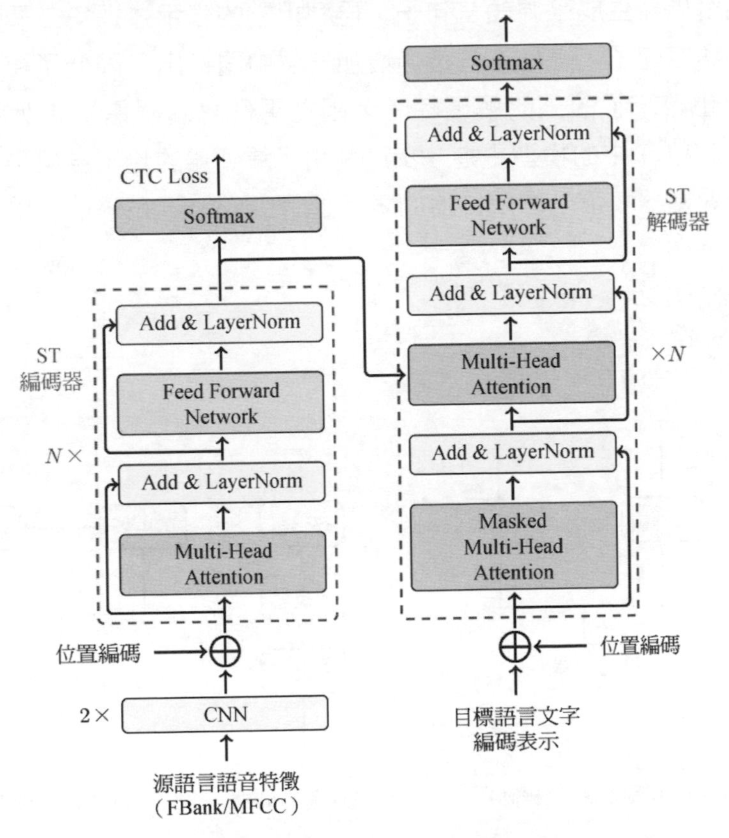

圖 17-8 基於 CTC 的語音翻譯模型

將 CTC 應用到語音翻譯中的方法非常簡單，只需要在編碼器的頂層加上一個額外的輸出層即可（如圖 17-8 所示）。透過這種方式，不需要增加過多的參數，就可以給模型加入一個較強的監督資訊。

另一種解決方法是透過兩個解碼器，分別預測語音對應的來源語言句子和目的語言句子，具體的三種方式[1059,1060]如圖 17-9 所示。圖 17-9 (a)中採用了單編碼器-雙解碼器的方式，兩個解碼器根據編碼器的表示，分別預測來源語言句子和目的語言句子，從而使編碼器訓練得更充分。這種做法的好處是來源語言的文字生成任務可以輔助翻譯過程，相當於為來源語言語音提供了額外的「模態」資訊。圖 17-9 (b)則使用兩個串聯的解碼器，先利用第一個解碼器生成來源語言句子，再利用它的表示透過第二個解碼器，生成目的語言句子。這種方法透過增加一個中間輸出，降低了模型的訓練難度，但也帶來了額外的解碼耗時，因為兩個解碼器需要串列地進行生成。圖 17-9 (c) 中的模型更進一步，利用了編碼器的輸出結果，第二個解碼器聯合編碼器和第一個解碼器的表示進行生成，更充分地利用了已有資訊。

x：來源語言文字資料
y：目的語言文字資料
s：來源語言語音資料

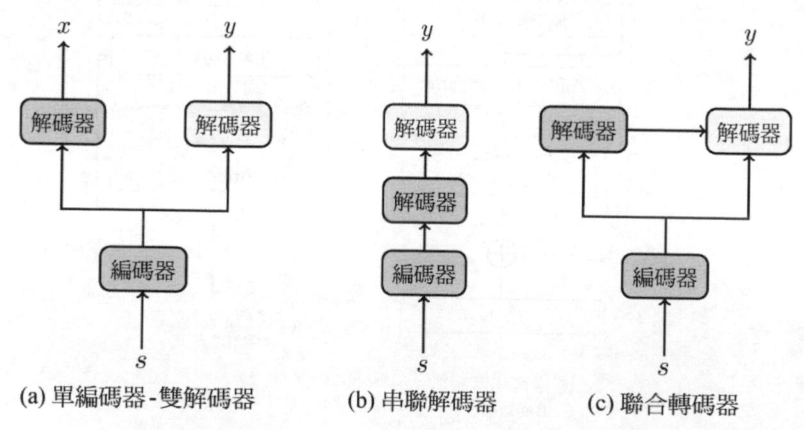

圖 17-9 雙解碼器進行語音翻譯的三種方式

2. 遷移學習

相比語音辨識和文字翻譯，點對點語音翻譯的訓練資料量要小很多，因此，如何利用其他資料來增加可用的資料量是語音翻譯的一個重要方向。與文字翻譯中的方法相似，一種方法是利用遷移學習或預訓練。這種方法將其他語言的雙語資料進行預訓練，得到模型參數，然後遷移到生成目的語言的任務上[1061]，或者利用語音辨識資料或文字翻譯資料，分別預訓練編碼器和解碼器的參數，用於初始化語音翻譯模型的參數[1062]。預訓練的編碼器對語音翻譯模型的學習尤為重要[1061]，相比文字資料，語音資料的複雜性更高，僅使用小規模語音翻譯資料很難學習充分。此外，模型對聲學特徵的學習與語言並不是強相關的，使用其他語種預訓練得到的編碼器對模型學習也是有幫助的。

3. 資料增強

資料增強是增加訓練資料最直接的一種方法。不同於文字翻譯的回譯等方法（見第 16 章），語音翻譯並不具有直接的「可逆性」。要利用回譯的思想，需要透過一個模型，將目的語言文字轉化為來源語言語音，但實際上，這種模型是不能直接得到的。因此，一個思路是，透過一個反向翻譯模型和語音合成模型串聯，生成偽資料[1063]。另外，正向翻譯模型生成的偽資料在文字翻譯中也被驗證對模型訓練是有一定幫助的，因此，同樣可以利用語音辨識和文字翻譯模型，將來源語言的語音翻譯成目的語言文字，得到偽平行語料。

此外，也可以利用在巨量的無標注語音資料上預訓練的自監督（Self-supervised）模型，將其作為一個特徵提取器，將從語音中提取的特徵作為語音翻譯模型的輸入，可以有效提高模型的性能[1064]。相比語音翻譯模型的任務，文字翻譯模型的任務更加簡單，因此一種思想是利用文字翻譯模型指導語音翻譯模型，例如，使用知識蒸餾[1065]、正則化[1066]等方法。為了簡化語音翻譯模型的學習，也可以使用課程學習方法（見第 13 章），使模型從語音辨識任務，逐漸過渡到語音翻譯任務，這種由易到難的訓練策略可以使模型訓練得更充分[1067,1068]。

17.3 圖型翻譯

在人類所接收的資訊中，視覺資訊所占的比重不亞於語音和文字資訊，甚至更多。視覺資訊通常以圖型的形式存在，近幾年，結合圖型的多模態機器翻譯受到了廣泛的關注。簡單來説，多模態機器翻譯（如圖 17-10 (a)所示）就是結合來源語言和其他模態（如圖型等）的資訊生成目的語言的過程。這種結合圖型的機器翻譯是一種狹義上的「翻譯」，它本質上還是從來源語言到目的語言，或者説從文字到文字的翻譯。實際上，從圖型到文字（如圖 17-10 (b)所示）的轉換，即給定圖型，生成與圖型內容相關的描述，也是廣義上的「翻譯」。例如，圖片描述生成（Image Captioning） 就是一種典型的圖型到文字的翻譯。當然，這種廣義上的翻譯形式不僅包括圖型到文字的轉換，還包括從圖型到圖型的轉換（如圖 17-10 (c)所示），甚至是從文字到圖型的轉換（如圖 17-10 (d)所示），等等。這裡將這些與圖型相關的翻譯任務統稱為圖型翻譯。

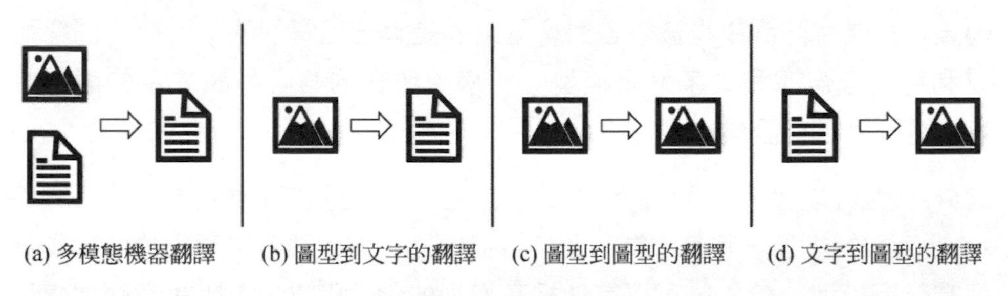

圖 17-10 圖型翻譯任務

17.3.1 基於圖型增強的文字翻譯

在文字翻譯中引入圖型資訊是最典型的多模態機器翻譯任務。雖然多模態機器翻譯還是一種從來源語言文字到目的語言文字的轉換，但是在轉換的過程中，融入了其他模態的資訊，減少了歧義的產生。例如，前文提到的透過與來源語言相關的圖型資訊，將"A girl jumps off a bank."中的"bank"翻譯為「河岸」而非「銀行」，因為圖型中出現了河岸，因此"bank"的歧義大大降低。換句話說，對於同一圖型或視覺場景的描述，來源語言和目的語言描述的資訊是一致的，只不過，表現在不同語言上會有表達方法上的差異。那麼，圖型就會存在一些來源語言和目的語言的隱含對齊「約束」，而這種「約束」可以捕捉語言中不易表達的隱含資訊。

如何融入視覺資訊，更好地理解多模態上下文語義是多模態機器翻譯研究的重點[1069-1071]，主要方向包括基於特徵融合的方法[1072-1074]和基於聯合模型的方法[1075,1076]。

1. 基於特徵融合的方法

早期，通常將圖型資訊作為輸入句子的一部分[1072,1077]，或者用其對編碼器和解碼器的狀態進行初始化[1072,1078,1079]。如圖 17-11 所示，圖中$y_{<}$表示當前時刻之前的單字序列，對圖型特徵的提取通常是基於卷積神經網路的（有關卷積神經網路的內容，可以參考第 11 章）。透過卷積神經網路得到全域圖型特徵，在進行維度變換後，將其作為來源語言輸入的一部分或初始化狀態，引入模型中。這種圖型資訊的引入方式有以下兩個缺點：

- 圖型資訊不全都是有用的，往往存在一些與來源語言或目的語言無關的資訊，將它們作為全域特徵會引入雜訊。
- 圖型資訊作為來源語言的一部分或者初始化狀態，間接地參與了譯文的生成，在神經網路的計算過程中，圖型資訊會有一定的損失。

講到雜訊問題，就不得不提到注意力機制的引入，前面章節中提到過這樣的一個例子：

中午/沒/吃飯/，/又/剛/打/了/ 一/下午/籃球/，/我/現在/很/餓/ ，/我/想_ 。

想在橫線處填寫「吃飯」「吃東西」的原因是在讀句子的過程中，關注到了「沒/吃飯」「很/餓」等關鍵資訊。這是在語言生成中注意力機制所解決的問題，即對於要生成的目的語言單字，相關性更高的語言片段應該更「重要」，而非將所有單字一視同仁地對待。同樣地，注意力機制也應用在多模態機器翻譯中，即在生成目標單字時，更應該關注與目標單字相關的圖型部分，弱化對其他部分的關注。另外，注意力機制的引入，也使圖型資訊更加直接地參與目的語言的生成，解決了在不使用注意力機制的方法中圖型資訊傳遞損失的問題。

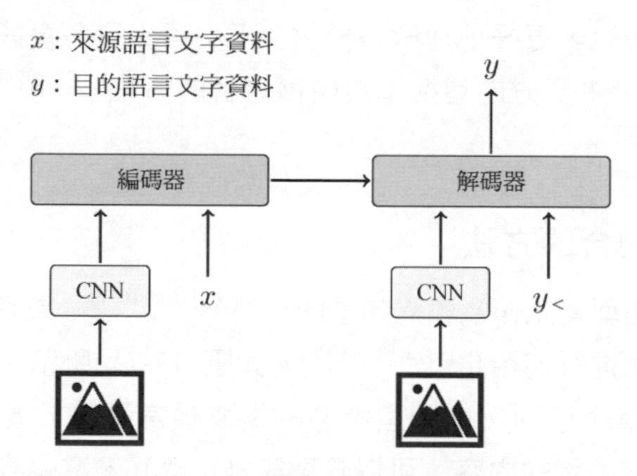

圖 17-11 基於全域視覺特徵的多模態翻譯方法

那麼，多模態機器翻譯是如何計算上下文向量的呢？這裡仿照第 10 章的內容舉出描述。假設編碼器輸出的狀態序列為$\{\mathbf{h}_1, \cdots, \mathbf{h}_m\}$，需要注意的是，這裡的狀態序列不是來源語言句子的狀態序列，而是透過基於卷積等操作提取的圖型的狀態序列。假設圖型的特徵維度是$16 \times 16 \times 512$，其中前兩個維度分別表示圖型的高和寬，這裡將影像對應為256×512 的狀態序列，其中512為每個狀態的維度。對於目的語言位置j，上下文向量$\mathbf{C}_j$被定義為對序列的編碼器輸出進行加權求和：

$$\mathbf{C}_j = \sum_i \alpha_{i,j} \mathbf{h}_i \tag{17-1}$$

其中，$\alpha_{i,j}$是注意力權重，表示目的語言第j個位置與圖片編碼狀態序列第i個位置的相關性大小，計算方式與第 10 章描述的注意力函數一致。

這裡，將$\mathbf{h}_i$看作圖型表示序列位置i上的表示結果。圖 17-12 舉出了模型在生成目標單字"bank"時，圖型經過注意力機制對圖型區域關注度改變的視覺化效果對比。可以看出，經過注意力機制後，模型更關注與目標單字相關的圖型部分。當然，多模態機器翻譯的輸入還包括來源語言文字序列。通常，來源語言文字對翻譯的作用比圖型大[1080]。從這個角度看，在當下的多模態翻譯任務中，圖型資訊主要作為文字資訊的補充，而非替代。除此之外，注意力機制在多模態機器翻譯中也有很多應用，例如，在編碼器端將來源語言文字與圖型資訊進行注意力建模，得到更好的來源語言的表示結果[1073,1080]。

圖 17-12　使用注意力機制前後，圖型中對單字"bank"的關注度對比

2. 基於聯合模型的方法

基於聯合模型的方法通常將翻譯任務與其他視覺任務結合，進行聯合訓練。這種方法也被看作一種多工學習，只不過在圖型翻譯任務中，僅關注翻譯和視覺任務。一種常見的方法是共用模型的部分參數來學習不同任務之間相似的部分，並透過特定的模組來學習每個任務特有的部分。

如圖 17-13 所示，圖中$y_<$表示當前時刻之前的單字序列，可以將多模態機器翻譯任務分解為兩個子任務：機器翻譯和圖片生成[1075]，其中機器翻譯作為主任務，圖片生成作為子任務。這裡的圖片生成指的是從一個圖片描述生成對應圖片的過程，圖片生成任務後面章節會介紹。透過單一編碼器對來源語言資料進行建模，然後透過兩個解碼器（翻譯解碼器和圖型解碼器）分別學習翻譯任務和圖型生成任務。頂層學習每個任務的獨立特徵，底層共用參數能夠學習到更豐富的文字表示。

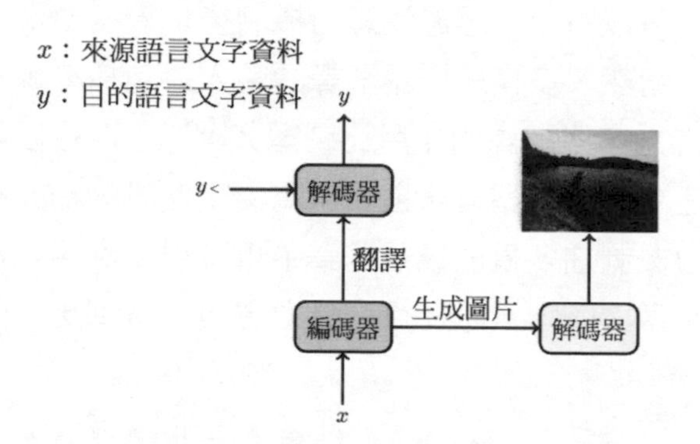

圖 17-13 「翻譯+圖片生成」聯合學習模型

在視覺問答領域有研究表明，在多模態任務中，不宜引入過多層的注意力機制，因為過深的模型會導致多模態模型的過擬合[1081]。這一方面是由於深層模型本身對資料的擬合能力較強，另一方面是由於多模態任務的資料普遍較少，容易造成複雜模型的過擬合。從另一個角度看，利用多工學習的方式，提高模型的泛化能力，也是一種有效防止過擬合現象的方式。類似的思想，也大量使用在多模態自然語言處理任務中，如圖型描述生成、視覺問答等[1082]。

17.3.2 圖型到文字的翻譯

圖型到文字的轉換也可以看作廣義上的翻譯，簡單來說，就是把圖型作為唯一的輸入，而輸出是文字。其中，圖型描述生成是最典型的圖型到文字的翻譯任務[1083]。雖然這部分內容並不是本書的重點，但為了保證多模態翻譯內容的完整性，這裡對相關技術進行簡介。圖型描述有時也被稱為看圖說話、圖型字幕生成，它在圖型檢索、智慧導盲、人機互動等領域有著廣泛的應用場景。

傳統圖型描述生成有兩種範式：基於檢索的方法和基於範本的方法。圖 17-14(a)展示了一個基於檢索的圖型描述生成實例，這種方法在圖型描述的候選中選擇一個描述輸出。弊端是所選擇的句子可能會和圖型在很大程度上不相符。而圖 17-14(b)展示的是一個基於範本的圖型描述生成實例，這種方法需要在圖型上提取視覺特徵，然後將內容填在設計好的範本中，這種方法的缺點是生成的圖型描述過於呆板，「像是一個模子刻出來的」說的就是這個意思。近年來，受到機器翻譯領域等任務的啟發，圖型描述生成任務也開始大量使用編碼器-解碼器框架。本節從基礎的圖型描述範式編碼器-解碼器框架展開[1084,1085]，並從編碼器的改進和解碼器的改進兩個方面進行介紹。

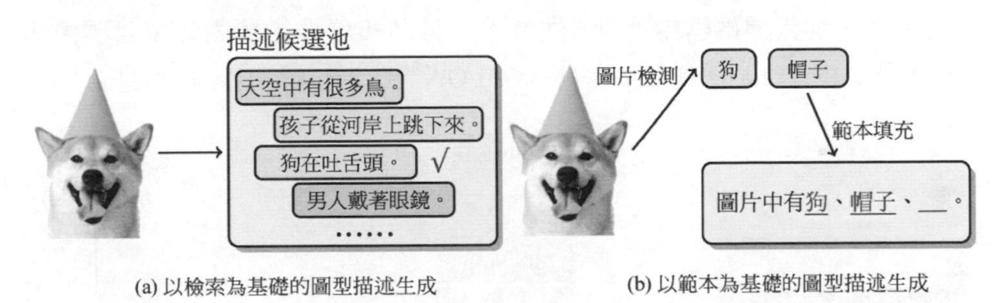

圖 17-14 傳統圖型描述生成方法

1. 基礎框架

在編碼器-解碼器框架中，編碼器將輸入的圖型轉換為一種新的「表示」形式，這種「表示」包含了輸入圖型的所有資訊。之後，解碼器將這種「表示」轉換為自然語言描述。例如，可以透過卷積神經網路提取圖型特徵為一個向量表示，利用 LSTM 解碼生成文字描述，這個過程與機器翻譯的解碼過程類似。這種建模方式存在與 17.3.1 節一樣的問題，即圖型資訊不全都是有用的。生成的描述單字不一定需要所有的圖型資訊，將全域的圖型資訊送入模型，可能會引入雜訊。這時，可以使用注意力機制來緩解該問題[1085]。

2. 編碼器的改進

為了使編碼器-解碼器框架在圖型描述生成中充分發揮作用，編碼器需要更好地表示圖型資訊。對編碼器的改進，通常表現在向編碼器中添加圖型的語義資訊[1086-1088]和位置資訊[1087,1089]。

圖型的語義資訊一般是指圖型中存在的實體、屬性、場景等。如圖 17-15 所示，利用屬性或實體檢測器從圖型中提取"jump"、"girl"、"river"、"bank"等屬性詞和實體詞，將它們作為圖型的語義資訊編碼的一部分，再利用注意力機制計算目的語言單字與這些屬性詞或實體詞之間的注意力權重[1086]。當然，除了將圖型中的實體和屬性作為語義資訊，還可以將圖片的場景資訊加入編碼器中[1088]。做屬性、實體和場景的檢測涉及目標檢測任務的工作，如 Faster-RCNN[506]、YOLO[1090,1091]等，這裡不再贅述。

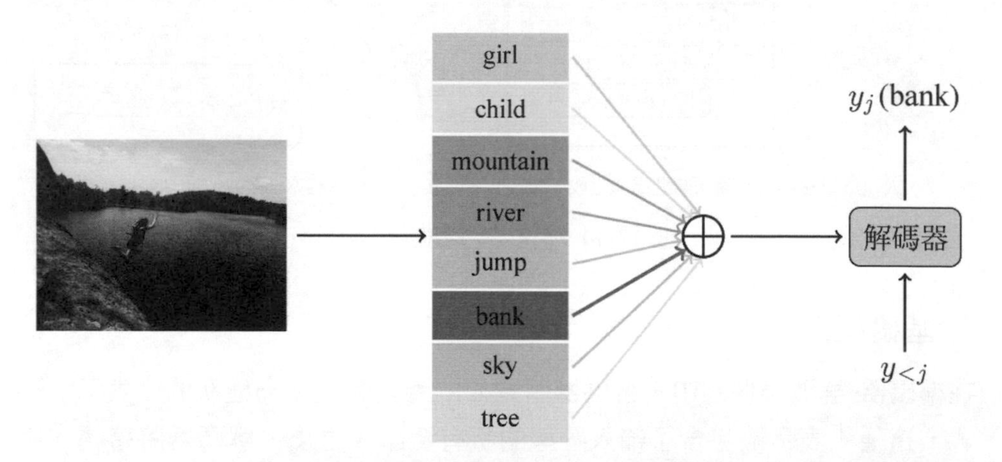

圖 17-15 編碼器「顯式」融入語義資訊

以上方法大多是將圖型中的實體、屬性、場景等映射到文字上，並把這些資訊顯式地輸入編碼器中。除此之外，一種方法是將圖型中的語義特徵隱式地引入編碼中[1087]。例如，圖型資訊可以分解為 3 個通道（紅、綠、藍），簡單來說，就是將圖型的每一個圖元點按照紅色、綠色、藍色分解成 3 個部分，這樣就將圖型分成了 3 個通道。在很多圖型中，不同通道伴隨的特徵是不一樣的，可以將其作用於編碼器。另一種方法是基於位置資訊的編碼增強。位置資訊指的是圖型中物件（物體）的位置。利用目標檢測技術檢測系統，獲得圖中的物件和對應的特徵，這樣就確定了圖中的物件位置。顯然，這些資訊可以增強編碼器的表示能力[1092]。

3. 解碼器的改進

解碼器輸出的是語言文字序列，因此需要考慮語言的特點對其進行改進。例如，解碼過程中，"the"、"on"、"at"這種介詞或冠詞與圖型的相關性較低[1093]。因此，可以透過門控單元，控制視覺訊號作用於文字生成的程度。另外，在解碼過程中，生成的每個單字對應的圖型的區域可能是不同的。因此，可以設計更為有效的注意力機制來捕捉解碼器端對不同圖型局部資訊的關注程度[1094]。

除了使生成文字與圖型特徵更好的相互作用，還有一些改進方法。例如，用卷積神經網路或者 Transformer 模型代替解碼器使用的循環神經網路[1095]。或者使用更深層的神經網路學習動詞或形容詞等視覺中不易表現出來的單字[1096]，其思想與深層神經機器翻譯模型有相通之處（見第 15 章）。

17.3.3 圖型、文字到圖型的翻譯

當生成的目標物件是圖型時，問題就變為了圖型生成任務。雖然這個領域本身並不屬於機器翻譯，但其使用的基本方法與機器翻譯有類似之處。二者可以相互借鏡。

在電腦視覺中，圖型風格變換、圖型超解析度重建等任務，都可以被歸類為圖型到圖型的翻譯（Image-to-Image Translation）問題。與機器翻譯類

似，這些問題的共同目標是學習從一個物件到另一個物件的映射，只不過這裡的物件是指圖型，而非機器翻譯中的文字。例如，給定物體的輪廓，生成真實物體圖片，或者舉出白天的照片，生成夜晚的照片等。圖型到圖型的翻譯有著非常廣闊的應用場景，如圖片補全、風格遷移等。文字到圖型的翻譯（Text-to-Image Translation）是指給定描述物體顏色和形狀等細節的自然語言文字，生成對應的圖型。該任務也被看作圖型描述生成的逆任務。

無論是圖型到圖型的生成，還是文字到圖型的生成，均可直接使用編碼器-解碼器框架實現。例如，在文字到圖型的生成中，可以使用機器翻譯中的編碼器對輸入文字進行編碼，之後用對抗生成網路將編碼結果轉化為圖型[1097]。近年，圖型生成類任務也取得了很大的進展，這主要得益於生成對抗網路的使用[1098-1100]。第 13 章已經介紹了生成對抗網路，而且圖型生成也不是本書的重點，感興趣的讀者可以參考第 13 章的內容或自行查閱相關文獻。

17.4 篇章級翻譯

目前，大多數機器翻譯系統是句子級的。由於缺少對篇章上下文資訊的建模，在需要依賴上下文的翻譯場景中，模型的翻譯效果常常不盡如人意。篇章級翻譯的目的就是，對篇章上下文資訊進行建模，進而改善機器翻譯在整個篇章上的翻譯品質。篇章級翻譯的概念很早就已經出現[1101]，隨著近幾年神經機器翻譯取得了巨大進展，篇章級神經機器翻譯也成了重要的研究方向[1102,1103]。基於此，本節將對篇章級神經機器翻譯的若干問題展開討論。

17.4.1 篇章級翻譯的挑戰

「篇章」在這裡是指一系列連續的段落或句子所組成的整體，從形式上和內容上看，篇章中各個句子間都具有一定的連貫性和一致性[142]。這些聯繫主要表現在「銜接」及「連貫」兩個方面。其中，銜接表現在顯性的語言成分和結構上，包括篇章中句子之間的語法和詞彙的聯繫，而連貫表現在各個句子之間的邏輯和語義的聯繫上。因此，篇章級翻譯就是要將這些上下文之間的聯繫考慮在內，從而生成比句子級翻譯更連貫、更準確的翻譯結果。實例 17.1 就展示了一個使用篇章資訊進行機器翻譯的實例。

實例 17.1：

上下文句子：我/上周/針對/這個/問題/做出/解釋/並/諮詢/了/他的/意見/。

待翻譯句子：他/也/同意/我的/看法/。

句子級翻譯結果：He also agrees with me .

篇章級翻譯結果：And he agreed with me .

由於不同語言的特性多種多樣，上下文資訊在篇章級翻譯中的作用也不盡相同。例如，在德語中，名詞是分詞性的，因此在代詞翻譯的過程中需要根據其先行詞的詞性進行區分，而這種現象在其他不區分名詞詞性的語言中是不存在的。這意味著篇章級翻譯在不同的語種中可能對應不同的上下文現象。

正是這種上下文現象的多樣性，使評價篇章級翻譯模型的性能變得相對困難。目前，篇章級機器翻譯主要針對一些常見的上下文現象進行最佳化，如代詞翻譯、省略、連接和詞彙銜接等，而第 4 章介紹的 BLEU 等通用自動評價指標通常對這些上下文依賴現象不敏感，因此篇章級翻譯需要採用一些專用方法對這些具體現象進行評價。

在統計機器翻譯時代，就已經有大量的研究工作專注於篇章資訊的建模，這些工作大多針對某一具體的上下文現象，如篇章結構[1104-1106]、代詞回指[1107-1109]、詞彙銜接[1110-1113]和篇章連接詞[1114,1115]等。區別於篇章級統計機器翻譯，篇章級神經機器翻譯不需要針對某一具體的上下文現象構造相應的特徵，而是透過翻譯模型從上下文句子中取出並融合上下文資訊。通常，篇章級機器翻譯可以採用局部建模的方法將前一句或周圍幾句作為上下文送入模型。如果篇章翻譯中需要利用長距離的上下文資訊，則可以使用全域建模的手段直接從篇章的所有句子中提取上下文資訊。近年，多數研究工作都在探索更有效的局部建模或全域建模方法，主要包括改進輸入[1116-1119]、多編碼器結構[490,1120,1121]、層次結構[1122-1125]、基於快取的方法[1126,1127]等。

此外，篇章級機器翻譯面臨的另一個挑戰是資料缺乏。篇章級機器翻譯所需要的雙語資料需要保留篇章邊界，與句子級雙語資料相比，數量要少很多。除了在點對點方法中採用預訓練或參數共用的方法（見第 16 章），也可以採用新的建模方法來緩解資料缺乏問題。這類方法通常將篇章級翻譯流程進行分離：先訓練一個句子級的翻譯模型，再透過一些額外的模組引入上下文資訊。例如，在句子級翻譯模型的推斷過程中，透過在目標端結合篇章級語言模型引入上下文資訊，或者基於句子級的翻譯結果，使用兩階段解碼等手段引入上下文資訊，進而對句子級翻譯結果進行修正,。

17.4.2 篇章級翻譯的評價

BLEU 等自動評價指標能夠在一定程度上反映譯文的整體品質，但並不能有效地評估篇章級翻譯模型的性能。這是由於很多標準測試集中需要篇章上下文的情況相對較少，而且，n-gram 的匹配很難檢測到一些具體的語言現象，這使得研究人員很難透過 BLEU 得分來判斷篇章級翻譯模型的效果。

為此，研究人員複習了機器翻譯任務中存在的上下文現象，並基於此設計了相應的自動評價指標。例如，針對篇章中代詞的翻譯問題，可以先借助詞對齊工具確定來源語言中的代詞在譯文和參考答案中的對應位置，然後透過計算譯文中代詞的準確率和召回率等指標對代詞翻譯品質進行評價

[1107,1134]。針對篇章中的詞彙銜接，使用詞彙鏈（Lexical Chain）[1]獲取能夠反映詞彙銜接品質的分數，然後透過加權的方式與常規的 BLEU 或 METEOR 等指標結合[1135,1136]。針對篇章中的連接詞，使用候選詞典和詞對齊工具對源文中連接詞的正確翻譯結果進行計數，計算其準確率[1137]。

除了直接對譯文進行評分，也有一些工作針對特有的上下文現象手工構造了相應的測試套件，用於評價翻譯品質。測試套件中每一個測試樣例都包含一個正確翻譯的結果，以及多個錯誤結果，一個理想的翻譯模型應該對正確的翻譯結果評價最高，排名在所有錯誤結果之上，此時，可以根據模型是否能挑選出正確翻譯結果來評估其性能。這種方法可以極佳地衡量翻譯模型在某一特定上下文現象上的處理能力，如詞義消歧[1138]、代詞翻譯[1117,1139]和一些銜接問題[1132]等。該方法也存在使用範圍受限於測試集的語種和規模的缺點，因此擴展性較差。

17.4.3 篇章級翻譯的建模

在理想情況下，篇章級翻譯應該以整個篇章為單位，作為模型的輸入和輸出。現實中，篇章對應的序列過長，因此直接為整個篇章序列建模難度很大，這使得主流的序列到序列模型很難直接使用。一種思路是採用能夠處理超長序列的模型對篇章序列建模，如使用第 15 章提到的處理長序列的 Transformer 模型就是一種解決方法[545]。不過，這類模型並不針對篇章級翻譯的具體問題，因此並不是篇章級翻譯中的主流方法。

現在，常見的點對點做法還是從句子級翻譯出發，透過額外的模組對篇章中的上下文句子進行表示，然後提取相應的上下文資訊，並融入當前句子的翻譯中。形式上，篇章級翻譯的建模方式如下：

[1] 詞彙鏈指篇章中語義相關的詞所組成的序列。

$$P(Y|X) = \prod_{i=1}^{T} P(Y_i|X_i, D_i) \tag{17-2}$$

其中，X和Y分別為來源語言篇章和目的語言篇章，X_i和Y_i分別為來源語言篇章和目的語言篇章中的第i個句子，T表示篇章中句子的數目。為了簡化問題，這裡假設來源語言和目的語言具有相同的句子數目T，而且兩個篇章間的句子是順序對應的。D_i表示翻譯第i個句子時所對應的上下文句子集合，理想情況下，D_i中包含來源語言篇章和目的語言篇章中所有除第i句之外的句子，但實踐中通常僅使用其中的部分句子作為上下文。

上下文範圍的選取是篇章級神經機器翻譯需要著重考慮的問題，如上下文句子的多少[489,1122,1140]，是否考慮目標端上下文句子[1116,1140]等。此外，不同的上下文範圍也對應著不同的建模方法，接下來，將對一些典型的方法進行介紹，包括改進輸入[1116-1119]、多編碼器結構[490,1120,1121]、層次結構模型[489,1141,1142]及基於快取的方法[1126,1127]。

1. 改進輸入

一種簡單的方法是，直接重複使用傳統的序列到序列模型，將篇章中待翻譯的句子與其上下文的句子拼接後，作為模型輸入。如實例 17.2 所示，這種做法不需要改動模型結構，操作簡單，適用於大多數神經機器翻譯系統[1116,1140,1143]。但過長的序列會導致模型難以訓練，通常只會選取局部的上下文句子進行拼接，如只拼接來源語言端前一句或者周圍幾句[1116]。此外，也可以引入目的語言端的上下文[1117,1140,1143]，在解碼時，將目的語言端的當前句與上下文拼接在一起，同樣會帶來一定的性能提升。過大的視窗會造成推斷速度的下降[1140]，因此通常只考慮前一個目的語言句子。

實例 17.1：傳統模型訓練輸入：

來源語言：你/看到/了/嗎/？

目的語言：Do you see them ?

改進後模型訓練輸入：

來源語言：他們/在/哪/？ <sep> 你/看到/了/嗎/？

目的語言：Do you see them ?

其他改進輸入的做法相比於拼接的方法要複雜一些，需要先對篇章進行處理，得到詞彙鏈或篇章嵌入等資訊[1118,1119]，然後將這些資訊與當前句子一起送入模型中。目前，這種預先提取篇章資訊的方法是否適合機器翻譯還有待論證。

2. 多編碼器結構

另一種思路是，對傳統的編碼器-解碼器框架進行更改，引入額外的編碼器對上下文句子進行編碼，該結構被稱為多編碼器結構[491,1144]。這種結構最早被應用在基於循環神經網路的篇章級翻譯模型中[1117,1120,1146]，後期證明，在 Transformer 模型上同樣適用[490,1121]。圖 17-16 展示了一個基於 Transformer 模型的多編碼器結構，基於來源語言當前待翻譯句子的編碼表示$\mathbf{h}$和上下文句子的編碼表示$\mathbf{h}^{\text{pre}}$，模型先透過注意力機制提取句子間上下文資訊$\mathbf{d}$：

$$\mathbf{d} = \text{Attention}(\mathbf{h}, \mathbf{h}^{\text{pre}}, \mathbf{h}^{\text{pre}}) \tag{17-3}$$

其中，$\mathbf{h}$為 Query（查詢），$\mathbf{h}^{\text{pre}}$為 Key（鍵）和 Value（值）。透過門控機制將待翻譯句子中每個位置的編碼表示和該位置對應的上下文資訊進行融合，具體方式如下：

$$\lambda_t = \sigma([\mathbf{h}_t; \mathbf{d}_t]\mathbf{W}_\lambda + \mathbf{b}_\lambda) \tag{17-4}$$

$$\widetilde{\mathbf{h}_t} = \lambda_t \mathbf{h}_t + (1 - \lambda_t)\mathbf{d}_t \tag{17-5}$$

其中，$\tilde{\mathbf{h}}$為融合了上下文資訊的最終序列表示結果，$\widetilde{\mathbf{h}_t}$為其第t個位置的表示。$\mathbf{W}_\lambda$和$\mathbf{b}_\lambda$為模型可學習的參數，σ為 Sigmoid 函數，用來獲取門控權值λ。除了在編碼端融合來源語言上下文資訊，還可以直接用類似機制在解碼器內完成來源語言上下文資訊的融合[1121]。

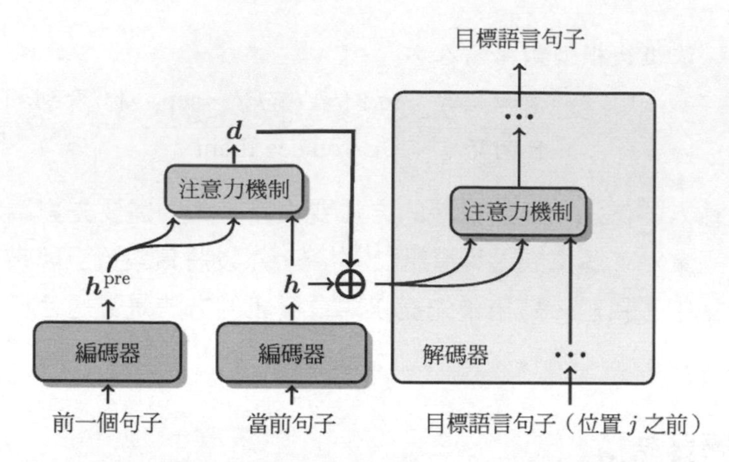

圖 17-16 基於 Transformer 模型的多編碼器結構[491]

此外，由於多編碼器結構引入了額外的模組，模型整體參數量大大增加，同時增加了模型訓練的難度。為此，一些研究人員提出使用句子級模型預訓練的方式來初始化模型參數[1120,1121]，或者將兩個編碼器的參數進行共用，來降低模型複雜度[490,1145,1146]。

3. 層次結構模型

多編碼器結構透過額外的編碼器對前一句進行編碼，但是當處理更多上下文句子時，仍然面臨效率低下的問題。為了捕捉更大範圍的上下文，可以採用層次結構對更多的上下文句子進行建模。層次結構是一種有效的序列表示方法，而且人類語言中天然具有層次性，如句法樹、篇章結構樹等。類似的思想也成功地應用在基於樹的句子級翻譯模型中（見第 8 章和第 15 章）。

圖 17-17 描述了一個基於層次注意力的模型結構[489]。首先，透過翻譯模型的編碼器獲取前K個句子的詞序列編碼表示$(\mathbf{h}^{\text{pre}1},\cdots,\mathbf{h}^{\text{pre}K})$，然後，針對前文每個句子的詞序列編碼表示$\mathbf{h}^{\text{pre}k}$，使用詞級注意力提取當前句子內部的注意力資訊$\mathbf{s}^k$，然後在這$K$個句子級上下文資訊$\mathbf{s}=(\mathbf{s}^1,\cdots,\mathbf{s}^K)$的基礎上，使用句子級注意力提取篇章上下文資訊$\mathbf{d}$。上下文資訊$\mathbf{d}$的獲取涉及詞級和句子級兩個不同層次的注意力操作，因此將該過程稱為層次注意力。

實際上，這種方法並沒有使用語言學的篇章層次結構。但是，句子級注意力歸納了統計意義上的篇章結構，因此這種方法也可以捕捉不同句子之間的關係。

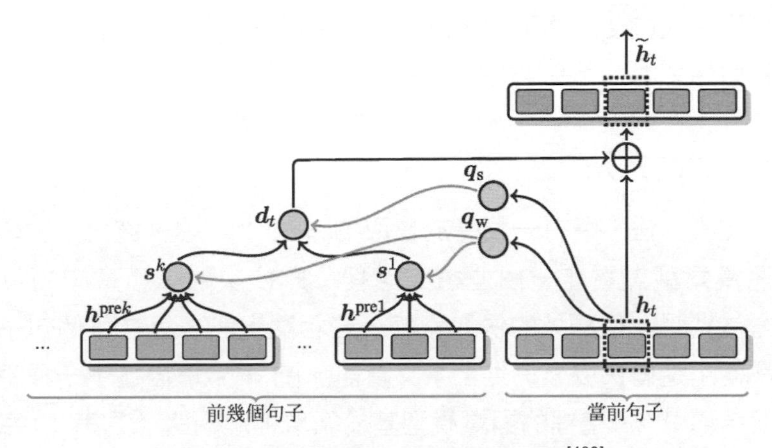

圖 17-17 基於層次注意力的模型結構[489]

為了增強模型的表示能力，層次注意力中並未直接使用當前句子第t個位置的編碼表示$\mathbf{h}_t$作為注意力操作的 Query，而是透過兩個線性變換，分別獲取詞級注意力和句子級注意力的查詢$\mathbf{q}_{\mathrm{w}}$ 和$\mathbf{q}_{\mathrm{s}}$，定義如式(17-6) 和式(17-7)，其中$W_{\mathrm{w}}, W_{\mathrm{s}}, b_{\mathrm{w}}, b_{\mathrm{s}}$分別是兩個線性變換的權重和偏置。

$$\mathbf{q}_{\mathrm{w}} = \mathbf{h}_t W_{\mathrm{w}} + b_{\mathrm{w}} \tag{17-6}$$

$$\mathbf{q}_{\mathrm{s}} = \mathbf{h}_t W_{\mathrm{s}} + b_{\mathrm{s}} \tag{17-7}$$

之後，分別計算詞級和句子級注意力模型。需要注意的是，句子級注意力添加了一個前饋全連接網路子層 FFN。其具體計算方式如下：

$$\mathbf{s}^k = \mathrm{WordAttention}(\mathbf{q}_{\mathrm{w}}, \mathbf{h}^{\mathrm{pre}k}, \mathbf{h}^{\mathrm{pre}k}) \tag{17-8}$$

$$\mathbf{d}_t = \mathrm{FFN}(\mathrm{SentAttention}(\mathbf{q}_{\mathrm{s}}, \mathbf{s}, \mathbf{s})) \tag{17-9}$$

其中，WordAttention()和SentAttention()都是標準的自注意力模型。在得到最終的上下文資訊$\mathbf{d}$後，模型同樣採用門控機制〔如式(17-5) 和式(17-4)〕與$\mathbf{h}$進行融合，得到一個上下文相關的當前句子表示 $\tilde{\mathbf{h}}$。

透過層次注意力，模型可以在詞級和句子級兩個維度，從多個句子中提取更充分的上下文資訊，除了使用編碼器，也可以使用解碼器來獲取目的語言的上下文資訊。為了進一步編碼整個篇章的上下文資訊，研究人員提出透過選擇性注意力對篇章的整體上下文進行有選擇的資訊提取[1123]。此外，也有研究人員使用循環神經網路[1141]、記憶網路[1123]、膠囊網路[1124]和片段級相對注意力[1125]等結構對多個上下文句子進行上下文資訊提取。

4. 基於快取的方法

除了以上建模方法，還有一類基於快取的方法[1126,1127]。這類方法最大的特點在於將篇章翻譯看作一個連續的過程，即依次翻譯篇章中的每一個句子，該方法透過一個額外的快取記錄一些相關資訊，且在每個句子的推斷過程中都使用這個快取來提供上下文資訊。圖 17-18 描述了一種基於快取的解碼器結構[1127]。這裡的翻譯模型基於循環神經網路（見第 10 章），但這種方法同樣適用於包括 Transformer 模型在內的其他神經機器翻譯模型。

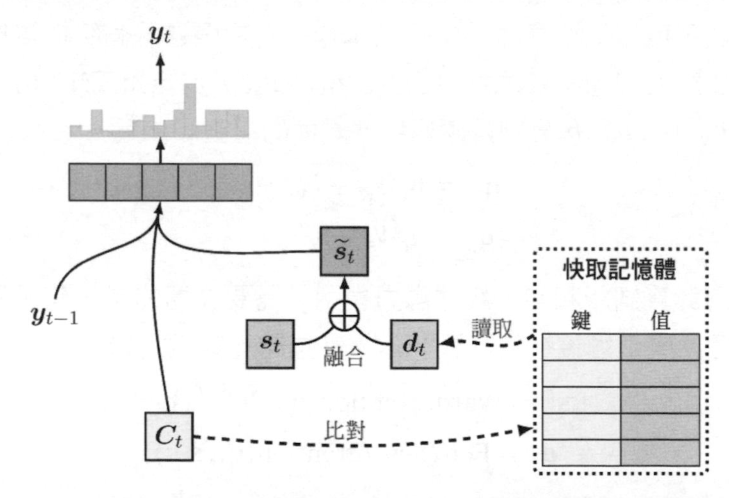

圖 17-18 基於快取的解碼器結構[1127]

模型中篇章上下文的建模依賴於快取的讀和寫入操作。快取的寫入操作指的是：按照一定規則，將翻譯歷史中一些譯文單字對應的上下文向量作為鍵，將其解碼器端的隱藏狀態作為值，共同寫入快取中。而快取的讀取操作是指將待翻譯句子中第t個單字的上下文向量$\mathbf{c}_t$作為 Query，與快取中的所有鍵分別進行匹配，並根據其匹配程度進行帶權相加，最後得到當前待翻譯句子的篇章上下文資訊 $\mathbf{d}$。 該方法中，解碼器端隱藏狀態$\mathbf{s}_t$與對應位置的上下文資訊$\mathbf{d}_t$的融合也是基於門控機制的。事實上，由於該方法中的快取空間是有限的，其內容的更新也存在一定的規則：在當前句子的翻譯結束後，如果單字$\mathbf{y}_t$的對應資訊未曾寫入快取，則寫入其中的空槽或替換最久未使用的鍵值對；如果$\mathbf{y}_t$ 已作為翻譯歷史存在於快取中，則將對應的鍵值對按照以下規則進行更新：

$$\mathbf{k}_i = \frac{\mathbf{k}_i + \mathbf{c}_t}{2} \tag{17-10}$$

$$\mathbf{v}_i = \frac{\mathbf{v}_i + \mathbf{s}_t}{2} \tag{17-11}$$

其中，i表示y_t在快取中的位置，$\mathbf{k}_i$和$\mathbf{v}_i$分別為快取中對應的鍵和值。這種方法快取的都是目的語言歷史的詞級表示，因此能夠解決一些詞彙銜接的問題，如詞彙一致性和一些搭配問題，產生更連貫的翻譯結果。

17.4.4 在推斷階段結合篇章上下文

前面介紹的方法主要是，對篇章中待翻譯句子的上下文句子進行建模，透過點對點的方式對上下文資訊進行提取和融合。由於篇章級雙語資料相對缺乏，這種複雜的篇章級翻譯模型很難得到充分訓練，通常可以採用兩階段訓練或參數共用的方式來緩解這個問題。此外，由於句子級雙語資料更為豐富，一個自然的想法是以高品質的句子級翻譯模型為基礎，透過在推斷過程中結合上下文資訊來構造篇章級翻譯模型。

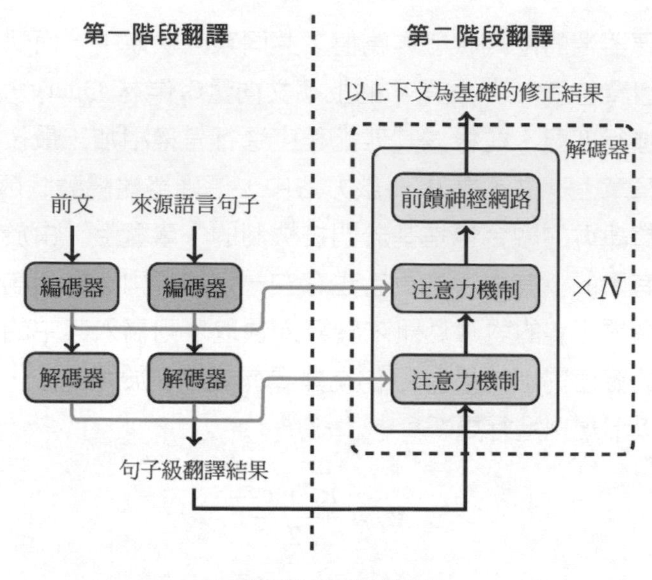

圖 17-19 兩階段翻譯

在句子級翻譯模型中引入目的語言端的篇章級語言模型是一種結合上下文資訊的常用方法[1128-1130]。與篇章級雙語資料相比，篇章級單語資料更容易獲取。在雙語資料缺乏的情況下，透過引入目的語言端的篇章級語言模型，可以更充分地利用這些單語資料，如可以將這個語言模型與翻譯模型做插值，也可以將其作為重排序階段的一種特徵。

另一種方法是兩階段翻譯。這種方法不影響句子級翻譯模型的推斷過程，而是在完成翻譯後使用額外的模組進行第二階段的翻譯[1131,1132]。如圖 17-19 所示，這種兩階段翻譯的做法相當於將篇章級翻譯的問題進行了分離和簡化：在第一階段的翻譯中，使用句子級翻譯模型完成對篇章中某個句子的翻譯。為了進一步引入篇章上下文資訊，第二階段的翻譯過程在第一階段翻譯結果的基礎上，利用兩次注意力操作，融合並引入來源語言和目的語言的篇章上下文資訊和當前句子資訊。該方法適用於篇章級雙語資料缺乏的場景。基於類似的思想，也可以使用後編輯的做法對翻譯結果進行修正。區別於兩階段翻譯的方法，後編輯的方法無須參考來源語言資訊，只利用目的語言端的上下文資訊對譯文結果進行修正[1133]。

17.5 小結及拓展閱讀

使用更多的上下文進行機器翻譯建模是極具潛力的研究方向，在包括多模態翻譯在內的多個領域中也非常活躍。有許多問題值得進一步思考與討論：

- 本章僅對音訊處理和語音辨識進行了簡單的介紹，具體內容可以參考一些經典書籍，學習關於訊號處理的基礎知識[1147,1148]、語音辨識的傳統方法[1149,1150]和基於深度學習的最新方法[1151]。

- 語音翻譯的一個重要應用是機器同聲傳譯。機器同聲傳譯的一個困難在於不同語言的文字順序不同。目前，同聲傳譯的一種思路是基於目前已經說出的話進行翻譯[1152]，例如，累積k個源語單字後再進行翻譯，同時改進束搜索方式來預測未來的詞序列，從而提升準確度[1153]。或者，對當前語音進行翻譯，但需要判斷翻譯的詞是否能夠作為最終結果，再決定是否根據之後的語音重新翻譯[1154,1155]。第二種思路是，動態預測當前時刻是應該繼續等待還是開始翻譯，這種方式更符合人類進行同傳的行為。這種策略的困難在於標注每一時刻的決策狀態十分耗時且標準難以統一，目前主流的方式是利用強化學習方法[1156,1157]，對句子進行不同決策方案的採樣，最終學到最優的決策方案。此外，還有一些工作透過設計不同的學習策略[1158-1160]或改進注意力機制[1161]，來提升機器同聲傳譯的性能。

- 在多模態機器翻譯任務和篇章級機器翻譯任務中，資料規模往往受限，導致模型訓練困難，很難取得較好的性能。例如，在篇章級機器翻譯中，一些研究工作對這類模型的上下文建模能力進行了探索[491,1162]，發現模型在小資料集上對上下文資訊的利用並不能帶來明顯的性能提升。針對資料缺乏導致的訓練問題，一些研究人員透過調整訓練策略，使得模型更容易捕捉上下文資訊[1163-1165]。除了訓練策略的調整，也可以使用資料增強的方式（如構造偽資料）來提升整體資料量[1144,1166,1167]，或透過預訓練的方法，利用額外的單語或圖像資料[1168-1170]。

Chapter

18

機器翻譯應用技術

隨著機器翻譯品質的不斷提升，越來越多的應用需求被挖掘出來。但是，具有一個優秀的機器翻譯引擎並不意味著機器翻譯可以被成功應用。機器翻譯技術落地需要「額外」考慮很多因素，如資料處理方式、對話模式、應用的領域等，甚至機器翻譯模型也要經過改造才能適應不同的場景。

本章將重點介紹機器翻譯應用中所面臨的一些實際問題，以及解決這些問題可以採用的策略。本章涉及的內容較為廣泛，一方面會大量使用本書前 17 章介紹的模型和方法，另一方面會介紹新的技術手段。最終，本章會結合機器翻譯的特點展示一些機器翻譯的應用場景。

18.1 機器翻譯的應用並不簡單

近年來，無論從評測比賽的結果看，還是從論文發表數量上看，機器翻譯的研究可謂火熱。但是，客觀地説，我們離完美的機器翻譯應用還有相當長的距離。這主要是因為，成熟的系統需要很多技術的融合。因此，機器翻譯系統研發也是一項複雜的系統工程，而機器翻譯研究大多是對局部模型和方法的調整，這也會產生一個現象：很多論文裡報導的技術方法可能無法直接應用於真實場景中。機器翻譯面臨以下幾方面挑戰：

- 機器翻譯模型很脆弱。在實驗環境下，給定翻譯任務，甚至給定訓練和測試資料，機器翻譯模型可以表現得很好。但是，應用場景是不斷變化的，會經常出現缺少訓練資料、應用領域與訓練資料不匹配、使用者的測試方法與開發人員不同等一系列問題。特別是，對於不同的任務，神經機器翻譯模型需要進行非常細緻的調整，現實中「一套包打天下」的模型和設置是不存在的。這些都導致一個結果：直接使用既有機器翻譯模型很難滿足不斷變化的應用需求。
- 機器翻譯缺少針對場景的應用技術。目前，機器翻譯的研究進展已經為我們提供了很好的機器翻譯基礎模型。但是，使用者並不是簡單地與這些模型「打交道」，他們更加關注如何解決自身的業務需求，例如，機器翻譯應用的對話模式、系統是否可以自己預估翻譯可信度等。甚至，在某些場景中，使用者對翻譯模型佔用的儲存空間和運行速度都有非常嚴格的要求。
- 優秀系統的研發需要長時間的打磨。工程打磨也是研發優秀機器翻譯系統的必備過程，有時甚至是決定性的。從科學研究的角度看，我們需要對更本質的科學問題進行探索，而非簡單的工程開發與偵錯。但是，對一個初級的系統進行研究往往會掩蓋「真正的問題」，因為很多問題在優秀、成熟的系統中並不存在。

本章將重點對機器翻譯應用中的若干技術問題展開討論，旨在為機器翻譯應用提供一些可落地的思路。

18.2 增量式模型最佳化

機器翻譯的訓練資料不是一成不變的。系統研發人員可以使用自有資料訓練得到基礎的翻譯模型（或初始模型）。當應用這個基礎模型時，可能會有新的資料出現，例如：

- 雖然應用的目標領域和場景可能是研發系統時無法預見的，但是使用者會有一定量的自有資料，可以用於系統最佳化。
- 系統在應用中會產生新的資料，這些資料經過篩選和修改也可以用於模型訓練。

這就產生了一個問題，能否使用新的資料讓系統變得更好？簡單且直接的方式是，將新的資料和原始資料混合後重新用來訓練系統，但是使用全量資料訓練模型的週期很長，這種方法的成本很高。而且，新的資料可能是不斷產生的，甚至是流式的。這時就需要用一種快速、低成本的方式對模型進行更新。

增量訓練就是滿足上述需求的一種方法。第 13 章已經就增量訓練這個概念進行了討論，這裡重點介紹一些具體的實踐手段。本質上，神經機器翻譯中使用的隨機梯度下降法就是典型的增量訓練方法，其基本思想是：每次選擇一個樣本對模型進行更新，這個過程反覆不斷執行，每次模型更新都是一次增量訓練。當多個樣本組成了一個新資料集時，可以將這些新樣本作為訓練資料，將當前的模型作為初始模型，之後，正常執行機器翻譯的訓練過程即可。如果新增加的資料量不大（如幾萬個句對），則訓練的代價非常低。

新的資料雖然能代表一部分翻譯現象，但如果僅依賴新資料進行更新，會使模型對新資料過分擬合，從而無法極佳地處理新資料之外的樣本。這也可以被當作一種災難性遺忘的問題[1171]，即模型過分注重對新樣本的擬合，喪失了舊模型的一部分能力。在實際開發時，有幾種常用的增量訓練方法：

- 資料混合[1172]。在增量訓練時，除了使用新的資料，可以再混合一定量的舊資料，混合的比例可以根據訓練的代價進行調整。這樣，模型相當於在全量資料的一個採樣結果上進行更新。
- 模型插值[618]。在增量訓練之後，將新模型與舊模型進行插值。
- 多目標訓練[1006,1173,1174]。在增量訓練時，除了在新資料上定義損失函數，可以再定義一個在舊資料上的損失函數，確保模型可以在兩個資料上都有較好的表現。也可以在損失函數中引入正則化項，使新模型的參數不會偏離舊模型的參數太遠。

圖 18-1 舉出了上述方法的對比。在實際應用中，還有很多細節會影響增量訓練的效果，例如，學習率大小的選擇等。另外，新的資料累積到何種規模可以進行增量訓練也是實踐中需要解決的問題。一般來說，增量訓練使用的資料量越大，訓練的效果越穩定，但並不是說資料量少就不可以進行增量訓練，而是如果資料量過少，需要考慮訓練代價和效果之間的平衡。而且，過於頻繁的增量訓練也會帶來更多的災難性遺忘的風險，因此合理進行增量訓練也是機器翻譯應用中需要考慮的問題。

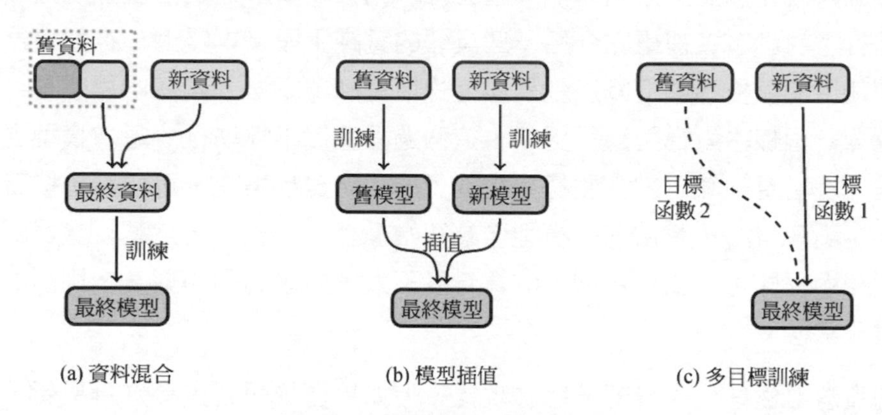

圖 18-1 增量式模型最佳化方法

需要注意的是，在理想狀態下，系統使用者希望系統看到少量句子就可以極佳地解決一類翻譯問題，即進行真正的小樣本學習。現實情況是，如今的機器翻譯系統還無法極佳地做到「舉一反三」。增量訓練也需要專業人士的參與才能得到相對較好的效果。

另一個實際問題是，當應用場景沒有雙敘述子對時是否可以最佳化系統？這個問題在第 16 章的低資源翻譯部分進行了討論。一般來說，如果目標任務沒有雙語資料，則可以使用單語資料進行最佳化。常用的方法有資料增強、基於語言模型的方法等。具體方法見第 16 章。

18.3 互動式機器翻譯

機器翻譯的結果會存在錯誤，因此經常需要人工修改才能使用。例如，在譯後編輯（Post-editing）中，翻譯人員對機器翻譯的譯文進行修改，最終使譯文達到要求。不過，譯後編輯的成本很高，因為它需要翻譯人員閱讀機器翻譯的結果，同時做出修改的動作。有時，由於譯文修改的內容較為複雜，譯後編輯的時間甚至比人工直接翻譯來源語言句子的時間還要長。因此在機器翻譯應用中，需要更高效的方式調整機器翻譯的結果，使其達到可用的程度。例如，一種思路是，可以使用品質評估方法（見第 4 章），選擇模型置信度較高的譯文進行譯後編輯，對置信度低的譯文直接進行人工翻譯。另一種思路是，讓人的行為直接影響機器翻譯生成譯文的過程，讓人和機器翻譯系統進行互動，在不斷的修正中生成更好的譯文。這種方法也被稱作互動式機器翻譯（Interactive Machine Translation，IMT）。

互動式機器翻譯的大致流程如下：機器翻譯系統根據使用者輸入的來源語言句子預測可能的譯文並交給使用者，使用者在現有翻譯的基礎上進行接受、修改或刪除等操作，然後翻譯系統根據使用者的回饋資訊再次生成比前一次更好的翻譯譯文並交給使用者。如此循環，直到得到最終滿意的譯文。

圖 18-2 舉出了一個使用 TranSmart 系統進行互動式機器翻譯的實例，這裡要將一個中文句子「疼痛/也/可能/會/在/夜間/使/你/醒來。」翻譯成英文 "Pain may also wake you up during the night."。在開始互動之前，系統先推薦一個可能的譯文"Pain may also wake you up at night."。第一次互動時，使用者將單字 at 替換成 during，然後系統根據使用者修改後的譯文立即舉出新的譯文候選，提供給使用者選擇。循環往復，直到使用者接受了系統當前推薦的譯文。

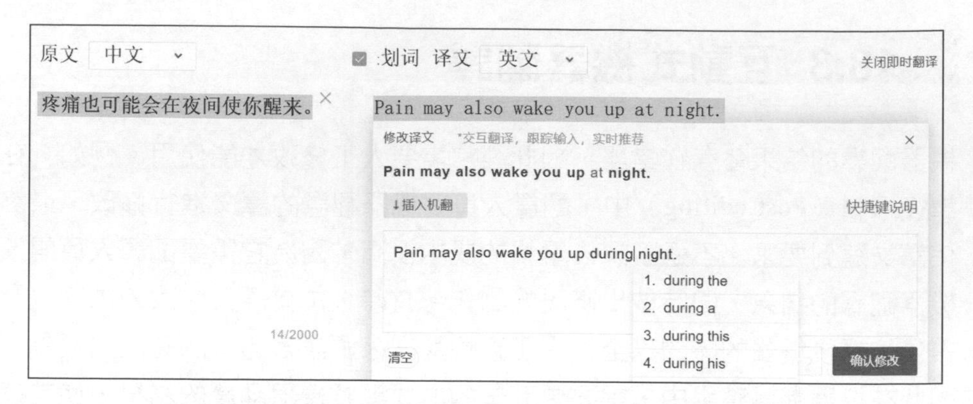

圖 18-2 使用 TranSmart 系統進行互動式機器翻譯的實例

互動式機器翻譯系統主要透過使用者的回饋來提升譯文的品質，不同類型的回饋資訊影響著系統最終的性能。根據回饋形式的不同，可以將互動式機器翻譯分為以下幾種：

- 基於首碼的互動式機器翻譯。早期的互動式機器翻譯系統都是採用基於首碼的方式。翻譯人員使用翻譯系統生成的初始譯文，從左到右檢查翻譯的正確性，並在第一個錯誤的位置進行更正。這為系統提供了一種雙重訊號：表明該位置上的單字必須是翻譯人員修改過的，並且該位置之前的單字（即首碼）都是正確的。之後，系統根據已經檢查過的首碼再生成後面的譯文[647,1175-1177]。

- 基於片段的互動式機器翻譯。根據使用者提供的回饋生成更好的翻譯結果是互動式翻譯系統的關鍵，而基於首碼的系統則存在一個嚴重的缺陷，當翻譯系統獲得確定的翻譯首碼之後，再重新生成譯文時會將原本正確的翻譯尾碼（即該位置之後的單字）遺漏，因此會引入新的錯誤。在基於片段的互動式機器翻譯系統中，翻譯人員除了糾正第一個錯誤的單字，還可以指定在未來迭代中保留的單字序列。之後，系統根據這些回饋訊號生成新的譯文[705,1178]。

- 基於評分的互動式機器翻譯。隨著電腦算力的提升，有時會出現「機器等人」的現象，因此提升人參與互動的效率也是需要考慮的問題。

與之前的系統不同，基於評分的互動式機器翻譯系統不需要翻譯人員選擇、糾正或刪除某個片段，而是使用翻譯人員對譯文的評分來強化機器翻譯的學習過程[666,1179]。

除此之外，基於線上學習的方法也受到了關注，這類方法被看作互動式翻譯與增量訓練的一種結合。使用者總是希望翻譯系統能從回饋中自動糾正以前的錯誤。當使用者最終確認一個修改過的譯文後，翻譯系統將來源語言句子和該修正後的譯文作為訓練語料繼續訓練[1180]。實際上，互動式機器翻譯是機器翻譯大規模應用的重要途徑之一，它為打通翻譯人員和機器翻譯系統之間的障礙提供了手段。不過，互動式機器翻譯還有許多挑戰等待解決。一個是如何設計對話模式。理想的對話模式應該更貼近翻譯人員輸入文字的習慣，如利用輸入法完成互動；另一個是如何把互動式翻譯嵌入翻譯的生產流程。這本身不完全是一個技術問題，可能需要更多的產品設計。

18.4 翻譯結果的可干預性

互動式機器翻譯表現了一種使用者的行為「干預」機器翻譯結果的思想。實際上，在機器翻譯出現錯誤時，人們總是希望用一種直接、有效的方式「改變」譯文，在最短時間內達到改善翻譯品質的目的。例如，如果機器翻譯系統可以輸出多個候選譯文，則使用者可以在其中挑選最好的譯文進行輸出。也就是說，人為干預了譯文候選的排序過程。另一個例子是翻譯記憶（Translation Memory，TM）。翻譯記憶記錄了高品質的來源語言-目的語言句對，有時也被看作一種先驗知識或「記憶」。因此，當進行機器翻譯時，使用翻譯記憶指導翻譯過程也被看作一種干預手段[1181,1182]。

雖然干預機器翻譯系統的方式很多，最常用的還是對來源語言特定片段翻譯的干預，以期望最終句子的譯文滿足某些約束。這個問題也被稱作基於

約束的翻譯 （Constraint-based Translation）。例如，在翻譯網頁時，需要保持譯文中的網頁標籤與源文一致。另一個典型例子是術語翻譯。在實際應用中，經常會遇到公司名稱、品牌名稱、產品名稱等專有名詞和行業術語，以及不同含義的縮寫。對於「小牛翻譯」這個專有名詞，不同的機器翻譯系統舉出的結果不一樣。例如，"Maverick translation"、"Calf translation"、"The mavericks translation" 等，而它正確的翻譯應該為 "NiuTrans"。 類似這樣的特殊詞彙，機器翻譯引擎很難準確翻譯。一方面，模型大多是在通用資料集上訓練出來的，並不能保證資料集能涵蓋所有的語言現象；另一方面，即使這些術語在訓練資料中出現，通常也是低頻的，模型不容易捕捉它們的規律。為了保證翻譯的準確性，對術語翻譯進行干預是十分必要的，對領域適應等問題的求解也是非常有意義的。

就詞彙約束翻譯（Lexically Constrained Translation）而言，在不干預的情況下，讓模型直接翻譯出正確術語是很難的，因為術語的譯文很可能是未登入詞，必須人為提供額外的術語詞典，那麼我們的目標就是讓模型的翻譯輸出遵守使用者提供的術語約束。這個過程如圖 18-3 所示。

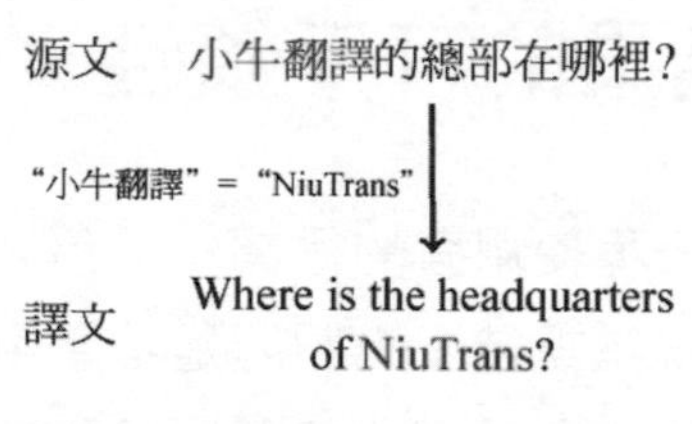
源文
小牛翻譯的總部在哪裡?
"小牛翻譯" = "NiuTrans"
譯文
Where is the headquarters
of NiuTrans?

圖 18-3 詞彙約束翻譯過程

在統計機器翻譯中，翻譯本質上是由短語和規則組成的推導過程，因此修改譯文比較容易，例如，可以在一個來源語言片段所對應的翻譯候選集中添加希望得到的譯文。而神經機器翻譯是一個點對點模型，翻譯過程本質上是連續空間中元素的一系列映射、組合和代數運算。雖然在模型訓練階段仍然可以透過修改損失函數等手段引入約束，但是在推斷階段進行直接干預並不容易，因為我們無法像修改符號系統那樣直接修改模型（如短語翻譯表）來影響譯文生成。實踐中主要有兩種解決思路：

- 強制生成。這種方法並不改變模型，而是在推斷過程中按照一定策略來實施約束，一般是修改束搜索演算法以確保輸出必須包含指定的詞或者短語[1183-1186]，例如，在獲得譯文輸出後，利用注意力機制獲取詞對齊，再透過詞對齊得到來源語言和目的語言片段的對應關係，最後對指定譯文片段進行強制替換。或者，對包含正確術語的翻譯候選進行額外的加分，以確保推斷時這樣的翻譯候選的排名足夠靠前。
- 資料增強。這類方法透過修改機器翻譯模型的訓練資料來實現術語約束。通常根據術語詞典對訓練資料進行一定的修改，例如，先將術語的譯文添加到源文句子中，再將原始語料庫和合成語料庫進行混合訓練，期望模型能夠學會自動利用術語資訊來指導解碼，或者在訓練資料中利用預留位置來替換術語，待翻譯完成後再進行還原[1187-1190]。

強制生成的方法是在搜索策略上進行限制，與模型結構無關，這類方法能保證輸出滿足約束，但會影響翻譯速度。資料增強的方法是透過構造特定格式的資料讓模型訓練，從而讓模型具有自動適應術語約束的能力，通常不會影響翻譯速度，但並不能保證輸出能滿足約束。

此外，機器翻譯在應用時通常還需要進行譯前、譯後的處理，譯前處理指的是，在翻譯前對來源語言句子進行修改和規範，從而生成比較通順的譯文，提高譯文的可讀性和準確率。在實際應用時，由於使用者輸入的形式多樣，可能會包含術語、縮寫、數學公式等，有些甚至包含網頁標籤，因此對源文進行前置處理是很有必要的。常見的處理工作包括格式轉換、標點符號檢查、術語編輯、標籤辨識等，待翻譯完成後，則需要對機器譯文進行進一步的編輯和修正，從而使其符合使用規範，如進行標點、格式檢查、術語、標籤還原等修正，這些過程通常都是按照設定的處理策略自動完成的。另外，譯文長度的控制、譯文多樣性的控制等也可以豐富機器翻譯系統干預的手段（見第 14 章）。

18.5 小裝置機器翻譯

在機器翻譯研究中，一般會假設運算資源是充足的。但是，在很多應用場景中，可供機器翻譯系統使用的運算資源非常有限，例如，一些離線裝置上沒有 GPU，而且 CPU 的處理能力也很弱，甚至記憶體也非常有限。這時，讓模型變得更小、系統變得更快就成了重要的需求。

本書已經討論了大量的可用在小裝置上的機器翻譯技術方法，例如：

- 知識蒸餾（第 13 章）。這種方法可以有效地將翻譯能力從大模型遷移到小模型。
- 低精度儲存及計算（第 14 章）。可以使用量化的方式將模型壓縮，同時整數計算也非常適合在 CPU 等裝置上執行。
- 輕量模型結構（第 14 章和第 15 章）。對機器翻譯模型的局部結構進行最佳化也是非常有效的手段，例如，使用更輕量的卷積計算模組，或者使用深編碼器-淺解碼器等高效的結構。
- 面向裝置的模型結構學習（第 15 章）。可以把裝置的儲存及延遲時間作為目標函數的一部分，自動搜索高效的翻譯模型結構。
- 動態適應性模型[769,1191,1192]。模型可以動態調整大小或者計算規模，以達到在不同裝置上平衡延遲時間和精度的目的。例如，可以根據延遲時間的要求，動態生成合適深度的神經網路進行翻譯。

此外，機器翻譯系統的工程實現方式也十分重要，例如，編譯器的選擇、底層線性代數庫的選擇等。有時，使用與運行裝置相匹配的編譯器，會帶來明顯的性能提升[1]。如果追求更極致的性能，甚至需要對一些熱點模組進行修改。例如，在神經機器翻譯中，矩陣乘法就是一個非常耗時的運算。但是這部分計算又與裝置、矩陣的形狀有很大關係。對於不同裝置，根據

[1] 以神經機器翻譯為例，張量計算部分大多使用 C++等語言編寫，因此編譯器與裝置的調配程度對程式的執行效率影響很大。

不同的矩陣形狀可以設計相應的矩陣乘法演算法。不過，這部分工作對系統開發和硬體指令的使用水平要求較高。

另外，在很多系統中，機器翻譯模組並不是單獨執行的，而是與其他模組併發執行的。這時，由於多個計算密集型任務存在競爭，處理器要進行更多的處理程序切換，會造成程式變慢。例如，機器翻譯和語音辨識兩個模組一起執行時期[2]，機器翻譯的速度會有較明顯的下降。對於這種情況，需要設計更好的排程機制。因此，在一些同時具有 CPU 和 GPU 的裝置上，可以考慮合理排程 CPU 和 GPU 的資源，增加兩種裝置可並行處理的內容，避免在某個處理器上的壅塞。

除了硬體資源限制，模型過大也是限制其在小裝置上運行的因素。在模型體積上，神經機器翻譯模型具有天然的優勢。因此，在對模型規模有苛刻要求的場景中，神經機器翻譯是不二的選擇。另外，透過量化、剪枝、參數共用等方式，可以將模型大幅度壓縮。

18.6 機器翻譯系統的部署

除了在一些離線裝置上使用機器翻譯，更多時候，機器翻譯系統會部署在運算能力較強的伺服器上。一方面，隨著神經機器翻譯的大規模應用，在 GPU 伺服器上部署機器翻譯系統已經成了常態；另一方面，GPU 伺服器的成本較高，而且很多應用中需要同時部署多個語言方向的系統。這時，如何充分利用裝置以滿足大規模的翻譯需求就成了不可回避的問題。機器翻譯系統的部署，有幾個方向值得嘗試：

[2] 在一些語音翻譯場景中，由於採用了語音辨識和翻譯非同步執行的方式，兩個程式可能會併發。

- 對於多語言翻譯的場景，使用多語言單模型翻譯系統是一種很好的選擇（第 16 章）。當多個語種的資料量有限、使用頻度不高時，這種方法可以很有效地解決翻譯需求中的長尾問題。例如，一些線上機器翻譯服務已經支援超過 100 種語言的翻譯，其中大部分語言之間的翻譯需求是相對低頻的，因此使用同一個模型進行翻譯可以大大節約部署和運行維護的成本。
- 使用基於樞軸語言的翻譯也可以有效地解決多語言翻譯問題（第 16 章）。這種方法同時適合統計機器翻譯和神經機器翻譯，因此很早就使用在大規模機器翻譯部署中。
- 在 GPU 部署中，由於 GPU 的成本較高，可以考慮在單一 GPU 裝置上部署多套不同的系統。如果這些系統之間的併發不頻繁，則翻譯延遲時間不會有明顯增加。這種多個模型共用一個裝置的方法更適合翻譯請求相對低頻但翻譯任務多樣的情況。
- 機器翻譯的大規模 GPU 部署對顯存的使用也很嚴格。GPU 顯存較為有限，因此要考慮模型執行時期的顯存消耗問題。一般來說，除了對模型進行模型壓縮和結構最佳化（第 14 章和第 15 章），還需要對模型的顯存分配和使用進行單獨的最佳化。例如，使用顯存池來緩解頻繁申請和釋放顯存空間造成的延遲時間問題。另外，也可以盡可能地讓同一個顯存不重複使用與顯存塊保存生命期不重疊的資料，避免重複開闢新的儲存空間。圖 18-4 展示了一個顯存不重複使用與顯存重複使用的範例。
- 在翻譯請求高併發的場景中，使用批次翻譯也是有效利用 GPU 裝置的方式。不過，機器翻譯是一個處理不定長序列的任務，輸入的句子長度差異較大。而且，由於譯文長度無法預知，進一步增加了不同長度的句子所消耗運算資源的不確定性。這時，可以讓長度相近的句子在一個批次裡處理，減少由於句子長度不統一造成的補全過多、裝置使用率低的問題，如可以按輸入句子長度範圍分組， 也可以設計更加細緻的方法對句子進行分組，以最大化批次翻譯中裝置的使用率[1193]。

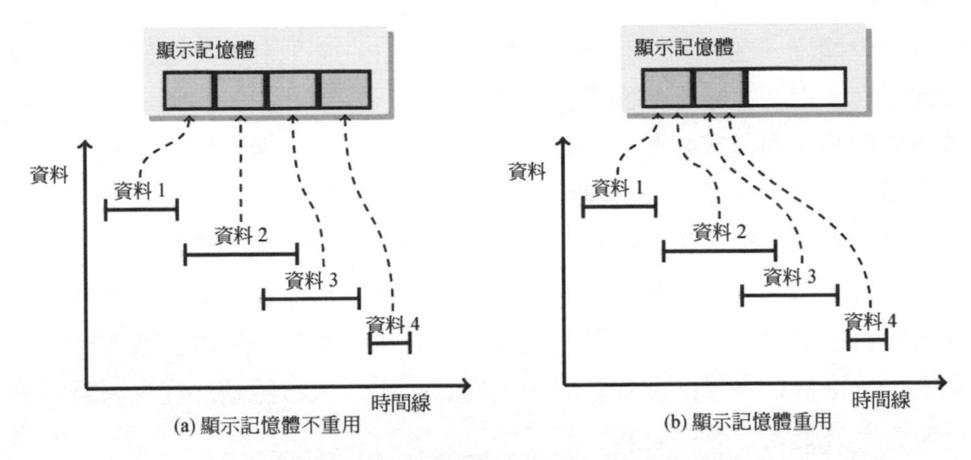

圖 18-4 顯存不重複使用與顯存重複使用的範例

除了上述問題，如何在多裝置環境下進行負載平衡、災難恢復處理等都是大規模機器翻譯系統部署中要考慮的。有時，甚至統計機器翻譯系統也可以與神經機器翻譯系統混合使用。統計機器翻譯系統對 GPU 資源的要求較低，純 CPU 部署的方案也相對成熟，可以作為 GPU 機器翻譯服務的災備。此外，在有些任務，特別是某些低資源翻譯任務上，統計機器翻譯仍然具有優勢。

18.7 機器翻譯的應用場景

機器翻譯的應用十分廣泛，下面列舉一些常見的應用場景：

網頁翻譯。進入資訊爆炸的時代，網際網路上巨量的資料隨處可得，由於不同國家和地區語言的差異，網路上的資料也呈現出多語言的特點。當人們遇到包含不熟悉語言的網頁時，無法及時有效地獲取其中的資訊。因此，對不同語言的網頁進行翻譯是必不可少的一步。由於網路上的網頁數不勝數，依靠人工對網頁進行翻譯是不切實際的，相反，機器翻譯十分適合這個任務。目前，市場上有很多瀏覽器提供網頁翻譯的服務，極大地降低了人們從網路上獲取不同語言資訊的難度。

科技文獻翻譯。在專利等科技文獻翻譯中，往往需要將文獻翻譯為英文或其他語言。以往，這種翻譯工作通常由人工來完成。由於對翻譯結果的品質要求較高，而具有較強專業背景知識的人員較少，導致翻譯人員缺乏。特別是，近幾年，專利申請數不斷增加，這給人工翻譯帶來了很大的負擔。相比人工翻譯，機器翻譯可以在短時間內完成大量的專利翻譯，同時結合術語詞典和人工校對等方式，保證專利的翻譯品質。另外，以專利為代表的科技文獻往往具有很強的領域性，如果針對各類領域文字進行單獨最佳化，則機器翻譯的品質可以大大提高。因此，機器翻譯在專利翻譯等行業有十分廣泛的應用前景。

視訊字幕翻譯。隨著網際網路的普及，人們可以透過網際網路接觸到大量其他語種的影視作品。由於人們可能沒有相應的外語能力，通常需要翻譯人員對字幕進行翻譯。因此，這些境外視訊的傳播受限於字幕翻譯的速度和準確度。如今，一些視訊網站在使用語音辨識為視訊生成來源語言字幕的同時，還利用機器翻譯技術為各種語言的受眾提供品質尚可的目的語言字幕，這種方式為人們提供了極大的便利。

社交。社交是人們的重要社會活動。人們可以透過各種各樣的社交軟體做到即時通訊，進行協作或者分享自己的觀點。然而，受限於語言問題，人們的社交範圍往往難以超出自己掌握的語種範圍，因此很難進行跨語言社交。隨著機器翻譯技術的發展，越來越多的社交軟體開始支援自動翻譯，使用者可以輕易地將各種語言的內容翻譯成自己的母語，方便人們交流，讓語言問題不再成為社交的障礙。

同聲傳譯。在一些國際會議中，與會者來自不同的國家，為了保證會議的流暢，通常需要專業的翻譯人員進行同聲傳譯。同聲傳譯需要在不打斷演講的同時，不斷將講話內容進行口譯，對翻譯人員的要求極高。如今，一些會議用語音辨識將語音轉換成文字，同時使用機器翻譯技術，達到同步翻譯的目的。這項技術已經獲得了很多企業的關注，並在很多重要會議上進行嘗試，取得了很好的效果。不過，同聲傳譯達到可以真正使用的程度還需再打磨，特別是在大型會議場景下，準確地進行語音辨識和翻譯仍然具有挑戰性。

中國傳統語言文化的翻譯。中國幾千年的歷史留下了極為寶貴的文化遺產，文言文作為古代書面語，具有言文分離、行文簡練的特點，易於流傳。言文分離的特點使得文言文和現在的標準中文具有一定的區別。為了更好地發揚中國傳統文化，需要對文言文進行翻譯。而文言文深奧難懂，需要人們具備一定的文言文知識背景才能準確翻譯。機器翻譯技術不僅可以幫助人們快速完成文言文的翻譯，還可以完成古詩生成和對聯生成等任務。

全球化。在經濟全球化的今天，很多企業都有國際化的需求，企業員工會遇到一些跨語言閱讀和交流的情況，如閱讀進口產品的說明書、跨國公司之間的郵件、說明文件等。與成本較高的人工翻譯相比，機器翻譯往往是更好的選擇。在一些品質要求不高的翻譯場景中，機器翻譯可以得到應用。

翻譯機/翻譯筆。出於商務、學術交流或旅遊的目的，人們在出國時會面臨跨語言交流的問題。近年，隨著出境人數的增加，不少企業推出了翻譯機產品。透過結合機器翻譯、語音辨識和圖型辨識技術，翻譯機實現了圖型翻譯和語音翻譯的功能。使用者不僅可以便捷地獲取外語圖型文字和語音資訊，還可以透過翻譯機進行對話，降低跨語言交流的門檻。類似地，翻譯筆等應用產品可以透過劃詞翻譯的方式，對列印材料中的外語文字進行翻譯。

譯後編輯。譯後編輯是指在機器翻譯的結果之上，透過少量的人工編輯來完善機器譯文。在傳統的人工翻譯過程中，翻譯人員完全依靠人工的方式進行翻譯，雖然保證了翻譯品質，但時間成本高。相應地，機器翻譯具有速度快和成本低的優勢。在一些領域，目前的機器翻譯品質已經可以在很大程度上減少翻譯人員的工作量，翻譯人員可以在機器翻譯的輔助下，花費相對較小的代價來完成翻譯。

隨筆

自電腦誕生，機器翻譯，即利用電腦實現不同語言自動翻譯，就是人們最先想到的電腦的主要應用。很多人説，人工智慧時代是「得語言者得天下」，並將機器翻譯當作認知智慧的終極夢想之一。接下來，筆者將分享自己對機器翻譯技術和應用的思考，有些想法不一定正確，有些想法也許需要十年或更久才能被驗證。

簡單來説，機器翻譯技術至少可以滿足 3 種使用者需求。一是實現外文資料輔助閱讀，幫助不同母語的人無障礙地交流；二是透過電腦輔助翻譯，幫助人工翻譯降本增效；三是透過巨量資料分析和處理，實現對多語言文字資料（也可以是圖型資料或語音資料）的加工處理。僅憑人工，是無法完成巨量資料的翻譯工作的，而機器翻譯是巨量資料翻譯的唯一有效解決方案。從上述 3 種需求可以看出，機器翻譯和人工翻譯在本質上不存在衝突，兩者可以和諧共存、相互幫助，處於平行軌道上。對機器翻譯來説，至少有兩個應用場景是其無法獨立勝任的。一是對翻譯結果的品質要求非常高的場景，如詩歌、小説的翻譯出版；二是不允許出現低級即時翻譯錯誤的場景，如國際會議的發言。因此，對譯文準確性要求很高的應用場景不可能只採用機器翻譯，必須有高水準的人工翻譯參與。

如何建構一套好的機器翻譯系統呢？假設我們需要提供給使用者一套翻譯品質不錯的機器翻譯系統，至少需要考慮 3 個方面：有足夠大規模的雙敘述對集合用於訓練、有強大的機器翻譯技術和錯誤驅動的打磨過程。從技術應用和產業化的角度看，對於建構一套好的機器翻譯系統來説，上述 3 個方面缺一不可。僅擁有強大的機器翻譯技術是必要條件，但不是充分條件，更具體地：

- 從資料角度看，大部分語言對的電子化雙敘述對集合的規模非常小，有的甚至只有一個小規模雙語詞典。因此，針對資源缺乏語種的機器翻譯技術研究也成了學術界的研究熱點，相信這個課題的突破能大大推動機器翻譯技術落地。早些年，機器翻譯市場的規模較小，其主要原因之一是資料規模有限，同時機器翻譯的品質不夠理想。就算採用最先進的神經機器翻譯技術，在缺乏足夠大規模的雙敘述對集合作為訓練資料的情況下，研究人員也是巧婦難為無米之炊。從技術研究和應用可行性的角度看，解決資源缺乏語種的機器翻譯問題非常有價值。解決資源缺乏語種機器翻譯問題的思路，已經在第 16 章詳細介紹過，這裡不再贅述。

- 從機器翻譯技術的角度看，可實用的機器翻譯系統的建構，需要多技術互補融合。做研究可以搞單點突破，但它很難應對實際問題或改善真實應用中的翻譯品質。有很多關於多技術互補融合的研究工作，例如，有的業內研究人員提出採用知識圖譜來改善機器翻譯模型的性能，並希望將其用於解決缺乏資源語種機器翻譯問題；有的研究工作引入語言分析技術來改善機器翻譯；有的研究工作將基於規則的方法、統計機器翻譯技術與神經機器翻譯技術進行融合；有的研究工作引入預訓練技術來改善機器翻譯的品質，等等。總的來說，這些思路都具有良好的研究價值，但從應用角度看，建構可實用的機器翻譯系統，還需要考慮技術落地的可行性，如大規模知識圖譜建構的成本和語言分析技術的精度，預訓練技術對富資源場景下機器翻譯的價值等。

- 錯誤驅動，即根據使用者對機器翻譯譯文的回饋與糾正，完善機器翻譯模型的過程。機器翻譯一直被詬病：使用者不知道如何有效地干預除錯，來幫助機器翻譯系統越做越好，畢竟誰都不希望它「屢教不改」。基於規則的方法和統計機器翻譯方法相對容易實現人工干預除錯，實現手段也比較豐富，而神經機器翻譯方法常被看作「黑箱」技術，其運行機制與離散的符號系統有很大差別，難以用傳統方式有效地實現人工干預除錯。目前，有研究人員透過引入外部知識庫（使用者雙語術語庫）來實現對未登入詞翻譯的干預除錯；也有研究人員提出使用增量式訓練的方法不斷地迭代最佳化模型，並取得了一些進展；還有研究人員透過融合不同技術來實現更好的機器翻譯效果，如引入基於規則的翻譯前處理和後處理，或者引入統計機器翻譯技術最佳化譯文選擇等。這些方法的代價不低，甚至很高， 並且無法保障對機器翻譯性能提升的效果，有時可能會降低翻譯品質（有點像「蹺蹺板」現象）。總的來說，這個方向的研究成果還不夠豐富，但對使用者體驗來說非常重要。如果能採用隱性回饋學習方法，在使用者不知不覺中不斷改善、最佳化機器翻譯品質，就非常酷了，這也許會成為將來的研究熱點。

除了翻譯品質這個維度，機器翻譯還可以從以下 3 個維度來討論：語種維度、領域維度和應用模式維度。關於語種維度，機器翻譯技術應該為全球使用者服務，提供所有國家（至少一種官方語言）到其他國家語言的自動互譯功能。該維度面臨的最大問題是雙語資料缺乏。關於領域維度，通用領域翻譯系統的翻譯能力，對於垂直領域資料來說是不足的。最典型的問題是不能恰當地翻譯垂直領域術語，電腦翻譯不能無中生有。比較直接可行的解決方案至少有兩個，一是引入垂直領域術語雙語詞典來改善機器翻譯效果；二是收集加工一定規模的垂直領域雙敘述對來最佳化翻譯模型。這兩種工程方法雖然簡單，但效果不錯，將兩者結合對翻譯模型的性能提升幫助更大。通常，垂直領域雙敘述對的收集代價太高，可行性低，因此垂直領域翻譯問題就轉換成了垂直領域資源缺乏問題和領域自我調整學習問題。除此之外，小樣本學習、遷移學習等機器學習技術也被研究人員用來解決垂直領域翻譯問題。關於應用模式維度，可以從下面幾個方面進行討論：

- 通常，機器翻譯的典型應用包括線上翻譯公有雲端服務，使用者連線非常簡單，只需要聯網使用瀏覽器就可以自由、免費地使用。在某些行業，使用者對資料翻譯安全性和保密性的要求非常高，其中可能還會涉及個性化訂製，這是線上翻譯公有雲端服務難於滿足的。於是，在本地部署機器翻譯用的私有雲，應用離線機器翻譯技術和服務成了新的應用模式。在本地部署私有雲的問題在於：需要使用者自己購買高性能伺服器並建設機房，硬體投入較高。也許將來，機器翻譯領域會出現新的應用模式：類似服務託管模式的線上私有雲或專有雲，以及混合雲端服務（公有雲、私有雲和專有雲的混合體）。

- 離線機器翻譯技術可以為更小型的智慧翻譯終端設備提供服務，如大家熟知的翻譯機、翻譯筆、翻譯耳機等智慧翻譯裝置。在不聯網的情況下，這些裝置能實現高品質機器翻譯功能，這類應用模式具有很大的潛力。但這類應用模式需要解決的問題也很多：首先是模型大小、翻譯速度和翻譯品質的問題；其次，考慮不同作業系統（如 Linux、Android 和 iOS）和不同的處理架構（如 x86、MIPS、ARM 等）的調配相容問題。將來，離線翻譯系統還可以透過晶片安裝到辦公裝置上，如傳真機、印表機和影印機等，輔助人們實現支援多語言的智慧辦公。目前，人工智慧晶片的發展速度非常快，而機器翻譯晶片研發面臨的最大問題是缺少應用場景和上下游的應用支撐，一旦時機成熟，機器翻譯晶片的研發和應用也有可能爆發。

- 機器翻譯可以與文件解析、語音辨識、光學字元辨識（OCR）和視訊字幕提取等技術結合，豐富機器翻譯的應用模式。具體來説：
  - 文件解析技術可以實現 Word 文件翻譯、PDF 文件翻譯、WPS 文件翻譯、郵件翻譯等更多格式文件自動翻譯的目標，也可以作為外掛程式嵌入各種辦公平臺中，成為智慧辦公好幫手。
  - 語音辨識與機器翻譯是絕配，語音翻譯用途廣泛，如用於翻譯機、語音翻譯 APP 和會議 AI 同傳。但目前存在一些問題，如很多實際應用場景中語音辨識的效果欠佳，造成錯誤蔓延，導致機器翻譯的結果不夠理想；另外，就算小語種的語音辨識效果很好，如果資源缺乏型小語種的翻譯性能不夠好，最終的語音翻譯效果就不會好。
  - OCR 技術可以實現掃描筆和翻譯筆的應用、出國旅遊的拍照翻譯功能，將來還可以與穿戴式裝置（如智慧眼鏡）相結合。翻譯視訊字幕能夠幫助我們理解非母語電影和電視節目的內容，如果到達任何一個國家，打開電視就能看到中文字幕，也是非常酷的事情。

- 上面提到的機器翻譯技術大多採用串列管線，只是簡單地將兩個或多個不同的技術連接在一起，如語音翻譯過程可以分兩步：語音辨識和機器翻譯。其他翻譯模式也大同小異。簡單的串列管線技術框架的最大問題是錯誤蔓延，一旦某個技術環節的準確率不高，最後的結果就不會太好（類似於$90\% \times 90\% = 81\%$）。並且，後續的技術環節不一定有能力糾正前面技術環節引入的錯誤，最終導致使用者體驗不夠好。很多人認為，英文—中文的人工智慧會議同傳的使用者體驗不夠好，問題出在機器翻譯技術上。其實，問題主要出在語音辨識環節。學術界正在研究的點對點的語音機器翻譯技術，不是採用串列管線技術架構，而是採用一步合格的方式，這樣理論上能夠緩解錯誤蔓延的問題，但目前的效果還不夠理想，期待學術界取得新的突破。
- 機器翻譯技術可以輔助人工翻譯。即使雙敘述對訓練集合規模已經非常大、機器翻譯技術也在不斷最佳化，機器翻譯的結果仍然不可能完美，出現譯文錯誤是難免的。如果我們想利用機器翻譯技術輔助人工翻譯，比較常見的方式是譯後編輯，即由人對自動譯文進行修改（詳見）。這就很自然地產生了兩個實際問題：第一個問題是，自動譯文是否具有編輯價值？一個簡便的計算方法就是編輯距離，即人工需要透過多少次增、刪、改動作完成譯後編輯。其次數越少，説明機器翻譯對人工翻譯的幫助越大。編輯距離本質上是一種譯文品質評價的方法，可以考慮推薦具有較高譯後編輯價值的自動譯文給人工譯員。第二個問題是，當機器翻譯出現錯誤，且被人工譯後編輯修正後，能否透過一種有效的錯誤回饋機制幫助機器翻譯系統提高性能。學術界也有很多人研究這個問題，目前還沒有取得令人滿意的結果。除此之外，還有一些問題，如人機互動的使用者體驗，該需求很自然地帶起了互動式機器翻譯技術（詳見）研究的熱潮，希望在最大程度上發揮人機協作合作的效果，這也是值得研究的課題。

接下來，簡單談談筆者對第四代機器翻譯技術發展趨勢的看法。通常，我們將基於規則的方法、統計機器翻譯和神經機器翻譯分別稱為第一代、第二代和第三代機器翻譯技術。有人説，第四代機器翻譯技術會是基於知識的機器翻譯技術；也有人説，是無監督機器翻譯技術或新的機器翻譯範式，等等。在討論第四代機器翻譯技術這個問題之前，我們先思考一個問題：在翻譯品質上，新一代機器翻譯技術是否能打破現有技術的瓶頸？現在的實驗結果顯示，用商用的「英漢、中英」新聞機器翻譯系統，經過幾億雙敘述對的訓練學習，譯文準確率的人工評估得分可以達到 80%～90%（100%為滿分，分值越高，説明譯文準確率越高），那麼，所謂的第四代機器翻譯技術能在新聞領域達到怎樣的翻譯準確率呢？若只比現在高幾個百分點，則當不起新一代機器翻譯技術這一稱謂。

從歷史發展觀的維度考慮，新一代的技術必然存在，換句話説，第四代機器翻譯技術一定會出現，只是不知道何時出現。神經機器翻譯的紅利還沒有被挖盡，還會有很大的發展空間，在可預期的將來，神經機器翻譯技術還屬於主流技術，但會產生大量變種。我們願意把新一代機器翻譯技術稱為面向具體應用場景的第四代機器翻譯技術，它在本質上是針對不同應用條件、不同應用場景提出的能力更強的機器翻譯技術。它將不是一個簡單的技術，而是一個技術集合，這是完全可能的。從另一方面講，當前的機器翻譯不具有很好的解釋性，其與語言學的關係並不明確。那麼在第四代機器翻譯技術中，是否能讓研究人員或使用者更方便地瞭解它的工作原理，並根據其原理對其進行干預。甚至，我們還可以研究更合理的面向機器翻譯解釋性的方法，筆者相信這也是未來需要突破的點。

最後，簡單談談筆者對機器翻譯市場發展趨勢的看法。機器翻譯本身是個「剛性需求」，用於解決全球使用者多語言交流障礙的問題。機器翻譯產業真正熱起來，應該歸功於神經機器翻譯技術的應用，雖然基於規則的方法和統計機器翻譯技術也在工業界獲得了應用，但翻譯品質沒有達到使用者預期，使用者付費欲望比較低，沒有直接的商業變 現能力，導致機器翻譯產業在早些年有些「雞肋」。嚴格來説，近年，神經機器翻譯技術在工業界的廣泛應用快速啟動了使用者需求，使用者對機器翻譯的認可度急劇上升，越來越豐富的應用模式和需求被挖掘出來。除了傳統電腦輔助翻譯，語音和 OCR 與機器翻譯技術結合，使得語音翻譯 APP、翻譯機、翻譯筆、會議 AI 同傳和垂直行業（專利、醫藥、旅遊等）的機器翻譯解決方案逐漸獲得了廣泛應用。總的來説，機器翻譯的「產學研用」正處於快速上升期，市場規模持續增長。隨著多模態機器翻譯和巨量資料翻譯技術的應用，機器翻譯的應用場景會越來越豐富。隨著 5G ，甚至 6G 技術的發展，視訊翻譯和電話通訊翻譯等應用會進一步爆發。另外，隨著人工智慧晶片領域的發展，機器翻譯晶片也會被廣泛應用，如嵌入到手機、印表機、影印機、傳真機和電視機等智慧終端機裝置中，實現所有內容皆可翻譯，任何場景皆可運行的願景。機器翻譯服務將進入人們的日常生活，無處不在，讓生活更美好！

朱靖波　肖桐

2020.12.16

於東北大學

後記

我知道這裡本應再寫點什麼，例如感慨蹉跎歲月，致敬所有人。

不過，我還是最想說：

謝謝你，我的妻子，劉彤冉。沒有你的支持與照顧，我應該沒有勇氣完成本書。愛你！

肖桐

2020.12.27

Appendix

從實踐的角度，機器翻譯的發展離不開開放原始碼系統的推動。開放原始碼系統透過程式共用的方式使得最新的研究成果可以快速傳播；同時，實驗結果可以複現。此外，開放原始碼項目也促進了不同團隊之間的協作，讓研究人員在同一個平臺上集中力量攻關。

A.1 統計機器翻譯開放原始碼系統

NiuTrans.SMT[1194]。是由東北大學自然語言處理實驗室自主研發的統計機器翻譯系統，該系統支援基於短語的模型、基於層次短語的模型及基於句法的模型。由於使用 C++ 語言開發，所以該系統運行速度快，所占儲存空間少。系統中內嵌n-gram 語言模型，無須使用其他系統即可完成語言建模。

Moses。Moses[80]是統計機器翻譯時代最著名的系統之一，（主要）由愛丁堡大學的機器翻譯團隊開發。最新的 Moses 系統支援很多功能，例如，它既支援基於短語的模型，也支援基於句法的模型。Moses 提供因數化翻譯模型（Factored Translation Model），因此很容易對不同層次的資訊進行建模。此外，Moses 允許將混淆網路和字格作為輸入，可以緩解系統的 1-best 輸出中的錯誤。Moses 還提供了很多有用的指令稿和工具，被機器翻譯研究人員廣泛使用。

Joshua。Joshua[1195]是由約翰霍普金斯大學的語言和語音處理中心開發的層次短語翻譯系統。Joshua 由 Java 語言開發，因此在不同的平臺上運行或開發時，具有良好的可擴展性和可攜性。Joshua 是使用非常廣泛的開放原始碼機器翻譯系統之一。

SilkRoad。SilkRoad 是由 5 個中國機構（中科院計算所、中科院軟體所、中科院自動化所、廈門大學和哈爾濱工業大學）聯合開發的基於短語的統計機器翻譯系統。該系統是中國乃至亞洲地區第一個開放原始碼的統計機器翻譯系統。SilkRoad 支援多種解碼器和規則提取模組，可以組合成不同的系統，提供多樣的選擇。

SAMT。SAMT[85]是由卡內基梅隆大學機器翻譯團隊開發的基於語法增強的統計機器翻譯系統。SAMT 在解碼時使用目標樹生成翻譯規則，而不嚴格遵守目的語言的語法。SAMT 的一個亮點是透過簡單但高效的方式在機器翻譯中使用句法資訊。由於 SAMT 在 Hadoop 中實現，所以具有 Hadoop 處理巨量資料集的優勢。

HiFST。HiFST[1196]是由劍橋大學開發的統計機器翻譯系統。該系統完全基於有限狀態自動機實現，因此非常適合對搜索空間進行有效的表示。

cdec。cdec[1197]是一個強大的解碼器，由 Chris Dyer 和他的合作者一起開發。cdec 使用了翻譯模型的一個統一的內部表示，並為結構預測問題的各種模型和演算法提供了實現框架。因此，cdec 可以被用做一個對齊系統或一個更通用的學習框架。由於使用 C++語言編寫，cdec 的運行速度較快。

Phrasal。Phrasal[1198]是由斯坦福大學自然語言處理小組開發的系統。除了傳統的基於短語的模型，Phrasal 還支援基於非層次短語的模型，這種模型將基於短語的翻譯延伸到非連續的短語翻譯，增強了模型的泛化能力。

Jane。Jane[1199]是一個基於層次短語的機器翻譯系統，由亞琛工業大學的人類語言技術與模式辨識小組開發。Jane 提供了系統融合模組，可以非常方便地對多個系統進行融合。

GIZA++。GIZA++[242]是由 Franz Och 研發的用於訓練 IBM 模型 1 ~ IBM 模型 5 和 HMM 單字對齊模型的工具套件。早期，GIZA++是所有統計機器翻譯系統中詞對齊的標準配備工具。

FastAlign。FastAlign[252]是一個快速、無監督的詞對齊工具，由卡內基梅隆大學開發。

A.2 神經機器翻譯開放原始碼系統

GroundHog。GroundHog[22]基於框架，是蒙特利爾大學 LISA 實驗室用 Python 語言編寫的一個框架，旨在透過靈活且高效的方式，實現複雜的循環神經網路模型。它提供了包括 LSTM 在內的多種模型。Bahdanau 等人在此框架的基礎上編寫了 GroundHog 神經機器翻譯系統。該系統是很多論文的基準線系統。

Nematus。Nematus[471]由愛丁堡大學開發，是基於 Theano 框架的神經機器翻譯系統。該系統用 GRU 作為隱藏層單元，支援多層網路。Nematus 編碼端有正向和反向兩種編碼方式，可以同時提取來源語言句子中的上下文資訊。該系統的一個優點是，支援輸入端有多個特徵的輸入（如詞的詞性等）。

ZophRNN。ZophRNN[1201]是由南加州大學的 Barret Zoph 等人用 C++語言開發的系統。Zoph 既可以訓練序列表示模型（如語言模型），也可以訓練序列到序列的模型（如神經機器翻譯模型）。當訓練神經機器翻譯系統時，ZophRNN 也支援多源輸入。

Fairseq。Fairseq[817]由臉書開發，是基於 PyTorch 框架的用以解決序列到序列問題的工具套件，其中包括基於卷積神經網路、基於循環神經網路、基於 Transformer 的模型。Fairseq 是當今使用最廣泛的神經機器翻譯開放原始碼系統之一。

Tensor2Tensor。Tensor2Tensor[537]由 Google 推出，是基於 TensorFlow 框架的開放原始碼系統。該系統基於 Transformer 模型，支援大多數序列到序列任務。得益於 Transformer 模型特殊的網路結構，系統的訓練速度較快。Tensor2Tensor 也是機器翻譯領域廣泛使用的開放原始碼系統之一。

OpenNMT。OpenNMT[694]系統由哈佛大學自然語言處理研究組開放原始碼，是基於 Torch 框架的神經機器翻譯系統。OpenNMT 系統的早期版本使用 Lua 語言編寫，如今擴展到基於 Python 的 TensorFlow 和 PyTorch，其設計簡單好用，易於擴展，同時保持效率和翻譯精度。

斯坦福神經機器翻譯開原始程式碼庫。斯坦福大學自然語言處理組（Stanford NLP）發佈了一篇教學，介紹了該研究組在神經機器翻譯上的研究，同時實現了多種翻譯模型[564]。

THUMT。清華大學自然語言處理團隊實現的神經機器翻譯系統，支援 Transformer 等模型[1202]。該系統主要基於 TensorFlow 和 Theano 實現，其中 Theano 版本包含了 RNNsearch 模型，訓練方式包括 MLE （Maximum Likelihood Estimate）、 MRT（Minimum Risk Training）、 SST（Semi-Supervised Training）。TensorFlow 版本實現了 Seq2Seq、 RNNsearch、Transformer 這 3 種基本模型。

NiuTrans.NMT，是由小牛翻譯團隊基於 NiuTensor 實現的神經機器翻譯系統。該系統支援循環神經網路、Transformer 模型等結構，並支援語言建模、序列標注、機器翻譯等任務。該系統為開發人員提供了快速的延伸開發基礎，支援 GPU 與 CPU 訓練及解碼，小巧好用。此外，NiuTrans.NMT 已經獲得了大規模應用，可用於 304 種語言翻譯。

MARIAN。MARIAN 主要由微軟翻譯團隊架設[1203]，其使用 C++語言實現的可用於 GPU/CPU 訓練和解碼的引擎，支援多 GPU 訓練和批次解碼，最小限度地依賴第三方庫，靜態編譯一次之後，複製其二進位檔案就能在其他平臺使用。

Sockeye。Sockeye 是 Awslabs 開發的神經機器翻譯框架[1204]。Sockeye 支援 RNNsearch、Transformer、CNN 等翻譯模型。同時，提供了從圖片翻譯到文字的模組及 WMT 德英新聞翻譯、領域適應任務、多語言零資源翻譯任務的教學。

CytonMT。CytonMT 是 NICT 開發的一種用 C++語言實現的神經機器翻譯開放原始碼工具套件[1205]，主要支援 Transformer 模型和一些常用的訓練方法及解碼方法。

OpenSeq2Seq。OpenSeq2Seq 是 NVIDIA 團隊開發的[1206]基於 TensorFlow 的模組化架構，用於序列到序列的模型，允許從可用元件中組裝新模型，支援利用 NVIDIA Volta Turing GPU 中的 Tensor 核心進行混合精度訓練，基於 Horovod 的快速分散式訓練，支援多 GPU，多節點多模式。

NMTPyTorch。NMTPyTorch 是勒芒大學語言實驗室發佈的基於序列到序列框架的神經網路翻譯系統[1207]，NMTPyTorch 的核心部分依賴 Numpy、PyTorch 和 tqdm。NMTPyTorch 可以訓練各種點對點神經系統結構，包括但不限於神經機器翻譯、圖型字幕和自動語音辨識系統。

Appendix

B

除了開放原始碼系統，機器翻譯的發展離不開評測比賽。透過評測比賽，各個研究組織的成果可以進行科學的對比，共同推動機器翻譯的發展與進步。在建構機器翻譯系統的過程中，資料是必不可少的，尤其是主流的神經機器翻譯系統，其性能往往受限於語料庫的規模和品質。幸運的是，隨著語料庫語言學的發展，一些主流語種的相關語料資源已經十分豐富。

為了方便讀者進行相關研究，本書整理了常見的公開評測任務、常用的基準資料集和常用的平行語料。

B.1 公開評測任務

機器翻譯相關評測主要有兩種組織形式，一種是由政府及國家相關機構組織，權威性強。例如，由美國國家標準技術研究所組織的 NIST 評測、日本國家科學諮詢系統中心主辦的 NACSIS Test Collections for IR（NTCIR）PatentMT、日本科學振興機構（Japan Science and Technology Agency，JST）等組織聯合舉辦的 Workshop on Asian Translation（WAT），以及中國由中文資訊學會主辦的全國機器翻譯大會（China Conference on Machine Translation，CCMT）；另一種是由相關學術機構組織，具有領域針對性的特點，如傾向新聞領域的 Conference on Machine Translation（WMT）和面向口語的 International Workshop on Spoken Language Translation（IWSLT）。下面將針對上述評測進行簡介。

CCMT。前身為 CWMT，是中國機器翻譯領域的旗艦會議。2005 年起，已經組織了多次機器翻譯評測，對中國機器翻譯相關技術的發展產生了深遠影響。該評測主要對中文、英文及中國的少數民族語言（蒙古語、藏語、維吾爾語等）進行評測，領域包括新聞、口語、政府檔案等，不同語言方向對應的領域也有所不同。不同屆的評價方式略有不同，主要採用自動評價的方式。自 CWMT 2013 起，針對某些領域增設人工評價。自動評價的指標一般包括 BLEU-SBP、BLEU-NIST、TER、METEOR、NIST、GTM、mWER、mPER、ICT 等，其中以 BLEU-SBP 為主，中文為目的語言的翻譯採用基於字元的評價方式，面向英文的翻譯則採用基於詞的評價方式。每年，該評測吸引國內外近數十家企業及科學研究機構參賽，業內認可度極高。關於 CCMT 的更多資訊可參考中文資訊學會機器翻譯專業委員會相關網頁。

WMT。WMT 由 Special Interest Group for Machine Translation（SIGMT）主辦，會議自 2006 年起每年召開一次，是機器翻譯領域的綜合性會議。WMT 公開評測任務包括多領域翻譯評測任務、品質評價任務及其他與機器翻譯相關的任務（如文件對齊評測等）。如今，WMT 已經成為機器翻譯領域的旗艦評測會議，很多研究工作都以 WMT 評測結果為基準。WMT 評測涉及的語言範圍較廣，包括英文、德語、芬蘭語、捷克語、羅馬尼亞語等 10 多種語言，翻譯方向一般以英文為核心，探索英文與其他語言之間的翻譯性能，翻譯領域包括新聞、資訊技術、生物醫學。如今，也增加了無指導機器翻譯等熱門問題。WMT 在評價方面類似於 CCMT，也採用人工評價與自動評價相結合的方式，自動評價的指標一般為 BLEU、TER 等。此外，WMT 公開了所有評測資料，因此經常被機器翻譯相關人員使用。關於 WMT 的機器翻譯評測相關資訊可參考 SIGMT 官網。

NIST。NIST 機器翻譯評測始於 2001 年，是早期機器翻譯公開評測中頗具代表性的任務。如今，WMT 和 CCMT 中很多工的設置大量參考了當年 NIST 評測的內容。NIST 評測由美國國家標準技術研究所主辦，作為美國國防高級計畫署（DARPA）中 TIDES 計畫的重要組成部分。早期，NIST 評測主要評價阿拉伯語和中文等語言到英文的翻譯效果，評價方法一般採用人工評價與自動評價相結合的方式。人工評價採用 5 分制評價。自動評價有多種方式，包括 BLEU、METEOR、TER、HyTER。此外，NIST 自 2016 年起開始對缺乏語言資源技術進行評估，其中機器翻譯作為其重要組成部分共同參與評測，評測指標主要為 BLEU。除了對機器翻譯系統進行評測，NIST 在 2008 年和 2010 年還對機器翻譯的自動評價方法（MetricsMaTr）進行了評估，以鼓勵更多研究人員對現有評價方法進行改進或提出更貼合人工評價的方法。同時，NIST 評測所提供的資料集由於資料品質較高受到許多科學研究人員喜愛，如 MT04、MT06 等（中英）平行語料經常被科學研究人員在實驗中使用。不過，近幾年，NIST 評測已經停止。更多與 NIST 的機器翻譯評測相關的資訊可參考官網。

IWSLT。從 2004 年開始舉辦的 IWSLT 也是頗具特色的機器翻譯評測，它主要關注口語相關的機器翻譯任務，測試資料包括 TED talks 的多語言字幕及 QED 教育講座的影片字幕等，涉及英文、法語、德語、捷克語、中文、阿拉伯語等許多語言。此外，在 IWSLT 2016 中還加入了對日常對話的翻譯評測，嘗試將微軟 Skype 中一種語言的對話翻譯成其他語言。評價方式採用自動評價的模式，評價標準和 WMT 類似，一般為 BLEU 等指標。另外，IWSLT 除了包含文字到文字的翻譯評測，還有自動語音辨識及語音轉另一種語言的文字的評測。更多 IWSLT 的機器翻譯評測相關資訊可參考 IWSLT 官網。

WAT。日本舉辦的機器翻譯評測 WAT 是亞洲範圍內的重要評測之一，由日本科學振興機構（JST）、情報通訊研究機構（NICT）等多家機構共同組織，旨在為亞洲各國之間的交流融合提供便利。語言方向主要包括亞洲主流語言（中文、韓語、印地語等）及英文對日語的翻譯，領域豐富多樣，包括學術論文、專利、新聞、食譜等。評價方式包括自動評價（BLEU、RIBES 及 AMFM 等）、人工評價，其特點在於，將測試語料以段落為單位進行評價，考察其上下文連結的翻譯效果。更多 WAT 的機器翻譯評測資訊可參考官網。

NTCIR。NTCIR 計畫是由日本國家科學諮詢系統中心策劃主辦的，旨在建立一個用在自然語言處理及資訊檢索相關任務上的日文標準測試集。在 NTCIR-9 和 NTCIR-10 中開設的 Patent Machine Translation（PatentMT）任務主要針對專利領域進行翻譯測試，其目的在於促進機器翻譯在專利領域的發展和應用。在 NTCIR-9 中，採取人工評價與自動評價相結合，以人工評價為主導的評測方式。人工評價主要根據準確度和流暢度進行評估，自動評價採用 BLEU、NIST 等方式進行。NTCIR-10 評價方式在此基礎上增加了專利審查評估、時間評估及多語種評估，分別考察機器翻譯系統在專利領域翻譯的實用性、耗時情況及不同語種的翻譯效果等。更多 NTCIR 評測相關資訊可參考官網。

以上評測資料大多可以從評測網站上下載。此外，部分資料也可以從 LDC（Lingu-istic Data Consortium）上申請。ELRA（European Language Resources Association）上也有一些免費的語料庫供研究使用。從機器翻譯發展的角度看，這些評測任務給相關研究提供了基準資料集，讓不同的系統可以在同一個環境下進行比較和分析，進而建立了機器翻譯研究所需的實驗基礎。此外，公開評測也使得研究人員可以第一時間瞭解機器翻譯研究的最新成果，例如，有多篇 ACL 會議最佳論文的靈感就來自當年參加機器翻譯評測任務的系統。

B.2 基準資料集

表 1 所示的資料集已經在機器翻譯領域廣泛使用，已有很多相關工作使用了這些資料集，讀者可以複現這些工作，或將其在資料集上的結果與自己

的工作成果進行比較。

表 B-1 基準資料集

任務	語種	領域	描述
WMT	En-Zh、En-De 等	新聞、醫學、翻譯	以英文為核心的多語種機器翻譯資料集，涉及多種任務
IWSLT	En-De、En-Zh 等	口語翻譯	文字翻譯資料集來自 TED 演講，資料規模較小
NIST	Zh-En、En-Cs 等	新聞翻譯	評測集包括 4 句參考譯文，品質較高
TVsub	Zh-En	字幕翻譯	資料取出自電視劇字幕，用於對話中長距離上下文研究
Flickr30K	En-De	多模態翻譯	31783 張圖片，每張圖片 5 個敘述標注
Multi30K	En-De、En-Fr	多模態翻譯	31014 張圖片，每張圖片 5 個敘述標注
IAPRTC-12	En-De	多模態翻譯	20000 張圖片及對應標注
IKEA	En-De、En-Fr	多模態翻譯	3600 張圖片及對應標注

B.3 平行語料

神經機器翻譯系統的訓練需要大量的雙語資料，本節整理了一些公開的平行語料，方便讀者獲取。

News Commentary Corpus。包括中文、英文等 12 個語種，64 個語言對的雙語資料，爬取自 Project Syndicate 網站的政治、經濟評論。

CWMT Corpus。中國電腦翻譯研討會社區收集和共用的中英平行語料，涵蓋多個領域，如新聞、電影字幕、小說和政府文件等。

Common Crawl Corpus。包括捷克語、德語、俄語、法語 4 種語言到英文的雙語資料，爬取自網際網路網頁。

Europarl Corpus。包括保加利亞語、捷克語等 20 種歐洲語言到英文的雙語資料，來源於歐洲議會記錄。

ParaCrawl Corpus。包括 23 種歐洲語言到英文的雙語語料，資料來源於網路爬取。

United Nations Parallel Corpus。包括阿拉伯語、英文、西班牙語、法語、俄語、中文 6 種聯合國正式語言，30 種語言對的雙語資料，來源於聯合國公共領域的官方記錄和其他會議檔案。

TED Corpus。TED 大會在其網站公佈了自 2007 年以來的演講字幕，以及超過 100 種語言的翻譯版本。WIT 收集並整理了這些資料，以方便科學研究工作者使用。同時，為每年的 IWSLT 評測比賽提供評測資料集。

OpenSubtitle。由 P. Lison 和 J. Tiedemann 收集自 OpenSubtitles 電影字幕網站，包含 62 種語言、1782 個語種對的平行語料，資源相對比較豐富。

Wikititles Corpus。包括古吉拉特語等 14 個語種，11 個語言對的雙語資料，資料來自維基百科的標題。

CzEng。捷克語和英文的平行語料，資料來自歐洲法律、資訊技術和小說領域。

Yandex Corpus。俄語和英文的平行語料，資料爬取自網際網路網頁。

Tilde MODEL Corpus。歐洲語言的多語言開放資料，包含多個資料集，資料來自經濟、新聞、政府、旅遊等門戶網站。

Setimes Corpus。包括克羅地亞語、阿爾巴尼亞等 9 種巴爾幹語言，72 個語言對的雙語資料，資料來自東南歐時報的新聞報導。

TVsub。收集來自電視劇集字幕的中英文對話語料，包含超過 200 萬的句對，可用於對話領域和長距離上下文資訊的研究。

Recipe Corpus。由 Cookpad 公司創建的日英食譜語料庫，包含 10 萬多個句對。

Appendix

C

C.1 IBM 模型 2 的訓練方法

IBM 模型 2 與 IBM 模型 1 的訓練過程完全一樣，本質上都是基於 EM 方法，因此可以重複使用第 5 章中訓練模型 1 的流程。對於來源語言句子 $s=\{s_1,\cdots,s_m\}$和目的語言句子$t=\{t_1,\cdots,t_l\}$，E-Step 的計算公式如下：

$$c(s_u|t_v;s,t)=\sum_{j=1}^{m}\sum_{i=0}^{l}\frac{f(s_u|t_v)a(i|j,m,l)\delta(s_j,s_u)\delta(t_i,t_v)}{\sum_{k=0}^{l}f(s_u|t_k)a(k|j,m,l)} \tag{C-1}$$

$$c(i|j,m,l;s,t)=\frac{f(s_j|t_i)a(i|j,m,l)}{\sum_{k=0}^{l}f(s_j|t_k)a(k,j,m,l)} \tag{C-2}$$

M-Step 的計算公式如下：

$$f(s_u|t_v)=\frac{c(s_u|t_v;s,t)}{\sum_{s'_u}c(s'_u|t_v;s,t)} \tag{C-3}$$

$$a(i|j,m,l)=\frac{c(i|j,m,l;s,t)}{\sum_{i'}c(i'|j,m,l;s,t)} \tag{C-4}$$

其中，$f(s_u|t_v)$與 IBM 模型 1 中的一樣，表示目的語言單字t_v到來源語言單字s_u的翻譯機率，$a(i|j,m,l)$表示調序機率。

對於由K個樣本組成的訓練集$\{(s^{[1]},t^{[1]}),\cdots,(s^{[K]},t^{[K]})\}$，可以將 M-Step 的計算調整為

$$f(s_u|t_v)=\frac{\sum_{k=1}^{K} c(s_u|t_v;s^{[k]},t^{[k]})}{\sum_{s'_u}\sum_{k=1}^{K} c(s'_u|t_v;s^{[k]},t^{[k]})} \tag{C-5}$$

$$a(i|j,m,l)=\frac{\sum_{k=1}^{K} c(i|j,m^{[k]},l^{[k]};s^{[k]},t^{[k]})}{\sum_{i'}\sum_{k=1}^{K} c(i'|j,m^{[k]},l^{[k]};s^{[k]},t^{[k]})} \tag{C-6}$$

其中，$m^{[k]}=|s^{[k]}|$，$l^{[k]}=|t^{[k]}|$。

C.2 IBM 模型 3 的訓練方法

IBM 模型 3 採用與 IBM 模型 1 和 IBM 模型 2 相同的參數估計方法，輔助函數被定義為

$$\begin{aligned}h(t,d,n,p,\lambda,\mu,\nu,\zeta)=P_\theta(s|t)-\textstyle\sum_{t_v}\lambda_{t_v}(\sum_{s_u} t(s_u|t_v)-1)\\-\sum_i\mu_{iml}(\sum_j d(j|i,m,l)-1)\\-\sum_{t_v}\nu_{t_v}(\sum_\varphi n(\varphi|t_v)-1)-\zeta(p_0+p_1-1)\end{aligned} \tag{C-7}$$

這裡略去推導步驟，直接舉出不同參數對應的期望頻次的計算公式：

$$c(s_u|t_v,s,t)=\sum_a\left[P_\theta(s,a|t)\times\sum_{j=1}^{m}(\delta(s_j,s_u)\cdot\delta(t_{a_j},t_v))\right] \tag{C-8}$$

$$c(j|i,m,l;s,t)=\sum_a\left[P_\theta(s,a|t)\times\delta(i,a_j)\right] \tag{C-9}$$

$$c(\varphi|t_v;s,t)=\sum_{a}[P_\theta(s,a|t)\times\sum_{i=1}^{l}\delta(\varphi,\varphi_i)\delta(t_v,t_i)] \quad \text{(C-10)}$$

$$c(0|s,t)=\sum_{a}[P_\theta(s,a|t)\times(m-2\varphi_0)] \quad \text{(C-11)}$$

$$c(1|s,t)=\sum_{a}[P_\theta(s,a|t)\times\varphi_0] \quad \text{(C-12)}$$

更進一步，對於由K個樣本組成的訓練集，有

$$t(s_u|t_v)=\lambda_{t_v}^{-1}\times\sum_{k=1}^{K}c(s_u|t_v;s^{[k]},t^{[k]}) \quad \text{(C-13)}$$

$$d(j|i,m,l)=\mu_{iml}^{-1}\times\sum_{k=1}^{K}c(j|i,m,l;s^{[k]},t^{[k]}) \quad \text{(C-14)}$$

$$n(\varphi|t_v)=\nu_{t_v}^{-1}\times\sum_{k=1}^{K}c(\varphi|t_v;s^{[k]},t^{[k]}) \quad \text{(C-15)}$$

$$p_x=\zeta^{-1}\sum_{k=1}^{K}c(x;s^{[k]},t^{[k]}) \quad \text{(C-16)}$$

由於繁衍率的引入，IBM 模型 3 並不能像模型 1 那樣，透過簡單的數學技巧加速參數估計的過程（見第 5 章）。因此，在計算式(C-8) ~ 式(C-12)時，我們不得不面對大小為$(l+1)^m$的詞對齊空間。遍歷所有$(l+1)^m$個詞對齊所帶來的高時間複雜度顯然是不能被接受的。因此，就要考慮能否僅利用詞對齊空間中的部分詞對齊對這些參數進行估計。比較簡單的方法是僅使用 Viterbi 詞對齊進行參數估計，這裡 Viterbi 詞對齊可以被看作搜索到的最好詞對齊。遺憾的是，在 IBM 模型 3 中，並沒有方法能直接獲得 Viterbi 詞對齊，因此只能採用一種折中的策略，即僅考慮那些使得$P_\theta(s,a|t)$ 達到較高值的詞對齊。這裡把這部分詞對齊組成的集合記為S。以式(C-8) 為例，它可以被修改為

$$c(s_u|t_v,s,t)\approx\sum_{a\in S}[P_\theta(s,a|t)\times\sum_{j=1}^{m}(\delta(s_j,s_u)\cdot\delta(t_{a_j},t_v))] \quad \text{(C-17)}$$

可以以同樣的方式修改式(C-9) ~ 式(C-12) 的結果。在 IBM 模型 3 中，可以定義S為

$$S = N(b^{\infty}(V(s|t;2))) \cup (\bigcup_{ij} N(b^{\infty}_{i\leftrightarrow j}(V_{i\leftrightarrow j}(s|t;2)))) \quad \text{(C-18)}$$

為了理解式(C-18)，先介紹幾個概念。

- $V(s|t)$表示 Viterbi 詞對齊，$V(s|t;1)$、$V(s|t;2)$和$V(s|t;3)$分別對應了 IBM 模型 1、IBM 模型 2 和 IBM 模型 3 的 Viterbi 詞對齊。
- 把那些滿足第j個來源語言單字對應第i個目的語言單字（$a_j = i$）的詞對齊組成的集合記為$a_{i\leftrightarrow j}(s,t)$。通常，稱這些對齊中$j$和$i$被「釘」在了一起。在$a_{i\leftrightarrow j}(s,t)$中，使$P(s,a|t)$達到最大的那個詞對齊被記為$V_{i\leftrightarrow j}(s|t)$。
- 如果兩個詞對齊，透過交換兩個詞對齊連接就能互相轉化，則稱它們為鄰居。一個詞對齊a的所有鄰居記為$N(a)$。

在式(C-18) 中，應該使用$V(s|t;3)$和$V_{i\leftrightarrow j}(s|t;3)$進行計算，但其複雜度較高，因此使用 $b^{\infty}(V(s|t;2))$ 和 $b^{\infty}_{i\leftrightarrow j}(V_{i\leftrightarrow j}(s|t;2))$ 分別對 $V(s|t;3)$ 和 $V_{i\leftrightarrow j}(s|t;3)$ 進行估計。在計算S的過程中，需要知道一個對齊a的鄰居a'的機率，即透過$P_\theta(a,s|t)$計算$P_\theta(a',s|t)$。在 IBM 模型 3 中，如果a和a'僅區別於某個來源語言單字s_j，對齊從a_j變到a_j'，且a_j和a'_j均不為零，令$a_j = i, a'_j = i'$，那麼

$$P_\theta(a',s|t) = P_\theta(a,s|t) \cdot \frac{\varphi_{i'}+1}{\varphi_i} \cdot \frac{n(\varphi_{i'}+1|t_{i'})}{n(\varphi_{i'}|t_{i'})} \cdot \frac{n(\varphi_i-1|t_i)}{n(\varphi_i|t_i)} \cdot \frac{t(s_j|t_{i'})}{t(s_j|t_i)} \cdot \frac{d(j|i',m,l)}{d(j|i,m,l)} \quad \text{(C-19)}$$

如果a和a'區別於兩個位置j_1和j_2的對齊，即$a_{j_1} = a'_{j_2}$且$a_{j_2} = a'_{j_1}$，那麼

$$P_\theta(a',s|t) = P_\theta(a,s|t) \cdot \frac{t(s_{j_1}|t_{a_{j_2}})}{t(s_{j_1}|t_{a_{j_1}})} \cdot \frac{t(s_{j_2}|t_{a_{j_1}})}{t(s_{j_2}|t_{a_{j_2}})} \cdot \frac{d(j_1|a_{j_2},m,l)}{d(j_1|a_{j_1},m,l)} \cdot \frac{d(j_2|a_{j_1},m,l)}{d(j_2|a_{j_2},m,l)} \quad \text{(C-20)}$$

與整個詞對齊空間相比，S只是一個非常小的子集，因此計算時間還可以被大大降低。可以看出，IBM 模型 3 的參數估計過程是建立在 IBM 模型 1 和 IBM 模型 2 的參數估計結果上的。這不僅因為 IBM 模型 3 要利用 IBM 模型 2 的 Viterbi 對齊，還因為 IBM 模型 3 參數的初值也要直接利用 IBM 模型 2 的參數。從這個角度看，IBM 模型 1～IBM 模型 3 都是有序的且向前依賴的。單獨對 IBM 模型 3 的參數進行估計是較困難的。實際上，IBM 模型 4 和 IBM 模型 5 也具有這樣的性質，即它們都可以用前一個模型的參數估計的結果作為自身參數的初始值。

C.3 IBM 模型 4 的訓練方法

IBM 模型 4 的參數估計基本與 IBM 模型 3 一致，需要修改的是扭曲度的估計公式，目的語言的第i個 cept.生成的第一個單字為（假設有K個訓練樣本）

$$d_1(\Delta_j|ca,cb) = \mu_{1cacb}^{-1} \times \sum_{k=1}^{K} c_1(\Delta_j|ca,cb;s^{[k]},t^{[k]}) \tag{C-21}$$

其中，

$$c_1(\Delta_j|ca,cb;s,t) = \sum_{a} [P_\theta(s,a|t) \times z_1(\Delta_j|ca,cb;a,s,t)] \tag{C-22}$$

$$z_1(\Delta_j|ca,cb;a,s,t) = \sum_{i=1}^{l} [\varepsilon(\varphi_i) \cdot \delta(\pi_{i1} - \odot_i, \Delta_j) \cdot \delta(A(t_{i-1}),ca) \cdot \delta(B(\tau_{i1}),cb)] \tag{C-23}$$

且

$$\varepsilon(x) = \begin{cases} 0 & x \leqslant 0 \\ 1 & x > 0 \end{cases} \tag{C-24}$$

對於目的語言的第i個 cept.生成的其他單字（非第一個單字），可以得到

$$d_{>1}(\Delta_j|cb) = \mu_{>1cb}^{-1} \times \sum_{k=1}^{K} c_{>1}(\Delta_j|cb; s^{[k]}, t^{[k]}) \tag{C-25}$$

其中，

$$c_{>1}(\Delta_j|cb; s, t) = \sum_{a} [P_\theta(s, a|t) \times z_{>1}(\Delta_j|cb; a, s, t)] \tag{C-26}$$

$$z_{>1}(\Delta_j|cb; a, s, t) = \sum_{i=1}^{l} [\varepsilon(\varphi_i - 1) \sum_{k=2}^{\varphi_i} \delta(\pi_{[i]k} - \pi_{[i]k-1}, \Delta_j) \cdot ß \\ \delta(B(\tau_{[i]k}), cb)] \tag{C-27}$$

這裡，ca和cb分別表示目的語言和來源語言的某個詞類。注意，在式(C-23) 和式(C-27) 中，求和操作$\sum_{i=1}^{l}$是從$i = 1$開始計算的，而非從$i = 0$。這實際上與 IBM 模型 4 的定義相關，因為$d_1(j - \odot_{i-1} |A(t_{[i-1]}), B(s_j))$和$d_{>1}(j - \pi_{[i]k-1}|B(s_j))$是從$[i] > 0$開始定義的，詳細資訊可以參考第 6 章的內容。

IBM 模型 4 需要像 IBM 模型 3 那樣，透過定義一個詞對齊集合S，使每次訓練迭代都在S 上進行，進而降低運算量。IBM 模型 4 中S的定義為

$$S = N(\tilde{b}^{\infty}(V(s|t; 2))) \cup (\bigcup_{ij} N(\tilde{b}_{i\leftrightarrow j}^{\infty}(V_{i\leftrightarrow j}(s|t; 2)))) \tag{C-28}$$

對於一個對齊a，可用 IBM 模型 3 對它的鄰居進行排名，即按$P_\theta(b(a)|s, t; 3)$排序，其中$b(a)$表示a的鄰居。$\tilde{b}(a)$ 表示這個排名表中滿足$P_\theta(a'|s, t; 4) > P_\theta(a|s, t; 4)$的最高排名的$a'$。 同理，可知$\tilde{b}_{i\leftrightarrow j}^{\infty}(a)$ 的意義。這裡，之所以不用 IBM 模型 3 中採用的方法，而是直接利用$b^{\infty}(a)$得到 IBM 模型 4 中高機率的對齊，是因為要想在 IBM 模型 4 中獲得某個對齊a的鄰居a'，必須做很大調整，如調整$\tau_{[i]1}$和$\odot_i$等。這個過程比 IBM 模型 3 的相應過程複雜得多。因此，在 IBM 模型 4 中，只能借助 IBM 模型 3 的中間步驟進行參數估計。

C.4 IBM 模型 5 的訓練方法

IBM 模型 5 的參數估計過程和 IBM 模型 4 的基本一致，二者的區別在於扭曲度的估計公式。在 IBM 模型 5 中，目的語言的第i個 cept.生成的第一個單字為（假設有K個訓練樣本）

$$d_1(\Delta_j|cb) = \mu_{1cb}^{-1} \times \sum_{k=1}^{K} c_1(\Delta_j|cb; s^{[k]}, t^{[k]}) \tag{C-29}$$

其中，

$$c_1(\Delta_j|cb, v_x, v_y; s, t) = \sum_{a} [P(s, a|t) \times z_1(\Delta_j|cb, v_x, v_y; a, s, t)] \tag{C-30}$$

$$z_1(\Delta_j|cb, v_x, v_y; a, s, t) = \sum_{i=1}^{l} [\varepsilon(\varphi_i) \cdot \delta(v_{\pi_{i1}}, \Delta_j) \cdot \delta(v_{\odot_{i-1}}, v_x) \cdot \delta(v_m - \varphi_i + 1, v_y) \cdot \delta(v_{\pi_{i1}}, v_{\pi_{i1}-1})] \tag{C-31}$$

目的語言的第i個 cept.生成的其他單字（非第 1 個單字）為

$$d_{>1}(\Delta_j|cb, v) = \mu_{>1cb}^{-1} \times \sum_{k=1}^{K} c_{>1}(\Delta_j|cb, v; s^{[k]}, t^{[k]}) \tag{C-32}$$

其中，

$$c_{>1}(\Delta_j|cb, v; s, t) = \sum_{a} [P(a, s|t) \times z_{>1}(\Delta_j|cb, v; a, s, t)] \tag{C-33}$$

$$z_{>1}(\Delta_j|cb, v; a, s, t) = \sum_{i=1}^{l} [\varepsilon(\varphi_i - 1) \sum_{k=2}^{\varphi_i} [\delta(v_{\pi_{ik}} - v_{\pi_{[i]k-1}}, \Delta_j) \cdot \delta(B(\tau_{[i]k}), cb) \cdot \delta(v_m - v_{\pi_{i(k-1)}} - \varphi_i + k, v) \cdot \delta(v_{\pi_{i1}}, v_{\pi_{i1}-1})]] \tag{C-34}$$

從式(C-30) 中可以看出，因數$\delta(v_{\pi_{i1}}, v_{\pi_{i1}-1})$保證了即使對齊$a$不合理（一個來源語言位置對應多個目的語言位置），也可以避免在這個不合理的對齊上計算結果。也就是因數$\delta(v_{\pi_{p1}}, v_{\pi_{p1-1}})$確保了$a$中不合理的部分不產生壞的影響，而$a$中其他正確的部分仍會參與迭代。

不過，上面的參數估計過程與 IBM 模型 1～IBM 模型 4 的參數估計過程並不完全一樣。IBM 模型 1～IBM 模型 4 在每次迭代中，可以在給定s、t和一個對齊a的情況下直接計算並更新參數。但是在 IBM 模型 5 的參數估計過程中（如式(C-30)），需要模擬出由t生成s的過程，才能得到正確的結果，因為從t、s和a中是不能直接得到正確結果的。具體來說，就是要從目的語言句子的第一個單字開始到最後一個單字結束，依次生成每個目的語言單字對應的來源語言單字，每處理完一個目的語言單字就要暫停，然後才能計算式(C-30) 中求和符號裡的內容。

從前面的分析可以看出，雖然 IBM 模型 5 比 IBM 模型 4 更精確，但是 IBM 模型 5 過於複雜，以至於給參數估計增加了計算量（對於每組t、s和a，都要模擬t生成s的翻譯過程）。因此，IBM 模型 5 的系統實現是一個挑戰。

IBM 模型 5 同樣需要定義一個詞對齊集合S，使得每次迭代都在S上進行。可以對S進行如下定義

$$S = N(\tilde{\tilde{b}}^{\infty}(V(s|t;2))) \cup (\bigcup_{ij} N(\tilde{\tilde{b}}^{\infty}_{i\leftrightarrow j}(V_{i\leftrightarrow j}(s|t;2)))) \quad \text{(C-35)}$$

其中，$\tilde{\tilde{b}}(a)$借用了 IBM 模型 4 中$\tilde{b}(a)$的概念。不過，$\tilde{\tilde{b}}(a)$表示在利用 IBM 模型 3 進行排名的列表中滿足$P_{\theta}(a'|s,t;5)$的最高排名的詞對齊，這裡a'表示a的鄰居。

Appendix

D

參考文獻

[1] 慧立, 彥悰, 道宣. 大慈恩寺三藏法師傳: 第 2 卷[M]. 北京: 中華書局, 2000.

[2] 中國翻譯協會. 2019 中國語言服務行業發展報告[M]. 北京: 中國翻譯協會, 2019.

[3] 趙軍峰, 姚愷璿. 深化改革探討創新推進發展——全國翻譯專業學位研究生教育 2019 年會綜述[C]//北京: 中國翻譯, 2019.

[4] Knowlson J. Universal language schemes in england and france 1600-1800[M]. [S.l.]: University of Toronto Press, 1975.

[5] SHANNON C E. A mathematical theory of communication[C]//volume 27. [S.l.]: Bell System Technical Journal, 1948: 379-423.

[6] Shannon C E, Weaver W. The mathematical theory of communication[C]//volume 13. [S.l.]: IEEE Transactions on Instrumentation and Measurement, 1949.

[7] WEAVER W. Translation[C]//volume 14. [S.l.]: Machine translation of languages, 1955: 10.

[8] CHOMSKY N. Syntactic structures[C]//volume 33. [S.l.]: Language, 1957.

[9] BROWN P F, COCKE J, PIETRA S D, et al. A statistical approach to machine translation[C]//volume 16.[S.l.]: Computational Linguistics, 1990: 79-85.

[10] BROWN P F, PIETRA S D, PIETRA V J D, et al. The mathematics of statistical machine translation: Parameter estimation[C]//volume 19. [S.l.]: Computational Linguistics, 1993: 263-311.

[11] NAGAO M. A framework of a mechanical translation between japanese and english by analogy principle[C]//[S.l.]: Artificial and human intelligence, 1984: 351-354.

[12] SATO S, NAGAO M. Toward memory-based translation[C]//[S.l.]: International Conference on Computational Linguistics, 1990: 247-252.

[13] NIRENBURG S. Knowledge-based machine translation[C]//volume 4. [S.l.]: Machine Translation, 1989: 5-24.

[14] HUTCHINS W J. Machine translation: past, present, future[M]. [S.l.]: Ellis Horwood Chichester, 1986.

[15] ZARECHNAK M. The history of machine translation[C]//volume 1979. [S.l.]: Machine Translation, 1979: 1-87.

[16] 馮志偉. 機器翻譯研究[M]. 北京: 中國對外翻譯出版公司, 2004.

[17] JURAFSKY D, MARTIN J H. Speech and language processing: an introduction to natural language processing, computational linguistics, and speech recognition, 2nd edition[M]. [S.l.]: Prentice Hall, Pearson Education International, 2009.

[18] 王寶庫, 張中義, 姚天順. 機器翻譯系統中一種規則描述語言(CTRDL)[C]//第 5 卷. 北京: 中文資訊學報, 1991.

[19] 唐泓英, 姚天順. 基於搭配詞典的詞彙語義驅動演算法[C]//第 6 卷. 北京: 軟體學報, 1995: 78-85.

[20] Gale W A, Church K W. A program for aligning sentences in bilingual corpora[C]//volume 19. [S.l.]: Computational Linguistics, 1993: 75-102.

[21] SUTSKEVER I, VINYALS O, LE Q V. Sequence to sequence learning with neural networks[C]//[S.l.]: Advances in Neural Information Processing Systems, 2014: 3104-3112.

[22] BAHDANAU D, CHO K, BENGIO Y. Neural machine translation by jointly learning to align and translate[C]//[S.l.]: International Conference on Learning Representations, 2015.

[23] Vaswani A, Shazeer N, Parmar N, et al. Attention is all you need[C]//[S.l.]: International Conference on Neural Information Processing, 2017: 5998-6008.

[24] GEHRING J, AULI M, GRANGIER D, et al. Convolutional sequence to sequence learning[C]//volume 70.[S.l.]: International Conference on Machine Learning, 2017: 1243-1252.

[25] LUONG T, PHAM H, MANNING C D. Effective approaches to attention-based neural machine translation[C]//[S.l.]: Conference on Empirical Methods in Natural Language Processing, 2015: 1412-1421.

[26] KOEHN P. Statistical machine translation[M]. [S.l.]: Cambridge University Press, 2010.

[27] KOEHN P. Neural machine translation[M]. [S.l.]: Cambridge University Press, 2020.

[28] MANNING C D, MANNING C D, SCHÜTZE H. Foundations of statistical natural language processing[M].[S.l.]: Massachusetts Institute of Technology Press, 1999.

[29] 宗成慶. 統計自然語言處理：第 2 版[M]. 北京: 清華大學出版社, 2013.

[30] GOODFELLOW I J, BENGIO Y, COURVILLE A C. Deep learning[M]. [S.l.]: MIT Press, 2016.

[31] GOLDBERG Y. Neural network methods for natural language processing[C]//volume 10. [S.l.]: Synthesis Lectures on Human Language Technologies, 2017: 1-309.

[32] 周志華. 機器學習[M]. 北京: 清華大學出版社, 2016.

[33] 李航. 統計學習方法：第 2 版[M]. 北京: 清華大學出版社, 2019.

[34] 邱錫鵬. 神經網路與深度學習[M]. 北京: 機械工業出版社, 2020.

[35] 魏宗舒. 概率論與數理統計教程: 第 2 版[M]. 北京: 高等教育出版社, 2011.

[36] KOLMOGOROV A N, BHARUCHA-REID A T. Foundations of the theory of probability: Second english edition[M]. [S.l.]: Courier Dover Publications, 2018.

[37] 劉克. 實用瑪律可夫決策過程[M]. 北京: 清華大學出版社, 2004.

[38] BARBOUR A, RESNICK S. Adventures in stochastic processes.[C]//volume 88. [S.l.]: Journal of the American Statistical Association, 1993: 1474.

[39] GOOD I J. The population frequencies of species and the estimation of population parameters[C]//volume 40.[S.l.]: Biometrika, 1953: 237-264.

[40] GALE W A, SAMPSON G. Good-turing frequency estimation without tears[C]//volume 2. [S.l.]: Journal of Quantitative Linguistics, 1995: 217-237.

[41] KNESER R, NEY H. Improved backing-off for m-gram language modeling[C]//[S.l.]: International Conference on Acoustics, Speech, and Signal Processing, 1995: 181-184.

[42] CHEN S F, GOODMAN J. An empirical study of smoothing techniques for language modeling[C]//volume 13. [S.l.]: Computer Speech & Language, 1999: 359-393.

[43] NEY H, ESSEN U. On smoothing techniques for bigram-based natural language modelling[C]//[S.l.]: International Conference on Acoustics, Speech, and Signal Processing, 1991: 825-828.

[44] NEY H, ESSEN U, KNESER R. On structuring probabilistic dependences in stochastic language modelling[C]//volume 8. [S.l.]: Computer Speech & Language, 1994: 1-38.

[45] Heafield K. Kenlm: Faster and smaller language model queries[C]//[S.l.]: Annual Meeting of the Association for Computational Linguistics, 2011: 187-197.

[46] STOLCKE A. SRILM-an extensible language modeling toolkit[C]//[S.l.]: International Conference on Spoken Language Processing, 2002.

[47] CORMEN T H, LEISERSON C E, RIVEST R L. Introduction to algorithms[M]. [S.l.]: The MIT Press and McGraw-Hill Book Company, 1989.

[48] EVEN S. Graph algorithms[M]. [S.l.]: Cambridge University Press, 2011.

[49] Tarjan R E. Depth-first search and linear graph algorithms[C]//volume 1. [S.l.]: SIAM Journal on Computing, 1972: 146-160.

[50] SABHARWAL A, SELMAN B. S. russell, p. norvig, artificial intelligence: A modern approach, third edition[C]//volume 175. [S.l.]: Artificial Intelligence, 2011: 935-937.

[51] Sahni S, Horowitz E. Fundamentals of computer algorithms[M]. [S.l.]: Computer Science Press, 1978.

[52] Hart P E, Nilsson N J, Raphael B. A formal basis for the heuristic determination of minimum cost paths[C]//volume 4. [S.l.]: IEEE Transactions on Systems Science and Cybernetics, 1968: 100-107.

[53] Lowerre B T. The harpy speech recognition system[M]. [S.l.]: Carnegie Mellon University, 1976.

[54] Bishop C M. Neural networks for pattern recognition[M]. [S.l.]: Oxford university press, 1995.

[55] Åström K J. Optimal control of markov processes with incomplete state information[C]//volume 10. [S.l.]: Journal of Mathematical Analysis and Applications, 1965: 174-205.

[56] Korf R E. Real-time heuristic search[C]//volume 42. [S.l.]: Artificial Intelligence, 1990: 189-211.

[57] HUANG L, ZHAO K, MA M. When to finish? optimal beam search for neural text generation (modulo beam size)[C]//[S.l.]: Annual Meeting of the Association for Computational Linguistics, 2017: 2134-2139.

[58] YANG Y, HUANG L, MA M. Breaking the beam search curse: A study of (re-)scoring methods and stopping criteria for neural machine translation[C]//[S.l.]: Annual Meeting of the Association for Computational Linguistics, 2018: 3054-3059.

[59] Jelinek F. Interpolated estimation of markov source parameters from sparse data[C]//[S.l.]: Pattern Recognition in Practice, 1980: 381-397.

[60] Katz S. Estimation of probabilities from sparse data for the language model component of a speech recognizer[C]//volume 35. [S.l.]: International Conference on Acoustics, Speech and Signal Processing, 1987: 400-401.

[61] Bell T C, Cleary J G, Witten I H. Text compression[M]. [S.l.]: Prentice Hall, 1990.

[62] Witten I, Bell T. The zero-frequency problem: estimating the probabilities of novel events in adaptive text compression[C]//volume 37. [S.l.]: IEEE Transactions on Information Theory, 1991: 1085-1094.

[63] Goodman J T. A bit of progress in language modeling[C]//volume 15. [S.l.]: Computer Speech & Language,2001: 403-434.

[64] Kirchhoff K, Yang M. Improved language modeling for statistical machine translation[C]//[S.l.]: Annual Meeting of the Association for Computational Linguistics, 2005: 125-128.

[65] Sarikaya R, Deng Y. Joint morphological-lexical language modeling for machine translation[C]//[S.l.]: Annual Meeting of the Association for Computational Linguistics, 2007: 145-148.

[66] Koehn P, Hoang H. Factored translation models[C]//[S.l.]: Annual Meeting of the Association for Computational Linguistics, 2007: 868-876.

[67] Federico M, Cettolo M. Efficient handling of n-gram language models for statistical machine translation[C]//[S.l.]: Annual Meeting of the Association for Computational Linguistics, 2007: 88-95.

[68] Federico M, Bertoldi N. How many bits are needed to store probabilities for phrase-based translation?[C]//[S.l.]: Annual Meeting of the Association for

Computational Linguistics, 2006: 94-101.

[69] Talbot D, Osborne M. Smoothed bloom filter language models: Tera-scale lms on the cheap[C]//[S.l.]: Annual Meeting of the Association for Computational Linguistics, 2007: 468-476.

[70] Talbot D, Osborne M. Randomised language modelling for statistical machine translation[C]//[S.l.]: Annual Meeting of the Association for Computational Linguistics, 2007: 512-519.

[71] Jing K, Xu J. A survey on neural network language models.[C]//[S.l.]: arXiv preprint arXiv:1906.03591,2019.

[72] Bengio Y, Ducharme R, Vincent P, et al. A neural probabilistic language model[C]//volume 3. [S.l.]: Journal of Machine Learning Research, 2003: 1137-1155.

[73] MIKOLOV T, KARAFIÁT M, BURGET L, et al. Recurrent neural network based language model[C]//[S.l.]:International Speech Communication Association, 2010: 1045-1048.

[74] SUNDERMEYER M, SCHLÜTER R, NEY H. LSTM neural networks for language modeling[C]//[S.l.]:International Speech Communication Association, 2012: 194-197.

[75] OCH F J, UEFFING N, NEY H. An efficient a* search algorithm for statistical machine translation[C]//[S.l.]:Proceedings of the ACL Workshop on Data-Driven Methods in Machine Translation, 2001.

[76] WANG Y Y, WAIBEL A. Decoding algorithm in statistical machine translation[C]//[S.l.]: Morgan Kaufmann Publishers, 1997: 366-372.

[77] Tillmann C, Vogel S, Ney H, et al. A dp-based search using monotone alignments in statistical translation[C]//[S.l.]: Morgan Kaufmann Publishers, 1997: 289-296.

[78] Germann U, Jahr M, Knight K, et al. Fast decoding and optimal decoding for machine translation[C]//[S.l.]:Morgan Kaufmann Publishers, 2001: 228-235.

[79] Germann U. Greedy decoding for statistical machine translation in almost linear time[C]//[S.l.]: Annual Meeting of the Association for Computational Linguistics, 2003: 1-8.

[80] KOEHN P, HOANG H, BIRCH A, et al. Moses: Open source toolkit for statistical machine translation[C]//[S.l.]: Annual Meeting of the Association for Computational Linguistics, 2007.

[81] KOEHN P. Pharaoh: A beam search decoder for phrase-based statistical machine translation models[C]//volume 3265. [S.l.]: Springer, 2004: 115-124.

[82] Bangalore S, Riccardi G. A finite-state approach to machine translation[C]//[S.l.]: Annual Meeting of the Association for Computational Linguistics, 2001: 381-388.

[83] BANGALORE S, RICCARDI G. Stochastic finite-state models for spoken language machine translation[C]//volume 17. [S.l.]: Machine Translation, 2002: 165-184.

[84] Venugopal A, Zollmann A, Stephan V. An efficient two-pass approach to synchronous-cfg driven statisticalmt[C]//[S.l.]: Annual Meeting of the Association for Computational Linguistics, 2007: 500-507.

[85] ZOLLMANN A, VENUGOPAL A, PAULIK M, et al. The syntax augmented MT (SAMT) system at the shared task for the 2007 ACL workshop on statistical machine translation[C]//[S.l.]: Annual Meeting of the Association for Computational Linguistics, 2007: 216-219.

[86] LIU Y, LIU Q, LIN S. Tree-to-string alignment template for statistical machine translation[C]//[S.l.]: Annual Meeting of the Association for Computational Linguistics, 2006.

[87] GALLEY M, GRAEHL J, KNIGHT K, et al. Scalable inference and training of context-rich syntactic translation models[C]//[S.l.]: Annual Meeting of the Association for Computational Linguistics, 2006.

[88] CHIANG D. A hierarchical phrase-based model for statistical machine translation[C]//[S.l.]: Annual Meeting of the Association for Computational Linguistics, 2005: 263-270.

[89] SENNRICH R, HADDOW B, BIRCH A. Neural machine translation of rare words with subword units[C]//[S.l.]: Annual Meeting of the Association for Computational Linguistics, 2016.

[90] 中國社會科學院語言研究所詞典編輯室. 新華字典（第 11 版）[M]. 北京: 中國商務印書館, 2011.

[91] 中國大辭典編纂處. 國語辭典[M]. 北京: 中國商務印書館, 2011.

[92] 劉挺, 吳岩, 王開鑄. 最大概率分詞問題及其解法[C]//第 06 冊. 哈爾濱: 哈爾濱工業大學學報, 1998:37-41.

[93] 丁潔. 基於最大概率分詞演算法的中文分詞方法研究[C]//第 21 冊. 濟南: 科技資訊, 2010: I0075-I0075.

[94] BELLMAN R. Dynamic programming[C]//volume 153. [S.l.]: Science, 1966: 34-37.

[95] HUMPHREYS K, GAIZAUSKAS R J, AZZAM S, et al. University of sheffield: Description of the lasie-ii system as used for muc-7[M]. [S.l.]: Annual Meeting of the Association for Computational Linguistics, 1995.

[96] KRUPKA G, HAUSMAN K. Isoquest inc.: Description of the netowl™ extractor system as used for muc-7[C]//[S.l.]: Annual Meeting of the Association for Computational Linguistics, 1998.

[97] BLACK W J, RINALDI F, MOWATT D. FACILE: description of the NE system used for MUC-7[C]//[S.l.]:Annual Meeting of the Association for Computational Linguistics, 1998.

[98] EDDY S R. Hidden markov models.[C]//volume 6. Current Opinion in Structural Biology, 1996: 361-5.

[99] LAFFERTY J D, MCCALLUM A, PEREIRA F C N. Conditional random fields: Probabilistic models for segmenting and labeling sequence data[C]//[S.l.]: proceedings of the Eighteenth International Conference on Machine Learning, 2001: 282-289.

[100] KAPUR J N. Maximum-entropy models in science and engineering[M]. [S.l.]: John Wiley & Sons, 1989.

[101] HEARST M A, DUMAIS S T, OSUNA E, et al. Support vector machines[C]//volume 13. [S.l.]: IEEE Intelligent Systems & Their Applications, 1998: 18-28.

[102] COLLOBERT R, WESTON J, BOTTOU L, et al. Natural language processing (almost) from scratch[C]//volume 12. [S.l.]: Journal of Machine Learning Research, 2011: 2493-2537.

[103] LAMPLE G, BALLESTEROS M, SUBRAMANIAN S, et al. Neural architectures for named entity recognition[C]//[S.l.]: Annual Meeting of the Association for Computational Linguistics, 2016: 260-270.

[104] BAUM L E, PETRIE T. Statistical inference for probabilistic functions of finite state markov chains[C]//volume 37. [S.l.]: Annals of Mathematical Stats, 1966: 1554-1563.

[105] BAUM L E, PETRIE T, SOULES G, et al. A maximization technique occurring in the statistical analysis of probabilistic functions of markov chains[C]//volume 41. [S.l.]: Annals of Mathematical Stats, 1970: 164-171.

[106] DEMPSTER A P, LAIRD N M, RUBIN D B. Maximum likelihood from incomplete data via the em algorithm[C]//volume 39. [S.l.]: Journal of the Royal Statistical Society: Series B (Methodological), 1977: 1-22.

[107] VITERBI A. Error bounds for convolutional codes and an asymptotically optimum decoding algorithm[C]//volume 13. [S.l.]: IEEE Transactions on Information Theory, 1967: 260-269.

[108] HARRINGTON P. 機器學習實戰[C]//北京: 人民郵電出版社, 2013.

[109] NG A Y, JORDAN M I. On discriminative vs. generative classifiers: A comparison of logistic regression and naive bayes[C]//[S.l.]: MIT Press, 2001: 841-848.

[110] MANNING C D, SCHÜTZE H, RAGHAVAN P. Introduction to information retrieval[M]. [S.l.]: Cambridge university press, 2008.

[111] BERGER A, DELLA PIETRA S A, DELLA PIETRA V J. A maximum entropy approach to natural language processing[C]//volume 22. [S.l.]: Computational linguistics, 1996: 39-71.

[112] MITCHELL T. Machine learning[M]. [S.l.]: McCraw Hill, 1996.

[113] OCH F J, NEY H. Discriminative training and maximum entropy models for statistical machine translation[C]//[S.l.]: Annual Meeting of the Association for Computational Linguistics, 2002: 295-302.

[114] HUANG L. Coling 2008: Advanced dynamic programming in computational linguistics: Theory, algorithms and applications-tutorial notes[C]//[S.l.]: International Conference on Computational Linguistics, 2008.

[115] MOHRI M, PEREIRA F, RILEY M. Speech recognition with weighted finite-state transducers[M]//[S.l.]: Springer, 2008: 559-584.

[116] AHO A V, ULLMAN J D. The theory of parsing, translation, and compiling[M]. [S.l.]: Prentice-Hall Englewood Cliffs, NJ, 1973.

[117] BRANTS T. Tnt - A statistical part-of-speech tagger[C]//[S.l.]: Annual Meeting of the Association for Computational Linguistics, 2000: 224-231.

[118] TSURUOKA Y, TSUJII J. Chunk parsing revisited[C]//[S.l.]: Annual Meeting of the Association for Computational Linguistics, 2005: 133-140.

[119] LI S, WANG H, YU S, et al. News-oriented automatic chinese keyword indexing[C]//[S.l.]: Annual Meeting of the Association for Computational Linguistics, 2003: 92-97.

[120] CHOMSKY N. Lectures on government and binding: The pisa lectures[M]. [S.l.]: Walter de Gruyter, 1993.

[121] HUANG Z, XU W, YU K. Bidirectional lstm-crf models for sequence tagging[C]//[S.l.]: CoRR, 2015.

[122] CHIU J P, NICHOLS E. Named entity recognition with bidirectional lstm-cnns[C]//volume 4. [S.l.]: Transactions of the Association for Computational Linguistics, 2016: 357-370.

[123] GREGORIC A Z, BACHRACH Y, COOPE S. Named entity recognition with parallel recurrent neural networks[C]//[S.l.]: Annual Meeting of the Association for Computational Linguistics, 2018: 69-74.

[124] LI J, SUN A, HAN J, et al. A survey on deep learning for named entity recognition[C]//PP. [S.l.]: IEEE Transactions on Knowledge and Data Engineering, 2020: 1-1.

[125] DEVLIN J, CHANG M W, LEE K, et al. Bert: Pre-training of deep bidirectional transformers for language understanding[C]//[S.l.]: Annual Meeting of the Association for Computational Linguistics, 2019: 4171-4186.

[126] RADFORD A, NARASIMHAN K, SALIMANS T, et al. Improving language understanding by generative pre-training[C]//[S.l.: s.n.], 2018.

[127] CONNEAU A, KHANDELWAL K, GOYAL N, et al. Unsupervised cross-lingual representation learning at scale[C]//[S.l.]: Annual Meeting of the Association for Computational Linguistics, 2020: 8440-8451.

[128] PAPINENI K, ROUKOS S, WARD T, et al. Bleu: a method for automatic evaluation of machine translation[C]//[S.l.]: Annual Meeting of the Association for Computational Linguistics, 2002: 311-318.

[129] CHURCH K W, HOVY E H. Good applications for crummy machine translation[C]//volume 8. [S.l.]: Springer, 1993: 239-258.

[130] CARROLL J B. An experiment in evaluating the quality of translations[C]//volume 9. [S.l.]: Mech. Transl. Comput. Linguistics, 1966: 55-66.

[131] WHITE J S, O'CONNELL T A, O'MARA F E. The arpa mt evaluation methodologies: evolution, lessons, and future approaches[C]//[S.l.]: Proceedings of the First Conference of the Association for Machine Translation in the Americas, 1994.

[132] MILLER K J, VANNI M. Inter-rater agreement measures, and the refinement of

metrics in the plato mt evaluation paradigm[C]//[S.l.]: The tenth Machine Translation Summit, 2005: 125-132.

[133] KING M, POPESCU-BELIS A, HOVY E. Femti: creating and using a framework for mt evaluation[C]//[S.l.]: Proceedings of MT Summit IX, New Orleans, LA, 2003: 224-231.

[134] PRZYBOCKI M A, PETERSON K, BRONSART S, et al. The NIST 2008 metrics for machine translation challenge - overview, methodology, metrics, and results[C]//volume 23. [S.l.]: Machine Translation, 2009:71-103.

[135] REEDER F. Direct application of a language learner test to mt evaluation[C]//[S.l.]: Proceedings of AMTA, 2006.

[136] CALLISON-BURCH C, FORDYCE C S, KOEHN P, et al. (meta-) evaluation of machine translation[C]//[S.l.]: Annual Meeting of the Association for Computational Linguistics, 2007: 136-158.

[137] CALLISON-BURCH C, KOEHN P, MONZ C, et al. Findings of the 2012 workshop on statistical machine translation[C]//[S.l.]: Annual Meeting of the Association for Computational Linguistics, 2012: 10-51.

[138] LOPEZ A. Putting human assessments of machine translation systems in order[C]//[S.l.]: Annual Meeting of the Association for Computational Linguistics, 2012: 1-9.

[139] KOEHN P. Simulating human judgment in machine translation evaluation campaigns[C]//[S.l.]: International Workshop on Spoken Language Translation, 2012: 179-184.

[140] BOJAR O, CHATTERJEE R, FEDERMANN C, et al. Findings of the 2015 workshop on statistical machine translation[C]//[S.l.]: Annual Meeting of the Association for Computational Linguistics, 2015: 1-46.

[141] HUANG S, KNIGHT K. Machine translation: 15th china conference, ccmt 2019, nanchang, china, september 27–29, 2019, revised selected papers: volume 1104[M]. [S.l.]: Springer Nature, 2019.

[142] JURAFSKY D. Speech & language processing[M]. [S.l.]: Pearson Education India, 2000.

[143] TILLMANN C, VOGEL S, NEY H, et al. Accelerated dp based search for statistical translation[C]//[S.l.]: European Conference on Speech Communication and Technology, 1997.

[144] SNOVER M, DORR B, SCHWARTZ R, et al. A study of translation edit rate with targeted human annotation[C]//volume 200. [S.l.]: Proceedings of association for machine translation in the Americas, 2006.

[145] CHINCHOR N. MUC-4 evaluation metrics[C]//[S.l.]: Annual Meeting of the Association for Computational Linguistics, 1992: 22-29.

[146] CHIANG D, DENEEFE S, CHAN Y S, et al. Decomposability of translation metrics for improved evaluation and efficient algorithms[C]//[S.l.]: Annual Meeting of the Association for Computational Linguistics, 2008:610-619.

[147] POST M. A call for clarity in reporting BLEU scores[C]//[S.l.]: Annual Meeting of the Association for Computational Linguistics, 2018: 186-191.

[148] BANERJEE S, LAVIE A. METEOR: an automatic metric for MT evaluation with improved correlation with human judgments[C]//[S.l.]: Annual Meeting of the Association for Computational Linguistics, 2005: 65-72.

[149] DENKOWSKI M J, LAVIE A. METEOR-NEXT and the METEOR paraphrase tables: Improved evaluation support for five target languages[C]//[S.l.]: Annual Meeting of the Association for Computational Linguistics, 2010: 339-342.

[150] DENKOWSKI M J, LAVIE A. Meteor 1.3: Automatic metric for reliable optimization and evaluation of machine translation systems[C]//[S.l.]: Annual Meeting of the Association for Computational Linguistics, 2011: 85-91.

[151] DENKOWSKI M J, LAVIE A. Meteor universal: Language specific translation evaluation for any target language[C]//[S.l.]: Annual Meeting of the Association for Computational Linguistics, 2014: 376-380.

[152] YU S. Automatic evaluation of output quality for machine translation systems[C]//volume 8. [S.l.]: Mach. Transl., 1993: 117-126.

[153] ZHOU M, WANG B, LIU S, et al. Diagnostic evaluation of machine translation systems using automatically constructed linguistic check-points[C]//[S.l.]: International Conference on Computational Linguistics, 2008: 1121-1128.

[154] ALBRECHT J, HWA R. A re-examination of machine learning approaches for sentence-level MT evaluation[C]//[S.l.]: Annual Meeting of the Association for Computational Linguistics, 2007.

[155] ALBRECHT J, HWA R. Regression for sentence-level MT evaluation with pseudo references[C]//[S.l.]: Annual Meeting of the Association for Computational Linguistics, 2007.

[156] LIU D, GILDEA D. Source-language features and maximum correlation training for machine translation evaluation[C]//[S.l.]: Annual Meeting of the Association for Computational Linguistics, 2007: 41-48.

[157] GIMÉNEZ J, MÀRQUEZ L. Heterogeneous automatic MT evaluation through non-parametric metric combinations[C]//[S.l.]: Annual Meeting of the Association for Computational Linguistics, 2008: 319-326.

[158] DREYER M, MARCU D. Hyter: Meaning-equivalent semantics for translation evaluation[C]//[S.l.]: Annual Meeting of the Association for Computational Linguistics, 2012: 162-171.

[159] BOJAR O, MACHÁCEK M, TAMCHYNA A, et al. Scratching the surface of possible translations[C]//volume 8082. [S.l.]: Springer, 2013: 465-474.

[160] QIN Y, SPECIA L. Truly exploring multiple references for machine translation evaluation[C]//[S.l.]: European Association for Machine Translation, 2015.

[161] CHEN B, GUO H. Representation based translation evaluation metrics[C]//[S.l.]: Annual Meeting of the Association for Computational Linguistics, 2015: 150-155.

[162] SOCHER R, PENNINGTON J, HUANG E H, et al. Semi-supervised recursive autoencoders for predicting sentiment distributions[C]//[S.l.]: Annual Meeting of the Association for Computational Linguistics, 2011: 151-161.

[163] SOCHER R, PERELYGIN A, WU J, et al. Recursive deep models for semantic compositionality over a sentiment treebank[C]//[S.l.]: Annual Meeting of the Association for Computational Linguistics, 2013: 1631-1642.

[164] MIKOLOV T, CHEN K, CORRADO G, et al. Efficient estimation of word representations in vector space[C]//[S.l.]: arXiv preprint arXiv:1301.3781, 2013.

[165] LE Q, MIKOLOV T. Distributed representations of sentences and documents[C]//[S.l.]: International conference on machine learning, 2014: 1188-1196.

[166] ATHIWARATKUN B, WILSON A G. Multimodal word distributions[C]//[S.l.]: Annual Meeting of the Association for Computational Linguistics, 2017: 1645-1656.

[167] PETERS M, NEUMANN M, IYYER M, et al. Deep contextualized word representations[C]//[S.l.]: Annual Conference of the North American Chapter of the Association for Computational Linguistics, 2018: 2227-2237.

[168] PENNINGTON J, SOCHER R, MANNING C D. Glove: Global vectors for word

representation[C]//[S.l.]:Annual Meeting of the Association for Computational Linguistics, 2014: 1532-1543.

[169] KIROS R, ZHU Y, SALAKHUTDINOV R R, et al. Skip-thought vectors[C]//[S.l.]: Advances in neural information processing systems, 2015: 3294-3302.

[170] MATSUO J, KOMACHI M, SUDOH K. Word-alignment-based segment-level machine translation evaluation using word embeddings[C]//abs/1704.00380. [S.l.]: CoRR, 2017.

[171] GUZMÁN F, JOTY S, MÀRQUEZ L, et al. Machine translation evaluation with neural networks[C]//volume 45. [S.l.]: Computer Speech & Language, 2017: 180-200.

[172] PEARSON K. Notes on the history of correlation[C]//volume 13. [S.l.]: Biometrika, 1920: 25-45.

[173] COUGHLIN D. Correlating automated and human assessments of machine translation quality[C]//[S.l.: s.n.], 2003.

[174] POPESCU-BELIS A. An experiment in comparative evaluation: humans vs. computers[C]//[S.l.]: Proceedings of the Ninth Machine Translation Summit. New Orleans, 2003.

[175] CULY C, RIEHEMANN S Z. The limits of n-gram translation evaluation metrics[C]//[S.l.]: MT Summit IX, 2003: 71-78.

[176] FINCH A, AKIBA Y, SUMITA E. Using a paraphraser to improve machine translation evaluation[C]//[S.l.]:International Joint Conference on Natural Language Processing, 2004.

[177] HAMON O, MOSTEFA D. The impact of reference quality on automatic MT evaluation[C]//[S.l.]: International conference on machine learning, 2008: 39-42.

[178] DODDINGTON G. Automatic evaluation of machine translation quality using n-gram co-occurrence statistics[C]//[S.l.]: Proceedings of the second international conference on Human Language Technology Research, 2002: 138-145.

[179] CALLISON-BURCH C, OSBORNE M, KOEHN P. Re-evaluation the role of bleu in machine translation research[C]//[S.l.]: 11th Conference of the European Chapter of the Association for Computational Linguistics, 2006.

[180] AKAIKE H. A new look at the statistical model identification[C]//volume 19. [S.l.]: IEEE, 1974: 716-723.

[181] EFRON B, TIBSHIRANI R. An introduction to the bootstrap[M]. [S.l.]: Springer, 1993.

[182] KOEHN P. Statistical significance tests for machine translation evaluation[C]//[S.l.]: ACL, 2004: 388-395.

[183] NOREEN E W. Computer-intensive methods for testing hypotheses[M]. [S.l.]: Wiley New York, 1989.

[184] RIEZLER S, III J T M. On some pitfalls in automatic evaluation and significance testing for MT[C]//[S.l.]:Annual Meeting of the Association for Computational Linguistics, 2005: 57-64.

[185] BERG-KIRKPATRICK T, BURKETT D, KLEIN D. An empirical investigation of statistical significance in NLP[C]//[S.l.]: Annual Meeting of the Association for Computational Linguistics, 2012: 995-1005.

[186] GAMON M, AUE A, SMETS M. Sentence-level mt evaluation without reference translations: Beyond language modeling[C]//[S.l.]: Proceedings of EAMT, 2005: 103-111.

[187] QUIRK C. Training a sentence-level machine translation confidence measure[C]//[S.l.]: European Language Resources Association, 2004.

[188] JONES D A, GIBSON E, SHEN W, et al. Measuring human readability of machine generated text: three case studies in speech recognition and machine translation[C]//[S.l.]: IEEE, 2005: 1009-1012.

[189] SCARTON C, ZAMPIERI M, VELA M, et al. Searching for context: a study on document-level labels for translation quality estimation[C]//[S.l.]: European Association for Machine Translation, 2015.

[190] FETTER P, DANDURAND F, REGEL-BRIETZMANN P. Word graph rescoring using confidence measures

[C]//volume 1. [S.l.]: Proceeding of Fourth International Conference on Spoken Language Processing, 1996: 10-13.

[191] BIÇICI E. Referential translation machines for quality estimation[C]//[S.l.]: Annual Meeting of the Association for Computational Linguistics, 2013: 343-351.

[192] DE SOUZA J G C, BUCK C, TURCHI M, et al. Fbk-uedin participation to the WMT13 quality estimation shared task[C]//[S.l.]: Annual Meeting of the Association for Computational Linguistics, 2013: 352-358.

[193] BIÇICI E, WAY A. Referential translation machines for predicting translation

quality[C]//[S.l.]: Annual Meeting of the Association for Computational Linguistics, 2014: 313-321.

[194] DE SOUZA J G C, GONZÁLEZ-RUBIO J, BUCK C, et al. Fbk-upv-uedin participation in the WMT14 quality estimation shared-task[C]//[S.l.]: Annual Meeting of the Association for Computational Linguistics, 2014: 322-328.

[195] ESPLÀ-GOMIS M, SÁNCHEZ-MARTÍNEZ F, FORCADA M L. Ualacant word-level machine translation quality estimation system at WMT 2015[C]//[S.l.]: Annual Meeting of the Association for Computational Linguistics, 2015: 309-315.

[196] KREUTZER J, SCHAMONI S, RIEZLER S. Quality estimation from scratch (QUETCH): deep learning for word-level translation quality estimation[C]//[S.l.]: Annual Meeting of the Association for Computational Linguistics, 2015: 316-322.

[197] MARTINS A F T, ASTUDILLO R F, HOKAMP C, et al. Unbabel's participation in the WMT16 word-level translation quality estimation shared task[C]//[S.l.]: Annual Meeting of the Association for Computational Linguistics, 2016: 806-811.

[198] CHEN Z, TAN Y, ZHANG C, et al. Improving machine translation quality estimation with neural network features[C]//[S.l.]: Annual Meeting of the Association for Computational Linguistics, 2017: 551-555.

[199] KREUTZER J, SCHAMONI S, RIEZLER S. Quality estimation from scratch (quetch): Deep learning for word-level translation quality estimation[C]//[S.l.]: Proceedings of the Tenth Workshop on Statistical Machine Translation, 2015: 316-322.

[200] SHAH K, LOGACHEVA V, PAETZOLD G, et al. SHEF-NN: translation quality estimation with neural networks[C]//[S.l.]: Annual Meeting of the Association for Computational Linguistics, 2015: 342-347.

[201] SCARTON C, BECK D, SHAH K, et al. Word embeddings and discourse information for quality estimation[C]//[S.l.]: Annual Meeting of the Association for Computational Linguistics, 2016: 831-837.

[202] ABDELSALAM A, BOJAR O, EL-BELTAGY S. Bilingual embeddings and word alignments for translation quality estimation[C]//[S.l.]: Annual Meeting of the Association for Computational Linguistics, 2016: 764-771.

[203] BASU P, PAL S, NASKAR S K. Keep it or not: Word level quality estimation for post-editing[C]//[S.l.]: Annual Meeting of the Association for Computational Linguistics, 2018: 759-764.

[204] QI H. NJU submissions for the WMT19 quality estimation shared task[C]//[S.l.]:

Annual Meeting of the Association for Computational Linguistics, 2019: 95-100.

[205] ZHOU J, ZHANG Z, HU Z. SOURCE: source-conditional elmo-style model for machine translation quality estimation[C]//[S.l.]: Annual Meeting of the Association for Computational Linguistics, 2019: 106-111.

[206] HOKAMP C. Ensembling factored neural machine translation models for automatic post-editing and quality estimation[C]//[S.l.]: Annual Meeting of the Association for Computational Linguistics, 2017: 647-654.

[207] WANG Z, LIU H, CHEN H, et al. Niutrans submission for ccmt19 quality estimation task[C]//[S.l.]: Springer, 2019: 82-92.

[208] KEPLER F, TRÉNOUS J, TREVISO M, et al. Unbabel's participation in the wmt19 translation quality estimation shared task[C]//[S.l.: s.n.], 2019: 78-84.

[209] YANKOVSKAYA E, TÄTTAR A, FISHEL M. Quality estimation and translation metrics via pre-trained word and sentence embeddings[C]//[S.l.]: Annual Meeting of the Association for Computational Linguistics, 2019:101-105.

[210] KIM H, LIM J H, KIM H K, et al. QE BERT: bilingual BERT using multi-task learning for neural quality estimation[C]//[S.l.]: Annual Meeting of the Association for Computational Linguistics, 2019: 85-89.

[211] HILDEBRAND S, VOGEL S. MT quality estimation: The CMU system for wmt'13[C]//[S.l.]: Annual Meeting of the Association for Computational Linguistics, 2013: 373-379.

[212] MARTINS A F, ASTUDILLO R, HOKAMP C, et al. Unbabel's participation in the wmt16 word-level translation quality estimation shared task[C]//[S.l.]: Proceedings of the First Conference on Machine Translation, 2016: 806-811.

[213] LIU D, GILDEA D. Syntactic features for evaluation of machine translation[C]//[S.l.]: Annual Meeting of the Association for Computational Linguistics, 2005: 25-32.

[214] GIMÉNEZ J, MÀRQUEZ L. Linguistic features for automatic evaluation of heterogenous MT systems[C]//[S.l.]: Annual Meeting of the Association for Computational Linguistics, 2007: 256-264.

[215] PADÓ S, CER D M, GALLEY M, et al. Measuring machine translation quality as semantic equivalence: A metric based on entailment features[C]//volume 23. [S.l.]: Machine Translation, 2009: 181-193.

[216] OWCZARZAK K, VAN GENABITH J, WAY A. Dependency-based automatic

evaluation for machine translation[C]//[S.l.]: Annual Meeting of the Association for Computational Linguistics, 2007: 80-87.

[217] OWCZARZAK K, VAN GENABITH J, WAY A. Labelled dependencies in machine translation evaluation[C]//[S.l.]: Annual Meeting of the Association for Computational Linguistics, 2007: 104-111.

[218] YU H, WU X, XIE J, et al. RED: A reference dependency based MT evaluation metric[C]//[S.l.]: Annual Meeting of the Association for Computational Linguistics, 2014: 2042-2051.

[219] BANCHS R E, LI H. AM-FM: A semantic framework for translation quality assessment[C]//[S.l.]: Annual Meeting of the Association for Computational Linguistics, 2011: 153-158.

[220] REEDER F. Measuring mt adequacy using latent semantic analysis[C]//[S.l.]: Proceedings of the 7th Conference of the Association for Machine Translation of the Americas. Cambridge, Massachusetts, 2006: 176-184.

[221] KIU LO C, BELOUCIF M, SAERS M, et al. XMEANT: better semantic MT evaluation without reference translations[C]//[S.l.]: Annual Meeting of the Association for Computational Linguistics, 2014: 765-771.

[222] VILAR D, XU J, D'HARO L F, et al. Error analysis of statistical machine translation output[C]//[S.l.]: European Language Resources Association (ELRA), 2006: 697-702.

[223] POPOVIC M, BURCHARDT A, et al. From human to automatic error classification for machine translation output[C]//[S.l.]: European Association for Machine Translation, 2011.

[224] COSTA Â, LING W, LUÍS T, et al. A linguistically motivated taxonomy for machine translation error analysis[C]//volume 29. [S.l.]: Machine Translation, 2015: 127-161.

[225] LOMMEL A, BURCHARDT A, POPOVIC M, et al. Using a new analytic measure for the annotation and analysis of mt errors on real data[C]//[S.l.]: European Association for Machine Translation, 2014: 165-172.

[226] POPOVIC M, DE GISPERT A, GUPTA D, et al. Morpho-syntactic information for automatic error analysis of statistical machine translation output[C]//[S.l.]: Annual Meeting of the Association for Computational Linguistics, 2006: 1-6.

[227] POPOVIC M, NEY H. Word error rates: Decomposition over POS classes and applications for error analysis[C]//[S.l.]: Annual Meeting of the Association for

Computational Linguistics, 2007: 48-55.

[228] GONZÁLEZ M, MASCARELL L, MÀRQUEZ L. tsearch: Flexible and fast search over automatic translations for improved quality/error analysis[C]//[S.l.]: Annual Meeting of the Association for Computational Linguistics, 2013: 181-186.

[229] KULESZA A, SHIEBER S. A learning approach to improving sentence-level mt evaluation[C]//[S.l.]: Proceedings of the 10th International Conference on Theoretical and Methodological Issues in Machine Translation, 2004.

[230] CORSTON-OLIVER S, GAMON M, BROCKETT C. A machine learning approach to the automatic evaluation of machine translation[C]//[S.l.]: Annual Meeting of the Association for Computational Linguistics, 2001: 148-155.

[231] ALBRECHT J S, HWA R. Regression for machine translation evaluation at the sentence level[C]//volume 22. [S.l.]: Springer, 2008: 1.

[232] DUH K. Ranking vs. regression in machine translation evaluation[C]//[S.l.]: Proceedings of the Third Workshop on Statistical Machine Translation, 2008: 191-194.

[233] CHEN B, GUO H, KUHN R. Multi-level evaluation for machine translation[C]//[S.l.]: Proceedings of the Tenth Workshop on Statistical Machine Translation, 2015: 361-365.

[234] OCH F J. Minimum error rate training in statistical machine translation[C]//[S.l.]: Annual Meeting of the Association for Computational Linguistics, 2003: 160-167.

[235] SHEN S, CHENG Y, HE Z, et al. Minimum risk training for neural machine translation[C]//[S.l.]: Annual Meeting of the Association for Computational Linguistics, 2016.

[236] HE X, DENG L. Maximum expected bleu training of phrase and lexicon translation models[C]//[S.l.]: Annual Meeting of the Association for Computational Linguistics, 2012: 292-301.

[237] FREITAG M, CASWELL I, ROY S. APE at scale and its implications on MT evaluation biases[C]//[S.l.]:Annual Meeting of the Association for Computational Linguistics, 2019: 34-44.

[238] BIÇICI E, GROVES D, VAN GENABITH J. Predicting sentence translation quality using extrinsic and language independent features[C]//volume 27. [S.l.]: Machine Translation, 2013: 171-192.

[239] BIÇICI E, LIU Q, WAY A. Referential translation machines for predicting

translation quality and related statistics[C]//[S.l.]: Annual Meeting of the Association for Computational Linguistics, 2015: 304-308.

[240] KNIGHT K. Decoding complexity in word-replacement translation models[C]//volume 25. [S.l.]: Computational Linguistics, 1999: 607-615.

[241] SHANNON C E. Communication theory of secrecy systems[C]//volume 28. [S.l.]: Bell system technical journal, 1949: 656-715.

[242] OCH F J, NEY H. A systematic comparison of various statistical alignment models[C]//volume 29. [S.l.]: Computational Linguistics, 2003: 19-51.

[243] MOORE R C. Improving IBM word alignment model 1[C]//[S.l.]: Annual Meeting of the Association for Computational Linguistics, 2004: 518-525.

[244] 肖桐, 李天甯, 陳如山, 等. 面向統計機器翻譯的重對齊方法研究[C]//第 24 卷. 北京: 中文資訊學報, 2010.

[245] WU H, WANG H. Improving statistical word alignment with ensemble methods[C]//volume 3651. [S.l.]: International Joint Conference on Natural Language Processing, 2005: 462-473.

[246] WANG Y Y, WARD W. Grammar inference and statistical machine translation[C]//[S.l.]: Carnegie Mellon University, 1999.

[247] DAGAN I, CHURCH K W, GALE W. Robust bilingual word alignment for machine aided translation[C]//[S.l.]: Very Large Corpora, 1993.

[248] ITTYCHERIAH A, ROUKOS S. A maximum entropy word aligner for arabic-english machine translation[C]//[S.l.]: Annual Meeting of the Association for Computational Linguistics, 2005.

[249] GALE W A, CHURCH K W. Identifying word correspondences in parallel texts[C]//[S.l.]: Morgan Kaufmann, 1991.

[250] XIAO T, ZHU J. Unsupervised sub-tree alignment for tree-to-tree translation[C]//volume 48. [S.l.]: Journal of Artificial Intelligence Research, 2013: 733-782.

[251] LIANG P, TASKAR B, KLEIN D. Alignment by agreement[C]//[S.l.]: Annual Meeting of the Association for Computational Linguistics, 2006.

[252] DYER C, CHAHUNEAU V, SMITH N A. A simple, fast, and effective reparameterization of IBM model 2[C]//[S.l.]: Annual Meeting of the Association for Computational Linguistics, 2013: 644-648.

[253] TASKAR B, LACOSTE-JULIEN S, KLEIN D. A discriminative matching

approach to word alignment[C]//[S.l.]: Annual Meeting of the Association for Computational Linguistics, 2005: 73-80.

[254] FRASER A, MARCU D. Measuring word alignment quality for statistical machine translation[C]//volume 33. [S.l.]: Computational Linguistics, 2007: 293-303.

[255] DENERO J, KLEIN D. Tailoring word alignments to syntactic machine translation[C]//[S.l.]: Annual Meeting of the Association for Computational Linguistics, 2007.

[256] XIE P C D, SMALL K. All links are not the same: Evaluating word alignments for statistical machine translation[C]//[S.l.]: Machine Translation Summit XI, 2007.

[257] 黃書劍, 奚甯, 趙迎功, 等. 一種錯誤敏感的詞對齊評價方法[C]//第 23 卷. 北京: 中文資訊學報, 2009.

[258] FENG S, LIU S, LI M, et al. Implicit distortion and fertility models for attention-based encoder-decoder NMT model[C]//abs/1601.03317. [S.l.]: CoRR, 2016.

[259] UDUPA R, FARUQUIE T A, MAJI H K. An algorithmic framework for solving the decoding problem in statistical machine translation[C]//[S.l.]: International Conference on Computational Linguistics, 2004.

[260] RIEDEL S, CLARKE J. Revisiting optimal decoding for machine translation IBM model 4[C]//[S.l.]: Annual Meeting of the Association for Computational Linguistics, 2009.

[261] UDUPA R, MAJI H K. Computational complexity of statistical machine translation[C]//[S.l.]: Annual Meeting of the Association for Computational Linguistics, 2006.

[262] LEUSCH G, MATUSOV E, NEY H. Complexity of finding the bleu-optimal hypothesis in a confusion network[C]//[S.l.]: Annual Meeting of the Association for Computational Linguistics, 2008: 839-847.

[263] FLEMING N, KOLOKOLOVA A, NIZAMEE R. Complexity of alignment and decoding problems: restrictions and approximations[C]//volume 29. [S.l.]: Machine Translation, 2015: 163-187.

[264] VOGEL S, NEY H, TILLMANN C. Hmm-based word alignment in statistical translation[C]//[S.l.]: International Conference on Computational Linguistics, 1996: 836-841.

[265] D.C. B. Decentering distortion of lenses[C]//volume 32. [S.l.]: Photogrammetric

Engineering, 1966: 444-462.

[266] CLAUS D, FITZGIBBON A W. A rational function lens distortion model for general cameras[C]//[S.l.]: IEEE Computer Society Conference on Computer Vision and Pattern Recognition, 2005: 213-219.

[267] GROS J Ž. Msd recombination method in statistical machine translation[C]//volume 1060. [S.l.]: American Institute of Physics, 2008: 186-189.

[268] XIONG D, LIU Q, LIN S. Maximum entropy based phrase reordering model for statistical machine translation[C]//[S.l.]: Annual Meeting of the Association for Computational Linguistics, 2006.

[269] OCH F J, NEY H. The alignment template approach to statistical machine translation[C]//volume 30. [S.l.]: Computational Linguistics, 2004: 417-449.

[270] KUMAR S, BYRNE W J. Local phrase reordering models for statistical machine translation[C]//[S.l.]: Annual Meeting of the Association for Computational Linguistics, 2005: 161-168.

[271] LI P, LIU Y, SUN M, et al. A neural reordering model for phrase-based translation[C]//[S.l.]: Annual Meeting of the Association for Computational Linguistics, 2014: 1897-1907.

[272] CHIANG D, LOPEZ A, MADNANI N, et al. The hiero machine translation system: Extensions, evaluation, and analysis[C]//[S.l.]: Annual Meeting of the Association for Computational Linguistics, 2005: 779-786.

[273] GU J, BRADBURY J, XIONG C, et al. Non-autoregressive neural machine translation[C]//[S.l.]: International Conference on Learning Representations, 2018.

[274] VITERBI A J. Error bounds for convolutional codes and an asymptotically optimum decoding algorithm[C]//volume 13. [S.l.]: IEEE Transactions on Information Theory, 1967: 260-269.

[275] KOEHN P, KNIGHT K. Estimating word translation probabilities from unrelated monolingual corpora using the EM algorithm[C]//[S.l.]: AAAI Press, 2000: 711-715.

[276] OCH F J, NEY H. A comparison of alignment models for statistical machine translation[C]//[S.l.]: Morgan Kaufmann, 2000: 1086-1090.

[277] KNIGHT K. Learning a translation lexicon from monolingual corpora[C]//[S.l.]: Annual Meeting of the Association for Computational Linguistics, 2002: 9-16.

[278] POWELL M J D. An efficient method for finding the minimum of a function of

several variables without calculating derivatives[C]//volume 7. [S.l.]: The Computer Journal, 1964: 155-162.

[279] CHIANG D, MARTON Y, RESNIK P. Online large-margin training of syntactic and structural translation features[C]//[S.l.]: Annual Meeting of the Association for Computational Linguistics, 2008: 224-233.

[280] HOPKINS M, MAY J. Tuning as ranking[C]//[S.l.]: Annual Meeting of the Association for Computational Linguistics, 2011: 1352-1362.

[281] OCH F J, WEBER H. Improving statistical natural language translation with categories and rules[C]//[S.l.]: Annual Meeting of the Association for Computational Linguistics, 1998: 985-989.

[282] OCH F J. Statistical machine translation: from single word models to alignment templates[D]. [S.l.]: RWTH Aachen University, Germany, 2002.

[283] WANG Y Y, WAIBEL A. Modeling with structures in statistical machine translation[C]//[S.l.]: Annual Meeting of the Association for Computational Linguistics, 1998: 1357-1363.

[284] WATANABE T, SUMITA E, OKUNO H G. Chunk-based statistical translation[C]//[S.l.]: Annual Meeting of the Association for Computational Linguistics, 2003: 303-310.

[285] MARCU D. Towards a unified approach to memory- and statistical-based machine translation[C]//[S.l.]: Morgan Kaufmann Publishers, 2001: 378-385.

[286] KOEHN P, OCH F J, MARCU D. Statistical phrase-based translation[C]//[S.l.]: Annual Meeting of the Association for Computational Linguistics, 2003.

[287] ZENS R, OCH F J, NEY H. Phrase-based statistical machine translation[C]//[S.l.]: Annual Conference on Artificial Intelligence, 2002: 18-32.

[288] ZENS R, NEY H. Improvements in phrase-based statistical machine translation[C]//[S.l.]: Annual Meeting of the Association for Computational Linguistics, 2004: 257-264.

[289] MARCU D, WONG D. A phrase-based, joint probability model for statistical machine translation[C]//[S.l.]: Conference on Empirical Methods in Natural Language Processing, 2002: 133-139.

[290] DENERO J, GILLICK D, ZHANG J, et al. Why generative phrase models underperform surface heuristics[C]//[S.l.]: Annual Meeting of the Association for Computational Linguistics, 2006: 31-38.

[291] SANCHIS-TRILLES G, ORTIZ-MARTINEZ D, GONZALEZ-RUBIO J, et al. Bilingual segmentation for phrasetable pruning in statistical machine translation[C]//[S.l.]: Conference of the European Association for Machine Translation, 2011: 257-264.

[292] BLACKWOOD G W, DE GISPERT A, BYRNE W. Phrasal segmentation models for statistical machine translation[C]//[S.l.]: International Conference on Computational Linguistics, 2008: 19-22.

[293] XIONG D, ZHANG M, LI H. Learning translation boundaries for phrase-based decoding[C]//[S.l.]: Annual Meeting of the Association for Computational Linguistics, 2010: 136-144.

[294] TILLMAN C. A unigram orientation model for statistical machine translation[C]//[S.l.]: Annual Meeting of the Association for Computational Linguistics, 2004.

[295] NAGATA M, SAITO K, YAMAMOTO K, et al. A clustered global phrase reordering model for statistical machine translation[C]//[S.l.]: Annual Meeting of the Association for Computational Linguistics, 2006.

[296] ZENS R, NEY H. Discriminative reordering models for statistical machine translation[C]//[S.l.]: Annual Meeting of the Association for Computational Linguistics, 2006: 55-63.

[297] GREEN S, GALLEY M, MANNING C D. Improved models of distortion cost for statistical machine translation[C]//[S.l.]: Annual Meeting of the Association for Computational Linguistics, 2010: 867-875.

[298] CHERRY C. Improved reordering for phrase-based translation using sparse features[C]//[S.l.]: Annual Meeting of the Association for Computational Linguistics, 2013: 22-31.

[299] HUCK M, WUEBKER J, RIETIG F, et al. A phrase orientation model for hierarchical machine translation[C]//[S.l.]: Annual Meeting of the Association for Computational Linguistics, 2013: 452-463.

[300] HUCK M, PEITZ S, FREITAG M, et al. Discriminative reordering extensions for hierarchical phrase-based machine translation[C]//[S.l.]: International Conference on Material Engineering and Advanced Manufacturing Technology, 2012.

[301] NGUYEN V V, SHIMAZU A, NGUYEN M L, et al. Improving a lexicalized hierarchical reordering model using maximum entropy[C]//[S.l.]: Machine Translation Summit XII, 2009.

[302] BISAZZA A, FEDERICO M. A survey of word reordering in statistical machine translation: Computational models and language phenomena[C]//volume 42. [S.l.]: Computational Linguistics, 2016: 163-205.

[303] XIA F, MCCORD M C. Improving a statistical MT system with automatically learned rewrite patterns[C]//[S.l.]: International Conference on Computational Linguistics, 2004.

[304] COLLINS M, KOEHN P, KUCEROVA I. Clause restructuring for statistical machine translation[C]//[S.l.]: Annual Meeting of the Association for Computational Linguistics, 2005: 531-540.

[305] WANG C, COLLINS M, KOEHN P. Chinese syntactic reordering for statistical machine translation[C]//[S.l.]: Annual Meeting of the Association for Computational Linguistics, 2007: 737-745.

[306] WU X, SUDOH K, DUH K, et al. Extracting pre-ordering rules from predicate-argument structures[C]//[S.l.]: Annual Meeting of the Association for Computational Linguistics, 2011: 29-37.

[307] TILLMANN C, NEY H. Word re-ordering and dp-based search in statistical machine translation[C]//[S.l.]: Morgan Kaufmann, 2000: 850-856.

[308] SHEN W, DELANEY B, ANDERSON T R. An efficient graph search decoder for phrase-based statistical machine translation[C]//[S.l.]: International Symposium on Computer Architecture, 2006: 197-204.

[309] MOORE R C, QUIRK C. Faster beam-search decoding for phrasal statistical machine translation[C]//[S.l.]: Machine Translation Summit XI, 2007.

[310] HEAFIELD K, KAYSER M, MANNING C D. Faster phrase-based decoding by refining feature state[C]//[S.l.]: Annual Meeting of the Association for Computational Linguistics, 2014: 130-135.

[311] WUEBKER J, NEY H, ZENS R. Fast and scalable decoding with language model look-ahead for phrase-based statistical machine translation[C]//[S.l.]: Annual Meeting of the Association for Computational Linguistics, 2012: 28-32.

[312] ZENS R, NEY H. Improvements in dynamic programming beam search for phrase-based statistical machine translation[C]//[S.l.]: International Symposium on Computer Architecture, 2008: 198-205.

[313] OCH F J, GILDEA D, KHUDANPUR S, et al. A smorgasbord of features for statistical machine translation [C]//[S.l.]: Annual Meeting of the Association for Computational Linguistics, 2004: 161-168.

[314] CHIANG D, KNIGHT K, WANG W. 11,001 new features for statistical machine translation[C]//[S.l.]: Annual Meeting of the Association for Computational Linguistics, 2009: 218-226.

[315] GILDEA D. Loosely tree-based alignment for machine translation[C]//[S.l.]: Annual Meeting of the Association for Computational Linguistics, 2003: 80-87.

[316] BLUNSOM P, COHN T, OSBORNE M. A discriminative latent variable model for statistical machine translation[C]//[S.l.]: Annual Meeting of the Association for Computational Linguistics, 2008: 200-208.

[317] BLUNSOM P, COHN T, DYER C, et al. A gibbs sampler for phrasal synchronous grammar induction[C]//[S.l.]: Annual Meeting of the Association for Computational Linguistics, 2009: 782-790.

[318] COHN T, BLUNSOM P. A bayesian model of syntax-directed tree to string grammar induction[C]//[S.l.]:Annual Meeting of the Association for Computational Linguistics, 2009: 352-361.

[319] SMITH D A, EISNER J. Minimum risk annealing for training log-linear models[C]//[S.l.]: Annual Meeting of the Association for Computational Linguistics, 2006.

[320] LI Z, EISNER J. First- and second-order expectation semirings with applications to minimum-risk training on translation forests[C]//[S.l.]: Annual Meeting of the Association for Computational Linguistics, 2009: 40-51.

[321] WATANABE T, SUZUKI J, TSUKADA H, et al. Online large-margin training for statistical machine translation[C]//[S.l.]: Annual Meeting of the Association for Computational Linguistics, 2007: 764-773.

[322] DREYER M, DONG Y. APRO: all-pairs ranking optimization for MT tuning[C]//[S.l.]: Annual Meeting of the Association for Computational Linguistics, 2015: 1018-1023.

[323] XIAO T, WONG D F, ZHU J. A loss-augmented approach to training syntactic machine translation systems[C]//volume 24. [S.l.]: IEEE Transactions on Audio, Speech, and Language Processing, 2016: 2069-2083.

[324] DAUME III H C. Practical structured learning techniques for natural language processing[M]. [S.l.]: University of Southern California, 2006.

[325] SCHWENK H, COSTA-JUSSÀ M R, FONOLLOSA J A R. Smooth bilingual n-gram translation[C]//[S.l.]: Annual Meeting of the Association for Computational Linguistics, 2007: 430-438.

[326] CHEN B, KUHN R, FOSTER G, et al. Unpacking and transforming feature functions: New ways to smooth phrase tables[C]//[S.l.]: Machine Translation Summit, 2011.

[327] DUAN N, SUN H, ZHOU M. Translation model generalization using probability averaging for machine translation[C]//[S.l.]: International Conference on Computational Linguistics, 2010.

[328] QUIRK C, MENEZES A. Do we need phrases? challenging the conventional wisdom in statistical machine translation[C]//[S.l.]: Annual Meeting of the Association for Computational Linguistics, 2006.

[329] MARIÑO J B, BANCHS R E, CREGO J M, et al. N-gram-based machine translation[C]//volume 32. [S.l.]: Computational Linguistics, 2006: 527-549.

[330] ZENS R, STANTON D, XU P. A systematic comparison of phrase table pruning techniques[C]//[S.l.]: Annual Meeting of the Association for Computational Linguistics, 2012: 972-983.

[331] JOHNSON H, MARTIN J D, FOSTER G F, et al. Improving translation quality by discarding most of the phrasetable[C]//[S.l.]: Annual Meeting of the Association for Computational Linguistics, 2007: 967-975.

[332] LING W, GRAÇA J, TRANCOSO I, et al. Entropy-based pruning for phrase-based machine translation[C]//[S.l.]: Annual Meeting of the Association for Computational Linguistics, 2012: 962-971.

[333] ZETTLEMOYER L S, MOORE R C. Selective phrase pair extraction for improved statistical machine translation[C]//[S.l.]: Annual Meeting of the Association for Computational Linguistics, 2007: 209-212.

[334] ECK M, VOGEL S, WAIBEL A. Translation model pruning via usage statistics for statistical machine translation[C]//[S.l.]: Annual Meeting of the Association for Computational Linguistics, 2007: 21-24.

[335] CALLISON-BURCH C, BANNARD C J, SCHROEDER J. Scaling phrase-based statistical machine translation to larger corpora and longer phrases[C]//[S.l.]: Annual Meeting of the Association for Computational Linguistics, 2005: 255-262.

[336] ZENS R, NEY H. Efficient phrase-table representation for machine translation with applications to online MT and speech translation[C]//[S.l.]: Annual Meeting of the Association for Computational Linguistics, 2007: 492-499.

[337] GERMANN U. Dynamic phrase tables for machine translation in an interactive post-editing scenario[C]//[S.l.]: Association for Machine Translation in the

Americas, 2014.

[338] CHIANG D. Hierarchical phrase-based translation[C]//volume 33. [S.l.]: Computational Linguistics, 2007: 201-228.

[339] COCKE J, SCHWARTZ J. Programming languages and their compilers: Preliminary notes[M]. [S.l.]: Courant Institute of Mathematical Sciences, New York University, 1970.

[340] YOUNGER D H. Recognition and parsing of context-free languages in time n3[C]//volume 10. [S.l.]: Information and Control, 1967: 189-208.

[341] KASAMI T. An efficient recognition and syntax-analysis algorithm for context-free languages[C]//[S.l.]: Coordinated Science Laboratory Report no. R-257, 1966.

[342] HUANG L, CHIANG D. Better k-best parsing[C]//[S.l.]: Annual Meeting of the Association for Computational Linguistics, 2005: 53-64.

[343] WU D. Stochastic inversion transduction grammars and bilingual parsing of parallel corpora[C]//volume 23. [S.l.]: Computational Linguistics, 1997: 377-403.

[344] HUANG L, KNIGHT K, JOSHI A. Statistical syntax-directed translation with extended domain of locality[C]//[S.l.]: Computationally Hard Problems & Joint Inference in Speech & Language Processing, 2006: 66-73.

[345] HOPKINS M G M, KNIGHT K, MARCU D. What's in a translation rule?[C]//[S.l.]: Proceedings of the Human Language Technology Conference of the North American Chapter of the Association for Computational Linguistics, 2004: 273-280.

[346] EISNER J. Learning non-isomorphic tree mappings for machine translation[C]//[S.l.]: Annual Meeting of the Association for Computational Linguistics, 2003: 205-208.

[347] ZHANG M, JIANG H, AW A, et al. A tree sequence alignment-based tree-to-tree translation model[C]//[S.l.]:Annual Meeting of the Association for Computational Linguistics, 2008: 559-567.

[348] MARCU D, WANG W, ECHIHABI A, et al. SPMT: statistical machine translation with syntactified target language phrases[C]//[S.l.]: Annual Meeting of the Association for Computational Linguistics, 2006: 44-52.

[349] XUE N, XIA F, DONG CHIOU F, et al. Building a large annotated chinese corpus: the penn chinese treebank[C]//volume 11. [S.l.]: Journal of Natural Language Engineering, 2005: 207-238.

[350] MARCUS M P, SANTORINI B, MARCINKIEWICZ M A. Building a large annotated corpus of english: The penn treebank[C]//volume 19. [S.l.]: Computational Linguistics, 1993: 313-330.

[351] ZHANG H, HUANG L, GILDEA D, et al. Synchronous binarization for machine translation[C]//[S.l.]: Annual Meeting of the Association for Computational Linguistics, 2006.

[352] XIAO T, LI M, ZHANG D, et al. Better synchronous binarization for machine translation[C]//[S.l.]: Annual Meeting of the Association for Computational Linguistics, 2009: 362-370.

[353] KLEIN D, MANNING C D. Accurate unlexicalized parsing[C]//[S.l.]: Annual Meeting of the Association for Computational Linguistics, 2003: 423-430.

[354] LIU Y, LÜ Y, LIU Q. Improving tree-to-tree translation with packed forests[C]//[S.l.]: Annual Meeting of the Association for Computational Linguistics, 2009: 558-566.

[355] GROVES D, HEARNE M, WAY A. Robust sub-sentential alignment of phrase-structure trees[C]//[S.l.]: International Conference on Computational Linguistics, 2004.

[356] SUN J, ZHANG M, TAN C L. Discriminative induction of sub-tree alignment using limited labeled data[C]//[S.l.]: International Conference on Computational Linguistics, 2010: 1047-1055.

[357] LIU Y, XIA T, XIAO X, et al. Weighted alignment matrices for statistical machine translation[C]//[S.l.]: Annual Meeting of the Association for Computational Linguistics, 2009: 1017-1026.

[358] SUN J, ZHANG M, TAN C L. Exploring syntactic structural features for sub-tree alignment using bilingual tree kernels[C]//[S.l.]: Annual Meeting of the Association for Computational Linguistics, 2010: 306-315.

[359] KLEIN D, MANNING C D. Parsing and hypergraphs[C]//volume 65. [S.l.]: New Developments in Parsing Technology, 2001: 123-134.

[360] GOODMAN J. Semiring parsing[C]//volume 25. [S.l.]: Computational Linguistics, 1999: 573-605.

[361] EISNER J. Parameter estimation for probabilistic finite-state transducers[C]//[S.l.]: Annual Meeting of the Association for Computational Linguistics, 2002: 1-8.

[362] ZHU J, XIAO T. Improving decoding generalization for tree-to-string

translation[C]//[S.l.]: Annual Meeting of the Association for Computational Linguistics, 2011: 418-423.

[363] ALSHAWI H, BUCHSBAUM A L, XIA F. A comparison of head transducers and transfer for a limited domain translation application[C]//[S.l.]: Morgan Kaufmann Publishers, 1997: 360-365.

[364] WU D. Trainable coarse bilingual grammars for parallel text bracketing[C]//[S.l.]: Third Workshop on Very Large Corpor, 1995.

[365] WU D, WONG H. Machine translation with a stochastic grammatical channel[C]//[S.l.]: Morgan Kaufmann Publishers, 1998: 1408-1415.

[366] J.A.SáNCHEZ, J.M.BENEDí. Obtaining word phrases with stochastic inversion transduction grammars for phrase-based statistical machine translation[C]//[S.l.]: Annual Meeting of the Association for Computational Linguistics, 2006.

[367] ZHANG H, QUIRK C, MOORE R C, et al. Bayesian learning of non-compositional phrases with synchronous parsing[C]//[S.l.]: Annual Meeting of the Association for Computational Linguistics, 2008.

[368] ZOLLMANN A, VENUGOPAL A, OCH F J, et al. A systematic comparison of phrase-based, hierarchical and syntax-augmented statistical MT[C]//[S.l.]: International Conference on Computational Linguistics, 2008:1145-1152.

[369] WATANABE T, TSUKADA H, ISOZAKI H. Left-to-right target generation for hierarchical phrase-based translation[C]//[S.l.]: Annual Meeting of the Association for Computational linguistics, 2006.

[370] GALLEY M, HOPKINS M, KNIGHT K, et al. What's in a translation rule?[C]//[S.l.]: Annual Meeting of the Association for Computational Linguistics, 2004: 273-280.

[371] HUANG B, KNIGHT K. Relabeling syntax trees to improve syntax-based machine translation quality[C]//[S.l.]: Annual Meeting of the Association for Computational Linguistics, 2006.

[372] DENEEFE S, KNIGHT K, WANG W, et al. What can syntax-based MT learn from phrase-based mt?[C]//[S.l.]: Annual Meeting of the Association for Computational Linguistics, 2007: 755-763.

[373] LIU D, GILDEA D. Improved tree-to-string transducer for machine translation[C]//[S.l.]: Annual Meeting of the Association for Computational Linguistics, 2008: 62-69.

[374] ZOLLMANN A, VENUGOPAL A. Syntax augmented machine translation via chart parsing[C]//[S.l.]: Annual Meeting of the Association for Computational Linguistics, 2006: 138-141.

[375] MARTON Y, RESNIK P. Soft syntactic constraints for hierarchical phrased-based translation[C]//[S.l.]: Annual Meeting of the Association for Computational Linguistics, 2008: 1003-1011.

[376] NESSON R, SHIEBER S M, RUSH A. Induction of probabilistic synchronous tree-insertion grammars for machine translation[C]//[S.l.]: Annual Meeting of the Association for Computational Linguistics, 2006.

[377] ZHANG M, JIANG H, AW A T, et al. A tree-to-tree alignment-based model for statistical machine translation[M]. [S.l.]: Machine Translation Summit, 2007.

[378] MI H, HUANG L, LIU Q. Forest-based translation[C]//[S.l.]: Annual Meeting of the Association for Computational Linguistics, 2008: 192-199.

[379] MI H, HUANG L. Forest-based translation rule extraction[C]//[S.l.]: Annual Meeting of the Association for Computational Linguistics, 2008: 206-214.

[380] ZHANG J, ZHAI F, ZONG C. Augmenting string-to-tree translation models with fuzzy use of source-side syntax[C]//[S.l.]: Annual Meeting of the Association for Computational Linguistics, 2011: 204-215.

[381] POPEL M, MARECEK D, GREEN N, et al. Influence of parser choice on dependency-based MT[C]//[S.l.]: Annual Meeting of the Association for Computational Linguistics, 2011: 433-439.

[382] XIAO T, ZHU J, ZHANG H, et al. An empirical study of translation rule extraction with multiple parsers[C]//[S.l.]: Chinese Information Processing Society of China, 2010: 1345-1353.

[383] ZHAI F, ZHANG J, ZHOU Y, et al. Unsupervised tree induction for tree-based translation[C]//volume 1.[S.l.]: Transactions of Association for Computational Linguistic, 2013: 243-254.

[384] QUIRK C, MENEZES A. Dependency treelet translation: the convergence of statistical and example-based machine-translation?[C]//volume 20. [S.l.]: Machine Translation, 2006: 43-65.

[385] XIONG D, LIU Q, LIN S. A dependency treelet string correspondence model for statistical machine translation[C]//[S.l.]: Annual Meeting of the Association for Computational Linguistics, 2007: 40-47.

[386] LIN D. A path-based transfer model for machine translation[C]//[S.l.]: International Conference on Computational Linguistics, 2004.

[387] DING Y, PALMER M. Machine translation using probabilistic synchronous dependency insertion grammars[C]//[S.l.]: Annual Meeting of the Association for Computational Linguistics, 2005: 541-548.

[388] CHEN H, XIE J, MENG F, et al. A dependency edge-based transfer model for statistical machine translation[C]//[S.l.]: Annual Meeting of the Association for Computational Linguistics, 2014: 1103-1113.

[389] SU J, LIU Y, MI H, et al. Dependency-based bracketing transduction grammar for statistical machine translation[C]//[S.l.]: Chinese Information Processing Society of China, 2010: 1185-1193.

[390] XIE J, XU J, LIU Q. Augment dependency-to-string translation with fixed and floating structures[C]//[S.l.]: Annual Meeting of the Association for Computational Linguistics, 2014: 2217-2226.

[391] LI L, WAY A, LIU Q. Dependency graph-to-string translation[C]//[S.l.]: Annual Meeting of the Association for Computational Linguistics, 2015: 33-43.

[392] MI H, LIU Q. Constituency to dependency translation with forests[C]//[S.l.]: Annual Meeting of the Associ- ation for Computational Linguistics, 2010: 1433-1442.

[393] TU Z, LIU Y, HWANG Y S, et al. Dependency forest for statistical machine translation[C]//[S.l.]: International Conference on Computational Linguistics, 2010: 1092-1100.

[394] SRINIVAS BANGALORE G B, RICCARDI G. Computing consensus translation from multiple machine translation systems[C]//[S.l.]: IEEE Workshop on Automatic Speech Recognition and Understanding, 2001: 351-354.

[395] ROSTI A V I, AYAN N F, XIANG B, et al. Combining outputs from multiple machine translation systems[C]//[S.l.]: Annual Meeting of the Association for Computational Linguistics, 2007: 228-235.

[396] XIAO T, ZHU J, LIU T. Bagging and boosting statistical machine translation systems[C]//volume 195. [S.l.]: Artificial Intelligence, 2013: 496-527.

[397] FENG Y, LIU Y, MI H, et al. Lattice-based system combination for statistical machine translation[C]//[S.l.]: Annual Meeting of the Association for Computational Linguistics, 2009: 1105-1113.

[398] HE X, YANG M, GAO J, et al. Indirect-hmm-based hypothesis alignment for combining outputs from machine translation systems[C]//[S.l.]: Annual Meeting of the Association for Computational Linguistics, 2008: 98-107.

[399] LI C H, HE X, LIU Y, et al. Incremental HMM alignment for MT system combination[C]//[S.l.]: Annual Meeting of the Association for Computational Linguistics, 2009: 949-957.

[400] LIU Y, MI H, FENG Y, et al. Joint decoding with multiple translation models[C]//[S.l.]: Annual Meeting of the Association for Computational Linguistics, 2009: 576-584.

[401] LI M, DUAN N, ZHANG D, et al. Collaborative decoding: Partial hypothesis re-ranking using translation consensus between decoders[C]//[S.l.]: Annual Meeting of the Association for Computational Linguistics, 2009: 585-592.

[402] XIAO T, ZHU J, ZHANG C, et al. Syntactic skeleton-based translation[C]//[S.l.]: AAAI Conference on Ar- tificial Intelligence, 2016: 2856-2862.

[403] CHARNIAK E. Immediate-head parsing for language models[C]//[S.l.]: Morgan Kaufmann Publishers, 2001: 116-123.

[404] SHEN L, XU J, WEISCHEDEL R M. A new string-to-dependency machine translation algorithm with a target dependency language model[C]//[S.l.]: Annual Meeting of the Association for Computational Linguistics, 2008: 577-585.

[405] XIAO T, ZHU J, ZHU M. Language modeling for syntax-based machine translation using tree substitution grammars: A case study on chinese-english translation[C]//volume 10. [S.l.]: ACM Transactions on Asian Language Information Processing (TALIP), 2011: 1-29.

[406] BROWN P F, PIETRA V J D, SOUZA P V D, et al. Class-based n-gram models of natural language[C]//volume 18. [S.l.]: Computational linguistics, 1992: 467-479.

[407] MIKOLOV T, ZWEIG G. Context dependent recurrent neural network language model[C]//[S.l.]: IEEE Spo- ken Language Technology Workshop, 2012: 234-239.

[408] ZAREMBA W, SUTSKEVER I, VINYALS O. Recurrent neural network regularization[C]//[S.l.]: arXiv: Neural and Evolutionary Computing, 2014.

[409] ZILLY J G, SRIVASTAVA R K, KOUTNÍK J, et al. Recurrent highway networks[C]//[S.l.]: International Conference on Machine Learning, 2016.

[410] MERITY S, KESKAR N S, SOCHER R. Regularizing and optimizing lstm

language models[C]//[S.l.]: In- ternational Conference on Learning Representations, 2017.

[411] RADFORD A, WU J, CHILD R, et al. Language models are unsupervised multitask learners[C]//volume 1. [S.l.]: OpenAI Blog, 2019: 9.

[412] BAYDIN A G, PEARLMUTTER B A, RADUL A A, et al. Automatic differentiation in machine learning: a survey[C]//volume 18. [S.l.]: Journal of Machine Learning Research, 2017: 5595-5637.

[413] QIAN N. On the momentum term in gradient descent learning algorithms[C]//volume 12. [S.l.]: Neural Net- works, 1999: 145-151.

[414] DUCHI J C, HAZAN E, SINGER Y. Adaptive subgradient methods for online learning and stochastic opti- mization[C]//volume 12. [S.l.]: Journal of Machine Learning Research, 2011: 2121-2159.

[415] ZEILER M D. Adadelta:an adaptive learning rate method[C]//[S.l.]: arXiv preprint arXiv:1212.5701, 2012. [416] TIELEMAN T, HINTON G. Lecture 6.5-rmsprop: Divide the gradient by a running average of its recent magnitude[C]//volume 4. [S.l.]: COURSERA: Neural networks for machine learning, 2012: 26-31.

[417] KINGMA D P, BA J. Adam: A method for stochastic optimization[C]//[S.l.]: International Conference on Learning Representations, 2015.

[418] DOZAT T. Incorporating nesterov momentum into adam[C]//[S.l.]: International Conference on Learning Representations, 2016.

[419] REDDI S J, KALE S, KUMAR S. On the convergence of adam and beyond[C]//[S.l.]: International Confer- ence on Learning Representations, 2018.

[420] XIAO T, ZHU J, LIU T, et al. Fast parallel training of neural language models[C]//[S.l.]: International Joint Conference on Artificial Intelligence, 2017: 4193-4199.

[421] IOFFE S, SZEGEDY C. Batch normalization: Accelerating deep network training by reducing internal co- variate shift[C]//volume 37. [S.l.]: International Conference on Machine Learning, 2015: 448-456.

[422] BA L J, KIROS J R, HINTON G. Layer normalization[C]//abs/1607.06450. [S.l.]: CoRR, 2016.

[423] HE K, ZHANG X, REN S, et al. Deep residual learning for image recognition[C]//[S.l.]: IEEE Conference on Computer Vision and Pattern

Recognition, 2016: 770-778.

[424] QUAN PHAM N, KRUSZEWSKI G, BOLEDA G. Convolutional neural network language models[C]//[S.l.]: Conference on Empirical Methods in Natural Language Processing, 2016.

[425] MIKOLOV T, SUTSKEVER I, CHEN K, et al. Distributed representations of words and phrases and their compositionality[C]//[S.l.]: Conference on Neural Information Processing Systems, 2013: 3111-3119.

[426] MORAFFAH R, KARAMI M, GUO R, et al. Causal interpretability for machine learning-problems, methods and evaluation[C]//volume 22. [S.l.]: ACM SIGKDD Conference on Knowledge Discovery and Data Mining, 2020: 18-33.

[427] KOVALERCHUK B, AHMAD M, TEREDESAI A. Survey of explainable machine learning with visual and granular methods beyond quasi-explanations[C]//abs/2009.10221. [S.l.]: ArXiv, 2020.

[428] DOSHI-VELEZ F, KIM B. Towards a rigorous science of interpretable machine learning[C]//[S.l.]: arXiv preprint arXiv:1702.08608, 2017.

[429] ARTHUR P, NEUBIG G, NAKAMURA S. Incorporating discrete translation lexicons into neural machine translation[C]//[S.l.]: Conference on Empirical Methods in Natural Language Processing, 2016: 1557-1567.

[430] ZHANG J, LIU Y, LUAN H, et al. Prior knowledge integration for neural machine translation using posterior regularization[C]//[S.l.]: Annual Meeting of the Association for Computational Linguistics, 2017: 1514-1523.

[431] STAHLBERG F, HASLER E, WAITE A, et al. Syntactically guided neural machine translation[C]//[S.l.]: Annual Meeting of the Association for Computational Linguistics, 2016.

[432] CURREY A, HEAFIELD K. Incorporating source syntax into transformer-based neural machine translation[C]//[S.l.]: Annual Meeting of the Association for Computational Linguistics, 2019: 24-33.

[433] YANG B, WONG D, XIAO T, et al. Towards bidirectional hierarchical representations for attention-based neural machine translation[C]//[S.l.]: Conference on Empirical Methods in Natural Language Processing, 2017: 1432-1441.

[434] MAREČEK D, ROSA R. Extracting syntactic trees from transformer encoder self-attentions[C]//[S.l.]: Con- ference on Empirical Methods in Natural Language Processing, 2018: 347-349.

[435] BLEVINS T, LEVY O, ZETTLEMOYER L. Deep rnns encode soft hierarchical syntax[C]//[S.l.]: Annual Meeting of the Association for Computational Linguistics, 2018.

[436] WU Y, LU X, YAMAMOTO H, et al. Factored language model based on recurrent neural network[C]//[S.l.]: International Conference on Computational Linguistics, 2012.

[437] ADEL H, VU N, KIRCHHOFF K, et al. Syntactic and semantic features for code-switching factored language models[C]//volume 23. [S.l.]: IEEE/ACM Transactions on Audio, Speech, and Language Processing, 2015: 431-440.

[438] WANG T, CHO K. Larger-context language modelling[C]//[S.l.]: Annual Meeting of the Association for Computational Linguistics, 2015.

[439] AHN S, CHOI H, PÄRNAMAA T, et al. A neural knowledge language model[C]//[S.l.]: arXiv preprint arXiv:1608.00318, 2016.

[440] KIM Y, JERNITE Y, SONTAG D, et al. Character-aware neural language models[C]//[S.l.]: AAAI Conference on Artificial Intelligence, 2016.

[441] HWANG K, SUNG W. Character-level language modeling with hierarchical recurrent neural networks[C]// [S.l.]: International Conference on Acoustics, Speech and Signal Processing, 2017: 5720-5724.

[442] MIYAMOTO Y, CHO K. Gated word-character recurrent language model[C]//[S.l.]: Conference on Empirical Methods in Natural Language Processing, 2016: 1992-1997.

[443] VERWIMP L, PELEMANS J, HAMME H V, et al. Character-word lstm language models[C]//[S.l.]: Annual Conference of the European Association for Machine Translation, 2017.

[444] GRAVES A, JAITLY N, RAHMAN MOHAMED A. Hybrid speech recognition with deep bidirectional lstm[C]//[S.l.]: IEEE Workshop on Automatic Speech Recognition and Understanding, 2013: 273-278.

[445] GU J, SHAVARANI H S, SARKAR A. Top-down tree structured decoding with syntactic connections for neural machine translation and parsing[C]//[S.l.]: Conference on Empirical Methods in Natural Language Processing, 2018: 401-413.

[446] YIN P, ZHOU C, HE J, et al. Structvae: Tree-structured latent variable models for semi-supervised semantic parsing[C]//[S.l.]: Annual Meeting of the Association for Computational Linguistics, 2018.

[447] AHARONI R, GOLDBERG Y. Towards string-to-tree neural machine translation[C]//[S.l.]: Annual Meeting of the Association for Computational Linguistics, 2017.

[448] BASTINGS J, TITOV I, AZIZ W, et al. Graph convolutional encoders for syntax-aware neural machine trans- lation[C]//[S.l.]: Conference on Empirical Methods in Natural Language Processing, 2017.

[449] KONCEL-KEDZIORSKI R, BEKAL D, LUAN Y, et al. Text generation from knowledge graphs with graph transformers[C]//[S.l.]: Annual Conference of the North American Chapter of the Association for Computa- tional Linguistics, 2019.

[450] MCCANN B, BRADBURY J, XIONG C, et al. Learned in translation: Contextualized word vectors[C]// [S.l.]: Conference on Neural Information Processing Systems, 2017: 6294-6305.

[451] DEVLIN J, ZBIB R, HUANG Z, et al. Fast and robust neural network joint models for statistical machine translation[C]//[S.l.]: Annual Meeting of the Association for Computational Linguistics, 2014: 1370-1380.

[452] SCHWENK H. Continuous space translation models for phrase-based statistical machine translation[C]// [S.l.]: International Conference on Computational Linguistics, 2012: 1071-1080

[453] KALCHBRENNER N, BLUNSOM P. Recurrent continuous translation models[C]//[S.l.]: Annual Meeting of the Association for Computational Linguistics, 2013: 1700-1709.

[454] HOCHREITER S. The vanishing gradient problem during learning recurrent neural nets and problem solutions[C]//volume 6. [S.l.]: International Journal of Uncertainty, Fuzziness and Knowledge-Based Systems, 1998:107-116.

[455] BENGIO Y, SIMARD P Y, FRASCONI P. Learning long-term dependencies with gradient descent is difficult [C]//volume 5. [S.l.]: IEEE Transportation Neural Networks, 1994: 157-166.

[456] WU Y, SCHUSTER M, CHEN Z, et al. Google's neural machine translation system: Bridging the gap between human and machine translation[C]//abs/1609.08144. [S.l.]: CoRR, 2016.

[457] STAHLBERG F. Neural machine translation: A review[C]//volume 69. [S.l.]: Journal of Artificial Intelligence Research, 2020: 343-418.

[458] BENTIVOGLI L, BISAZZA A, CETTOLO M, et al. Neural versus phrase-based machine translation quality: a case study[C]//[S.l.]: Annual Meeting of the

Association for Computational Linguistics, 2016: 257-267.

[459] HASSAN H, AUE A, CHEN C, et al. Achieving human parity on automatic chinese to english news translation[C]//abs/1803.05567. [S.l.]: CoRR, 2018.

[460] CHEN M X, FIRAT O, BAPNA A, et al. The best of both worlds: Combining recent advances in neural machine translation[C]//[S.l.]: Annual Meeting of the Association for Computational Linguistics, 2018: 76-86.

[461] HE T, TAN X, XIA Y, et al. Layer-wise coordination between encoder and decoder for neural machine tran- slation[C]//[S.l.]: Conference on Neural Information Processing Systems, 2018.

[462] SHAW P, USZKOREIT J, VASWANI A. Self-attention with relative position representations[C]//[S.l.]: Pro- ceedings of the Human Language Technology Conference of the North American Chapter of the Association for Computational Linguistics, 2018: 464-468.

[463] WANG Q, LI B, XIAO T, et al. Learning deep transformer models for machine translation[C]//[S.l.]: Annual Meeting of the Association for Computational Linguistics, 2019: 1810-1822.

[464] LI B, WANG Z, LIU H, et al. Shallow-to-deep training for neural machine translation[C]//[S.l.]: Conference on Empirical Methods in Natural Language Processing, 2020.

[465] WEI X, YU H, HU Y, et al. Multiscale collaborative deep models for neural machine translation[C]//[S.l.]: Annual Meeting of the Association for Computational Linguistics, 2020.

[466] LI Y, WANG Q, XIAO T, et al. Neural machine translation with joint representation[C]//[S.l.]: AAAI Con- ference on Artificial Intelligence, 2020: 8285-8292.

[467] CHO K, VAN MERRIENBOER B, BAHDANAU D, et al. On the properties of neural machine translation: Encoder-decoder approaches[C]//[S.l.]: Annual Meeting of the Association for Computational Linguistics, 2014: 103-111.

[468] JEAN S, CHO K, MEMISEVIC R, et al. On using very large target vocabulary for neural machine translation[C]//[S.l.]: Annual Meeting of the Association for Computational Linguistics, 2015: 1-10.

[469] HOCHREITER S, SCHMIDHUBER J. Long short-term memory[C]//volume 9. [S.l.]: Neural Computation, 1997: 1735-80.

[470] CHO K, VAN MERRIENBOER B, GÜLÇEHRE Ç, et al. Learning phrase representations using RNN encoder-decoder for statistical machine translation[C]//[S.l.]: Annual Meeting of the Association for Compu- tational Linguistics, 2014: 1724-1734.

[471] SENNRICH R, FIRAT O, CHO K, et al. Nematus: a toolkit for neural machine translation[C]//[S.l.]: Annual Conference of the European Association for Machine Translation, 2017: 65-68.

[472] GLOROT X, BENGIO Y. Understanding the difficulty of training deep feedforward neural networks[C]//volume 9. [S.l.]: International Conference on Artificial Intelligence and Statistics, 2010: 249-256.

[473] AKAIKE H. Fitting autoregressive models for prediction[C]//21(1). [S.l.]: Annals of the institute of Statistical Mathematics, 2015: 243-247.

[474] LI Y, XIAO T, LI Y, et al. A simple and effective approach to coverage-aware neural machine translation[C]// [S.l.]: Annual Meeting of the Association for Computational Linguistics, 2018: 292-297.

[475] TU Z, LU Z, LIU Y, et al. Modeling coverage for neural machine translation[C]//[S.l.]: Annual Meeting of the Association for Computational Linguistics, 2016.

[476] ZHANG B, SENNRICH R. A lightweight recurrent network for sequence modeling[C]//[S.l.]: Annual Meet- ing of the Association for Computational Linguistics, 2019: 1538-1548.

[477] LEI T, ZHANG Y, ARTZI Y. Training rnns as fast as cnns[C]//abs/1709.02755. [S.l.]: CoRR, 2017.

[478] ZHANG B, XIONG D, SU J, et al. Simplifying neural machine translation with addition-subtraction twin- gated recurrent networks[C]//[S.l.]: Conference on Empirical Methods in Natural Language Processing, 2018: 4273-4283.

[479] WANG X, LU Z, TU Z, et al. Neural machine translation advised by statistical machine translation[C]//[S.l.]: AAAI Conference on Artificial Intelligence, 2017: 3330-3336.

[480] HE W, HE Z, WU H, et al. Improved neural machine translation with SMT features[C]//[S.l.]: AAAI Con- ference on Artificial Intelligence, 2016: 151-157.

[481] LI X, LI G, LIU L, et al. On the word alignment from neural machine translation[C]//[S.l.]: Annual Meeting of the Association for Computational Linguistics, 2019: 1293-1303.

[482] WANG Y S, YI LEE H, CHEN Y N. Tree transformer: Integrating tree structures into self-attention[C]//[S.l.]: Conference on Empirical Methods in Natural Language Processing, 2019: 1061-1070.

[483] WANG X, PHAM H, YIN P, et al. A tree-based decoder for neural machine translation[C]//[S.l.]: Conference on Empirical Methods in Natural Language Processing, 2018: 4772-4777.

[484] ZHANG J, ZONG C. Bridging neural machine translation and bilingual dictionaries[C]//abs/1610.07272. [S.l.]: CoRR, 2016.

[485] DUAN X, JI B, JIA H, et al. Bilingual dictionary based neural machine translation without using parallel sentences[C]//[S.l.]: Annual Meeting of the Association for Computational Linguistics, 2020: 1570-1579.

[486] CAO Q, XIONG D. Encoding gated translation memory into neural machine translation[C]//[S.l.]: Conference on Empirical Methods in Natural Language Processing, 2018: 3042-3047.

[487] MI H, WANG Z, ITTYCHERIAH A. Supervised attentions for neural machine translation[C]//[S.l.]: Annual Meeting of the Association for Computational Linguistics, 2016: 2283-2288.

[488] LIU L, UTIYAMA M, FINCH A M, et al. Neural machine translation with supervised attention[C]//[S.l.]: Annual Meeting of the Association for Computational Linguistics, 2016: 3093-3102.

[489] WERLEN L M, RAM D, PAPPAS N, et al. Document-level neural machine translation with hierarchical attention networks[C]//[S.l.]: Conference on Empirical Methods in Natural Language Processing, 2018: 2947-2954.

[490] VOITA E, SERDYUKOV P, SENNRICH R, et al. Context-aware neural machine translation learns anaphora resolution[C]//[S.l.]: Annual Meeting of the Association for Computational Linguistics, 2018: 1264-1274.

[491] LI B, LIU H, WANG Z, et al. Does multi-encoder help? A case study on context-aware neural machine translation[C]//[S.l.]: Annual Meeting of the Association for Computational Linguistics, 2020: 3512-3518.

[492] WAIBEL A, HANAZAWA T, HINTON G, et al. Phoneme recognition using time-delay neural networks[C]//volume 37. [S.l.]: International Conference on Acoustics, Speech and Signal Processing, 1989: 328-339.

[493] LECUN Y, BOSER B, DENKER J, et al. Backpropagation applied to handwritten zip code recognition[C]//volume 1. [S.l.]: Neural Computation, 1989: 541-551.

[494] Lecun Y, Bottou L, Bengio Y, et al. Gradient-based learning applied to document recognition[C]//volume 86. [S.l.]: Proceedings of the IEEE, 1998: 2278-2324.

[495] ZHANG Y, CHAN W, JAITLY N. Very deep convolutional networks for end-to-end speech recognition[C]// [S.l.]: International Conference on Acoustics, Speech and Signal Processing, 2017: 4845-4849.

[496] DENG L, ABDEL-HAMID O, YU D. A deep convolutional neural network using heterogeneous pooling for trading acoustic invariance with phonetic confusion[C]//[S.l.]: International Conference on Acoustics, Speech and Signal Processing, 2013: 6669-6673.

[497] KALCHBRENNER N, GREFENSTETTE E, BLUNSOM P. A convolutional neural network for modelling sentences[C]//[S.l.]: Annual Meeting of the Association for Computational Linguistics, 2014: 655-665.

[498] KIM Y. Convolutional neural networks for sentence classification[C]//[S.l.]: Conference on Empirical Meth- ods in Natural Language Processing, 2014: 1746-1751.

[499] MA M, HUANG L, ZHOU B, et al. Dependency-based convolutional neural networks for sentence embedding[C]//[S.l.]: Annual Meeting of the Association for Computational Linguistics, 2015: 174-179.

[500] DOS SANTOS C N, GATTI M. Deep convolutional neural networks for sentiment analysis of short texts[C]// [S.l.]: International Conference on Computational Linguistics, 2014: 69-78.

[501] WANG M, LU Z, LI H, et al. gencnn: A convolutional architecture for word sequence prediction[C]//[S.l.]: Annual Meeting of the Association for Computational Linguistics, 2015: 1567-1576.

[502] DAUPHIN Y N, FAN A, AULI M, et al. Language modeling with gated convolutional networks[C]//volume 70. [S.l.]: International Conference on Machine Learning, 2017: 933-941.

[503] GEHRING J, AULI M, GRANGIER D, et al. A convolutional encoder model for neural machine translation[C]//[S.l.]: Annual Meeting of the Association for Computational Linguistics, 2017: 123-135.

[504] KAISER L, GOMEZ A N, CHOLLET F. Depthwise separable convolutions for neural machine translation[C]//[S.l.]: International Conference on Learning Representations, 2018.

[505] LIU W, ANGUELOV D, ERHAN D, et al. SSD: single shot multibox

detector[C]//volume 9905. [S.l.]: Eu- ropean Conference on Computer Vision, 2016: 21-37.

[506] REN S, HE K, GIRSHICK R, et al. Faster R-CNN: towards real-time object detection with region proposal networks[C]//volume 39. [S.l.]: IEEE Transactions on Pattern Analysis and Machine Intelligence, 2017: 1137-1149.

[507] JOHNSON R, ZHANG T. Effective use of word order for text categorization with convolutional neural net- works[C]//[S.l.]: Proceedings of the Human Language Technology Conference of the North American Chapter of the Association for Computational Linguistics, 2015: 103-112.

[508] NGUYEN T H, GRISHMAN R. Relation extraction: Perspective from convolutional neural networks[C]// [S.l.]: Proceedings of the Human Language Technology Conference of the North American Chapter of the Association for Computational Linguistics, 2015: 39-48.

[509] WU F, FAN A, BAEVSKI A, et al. Pay less attention with lightweight and dynamic convolutions[C]//[S.l.]: International Conference on Learning Representations, 2019.

[510] SUKHBAATAR S, SZLAM A, WESTON J, et al. End-to-end memory networks[C]//[S.l.]: Conference on Neural Information Processing Systems, 2015: 2440-2448.

[511] ISLAM M A, JIA S, BRUCE N. How much position information do convolutional neural networks encode? [C]//[S.l.]: International Conference on Learning Representations, 2020.

[512] SUTSKEVER I, MARTENS J, DAHL G E, et al. On the importance of initialization and momentum in deep learning[C]//[S.l.]: International Conference on Machine Learning, 2013: 1139-1147.

[513] BENGIO Y, BOULANGER-LEWANDOWSKI N, PASCANU R. Advances in optimizing recurrent networks[C]//[S.l.]: International Conference on Acoustics, Speech and Signal Processing, 2013: 8624-8628.

[514] SRIVASTAVA N, HINTON G, KRIZHEVSKY A, et al. Dropout: A simple way to prevent neural networks from overfitting[C]//volume 15. [S.l.]: Journal of Machine Learning Research, 2014: 1929-1958.

[515] CHOLLET F. Xception: Deep learning with depthwise separable convolutions[C]//[S.l.]: IEEE Conference on Computer Vision and Pattern Recognition, 2017: 1800-1807.

[516] HOWARD A, ZHU M, CHEN B, et al. Mobilenets: Efficient convolutional neural networks for mobile vision applications[C]//[S.l.]: CoRR, 2017.

[517] JOHNSON R, ZHANG T. Deep pyramid convolutional neural networks for text categorization[C]//[S.l.]: Annual Meeting of the Association for Computational Linguistics, 2017: 562-570.

[518] SIFRE L, MALLAT S. Rigid-motion scattering for image classification[C]//[S.l.]: Citeseer, 2014.

[519] TAIGMAN Y, YANG M, RANZATO M, et al. Deepface: Closing the gap to human-level performance in face verification[C]//[S.l.]: IEEE Conference on Computer Vision and Pattern Recognition, 2014: 1701-1708.

[520] HSIN CHEN Y, LOPEZ-MORENO I, SAINATH T, et al. Locally-connected and convolutional neural net- works for small footprint speaker recognition[C]//[S.l.]: Conference of the International Speech Communi- cation Association, 2015: 1136-1140.

[521] CHEN Y, DAI X, LIU M, et al. Dynamic convolution: Attention over convolution kernels[C]//[S.l.]: IEEE Conference on Computer Vision and Pattern Recognition, 2020: 11027-11036.

[522] ZHOU P, ZHENG S, XU J, et al. Joint extraction of multiple relations and entities by using a hybrid neural network[C]//volume 10565. [S.l.]: Springer, 2017: 135-146.

[523] CHEN Y, XU L, LIU K, et al. Event extraction via dynamic multi-pooling convolutional neural networks[C]// [S.l.]: Annual Meeting of the Association for Computational Linguistics, 2015: 167-176.

[524] ZENG D, LIU K, LAI S, et al. Relation classification via convolutional deep neural network[C]//[S.l.]: Inter- national Conference on Computational Linguistics, 2014: 2335-2344.

[525] NGUYEN T H, GRISHMAN R. Event detection and domain adaptation with convolutional neural networks[C]//[S.l.]: Annual Meeting of the Association for Computational Linguistics, 2015: 365-371.

[526] LAI S, XU L, LIU K, et al. Recurrent convolutional neural networks for text classification[C]//[S.l.]: AAAI Conference on Artificial Intelligence, 2015: 2267-2273.

[527] LEI T, BARZILAY R, JAAKKOLA T S. Molding cnns for text: non-linear, non-consecutive convolutions[C]//[S.l.]: Conference on Empirical Methods in Natural

Language Processing, 2015: 1565-1575.

[528] STRUBELL E, VERGA P, BELANGER D, et al. Fast and accurate entity recognition with iterated dilated convolutions[C]//[S.l.]: Conference on Empirical Methods in Natural Language Processing, 2017: 2670-2680.

[529] MA X, HOVY E H. End-to-end sequence labeling via bi-directional lstm-cnns-crf[C]//[S.l.]: Annual Meeting of the Association for Computational Linguistics, 2016.

[530] LI P H, DONG R P, WANG Y S, et al. Leveraging linguistic structures for named entity recognition with bidirectional recursive neural networks[C]//[S.l.]: Conference on Empirical Methods in Natural Language Processing, 2017: 2664-2669.

[531] WANG C, CHO K, KIELA D. Code-switched named entity recognition with embedding attention[C]//[S.l.]: Annual Meeting of the Association for Computational Linguistics, 2018: 154-158.

[532] LIN Z, FENG M, DOS SANTOS C N, et al. A structured self-attentive sentence embedding[C]//[S.l.]: Inter- national Conference on Learning Representations, 2017.

[533] PARMAR N, VASWANI A, USZKOREIT J, et al. Image transformer[C]//abs/1802.05751. [S.l.]: CoRR, 2018.

[534] DONG L, XU S, XU B. Speech-transformer: A no-recurrence sequence-to-sequence model for speech recog- nition[C]//[S.l.]: International Conference on Acoustics, Speech and Signal Processing, 2018: 5884-5888.

[535] GULATI A, QIN J, CHIU C C, et al. Conformer: Convolution-augmented transformer for speech recognition[C]//[S.l.]: International Speech Communication Association, 2020: 5036-5040.

[536] SZEGEDY C, VANHOUCKE V, IOFFE S, et al. Rethinking the inception architecture for computer vision[C]//[S.l.]: IEEE Conference on Computer Vision and Pattern Recognition, 2016: 2818-2826.

[537] VASWANI A, BENGIO S, BREVDO E, et al. Tensor2tensor for neural machine translation[C]//[S.l.]: Asso- ciation for Machine Translation in the Americas, 2018: 193-199.

[538] COURBARIAUX M, BENGIO Y. Binarynet: Training deep neural networks with weights and activations constrained to +1 or -1[C]//abs/1602.02830. [S.l.]: CoRR, 2016.

[539] LIN Y, LI Y, LIU T, et al. Towards fully 8-bit integer inference for the transformer model[C]//[S.l.]: Interna- tional Joint Conference on Artificial Intelligence, 2020: 3759-3765.

[540] XIAO T, LI Y, ZHU J, et al. Sharing attention weights for fast transformer[C]//[S.l.]: International Joint Conference on Artificial Intelligence, 2019: 5292-5298.

[541] VOITA E, TALBOT D, MOISEEV F, et al. Analyzing multi-head self-attention: Specialized heads do the heavy lifting, the rest can be pruned[C]//[S.l.]: Annual Meeting of the Association for Computational Lin- guistics, 2019: 5797-5808.

[542] ZHANG B, XIONG D, SU J. Accelerating neural transformer via an average attention network[C]//[S.l.]: Annual Meeting of the Association for Computational Linguistics, 2018: 1789-1798.

[543] LIN Y, LI Y, WANG Z, et al. Weight distillation: Transferring the knowledge in neural network parameters[C]//abs/2009.09152. [S.l.]: ArXiv, 2020.

[544] WU Z, LIU Z, LIN J, et al. Lite transformer with long-short range attention[C]//[S.l.]: International Confer- ence on Learning Representations, 2020.

[545] KITAEV N, KAISER L, LEVSKAYA A. Reformer: The efficient transformer[C]//[S.l.]: International Con- ference on Learning Representations, 2020.

[546] OTT M, EDUNOV S, GRANGIER D, et al. Scaling neural machine translation[C]//[S.l.]: Annual Meeting of the Association for Computational Linguistics, 2018.

[547] BHANDARE A, SRIPATHI V, KARKADA D, et al. Efficient 8-bit quantization of transformer neural machine language translation model[C]//abs/1906.00532. [S.l.]: CoRR, 2019.

[548] SEE A, LUONG M T, MANNING C D. Compression of neural machine translation models via pruning[C]// [S.l.]: International Conference on Computational Linguistics, 2016: 291-301.

[549] HINTON G, VINYALS O, DEAN J. Distilling the knowledge in a neural network[C]//abs/1503.02531. [S.l.]: CoRR, 2015.

[550] KIM Y, RUSH A. Sequence-level knowledge distillation[C]//[S.l.]: Conference on Empirical Methods in Natural Language Processing, 2016: 1317-1327.

[551] CHEN Y, LIU Y, CHENG Y, et al. A teacher-student framework for zero-resource

neural machine translation[C]//[S.l.]: Annual Meeting of the Association for Computational Linguistics, 2017: 1925-1935.

[552] DAI Z, YANG Z, YANG Y, et al. Transformer-xl: Attentive language models beyond a fixed-length context[C]//[S.l.]: Annual Meeting of the Association for Computational Linguistics, 2019: 2978-2988.

[553] LIU X, YU H F, DHILLON I, et al. Learning to encode position for transformer with continuous dynamical model[C]//abs/2003.09229. [S.l.]: ArXiv, 2020.

[554] JAWAHAR G, SAGOT B, SEDDAH D. What does bert learn about the structure of language?[C]//[S.l.]: Annual Meeting of the Association for Computational Linguistics, 2019.

[555] YANG B, TU Z, WONG D, et al. Modeling localness for self-attention networks[C]//[S.l.]: Annual Meeting of the Association for Computational Linguistics, 2018: 4449-4458.

[556] YANG B, WANG L, WONG D F, et al. Convolutional self-attention networks[C]//[S.l.]: Annual Meeting of the Association for Computational Linguistics, 2019: 4040-4045.

[557] WANG Q, LI F, XIAO T, et al. Multi-layer representation fusion for neural machine translation[C]//abs/2002.06714. [S.l.]: International Conference on Computational Linguistics, 2018.

[558] BAPNA A, CHEN M X, FIRAT O, et al. Training deeper neural machine translation models with transparent attention[C]//[S.l.]: Annual Meeting of the Association for Computational Linguistics, 2018: 3028-3033.

[559] DOU Z Y, TU Z, WANG X, et al. Exploiting deep representations for neural machine translation[C]//[S.l.]: Annual Meeting of the Association for Computational Linguistics, 2018: 4253-4262.

[560] WANG X, TU Z, WANG L, et al. Exploiting sentential context for neural machine translation[C]//[S.l.]: An- nual Meeting of the Association for Computational Linguistics, 2019.

[561] DOU Z Y, TU Z, WANG X, et al. Dynamic layer aggregation for neural machine translation with routing-by- agreement[C]//[S.l.]: AAAI Conference on Artificial Intelligence, 2019: 86-93.

[562] Garcia-Martinez M, Barrault L, Bougares F. Factored neural machine translation architectures[C]//[S.l.]: In- ternational Workshop on Spoken Language Translation (IWSLT'16), 2016.

[563] LEE J, CHO K, HOFMANN T. Fully character-level neural machine translation without explicit segmentation[C]//volume 5. [S.l.]: Transactions of the Association for Computational Linguistics, 2017: 365-378.

[564] LUONG M T, MANNING C. Achieving open vocabulary neural machine translation with hybrid word- character models[C]//[S.l.]: Annual Meeting of the Association for Computational Linguistics, 2016.

[565] GAGE P. A new algorithm for data compression[C]//volume 12. [S.l.]: The C Users Journal archive, 1994:23-38.

[566] KUDO T. Subword regularization: Improving neural network translation models with multiple subword can- didates[C]//[S.l.]: Annual Meeting of the Association for Computational Linguistics, 2018: 66-75.

[567] SCHUSTER M, NAKAJIMA K. Japanese and korean voice search[C]//[S.l.]: IEEE International Conference on Acoustics, Speech and Signal Processing, 2012: 5149-5152.

[568] Kudo T, Richardson J. Sentencepiece: A simple and language independent subword tokenizer and detokenizer for neural text processing[C]//[S.l.]: Conference on Empirical Methods in Natural Language Processing, 2018:66-71.

[569] Provilkov I, Emelianenko D, Voita E. Bpe-dropout: Simple and effective subword regularization[C]//[S.l.]: Annual Meeting of the Association for Computational Linguistics, 2020: 1882-1892.

[570] He X, Haffari G, Norouzi M. Dynamic programming encoding for subword segmentation in neural machine translation[C]//[S.l.]: Annual Meeting of the Association for Computational Linguistics, 2020: 3042-3051.

[571] LECUN Y, BENGIO Y, HINTON G. Deep learning[C]//volume 521. [S.l.]: Nature, 2015: 436-444.

[572] HINTON G, SRIVASTAVA N, KRIZHEVSKY A, et al. Improving neural networks by preventing co- adaptation of feature detectors[C]//abs/1207.0580. [S.l.]: CoRR, 2012.

[573] MÜLLER M, RIOS A, SENNRICH R. Domain robustness in neural machine translation[C]//[S.l.]: Associa- tion for Machine Translation in the Americas, 2020: 151-164.

[574] CARLINI N, WAGNER D. Towards evaluating the robustness of neural networks[C]//[S.l.]: IEEE Sympo- sium on Security and Privacy, 2017: 39-57.

[575] MOOSAVI-DEZFOOLI S M, FAWZI A, FROSSARD P. Deepfool: A simple and accurate method to fool deep neural networks[C]//[S.l.]: IEEE Conference on Computer Vision and Pattern Recognition, 2016: 2574-2582.

[576] CHENG Y, JIANG L, MACHEREY W. Robust neural machine translation with doubly adversarial inputs[C]//[S.l.]: Annual Meeting of the Association for Computational Linguistics, 2019: 4324-4333.

[577] NGUYEN A M, YOSINSKI J, CLUNE J. Deep neural networks are easily fooled: High confidence predic- tions for unrecognizable images[C]//[S.l.]: IEEE Conference on Computer Vision and Pattern Recognition, 2015: 427-436.

[578] SZEGEDY C, ZAREMBA W, SUTSKEVER I, et al. Intriguing properties of neural networks[C]//[S.l.]: In- ternational Conference on Learning Representations, 2014.

[579] GOODFELLOW I, SHLENS J, SZEGEDY C. Explaining and harnessing adversarial examples[C]//[S.l.]: International Conference on Learning Representations, 2015.

[580] JIA R, LIANG P. Adversarial examples for evaluating reading comprehension systems[C]//[S.l.]: Conference on Empirical Methods in Natural Language Processing, 2017: 2021-2031.

[581] BEKOULIS G, DELEU J, DEMEESTER T, et al. Adversarial training for multi-context joint entity and re- lation extraction[C]//[S.l.]: Conference on Empirical Methods in Natural Language Processing, 2018: 2830-2836.

[582] YASUNAGA M, KASAI J, RADEV D. Robust multilingual part-of-speech tagging via adversarial training [C]//[S.l.]: Annual Conference of the North American Chapter of the Association for Computational Linguis- tics, 2018: 976-986.

[583] BELINKOV Y, BISK Y. Synthetic and natural noise both break neural machine translation[C]//[S.l.]: Inter- national Conference on Learning Representations, 2018.

[584] MICHEL P, LI X, NEUBIG G, et al. On evaluation of adversarial perturbations for sequence-to-sequence models[C]//[S.l.]: Annual Conference of the North American Chapter of the Association for Computational Linguistics, 2019: 3103-3114.

[585] GONG Z, WANG W, LI B, et al. Adversarial texts with gradient methods[C]//abs/1801.07175. [S.l.]: ArXiv, 2018.

[586] VAIBHAV, SINGH S, STEWART C, et al. Improving robustness of machine translation with synthetic noise [C]//[S.l.]: Annual Conference of the North American Chapter of the Association for Computational Linguis- tics, 2019: 1916-1920.

[587] ANASTASOPOULOS A, LUI A, NGUYEN T, et al. Neural machine translation of text from non-native speakers[C]//[S.l.]: Annual Conference of the North American Chapter of the Association for Computational Linguistics, 2019: 3070-3080.

[588] RIBEIRO M T, SINGH S, GUESTRIN C. Semantically equivalent adversarial rules for debugging NLP mod- els[C]//[S.l.]: Annual Meeting of the Association for Computational Linguistics, 2018: 856-865.

[589] SAMANTA S, MEHTA S. Towards crafting text adversarial samples[C]//abs/1707.02812. [S.l.]: CoRR, 2017. [590] LIANG B, LI H, SU M, et al. Deep text classification can be fooled[C]//[S.l.]: International Joint Conference on Artificial Intelligence, 2018: 4208-4215.

[591] EBRAHIMI J, LOWD D, DOU D. On adversarial examples for character-level neural machine translation[C]//[S.l.]: International Conference on Computational Linguistics, 2018: 653-663.

[592] GAO F, ZHU J, WU L, et al. Soft contextual data augmentation for neural machine translation[C]//[S.l.]: Annual Meeting of the Association for Computational Linguistics, 2019: 5539-5544.

[593] ZHAO Z, DUA D, SINGH S. Generating natural adversarial examples[C]//[S.l.]: International Conference on Learning Representations, 2018.

[594] CHENG Y, TU Z, MENG F, et al. Towards robust neural machine translation[C]//[S.l.]: Annual Meeting of the Association for Computational Linguistics, 2018: 1756-1766.

[595] LIU H, MA M, HUANG L, et al. Robust neural machine translation with joint textual and phonetic embedding[C]//[S.l.]: Annual Meeting of the Association for Computational Linguistics, 2019: 3044-3049.

[596] CHEN S, ROSENFELD R. A gaussian prior for smoothing maximum entropy models[C]//[S.l.]: Carnegie- mellon Univ Pittsburgh Pa School of Computer Science, 1999.

[597] VINCENT P, LAROCHELLE H, BENGIO Y, et al. Extracting and composing robust features with denoising autoencoders[C]//[S.l.]: International Conference on

Machine Learning, 2008.

[598] TU Z, LIU Y, SHANG L, et al. Neural machine translation with reconstruction[C]//volume 31. [S.l.]: AAAI Conference on Artificial Intelligence, 2017.

[599] BENGIO S, VINYALS O, JAITLY N, et al. Scheduled sampling for sequence prediction with recurrent neural networks[C]//[S.l.]: Annual Conference on Neural Information Processing Systems, 2015: 1171-1179.

[600] RANZATO M, CHOPRA S, AULI M, et al. Sequence level training with recurrent neural networks[C]//[S.l.]: International Conference on Learning Representations, 2016.

[601] XU C, HU B, JIANG Y, et al. Dynamic curriculum learning for low-resource neural machine translation[C]// [S.l.]: International Committee on Computational Linguistics, 2020: 3977-3989.

[602] WU L, XIA Y, TIAN F, et al. Adversarial neural machine translation[C]//[S.l.]: Asian Conference on Machine Learning, 2018: 534-549.

[603] BAHDANAU D, BRAKEL P, XU K, et al. An actor-critic algorithm for sequence prediction[C]//[S.l.]: In- ternational Conference on Learning Representations, 2017.

[604] KAKADE S M. A natural policy gradient[C]//[S.l.]: Advances in Neural Information Processing Systems, 2001: 1531-1538.

[605] HENDERSON P, ROMOFF J, PINEAU J. Where did my optimum go?: An empirical analysis of gradient descent optimization in policy gradient methods[C]//abs/1810.02525. [S.l.]: CoRR, 2018.

[606] EDUNOV S, OTT M, AULI M, et al. Understanding back-translation at scale[C]//[S.l.]: Annual Meeting of the Association for Computational Linguistics, 2018: 489-500.

[607] KOOL W, VAN HOOF H, WELLING M. Stochastic beams and where to find them: The gumbel-top-k trick for sampling sequences without replacement[C]//[S.l.]: International Conference on Machine Learning, 2019:3499-3508.

[608] SUTTON R, BARTO A. Reinforcement learning: An introduction[M]. [S.l.]: MIT press, 2018.

[609] SILVER D, HUANG A, MADDISON C, et al. Mastering the game of go with

deep neural networks and tree search[C]//volume 529. [S.l.]: Nature, 2016: 484-489.

[610] ZAREMBA W, MIKOLOV T, JOULIN A, et al. Learning simple algorithms from examples[C]//[S.l.]: In- ternational Conference on Machine Learning, 2016: 421-429.

[611] NG A, HARADA D, RUSSELL S. Policy invariance under reward transformations: Theory and application to reward shaping[C]//[S.l.]: International Conference on Machine Learning, 1999: 278-287.

[612] LI Z, WALLACE E, SHEN S, et al. Train large, then compress: Rethinking model size for efficient training and inference of transformers[C]//[S.l.]: arXiv preprint arXiv:2002.11794, 2020.

[613] LI Z, WALLACE E, SHEN S, et al. Train large, then compress: Rethinking model size for efficient training and inference of transformers[C]//abs/2002.11794. [S.l.]: CoRR, 2020.

[614] EETEMADI S, LEWIS W, TOUTANOVA K, et al. Survey of data-selection methods in statistical machine translation[C]//volume 29. [S.l.]: Machine Translation, 2015: 189-223.

[615] BRITZ D, LE Q, PRYZANT R. Effective domain mixing for neural machine translation[C]//[S.l.]: Proceed- ings of the Second Conference on Machine Translation, 2017: 118-126.

[616] AXELROD A, HE X, GAO J. Domain adaptation via pseudo in-domain data selection[C]//[S.l.]: Conference on Empirical Methods in Natural Language Processing, 2011: 355-362.

[617] AXELROD A, RESNIK P, HE X, et al. Data selection with fewer words[C]//[S.l.]: Conference on Empirical Methods in Natural Language Processing, 2015: 58-65.

[618] WANG R, UTIYAMA M, LIU L, et al. Instance weighting for neural machine translation domain adaptation[C]//[S.l.]: Conference on Empirical Methods in Natural Language Processing, 2017: 1482-1488.

[619] MANSOUR S, WUEBKER J, NEY H. Combining translation and language model scoring for domain-specific data filtering[C]//[S.l.]: International Workshop on Spoken Language Translation, 2011: 222-229.

[620] CHEN B, HUANG F. Semi-supervised convolutional networks for translation adaptation with tiny amount of in-domain data[C]//[S.l.]: The SIGNLL Conference on Computational Natural Language Learning, 2016:314-323.

[621] CHEN B, KUHN R, FOSTER G, et al. Bilingual methods for adaptive training data selection for machine translation[C]//[S.l.]: Association for Machine Translation in the Americas, 2016: 93-103.

[622] CHEN B, CHERRY C, FOSTER G, et al. Cost weighting for neural machine translation domain adaptation[C]//[S.l.]: Annual Meeting of the Association for Computational Linguistics, 2017: 40-46.

[623] DUMA M S, MENZEL W. Automatic threshold detection for data selection in machine translation[C]//[S.l.]: Proceedings of the Second Conference on Machine Translation, 2017: 483-488.

[624] BIÇICI E, YURET D. Instance selection for machine translation using feature decay algorithms[C]//[S.l.]: Proceedings of the Sixth Workshop on Statistical Machine Translation, 2011: 272-283.

[625] PONCELAS A, MAILLETTE DE BUY WENNIGER G, WAY A. Feature decay algorithms for neural ma- chine translation[C]//[S.l.]: European Association for Machine Translation, 2018.

[626] SOTO X, SHTERIONOV D S, PONCELAS A, et al. Selecting backtranslated data from multiple sources for improved neural machine translation[C]//[S.l.]: Annual Meeting of the Association for Computational Linguistics, 2020: 3898-3908.

[627] VAN DER WEES M, BISAZZA A, MONZ C. Dynamic data selection for neural machine translation[C]// [S.l.]: Conference on Empirical Methods in Natural Language Processing, 2017: 1400-1410.

[628] WANG W, WATANABE T, HUGHES M, et al. Denoising neural machine translation training with trusted data and online data selection[C]//[S.l.]: Proceedings of the Third Conference on Machine Translation, 2018:133-143.

[629] WANG R, UTIYAMA M, SUMITA E. Dynamic sentence sampling for efficient training of neural machine translation[C]//[S.l.]: Annual Meeting of the Association for Computational Linguistics, 2018: 298-304.

[630] KHAYRALLAH H, KOEHN P. On the impact of various types of noise on neural machine translation[C]// [S.l.]: Annual Meeting of the Association for Computational Linguistics, 2018: 74-83.

[631] FORMIGA L, FONOLLOSA J A R. Dealing with input noise in statistical machine translation[C]//[S.l.]: International Conference on Computational Linguistics, 2012: 319-328.

[632] CUI L, ZHANG D, LIU S, et al. Bilingual data cleaning for SMT using graph-

based random walk[C]//[S.l.]: Annual Meeting of the Association for Computational Linguistics, 2013: 340-345.

[633] MEDIANI M. Learning from noisy data in statistical machine translation[D]. [S.l.]: Karlsruhe Institute of Technology, Germany, 2017.

[634] RARRICK S, QUIRK C, LEWIS W. Mt detection in web-scraped parallel corpora[C]//[S.l.]: Machine Trans- lation, 2011: 422-430.

[635] TAGHIPOUR K, KHADIVI S, XU J. Parallel corpus refinement as an outlier detection algorithm[C]//[S.l.]: Machine Translation, 2011: 414-421.

[636] XU H, KOEHN P. Zipporah: a fast and scalable data cleaning system for noisy web-crawled parallel corpora[C]//Conference on Empirical Methods in Natural Language Processing. [S.l.: s.n.], 2017.

[637] CARPUAT M, VYAS Y, NIU X. Detecting cross-lingual semantic divergence for neural machine translation[C]//[S.l.]: Annual Meeting of the Association for Computational Linguistics, 2017: 69-79.

[638] VYAS Y, NIU X, CARPUAT M. Identifying semantic divergences in parallel text without annotations[C]// [S.l.]: Annual Conference of the North American Chapter of the Association for Computational Linguistics, 2018: 1503-1515.

[639] WANG W, CASWELL I, CHELBA C. Dynamically composing domain-data selection with clean-data selec- tion by “co-curricular learning” for neural machine translation[C]//[S.l.]: Annual Meeting of the Association for Computational Linguistics, 2019: 1282-1292.

[640] ZHU J, WANG H, HOVY E H. Multi-criteria-based strategy to stop active learning for data annotation[C]// [S.l.]: International Conference on Computational Linguistics, 2008: 1129-1136.

[641] ZHU J, MA M. Uncertainty-based active learning with instability estimation for text classification[C]//volume 8. [S.l.]: ACM Transactions on Speech and Language Processing, 2012: 5:1-5:21.

[642] ZHU J, WANG H, YAO T, et al. Active learning with sampling by uncertainty and density for word sense dis- ambiguation and text classification[C]//[S.l.]: International Conference on Computational Linguistics, 2008:1137-1144.

[643] LIU M, BUNTINE W L, HAFFARI G. Learning to actively learn neural machine translation[C]//[S.l.]: The SIGNLL Conference on Computational Natural Language Learning, 2018: 334-344.

[644] ZHAO Y, ZHANG H, ZHOU S, et al. Active learning approaches to enhancing neural machine translation: An empirical study[C]//[S.l.]: Conference on Empirical Methods in Natural Language Processing, 2020: 1796-1806.

[645] PERIS Á, CASACUBERTA F. Active learning for interactive neural machine translation of data streams[C]// [S.l.]: The SIGNLL Conference on Computational Natural Language Learning, 2018: 151-160.

[646] TURCHI M, NEGRI M, FARAJIAN M A, et al. Continuous learning from human post-edits for neural ma- chine translation[C]//volume 108. [S.l.]: The Prague Bulletin of Mathematical Linguistics, 2017: 233-244.

[647] PERIS Á, CASACUBERTA F. Online learning for effort reduction in interactive neural machine translation[C]//volume 58. [S.l.]: Computer Speech Language, 2019: 98-126.

[648] BENGIO Y, LOURADOUR J, COLLOBERT R, et al. Curriculum learning[C]//[S.l.]: International Confer- ence on Machine Learning: 41-48.

[649] PLATANIOS E A, STRETCU O, NEUBIG G, et al. Competence-based curriculum learning for neural ma- chine translation[C]//[S.l.]: Conference of the North American Chapter of the Association for Computational Linguistics: Human Language Technologies, 2019: 1162-1172.

[650] KOCMI T, BOJAR O. Curriculum learning and minibatch bucketing in neural machine translation[C]//[S.l.]: International Conference Recent Advances in Natural Language Processing, 2017: 379-386.

[651] ZHANG X, SHAPIRO P, KUMAR G, et al. Curriculum learning for domain adaptation in neural machine translation[C]//[S.l.]: Annual Conference of the North American Chapter of the Association for Computa- tional Linguistics, 2019: 1903-1915.

[652] ZHANG X, KUMAR G, KHAYRALLAH H, et al. An empirical exploration of curriculum learning for neural machine translation[C]//[S.l.]: arXiv preprint arXiv:1811.00739, 2018.

[653] ZHOU Y, YANG B, WONG D, et al. Uncertainty-aware curriculum learning for neural machine translation[C]//[S.l.]: Annual Meeting of the Association for Computational Linguistics, 2020: 6934-6944.

[654] LI Z, HOIEM D. Learning without forgetting[C]//volume 40. [S.l.]: IEEE Transactions on Pattern Analysis and Machine Intelligence, 2018: 2935-2947.

[655] TRIKI A R, ALJUNDI R, BLASCHKO M, et al. Encoder based lifelong

learning[C]//[S.l.]: IEEE Interna- tional Conference on Computer Vision, 2017: 1329-1337.

[656] REBUFFI S A, KOLESNIKOV A, SPERL G, et al. icarl: Incremental classifier and representation learning[C]//[S.l.]: IEEE Conference on Computer Vision and Pattern Recognition, 2017: 5533-5542.

[657] CASTRO F, MARÍN-JIMÉNEZ M, GUIL N, et al. End-to-end incremental learning[C]//[S.l.]: European Conference on Computer Vision, 2018: 241-257.

[658] RUSU A, RABINOWITZ N, DESJARDINS G, et al. Progressive neural networks[C]//[S.l.]: arXiv preprint arXiv:1606.04671, 2016.

[659] FERNANDO C, BANARSE D, BLUNDELL C, et al. Pathnet: Evolution channels gradient descent in super neural networks[C]//abs/1701.08734. [S.l.]: CoRR, 2017.

[660] MICHEL P, NEUBIG G. MTNT: A testbed for machine translation of noisy text[C]//[S.l.]: Conference on Empirical Methods in Natural Language Processing, 2018: 543-553.

[661] LIU Y, CHEN X, LIU C, et al. Delving into transferable adversarial examples and black-box attacks[C]//[S.l.]: International Conference on Learning Representations, 2017.

[662] YUAN X, HE P, ZHU Q, et al. Adversarial examples: Attacks and defenses for deep learning[C]//volume 30. [S.l.]: IEEE Transactions on Neural Networks and Learning Systems, 2019: 2805-2824.

[663] YUAN X, HE P, LI X, et al. Adaptive adversarial attack on scene text recognition[C]//[S.l.]: IEEE Conference on Computer Communications, 2020: 358-363.

[664] ROSS S, GORDON G, BAGNELL D. A reduction of imitation learning and structured prediction to no-regret online learning[C]//[S.l.]: International Conference on Artificial Intelligence and Statistics, 2011: 627-635.

[665] VENKATRAMAN A, HEBERT M, BAGNELL J A. Improving multi-step prediction of learned time series models[C]//[S.l.]: AAAI Conference on Artificial Intelligence, 2015: 3024-3030.

[666] NGUYEN K, III H D, BOYD-GRABER J. Reinforcement learning for bandit neural machine translation with simulated human feedback[C]//[S.l.]: Empirical Methods in Natural Language Processing, 2017: 1464-1474.

[667] SENNRICH R, HADDOW B, BIRCH A. Improving neural machine translation

models with monolingual data[C]//[S.l.]: Annual Meeting of the Association for Computational Linguistics, 2016.

[668] WU L, TIAN F, QIN T, et al. A study of reinforcement learning for neural machine translation[C]//[S.l.]: Annual Meeting of the Association for Computational Linguistics, 2018: 3612-3621.

[669] SURENDRANATH A, JAYAGOPI D B. Curriculum learning for depth estimation with deep convolutional neural networks[C]//[S.l.]: Mediterranean Conference on Pattern Recognition and Artificial Intelligence, 2018: 95-100.

[670] CHANG H S, LEARNED-MILLER E G, MCCALLUM A. Active bias: Training more accurate neural net- works by emphasizing high variance samples[C]//[S.l.]: Annual Conference on Neural Information Processing Systems, 2017: 1002-1012.

[671] STAHLBERG F, HASLER E, SAUNDERS D, et al. Sgnmt-a flexible nmt decoding platform for quick proto- typing of new models and search strategies[C]//[S.l.]: Conference on Empirical Methods in Natural Language Processing, 2017: 25-30.

[672] STAHLBERG F, BYRNE B. On nmt search errors and model errors: Cat got your tongue?[C]//[S.l.]: Con- ference on Empirical Methods in Natural Language Processing, 2019: 3354-3360.

[673] SENNRICH R, HADDOW B, BIRCH A. Edinburgh neural machine translation systems for WMT 16[C]// [S.l.]: Annual Meeting of the Association for Computational Linguistics, 2016: 371-376.

[674] LIU L, UTIYAMA M, FINCH A M, et al. Agreement on target-bidirectional neural machine translation[C]// [S.l.]: Annual Conference of the North American Chapter of the Association for Computational Linguistics, 2016: 411-416.

[675] LI B, LI Y, XU C, et al. The niutrans machine translation systems for WMT19[C]//[S.l.]: Annual Meeting of the Association for Computational Linguistics, 2019: 257-266.

[676] STAHLBERG F, DE GISPERT A, BYRNE B. The university of cambridge's machine translation systems for wmt18[C]//[S.l.]: Annual Meeting of the Association for Computational Linguistics, 2018: 504-512.

[677] ZHANG X, SU J, QIN Y, et al. Asynchronous bidirectional decoding for neural machine translation[C]//[S.l.]: AAAI Conference on Artificial Intelligence, 2018: 5698-5705.

[678] ZHOU L, ZHANG J, ZONG C. Synchronous bidirectional neural machine

translation[C]//volume 7. [S.l.]: Transactions of the Association for Computational Linguistics, 2019: 91-105.

[679] LI A, ZHANG S, WANG D, et al. Enhanced neural machine translation by learning from draft[C]//[S.l.]: IEEE Asia-Pacific Services Computing Conference, 2017: 1583-1587.

[680] ELMAGHRABY A, RAFEA A. Enhancing translation from english to arabic using two-phase decoder trans- lation[C]//[S.l.]: Intelligent Systems and Applications, 2018: 539-549.

[681] GENG X, FENG X, QIN B, et al. Adaptive multi-pass decoder for neural machine translation[C]//[S.l.]: Con- ference on Empirical Methods in Natural Language Processing, 2018: 523-532.

[682] LEE J, MANSIMOV E, CHO K. Deterministic non-autoregressive neural sequence modeling by iterative refinement[C]//[S.l.]: Conference on Empirical Methods in Natural Language Processing, 2018: 1173-1182.

[683] GU J, WANG C, ZHAO J. Levenshtein transformer[C]//[S.l.]: Annual Conference on Neural Information Processing Systems, 2019: 11179-11189.

[684] GUO J, XU L, CHEN E. Jointly masked sequence-to-sequence model for non-autoregressive neural machine translation[C]//[S.l.]: Annual Meeting of the Association for Computational Linguistics, 2020: 376-385.

[685] MEHRI S, SIGAL L. Middle-out decoding[C]//[S.l.]: Conference on Neural Information Processing Systems, 2018: 5523-5534.

[686] STAHLBERG F, SAUNDERS D, BYRNE B. An operation sequence model for explainable neural machine translation[C]//[S.l.]: Conference on Empirical Methods in Natural Language Processing, 2018: 175-186.

[687] STERN M, CHAN W, KIROS J, et al. Insertion transformer: Flexible sequence generation via insertion op- erations[C]//[S.l.]: International Conference on Machine Learning, 2019: 5976-5985.

[688] ÖSTLING R, TIEDEMANN J. Neural machine translation for low-resource languages[C]//abs/1708.05729. [S.l.]: CoRR, 2017.

[689] KIKUCHI Y, NEUBIG G, SASANO R, et al. Controlling output length in neural encoder-decoders[C]//[S.l.]: Conference on Empirical Methods in Natural Language Processing, 2016: 1328-1338.

[690] TAKASE S, OKAZAKI N. Positional encoding to control output sequence

length[C]//[S.l.]: Annual Confer- ence of the North American Chapter of the Association for Computational Linguistics, 2019: 3999-4004.

[691] MURRAY K, CHIANG D. Correcting length bias in neural machine translation[C]//[S.l.]: Annual Meeting of the Association for Computational Linguistics, 2018: 212-223.

[692] SOUNTSOV P, SARAWAGI S. Length bias in encoder decoder models and a case for global conditioning[C]//[S.l.]: Conference on Empirical Methods in Natural Language Processing, 2016: 1516-1525.

[693] JEAN S, FIRAT O, CHO K, et al. Montreal neural machine translation systems for wmt'15[C]//[S.l.]: Con- ference on Empirical Methods in Natural Language Processing, 2015: 134-140.

[694] GUILLAUME K, YOON K, YUNTIAN D, et al. Opennmt: Open-source toolkit for neural machine transla- tion[C]//[S.l.]: Annual Meeting of the Association for Computational Linguistics, 2017: 67-72.

[695] FENG S, LIU S, YANG N, et al. Improving attention modeling with implicit distortion and fertility for machine translation[C]//[S.l.]: International Conference on Computational Linguistics, 2016: 3082-3092.

[696] YANG J, ZHANG B, QIN Y, et al. Otem&utem: Over- and under-translation evaluation metric for nmt[C]// [S.l.]: CCF International Conference on Natural Language Processing and Chinese Computing, 2018: 291-302.

[697] MI H, SANKARAN B, WANG Z, et al. Coverage embedding models for neural machine translation[C]//[S.l.]: Conference on Empirical Methods in Natural Language Processing, 2016: 955-960.

[698] KAZIMI M, COSTA-JUSSÀ M R. Coverage for character based neural machine translation[C]//volume 59. [S.l.]: arXiv preprint arXiv:1810.02340, 2017: 99-106.

[699] SAM W, ALEXANDER M R. Sequence-to-sequence learning as beam-search optimization[C]//[S.l.]: Con- ference on Empirical Methods in Natural Language Processing, 2016: 1296-1306.

[700] MINGBO M, RENJIE Z, LIANG H. Learning to stop in structured prediction for neural machine translation [C]//[S.l.]: Annual Conference of the North American Chapter of the Association for Computational Linguis- tics, 2019: 1884-1889.

[701] EISNER J, DAUMÉ H. Learning speed-accuracy tradeoffs in nondeterministic inference algorithms[C]//[S.l.]: Annual Conference on Neural Information Processing Systems, 2011.

[702] JIARONG J, ADAM R T, HAL D, et al. Learned prioritization for trading off accuracy and speed[C]//[S.l.]: Annual Conference on Neural Information Processing Systems, 2012: 1340-1348.

[703] RENJIE Z, MINGBO M, BAIGONG Z, et al. Opportunistic decoding with timely correction for simultaneous translation[C]//[S.l.]: Annual Meeting of the Association for Computational Linguistics, 2020: 437-442.

[704] MINGBO M, LIANG H, HAO X, et al. Stacl: Simultaneous translation with implicit anticipation and con- trollable latency using prefix-to-prefix framework[C]//[S.l.]: Annual Meeting of the Association for Compu- tational Linguistics, 2019: 3025-3036.

[705] PERIS Á, DOMINGO M, CASACUBERTA F. Interactive neural machine translation[C]//volume 45. [S.l.]: Computer Speech and Language, 2017: 201-220.

[706] KEVIN G, DHRUV B, CHRIS D, et al. A systematic exploration of diversity in machine translation[C]//[S.l.]: Conference on Empirical Methods in Natural Language Processing, 2013: 1100-1111.

[707] JIWEI L, DAN J. Mutual information and diverse decoding improve neural machine translation[C]//abs/1601.00372. [S.l.]: CoRR, 2016.

[708] DUAN N, LI M, XIAO T, et al. The feature subspace method for smt system combination[C]//[S.l.]: Confer- ence on Empirical Methods in Natural Language Processing, 2009: 1096-1104.

[709] XIAO T, ZHU J, ZHU M, et al. Boosting-based system combination for machine translation[C]//[S.l.]: Annual Meeting of the Association for Computational Linguistics, 2010: 739-748.

[710] LI J, GALLEY M, BROCKETT C, et al. A diversity-promoting objective function for neural conversation models[C]//[S.l.]: Annual Conference of the North American Chapter of the Association for Computational Linguistics, 2016: 110-119.

[711] HE X, HAFFARI G, NOROUZI M. Sequence to sequence mixture model for diverse machine translation[C]// [S.l.]: International Conference on Computational Linguistics, 2018: 583-592.

[712] SHEN T, OTT M, AULI M, et al. Mixture models for diverse machine translation: Tricks of the trade[C]// [S.l.]: International Conference on Machine Learning, 2019: 5719-5728.

[713] WU X, FENG Y, SHAO C. Generating diverse translation from model distribution

with dropout[C]//[S.l.]: Annual Meeting of the Association for Computational Linguistics, 2020: 1088-1097.

[714] SUN Z, HUANG S, WEI H R, et al. Generating diverse translation by manipulating multi-head attention[C]// [S.l.]: AAAI Conference on Artificial Intelligence, 2020: 8976-8983.

[715] VIJAYAKUMAR A K, COGSWELL M, SELVARAJU R R, et al. Diverse beam search: Decoding diverse solutions from neural sequence models[C]//abs/1610.02424. [S.l.]: CoRR, 2016.

[716] XIAO T, WONG D F, ZHU J. A loss-augmented approach to training syntactic machine translation systems[C]//volume 24. [S.l.]: IEEE/ACM Transactions on Audio, Speech, and Language Processing, 2016: 2069-2083.

[717] LIU L, HUANG L. Search-aware tuning for machine translation[C]//[S.l.]: Conference on Empirical Methods in Natural Language Processing, 2014: 1942-1952.

[718] YU H, HUANG L, MI H, et al. Max-violation perceptron and forced decoding for scalable mt training[C]// [S.l.]: Conference on Empirical Methods in Natural Language Processing, 2013: 1112-1123.

[719] NIEHUES J, CHO E, HA T L, et al. Analyzing neural mt search and model performance[C]//[S.l.]: Annual Meeting of the Association for Computational Linguistics, 2017: 11-17.

[720] KOEHN P, KNOWLES R. Six challenges for neural machine translation[C]//[S.l.]: Annual Meeting of the Association for Computational Linguistics, 2017: 28-39.

[721] ZHANG W, FENG Y, MENG F, et al. Bridging the gap between training and inference for neural machine translation[C]//[S.l.]: Annual Meeting of the Association for Computational Linguistics, 2019: 4334-4343.

[722] LIN J. Divergence measures based on the shannon entropy[C]//volume 37. [S.l.]: IEEE Transactions on In- formation Theory, 1991: 145-151.

[723] DABRE R, FUJITA A. Recurrent stacking of layers for compact neural machine translation models[C]//[S.l.]: AAAI Conference on Artificial Intelligence, 2019: 6292-6299.

[724] NARANG S, UNDERSANDER E, DIAMOS G. Block-sparse recurrent neural networks[C]// abs/1711. 02782. [S.l.]: CoRR, 2017.

[725] GALE T, ELSEN E, HOOKER S. The state of sparsity in deep neural networks[C]//abs/1902.09574. [S.l.]: CoRR, 2019.

[726] MICHEL P, LEVY O, NEUBIG G. Are sixteen heads really better than one?[C]//[S.l.]: Annual Conference on Neural Information Processing Systems, 2019: 14014-14024.

[727] MUN'IM R M, INOUE N, SHINODA K. Sequence-level knowledge distillation for model compression of attention-based sequence-to-sequence speech recognition[C]//[S.l.]: IEEE International Conference on Acoustics, Speech and Signal Processing, 2019: 6151-6155.

[728] KATHAROPOULOS A, VYAS A, PAPPAS N, et al. Transformers are rnns: Fast autoregressive transformers with linear attention[C]//abs/2006.16236. [S.l.]: International Conference on Machine Learning, 2020.

[729] WANG S, LI B, KHABSA M, et al. Linformer: Self-attention with linear complexity[C]//abs/2006.04768. [S.l.]: CoRR, 2020.

[730] LIU W, ZHOU P, WANG Z, et al. Fastbert: a self-distilling bert with adaptive inference time[C]//[S.l.]: Annual Meeting of the Association for Computational Linguistics, 2020: 6035-6044.

[731] ELBAYAD M, GU J, GRAVE E, et al. Depth-adaptive transformer[C]//[S.l.]: International Conference on Learning Representations, 2020.

[732] JACOB B, KLIGYS S, CHEN B, et al. Quantization and training of neural networks for efficient integer- arithmetic-only inference[C]//[S.l.]: IEEE Conference on Computer Vision and Pattern Recognition, 2018: 2704-2713.

[733] PRATO G, CHARLAIX E, REZAGHOLIZADEH M. Fully quantized transformer for improved translation[C]//abs/1910.10485. [S.l.]: CoRR, 2019.

[734] HUBARA I, COURBARIAUX M, SOUDRY D, et al. Binarized neural networks[C]//[S.l.]: Annual Confer- ence on Neural Information Processing Systems, 2016: 4107-4115.

[735] ZHOU C, NEUBIG G, GU J. Understanding knowledge distillation in non-autoregressive machine translation[C]//abs/1911.02727. [S.l.]: ArXiv, 2020.

[736] GUO J, TAN X, XU L, et al. Fine-tuning by curriculum learning for non-autoregressive neural machine trans- lation[C]//[S.l.]: AAAI Conference on Artificial Intelligence, 2020: 7839-7846.

[737] WEI B, WANG M, ZHOU H, et al. Imitation learning for non-autoregressive

neural machine translation[C]// [S.l.]: Annual Meeting of the Association for Computational Linguistics, 2019: 1304-1312.

[738] GUO J, TAN X, HE D, et al. Non-autoregressive neural machine translation with enhanced decoder input[C]// [S.l.]: AAAI Conference on Artificial Intelligence, 2019: 3723-3730.

[739] WANG Y, TIAN F, HE D, et al. Non-autoregressive machine translation with auxiliary regularization[C]// [S.l.]: AAAI Conference on Artificial Intelligence, 2019: 5377-5384.

[740] MA X, ZHOU C, LI X, et al. Flowseq: Non-autoregressive conditional sequence generation with generative flow[C]//[S.l.]: Conference on Empirical Methods in Natural Language Processing, 2019: 4281-4291.

[741] ŁUKASZ KAISER, ROY A, VASWANI A, et al. Fast decoding in sequence models using discrete latent variables[C]//[S.l.]: International Conference on Machine Learning, 2018: 2395-2404.

[742] RAN Q, LIN Y, LI P, et al. Learning to recover from multi-modality errors for non-autoregressive neural machine translation[C]//[S.l.]: Annual Meeting of the Association for Computational Linguistics, 2020: 3059-3069.

[743] TU L, PANG R Y, WISEMAN S, et al. Engine: Energy-based inference networks for non-autoregressive machine translation[C]//[S.l.]: Annual Meeting of the Association for Computational Linguistics, 2020: 2819-2826.

[744] SHU R, LEE J, NAKAYAMA H, et al. Latent-variable non-autoregressive neural machine translation with deterministic inference using a delta posterior[C]//[S.l.]: AAAI Conference on Artificial Intelligence, 2020:8846-8853.

[745] LI Z, LIN Z, HE D, et al. Hint-based training for non-autoregressive machine translation[C]//[S.l.]: Confer- ence on Empirical Methods in Natural Language Processing, 2019: 5707-5712.

[746] AKOURY N, KRISHNA K, IYYER M. Syntactically supervised transformers for faster neural machine trans- lation[C]//[S.l.]: Annual Meeting of the Association for Computational Linguistics, 2019: 1269-1281.

[747] WANG C, ZHANG J, CHEN H. Semi-autoregressive neural machine translation[C]//[S.l.]: Conference on Empirical Methods in Natural Language Processing, 2018: 479-488.

[748] RAN Q, LIN Y, LI P, et al. Guiding non-autoregressive neural machine translation decoding with reordering information[C]//abs/1911.02215. [S.l.]: CoRR, 2019.

[749] GHAZVININEJAD M, LEVY O, LIU Y, et al. Mask-predict: Parallel decoding of conditional masked lan- guage models[C]//[S.l.]: Conference on Empirical Methods in Natural Language Processing, 2019: 6111-6120.

[750] KASAI J, CROSS J, GHAZVININEJAD M, et al. Non-autoregressive machine translation with disentangled context transformer[C]//[S.l.]: arXiv: Computation and Language, 2020.

[751] FREUND Y, SCHAPIRE R E. A decision-theoretic generalization of on-line learning and an application to boosting[C]//volume 55. [S.l.]: Journal of Computer and System Sciences, 1997: 119-139.

[752] SIM K C, BYRNE W J, GALES M J F, et al. Consensus network decoding for statistical machine translation system combination[C]//[S.l.]: Proceedings of the IEEE International Conference on Acoustics, Speech, and Signal Processing, 2007: 105-108.

[753] ROSTI A V I, MATSOUKAS S, SCHWARTZ R M. Improved word-level system combination for machine translation[C]//[S.l.]: Annual Meeting of the Association for Computational Linguistics, 2007.

[754] ROSTI A V I, ZHANG B, MATSOUKAS S, et al. Incremental hypothesis alignment for building confusion networks with application to machine translation system combination[C]//[S.l.]: Proceedings of the Third Workshop on Statistical Machine Translation, 2008: 183-186.

[755] LI J, MONROE W, JURAFSKY D. A simple, fast diverse decoding algorithm for neural generation[C]//abs/1611.08562. [S.l.]: CoRR, 2016.

[756] WANG M, GONG L, ZHU W, et al. Tencent neural machine translation systems for wmt18[C]//[S.l.]: Annual Meeting of the Association for Computational Linguistics, 2018: 522-527.

[757] ZHANG Y, WANG Z, CAO R, et al. The niutrans machine translation systems for wmt20[C]//[S.l.]: Annual Meeting of the Association for Computational Linguistics, 2020: 336-343.

[758] TROMBLE R, KUMAR S, OCH F J, et al. Lattice minimum bayes-risk decoding for statistical machine translation[C]//[S.l.]: Conference on Empirical Methods in Natural Language Processing, 2008: 620-629.

[759] SU J, TAN Z, XIONG D, et al. Lattice-based recurrent neural network encoders for neural machine translation[C]//[S.l.]: AAAI Conference on Artificial Intelligence, 2017: 3302-3308.

[760] HELD L, SABANÉS BOVÉ D. Applied statistical inference[C]//volume 10. [S.l.]: Springer, 2014: 16.

[761] SILVEY S D. Statistical inference[C]//[S.l.]: Encyclopedia of Social Network Analysis and Mining, 2018.

[762] BEAL M J. Variational algorithms for approximate bayesian inference[C]//[S.l.]: University College London, 2003.

[763] LI Z, EISNER J, KHUDANPUR S. Variational decoding for statistical machine translation[C]//[S.l.]: Annual Meeting of the Association for Computational Linguistics, 2009: 593-601.

[764] BASTINGS J, AZIZ W, TITOV I, et al. Modeling latent sentence structure in neural machine translation[C]//abs/1901.06436. [S.l.]: CoRR, 2019.

[765] SHAH H, BARBER D. Generative neural machine translation[C]//[S.l.]: Annual Conference on Neural In- formation Processing Systems, 2018: 1353-1362.

[766] SU J, WU S, XIONG D, et al. Variational recurrent neural machine translation[C]//[S.l.]: AAAI Conference on Artificial Intelligence, 2018: 5488-5495.

[767] ZHANG B, XIONG D, SU J, et al. Variational neural machine translation[C]//[S.l.]: Annual Meeting of the Association for Computational Linguistics, 2016: 521-530.

[768] FAN A, GRAVE E, JOULIN A. Reducing transformer depth on demand with structured dropout[C]//[S.l.]: International Conference on Learning Representations, 2020.

[769] WANG Q, XIAO T, ZHU J. Training flexible depth model by multi-task learning for neural machine translation[C]//[S.l.]: Conference on Empirical Methods in Natural Language Processing, 2020: 4307-4312.

[770] XU C, ZHOU W, GE T, et al. Bert-of-theseus: Compressing BERT by progressive module replacing[C]// [S.l.]: Conference on Empirical Methods in Natural Language Processing, 2020.

[771] BAEVSKI A, AULI M. Adaptive input representations for neural language modeling[C]//[S.l.]: arXiv preprint arXiv:1809.10853, 2019.

[772] MEHTA S, KONCEL-KEDZIORSKI R, RASTEGARI M, et al. Define: Deep factorized input word embed- dings for neural sequence modeling[C]//abs/1911.12385. [S.l.]: CoRR, 2019.

[773] MA X, ZHANG P, ZHANG S, et al. A tensorized transformer for language modeling[C]//abs/1906.09777. [S.l.]: CoRR, 2019.

[774] YANG Z, LUONG T, SALAKHUTDINOV R, et al. Mixtape: Breaking the softmax bottleneck efficiently[C]//[S.l.]: Conference on Neural Information Processing Systems, 2019: 15922-15930.

[775] KASAI J, PAPPAS N, PENG H, et al. Deep encoder, shallow decoder: Reevaluating the speed-quality tradeoff in machine translation[C]//abs/2006.10369. [S.l.]: CoRR, 2020.

[776] HU C, LI B, LI Y, et al. The niutrans system for wngt 2020 efficiency task[C]//[S.l.]: Annual Meeting of the Association for Computational Linguistics, 2020: 204-210.

[777] HSU Y T, GARG S, LIAO Y H, et al. Efficient inference for neural machine translation[C]//abs/2010.02416. [S.l.]: CoRR, 2020.

[778] HAN S, POOL J, TRAN J, et al. Learning both weights and connections for efficient neural network[C]// [S.l.]: Annual Conference on Neural Information Processing Systems, 2015: 1135-1143.

[779] LEE N, AJANTHAN T, TORR P H S. Snip: single-shot network pruning based on connection sensitivity[C]// [S.l.]: International Conference on Learning Representations, 2019.

[780] FRANKLE J, CARBIN M. The lottery ticket hypothesis: Finding sparse, trainable neural networks[C]//[S.l.]: International Conference on Learning Representations, 2019.

[781] BRIX C, BAHAR P, NEY H. Successfully applying the stabilized lottery ticket hypothesis to the transformer architecture[C]//[S.l.]: Annual Meeting of the Association for Computational Linguistics, 2020: 3909-3915.

[782] LIU Z, LI J, SHEN Z, et al. Learning efficient convolutional networks through network slimming[C]//[S.l.]: IEEE International Conference on Computer Vision, 2017: 2755-2763.

[783] LIU Z, SUN M, ZHOU T, et al. Rethinking the value of network pruning[C]//abs/1810.05270. [S.l.]: ArXiv, 2019.

[784] CHEONG R, DANIEL R. transformers.zip : Compressing transformers with pruning and quantization[C]// [S.l.]: Stanford University, 2019.

[785] BANNER R, HUBARA I, HOFFER E, et al. Scalable methods for 8-bit training of

neural networks[C]//[S.l.]: Conference on Neural Information Processing Systems, 2018: 5151-5159.

[786] HUBARA I, COURBARIAUX M, SOUDRY D, et al. Quantized neural networks: Training neural networks with low precision weights and activations[C]//volume 18. [S.l.]: Journal of Machine Learning Reseach, 2017: 187:1-187:30.

[787] TANG R, LU Y, LIU L, et al. Distilling task-specific knowledge from BERT into simple neural networks[C]//abs/1903.12136. [S.l.]: CoRR, 2019.

[788] GHAZVININEJAD M, KARPUKHIN V, ZETTLEMOYER L, et al. Aligned cross entropy for non- autoregressive machine translation[C]//abs/2004.01655. [S.l.]: CoRR, 2020.

[789] SHAO C, ZHANG J, FENG Y, et al. Minimizing the bag-of-ngrams difference for non-autoregressive neural machine translation[C]//[S.l.]: AAAI Conference on Artificial Intelligence, 2020: 198-205.

[790] STERN M, SHAZEER N, USZKOREIT J. Blockwise parallel decoding for deep autoregressive models[C]// [S.l.]: Annual Conference on Neural Information Processing Systems 2018, 2018: 10107-10116.

[791] BATTAGLIA P, HAMRICK J, BAPST V, et al. Relational inductive biases, deep learning, and graph networks[C]//abs/1806.01261. [S.l.]: CoRR, 2018.

[792] HUANG Z, LIANG D, XU P, et al. Improve transformer models with better relative position embeddings[C]// [S.l.]: Conference on Empirical Methods in Natural Language Processing, 2020: 3327-3335.

[793] WANG X, TU Z, WANG L, et al. Self-attention with structural position representations[C]//[S.l.]: Conference on Empirical Methods in Natural Language Processing, 2019: 1403-1409.

[794] CHEN T Q, RUBANOVA Y, BETTENCOURT J, et al. Neural ordinary differential equations[C]//[S.l.]: An- nual Conference on Neural Information Processing Systems, 2018: 6572-6583.

[795] GUO Q, QIU X, LIU P, et al. Multi-scale self-attention for text classification[C]//[S.l.]: AAAI Conference on Artificial Intelligence, 2020: 7847-7854.

[796] ETHAYARAJH K. How contextual are contextualized word representations? comparing the geometry of bert, elmo, and GPT-2 embeddings[C]//[S.l.]: Conference on Empirical Methods in Natural Language Processing, 2019: 55-65.

[797] XIE S, GIRSHICK R, DOLLÁR P, et al. Aggregated residual transformations for deep neural networks[C]// [S.l.]: IEEE Conference on Computer Vision and Pattern Recognition, 2017: 5987-5995.

[798] SO D, LE Q, LIANG C. The evolved transformer[C]//volume 97. [S.l.]: International Conference on Machine Learning, 2019: 5877-5886.

[799] YAN J, MENG F, ZHOU J. Multi-unit transformers for neural machine translation[C]//[S.l.]: Conference on Empirical Methods in Natural Language Processing, 2020: 1047-1059.

[800] FAN Y, XIE S, XIA Y, et al. Multi-branch attentive transformer[C]//abs/2006.10270. [S.l.]: CoRR, 2020. [801] AHMED K, KESKAR N S, SOCHER R. Weighted transformer network for machine translation[C]//abs/1711.02132. [S.l.]: CoRR, 2017.

[802] 李北, 王強, 肖桐, 等. 面向神經機器翻譯的集成學習方法分析[C]//第 33 卷. 北京: 中文資訊學報, 2019. [803] VEIT A, WILBER M, BELONGIE S. Residual networks behave like ensembles of relatively shallow networks[C]//[S.l.]: Annual Conference on Neural Information Processing Systems, 2016: 550-558.

[804] GREFF K, SRIVASTAVA R K, SCHMIDHUBER J. Highway and residual networks learn unrolled iterative estimation[C]//[S.l.]: International Conference on Learning Representations, 2017.

[805] CHANG B, MENG L, HABER E, et al. Multi-level residual networks from dynamical systems view[C]// [S.l.]: International Conference on Learning Representations, 2018.

[806] DEHGHANI M, GOUWS S, VINYALS O, et al. Universal transformers[C]//[S.l.]: International Conference on Learning Representations, 2019.

[807] LAN Z, CHEN M, GOODMAN S, et al. Albert: A lite bert for self-supervised learning of language represen- tations[C]//[S.l.]: International Conference on Learning Representations, 2020.

[808] HAO J, WANG X, YANG B, et al. Modeling recurrence for transformer[C]//[S.l.]: Annual Conference of the North American Chapter of the Association for Computational Linguistics, 2019: 1198-1207.

[809] QIU J, MA H, LEVY O, et al. Blockwise self-attention for long document understanding[C]//[S.l.]: Confer- ence on Empirical Methods in Natural Language Processing, 2020: 2555-2565.

[810] LIU P, SALEH M, POT E, et al. Generating wikipedia by summarizing long sequences[C]//[S.l.]: International Conference on Learning Representations, 2018.

[811] BELTAGY I, PETERS M, COHAN A. Longformer: The long-document transformer[C]//abs/2004.05150. [S.l.]: CoRR, 2020.

[812] ROY A, SAFFAR M, VASWANI A, et al. Efficient content-based sparse attention with routing transformers [C]//abs/2003.05997. [S.l.]: CoRR, 2020.

[813] CHOROMANSKI K, LIKHOSHERSTOV V, DOHAN D, et al. Rethinking attention with performers[C]//abs/2009.14794. [S.l.]: CoRR, 2020.

[814] XIONG R, YANG Y, HE D, et al. On layer normalization in the transformer architecture[C]//abs/2002.04745. [S.l.]: International Conference on Machine Learning, 2020.

[815] LIU L, LIU X, GAO J, et al. Understanding the difficulty of training transformers[C]//[S.l.]: Annual Meeting of the Association for Computational Linguistics, 2020: 5747-5763.

[816] HE K, ZHANG X, REN S, et al. Identity mappings in deep residual networks[C]//volume 9908. [S.l.]: Euro- pean Conference on Computer Vision, 2016: 630-645.

[817] OTT M, EDUNOV S, BAEVSKI A, et al. fairseq: A fast, extensible toolkit for sequence modeling[C]//[S.l.]: Annual Meeting of the Association for Computational Linguistics, 2019: 48-53.

[818] LI B, WANG Z, LIU H, et al. Learning light-weight translation models from deep transformer[C]//abs/2012.13866. [S.l.]: CoRR, 2020.

[819] WEI X, YU H, HU Y, et al. Multiscale collaborative deep models for neural machine translation[C]//[S.l.]: Annual Meeting of the Association for Computational Linguistics, 2020: 414-426.

[820] SRIVASTAVA R K, GREFF K, SCHMIDHUBER J. Training very deep networks[C]//[S.l.]: Conference on Neural Information Processing Systems, 2015: 2377-2385.

[821] BALDUZZI D, FREAN M, LEARY L, et al. The shattered gradients problem: If resnets are the answer, then what is the question?[C]//volume 70. [S.l.]: International Conference on Machine Learning, 2017: 342-350.

[822] ALLEN-ZHU Z, LI Y, SONG Z. A convergence theory for deep learning via over-parameterization[C]//volume 97. [S.l.]: International Conference on Machine

Learning, 2019: 242-252.

[823] DU S, LEE J, LI H, et al. Gradient descent finds global minima of deep neural networks[C]//volume 97. [S.l.]: International Conference on Machine Learning, 2019: 1675-1685.

[824] HE K, ZHANG X, REN S, et al. Delving deep into rectifiers: Surpassing human-level performance on ima- genet classification[C]//[S.l.]: IEEE International Conference on Computer Vision, 2015: 1026-1034.

[825] XU H, LIU Q, VAN GENABITH J, et al. Lipschitz constrained parameter initialization for deep transformers[C]//[S.l.]: Annual Meeting of the Association for Computational Linguistics, 2020: 397-402.

[826] Huang X S, Perez J, Ba J, et al. Improving transformer optimization through better initialization[C]//[S.l.]: International Conference on Machine Learning, 2020.

[827] WU L, WANG Y, XIA Y, et al. Depth growing for neural machine translation[C]//[S.l.]: Annual Meeting of the Association for Computational Linguistics, 2019: 5558-5563.

[828] HUANG G, LIU Z, VAN DER MAATEN L, et al. Densely connected convolutional networks[C]//[S.l.]: IEEE Conference on Computer Vision and Pattern Recognition, 2017: 2261-2269.

[829] LI J, XIONG D, TU Z, et al. Modeling source syntax for neural machine translation[C]//[S.l.]: Annual Meeting of the Association for Computational Linguistics, 2017: 688-697.

[830] ERIGUCHI A, HASHIMOTO K, TSURUOKA Y. Tree-to-sequence attentional neural machine translation[C]//[S.l.]: Annual Meeting of the Association for Computational Linguistics, 2016.

[831] CHEN H, HUANG S, CHIANG D, et al. Improved neural machine translation with a syntax-aware encoder and decoder[C]//[S.l.]: Annual Meeting of the Association for Computational Linguistics, 2017: 1936-1945.

[832] SENNRICH R, HADDOW B. Linguistic input features improve neural machine translation[C]//[S.l.]: Annual Meeting of the Association for Computational Linguistics, 2016: 83-91.

[833] SHI X, PADHI I, KNIGHT K. Does string-based neural MT learn source syntax?[C]//[S.l.]: Annual Meeting of the Association for Computational Linguistics, 2016: 1526-1534.

[834] BUGLIARELLO E, OKAZAKI N. Enhancing machine translation with dependency-aware self-attention[C]// [S.l.]: Annual Meeting of the Association for Computational Linguistics, 2020: 1618-1627.

[835] ALVAREZ-MELIS D, JAAKKOLA T. Tree-structured decoding with doubly-recurrent neural networks[C]// [S.l.]: International Conference on Learning Representations, 2017.

[836] DYER C, KUNCORO A, BALLESTEROS M, et al. Recurrent neural network grammars[C]//[S.l.]: Annual Meeting of the Association for Computational Linguistics, 2016: 199-209.

[837] LUONG M T, LE Q, SUTSKEVER I, et al. Multi-task sequence to sequence learning[C]//[S.l.]: International Conference on Learning Representations, 2016.

[838] WU S, ZHANG D, YANG N, et al. Sequence-to-dependency neural machine translation[C]//[S.l.]: Annual Meeting of the Association for Computational Linguistics, 2017: 698-707.

[839] ZOPH B, LE Q. Neural architecture search with reinforcement learning[C]//[S.l.]: International Conference on Learning Representations, 2017.

[840] ZOPH B, VASUDEVAN V, SHLENS J, et al. Learning transferable architectures for scalable image recogni- tion[C]//[S.l.]: IEEE Conference on Computer Vision and Pattern Recognition, 2018: 8697-8710.

[841] REAL E, AGGARWAL A, HUANG Y, et al. Aging evolution for image classifier architecture search[C]// [S.l.]: AAAI Conference on Artificial Intelligence, 2019.

[842] MILLER G, TODD P, HEGDE S. Designing neural networks using genetic algorithms[C]//[S.l.]: International Conference on Genetic Algorithms, 1989: 379-384.

[843] KOZA J, RICE J. Genetic generation of both the weights and architecture for a neural network[C]//volume 2. [S.l.]: international joint conference on neural networks, 1991: 397-404.

[844] HARP S, SAMAD T, GUHA A. Designing application-specific neural networks using the genetic algorithm[C]//[S.l.]: Advances in Neural Information Processing Systems, 1989: 447-454.

[845] KITANO H. Designing neural networks using genetic algorithms with graph generation system[C]//volume 4. [S.l.]: Complex Systems, 1990.

[846] LIU H, SIMONYAN K, YANG Y. DARTS: differentiable architecture

search[C]//[S.l.]: International Con- ference on Learning Representations, 2019.

[847] LI Y, HU C, ZHANG Y, et al. Learning architectures from an extended search space for language modeling[C]//[S.l.]: Annual Meeting of the Association for Computational Linguistics, 2020: 6629-6639.

[848] JIANG Y, HU C, XIAO T, et al. Improved differentiable architecture search for language modeling and named entity recognition[C]//[S.l.]: Annual Meeting of the Association for Computational Linguistics, 2019: 3583-3588.

[849] PHAM H, GUAN M, ZOPH B, et al. Efficient neural architecture search via parameter sharing[C]//volume 80. [S.l.]: International Conference on Machine Learning, 2018: 4092-4101.

[850] CHEN D, LI Y, QIU M, et al. Adabert: Task-adaptive BERT compression with differentiable neural architec- ture search[C]//[S.l.]: International Joint Conference on Artificial Intelligence, 2020: 2463-2469.

[851] WANG H, WU Z, LIU Z, et al. HAT: hardware-aware transformers for efficient natural language processing[C]//[S.l.]: Annual Meeting of the Association for Computational Linguistics, 2020: 7675-7688.

[852] REAL E, LIANG C, SO D, et al. Automl-zero: Evolving machine learning algorithms from scratch[C]//abs/2003.03384. [S.l.]: CoRR, 2020.

[853] FAN Y, TIAN F, XIA Y, et al. Searching better architectures for neural machine translation[C]//volume 28. [S.l.]: IEEE Transactions on Audio, Speech, and Language Processing, 2020: 1574-1585.

[854] ANGELINE P, SAUNDERS G, POLLACK J. An evolutionary algorithm that constructs recurrent neural networks[C]//volume 5. [S.l.]: IEEE Transactions on Neural Networks, 1994: 54-65.

[855] STANLEY K, MIIKKULAINEN R. Evolving neural networks through augmenting topologies[C]//vol- ume 10. [S.l.]: Evolutionary computation, 2002: 99-127.

[856] REAL E, MOORE S, SELLE A, et al. Large-scale evolution of image classifiers[C]//volume 70. [S.l.]: Inter- national Conference on Machine Learning, 2017: 2902-2911.

[857] ELSKEN T, METZEN J H, HUTTER F. Efficient multi-objective neural architecture search via lamarckian evolution[C]//[S.l.]: International Conference on Learning Representations, 2019.

[858] LIU H, SIMONYAN K, VINYALS O, et al. Hierarchical representations for efficient architecture search[C]// [S.l.]: International Conference on Learning Representations, 2018.

[859] WU B, DAI X, ZHANG P, et al. Fbnet: Hardware-aware efficient convnet design via differentiable neural architecture search[C]//[S.l.]: IEEE Conference on Computer Vision and Pattern Recognition, 2019: 10734-10742.

[860] XU Y, XIE L, ZHANG X, et al. PC-DARTS: partial channel connections for memory-efficient architecture search[C]//[S.l.]: International Conference on Learning Representations, 2020.

[861] KLEIN A, FALKNER S, BARTELS S, et al. Fast bayesian optimization of machine learning hyperparameters on large datasets[C]//volume 54. [S.l.]: International Conference on Artificial Intelligence and Statistics, 2017: 528-536.

[862] CHRABASZCZ P, LOSHCHILOV I, HUTTER F. A downsampled variant of imagenet as an alternative to the CIFAR datasets[C]//abs/1707.08819. [S.l.]: CoRR, 2017.

[863] ZELA A, KLEIN A, FALKNER S, et al. Towards automated deep learning: Efficient joint neural architecture and hyperparameter search[C]//[S.l.]: International Conference on Machine Learning, 2018.

[864] CAI H, CHEN T, ZHANG W, et al. Efficient architecture search by network transformation[C]//[S.l.]: AAAI Conference on Artificial Intelligence, 2018: 2787-2794.

[865] DOMHAN T, SPRINGENBERG J T, HUTTER F. Speeding up automatic hyperparameter optimization of deep neural networks by extrapolation of learning curves[C]//[S.l.]: International Joint Conference on Artifi- cial Intelligence, 2015: 3460-3468.

[866] KLEIN A, FALKNER S, SPRINGENBERG J T, et al. Learning curve prediction with bayesian neural net- works[C]//[S.l.]: International Conference on Learning Representations, 2017.

[867] BAKER B, GUPTA O, RASKAR R, et al. Accelerating neural architecture search using performance predic- tion[C]//[S.l.]: International Conference on Learning Representations, 2018.

[868] LUO R, TIAN F, QIN T, et al. Neural architecture optimization[C]//[S.l.]: Advances in Neural Information Processing Systems, 2018: 7827-7838.

[869] XIA Y, TAN X, TIAN F, et al. Microsoft research asia's systems for

WMT19[C]//[S.l.]: Annual Meeting of the Association for Computational Linguistics, 2019: 424-433.

[870] RAMACHANDRAN P, ZOPH B, LE Q V. Searching for activation functions[C]//[S.l.]: International Con- ference on Learning Representations, 2018.

[871] ZHU W, WANG X, QIU X, et al. Autotrans: Automating transformer design via reinforced architecture search[C]//abs/2009.02070. [S.l.]: CoRR, 2020.

[872] TSAI H, OOI J, FERNG C S, et al. Finding fast transformers: One-shot neural architecture search by compo- nent composition[C]//abs/2008.06808. [S.l.]: CoRR, 2020.

[873] LI J, TU Z, YANG B, et al. Multi-head attention with disagreement regularization[C]//[S.l.]: Conference on Empirical Methods in Natural Language Processing, 2018: 2897-2903.

[874] HAO J, WANG X, SHI S, et al. Multi-granularity self-attention for neural machine translation[C]//[S.l.]: Conference on Empirical Methods in Natural Language Processing, 2019: 887-897.

[875] LIN J, SUN X, REN X, et al. Learning when to concentrate or divert attention: Self-adaptive attention tem- perature for neural machine translation[C]//[S.l.]: Conference on Empirical Methods in Natural Language Processing, 2018: 2985-2990.

[876] SETIAWAN H, SPERBER M, NALLASAMY U, et al. Variational neural machine translation with normal- izing flows[C]//[S.l.]: Annual Meeting of the Association for Computational Linguistics, 2020.

[877] GUO Q, QIU X, LIU P, et al. Star-transformer[C]//[S.l.]: Annual Conference of the North American Chapter of the Association for Computational Linguistics, 2019: 1315-1325.

[878] FADAEE M, BISAZZA A, MONZ C. Data augmentation for low-resource neural machine translation[C]// [S.l.]: Annual Meeting of the Association for Computational Linguistics, 2017: 567-573.

[879] WANG X, PHAM H, DAI Z, et al. Switchout: an efficient data augmentation algorithm for neural machine translation[C]//[S.l.]: Conference on Empirical Methods in Natural Language Processing, 2018: 856-861.

[880] MARTON Y, CALLISON-BURCH C, RESNIK P. Improved statistical machine translation using mono- lingually-derived paraphrases[C]//[S.l.]: Annual Meeting of the Association for Computational Linguistics, 2009: 381-390.

[881] MALLINSON J, SENNRICH R, LAPATA M. Paraphrasing revisited with neural machine translation[C]// [S.l.]: Annual Conference of the European Association for Machine Translation, 2017: 881-893.

[882] SHORTEN C, KHOSHGOFTAAR T M. A survey on image data augmentation for deep learning[C]//vol- ume 6. [S.l.]: Journal of Big Data, 2019: 60.

[883] HOANG C D V, KOEHN P, HAFFARI G, et al. Iterative back-translation for neural machine translation[C]// [S.l.]: Annual Meeting of the Association for Computational Linguistics, 2018: 18-24.

[884] LAMPLE G, CONNEAU A, DENOYER L, et al. Unsupervised machine translation using monolingual cor- pora only[C]//[S.l.]: International Conference on Learning Representations, 2018.

[885] LAMPLE G, OTT M, CONNEAU A, et al. Phrase-based & neural unsupervised machine translation[C]// [S.l.]: Annual Meeting of the Association for Computational Linguistics, 2018: 5039-5049.

[886] CURREY A, BARONE A V M, HEAFIELD K. Copied monolingual data improves low-resource neural machine translation[C]//[S.l.]: Annual Meeting of the Association for Computational Linguistics, 2017: 148-156.

[887] IMAMURA K, FUJITA A, SUMITA E. Enhancement of encoder and attention using target monolingual corpora in neural machine translation[C]//[S.l.]: Annual Meeting of the Association for Computational Lin- guistics, 2018: 55-63.

[888] WU L, WANG Y, XIA Y, et al. Exploiting monolingual data at scale for neural machine translation[C]//[S.l.]: Annual Meeting of the Association for Computational Linguistics, 2019: 4205-4215.

[889] OTT M, AULI M, GRANGIER D, et al. Analyzing uncertainty in neural machine translation[C]//volume 80. [S.l.]: International Conference on Machine Learning, 2018: 3953-3962.

[890] ZHANG J, ZONG C. Exploiting source-side monolingual data in neural machine translation[C]//[S.l.]: Con- ference on Empirical Methods in Natural Language Processing, 2016: 1535-1545.

[891] FARHAN W, TALAFHA B, ABUAMMAR A, et al. Unsupervised dialectal neural machine translation[C]//volume 57. [S.l.]: Information Processing & Management, 2020: 102181.

[892] BHAGAT R, HOVY E. What is a paraphrase?[C]//volume 39. [S.l.]: Computational Linguistics, 2013: 463-472.

[893] MADNANI N, DORR B. Generating phrasal and sentential paraphrases: A survey of data-driven methods[C]//volume 36. [S.l.]: Computational Linguistics, 2010: 341-387.

[894] GUO Y, HU J. Meteor++ 2.0: Adopt syntactic level paraphrase knowledge into machine translation evaluation[C]//[S.l.]: Annual Meeting of the Association for Computational Linguistics, 2019: 501-506.

[895] ZHOU Z, SPERBER M, WAIBEL A. Paraphrases as foreign languages in multilingual neural machine trans- lation[C]//[S.l.]: Annual Meeting of the Association for Computational Linguistics, 2019: 113-122.

[896] ADAFRE S F, DE RIJKE M. Finding similar sentences across multiple languages in wikipedia[C]//[S.l.]: Annual Conference of the European Association for Machine Translation, 2006.

[897] MUNTEANU D S, MARCU D. Improving machine translation performance by exploiting non-parallel cor- pora[C]//volume 31. [S.l.]: Computational Linguistics, 2005: 477-504.

[898] WU L, ZHU J, HE D, et al. Machine translation with weakly paired documents[C]//[S.l.]: Annual Meeting of the Association for Computational Linguistics, 2019: 4374-4383.

[899] YASUDA K, SUMITA E. Method for building sentence-aligned corpus from wikipedia[C]//[S.l.]: AAAI Conference on Artificial Intelligence, 2008.

[900] SMITH J, QUIRK C, TOUTANOVA K. Extracting parallel sentences from comparable corpora using doc- ument level alignment[C]//[S.l.]: Annual Meeting of the Association for Computational Linguistics, 2010:403-411.

[901] MIKOLOV T, LE Q V, SUTSKEVER I. Exploiting similarities among languages for machine translation[C]//abs/1309.4168. [S.l.]: CoRR, 2013.

[902] RUDER S, VULIC I, SØGAARD A. A survey of cross-lingual word embedding models[C]//volume 65. [S.l.]: Journal of Artificial Intelligence Research, 2019: 569-631.

[903] CAGLAR G, ORHAN F, KELVIN X, et al. On using monolingual corpora in neural machine translation[C]// [S.l.]: Computer Science, 2015.

[904] GÜLÇEHRE Ç, FIRAT O, XU K, et al. On integrating a language model into neural machine translation[C]//volume 45. [S.l.]: Computational Linguistics, 2017: 137-148.

[905] STAHLBERG F, CROSS J, STOYANOV V. Simple fusion: Return of the language model[C]//[S.l.]: Annual Meeting of the Association for Computational Linguistics, 2018: 204-211.

[906] TU Z, LIU Y, LU Z, et al. Context gates for neural machine translation[C]//volume 5. [S.l.]: Annual Meeting of the Association for Computational Linguistics, 2017: 87-99.

[907] DAI A, LE Q. Semi-supervised sequence learning[C]//[S.l.]: Annual Conference on Neural Information Pro- cessing Systems, 2015: 3079-3087.

[908] COLLOBERT R, WESTON J. A unified architecture for natural language processing: deep neural networks with multitask learning[C]//volume 307. [S.l.]: International Conference on Machine Learning, 2008: 160-167.

[909] ALMEIDA F, XEXÉO G. Word embeddings: A survey[C]//[S.l.]: CoRR, 2019.

[910] NEISHI M, SAKUMA J, TOHDA S, et al. A bag of useful tricks for practical neural machine translation: Em- bedding layer initialization and large batch size[C]//[S.l.]: Asian Federation of Natural Language Processing, 2017: 99-109.

[911] QI Y, SACHAN D S, FELIX M, et al. When and why are pre-trained word embeddings useful for neural machine translation?[C]//[S.l.]: Annual Conference of the North American Chapter of the Association for Computational Linguistics, 2018.

[912] PETERS M, AMMAR W, BHAGAVATULA C, et al. Semi-supervised sequence tagging with bidirectional language models[C]//[S.l.]: Annual Meeting of the Association for Computational Linguistics, 2017: 1756-1765.

[913] CLINCHANT S, JUNG K W, NIKOULINA V. On the use of BERT for neural machine translation[C]//[S.l.]: Annual Meeting of the Association for Computational Linguistics, 2019: 108-117.

[914] IMAMURA K, SUMITA E. Recycling a pre-trained BERT encoder for neural machine translation[C]//[S.l.]: Annual Meeting of the Association for Computational Linguistics, 2019: 23-31.

[915] EDUNOV S, BAEVSKI A, AULI M. Pre-trained language model representations for language generation[C]// [S.l.]: Annual Conference of the North American Chapter of the Association for Computational Linguistics, 2019: 4052-4059.

[916] HE T, TAN X, QIN T. Hard but robust, easy but sensitive: How encoder and decoder perform in neural machine translation[C]//abs/1908.06259. [S.l.]: CoRR, 2019.

[917] ZHU J, XIA Y, WU L, et al. Incorporating BERT into neural machine translation[C]//[S.l.]: International Conference on Learning Representations, 2020.

[918] YANG J, WANG M, ZHOU H, et al. Towards making the most of BERT in neural machine translation[C]// [S.l.]: AAAI Conference on Artificial Intelligence, 2020: 9378-9385.

[919] SONG K, TAN X, QIN T, et al. MASS: masked sequence to sequence pre-training for language generation[C]//volume 97. [S.l.]: International Conference on Machine Learning, 2019: 5926-5936.

[920] LEWIS M, LIU Y, GOYAL N, et al. BART: denoising sequence-to-sequence pre-training for natural language generation, translation, and comprehension[C]//[S.l.]: Annual Meeting of the Association for Computational Linguistics, 2020: 7871-7880.

[921] QI W, YAN Y, GONG Y, et al. Prophetnet: Predicting future n-gram for sequence-to-sequence pre-training[C]//[S.l.]: Annual Meeting of the Association for Computational Linguistics, 2020: 2401-2410.

[922] WENG R, YU H, HUANG S, et al. Acquiring knowledge from pre-trained model to neural machine translation[C]//[S.l.]: AAAI Conference on Artificial Intelligence, 2020: 9266-9273.

[923] LIU Y, GU J, GOYAL N, et al. Multilingual denoising pre-training for neural machine translation[C]//volume 8. [S.l.]: Transactions of the Association for Computational Linguistics, 2020: 726-742.

[924] JI B, ZHANG Z, DUAN X, et al. Cross-lingual pre-training based transfer for zero-shot neural machine trans- lation[C]//[S.l.]: AAAI Conference on Artificial Intelligence, 2020: 115-122.

[925] YANG Z, HU B, HAN A, et al. CSP: code-switching pre-training for neural machine translation[C]//[S.l.]: Conference on Empirical Methods in Natural Language Processing, 2020: 2624-2636.

[926] VARIS D, BOJAR O. Unsupervised pretraining for neural machine translation using elastic weight consoli- dation[C]//[S.l.]: Annual Meeting of the Association for Computational Linguistics, 2019: 130-135.

[927] RUDER S. An overview of multi-task learning in deep neural networks[C]//abs/1706.05098. [S.l.]: CoRR, 2017.

[928] CARUANA R. Multitask learning[M]//[S.l.]: Springer, 1998: 95-133.

[929] LIU X, HE P, CHEN W, et al. Multi-task deep neural networks for natural language understanding[C]//[S.l.]: Annual Meeting of the Association for Computational Linguistics, 2019: 4487-4496.

[930] DOMHAN T, HIEBER F. Using target-side monolingual data for neural machine translation through multi- task learning[C]//[S.l.]: Conference on Empirical Methods in Natural Language Processing, 2017: 1500-1505.

[931] DONG D, WU H, HE W, et al. Multi-task learning for multiple language translation[C]//[S.l.]: Annual Meet- ing of the Association for Computational Linguistics, 2015: 1723-1732.

[932] JOHNSON M, SCHUSTER M, LE Q V, et al. Google's multilingual neural machine translation system: Enabling zero-shot translation[C]//volume 5. [S.l.]: Transactions of the Association for Computational Lin- guistics, 2017: 339-351.

[933] ZHANG Z, LIU S, LI M, et al. Joint training for neural machine translation models with monolingual data[C]//[S.l.]: AAAI Conference on Artificial Intelligence, 2018: 555-562.

[934] SUN M, JIANG B, XIONG H, et al. Baidu neural machine translation systems for WMT19[C]//[S.l.]: Annual Meeting of the Association for Computational Linguistics, 2019: 374-381.

[935] XIA Y, QIN T, CHEN W, et al. Dual supervised learning[C]//volume 70. [S.l.]: International Conference on Machine Learning, 2017: 3789-3798.

[936] XIA Y, TAN X, TIAN F, et al. Model-level dual learning[C]//[S.l.]: International Conference on Machine Learning, 2018: 5379-5388.

[937] QIN T. Dual learning for machine translation and beyond[M]//[S.l.]: Springer, 2020: 49-72.

[938] HE D, XIA Y, QIN T, et al. Dual learning for machine translation[C]//[S.l.: s.n.], 2016: 820-828.

[939] ZHAO Z, XIA Y, QIN T, et al. Dual learning: Theoretical study and an algorithmic extension[C]//[S.l.]: arXiv preprint arXiv:2005.08238, 2020.

[940] SUTTON R, MCALLESTER D A, SINGH S, et al. Policy gradient methods for reinforcement learning with function approximation[C]//[S.l.]: The MIT Press, 1999: 1057-1063.

[941] DABRE R, CHU C, KUNCHUKUTTAN A. A survey of multilingual neural machine translation[C]//volume 53. [S.l.]: ACM Computing Surveys, 2020: 1-38.

[942] WU H, WANG H. Pivot language approach for phrase-based statistical machine translation[C]//volume 21. [S.l.]: Machine Translation, 2007: 165-181.

[943] KIM Y, PETROV P, PETRUSHKOV P, et al. Pivot-based transfer learning for neural machine translation between non-english languages[C]//[S.l.]: Annual Meeting of the Association for Computational Linguistics, 2019: 866-876.

[944] UTIYAMA M, ISAHARA H. A comparison of pivot methods for phrase-based statistical machine translation[C]//[S.l.]: Annual Meeting of the Association for Computational Linguistics, 2007: 484-491.

[945] ZAHABI S T, BAKHSHAEI S, KHADIVI S. Using context vectors in improving a machine translation system with bridge language[C]//[S.l.]: Annual Meeting of the Association for Computational Linguistics, 2013: 318-322.

[946] ZHU X, HE Z, WU H, et al. Improving pivot-based statistical machine translation by pivoting the co- occurrence count of phrase pairs[C]//[S.l.]: Conference on Empirical Methods in Natural Language Process- ing, 2014: 1665-1675.

[947] MIURA A, NEUBIG G, SAKTI S, et al. Improving pivot translation by remembering the pivot[C]//[S.l.]: Annual Meeting of the Association for Computational Linguistics, 2015: 573-577.

[948] COHN T, LAPATA M. Machine translation by triangulation: Making effective use of multi-parallel corpora[C]//[S.l.]: Annual Meeting of the Association for Computational Linguistics, 2007.

[949] WU H, WANG H. Revisiting pivot language approach for machine translation[C]//[S.l.]: Annual Meeting of the Association for Computational Linguistics, 2009: 154-162.

[950] DE GISPERT A, MARINO J B. Catalan-english statistical machine translation without parallel corpus: bridg- ing through spanish[C]//[S.l.]: International Conference on Language Resources and Evaluation, 2006: 65-68.

[951] CHENG Y, LIU Y, YANG Q, et al. Neural machine translation with pivot languages[C]//abs/1611.04928. [S.l.]: CoRR, 2016.

[952] PAUL M, YAMAMOTO H, SUMITA E, et al. On the importance of pivot language selection for statistical machine translation[C]//[S.l.]: Annual Conference of the North American Chapter of the Association for Computational Linguistics, 2009: 221-224.

[953] TAN X, REN Y, HE D, et al. Multilingual neural machine translation with knowledge distillation[C]//[S.l.]: International Conference on Learning

Representations, 2019.

[954] GU J, WANG Y, CHEN Y, et al. Meta-learning for low-resource neural machine translation[C]//[S.l.]: Con- ference on Empirical Methods in Natural Language Processing, 2018: 3622-3631.

[955] FINN C, ABBEEL P, LEVINE S. Model-agnostic meta-learning for fast adaptation of deep networks[C]// [S.l.]: International Conference on Machine Learning, 2017: 1126-1135.

[956] GU J, HASSAN H, DEVLIN J, et al. Universal neural machine translation for extremely low resource lan- guages[C]//[S.l.]: Annual Conference of the North American Chapter of the Association for Computational Linguistics, 2018: 344-354.

[957] KOCMI T, BOJAR O. Trivial transfer learning for low-resource neural machine translation[C]//[S.l.]: Annual Meeting of the Association for Computational Linguistics, 2018: 244-252.

[958] JI B, ZHANG Z, DUAN X, et al. Cross-lingual pre-training based transfer for zero-shot neural machine trans- lation[C]//volume 34. [S.l.]: Proceedings of the AAAI Conference on Artificial Intelligence, 2020: 115-122.

[959] LIN Z, PAN X, WANG M, et al. Pre-training multilingual neural machine translation by leveraging alignment information[C]//[S.l.]: Conference on Empirical Methods in Natural Language Processing, 2020: 2649-2663.

[960] RIKTERS M, PINNIS M, KRISLAUKS R. Training and adapting multilingual NMT for less-resourced and morphologically rich languages[C]//[S.l.]: European Language Resources Association, 2018.

[961] FIRAT O, CHO K, BENGIO Y. Multi-way, multilingual neural machine translation with a shared attention mechanism[C]//[S.l.]: Annual Conference of the North American Chapter of the Association for Computa- tional Linguistics, 2016: 866-875.

[962] ZHANG B, WILLIAMS P, TITOV I, et al. Improving massively multilingual neural machine translation and zero-shot translation[C]//[S.l.]: Annual Meeting of the Association for Computational Linguistics, 2020:1628-1639.

[963] FAN A, BHOSALE S, SCHWENK H, et al. Beyond english-centric multilingual machine translation[C]//abs/2010.11125. [S.l.]: CoRR, 2020.

[964] 黃書劍. 統計機器翻譯中的詞對齊研究[C]//南京: 南京大學, 2012.

[965] VULIC I, KORHONEN A. On the role of seed lexicons in learning bilingual word embeddings[C]//[S.l.]: Annual Meeting of the Association for Computational Linguistics, 2016.

[966] SMITH S L, TURBAN D H P, HAMBLIN S, et al. Offline bilingual word vectors, orthogonal transformations and the inverted softmax[C]//[S.l.]: International Conference on Learning Representations, 2017.

[967] ARTETXE M, LABAKA G, AGIRRE E. Learning bilingual word embeddings with (almost) no bilingual data[C]//[S.l.]: Annual Meeting of the Association for Computational Linguistics, 2017: 451-462.

[968] XU R, YANG Y, OTANI N, et al. Unsupervised cross-lingual transfer of word embedding spaces[C]//[S.l.]: Conference on Empirical Methods in Natural Language Processing, 2018: 2465-2474.

[969] SCHNEMANN, PETER. A generalized solution of the orthogonal procrustes problem[C]//volume 31. [S.l.]: Psychometrika, 1966: 1-10.

[970] LAMPLE G, CONNEAU A, RANZATO M, et al. Word translation without parallel data[C]//[S.l.]: Interna- tional Conference on Learning Representations, 2018.

[971] ZHANG M, LIU Y, LUAN H, et al. Adversarial training for unsupervised bilingual lexicon induction[C]// [S.l.]: Annual Meeting of the Association for Computational Linguistics, 2017: 1959-1970.

[972] MOHIUDDIN T, JOTY S R. Revisiting adversarial autoencoder for unsupervised word translation with cycle consistency and improved training[C]//[S.l.]: Annual Meeting of the Association for Computational Linguis- tics, 2019: 3857-3867.

[973] ALVAREZ-MELIS D, JAAKKOLA T S. Gromov-wasserstein alignment of word embedding spaces[C]// [S.l.]: Conference on Empirical Methods in Natural Language Processing, 2018: 1881-1890.

[974] GARNEAU N, GODBOUT M, BEAUCHEMIN D, et al. A robust self-learning method for fully unsupervised cross-lingual mappings of word embeddings: Making the method robustly reproducible as well[C]//[S.l.]: Language Resources and Evaluation Conference, 2020: 5546-5554.

[975] ALAUX J, GRAVE E, CUTURI M, et al. Unsupervised hyperalignment for multilingual word embeddings[C]//[S.l.]: International Conference on Learning Representations, 2018.

[976] XING C, WANG D, LIU C, et al. Normalized word embedding and orthogonal

transform for bilingual word translation[C]//[S.l.]: Annual Conference of the North American Chapter of the Association for Computa- tional Linguistics, 2015: 1006-1011.

[977] ZHANG M, LIU Y, LUAN H, et al. Earth mover's distance minimization for unsupervised bilingual lexicon induction[C]//[S.l.]: Conference on Empirical Methods in Natural Language Processing, 2017: 1934-1945.

[978] HARTMANN M, KEMENTCHEDJHIEVA Y, SØGAARD A. Empirical observations on the instability of aligning word vector spaces with gans[C]//[S.l.]: openreview.net, 2018.

[979] DOU Z Y, ZHOU Z H, HUANG S. Unsupervised bilingual lexicon induction via latent variable models[C]// [S.l.]: Conference on Empirical Methods in Natural Language Processing, 2018: 621-626.

[980] HUANG J, QIU Q, CHURCH K. Hubless nearest neighbor search for bilingual lexicon induction[C]//[S.l.]: Annual Meeting of the Association for Computational Linguistics, 2019: 4072-4080.

[981] JOULIN A, BOJANOWSKI P, MIKOLOV T, et al. Loss in translation: Learning bilingual word mapping with a retrieval criterion[C]//[S.l.]: Conference on Empirical Methods in Natural Language Processing, 2018: 2979-2984.

[982] CHEN X, CARDIE C. Unsupervised multilingual word embeddings[C]//[S.l.]: Conference on Empirical Methods in Natural Language Processing, 2018: 261-270.

[983] TAITELBAUM H, CHECHIK G, GOLDBERGER J. Multilingual word translation using auxiliary languages[C]//[S.l.]: Conference on Empirical Methods in Natural Language Processing, 2019: 1330-1335.

[984] HEYMAN G, VERREET B, VULIC I, et al. Learning unsupervised multilingual word embeddings with in- cremental multilingual hubs[C]//[S.l.]: Annual Conference of the North American Chapter of the Association for Computational Linguistics, 2019: 1890-1902.

[985] HOSHEN Y, WOLF L. Non-adversarial unsupervised word translation[C]//[S.l.]: Annual Meeting of the Association for Computational Linguistics, 2018: 469-478.

[986] MUKHERJEE T, YAMADA M, HOSPEDALES T. Learning unsupervised word translations without adver- saries[C]//[S.l.]: Conference on Empirical Methods in Natural Language Processing, 2018: 627-632.

[987] VULIC I, GLAVAS G, REICHART R, et al. Do we really need fully unsupervised

cross-lingual embeddings? [C]//[S.l.]: Conference on Empirical Methods in Natural Language Processing, 2019: 4406-4417.

[988] LI Y, LUO Y, LIN Y, et al. A simple and effective approach to robust unsupervised bilingual dictionary induction[C]//[S.l.]: International Conference on Computational Linguistics, 2020.

[989] SØGAARD A, RUDER S, VULIC I. On the limitations of unsupervised bilingual dictionary induction[C]// [S.l.]: Annual Meeting of the Association for Computational Linguistics, 2018: 778-788.

[990] MARIE B, FUJITA A. Iterative training of unsupervised neural and statistical machine translation systems[C]//volume 19. [S.l.]: ACM Transactions on Asian and Low-Resource Language Information Processing, 2020: 68:1-68:21.

[991] ARTETXE M, LABAKA G, AGIRRE E. Unsupervised statistical machine translation[C]//[S.l.]: Conference on Empirical Methods in Natural Language Processing, 2018: 3632-3642.

[992] ARTETXE M, LABAKA G, AGIRRE E. An effective approach to unsupervised machine translation[C]// [S.l.]: Annual Meeting of the Association for Computational Linguistics, 2019: 194-203.

[993] POURDAMGHANI N, ALDARRAB N, GHAZVININEJAD M, et al. Translating translationese: A two-step approach to unsupervised machine translation[C]//[S.l.]: Annual Meeting of the Association for Computa- tional Linguistics, 2019: 3057-3062.

[994] CONNEAU A, LAMPLE G. Cross-lingual language model pretraining[C]//[S.l.]: Annual Conference on Neu- ral Information Processing Systems, 2019: 7057-7067.

[995] SUN C, SHRIVASTAVA A, SINGH S, et al. Revisiting unreasonable effectiveness of data in deep learning era[C]//[S.l.]: IEEE International Conference on Computer Vision, 2017: 843-852.

[996] DUH K, NEUBIG G, SUDOH K, et al. Adaptation data selection using neural language models: Experiments in machine translation[C]//[S.l.]: Annual Meeting of the Association for Computational Linguistics, 2013: 678-683.

[997] MATSOUKAS S, ROSTI A V I, ZHANG B. Discriminative corpus weight estimation for machine translation[C]//[S.l.]: Conference on Empirical Methods in Natural Language Processing, 2009: 708-717.

[998] FOSTER G F, GOUTTE C, KUHN R. Discriminative instance weighting for

domain adaptation in statistical machine translation[C]//[S.l.]: Conference on Empirical Methods in Natural Language Processing, 2010: 451-459.

[999] ZHU J, HOVY E H. Active learning for word sense disambiguation with methods for addressing the class imbalance problem[C]//[S.l.]: Conference on Empirical Methods in Natural Language Processing, 2007: 783-790.

[1000] SHAH K, BARRAULT L, SCHWENK H. Translation model adaptation by resampling[C]//[S.l.]: Annual Meeting of the Association for Computational Linguistics, 2010: 392-399.

[1001] UTIYAMA M, ISAHARA H. Reliable measures for aligning japanese-english news articles and sentences[C]//[S.l.]: Annual Meeting of the Association for Computational Linguistics, 2003: 72-79.

[1002] BERTOLDI N, FEDERICO M. Domain adaptation for statistical machine translation with monolingual re- sources[C]//[S.l.]: Annual Meeting of the Association for Computational Linguistics, 2009: 182-189.

[1003] CHU C, DABRE R, KUROHASHI S. An empirical comparison of domain adaptation methods for neural machine translation[C]//[S.l.]: Annual Meeting of the Association for Computational Linguistics, 2017: 385-391.

[1004] FARAJIAN M A, TURCHI M, NEGRI M, et al. Neural vs. phrase-based machine translation in a multi- domain scenario[C]//[S.l.]: Annual Conference of the European Association for Machine Translation, 2017:280-284.

[1005] ZENG J, LIU Y, SU J, et al. Iterative dual domain adaptation for neural machine translation[C]//[S.l.]: Con- ference on Empirical Methods in Natural Language Processing, 2019: 845-855.

[1006] BARONE A V M, HADDOW B, GERMANN U, et al. Regularization techniques for fine-tuning in neu- ral machine translation[C]//[S.l.]: Conference on Empirical Methods in Natural Language Processing, 2017:1489-1494.

[1007] KHAYRALLAH H, KUMAR G, DUH K, et al. Neural lattice search for domain adaptation in machine trans- lation[C]//[S.l.]: International Joint Conference on Natural Language Processing, 2017: 20-25.

[1008] SENNRICH R. Perplexity minimization for translation model domain adaptation in statistical machine trans- lation[C]//[S.l.]: Annual Meeting of the Association for Computational Linguistics, 2012: 539-549.

[1009] FREITAG M, AL-ONAIZAN Y. Fast domain adaptation for neural machine translation[C]//abs/1612.06897. [S.l.]: CoRR, 2016.

[1010] SAUNDERS D, STAHLBERG F, DE GISPERT A, et al. Domain adaptive inference for neural machine trans- lation[C]//[S.l.]: Annual Meeting of the Association for Computational Linguistics, 2019: 222-228.

[1011] BAPNA A, FIRAT O. Non-parametric adaptation for neural machine translation[C]//[S.l.]: Annual Confer- ence of the North American Chapter of the Association for Computational Linguistics, 2019: 1921-1931.

[1012] XIA M, KONG X, ANASTASOPOULOS A, et al. Generalized data augmentation for low-resource translation[C]//[S.l.]: Annual Meeting of the Association for Computational Linguistics, 2019: 5786-5796.

[1013] FADAEE M, MONZ C. Back-translation sampling by targeting difficult words in neural machine translation[C]//[S.l.]: Annual Meeting of the Association for Computational Linguistics, 2018: 436-446.

[1014] XU N, LI Y, XU C, et al. Analysis of back-translation methods for low-resource neural machine translation[C]//volume 11839. [S.l.]: Natural Language Processing and Chinese Computing, 2019: 466-475.

[1015] CASWELL I, CHELBA C, GRANGIER D. Tagged back-translation[C]//[S.l.]: Annual Meeting of the Asso- ciation for Computational Linguistics, 2019: 53-63.

[1016] DOU Z Y, ANASTASOPOULOS A, NEUBIG G. Dynamic data selection and weighting for iterative back- translation[C]//[S.l.]: Conference on Empirical Methods in Natural Language Processing, 2020: 5894-5904.

[1017] WANG S, LIU Y, WANG C, et al. Improving back-translation with uncertainty-based confidence estimation[C]//[S.l.]: Annual Meeting of the Association for Computational Linguistics, 2019: 791-802.

[1018] LI G, LIU L, HUANG G, et al. Understanding data augmentation in neural machine translation: Two perspec- tives towards generalization[C]//[S.l.]: Annual Meeting of the Association for Computational Linguistics, 2019: 5688-5694.

[1019] MARIE B, RUBINO R, FUJITA A. Tagged back-translation revisited: Why does it really work?[C]//[S.l.]: Annual Meeting of the Association for Computational Linguistics, 2020: 5990-5997.

[1020] YANG Z, DAI Z, YANG Y, et al. Xlnet: Generalized autoregressive pretraining for language understanding[C]//[S.l.]: Annual Conference on Neural Information Processing Systems, 2019: 5754-5764.

[1021] LAN Z, CHEN M, GOODMAN S, et al. ALBERT: A lite BERT for self-supervised learning of language representations[C]//[S.l.]: International

Conference on Learning Representations, 2020.

[1022] ZHANG Z, HAN X, LIU Z, et al. ERNIE: enhanced language representation with informative entities[C]// [S.l.]: Annual Meeting of the Association for Computational Linguistics, 2019: 1441-1451.

[1023] HUANG H, LIANG Y, DUAN N, et al. Unicoder: A universal language encoder by pre-training with multiple cross-lingual tasks[C]//[S.l.]: Conference on Empirical Methods in Natural Language Processing, 2019: 2485-2494.

[1024] SUN C, MYERS A, VONDRICK C, et al. Videobert: A joint model for video and language representation learning[C]//[S.l.]: International Conference on Computer Vision, 2019: 7463-7472.

[1025] LU J, BATRA D, PARIKH D, et al. Vilbert: Pretraining task-agnostic visiolinguistic representations for vision- and-language tasks[C]//[S.l.]: Annual Annual Conference on Neural Information Processing Systems, 2019:13-23.

[1026] CHUANG Y S, LIU C L, YI LEE H, et al. Speechbert: An audio-and-text jointly learned language model for end-to-end spoken question answering[C]//[S.l.]: Annual Conference of the International Speech Communi- cation Association, 2020: 4168-4172.

[1027] PETERS M, RUDER S, SMITH N A. To tune or not to tune? adapting pretrained representations to diverse tasks[C]//[S.l.]: Annual Meeting of the Association for Computational Linguistics, 2019: 7-14.

[1028] SUN C, QIU X, XU Y, et al. How to fine-tune BERT for text classification?[C]//volume 11856. [S.l.]: Chinese Computational Linguistics, 2019: 194-206.

[1029] HA T L, NIEHUES J, WAIBEL A H. Toward multilingual neural machine translation with universal encoder and decoder[C]//abs/1611.04798. [S.l.]: CoRR, 2016.

[1030] BLACKWOOD G W, BALLESTEROS M, WARD T. Multilingual neural machine translation with task- specific attention[C]//[S.l.]: International Conference on Computational Linguistics, 2018: 3112-3122.

[1031] SACHAN D S, NEUBIG G. Parameter sharing methods for multilingual self-attentional translation models[C]//[S.l.]: Annual Meeting of the Association for Computational Linguistics, 2018: 261-271.

[1032] LU Y, KEUNG P, LADHAK F, et al. A neural interlingua for multilingual machine translation[C]//[S.l.]: Annual Meeting of the Association for

Computational Linguistics, 2018: 84-92.

[1033] WANG Y, ZHOU L, ZHANG J, et al. A compact and language-sensitive multilingual translation method[C]// [S.l.]: Annual Meeting of the Association for Computational Linguistics, 2019: 1213-1223.

[1034] WANG X, PHAM H, ARTHUR P, et al. Multilingual neural machine translation with soft decoupled encoding[C]//[S.l.]: International Conference on Learning Representations, 2019.

[1035] TAN X, CHEN J, HE D, et al. Multilingual neural machine translation with language clustering[C]//[S.l.]: Conference on Empirical Methods in Natural Language Processing, 2019: 963-973.

[1036] FIRAT O, SANKARAN B, AL-ONAIZAN Y, et al. Zero-resource translation with multi-lingual neural ma- chine translation[C]//[S.l.]: Conference on Empirical Methods in Natural Language Processing, 2016: 268-277.

[1037] SESTORAIN L, CIARAMITA M, BUCK C, et al. Zero-shot dual machine translation[C]//abs/1805.10338. [S.l.]: CoRR, 2018.

[1038] AL-SHEDIVAT M, PARIKH A P. Consistency by agreement in zero-shot neural machine translation[C]// [S.l.]: Annual Conference of the North American Chapter of the Association for Computational Linguistics, 2019: 1184-1197.

[1039] ARIVAZHAGAN N, BAPNA A, FIRAT O, et al. The missing ingredient in zero-shot neural machine trans- lation[C]//abs/1903.07091. [S.l.]: CoRR, 2019.

[1040] GU J, WANG Y, CHO K, et al. Improved zero-shot neural machine translation via ignoring spurious correla- tions[C]//[S.l.]: Annual Meeting of the Association for Computational Linguistics, 2019: 1258-1268.

[1041] CURREY A, HEAFIELD K. Zero-resource neural machine translation with monolingual pivot data[C]//[S.l.]: Conference on Empirical Methods in Natural Language Processing, 2019: 99-107.

[1042] 洪青陽, 李琳. 語音辨識：原理與應用[M]. 北京: 電子工業出版社, 2020.

[1043] 陳果果, 都家宇, 那興宇, 等. Kaldi 語音辨識實戰[M]. 北京: 電子工業出版社, 2020.

[1044] SAINATH T N, WEISS R J, SENIOR A W, et al. Learning the speech front-end with raw waveform cldnns[C]//[S.l.]: Annual Conference of the International Speech Communication Association, 2015: 1-5.

[1045] RAHMAN MOHAMED A, HINTON G E, PENN G. Understanding how deep belief networks perform acous- tic modelling[C]//[S.l.]: International Conference on Acoustics, Speech and Signal Processing, 2012: 4273-4276.

[1046] GALES M J F, YOUNG S J. The application of hidden markov models in speech recognition[C]//[S.l.]: Found Trends Signal Process, 2007: 195-304.

[1047] RAHMAN MOHAMED A, DAHL G E, HINTON G E. Acoustic modeling using deep belief networks[C]// [S.l.]: IEEE Transactions on Speech and Audio Processing, 2012: 14-22.

[1048] HINTON G, DENG L, YU D, et al. Deep neural networks for acoustic modeling in speech recognition: The shared views of four research groups[C]//[S.l.]: IEEE Signal Processing Magazine, 2012: 82-97.

[1049] CHOROWSKI J, BAHDANAU D, SERDYUK D, et al. Attention-based models for speech recognition[C]// [S.l.]: Annual Conference on Neural Information Processing Systems, 2015: 577-585.

[1050] CHAN W, JAITLY N, LE Q V, et al. Listen, attend and spell: A neural network for large vocabulary conver- sational speech recognition[C]//[S.l.]: International Conference on Acoustics, Speech and Signal Processing, 2016: 4960-4964.

[1051] DUONG L, ANASTASOPOULOS A, CHIANG D, et al. An attentional model for speech translation without transcription[C]//[S.l.]: Annual Conference of the North American Chapter of the Association for Computa- tional Linguistics, 2016: 949-959.

[1052] WEISS R J, CHOROWSKI J, JAITLY N, et al. Sequence-to-sequence models can directly translate foreign speech[C]//[S.l.]: International Symposium on Computer Architecture, 2017: 2625-2629.

[1053] BERARD A, PIETQUIN O, SERVAN C, et al. Listen and translate: A proof of concept for end-to-end speech- to-text translation[C]//[S.l.]: Conference and Workshop on Neural Information Processing Systems, 2016.

[1054] GANGI M A D, NEGRI M, CATTONI R, et al. Enhancing transformer for end-to-end speech-to-text transla- tion[C]//[S.l.]: European Association for Machine Translation, 2019: 21-31.

[1055] GRAVES A, FERNÁNDEZ S, GOMEZ F J, et al. Connectionist temporal classification: labelling unseg- mented sequence data with recurrent neural networks[C]//volume 148. [S.l.]: International Conference on Machine Learning, 2006: 369-376.

[1056] WATANABE S, HORI T, KIM S, et al. Hybrid ctc/attention architecture for end-to-end speech recognition[C]//[S.l.]: IEEE Journal of Selected Topics in Signal Processing, 2017: 1240-1253.

[1057] KIM S, HORI T, WATANABE S. Joint ctc-attention based end-to-end speech recognition using multi-task learning[C]//[S.l.]: International Conference on Acoustics, Speech and Signal Processing, 2017: 4835-4839.

[1058] SHI B, BAI X, YAO C. An end-to-end trainable neural network for image-based sequence recognition and its application to scene text recognition[C]//[S.l.]: IEEE Transactions on Pattern Analysis and Machine Intelli- gence, 2017: 2298-2304.

[1059] ANASTASOPOULOS A, CHIANG D. Tied multitask learning for neural speech translation[C]//[S.l.]: An- nual Conference of the North American Chapter of the Association for Computational Linguistics, 2018:82-91.

[1060] BAHAR P, BIESCHKE T, NEY H. A comparative study on end-to-end speech to text translation[C]//[S.l.]: IEEE Automatic Speech Recognition and Understanding Workshop, 2019: 792-799.

[1061] BANSAL S, KAMPER H, LIVESCU K, et al. Pre-training on high-resource speech recognition improves low-resource speech-to-text translation[C]//[S.l.]: Annual Conference of the North American Chapter of the Association for Computational Linguistics, 2019: 58-68.

[1062] BERARD A, BESACIER L, KOCABIYIKOGLU A C, et al. End-to-end automatic speech translation of audiobooks[C]//[S.l.]: International Conference on Acoustics, Speech and Signal Processing, 2018: 6224-6228.

[1063] JIA Y, JOHNSON M, MACHEREY W, et al. Leveraging weakly supervised data to improve end-to-end speech-to-text translation[C]//[S.l.]: International Conference on Acoustics, Speech and Signal Processing, 2019: 7180-7184.

[1064] WU A, WANG C, PINO J, et al. Self-supervised representations improve end-to-end speech translation[C]// [S.l.]: International Symposium on Computer Architecture, 2020: 1491-1495.

[1065] LIU Y, XIONG H, ZHANG J, et al. End-to-end speech translation with knowledge distillation[C]//[S.l.]: Annual Conference of the International Speech Communication Association, 2019: 1128-1132.

[1066] ALINEJAD A, SARKAR A. Effectively pretraining a speech translation decoder with machine translation data[C]//[S.l.]: Conference on Empirical Methods in Natural Language Processing, 2020: 8014-8020.

[1067] KANO T, SAKTI S, NAKAMURA S. Structured-based curriculum learning for end-to-end english-japanese speech translation[C]//[S.l.]: Annual Conference of the International Speech Communication Association, 2017: 2630-2634.

[1068] WANG C, WU Y, LIU S, et al. Curriculum pre-training for end-to-end speech translation[C]//[S.l.]: Annual Meeting of the Association for Computational Linguistics, 2020: 3728-3738.

[1069] SPECIA L, FRANK S, SIMA'AN K, et al. A shared task on multimodal machine translation and crosslingual image description[C]//[S.l.]: Annual Meeting of the Association for Computational Linguistics, 2016: 543-553.

[1070] CAGLAYAN O, ARANSA W, BARDET A, et al. LIUM-CVC submissions for WMT17 multimodal transla- tion task[C]//[S.l.]: Annual Meeting of the Association for Computational Linguistics, 2017: 432-439.

[1071] LIBOVICKÝ J, HELCL J, TLUSTÝ M, et al. CUNI system for WMT16 automatic post-editing and multi- modal translation tasks[C]//[S.l.]: Annual Meeting of the Association for Computational Linguistics, 2016:646-654.

[1072] CALIXTO I, LIU Q. Incorporating global visual features into attention-based neural machine translation[C]// [S.l.]: Conference on Empirical Methods in Natural Language Processing, 2017: 992-1003.

[1073] DELBROUCK J B, DUPONT S. Modulating and attending the source image during encoding improves mul- timodal translation[C]//[S.l.]: Conference and Workshop on Neural Information Processing Systems, 2017.

[1074] HELCL J, LIBOVICKÝ J, VARIS D. CUNI system for the WMT18 multimodal translation task[C]//[S.l.]: Annual Meeting of the Association for Computational Linguistics, 2018: 616-623.

[1075] ELLIOTT D, KÁDÁR Á. Imagination improves multimodal translation[C]//[S.l.]: International Joint Con- ference on Natural Language Processing, 2017: 130-141.

[1076] YIN Y, MENG F, SU J, et al. A novel graph-based multi-modal fusion encoder for neural machine translation[C]//[S.l.]: Annual Meeting of the Association for Computational Linguistics, 2020: 3025-3035.

[1077] ZHAO Y, KOMACHI M, KAJIWARA T, et al. Double attention-based multimodal neural machine trans- lation with semantic image regions[C]//[S.l.]: Annual Conference of the European Association for Machine Translation, 2020: 105-114.

[1078] ELLIOTT D, FRANK S, HASLER E. Multi-language image description with neural sequence models[J].CoRR, 2015, abs/1510.04709.

[1079] MADHYASTHA P S, WANG J, SPECIA L. Sheffield multimt: Using object posterior predictions for mul- timodal machine translation[C]//[S.l.]: Annual Meeting of the Association for Computational Linguistics, 2017: 470-476.

[1080] YAO S, WAN X. Multimodal transformer for multimodal machine translation[C]//[S.l.]: Annual Meeting of the Association for Computational Linguistics, 2020: 4346-4350.

[1081] LU J, YANG J, BATRA D, et al. Hierarchical question-image co-attention for visual question answering[C]// [S.l.]: Conference on Neural Information Processing Systems, 2016: 289-297.

[1082] ANTOL S, AGRAWAL A, LU J, et al. VQA: visual question answering[C]//[S.l.]: International Conference on Computer Vision, 2015: 2425-2433.

[1083] BERNARDI R, ÇAKICI R, ELLIOTT D, et al. Automatic description generation from images: A survey of models, datasets, and evaluation measures (extended abstract)[C]//[S.l.]: International Joint Conference on Artificial Intelligence, 2017: 4970-4974.

[1084] VINYALS O, TOSHEV A, BENGIO S, et al. Show and tell: A neural image caption generator[C]//[S.l.]: IEEE Conference on Computer Vision and Pattern Recognition, 2015: 3156-3164.

[1085] XU K, BA J, KIROS R, et al. Show, attend and tell: Neural image caption generation with visual attention[C]//[S.l.]: International Conference on Machine Learning, 2015: 2048-2057.

[1086] YOU Q, JIN H, WANG Z, et al. Image captioning with semantic attention[C]//[S.l.]: IEEE Conference on Computer Vision and Pattern Recognition, 2016: 4651-4659.

[1087] CHEN L, ZHANG H, XIAO J, et al. SCA-CNN: spatial and channel-wise attention in convolutional networks for image captioning[C]//[S.l.]: IEEE Conference on Computer Vision and Pattern Recognition, 2017: 6298-6306.

[1088] FU K, JIN J, CUI R, et al. Aligning where to see and what to tell: Image captioning with region-based attention and scene-specific contexts[C]//[S.l.]: IEEE Transactions on Pattern Analysis and Machine Intelligence, 2017:2321-2334.

[1089] LIU C, SUN F, WANG C, et al. MAT: A multimodal attentive translator for image captioning[C]//[S.l.]: International Joint Conference on Artificial Intelligence, 2017: 4033-4039.

[1090] REDMON J, FARHADI A. Yolov3: An incremental improvement[C]//[S.l.]:

CoRR, 2018.

[1091] BOCHKOVSKIY A, WANG C Y, LIAO H Y M. Yolov4: Optimal speed and accuracy of object detection[C]//[S.l.]: CoRR, 2020.

[1092] YAO T, PAN Y, LI Y, et al. Exploring visual relationship for image captioning[C]//[S.l.]: European Conference on Computer Vision, 2018.

[1093] LU J, XIONG C, PARIKH D, et al. Knowing when to look: Adaptive attention via a visual sentinel for image captioning[C]//[S.l.]: IEEE Conference on Computer Vision and Pattern Recognition, 2017: 3242-3250.

[1094] ANDERSON P, HE X, BUEHLER C, et al. Bottom-up and top-down attention for image captioning and visual question answering[C]//[S.l.]: IEEE Conference on Computer Vision and Pattern Recognition, 2018:6077-6086.

[1095] ANEJA J, DESHPANDE A, SCHWING A G. Convolutional image captioning[C]//[S.l.]: IEEE Conference on Computer Vision and Pattern Recognition, 2018: 5561-5570.

[1096] FANG F, WANG H, CHEN Y, et al. Looking deeper and transferring attention for image captioning[C]//[S.l.]: Multimedia Tools Applications, 2018: 31159-31175.

[1097] REED S E, AKATA Z, YAN X, et al. Generative adversarial text to image synthesis[C]//[S.l.]: International Conference on Machine Learning, 2016: 1060-1069.

[1098] GOODFELLOW I J, POUGET-ABADIE J, MIRZA M, et al. Generative adversarial nets[C]//[S.l.]: Confer- ence on Neural Information Processing Systems, 2014: 2672-2680.

[1099] EMAMI H, ALIABADI M M, DONG M, et al. SPA-GAN: spatial attention GAN for image-to-image trans- lation[C]//[S.l.]: IEEE Transactions on Multimedia, 2019.

[1100] DASH A, GAMBOA J C B, AHMED S, et al. TAC-GAN - text conditioned auxiliary classifier generative adversarial network[C]//[S.l.]: CoRR, 2017.

[1101] BAR-HILLEL Y. The present status of automatic translation of languages[C]//volume 1. [S.l.]: Advances in computers, 1960: 91-163.

[1102] MARUF S, SALEH F, HAFFARI G. A survey on document-level machine translation: Methods and evalua- tion[C]//abs/1912.08494. [S.l.]: CoRR, 2019.

[1103] POPESCU-BELIS A. Context in neural machine translation: A review of models and evaluations[C]//abs/1901.09115. [S.l.]: CoRR, 2019.

[1104] MARCU D, CARLSON L, WATANABE M. The automatic translation of discourse structures[C]//[S.l.]: Ap- plied Natural Language Processing Conference, 2000: 9-17.

[1105] FOSTER G, ISABELLE P, KUHN R. Translating structured documents[C]//[S.l.]: Proceedings of AMTA, 2010.

[1106] LOUIS A, WEBBER B L. Structured and unstructured cache models for SMT domain adaptation[C]//[S.l.]: Annual Conference of the European Association for Machine Translation, 2014: 155-163.

[1107] HARDMEIER C, FEDERICO M. Modelling pronominal anaphora in statistical machine translation[C]//[S.l.]: International Workshop on Spoken Language Translation, 2010: 283-289.

[1108] NAGARD R L, KOEHN P. Aiding pronoun translation with co-reference resolution[C]//[S.l.]: Annual Meet- ing of the Association for Computational Linguistics, 2010: 252-261.

[1109] LUONG N Q, POPESCU-BELIS A. A contextual language model to improve machine translation of pronouns by re-ranking translation hypotheses[C]//[S.l.]: European Association for Machine Translation, 2016: 292-304.

[1110] TIEDEMANN J. Context adaptation in statistical machine translation using models with exponentially de- caying cache[C]//[S.l.]: Annual Meeting of the Association for Computational Linguistics, 2010: 8-15.

[1111] GONG Z, ZHANG M, ZHOU G. Cache-based document-level statistical machine translation[C]//[S.l.]: Con- ference on Empirical Methods in Natural Language Processing, 2011: 909-919.

[1112] XIONG D, BEN G, ZHANG M, et al. Modeling lexical cohesion for document-level machine translation[C]// [S.l.]: International Joint Conference on Artificial Intelligence, 2013: 2183-2189.

[1113] XIAO T, ZHU J, YAO S, et al. Document-level consistency verification in machine translation[C]//Machine Translation Summit: volume 13. [S.l.: s.n.], 2011: 131-138.

[1114] MEYER T, POPESCU-BELIS A, ZUFFEREY S, et al. Multilingual annotation and disambiguation of dis- course connectives for machine translation[C]//[S.l.]: Annual Meeting of the Special Interest Group on Dis- course and Dialogue, 2011: 194-203.

[1115] MEYER T, POPESCU-BELIS A. Using sense-labeled discourse connectives for statistical machine translation[C]//[S.l.]: Hybrid Approaches to Machine Translation, 2012: 129-138.

[1116] TIEDEMANN J, SCHERRER Y. Neural machine translation with extended context[C]//[S.l.]: Proceedings of the Third Workshop on Discourse in Machine Translation, 2017: 82-92.

[1117] BAWDEN R, SENNRICH R, BIRCH A, et al. Evaluating discourse phenomena in neural machine trans- lation[C]//[S.l.]: Annual Conference of the North American Chapter of the Association for Computational Linguistics, 2018: 1304-1313.

[1118] GONZALES A R, MASCARELL L, SENNRICH R. Improving word sense disambiguation in neural ma- chine translation with sense embeddings[C]//[S.l.]: Annual Meeting of the Association for Computational Linguistics, 2017: 11-19.

[1119] MACÉ V, SERVAN C. Using whole document context in neural machine translation[C]//[S.l.]: The Interna- tional Workshop on Spoken Language Translation, 2019.

[1120] JEAN S, LAULY S, FIRAT O, et al. Does neural machine translation benefit from larger context?[C]//abs/1704.05135. [S.l.]: CoRR, 2017.

[1121] ZHANG J, LUAN H, SUN M, et al. Improving the transformer translation model with document-level context[C]//[S.l.]: Conference on Empirical Methods in Natural Language Processing, 2018: 533-542.

[1122] MARUF S, MARTINS A F T, HAFFARI G. Selective attention for context-aware neural machine translation [C]//[S.l.]: Annual Conference of the North American Chapter of the Association for Computational Linguis- tics, 2019: 3092-3102.

[1123] MARUF S, HAFFARI G. Document context neural machine translation with memory networks[C]//[S.l.]: Annual Meeting of the Association for Computational Linguistics, 2018: 1275-1284.

[1124] YANG Z, ZHANG J, MENG F, et al. Enhancing context modeling with a query-guided capsule network for document-level translation[C]//[S.l.]: Conference on Empirical Methods in Natural Language Processing, 2019: 1527-1537.

[1125] ZHENG Z, YUE X, HUANG S, et al. Towards making the most of context in neural machine translation[C]// [S.l.]: International Joint Conference on Artificial Intelligence, 2020: 3983-3989.

[1126] KUANG S, XIONG D, LUO W, et al. Modeling coherence for neural machine translation with dynamic and topic caches[C]//[S.l.]: International Conference on Computational Linguistics, 2018: 596-606.

[1127] TU Z, LIU Y, SHI S, et al. Learning to remember translation history with a continuous cache[C]//[S.l.]: Trans- actions of the Association for Computational Linguistics, 2018: 407-420.

[1128] GARCIA E M, CREUS C, ESPAÑA-BONET C. Context-aware neural machine translation decoding[C]// [S.l.]: Proceedings of the Fourth Workshop on Discourse in Machine Translation, 2019: 13-23.

[1129] YU L, SARTRAN L, STOKOWIEC W, et al. Better document-level machine translation with bayes' rule[C]//volume 8. [S.l.]: Transactions of the Association for Computational Linguistics, 2020: 346-360.

[1130] SUGIYAMA A, YOSHINAGA N. Context-aware decoder for neural machine translation using a target-side document-level language model[C]//abs/2010.12827. [S.l.]: CoRR, 2020.

[1131] XIONG H, HE Z, WU H, et al. Modeling coherence for discourse neural machine translation[C]//[S.l.]: AAAI Conference on Artificial Intelligence, 2019: 7338-7345.

[1132] VOITA E, SENNRICH R, TITOV I. When a good translation is wrong in context: Context-aware machine translation improves on deixis, ellipsis, and lexical cohesion[C]//[S.l.]: Annual Meeting of the Association for Computational Linguistics, 2019: 1198-1212.

[1133] VOITA E, SENNRICH R, TITOV I. Context-aware monolingual repair for neural machine translation[C]// [S.l.]: Conference on Empirical Methods in Natural Language Processing, 2019: 877-886.

[1134] WERLEN L M, POPESCU-BELIS A. Validation of an automatic metric for the accuracy of pronoun transla- tion (APT)[C]//[S.l.]: Proceedings of the Third Workshop on Discourse in Machine Translation, 2017: 17-25.

[1135] WONG B T M, KIT C. Extending machine translation evaluation metrics with lexical cohesion to document level[C]//[S.l.]: Conference on Empirical Methods in Natural Language Processing, 2012: 1060-1068.

[1136] GONG Z, ZHANG M, ZHOU G. Document-level machine translation evaluation with gist consistency and text cohesion[C]//[S.l.]: Proceedings of the Second Workshop on Discourse in Machine Translation, 2015:33-40.

[1137] HAJLAOUI N, POPESCU-BELIS A. Assessing the accuracy of discourse connective translations: Validation of an automatic metric[C]//volume 7817. [S.l.]: Springer, 2013: 236-247.

[1138] RIOS A, MÜLLER M, SENNRICH R. The word sense disambiguation test suite at WMT18[C]//[S.l.]: Con- ference on Empirical Methods in Natural Language Processing, 2018: 588-596.

[1139] MÜLLER M, RIOS A, VOITA E, et al. A large-scale test set for the evaluation of context-aware pronoun translation in neural machine translation[C]//[S.l.]: Conference on Empirical Methods in Natural Language Processing, 2018: 61-72.

[1140] AGRAWAL R R, TURCHI M, NEGRI M. Contextual handling in neural machine translation: Look behind, ahead and on both sides[C]//[S.l.]: Annual Conference of the European Association for Machine Translation, 2018: 11-20.

[1141] WANG L, TU Z, WAY A, et al. Exploiting cross-sentence context for neural machine translation[C]//[S.l.]: Conference on Empirical Methods in Natural Language Processing, 2017: 2826-2831.

[1142] TAN X, ZHANG L, XIONG D, et al. Hierarchical modeling of global context for document-level neural ma- chine translation[C]//[S.l.]: Conference on Empirical Methods in Natural Language Processing, 2019: 1576-1585.

[1143] SCHERRER Y, TIEDEMANN J, LOÁICIGA S. Analysing concatenation approaches to document-level NMT in two different domains[C]//[S.l.]: Proceedings of the Fourth Workshop on Discourse in Machine Translation, 2019: 51-61.

[1144] SUGIYAMA A, YOSHINAGA N. Data augmentation using back-translation for context-aware neural ma- chine translation[C]//[S.l.]: Proceedings of the Fourth Workshop on Discourse in Machine Translation, 2019:35-44.

[1145] KUANG S, XIONG D. Fusing recency into neural machine translation with an inter-sentence gate model[C]// [S.l.]: International Conference on Computational Linguistics, 2018: 607-617.

[1146] YAMAGISHI H, KOMACHI M. Improving context-aware neural machine translation with target-side context[C]//[S.l.]: International Conference of the Pacific Association for Computational Linguistics, 2019.

[1147] OPPENHEIM A V, SCHAFER R W. Discrete-time signal processing[C]//[S.l.]: Pearson, 2009.

[1148] QUATIERI T F. Discrete-time speech signal processing: Principles and practice[M]. [S.l.]: Prentice Hall PTR, 2001.

[1149] RABINER L R, JUANG B H. Fundamentals of speech recognition[M]. [S.l.]: Prentice Hall, 1993.

[1150] HUANG X, ACERO A, HON H W. Spoken language processing: A guide to theory, algorithm and system development[M]. [S.l.]: Prentice Hall PTR, 2001.

[1151] DONG YU L D. Automatic speech recognition: a deep learning approach[M]. [S.l.]: Springer, 2008.

[1152] MA M, HUANG L, XIONG H, et al. STACL: simultaneous translation with implicit anticipation and con- trollable latency using prefix-to-prefix framework[C]//[S.l.]: Annual Meeting of the Association for Compu- tational Linguistics, 2019: 3025-3036.

[1153] ZHENG R, MA M, ZHENG B, et al. Speculative beam search for simultaneous translation[C]//[S.l.]: Con- ference on Empirical Methods in Natural Language Processing, 2019: 1395-1402.

[1154] DALVI F, DURRANI N, SAJJAD H, et al. Incremental decoding and training methods for simultaneous translation in neural machine translation[C]//[S.l.]: Annual Conference of the North American Chapter of the Association for Computational Linguistics, 2018: 493-499.

[1155] CHO K, ESIPOVA M. Can neural machine translation do simultaneous translation?[C]//[S.l.]: CoRR, 2016. [1156] GU J, NEUBIG G, CHO K, et al. Learning to translate in real-time with neural machine translation[C]//[S.l.]:Annual Conference of the European Association for Machine Translation, 2017: 1053-1062.

[1157] II A G, HE H, BOYD-GRABER J L, et al. Don't until the final verb wait: Reinforcement learning for simul- taneous machine translation[C]//[S.l.]: Conference on Empirical Methods in Natural Language Processing, 2014: 1342-1352.

[1158] ZHENG B, LIU K, ZHENG R, et al. Simultaneous translation policies: From fixed to adaptive[C]//[S.l.]: Annual Meeting of the Association for Computational Linguistics, 2020: 2847-2853.

[1159] ZHENG B, ZHENG R, MA M, et al. Simpler and faster learning of adaptive policies for simultaneous trans- lation[C]//[S.l.]: Conference on Empirical Methods in Natural Language Processing, 2019: 1349-1354.

[1160] ZHENG B, ZHENG R, MA M, et al. Simultaneous translation with flexible policy via restricted imitation learning[C]//[S.l.]: Annual Meeting of the Association for Computational Linguistics, 2019: 5816-5822.

[1161] ARIVAZHAGAN N, CHERRY C, MACHEREY W, et al. Monotonic infinite lookback attention for simulta- neous machine translation[C]//[S.l.]: Annual Meeting of the Association for Computational Linguistics, 2019:1313-1323.

[1162] KIM Y, TRAN D T, NEY H. When and why is document-level context useful in neural machine translation? [C]//[S.l.]: Proceedings of the Fourth Workshop on Discourse in Machine Translation, 2019: 24-34.

[1163] JEAN S, CHO K. Context-aware learning for neural machine translation[C]//abs/1903.04715. [S.l.]: CoRR, 2019.

[1164] SAUNDERS D, STAHLBERG F, BYRNE B. Using context in neural machine translation training objectives[C]//[S.l.]: Annual Meeting of the Association for Computational Linguistics, 2020: 7764-7770.

[1165] STOJANOVSKI D, FRASER A M. Improving anaphora resolution in neural machine translation using cur- riculum learning[C]//[S.l.]: Annual Conference of the European Association for Machine Translation, 2019:140-150.

[1166] GOKHALE T, BANERJEE P, BARAL C, et al. MUTANT: A training paradigm for out-of-distribution gen- eralization in visual question answering[C]//[S.l.]: Conference on Empirical Methods in Natural Language Processing, 2020: 878-892.

[1167] TANG R, MA C, ZHANG W E, et al. Semantic equivalent adversarial data augmentation for visual question answering[C]//[S.l.]: European Conference on Computer Vision, 2020: 437-453.

[1168] ZHOU L, PALANGI H, ZHANG L, et al. Unified vision-language pre-training for image captioning and VQA [C]//[S.l.]: AAAI Conference on Artificial Intelligence, 2020: 13041-13049.

[1169] SU W, ZHU X, CAO Y, et al. VL-BERT: pre-training of generic visual-linguistic representations[C]//[S.l.]: International Conference on Learning Representations, 2020.

[1170] LI L, JIANG X, LIU Q. Pretrained language models for document-level neural machine translation[C]//abs/1911.03110. [S.l.]: CoRR, 2019.

[1171] GU S, FENG Y. Investigating catastrophic forgetting during continual training for neural machine translation[C]//[S.l.]: International Committee on Computational Linguistics, 2020: 4315-4326.

[1172] CHU C, DABRE R, KUROHASHI S. An empirical comparison of simple domain adaptation methods for neural machine translation[C]//abs/1701.03214. [S.l.]: CoRR, 2017.

[1173] KHAYRALLAH H, THOMPSON B, DUH K, et al. Regularized training objective for continued training for domain adaptation in neural machine translation[C]//[S.l.]: Annual Meeting of the Association for Computa- tional Linguistics, 2018: 36-44.

[1174] THOMPSON B, GWINNUP J, KHAYRALLAH H, et al. Overcoming catastrophic forgetting during domain adaptation of neural machine translation[C]//[S.l.]: Annual Meeting of the Association for Computational Linguistics, 2019: 2062-2068.

[1175] WUEBKER J, GREEN S, DENERO J, et al. Models and inference for prefix-constrained machine translation[C]//[S.l.]: Annual Meeting of the Association for Computational Linguistics, 2016.

[1176] OCH F J, ZENS R, NEY H. Efficient search for interactive statistical machine translation[C]//the European Chapter of the Association for Computational Linguistics. [S.l.: s.n.], 2003: 387-393.

[1177] BARRACHINA S, BENDER O, CASACUBERTA F, et al. Statistical approaches to computer-assisted trans- lation[C]//[S.l.]: Computer Linguistics, 2009: 3-28.

[1178] DOMINGO M, PERIS Á, CASACUBERTA F. Segment-based interactive-predictive machine translation[C]// [S.l.]: Machine Translation, 2017: 163-185.

[1179] LAM T K, KREUTZER J, RIEZLER S. A reinforcement learning approach to interactive-predictive neural machine translation[C]//[S.l.]: CoRR, 2018.

[1180] DOMINGO M, GARCÍA-MARTÍNEZ M, ESTELA A, et al. Demonstration of a neural machine translation system with online learning for translators[C]//[S.l.]: Annual Meeting of the Association for Computational Linguistics, 2019: 70-74.

[1181] WANG K, ZONG C, SU K Y. Integrating translation memory into phrase-based machine translation during decoding[C]//[S.l.]: Annual Meeting of the Association for Computational Linguistics, 2013: 11-21.

[1182] XIA M, HUANG G, LIU L, et al. Graph based translation memory for neural machine translation[C]//[S.l.]: the Association for the Advance of Artificial Intelligence, 2019: 7297-7304.

[1183] HOKAMP C, LIU Q. Lexically constrained decoding for sequence generation using grid beam search[C]// [S.l.]: Annual Meeting of the Association for Computational Linguistics, 2017: 1535-1546.

[1184] POST M, VILAR D. Fast lexically constrained decoding with dynamic beam allocation for neural machine translation[C]//[S.l.]: Annual Meeting of the

Association for Computational Linguistics, 2018: 1314-1324.

[1185] CHATTERJEE R, NEGRI M, TURCHI M, et al. Guiding neural machine translation decoding with external knowledge[C]//[S.l.]: Annual Meeting of the Association for Computational Linguistics, 2017: 157-168.

[1186] HASLER E, DE GISPERT A, IGLESIAS G, et al. Neural machine translation decoding with terminology constraints[C]//[S.l.]: Annual Meeting of the Association for Computational Linguistics, 2018: 506-512.

[1187] SONG K, ZHANG Y, YU H, et al. Code-switching for enhancing NMT with pre-specified translation[C]// [S.l.]: Annual Meeting of the Association for Computational Linguistics, 2019: 449-459.

[1188] DINU G, MATHUR P, FEDERICO M, et al. Training neural machine translation to apply terminology con- straints[C]//[S.l.]: Annual Meeting of the Association for Computational Linguistics, 2019: 3063-3068.

[1189] WANG T, KUANG S, XIONG D, et al. Merging external bilingual pairs into neural machine translation[C]//abs/1912.00567. [S.l.]: CoRR, 2019.

[1190] CHEN G, CHEN Y, WANG Y, et al. Lexical-constraint-aware neural machine translation via data augmen- tation[C]//[S.l.]: International Joint Conference on Artificial Intelligence, 2020: 3587-3593.

[1191] BOLUKBASI T, WANG J, DEKEL O, et al. Adaptive neural networks for fast test-time prediction[C]//abs/1702.07811. [S.l.]: CoRR, 2017.

[1192] HUANG G, CHEN D, LI T, et al. Multi-scale dense networks for resource efficient image classification[C]// [S.l.]: International Conference on Learning Representations, 2018.

[1193] FANG J, YU Y, ZHAO C, et al. Turbotransformers: An efficient GPU serving system for transformer models[C]//[S.l.]: CoRR, 2020.

[1194] XIAO T, ZHU J, ZHANG H, et al. Niutrans: An open source toolkit for phrase-based and syntax-based machine translation[C]//[S.l.]: Annual Meeting of the Association for Computational Linguistics, 2012: 19-24.

[1195] LI Z, CALLISON-BURCH C, DYER C, et al. Joshua: An open source toolkit for parsing-based machine translation[C]//[S.l.]: Annual Meeting of the Association for Computational Linguistics, 2009: 135-139.

[1196] IGLESIAS G, DE GISPERT A, BANGA E R, et al. Hierarchical phrase-based translation with weighted finite state transducers[C]//[S.l.]: Annual Meeting of the

Association for Computational Linguistics, 2009:433-441.

[1197] DYER C, LOPEZ A, GANITKEVITCH J, et al. cdec: A decoder, alignment, and learning framework for finite-state and context-free translation models[C]//[S.l.]: Annual Meeting of the Association for Computa- tional Linguistics, 2010: 7-12.

[1198] CER D M, GALLEY M, JURAFSKY D, et al. Phrasal: A statistical machine translation toolkit for exploring new model features[C]//[S.l.]: Annual Meeting of the Association for Computational Linguistics, 2010: 9-12.

[1199] VILAR D, STEIN D, HUCK M, et al. Jane: an advanced freely available hierarchical machine translation toolkit[C]//volume 26. [S.l.]: Machine Translation, 2012: 197-216.

[1200] AL-RFOU R, ALAIN G, ALMAHAIRI A, et al. Theano: A python framework for fast computation of math- ematical expressions[C]//abs/1605.02688. [S.l.]: CoRR, 2016.

[1201] ZOPH B, VASWANI A, MAY J, et al. Simple, fast noise-contrastive estimation for large RNN vocabularies[C]//[S.l.]: Annual Meeting of the Association for Computational Linguistics, 2016: 1217-1222.

[1202] ZHANG J, DING Y, SHEN S, et al. THUMT: an open source toolkit for neural machine translation[C]//abs/1706.06415. [S.l.]: CoRR, 2017.

[1203] JUNCZYS-DOWMUNT M, GRUNDKIEWICZ R, DWOJAK T, et al. Marian: Fast neural machine transla- tion in C++[C]//[S.l.]: Annual Meeting of the Association for Computational Linguistics, 2018: 116-121.

[1204] HIEBER F, DOMHAN T, DENKOWSKI M, et al. Sockeye: A toolkit for neural machine translation[C]//abs/1712.05690. [S.l.]: CoRR, 2017.

[1205] WANG X, UTIYAMA M, SUMITA E. Cytonmt: an efficient neural machine translation open-source toolkit implemented in C++[C]//[S.l.]: Annual Meeting of the Association for Computational Linguistics, 2018: 133-138.

[1206] KUCHAIEV O, GINSBURG B, GITMAN I, et al. Openseq2seq: extensible toolkit for distributed and mixed precision training of sequence-to-sequence models[C]//abs/1805.10387. [S.l.]: CoRR, 2018.

[1207] CAGLAYAN O, GARCÍA-MARTÍNEZ M, BARDET A, et al. NMTPY: A flexible toolkit for advanced neural machine translation systems[C]//volume 109. [S.l.]: The Prague Bulletin of Mathematical Linguistics, 2017:15-28.

Appendix

E 索引

A

B

C

D

E

F

G

H

I

J

K

L

M

N

O

P

Q

R

S

T

U

V

W

X

Y

Z